westermann

Dr. Michael Dzieia, Jürgen Kaese, Dr. Uwe Kirschberg, Lutz Langanke, Robert Reitberger,
Karl-Georg Schmid, Walter Seefelder, Günter Sokele, Günther Tiedt

Industriemechanik

Fachwissen

6. Auflage

Bestellnummer 231332

Zusatzmaterialien zu Industriemechanik Fachwissen

Für Lehrerinnen und Lehrer:

BiBox westermann inkl. E-Book

BiBox für Lehrerinnen und Lehrer (Einzellizenz) 978-3-14-104691-5
BiBox für Lehrerinnen und Lehrer (Kollegiumslizenz) 978-3-14-104689-2

Für Schülerinnen und Schüler:

BiBox westermann inkl. E-Book

BiBox (Laufzeit 1 Jahr) 978-3-14-104688-5
BiBox (Laufzeit 4 Jahre) 978-3-14-104692-2
BiBox PrintPlus (Laufzeit 1 Jahr) 978-3-14-104690-8

westermann GRUPPE

Druck und Bindung: Westermann Druck GmbH, Georg-Westermann-Allee 66, 38104 Braunschweig

ISBN 978-3-14-**231332**-0

VORWORT und NUTZERHINWEISE

Dieser Titel gliedert das im Rahmenlehrplan Industriemechaniker/-in geforderte Fachwissen in die vier Handlungsfelder:

- *Spanendes Fertigen*,
- *Montieren/Demontieren*,
- *Instandhalten* sowie
- *Steuern/Automatisieren von technischen Systemen*.

Durch das Integrieren einzelner Lernfelder in zugrunde liegende Handlungsfelder werden neben handlungssystematischen auch fachsystematische Strukturen berücksichtigt.

Themen zur Digitalisierung der Arbeit werden übergreifend im spezifischen beruflichen Handlungskontext dargestellt. Dies entspricht dem Ansatz der integrativen Vermittlung der Inhalte während der gesamten Ausbildungsdauer.

ARBEITSAUFTRAG

Anstelle der beiden schadhaften Bolzen sollen neu anzufertigende Ersatzteile in die Klemmvorrichtung eingebaut werden. Für die Ersatzteilfertigung ist gezogenes Rundprofil aus Vergütungsstahl 28Mn6+C zu verwenden. Das Drehen der Bolzen soll auf einer zyklengesteuerten Drehmaschine erfolgen.

Im Handlungsfeld *Spanendes Fertigen* sind die berufsbezogenen Lerninhalte an Hand von Aufträgen, die sich beispielhaft auf ausgewählte praxisorientierte Projekte beziehen, dargestellt. Die grundlegenden kommunikativen, technologischen und mathematischen Sachverhalte werden herausgearbeitet und umfassend beschrieben. Für die Arbeitsaufträge werden am Ende größerer Abschnitte beispielhafte Arbeitsplanungen und Prüfplanungen dargestellt und dokumentiert.

In den Handlungsfeldern *Montieren/Demontieren*, *Instandhalten* sowie *Steuern/Automatisieren* wird von einem komplexen technischen System ausgegangen. Das Gesamtsystem und dessen Teilsysteme werden beschrieben sowie die jeweils auszuführenden Arbeitstätigkeiten. Jedes Handlungsfeld schließt mit einem konkreten Arbeitsauftrag, in dem beispielhaft der komplette Vorgang von der Arbeitsvorbereitung über die Anlagenstillsetzung und die durchzuführenden Arbeiten bis zur Wiederinbetriebnahme dargestellt ist.

Die den Handlungsfeldern zugrunde liegenden technologischen, mathematischen, naturwissenschaftlichen und zeichnerisch-kommunikativen Inhalte werden ausführlich dargestellt. Dabei sind auch Aspekte des Umweltschutzes, der Ökonomie, der Arbeitssicherheit und des Qualitätsdenkens berücksichtigt. Darüber hinaus werden Methoden des Informierens, Planens, Dokumentierens und Bewertens vermittelt. Dadurch werden handlungsorientiertes Arbeiten und selbstständiges Lernen gefördert.

Montieren

Die einzelnen Abschnitte der Kapitel sind entsprechend ihrem fachlichen Schwerpunkt durch Hinweise am Seitenrand gegliedert. Die Abschnitte sind mit entsprechenden Hinweisen wie Fertigen, Prüfen, Montieren gekennzeichnet.

Die Sachverhalte sind in einfacher Sprache beschrieben. Aufzählungen, tabellarische Darstellungen, kursive Hervorhebungen und Verweise auf die zugehörigen Abbildungen unterstützen das selbstständige Lernen.

Grundlagen

Naturwissenschaftliche Grundlagen zum vertiefenden Verständnis technologischer Sachverhalte sind im entsprechenden Zusammenhang dargestellt. Es werden dabei allgemein gültige Prinzipien und Gesetzmäßigkeiten herausgearbeitet und erläutert. Die Inhalte sind durch einen blau unterlegten Hinweis am Seitenrand hervorgehoben.

Farbig hervorgehobene Merksätze und Zusammenfassungen dienen der schnellen Orientierung und Wiederholung.

! Der Ausgang einer *UND-Verknüpfung* führt nur dann ein 1-Signal, wenn alle Eingänge ein 1-Signal aufweisen.

Zusammenfassung

Die mathematische Darstellung technologischer Sachverhalte geschieht immer auch an durchgerechneten Beispielen. Sie sind durch blaue Unterlegung gekennzeichnet.

Beispiel:

Welcher Vorschub f ist an der Drehmaschine einzustellen, wenn das Werkstück eine gemittelte Rautiefe Rz = 16 µm erhalten soll und die Wendeschneidplatte einen Radius $r_\varepsilon = 0{,}8$ mm aufweist?

Geg.: $r_\varepsilon = 0{,}8$ mm; Rz ≈ Rt = 16 µm Ges.: f in mm

Lösung:

$$Rt = \frac{f^2}{8 \cdot r_\varepsilon}$$

$$f = \sqrt{Rt \cdot 8 \cdot r_\varepsilon}$$

$$f = \sqrt{0{,}016\ \text{mm} \cdot 8 \cdot 0{,}8\ \text{mm}} = \underline{0{,}32\ \text{mm}}$$

Hinweise zur Arbeitssicherheit und zum Umweltschutz sind durch eine rote Unterlegung hervorgehoben.

Arbeitsregeln

- Die Schweißstelle darf beim Schutzgasschweißen keiner starken Zugluft ausgesetzt sein, um den Schutzgasmantel an der Schweißstelle nicht zu stören.
- Der Arbeitsplatz muss gut belüftet sein (z. B. durch eine Absaugung), da beim Schutzgas-schweißen giftige Gase entstehen.

Auf die Darstellung umfangreicher Tabellenwerte wurde bewusst verzichtet. Stattdessen wird im Text durch ein besonderes Zeichen auf das Tabellenbuch verwiesen. Durch das Nachschlagen von Informationen soll zum selbstständigen Arbeiten mit Informationsquellen wie dem Tabellenbuch angehalten werden.

Ein umfangreiches Sachwortverzeichnis und die Kolumnentitel in deutscher und englischer Sprache sowie die parallele Darstellung einzelner Abschnitte in deutscher und englischer Sprache sollen den Fremdsprachenerwerb in der Berufsausbildung unterstützen.

Autoren und Verlag Braunschweig, 2021

SPANENDES FERTIGEN LF 5/8/11

MONTIEREN/DEMONTIEREN LF 7/10

INSTANDHALTEN LF 9/12

STEUERN/AUTOMATISIEREN LF 6/13

In diesem Fachbuch sind **Zusatzinhalte** enthalten, welche über den auf den Seiten enthaltenen **QR-Code** oder über den **Link**: *www.westermann.de/links/231332* aufgerufen werden können.

SPANENDES FERTIGEN

- Fertigen von Einzelteilen
- Fertigen mit numerisch gesteuerten Werkzeugmaschinen
- Überwachen der Produkt- und Prozessqualität

KLEMMVORRICHTUNG

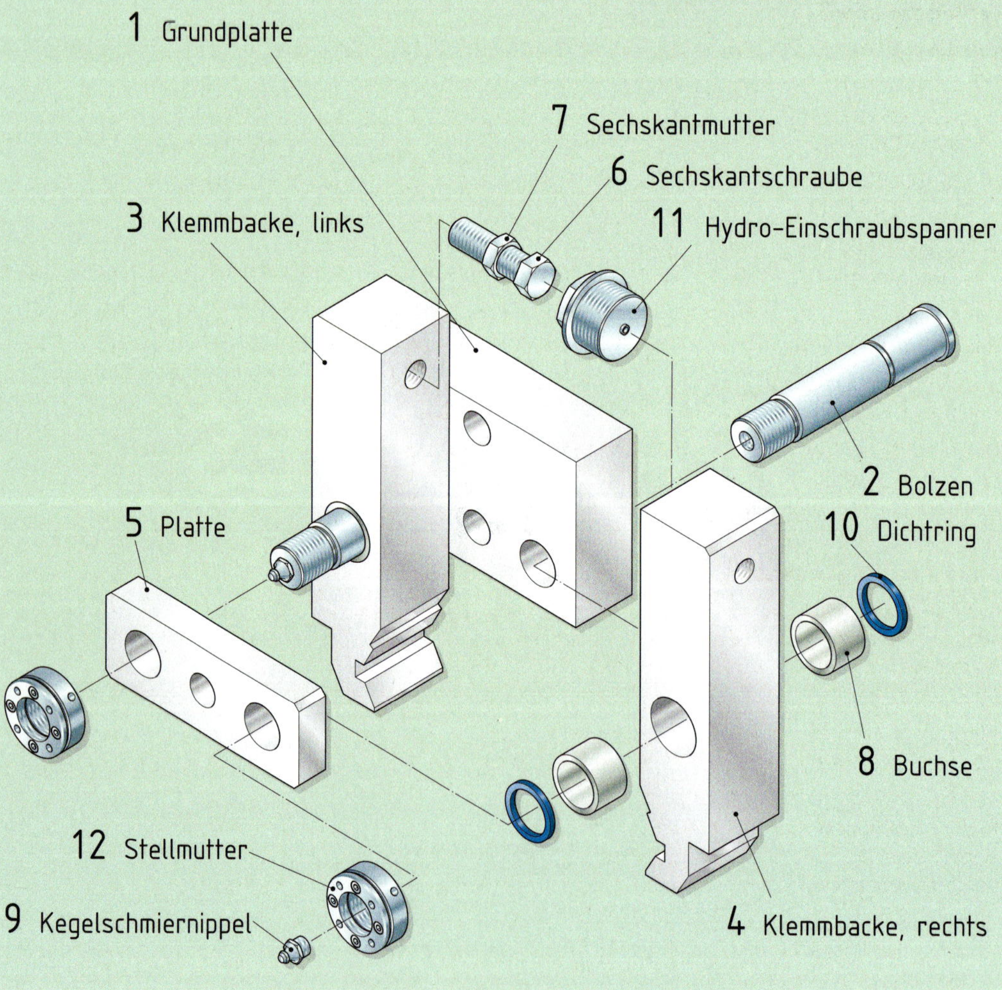

auch über Web-Link

Fertigen von Einzelteilen mit Werkzeugmaschinen

1

GESAMTAUFTRAG

Die Klemmvorrichtung für den Sägetisch einer Steinsäge wurde aufgrund einer Funktionsstörung aus der Maschine ausgebaut und anschließend demontiert. Die Bolzen (Pos. 2) und die Buchsen (Pos. 8) weisen starke Verschleißspuren auf. Außerdem zeigen die Lagerstellen, insbesondere auch die Bohrungen in den Klemmbacken (Pos. 3 und 4), Rostansätze. Durch das Nassschneiden der Steine muss Spritzwasser eingedrungen sein und das Schmierfett ausgewaschen haben. Das deutet auf beschädigte Dichtringe (Pos. 10) hin.

Die beiden Bolzen, die vier Buchsen und die vier Dichtringe sowie die beiden Klemmbacken müssen ersetzt werden. Die beschädigten Dichtringe können schnell ausgetauscht werden, da sie als Normteile im Ersatzteillager vorrätig sind. Von den Fertigungsteilen sind keine Ersatzteile vorhanden.

Um Lieferzeiten und somit eine Verzögerung der Instandsetzung zu vermeiden, sollen die Fertigungsteile selber hergestellt werden.

ANALYSE

Technische Unterlagen

Von der Klemmvorrichtung liegen die Gesamtzeichnung, die Stückliste und die Einzelteilzeichnungen vor.

- Die *Gesamtzeichnung* zeigt alle zur Klemmvorrichtung gehörenden Einzelteile im zusammengebauten Zustand.
- Die *Stückliste* listet alle Einzelteile der Vorrichtung geordnet nach Fertigungsteilen, Normteilen und Zulieferteilen auf. Sie ist als lose Stückliste der Gesamtzeichnung angehängt.
- Aus den *Einzelteilzeichnungen* können alle für die Fertigung der Ersatzteile notwendigen Angaben entnommen werden.

Anhand der Stücklisteneintragung können die Normbezeichnungen der schadhaften Normteile ermittelt und so die richtigen Ersatzteile beschafft werden.

Aus der Gesamtzeichnung kann im Zusammenhang mit der Stückliste der Aufbau und die Funktion der Klemmvorrichtung bestimmt werden.

Die technischen Unterlagen werden im Allgemeinen auf Rechneranlagen erstellt und achiviert. Für einen Auftrag werden die Unterlagen dann je nach Gegebenheit am Arbeitsplatz ausgedruckt oder auf einem Bildschirm oder Tablett digital bereitgestellt.

Aufbau der Klemmvorrichtung

Die Klemmvorrichtung besteht aus sechs verschiedenen Fertigungsteilen (Pos. 1 bis 5). Die Bolzen (Pos. 2) sind zweimal vorhanden. Für die Verbindung und Lagerung der Teile werden unterschiedliche Normteile (Pos. 6 bis 9) und Zulieferteile (Pos. 10 bis 12) verwendet.

Die beiden Bolzen (Pos. 2) sind in die Grundplatte (Pos. 1) eingepresst. Die Bolzen nehmen die beiden Klemmbacken (Pos. 3 und 4) und die Platte (Pos. 5) auf. Über die beiden Stellmuttern (Pos. 12) wird das Spiel zwischen den beiden Platten für die Bewegung der Klemmbacken eingestellt. Die Grundplatte ist mit zwei Zylinderschrauben am Maschinenkörper befestigt.

In die Klemmbacken sind jeweils zwei Buchsen (Pos. 8) als Lager eingepresst. Die Lagerstellen werden über Kegelschmiernippel (Pos. 9), die in die Stirnseiten der Bolzen eingeschraubt sind, mit Schmierfett versorgt. Abgedichtet werden die Lagerstellen durch je zwei Dichtringe (Pos. 10).

Ein Hydro-Einschraubspanner (Pos. 11) ist in die rechte Klemmbacke eingeschraubt. In die linke Klemmbacke ist eine Sechskantschraube (Pos. 6) mit einer Sechskantmutter (Pos. 7) montiert. Eine Verkleidung aus nichtrostendem Stahlblech umschließt die Klemmvorrichtung.

ANALYSE

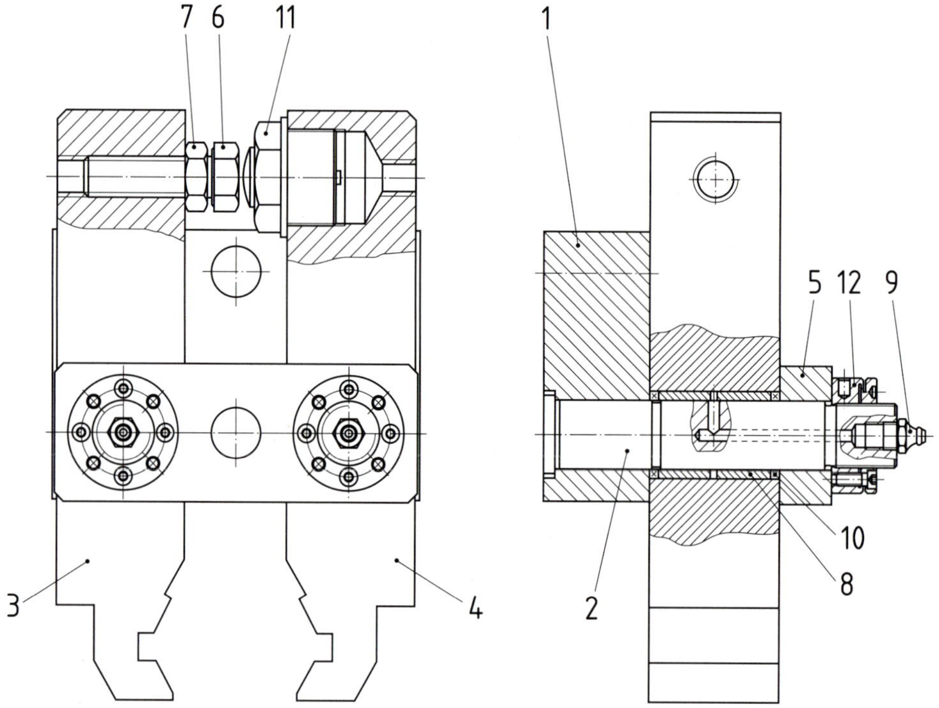

Pos.	Menge	Einh.	Benennung	Sachnummer/Norm-Kurzbezeichn.	Bemerkung
12	2	Stck.	Stellmutter	MSR 24 x 1,5	SPIETH
11	1	Stck.	Hydro-Einschraubspanner	HSE 24-5	HAWE
10	4	Stck.	Dichtring	G 25 x 32 x 4	INA
9	2	Stck.	Kegelschmiernippel	DIN 71412 – A M10x1	
8	4	Stck.	Buchse	ISO 4379 – C 25x32x20	CuSn8
7	1	Stck.	Sechskantmutter	ISO 4035 – M16	8
6	1	Stck.	Sechskantschraube	ISO 4017 – M16x50	8.8
5	1	Stck.	Platte		S 235 JRG1+C
4	1	Stck.	Klemmbacke, rechts		C45+C
3	1	Stck.	Klemmbacke, links		C45+C
2	2	Stck.	Bolzen		28Mn6+C
1	1	Stck.	Grundplatte		S 235 JRG1+C
1	2	3	4	5	6

Maßstab 1 : 2 (Masse)

Werkstoff, Halbzeug

	Datum	Name
Bearb.	05.01.17	J. Kaese
Gepr.		
Norm		
Abt.		

Klemmvorrichtung

westermann

176.0063.001

Blatt 1

Bl. 6

Zust. | Änderung | Datum | Name | Ursprung | Ersatz für: | Ersetzt durch:

ANALYSE

Funktion der Klemmvorrichtung

Die Klemmvorrichtung dient zum Feststellen des Sägetisches in Sägeposition. Dabei umschließen die beiden Klemmbacken ein Sechskantprofil. Die Klemmkraft von 4500 N wird durch den Hydro-Einschraubspanner bei einem Betriebsdruck von 100 bar aufgebracht. Der Kolben des Einschraubspanners drückt gegen den Kopf der Sechskantschraube in der gegenüberliegenden Klemmbacke.

Der Klemmweg der Klemmbacken kann über die Sechskantschraube eingestellt werden. Dazu wird die Sechskantmutter gelöst und die Sechskantschraube entsprechend verstellt. Im drucklosen Zustand wird der Kolben durch eine Rückholfeder selbsttätig in die Ausgangsstellung zurückgezogen.

Die Klemmbacken bewegen sich beim Klemmen um die Bolzen. Dazu sind in die Klemmbacken je zwei Buchsen aus CuSn8 als Lager eingepresst. Sie sind alle 40 Betriebsstunden mit Schmierfett zu schmieren.

Fertigung

Die Fertigung der Ersatzteile erfolgt nach den Einzelteilzeichnungen. Dort sind Werkstoff, Form und Abmessungen des herzustellenden Einzelteils mit den einzuhaltenden Toleranzen und Oberflächenbeschaffenheiten festgelegt.

Anforderungen an Toleranzen und Oberflächenbeschaffenheit ergeben sich aus der Funktion der Klemmvorrichtung. Diese Funktionsanforderungen können aus der Gesamtzeichnung entnommen werden.

Der Bolzen ist mit einer Übermaßpassung in der Platte gefügt. An der Lagerstelle zwischen dem Bolzen und den Buchsen liegt eine Spielpassung vor. Damit die entsprechende Passung erreicht wird, sind die Bauteile mit ISO-Toleranzen versehen.

Bei der Fertigung müssen diese Anforderungen eingehalten werden, damit das Einzelteil seine Funktion in einer Baugruppe erfüllt.

Es sind die geeigneten Fertigungsverfahren und Arbeitsvorgänge sowie entsprechenden Werkzeugmaschinen, Werkzeuge und Spannmittel auszuwählen und die einzustellenden Zerspanungsdaten festzulegen. Bei der Wahl der Fertigungsverfahren ist die Ausstattung der Werkstatt mit Maschinen, Vorrichtungen u. a. zu berücksichtigen.

Die Bolzen werden auf einer zyklengesteuerten Drehmaschine gedreht.

Die ebenen Flächen, die Absätze und Nuten der Klemmbacken sind auf einer Universalfräsmaschine herzustellen. Die Bohrungen werden ebenfalls auf der Fräsmaschine gefertigt.

Während und nach der Fertigung sind die Maße zu kontrollieren. Dazu sind die Prüfverfahren festzulegen und die erforderlichen Prüfmittel auszuwählen.

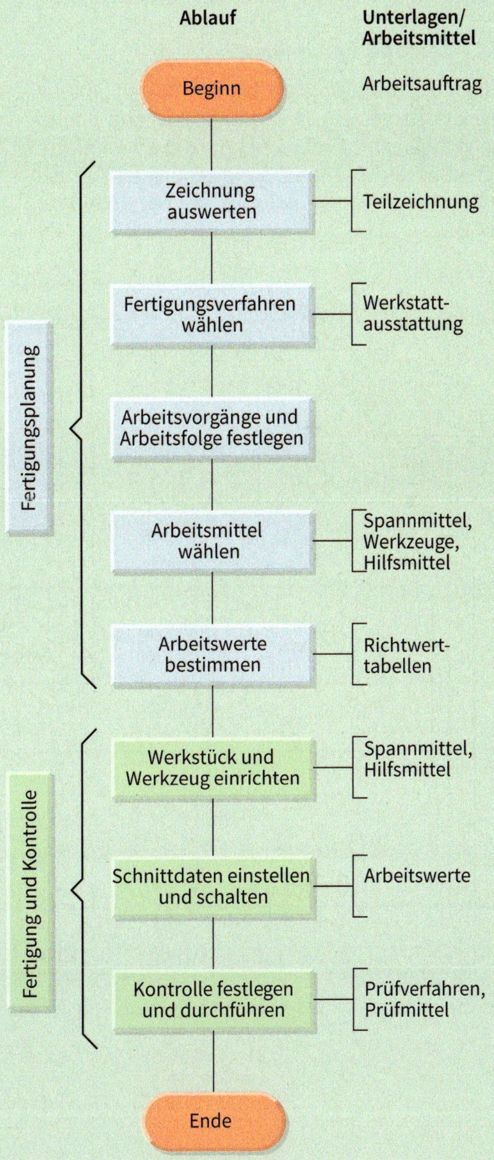

1.1 Drehen

ARBEITSAUFTRAG

Anstelle der beiden schadhaften Bolzen sollen neu anzufertigende Ersatzteile in die Klemmvorrichtung eingebaut werden. Für die Ersatzteilfertigung ist gezogenes Rundprofil aus Vergütungsstahl 28Mn6+C zu verwenden. Das Drehen der Bolzen soll auf einer zyklengesteuerten Drehmaschine erfolgen.

Der Einzelteilzeichnung können alle für die Fertigung notwendigen Angaben entnommen werden.

Informieren

1.1.1 Zeichnungsanalyse

In der Einzelteilzeichnung ist der Bolzen in Fertigungslage dargestellt. Neben den Maß- und Oberflächenangaben enthält die Zeichnung die vereinfachte Darstellung und Kennzeichnung genormter Formelemente sowie Angaben zu Form- und Lagetoleranzen (Abb. 1).

1.1.1.1 Genormte Formelemente

Die Form und die Maße von genormten Formelementen können Normtabellen entnommen werden. Solche genormten Formelemente sind:

- Freistiche und Gewindefreistiche,
- Zentrierbohrungen,
- Nuten für Passfedern und Sicherungsringe,
- genormte Wellenenden.

Freistiche

Der Bolzen weist am Absatz einen Freistich auf. Dadurch wird erreicht, dass die Planfläche des Absatzes einwandfrei an der Senkung in der Grundplatte anliegt.
Freistiche verringern auch die sonst an scharfkantigen Übergängen auftretenden Kerbwirkungen.
Freistiche sind nach **DIN 509** genormt (➜📖). Die Größe von Freistichen richtet sich nach dem Wellen- bzw. Bohrungsdurchmesser und nach der Beanspruchung des Bauteils.

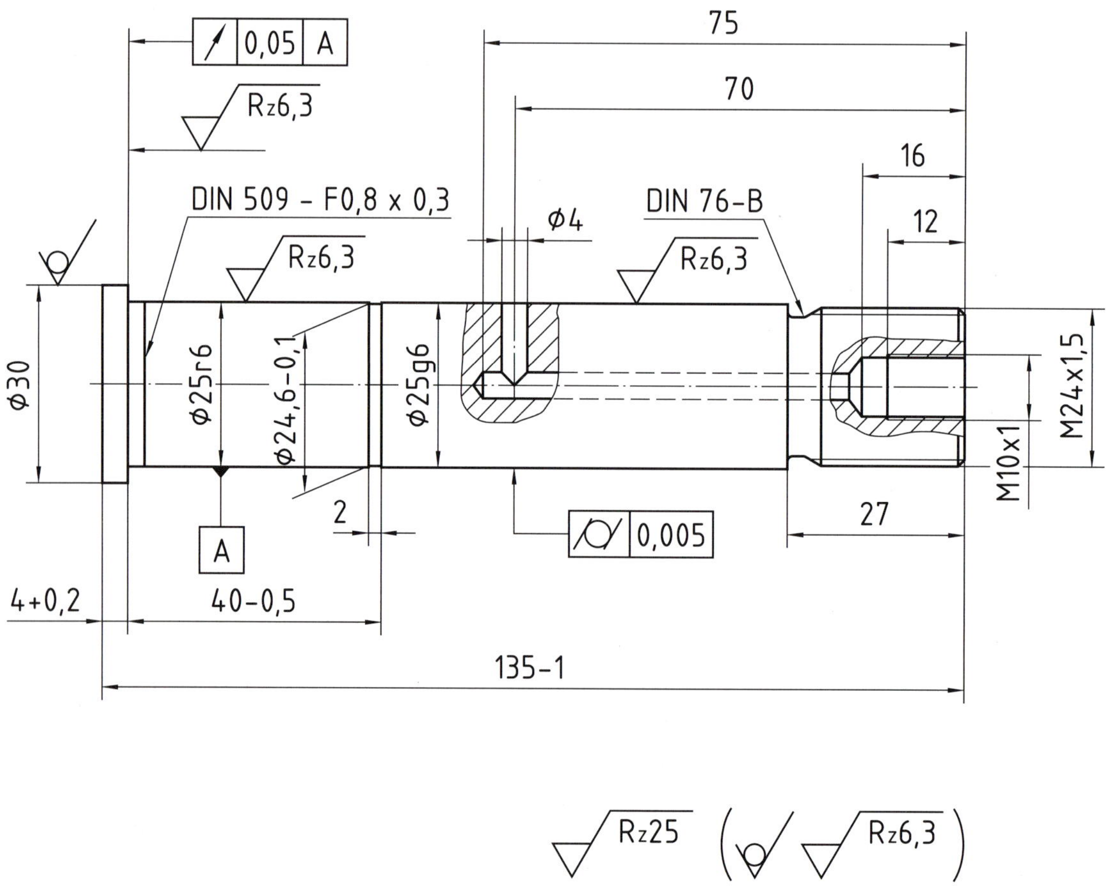

Abb. 1: Bolzen

Freistiche können vereinfacht oder ausführlich dargestellt werden. Bei der vereinfachten Darstellung wird die Stelle, an der der Freistich eingedreht werden soll, mit einer breiten Volllinie gekennzeichnet (Abb. 2). Der Abstand der Volllinie zum Absatz soll ungefähr der Breite des Freistiches entsprechen. Über eine Hinweislinie, die mit einem Pfeil an der Volllinie endet, wird die Normbezeichnung für den Freistich angegeben.

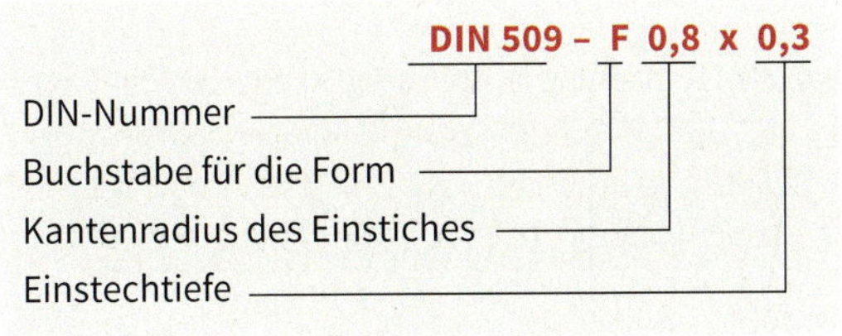

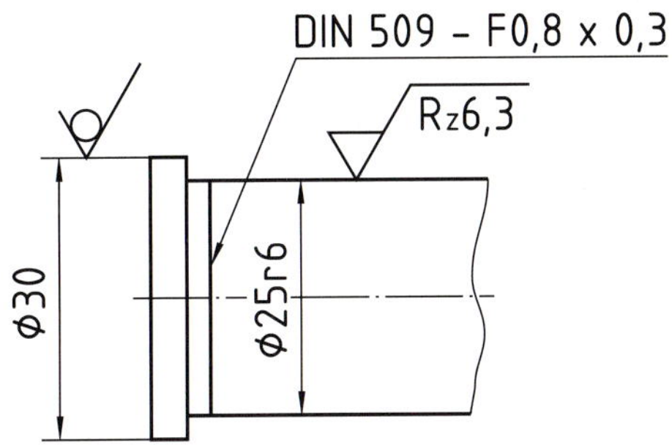

Abb. 2: Vereinfachte Darstellung von Freistichen

Bei der ausführlichen Darstellung wird der Freistich als Einzelheit vergrößert herausgezeichnet und bemaßt (Abb. 3).

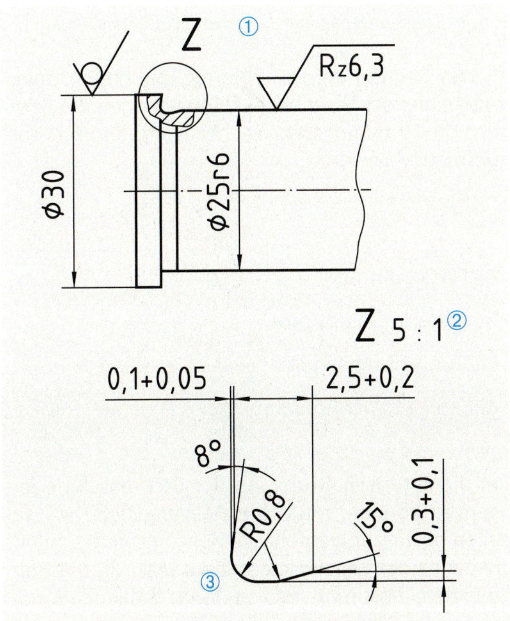

Abb. 3: Ausführliche Darstellung von Freistichen

① Der Freistich ist durch einen Kreis mit schmaler Volllinie und durch einen Großbuchstaben zu kennzeichnen.

② Der vergrößert gezeichnete Freistich ist durch den gleichen Großbuchstaben zu kennzeichnen. Außerdem ist der Maßstab für die Vergrößerung anzugeben.

③ Der Schnitt kann bei der Einzelheit ohne Schraffur gezeichnet werden.

Der ausführlichen Darstellung kann man alle Maße für die Fertigung entnehmen. Sie müssen nicht extra aus Tabellen herausgesucht werden.

Gewindefreistiche

Der Übergang vom Gewinde M24x1,5 zum Absatz des Bolzens ist mit einem Gewindefreistich versehen. Gewindefreistiche ermöglichen bei der Gewindeherstellung auf der Maschine den Auslauf des Drehmeißels.

Freistiche für Außen- und Innengewinde sind nach **DIN 76** genormt (➡). Die Größe von Gewindefreistichen richtet sich nach dem Nenndurchmesser und der Gewindesteigung.

In Einzelteilzeichnungen können Gewindefreistiche ausführlich dargestellt und bemaßt werden (Abb. 4).

④ Der Gewindefreistich wird in seiner ungefähren Form in die Teilzeichnung eingezeichnet.

⑤ Die genaue Form wird als Einzelheit vergrößert herausgezeichnet und vollständig bemaßt.

⑥ Die Angabe der Gewindelänge schließt die Breite des Gewindefreistiches mit ein.

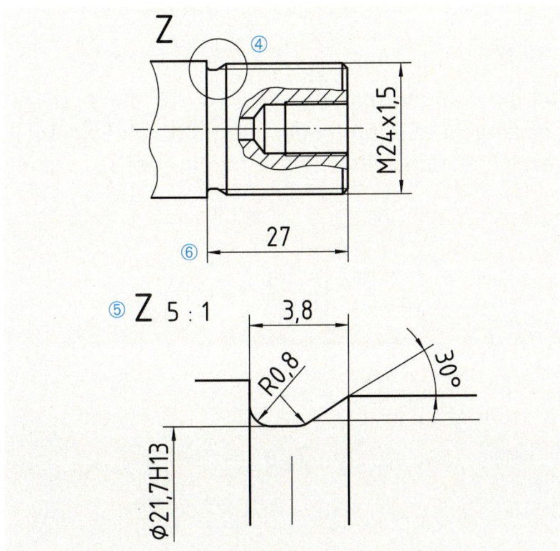

Abb. 4: Gewindefreistich als Einzelheit dargestellt

Aus der vollständigen Bemaßung des Gewindefreistiches können alle für die Fertigung erforderlichen Maße entnommen werden.

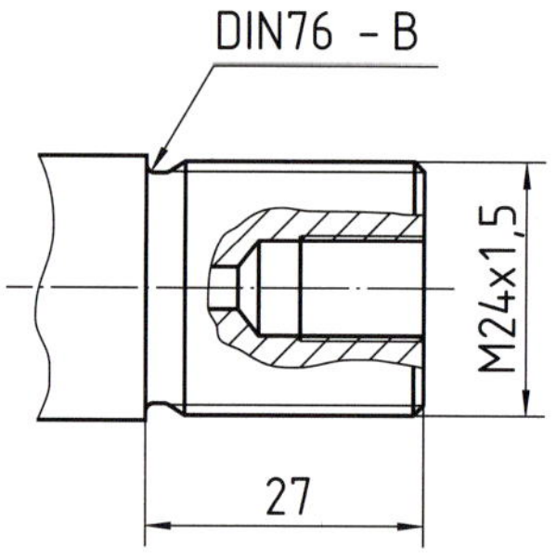

Abb. 1: Vereinfachte Kennzeichnung von Gewindefreistichen

Gewindefreistiche können vereinfacht mit der Normkurzbezeichnung gekennzeichnet werden. Bei der vereinfachten Kennzeichnung wird die Normbezeichnung mit einem Hinweispfeil angegeben (Abb. 1).

Die Bemaßung des Gewindefreistiches entfällt.

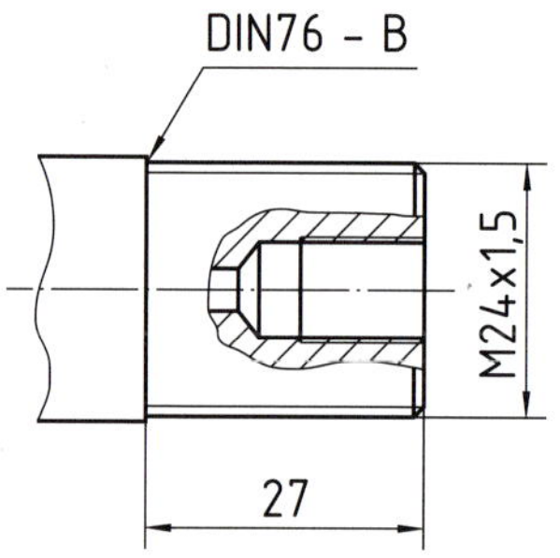

Abb. 2: Vereinfachte Darstellung von Gewindefreistichen

Bei der vereinfachten Darstellung wird auch der Gewindefreistich nicht dargestellt. Es wird nur die Normkurzbezeichnung angegeben (Abb. 2).

Zentrierbohrungen

Drehteile, die aus fertigungstechnischen Gründen mit Zentrierspitzen gespannt werden müssen, erhalten Zentrierbohrungen.

Zeichnungsangaben von Zentrierbohrungen können als

- *ausführliche Darstellung* nach **DIN 332** oder
- *vereinfachte Darstellung* nach **DIN ISO 6411**

erfolgen (➜📖).

Bei der *ausführlichen Darstellung* wird die Zentrierbohrung im Teilschnitt oder vergrößert als Einzelheit gezeichnet und vollständig bemaßt (Abb. 3).

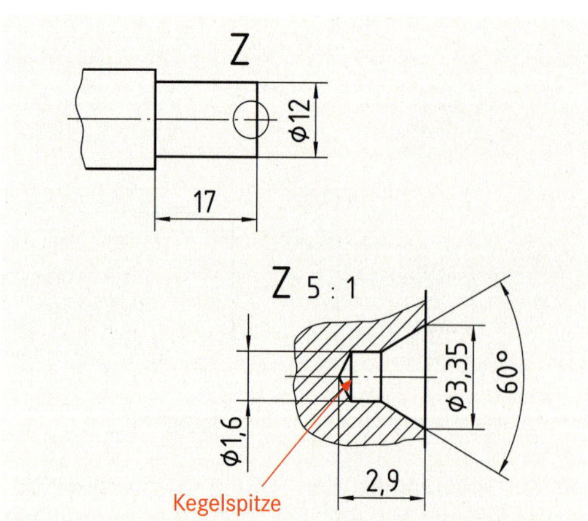

Abb. 3: Ausführliche Darstellung einer Zentrierbohrung

In der Regel reicht die vereinfachte Darstellung von Zentrierbohrungen aus, da Zentrierbohrungen mit genormten Zentrierbohrern hergestellt werden.

Bei der *vereinfachten Darstellung* wird eine Zentrierbohrung durch ein Symbol mit der Normbezeichnung gekennzeichnet. Das Symbol legt fest, ob die Zentrierbohrung am fertigen Teil verbleiben darf oder nicht (Abb. 4).

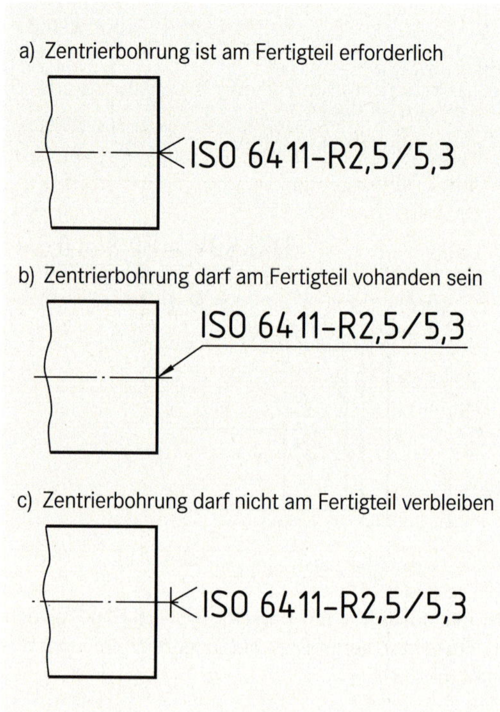

Abb. 4: Zeichnungsangaben bei vereinfachter Darstellung

An das Symbol wird die Normbezeichnung angetragen. Aus der Normbezeichnung können die Form und die Durchmesser der Zentrierbohrung entnommen werden.

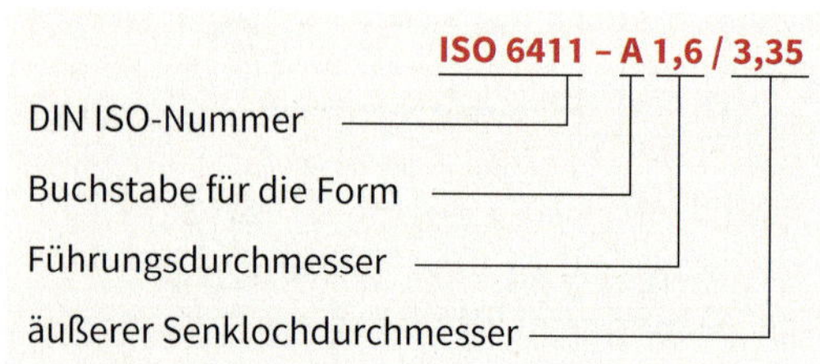

Um die Zentrierbohrung auf der Drehmaschine fertigen zu können, muss die Bohrungstiefe aus Tabellen bestimmt werden. Die Bohrungstiefe schließt die Länge der Kegelspitze mit ein (Abb. 3). Die Bohrungstiefe bestimmt den äußeren Senklochdurchmesser der Zentrierbohrung.

Nuten für Sicherungsringe

Maschinenteile wie Wälzlager und Zahnräder werden auf Wellen häufig durch Sicherungsringe gegen axiales Verschieben gesichert. Die Größe des Sicherungsringes richtet sich nach der Größe des Wellendurchmessers.

Die Aufnahme des Sicherungsringes erfolgt durch eine umlaufende Nut. Die Maße und Toleranzen für den Durchmesser und die Breite der Nut sind nach **DIN 471** genormt (➡📖).

Nuten für Sicherungsringe werden in einer Ansicht dargestellt und bemaßt (Abb. 5).

① Bei Nuten für Sicherungsringe werden die Nutbreite und der Nutdurchmesser bemaßt und durch eine Toleranzangabe mit Toleranzklasse toleriert.

② Dabei kann der Nutdurchmesser vereinfacht hinter der Nutbreite angegeben werden.

③ Das Lagemaß der Nut ist funktionsbedingt von der Anlagefläche des zu sichernden Bauteils aus zu bemaßen und mit einer Plustoleranz zu versehen.

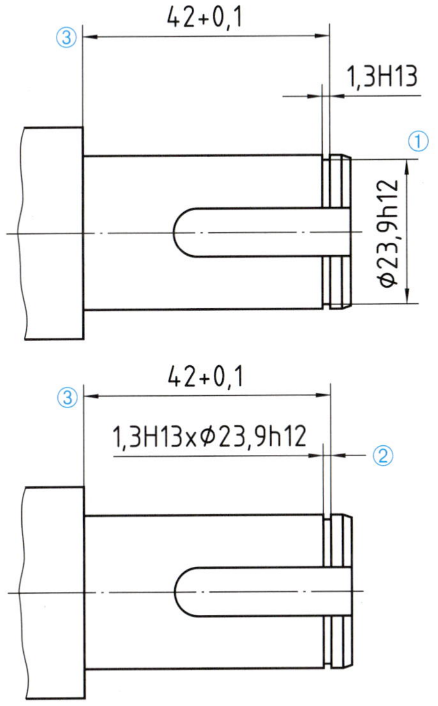

Abb. 5: Bemaßung von Nuten für Sicherungsringe

Nuten für Passfedern und Keile

Zum Übertragen von Drehmomenten zwischen Wellen und Zahnrädern werden Passfedern oder Keile eingesetzt. Dazu erhalten die Welle und die Nabe eine Nut, um die Passfeder oder den Keil aufzunehmen.

Die Maße und Toleranzen für die Breite und die Tiefe der Nuten sind genormt und vom Wellendurchmesser abhängig. Maße und Toleranzen für Passfedern und deren Nuten sind nach **DIN 6885** genormt (➡📖).

In technischen Zeichnungen werden bei Wellennuten Länge, Breite und Tiefe bemaßt (Abb. 6).

④ Die Nutlänge wird als Gesamtlänge mit einer Plus-Toleranz angegeben.

⑤ Die Nutbreite und Nuttiefe werden in der Regel in einer zusätzlichen Schnittdarstellung angegeben. Die Breite wird durch eine Toleranzangabe mit Toleranzklasse, z. B. P9 toleriert.

⑥ Bei einer geschlossenen Wellennut wird die Nuttiefe bemaßt und mit einer Plus-Toleranz versehen.

⑦ Bei einer offenen Wellennut wird der Abstand vom Nutgrund bis zum gegenüberliegenden Wellendurchmesser bemaßt und mit einer Minus-Toleranz versehen.

⑧ Bei Nuten, die nur mit der Draufsicht dargestellt sind, wird die Nuttiefe vereinfacht mit einer Hinweislinie und dem Buchstaben h angegeben.

⑨ Bei der Darstellung nur mit der Draufsicht können Nutbreite und Nuttiefe auch vereinfacht zusammen angegeben werden.

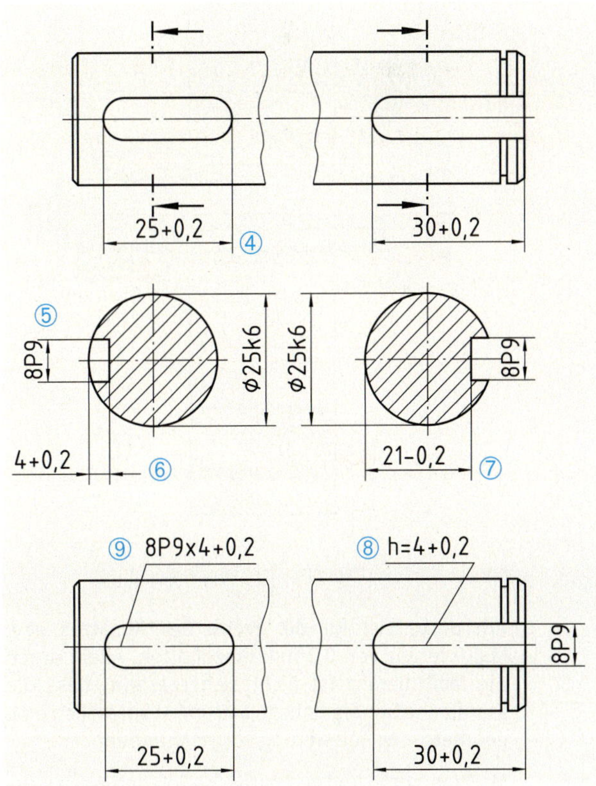

Abb. 6: Darstellung und Bemaßung von Wellennuten

1.1.1.2 Geometrische Tolerierung

Um die Funktion eines Werkstückes sicherzustellen, kann es notwendig sein,

- die Bearbeitungsformen von Werkstücken (z. B. die Zylinderform) oder
- die Lage von Bearbeitungsformen eines Werkstückes zueinander (z. B. die Parallelität zweier Flächen)

zu tolerieren.

Die Planfläche des Absatzes am Bolzen (Pos. 2) aus der Klemmvorrichtung ist mit einer Lagetoleranz versehen. Dadurch soll erreicht werden, dass die Planfläche bündig in der Senkung der Grundplatte (Pos. 1) anliegt.

Dieses ist notwendig, damit die Axialkräfte, die auf den Sägetisch wirken, von der Planfläche des Bolzens über die aufgeschraubte Stellmutter (Pos. 12) auf die Klemmbacken (Pos. 3 und 4) übertragen werden (Abb. 1).

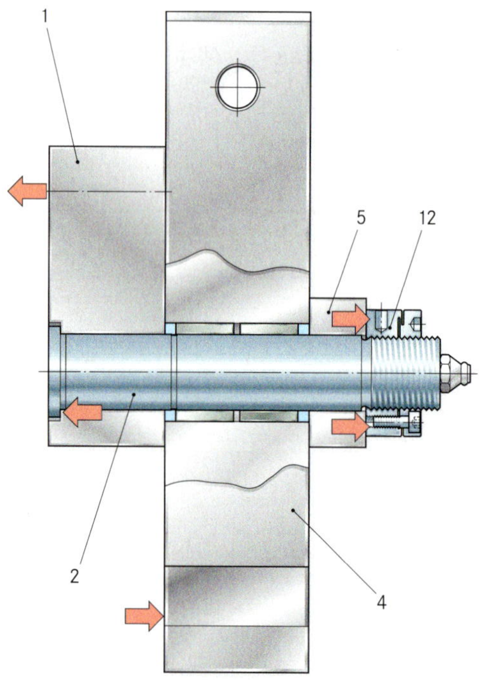

Abb. 1: Kraftübertragung in der Klemmvorrichtung

Am Bolzen ist für die Breite des Absatzes eine Maßtoleranz von 0,2 mm einzuhalten. Allein durch die Maßtoleranz ist nicht sichergestellt, dass die Planfläche bündig anliegt. Darum ist zusätzlich eine geometrische Tolerierung vorgeschrieben.

Maßtoleranzen und geometrische Tolerierungen müssen unabhängig voneinander eingehalten werden.

Zeichnungseintragung

Die Symbole für geometrische Tolerierungen sind nach **DIN EN ISO 1101** genormt (→). Man unterscheidet Form-, Richtungs-, Orts- und Lauftoleranzen.

Formtoleranzen legen die zulässige Abweichung eines Formelementes von seiner geometrisch idealen Form fest.

Formtoleranzen werden durch zweiteilige Toleranzrahmen gekennzeichnet. Im ersten Feld ist das Symbol für die tolerierte Eigenschaft angegeben, im zweiten Feld der Toleranzwert in Millimetern (Abb. 2). Eine Bezugslinie mit Bezugspfeil ordnet den Toleranzrahmen dem tolerierten Formelement zu.

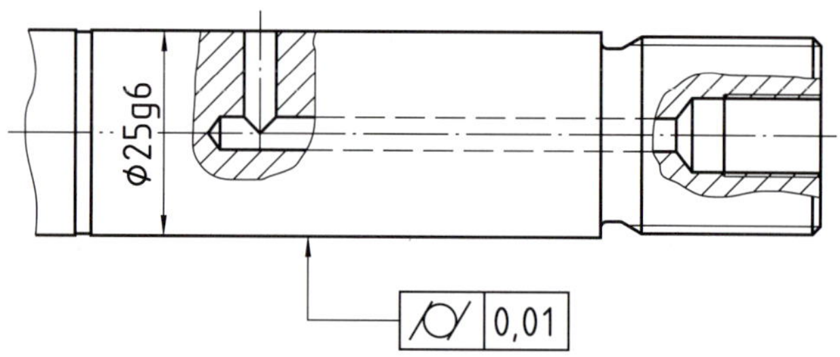

Abb. 2: Angabe von Formtoleranzen

Richtungs-, Orts- und Lauftoleranzen legen die zulässigen Abweichungen zweier oder mehrerer Formelemente von ihrer geometrisch idealen Lage zueinander fest.

Bei *Richtungs-, Orts- und Lauftoleranzen* wird ein Element des Werkstückes als Bezug festgelegt, auf den sich die Lage des tolerierten Elementes bezieht. Der Bezug wird mit Buchstaben gekennzeichnet. Der Bezugsbuchstabe steht in einem Bezugsrahmen, der mit einem Bezugsdreieck verbunden ist. Der Bezugsbuchstabe wird im Toleranzrahmen wiederholt (Abb. 3). Zur Kennzeichnung von Richtungs-, Orts- und Lauftoleranzen werden im Allgemeinen dreiteilige Toleranzrahmen verwendet.

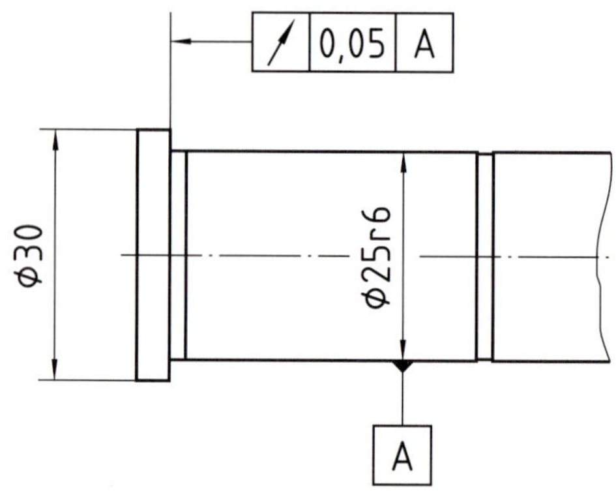

Abb. 3: Angabe einer Lauftoleranz mit Bezugsbuchstaben

Toleranzzonen

! Die *Toleranzzone* ist der Bereich, in dem das tolerierte Element eines Werkstückes liegen muss.

Die Lage der Toleranzzone ergibt sich aus der Zuordnung des Toleranzrahmens (Tab. 1).

Die Art der Toleranzzone ist abhängig von der tolerierten Eigenschaft (Abb. 4).

Steht vor dem Toleranzwert ein Durchmesserzeichen, ergibt sich eine kreis- oder zylinderförmige Toleranzzone.

Bezug und Bezugselement

Je nach Anordnung des Bezugszeichens in der Einzelteilzeichnung ergeben sich unterschiedliche Bezüge (Tab. 1, nächste Seite). Der Bezug ist ein theoretisch genaues Element.

Die Lage eines Bezuges wird durch ein am Werkstück vorhandenes Element, das Bezugselement, bestimmt. So ergibt sich z. B. die Achse eines Zylinders als festgelegter Bezug aus der zugehörigen Zylindermantelfläche. Die Zylindermantelfläche bildet das Bezugselement.

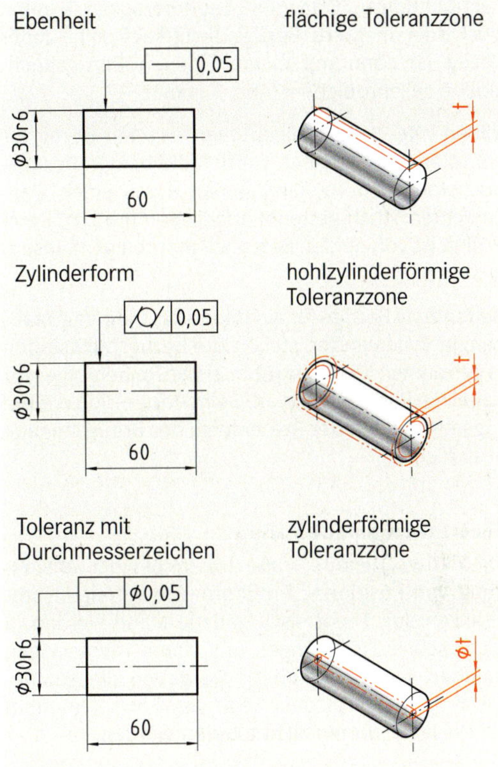

Abb. 4: Arten von Toleranzzonen

Tab. 1: Anordnung von Toleranzrahmen

1 Toleranzrahmen einer Fläche zugeordnet	**2** Toleranzrahmen einem Maß zugeordnet
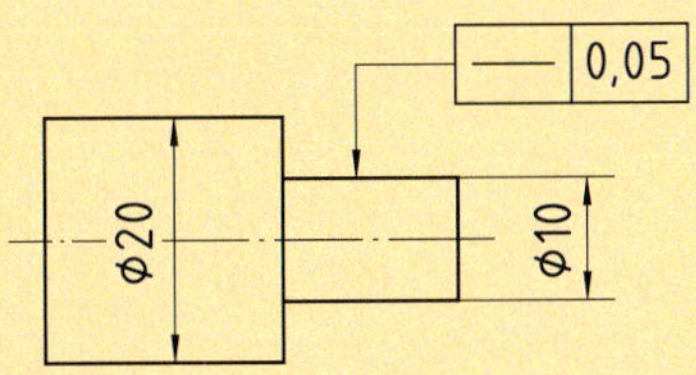 Die Geradheitstoleranz gilt für die gekennzeichnete Fläche.	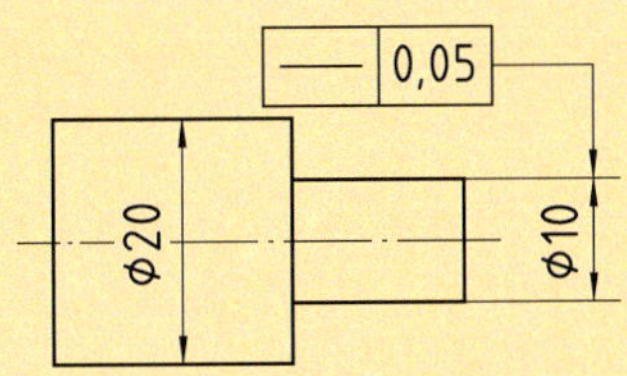 Die Geradheitstoleranz gilt für die Achse des bemaßten Elementes.
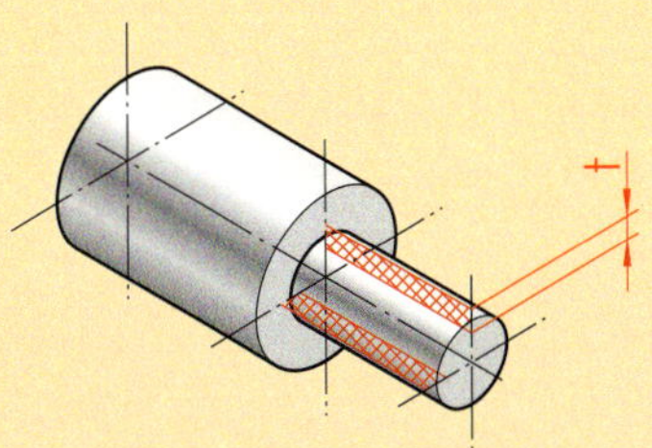 Jede beliebige Mantellinie der gekennzeichneten Zylindermantelfläche muss zwischen zwei parallelen Geraden vom Abstand $t = 0{,}05$ mm liegen	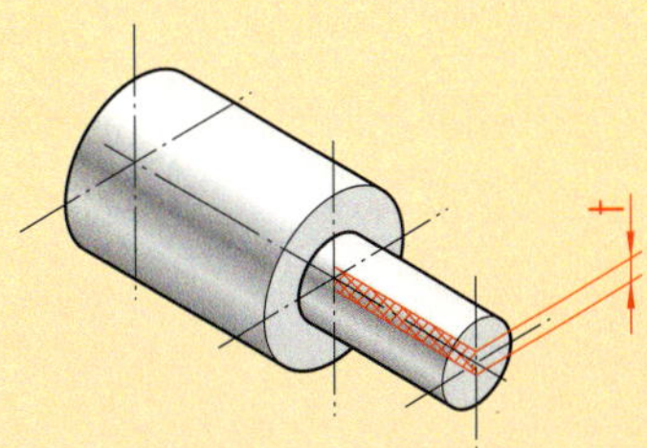 Die Achse des gekennzeichneten Zylindermanteldurchmessers muss in jeder beliebigen Lage zwischen zwei parallelen Geraden im Abstand $t = 0{,}05$ mm liegen.

Für Richtungs-, Orts- und Lauftoleranzen können zwei oder mehrere Bezüge festgelegt sein. Jeder Bezug ist dann mit einem eigenen Bezugsbuchstaben gekennzeichnet (Abb. 1 und 2).

Bilden zwei Bezüge einen *gemeinsamen* Bezug für ein toleriertes Element, werden die beiden Bezugsbuchstaben im Toleranzrahmen durch einen waagerechten Strich getrennt angegeben (Abb. 1). Beim Prüfen ist von beiden Bezugselementen gemeinsam auszugehen.

Gelten zwei Bezüge für ein toleriertes Element unabhängig voneinander, stehen die Bezugsbuchstaben in getrennten Kästchen (Abb. 2). Die Reihenfolge gibt dabei die Rangordnung an. Beim Prüfen sind die Bezugselemente in der Reihenfolge der Bezugsangabe auszurichten.

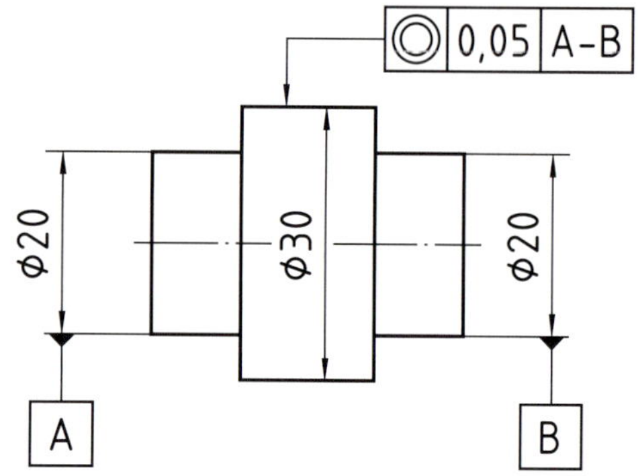

Abb. 1: Gemeinsamer Bezug einer Ortstoleranz

Theoretisch genaue Maße

Theoretisch genaue Maße treten bei der Anwendung von Positions-, Profilform- oder Neigungstoleranzen auf. Theoretisch genaue Maße werden in technischen Zeichnungen mit einem rechteckigen Rahmen versehen (Abb. 2). Sie geben die geometrisch ideale Form oder Lage von Formelementen an. Die Maße dürfen nicht toleriert werden.

! Durch die Anwendung von theoretisch genauen Maßen im Zusammenhang mit Positionstoleranzen addieren sich keine Maßtoleranzen.

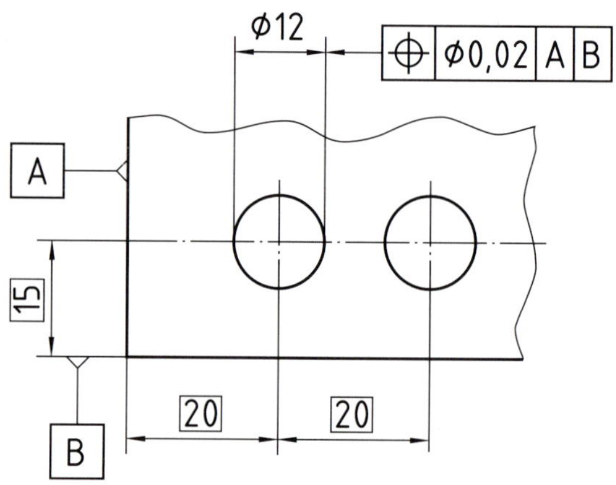

Abb. 2: Zwei unabhängige Bezüge einer Ortstoleranz

Tab. 1: Anordnung von Bezugszeichen

1 Bezugszeichen einer Fläche zugeordnet	**2** Bezugszeichen einem Maß zugeordnet
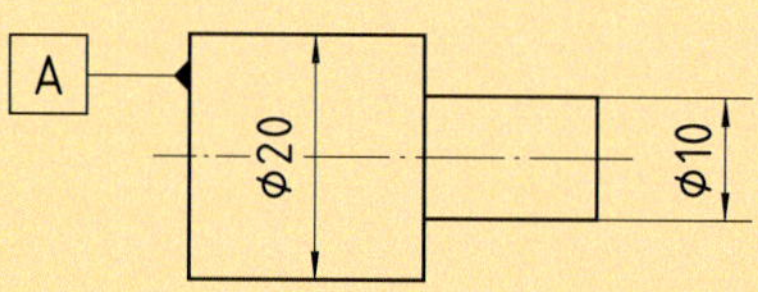 Der Bezug ist die gekennzeichnete Fläche	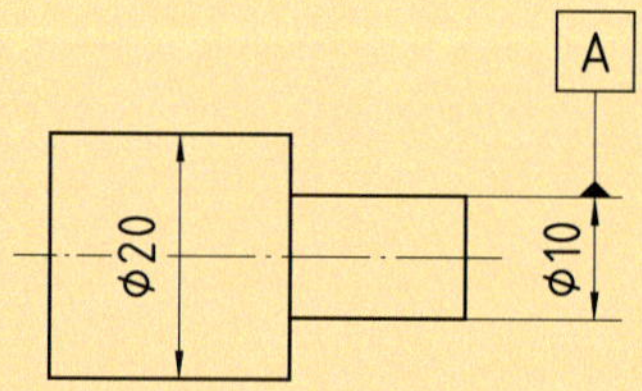 Der Bezug ist die Achse des gekennzeichneten Formelementes
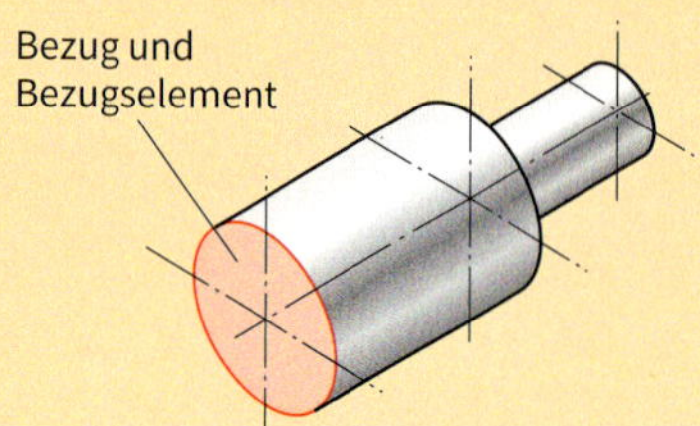 Das Bezugselement ist die tatsächliche Planfläche des Werkstückes	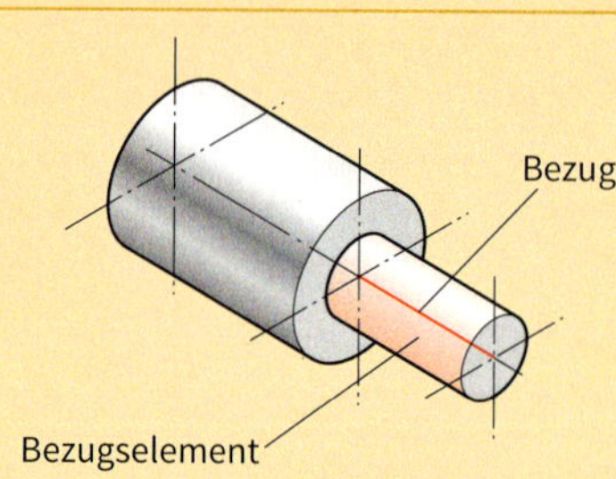 Das Bezugselement ist die Mantelfläche des Zylinders Ø10 mm

Fertigen

1.1.2 Zyklengesteuerte Drehmaschinen

Zyklengesteuerte Drehmaschinen sind ähnlich wie konventionelle Universaldrehmaschinen aufgebaut. Sie unterscheiden sich jedoch in den Baueinheiten und haben eine erweiterte Funktionalität, z. B. Drehzyklen. Die Bedienung kann manuell oder über eine integrierte Steuerung erfolgen (Abb. 3).

1.1.2.1 Baueinheiten

Als Hauptantrieb dient ein stufenlos regelbarer Elektromotor. Die Antriebsenergie erfolgt vom Hauptantrieb über einen Keilriemen zu einem Getriebe. Über das Getriebe wird die Arbeitsspindel angetrieben.

Der Vorschubantrieb des Werkzeugschlittens in Längsrichtung und des Planschlittens in Querrichtung erfolgt ebenfalls durch stufenlos regelbare Elektromotoren. Mechanische Getriebe sowie Zug- und Leitspindel entfallen.

Die Vorschubantriebe sind mit dem Hauptantrieb synchronisierbar. Dadurch können Vorschübe bezogen auf die Umdrehungsfrequenz der Arbeitsspindel (Vorschub je Umdrehung) realisiert werden.

Das Verfahren von Werkzeug- und Planschlitten kann auch manuell über Handräder erfolgen. Die Bewegungen der Handräder werden dabei in elektrische Signale umgewandelt, welche die Vorschubmotoren steuern. Die Handräder sind nicht mechanisch mit den Vorschubspindeln verbunden.

Werkzeugschlitten und Reitstock werden auf den Führungsbahnen des Drehmaschinenbettes geführt. In den Maschinenkörper sind Hauptantrieb, Kühlmitteleinrichtung, Zentralschmierung sowie der Schaltschrank für die Steuerung integriert.

Die *Steuerung* steuert und regelt die Haupt- und Vorschubantriebe. Über die Bedienoberfläche des Bedienfeldes werden die notwendigen Bearbeitungsdaten eingegeben. Die integrierte Zyklenautomatik stellt dabei gängige Bearbeitungszyklen zur Verfügung. Dies sind z. B. Zyklen für das Gewindeschneiden, das Drehen von Freistichen oder das Abstechdrehen.

Eine *Schiebetür* schirmt den Arbeitsraum im Bereich des Drehfutters ab. Die Stellung der Schiebetür wird dabei durch einen Endschalter elektrisch überwacht.

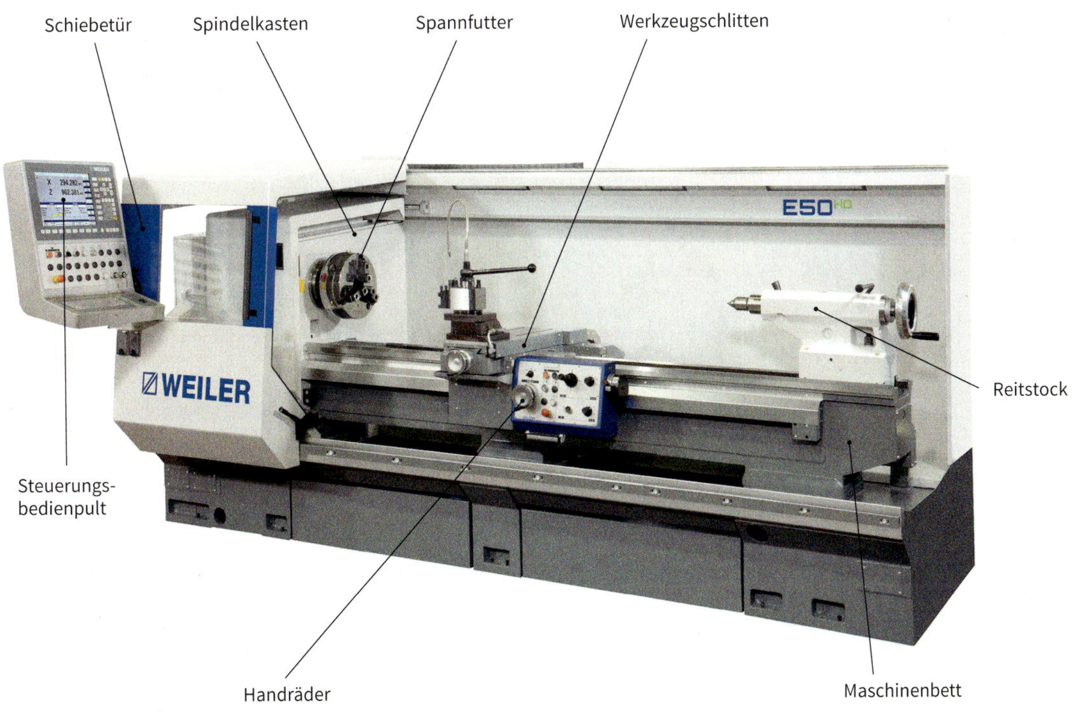

Abb. 3: Baueinheiten einer zyklengesteuerten Drehmaschine

1.1.2.2 Spannmittel

Spannmittel müssen die Werkstücke sicher und fest spannen. Sie müssen das Drehmoment auf das Werkstück übertragen und die Zerspankraft ohne Lageänderung des Werkstückes aufnehmen. Die Spannkraft sollte dabei so bemessen sein, dass keine unzulässige Beschädigung oder Verformung des Werkstückes auftritt.

Die Auswahl von Spannmitteln richtet sich im Allgemeinen nach der Form, der Größe und der Oberflächenbeschaffenheit des Werkstückes sowie nach der verlangten Genauigkeit.

Handspannfutter

Spannfutter gibt es als Zwei-, Drei- oder Vierbackenfutter. Am häufigsten werden Dreibackenfutter verwendet. Mit ihnen werden runde oder auch 6-kantige Werkstücke gespannt.

Die Backen werden mit einem Steckschlüssel über ein Plangewinde oder über ein Keilstangengetriebe verstellt (Abb. 1). Spannfutter mit Keilstangengetriebe haben eine höhere Spanngenauigkeit und ermöglichen größere Spannkräfte.

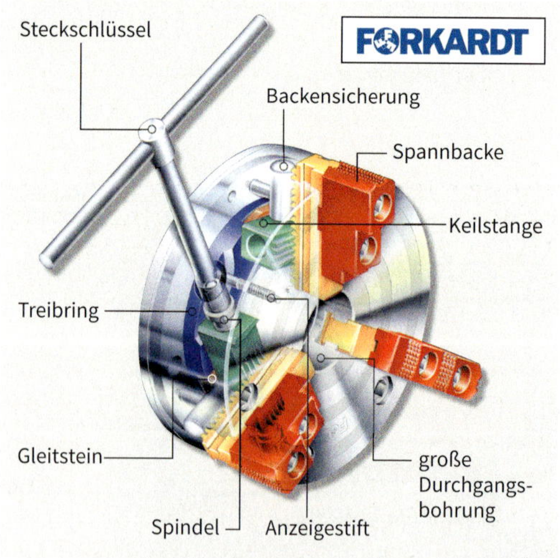

Abb. 1: Spannfutter mit Keilstangengetriebe

In Normalausführung haben Spannfutter umkehrbare, harte Stufenbacken. Zu einem Spannfutter gehören meist auch mehrere weiche Spannbackensätze. Die weichen Backen werden auf den Durchmesser und falls erforderlich auf die Tiefe des Werkstückes ausgedreht. Dadurch wird eine hohe Spanngenauigkeit erreicht. Außerdem beschädigen weiche Spannbacken nicht die Werkstückoberfläche.

Spannfutter müssen regelmäßig gewartet werden. Denn mit zunehmender Einsatzdauer steigt die Reibung im Spannmechanismus an, wodurch die Spannkraft sinkt.

Tab. 1: Eigenschaften von Spannbacken

harte Backen	weiche Backen
sind verschleißfest und besitzen verzahnte Spannflächen,	sind im Durchmesser und in der Tiefe dem Werkstück angepasst,
eignen sich für große Spannkräfte,	haben eine hohe Spanngenauigkeit,
beschädigen die Werkstückoberfläche	beschädigen nicht die Werkstückoberfläche

Zentrierspitze und Stirnseitenmitnehmer

Zentrierspitzen verwendet man zum Spannen von Werkstücken zwischen der Arbeitsspindel und dem Reitstock, wenn eine hohe Rundlaufgenauigkeit erforderlich ist. Zum Spannen müssen die Werkstücke entsprechende Zentrierbohrungen besitzen.

Zentrierspitzen haben einen Spitzenwinkel von 60°. Zur Aufnahme in der Arbeitsspindel oder in der Reitstockpinole haben die Zentrierspitzen einen genormten Kegelschaft. Gebräuchliche Zentrierspitzen sind feste und mitlaufende Zentrierspitzen sowie Zentrierspitzen mit Stirnseitenmitnehmer (Abb. 2).

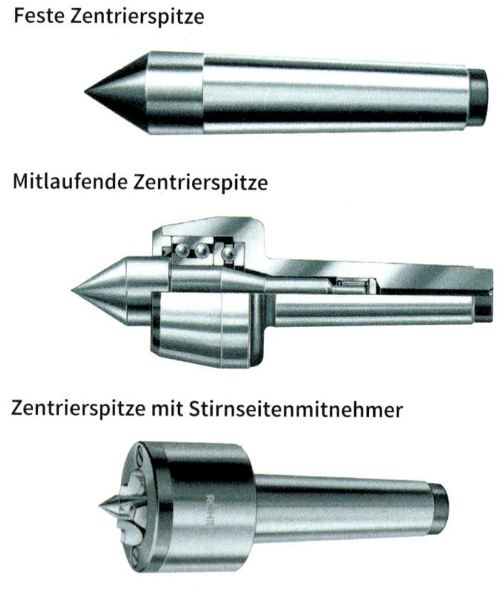

Abb. 2: Zentrierspitzen

Zentrierspitzen mit Stirnseitenmitnehmer werden in die Arbeitsspindel eingesetzt. Sie übertragen beim Spannen zwischen Spitzen das Drehmoment von der Arbeitsspindel auf das Werkstück. Die gehärteten, keilförmigen Mitnehmer werden beim Spannen in die Planfläche des Werkstückes gedrückt. Bei kleinen Drehzahlen werden meist feste Zentrierspitzen in die Reitstockpinole eingesetzt. Dabei muss die Zentrierbohrung vor dem Spannen mit Schmiermittel gefüllt werden. Bei höheren Drehzahlen verwendet man meist *mitlaufende Zentrierspitzen*.

Spannzange

Mit Spannzangen werden maßhaltige Werkstücke gespannt. Die Zangen umschließen fast das gesamte Werkstück, dadurch ergeben sich hohe Rundlaufgenauigkeiten und die Werkstückoberfläche wird nicht beschädigt.

Spannzangen haben einen eng begrenzten Spannbereich. Handelsübliche Spannzangen sind jeweils um 0,5 mm abgestuft. Deshalb ist für jeden Durchmesser eine besondere Spannzange erforderlich. Nach der Bauart unterscheidet man zwischen Zug-Spannzangen und Druck-Spannzangen.

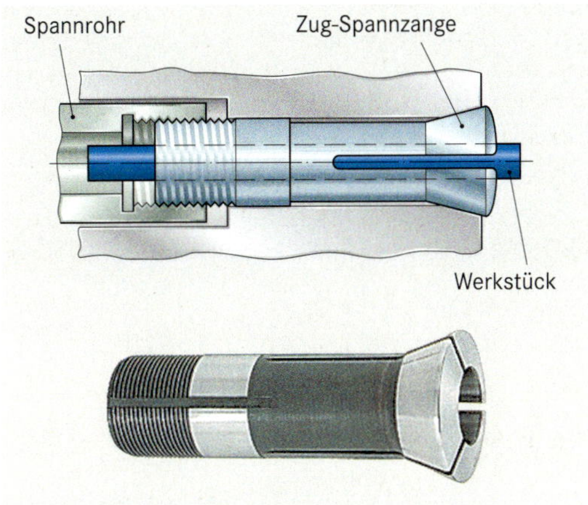

Abb. 3: Zug-Spannzange

Zug-Spannzangen werden im Innenkegel der Arbeitsspindel aufgenommen und über ein Spannrohr mit einem Spannhebel gespannt (Abb. 3). Für Druck-Spannzangen sind besondere Zangenfutter erforderlich (siehe Kapitel 2.1.2.3).

Spanndorn

Werkstücke mit Bohrungen werden mit Spanndornen gespannt, wenn eine hohe Rundlaufgenauigkeit zwischen Bohrung und Außenfläche erreicht werden soll (Abb. 4). Dazu wird das Werkstück mit der fertig bearbeiteten Bohrung auf der Spannhülse aufgenommen. Zum Spannen unterschiedlicher Bohrungsdurchmesser können die Spannhülsen ausgewechselt werden.

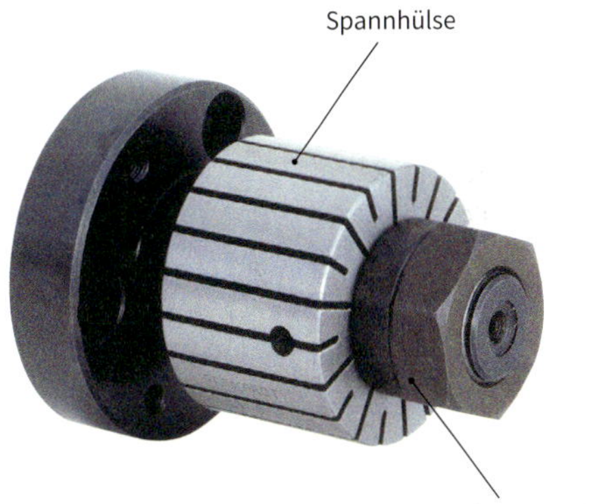

Abb. 4: Handbetätigter Spanndorn

Kräfte beim Drehen

Der Werkstoff setzt dem Eindringen des Werkzeuges bei der Spanabnahme einen Widerstand entgegen. Er entspricht der Zerspankraft F.

Die *Zerspankraft* lässt sich in die Schnittkraft F_c, die Vorschubkraft F_f und die Passivkraft F_p zerlegen. Die Teilkräfte wirken entgegengesetzt der jeweiligen Arbeitsbewegung.

Die *Schnittkraft* F_c ist die größte Teilkraft. Sie bestimmt das Drehmoment, das vom Spannfutter auf das Werkstück übertragen werden muss.

Die Größe der Schnittkraft hängt von der spezifischen Schnittkaft k_c in N/mm^2 und dem Spanungsquerschnitt $A = a_p \cdot f$ in mm^2 ab.

$$F_c = A \cdot k_c \cdot K$$

Die spezifische Schnittkraft wird in Versuchen ermittelt und kann Tabellen entnommen werden (➜📖). Einfluss auf die spezifische Schnittkraft haben neben dem Werkstoff auch die Spanungsdicke h, die Schneidengeometrie sowie die Schnittgeschwindigkeit v_c. Die Änderung der Schnittkraft mit der Schnittgeschwindigkeit wird durch den Korrekturfaktor K berücksichtigt.

Aus der Schnittkraft F_c und der Schnittgeschwindigkeit v_c ergibt sich die für die Zerspanung erforderliche Schnittleistung P, die vom Hauptantrieb der Drehmaschine aufgebracht werden muss.

$$P = F_c \cdot v_c$$

Die *Vorschubkraft* F_f ist wesentlich kleiner als die Schnittkraft F_c und kann bei der Wahl des Spannmittels vernachlässigt werden.

Beim Drehen langer schlanker Werkstücke kann die *Passivkraft* F_p in Verbindung mit der Schnittkraft zum Durchbiegen des Werkstückes und damit zu Toleranzüberschreitungen führen.

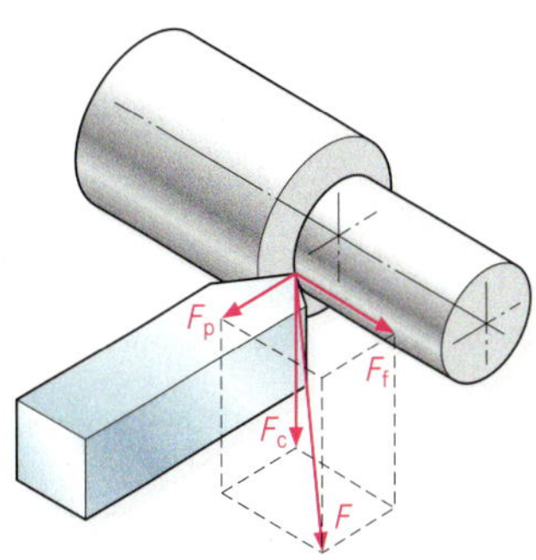

Setzstock

Beim Bearbeiten langer schlanker Werkstücke besteht die Gefahr, dass diese sich durchbiegen. Um das zu verhindern, werden die Werkstücke durch Setzstöcke (Lünetten) abgestützt (Abb. 1). Man unterscheidet zwischen feststehenden und mitlaufenden Setzstöcken.

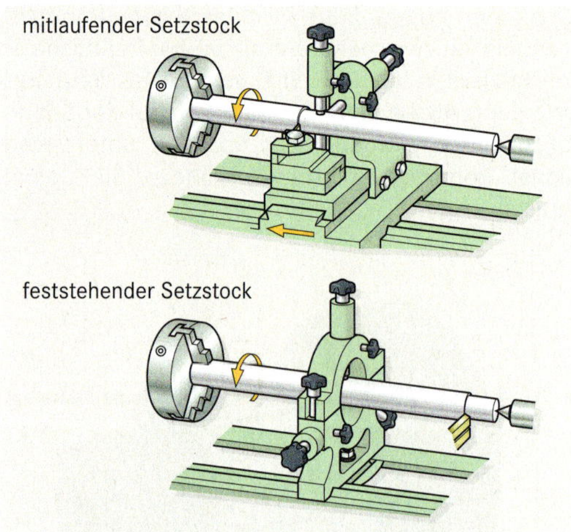

Abb. 1: Setzstock

Der *mitlaufende Setzstock* wird auf den Werkzeugschlitten der Drehmaschine befestigt. Das Abstützen sollte dabei dicht hinter dem Drehmeißel auf der bereits bearbeiteten Werkstückfläche erfolgen.

Der *feststehende Setzstock* wird auf das Maschinenbett gespannt. Die Gleitfläche am abzustützenden Werkstück sollte glatt sein und rund laufen. Feststehende Setzstöcke werden auch zum Spannen langer Werkstücke beim Plandrehen und bei der Innenbearbeitung eingesetzt.

Beispiel: Schnittkraft und Antriebsleistung

Ein Werkstück aus C60E soll mit einer Schnittgeschwindigkeit v_c von 100 m/min gedreht werden. Der Vorschub f beträgt 0,25 mm und die Schnitttiefe a_p ist 3 mm. Die Spanungsdicke ergibt sich zu $h = 0{,}20$ mm.

Es sind die Schnittkraft F_c und die erforderliche Antriebsleistung P_{ing} der Maschine zu bestimmen, wenn der Wirkungsgrad $\eta = 0{,}7$ beträgt.

Geg.: $h = 0{,}2$ mm; $a_p = 3$ mm; $f = 0{,}25$ mm; $v_c = 100$ m/min; $\eta = 0{,}7$

Ges.: F_c in N; P_{ing} in kW

Lösung:
nach Tabellenbuch $k_c = 2850\ \text{N/mm}^2$, $K = 1$

$$F_c = A \cdot k_c \cdot K = a_p \cdot f \cdot k_c \cdot 1$$

$$F_c = 3\ \text{mm} \cdot 0{,}25\ \text{mm} \cdot 2850\ \text{N/mm}^2 = \underline{\underline{2140\ \text{N}}}$$

$$P = F_c \cdot v_c$$

$$P = \frac{2140\ \text{N} \cdot 100\ \text{m}\ 1\ \text{min}}{\text{min}\ 60\ \text{s}} = \underline{\underline{3563\ \text{W}}}$$

$$P \approx 3{,}6\ \text{kW}$$

Diese Leistung muss mindestens von der Drehmaschine am Spannfutter abgegeben werden und entspricht der abzugebenden Leistung P_{exi}.

$$P_{ing} = \frac{P_{exi}}{\eta}$$

$$P_{ing} = \frac{3{,}6\ \text{kW}}{0{,}7} = \underline{\underline{5{,}1\ \text{kW}}}$$

Zusammenfassung

Spannmittel	Spannfutter mit Hartbacken	Spannfutter mit Weichbacken	Spannen zwischen Spitzen	Spannzange	Spanndorn
Anwendung	Spannen unbearbeiteter, gewalzter Oberflächen	Spannen maßhaltiger, fertig bearbeiteter Oberflächen	Spannen von Teilen mit kleinen Rundlauftoleranzen, die umgespannt werden müssen	Spannen von gezogenem Stangenmaterial oder von dünnwandigen Teilen	Spannen von Teilen mit kleinen Rundlauftoleranzen zwischen Bohrung und Außenflächen
Spannprinzip	zentrische Bewegung der Spannbacken über Plangewinde oder Keilstangengetriebe, Backen werden in die Werkstückoberfläche gedrückt	Backen sind dem Werkstückdurchmesser angepasst	Werkstückaufnahme über Zentrierbohrungen und Zentrierspitzen, Übertragung des Drehmomentes durch Stirnseitenmitnehmer	gleichmäßige Verteilung der Spannkräfte am Werkstückumfang, kegelförmige, geschlitzte Buchse wird elastisch verformt	Werkstückaufnahme in der bearbeiteten Bohrung, geschlitzte Spannhülse wird elastisch gespreizt
Spanngenauigkeit	0,1 mm	0,02 - 0,03 mm	0,01 mm	0,01 - 0,02 mm	0,01 mm

1. Ein Drehteil soll einen Freistich erhalten.

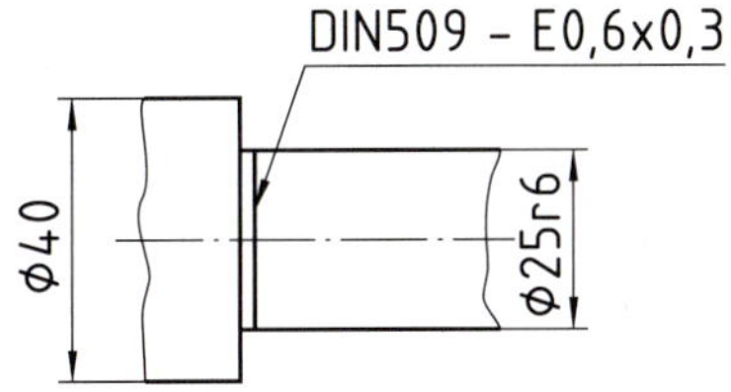

a) Erklären Sie die Zeichnungsangabe.

b) Skizzieren Sie den Freistich mit allen Maßen und Toleranzangaben im Maßstab 10 : 1.

2. An einem Drehteil ist die Zentrierbohrung vereinfacht angegeben.

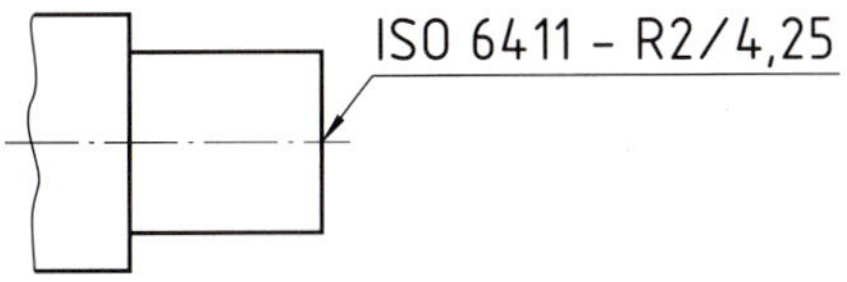

a) Erklären Sie die Zeichnungsangabe.

b) Wie tief muss gebohrt werden?

3. Zur Befestigung eines Zahnrades befinden sich an einem Wellenabsatz eine Passfedernut und eine Nut für einen Sicherungsring. Die Abmessungen für die Passfeder und den Sicherungsring sind in der Stückliste der Baugruppe angegeben.

Sicherungsring DIN 471 – 17 x 1

Passfeder DIN 6885 – A 5 x 5 x 18

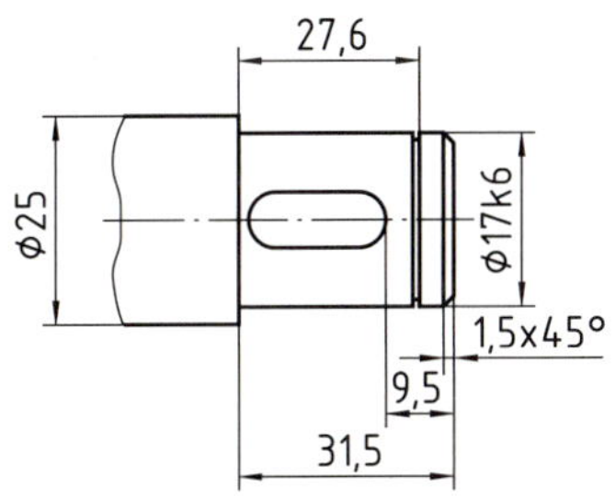

Skizzieren Sie den Wellenabsatz in einer Ansicht mit allen Maßen und Toleranzangaben im Maßstab 2 :1.

4. In der Einzelteilzeichnung einer Bundbuchse sind folgende Orts- und Lauftoleranzen angegeben:

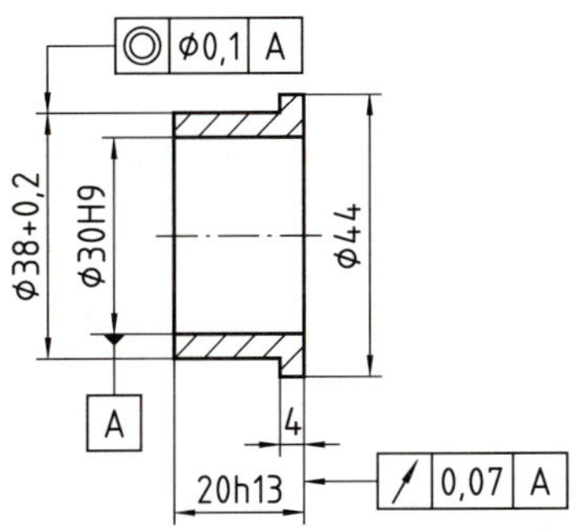

a) Geben Sie den Bezug und das Bezugselement für die Orts- und Lauftoleranz an.

b) Erklären Sie die Lauftoleranz für die Stirnseite.

c) Erklären Sie die Ortstoleranz für den Zylinder Ø 38.

d) Bohrung und Stirnseite der Buchse sind fertig gedreht. Wie spannen Sie die Bundbuchse zum Drehen des Zylinders Ø 38?

5. Beschreiben Sie drei Unterschiede bei den Baueinheiten zum Antreiben und zum Energieübertragen zwischen einer Zyklen-Drehmaschine und einer Universaldrehmaschine.

6. Die dargestellte Welle soll zum Drehen zwischen Spitzen gespannt werden.

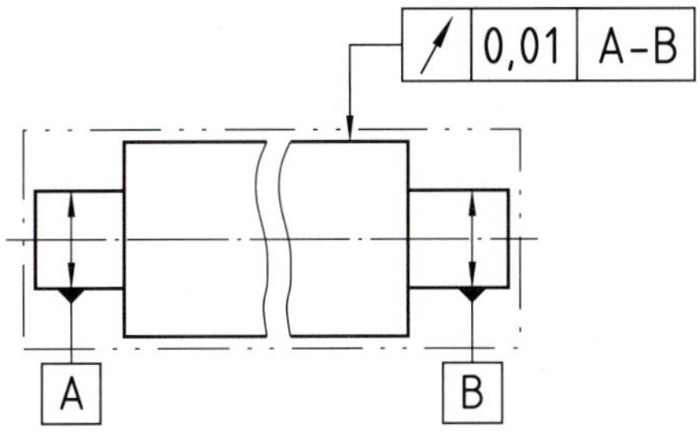

a) Geben Sie die benötigten Spannmittel an.

b) Beschreiben Sie den Spannvorgang.

c) Worauf müssen Sie beim Spannen achten, damit die Rundlauftoleranz eingehalten wird?

7. Ein Drehteil muss beim Spannen auf einer fertig gedrehten Funktionsfläche gespannt werden. Erläutern Sie, welches Spannmittel Sie dazu einsetzen würden.

8. Beschreiben Sie mögliche Folgen einer ungenügenden Wartung von Spannfuttern.

9. Ein Werkstück aus 16MnCr5 soll mit einem HM-Drehmeißel und einer Schnittgeschwindigkeit von 120 m/min gedreht werden. An der Maschine sind die Arbeitswerte a_p = 4 mm und f = 0,25 mm einzustellen. Die Spanungsdicke beträgt 0,2 mm.

a) Bestimmen Sie die spezifische Schnittkraft.

b) Berechnen Sie die Schnittkraft.

c) Welche Leistung muss von der Maschine aufgebracht werden ($\eta = 0{,}75$)?

10. Beim Drehen tritt eine Schnittkraft von 3500 N auf. Überprüfen Sie, ob die Spannkraft F_{sp} des Dreibackenfutters von 6000 daN ausreicht, wenn der Reibwert zwischen den Spannbacken und dem Werkstück $\mu_0 = 0{,}15$ beträgt.

11. Geben Sie die Richtungen der Vorschubkraft F_f und der Passivkraft F_p für das Querplandrehen in einer Skizze an.

Fertigen

1.1.3 Drehwerkzeuge

Zunehmend werden Klemmhalter mit aufgeschraubten oder aufgeklemmten Wendeschneidplatten verwendet. Drehmeißel aus Schnellarbeitsstahl oder Drehmeißel mit aufgelöteten Hartmetallschneiden werden meist nur noch für besondere Anwendungen eingesetzt.

Für die verschiedenen Drehbearbeitungen wird eine große Auswahl genormter Formen von Wendeschneidplatten und Klemmhaltern angeboten (Abb. 1). Außerdem sind für spezielle Aufgaben wie Gewindedrehen oder Stechdrehen Wendeschneidplatten erhältlich. Die Form und die Größe von Schneidplatte und Klemmhalter bilden ein aufeinander abgestimmtes Werkzeugspannsystem.

1.1.3.1 Wendeschneidplatten

Wendeschneidplatten lassen sich auf den Klemmhaltern genau positionieren und schnell auswechseln. Sie werden nach Abnutzung einer Schneidkante gewendet, bis alle Schneidkanten eingesetzt wurden. Die verbrauchten Platten werden nicht nachgeschliffen, sondern an den Hersteller zurückgegeben.

Die *Auswahl von Wendeschneidplatte* und Klemmhalter ist vor allem von der Art der Bearbeitung (z. B. Längsdrehen, Plandrehen, Konturdrehen) und der Vorschubrichtung abhängig. Entsprechend der Vorschubrichtung sind Schneidplatten mit rechter (R), linker (L) oder neutraler (N) Schneidrichtung auszuwählen (Abb. 2).

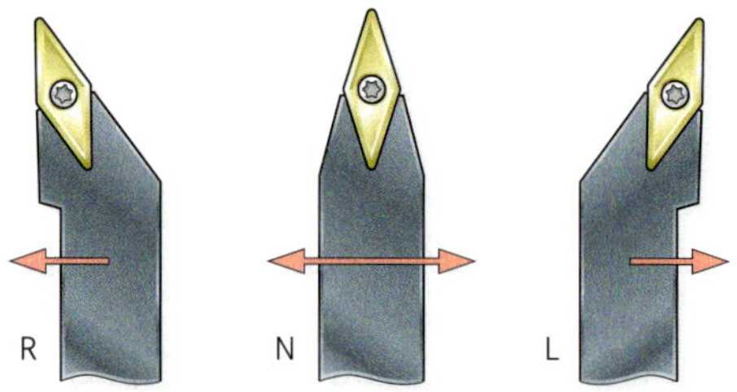

Abb. 2: Schneidrichtung von Klemmhaltern

Bei der Auswahl der Wendeschneidplatte ist auch die Größe der einzustellenden Arbeitswerte (Schruppdrehen, Schlichtdrehen) und der Werkstoff des Werkstückes zu berücksichtigen.

Für das Schruppdrehen werden Schneidplatten mit großem *Eckenwinkel* ε verwendet (Abb. 3a). Sie haben eine hohe Stabilität und eine gute Wärmeableitung. Für das Schlichtdrehen und für das Drehen von Konturen, z. B. Freistichen, müssen die Schneidplatten einen kleinen Eckenwinkel ε aufweisen (Abb. 3b).

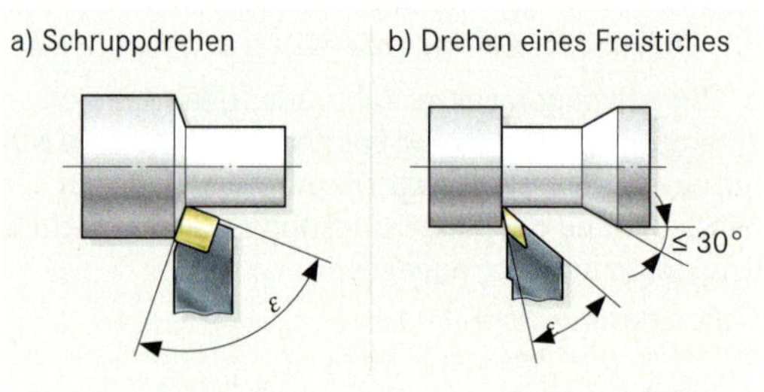

Abb. 3: Auswahl des Eckenwinkels

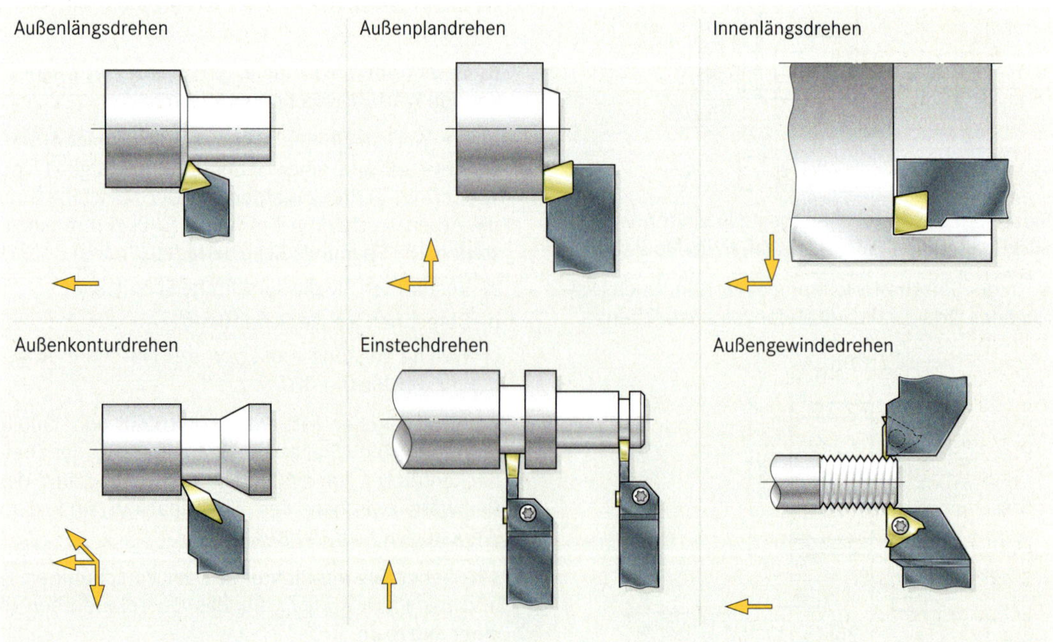

Abb. 1: Wendeschneidplatten für verschiedene Drehbearbeitungen

Zur Vermeidung von Schneidenausbrüchen ist die Schneidenecke gerundet (Abb. 4). Genormt sind *Eckenradien* r_ε von 0,4 bis 2,4 mm. Mit zunehmender Größe des Eckenradius erhöht sich die Stabilität der Schneide, die Standzeit verlängert sich und bei gleichbleibendem Vorschub wird die Rautiefe geringer.

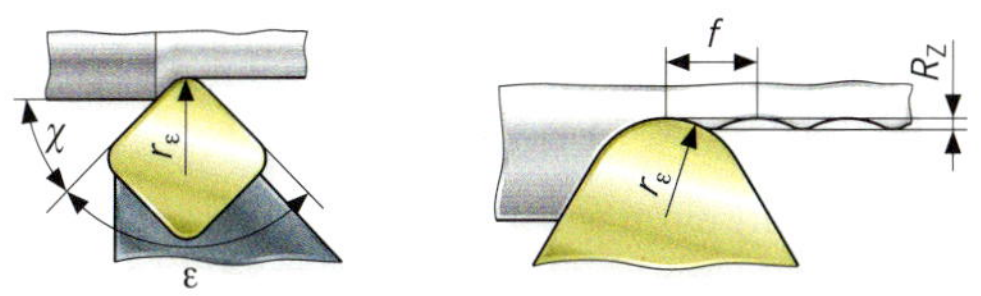

Abb. 4: Eckenradius und Rautiefe

! Die Stabilität einer Wendeschneidplatte steigt mit zunehmendem Eckenwinkel und Eckenradius.

Zum Bearbeiten von zähen Werkstoffen werden meist Schneidplatten mit *Spanleitstufen* (Spanbrechernuten) eingesetzt (Abb. 5). Die Spanleitstufen beeinflussen den Spanfluss und brechen den Span so, dass kein ununterbrochener Fließspan mehr entsteht.

Außerdem ergeben die Spanleitstufen einen positiven Spanwinkel. Dadurch werden die Schnittkraft F_c und die erforderliche Antriebsleistung P der Werkzeugmaschine gesenkt.

Abb. 5: Spanleitstufen an Wendeschneidplatten

Tab. 1: Schneidkantenausführung von Wendeschneidplatten

Schneidkante	Auswirkungen/Anwendung
gerundet (E) 	Schutz der Schneidkante, bei beschichteten Schneidplatten immer vorhanden *Zerspanung von Stahlwerkstoffen*
gefast (T) 	hohe Stabilität der Schneidkante, höhere Schnittkraft *Zerspanen von gehärtetem Stahl und Hartguss*
gefast und gerundet (S) 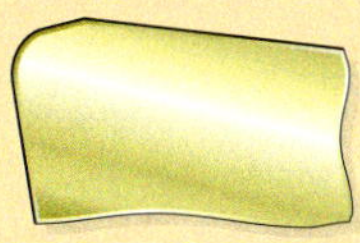	höchste Stabilität, erhöhte Schnittkraft und Ratterneigung *sehr schwere Schnitte*

Die Schneiden von Wendeschneidplatten erhalten meist *Verrundungen* und *Fasen*, um die Stabilität der Schneide zu verbessern und die bei bestimmten Bearbeitungen auftretenden Schneidkantenausbrüche zu vermeiden (Tab. 1). Die Größe der Verrundungen und Fasen beträgt einige Zehntelmillimeter. Scharfkantige Schneidplatten erreicht man nur durch allseitiges Schleifen der Platten.

Wendeschneidplatten sind nach **DIN ISO 1832** genormt (➔📖). Die Normbezeichnung besteht aus einer Kombination von Kennbuchstaben und Kennzahlen.

Schneidplatte DIN 4988 – T C E M 16 04 08 E R – HW-P20

- DIN-Nummer
- Grundform: *dreieckig*
- Normalfreiwinkel: *7°*
- Toleranzklasse: *± 0,025 mm*
- Spanleitstufe: *auf einer Spanfläche*
- Befestigungsart: *mit Bohrung*
- Plattengröße: $l = 16{,}5$ *mm*
- Plattendicke: $s = 4{,}76$ *mm*
- Eckenradius: $r_\varepsilon = 0{,}8$ *mm*
- Schneide: *gerundet*
- Schneidrichtung: *nur rechtsschneidend*
- Schneidstoff: *unbeschichtetes Hartmetall P20*

1.1.3.2 Klemmhalter

Wendeschneidplatten werden auf Klemmhaltern mit unterschiedlichen Spannsystemen befestigt. Gebräuchliche Spannsysteme sind:

- Hebelspannsystem für Wendeplatten mit zylindrischer Befestigungsbohrung,
- Schraubspannsystem für Wendeplatten mit angesenkter Befestigungsbohrung und
- Spannfingersystem für Wendeplatten ohne Befestigungsbohrung.

Zum Schutz des Halters bei Plattenbruch dient eine Unterlage aus Hartmetall unter der Wendeschneidplatte.

Beim *Hebelspannsystem* drückt ein Kniehebel die Schneidplatte in den Plattensitz (Abb. 1). Dadurch wird eine hohe Positioniergenauigkeit erreicht. Es ist besonders für Lochwendeplatten ohne Normalfreiwinkel geeignet. Die Schneidplatte ist gegen das Werkstück geneigt.

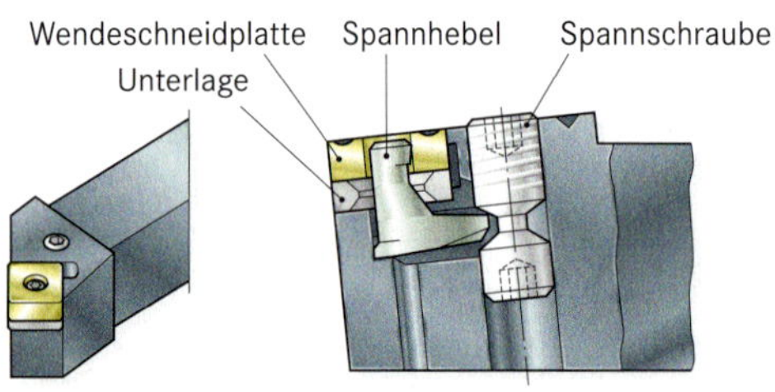

Abb. 1: Hebelspannsystem

Beim *Schraubspannsystem* wird die Schneidplatte mit Senkbohrung durch die Schraube auf den Plattensitz gepresst (Abb. 2). Da die Gewindebohrung im Halter leicht versetzt gegenüber der Senkbohrung in der Platte angeordnet ist, wird die Platte zusätzlich seitlich in den Plattensitz gedrückt. Die Lochwendeplatten müssen einen Freiwinkel haben. Das System eignet sich besonders bei begrenztem Platz zum Spannen, wie bei Klemmhaltern fürs Innendrehen.

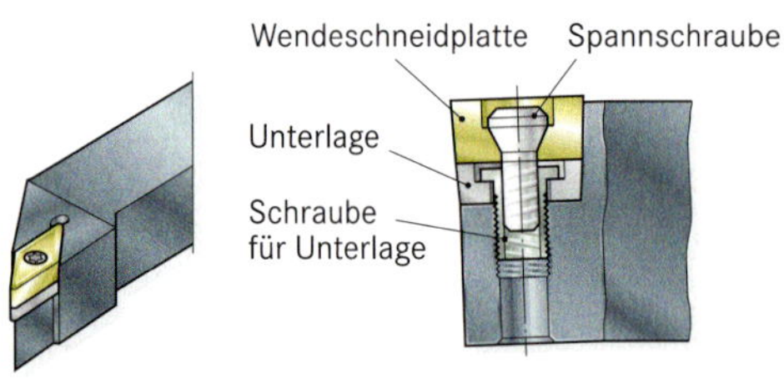

Abb. 2: Schraubspannsystem

Beim *Spannfingersystem* wird die Schneidplatte über einen Spannfinger oder eine Spannpratze geklemmt (Abb. 3). Es wird häufig zum Spannen von Wendeplatten aus Schneidkeramik eingesetzt, die aus Stabilitätsgründen keine Bohrung haben.

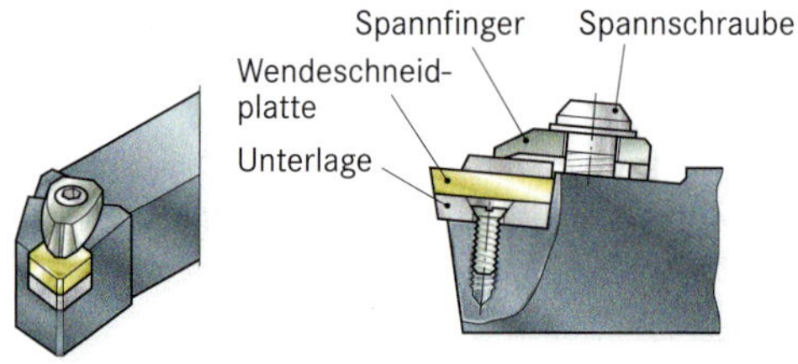

Abb. 3: Spannfingersystem

Mit dieser Art der Befestigung können keine schweren Schruppbearbeitungen durchgeführt werden, da die Wendeplatte aus der Klemmung gezogen werden kann.

Klemmhalter für Wendeschneidplatten sind nach **DIN 4983** genormt (→).

Halter DIN 4985 - S T J C R 20 20 P 16

- DIN-Nummer
- Befestigungsart: *geschraubt durch Bohrung*
- Wendeschneidplattenform: *dreieckig*
- Form des Halters: *Einstellwinkel 93°*
- Normalfreiwinkel der Wendeschneidplatte: *7°*
- Ausführung: *rechter Halter*
- Schneideneckenhöhe: *20 mm*
- Schaftbreite: *20 mm*
- Halterlänge: *170 mm*
- Wendeschneidplattengröße: *16 mm*

Die Schneidplatten werden meist mit einer Neigung auf den Klemmhaltern festgespannt. Dadurch verändern sich die Winkel der Schneidplatte. Schneidplatten ohne Normalfreiwinkel erhalten durch die geneigte Einspannung positive Freiwinkel α an der Haupt- und Nebenschneide (Abb. 4).

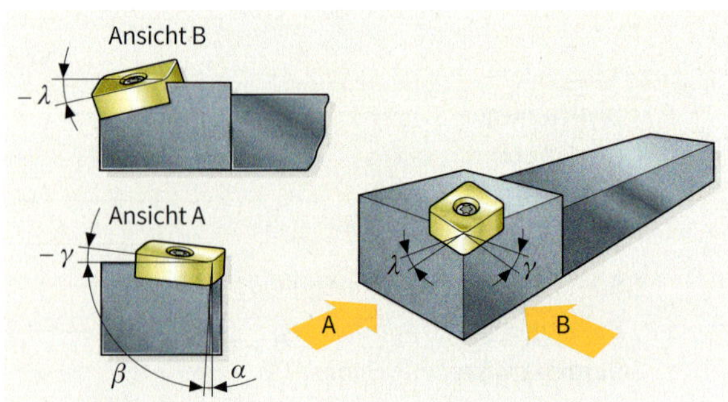

Abb. 4: Klemmhalter mit negativem Span- und Neigungswinkel

Bei entsprechender Gestaltung des Klemmhalters ergeben sich gleichzeitig ein negativer Spanwinkel γ und ein negativer Neigungswinkel λ. Negative Span- und Neigungswinkel ergeben stabile Schneiden.

1.1.3.3 Schneidstoffe

Eigenschaften

Schneidstoffe sind beim maschinellen Spanen hohen mechanischen und thermischen Belastungen ausgesetzt. Sie sollten daher folgende Eigenschaften besitzen:

- große Härte und Warmhärte,
- hohe Verschleißfestigkeit und Kantenfestigkeit,
- große Zähigkeit und Biegefestigkeit und
- große Wärmewechselbeständigkeit.

Die *Härte* eines Werkstoffes beeinflusst dessen Widerstand gegen mechanischen Verschleiß. Je höher die Härte ist, desto geringer wird der Verschleiß. Die *Warmhärte* kennzeichnet die Abhängigkeit der Härte von der Temperatur. Ab einem bestimmten Temperaturbereich ist der Schneidstoff für die Zerspanung nicht mehr einsetzbar.

Das *Zähigkeitsverhalten* eines Schneidstoffes wird durch dessen Biegefestigkeit beeinflusst. Gutes Zähigkeitsverhalten bedeutet, dass ein Schneidstoff schwere Schruppschnitte und starke Schnittunterbrechungen ohne Schaden für die Schneide ertragen kann.

Kein Schneidstoff besitzt gleichzeitig alle diese Eigenschaften. Für jeden Anwendungsfall ist daher der bestmögliche Schneidstoff auszuwählen (Abb. 4).

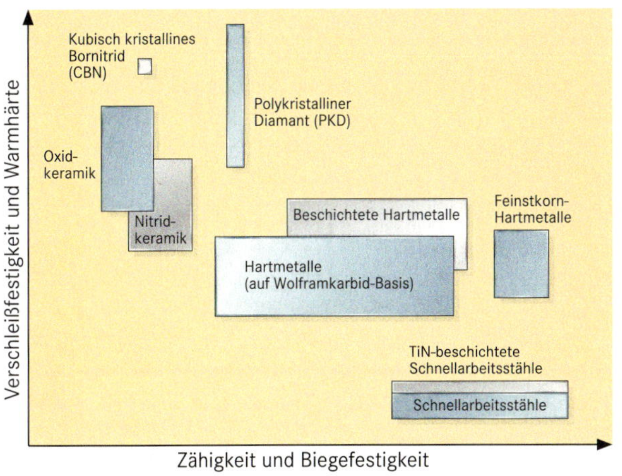

Abb. 4: Eigenschaften verschiedener Schneidstoffe

Schneidstoffsorten

- **Schnellarbeitsstähle**

Schnellarbeitsstähle sind hochlegierte Werkzeugstähle. Sie besitzen nur eine geringe Warmhärte bis 600 °C. Wegen ihrer hohen Zähigkeit werden Schnellarbeitsstähle für Wendelbohrer, Gewindebohrer oder Profildrehmeißel eingesetzt.

Werkzeuge aus Schnellarbeitsstahl können mit Titannitrid beschichtet sein. Die hohe Härte der Schicht verringert den Verschleiß an der Werkzeugschneide, setzt die Zerspankraft herab, schützt wegen ihres geringen Wärmeleitwertes das Werkzeug vor hohen Temperaturen und verbessert den Späneabfluss über die Spanfläche.

- **Hartmetalle**

Hartmetalle sind Sinterwerkstoffe aus sehr harten Metallkarbiden und anderen weicheren Metallen wie Kobalt und Nickel als Bindemittel. Hartmetalle behalten ihre Härte bis zu einer Temperatur von 900 °C. Sie besitzen eine hohe Verschleißfestigkeit bei ausreichender Biegefestigkeit.

Meist werden Hartmetalle mit überwiegend Wolframkarbiden und Kobalt als Bindemittel verwendet. Hartmetalle mit überwiegenden Anteilen an Titankarbiden und Titannitriden sowie Nickel, Kobalt und Molybdän als Bindemittel werden auch als *Cermets* bezeichnet. Sie haben eine höhere Verschleiß- und Kantenfestigkeit.

Neben der Zusammensetzung beeinflusst auch die Korngröße der Metallkarbide die Härte und Zähigkeit des Hartmetalls. Mit Feinstkornhartmetallen können Hartguss und einsatzgehärtete Werkstücke bearbeitet werden. Ganzhartmetallwerkzeuge zum Bohren und Formsenken sind ebenfalls aus Feinstkornhartmetallen.

Zur Erhöhung der Verschleißfestigkeit können Hartmetalle beschichtet werden. Auf ein zähes Grundhartmetall werden harte Schichten aus Titannitrid (TiN), Titankarbid (TiC) oder Aluminiumoxid (Al_2O_3) aufgebracht (Abb. 5).

Abb. 5: Wendeschneidplatten aus Hartmetall

- **Schneidkeramik**

Schneidkeramik wird wie Hartmetall zu Wendeschneidplatten geformt und gesintert (Abb. 1, S. 32). Man unterscheidet

- Oxidkeramik vorwiegend aus Aluminiumoxid (Al_2O_3),
- Mischkeramik auf der Basis von Aluminiumoxid (Al_2O_3) mit anderen Bestandteilen (TiC und TiN) und
- Nitridkeramik vorwiegend aus Siliziumnitrid (Si_3N_4).

Schneidkeramik hat eine hohe Warmfestigkeit und Verschleißfestigkeit. Sie ist allerdings spröde und empfindlich gegen Schlag- und Biegebeanspruchung sowie gegen Temperaturschwankungen. Schneidkeramik hat eine hohe Warmhärte bis 1300 °C.

Abb. 1: Wendeschneidplatten aus Keramik

Keramische Schneidstoffe werden überwiegend zum Zerspanen von Gusswerkstoffen bis hin zur Hochgeschwindigkeitsbearbeitung verwendet. Dabei wird kein Kühlschmierstoff eingesetzt. Davon ausgenommen ist das Siliziumnitrid. Es ist gegen Temperaturschwankungen weniger empfindlich. Außerdem hat es eine ausreichende Schlagzähigkeit, so dass es sich auch zum Zerspanen mit unterbrochenem Schnitt eignet.

- **Hochharte Schneidstoffe**

Zu den hochharten Schneidstoffen zählen polykristalliner Diamant (PKD) und polykristallines kubisches Bornitrid (CBN). Auf eine tragende Hartmetallschneidplatte ist an einer Schneide eine dünne Diamant- oder Bornitridschicht aufgebracht (Abb. 2). Die Schneidstoffe besitzen eine hohe Warmhärte, sind aber sehr stoßempfindlich. Sie werden für höchste Schnittgeschwindigkeiten und Standzeiten sowie zur Erzeugung sehr guter Oberflächenqualitäten eingesetzt.

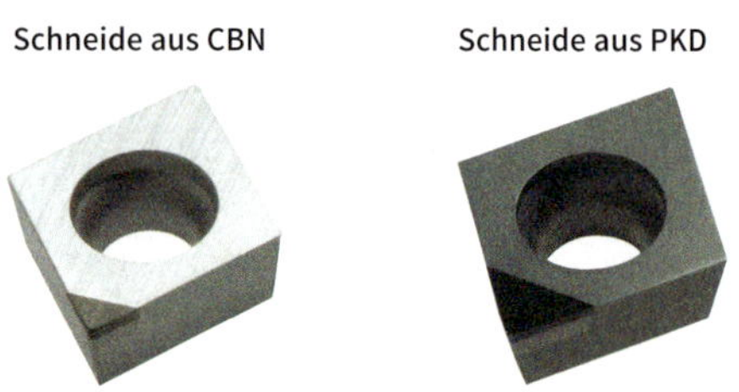

Abb. 2: Wendeschneidplatten aus hochharten Schneidstoffen

Polykristalliner Diamant wird bei der Feinbearbeitung von Nichteisenmetallen und nichtmetallischen harten Werkstoffen, z. B. Kunststoffe mit Füllstoffen, verwendet. Für die Zerspanung von Eisenwerkstoffen ist Diamant ungeeignet, da er dazu neigt, Kohlenstoff an die Eisenwerkstoffe abzugeben.

Mit Bornitrid können auch Eisenwerkstoffe bearbeitet werden. Es eignet sich besonders zum Schlichtdrehen einsatzgehärteter Stahlwerkstoffe mit einer Härte bis zu 65 HRC.

Tab. 1: Einsatzschwerpunkte für Schneidstoffe

Schneidstoff	Anwendung
Schnellarbeitsstahl	Formdrehen mit hohen Anforderungen an Schneidenschärfe und Schneidenstabilität
Hartmetall	breiter Anwendungsbereich, häufige Verwendung
Cermets	Schlicht- und Feindrehen metallischer Werkstoffe
Oxidkeramik	Zerspanen von Gusseisenwerkstoffen in der Großserienfertigung und zur Hochgeschwindigkeitsbearbeitung
Siliziumnitrid	Schrupp- und Schlichtbearbeitung von Grauguss, auch mit Kühlschmierstoff
Bornitrid (CBN)	Schlichtbearbeitung gehärteter Eisenwerkstoffe bis 65 HRC
Diamant (PKD)	Zerspanen von Al-Legierungen, insbesondere mit hohem Siliziumanteil, sowie Nichteisenwerkstoffen und Nichtmetallen

Schneidstoffbezeichnung

Die verschiedenen Schneidstoffe werden in sechs Hauptanwendungsgruppen eingeteilt und mit Kennbuchstaben gekennzeichnet ( ). Jede Hauptgruppe ist wiederum in Anwendungsgruppen mit entsprechenden Kenn-Nummern unterteilt. Sie kennzeichnen die Zähigkeit und die Verschleißfestigkeit des Schneidstoffes. Die Bezeichnung harter Schneidstoffe erfolgt mit Kennbuchstaben für den Schneidstoff, der Hauptanwendungsgruppe und der Anwendungsgruppe.

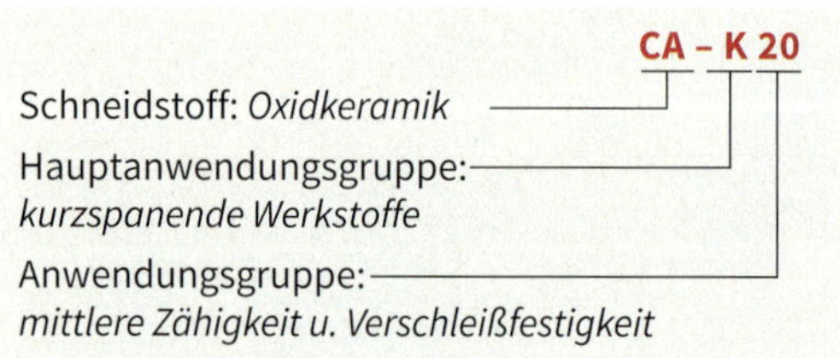

Aufgabe

1. Für eine Wendeschneidplatte ist folgende Normbezeichnung angegeben:

DIN 4968 – W N G M 16 04 03 E N – HC - M20

a) Entschlüsseln Sie die Bezeichnung.

b) Geben Sie an, welche Werkstoffe mit dem Schneidstoff vorwiegend zerspant werden.

2. Für einen Klemmhalter ist folgende Normbezeichnung angegeben:

Halter DIN 4985 – P C L N R 25 25 M 16

a) Entschlüsseln Sie die Bezeichnung.

b) Skizzieren Sie den Halter mit allen kennzeichnenden Maßen.

1.1.4 Dreharbeiten

1.1.4.1 Außendrehen

Runddrehen

Zum Runddrehen von Außenkonturen werden Drehmeißel mit *Einstellwinkeln* $\varkappa$ von 45° bis 107,5° eingesetzt. Drehmeißel mit einem Einstellwinkel von 45° bis 75° und großem *Eckenwinkel* ε werden für Schrupparbeiten verwendet. Rechtwinklige Absätze werden mit einem Einstellwinkel von 95° gedreht. Mit Schneidplatten, deren Eckenwinkel 60° bis 35° betragen, lassen sich Freistiche und Rundungen herstellen (Tab. 2).

Tab. 2: Drehmeißel für unterschiedliche Dreharbeiten

Drehmeißel	Dreharbeiten/Auswirkungen
$\varkappa$ = 45° bis 75° 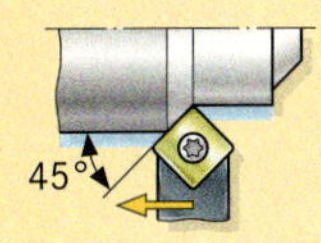	Schruppbearbeitung, *Schutz an der Schneidenecke beim Anschnitt*
$\varkappa$ = 90° 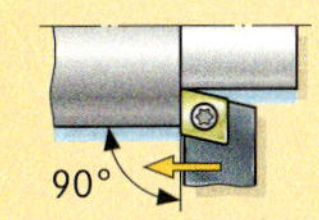	Schlichtbearbeitung, Drehen schlanker Wellen *kleine Passivkräfte, geringe Ratterneigung*
$\varkappa$ > 90°, ε = 35 - 60° 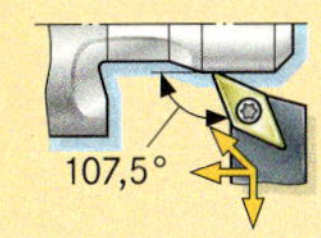	Drehen von Freistichen und Rundungen, *Bruchgefährdung der Schneidenecke*

Der Einstellwinkel hat Einfluss auf die Vorschub- und Passivkraft (Abb. 3). Mit zunehmendem Einstellwinkel nimmt die Passivkraft F_p ab und die Vorschubkraft F_v zu. Um die Gefahr des Durchbiegens beim Drehen langer schlanker Wellen zu verringern, wählt man Drehmeißel mit großem Einstellwinkel.

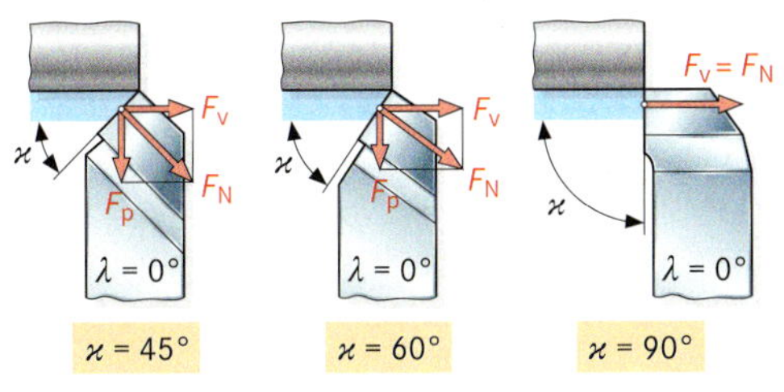

Abb. 3: Einstellwinkel und Passivkraft

Der *Neigungswinkel* λ der Schneidplatten kann je nach verwendetem Klemmhalter positiv oder negativ sein. Zur Schruppbearbeitung und bei unterbrochenem Schnitt sollte der Neigungswinkel λ negativ sein. Beim Anschnitt dringt dadurch nicht die Schneidenecke zuerst in den Werkstoff ein. Das schont die Schneide bei einer Schruppbearbeitung und besonders bei einem unterbrochenen Schnitt (Abb. 4). Die Gefahr, dass die Schneidenecke ausbricht, wird verringert.

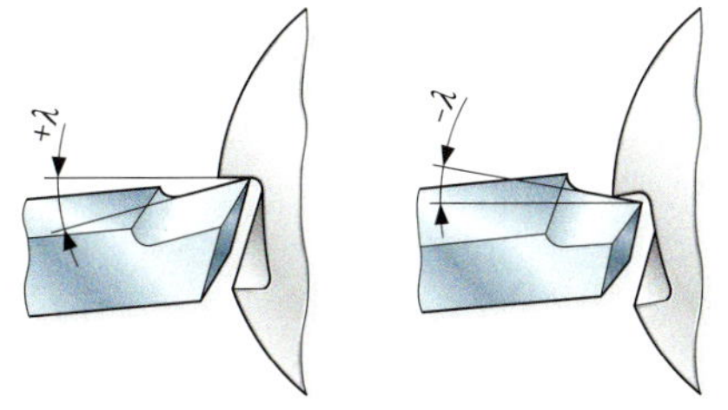

Abb. 4: Neigungswinkel und Schnittunterbrechung

Der Neigungswinkel λ beeinfusst auch den Spanfluss. Ein positiver Neigungswinkel bewirkt, dass der Span vom Werkstück weggelenkt wird (Abb. 5). Der ablaufende Span zerkratzt nicht die fertige Oberfläche. Bei Wendeschneidplatten mit Spanleitstufen wird der Spanfluss durch die eingesinterte Spanbrechergeometrie beeinflusst.

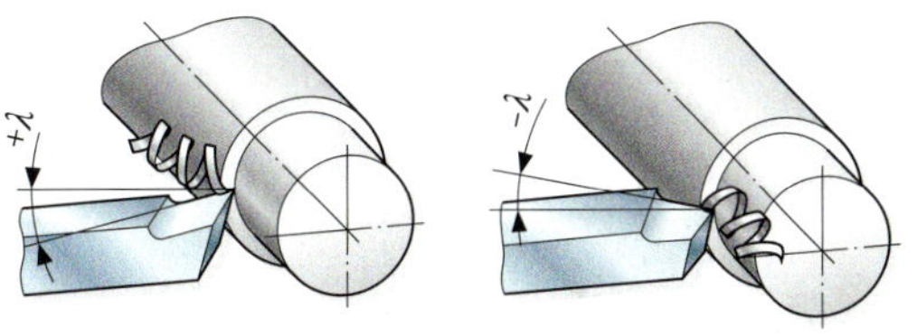

Abb. 5: Neigungswinkel und Spanfluss

Die Größe von Eckenradius r_ε und Vorschub f beeinflussen die Tiefe der Drehrillen am Werkstück und somit die Oberflächenqualität (Abb. 6).

$$R_t = \frac{f^2}{8 \cdot r_\varepsilon}$$

Die theoretische Rautiefe R_t nimmt ab mit abnehmendem Vorschub f und mit zunehmendem Eckenradius r_ε.

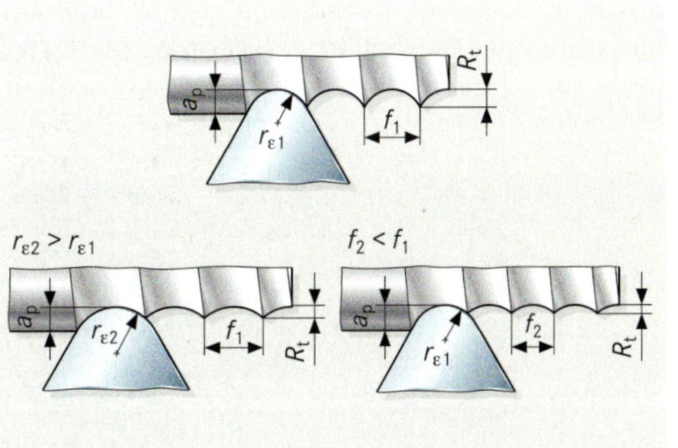

Abb. 6: Einfluss von Eckenradius und Vorschub

Die tatsächliche Rautiefe weicht allerdings von der theoretischen Rautiefe ab. Neben Vorschub und Eckenradius beeinflussen auch Schwingungen an der Maschine, der Schneidenverschleiß und die Spanbildung die Rautiefe am Werkstück.

So ergeben größere Eckenradien größere Passivkräfte, die zu Schwingungen führen können und dann schlechtere Oberflächen ergeben. Darum werden beim Schlichtdrehen meist Wendeplatten mit kleineren Eckenradien eingesetzt. Da beim Schlichtdrehen mit kleinen Vorschüben gearbeitet wird, ergeben selbst kleinere Eckenradien noch geringe Rautiefen.

Beispiel:

Welcher Vorschub f ist an der Drehmaschine einzustellen, wenn das Werkstück eine gemittelte Rautiefe Rz = 16 µm erhalten soll und die Wendeschneidplatte einen Radius r_ε = 0,8 mm aufweist?

Geg.: r_ε = 0,8 mm
Rz ≈ Rt = 16 µm

Ges.: f in mm

Lösung:

$$Rt = \frac{f^2}{8 \cdot r_\varepsilon}$$

$$f = \sqrt{Rt \cdot 8 \cdot r_\varepsilon}$$

$$f = \sqrt{0{,}016\ \text{mm} \cdot 8 \cdot 0{,}8\ \text{mm}} = \underline{\underline{0{,}32\ \text{mm}}}$$

Beim Schruppdrehen wird wegen der großen Schneidenbelastung mit großen Eckenradien gearbeitet.

Plandrehen

Beim Plandrehen muss der Drehmeißel genau auf Mitte stehen. Steht der Drehmeißel tiefer, spant er nicht bis zur Mitte des Werkstückes. Es bleib Restmaterial stehen (Abb. 1a). Dadurch kann der Meißel unter das Werkstück gezogen werden und die Schneide ausbrechen. Steht der Drehmeißel höher, drückt er kurz vor Beendigung des Plandrehens nur noch mit der Freifläche gegen das Werkstück (Abb. 1b). Dadurch kann ebenfalls die Schneide ausbrechen.

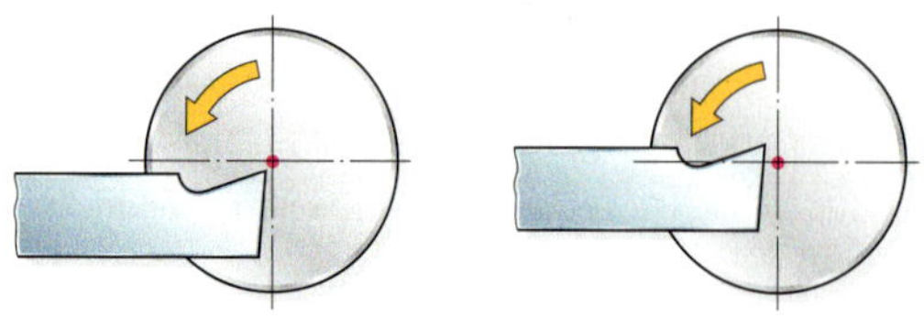

Abb. 1: Fehlerhafte Drehmeißelstellung beim Plandrehen

Einstech- und Abstechdrehen

Zum Einstechen von schmalen Nuten bzw. zum Abstechen des Werkstückes vom Stangenmaterial dienen Abstechdrehmeißel (Abb. 2). Da der Platz zur Befestigung der Abstechplatten klein ist, werden meist Klemmkonstruktionen eingesetzt. Die Spannlänge l der Abstechplatte sollte das 8-fache der Plattenbreite b nicht übersteigen.

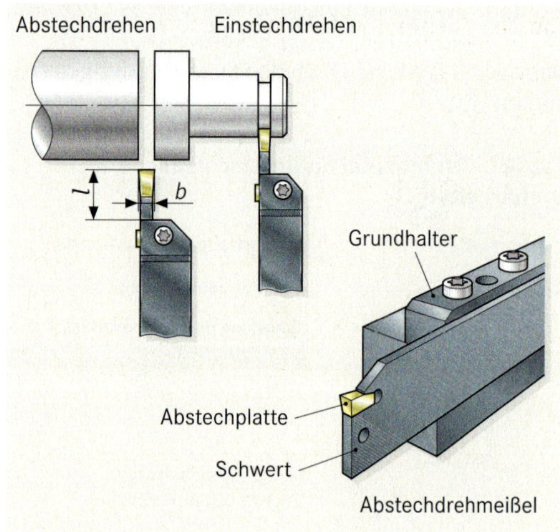

Abb. 2: Abstechdrehen

Beim Abstechen mit einem Einstellwinkel $\varkappa$ von 0° bleibt am abgestochenen Werkstück ein Abstechbutzen stehen (Abb. 3a). Beim Abstechen mit einem Einstellwinkel $\varkappa$ > 0° bleibt der Butzen am gespannten Stangenmaterial und kann durch Drehen über die Werkstückmitte entfernt werden (Abb. 3b). Allerdings wird der Abstechdrehmeißel durch die Zerspankräfte seitlich weggedrückt. Es entsteht eine leicht nach innen gewölbte Planfläche am Werkstück.

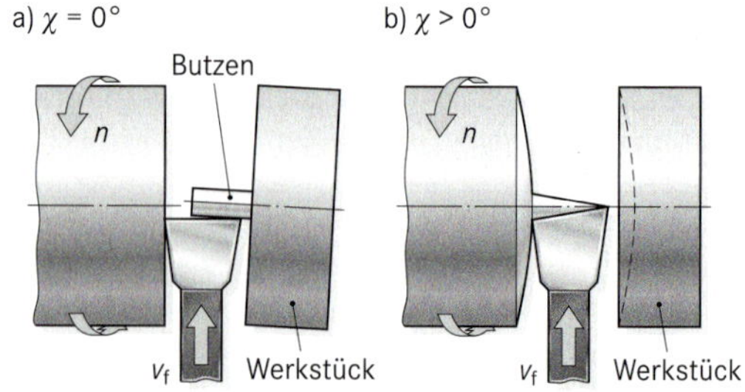

Abb. 3: Einstellwinkel beim Abstechdrehen

Beim Abstechdrehen treten ähnliche Schnittbedingungen wie beim Plandrehen auf. Je tiefer der Drehmeißel in das Werkstück eindringt, um so geringer wird die Schnittgeschwindigkeit, wenn mit gleichbleibender Umdrehungsfrequenz gearbeitet wird. Ist der Drehmeißel nicht genau auf Drehmitte ausgerichtet, besteht die Gefahr eines Werkzeugbruches.

1.1.4.2 Innendrehen

Für das Innendrehen sind ebenfalls unterschiedliche Werkzeugformen erforderlich. Die Einstellwinkel $\varkappa$ sind im Allgemeinen größer als beim Außendrehen (Tab. 1). Zum Drehen von rechtwinkligen Absätzen sind Einstellwinkel $\varkappa$ von mindestens 90° erforderlich. Für Einstiche und Hohlkehlen werden Wendeplatten mit kleinem Eckenwinkel ε benötigt.

Tab. 1: Drehmeißel für Innendreharbeiten

Drehmeißel	Dreharbeiten/Auswirkungen
$\varkappa$ = 75° bis 90° 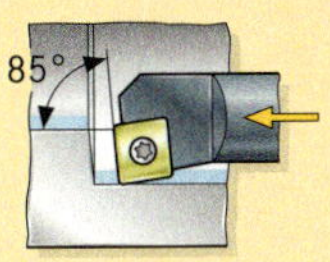	Schruppbearbeitung, *kleine Passivkräfte, geringe Ratterneigung*
$\varkappa$ = 90° bis 95° 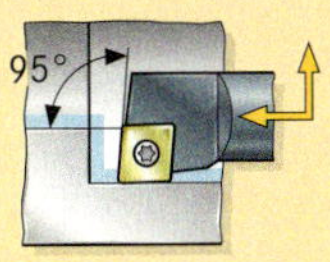	Schlichtbearbeitung, Drehen von Absätzen
$\varkappa$ > 90°, ε = 60 - 35° 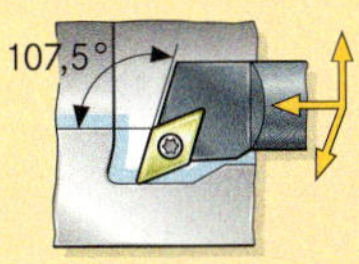	Drehen von Freistichen und Rundungen, *Bruchgefährdung der Schneidenecke*

Beim Drehen tiefer Bohrungen mit kleinen Durchmessern muss der Schaft des Innendrehmeißels lang und schlank sein. Durch die Schnittkraft F_c und die Passivkraft F_p wird die Bohrstange aus dem Schnitt gedrängt (Abb. 4). Dies kann unerwünschte Schwingungen hervorrufen. Durch Schwingungen können die Schneidkanten ausbrechen. Die Standzeit des Werkzeugs verringert sich und die Oberfläche des Werkstücks wird schlechter.

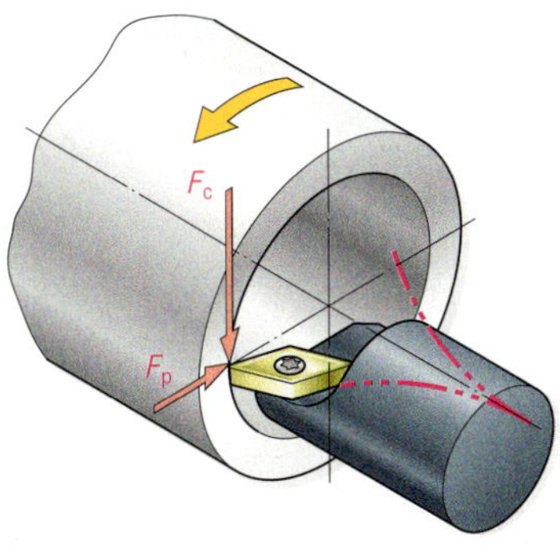

Abb. 4: Belastung der Bohrstange

Um die Schwingungsneigung zu verringern, müssen die Schnittkraft F_c und die Passivkraft F_p möglichst klein sein. Das kann durch geeignete Wahl der Schneidengeometrie und der Arbeitswerte erreicht werden (Tab. 2).

Tab. 2: Maßnahmen zum Verringern der Zerspankräfte

Zerspankräfte	Maßnahmen
Passivkraft F_p verringern	großen Einstellwinkel κ wählen
Schnittkraft F_c verringern	positiven Spanwinkel wählen, Vorschub f verkleinern, Schnitttiefe a_p verkleinern

Zusammenfassung

Einfluss der Schneidengeometrie

Schneidengeometrie		Auswirkungen
Spanwinkel	positiv	- Span gleitet gut ab, geringe Spanstauchung, - kleine Schnittkräfte
	negativ	- starke Spanstauchung, - stabiler Schneidkeil, - große Schnittkräfte
Neigungswinkel	positiv	- Span wird vom Werkstück weg gelenkt
	negativ	- Schneidenecke wird geschont, geringe Bruchgefährdung der Schneidenecke
Einstellwinkel	klein	- längere Schneide im Eingriff, geringere Schneidenbelastung, - verbesserte Wärmeabfuhr, - schlanker Span
	groß	- kürzere Schneidkante im Eingriff, größere Schneidenbelastung, - kleine Passivkräfte, geringe Ratterneigung
Eckenwinkel	klein	- große Schneidenbelastung und Wärmestau an der Schneidenecke, - Bruchgefährdung der Schneidenecke
	groß	- geringe Bruchgefährdung der Schneidecke, - verbesserte Wärmeabfuhr
Schneidenradius	groß	- geringe theoretische Rautiefe, - stabilere Schneide, geringe Bruchgefährdung der Schneidecke, - große Passivkräfte, Ratterneigung
	klein	- große theoretische Rautiefe, - kleine Passivkräfte
Spanbrecher		- lenken den Spanfluss

1.1.4.3 Gewindedrehen

Durch Gewindedrehen lassen sich Außen- und Innengewinde mit unterschiedlichen Gewindegrößen und Gewindeausführungen herstellen. Dabei sind Schnitt- und Vorschubbewegung so aufeinander abzustimmen, dass der Vorschub *f* des Drehmeißels der Gewindesteigung *P* entspricht.

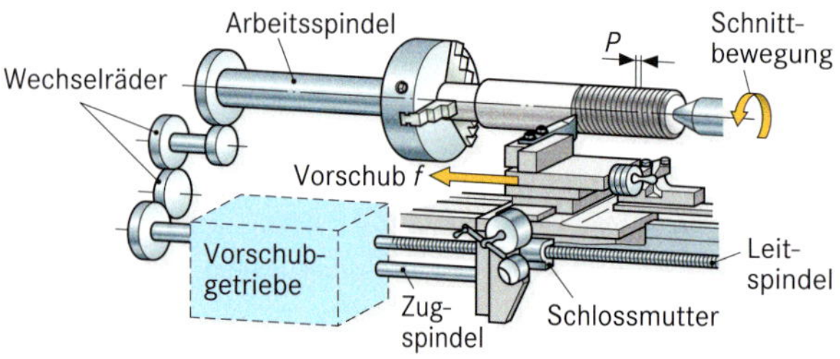

Abb. 1: Gewindedrehen auf Universaldrehmaschinen

Auf Universaldrehmaschinen erfolgt die Steuerung der Vorschubbewegung durch Wechselräder- und Vorschubgetriebe über Leitspindel und Schlossmutter auf den Werkzeugschlitten (Abb. 1). Während des Gewindedrehens darf die Schlossmutter nicht geöffnet werden.

Auf zyklengesteuerten Drehmaschinen und CNC-Drehmaschinen werden die Bewegungen durch Gewindeschneidzyklen gesteuert.

Zum Gewindedrehen werden meist Wendescheidplatten eingesetzt. Die Form der Schneidplatte erzeugt das Gewindeprofil. Die Schneidplatten werden in Abhängigkeit von der Steigung und damit vom Gewindenenndurchmesser gewählt.

Vollprofil-Schneidplatten schneiden ein komplettes Gewindeprofil einschließlich der Gewindespitzen. Das Werkstück muss nicht auf den genauen Durchmesser vorgedreht werden. Für jedes Gewindeprofil und für jede Steigung ist eine eigene Schneidplatte erforderlich (Abb. 2a).

Teilprofil-Schneidplatten können für einen größeren Steigungsbereich eingesetzt werden. Der Vordrehdurchmesser für das Gewinde muss allerdings genau eingehalten werden (Abb. 2b).

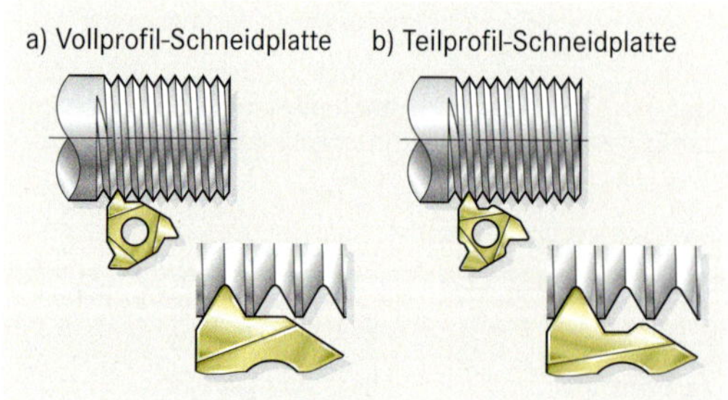

Abb. 2: Gewindeschneidplatten

Damit das Gewindeprofil ohne Profilabweichungen gefertigt wird, muss die Schneide auf Drehmitte stehen und der Spanwinkel $\gamma = 0°$ betragen (Abb. 3). Außerdem ist die Wendeschneidplatte um den Neigungswinkel λ zu neigen, damit der Flankenfreiwinkel α_2 ausreichend groß ist. Der Neigungswinkel λ muss dem Steigungswinkels φ des Gewindes entsprechen.

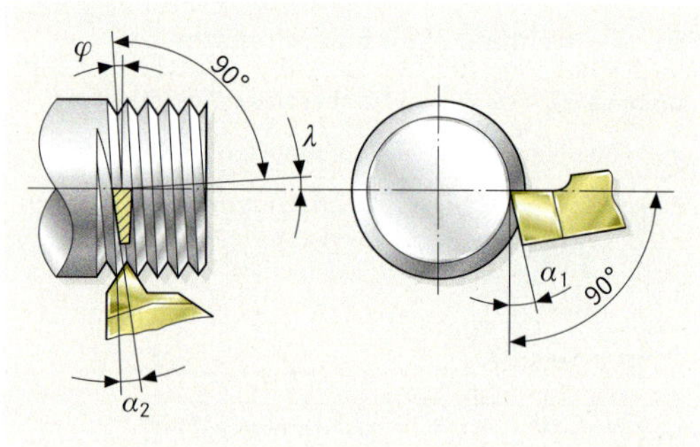

Abb. 3: Lage der Wendeschneidplatte für Gewindedrehen

Unter die eigentliche Schneidplatte werden dazu Unterlegplatten mit dem entsprechenden Neigungswinkel geklemmt (Abb. 4).

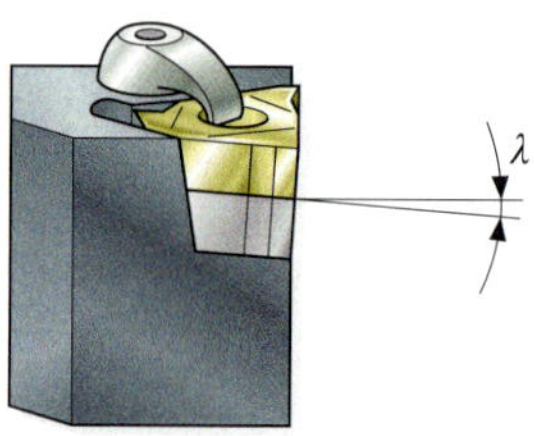

Abb. 4: Unterlegplatte mit Neigungswinkel

Gewinde werden in mehreren Schnitten gedreht. Die Anzahl der Schnitte ist von der Größe des Gewindeprofils und damit von der Steigung des Gewindes abhängig.

Je nach Gewindesteigung und zu bearbeitendem Werkstoff werden unterschiedliche Zustellarten angewendet.

Bei der *Radialzustellung* wird der Drehmeißel senkrecht zur Drehachse zugestellt (Abb. 5). Es entstehen an beiden Schneiden links und rechts Späne, die sich beim Abfließen behindern. Die Methode wird darum meist nur bei kleinen Gewindesteigungen bis 1,5 mm und bei kurzspanenden Werkstoffen eingesetzt.

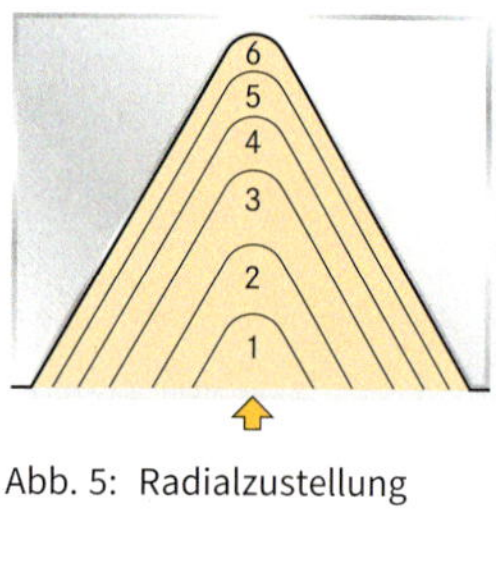

Abb. 5: Radialzustellung

Bei der *Flankenzustellung* wird gleichzeitig in radialer und axialer Richtung zugestellt (Abb. 6). Es entstehen nur an einer Schneide Späne. Sie wird bei Gewindesteigungen über 1,5 mm angewendet. Bei den meisten CNC-Maschinen arbeitet der Gewindeschneidzyklus nach dieser Methode.

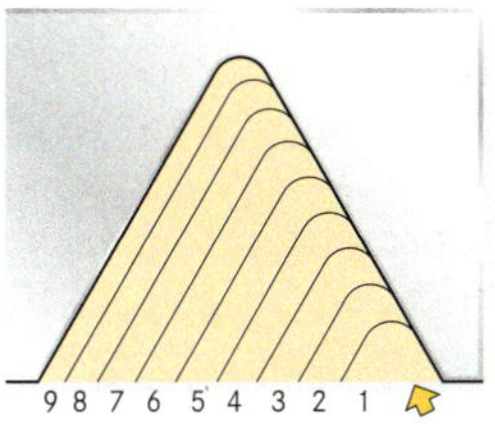

Abb. 6: Flankenzustellung

Bei der *wechselseitigen Zustellung* schneidet abwechselnd die linke und rechte Schneide des Drehmeißels (Abb. 7). Dadurch verschleißen die Schneiden gleichmäßig. Die Methode wird bei sehr großen Gewinden und langspanenden Werkstoffen angewendet.

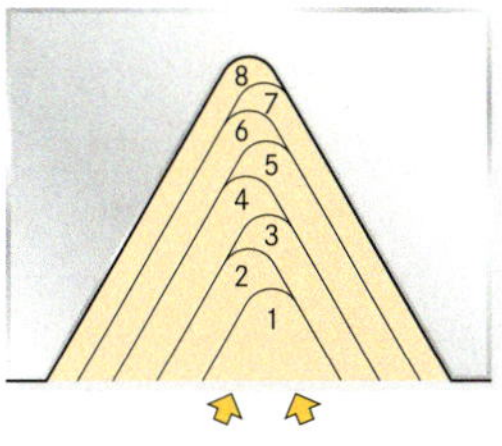

Abb. 7: wechselseitige Zustellung

1.1.4.4 Kegeldrehen

Auf Universaldrehmaschinen ist Kegeldrehen möglich durch:

- Oberschlittenverstellung und
- Reitstockverstellung.

Kegeldrehen durch *Oberschlittenverstellung* erfolgt durch Schwenken des Oberschlittens um den Einstellwinkel $\alpha/2$ (Abb. 8). Die Vorschubbewegung wird dabei von Hand ausgeführt. Fertigen lassen sich kurze Kegel mit unterschiedlichen Kegelwinkeln. Die Kegellänge ist durch den Vorschubweg des Oberschlittens begrenzt.

Da die Vorschubbewegung von Hand ausgeführt wird, ist sie nicht gleichmäßig. Es ergeben sich schlechte Oberflächenqualitäten.

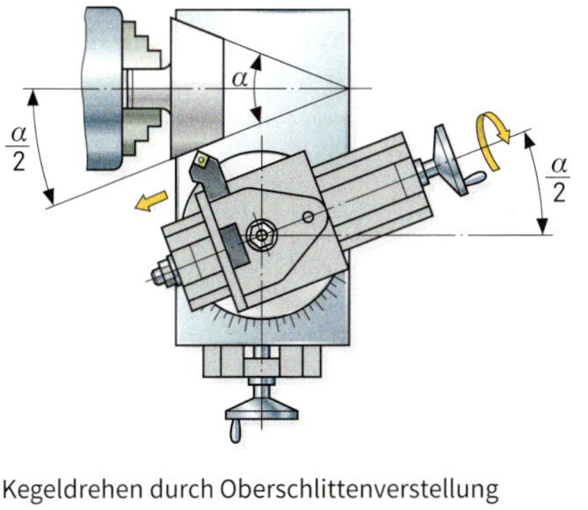

Abb. 8: Kegeldrehen durch Oberschlittenverstellung

Die *Winkelverstellung* des Oberschlittens wird überprüft durch:

- Winkelskaleneinteilung am Oberschlitten oder
- Kegellehrdorn und Messuhranzeige bei genauen Kegeln mit geringen Fertigungstoleranzen (Abb. 9).

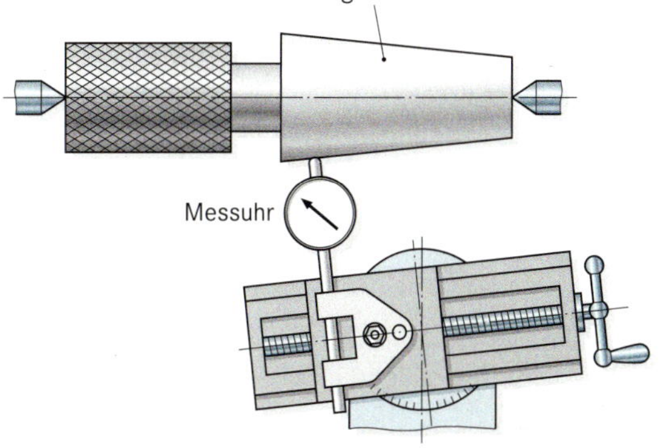

Abb. 9: Ausrichten des Oberschlittens

Kegeldrehen durch *Reitstockverstellung* erfolgt zwischen Spitzen. Der Reitstock wird so um das Verstellmaß l_V verschoben, dass der Vorschub des Drehmeißels parallel zur Kegelmantellinie verläuft (Abb. 10). Die Zentrierbohrungen zur Aufnahme des Werkstückes sollten eine gewölbte Lauffläche (Form R) haben. Die Vorschubbewegung erfolgt durch den Längsschlittenvorschub. Da die Einspannung des Werkstückes labil ist, kann nur mit kleinen Vorschüben und Schnitttiefen gearbeitet werden.

Es können nur kleine Kegelwinkel gefertigt werden. Die Querverstellung l_V des Reitstocks darf höchstens 1/50 der Werkstücklänge L_W betragen.

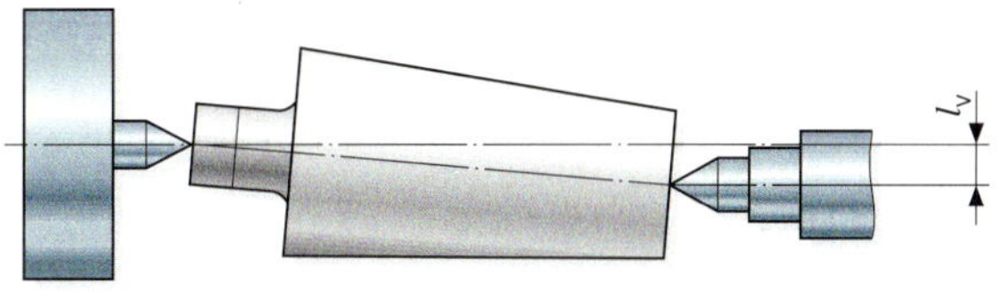

Abb. 10: Kegeldrehen durch Reitstockverstellung

Damit keine Maß- und Formfehler entstehen, muss der Drehmeißel bei allen Kegeldreharbeiten genau auf Drehmitte eingestellt werden.

Auf zyklengesteuerten Drehmaschinen und auf CNC-Drehmaschinen können Kegel einfacher gefertigt werden. Ein Programm steuert die gleichzeitige Bewegung des Werkzeugschlittens in Längs- und Querrichtung zur Erzeugung eines Kegels. Das Umrüsten der Maschine entfällt.

Grundlagen

Berechnungen zum Kegeldrehen

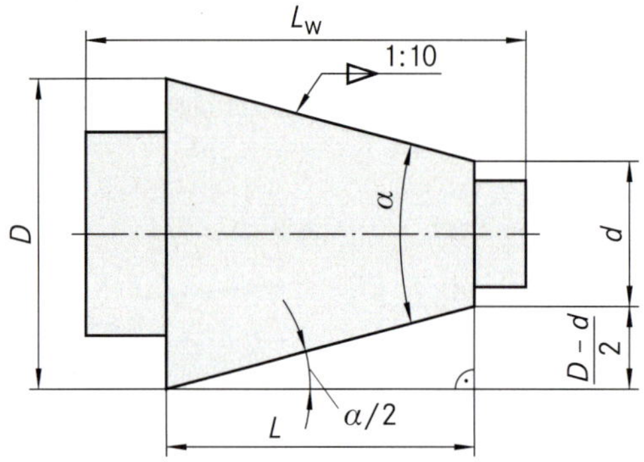

Die *Kegelverjüngung C* ist das Verhältnis aus der Differenz der beiden Kegeldurchmesser (D und d) und deren Abstand L.

$$C = \frac{D-d}{L}$$

Die Kegelverjüngung $C = 1:10$ gibt an, dass auf einer Länge von 10 mm der Durchmesser des Kegels um 1 mm abnimmt.

Der Einstellwinkel $\alpha/2$ entspricht dem halben Kegelwinkel α. Der Tangens des Einstellwinkels $\alpha/2$ entspricht der halben Kegelverjüngung C.

$$\tan\alpha/2 = \frac{C}{2} = \frac{D-d}{2\cdot L}$$

Die *Reitstockverstellung* l_V kann angenähert aus der halben Differenz der Werkstückdurchmesser multipliziert mit dem Verhältnis Werkstücklänge L_W zu Kegellänge L ermittelt werden.

$$l_V \approx \frac{D-d}{2}\cdot\frac{L_W}{L}$$

Beispiel: Berechnung des Einstellwinkels

Um welchen Winkel ist der Oberschlitten einer Drehmaschine zu schwenken, wenn ein Kegelstumpf mit den Durchmessermaßen D = 80 mm, d = 38 mm und der Kegellänge l = 120 mm herzustellen ist?

Geg.: D = 80 mm, d = 38 mm, L = 120 mm

Ges.: $\alpha/2$ in °

Lösung:

$$\tan\alpha/2 = \frac{D-d}{2\cdot L}$$

$$\tan\alpha/2 = \frac{80\text{ mm} - 38\text{ mm}}{2\cdot 120\text{ mm}} = 0{,}175$$

$$\alpha/2 = \underline{\underline{9°5'}}$$

Beispiel:
Berechnung der Reitstockverstellung

Wie groß ist die erforderliche Reitstockverstellung zum Drehen des Kegels für das abgebildete Werkstück?

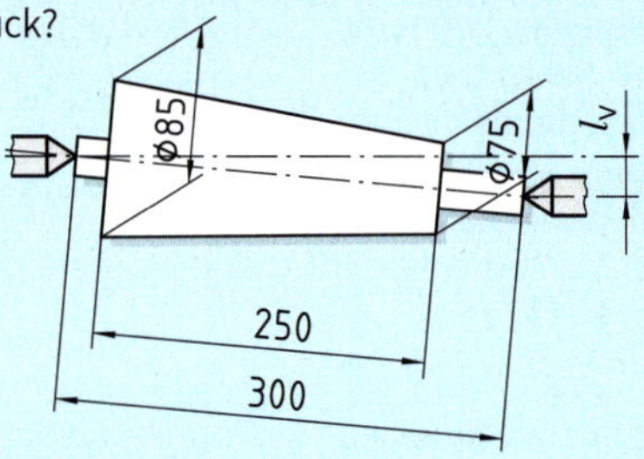

Geg.: D = 85 mm, d = 75 mm, L = 250 mm, L_W = 300 mm

Ges.: l_V in mm

Lösung:

$$l_V = \frac{D-d}{2}\cdot\frac{L_W}{L}$$

$$l_V = \frac{85\text{ mm} - 75\text{ mm}}{2}\cdot\frac{300\text{ mm}}{250\text{ mm}}$$

$$l_V = \frac{10\text{ mm}}{2}\cdot\frac{6}{5} = \underline{\underline{6\text{ mm}}}$$

Aufgabe

1. Beschreiben Sie die Schneidengeometrie eines Drehmeißels für eine Schruppbearbeitung.

2. Für welche Schnittbedingungen wählt man einen Drehmeißel mit negativem Neigungswinkel?

3. Der Schneidenradius einer Schneidplatte beträgt 0,4 mm. Welcher Vorschub ist an der Drehmaschine einzustellen, wenn die Rautiefe unter 6,3 µm liegen soll?

4. Wie muss eine Gewinde-Schneidplatte im Schneidhalter geklemmt werden, damit keine Profilabweichungen entstehen?

5. Das dargestellte Drehteil ist auf einer Universaldrehmaschine herzustellen.

a) Berechnen Sie die Kegelverjüngung.

b) Geben Sie das Symbol an, mit dem die Kegelverjüngung in die Zeichnung einzutragen ist.

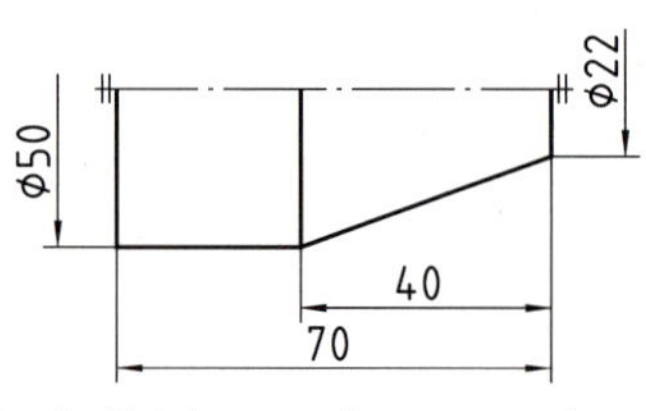

c) Welcher Einstellwinkel ist am Oberschlitten einzustellen?

Informieren

1.1.5 Werkzeugverschleiß

Bei der Zerspanung ist die Werkzeugschneide hohen mechanischen und thermischen Beanspruchungen ausgesetzt. Durch den Kontakt von Werkzeug und Werkstück können zudem Schneidstoff und Werkstoff chemisch miteinander reagieren. Dadurch nutzt sich das Werkzeug ab und verschleißt.

Verschleißmechanismen

Ursache für den Verschleiß sind folgende sich überlagernde Verschleißmechanismen:

- Adhäsionsverschleiß,
- Verschleiß durch mechanischen Abrieb,
- Diffusionsverschleiß und
- Verschleiß durch Verzunderung.

Der Einfluss dieser Verschleißmechanismen ist stark temperaturabhängig (Abb. 1).

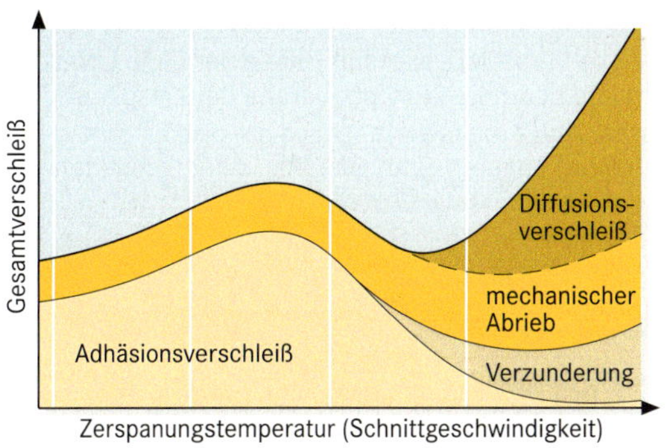

Abb. 1: Verschleißmechanismen

Adhäsionsverschleiß entsteht durch das Abscheren verschweißter Werkstoffteilchen auf der Spanfläche, wobei Teilchen aus dem Schneidstoff gerissen werden. Adhäsionsverschleiß tritt bei niedrigen Temperaturen auf.

Bei *mechanischem Abrieb* werden Teilchen durch Reibung aus dem Schneidstoff gerissen. Verursacht wird dieser Abrieb durch harte Teilchen im Werkstoff. Der mechanische Abrieb ist weitgehend unabhängig von der Zerspanungstemperatur.

Diffusionsverschleiß tritt bei hohen Temperaturen und chemischer Ähnlichkeit von Werkstoff und Schneidstoff auf. Es wechseln Atome zwischen Span und Werkzeug, wodurch sich Schneidstoffteilchen aus der Spanfläche lösen. Diffusionsverschleiß steigt stark mit zunehmender Temperatur.

Die *Verzunderung* des Werkzeuges entsteht aufgrund hoher Temperaturen in der Nähe der Schneidkanten. Der Schneidstoff reagiert mit dem Luftsauerstoff. Die sich bildenden Schichten sind sehr spröde und brechen bei Belastung des Werkzeuges aus.

Die Zerspanungsbedingungen sollten so gewählt werden, dass der mechanische Abrieb gegenüber den anderen Verschleißmechanismen überwiegt.

Verschleißformen

Die Verschleißmechanismen bewirken unterschiedliche am Schneidkeil sichtbare Verschleißerscheinungen (Abb. 2). Es treten vorwiegend folgende Verschleißformen auf:

- Aufbauschneide,
- Kolkverschleiß,
- Freiflächenverschleiß,
- Risse und
- Ausbrüche.

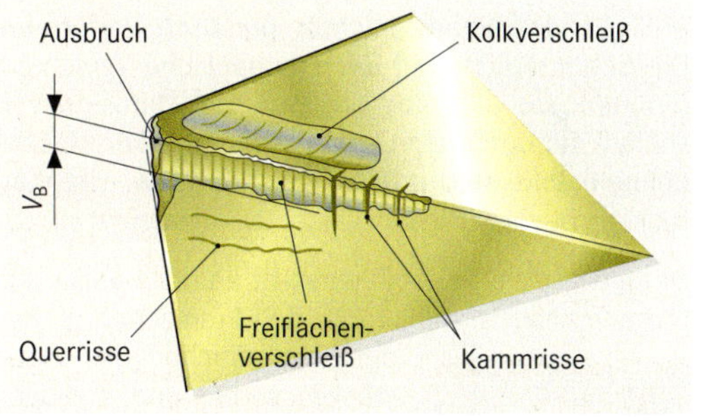

Abb. 2: Verschleißformen

Bei der *Aufbauschneide* verschweißen Werkstoffteilchen des zerspanten Materials durch den großen Schnittdruck auf der Schneidenkante (Abb. 3). Sie werden dabei stark verfestigt. Ihre Härte ist wesentlich höher als die des ursprünglichen Werkstoffes. Hat die Aufbauschneide eine gewisse Größe erreicht, bricht sie ab. Die abgebrochenen Teilchen werden sowohl zwischen dem ablaufenden Span und der Spanfläche abgeführt als auch an der Freifläche der Schneidkante entlang gedrückt.

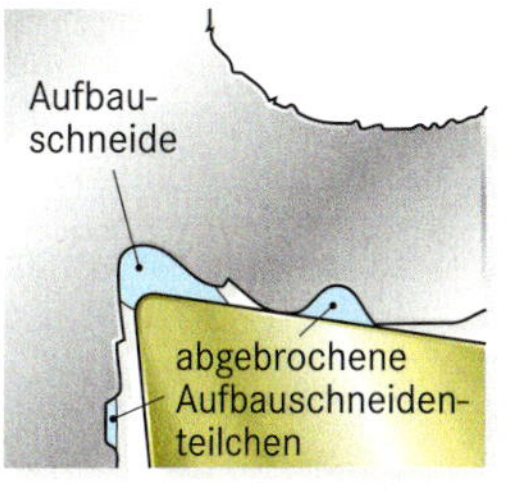

Abb. 3: Aufbauschneidenbildung

Die Aufbauschneide führt zu einer schlechten Oberflächengüte und beeinfusst die Maßhaltigkeit des Werkstückes. Beim Abbrechen der Aufbauschneide wird Material aus dem Schneidkeil gerissen und führt zu erhöhtem Werkzeugverschleiß.

Weiche, verfestigungsfähige Werkstoffe wie kohlenstoffarmer Stahl oder Aluminium neigen zur Aufbauschneidenbildung. Werkzeuge mit verrundeten Schneidkanten bilden eher Aufbauschneiden. Die Neigung zur Aufbauschneidenbildung nimmt mit positiven Spanwinkeln am Schneidkeil und mit höheren Zerspanungstemperaturen ab.

Der *Kolkverschleiß* entsteht im Kontaktbereich des Spanes mit der Spanfläche des Werkzeuges. Die Schnittkräfte und der ablaufende Span erzeugen mechanischen Abrieb und Zerspanungswärme. Die hohen Temperaturen bewirken Diffusionsverschleiß. Durch den Kolkverschleiß entsteht eine muldenartige Aushöhlung auf der Spanfläche (Abb. 1).

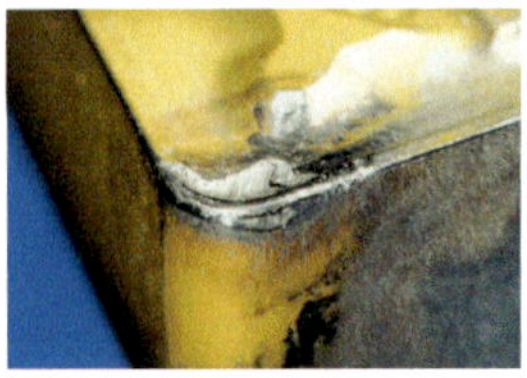

Abb. 1: Kolkverschleiß

Starker Kolkverschleiß führt zu einer Schwächung der Schneidkante. Dadurch nimmt die Gefahr des Schneidenbruches zu.

Hohe Schnitttemperaturen bewirken, dass sich die abfließenden Späne leichter plastisch verformen. Die Schnittkräfte und der mechanische Verschleiß nehmen ab; allerdings nimmt der Diffusionsverschleiß zu. Beschichte Hartmetalle und keramische Schneidstoffe sind durch eine Oxid- bzw. Titankarbidschicht vor Diffusionsverschleiß geschützt.

Der *Freiflächenverschleiß* entsteht an der Haupt- und Nebenfreifläche (Abb. 2). An den Freiflächen gleiten die Schnittflächen des Werkstückes vorbei und erzeugen einen mechanischen Abrieb. Die Größe des Freiflächenverschleißes wird über die Verschleißmarkenbreite V_B gemessen.

Abb. 2: Freiflächenverschleiß

Freiflächenverschleiß führt zu einer schlechten Oberflächengüte und beeinflusst die Maßhaltigkeit des Werkstückes. Außerdem steigen Schnittkraft und Zerspanungstemperatur an.

Der Freiflächenverschleiß nimmt mit kleinen Freiwinkeln zu.

Risse bilden sich durch wechselnde thermische und mechanische Beanspruchung. Derartige Beanspruchungen entstehen beim Arbeiten im unterbrochenen Schnitt oder bei wechselnden Schnitttiefen. Eine zu geringe Kühlschmierstoffzufuhr kann eine zusätzliche thermische Beanspruchung bewirken. Thermische Beanspruchungen führen zu *Kammrissen*, die senkrecht zur Schneidkante verlaufen (Abb. 3). Mechanische Beanspruchungen führen zu *Querrissen*.

Abb. 3: Kammrisse

Risse beeinflussen die Oberflächengüte des Werkstückes und können zu Ausbrüchen am Schneidkeil führen.

Überbeanspruchungen durch große Schnittkräfte können *Ausbrüche* an der Schneidkante oder Schneidecke hervorrufen.

Solche Ausbrüche entstehen auch, wenn die Schneidplatte trotz starkem Verschleiß nicht ausgewechselt wird.

Abb. 4: Ausbruch

Starke Ausbrüche machen nicht nur die Wendeschneidplatte unbrauchbar, sie beschädigen auch das Werkstück.

Kleine Keil- und Eckenwinkel am Schneidkeil oder spröde Schneidstoffe verringern die Belastbarkeit des Werkzeuges.

Gegenmaßnahmen

Ein langsamer gleichmäßiger Verschleiß des Schneidkeils ist normal. Tritt übermäßiger Verschleiß auf, sollten Gegenmaßnahmen ergriffen werden. Der aufgetretene Verschleiß wird mit Hilfe einer Lupe untersucht und beurteilt. Zur Optimierung der Zerspanung müssen die Arbeitswerte geändert oder Schneidplatten mit anderen Schneidstoffen oder Schneidengeometrien eingesetzt werden (Tab. 1).

Tab. 1: Verschleiß und Gegenmaßnahmen

Verschleißform	Gegenmaßnahmen
Aufbauschneide 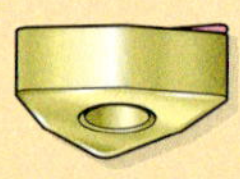	• Schnittgeschwindigkeit erhöhen • Keinen Kühlschmierstoff einsetzen • Vorschub erhöhen • Platte mit scharfer Schneide und positivem Spanwinkel wählen
Kolkverschleiß 	• Kühlschmierstoff einsetzen • Verschleißfesteren Schneidstoff oder beschichtete Platte wählen • Schnittgeschwindigkeit reduzieren • Vorschub reduzieren
Freiflächenverschleiß 	• Schnittgeschwindigkeit reduzieren • Verschleißfesteren Schneidstoff wählen
Kammrisse 	• Ausreichend Kühlschmierstoff verwenden oder ganz weglassen • Schnittgeschwindigkeit reduzieren • Vorschub reduzieren • Zäheren Schneidstoff wählen
Ausbrüche 	• Schnittgeschwindigkeit erhöhen • Vorschub reduzieren • Stärkere Geometrie wählen • Zäheren Schneidstoff wählen

1.1.6 Kühlschmierstoffe

Beim Spanen werden häufig Kühlschmierstoffe eingesetzt.

Aufgaben und Anforderungen

Die Hauptaufgabe von Kühlschmierstoffen ist das Kühlen und das Schmieren von Werkzeug und Werkstück. Dadurch erreicht man eine Verbesserung der Oberflächengüte und eine Verringerung des Werkzeugverschleißes. Es lassen sich die Bearbeitungsgeschwindigkeit und die Werkzeugstandzeit erhöhen. Die Fertigungskosten können so gesenkt werden (Abb. 5).

Zusätzlich sollen die Kühlschmierstoffe die Späne aus der Bearbeitungsstelle spülen. Damit die Kühlschmierstoffe einzelne Teile der Werkzeugmaschine sowie Werkzeug und Werkstück nicht durch Korrosion angreifen, müssen sie zusätzlich einen ausreichenden Korrosionsschutz bieten.

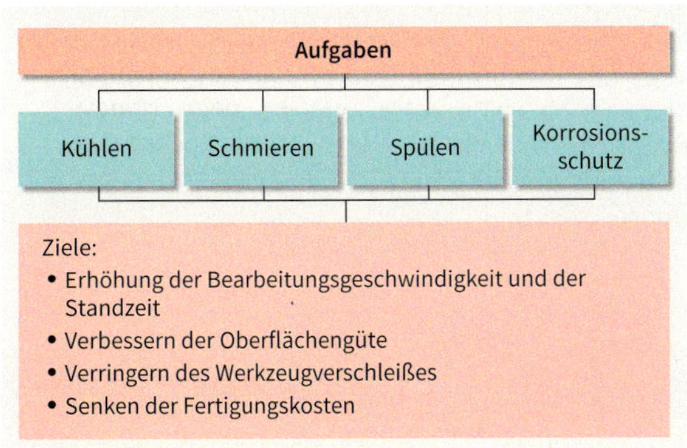

Abb. 5: Aufgaben von Kühlschmierstoffen

Darüber hinaus sollten Kühlschmierstoffe weitere Anforderungen erfüllen:

- geringen eigenen Pflege- und Wartungsaufwand,
- ausreichende Beständigkeit gegenüber Mikroorganismen (Bakterien und Pilze),
- leichte Abwaschbarkeit und
- ökologische und gesundheitliche Verträglichkeit.

Arten und Zusammensetzung

Kühlschmierstoffe lassen sich in zwei Hauptgruppen unterteilen:

- nichtwassermischbare Kühlschmierstoffe (Schneidöle) und
- wassergemischte Kühlschmierstoffe (Emulsionen).

Nichtwassermischbare Kühlschmierstoffe sind meist reine Mineralöle. Sie werden bei niedrigen Schnittgeschwindigkeiten verwendet, wenn hohe Oberflächengüten erreicht werden sollen. Es steht die Schmierwirkung im Vordergrund.

Wassergemischte Kühlschmierstoffe entstehen durch Anmischen von wassermischbaren Konzentraten mit Wasser. Sie werden bei hohen Schnittgeschwindigkeiten eingesetzt, wenn die Kühlwirkung wichtig ist. Es ergänzen sich die Kühlwirkung des Wassers und die schmierende, korrosionshemmende Wirkung des Öls. Je nach Fertigungsanforderungen werden wassergemischte Kühlschmierstoffe mit unterschiedlichen Schmierstoffkonzentrationen eingesetzt.

Die technischen Eigenschaften, die von Kühlschmierstoffen gefordert werden, lassen sich häufig nur durch Zugabe bestimmter Zusätze (Additive) erreichen.

Tab. 2: **Zusätze für Kühlschmierstoffe**

Zusätze	Einsatz	Wirkungen
Polare Zusätze	Öl, Emulsion	Schmiereigenschaften erhöhen
EP-Zusätze	Öl, Emulsion	Verschweißen zwischen Metalloberflächen verhindern
Korrosionsschutzmittel	Öl, Emulsion	Rosten von Metalloberflächen vermeiden
Antinebelzusätze	Öl, Emulsion	Zerreißen des Öls in feinste Tröpfchen erschweren
Alterungsschutzmittel	Öl, Emulsion	Reaktionen mit Luftsauerstoff verringern
Konservierungsmittel	Emulsion	Bildung von Mikroorganismen verhindern
Emulgatoren	Emulsion	Öl mit Wasser dauerhaft verbinden
Antischäummittel	Emulsion	Schaumbildung vermindern

Umgang mit Kühlschmierstoffen

Kühlschmierstoffe müssen regelmäßig gepflegt werden, um ihre Gebrauchsfähigkeit zu erhalten. Beim Umgang mit Kühlschmierstoffen können Gesundheitsgefahren entstehen. Für den Umgang mit Kühlschmierstoffen sind deshalb Betriebsanweisungen und Hautschutzpläne zu erstellen. Die Beschäftigten müssen über den sicheren Umgang unterrichtet werden.

Die gebrauchten Kühlschmierstoffe müssen getrennt von anderen Abfällen umweltgerecht gesammelt werden. Gebrauchte Kühlschmierstoffe gelten nach dem Abfallgesetz als Sonderabfall. Sonderabfall ist gesondert und nachweispflichtig zu entsorgen.

Aufgrund der Anschaffungs-, Wartungs- und Entsorgungskosten sowie der Gesundheitsgefahren wird immer mehr auf den Einsatz von Kühlschmierstoffen verzichtet und stattdessen auf Trockenbearbeitung oder Minimalmengenschmierung gesetzt.

Prüfen

1.1.7 Längenmessgeräte

Beim Fertigen der Bolzen sind die Maße und die Form- und Lagetoleranzen zu überprüfen. Dazu sind die entsprechenden Prüfgeräte auszuwählen.

1.1.7.1 Auswahl von Prüfgeräten

Bei der Auswahl der Prüfgeräte müssen folgende Prüfbedingungen berücksichtigt werden:

- Die Messgröße (Länge) bestimmt die Art des Prüfgerätes (Längenmessgerät).
- Die Größe des zu prüfenden Maßes bestimmt den Messbereich des Prüfgerätes.
- Die Toleranzen der zu prüfenden Maße bestimmen die Ablesegenauigkeit des Messgerätes.
- Die betrieblichen Gegebenheiten bestimmen die Art des Ablesens und die Empfindlichkeit eines Prüfgerätes.

Grundsätzlich unterscheidet man zwischen lehrender und messender Prüfung.

Bei der *lehrenden Prüfung* wird ein Maß oder die Form eines Werkstückes mit einer Lehre verglichen. Es wird ermittelt, ob eine vorgeschriebene Grenze überschritten wird. Tatsächlich vorhandene Abweichungen vom Nennmaß werden nicht festgestellt. Durch die Einstufung in Gut, Ausschuss oder Nacharbeit werden attributive Merkmale geprüft.

Attributive Merkmale lassen sich nur zwischen zwei Ausprägungen unterscheiden. Es wird geprüft, ob sie vorhanden oder nicht vorhanden sind.

Auch Risse, Kratzer oder Grat an einem Werkstück können als attributive Merkmale erfasst werden.

Bei der *messenden Prüfung* wird ein Maß am Werkstück mit der Bezugsgröße eines Messgerätes verglichen. Es wird ein Messwert ermittelt. Messwerte sind variable Merkmale.

Variable Merkmale sind messbare Größen (z. B. Längen).

Die messende Prüfung hat mehrere Vorteile. Messwerte ermöglichen das Einstellen und Korrigieren von Maschinen in der Fertigung. Außerdem lassen sich Messwerte statistisch auswerten.

Bei der Auswahl eines Messgerätes ist besonders dessen Ablesegenauigkeit zu beachten. Die Ablesegenauigkeit beeinflusst die Genauigkeit, mit der ein Messergebnis erfasst werden kann. Je gröber die Ablesegenauigkeit, desto größer ist die Unsicherheit des Messergebnisses.

Bei der Einzelteilfertigung sollte die Ablesegenauigkeit eines Messgerätes 1/10 der angegebenen Toleranz betragen.

Skw bzw. Zw < 1/10 T

Beispiel:

Der Durchmesser Ø 25g6 am Bolzen soll mit einer digitalen Bügelmessschraube überprüft werden. Die Eignung des Messgerätes ist zu beurteilen.

$Zw = 0{,}001\ \text{mm} = 1\ \mu\text{m}$

$es = -7\ \mu\text{m};\ ei = -20\ \mu\text{m}$

$T = es - ei = 13\ \mu\text{m}$

Vergleich:

$Zw = 1\ \mu\text{m} < \frac{1}{10} \cdot 13\ \mu\text{m} = 1{,}3\ \mu\text{m}$

Die digitale Bügelmessschraube ist geeignet.

Durch die Messunsicherheit können Messwerte in der Nähe der Toleranzgrenze nicht eindeutig beurteilt werden (Abb. 1). Der messtechnisch sichere Bereich entspricht der Toleranz verringert um die Messunsicherheit an der oberen und unteren Toleranzgrenze.

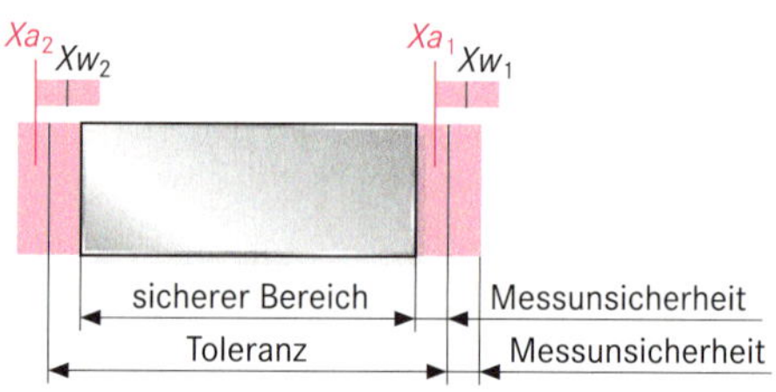

Abb. 1: Unsicherheitsbereiche an den Toleranzgrenzen

Liegt der Messwert im Unsicherheitsbereich, sind folgende Ergebnisse möglich:

Es wird durch die Messunsicherheit ein Messwert x_{a1} ermittelt, der innerhalb der Toleranz zu liegen scheint, obwohl das tatsächliche Maß x_{w1} außerhalb der Toleranz liegt. Ein Ausschussteil wird dadurch nicht erkannt und nicht aussortiert.

Es wird durch die Messunsicherheit ein Messwert x_{a2} ermittelt, der außerhalb der Toleranz zu liegen scheint, obwohl das tatsächliche Maß x_{w2} innerhalb der Toleranz liegt. Ein Gutteil wird fälschlicherweise als Ausschuss aussortiert.

Die Toleranz ist nur dann mit Sicherheit eingehalten, wenn der Messwert im sicheren Bereich liegt. Je größer der Unsicherheitsbereich ist, umso stärker wird die in der Zeichnung festgelegte Toleranz eingeschränkt.

In der Serienfertigung ist zusätzlich zu den messtechnischen Anforderungen an das Messgerät auch die Eignung des Prüfprozesses nachzuweisen.

Der Prüfprozess in der Serienfertigung wird beeinflusst durch:

- fehlerbehaftete Messobjekte (Werkstücke),
- sich verändernde Umgebungsbedingungen und
- wechselnde Prüfer.

Messobjekte mit Grat, Schmutz oder Formabweichungen (z.B. Unrundheit) am Werkstück verfälschen den Messwert und machen das Messergebnis unsicher.

Umgebungsbedingte Einflüsse ergeben sich durch Schwankungen der Temperatur, unzureichende Beleuchtung oder hohe Belastungen durch Erschütterungen und Staub. Besonders Temperaturschwankungen von Werkstück und Messgerät beeinflussen bei Längenmessungen das Messergebnis.

Einflüsse der Prüfer ergeben sich durch unsachgemäßes oder falsches Anwenden von Messgeräten oder durch ungenügende Übung und Sorgfalt beim Ablesen der Messwerte.

An Messgeräte, die in der Serienfertigung eingesetzt werden, werden höhere Anforderungen gestellt. Die Ablesegenauigkeit eines Messgerätes in der Serienfertigung ist geeignet, wenn:

$$\frac{\text{Ablesegenauigkeit}}{\text{Toleranz}} \cdot 100\,\% \leq 5\,\%$$

Die Messunsicherheit eines Prüfprozesses wird durch statistische Verfahren ermittelt.

Ein Prüfprozess ist geeignet, wenn:

$$\frac{\text{Messunsicherheit}}{\text{Toleranz}} \leq 0{,}1 \ldots 0{,}2$$

Messverfahren mit wesentlich kleinerer Messunsicherheit sind zwar geeignet, aber meist aufwändiger und teurer.

Grundlagen

Messtechnische Begriffe

Der *Messbereich Meb* ist der Teil des Anzeigebereiches eines Messgerätes, in dem angegebene Fehlergrenzen nicht überschritten werden. Er ist bei den meisten anzeigenden Messgeräten gleich dem Anzeigebereich.

Der *Anzeigebereich Azb* ist der Bereich, der zwischen dem kleinsten und größten ablesbaren Messwert des Messgerätes liegt.

Die *Ablesegenauigkeit* ist die kleinste unterscheidbare Differenz einer Anzeige auf einer Anzeigeeinrichtung. Bei einer Skalenanzeige entspricht sie dem Skalenteilungswert *Skw*, bei einer Zifferanzeige dem Ziffernschrittwert *Zw*.

Der *Skalenteilungswert Skw* entspricht der Differenz zweier aufeinander folgender Teilstriche auf einer Strichskala.

Azb = ± 0,120 mm = ± 120 µm
Zw = 0,0005 mm = 0,5 µm
x_a = 5 µm
G = 1 - 2 µm

Azb = ± 0,050 mm = ± 50 µm
Skw = 0,001 mm = 1 µm
G = 1 µm

Der *Ziffernschrittwert Zw* entspricht einem Ziffernschritt auf einer Ziffernskala.

Messwert x_a ist der aus der Anzeige ermittelte Wert der zu messenden Größe. Er besteht aus Zahlenwert und Einheit. Jeder Messwert ist mit einer Messunsicherheit behaftet.

Die *Messunsicherheit U* enthält alle zufälligen sowie alle systematischen und nicht korrigierten Messabweichungen einer Messung.

Systematische Messabweichungen entstehen durch Gerätefehler eines Messgerätes oder durch gleichbleibende Abweichungen von der genormten Bezugstemperatur von 20 °C. Sie können als Korrekturwert erfasst und bei jeder Prüfung berücksichtigt werden.

Zufällige Messabweichungen treten unregelmäßig auf. Sie schwanken selbst unter gleichen Messbedingungen. Sie entstehen z.B. durch unterschiedliche Messkräfte, Grat oder Schmutz am Werkstück. Man kann versuchen, sie durch statistische Verfahren zu erfassen. Hierbei werden mehrere Messungen durchgeführt und ein Mittelwert gebildet.

Die *Fehlergrenze G* (Genauigkeit) ist die vereinbarte oder vom Hersteller angegebene Messabweichung eines Messgerätes. Die Messabweichung eines Messgerätes kann durch Kalibrierung z.B. mit Endmaßen ermittelt werden. Messabweichungen eines Messgerätes beruhen auf einem Gerätefehler. Gerätefehler ergeben sich durch Fertigungstoleranzen, Justierfehler bei der Montage oder Abnutzung der Messflächen.

1.1.7.2 Endmaße

Endmaße verkörpern ein Längenmaß durch den Abstand zwischen zwei Messflächen. Es gibt Endmaße mit ebenen, zylindrischen und kugeligen Messflächen (Abb. 1). Am häufigsten kommen die Parallelendmaße mit zwei ebenen, parallelen Messflächen vor. Als Werkstoff für Endmaße wird hochlegierter Stahl, Hartmetall oder Keramik verwendet.

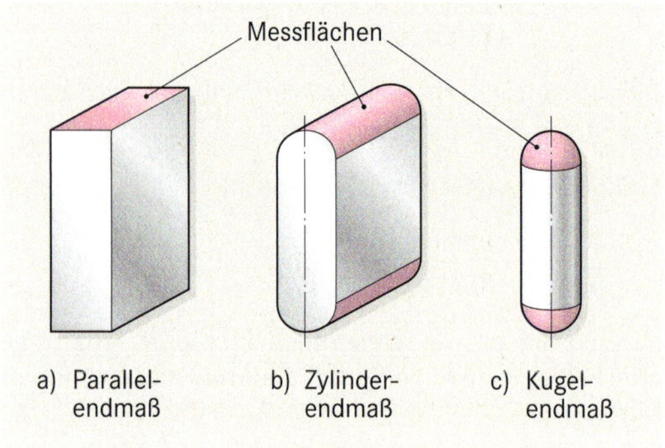

Abb. 1: Messflächen von Endmaßen

Endmaße lassen sich durch eine schiebende Bewegung (Anschieben) zusammenfügen (Abb. 2). Durch ihre polierten Oberflächen entstehen dabei hohe Adhäsionskräfte (Anhangskräfte). Dadurch haften die Endmaße aneinander. Um ein bestimmtes Maß zu erhalten, schiebt man so viele Endmaße aneinander, bis die gewünschte Länge erreicht ist.

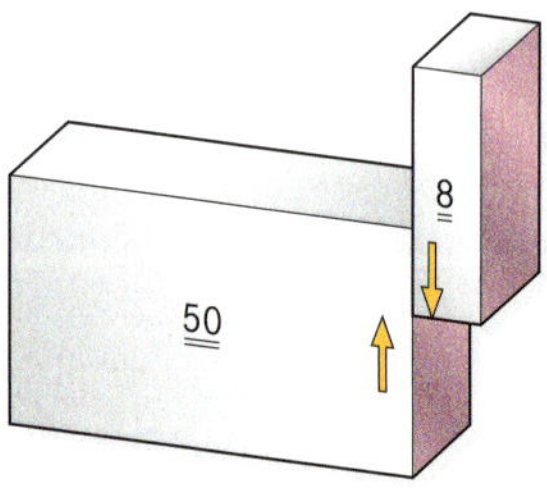

Abb. 2: Anschieben von Parallelendmaßen

! Beim Zusammenstellen einer Endmaßkombination sollen möglichst wenige Endmaße verwendet werden, weil sich die Abweichungen aller verwendeten Endmaße addieren.

Zweckmäßig gestufte Einzelendmaße gibt es als Endmaß-Normalsatz (Abb. 3). Ein Endmaß-Normalsatz besteht aus fünf Maßbildungsreihen (Tab. 1). Jede Maßbildungsreihe besteht aus neun Endmaßen. Mit dem Endmaß-Normalsatz können in Stufen von 0,001 mm alle Maße von 3,000 mm bis 102,999 mm gebildet werden. Dafür ist höchstens ein Endmaß aus jeder Maßbildungsreihe erforderlich. Beim Zusammensetzen zu einer Endmaßkombination beginnt man stets mit dem kleinsten Endmaß.

Abb. 3: Endmaß-Normalsatz

Tab. 1: Endmaß-Normalsatz

Maßbildungsreihe	Stufung von Block zu Block in mm	Größe der Endmaße in mm
1	0,001	1,001 ... 1,009
2	0,01	1,01 ... 1,09
3	0,1	1,1 ... 1,9
4	1	1 ... 9
5	10	10 ... 90

Beispiel: Das Maß 68,795 mm soll mit Hilfe des Endmaß-Normalsatzes zusammengesetzt werden:

1. Endmaß – Reihe 1	1,005	mm
2. Endmaß – Reihe 2	1,09	mm
3. Endmaß – Reihe 3	1,7	mm
4. Endmaß – Reihe 4	5	mm
5. Endmaß – Reihe 5	60	mm
Maßverkörperung	68,795	mm

Endmaße werden hergestellt in den Kalibrierklassen *K*, 0, 1 und 2. Jedes Endmaß ist mit dem Nennmaß l und der Kalibrierklasse gekennzeichnet.

Mit Endmaßen der Kalibrierklasse K und 0 werden Messgeräte und Lehren geprüft. Endmaße der Kalibrierklasse 1 und 2 dienen zum Einstellen von Messgeräten und Vorrichtungen und zum Prüfen in der Fertigung.

Bei der Verwendung von Endmaßen sind folgende Regeln zu beachten:

- Endmaße sollen vor ihrem Gebrauch mit einem nicht fasernden Stoff sauber abgerieben werden.
- Zum Schutz vor Korrosion müssen Endmaße aus Stahl oder Hartmetall nach ihrem Gebrauch gereinigt und mit säurefreier Vaseline eingefettet werden.
- Stahlendmaße dürfen nicht länger als 8 Stunden zusammengefügt bleiben, da sie sonst kaltverschweißen.

1.1.7.3 Fühlhebelmessgeräte, Feinzeiger

Fühlhebelmessgeräte und Feinzeiger sind Vergleichsmessgeräte. Wegen ihres kleinen Messbereiches werden sie meist für Unterschiedsmessungen eingesetzt. Zum Messen müssen sie in entsprechende Messeinrichtungen wie Messstativ oder Messtisch eingespannt werden.

Fühlhebelmessgerät

Fühlhebelmessgeräte haben einen schwenkbaren Tasthebel mit einem Schwenkbereich von über 2 x 90° (Abb. 4). Dadurch kann in zwei Richtungen gemessen werden. Der Messbereich je Richtung beträgt meist 0,4 mm. Fühlhebelmessgeräte haben eine Ablesegenauigkeit von 0,01 mm.

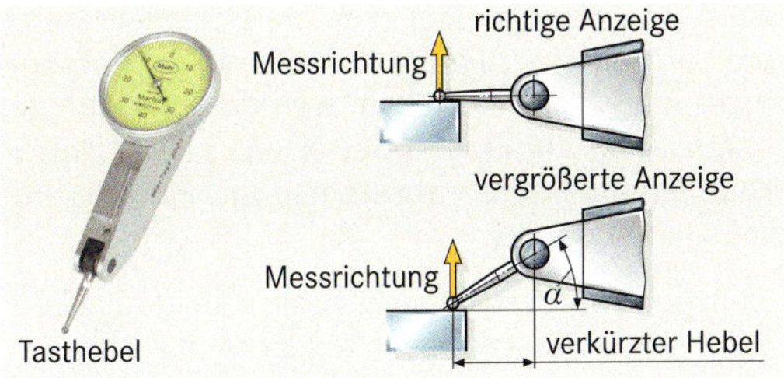

Abb. 4: Fühlhebelmessgerät

Bei Messungen ist darauf zu achten, dass die Achse des Tasthebels senkrecht zur Messeinrichtung steht. Eine Neigung verfälscht das Messergebnis. Bei einem Neigungswinkel über 15° muss der abgelesene Messwert mit einem Korrekturfaktor korrigiert werden (Tab. 2).

Tab. 2: Korrektur bei geneigtem Tasthebel

Neigungswinkel α	15°	30°	45°	60°
Korrekturfaktor	0,96	0,87	0,70	0,50

Beispiel: Neigungswinkel $\alpha = 45°$
Messwert $x_a = 0{,}38$ mm
Messergebnis $y = 0{,}38 \text{ mm} \cdot 0{,}7 = 0{,}27$ mm

Fühlhebelmessgeräte dienen als Vergleichsmessgerät:

- zur Prüfung von Sollmaßabweichungen für Rundlaufprüfungen, Prüfungen von Parallelität und Ebenheit sowie
- zum Zentrieren von Wellen und Bohrungen und zum Ausrichten von Flächen an Werkstücken.

! Mit Fühlhebelmessgeräten kann durch den schwenkbaren Tasthebel auch an engen, schwer zugänglichen Stellen gemessen werden.

Feinzeiger

Feinzeiger haben eine hohe Messgenauigkeit. Sie werden für Messungen ab einer Ablesegenauigkeit von 0,001 mm eingesetzt.

Mechanische Feinzeiger haben meist eine Ablesegenauigkeit von 0,001 mm. Beim Feinzeiger wird die geradlinige Bewegung des Tastbolzens in eine kreisförmige Bewegung des Zeigers umgewandelt. Während bei einer Messuhr der Zeiger mehrere Umdrehungen ausführen kann, ist beim Feinzeiger der Winkelausschlag des Zeigers kleiner als 360°. Durch diesen begrenzten Winkelausschlag ist der Messbereich von Feinzeigern sehr klein. Meist haben sie einen Messbereich von ± 0,050 mm.

Elektronische Feinzeiger haben ein präzises induktives Messsystem, das eine Ablesegenauigkeit von 0,001 mm, 0,0005 mm oder 0,0002 mm ermöglicht. Über einen Datenausgang können die Messwerte mit einem Rechner gespeichert und ausgewertet werden.

! Feinzeiger werden für Unterschiedsmessungen und zur Feststellung von Form- und Lageabweichungen verwendet, wenn Prüfungen im Bereich von tausendstel Millimeter notwendig sind.

Messwertumkehrspanne

Die mechanische Übersetzung der Messbolzenbewegung bei Feinzeigern oder Messuhren bzw. der Tasthebelbewegung bei Fühlhebelmessgeräten verursacht Reibung. Das führt dazu, dass diese Messgeräte für dieselbe Messgröße bei hineingehenden Messbolzen (steigende Anzeige) einen anderen Wert anzeigen als bei herausgehenden Messbolzen (fallende Anzeige) (Abb. 5). Den Unterschied in der Anzeige nennt man Messwertumkehrspanne f_U. Die Messwertumkehrspanne ist in Herstellerunterlagen angegeben.

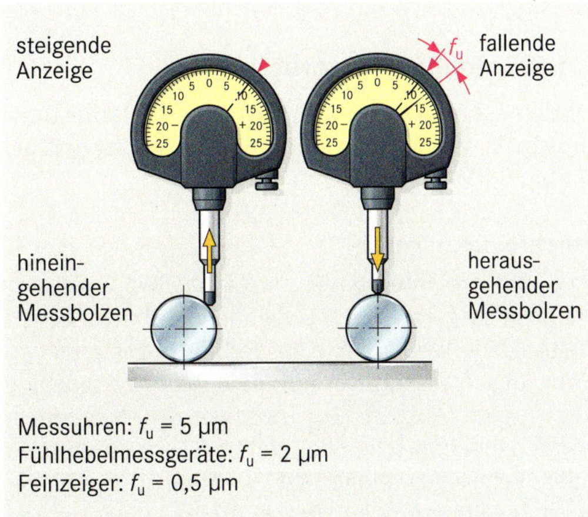

Abb. 5: Messwertumkehrspanne bei einem Feinzeiger

1.1.7.4 Feinzeiger-Messschrauben

Feinzeiger-Messschrauben sind Bügelmessschrauben, die zusätzlich mit einem Feinzeiger versehen sind (Abb. 1). Je nach erforderlicher Ablesegenauigkeit können mechanische oder elektronische Feinzeiger eingesetzt werden. Der Feinzeiger steht mit dem Messtaster in Verbindung. Da der Messtaster beim Messen durch eine Feder mit einer konstanten Messkraft gegen das Werkstück gedrückt wird, sind Messfehler aufgrund unterschiedlicher Messkräfte ausgeschlossen.

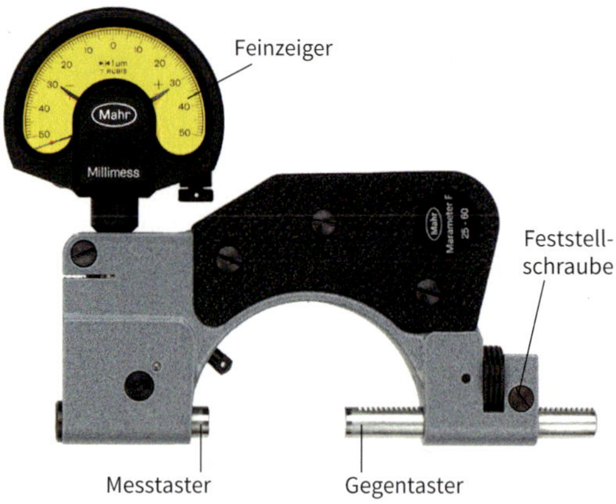

Abb. 1: Feinzeiger-Messschraube

Das Messgerät muss mit Hilfe von Endmaßen eingestellt werden. Dazu wird der Gegentaster gegen das Endmaß bewegt und feinfühlig eingestellt. Anschließend wird der Gegentaster über die Feststellschraube mit einem Schraubendreher festgeklemmt. Nach dem Einstellen des Gegentasters wird die Anzeige des Feinzeigers auf Null gestellt.

Feinzeiger-Messschrauben sind Vergleichsmessgeräte. Auf dem Feinzeiger wird die Abweichung der Messgröße zum Vergleichsstück (Endmaß) angezeigt.

1.1.7.5 Innenmessgeräte

Innenmessgeräte dienen zum Messen von Bohrungen. Es gibt sie als Zweipunkt-Messgeräte und als Dreipunkt-Messgeräte.

Innenfeinmessgerät

Das Innenfeinmessgerät ist ein Zweipunkt-Vergleichsmessgerät. Die Bewegung des beweglichen Tastbolzens wird über eine Verbindungsstange im Rohr des Messgerätes auf eine Messwertanzeige übertragen (Abb. 2). Zur Anzeige der Messwerte können mechanische oder elektronische Messuhren oder Feinzeiger eingesetzt werden. Die Ablesegenauigkeit beträgt entsprechend dem eingesetzten Anzeigegerät 0,001 bzw. 0,0001 mm.

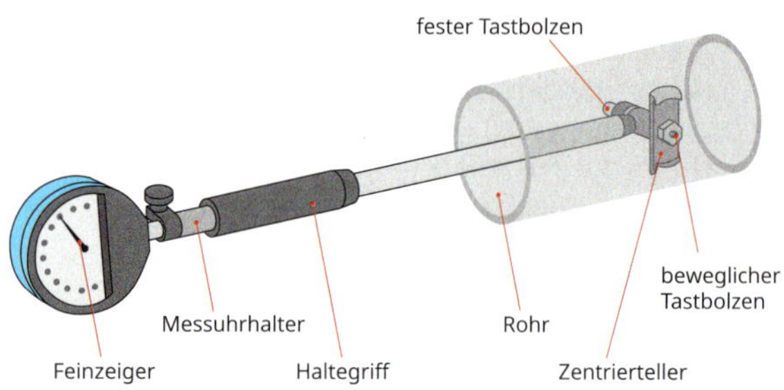

Abb. 2: Innenfeinmessgerät

Durch Auswechseln der festen Messbolzen und Messscheiben lässt sich das Messgerät auf unterschiedliche Durchmesser umrüsten. Das Messgerät wird dann auf das zu prüfende Sollmaß der Bohrung eingestellt. Zum Einstellen werden Einstellringe, Lehren, Messschrauben oder eigens hierfür entwickelte Einstellgeräte – zusammen mit Parallel-Endmaßen – verwendet.

Durch den Zentrierteller erfolgt die selbsttätige Zentrierung des Messgerätes in der Bohrung (Abb. 3a). Beim Messvorgang muss dann der Umkehrpunkt bestimmt werden. Das geschieht durch Pendeln des Messgerätes um den festen Messbolzen (Abb. 3b). Dabei wird die Stelle mit dem Kleinstwert durchfahren, an dem sich die Messgeräteachse genau senkrecht zu Bohrungsachse befindet. Bei einem mechanischen Anzeigegerät ist dies deutlich am Richtungswechsel des Zeigers zu erkennen.

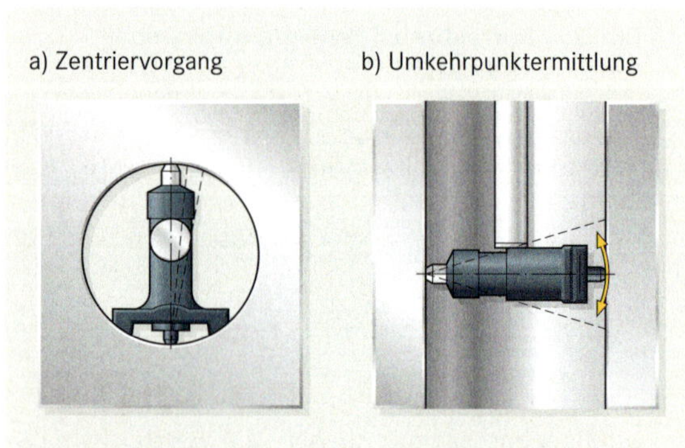

Abb. 3: Messvorgang

Innenfeinmessgeräte dienen zum Messen zylindrischer Bohrungen von 4,5 bis 800 mm Durchmesser.

Mit einem Zweipunktmessverfahren können auch ovale Rundheitsabweichungen festgestellt werden. Polygonförmige Abweichungen, wie sie beim Spannen im Dreibackenfutter entstehen können, lassen sich nicht ermitteln. Es wird in jeder Position das gleiche Durchmessermaß gemessen (Abb. 4).

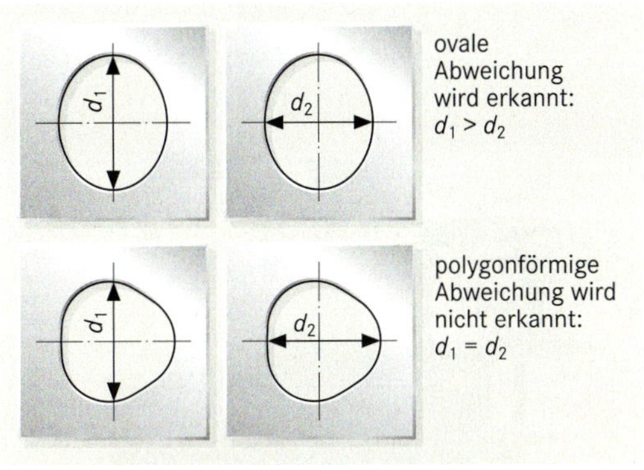

Abb. 4: Zweipunktmessungen

Innenmessschrauben für Dreipunktmessung

Innenmessschrauben für Dreipunktmessung zentrieren sich durch die drei am Umfang angeordneten Messtaster selbsttätig in der Bohrung. Das Verstellen der Messtaster erfolgt spielfrei über einen Hartmetallkegel durch Drehen der Ratsche.

Innenmessschrauben für Dreipunktmessung gibt es mit Skalenhülse und Skalentrommel in einer Anzeigegenauigkeit von 0,01 mm sowie mit digitaler Anzeige in einer Anzeigegenauigkeit von 0,001 mm (Abb. 5).

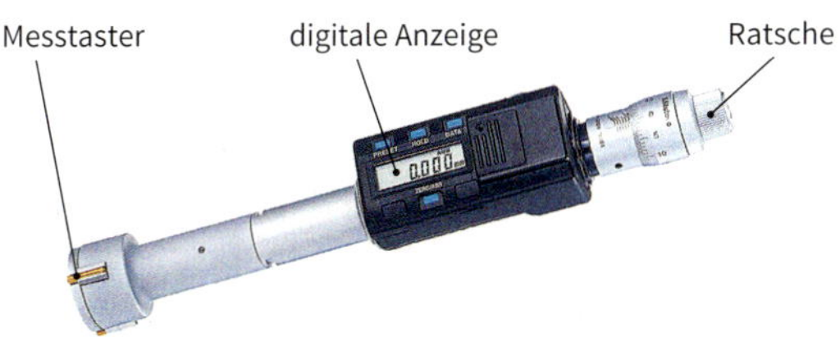

Abb. 5: Digitale Innenmessschraube

Mit dem Dreipunktmessverfahren können polygonförmige Rundheitsabweichungen der Bohrung festgestellt werden. Ovale Abweichung können mit diesem Messverfahren jedoch nicht ermittelt werden. Es wird in jeder Position das gleiche Durchmessermaß gemessen (Abb. 6).

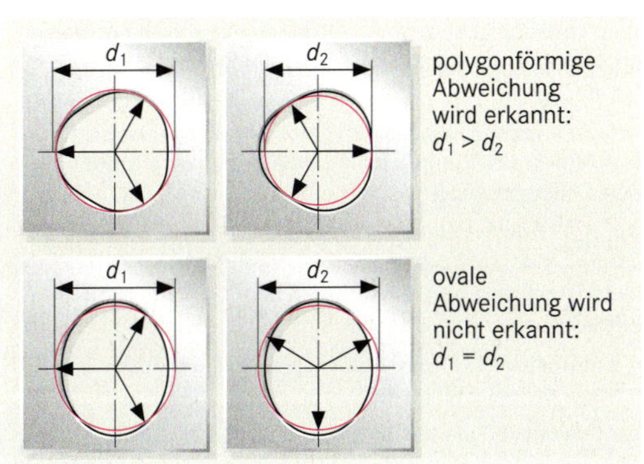

Abb. 6: Dreipunktmessung

1.1.7.6 Elektronische Höhenmessgeräte

Elektronische Höhenmessgeräte werden zum Längenmessen eingesetzt. Dazu werden sie auf Messplatten gestellt. In die Säule des Höhenmessgerätes ist ein Längenmesssystem eingebaut. Die Verfahrbewegungen werden gemessen und digital angezeigt. Die Ablesegenauigkeit beträgt meist 0,01 mm bzw. 0,001 mm (Abb. 7).

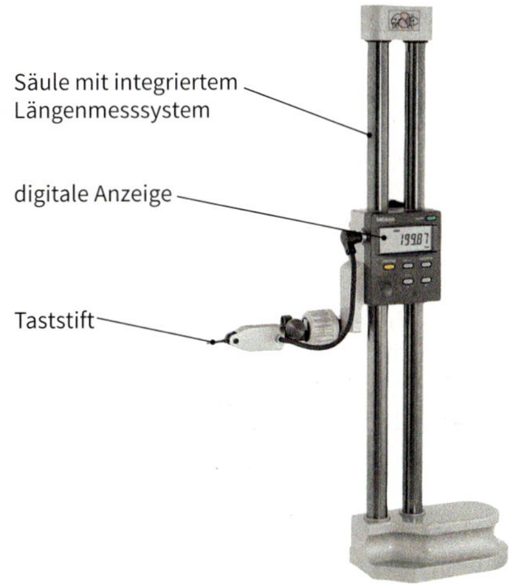

Abb. 7: Elektronisches Höhenmessgerät

Das Messen kann mit festen und schaltenden Tastern erfolgen. Schaltende Messtaster ermöglichen ein sicheres und schnelles Messen bei bewegtem Messkopf. Sobald der Taststift die Messfläche berührt und ausgelenkt wird, wird ein Schaltsignal ausgelöst und der Messwert angezeigt. Die Anzeige bleibt bis zum erneuten Antasten einer Messfläche oder bis zum Löschen der Anzeige erhalten.

Die Anzeige des Messgerätes kann an jeder beliebigen Stelle auf Null gestellt werden. Dadurch sind Vergleichsmessungen und das Messen von Kettenmaßen ohne weitere Rechnungen möglich.

Über einen Datenausgang können die Messwerte zur Datensicherung mit einem Rechner gespeichert und weiter verarbeitet oder von einem Drucker ausgedruckt werden.

Durch den Einsatz besonderer Centertaster lassen sich die Mittenlagen und die Mittenabstände von Bohrungen direkt messen (Abb. 8).

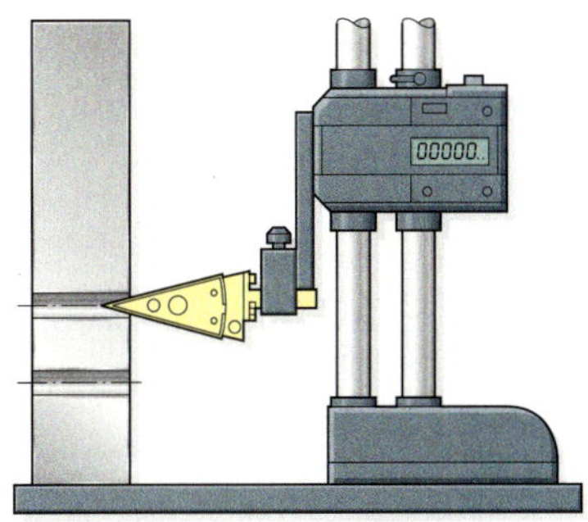

Abb. 8: Messen mit einem Centertaster

1.1.7.7 Koordinatenmessmaschinen

Koordinatenmessmaschinen werden in vielen Industriezweigen zur Qualitätsüberwachung eingesetzt. Mit ihnen können umfangreiche Maß-, Form- und Lageprüfungen selbst an komplizierten Werkstücken zeitsparend und mit hoher Messgenauigkeit durchgeführt werden.

Abhängig von Messbereich, Messgenauigkeit und Einsatzgebiet gibt es Koordinatenmessmaschinen in unterschiedlichen Bauarten und mit unterschiedlichem Automatisierungsgrad. Häufige Bauarten sind die Ständerbauweise und die Portalbauweise (Abb. 1). Die Messabläufe können im manuellen oder im automatischen Betrieb erfolgen.

Bei allen Messmaschinen dient ein Tastkopf als Messgrößenaufnehmer. Abhängig von der Abtastart werden schaltende, messende oder optische Tastkopfsysteme eingesetzt (Tab. 1). Der Tastkopf ist innerhalb des Messbereiches frei beweglich. Hierzu besitzt die Messmaschine 3 Führungsbahnen mit einem Längenmesssystem. Jeder Punkt im Messbereich kann mit seinen Koordinaten X, Y, Z angefahren und über die Längenmesssysteme ermittelt werden. Die ermittelten Punkte werden im integrierten Rechner verarbeitet und als Messergebnis ausgegeben.

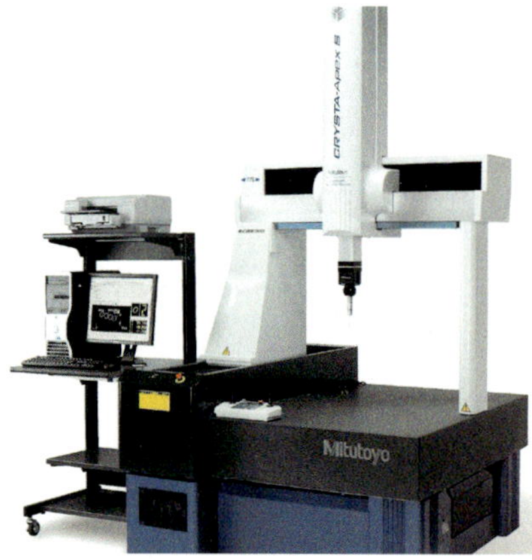

Abb. 1: Messmaschine in Portalbauweise

Das Werkstück muss zum Prüfen nicht zeitaufwändig auf dem Messtisch ausgerichtet und gespannt werden. Es genügt, das Werkstück sicher auf dem Messtisch zu fixieren. Die genaue Lage des Werkstückes wird vor dem eigentlichen Prüfen durch Antasten von Oberflächenpunkten ermittelt.

Bei CNC-Messmaschinen werden die Messstellen automatisch über ein gespeichertes Messprogramm angefahren.

Tab. 1: Eigenschaften und Verwendung unterschiedlicher Tastkopfsysteme

Tastkopfsysteme			
Mechanische		Optische	
Schaltende Tastköpfe	Messende Tastköpfe	Bildverarbeitungssensoren	Lasersensoren
			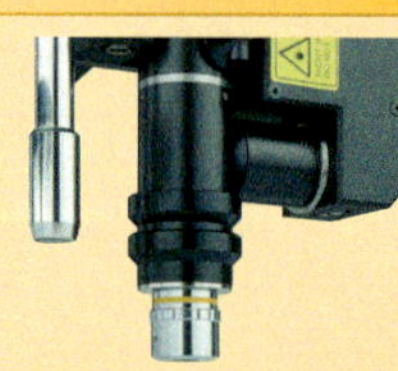
Merkmale/Eigenschaften			
Taststift ist federnd mit dem Tastkopf verbunden bei Berühren der Messfläche lenkt der Taststift aus und löst ein Schaltsignal aus Messposition wird an den Rechner übertragen und als Messwert angezeigt	Messsystem im Tastkopf misst die Auslenkung des Taststiftes bei Werkstückberührung Verrechnung der Messwerte des Tastkopfmesssystems mit den Koordinaten der Messmaschine ergibt Koordinaten des Messpunktes	berührungsloses Messen durch Licht hochauflösende Kamera bildet Messobjekt ab und wandelt optische Signale in digitale Signale Rechner errechnet mit Hilfe einer Bildverarbeitungssoftware die Messpunkte	berührungsloses Messen mit einem Laserstrahl eine Empfangsoptik bildet den Punkt auf ein positionsempfindliches Element ab über den Laserabstand zum Messobjekt werden die Koordinatenpunkte ermittelt
Verwendung/Einsatz			
Einsatz hauptsächlich auf handbedienten Messmaschinen geringe Messgeschwindigkeit	Einsatz auf CNC-Messmaschinen zum automatischen Messen Scannen komplexer Werkstückgeometrien oder Überprüfen von Formgenauigkeiten	Messen nachgiebiger Werkstücke, z. B. dünnwandige Kunststoffteile vollautomatisches Messen vorwiegend zweidimensionaler Werkstücke, z. B. Stanzteile Scannen mit 300 bis 400 Bildpunkten pro Sekunde	

Prüfen

1.1.8 Messgeräte zum Prüfen geometrischer Tolerierungen

Prüfen prismatischer Werkstücke

In der Werkstatt werden zur Prüfung von Geradheit, Ebenheit und Rechtwinkligkeit meist Haarlineale bzw. Haarwinkel eingesetzt. Am Lichtspalt lassen sich Unebenheiten ab wenigen µm erkennen. Eine zahlenmäßige Erfassung des Messwertes ist jedoch nicht möglich. Es kann somit auch nicht überprüft werden, ob die geometrische Tolerierung eingehalten wurde.

Geradheit, Ebenheit, Rechtwinkligkeit und Parallelität können auch mit einem Höhenmessgerät geprüft werden (Abb. 2). Dazu wird das Werkstück mit der angegebenen Bezugsfläche auf der Messplatte aufgelegt. Durch Antasten mehrerer gleichmäßig auf der Fläche verteilter Messpunkte wird die größte Abweichung ermittelt. Die größte gemessene Abweichung ergibt die Form- oder Lageabweichung.

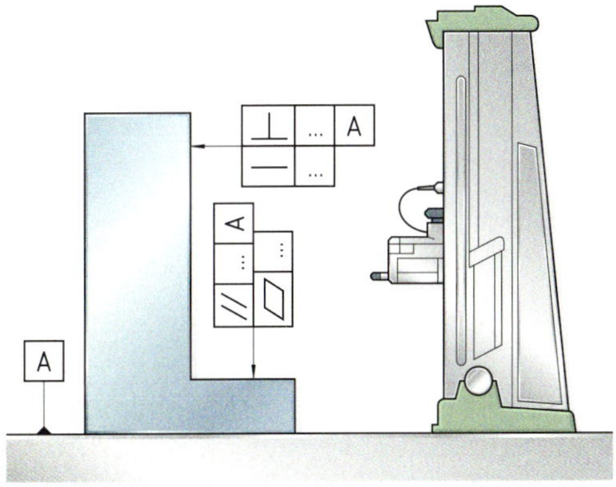

Abb. 2: Form- und Lageprüfung mit einem Höhenmessgerät

Prüfen runder Werkstücke

In der Werkstatt werden Abweichungen von der Rundheit oder Zylinderform mit Messschrauben über Durchmesserunterschiede bestimmt. Polygonförmige Rundheitsabweichungen lassen sich jedoch mit Zweipunktmessungen nicht erfassen. Genau können Rundheits- und Zylinderformabweichungen mit Koordinatenmessmaschinen oder Formmessgeräten gemessen werden.

Auf Formmessgeräten werden die Werkstücke auf einen Drehtisch gespannt und ausgerichtet (Abb. 3). Ein Messtaster tastet die Kreisform des drehenden Zylinders ab. Das gemessene Rundheitsprofil wird am Bildschirm angezeigt und vom Rechner werden zwei konzentrische Kreise errechnet, die das Rundheitsprofil einschließen. Die Rundheitsabweichung ist der Abstand der beiden konzentrischen Kreise, die das Profil einschließen (➡📖).

Aus mehreren Rundheitsprofilen kann der Rechner die Abweichungen von der Zylinderform errechnen. Die Zylinderformabweichung ergibt sich aus dem Abstand zweier koaxialer Hüllzylinder, die alle Rundheitsprofile mit minimalem Abstand einschließen.

Mit Formmessgeräten können neben Formabweichungen auch Koaxialität, Rund- oder Planlauf gemessen werden.

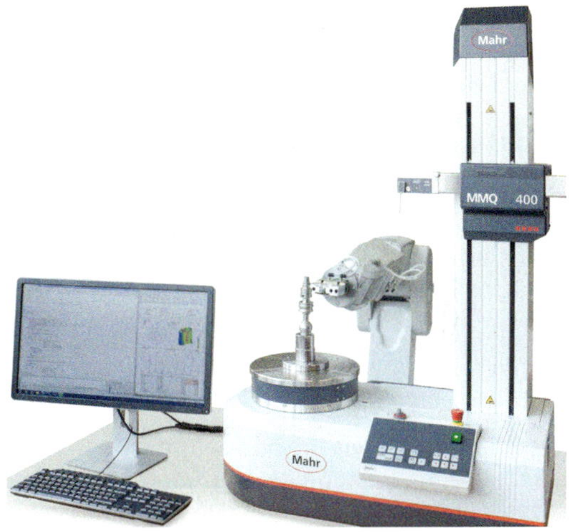

Abb. 3: Formmessgerät

Zum Messen von Lageabweichungen müssen die Werkstücke an den in der Einzelteilzeichnung angegebenen Bezugselementen von der Prüfvorrichtung aufgenommen werden.

Rundlauf- und Planlaufabweichungen lassen sich mit Rundlaufprüfgeräten messen (Abb. 4). Dazu können die Werkstücke zwischen Messspitzen gespannt werden. Die Prüfung ist funktionsgerechter, wenn die als Bezug gewählten Wellenabsätze von Prismen aufgenommen werden. Als Messgeräte werden Messuhren, Feinzeiger oder Fühlhebelmessgeräte eingesetzt.

Die Rundlauf bzw. Planlaufabweichung ist die Differenz zwischen der größten und kleinsten Anzeige während einer vollen Umdrehung des Werkstückes.

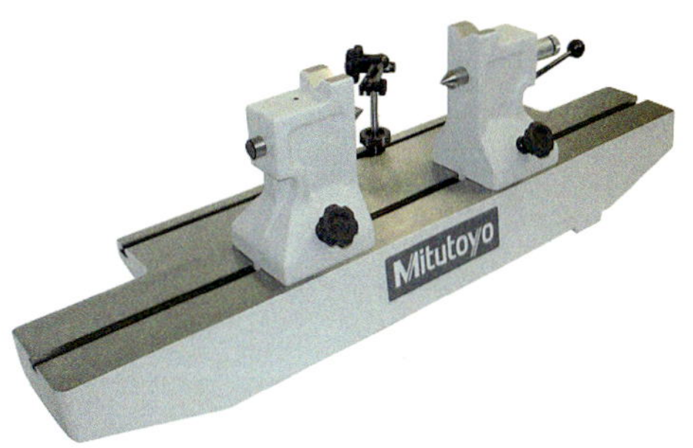

Abb. 4: Rundlaufprüfgerät

Planen/ Doku- mentieren

1.1.9 Arbeitsplanung Bolzen

Alle Bearbeitungsformen des Bolzens, bis auf die Querbohrung, können durch Drehen hergestellt werden.
Es wird eine zyklengesteuerte Drehmaschine mit einer Leistung von $P = 11$ kW und stufenlos einstellbaren Umdrehungsfrequenzen von $n = 1 \dots 4500$ 1/min eingesetzt.

Der Bolzen wird aus kaltgezogenem Rundstahl Ø 30 mm gefertigt. Der Werkstoff besteht aus Vergütungsstahl 28Mn6.

In der Einzelteilzeichnung sind Form und Größe des Bolzens mit den einzuhaltenden Maßtoleranzen, Oberflächenbeschaffenheiten sowie geometrische Tolerierungen festgelegt (Abb. 1a).

Beim Planen der Arbeitsvorgänge muss man sich das fertige Werkstück vorstellen, um alle notwendigen Arbeitsschritte abzuleiten (Abb. 1b). Abb. 2 zeigt alle Arbeitsvorgänge für das Drehen des Bolzens.

auch über Web-Link

Nachdem die Arbeitsvorgänge festgelegt wurden, sind die Spannmittel und Werkzeuge auszuwählen.

Der Bolzen wird in ein Dreibackenfutter mit Hartbacken gespannt. Beim Drehen der Absätze, der Freistiche und des Gewindes wird der Bolzen mit einer mitlaufende Zentrierspitze abgestützt. Dadurch wird die Zerspankraft sicher aufgenommen und die geforderte Formtoleranz eingehalten.

Nach dem Abstechen wird der Bolzen in ein Dreibackenfutter mit weichen Backen gespannt, um die Oberfläche nicht zu beschädigen.

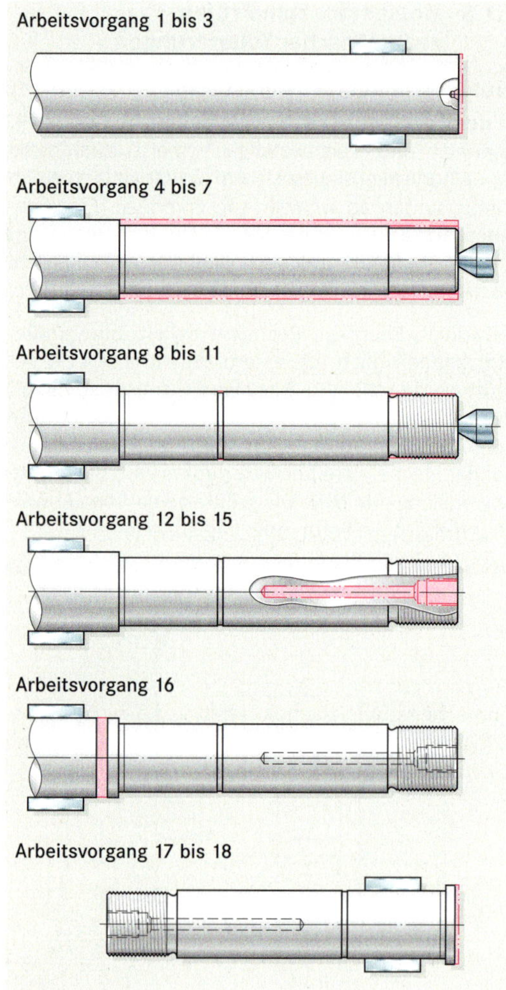

Abb. 2: Arbeitsvorgänge beim Drehen des Bolzens

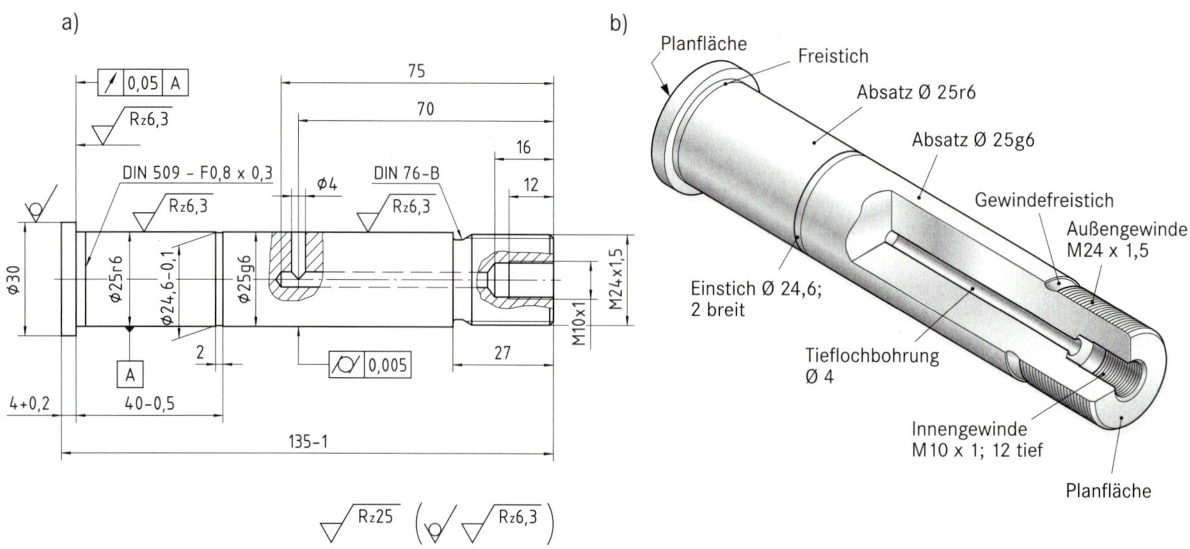

Abb. 1: Einzelteilzeichnung und Perspektive des Bolzens

Als Werkzeug sollen Klemmhalter gewählt werden, die möglichst vielseitig einsetzbar sind. Der rechtwinklige Absatz und die Planflächen sollen mit einem Klemmhalter vor- und fertiggedreht werden können. Diese Forderung führt zum Halter der Form PWLN mit der entsprechenden sechseckigen Schneidplatte. Der Halter hat einen Eckenwinkel von $\varepsilon = 80°$ und einen Einstellwinkel von $\kappa = 95°$ (Abb. 3). Als Schneidstoff wird beschichtetes Hartmetall aus der Zerspanungs-Anwendungsgruppe P10 gewählt.

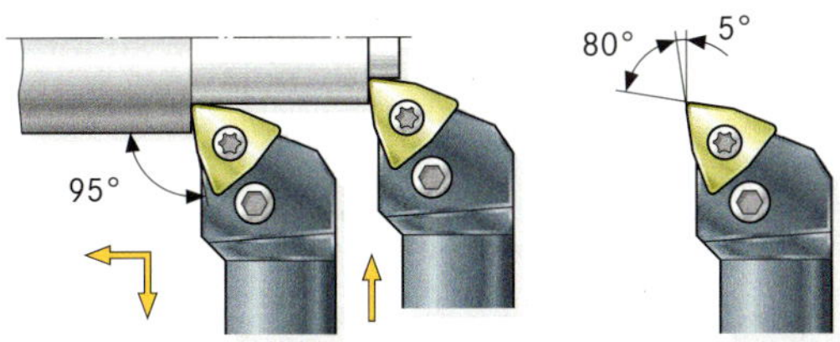

Halter DIN 4984 - PWLNR 16 16 K 06
Schneidplatte DIN 4968 - WNMG 06 04 04 GN - HC-P10

Abb. 3: Halter und Schneidplatte zum Längs- und Plandrehen

Für das Drehen der Freistiche werden Klemmhalter und Schneidplatten mit kleineren Eckenwinkeln benötigt (Abb. 4). Gewählt wird eine Schneidplatte mit einem Eckenwinkel von $\varepsilon = 35°$ und ein Halter mit einem Einstellwinkel von $\kappa = 107{,}5°$.

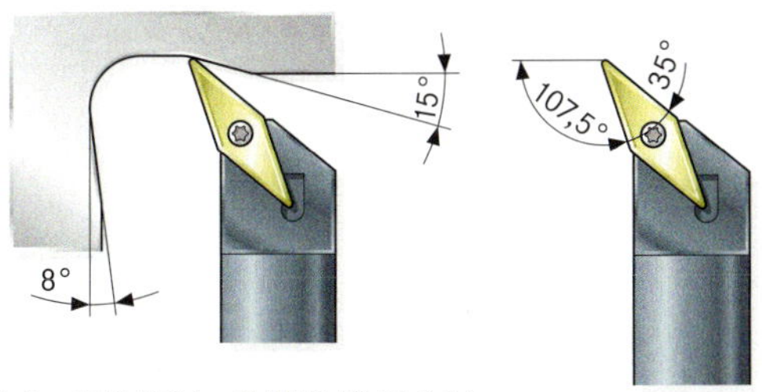

Halter DIN 4984 - SVHBR 16 16 K 06
Schneidplatte DIN 4968 - VBMT 16 04 04 GN - HC-P10

Abb. 4: Halter und Schneidplatte zum Konturdrehen

Halter und Wendeschneidplatten für das Gewindedrehen und das Ein- und Abstechdrehen sind nicht genormt.

Nachdem Arbeitsverfahren und Werkzeuge festgelegt sind, können die an der Maschine einzustellenden Arbeitswerte bestimmt werden. Der Absatz Ø 25 mm mit den ISO-Toleranzen r6 bzw. g6 wird mit einem Schruppschnitt vorgedreht und anschließend mit einem Schlichtschnitt fertig gedreht. Dabei ist von Richtwerten auszugehen, die der Hersteller empfiehlt oder die man aus dem Tabellenbuch entnehmen kann. An der Drehmaschine sind die Umdrehungsfrequenz n, der Vorschub f und die Schnitttiefe a_p einzustellen.

Beim Plandrehen wird mit einer konstanten Schnittgeschwindigkeit gearbeitet. Dabei wird eine maximale Umdrehungsfrequenz von $n = 4000$ 1/min festgelegt und in die Steuerung eingegeben.

Nur für das Gewindedrehen und das Gewindebohren wird Kühlschmierstoff (KSS) eingesetzt. Gewählt wird ein nichtwassermischbarer KSS (S3) mit Feststoffzusätzen und EP-Zusätzen (→📖). EP-Zusätze (Extreme-Pressure-Zusätze) widerstehen extrem hohen Drücken, wie sie bei der Gewindeherstellung auftreten.

Einen Arbeitsplan für das Drehen der Bolzen mit allen Arbeitsmitteln und Arbeitswerten zeigt Abbildung 1 auf der nächsten Seite.

Beispiel: Arbeitswerte für Absatzdrehen Ø 25r6/Ø 25g6

Vorüberlegung:

Schnittaufteilung bei einer Durchmesserverringerung von Ø 30 mm auf Ø 25 mm:

Schruppschnitt: $a_p = 2$ mm

Schlichtschnitt: $a_p = 0{,}5$ mm

Geg.: Schneidplatte HC P10,
Werkstoff 28Mn6 → $R_m = 700 \ldots 850$ N/mm^2

Ges.: n in 1/min, f in mm, a_p in mm

Richtwerte aus Tabellenbuch:

Schruppen	Schlichten
$a_p = 3$ mm	$a_p = 1$ mm
$f = 0{,}25$ mm	$f = 0{,}10$ mm
$v_c = 120 \ldots 250$ m/min	$v_c = 195 \ldots 350$ m/min

Es werden die maximalen Richtwerte für die Schnittgeschwindigkeit gewählt, da eine stabile Werkzeug- und Werkstückspannung vorliegt.

Rechnung:

Schruppen mit Ausgangsdurchmesser $d = 30$ mm

$$n = \frac{v_c}{d \cdot \pi}$$

$$n = \frac{250 \text{ m} \cdot 1000 \text{ mm}}{\text{min } 30 \text{ mm} \cdot \pi \cdot 1 \text{ m}} = 2654 \text{ 1/min}$$

eingestellt: $n = 2600$ 1/min, $f = 0{,}25$ mm, $a_p = 2$ mm

Schlichten mit Ausgangsdurchmesser $d = 26$ mm

$$n = \frac{350 \text{ m} \cdot 1000 \text{ mm}}{\text{min } 26 \text{ mm} \cdot \pi \cdot 1 \text{ m}} = 4287 \text{ 1/min}$$

eingestellt: $n = 4200$ 1/min, $f = 0{,}1$ mm, $a_p = 0{,}5$ mm

westermann	**Arbeitsplan**	**Blatt-Nr.** 1	**Anzahl** 1

Benennung: Bolzen **Zeichn.-Nr.** **Sach.-Nr.**	**Auftragsnr.:**	**Name:**
Halbzeug: Rd EN 10278 – 30h9 – 28Mn6+C	**Stückzahl:** 2	**Klasse/Gr.:**
[X] **Einzelteil** [ ] **Montage/Demontage**	**Termin:**	**Kontr.-Nr.:**

Lfd. Nr.	**Arbeitsvorgang**	**Arbeitsmittel**	**Arbeitswerte/ Bemerkungen**
1	Spannen	Dreibackenfutter	
2	Querplandrehen Planfläche	Halter – PWLNR 16 16 K 06	v_c = 300 m/min;
			f = 0,1 mm
3	Zentrierbohren der Zentrierbohrung	Zentrierbohrer, HS	n = 2000 1/min
	ISO 6411 – A1,6/3,35		
4	Umspannen	Dreibackenfutter, Zentrierspitze	
5	Längsrunddrehen Absatz Ø25r6/Ø25g6	Halter – PWLNR 16 16 K 06	
	Schruppschnitt (i = 1)		n = 2600 1/min
			f = 0,25 mm; a_p = 2 mm
	Schlichtschnitt (i = 1)		n = 4200 1/min
			f = 0,1 mm; a_p = 0,5 mm
6	Längsrunddrehen Gewindeabsatz Ø24; 27 lang	Halter – PWLNR 16 16 K 06	n = 4200 1/min
			f = 0,1 mm; a_p = 0,5 mm
7	Drehen der Gewindefase 1 x 45°		n = 4200 1/min
8	Drehen des Gewindefreistiches	Halter – SVHBR 16 16 K 16	n = 3600 1/min
			f = 0,1 mm
9	Drehen des Freistiches	Halter – SVHBR 16 16 K 16	n = 3600 1/min
			f = 0,1 mm
10	Einstechdrehen der Nut Ø24,6 x 2	Abstechklemmhalter	n = 3600 1/min;
			f = 0,1 mm
11	Drehen des Gewindes M24 x 1,5	Klemmhalter für Gewinde	n = 1400 1/min,
			KSS S3
12	Zentrierspitze lösen		
13	Bohren der Bohrung Ø4; 75 tief	Spiralbohrer Ø4, HS	n = 2000 1/min
14	Aufbohren der Innengewindebohrung M10 x 1;	Spiralbohrer Ø9, HS	n = 2000 1/min
	16 tief und ansenken	Kegelsenker 90°, HS	n = 500 1/min
15	Gewindebohren M10 x 1	Maschinengewindebohrer M10x1	n = 450 1/min,
			KSS S3
16	Abstechdrehen des Bolzens	Abstechklemmhalter	v_c = 300 m/min;
			f = 0,1 mm
17	Umspannen	Dreibackenfutter mit Weichbacken	
18	Querplandrehen zweite Planfläche	Halter – PWLNR 16 16 K 06	v_c = 300 m/min
			f = 0,1 mm; a_p = 0,5 mm

Abb. 1: Arbeitsplan für das Drehen der Bolzen

1.1.10 Prüfplanung Bolzen

Nach dem Drehen werden die Bolzen einer Endkontrolle unterzogen. Dabei wird geprüft, ob die Maße, die Form- und Lagetoleranzen sowie die Oberflächengüten eingehalten wurden. Die Prüfung wird anhand der Einzelteilzeichnung geplant und durchgeführt. Es sind die Prüfmethoden festzulegen und die erforderlichen Prüfgeräte zu wählen (Abb. 1).

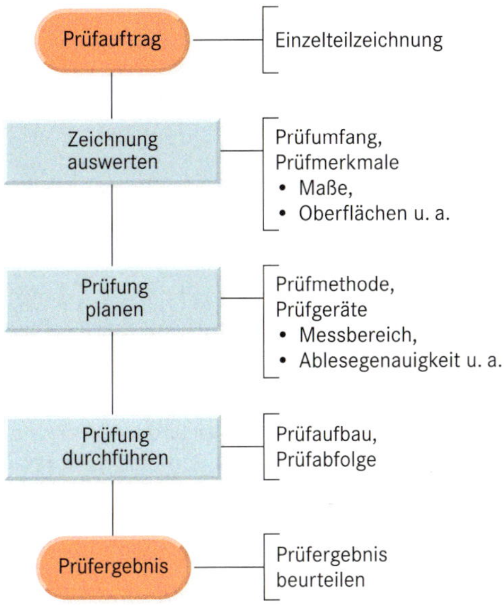

Abb. 1: Endkontrolle in der Einzelteilfertigung

Prüfen der Längen- und Durchmessermaße

Die Bolzenlänge von 135 mm kann bei der Toleranz von 1 mm mit einem Messschieber gemessen werden, der eine Ablesegenauigkeit von 0,05 mm hat (Tab. 1). Zum Messen der anderen Längen- und Durchmessermaße mit Allgemeintoleranzen bzw. mit Toleranzangaben durch Grenzabmaße ist ein digitaler Messschieber mit einer Ablesegenauigkeit von 0,01 mm geeignet. Die Toleranzen der Maße liegen zwischen 0,1 bis 0,5 mm.

Die beiden Durchmessermaße mit ISO-Toleranzen haben jeweils eine Toleranz von 0,013 mm. Zum Prüfen eignet sich eine digitale Bügelmessschraube mit einer Ablesegenauigkeit von 0,001 mm. Als Alternative können Grenzlehren zum Prüfen der Durchmessermaße eingesetzt werden.

Prüfen der Gewinde

Form und Maße des Außen- und Innengewindes werden mit Gewindelehrringen bzw. mit einem Gewindelehrdorn überprüft.

Prüfen der geometrischen Tolerierungen

Mögliche Abweichungen von der Zylinderform werden in der Werkstatt häufig mit einer digitalen Messschraube bestimmt. Dazu wird der Durchmesser sowohl am Umfang als auch über die Länge des Zylinders Ø 25g6 an mehreren Stellen gemessen. Die festgestellten Abweichungen dürfen den Toleranzwert $t = 0{,}005$ mm nicht überschreiten.

Zum Prüfen des Planlaufes wird der Bolzen in ein Rundlaufprüfgerät zwischen Rollen gespannt. Gemessen wird mit einem Fühlhebelmessgerät. Bei einer Umdrehung des Bolzens darf die Planlaufabweichung in jeder Messposition den Toleranzwert $t = 0{,}05$ mm nicht überschreiten.

Prüfen der Oberflächenbeschaffenheit

Es werden nur die funktionswichtigen Oberflächen mit einer gemittelten Rautiefe von Rz 6,3 geprüft. Dazu werden die gedrehten Flächen mit einem Oberflächenvergleichsnormal verglichen.

Tab. 1: Aufstellung der Messgrößen und der verwendeten Prüfgeräte

Messgröße	Grenzabmaße	Toleranz	Prüfgerät	Ablesegenauigkeit
Längenmaß 135	− 1	1	Messschieber Form A	Skw = 0,05
Längenmaß 4	+ 0,2	0,2	digitaler Messschieber Form A	Zw = 0,01
Längenmaß 40	− 0,5	0,5	digitaler Messschieber Form A	Zw = 0,01
Längenmaß 2	± 0,1	0,2	digitaler Messschieber Form A	Zw = 0,01
Durchmessermaß 30	± 0,2	0,4	digitaler Messschieber Form A	Zw = 0,01
Durchmessermaß 24,6	− 0,1	0,1	digitaler Messschieber Form A	Zw = 0,01
Durchmessermaß 25r6	+ 0,041/+ 0,028	0,013	digitale Bügelmessschraube 0-25 mm	Zw = 0,001
Durchmessermaß 25g6	− 0,007/− 0,020	0,013	digitale Bügelmessschraube 0-25 mm	Zw = 0,001
Außengewinde M24x1,5			Gewindelehrringe M24x1,5 - 6g	
Innengewinde M10x1			Gewindelehrdorn M10x1 - 6H	
Zylinderform		0,005	digitale Bügelmessschraube 0-25 mm	Zw = 0,001
Planlauf		0,05	Rundlaufprüfgrät, Fühlhebelmessgerät	Skw = 0,01
Oberfläche Rz 6,3			Oberflächenvergleichsnormal	

Planen/ Dokumentieren

1.1.11 Herstellkosten

Die Kosten für ein Produkt werden vom betrieblichen Rechnungswesen erfasst und bilden die Grundlage für die Preiskalkulation.

1.1.11.1 Kostenarten

Nur ein Teil der Kosten lässt sich genau erfassen und dem einzelnen Produkt zurechnen. Kosten, die sich einem Produkt zu rechnen lassen, sind (→📖):

- die *Materialeinzelkosten*, einschließlich Abfall und Verschnitt,
- die *Fertigungslohnkosten* der Facharbeiter in der Produktion,
- die *Maschineneinzelkosten* anteilig der Fertigungszeiten.

Viele Kosten lassen sich einem Produkt nicht genau zuordnen. Sie werden als Gemeinkosten bezeichnet und als Zuschläge den genau bestimmbaren Kostenanteilen hinzugerechnet. So werden z. B. die Kosten für den Einkauf und die Lagerung des Materials als Materialgemeinkosten den Materialeinzelkosten zugeschlagen. Die Löhne für Führungskräfte und die Kosten für Werkzeuge, Instandhaltung und Ausbildung werden als Fertigungsgemeinkosten den Fertigungslohnkosten hinzugerechnet (Abb. 1).

Der Facharbeiter in der Fertigung kann die Kosten in der Fertigung beeinflussen durch

- sparsamen Umgang mit Material und
- Zeiteinsparung beim Vorbereiten und Durchführen der Fertigung.

1.1.11.2 Hauptnutzungszeit

Die zum Durchführen eines Arbeitsauftrages notwendige Zeit wird möglichst genau bestimmt, um daraus die Fertigungszeiten, Fertigungslöhne und Fertigungskosten zu ermitteln.

Maßgebliche Zeiten für das Fertigen mit Werkzeugmaschinen sind die Hauptnutzungszeit t_h und die Nebennutzungszeit t_n (→📖).

Hauptnutzungszeiten t_h sind die Zeiten in der Fertigung, bei denen das Werkstück bearbeitet wird.

Nebennutzungszeiten t_n sind Zeiten z. B. für das Vorbereiten und Spannen von Werkstücken oder das Entleeren der Maschine.

Die Zeiten werden in beeinflussbare und unbeeinflussbare unterteilt. Unbeeinflussbare Zeiten laufen selbsttätig ab.

Unbeeinflussbare Hauptnutzungszeiten t_{hu} sind z. B. Zeiten, in denen das Werkstück mit selbsttätigem Vorschub zerspant wird. Unbeeinflussbare Hauptnutzungszeiten lassen sich berechnen.

Beeinflussbare Hauptnutzungszeiten t_{hb} sind z. B. Zeiten, in denen Werkstücke von Hand bearbeitet werden oder Maschinenbewegungen manuell erfolgen. Beeinflussbare Hauptnutzungszeiten müssen geschätzt oder über Zeitstudien ermittelt werden.

Zeitabschnitte im Produktionsprozess, in denen das Betriebsmittel aus irgendwelchen Gründen nicht genutzt wird, werden als Brachzeiten bezeichnet.

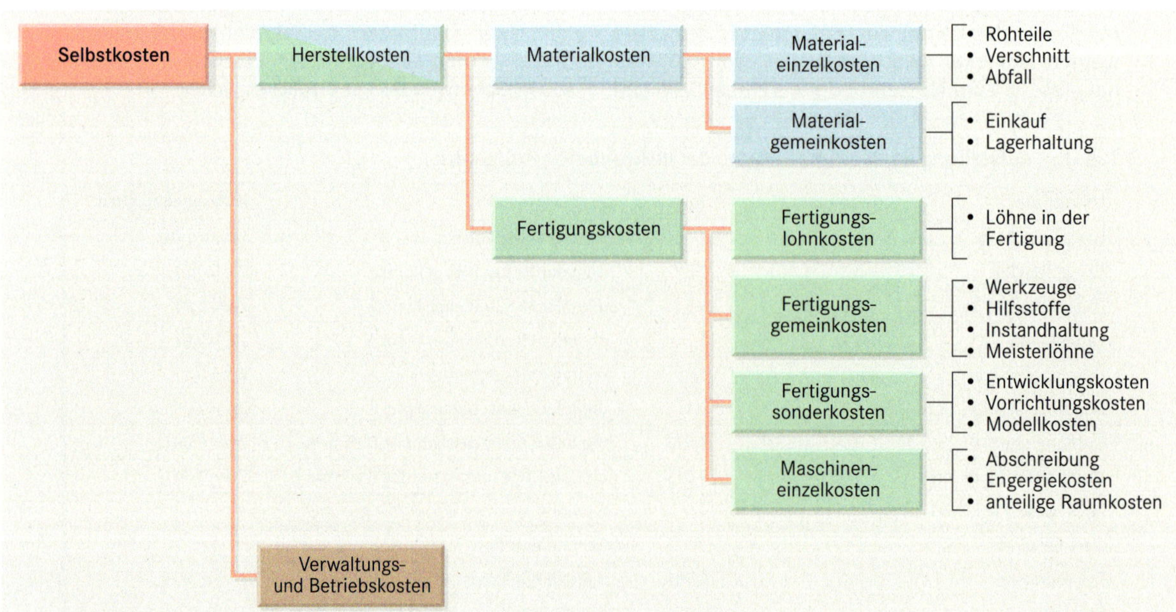

Abb. 1: Überblick über Fertigungskosten

Grundlagen

Hauptnutzungszeit beim Drehen

Beim Drehen führt der Drehmeißel eine geradlinige Vorschubbewegung mit der Vorschubgeschwindigkeit v_f aus.

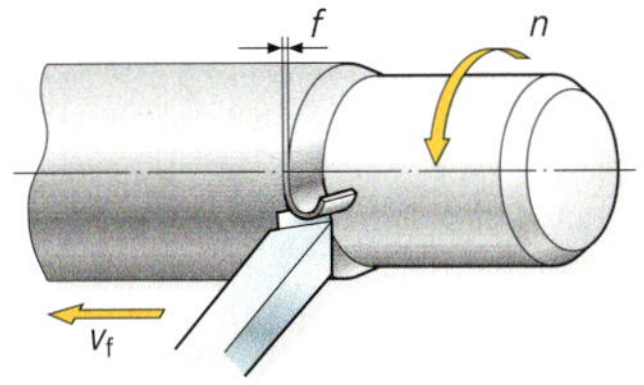

Die Vorschubgeschwindigkeit v_f ergibt sich aus dem Vorschub f und der Umdrehungsfrequenz n.

$$v_f = f \cdot n \qquad \text{in mm/min}$$

Die Hauptnutzungszeit t_{hu} lässt sich aus der Länge des Vorschubweges l_f und der Vorschubgeschwindigkeit v_f des Drehmeißels bestimmen. Bei mehreren Schnitten ist der Vorschubweg entsprechend mit der Anzahl i zu multiplizieren.

$$t_{hu} = \frac{l_f \cdot i}{v_f} = \frac{l_f \cdot i}{f \cdot n}$$

Der Vorschubweg l_f ergibt sich aus der Werkstücklänge l_w und dem jeweiligen Anlauf l_a und Überlauf $l_ü$.

$$l_f = l_w + l_a + l_ü$$

Beim Querplandrehen ist die Werkstücklänge:

Planfläche: $l_w = \frac{d}{2}$ Absatzfläche: $l_w = \frac{d_1 - d_2}{2}$

Beispiel:
Hauptnutzungszeit zum Drehen des Bolzens

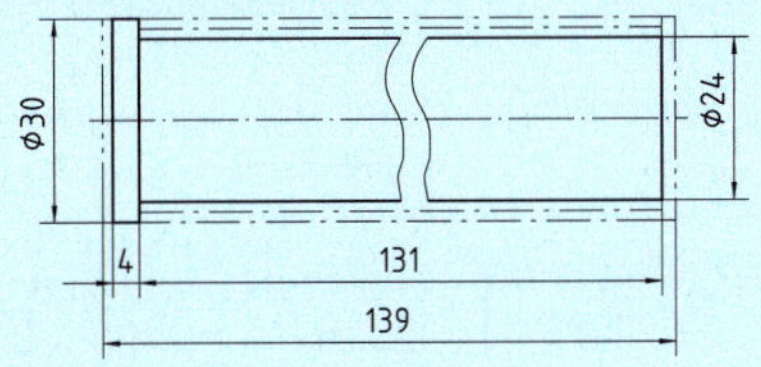

eingestellte Arbeitswerte:
Querplandrehen an den Stirnseiten
n = 4200 1/min; f = 0,1 mm,
Längsrunddrehen in 2 Schnitten
Schruppschnitt: n = 2600 1/min; f = 0,25 mm, a_p = 2 mm
Schlichtschnitt: n = 4200 1/min; f = 0,1mm, a_p = 0,5 mm
Der An- und Überlauf beträgt jeweils 1 mm.

Rechnung:

$$t_{hu} = \frac{l_f \cdot i}{f \cdot n}$$

Querplandrehen:

$$l_w = \frac{d}{2} = \frac{30\text{ mm}}{2} = 15\text{ mm}$$

$$l_f = l_w + l_a + l_ü = 15\text{ mm} + 2\text{ mm} = 17\text{ mm}$$

$$t_{hu} = \frac{17\text{ mm} \cdot 2\text{ min}}{0{,}1\text{ mm} \cdot 4200} = 0{,}08\text{ min} \approx \underline{\underline{5\text{ s}}}$$

Längsrunddrehen:

$$l_f = l_w + l_a = 131\text{ mm} + 2\text{ mm} = 132\text{ mm}$$

Schruppschnitt:

$$t_{hu} = \frac{131\text{ mm} \cdot 1\text{ min}}{0{,}25\text{ mm} \cdot 2600} = 0{,}20\text{ min} = \underline{\underline{12\text{ s}}}$$

Schlichtschnitt:

$$t_{hu} = \frac{131\text{ mm} \cdot 1\text{ min}}{0{,}1\text{ mm} \cdot 4200} = 0{,}31\text{ min} \approx \underline{\underline{19\text{ s}}}$$

Aufgaben

1. Beim Drehen einer Welle aus C15E bildet sich eine Aufbauschneide.

a) Beschreiben Sie mögliche Folgen.

b) Geben Sie Gegenmaßnahmen an.

2. Wählen Sie ein geeignetes Messgerät und geben Sie dessen Messbereich und Ablesegenauigkeit an, wenn folgende Maße zu prüfen sind:

a) Wellendurchmesser Ø 22±0,05,

b) Bohrungsdurchmesser Ø 25H7,

c) Wellendurchmesser Ø 18f6.

3. Beim Prüfen der Zylinderform des Bolzens stellt man eine leicht kegelförmige Abweichung fest. Liegen die Zylinderform- und Maßabweichungen aufgrund der gemessenen Durchmesser noch innerhalb der Toleranz?

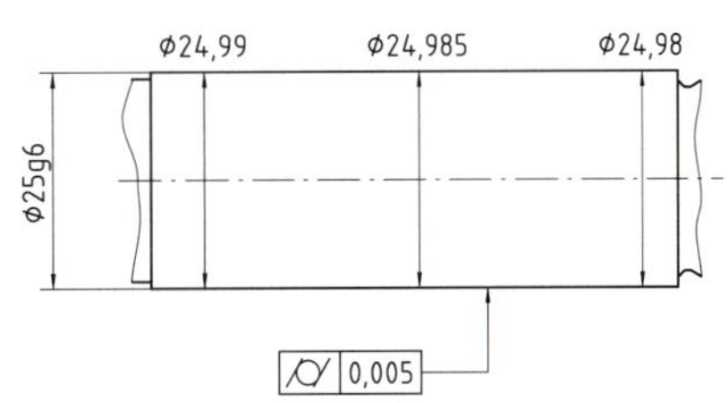

4. 50 Flanschringe sollen beidseitig plangedreht und am Umfang mit einem Schnitt fertig gedreht werden. Berechnen Sie die Hauptnutzungszeit, wenn die Richtwerte für die Schnittgeschwindigkeit v_c = 140 m/min und für den Vorschub f = 0,1 mm betragen. An- und Überlauf betragen jeweils 2 mm.

An der Maschine sind folgende Umdrehungsfrequenzen einstellbar:

n = ... 180 – 224 – 350 – 450 – 560 ... 1/min

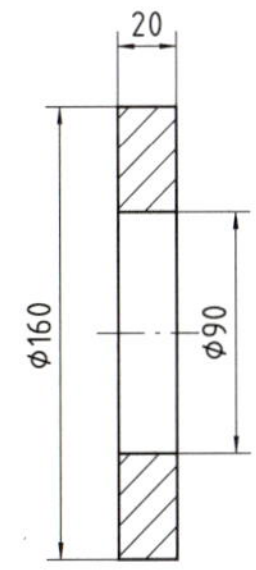

1.2 Fräsen

ARBEITSAUFTRAG

Die rechte Klemmbacke muss neu angefertigt werden. Dafür ist ein kaltgezogener Vierkantstahl DIN EN 10278 □ 50 x 225 aus C 45 + C zu verwenden. Für die Fertigung steht eine Universalfräsmaschine zur Verfügung.

Die Einzelteilzeichnung wird aus einem Datenspeicher hochgeladen und liegt als Papierausdruck vor. Ihr können alle für die Fertigung erforderlichen Angaben entnommen werden. Weiter gelten die Allgemeintoleranzen nach **DIN ISO 2768-m**.

Informieren

1.2.1 Zeichnungsanalyse

Die rechte Klemmbacke ist in der Vorderansicht und der Draufsicht dargestellt (Abb. 1). Weitere Ansichten sind nicht erforderlich. Beim Fräsen können scharfkantige Gratformen entstehen. Darum ist in der Zeichnung eine Angabe über die Werkstückkanten eingetragen.

Werkstückkanten

Bei der Fertigung von Werkstücken entstehen je nach Fertigungsverfahren unterschiedliche Werkstückkanten (Tab. 1). Für die rechte Klemmbacke wird aus Funktions-, Prüf- und Sicherheitsgründen die Form der Werkstückkanten vorgegeben.

Tab. 1: Kantenformen

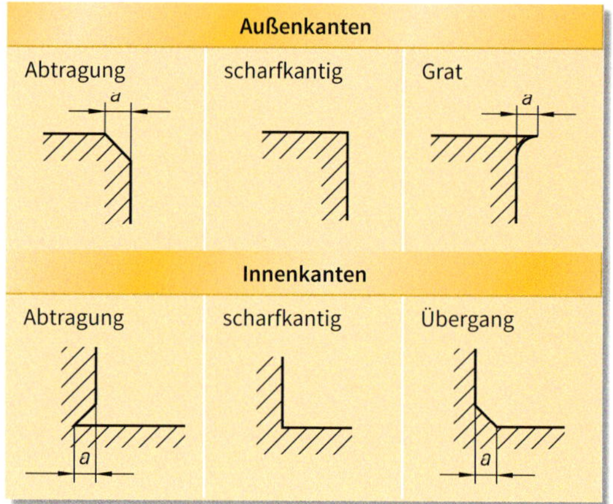

Die Angabe erfolgt nach **ISO 13715** (→📖) durch ein Grundsymbol, ein Symbolelement und eine Zahl für das Kantenmaß *a* (Abb. 2).

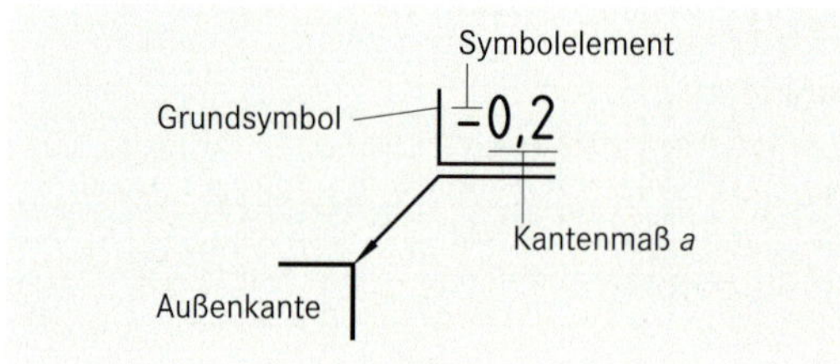

Abb. 2: Symbol für Werkstückkanten

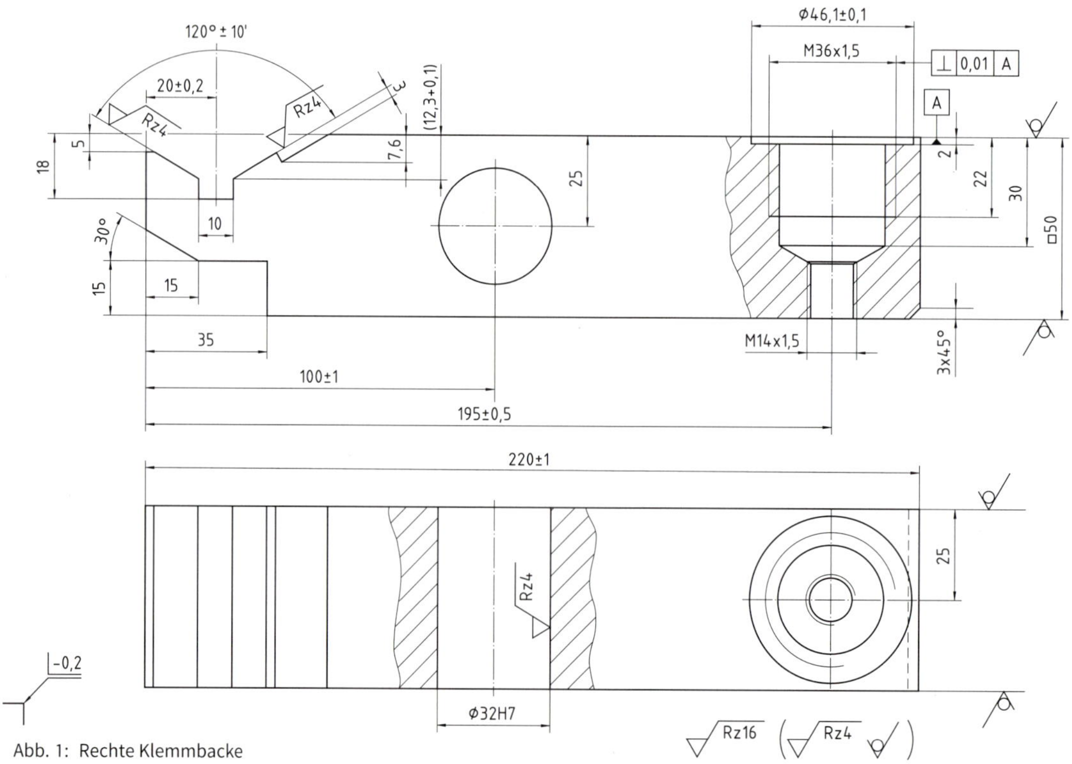

Abb. 1: Rechte Klemmbacke

Durch das Symbolelement wird der Kantenzustand gekennzeichnet (Tab. 2).

Tab. 2: Kantenzustände

Symbol-element	Außenkante	Innenkante
+	Grat zugelassen	Übergang zugelassen
–	Abtragung gefordert	Abtragung gefordert
±	Grat oder Abtragung zugelassen	Abtragung oder Übergang zugelassen

Weiter kann die Richtung des Grades oder der Abtragung angegeben werden (→).

Beispiel: Klemmbacke

Alle Außenkanten müssen an der Klemmbacke um 0,2 mm abgetragen werden.

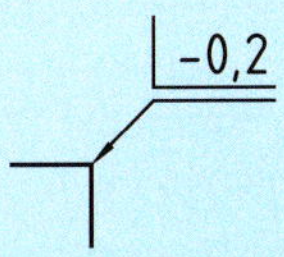

Winkeltoleranzen

Für alle nicht tolerierten Maße gelten die Allgemeintoleranzen DIN ISO 2768-m. Sie gibt Grenzabmaße für Längen, Radien, Fasen und Winkelmaße an.
Die Toleranz eines Winkelmaßes ist von der Länge der Schenkel abhängig. Für die 30° Aussparung der gehärteten Klemmflächen gelten folgende Abmaße: Kürzester Winkelschenkel über 10 mm bis 50 mm, ± 1° für die Toleranzklasse m (mittel). Das Istmaß des Winkels darf zwischen 29° und 31° liegen.
Kann ein Winkelmaß nicht durch die Allgemeintoleranzen angegeben werden, verwendet man Abmaße. Aufgrund der Funktion der Klemmbacke beträgt der Winkel der Klemmflächen 120° ± 10'. Dies entspricht einer Toleranz von 20 Minuten.

Fertigen

1.2.2 Fräsmaschinen

Je nach Werkstückgröße und Bearbeitungsverfahren kommen unterschiedliche Fräsmaschinen zum Einsatz.
Nach der Bauform und dem Verwendungszweck unterscheidet man (Tab. 3):

- Konsolfräsmaschinen,
- Bettfräsmaschinen und
- Bohr- und Fräswerke.

Die Konsolfräsmaschinen werden nach der Lage der Frässpindel in Waagerecht- und Senkrecht-Konsolfräsmaschinen unterteilt. Die Konsolfräsmaschine hat im Vergleich zur Bettfräsmaschine eine geringere Baugröße und eine geringere Zerspanleistung.

Tab. 3: Bauformen von Fräsmaschinen

Bauformen von Fräsmaschinen			
Waagerecht-Konsolfräsmaschine	**Senkrecht-Konsolfräsmaschine**	**Bettfräsmaschine**	**Bohr- und Fräswerk**
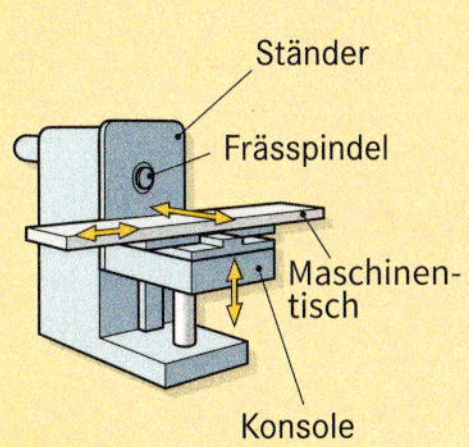	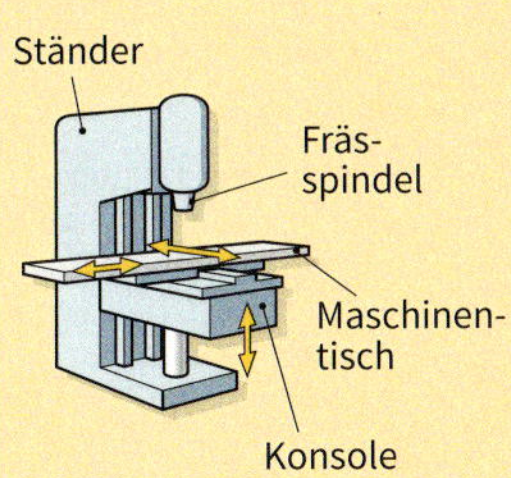	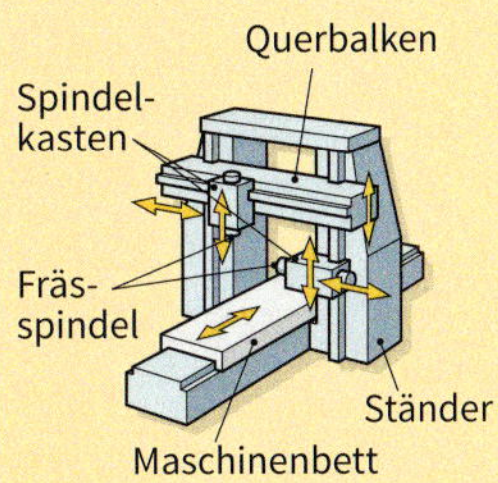	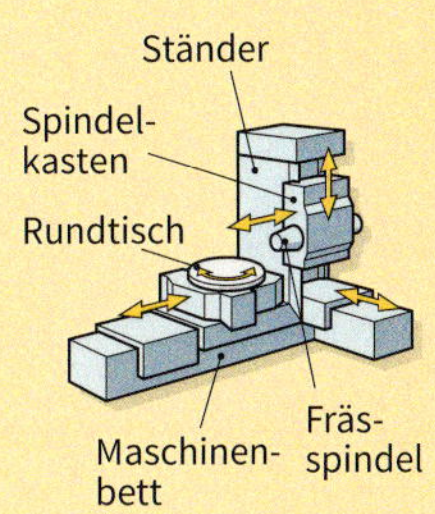
Aufbau			
Waagerechte ortsfeste Frässpindel, höhenverstellbare Konsole mit Längs- und Querschlitten	Senkrechte ortsfeste Frässpindel, höhenverstellbare Konsole mit Längs- und Querschlitten	Frässpindel über Spindelkasten am Querbalken und Ständer verfahrbar, Längsbewegung des Werkstückes auf dem Maschinenbett	Frässpindel über Spindelkasten am Ständer verfahrbar, Längs- und Drehbewegung des Werkstückes auf dem Maschinentisch
Anwendung			
Fräsen langer Werkstücke, Fräsen von komplizierten Profilen durch Satzfräser und Fräsdorn	Fräsen von senkrechten und waagerechten Werkstückflächen, Bohren und Reiben von Werkstücken	Fräsen großer, langer Werkstücke, Verkettung mit anderen Anlagen, da einfaches Be- und Entladen	Fräsen und Bohren großer Werkstücke in einer Aufspannung, lange Vorschubwege beim Bohren möglich

Das Bohr- und Fräswerk bietet durch den Rundtisch vielseitige Bearbeitungsmöglichkeiten.

Die schwenkbare Arbeitsspindel der Universalfräsmaschine ermöglicht den Einsatz als Waagerecht- oder als Senkrecht-Konsolfräsmaschine.

Universalfräsmaschine

Universalfräsmaschinen kommen in der Einzelfertigung sowie in der Kleinserienfertigung zum Einsatz (Abb. 1). Vorwiegend werden Werkstücke mit geradlinigen Konturen und Bohrungen gefertigt. Durch das Schwenken des Fräskopfes können Schrägen oder Fasen hergestellt werden.

Das Maschinengestell ist durch die vielfach verrippte Gusskonstruktion stabil und schwingungsdämpfend ausgeführt. Die Führungsbahnen sind gehärtet und geschliffen.

Ein stufenlos regelbarer Elektromotor dient als Hauptantrieb. Jede Vorschubrichtung wird durch einen eigenen Vorschubmotor stufenlos angetrieben.

Handräder ermöglichen das manuelle Verfahren in allen drei Achsen. Durch ein elektronisches Handrad kann die Feineinstellung in allen drei Achsen erfolgen, z. B. beim Antasten der Werkstückkanten.

Die Pinole kann ebenfalls manuell verfahren werden. Dadurch sind zusätzlich Bohrarbeiten möglich. Die Fräswerkzeuge werden in der Arbeitsspindel hydraulisch gespannt.

Durch die T-Nuten im Maschinentisch kann eine vielfältige Werkstückspannung erfolgen. Der Maschinentisch kann starr oder schwenkbar sein.

Die Universalfräsmaschine ist über ein Bedienfeld programmierbar. Das genaue Positionieren des Werkzeuges wird durch eine digitale Anzeige unterstützt.

Eine Pumpe fördert den Kühlschmierstoff aus dem Kühlmittelbehälter zum Werkzeug. Eine Spänewanne nimmt die anfallenden Späne sowie den Kühlschmierstoff auf.

Die Universalfräsmaschine kann auch mit einer Schutzkabine ausgerüstet werden. Dadurch wird die Unfallgefahr und die Lärmbelästigung verringert.

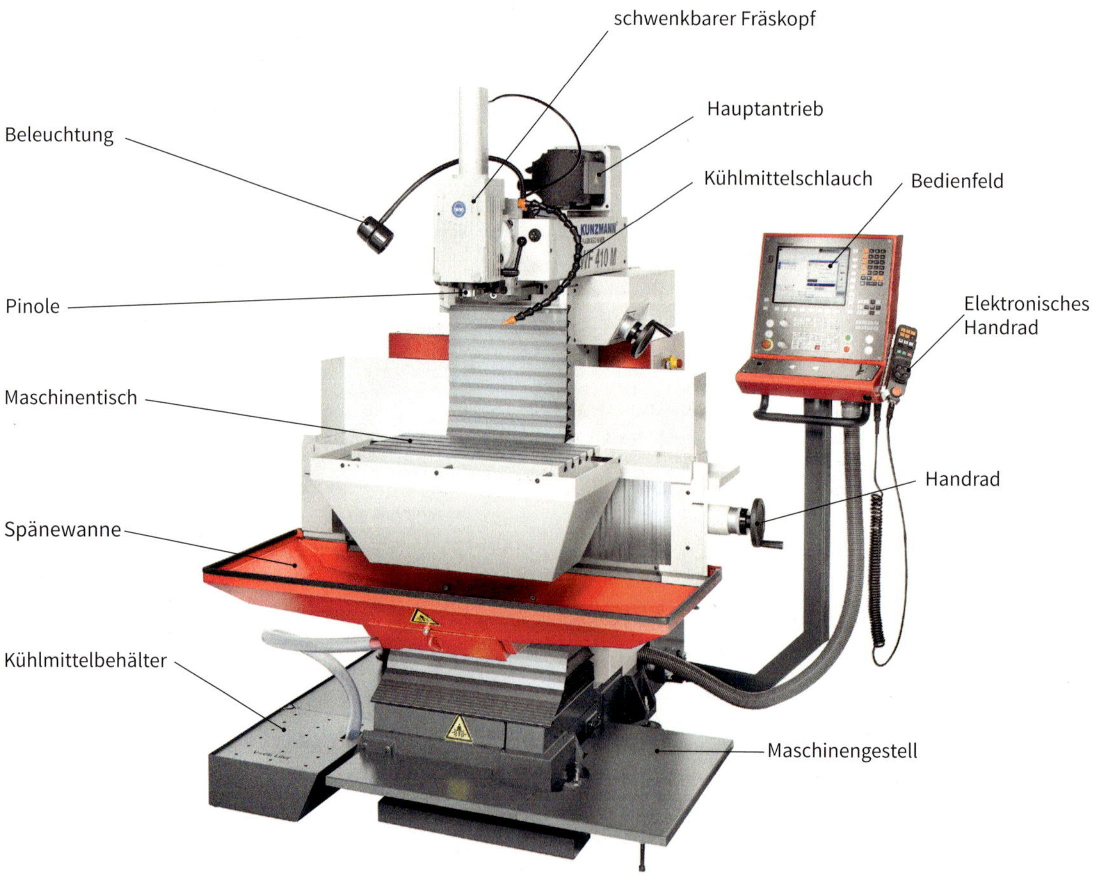

Abb. 1: Universalfräsmaschine

1.2.3 Werkstückspannsysteme

Mit Werkstückspannsystemen werden die zu bearbeitenden Werkstücke auf den Maschinentisch der Fräsmaschine gespannt. Folgende Anforderungen werden an diese Spannsysteme gestellt:

- Werkstück aufnehmen und fest spannen,
- variabel für verschiedene Werkstückformen sein,
- Werkstück positionieren,
- große Wiederholgenauigkeit besitzen und
- schnelles Ein- und Ausspannen ermöglichen.

Die Auswahl des Spannmittels erfolgt in erster Linie nach der Form und Größe des Werkstückes.

1.2.3.1 Maschinenschraubstöcke

Für die Einzelfertigung von prismatischen Werkstücken auf einer Universalfräsmaschine hat sich der Hochdruck-Maschinenschraubstock bewährt (Abb. 2).

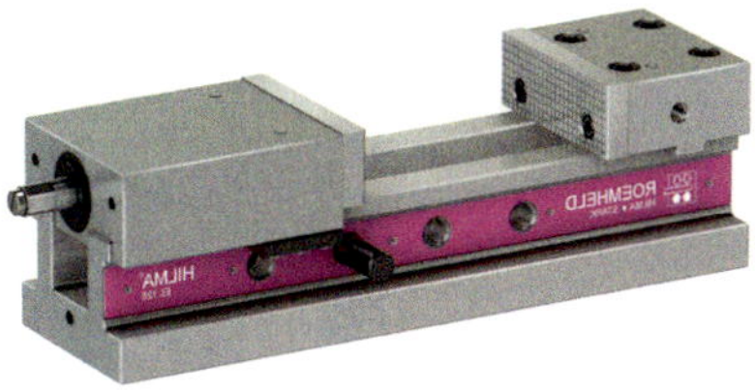

Abb. 2: Hochdruck-Maschinenschraubstock

Der Hochdruck-Maschinenschraubstock wird über Nuten und Nutensteine auf dem Maschinentisch befestigt. Die Spannkraft wird durch ein mechanisch-hydraulisches Spannsystem über eine abnehmbare Handkurbel aufgebracht. Das Vorspannen des Werkstückes erfolgt mechanisch über eine Spindel. Ab einer bestimmten Spannkraft wird ein hydraulischer Kraftübersetzer aktiviert, der die einstellbare Spannkraft erzeugt. Je nach Baugröße besitzt er eine Spannweite bis 350 mm, die über eine Voreinstellung durch Steckbolzen in drei Spannbereiche unterteilt ist.

Entsprechend der Fräsaufgabe und der Werkstückform verwendet man unterschiedliche Spannbacken:

- glatte, um Oberflächenbeschädigungen zu vermeiden,
- gerillte, um einen festen Halt zu erzielen,
- bewegliche, um auf schrägen Flächen zu spannen und
- prismatische, um runde Werkstücke zu spannen (Abb. 3).

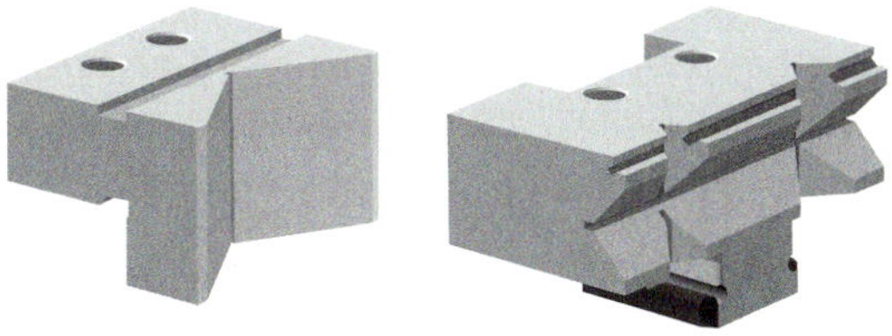

Abb. 3: Prismatische Spannbacken

Für das Fräsen gleicher Teile kann man einen Werkstückanschlag verwenden (Abb. 4). Über eine Stellschraube wird die Lage des Werkstückes positioniert.

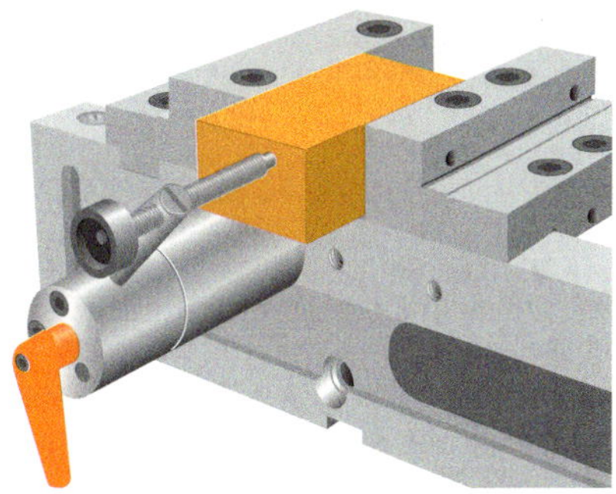

Abb. 4: Maschinenschraubstock mit Werkstückanschlag

Eine Sonderform stellt der zentrisch spannende Schraubstock dar (Abb. 5). Er wird hauptsächlich für Werkstücke verwendet, die symmetrisch bearbeitet werden, wie zentrische Bohrungen oder Nuten.

Abb. 5: Maschinenschraubstock, zentrisch spannend

Beim Unterzugschraubstock ist der Abstand zwischen der Spindellagerung und der beweglichen Backe geringer, sodass das Abheben des Werkstückes aus der Aufspannung vermieden wird. Nachteilig ist jedoch der geringe Spannbereich (Abb. 6).

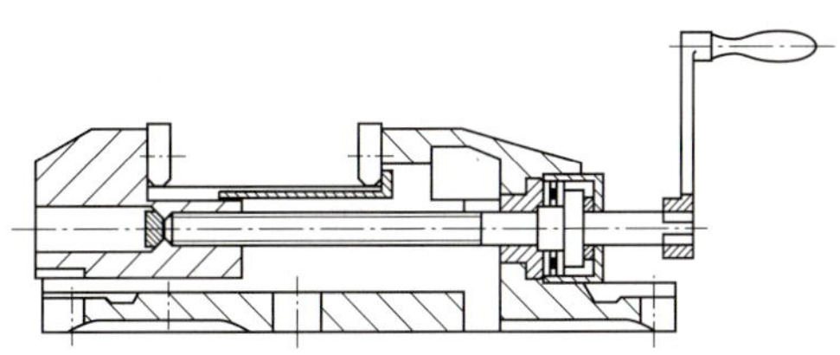

Abb. 6: Unterzugschraubstock

Ein Präzisions-Maschinenschraubstock besitzt eine hohe Steifigkeit, die ein genaues Spannen ermöglicht. Durch Niederzugspannbacken wird das Werkstück beim Spannen nach unten gezogen (Abb. 1).

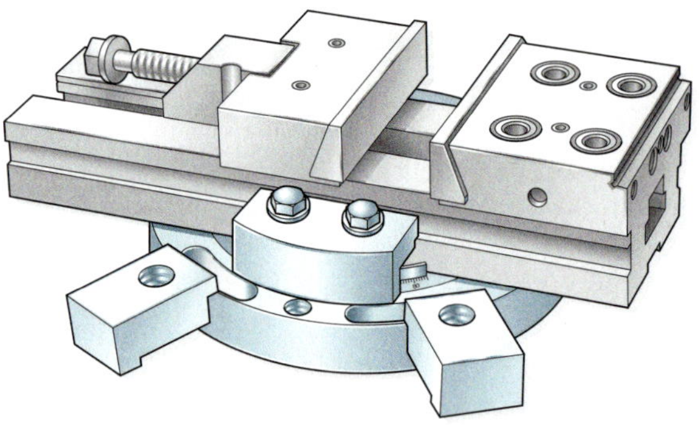

Abb. 1: Präzisions-Maschinenschraubstock

Spannen und Ausrichten des Maschinenschraubstockes

Der Maschinenschraubstock wird mit Schrauben für T-Nuten mittig auf den Maschinentisch gespannt (Abb. 2).

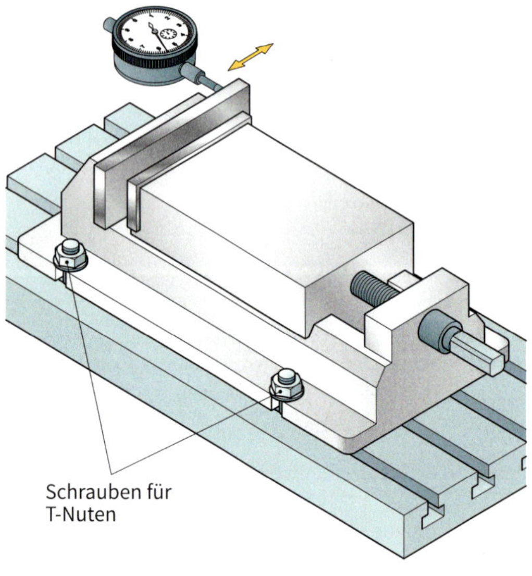

Abb. 2: Spannen und Ausrichten des Maschinenschraubstocks

Anschließend muss er nach einer Vorschubrichtung der Fräsmaschine ausgerichtet werden. Hierfür wird eine Messuhr am Fräskopf befestigt und die feste Backe des Schraubstockes abgefahren. Der Zeigerausschlag der Messuhr darf die vorgegebene Toleranz nicht überschreiten. Sonst muss die Lage des Schraubstockes entsprechend mit einem Schonhammer korrigiert werden.

Spannen des Werkstückes

Beim Spannen des Werkstückes ist auf Sauberkeit zu achten. Verunreinigungen wie Späne oder Grat am Werkstück führen zu Maßabweichungen oder zum Verlust der Spannkraft. Je nach Werkstückhöhe sollten Parallelleisten verwendet werden. Sie verhindern das vollflächige Aufliegen des Werkstückes und ermöglichen das Herstellen von Durchgangsbohrungen. Die Parallelleisten müssen gleich hoch und dürfen nicht beschädigt sein. Die Größe der Spannkraft ist vom Werkstoff und von der Werkstückdicke abhängig.

Zu große Spannkräfte können das Werkstück verformen und nach dem Ausspannen zu Maßabweichungen führen. Nach dem Spannen schlägt man mit dem Schonhammer auf das Werkstück, damit es eben aufliegt. Das Werkstück ist fest eingespannt, wenn sich die Parallelleisten mit den Händen nicht mehr bewegen lassen. Das Werkstück sollte so eingespannt werden, dass man mit dem Fräser gegen die feste Backe fräst, um die Spannkraft zu erhalten. Beim Fräsen gegen die bewegliche Backe verringert die Schnittkraft die Spannkraft, sodass Spannprobleme entstehen können. Aussparungen wie Längsnuten sollten senkrecht zu den Spannflächen des Schraubstockes gefräst werden, damit Verformungen durch Spannkräfte nicht zu Maßabweichungen führen. Werden mehrere gleiche Werkstücke hintereinander gefertigt, so muss wegen der Wiederholgenauigkeit eine Maßbezugsebene an der festen Backe anliegen.

Regeln für das Arbeiten mit dem Maschinenschraubstock:

- Maschinenschraubstock fest spannen und ausrichten,
- auf Sauberkeit achten, Werkstück entgraten,
- Spannkraft der Spannsituation anpassen,
- wenn möglich gegen die feste Backe fräsen,
- Längsnuten nicht durch Spannkräfte zusammendrücken und
- Konturen mit einer Lagetoleranz sollten in einer Aufspannung gefertigt werden.

Arbeitssicherheit

- Beim Spannen besteht Verletzungsgefahr durch Quetschen.
- Falsches Spannen kann zum Herausreißen des Werkstückes führen.

1.2.3.2 Schraubspannsysteme

Das Spannen von unterschiedlichen Werkstückformen erreicht man mit Spannsystemen mit entsprechend geformten Spannelementen (Abb. 3).

Jedes Spannsystem besitzt Elemente zum:

- Erzeugen der Spannkraft,
- Stützen und
- Festlegen der Lage.

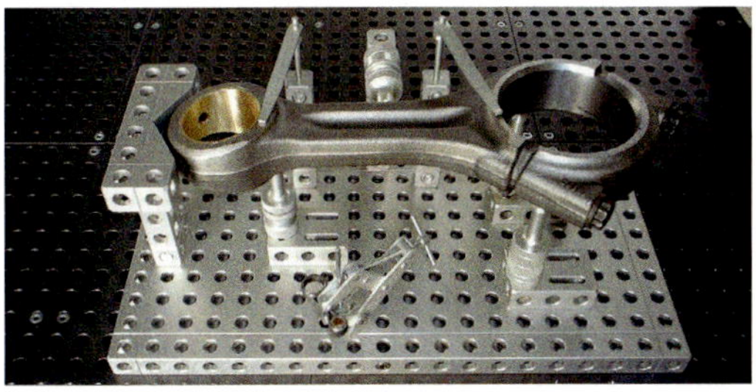

Abb. 3: Spannsystem mit Werkstück

Es ist darauf zu achten, dass die Spannelemente so dicht wie möglich an der Bearbeitungsstelle angebracht werden. Die Spannflächen müssen sauber sein und vollflächig auf dem Werkstück aufliegen. Die Spannkräfte dürfen das Werkstück nicht verbiegen. Beim Umgang mit Spannelementen besteht Quetschgefahr.

Die Spannkraft kann mechanisch, pneumatisch oder hydraulisch aufgebracht werden. Beim mechanischen Spannen nutzt man die Kraftverstärkung durch die Hebelwirkung aus. Die Kraft zum Spannen kann durch einen Exzenter oder durch eine Verschraubung erzeugt werden (Abb. 4).

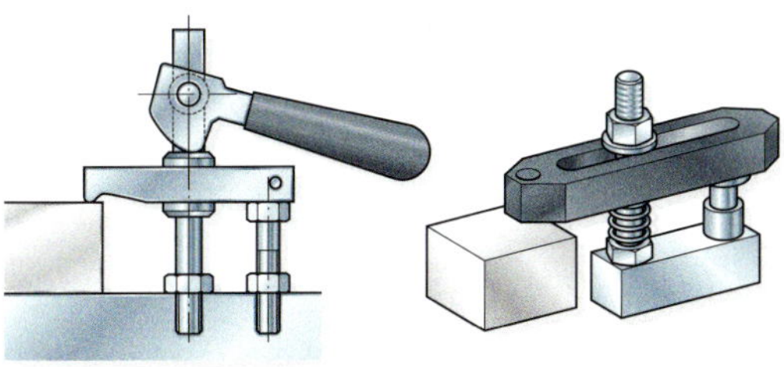

Abb. 4: Spannen durch Exzenterspanner und Verschraubung

Für die Kräfteberechnung am Spanneisen legt man den einseitigen Hebel zugrunde (Abb. 5).

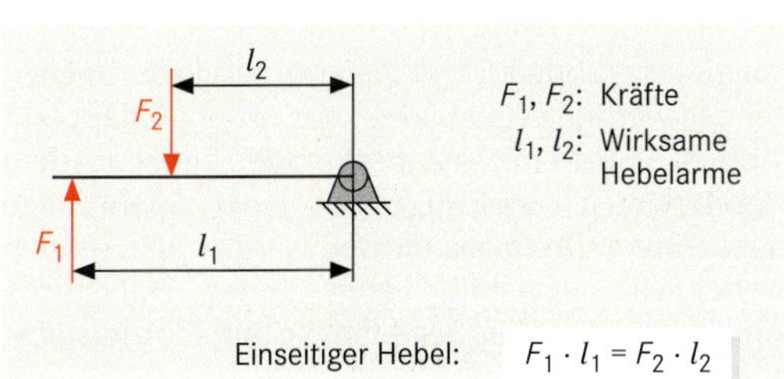

Abb. 5: Kräfte am Spanneisen

Beim pneumatischen oder hydraulischen Spannen verwendet man Spannzylinder (Abb. 6). Hydraulische Spannzylinder erzeugen hohe Spannkräfte.

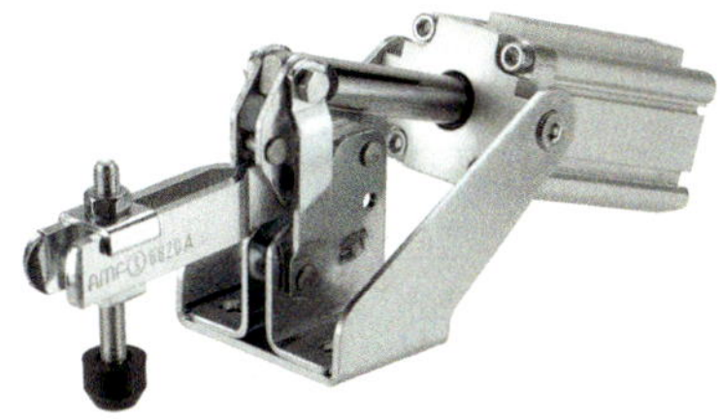

Abb. 6: Hydraulik-Spannzylinder

Um die Wiederholgenauigkeit gleicher Werkstücke beim Spannen zu gewährleisten, verwendet man Anschläge (Abb. 7). Sie bestimmen die Lage des Werkstückes.

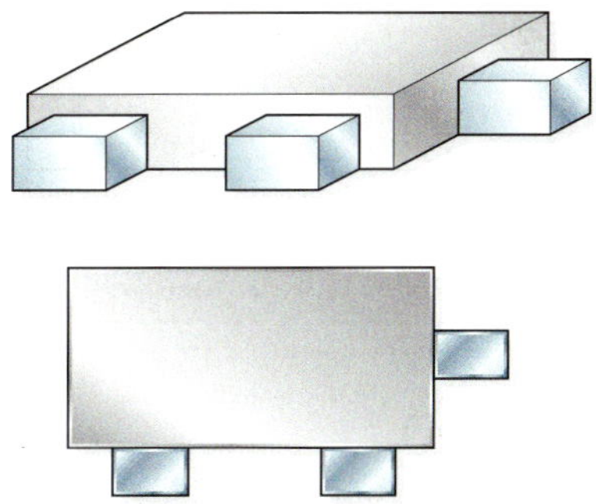

Abb. 7: Lagebestimmung des Werkstückes mit Anschlägen

Je nach der Werkstückform werden unterschiedliche Spannsysteme verwendet.

Spannen flacher Werkstücke

Kleine flache Werkstücke spannt man im Maschinenschraubstock. Große flache Werkstücke werden direkt auf den Maschinentisch gespannt. Das Aufbringen der Spannkraft erfolgt durch Schraubenspannelemente (Abb. 8).

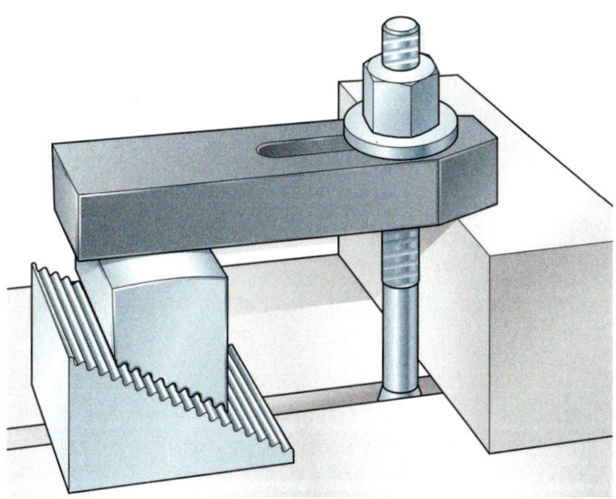

Abb. 8: Spannen mit einem Schraubenspannelement

Die T-Nutenschrauben werden in die Nuten des Maschinentisches eingesetzt. Das Spanneisen wird auf das Werkstück gesetzt und über den Hebel und die Mutter die Spannkraft erzeugt. Je nach Werkstückform gibt es unterschiedlich geformte Spanneisen.

Wenn die gesamte Werkstückoberfläche bearbeitet werden muss, ist das Spannen durch Spanneisen nicht möglich. In solchen Fällen verwendet man Niederzugspanner (Abb. 1). Die schrägen Klemmbacken spannen das Werkstück und ziehen es gleichzeitig auf den Maschinentisch.

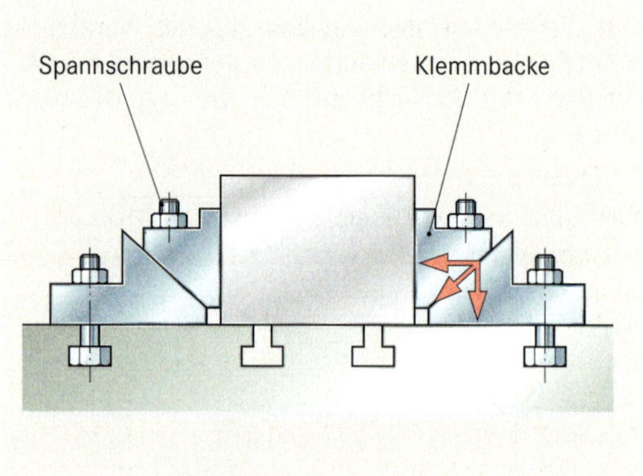

Abb. 1: Spannen mit einem Niederzugspanner

Werkstücke, die parallel oder rechtwinklig zur Bearbeitungsrichtung bearbeitet werden, müssen ausgerichtet werden. Hierbei wird eine Messuhr am Fräskopf befestigt und in Vorschubrichtung an der Werkstückkante verfahren (Abb. 2).

Abb. 2: Ausrichten eines Werkstückes

Der Zeigerausschlag der Messuhr darf die Toleranz nicht überschreiten. Sonst muss die Lage des Werkstückes entsprechend korrigiert werden.

Spannen runder Werkstücke

Runde Werkstücke werden mit Hilfe von Spannprismen gespannt (Abb. 3).

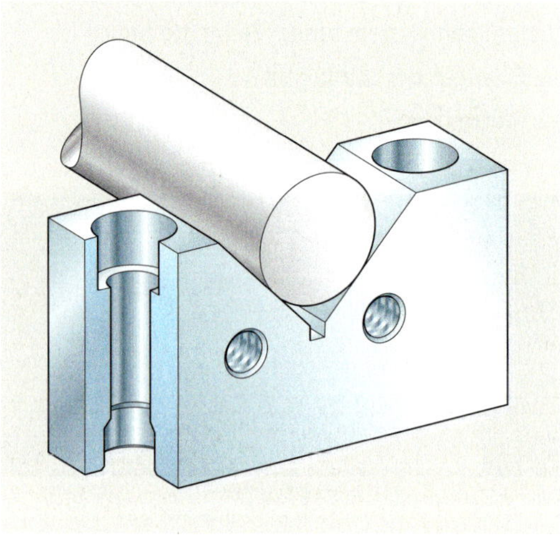

Abb. 3: Prisma zum Spannen von runden Werkstücken

Das Prisma stützt das runde Werkstück ab und positioniert es quer zur Werkstückachse. Soll eine Positionierung in Längsrichtung erfolgen, benötigt man einen Anschlag an der Planfläche. Durch geschlitzte Spanneisen mit je zwei Spannschrauben wird das Werkstück im Prisma fest gespannt (Abb. 4).

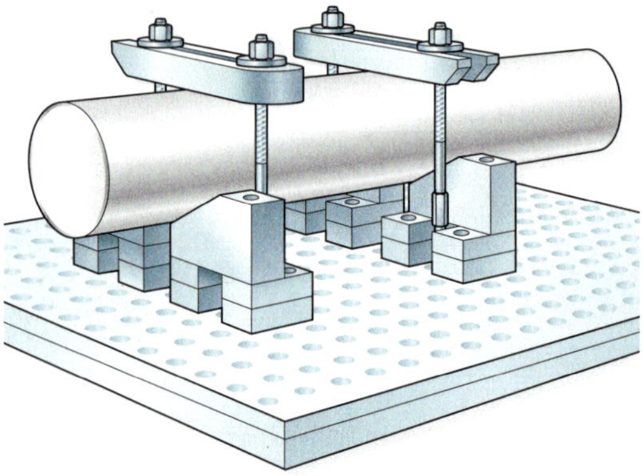

Abb. 4: Spannen mit Prismen auf einer Grundplatte

Sollen an runden Werkstücken parallele Flächen gefräst werden, verwendet man einen Teilapparat (Abb. 5). Er wird mit Spannschrauben direkt auf dem Maschinentisch befestigt. Mit einer Spannzange oder einem Dreibackenfutter werden die runden Werkstücke gespannt. Lange dünne Werkstücke können durch einen Gegenhalter mit Zentrierspitze abgestützt werden.

Abb. 5: Teilapparat

Teilapparate werden eingesetzt, wenn Bearbeitungen in gleichmäßigen Abständen, wie Vier- und Sechskante an Wellen, auszuführen sind. Je nach Werkstückform kann das Teilen direkt oder indirekt erfolgen (➡📖).

Beim *direkten Teilen* wird das Werkstück über eine Teilscheibe mit Bohrungen gedreht. Mit einem Teilstift wird das Werkstück fixiert (Abb. 6).

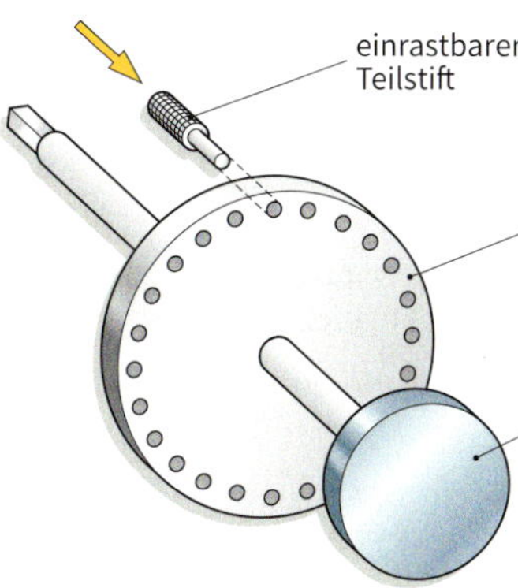

Abb. 6: Prinzip des direkten Teilens

Nach dem Fräsen wird das Werkstück entsprechend weiter gedreht und mit dem Teilstift fixiert.

Mit einer 24er Teilscheibe kann man ein Werkstück 2, 3, 4, 6, 8, 12 und 24 mal teilen. Die Anzahl möglicher Teilungen hängt von der verwendeten Teilscheibe ab.

Beim *indirekten Teilen* wird das Werkstück über ein Schneckenrad gedreht (Abb. 7). Das große Übersetzungsverhältnis sowie unterschiedliche Lochscheiben ermöglichen eine Vielzahl von Teilungen.

Können Werkstücke nicht direkt oder indirekt geteilt werden, verwendet man das Differenzial- oder Ausgleichsverfahren (➡📖).

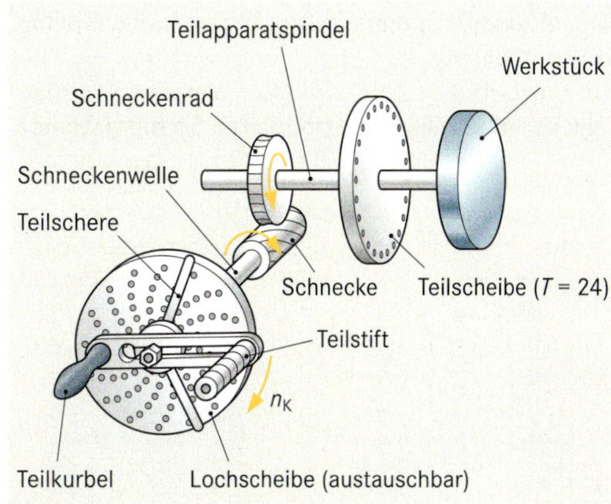

Abb. 7: Prinzip des indirekten Teilens

Spannen unregelmäßiger Werkstücke

Das Spannen von Werkstücken mit unregelmäßigen Formen erfordert einen hohen Spannaufwand. Aufgrund von Schrägen und Rundungen kommen nur wenige Werkstückflächen zum Abstützen und Spannen in Frage. Ebenso muss der freie Zugang für das Werkzeug zur Bearbeitungsstelle gewährleistet sein. Diese Anforderungen erfüllt ein modulares Spannsystem (Abb. 8).

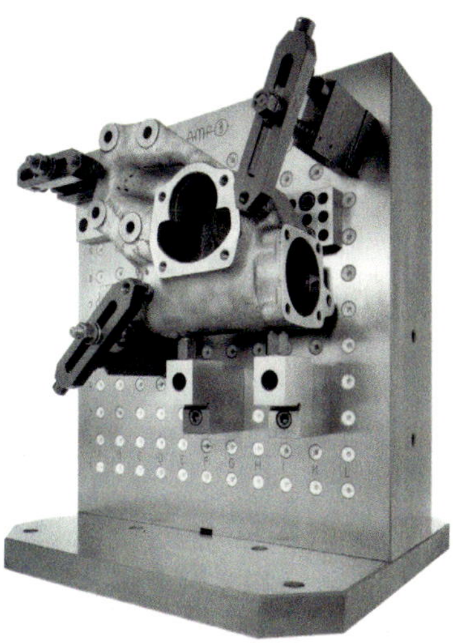

Abb. 8: Spannen eines Gussgehäuses

Da der Zeitaufwand zum Spannen sehr groß ist, werden die Werkstücke außerhalb der Fräsmaschine vorbereitet. Dadurch werden längere Maschinenstillstandszeiten durch Spannvorgänge vermieden. Die erforderlichen Systemelemente werden nach dem Baukastenprinzip für das jeweilige Werkstück bestimmt. Anschließend wird das gespannte Werkstück mit dem Spannsystem auf dem Maschinentisch befestigt und bearbeitet.

Das modulare Spannsystem setzt sich aus einem Grundkörper und entsprechenden Elementen zusammen (Tab. 1).

Tab. 1: Bauteile eines modularen Spannsystems

Grundkörper	Positionierelemente	Stützelemente	Spannelemente
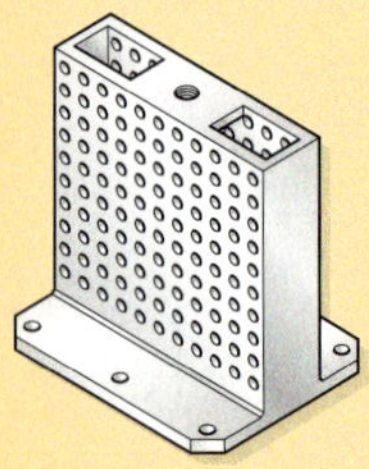	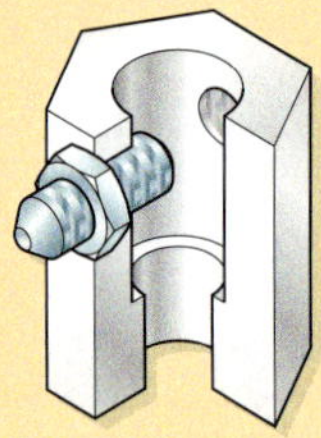	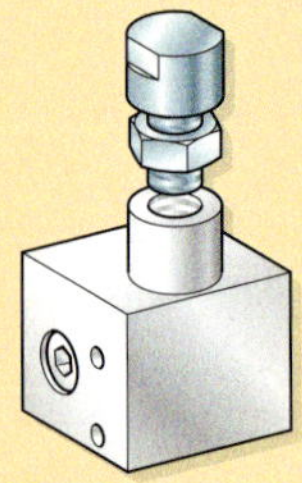	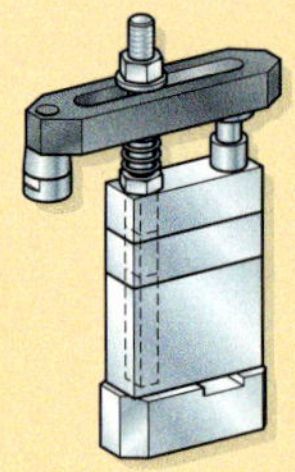
Der Grundkörper nimmt mit seinen gleichmäßig angeordneten Bohrungen die Positionier-, Stütz- und Spannelemente auf. Mit Spannschrauben wird er auf den Arbeitstisch der Werkzeugmaschine geschraubt.	Die Positionierelemente legen die Lage des Werkstückes eindeutig fest. Mit Hilfe eines Gewindebolzens als Anschlag kann der Abstand zum Werkstück genau eingestellt werden.	Die Stützelemente tragen das Werkstück und nehmen die Zerspanungskräfte auf. Über ein Gewinde sind sie höhenverstellbar und liegen dadurch am Werkstück an.	Die Spannelemente spannen das Werkstück mechanisch durch ein Spanneisen. Ihre Höhe kann durch Zwischenelemente der Werkstückhöhe angepasst werden.

Spannvorgang

Je nach Bearbeitungslage wird das Werkstück auf einem senkrechten oder waagerechten Grundkörper gespannt.

Danach erfolgt das Ausrichten und Positionieren. Zuerst wird das Werkstück auf drei Stützelementen so ausgerichtet, dass die zu bearbeitenden Flächen parallel zur Aufspannfläche des Grundkörpers liegen. Dies ist mit einer geeigneten Messvorrichtung zu überprüfen. Anschließend ist die Höheneinstellung durch eine Kontermutter zu sichern.

Die Positionierelemente werden so eingestellt, dass das Werkstück nach dem Einlegen in die Spannvorrichtung sicher an den Anschlagflächen anliegt. Jeder Anschlag wird mit einer Kontermutter gesichert.

Das Spannen des Werkstückes erfolgt schrittweise. Zuerst werden alle Spannelemente vorgeschraubt und anschließend in gegenüberliegender Reihenfolge festgezogen. Je nach Bedarf können zusätzliche Stützelemente angebracht werden, die die Schnittkräfte sicher aufnehmen.

Abschließend ist die Lage der Bearbeitungsfläche zum Grundkörper noch einmal mit einer Messvorrichtung zu überprüfen.

Aufgab

1. Warum werden Kantenzustände von Werkstücken toleriert?

2. Welche Anforderungen werden an Werkstückspannsysteme gestellt?

3. Wie kann man den Spannbereich bei einem Hochdruck-Maschinenschraubstock verändern?

4. Was ist beim Spannen von Werkstücken zu beachten?

5. Berechnen Sie die Spannkraft des Schraubspannelementes, wenn durch die Mutter eine Kraft von 4,5 kN aufgebracht wird.

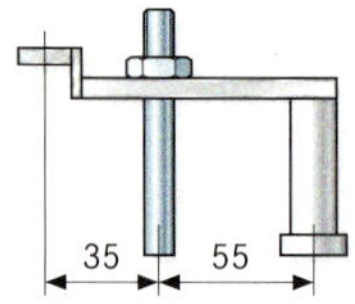

6. Geben Sie die Vorteile eines Niederzugspanners an.

7. Beschreiben Sie das Ausrichten eines flachen Werkstückes auf dem Maschinentisch.

8. Welche Fräsarbeiten können mit einem Teilapparat durchgeführt werden?

9. Welche Aufgabe haben Positionierelemente?

10. In die abgebildete Welle soll eine Passfedernut gefräst werden. Geben Sie die erforderlichen Spannelemente an und skizzieren Sie die Vorrichtung mit der eingespannten Welle.

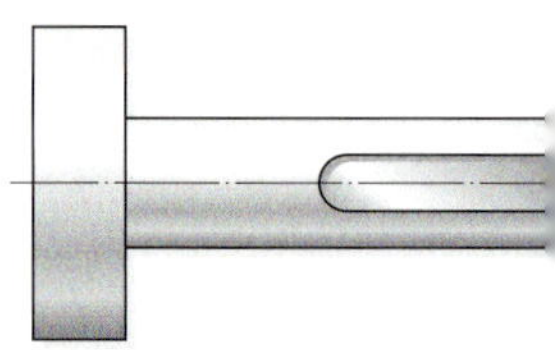

1.2.4 Fräs- und Bohrwerkzeuge

In der spanenden Fertigung ist die Verwendung verschiedener Fräs- und Bohrwerkzeuge möglich. Die Werkzeuge unterscheiden sich durch den Werkzeugaufbau, die verwendeten Schneidstoffe und die Anwendungsgruppen (z. B. Typ N).

1.2.4.1 Fräser

Es gibt Fräser mit austauschbaren Wendeschneidplatten, aus HSS und Vollhartmetall. Zunehmend erfolgt der Einsatz von Fräsern mit Wendeschneidplatten (Tab. 2). Für unterschiedliche Fräsbearbeitungen werden verschiedene Fräserarten verwendet. So gibt es Fräser zur Bearbeitung von Nuten, Planflächen, Absätzen und Profilen. Nach ihrer Befestigung in der Fräseraufnahme werden Schaftfräser (z. B. Langlochfräser) oder Aufsteckfräser (z. B. Scheibenfräser) unterschieden.

Fräser mit Wendeschneidplatten

Bei der Verwendung von Fräswerkzeugen mit Wendeschneidplatten werden diese einzeln in einem Grundkörper befestigt. Dies hat den Vorteil, dass verschlissene Schneiden schnell ausgewechselt werden können. Das Anschleifen des Werkzeuges entfällt.

Tab. 2: Fräserarten

Benennung	Verwendung
Walzenstirnfräser	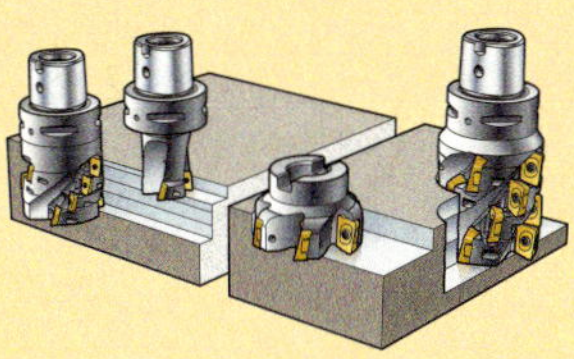
Eckenfräser	
Kugelschaftfräser	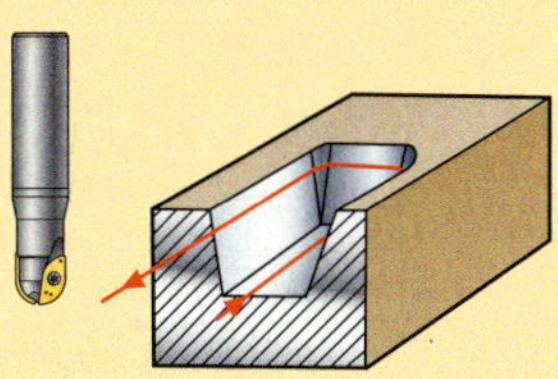
Planfräser	
Scheibenfräser	

Spannsysteme für Wendeschneidplatten

Gebräuchliche Spannsysteme sind:

- Schraubspannsystem für Wendeschneidplatten mit einer zylindrischen Bohrung,
- Schraubspannsystem zum Spannen von einzelnen Wendeschneidplatten in Kassetten,
- Klemmsystem von Wendeschneidplatten,
- Spannfingersystem für Wendeschneidplatten ohne Bohrung (siehe Kap. 1.1.3.2).

Beim *Schraubspannsystem* wird die Wendeschneidplatte mit Bohrung über eine Zwischenlage am Fräser verschraubt (Abb. 1). Die Lage der Wendeschneidplatte wird durch die Aufnahme im Grundkörper bestimmt.

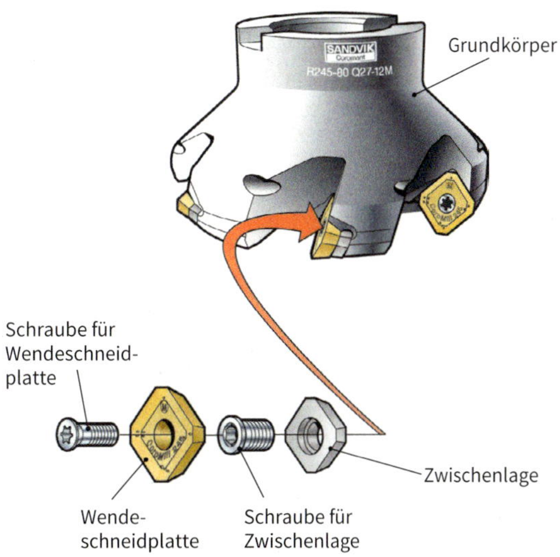

Abb. 1: Planfräser mit Schraubsystem

Bei der Verwendung von *Schraubsystemen* in Kassetten werden die Wendeschneidplatten mit einer Kassette verschraubt (Abb. 1). Diese wird anschließend im Grundkörper des Fräsers eingesetzt und ebenfalls verschraubt. Die Kassette ist axial verstellbar. Nach Montage der Kassetten ist deshalb eine maßliche Kontrolle des Planlaufs vorzunehmen. Der Fräser wird zum Schlichten mit hohen Anforderungen an die Oberflächengüte eingesetzt.

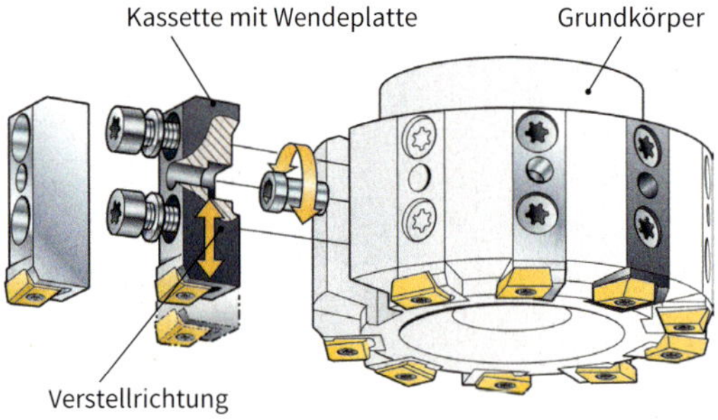

Abb. 1: Planfräser mit Kassettensystem

Bei den Klemmsystemen unterscheidet man folgende Spannmöglichkeiten:

- Verklemmen der Wendeschneidplatte über eine Keilnut,
- Verklemmen der Wendeschneidplatte über einen Keil.

Beim *Verklemmen über eine Keilnut* wird die Wendeschneidplatte mit einem Schlüssel in die Nut des Frä-sergrundkörpers geschoben und gespannt (Abb. 2). Das Verklemmen wird bei Scheibenfräsern verwendet und ermöglicht einen schnellen Plattenwechsel.

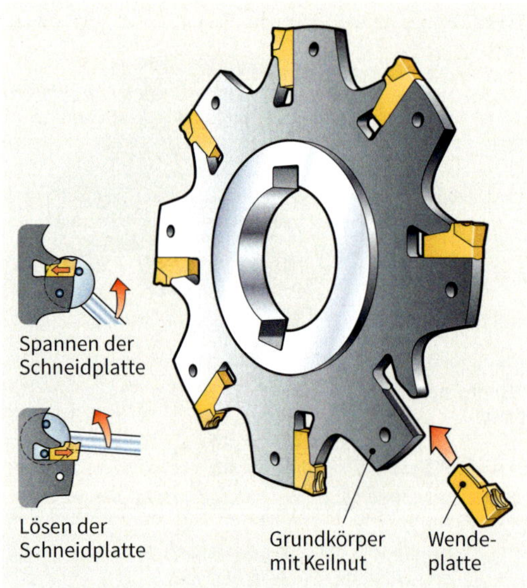

Abb. 2: Scheibenfräser mit geklemmten Wendeplatten

Das *Verklemmen über einen Keil* wird bei Wendeschneidplatten ohne Bohrung z. B. aus Keramik angewendet (Abb. 3). Ein Wechsel von Plattensitz und Keil ermöglicht die Veränderung der Plattengröße, der Plattenform und der Winkel.

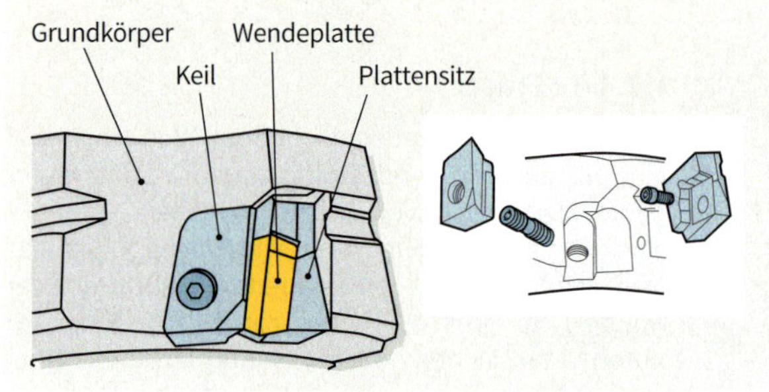

Abb. 3: Planfräser mit wechselbaren Keilen und Plattensitzen

Fräser aus HSS oder Vollhartmetall

Zur Bearbeitung von Nuten oder besonderen Formen werden Fräser aus HSS oder Vollhartmetall verwendet (Tab. 1). Die Fräswerkzeuge können unbeschichtet oder beschichtet sein (siehe Kap. 1.1.3.3). Bei der Bearbeitung von gehärteten Werkstoffen oder der Verwendung großer Schnittgeschwindigkeiten v_c werden Vollhartmetallfräser eingesetzt.

Tab. 1: Fräserarten

Benennung	Verwendung
Langlochfräser	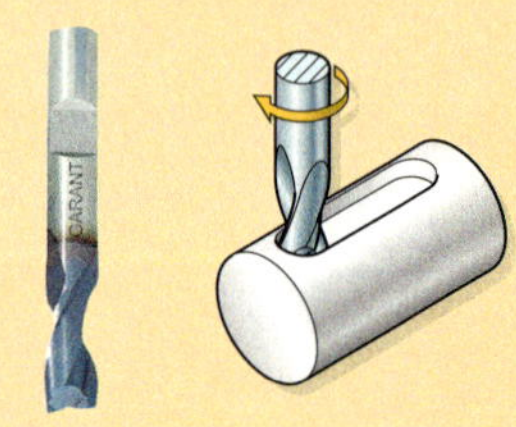
T-Nutenfräser	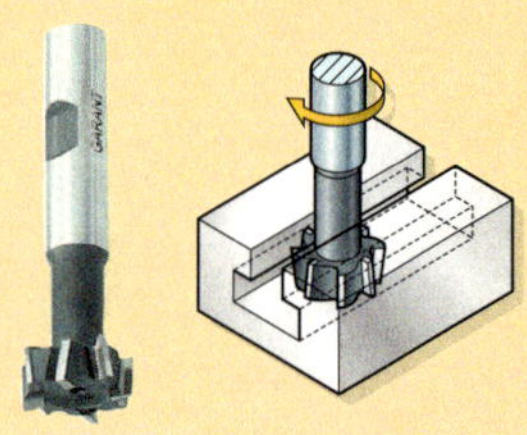
Winkelfräser	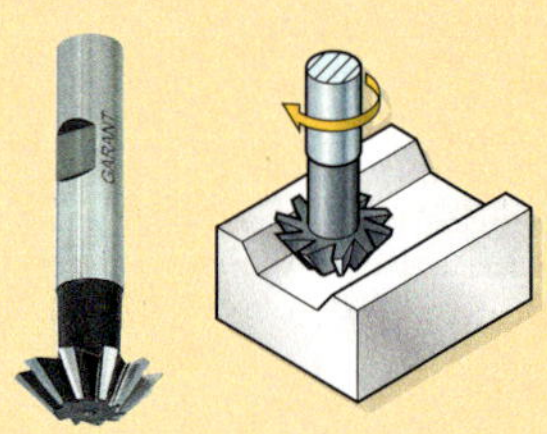

Benennung	Verwendung
Winkelstirnfräser	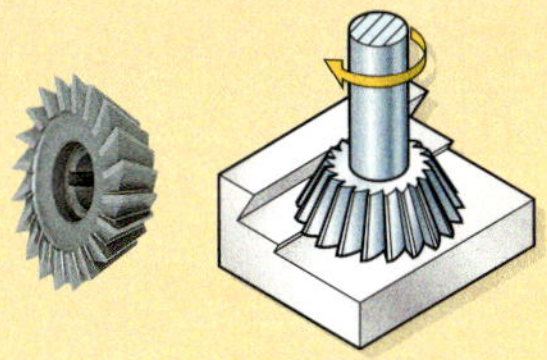
Prismenfräser	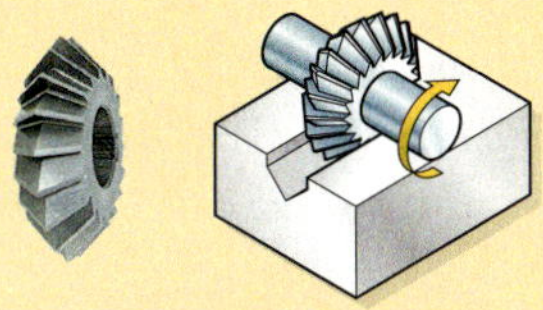
Halbrund-profilfräser	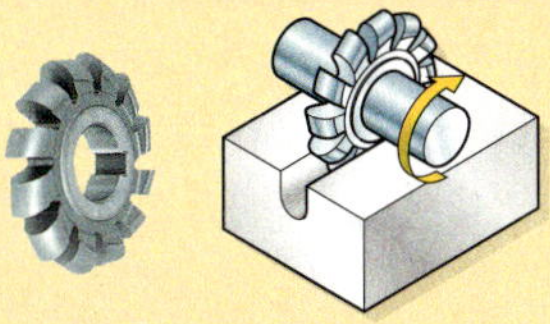
Kopierfräser (Gesenkfräser)	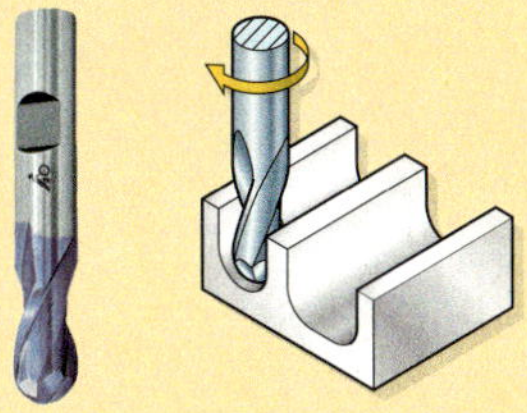
Gewindefräser	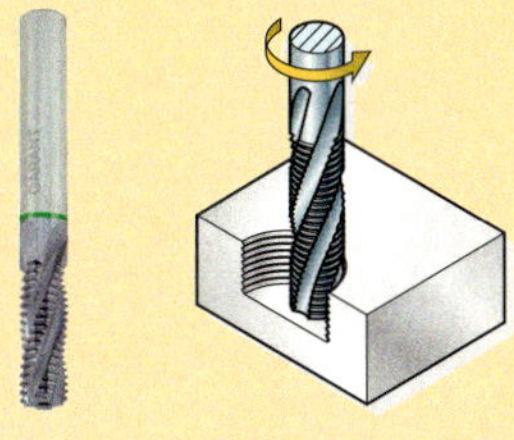

Fräseraufnahmen

Das Spannen von Schaftfräsern und Bohrern mit Zylinderschaft erfolgt mit Spannzangenfuttern, Hydro-Dehnspannfuttern, Schrumpffuttern, Flächenspannfuttern (Weldonfutter) oder Whistle-Notch-Aufnahmen (Kap. 2.2.2.3).

Zur Befestigung von Fräsern mit einer Bohrung (Aufsteckfräser) werden Fräsdorne eingesetzt.

- **Fräsdorne mit Gegenlager**

Fräsdorne mit Gegenlager dienen zur Aufnahme von Walzenfräsern oder Scheibenfräsern (Abb. 4).

Um eine Durchbiegung der Fräsdorne zu verhindern, wird ein Gegenlager verwendet. Zur Fertigung von Profilen werden mehrere Aufsteckfräser zu einem Satzfräser kombiniert.

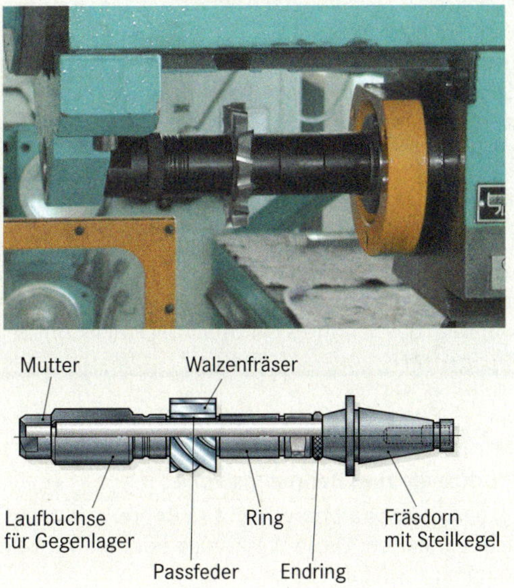

Abb. 4: Fräsdorn mit Laufbuchse für Gegenlager

- **Fräsdorn für Fräskopf**

Fräsköpfe werden als Plan- und Eckfräser zur Bearbeitung großer Flächen benutzt. Der Fräskopf wird auf dem Fräsdorn aufgesteckt und durch Zylinderschrauben stirnseitig an die Frässpindel geschraubt (Abb. 5).

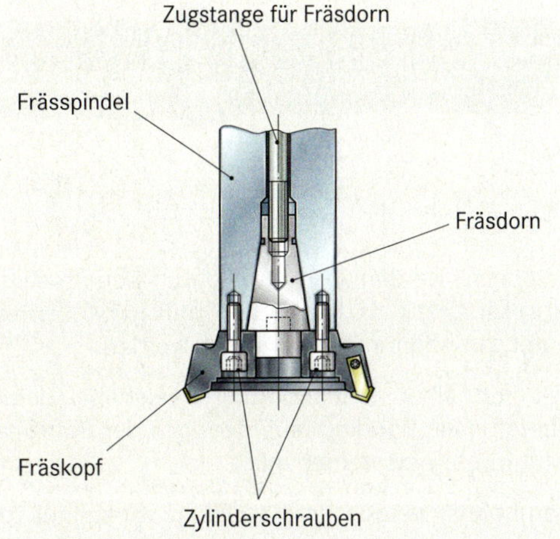

Abb. 5: Fräsdorn mit Fräskopf

Kräfte und Leistungen beim Fräsen

Um einen Werkstoff zu zerspanen, ist eine *Zerspankraft F* erforderlich. Sie lässt sich in die *Schnittkraft* F_c, die *Vorschubkraft* F_f und die *Passivkraft* F_p zerlegen. Die Schnittkraft und die Vorschubkraft wirken den Arbeitsbewegungen entgegen.

Die *Schnittkraft* F_c ist die größte Teilkraft der Zerspankraft *F*. Sie erzeugt die höchste Belastung an der Werkzeugschneide.
Die Größe der Schnittkraft wird aus der spezifischen Schnittkraft k_c und dem Spanungsquerschnitt *A* ermittelt. Dabei ist der Korrekturfaktor *K* zu berücksichtigen.

$$F_c = A \cdot k_c \cdot K$$

Die spezifische Schnittkraft wird aus Tabellen entnommen (➜📖).
Im Unterschied zum Drehen ändert sich beim Fräsen während des Schnittes der Spanungsquerschnitt.

Aus der Schnittkraft F_c und der Schnittgeschwindigkeit v_c ergibt sich die für die Zerspanung erforderliche Leistung P_c. Die erforderliche Leistung ist vom Hauptantrieb der Fräsmaschine bereitzustellen.

$$P_c = F_c \cdot v_c$$

1.2.4.2 Bohrwerkzeuge

Werkzeuge zum Bohren ins Volle

Neben den Spiralbohrern gibt es Bohrer mit Wendeschneidplatten. Diese Werkzeuge können mit Kühlkanälen ausgeführt sein.

- **Bohrer mit Wendeschneidplatten**

Bei *Vollbohrern* werden die Wendeschneidplatten in einem Grundköper verschraubt (Abb. 1). Sie dienen zur Herstellung größerer Bohrungen. Vollbohrer werden ab einem Durchmesser von ca. 13 mm hergestellt. Die Bohrtiefe ist abhängig vom Bohrerdurchmesser und kann das 2- bis 7-fache des Bohrerdurchmessers betragen.

Abb. 1: Vollbohrer mit Wendeschneidplatten

Kernbohrer werden ab 60 mm Bohrungsdurchmesser eingesetzt (Abb. 2). Sie können zum Herstellen von Durchgangsbohrungen eingesetzt werden.

Der mit einer Innenbohrung versehene Bohrer nimmt einen Bohrkern auf, der nach der Bohrbearbeitung entfernt werden muss.

Kernbohrer werden an Maschinen verwendet, die durch eine geringe Antriebsleistung keine Vollbohrung herstellen können.

Abb. 2: Kernbohrer

Zum Fertigen von Bohrungen und Senkungen in einem Arbeitsgang werden *Stufenbohrer*, *Fasbohrer* oder eine Kombination aus beiden verwendet (Abb. 3).

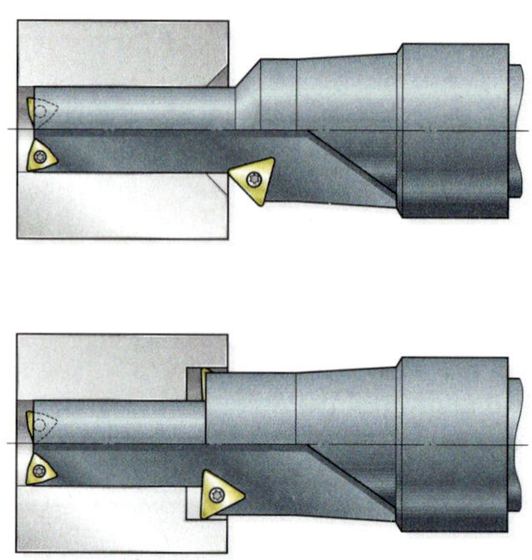

Abb. 3: Fas- und Stufenbohrer

- **Bohrer mit Wechselkopf**

Bei *Wechselkopfbohrern* ist der vordere Bohrerteil aus Vollhartmetall auswechselbar (Abb. 4). Dadurch entfällt bei Werkzeugverschleiß das Nachschleifen.

In Abhängigkeit vom Werkstoff können unterschiedliche Spitzenwinkel eingesetzt werden.

Abb. 4: Wechselkopfbohrer

Die Wechselköpfe haben keine Querschneide, sondern einen selbstzentrierenden Anschliff. Daher kann ein Anbohren oder Zentrieren entfallen (Abb. 5).

Abb. 5: Bohrerspitze mit selbstzentrierendem Anschliff

Werkzeuge zum Aufbohren

Aufbohrwerkzeuge gibt es als Schrupp- und Schlichtwerkzeuge.

Schruppwerkzeuge besitzen zwei oder drei Wendeschneidplatten, die radial verstellbar sind (Abb. 6).

Die Wendeschneidplatten werden verschraubt oder durch ein Spannfingersystem gespannt.

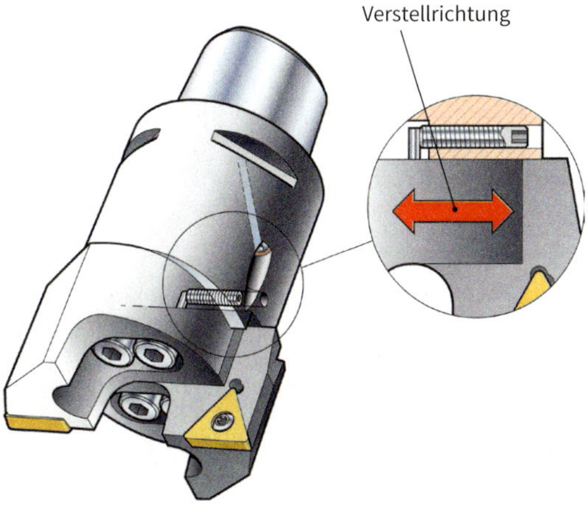

Abb. 6: Werkzeug zum Aufbohren für Schruppbearbeitung

Schlichtwerkzeuge werden als Feinbohrkopf bezeichnet.

Sie dienen zur Herstellung von Bohrungen mit geringen Toleranzen und hohen Oberflächengüten. Feinbohrköpfe haben nur eine Schneide (Abb. 7).

Die unterschiedlichen Durchmesser können mit einer Genauigkeit von 0,01 mm eingestellt werden.

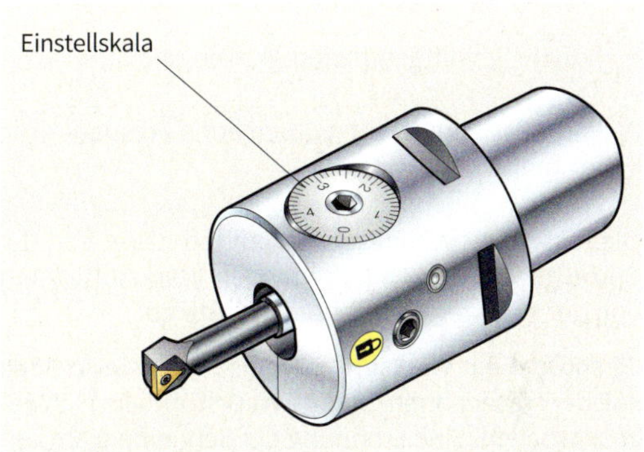

Abb. 7: Feinbohrkopf

Aufgaben

1. Beschreiben Sie den Aufbau von Fräswerkzeugen mit Wendeschneidplatten.

2. Welche Möglichkeiten gibt es zur Befestigung von Wendeschneidplatten an Fräswerkzeugen?

3. Wann werden Fräser aus HSS oder Vollhartmetall eingesetzt? Erläutern Sie dies an verschiedenen Einsatzbeispielen.

4. Als Fräseraufnahme werden Fräsdorne verwendet. Erklären Sie den Einsatz der verschiedenen Fräsdorne.

5. Beschreiben Sie den Unterschied zwischen einem Vollbohrer und einem Kernbohrer.

6. Welche Vorteile hat ein Wechselkopfbohrer?

7. Warum werden Kernbohrer an Maschinen mit einer geringen Antriebsleistung zum Bohren ins Volle eingesetzt?

8. Welche Vorteile bieten Fas- und Stufenbohrer?

9. Wodurch unterscheiden sich Aufbohrwerkzeuge zum Schruppen von denen zum Schlichten?

10. Es sollen vorgefertigte Bohrungen aufgebohrt werden. Wählen Sie ein geeignetes Aufbohrwerkzeug:

a) für Bohrung Ø 45 +0,2/- 0,1,

b) für Bohrung Ø 50 H7,

c) für Bohrung Ø 85 D11.

Fertigen

1.2.5 Fräsarbeiten

1.2.5.1 Planfräsen

Zum Planfräsen von großen Oberflächen an Werkstücken werden Planfräser mit Wendeschneidplatten (➡📖) benutzt.

Der Einsatz eines Messerkopfes bietet einige Vorteile:

- höhere Schnittgeschwindigkeiten und
- kurze Fertigungszeiten durch hohe Zerspanleistungen sind möglich.

Die Anzahl der Wendeschneidplatten hängt von der Sprödigkeit des zu bearbeitenden Werkstoffes und von der geforderten Oberflächengüte ab.

Je spröder ein Werkstoff ist, umso mehr Schneiden soll der Fräser haben. Spröde Werkstoffe sind schwer zu zerspanen. Eine Erhöhung der Schneidenzahl verringert die Belastung je Schneide. Dadurch nimmt die Standzeit und die Zerspanleistung zu.

Je höher die geforderte Oberflächengüte, desto mehr Schneiden soll der Fräser aufweisen. Zum Schlichten einer Oberfläche werden deshalb Fräser mit einer größeren Anzahl von Wendeschneidplatten als zum Schruppen eingesetzt.

Die Anzahl der eingesetzten Wendeschneidplatten hängt vom Durchmesser des Grundkörpers ab.

Schruppen

Beim Schruppen erfolgt der Einsatz von runden Wendeschneidplatten oder Schneidplatten mit Eckenradien und Einstellwinkeln zwischen 45° und 75° (Abb. 1).

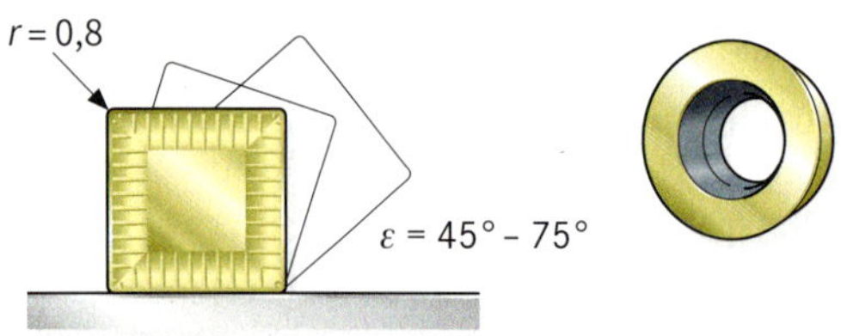

Abb. 1: Schneidplattenformen

Bei der Zerspanung von Stahl und Stahlguss werden Spanwinkel von 0° oder negative Spanwinkel eingesetzt.
Die Schneidengeometrie erzeugt meist Wendelspäne, die gut abgeführt werden können. Dadurch sind hohe Zerspanvolumen und Zerspanleistungen möglich.

Schlichten

Beim Schlichten kommen Wendeschneidplatten mit breiten Fasen zum Einsatz. (Abb. 2). Die Wendeschneidplatten haben einen Spanwinkel von 0°.

Die Schlichtplatten erzeugen bei niedrigen Vorschubwerten, geringen Schnitttiefen und hohen Schnittgeschwindigkeiten eine hohe Oberflächengüte.

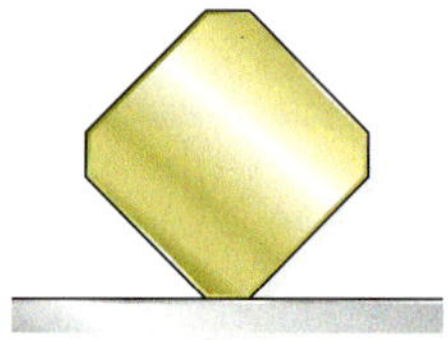

Abb. 2: Schneidplatte mit Fase

Nachschneideffekt und Spindelsturz

Beim Planfräsen mit senkrechter Hauptspindel schneiden die rücklaufenden Schneiden nach (Abb. 3a). Durch den *Nachschneideffekt* werden die Schneiden beschädigt. Dies führt zu einer kürzeren Standzeit und es entstehen Kratzspuren auf der Oberfläche.

Diese Auswirkungen können verhindert werden, indem man die Hauptspindel leicht aus ihrer senkrechten Lage neigt (Abb. 3b). Die Neigung der Hauptspindel wird als *Spindelsturz* bezeichnet. Der Sturzwinkel sollte zwischen 0,005° und 0,03° so eingestellt werden, dass sich in Vorschubrichtung die hintere Schneide leicht abhebt.

Als Folge des Spindelsturzes entsteht eine leicht wellige Oberfläche. Durch den geneigten Fräser kann die Oberfläche immer nur in einer Richtung überfräst werden. Dadurch ergeben sich erhöhte Fertigungszeiten.

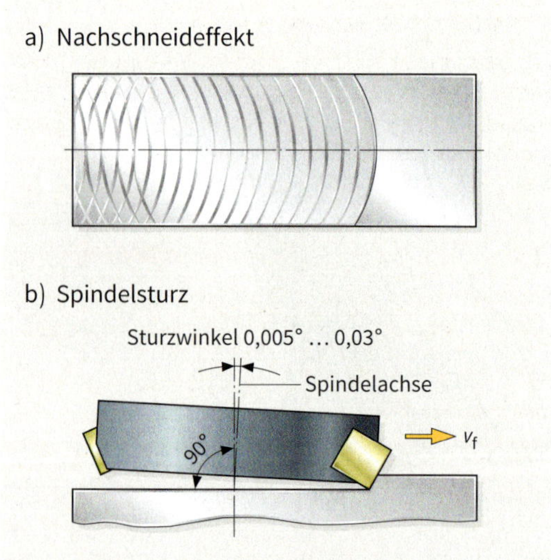

Abb. 3: Nachschneideffekt und Spindelsturz

Da sich die Verstellung der Arbeitsspindel aufwändig gestaltet, wird diese Methode nur angewendet, wenn es zwingend notwendig ist.

1.2.5.2 Fräsen von Nuten und Taschen

Nutfräsen

Nuten können unterschiedliche Formen haben:

- einseitig offen,
- beidseitig offen,
- beidseitig geschlossen und
- T-Nutenform (Abb. 4).

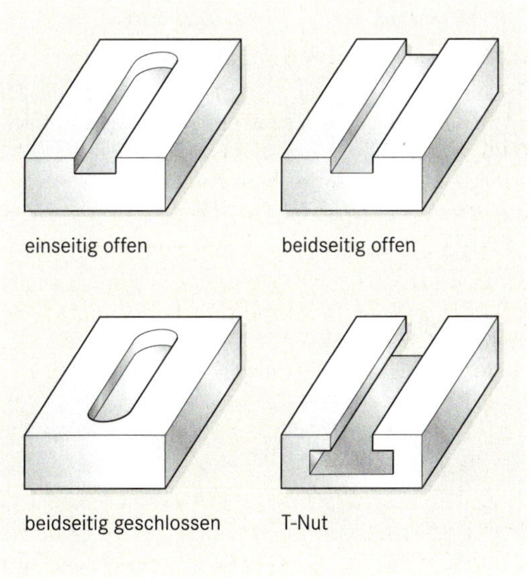

Abb. 4: Nutformen

- **Nutfräsen mit Scheibenfräsern**

Für tiefe offene Nuten werden bevorzugt Scheibenfräser eingesetzt, da diese die Späne gut aus der Nut transportieren (Abb. 5). Die Vorschubrichtung liegt parallel zur Werkstückoberfläche.

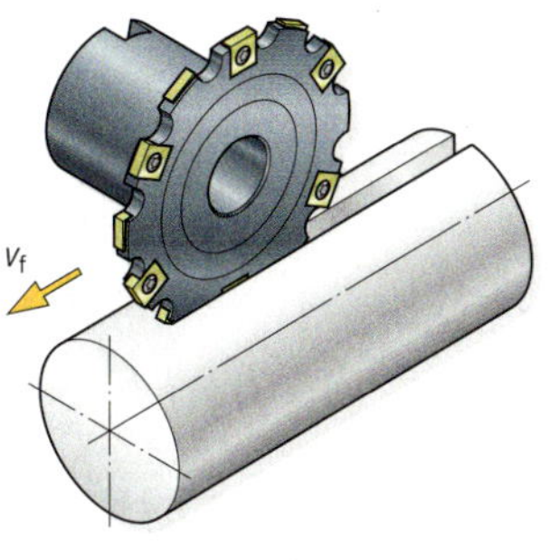

Abb. 5: Nutfräsen mit Scheibenfräser

Die Nutbreite wird entweder über eine entsprechende Fräserbreite erreicht, oder es muss seitlich verfahren werden.

Außer offenen Nuten werden mit Scheibenfräsern auch Nuten für Scheibenfedern gefräst (Abb. 6). Die Vorschubrichtung liegt dabei senkrecht zur Werkstückoberfläche.

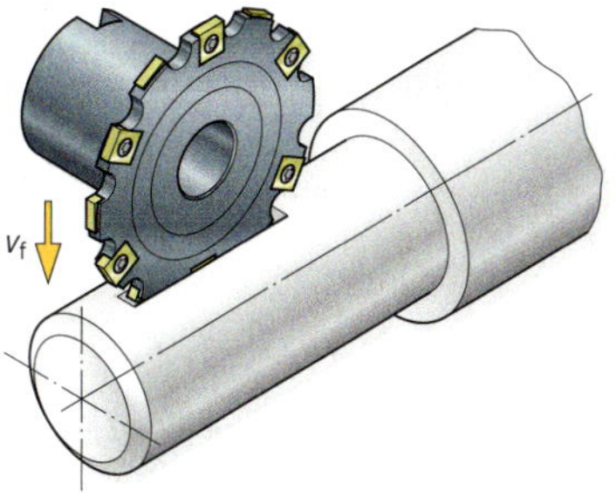

Abb. 6: Fräsen einer Scheibenfedernut

Für weiche Werkstoffe werden Fräser mit großer Teilung eingesetzt, für harte Werkstoffe werden engere Teilungen benutzt.

- **Nutfräsen mit Schaftfräsern**

Nuten, die beidseitig geschlossen sind, werden mit Schaftfräsern gefertigt. Wichtig dabei ist es, einen Fräser zu verwenden, der ins Werkstück eintauchen kann, d. h., er muss über die Mitte schneiden (Abb. 7).

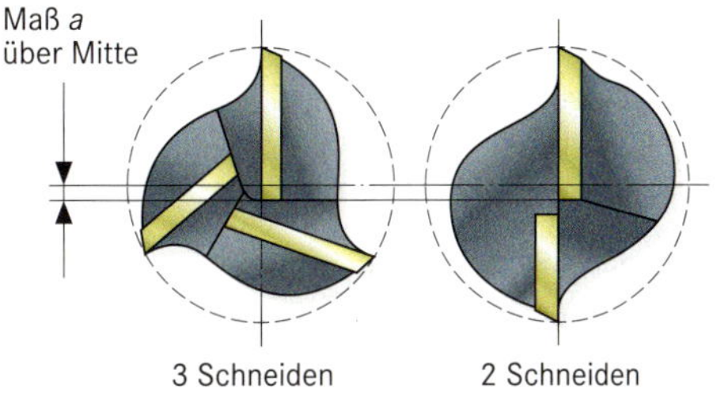

Abb. 7: Über die Mitte schneidender Fräser

Die Nut wird gefräst, indem der Fräser in das Werkstück eintaucht und ab einer bestimmten Tiefe in der Länge verfährt, bis die Länge der Nut erreicht ist.

Dieser Vorgang wird so lange wiederholt, bis die erforderliche Nuttiefe erreicht ist (Abb. 1 auf der folgenden Seite).

Es gibt unterschiedliche Möglichkeiten, wie das Eintauchen und das Längsfräsen kombiniert wird.

In welcher Weise vorgegangen wird, hängt in erster Linie von der Maschine ab.

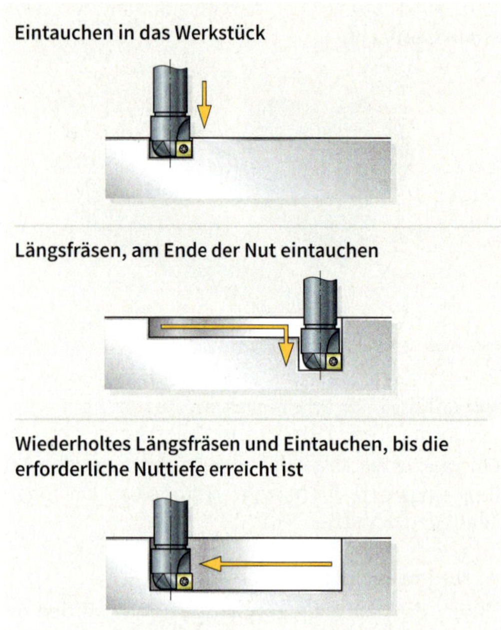

Abb. 1: Beispiel für das Nutfräsen mit Schaftfräser

Um ein seitliches Verfahren zu vermeiden, sollen Schaftfräser eingesetzt werden, deren Durchmesser der Nutbreite entsprechen.

- **Fräsen von T-Nuten**

Für das Fräsen von T-Nuten werden spezielle T-Nutenfräser eingesetzt. Das Fräsen einer T-Nut erfolgt in zwei Arbeitsschritten (Abb. 2).

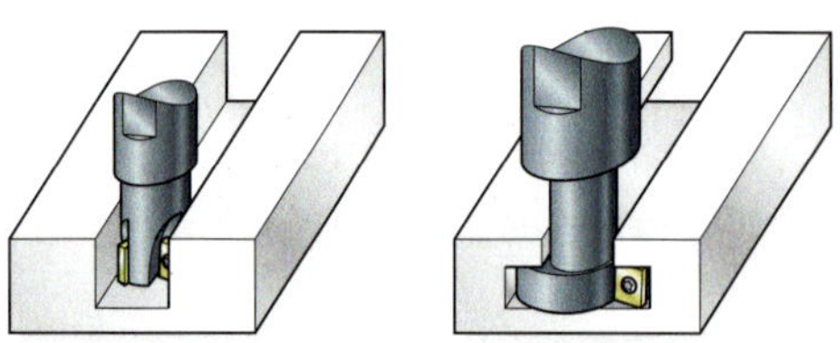

Abb. 2: Fräsen einer T-Nut

Das Vorfräsen mit einem Schaftfräser ist notwendig, da ein T-Nutenfräser nur am Fräskopf und nicht am Schaft schneidet. Um Beschädigungen von Nut oder Fräser zu verhindern, muss der Schaftdurchmesser im Arbeitsbereich des T-Nutenfräsers kleiner sein als die Breite der vorgefrästen Nut.

Taschenfräsen

Beim Fräsen von Taschen muss der Fräserradius dem Eckenradius der Tasche entsprechen. Die Herstellungsschritte sind ähnlich wie beim Nutfräsen (Abb. 3).

Nach dem Eintauchen des Fräsers muss in der Länge verfahren werden. Da die Taschenbreite größer ist als der Fräserdurchmesser, muss zur Herstellung in zwei Richtungen verfahren werden.

Es gibt mehrere Möglichkeiten, wie das Eintauchen und das Längsfräsen kombiniert werden kann.

In welcher Weise vorgegangen wird, hängt in erster Linie von den Möglichkeiten der Maschine ab.

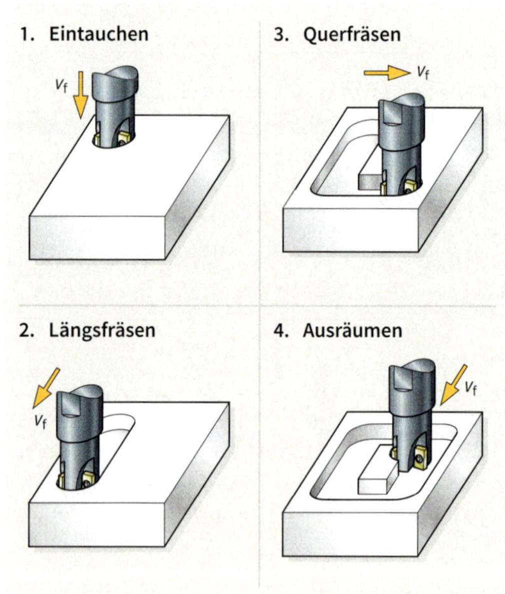

Abb. 3: Beispiel für das Fräsen einer Tasche

1.2.5.3 Fräsen von Absätzen

Absätze an Frästeilen werden meist durch Stirn-Umfangsfräsen hergestellt (Abb. 4). Dafür werden Eckenfräser mit 90° Eckenwinkel eingesetzt.

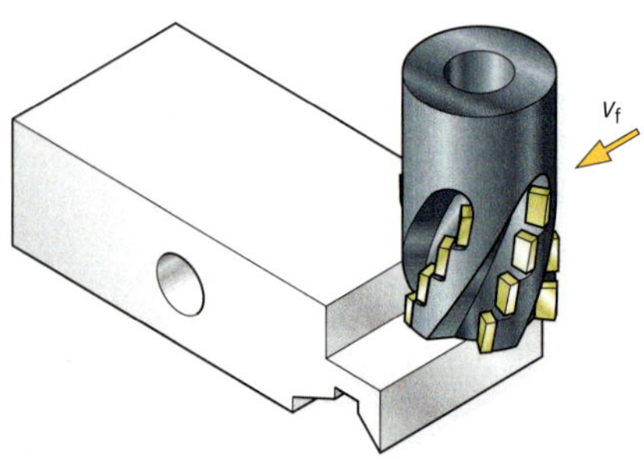

Abb. 4: Fräsen von Absätzen

Um ein Ausbrechen der Schneidenecken zu vermeiden, besitzen die meisten Eckenfräser einen Schneidenradius von 0,4 mm.

Dadurch ist es nicht möglich eine scharfkantige Ecke herzustellen. Um ein genaues Fügen zu ermöglichen, wird das Gegenstück mit einer Fase versehen oder die Ecke leicht hinterfräst (Abb. 5).

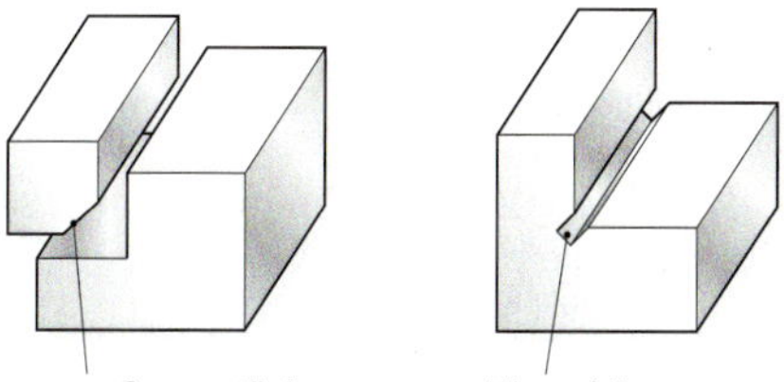

Abb. 5: Fase am Gegenstück und Hinterfräsung

1.2.5.4 Bohren

Um in einer Aufspannung fertigen zu können, werden Bohrungen auch auf der Fräsmaschine gefertigt. Beim Bohren an Fräsmaschinen wird zwischen unterschiedlichen Verfahren unterschieden.

Vollbohren

Beim Vollbohren (Abb. 6) wird ein Spiralbohrer oder ein Bohrer mit Wendeschneidplatten benutzt. Am häufigsten werden Spiralbohrer für die Bohrarbeiten verwendet. Bohrer mit Wendeschneidplatten werden an Maschinen eingesetzt, die spielfreie Antriebe haben, da sie nur geringe Führungseigenschaften besitzen. Ihr Vorteil liegt in der inneren Kühlmittelzufuhr und in den höheren Schnittgeschwindigkeiten, die sie ermöglichen.

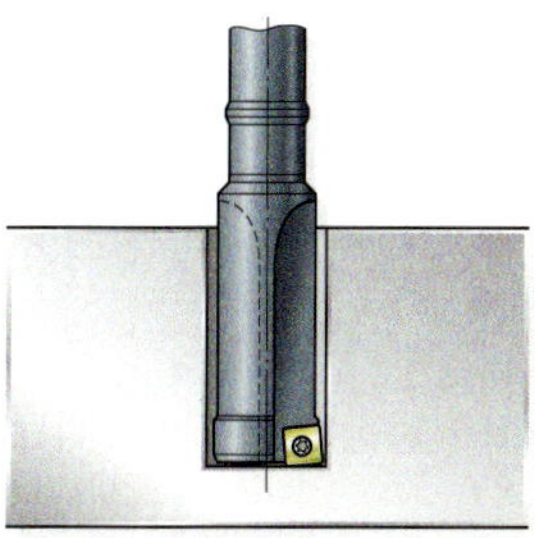

Abb. 6: Vollbohren

Aufbohren

Durch das Aufbohren (Abb. 7) werden bereits vorgefertigte Bohrungen auf Fertigmaß (Nennmaß) oder auf ein Maß mit Bearbeitungszugabe aufgebohrt. Eine Bearbeitungszugabe ist z. B. für das anschließende Reiben notwendig.

Zum Aufbohren wird entweder ein Festmaßaufbohrer oder ein verstellbarer Doppelschneider benutzt.

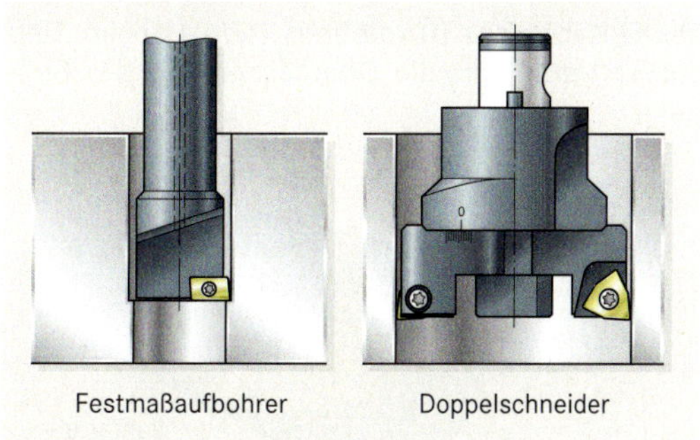

Abb. 7: Verfahren zum Aufbohren

Feinbohren

Zum Herstellen genauer Bohrungen (Abb. 8) werden Ausdrehköpfe eingesetzt. Sie können mit einer Zustellgenauigkeit kleiner als 0,02 mm eingestellt werden.

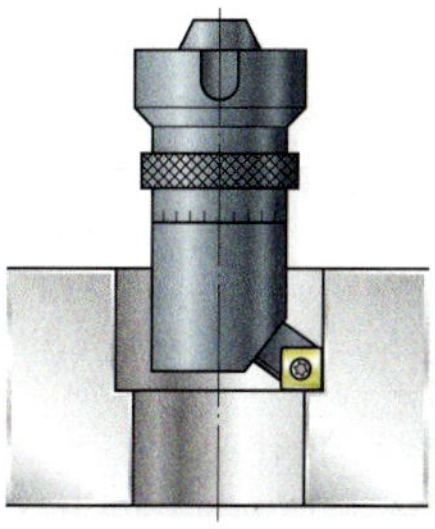

Abb. 8: Feinbohren

Tiefbohren

Beim Tiefbohren mit einem Tiefbohrer können Bohrungen hergestellt werden, bei denen die Bohrungstiefe das 150-fache des Bohrungsdurchmessers beträgt. Beim Aufbohren mit Tiefbohrern sind noch größere Bohrtiefen möglich. Ein häufig verwendeter Tiefbohrer ist der Einlippenbohrer (Abb. 9). Die Kühlmittelzufuhr erfolgt über den Bohrerkern. Der hohe Druck des Kühlmittels spült die Späne in einer V-förmigen Nut am Bohrerumfang nach außen.

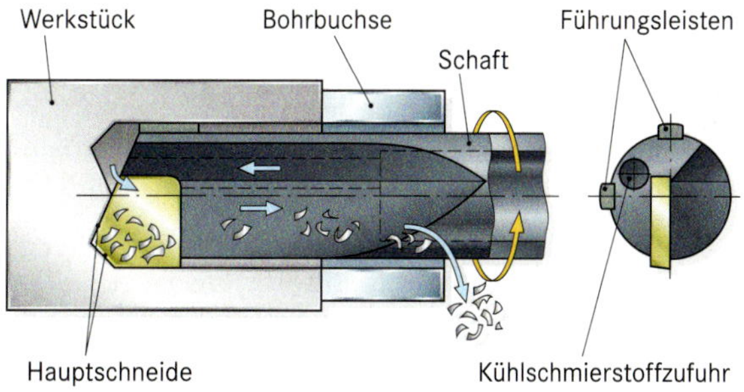

Abb. 9: Tiefbohren

Durch das Abführen der Späne nach außen entsteht beim Einlippenbohrer eine schlechte Oberflächengüte an den Bohrungsaußenflächen.

Der Einsatz eines BTA-Bohrers (Abb. 1) beim Tiefbohren verbessert die Oberflächengüte der Bohrung.

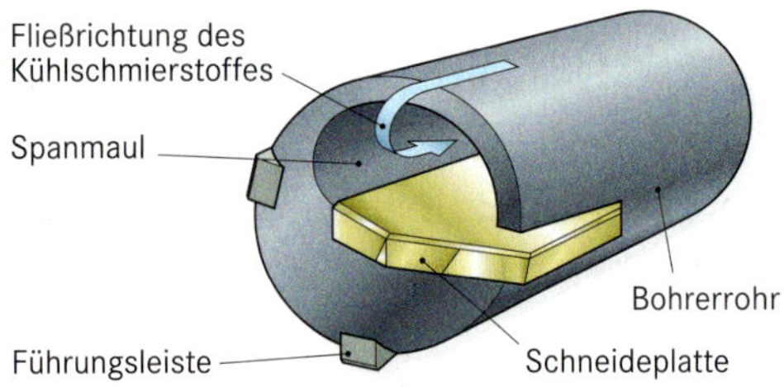

Abb. 1: BTA-Bohrer

Der Bohrerschaft ist rohrförmig ausgeführt. Die Kühlmittelzufuhr erfolgt von außen. Dadurch wird die Bohrungswand immer ausreichend mit Kühlschmierstoff versorgt und die anfallenden Späne können durch die Bohrung im Bohrer abgeführt werden (Abb. 2).

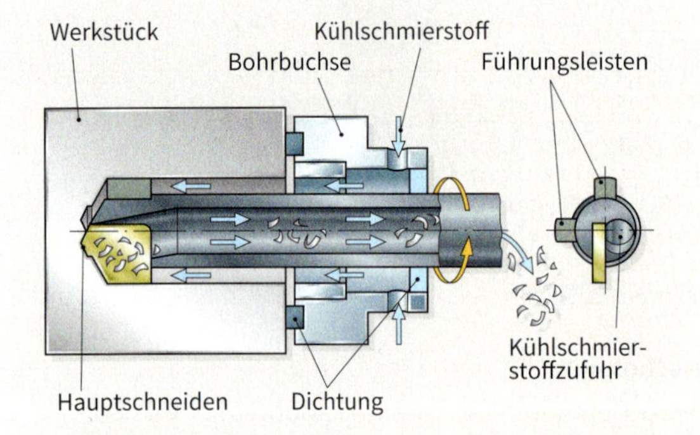

Abb. 2: BTA-Bohrer mit Bohrbuchse

Das Bohren mit einem BTA-Bohrer stellt einen höheren Anspruch an die Fertigung als das Bohren mit einem Einlippenbohrer, da die Bohrstelle über die Bohrbuchse völlig abgedichtet werden muss. Tiefbohren mit einem BTA-Bohrer wird in der Regel an speziellen Tiefbohrmaschinen durchgeführt.

Planen/ Dokumentieren

1.2.6 Arbeitsplanung

Spannen der Klemmbacke rechts

Die Klemmbacke muss bei der Fertigung in drei unterschiedlichen Lagen gespannt werden (Abb. 3 - 5).

In der *Aufspannung 1* werden die Klemmflächen gefräst. Es wird ein Schraubstock verwendet, der um 180° gedreht werden kann, um ein Umspannen der Klemmbacke zu vermeiden. Zusätzlich wird in dieser Aufspannung die Kernlochbohrung für das Gewinde M14 x 1,5, das Gewinde M 36 x 1,5 und die Flachsenkung Ø 46,1 gefertigt.

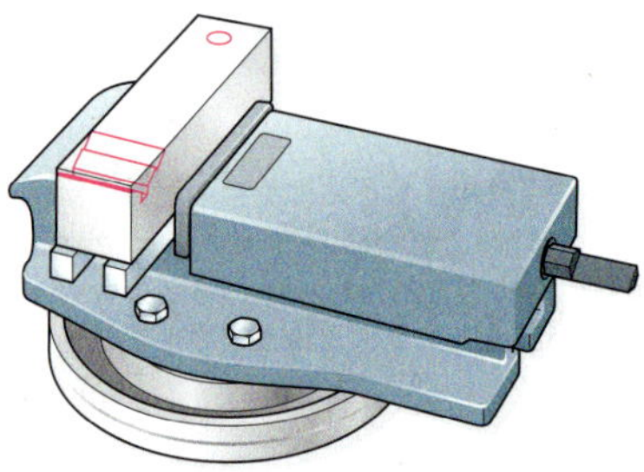

Abb. 3: Aufspannung 1

In der *Aufspannung 2* wird das Werkstück um 180° gedreht, so dass die bereits bearbeitete Seite auf den Parallelunterlagen im Schraubstock liegt.

In dieser Aufspannung wird der Absatz auf der Klemmseite und die Fase 3 x 45° gefräst sowie das Gewinde M 14 x 1,5 geschnitten.

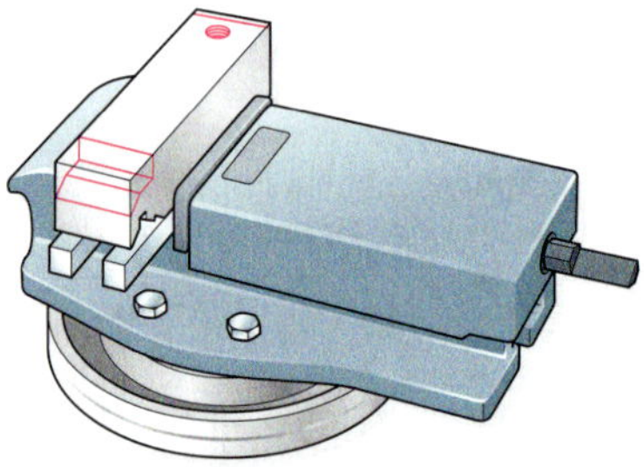

Abb. 4: Aufspannung 2

In der *Aufspannung 3* wird das Werkstück um 90° gedreht und die Bohrung Ø 32H7 gefertigt.

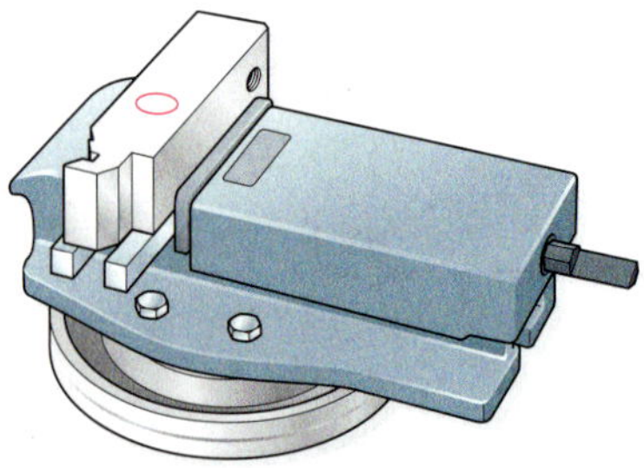

Abb. 5: Aufspannung 3

Spannen der Klemmbacke links

Die Fertigung der Klemmbacke links erfolgt in der gleichen Weise wie bei der Klemmbacke rechts. Bei der linken Klemmbacke entfallen die Gewinde für das Hydrospannsystem. An dieser Position wird ein Durchgangsgewinde M16 gefertigt.

Arbeitsplan

Durch den Arbeitsplan wird die Reihenfolge der Arbeitsschritte zur Herstellung der Klemmbacke festgelegt (Abb. 4).

Zusätzlich befinden sich im Arbeitsplan die zu verwendenden Arbeitsmittel, Arbeitswerte und Spannzeuge.

westermann	**Arbeitsplan**	**Blatt-Nr.** 1	**Anzahl** 1
Benennung: Klemmbacke rechts	**Zeichn.-Nr.** **Sach.-Nr.**	**Auftragsnr.:**	**Name:**
Halbzeug: 4kt DIN 1014 - C45+C – □50		**Stückzahl:** 1	**Klasse/Gr.:**
[X] **Einzelteil**	[ ] **Montage/Demontage**	**Termin:**	**Kontr.-Nr.:**

Lfd. Nr.	Arbeitsvorgang	Arbeitsmittel	Arbeitswerte/ Bemerkungen
1	**Spannen**	**Maschinenschraubstock drehbar**	**Aufspannung 1**
2	linke Seite planfräsen	Walzenstirnfräser HW P40 z = 4 Ø 40 mm	n = 1030 1/min v_f = 412 mm/min
3	rechte Seite plan- und auf Länge fräsen	Walzenstirnfräser HW P40 z = 4 Ø 40 mm	n = 1030 1/min v_f = 412 mm/min
4	Nut 10 mm breit Fräsen	Schaftfräser HM P40 z = 2 Ø 10 mm	n = 2200 1/min v_f = 176 mm/min
5	erste Klemmfläche 120° fräsen	Walzenstirnfräser HW P40 z = 4 Ø 40 mm	Frässpindel um 60° schwenken
6	Freifläche an der Klemmfläche fräsen	Walzenstirnfräser HW P40 z = 4 Ø 40 mm	n = 1030 1/min v_f = 412 mm/min
7	Schraubstock um 180° drehen		
8	zweite Klemmfläche 120° fräsen	Walzenstirnfräser HW P40 z = 4 Ø 40 mm	n = 1030 1/min v_f = 412 mm/min
9	Kernlochbohrung für M14 x 1,5 zentrieren	Zentrierbohrer	Frässpindel senkrecht
10	Kernlochbohrung für M14 x 1,5 bohren	Bohrer HM Ø 12,5 mm	n = 3100 1/min, f = 0,08 mm
11	Kernlochbohrung für M36 x 1,5	Bohrer HM Ø 34,5 mm	n = 1100 1/min, f = 0,06 mm
12	Flachsenkung Ø 46,1 mm aufbohren	Feinbohrkopf	n = 600 1/min
13	Gewindeschneiden M36 x 1,5	Handgewindebohrer M36 x 1,5	
14	Ausspannen		
15	Kanten entgraten	Flachfeile	
16	**Spannen**	**Maschinenschraubstock drehbar**	**Aufspannung 2**
17	Absatz fräsen	Walzenstirnfräser HW P40 z = 4 Ø 40 mm	n = 1030 1/min v_f = 412 mm/min
18	Abschrägung 30° fräsen	Walzenstirnfräser Ø 40 mm	Frässpindel um 30° schwenken
19	Fase 3 x 45° fräsen	Winkelfräser 45°	Frässpindel senkrecht
20	Gewindebohrung M14 x 1,5 senken	Kegelsenker HSS	n = 250 1/min
21	Gewinde M14 x 1,5 schneiden	Handgewindebohrer M14 x 1,5	
22	Ausspannen		
23	bearbeitete Seite entgraten	Flachfeile	
24	**Spannen**	**Maschinenschraubstock drehbar**	**Aufspannung 3**
25	Bohrung Ø 32 zentrieren	Zentrierbohrer	
26	Bohrung Ø 32 bohren	VHM Bohrer Ø 31,6 mm	n = 1100 1/min, f = 0,06 mm
27	Bohrung Ø 32 entgraten	Kegelsenker HSS 90°	n = 250 1/min
28	Bohrung Ø 32 H7 reiben	Handreibahle Ø 32 H7	
29	Ausspannen		
30	Werkstück entgraten	Flachfeile	Abtragung – 0,2

Abb. 4: Arbeitsplan Klemmbacke rechts

Prüfen

1.2.7 Prüfplanung rechte Klemmbacke

Nach dem Fräsen und Bohren wird die Klemmbacke einer Endkontrolle unterzogen. Dabei wird geprüft, ob die Maße, die Form- und Lagetoleranzen sowie die Oberflächengüten eingehalten wurden. Die Prüfung wird anhand der Einzelteilzeichnung geplant und durchgeführt. Es sind die Prüfmethoden und die erforderlichen Prüfgeräte zu wählen (Tab. 1).

Um Messfehler zu vermeiden, ist das Werkstück vorher auf Gratfreiheit zu überprüfen und zu reinigen.

Tab. 1: Aufstellung der Messgrößen und der verwendeten Prüfgeräte

Nr.	Messgröße	Maßangabe nach Zeichnung	Grenz-abmaße	Toleranz	Prüfgerät	Ablese-genauigkeit
1	Länge	220	± 1	2	Messschieber Form A	Skw = 0,05
2	Breite der Nut	10	± 0,2	0,4	Messschieber Form A	Skw = 0,05
3	Tiefe der Nut	18	± 0,2	0,4	Tiefenmessschieber	Skw = 0,05
4	Lage der Nut	20	± 0,2	0,4	Endmaß; Messschieber	Skw = 0,05
5	Tiefe der Freifläche	3	± 0,1	0,2	Tiefenmessschieber	Skw = 0,05
6	Lage der Freifläche	7,6	± 0,2	0,4	Messschieber Form A	Skw = 0,05
7	Winkel der Klemmflächen	120°	± 0°20´	40´	Winkelmesser	Skw = 5´
8	Tiefe der Klemmfläche	12,3	+ 0,1	0,1	Messschieber Form A	Skw = 0,05
9	Tiefe der Außenkante Klemmfläche	5	± 0,1	0,2	Tiefenmessschieber	Skw = 0,05
10	Tiefe der Kernlochbohrung M 36 x 1,5	30	± 0,2	0,4	Tiefenmessschieber	Skw = 0,05
11	Lage Gewinde M 36 x 1,5	25	± 0,2	0,4	Gewindelehre, Messschieber Form A	Skw = 0,05
12	Lage Gewinde M 36 x 1,5	195	± 0,5	1	Gewindelehre, Messschieber Form A	Skw = 0,05
13	Gewinde M 36 x 1,5	M 36 x 1,5			Gewindelehre	
14	Gewindetiefe M 36 x 1,5	22	± 0,2	0,4	Gewindelehre, Messschieber Form A	Skw = 0,05
15	Rechtwinkligkeit des Gewindes M 36 x 1,5		0,01	0,02	Gewindelehre, Winkelmesser	
16	Durchmesser Flachsenkung	46,1	± 0,1	0,2	Messschieber Form A	Skw = 0,05
17	Tiefe Flachsenkung	2	± 0,1	0,2	Tiefenmessschieber	Skw = 0,05
18	Tiefe Absatz	15	± 0,2	0,4	Tiefenmessschieber	Skw = 0,05
19	Breite Absatz	30	± 0,2	0,4	Tiefenmessschieber	Skw = 0,05
20	Breite Fase 30°	15	± 0,2	0,4	Messschieber Form A	Skw = 0,05
21	Winkel Fase 30°	30°	± 0°30´	1°	Winkelmesser	Skw = 5´
22	Breite Fase 45°	3	± 0,1	0,2	Messschieber Form A	Skw = 0,05
23	Winkel Fase 45°	45°	± 0°30´	1°	Winkelmesser	Skw = 5´
24	Lage Gewinde M 14 x 1,5	25	± 0,2	0,4	Gewindelehre, Messschieber Form A	Skw = 0,05
25	Lage Gewinde M 14 x 1,5	195	± 0,5	1	Gewindelehre, Messschieber Form A	Skw = 0,05
26	Gewinde M 14 x 1,5	M 14 x 1,5			Gewindelehre	
27	Lage Bohrung $d = 32$	25	± 0,2	0,4	Endmaß rund, Messschieber Form A	Skw = 0,05
28	Lage Bohrung $d = 32$	100	± 0,1	0,2	Endmaß rund, Messschieber Form A	Skw = 0,05
29	Durchmesser 32 H7	32 H7	0/+0,025	0,5	Grenzlehrdorn	
30	Werkstückkanten		− 0,2		Sichtprüfung	
31	Oberfläche Rz 16				Oberflächenvergleichsnormal	
32	Oberfläche Rz 4				Oberflächenvergleichsnormal	

1.2.8 Berechnung der Hauptnutzungszeit

Für alle Fräsarbeiten gilt:

$$t_{hu} = \frac{l_f \cdot i}{v_f}$$

t_{hu} = Hauptnutzungszeit [min]

l_f = Vorschubweg [mm]

i = Anzahl der Schnitte

v_f = Vorschubgeschwindigkeit [mm/min]

Der Vorschubweg l_f muss für die unterschiedlichen Fräsverfahren berechnet werden.

Umfangsplanfräsen

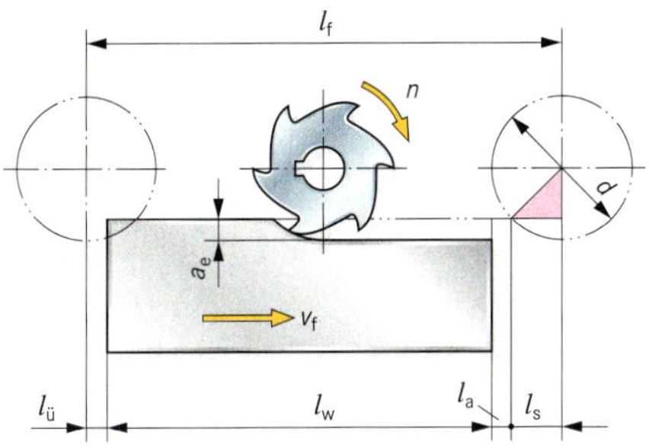

$$l_f = l_s + l_a + l_w + l_ü$$

$$l_s = \sqrt{a_e \cdot d - a_e^2}$$

l_s = Anschnittlänge [mm]

l_a = Anlauflänge [mm]

l_w = Werkstücklänge [mm]

$l_ü$ = Überlauflänge [mm] $(l_ü = l_a \sim 1{,}5$ mm)

Stirn-Umfangsplanfräsen

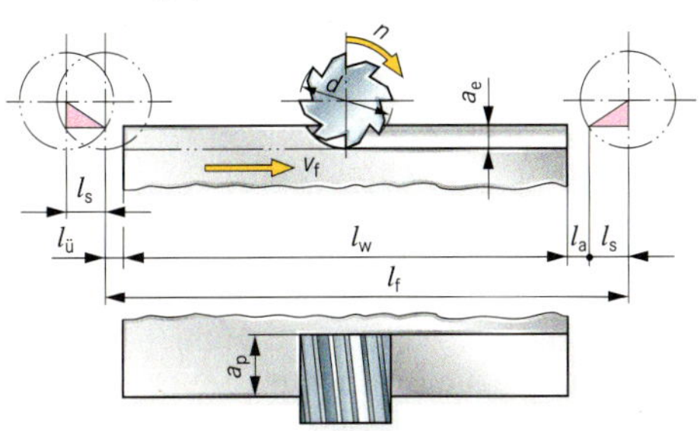

Schruppen: $l_f = l_s + l_a + l_w + l_ü$

Beim Schlichten verlängert sich der Vorschubweg l_f um die Länge l_s, da der Fräser vollständig frei fährt.

Schlichten: $l_f = 2 \cdot l_s + l_a + l_w + l_ü$

Stirnplanfräsen

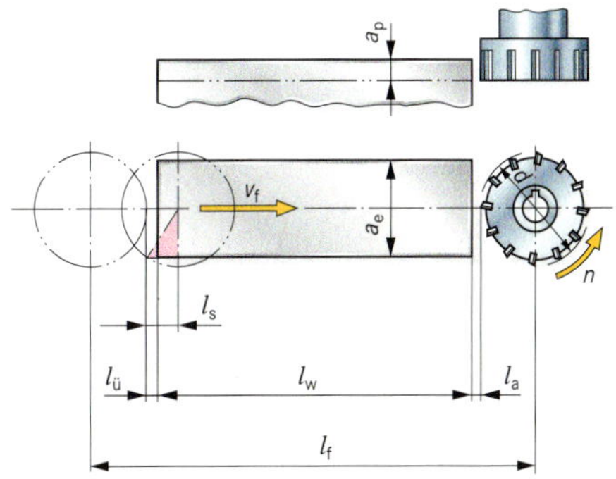

Schruppen: $l_f = d/2 + l_a + l_w + l_ü - l_s$

Schlichten: $l_f = d + l_a + l_w + l_ü$

d = Fräserdurchmesser [mm]

Nutenfräsen

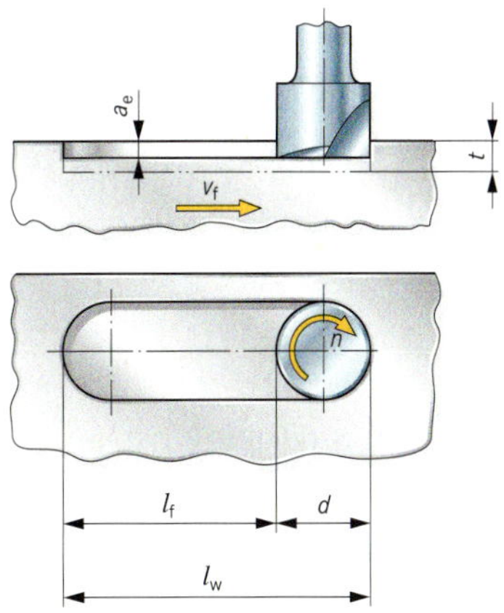

Beim Fräsen von geschlossenen Nuten gibt es keine Anlauf- und Überlauflänge.

Nut geschlossen: $l_f = l_w - d$

Nut einseitig offen: $l_f = l_w + l_a - d/2$

Nut beidseitig offen: $l_f = d/2 + l_a + l_w + l_ü$

Anzahl der Schnitte: $i = \frac{t}{a_p}$

t = Nuttiefe [mm]

a_e = Arbeitseingriff [mm]

a_p = Schnitttiefe [mm]

Beispiel:
Berechnung der Hauptnutzungszeit für die Herstellung der Nut an der Klemmbacke

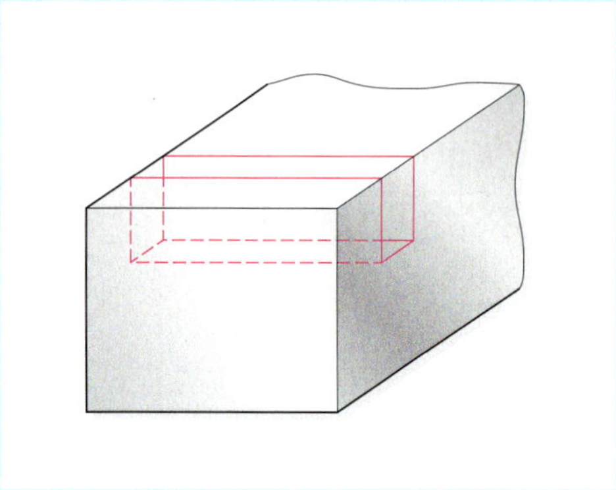

Wie groß ist die Hauptnutzungszeit bei der Herstellung der Nut, wenn nur geschruppt wird?

Die maximale Schnitttiefe beträgt 6 mm.

Geg.: t = 18 mm
a_{pmax} = 6 mm
l_w = 50 mm
v_f = 260 mm/min
d = 10 mm

Ges.: t_{hu} in s

Lösung:

$$t_{hu} = \frac{l_f \cdot i}{v_f}$$

$$i = \frac{t}{a_{pmax}} \qquad i = \frac{18\text{ mm}}{6\text{ mm}} \qquad i = 3$$

$$l_f = d/2 + l_a + l_w + l_ü$$

$$l_ü = l_a = 1{,}5\text{ mm}$$

$$l_f = \frac{10\text{ mm}}{2} + 1{,}5\text{ mm} + 50\text{ mm} + 1{,}5\text{ mm}$$

$$l_f = 58\text{ mm}$$

$$t_{hu} = \frac{58\text{ mm} \cdot 3}{260\text{ mm/min}}$$

$$t_{hu} = 0{,}66\text{ min}$$

$$t_{hu} \approx 40\text{ s}$$

Die Hauptnutzungszeit für das Fertigen der Nut beträgt ca. 40 Sekunden.

Aufgaben

1. Erklären Sie, wodurch der Nachschneideffekt beim Planfräsen entsteht und welche Auswirkungen der Nachschneideffekt hat.

2. Das Verstellen des Spindelsturzes ist eine Maßnahme gegen den Nachschneideffekt.

a) Erklären Sie, was unter der Verstellung des Spindelsturzes verstanden wird.

b) Welche Auswirkungen ergeben sich auf die Oberflächengüte?

c) Wie beeinflusst der Spindelsturz den Fertigungsablauf und welche Auswirkung hat dies auf die Fertigungszeit?

3. Nuten werden oft mit Scheibenfräsern gefräst. Wie unterscheidet sich die Vorschubrichtung beim Fräsen von Längsnuten und von Scheibenfedernuten?

4. Beschreiben Sie die Vorgehensweise beim Fräsen von geschlossenen Nuten mit Schaftfräsern.

5. Erklären Sie, weshalb eine T-Nut nicht in einem Arbeitsgang gefertigt werden kann.

6. Weshalb kann beim Fräsen von Absätzen keine scharfe Innenkante hergestellt werden?

7. Beschreiben Sie, in welcher Reihenfolge beim Taschenfräsen vorgegangen werden kann.

8. Beschreiben Sie das Tiefbohren mit einem Einlippenbohrer.

9. Berechnen Sie die Hauptnutzungszeit:

a) für das Stirn-Umfangsplanfräsen der beiden Stirnseiten der Klemmbacke, wenn pro Seite 2 mm abgenommen werden und die Fläche mit einem Aufmaß von 0,2 in einem Arbeitsgang vorgeschruppt wird.

b) für die Herstellung des Absatzes 35 mm x 15 mm, wenn nur geschruppt wird.

10. Vergleichen Sie die Späneabfuhr beim Einlippenbohrer und beim BTA-Bohrer.

Bewerten Sie, wie sich die unterschiedliche Späneabfuhr auf die erzielbare Oberflächengüte der Bohrung auswirkt.

1.2.9 Sonderfräsverfahren

Sonderfräsverfahren stellen besondere Anforderungen an die Fräsmaschine, die Spannmittel und die Werkzeuge. Dies trifft für folgende Fräsverfahren zu:

- die Hochgeschwindigkeitsbearbeitung (High-Speed-Cutting) und die Bearbeitung von gehärteten Werkstücken,
- das Gewindefräsen.

1.2.9.1 Hochgeschwindigkeitsfräsen

Durch die HSC-Bearbeitung ist die Fertigung hoher Oberflächengüten möglich. Sie stellt eine Fertigungsalternative zum Schleifen und Erodieren dar. Ebenso kann das Polieren von Werkstückoberflächen entfallen.

Darüber hinaus ist eine *Hartbearbeitung* gehärteter Werkstücke in einem Bereich von 46 bis 63 HRC möglich.

HSC-Fräsmaschine

Das Hochgeschwindigkeitsfräsen findet ausschließlich auf CNC-Fräsmaschinen statt. Sie müssen über eine Hochleistungsspindel verfügen ($n \geq 40.000$ 1/min).

Die Maschinen weisen gegenüber konventionellen Fräsmaschinen eine höhere Steifigkeit und Schwingungsdämpfung sowie eine größere Beschleunigung in den Vorschubachsen auf.

Zerspanungsrichtwerte und Kühlschmierung

Bei der Hochgeschwindigkeitsbearbeitung beträgt die Schnittgeschwindigkeit das 5- bis 10-fache gegenüber dem konventionellen Fräsen (Abb. 1).

Ebenso kann mit höheren Vorschubgeschwindigkeiten gearbeitet werden. Die Schnitttiefe kann bis 18 mm betragen.

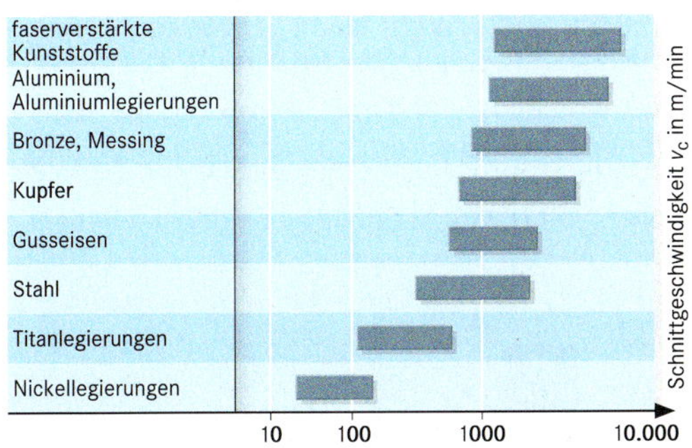

Abb. 1: Schnittgeschwindigkeiten

Um hohe Oberflächengüten beim Schlichten zu erreichen, muss beim HSC-Fräsen nach dem Schruppen vorgeschlichtet werden (Abb. 2).

Schruppen

a_p= 18 mm; a_e = 0,5 mm
n = 3300 1/min
v_c = 103 m/min
v_f = 1300 mm/min

Vorschlichten

a_p= 0,5 mm; a_e = 0,5 mm
n = 9000 1/min
v_c = 280 m/min
v_f = 2150 mm/min

Schlichten (Fertigbearbeitung)

a_p= 0,25 mm; a_e = 0,25 mm
n = 13000 1/min
v_c = 400 m/min
v_f = 3300 mm/min

Abb. 2: HSC-Bearbeitung eines Werkstücks aus 90MnCrV8

Beispiel:
Vorschubgeschwindigkeit für HSC-Fräsen

Ein Flansch für eine Spannvorrichtung soll aus einer Aluminiumlegierung Al Mg Si Pb hergestellt werden.

Zum Bearbeiten wird ein Kopierfräser aus beschichtetem Vollhartmetall mit einem Durchmesser von 10 mm verwendet. Der Fräser besitzt zwei Schneiden und soll mit einer Schnitttiefe a_p von 0,3 mm eingesetzt werden. Der Zahnvorschub f_z wird vom Hersteller mit 0,071 mm vorgegeben. Hierbei ist eine Schnittgeschwindigkeit von 800 m/min zu verwenden.

Es ist die Umdrehungsfrequenz und die Vorschubgeschwindigkeit der HSC-Fräsbearbeitung zu bestimmen.

Geg.: d = 10 mm, z = 2, f_z = 0,071 mm, v_c = 800 m/min

Ges.: n in 1/min, v_f in mm/min

Lösung:

$$n = \frac{v_c}{d \cdot \pi} = \frac{800 \text{ m/min} \cdot 1000 \text{ mm}}{10 \text{ mm} \cdot \pi \cdot 1 \text{ m}}$$

$$\underline{\underline{n = 25465 \text{ 1/min}}}$$

$$v_f = n \cdot f_z \cdot z$$

$$v_f = 25465 \text{ 1/min} \cdot 0{,}071 \text{ mm} \cdot 2$$

$$\underline{\underline{v_f = 3616 \text{ mm/min}}}$$

Auf Grund der hohen Schnitt- und Vorschubgeschwindigkeiten ergeben sich große Zerspanungsvolumen und eine geringe Fertigungszeit. Der Mittenrauwert R_a kann unter 1 µm betragen.

Durch die hohen Schnittgeschwindigkeiten erfolgt eine erhöhte Abführung der Zerspanungswärme über den Span (ca. 90 %). Dies verringert den Verzug und reduziert die Spannungen im Werkstück. Dadurch entsteht eine höhere Maßgenauigkeit.

Auf den Einsatz von Kühlschmierstoffen wird häufig verzichtet. Treten jedoch Probleme mit der Zerspanungswärme auf, werden geringe Kühlschmierstoffmengen zugeführt. Der Kühlschmierstoff verdampft vollständig bei der Zerspanung. Diesen Vorgang nennt man *Mindermengenschmierung*.

Sowohl der Verzicht auf Kühlschmierstoffe als auch die minimale Zuführung wird als Trockenbearbeitung bezeichnet.

Fräswerkzeuge

Die Fräser für die HSC-Bearbeitung müssen

- eine hohe Steifigkeit,
- eine geringe Unwucht und
- eine hohe Rund- und Planlaufgenauigkeit besitzen.

Es werden Fräser mit Wendeschneidplatten oder Vollhartmetallfräser verwendet (Abb. 1).

Abb. 1: HSC-Fräser

Werkzeugaufnahmen

Als Fräseraufnahmen werden z. B. Spannzangenfutter, Schrumpffutter oder Hydo-Dehnspannfutter verwendet (siehe Kap. 2.2.2.3).

Die Werkzeugaufnahmen dürfen genau wie die Fräswerkzeuge nur eine minimale Unwucht auch bei hohen Umdrehungsfrequenzen aufweisen.

Dadurch wird

- eine hohe Oberflächengüte,
- eine genaue Werkstückkontur,
- ein Schutz der Frässpindel und Spindellagerung und
- ein Schutz des Werkstücks vor Beschädigungen erreicht.

Unwuchten entstehen durch eine ungleichmäßige Masseverteilung an der Fräseraufnahme, z. B. die Spannschraube bei einer Weldon-Aufnahme. Die Hersteller von Fräseraufnahmen wuchten die Aufnahmen aus und geben die damit erreichte Genauigkeit mit der *Wuchtgüte G* an.

Beispiel: Wuchtgüte *G*

Die *Wuchtgüte G* gilt immer nur für eine bestimmte Umdrehungsfrequenz von Fräserauf-nahme und Werkzeug.

Aus der Wuchtgüte *G*, der Masse *m* der Fräseraufnahme und der Fertigungsumdrehungsfrequenz *n* ergibt sich eine zulässige Unwucht U_{zul}.

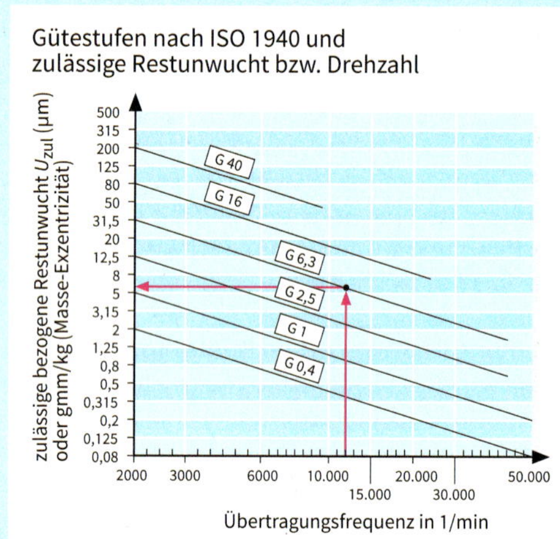

Für eine Wuchtgüte *G* 6,3 ergibt sich bei einer Umdrehungsfrequenz von 12000 1/min eine zulässige Unwucht U_{zul} von 6,0 µm.

Die Wuchtgüte und die dazugehörige Umdrehungsfrequenz wird in den Katalogen und Herstellerunterlagen angegeben. Sie darf die vorgegebene Wuchtgüte des Spindelherstellers nicht überschreiten.

Das Auswuchten von Werkzeugaufnahme und Fräser erfolgt auf einer Auswuchtmaschine (Abb. 2).

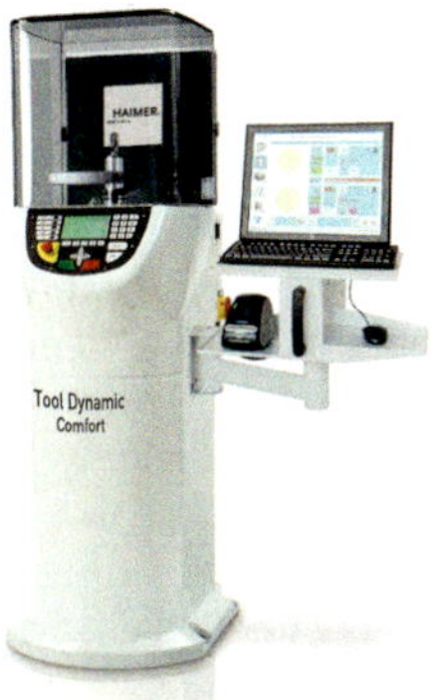

Abb. 2: Auswuchtmaschine

Die Unwucht wird über einen Computer oder eine Auswuchtelektronik ausgewertet und anschließend ausgeglichen. Damit ist die Fräseraufnahme feingewuchtet.

1.2.9.2 Gewindefräsen

Durch Gewindefräsen können Innengewinde und Außengewinde hergestellt werden. Gewindefräser bestehen aus Vollhartmetall oder aus einem Grundkörper mit Wendeschneidplatten. Mit Gewindefräsern aus Vollhartmetall können Kernlochbohrung, Gewinde und Schutzsenkung in einem Arbeitsgang gefertigt werden (Abb. 3).

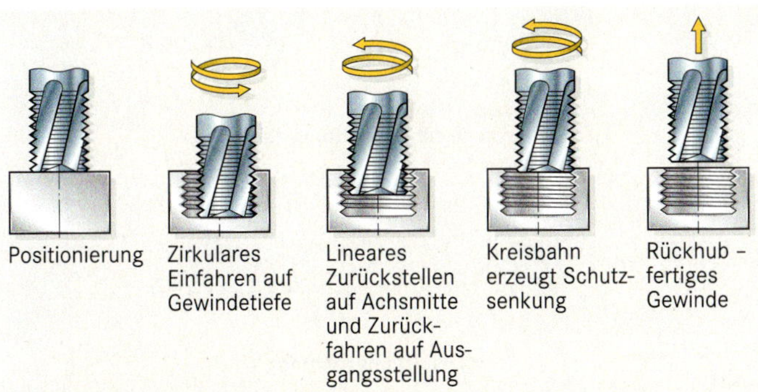

Richtwerte für Schnittgeschwindigkeit und Vorschub:

		Alu-Legierungen	Grauguss	Sphäroguss
Bohr-Schnittgeschwindigkeit	v_c (m/min)	100 - 400	50 - 120	50 - 100
f (mm)	≤ M6	0,10 - 0,20	0,10 - 0,20	0,10 - 0,20
f (mm)	≤ M12	0,12 - 0,35	0,10 - 0,30	0,10 - 0,20
Fräs-Schnittgeschwindigkeit	v_c (m/min)	100 - 400	50 - 120	50 - 100
f_z (mm)	≤ M12	0,03 - 0,07	0,02 - 0,04	0,02 - 0,04
f_z (mm)	≤ M12	0,05 - 0,10	0,05 - 0,10	0,05 - 0,08

Abb. 3: Gewindefräsen mit Fräser aus Vollhartmetall

Gewindefräser mit Wendeschneidplatten ermöglichen nur die Herstellung von Gewinde und Schutzsenkung (Abb. 4).

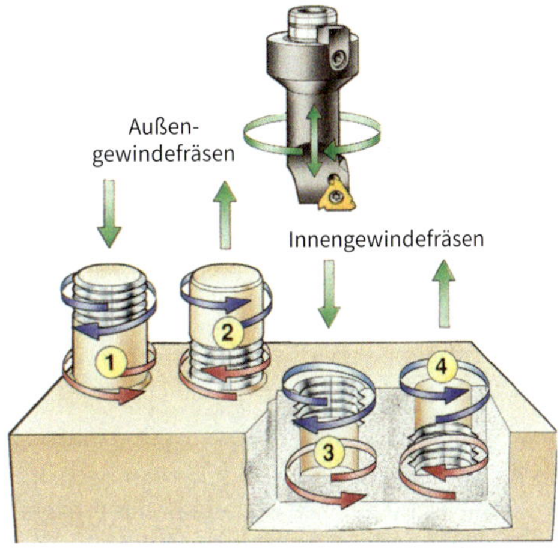

	1	2	3	4
Rechts-gewinde	Vorschub im Uhrzeigersinn, Gleichlauffräsen	Vorschub im Gegenuhrzeigersinn, Gegenlauffräsen	Vorschub im Uhrzeigersinn, Gegenlauffräsen	Vorschub im Gegenuhrzeigersinn, Gleichlauffräsen
Links-gewinde	Vorschub im Gegenuhrzeigersinn, Gegenlauffräsen	Vorschub im Uhrzeigersinn, Gleichlauffräsen	Vorschub im Gegenuhrzeigersinn, Gleichlauffräsen	Vorschub im Uhrzeigersinn, Gegenlauffräsen

Abb. 4: Gewindefräsen mit Wendeschneidplatten

Aufgaben

1. Welche Eigenschaften muss eine Fräsmaschine zur Hochgeschwindigkeitsbearbeitung haben?

2. Nennen und erläutern Sie die Vorteile des Hochgeschwindigkeitsfräsens.

3. Warum müssen Fräswerkzeuge und Werkzeugaufnahmen ausgewuchtet werden?

4. Die Hersteller von Fräseraufnahmen geben eine Wuchtgüte *G* an. Was versteht man unter der Wuchtgüte?

5. Bestimmen Sie die zulässige Unwucht U_{zul} für eine Wuchtgüte G16 bei einer Umdrehungsfrequenz von 10000 1/min.

6. Was versteht man unter einer Trockenbearbeitung?

7. Gewinde können durch Gewindefräsen hergestellt werden. Erläutern Sie die Verfahren des Gewindefräsens.

Fertigen

1.3 Schleifen

In der industriellen Fertigung wird Schleifen vorwiegend eingesetzt zum

- Herstellen von ebenen oder runden Werkstückformen mit hoher Maßgenauigkeit und Oberflächengüte. Es erfolgt dabei häufig als Endbearbeitung nach einer Wärmebehandlung.
- Scharfschleifen von Werkzeugen wie Drehmeißel oder Spiralbohrer aus Schnellarbeitsstahl.

In der handwerklichen Fertigung wird Schleifen auch eingesetzt zum

- Nacharbeiten von Schweißnähten u. Ä. mit handgeführten Werkzeugen.

Beim Schleifen erfolgt die Spanabnahme durch die Keilwirkung der harten, scharfkantigen Körner der Schleifscheibe. Die hintereinander liegenden Schneiden tragen gleichzeitig viele kleine Späne vom Werkstoff ab (Abb. 1). Die Form der Körner ist unregelmäßig. Wobei die Spanwinkel der Körner meist negativ sind. Die Körner sind so hart, dass sie in jeden metallischen Körper eindringen.

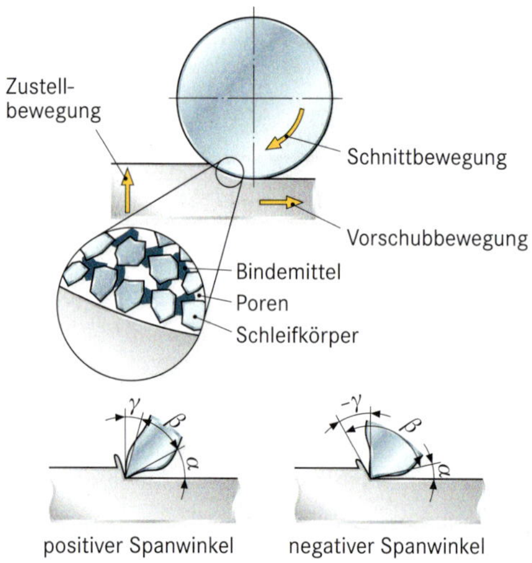

Abb. 1: Spanabnahme beim Schleifen

Das Schleifwerkzeug führt die kreisförmige Schnittbewegung v_c mit hoher Geschwindigkeit aus. Die Schnittgeschwindigkeit beträgt über 20 m/s. Aufgrund der hohen Schnittgeschwindigkeit glühen die kleinen abgetrennten Späne auf und bilden Schleiffunken.

Da die Spanabnahme gering ist, ergeben sich durch die hohe Schnittgeschwindigkeit hohe Oberflächengüten.

! Schleifen ist Spanen mit geometrisch unbestimmten, vielschneidigen Werkzeugen bei hoher Schnittgeschwindigkeit.

1.3.1 Schleifverfahren

Das Schleifen mit Schleifscheiben ist wegen der Ähnlichkeit der Bewegungen und der herstellbaren Werkstückformen dem Fräsen ähnlich. Allerdings sind durch die geometrisch unbestimmten Schneiden Vorschubbewegungen und Zustellbewegungen in vielen Richtungen möglich.

Die Benennung der Schleifverfahren erfolgt nach der Lage und Art der erzeugten Werkstückoberflächen, der Art des Werkzeugeingriffes, der Vorschubrichtung und der Art der Zustellung. Tab. 1 zeigt einige ausgewählte Schleifverfahren.

Tab. 1: Einteilung der Schleifverfahren

Erzeugte Werkstückoberfläche	
Planschleifen 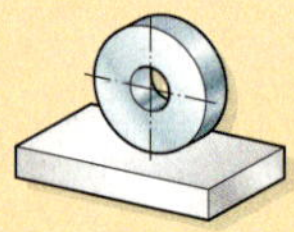	Rundschleifen 
Art des Werkzeugeingriffs	
Umfangsschleifen 	Seitenschleifen 
Vorschubrichtung	
Längsschleifen 	Querschleifen 
Lage der Bearbeitungsfläche	
Außenschleifen 	Innenschleifen 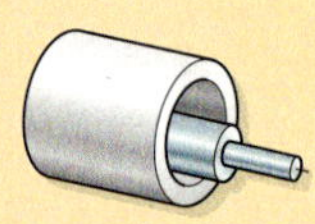
Bewegungsrichtung	
Gleichlaufschleifen 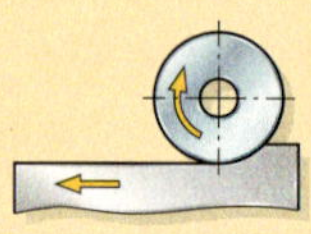	Gegenlaufschleifen 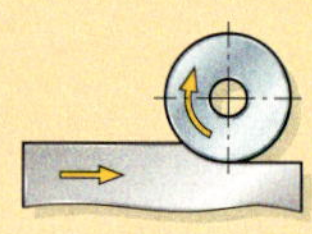
Art der Zustellung	
Pendelschleifen 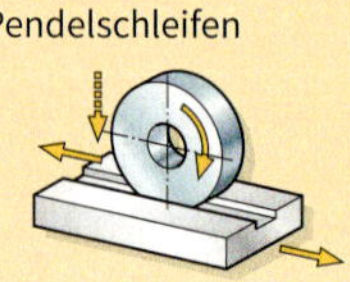	Vollschnittschleifen 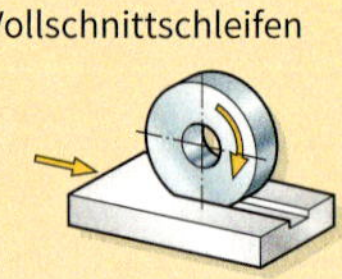

1.3.2 Schleifmaschinen

Das Schleifen von Werkstücken mit hoher Maßgenauigkeit und Oberflächengüte erfolgt je nach der Bearbeitungsform auf

- Flachschleifmaschinen oder
- Rundschleifmaschinen.

Diese Maschinen sind zur Schwingungsdämpfung mit Riemengetrieben ausgestattet.

Flachschleifmaschinen

Mit Flachschleifmaschinen (Abb. 2) werden meist vorgefertigte Werkstücke durch Umfangsschleifen oder Seitenschleifen fertigbearbeitet (Tab. 2).

Der Tisch und/oder der Schleifspindelstock sind quer-, längs- oder höhenverstellbar. Der Tisch führt kontinuierlich die meist hin- und hergehende Längsvorschubbewegung aus. Der Quervorschub erfolgt schrittweise. Die Zustellung erfolgt im Umkehrpunkt der Längsbewegung durch die Schleifscheibe. Moderne Schleifmaschinen haben eine Zustellautomatik. Ist das Fertigmaß erreicht, stellt die Automatik auf „Ausfunken", d. h. auf Fertigschleifen ohne Zustellung.

Späne und Schleifscheibenabrieb werden abgesaugt. Über eine Kühlschmiermitteleinrichtung werden Kühlschmierstoffe zum Kühlen des Werkstückes zugeführt. Die Schleifspäne werden durch den Fangschutz aufgefangen.

Die Werkstücke können direkt auf den Tisch der Schleifmaschine oder mit einem Schraubstock gespannt werden. Werkstücke aus Stahl und Gusseisen werden häufig magnetisch gespannt.

Tab. 2: Fertigungsmöglichkeiten einer Flachschleifmaschine

Schleifverfahren	Merkmale
Umfangs-Planschleifen 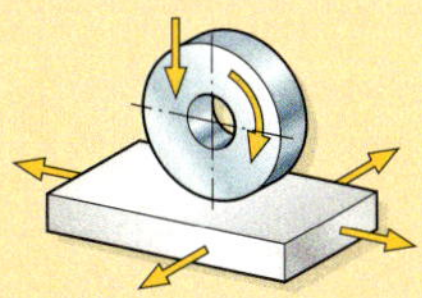	Schleifscheibe erzeugt mit ihrer Umfangsfläche eine ebene Werkstückfläche, Tischvorschubbewegung in Längs- und Querrichtung
Seiten-Planschleifen 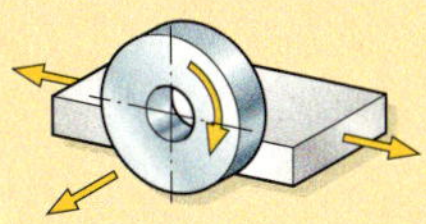	Schleifscheibe erzeugt mit ihrer Seitenfläche eine ebene, senkrechte Werkstückfläche
Senkschleifen 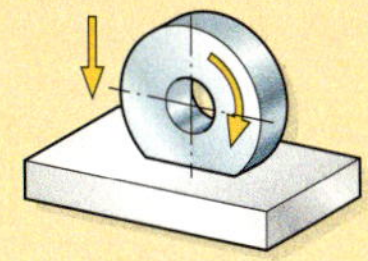	Einsenkung durch stillstehendes Werkstück und senkrechten Vorschub der Schleifscheibe
Einstechschleifen 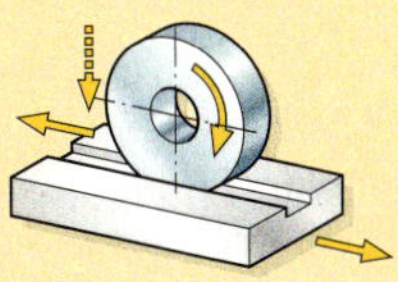	Schleifscheibe erzeugt einen Einstich (Längsnut), senkrechte Zustellung bei Umkehr der Längsvorschubbewegung

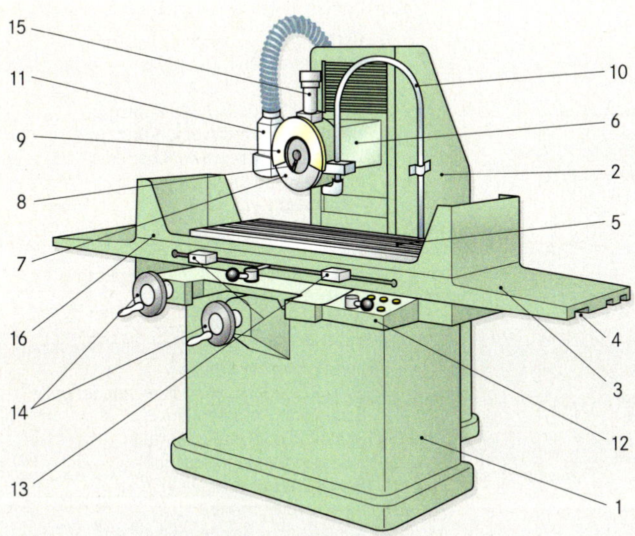

Abb. 2: Aufbau einer Flachschleifmaschine

Rundschleifmaschinen

Mit Rundschleifmaschinen (Abb. 1) werden zylindrische und kegelige Außen- und Innenformen hergestellt.

Gefertigt wird

- zwischen Spitzen, mit Futter und Spitze oder nur im Futter,
- spitzenlos durch Zentrieren mit Schleifscheibe, Regelscheibe und Auflage.

Nach der Lage der Bearbeitungsfläche unterscheidet man Außen- und Innenrundschleifmaschinen. Außenrundschleifen erfolgt meist als Längsschleifen oder Einstechschleifen (Tab. 1).

• Außenrundschleifmaschine

Die kreisförmige Schnittbewegung der Schleifscheibe und die kreisförmige Vorschubbewegung des Werkstückes werden bei der Rundschleifmaschine durch Riemengetriebe übertragen. Dabei können Werkstück und Schleifscheibe in gleichlaufender oder entgegengesetzter Drehrichtung geschaltet werden.

Die Längsbewegung und Querbewegung des Schlittens zum Einstellen des Längsvorschubs bzw. der Zustellung können über ein Stellgetriebe oder von Hand erfolgen.

Es können Einzelscheiben oder Scheibensätze aufgespannt werden. Zum Nachschärfen der Schleifscheiben oder zur Formgebung von Profilscheiben dient eine Abrichtvorrichtung. Der Ausbau der Scheiben ist dabei nicht erforderlich.

Mit Mess- und Steuereinrichtungen sind Fertigungs- und Prüfvorgänge automatisierbar.

Tab. 1: Fertigungsmöglichkeiten einer Außenrundschleifmaschine

Schleifverfahren und Merkmale
Längsschleifen 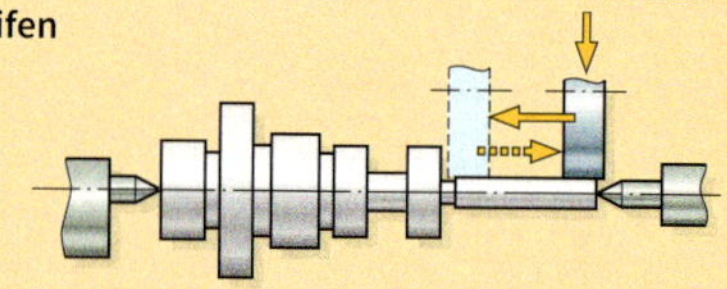 pendelnder Längsvorschub längs zur Werkstückachse, stufenweise Zustellung bei Umkehr des Längsvorschubs
Längsschälschleifen 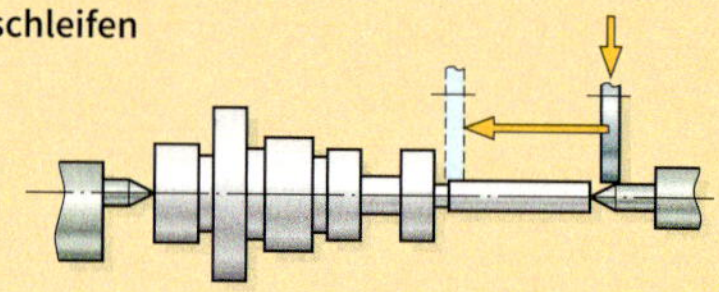 kleiner Längsvorschub in eine Richtung, einmalige, größere Zustellung außerhalb des Werkstückes
Geradeeinstechschleifen 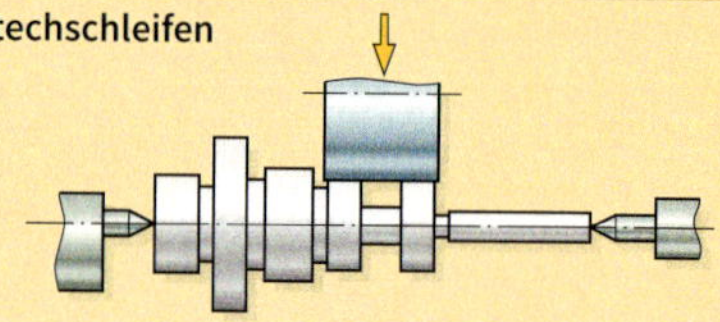 Vorschub senkrecht zur Werkstückachse bis zum Erreichen des Fertigmaßes
Schrägeinstechschleifen 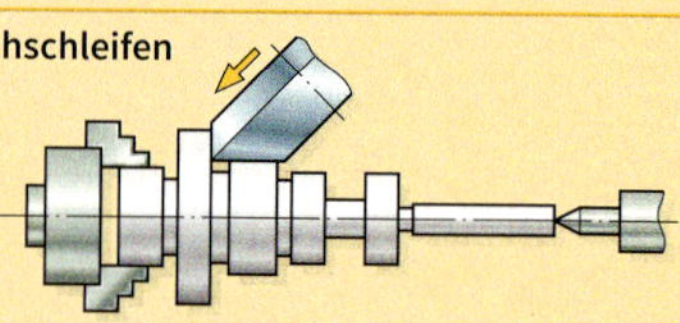 Vorschub schräg zur Werkstückachse bis zum Erreichen des Fertigmaßes, gleichzeitiges Schleifen von Längs- und Planflächen

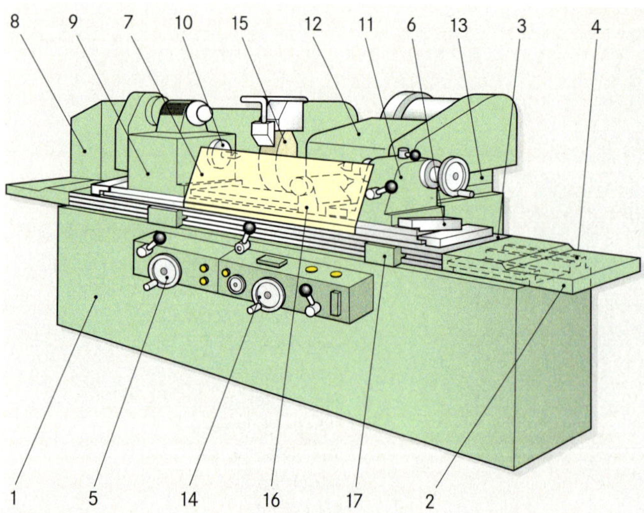

1 Bett
2 Bettbahnenschutz
3 Schlitten
4 Hydrostatische Schlittenführung
5 Handrad für Längsvorschub
6 Werkstücktisch schwenkbar oder nicht schwenkbar
7 Fangschutz
8 Spritzschutz
9 Werkstückspindelstock mit Schwenkeinrichtung zum Kegelschleifen, Werkstückspindel
10 Werkstückmitnahme
11 Reitstock, Reitstockpinole, Pinolenrückzug und Pinolenklemmung
12 Schleifspindelstock, Schleifspindel und Schleifspindellagerung
13 Schleifspindelstockschlitten
14 Handrad für Quervorschub
15 Schleifwerkzeug
16 Abrichtvorrichtung
17 Anschlag zur Bewegungsumkehr

Abb. 1: Aufbau einer Außenrundschleifmaschine

- **Spitzenlose Außenrundschleifmaschine**

Mit spitzenlosen Außenrundschleifmaschinen können zylindrische Oberflächen kurzer Massenteile wie Zylinderstifte wie auch lange ansatzlose Einzelteile bearbeitet werden (Abb. 3).

Das Einspannen entfällt. Das Werkstück wird zwischen Schleifscheibe, Regelscheibe und Werkstückauflage geführt.

Die Schleifscheibe führt die Schnittbewegung aus und zerspant den Werkstoff. Die Regelscheibe steuert durch ihre Neigung und Umfangsgeschwindigkeit die Umfangsgeschwindigkeit und den Längsvorschub des Werkstückes (Abb. 2). Sie dient nicht zum Schleifen.

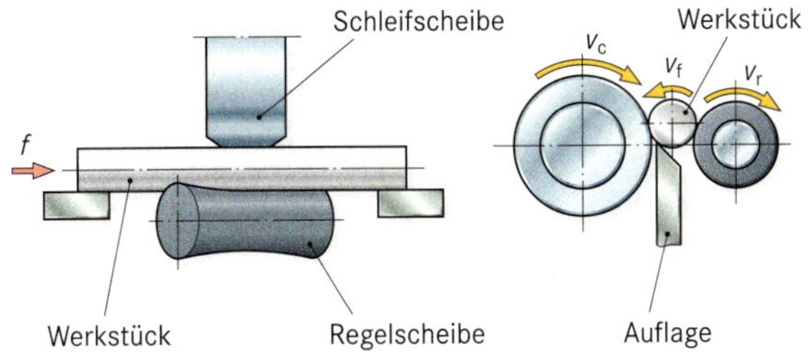

Abb. 2: Funktion der Regelscheibe

Die Regelscheibe ist eine Feinstschleifscheibe mit Gummibindung. Sie wird durch Abrichten unter Schrägstellung der Werkstückform angepasst.

Unfallverhütung

Schleifscheiben sind bruchempfindlich. Die Scheiben können zerreißen durch vorhandene feine Risse in der Scheibe, unsachgemäße Aufspannung oder unzulässig hohe Geschwindigkeiten. Bruchstücke werden dann mit hoher Geschwindigkeit weggeschleudert und können zu gefährlichen Verletzungen führen.

Beim *Aufspannen von Schleifscheiben* sind folgende Regeln unbedingt zu beachten:

- Schleifscheibe durch Klangprobe (keramische Bindung) und Sichtprobe (elastische Bindung) auf einwandfreien Zustand prüfen.
- Schleifscheiben nur zwischen weichen Zwischenlagen (Gummi, Pappe) und gleich großen Befestigungsflanschen spannen.
- Unwucht prüfen und wenn nötig die Schleifscheibe abrichten und auswuchten.
- Neu aufgespannte Schleifscheiben einem Probelauf von mindestens 5 Minuten unterziehen; Gefahrenbereich dabei absperren.

Beim *Arbeiten mit Schleifscheiben* ist zu beachten:

- Keine Schutzeinrichtungen entfernen.
- Schutzbrille tragen.

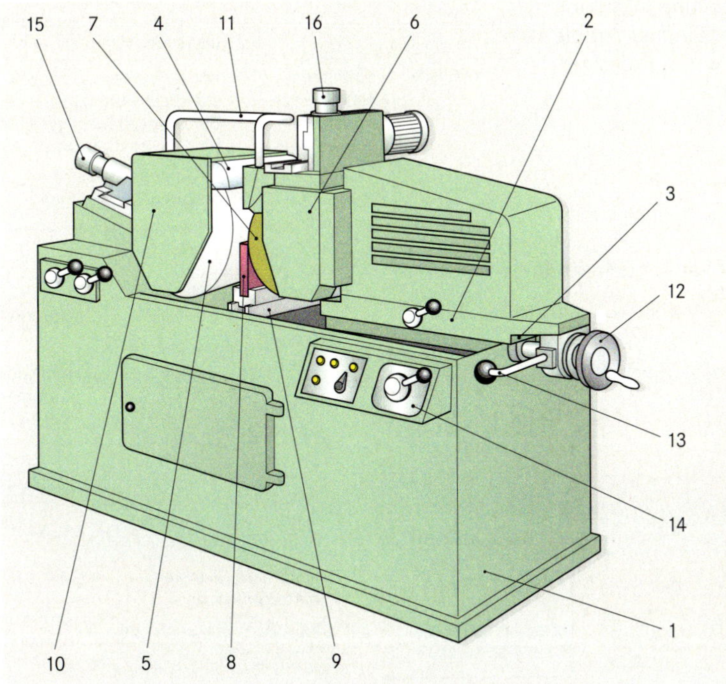

1 Bett
2 Schlitten
3 Schlittenführung
4 Schleifspindelstock
5 Schleifscheibe
6 Regelscheibenspindelstock
7 Regelscheibe
8 Werkstückauflage
9 Werkstückauflagenhalterung
10 Sicherheitsschutzhaube
11 Kühlmittelleitung
12 Zustellhandrad
13 Verstellhebel für Zustellspindel
14 Steuertafel
15 Abrichtgerät für Schleifscheibe
16 Abrichtgerät für Regelscheibe

Abb. 3: Aufbau einer spitzlosen Außenrundschleifmaschine

Fertigen

1.3.3 Schleifwerkzeuge

Die am häufigsten eingesetzten Schleifwerkzeuge sind Schleifscheiben. Entsprechend der Arbeitsaufgabe gibt es noch viele andere Schleifwerkzeuge (Tab. 1). Sie können vollständig aus Körnern mit Bindemitteln bestehen und selbsttragend sein (Schleifscheiben), oder sie können aus einem Belag von Körnern und Bindemitteln auf starren Grundkörpern (Schleifstifte) oder flexiblen Unterlagen (Schleifbänder) bestehen.

Aufbau von Schleifwerkzeugen

Schleifwerkzeuge sind gekennzeichnet durch

- die Art der Körner (Schleifmittel) und deren Härte,
- die Größe der Körner (Körnung),
- den Zusammenhalt des Bindemittels und
- den Volumenanteil von Körnern, Bindemittel und Poren (Gefüge).

Als *Schleifmittel* werden künstliche und natürliche Stoffe verwendet, die sich bei ausreichender Härte für unterschiedliche Werkstoffe eignen. Es sind Karbide, Korunde, Nitride und Diamanten (Tab. 2). Diamanten können wegen chemischer Reaktionen mit Eisen nur beschränkt zur Stahlbearbeitung verwendet werden.

Die *Körnung* ergibt sich im Allgemeinen durch die Maschenzahl (Anzahl/inch) oder bei Diamant und CBN durch die Maschenweite in µm eines zur Sortierung verwendeten Siebes. Die Einteilung reicht von grob bis sehr fein. Die Körnung hat Einfluss auf die Rauheit der Werkstückoberfläche und auf das zerspante Volumen (Zeitspanvolumen).

! Grobes Korn ermöglicht ein größeres Zeitspanvolumen. Feines Korn ermöglicht bessere Oberflächengüten.

Tab. 1: Schleifwerkzeuge

Schleifwerkzeug	Symbol	
Schleifscheibe	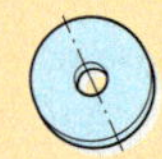	selbsttragend oder Belag auf Grundkörper
Schleifsegmente	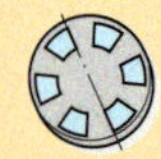	
Schleifstift	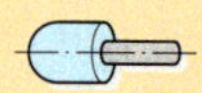	
Schleifstab (Leiste)		
flexible Schleifscheibe	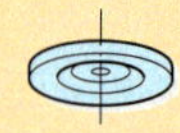	Belag auf flexibler Unterlage
endloses Schleifband	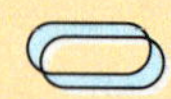	

Tab. 3: Bindemittel von Schleifwerkzeugen

Art	Bindemittel	Eigenschaften
keramisch	Quarz, Ton, Feldspat in verschiedenen Mischungen	stoßempfindlich und spröde, temperaturbeständig bis ca. 2000 °C, unempfindlich gegen Wasser, Öle und Emulsionen
organisch	Natur- und Kunstharze, Duroplaste	stoßempfindlich, empfindlich gegen hohe Temperaturen, geeignet für dünne Scheiben und hohe Schnittgeschwindigkeiten (100 m/s)
metallisch	Sinterstoff, Metallpulvermischung in galvanischer Einbindung	Körner werden bis zur vollständigen Abnutzung in der Bindung gehalten, geeignet für CBN und Diamant, für Schleifscheiben mit maßgenauen Randprofilen

Tab. 2: Eigenschaften und Einsatz von Schleifmitteln

Schleifmittel	Zusammensetzung	Zeichen	Härte nach Knoop	Verwendungsbeispiel	Sortierung
Schmirgel	$Al_2O_3+SiO_2+Fe_2O_2$ Farbe: grau	SL		Holz, Schichtpressstoffe Temperguss (Putzen)	nach der Nummer des Siebes 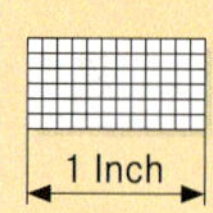
Normalkorund	$Al_2O_3+TiO_2+SiO_2+$… Farbe: dunkelbraun	A		Allg. Baustähle, Gusseisen Stahlguss (Putzen)	
Edelkorund	$Al_2O_3+Na_2O+Fe_2O_3+$… Farbe: weiß, rosa			gehärteter Stahl, Titan, Glas	
Siliziumcarbid	SiC, kristallin Farbe: grün, schwarz	C		Hartmetalle, gehärteter Stahl HRC>67, AlCu	
Borkarbid	B,C, kristallin Farbe: braun, schwarz	BK		Läppmittel, Honsteine harte Werkstoffe	
Borinitrid	BN, kristallin Farbe: braun, schwarz	CBN		härteste Sinterwerkstoffe	Größe der Körner in µm
Diamant	C, kristallin Farbe: schwarz	D		härteste Werkstoffe (TiC) Abrichten von Schleifwerkzeugen	

Das *Bindemittel* hält die Schleifkörner in ihrer Lage. Die Elastizität, Sprödigkeit und Stoßempfindlichkeit von Schleifwerkzeugen hängt von der Bindung ab (Tab. 3).

Der Widerstand gegen das Herauslösen von Körnern aus der Bindung wird als Schleifscheibenhärte bezeichnet. Man unterscheidet die Härtegrade A–Z (Abb. 1). Jedes Korn soll nur so lange zerspanen, bis die Schneide abgestumpft ist. Der nachfolgende höhere Schnittdruck bricht die stumpfen Körner heraus. Dann können die darunterliegenden neuen Körner zum Eingriff kommen. Diesen Vorgang nennt man Selbstschärfeffekt. Dabei harten Werkstoffen die Schneiden schneller abstumpfen, aber immer möglichst scharfe Schneiden zur Wirkung kommen sollen, sind Scheiben von geringer Härte notwendig:

! Harte Werkstoffe erfordern Scheiben mit weicher Bindung. Weiche Werkstoffe erfordern Scheiben mit harter Bindung.

Bei zu hohem Härtegrad verliert eine Scheibe den Selbstschärfeffekt, am Werkstück können Brandflecke und Spannungsrisse entstehen. Bei zu kleinem Härtegrad ist die Abnutzung der Scheibe zu groß.

Das *Gefüge* beschreibt den Volumenanteil von Körnern, Bindemitteln und Poren. Es wird mit Ziffern bezeichnet und reicht von geschlossen (0) bis offen (30).

Der Volumenanteil der Poren beträgt ca. 10 - 20 % vom Gesamtvolumen. Im Hinblick auf die Zerspanungsbedingungen ist zu beachten: Je größer die Kontaktzone zwischen Scheibe und Werkstück, die Schnitttiefe bzw. Schnittbreite a_p und die Vorschubgeschwindigkeit v_f sind, desto offener sollte das Gefüge der Scheibe zur Aufnahme von Spänen sein.

Ein hoher Werkzeugverschleiß oder die Gefahr eines Schleifscheibenbruches begrenzen das Porenvolumen. Mit Zunahme der Poren verlängern sich die Bindemittelbrücken zwischen den Körnern. Die Zusammenhangskräfte nehmen ab und werden unzureichend (Abb. 2).

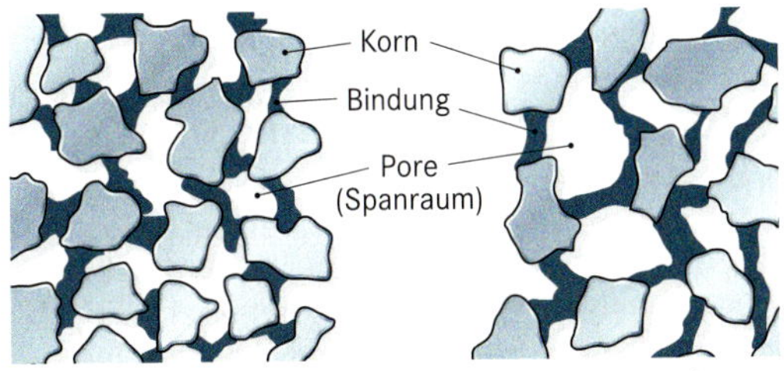

Abb. 2: Gefüge einer Schleifscheibe

Schleifscheiben sind nach **DIN ISO 525** genormt (➜📖). Die Normbezeichnung enthält Angaben zu Form und Abmessungen der Scheibe, zum Schleifmittel und zur zulässigen Umfangsgeschwindigkeit.

Schleifscheibe ISO 603-1 1 A – 200x30x60-C/F24 M 7 V-30

- Scheibenform (gerade) – 1
- Randform (gerade) – A
- Scheibenabmessungen (AußenØ, Breite, BohrungsØ) – 200x30x60
- Schleifmittel (Silizium-Karbid SiC) – C
- Körnung 24 (grob) – F24
- Härtegrad M (mittel) – M
- Gefüge 7 (zwischen geschlossen u. offen) – 7
- Bindung V (keramisch) – V
- Arbeitshöchstgeschwindigkeit (v_c = 30 m/s) – 30

	Schleifmittel	Körnung	Härtegrad	Gefüge	Bindung
Beispiel:	A	F90	L	5	B

Schleifmittel	
Korund	A
Siliziumkarbid	C

grob	mittel	fein	sehr fein
F4	30	70	230
5	36	80	240
6	46	90	280
8	54	100	320
10	60	120	400
12		150	500
14		180	600
16		220	800
20			1000
24			F1200

A	B	C	D	äußerst weich
E	F	G	…	sehr weich
H	I	J	K	weich
L	M	N	O	mittel
P	Q	R	S	hart
T	U	V	W	sehr hart
X	Y	Z	…	äußerst hart

V	Keramische Bindung
R	Gummibindung
RF	Gummibindung faserstoffverstärkt
B	Kunstharzbindung
BF	Kunstharzbindung faserstoffverstärkt
E	Schellackbindung
Mg	Magnesitbindung
PL	Plastikbindung

0 1 2 3 4 5 6 ··· 25 26 27 28 29 30

← geschlossenes Gefüge

offenes Gefüge →

Abb. 1: Bezeichnungsbeispiel für Schleifmittel

Fertigen

1.3.4 Spannen von Schleifscheiben

Schleifscheiben sind bruchempfindlich. Durch vorhandene feine Risse in der Scheibe oder durch eine unsachgemäße Aufspannung können Schleifscheiben zerreißen. Die Bruchstücke werden dann mit hoher Geschwindigkeit weggeschleudert und können zu gefährlichen Verletzungen führen.

Klangprobe

Vor dem Aufspannen sind Schleifscheiben auf feine Risse zu überprüfen. Dazu wird eine Klangprobe durchgeführt. Die freihängende Scheibe wird dabei leicht mit einem Holzhammer angeschlagen. Eine einwandfreie Scheibe hat einen klaren, hellen Klang.

Aufspannen

Schleifscheiben werden kraftschlüssig zwischen zwei gleich großen Flanschen gespannt. Deren Mindestdurchmesser ist von der Scheibenrandform und dem Einsatz von Schutzhauben abhängig (Abb. 1).

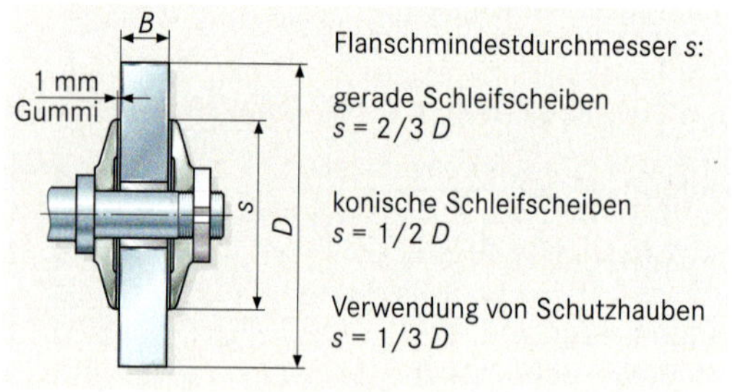

Abb. 1: Spannen einer Schleifscheibe

Beim Spannen dürfen keine unnötigen Spannungen in der Schleifscheibe entstehen. Die Scheiben müssen sich leicht auf die Schleifspindel schieben lassen. Zwischen der Scheibe und den Flanschen sind Zwischenlagen aus elastischen Werkstoffen (Gummi, Leder, Pappe) anzuordnen.

Probelauf

Jede neu aufgespannte Scheibe muss 5 Minuten lang bei voller Betriebsgeschwindigkeit einem Probelauf unterzogen werden. Dazu ist der Gefahrenbereich abzusperren.

Abrichten

Neu aufgespannte Scheiben müssen abgerichtet werden, um einen genauen Rundlauf zu erreichen. Abrichten dient auch dazu, stumpfe Schleifkörner an Schleifscheiben auszubrechen und profilierte Schleifscheiben neu zu profilieren (Abb. 2).

Beim Abrichten trennt das Abrichtwerkzeug so lange Schleifkörner ab, bis die geforderte Randform erreicht ist. Als Abrichtwerkzeug werden meist Einzeldiamanten oder diamantbestückte Abrichtrollen verwendet.

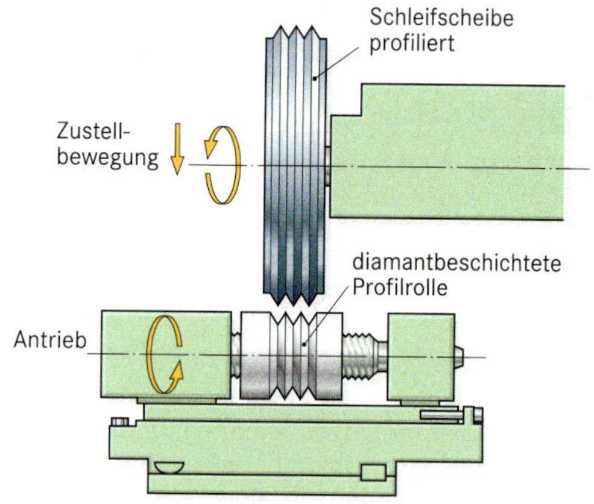

Abb. 2: Profilieren von Schleifscheiben

Auswuchten

Die ungleichmäßige Verteilung der festen Bestandteile und Poren einer Schleifscheibe sowie Formabweichungen können Unwuchten erzeugen. Unwuchten verursachen bei hohen Umfangsgeschwindigkeiten große umlaufende Fliehkräfte und führen zu starken Schwingungen. Dadurch können auf der Werkstückoberfläche unzulässige Welligkeiten und Rauheiten entstehen. Außerdem ergeben sich sehr hohe Lagerbelastungen an der Maschine.

Schleifscheiben mit hoher Umlaufgeschwindigkeit müssen darum nach dem Abrichten ausgewuchtet werden. Man unterscheidet statisches und dynamisches Auswuchten.

Das *statische Auswuchten* erfolgt außerhalb der Maschine auf einem Rollbock. Dabei setzt man Ausgleichsgewichte so in den Flansch ein, dass sich die Scheibe zusammen mit den Flanschen in keiner Stellung mehr von selbst dreht (Abb. 3).

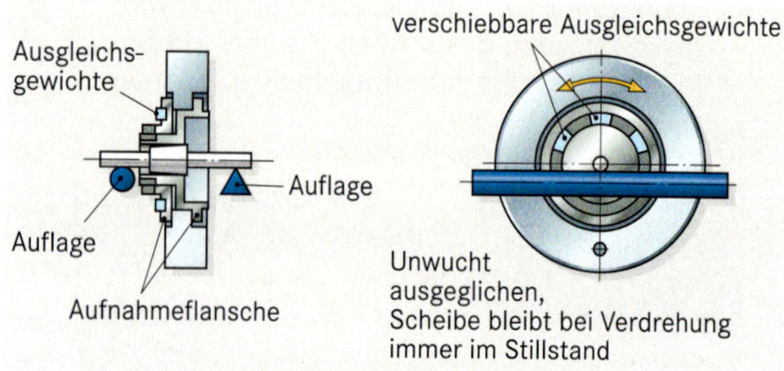

Abb. 3: Statisches Auswuchten

Durch *dynamisches Auswuchten* ist ein noch genaueres Auswuchten möglich. Es ist immer dann notwendig, wenn sehr kleine Fertigungstoleranzen gefordert sind. Dynamisches Auswuchten erfolgt bei Betriebsumdrehungsfrequenz auf der Schleifmaschine oder einer Auswuchtmaschine unter Verwendung elektronischer Messgeräte.

Fertigen

1.3.5 Einstellen der Arbeitswerte

Beim Schleifen sind folgende Arbeitswerte an der Maschine festzulegen und einzustellen:

- die Schnittgeschwindigkeit v_c der Schleifscheibe,
- die Vorschubgeschwindigkeit v_f des Werkstückes,
- die Eingriffsgrößen Schnitttiefe bzw. Schnittbreite a_p und Arbeitseingriff a_e.

Die Eingriffsgrößen Schnittbreite a_p und Arbeitseingriff a_e beschreiben das Ineinandergreifen von Schleifscheibe und Werkstück. Sie bestimmen die vom Werkstück abzuspanende Schicht (Abb. 4).

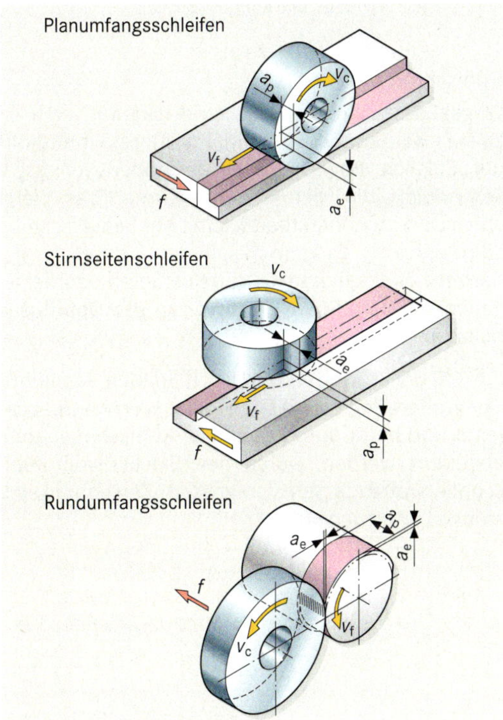

Abb. 4: Arbeitswerte beim Schleifen

Schnittgeschwindigkeit

Die *Schnittgeschwindigkeit* v_c ist abhängig von der Art und dem Aufbau der Schleifscheibe, vom Werkstoff des Werkstückes und der durch Vor- oder Fertigschleifen zu erreichenden Oberflächengüte. Sie entspricht der Umfangsgeschwindigkeit der Schleifscheibe und wird in m/s angegeben. Die Schnittgeschwindigkeit soll möglichst groß sein, um eine geringe Rauheit zu erreichen (Abb. 5).

Richtwerte für die Schnittgeschwindigkeit können Richtwerttabellen entnommen werden (➔📖). Die in der Kennzeichnung einer Scheibe angegebene Arbeitshöchstgeschwindigkeit darf auf keinen Fall überschritten werden. Die Scheibe könnte aufgrund der großen Fliehkräfte zerreißen.

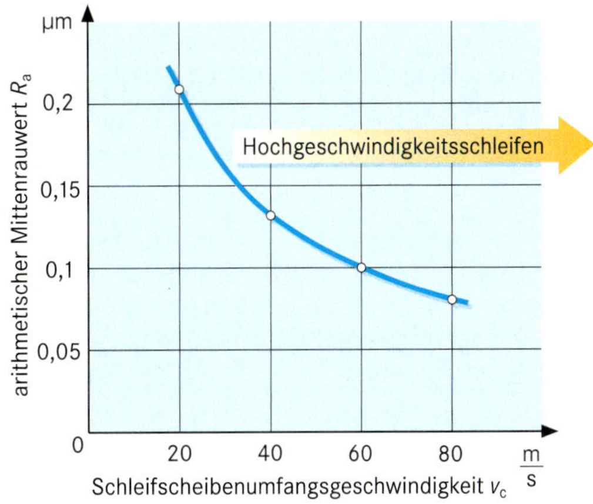

Abb. 5: Schnittgeschwindigkeit und Oberflächengüte

Vorschubgeschwindigkeit

Die *Vorschubgeschwindigkeit* v_f entspricht beim Planschleifen der Geschwindigkeit der geradlinigen Tischbewegung und beim Rundschleifen der Umfangsgeschwindigkeit des sich drehenden Werkstückes.

Die Vorschubgeschwindigkeit v_f wird in Abhängigkeit von der Schnittgeschwindigkeit v_c bestimmt. Das Verhältnis zwischen der Schnittgeschwindigkeit und der Vorschubgeschwindigkeit wird als *Geschwindigkeitsverhältnis q* bezeichnet.

$$q = \frac{v_c}{v_f}$$

Das Geschwindigkeitsverhältnis ist abhängig vom Schleifverfahren und vom Werkstoff. Es kann Tabellen entnommen werden (➔📖).

Bei kleinen Vorschubgeschwindigkeiten ergeben sich

- bessere Oberflächengüten,
- geringerer Schleifscheibenverschleiß, aber
- höhere Schleiftemperaturen.

Schnittbreite

Ist die zu schleifende Fläche breiter als die Schleifscheibe, muss die Scheibe seitlich verschoben werden. Beim Planschleifen erfolgt dies durch den Quervorschub *f* in mm/Hub; beim Rundschleifen durch den Längsvorschub *f* in mm/Werkstückumdrehung. Der Vorschub bestimmt die *Schnittbreite* a_p der Schleifscheibe.

Beim Fertigschleifen wählt man eine Schnittbreite $a_p \le 0{,}5 \cdot$ Schleifscheibenbreite *b*. Dadurch ergibt sich eine große Überdeckung und dieselbe Fläche wird mehrmals geschliffen. Es ergeben sich glatte Oberflächen.

Arbeitseingriff

Der *Arbeitseingriff* a_e ergibt sich durch die senkrechte Zustellung der Schleifscheibe in Richtung des Werkstückes.

Man unterscheidet Schleifen im Pendelverfahren und Vollschnittverfahren.

Beim *Pendelschleifen* wird mit einem kleinen Arbeitseingriff a_e und einer großen Schnittüberdeckung gearbeitet (Abb. 1). Es ergeben sich glattere Oberflächen und geforderte Maßtoleranzen können besser eingehalten werden.

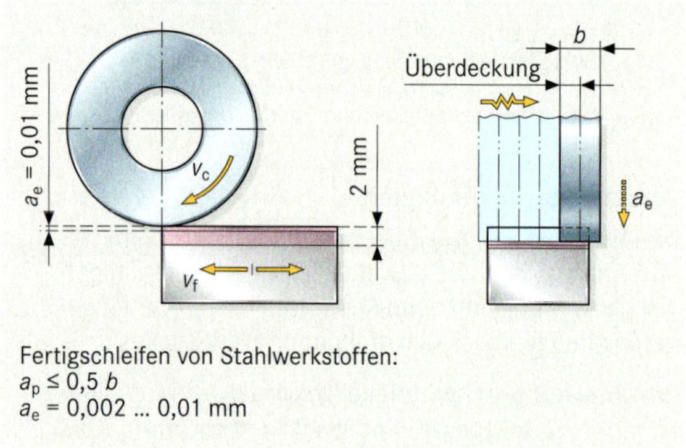

Abb. 1: Planumfangsschleifen im Pendelverfahren

Beim *Vollschnittschleifen* wird mit vergleichsweise großem Arbeitseingriff a_e und kleiner Schnittüberdeckung gearbeitet (Abb. 2). Besonders beim Vorschleifen ergeben sich Zeit- und Kostenersparnis. Nachteilig ist allerdings die große Kontaktzone zwischen Werkstück und Schleifscheibe, die zu einer großen Wärmeentwicklung führt.

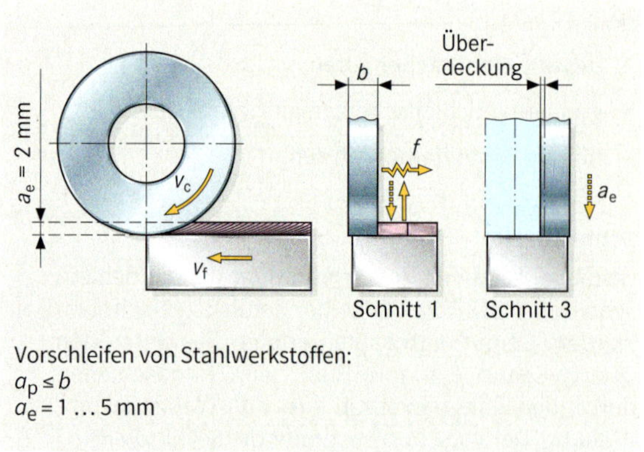

Abb. 2: Planumfangsschleifen im Vollschnittverfahren

Das Vollschnittschleifen ist auch vorteilhaft beim Profilschleifen. Aufgrund der Eingriffsverhältnisse ergibt sich eine geringe Abnutzung der Schleifscheibe an den Stirn- und Umfangsflächen und somit ein geringerer Kantenverschleiß (Abb. 3).

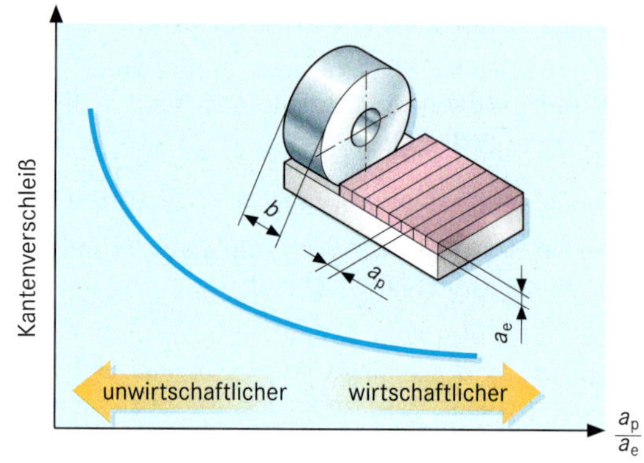

Abb. 3: Eingriffsgrößen und Kantenverschleiß

Kühlschmierung

Wegen der Schneidengeometrie tritt im Vergleich zum Fräsen eine etwa 10-mal größere Schnittkraft auf. Folglich entwickelt sich bei hohen Schnittgeschwindigkeiten viel Reibungswärme. Das Werkstück wird im Kontaktbereich mit der Schleifscheibe stark erwärmt. Es kann ausglühen und z. B. als gehärtetes Werkstück seine Härte verlieren oder feine, kaum sichtbare Spannungsrisse an der Oberfläche bekommen.

Ein Teil der Wärme wird mit den Spänen abgeführt. Der größere Teil wird jedoch in das Werkstück abgeleitet und muss durch geeignete Kühlschmierstoffe abgeführt werden. Durch den Einsatz von Kühlschmierstoffen lassen sich größere Zerspanungsleistungen erreichen (Abb. 4).

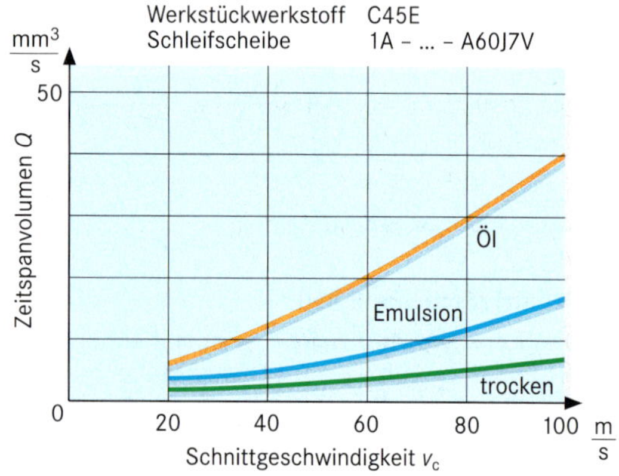

Abb. 4: Zeitspanvolumen und Kühlschmierung

Das Zeitspanvolumen Q in cm^3/min bzw. mm^3/s wird aus dem Produkt von Arbeitseingriff a_e und Schnittbreite a_p sowie der Vorschubgeschwindigkeit v_f bestimmt.

$$Q = a_e \cdot a_p \cdot v_f = A \cdot v_f$$

Beispiel: Einstellen einer Schleifmaschine

Eine Welle aus einsatzgehärtetem Stahl 16MnCr5 mit der Härte 45 HRC und den Abmessungen Rd 42 x 500 mm soll durch Außenrundschleifen fertiggeschliffen werden.

Eine Schleifscheibe ist auszuwählen und die Arbeitswerte an der Außenrundschleifmaschine sind zu bestimmen.

a) Auswahl der Schleifscheibe

Tabellenbuch:

1A 300 x 60 x ... – A 60 K – 6V - 35

b) Bestimmen der Arbeitswerte

Geg.: Schleifscheibe $d_s = 300$ mm, $b = 60$ mm

Werkstück $d_w = 42$ mm

Ges.: v_c in m/s, f in mm/Umdrehung, v_f in m/min, Q in cm³/min, n_w in 1/min

Tabellenbuch – Richtwerte:

Schnittgeschwindigkeit der Schleifscheibe

$v_c = 25 \ldots 32$ m/s gewählt: $v_c = 30$ m/s

Vorschubgeschwindigkeit der Welle

$v_f = 8 \ldots 12$ m/min gewählt $v_f = 10$ m/min

Umdrehungsfrequenz der Welle

$$n_w = \frac{v_f}{\pi \cdot d}$$

$$n_w = \frac{10\ \text{m}}{\text{min}\ \pi \cdot 0{,}042\ \text{m}} = 76\ \text{1/min}$$

Vorschub f und Vorschubgeschwindigkeit des Tischschlittens v_T

$$f = 1/3 \cdot b$$

$$f = 1/3 \cdot 60\ \text{mm} = 20\ \text{mm/Umdrehung}$$

$$v_T = 1/3 \cdot b_s \cdot n_w$$

$$v_T = 1/3 \cdot 60\ \text{mm} \cdot 76\ \text{1/min}$$

$$v_T = 1520\ \text{mm/min}$$

Zeitspanvolumen

$$a_p = f = 20\ \text{mm}$$

$$a_e = 0{,}005\ \text{mm (gewählt)}$$

$$Q = a_e \cdot a_p \cdot v_f$$

$$Q = 0{,}005\ \text{mm} \cdot 20\ \text{mm} \cdot 10\ \text{m/min}$$

$$Q = 0{,}0005\ \text{cm} \cdot 2\ \text{cm} \cdot 1000\ \text{cm/min}$$

$$Q = 1\ \text{cm}^3/\text{min}$$

Aufgaben

1. Beschreiben Sie Einsatzbeispiele für das Fertigungsverfahren Schleifen.

2. Beschreiben Sie den Vorgang der Werkstoffabnahme beim Schleifen.

3. Wodurch erreicht man beim Schleifen eine hohe Oberflächengüte?

4. Vergleichen Sie Vollschnittschleifen mit Pendelschleifen.

5. Erläutern Sie eine der Sicherheitsregeln beim Schleifen.

6. Erklären Sie den Aufbau von Schleifscheiben.

7. Stellen Sie den Aufbau verschiedener Bindungen gegenüber.

8. Zum Umfangsplanschleifen wird folgendes Schleifwerkzeug eingesetzt:

Schleifscheibe ISO 603-1 1A 200x60x95-A/F46J7V-30

a) Erklären Sie die Schleifscheibenbezeichnung.

b) Zum Schleifen welcher Werkstoffe kann die Schleifscheibe eingesetzt werden?

9. Beschreiben Sie die Arbeitsschritte beim Spannen einer Schleifscheibe.

10. Weshalb sind Schleifscheiben

a) abzurichten und

b) auszuwuchten?

11. Geben Sie Maßnahmen an, um unerwünschte Nebenwirkungen wie Spannungsrissbildung oder Randzonenhärtung auszuschließen.

12. Das Werkstück ist gedreht und gehärtet. Der Passungssitz soll fertiggeschliffen werden.

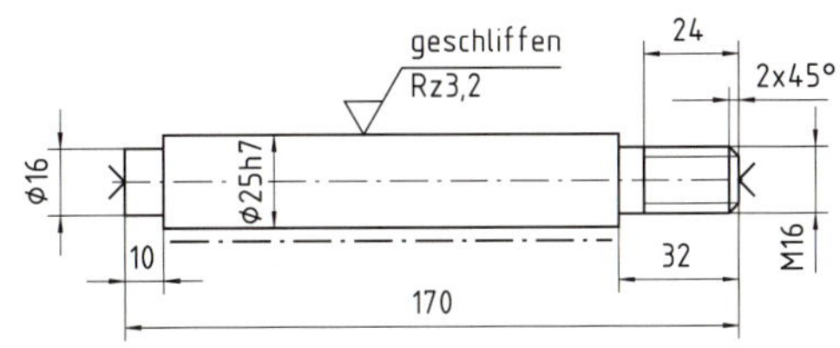

Zentrierbohrungen ISO 6411-A2,5/5,3
Werkstoff: 45Cr2
—·—·— gehärtet und angelassen 58 + 4HRC

a) Wählen Sie eine Schleifmaschine für das Fertigschleifen.

b) Wählen Sie eine Schleifscheibe und geben Sie deren Normbezeichnung an.

c) Bestimmen Sie alle notwendigen Arbeitswerte für das Schleifen.

d) Bestimmen Sie die Länge des Quer-Vorschubweges.

1.4 Wärmebehandlung von Stahl

ARBEITSAUFTRAG

Die Klemmflächen der Klemmbacke aus C45+C soll verschleißfester werden. Hier-für ist eine geeignete Wärmebehandlung zu bestimmen.

Durch die Wärmebehandlung von Stählen werden ihre Gebrauchseigenschaften wie Härte, Festigkeit und Bearbeitbarkeit verändert. Diese Verbesserung erfolgt durch eine Gefügeveränderung des Werkstückes.

Gefügeaufbau von Stahl

Mikroskopisch betrachtet besteht das Stahlgefüge aus Gitterzellen, die gleichmäßig aus Eisen-Atomen aufgebaut sind. Bei Raumtemperatur besitzt Stahl ein kubisch-raumzentriertes (krz) Gitter (Ferrit). Ein Eisen-Atom liegt in der Mitte. Bei Erwärmung wandelt sich das krz-Gitter in ein kubisch-flächenzentriertes (kfz) Gitter (Austenit) um. Das Gitter besitzt in der Mitte seiner Außenflächen Eisenatome (Abb. 1). In der Mitte des kfz-Gitters befindet sich kein Atom.

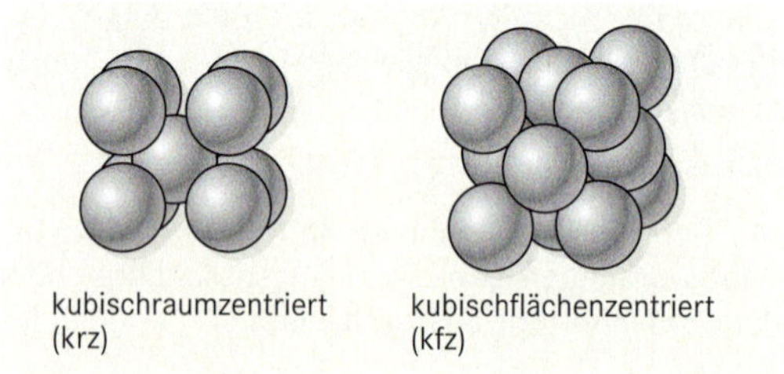

Abb. 1: krz- und kfz-Gitterzelle

Der Stahl kann einen Kohlenstoffgehalt bis 2,06 % besitzen. Der Kohlenstoff ist bei Temperaturen unter 721 °C chemisch gebunden als Fe_3C (Zementit).

Die Umwandlung der Gitterzelle ist von der Temperatur und dem Kohlenstoffgehalt im Stahl abhängig (Abb. 2).

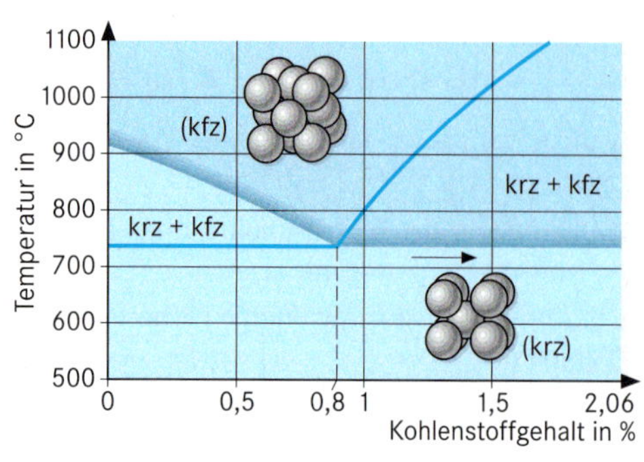

Abb. 2: Gitterstruktur des Stahls in Abhängigkeit der Temperatur und des C-Gehaltes

1.4.1 Härten

Härten ist eine Wärmebehandlung von Stählen, die eine verschleißfestere Oberfläche und eine Erhöhung der Festigkeit bewirkt. Gleichzeitig nimmt die Zähigkeit und Dehnbarkeit des Werkstoffes ab.

Voraussetzung für das Härten ist ein Kohlenstoffgehalt von mindestens 0,2 % C.

Das Härten eines Werkstückes erfolgt in den Schritten (Abb. 3):

- Erwärmen,
- Halten auf Härtetemperatur,
- Abschrecken und
- Anlassen.

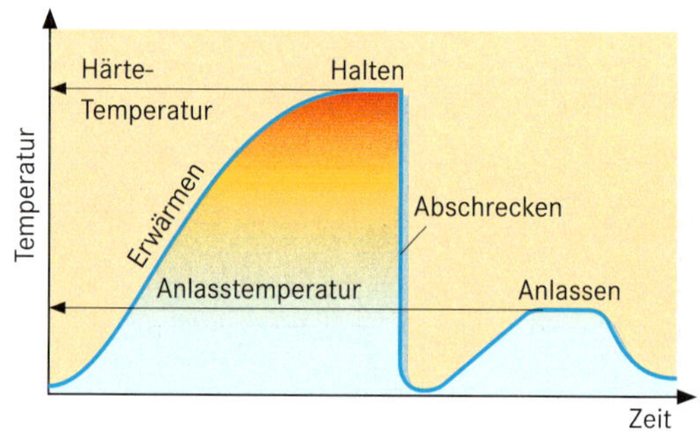

Abb. 3: Temperaturverlauf beim Härten

Beim *Erwärmen* wird die Temperatur des Stahls so weit erhöht, bis sich sein Gefüge vollständig von einem krz-Gitter in ein kfz-Gitter umgewandelt hat.

Durch das *Halten auf Härtetemperatur* werden die Kohlenstoffverbindungen aufgelöst. Die Kohlenstoff-Atome diffundieren in die Mitte des kfz-Gitters.

Das *Abschrecken* bewirkt eine schnelle Abkühlung des Werkstückes. Je nach erforderlicher Abkühlungsgeschwindigkeit und Zusammensetzung des Stahls kommen als Abschreckmittel Wasser, Öl oder Luft zum Einsatz. Das Gefüge wandelt sich wieder zu einem krz-Gitter um. Das Umklappen des Gefüges geschieht so schnell, dass die Kohlenstoff-Atome keine chemische Verbindung Fe_3C eingehen können. Sie bleiben auf Zwischengitterplätzen und verzerren das Gefüge (Martensit). Der Stahl besitzt eine hohe Härte und eine Sprödigkeit, die ihn zunächst für eine Verwendung unbrauchbar machen.

Regeln für das Abschrecken

- längliche und flächige Werkstücke zuerst mit der Stirnseite eintauchen.
- Werkstücköffnungen müssen nach oben zeigen, damit Dampfblasen entweichen können.

Beim *Anlassen* wird das Werkstück erneut erwärmt. Dadurch kann ein Teil der Kohlenstoff-Atome aus ihrer Zwangslage diffundieren. Dies führt zu einem geringfügigen Härteverlust, steigert aber die Zähigkeit des Werkstoffes und gibt dem Stahl seine Gebrauchshärte.

1.4.1.1 Randschichthärten

Beim Randschichthärten erhält das Bauteil eine harte verschleißfeste Oberfläche, der Kern bleibt weich und zäh.

Bauteile mit wechselnder, stoßartiger Belastung wie Zahnräder und Kupplungsteile werden randschichtgehärtet. Zum Randschichthärten eignen sich Vergütungsstähle.

Nach der Art der Erwärmung unterscheidet man:

- Flammhärten und
- Induktionshärten.

Beim *Flammhärten* wird die Werkstückoberfläche mit einer Gasflamme auf die Härtetemperatur erwärmt. Bevor die Wärme in das Werkstückinnere dringen kann, wird durch eine nachfolgende Wasserbrause der erwärmte Bereich abgeschreckt (Abb. 4). Die Dicke der gehärteten Schicht ist von der Brennerleistung und der Vorschubgeschwindigkeit abhängig.

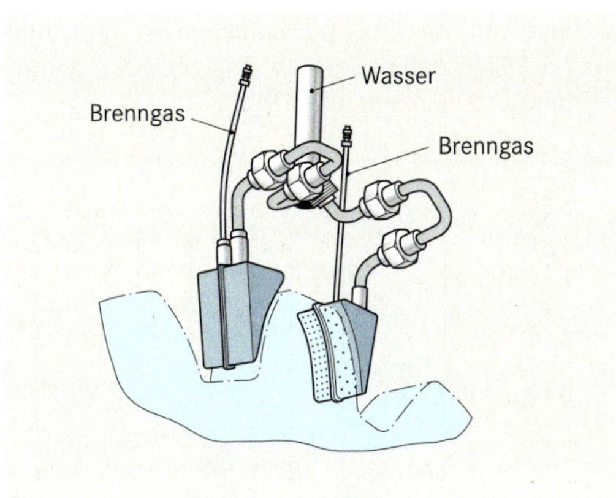

Abb. 4: Flammhärten einer Zahnradflanke

Beim *Induktionshärten* wird die Werkstückoberfläche durch eine von hochfrequentem Wechselstrom durchflossene Kupferspule erwärmt. Eine anschließende Wasserbrause schreckt den erwärmten Bereich ab. Die Spule muss der Werkstückform angepasst sein. Mit dem Induktionshärten werden hohe Aufheizgeschwindigkeiten und eine exakte Begrenzung der Wärmezone erreicht. Die Härtetiefe wird maßgeblich von der Frequenz des Wechselstroms und der Vorschubgeschwindigkeit bestimmt.

1.4.1.2 Einsatzhärten

Einsatzhärten ist eine Wärmebehandlung von kohlenstoffarmen Stählen mit einem Kohlenstoffgehalt von 0,05 - 0,2 %. Sie werden mit Kohlenstoff angereichert und anschließend gehärtet. Einsatzgehärtete Werkstücke, wie Ritzelwellen, besitzen eine verschleißfeste Oberfläche und einen zähen Kern.

Die Bauteile werden in einem Glühofen mit einem kohlenstoffabgebenden Medium eingesetzt und bei einer Temperatur zwischen 880 – 980 °C mehrere Stunden geglüht. Zum Aufkohlen verwendet man:

- feste Einsatzmittel (Holzkohle, Bariumkarbonat),
- flüssige Einsatzmittel (Cyansalze mit Chloriden) oder
- gasförmige Einsatzmittel (neutrales Trägergas unter Zusatz von Propan).

Je nach Einsatzmittel, Glühtemperatur und Dauer erhöht sich der Kohlenstoffgehalt in der Randschicht des Bauteils auf 0,6 - 0,8 %.

Beim *Aufkohlen* mit flüssigen und gasförmigen Einsatzmitteln sind strenge Sicherheitsmaßnahmen einzuhalten, da die verwendeten Stoffe giftig oder explosiv sind. **!**

Nach dem Aufkohlen des Stahls wird die aufgekohlte Randschicht gehärtet und angelassen. Man unterscheidet beim Einsatzhärten (Abb. 5):

- Direkthärten,
- Einfachhärten und
- Doppelhärten.

Verfahren mit Temperaturverlauf	Eigenschaften und Anwendung
Direkthärten 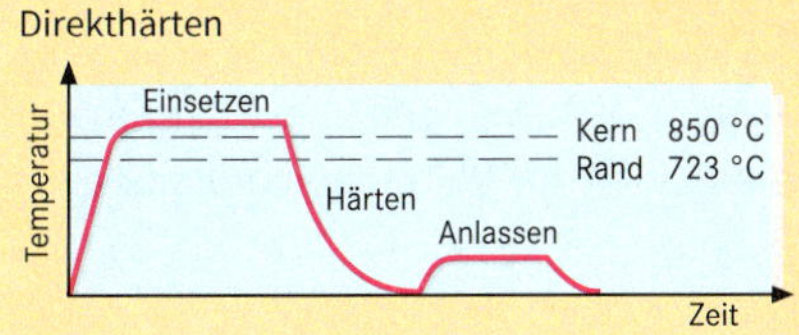	geringer Verzug, grobkörniger Kern, für Feinkornstähle
Einfachhärten 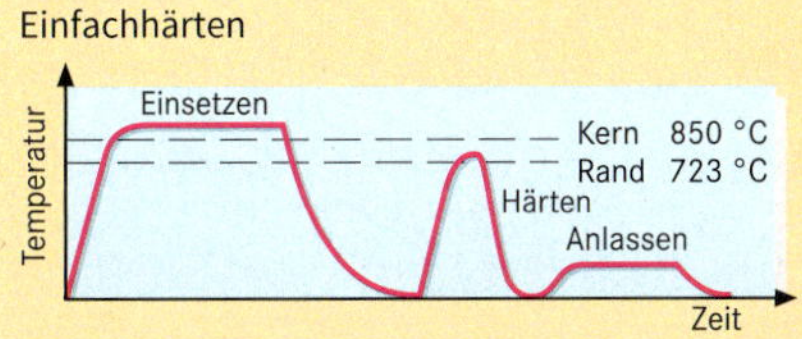	feinkörnige Randschicht, Werkstück muss höher aufgekohlt werden, für unlegierte und legierte Stähle
Doppelhärten 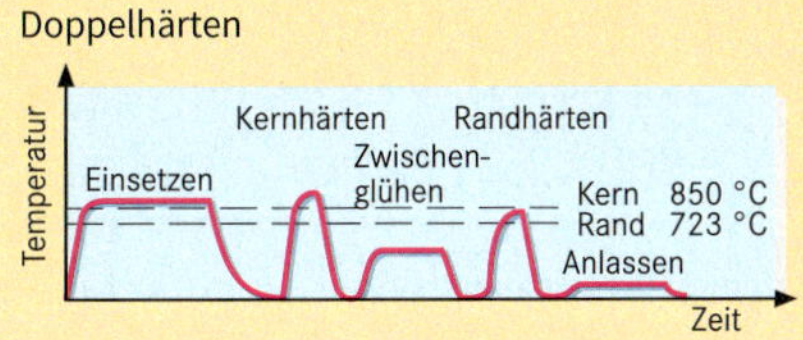	normalisierter Kern, harte Randschicht, für legierte Stähle

Abb. 5: Verschiedene Einsatz-Härteverfahren

1.4.1.3 Nitrieren

Durch das Nitrieren entsteht an Bauteilen wie Messspindeln und Steuernocken eine dünne gehärtete Randschicht. Zum Einsatz kommen legierte Nitrierstähle. Die Härtebildung erfolgt beim Nitrieren durch die Bildung von sehr harten Stickstoffverbindungen.

Beim Nitrieren wird das Werkstück in stickstoffabgebenden Gasen (Gasnitrieren) oder Bädern (Badnitrieren) bei 520 - 580 °C in einem Glühofen mehrere Stunden erwärmt. Die Stickstoffatome diffundieren in die Randschicht und bilden sehr harte Nitritverbindungen. Anschließend erfolgt eine langsame Abkühlung.

! Cyansalze und Dämpfe der Bäder sind hochgiftig und lebensgefährlich. Deshalb müssen die Unfallverhütungsvorschriften und die Entsorgungsvorschriften gebrauchter Bäder strengstens eingehalten werden.

Die niedrigen Temperaturen und die langsame Abkühlung haben einen geringen Verzug zur Folge. Deshalb können die Werkstücke bereits vor dem Nitrieren fertig bearbeitet werden. Durch Nitrieren werden die Verschleißfestigkeit und die Korrosionsbeständigkeit der Stähle verbessert. Nitrierte Bauteile verlieren ihre Härte erst bei einer Temperatur über 500 °C.

Wärmebehandlung der Klemmbacke

Die Klemmflächen der Klemmbacke werden flammengehärtet. Dadurch erreicht man eine harte Randschicht und einen zähen Kern. Die Härtetemperatur beträgt 820 - 850 °C. Zum Abschrecken wird Wasser verwendet. Das Anlassen erfolgt bei einer Temperatur von 550 - 660 °C. Die erforderliche Härte soll 52 + 4 HRC betragen (➡📖).

In der Zeichnung kennzeichnet eine breite Strichpunktlinie die Fläche an der Klemmbacke, die flammgehärtet wird. In der Nähe des Schriftfeldes werden die Angaben zur Wärmebehandlung eingetragen (Abb. 1).

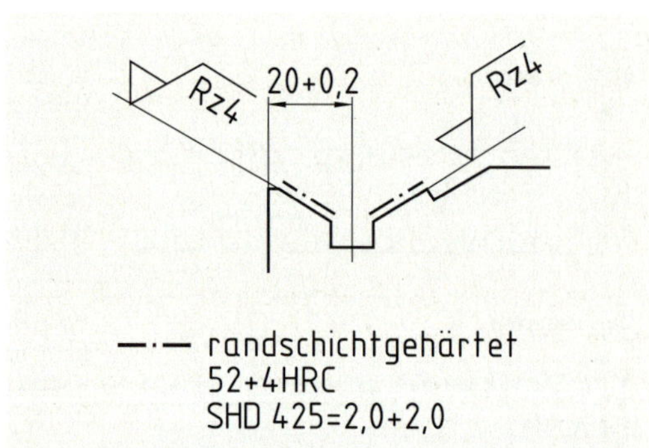

Abb. 1: Zeichnungsauszug Klemmbacke

1.4.2 Vergüten

Vergüten ist ein Wärmebehandlungsverfahren für Bauteile, die hohen und stoßartigen Belastungen ausgesetzt sind, z. B. Getriebewellen und Schrauben. Es werden unlegierte und legierte Vergütungsstähle verwendet.

Vergüten bezeichnet die Kombination aus Härten und Anlassen von Stahl. Beim Vergüten wird das Werkstück nach dem Härten bei höheren Temperaturen (550 - 650°C) angelassen (Abb. 2).

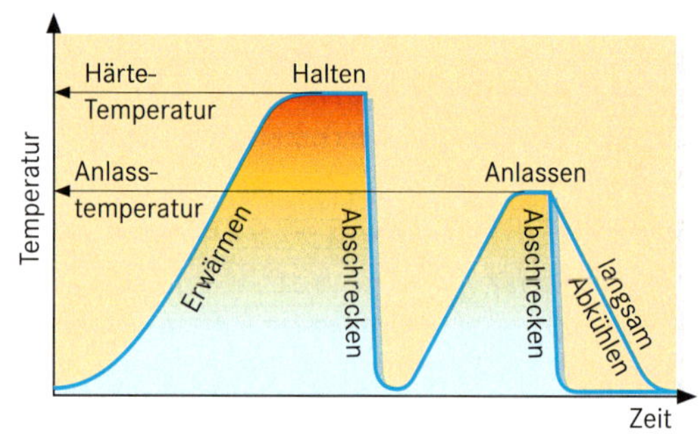

Abb. 2: Temperaturverlauf beim Vergüten

Dies führt zu einer Abnahme der Härte. Die steigende Kerbschlagzähigkeit und die Bruchdehnung erhöhen jedoch die Gebrauchseigenschaften des Bauteils.

Anhand von *Vergütungsschaubildern* ist die Änderung der Eigenschaften in Abhängigkeit von der Anlasstemperatur zu erkennen (Abb. 3).

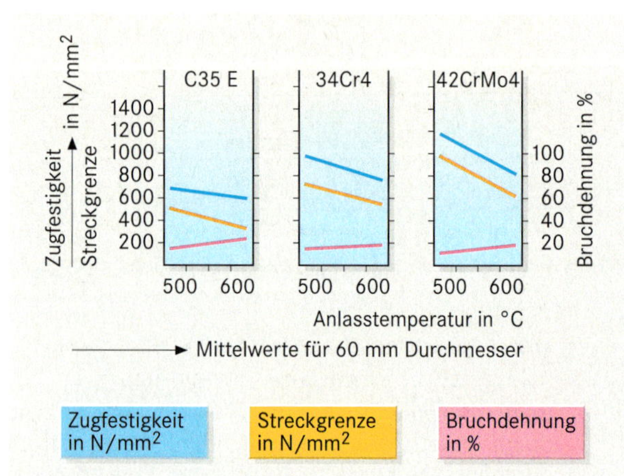

Abb. 3: Vergütungsschaubild

Als Abschreckmedium kommen je nach Werkstoff entweder Wasser, Öl, Salzbad oder Luft in Betracht.

1.4.3 Glühen

Das Glühen ist eine Wärmebehandlung von Stählen mit dem Ziel, ihre Gebrauchseigenschaften, z. B. Zerspanbarkeit, zu verbessern. Nach der gewünschten Eigenschaft unterscheidet man folgende Verfahren:

- Spannungsarmglühen,
- Normalglühen,
- Weichglühen,
- Rekristallisationsglühen und
- Diffusionsglühen.

Je nach Verfahren und Kohlenstoffgehalt des Stahls erfolgt ein Erwärmen und Halten auf unterschiedliche Glühtemperatur und das langsame Abkühlen auf Raumtemperatur (Abb. 4).

Folgende Tabelle beschreibt die einzelnen Glühverfahren (Tab. 1).

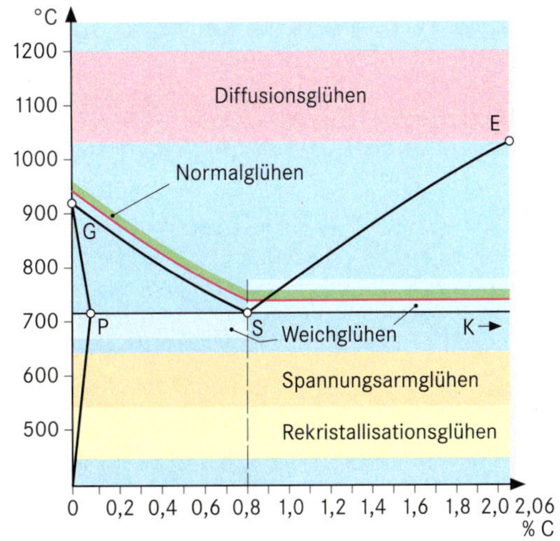

Abb. 4: Temperaturbereiche für Glühverfahren

Tab. 1: Glühverfahren

Verfahren	Temperaturen und Glühzeiten	Erzielte Eigenschaften	Anwendung
Spannungsarmglühen	550 - 650 °C, 1 - 2 Stunden	Abbau von inneren Spannungen	Guss-, kaltgezogene oder Schweißteile
Normalglühen	Kurzzeitig auf 820 - 920 °C	Umwandlung eines grobkörnigen, unregelmäßigen Gefüges in ein feinkörniges, gleichmäßiges Gefüge	Guss-, kaltgezogene oder Schweißteile
Weichglühen	680 - 750 °C, mehrere Stunden	Verringerung der Härte und Verbesserung der Zerspanbarkeit	Werkstücke für die zerspanende Bearbeitung
Rekristallisationsglühen	550 - 650 °C, mehrere Stunden	Beseitigung von inneren Spannungen	Stark verformte Werkstücke
Diffusionsglühen	950 - 1250 °C, mehrere Stunden	Ausgleich von Konzentrationsunterschieden von Legierungselementen	Guss- und Schmiedeteile

Aufgaben

1. Nennen Sie 3 typische Bauteile, die gehärtet werden.

2. Auf welche Temperatur muss ein Stahl mit 0,5 % Kohlenstoffgehalt erwärmt werden, damit ein kfz-Gefüge vorliegt?

3. Ab welchem Kohlenstoffgehalt ist ein Stahl härtbar?

4. Erklären Sie, wie es zur Martensitbildung kommt.

5. Warum wird nach dem Abschrecken das Werkstück noch einmal angelassen?

6. Erläutern Sie die Regeln zum Abschrecken von Werkstücken.

7. Geben Sie die Streckgrenze für den Vergütungsstahl C 35 E an, der bei 600 °C angelassen wurde.

8. Warum werden Zahnräder randschichtgehärtet?

9. Beschreiben Sie den Vorgang des Aufkohlens beim Einsatzhärten.

10. Nennen Sie die Vorteile des Nitrierens.

11. Was ist beim Umgang mit kohlenstoff- und stickstoffabgebenden Mitteln zu beachten?

12. Wählen Sie für folgende Werkstücke ein geeignetes Glühverfahren:
- geschweißtes Getriebegehäuse,
- Regalwinkel aus gebogenem Flachstahl.

SCHNECKENRADWELLE

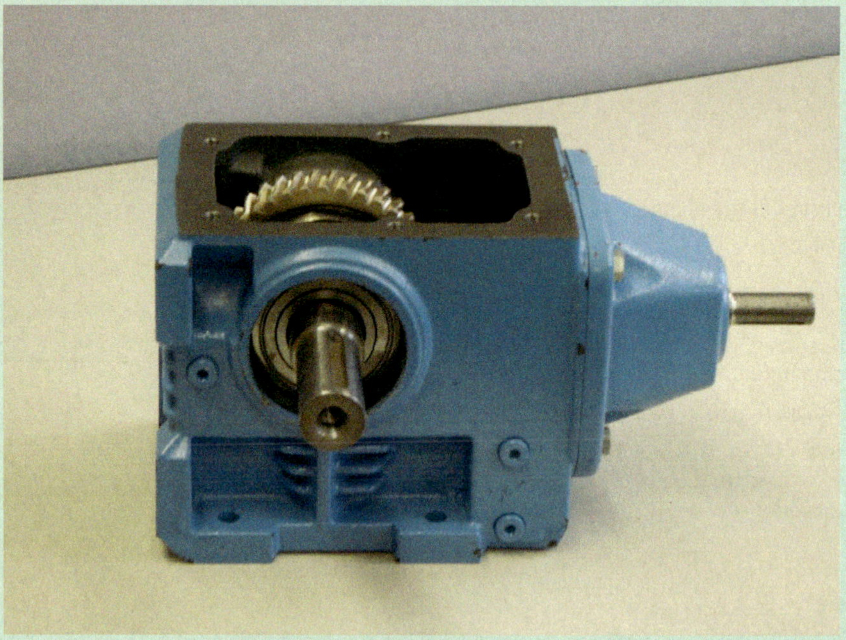

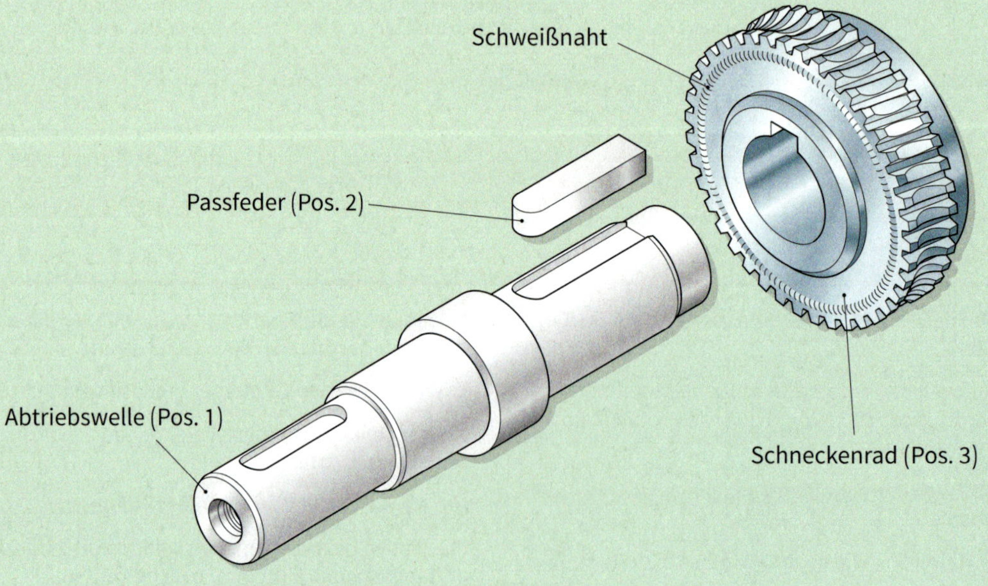

GESAMTAUFTRAG

Die Abtriebswelle (Pos. 1) des Schneckengetriebes soll neu konstruiert werden, um die aufwändige Schweißkonstruktion des Schneckenrades (Pos. 3) zu vermeiden. Das aus einer Kupfer-Zink-Gusslegierung gefertigte Schneckenrad wird stark auf Verschleiß beansprucht und muss bei einer Instandsetzung ausgetauscht werden können.

Das neue Schneckenrad wird direkt auf die Welle aufgeschraubt. Außerdem soll das abtriebsseitige Wellenende zusätzlich einen Kegelsitz mit Gewinde nach **DIN 1448** erhalten.

Zuerst wird für eine Erprobungsphase ein Prototyp benötigt. Nach der Erprobungsphase soll die Welle dann in Serie hergestellt werden.

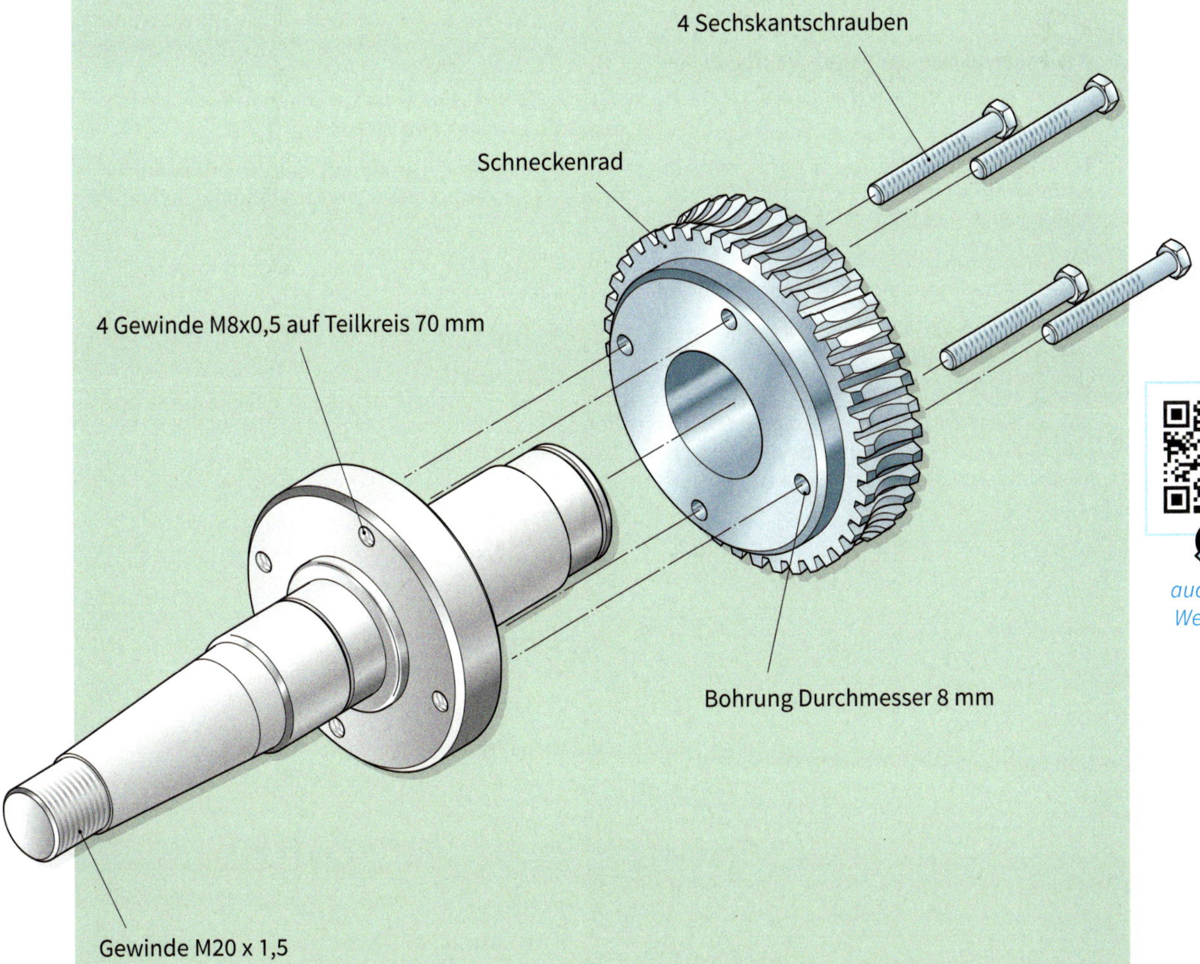

auch über Web-Link

ANALYSE

Aufbau der Schneckenradwelle mit Schneckenrad

Bei der bisherigen Ausführung der Schneckenradwelle wurde das Schneckenrad als Schweißkonstruktion von zwei unterschiedlichen Werkstoffen ausgeführt. Die Nabe des Schneckenrades ist aus S 235 JO gefertigt. Dieser Baustahl ist für eine mittlere Belastung bei Wellen ausgelegt und gut schweißbar.

Für die Übertragung von Drehmomenten über eine Passfederverbindung (Pos. 2) ist dieser Werkstoff besser geeignet als der Werkstoff des Schneckenradkranzes. Die auftretende Flächenpressung in der Passfederverbindung führt im Material des Schneckenradkranzes zu Verformungen.

Der Schneckenradkranz ist aus Cu Zn 16 Si 4 - C hergestellt. Diese Kupfer-Zink-Gusslegierung bietet hervorragende Gleiteigenschaften und ist daher gut für die Herstellung von Schneckenradkränzen geeignet.

Um die beiden Werkstoffe verbinden zu können, wurde das Verfahren des Elektronenstrahlschweißens angewendet. Elektronenstrahlschweißen ermöglicht das Verbinden unterschiedlicher Metalle und verringert die Gefahr des Wärmeverzugs, da die Wärmeeinflusszone sehr klein ist. Ein Verzug des Schneckenrades würde das Bauteil unbrauchbar machen. Dieses Verfahren ist allerdings aufwändig und teuer.

Neukonstruktion der Schneckenradwelle

An der neuen Schneckenradwelle soll ein Schneckenradkranz zum Einsatz kommen, der ganz aus Cu Zn 16 Si 4 - C gefertigt ist, damit das Elektronenstrahlschweißen entfallen kann.

Dazu ist es notwendig, das Schneckenrad mit vier Schrauben M8 x 0,5 mit der Welle zu verbinden. Es wurde eine Verschraubung gewählt. Dadurch wird aus einer formschlüssigen Verbindung eine kraftschlüssige Verbindung.

Die Verwendung von Schrauben mit Feingewinde sorgt für eine Selbsthemmung im Gewinde und verhindert ein selbstständiges Lösen der Schraubverbindung.

Durch die Änderung in der Konstruktion der Welle benötigt man einen größeren Ausgangsdurchmesser des Rohteils.

Durch die Änderung des Wellenendes von einer Passfederverbindung auf einen Kegelsitz mit Gewinde nach **DIN 1448** wird auch aus dieser formschlüssigen eine kraftschlüssige Welle-Nabe-Verbindung. Dies ermöglicht eine einfache, spielfreie Zentrierung der Nabe. Gleichzeitig können hohe Drehmomente übertragen werden.

ARBEITSAUFTRAG

Der Prototyp der abgeänderten Getriebewelle ist auf einer CNC-Drehmaschine herzustellen. Nötige Änderungen an der Welle in der Erprobungsphase können so schnell und einfach durch Änderung des Programms berücksichtigt werden. Alle Maße, Toleranzen und Oberflächenangaben für die Fertigung sind der Einzelteilzeichnung zu entnehmen.

Informieren

2.1 CNC-Drehen

2.1.1 Zeichnungsanalyse

Für die Fertigung der Welle liegt eine Einzelteilzeichnung vor (Abb. 1). Die Längenangaben sind mit steigender Bemaßung (Bezugsbemaßung) ausgeführt.

Diese Bemaßung erleichtert die Fertigung des Werkstückes, insbesondere die Programmierung vom Nullpunkt aus (Abb. 2).

Bei steigender Bemaßung gelten folgende Regeln.

① Bei dieser Maßeintragung werden alle Maße von einem gemeinsamen Ursprung aus auf einer Maßlinie angegeben.

② Die Eintragung der Maße kann an den Maßhilfslinien erfolgen. Die Eintragungsrichtung liegt in einem 90° Winkel zur Maßlinie.

③ Die Maßzahlen dürfen über der zugehörigen Maßlinie in Leserichtung eingetragen werden.

④ Wird auf denselben Ursprung bezogen ein Maß in Gegenrichtung eingetragen, wird die Maßzahl mit einem Minuszeichen versehen.

⑤ Bei Platzmangel dürfen zwei oder mehrere Maßzahlen in einer Richtung nebeneinander eingetragen werden.

⑥ Die steigende Bemaßung kann auch mit abgebrochenen Maßlinien eingetragen werden.

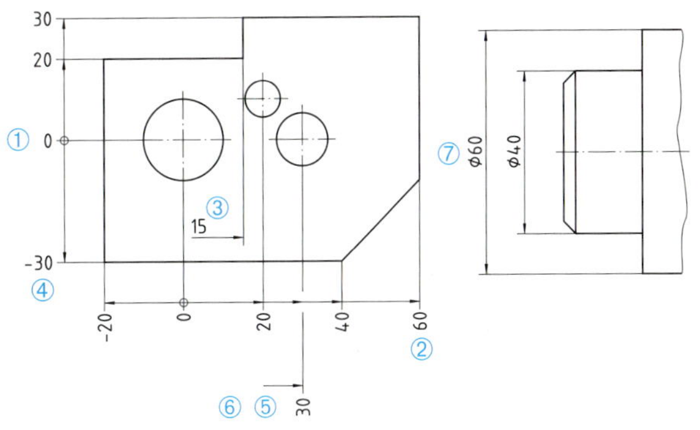

Abb. 2: Steigende Bemaßung

⑦ Durchmesserangaben von Drehteilen werden auch in einer Zeichnung mit steigender Längenbemaßung in Parallelbemaßung eingetragen.

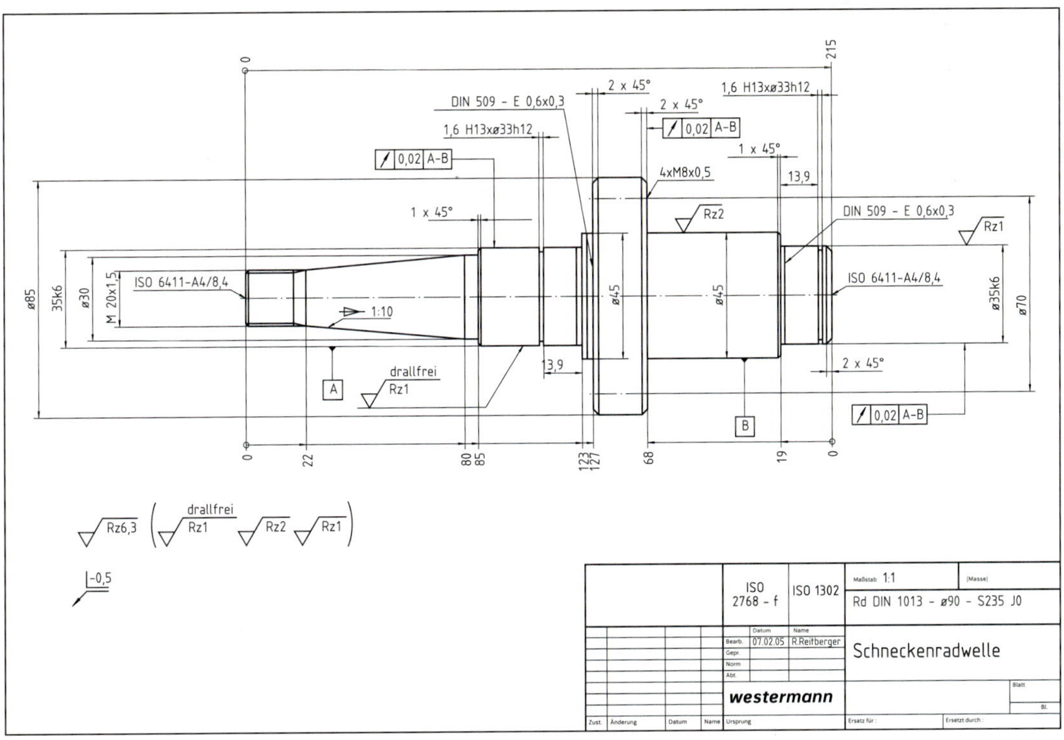

Abb. 1: Schneckenradwelle

Fertigen

2.1.2 CNC-Drehmaschinen

Eine CNC-Drehmaschine ist ähnlich einer Universaldrehmaschine aufgebaut. Bei den einzelnen Baueinheiten bestehen allerdings einige Unterschiede.

2.1.2.1 Baueinheiten

Im Gegensatz zu einer konventionellen Drehmaschine kommen bei einer CNC-Drehmaschine mehrere Elektromotoren zum Einsatz. Alle Antriebsmotoren können unabhängig voneinander und unabhängig vom Hauptantrieb gesteuert werden.

Der *Hauptantrieb* besitzt einen eigenen Elektromotor, der über einen Riementrieb mit der Arbeitsspindel verbunden ist (Abb. 1).

Er kann stufenlos geregelt werden und ermöglicht eine stufenlos einstellbare Schnittgeschwindigkeit.

Dadurch kann z. B. beim Plandrehen die Schnittgeschwindigkeit nahezu konstant gehalten werden, obwohl sich der wirksame Durchmesser ständig ändert.

Die Drehrichtung der Spindel kann im Rechts- oder Linkslauf erfolgen. An der Spindel sitzt die Werkstückaufnahme.

Jeder *Vorschubantrieb* besitzt einen eigenen Elektromotor. Sie gestatten einen stufenlosen Vorschub. Die Vorschubantriebe besitzen einen Kugelgewindetrieb (Abb. 2). Der Kugelgewindetrieb wandelt die Drehbewegung des Vorschubmotors in eine in Längsrichtung spielfreie Bewegung des Werkzeugschlittens bei geringer Reibung um.

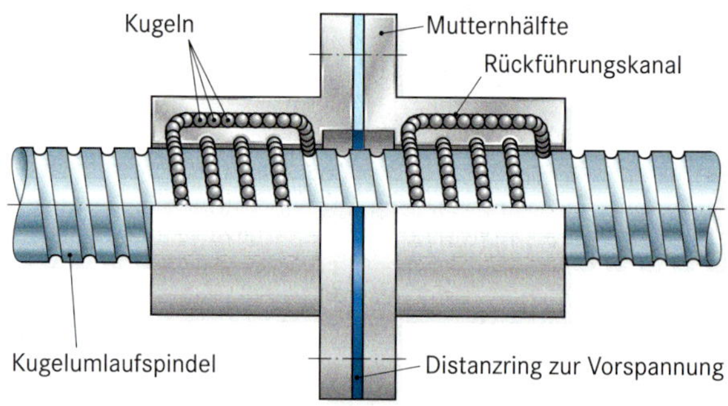

Abb. 2: Kugelgewindetrieb

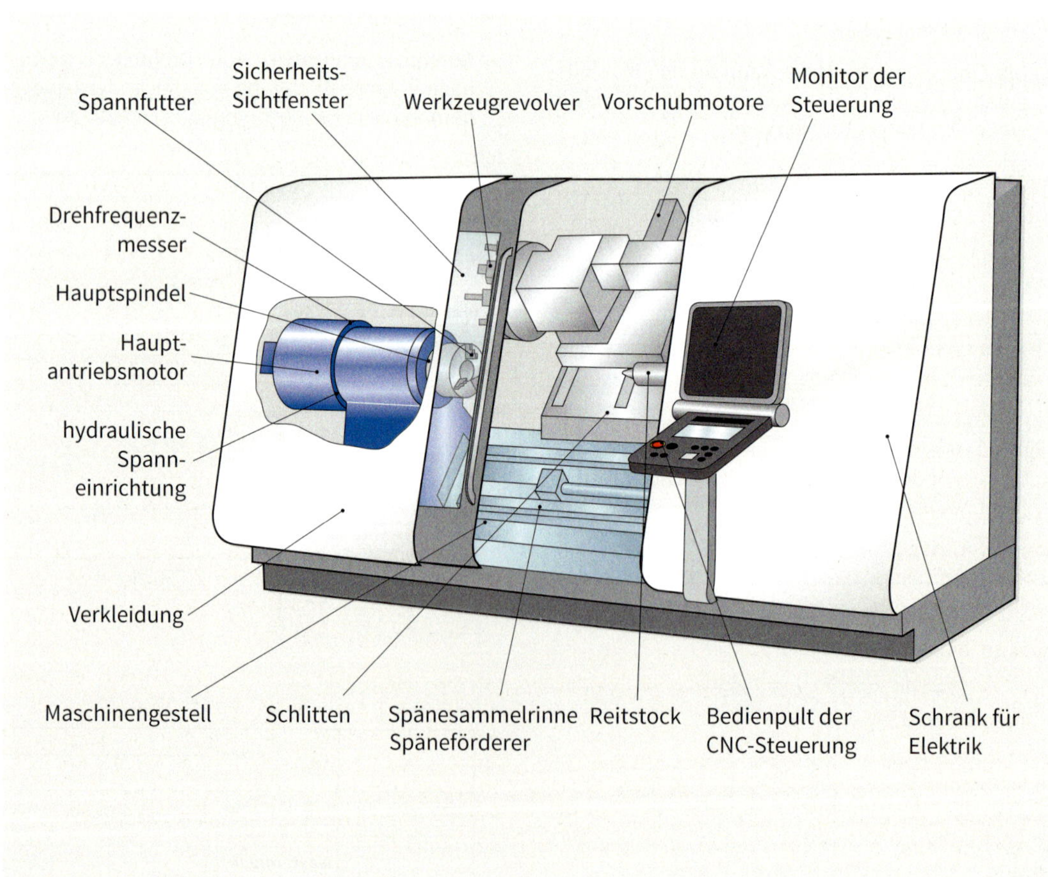

Abb. 1: Aufbau einer CNC-Schrägbettdrehmaschine

Für einen automatischen Fertigungsablauf ist es notwendig, dass die Maschine selbstständig unterschiedliche Werkzeuge einwechseln kann. CNC-Drehmaschinen sind für diesen Zweck mit einem *Werkzeugrevolver* ausgerüstet (Abb. 3).

Im Werkzeugrevolver können auch angetriebene Werkzeuge eingesetzt werden.

Abb. 3: Werkzeugrevolver (Sternrevolver)

Der Werkzeugrevolver sitzt bei CNC-Drehmaschinen in der Regel hinter der Drehmitte. Dadurch wird in Verbindung mit dem als *Schrägbett* ausgeführten Maschinenbett (Abb. 1) ein guter Abfluss von Spänen und Kühlschmierstoffen erreicht. Dies führt zu einer geringen Erwärmung und Wärmeausdehnung der Maschine und ist eine wichtige Voraussetzung für eine hohe Fertigungsgenauigkeit.

In der *Steuerung* werden alle für die Fertigung erforderlichen Daten verarbeitet und an die Maschine weitergegeben. Für die Programmeingabe an einer CNC-Maschine bestehen mehrere Möglichkeiten.

Bei allen Maschinen kann das Programm von Hand durch das Bedienfeld (Abb. 4) in die Steuerung eingegeben werden.

Meist wird das Programm allerdings über eine Datenleitung direkt an die Maschine gesendet.

Um die Position des Werkzeugschlittens steuern zu können, muss diese genau erfasst werden.

Die von der *Wegerfassung* ermittelten Positionen werden an die Steuerung übermittelt.

Bei konventionellen Drehmaschinen stellt der Bediener die Positionen (Sollwert) des Werkzeuges an der Maschine ein und überprüft durch Ablesen der Messeinrichtung die Position (Istwert). Bei Abweichungen stellt er nach.

Abb. 4: Bedienfeld einer Steuerung (Präzise Steuerung – FANUC 31i-B5)

Bei der CNC-Maschine übernimmt die Aufgabe des Bedieners die Steuerung. Sie übermittelt entsprechend dem Programm die Position (Sollwert) des Werkzeugs an die Vorschubantriebe der Maschine.

Durch das Messsystem überprüft die Maschine die Position (Istwert) und regelt bei Bedarf selbstständig nach. Zusätzlich zu den Positionen werden auch alle Geschwindigkeiten (Schnittgeschwindigkeit, Vorschubgeschwindigkeit) auf die gleiche Weise verarbeitet.

Der Informationsfluss bei einer CNC-Maschine geht somit von der Steuerung zu den Antrieben für die Positionen und Geschwindigkeiten über die Messwerterfassung zurück zur Steuerung (Abb. 1, nächste Seite).

So entsteht anders als bei der konventionellen Drehmaschine ein geschlossener Regelkreis.

Zum Schutz der Facharbeiter und der Umwelt besitzt die Maschine einen *geschlossenen Arbeitsraum*.

Dadurch werden wegfliegende Späne abgefangen und ein Austritt von Kühlschmierstoffen verhindert. Ein Sichtfenster ermöglicht jederzeit eine Beobachtung des Fertigungsablaufs.

Für eine automatisierte Fertigung können CNC-Drehmaschinen zusätzlich mit einem Stangenvorschub ausgerüstet werden. Dieser führt das Stangenmaterial durch die Hauptspindel zum Futter. Nach der Fertigstellung und der Entnahme des Werkstücks wird der Maschine neues Rohmaterial zugeführt.

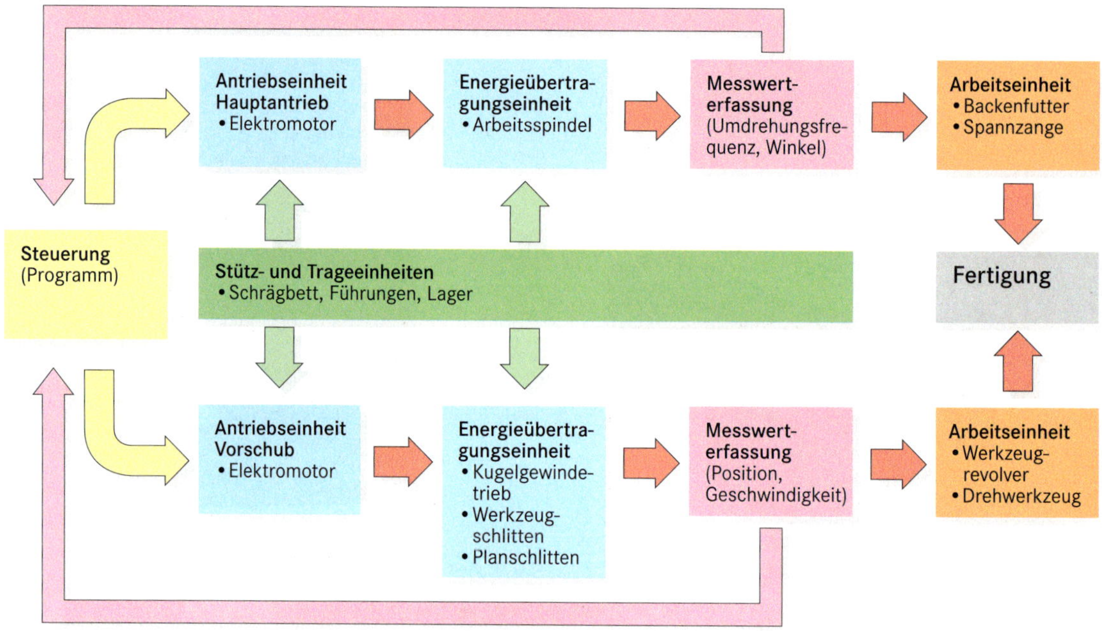

Abb. 1: Energie- und Informationsfluss einer CNC-Drehmaschine

2.1.2.2 Steuerungsarten

Koordinaten

Nach **DIN 66217** verwendet man ein kartesisches Koordinatensystem. Die Koordinatenachsen sind nach den Richtungen der Führungsbahnen ausgerichtet.

Das zweidimensionale Koordinatensystem liegt mit seiner Z-Achse in der Drehachse der Hauptspindel, wobei die positive Richtung vom Futter wegzeigt.

Die X-Achse verläuft in ihrer positiven Richtung von der Drehachse zum Werkzeugträger (Abb. 2).

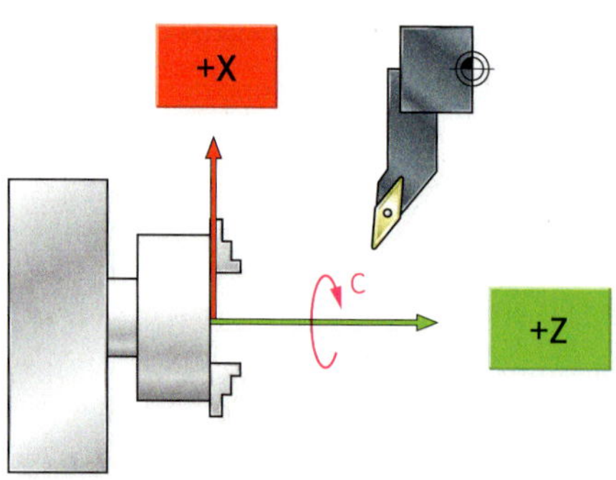

Abb. 2: Lage des Koordinatensystems

Der Drehmeißel der Drehmaschine kann auch vor der Drehmitte liegen (Abb. 3), daher gibt es eine zweite Möglichkeit für die positive Richtung der X-Achse.

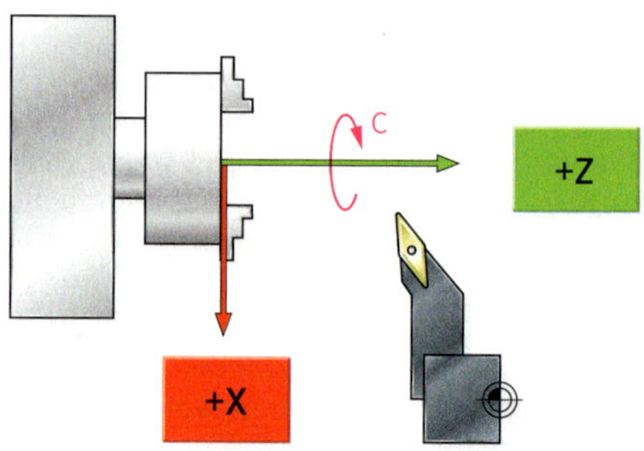

Abb. 3: Meißel vor der Drehmitte

Steuerungen

Bei der CNC-Steuerung von Drehmaschinen kommen 2D-Bahnsteuerungen zum Einsatz. Bei der 2D-Bahnsteuerung können die beiden Achsen nacheinander, aber auch gleichzeitig und unabhängig voneinander angesteuert werden.

Dies ermöglicht die Fertigung von zylindrischen, kegelförmigen und kreisförmigen Konturen an Drehteilen (Abb. 4).

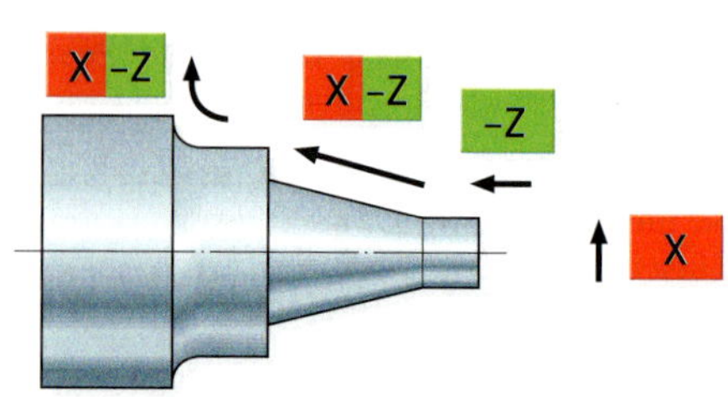

Abb. 4: Konturen an einem Drehteil

2.1.2.3 Spannmittel

In der CNC-Fertigung kommen hauptsächlich Spannmittel für eine automatisierte Fertigung zum Einsatz. Durch sie kann ein automatischer Werkzeugwechsel und eine automatische Zuführung des Rohmaterials erfolgen.

Kraftspannfutter

Häufig werden Dreibackenfutter als Kraftspannfutter eingesetzt (Abb. 5).

Durch sie wird eine sehr genaue Positionierung des Werkstückes bei gleichzeitig hohen Spannkräften erreicht. Diese Futter sind für sehr hohe Drehzahlen geeignet, da sie selbstwuchtend sind. Außerdem sorgt ein Fliehkraftausgleich im Futter dafür, dass eine hohe Spannkraft auch bei hohen Drehzahlen gewährleistet ist.

Abb. 5: Kraftspannfutter mit Fliehkraftausgleich

Hydraulische Spannzylinder

Hydraulische Spannzylinder sind gut regelbar. Dadurch kann die Spannkraft dem Werkstück angepasst werden, um z. B. Beschädigungen zu vermeiden. Zusätzlich kann die nachlassende Spannkraft, die durch Fliehkräfte bei hohen Drehzahlen entsteht, nachgeregelt werden. Sie sind nahezu wartungsfrei (Abb. 6).

Abb. 6: Hydraulischer Spannzylinder

Spannzangenfutter

Spannzangenfutter werden überwiegend in der Serienfertigung kombiniert mit einer automatischen Stangenzufuhr eingesetzt. Spannzangenfutter haben meist Schnellwechselzangen. Sie besitzt eine hohe Spanngenauigkeit und eine hohe Wiederholgenauigkeit.

Zusätzlich bieten Spannzangenfutter mit profilierten Innenformen, z. B. ein 6-Kantprofil, ein einfaches und sicheres Spannen von Werkstücken, die von einer zylindrischen Form abweichen (Abb. 7).

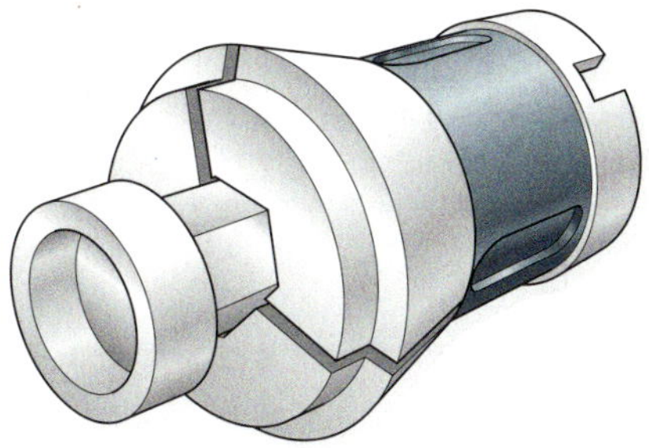

Abb. 7: Spannzange mit profilierter Innenform

Reitstock

Bei CNC-Drehmaschinen besitzt der Reitstock häufig einen eigenen elektrischen Antrieb und kann auf dem Maschinenbett linear verfahren werden. Zusätzlich besitzt die Pinole selbst einen regelbaren hydraulischen Antrieb und kann dadurch automatisch aus- bzw. einfahren.

Werkzeugrevolver

Werkzeugrevolver können als Sternrevolver (Abb. 3, S. 99) oder als Scheibenrevolver (Abb. 8) ausgeführt sein.

Abb. 8: Scheibenrevolver

Werkzeugrevolver enthalten in der Regel sechs bis zwölf Werkzeuge, die von der Maschine selbstständig eingewechselt werden. Sie können außer Drehmeißel auch andere Werkzeuge, wie Bohrer oder Werkzeuge zur Gewindeherstellung, aufnehmen. Diese können auch angetrieben sein.

Wird ein Werkzeug im Revolver von der Steuerung aufgerufen und eingewechselt, werden alle technologischen und geometrischen Daten des Werkzeugs mit aufgerufen und verarbeitet.

Dazu ist es notwendig, die geometrischen Daten des Werkzeuges genau zu kennen. Wichtig ist dabei die Lage der Werkzeugschneide zum Bezugspunkt der Werkzeugaufnahme (Abb. 1).

Die geometrischen Daten des Werkzeugs werden durch Messen erfasst.

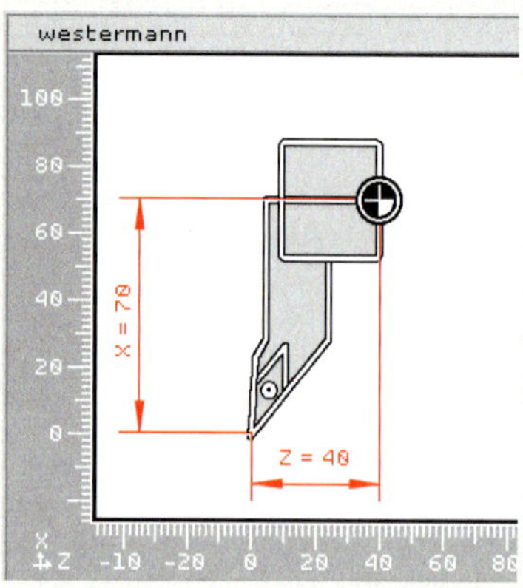

Abb. 1: Lage der Werkzeugschneide zum Bezugspunkt

2.1.2.4 Werkzeugvermessung

Bei der Werkzeugvermessung kommen zwei Verfahren zum Einsatz:

- *interne Vermessung* durch *Messeinrichtung* oder durch Probestück
- *externe Vermessung* durch *Werkzeugvoreinstellgerät*

Interne Werkzeugvermessung

Bei der internen (manuellen) Vermessung wird das in der Maschine eingespannte Werkzeug vermessen.

Bei Maschinen mit einer *optischen Messeinrichtung* wird die Lage der Werkzeugspitze über ein optisches Fadenkreuz ermittelt. Das Werkzeug wird so weit verfahren, bis die Werkzeugspitze richtig im Fadenkreuz liegt (Abb. 2). Dann kann die Lage der Schneide in X-Richtung (Q) und Z-Richtung (L) im Bezug zum Werkzeugeinstellpunkt E ermittelt werden.

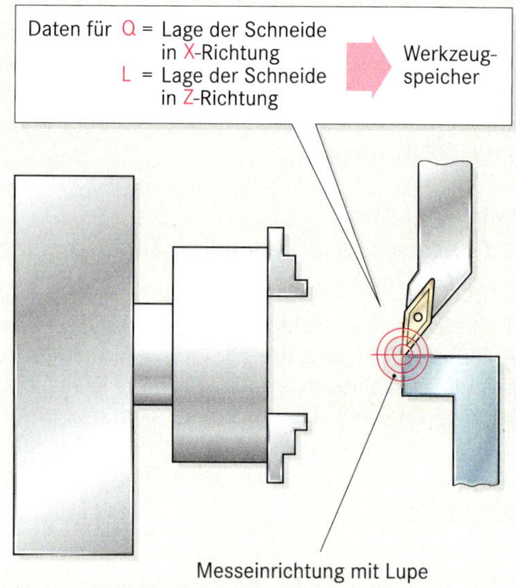

Abb. 2: Lage der Werkzeugschneide im Fadenkreuz

Außer einer optischen Messeinrichtungen können auch *mechanische Messeinrichtungen* zum Einsatz kommen.

Es gibt die Möglichkeit, mit dem Drehmeißel auf eine in der Maschine eingebaute Druckmessdose aufzufahren. Berührt der Meißel die Druckmessdose, wird dies angezeigt und die Werte können in die Steuerung übernommen werden.

Eine andere Möglichkeit ist die Verwendung einer Tasteinrichtung, von der die Schneide abgetastet wird.

Nach der Vermessung der Werkzeugschneide werden die Daten im Werkzeugspeicher abgelegt.

Ist keine der beiden Messeinrichtung verfügbar, wird ein *Probestück* in die Maschine eingespannt und sowohl plan- wie auch längsgedreht. Der entstandene Durchmesser bzw. die entstandene Länge werden gemessen und in die Steuerung eingegeben. Von der Steuerung wird dann die Lage der Werkzeugschneide errechnet. Diese Methode wird auch als *Ankratzmethode* bezeichnet.

Die interne Werkzeugvermessung kommt bei der Einzelteil- bzw. Kleinserienfertigung zum Einsatz. In der Großserienfertigung wird überwiegend die externe Werkzeugvermessung angewendet.

Externe Werkzeugvermessung

Bei der externen Werkzeugvermessung wird ein *Werkzeugvoreinstellgerät* verwendet (Abb. 3).

Das Werkzeug wird in einem genormten Werkzeughalter in das Gerät eingesetzt. Im Messgerät wird die Lage der Werkzeugschneide im Bezug auf den

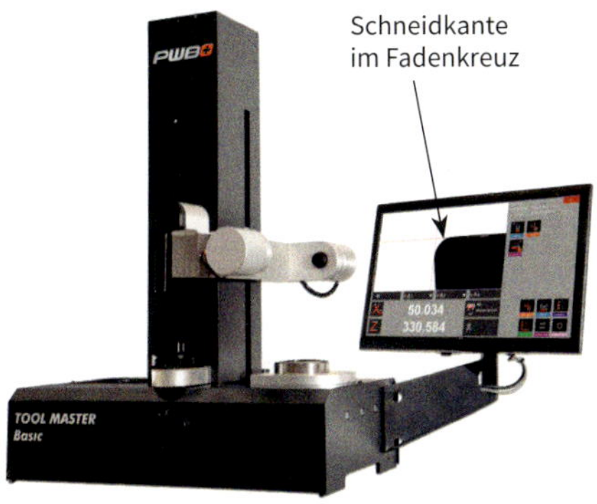

Abb. 3: Werkzeugvoreinstellgerät

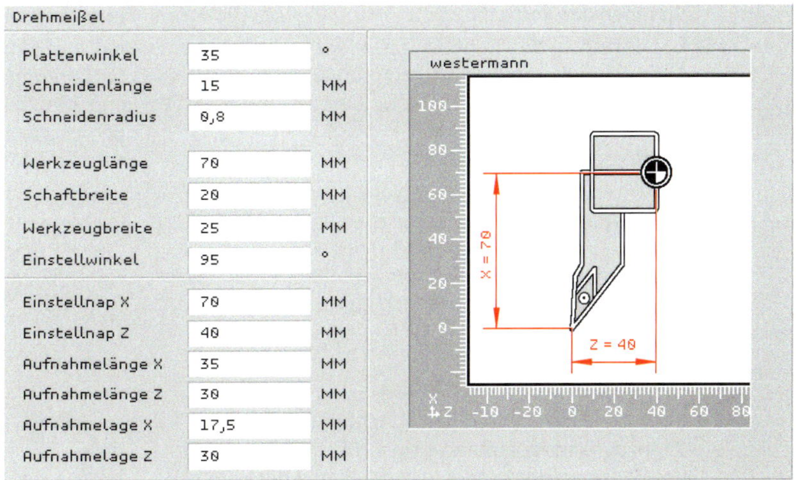

Abb. 4: Geometrische Daten im Werkzeugspeicher

bekannten Bezugspunkt des Werkzeughalters vermessen. Die Vermessung kann optisch erfolgen, aber auch durch einen Tastkopf, der die Lage der Werkzeugschneide abtastet.

Die ermittelten Daten werden manuell in die Steuerung eingegeben oder direkt durch Datentransfer an die Maschine übermittelt.

Der Platz des jeweiligen Werkzeuges im Revolver ist im Werkzeugspeicher unter der Werkzeugnummer abgelegt.

Im Werkzeugspeicher sind auch die geometrischen und technologischen Daten des Werkzeuges abgespeichert (Abb. 4).

2.1.3 Einrichten einer CNC-Drehmaschine

Fertigen

Beim Einrichten einer CNC-Drehmaschine sind folgende Arbeitsschritte auszuführen:

- Spannen des Rohteils,
- Vermessen der Werkzeuge,
- Anfahren des Referenzpunktes,
- Bestimmen des Werkstücknullpunktes,
- Eingabe des Programms.

Bei einer CNC-Drehmaschine werden alle Bewegungen durch das Anfahren von Koordinaten gesteuert. An der Maschine und am Werkstück sind dazu als Bezugspunkte der Maschinennullpunkt **M**, der Referenzpunkt **R**, der Werkstücknullpunkt **W** und Werkzeugeinstellpunkt **E** zu unterscheiden (Abb. 5).

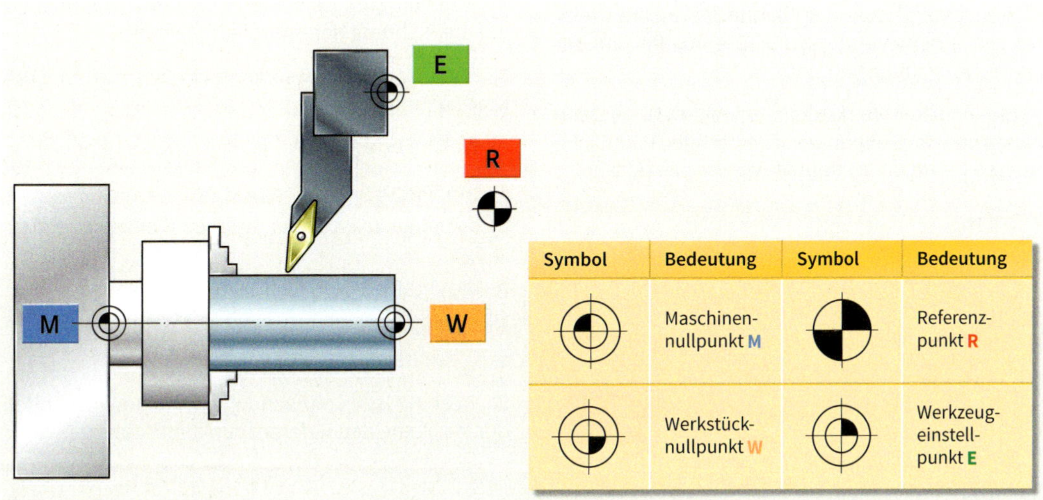

Abb. 5: Lage der Bezugspunkte

Spannen des Rohteils

Das Spannen des Rohteils geschieht je nach den Anforderungen an die Fertigung durch unterschiedliche Spannmittel (vgl. Kap. 2.1.2.3).

Vermessen der Werkzeuge

Alle Drehwerkzeuge müssen vor ihrem Einsatz vermessen werden, damit die genaue Lage der Schneidenecke bekannt ist. Die Werkzeuge können intern oder extern vermessen werden (vgl. Kap. 2.1.2). Die ermittelten Maße beziehen sich auf den Werk-zeugeinstellpunkt E.

Anfahren des Referenzpunktes

Nach dem Einschalten der Maschine muss der Referenzpunkt angefahren werden. Dies erfolgt durch das Verfahren der Maschine in der X- und der Z-Richtung. Der Bediener muss hierfür den nötigen Befehl in die Steuerung eingeben. Wenn der Referenzpunkt angefahren wird, stellt sich das Wegmesssystem auf Null. Erst wenn der Referenzpunkt angefahren wurde, können Koordinaten in die Steuerung übernommen werden.

Der Abstand vom Referenzpunkt zum Maschinennullpunkt ist genau festgelegt. Der Maschinennullpunkt stellt den Ursprung des Maschinenkoordinatensystems dar. Der Referenzpunkt ist wie der Maschinennullpunkt vom Hersteller festgelegt und kann vom Bediener nicht verändert werden.

Bestimmen des Werkstücknullpunktes

Im Werkstücknullpunkt liegt der Ursprung des Werkstückkoordinatensystems. Alle Maße, die bei der Programmierung eingegeben werden, beziehen sich auf diesen Punkt. In den meisten Fällen liegt der Werkstücknullpunkt an der Planfläche des Werkstücks.

Um die genaue Lage der Planfläche zu ermitteln, wird mit einem vermessenen Drehmeißel an der Planfläche leicht angekratzt.

Da die meisten Werkstücke plangedreht werden müssen und der Nullpunkt auf der fertigen Planfläche liegen soll, wird der Nullpunkt verschoben (Abb. 1).

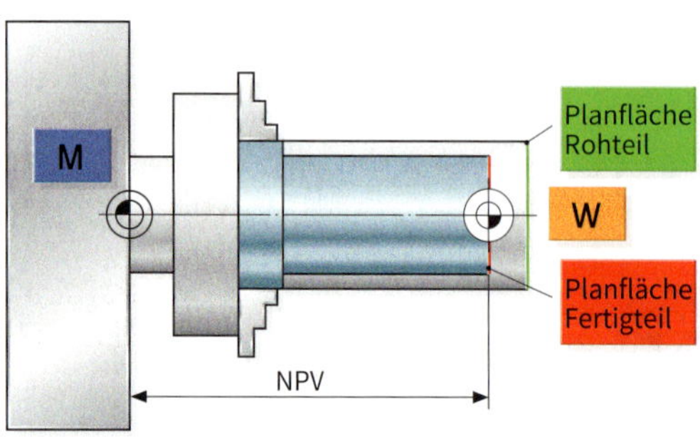

Abb. 1: Nullpunktverschiebung

Eingabe des Programms

Sind alle Einrichtarbeiten abgeschlossen, wird mit der Programmeingabe begonnen. Das Programm kann direkt in die Maschine eingegeben werden, oder es wird an einem Programmierplatz erstellt und an die Maschine übertragen.

Aufgab

1. Bemaßen Sie das folgende Drehteil mit einer steigenden Bemaßung.

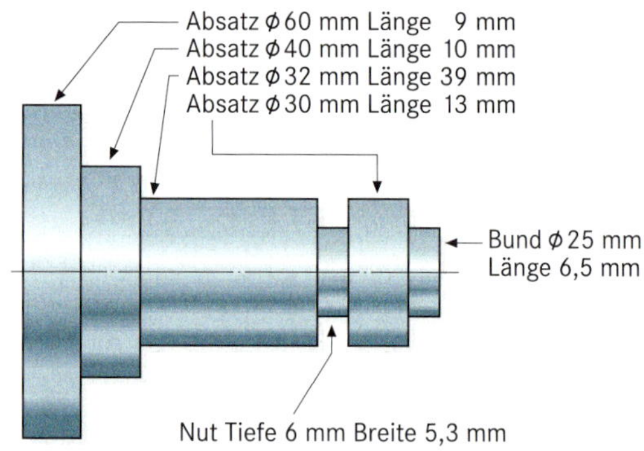

2. Nennen Sie die Vorteile, die eine steigende Bemaßung für die CNC-Fertigung bietet.

3. Beschreiben Sie den Unterschied zwischen einer Universaldrehmaschine und einer CNC-Drehmaschine anhand der folgenden Baueinheiten:

- Hauptantrieb
- Vorschubantriebe
- Gewindespindel für Vorschubantrieb
- Getriebe

4. Welchen Einfluss hat die Lage des Drehmeißels auf die Richtung der Koordinatenachsen?

5. Erklären Sie die besonderen Eigenschaften eines Kraftspannfutters.

6. Welche Arten von Werkzeugrevolvern gibt es?

7. Beschreiben Sie

a) die Möglichkeiten der internen Werkzeugvermessung,

b) die externe Werkzeugvermessung.

8. Welche Maße werden bei der Werkzeugvermessung ermittelt?

9. Weshalb ist es notwendig, nach dem Einschalten der Maschine den Referenzpunkt anzufahren?

2.1.4 Programmierung

2.1.4.1 Programmaufbau

Für die Erstellung des Programms zur Fertigung der Getriebewelle sind unterschiedliche Befehle notwendig. Der Programmaufbau von CNC-Programmen ist in der **DIN 66025** festgelegt.

Das Programm setzt sich aus Weg- und Schaltinformationen zusammen. *Weginformationen* enthalten die *Wegbedingungen* und alle Angaben, um die Geometrie des Werkstückes durch Verfahren in den Koordinatenachsen der Maschine erzeugen zu können. (Abb. 2).

N20	G0	X85	Z1	S800	M04
Satznummer	Wegbedingung	Zielkoordinaten		technologische Daten	Zusatzfunktion
programmtechnische Anwendung	Weginformationen			Schaltinformationen	

N30	G1	Z1	RN 3	F 0,2
Satznummer	Wegbedingung	Zielkoordinaten	optionale Bedingung	Zusatzfunktion
programmtechnische Anwendung	Weginformationen	Geometrieadresse		Schaltinformationen

Abb. 2: Programmaufbau

Schaltinformationen enthalten die notwendigen *technologischen Daten*, wie die Schnittgeschwindigkeit, und *Zusatzfunktionen*, oder die Drehrichtung der Arbeitsspindel (→📖).

! Die Weg- und Schaltinformationen in einem CNC-Programm werden in Programmsätzen niedergeschrieben.
Ein *Programmsatz* besteht aus mehreren *Wörtern*. Die Wörter setzen sich aus einem *Adressbuchstaben* und einer *Ziffernfolge* zusammen.

Beispiel:

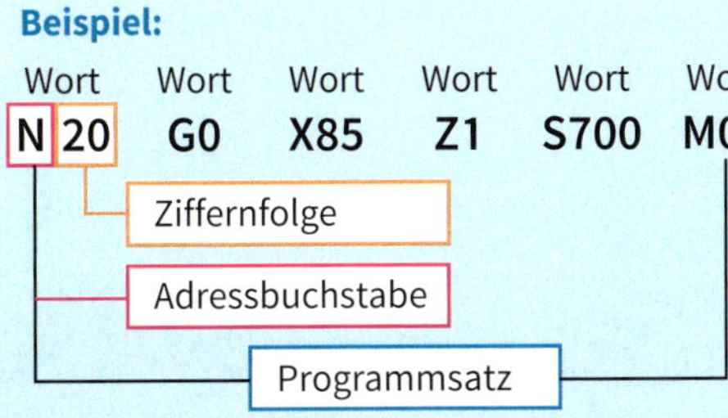

Wegbedingungen

Wegbedingungen haben den Adressbuchstaben **G**. Sie sind entweder modal (selbsthaltend) und bleiben so lange wirksam, bis sie überschrieben werden, oder sie gelten nur für einen Satz.

Bei der Programmierung der Wegbedingungen für den Verfahrweg gibt es drei Möglichkeiten:

- Verfahren im Eilgang (G0)
- Verfahren auf einer geraden Bahn (G1)
- Verfahren auf einer Kreisbahn (G2; G3)

Die einstelligen G-Befehle können auch mit einer Führungsnull ergänzt werden (z. B. G0 → G00).

- **Verfahren im Eilgang**

Bei dieser Wegbedingung wird in allen Achsrichtungen mit maximaler Vorschubbewegung bis zum angegebenen Zielpunkt verfahren. Die Wegbedingung für das Verfahren im Eilgang wird mit dem Befehl **G0** angegeben (Abb. 3). Das Werkzeug ist nicht im Eingriff.

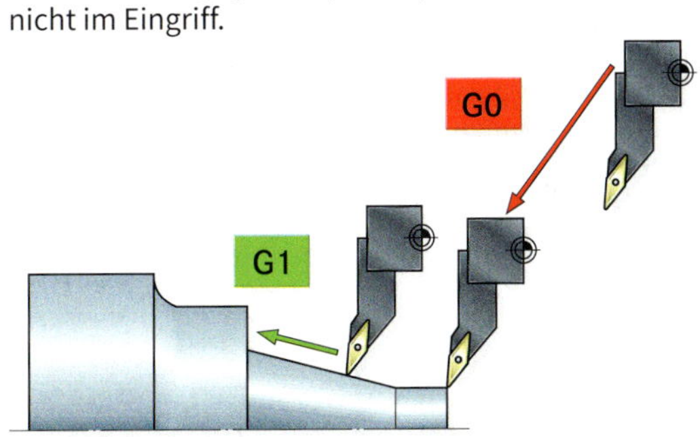

Abb. 3: Verfahren mit den Wegbedingungen G0 und G1

- **Verfahren auf einer geraden Bahn**

Das Verfahren auf einer geraden Bahn wird als *Linearinterpolation* bezeichnet und mit dem Befehl **G1** aufgerufen. Unter der Wegbedingung **G1** verfährt das Werkzeug vom Startpunkt zum Zielpunkt. Dabei berechnet und kontrolliert die Steuerung alle nötigen Konturpunkte, die zwischen dem Startpunkt und dem Zielpunkt auf der sie verbindenden Geraden liegen (Abb. 3).

Für das Verfahren auf einer geraden Bahn gibt es vier Möglichkeiten:

Möglichkeit 1:

Drehen einer Kontur durch Angabe der Länge der Verfahrstrecke in Z-Richtung.

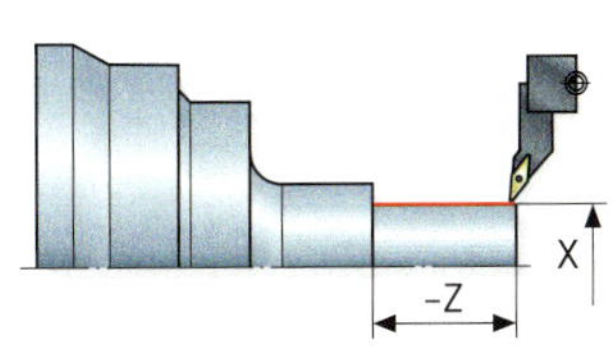

Die Länge der Verfahrstrecke wird bestimmt durch Angabe der Zielkoordinaten in X- und Z-Richtung.

Beispiel: **G1 X25 Z-30**

Möglichkeit 2:

Drehen einer Kontur mit eingelagertem Radius zwischen zwei Geraden.

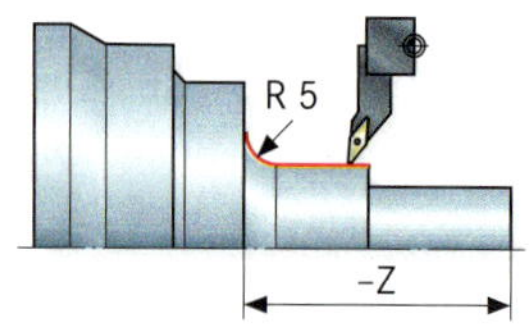

Beispiel: **G1 Z-60 RN5**

Die Koordinaten in X- und Z-Richtung geben den theoretischen Schnittpunkt an, in dem sich die den Radius einschließenden Geraden schneiden. Mit der Angabe **RN+** (positive Angabe) wird die Größe des Radius R in mm angegeben.

Möglichkeit 3:

Drehen einer Kontur mit eingelagerter Fase von 45° zwischen zwei Geraden.

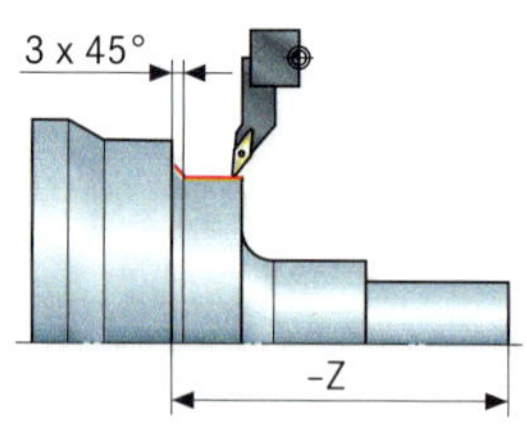

Beispiel: **G1 Z-80 RN-3**

Die Koordinaten in X- und Z-Richtung geben den theoretischen Schnittpunkt an, in dem sich die Geraden schneiden, welche die Fase einschließen. Mit der Angabe **RN-** (negative Angabe) wird die Größe der Fase in mm angegeben.

Möglichkeit 4:

Drehen einer Kontur mit zwei Geraden unter einem Winkel.

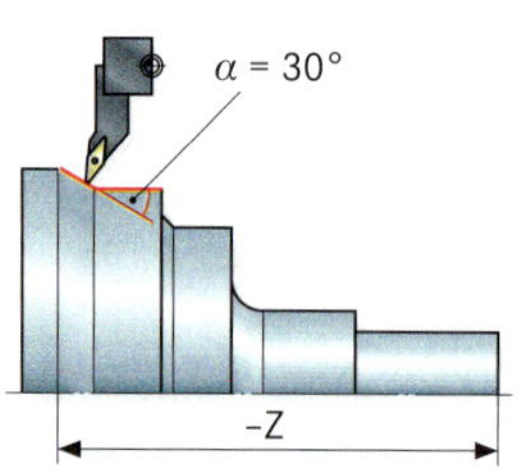

Beispiel: **G1 X80 AS150**

Die angegebene Schräge wird ab dem Koordinatenpunkt -Z unter einem Winkel von (180° – α) gedreht. Der Bezugsschenkel für den Winkel liegt parallel zur Z-Achse.

Um eine eindeutige Programmierung zu gewährleisten, können maximal zwei der vier Geometrieadressen X, Z, RN bzw. AS programmiert werden.

- **Verfahren auf einer Kreisbahn**

Das Verfahren auf einer Kreisbahn wird als *Kreisinterpolation* bezeichnet. Bei der Kreisinterpolation verfährt das Werkzeug vom Startpunkt zum Zielpunkt auf einer kreisförmigen, von der Steuerung genau berechneten und kontrollierten Bahn. Dabei berechnet die Steuerung alle nötigen Konturpunkte, die zwischen dem Startpunkt und dem Zielpunkt auf der sie verbindenden Kreislinie liegen.

Für das Verfahren auf einer Kreisbahn sind drei Angaben für die Steuerung nötig:

- die Drehrichtung,
- die Koordinaten des Zielpunktes und
- die Koordinaten des Kreismittelpunktes.

Für die *Drehrichtung* gibt es zwei mögliche Wegbedingungen:

→ im Uhrzeigersinn **G2**

→ im Gegenuhrzeigersinn **G3**

Die Lage des Drehmeißels hat keinen Einfluss auf die Drehrichtung bei der Kreisinterpolation. Die Programme sind gleich.

Befindet sich der Drehmeißel vor der Drehmitte, blickt man von „unten" auf das Werkstück. Ist der Drehmeißel hinter der Drehmitte, blickt man von „oben" auf das Werkstück (Abb. 1).

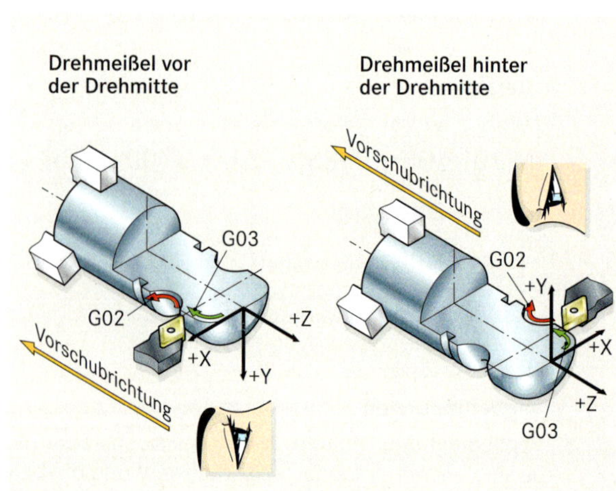

Abb. 1: Lage der Achsen mit Blickrichtung

Die Koordinaten für den Zielpunkt werden im Satz hinter der Weginformation G2 bzw. G3 angegeben.

Beispiel:

G3 X40 Z-30 I 0 K 10

Die Bestimmung des Radius der Kreisbahn kann *inkremental* vom Startpunkt aus durch die Angabe der *Interpolationsparameter I* und *K* für den Mittelpunkt der Kreisbahn erfolgen.

Bei einer inkrementalen Angabe von Punkten wird nicht der Werkstücknullpunkt als Bezugspunkt benutzt, sondern die aktuelle Position. Bei der Kreisinterpolation ist das immer der Startpunkt des Kreises. (Abb. 2)

Bei Angabe der Interpolationsparameter sind die Vorzeichen zu beachten.

Die Interpolationsparameter sind den Achsrichtungen X und Z eindeutig zugeordnet:

- **X**-Achse Parameter **I/IA**
- **Z**-Achse Parameter **K/KA**

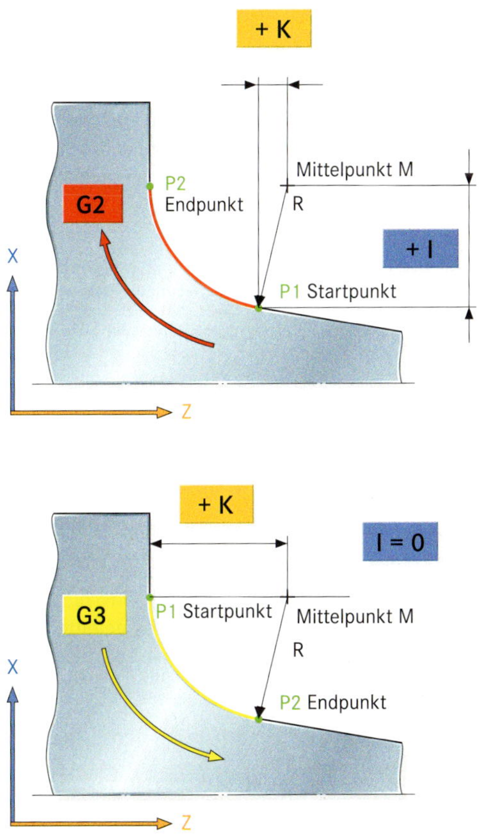

Abb. 2: Interpolationsparameter

Der Mittelpunkt der Kreisbahn kann auch absolut vom Werkstücknullpunkt angegeben werden. Dann werden auch die Parameter I und K absolut vom Werkstücknullpunkt angegeben. (Abb. 3)

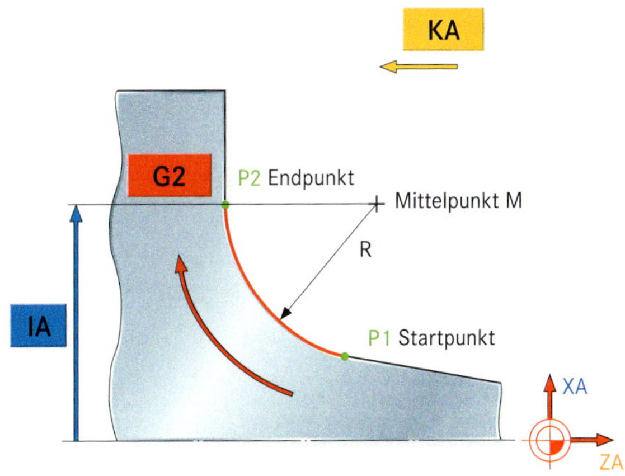

Abb. 3: Absolutangabe der Interpolationsparameter

Alternativ kann der Radius ohne Angabe von I und K direkt unter der Adresse R programmiert werden.

Wird die Adresse R mit einem positiven Vorzeichen versehen, erzeugt die Steuerung einen Kreisbogen kleiner 180°. Mit einem negativen Vorzeichen erzeugt die Steuerung einen Kreisbogen größer 180°.

Ein Kreisbogen kann daher auf drei unterschiedliche Arten programmiert werden:

- Angabe der Interpolationsparameter inkremental:

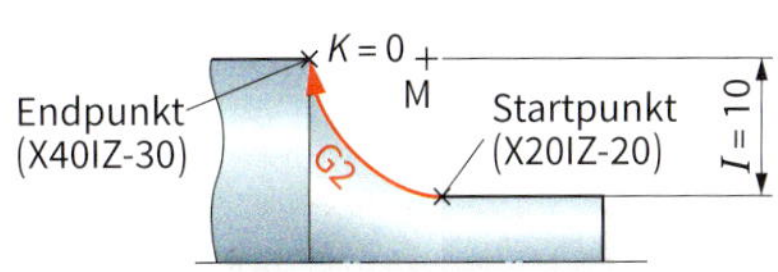

N 50 G2 X40 Z-30 I10 K-0

- Angabe der Interpolationsparameter absolut:

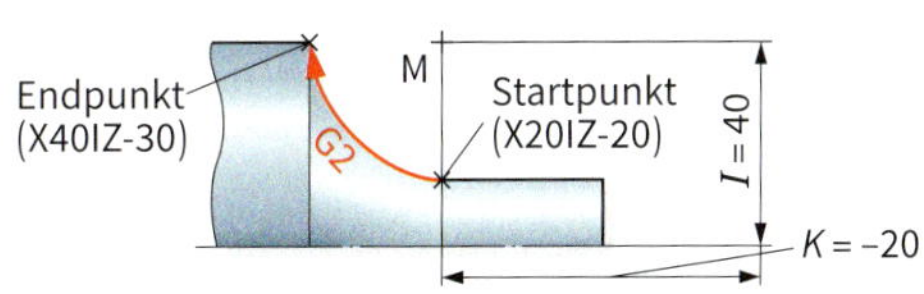

N 50 G2 X40 Z-30 IA40 KA-20

- Angabe des Kreisbogenradius:

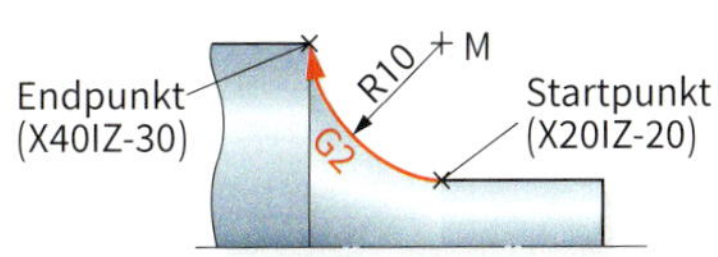

N 50 G2 X40 Z-30 R10

Zusätzlich zu den Wegbedingungen für den Verfahrweg gibt es nach **DIN 66025** noch weitere Funktionen (Tab. 1).

Tab. 1: Beispiele für Wegbedingungen

Wegbedingung	Bedeutung
G74	Referenzpunkt anfahren
G90	Absolutprogrammierung
G91	Relativprogrammierung

Schaltinformationen

Die Schaltinformationen gliedern sich in:

- technologische Daten und
- Zusatzfunktionen.

- **Technologische Daten**

Die technologischen Daten enthalten dem jeweiligen Fertigungsschritt zugeordnete Werte für:

- Umdrehungsfrequenz Adressbuchstabe **S**,
- Vorschub Adressbuchstabe **F**,
- und Werkzeug Adressbuchstabe **T**.

Soll mit konstanter Schnittgeschwindigkeit gearbeitet werden, beginnt der Satz mit der Wegbedingung **G96**.

Statt der Umdrehungsfrequenz wird dann die Schnittgeschwindigkeit in m/min angegeben.

Beispiel:

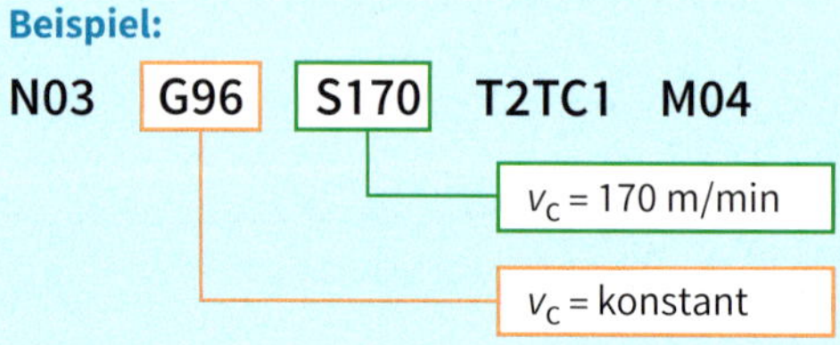

Beim Plandrehen erhöht sich dadurch mit abnehmendem Durchmesser die Umdrehungsfrequenz. Dies führt nahe der Werkstückachse zu sehr hohen Umdrehungsfreqenzen. Um die Maschine nicht zu überlasten, wird mit dem Befehl **G92** die Drehzahl auf einen Maximalwert begrenzt.

Beispiel:

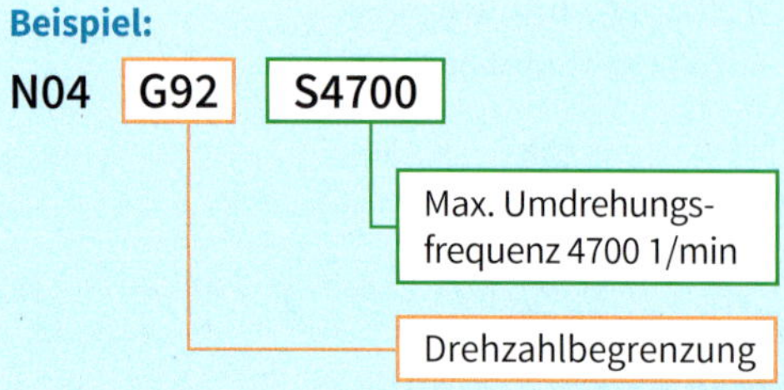

Beim Aufrufen des Werkzeugs wird nach dem Adressbuchstaben eine Ziffernfolge angegeben, die den Platz im Werkzeugrevolver und den zugehörigen Werkzeugkorrekturspeicher angibt (Abb. 1).

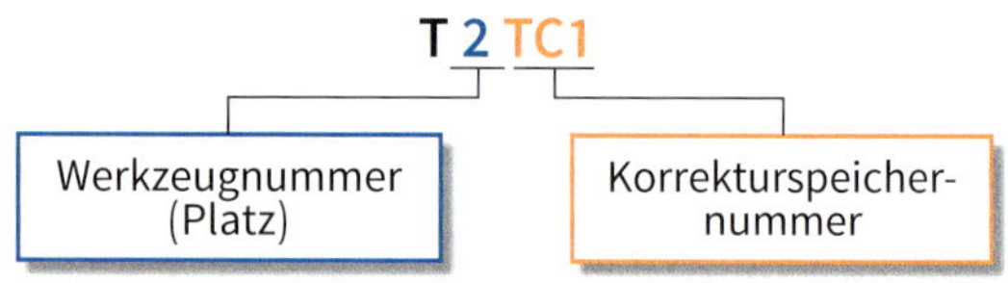

Abb. 1: Programmwort für Werkzeugaufruf

Im Werkzeugkorrekturspeicher sind

- die Werkzeuglänge in X- und Z-Richtung
- der Werkzeugschneidenradius und
- die Lagekennzahl der Schneide

abgelegt.

Für jedes Werkzeug stehen neun Korrekturspeicher TC1 bis TC9 zur Verfügung (➜📖).

Um ein Werkzeug während des Fertigungsprozesses einwechseln zu können (manuell oder automatisch), muss der Werkzeugwechselpunkt angefahren werden.

Dies geschieht mit dem Befehl **G14**. Der Werkzeugwechselpunkt wird im Eilgang angefahren.

Damit der Werkzeugwechselpunkt in einem für die Fertigung optimalen Weg angefahren werden kann, bestehen drei Möglichkeiten, die über den Parameter H festgelegt werden können (Tab. 2):

Tab. 2: Anfahrmöglichkeiten Werkzeugwechselpunkt

Parameter	Auswirkung
H0	Werkzeugwechselpunkt wird in allen Achsen gleichzeitig angefahren
H1	Werkzeugwechselpunkt wird zuerst in X-, dann in der Z-Achse angefahren
H2	Werkzeugwechselpunkt wird zuerst in Z-, dann in der X-Achse angefahren

- **Zusatzfunktionen**

Die Zusatzfunktionen haben den Adressbuchstaben **M** und eine Ziffer.

Zusatzfunktionen werden auch als *Maschinenfunktionen* bezeichnet, da mit ihnen festgelegte Funktionsabläufe an Werkzeugmaschinen aufgerufen werden (Tab. 3).

Tab. 3: Beispiele für Zusatzfunktionen

Zusatzfunktion	Bedeutung
M3	Spindel im Uhrzeigersinn
M6	Werkzeugwechsel
M30	Programmende

Für die Wirksamkeit der Zusatzfunktionen bestehen vier Möglichkeiten (Tab. 4):

Tab. 4: Wirksamkeit der Zusatzfunktionen

Wirksamkeit	Beispiel
am Satzanfang – vor dem Abarbeiten des Satzes	M7 Kühlschmierung ein
am Satzende – nach dem Abarbeiten des Satzes	M8 Kühlschmierung aus
nur satzweise – gilt nur für einen Satz	M6 Werkzeugwechsel
modal – gilt bis zur Aufhebung	M5 Spindel Halt

Die Wirksamkeit von Zusatzfunktionen kann auch kombiniert sein (➔📖).

Beispiel:

Zusatz-funktion	am Satz-anfang	am Satz-ende	satz-weise	modal	Bedeutung
M03	•			•	Spindel im Uhrzeigersinn

2.1.4.2 Werkzeugbahnkorrektur

Um eine hohe Qualität der Werkstückoberfläche und eine ausreichende Standzeit zu erreichen, ist die Spitze der Werkzeugschneide mit einem kleinen Radius versehen. Die Größe der Radien liegt zwischen 0,2 und 2 mm.

Ohne Schneidenradiuskompensation führt die Steuerung die Werkzeugschneide entlang der Kontur an ihrer *theoretischen Schneidenspitze S*. Dies führt zu Fehlern an der Kontur (Abb. 2).

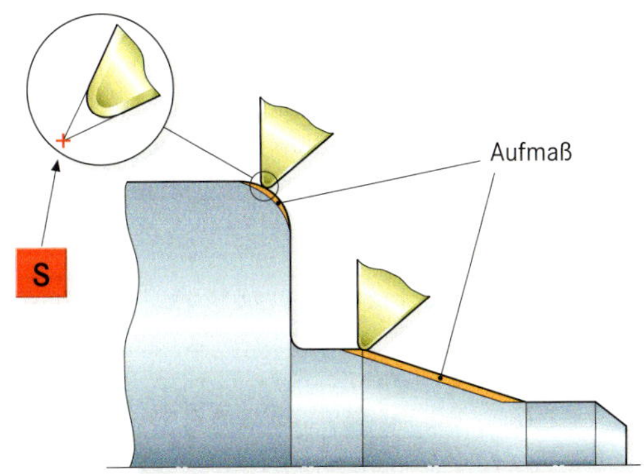

Abb. 2: Konturfehler durch den Radius an der Schneide

Damit die Steuerung der Drehmaschine eine Korrektur des Schneidenradius vornehmen kann, muss der Steuerung mitgeteilt werden, auf welcher Seite der Kontur gearbeitet wird. Es bestehen zwei Möglichkeiten:

Werkzeuglage		Wegbedingung
Links	der Kontur	G41
Rechts	der Kontur	G42

Betrachtet wird dabei das Werkzeug in Vorschubrichtung (Abb. 3).

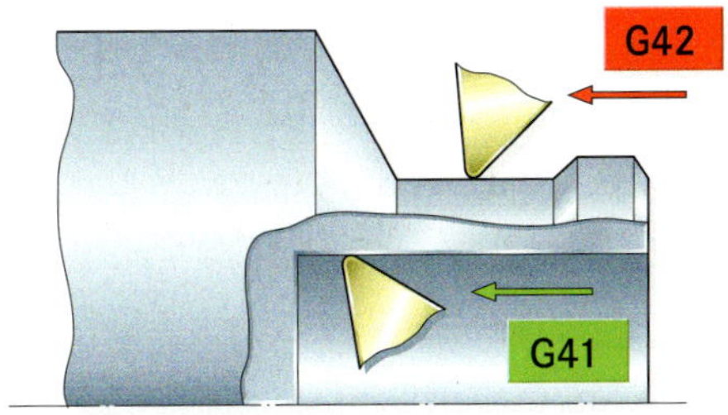

Abb. 3: Werkzeuglage

Die Werkzeugbahnkorrektur kann durch den Befehl **G40** wieder aufgehoben werden.

Schneidenradiuskompensation

Durch die Schneidenradiuskompensation wird erreicht, dass die Steuerung den Radius der Schneide berücksichtigt und die Werkzeugbahn entsprechend korrigiert. Sie errechnet eine *Äquidistante* als Bahn des Schneidenradiusmittelpunktes. Sie verläuft parallel zur Werkstückkontur im Abstand des Schneidenradius (Abb. 4).

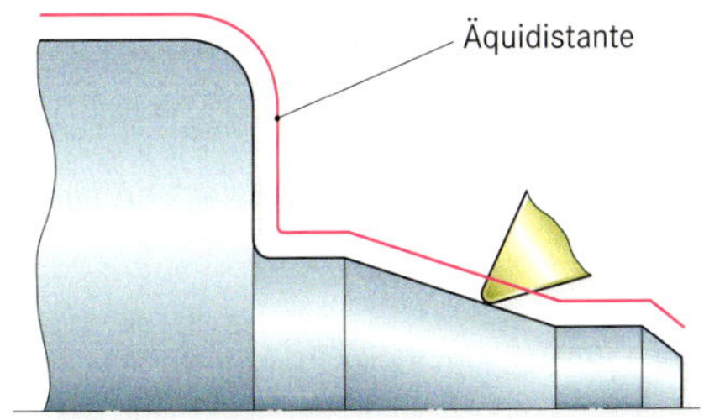

Abb. 4: Verlauf der Äquidistante

Zusätzlich zum Schneidenradius benötigt die Steuerung noch die *Lage der Werkzeugschneide* zur Werkstückkontur, um eine Werkzeugbahnkorrektur durchführen zu können.

Lage der Werkzeugschneide

Die Lage der Werkzeugschneide wird durch die *Lagekennzahlen* der Werkzeugschneide zu einem theoretischen Werkstück (*Werkzeugquadrant*) angegeben (Abb. 1).

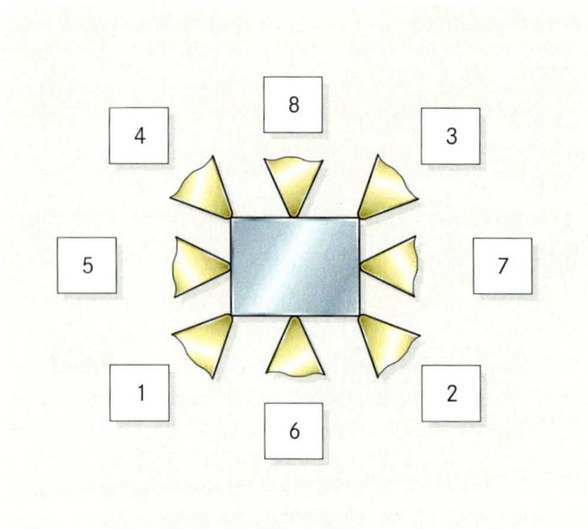

Abb. 1: Lagekennzahlen und Werkzeugquadrant

Im Werkzeugkorrekturspeicher wird zusätzlich zum Werkzeugradius noch die Lagekennzahl angegeben.

2.1.4.3 Zyklenprogrammierung

Um die Programmierung von immer wiederkehrenden Konturelementen zu vereinfachen, werden beim Drehen Bearbeitungszyklen verwendet.

Der Einsatz von Zyklen bietet dem Programmierer einige Vorteile:

- Vereinfachung des Programms, da die Bearbeitung eines Werkstücks bis zur im Programm beschriebenen Kontur mit nur einem Satz programmiert werden kann,
- alle nötigen Zwischenschritte zur Erzeugung der Kontur werden von der Steuerung erstellt,
- höhere Übersichtlichkeit des Programms,
- einfachere Fehlersuche,
- Zeitersparnis beim Programmieren.

Die Zyklen sind in der Steuerung der CNC-Maschine gespeichert und werden mit einem G-Befehl angewählt.

Durch die Anwahl öffnet sich ein Dialogfenster, das vom Programmierer ausgeführt werden muss.

Die Bearbeitungszyklen lassen sich in drei Gruppen einteilen:

Gewindebearbeitung:

- Gewindezyklus (G31)
- Gewindebohrzyklus (G32)
- Gewindestrehlzyklus (G33)

Konturbearbeitung:

- Konturschruppzyklus längs (G81)
- Konturschruppzyklus plan (G82)
- Konturschruppzyklus konturparallel (G83)
- Konturstechzyklus radial (G87)
- Konturstechzyklus (G89)

sonstige Zyklen

- Bohrzyklus (G84)
- Freistichzyklus (G85)
- Stechzyklus radial (G86)
- Stechzyklus axial (G88)

Bei den Bearbeitungszyklen können in der Programmzeile für den Zyklus der Vorschub (Adresse **F**) und die Drehzahl (Adresse **S**) zusätzlich programmiert werden.

Im Folgenden soll nur eine Auswahl der oben erwähnten Zyklen vorgestellt werden.

Die Zyklen enthalten ein Dialogfenster mit zwei unterschiedlichen Arten von Adressen (Abb. 2), in die der Programmierer entsprechende Werte eingibt (→).

- **notwendige Adressen**

Die notwendigen Adressen müssen vom Programmierer angegeben werden. Sie sind die Minimalanforderung für die Bestimmung der Zyklen.

- **optionale Adressen**

Mit den optionalen Adressen kann der Programmierer je nach Bedarf die Aufgaben des Zyklus näher bestimmen. Wie viele von den optionalen Adressen noch verwendet werden, muss der Programmierer der Fertigungsaufgabe anpassen.

N	G31	X	Z	F	D	ZS	XS	DA	DU	Q	O
		notwendige Adressen				optionale Adressen					

Abb. 2: Dialogfeld Gewindezyklus G31

- **Gewindebearbeitung:**

Gewindezyklus G31

Der Gewindezyklus wird zum Drehen beliebiger Gewinde verwendet. Der Gewindestartpunkt kann entweder im Satz vor dem Zyklus angegeben werden oder im Zyklus in den optionalen Adressen (Abb. 3).

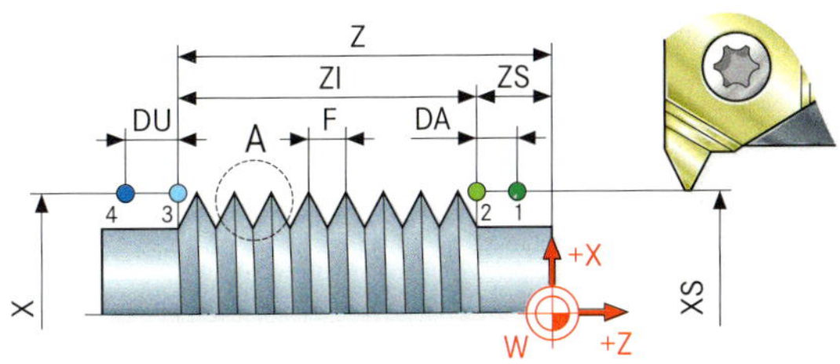

2● Gewindestartpunkt
3● Gewindeendpunkt
1● Gewindestartpunkt mit Gewindeanlauf DA
4● Gewindeendpunkt mit Gewindeüberlauf DU

Gewindean- und -überlauf = (2 bis 4) x Gewindesteigung

Adresse	Beschreibung	Art
X/XI/ **XA**	X-Koordinate des Gewindeendpunktes • X absolute **(inkrementale)** Angabe • XIinkrementale **(XA absolute)** Angabe (bezogen auf den Startpunkt)	notwendig bei G90 **bei G91**
Z/ZI/ **ZA**	Z-Koordinate des Gewindeendpunktes • Z absolute **(inkrementale)** Angabe • ZI inkrementale **(ZA absolute)** Angabe (bezogen auf den Startpunkt)	notwendig bei G90 **bei G91**
F	Steigung in Gewinderichtung	notwendig
D	Gewindetiefe	notwendig
ZS	Z-Koordinate des Startpunktes (absolut)	optional
XS	X-Koordinate des Startpunktes (absolut)	optional
DA	Gewindeanlauf (achsparallel zu Z)	optional
DU	Gewindeüberlauf (achsparallel zu Z)	optional
Q	Anzahl der Schnitte	optional
O	Anzahl der Leerdurchläufe	optional
H	Auswahl der Zustellart — Restschnitte • H1 ohne Versatz — aus • H2 Zustellung linke Flanke — aus • H3 Zustellung rechte Flanke — aus • H4 Zustellung wechselseitig — aus • H11 ohne Versatz — ein • H12 Zustellung linke Flanke — ein • H13 Zustellung rechte Flanke — ein • H14 Zustellung wechselseitig — ein Restschnitte aus 1/2, 1/4, 1/8 x (D/Q)	optional
S	Umdrehungsfrequenz/ Schnittgeschwindigkeit	optional
M	Drehrichtung/Kühlmittelschaltung	optional

Abb. 3: Befehle und Adressen im G31-Zyklus

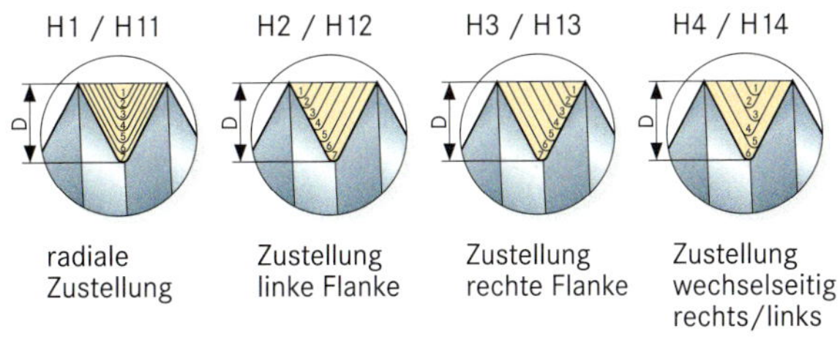

Gewindebohrzyklus G32

Der Gewindebohrzyklus wird zum Bohren von Gewinden mit einem Gewindebohrer auf Drehmaschinen mit angetriebenem Reitstock verwendet. Startpunkt der Zustellbewegung ist die aktuelle Werkzeugposition. Die Zustellbewegung endet bei der programmierten Gewindetiefe (Abb. 4).

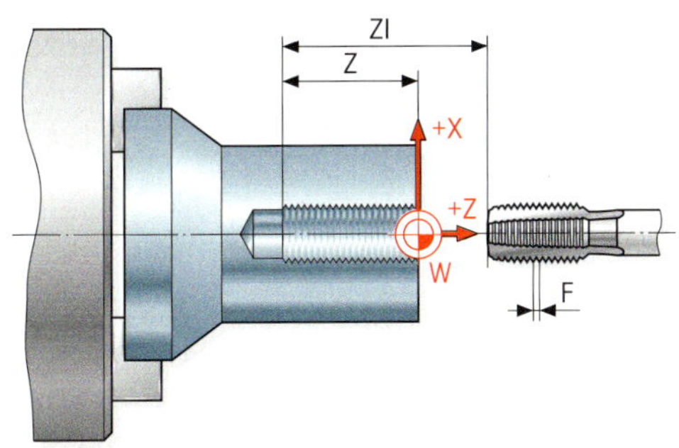

Adresse	Beschreibung	Art
Z/ZI/ **ZA**	Z-Koordinate des Gewindeendpunktes • Z absolute **(inkrementale)** Angabe • ZI inkrementale **(ZA absolute)** Angabe (bezogen auf die aktuelle Werkzeugposition)	notwendig bei G90 **bei G91**
F	Steigung in Gewinderichtung	notwendig
S	Umdrehungsfrequenz/ Schnittgeschwindigkeit	optional
M	Drehrichtung/Kühlmittelschaltung	optional

Abb. 4: Befehle und Adressen im G32-Zyklus

Gewindestrehlzyklus G33

Mit dem Gewindestrehlzyklus können lineare oder konische Gewinde hergestellt werden. Zum Gewindestrehlen wird ein spezielles Werkzeug verwendet, das in Vorschubrichtung über mehrere in ihrer Schnitttiefe gestaffelte Schneidprofile verfügt.

Das Gewinde wird in einem Schnitt erzeugt. Das Dialogfeld für den Gewindestrehlzyklus ist ähnlich dem des Gewindebohrzyklus aufgebaut.

• **Konturbearbeitung:**

Bei allen Konturschruppzyklen (G81, G82, G83, G87, G89) erfolgt im Anschluss an die Zyklusprogrammierung, durch eine frei wählbare Kombination von Wegbefehlen, Programmabschnittswiederholungen und Unterprogrammen, die Konturbestimmung.

Ende Konturzyklus G80

Ist eine Konturbestimmung durch einen Konturbearbeitungszyklus abgeschlossen, so wird der Zyklusaufruf mit dem Befehl **G80** beendet. Der Befehl **G80** steht in einer eigenen Programmzeile.

Konturschruppzyklus längs G81

Der Konturzyklus wird zum Drehen beliebiger Konturen in Längsrichtung verwendet (Abb. 1).

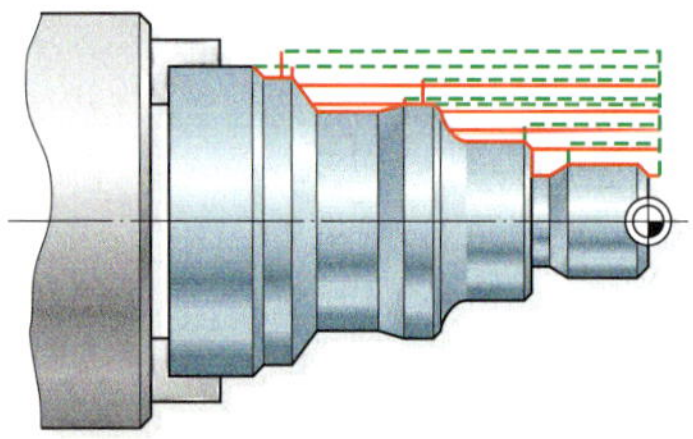

Adresse	Beschreibung	Art
D	Zustellung	notwendig
H	Bearbeitungsart • H1 nur Schruppen, 1x45° abheben • H2 stufenweises Auswinkeln entlang der Kontur • H3 wie H1 mit Konturschnitt am Ende • H4 Schlichten mit programmiertem Aufmaß • H24 Schruppen mit H2, dann Schlichten	optional
AK	Konturparalleles Aufmaß	optional
AZ	Aufmaß in Z-Richtung	optional
AX	Aufmaß in X-Richtung	optional
AE	Eintauchwinkel	optional
AV	Sicherheitswinkelabschlag für AE und AS	optional
O	Bearbeitungsstartpunkt • O1 aktuelle Werkzeugposition • O2 aus der Fertigkontur berechnen	optional
Q	Leerschnittoptimierung • Q1 Optimierung ein • Q2 Optimierung aus	optional
V	Sicherheitsabstand in Z-Richtung	optional
E	Eintauchvorschub	optional
F, S, M		optional

Abb. 1: Befehle und Adressen im G81-Zyklus

Es muss entweder der Wert für **D** oder **H4** programmiert werden. Der Parameter D kann mit **H1**, **H2**, **H3**, oder **H24** ergänzt werden.

Für die Programmierung der Kontur mit **G81** bestehen drei Möglichkeiten:

- Die Kontur kann im Hauptprogramm direkt nach dem Zyklusaufruf (Abb. 2) beschrieben werden.

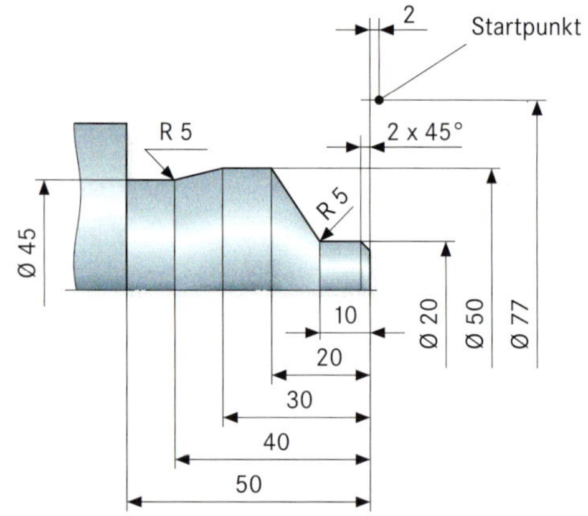

Programmzeile	Bedeutung
N30 …	
N40 X 77 Z 2	Anfahren des Startpunktes
N50 G81 D2.5 H2	Zyklusaufruf
N60 G1 X16 Z0	Start Programmierung der Außenkontur
N70 X20 Z-2	
N80 Z-10 RN5	
N90 X50 Z-20	
N100 Z-30	
N110 X45 Z-40 RN5	
N120 Z-50	
N130 X75	Ende der Außenkontur
N140 G80	Ende des Konturschruppzyklus
N150 …	

Abb. 2: Konturbeschreibung direkt nach G81

- Die Beschreibung der Außenkontur erfolgt nach dem Hauptprogramm. Dann muss direkt nach dem Zyklusaufruf mit **G81** mit **G23** (Programmabschnittswiederholung) der entsprechende Abschnitt aufgerufen werden (Abb. 3).

Programmzeile	Bedeutung
N50 G81 D2.5 H2	Zyklusaufruf
N60 G23 N 100 N 190	Programmabschnittswiederholung der Programmzeilen, in denen die Kontur beschrieben wird

Abb. 3: Programmabschnittswiederholung

- Die Beschreibung der Außenkontur erfolgt in einem eigenen Unterprogramm. Dann muss direkt nach dem Zyklusaufruf mit **G81** mit **G22** (Unterprogrammaufruf) das entsprechende Unterprogramm aufgerufen werden (Abb. 4).

Programmzeile	Bedeutung
N50 G81 D2.5 H2	Zyklusaufruf
N60 G22 L200 H1	Unterprogrammaufruf des Unterprogramms, in dem die Kontur beschrieben wird

Abb. 4: Unterprogrammaufruf

Konturschruppzyklus plan G82

Der Konturzyklus wird zum Drehen beliebiger Konturen in Planrichtung verwendet (Abb. 5).

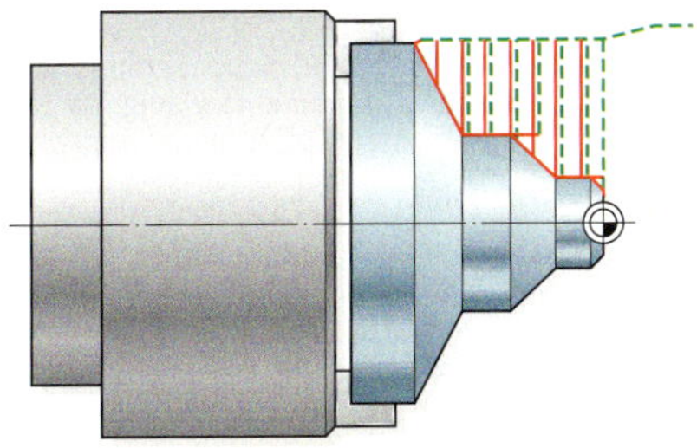

Adresse	Beschreibung	Art
D	Zustellung	notwendig
H	Bearbeitungsart • H1 nur Schruppen, 1x45° abheben • H2 stufenweises Auswinkeln entlang der Kontur • H3 wie H1 mit Konturschnitt am Ende • H4 Schlichten mit programmiertem Aufmaß • H24 Schruppen mit H2, dann Schlichten	optional
AK	Konturparalleles Aufmaß	optional
AZ	Aufmaß in Z-Richtung	optional
AX	Aufmaß in X-Richtung	optional
AE	Eintauchwinkel	optional
AS	Austauchwinkel	optional
AV	Sicherheitswinkelabschlag für AE und AS	optional
O	Bearbeitungsstartpunkt • O1 aktuelle Werkzeugposition • O2 aus der Fertigkontur berechnen	optional
Q	Leerschnittoptimierung • Q1 Optimierung aus • Q2 Optimierung ein	optional
V	Sicherheitsabstand in Z-Richtung	optional
E	Eintauchvorschub	optional
F, S, M		optional

Abb. 5: Befehle und Adressen im G81-Zyklus

Es muss entweder der Wert für **D** oder **H4** programmiert werden. Der Parameter D kann mit **H1**, **H2**, **H3**, oder **H24** ergänzt werden.

- **Sonstige Zyklen:**

Bohrzyklus G84

Der Bohrzyklus wird zur Herstellung von Bohrungen senkrecht zur Planfläche verwendet. Die Bearbeitung kann mit oder ohne Spanbruch und mit oder ohne Spanentleerung durchgeführt werden (Abb. 6).

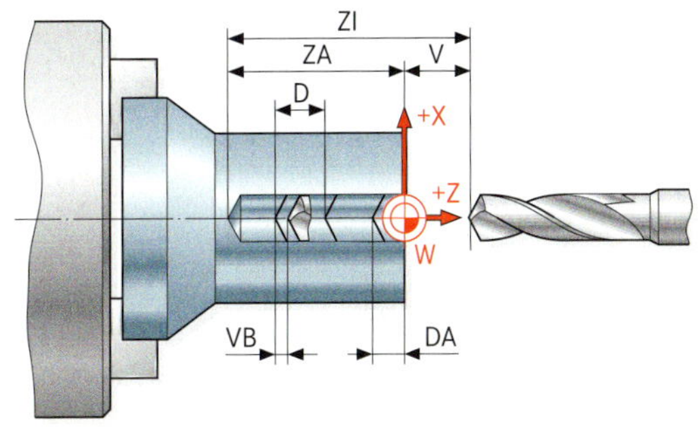

Adresse	Beschreibung	Art
ZI/ZA	Tiefe der Bohrung • ZI inkremental zur aktuellen Werkzeugposition • ZA absolut bezogen auf Werkstücknullpunkt	notwendig
D	Zustelltiefe, ohne Wert für D erfolgt Zustellung bis zur Bohrtiefe	optional
V	Sicherheitsabstand des Werkzeugs zur Werkstückoberfläche	optional
VB	Sicherheitsabstand vor dem Bohrungsgrund	optional
DR	Reduzierwert der Zustelltiefe	optional
DM	Mindestzustellung	optional
R	Rückzugsabstand (normal bis Startpunkt)	optional
DA	Anbohrtiefe	optional
U	Verweildauer	optional
O	Wahl der Verweildauerzeit • O1 Verweilzeit in Sekunden • O2 Verweilzeit in Umdrehungen	optional
FR	Reduzierung der Eilganggeschwindigkeit	optional
E	Anbohrvorschub	optional
F, S, M		optional

Abb. 6: Befehle und Adressen im G84-Zyklus

Freistichzyklus G85

Mit dem Zyklus können Gewindefreistiche und Freistiche nach folgenden DIN Normen gefertigt werden (Abb. 1):

- Gewindefreistich nach DIN 76
- Freistich nach DIN 509 E
- Freistich nach DIN 509 F

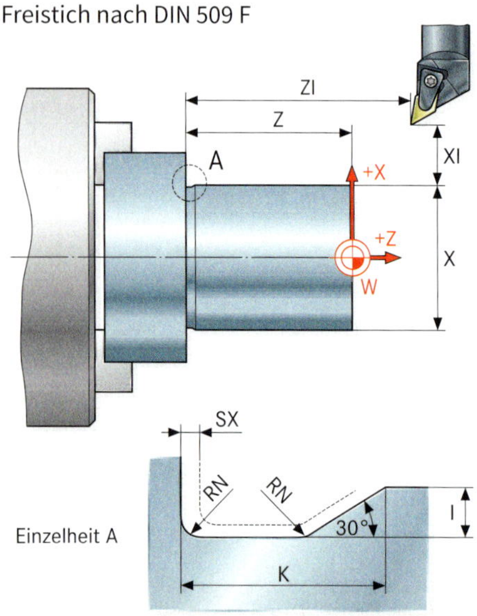

Adresse	Beschreibung	Art
X/XI/ **XA**	X-Koordinaten der Freistichposition • X absolute **(inkrementale)** Angabe • XI inkrementale **(XA absolute)** Angabe	notwendig bei G90 **bei G91**
Z/ZI/ **ZA**	Z-Koordinaten der Freistichposition • Z absolute **(inkrementale)** Angabe • ZI inkrementale **(ZA absolute)** Angabe	notwendig
I	Freistichtiefe	optional (notwendig bei DIN 76)
K	Freistichlänge	optional (notwendig bei DIN 76)
RN	Eckenradius	optional
SX	Schleifaufmaß	optional
H	Form des Freistiches • H1 DIN 76 • H2 DIN 509 Form E • H3 DIN 509 Form F	optional
E	Eintauchvorschub	optional
F, S, M		optional

Abb. 1: Befehle und Adressen im G85-Zyklus

Einstechzyklus radial G86

Mit dem Zyklus werden radiale Einstiche in X-Richtung gefertigt (Abb. 2).

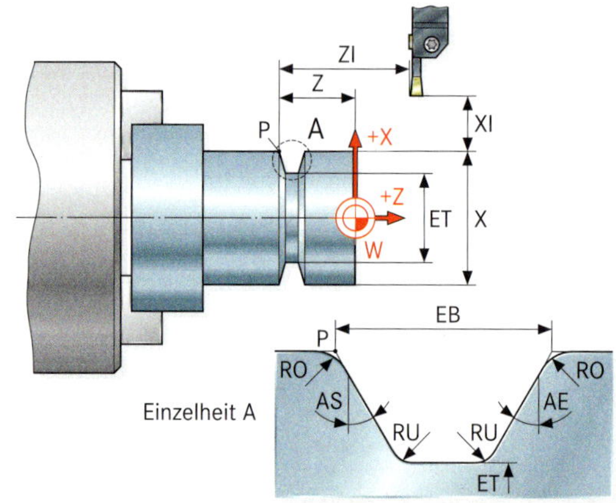

Adresse	Beschreibung	Art
X/XI/ **XA**	X-Koordinaten der Einstichposition • X absolute **(inkrementale)** Angabe • XI inkrementale **(XA absolute)** Angabe	notwendig bei G90 **bei G91**
Z/ZI/ **ZA**	Z-Koordinaten der Einstichposition • Z absolute **(inkrementale)** Angabe • ZI inkrementale **(ZA absolute)** Angabe	notwendig bei G90 **bei G91**
ET	Einstichtiefe	notwendig
EB	Einstichbreite und Einstichlänge • Breite = Wert von EB • Lage des Einstichs – positiver Wert: Einstich liegt in Richtung der positiven Z-Achse von der Einstichposition P weg – negativer Wert: Einstich liegt in Richtung der negativen Z-Achse von der Einstichposition P weg	optional
D	Zustelltiefe, ohne Wert für D erfolgt Zustellung bis Einstichgrund	optional
AS	Flankenwinkel am Startpunkt	optional
AE	Flankenwinkel am Endpunkt	optional
RO	Abrundung/Fase der oberen Ecken • positiver Wert = Abrundung • negativer Wert = Fase	optional
RU	Verrundung/Fase der unteren Ecken • positiver Wert = Abrundung • negativer Wert = Fase	optional
AK	Konturparalleles Aufmaß	optional
AX	Aufmaß in X-Richtung	optional
EP	Setzpunktfestlegung EP1 Setzpunkt in einer Ecke der Einstichöffnung EP Setzpunkt in einer Ecke des Einstichbodens	optional
H	Form des Einstiches • H1 Vorstechen • H2 Stechdrehen • H4 Schlichten • H14 Vorstechen und Schlichten • H24 Stechdrehen und Schlichten	optional
DB	Zustellung in % der Meißelbreite	optional
V	Sicherheitsabstand über Einstichöffnung	optional
E	Eintauchvorschub	optional
F, S, M		optional

Abb. 2: Befehle und Adressen im G86-Zyklus

Einstechzyklus axial G88

Mit dem Zyklus werden axiale Einstiche in Z-Richtung gefertigt (Abb. 3).

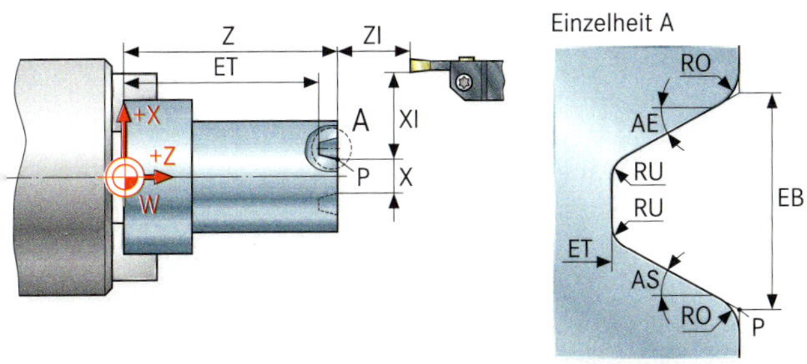

Adresse	Beschreibung	Art
X/XI/ **XA**	X-Koordinaten der Einstichposition • X absolute **(inkrementale)** Angabe • XI inkrementale **(XA absolute)** Angabe	notwendig bei G90 **bei G91**
Z/ZI/ **ZA**	Z-Koordinaten der Einstichposition • Z absolute **(inkrementale)** Angabe • ZI inkrementale **(ZA absolute)** Angabe	notwendig bei G90 **bei G91**
ET	Einstichtiefe	notwendig
EB	Einstichbreite und Einstichlänge • Breite = Wert von EB • Lage des Einstichs – positiver Wert: Einstich liegt in Richtung der positiven X-Achse von der Einstichposition P weg – negativer Wert: Einstich liegt in Richtung der negativen X-Achse von der Einstichposition P weg	optional
D	Zustelltiefe, ohne Wert für D erfolgt Zustellung bis Einstichgrund	optional
AS	Flankenwinkel am Startpunkt	optional
AE	Flankenwinkel am Endpunkt	optional
RO	Abrundung/Fase der oberen Ecken • positiver Wert = Abrundung • negativer Wert = Fase	optional
RU	Verrundung/Fase der unteren Ecken • positiver Wert = Abrundung • negativer Wert = Fase	optional
AK	Konturparalleles Aufmaß	optional
AZ	Aufmaß in Z-Richtung	optional
EP	Setzpunktfestlegung EP1 Setzpunkt in einer Ecke der Einstichöffnung EP2 Setzpunkt in einer Ecke des Einstichbodens	optional
H	Form des Einstiches • H1 Vorstechen • H2 Stechdrehen • H4 Schlichten • H14 Vorstechen und Schlichten • H24 Stechdrehen und Schlichten	optional
DB	Zustellung in % der Meißelbreite	optional
V	Sicherheitsabstand über Einstichöffnung	optional
E	Eintauchvorschub	optional
F, S, M		optional

Abb. 3: Befehle und Adressen im G86-Zyklus

2.1.4.4 Unterprogramme

Wiederholen sich an einem Werkstück Konturelemente, z. B. ein Freistich, wird die Kontur nur einmal als Unterprogramm geschrieben (Abb. 4). Der Aufruf im Hauptprogramm erfolgt durch den Befehl G22, die Adresse L und die Unterprogrammnummer. Der Parameter H gibt an, wie oft ein Unterprogramm wiederholt werden soll.

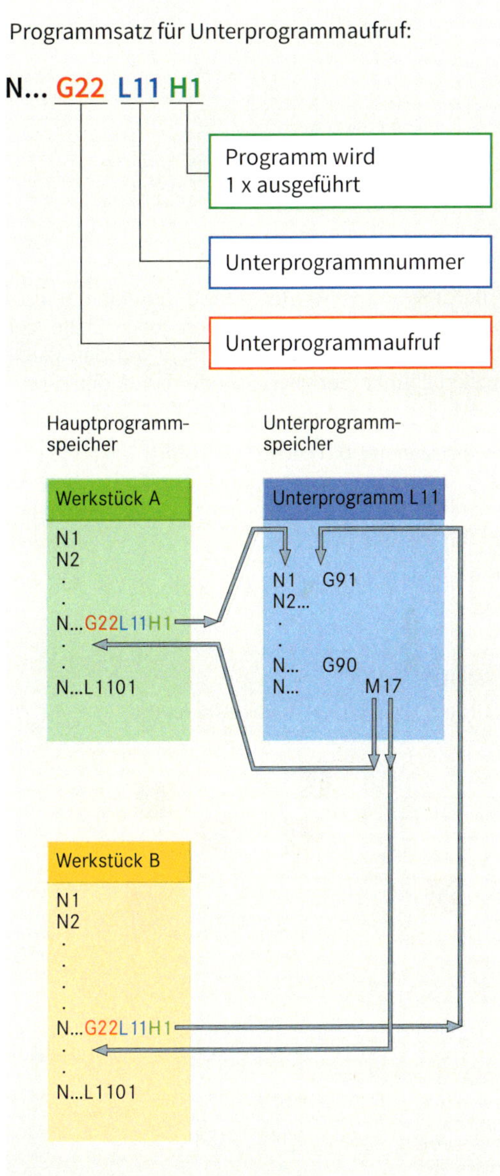

Abb. 4: Unterprogrammaufruf und Programmstruktur

Das Unterprogramm kann mehrmals im Hauptprogramm aufgerufen werden. Es ist auch für andere Werkstücke einsetzbar.

Damit ein Unterprogramm fehlerfrei arbeitet, muss der im Unterprogramm angelegte Startpunkt **S** (Abb. 1) im Hauptprogramm angefahren werden.

Dies geschieht in dem Satz unmittelbar vor dem Unterprogrammaufruf.

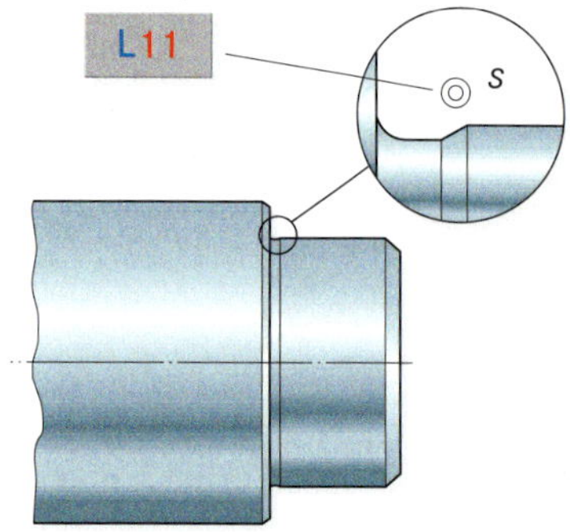

Abb. 1: Drehen eines Freistiches

Unterprogramme werden meist inkremental programmiert. Dadurch sind sie an jeder Stelle der Kontur einsetzbar, da sie sich nicht auf den Werkstücknullpunkt beziehen, sondern auf den Startpunkt.

Im Beispiel (Abb. 1) liegt der Startpunkt 0,5 mm über dem ersten Konturpunkt des Freistiches. Es muss im Hauptprogramm daher dieser Punkt angefahren werden.

Unterprogramme werden mit dem Befehl M17 beendet.

Beispiel:

Unterprogramm für den Freistich (Abb. 1)

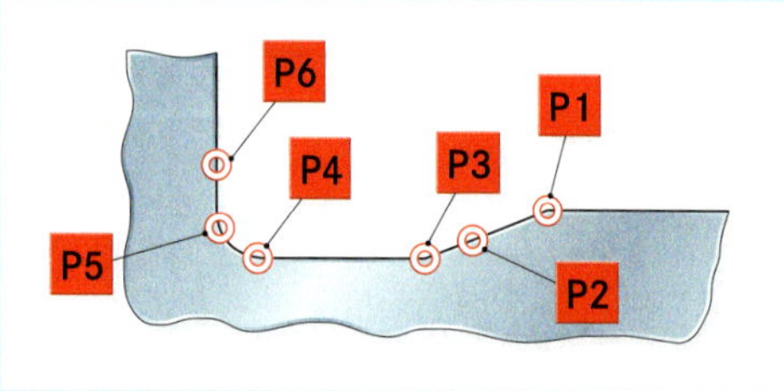

N	G	X	Z	I	K	M	
1	91						
2	01	-0,5					P1
3	01	-0,18	-0,671				P2
4	02	-0,02	-0,145	0,58	-0,154		P3
5	01		-0,575				P4
6	02	0,6	-0,6	0,6	0		P5
7	01	0,5	2				P6
8	90						
9						17	

Durch den Befehl M17 springt das Unterprogramm zurück auf seinen Anfang und die Steuerung liest den nächsten Satz im Hauptprogramm.

2.1.4.5 Programmabschnittswiederholung

Die Programmabschnittswiederholung wird mit dem Befehl **G23** aufgerufen. Mit dem Befehl G23 ist es möglich, Programmabschnitte mehrmals ablaufen zu lassen. Dadurch kann ein im Hauptprogramm programmiertes Konturelement, das an der Kontur öffters auftaucht (z. B. eine Hinterschneidung) an verschiedenen Stellen im Hauptprogramm wiederholt werden. Der Vorteil dabei ist, dass das Konturelement nur einmal programmiert werden muss.

Programmsatz für Programmabschnittswiederholung:

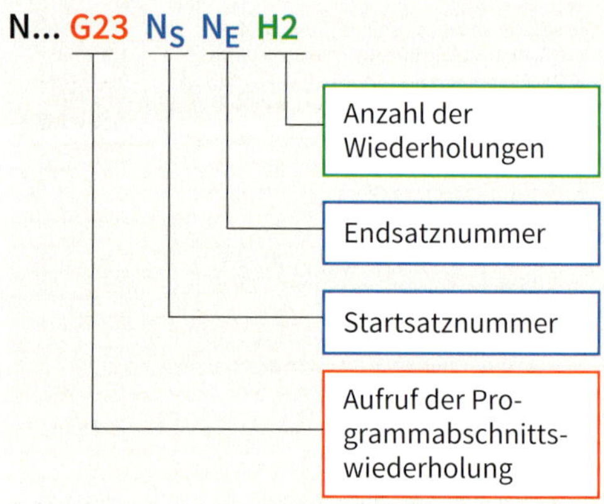

Abb. 2: Programmabschnittswiederholung

Der Wert für H muss nur eingegeben werden, wenn der Programmabschnitt mehr als einmal abgearbeitet werden soll.

Aufgab

1. Machen Sie an einem Beispiel deutlich, aus welchen Teilen ein Programmsatz besteht.
2. Erklären Sie den Begriff modal.
3. Nennen Sie die drei Wegbedingungen an einer CNC-Drehmaschine. Welche Auswirkungen haben diese?
4. Mit dem Befehl G92 wird die Drehzahl begrenzt. Wann wird dieser Befehl beim CNC-Drehen angewendet?
5. Zusatzfunktionen können unterschiedlich wirksam sein. Nennen Sie die Möglichkeiten und geben Sie ein Beispiel an.
6. Weshalb ist eine Schneidenradiuskompensation nötig?

Planen/ Dokumentieren

2.1.5 Arbeitsplan

Durch den Arbeitsplan (Abb. 3) wird die Struktur des Programms festgelegt. Zusätzlich finden sich im Arbeitsplan die verwendeten Arbeitsmittel wie Drehwerkzeuge und Spannzeuge.

Da während der CNC-Fertigung nicht geprüft wird, ist die Welle nach dem Fertigungsdurchlauf zu prüfen.

westermann	**Arbeitsplan**	**Blatt-Nr.** 1	**Anzahl** 1
Zeichn.-Nr. / **Benennung:** Schneckenradwelle **Sach.-Nr.**		**Auftragsnr.:**	**Name:**
Halbzeug: Rd EN 10278-90x225 S235JO		**Stückzahl:** 1	**Klasse/Gr.:**
[X] **Einzelteil** [ ] **Montage/Demontage**		**Termin:**	**Kontr.-Nr.:**

Lfd. Nr.	**Arbeitsvorgang**	**Arbeitsmittel**	**Arbeitswerte/ Bemerkungen**
1	Spannen	Dreibackenfutter	
2	Zentrieren	Zentrierbohrer T16	n = 2000 1/min; f = 0,2 mm
3	Querplandrehen	Drehmeißel außen links T01	v_c = 300 m/min; f = 0,15 mm
4	Längsrunddrehen rechte Wellenseite		
	Schruppen Außenkontur		Abspanzyklus längs G81
5	Schlichten Außenkontur	Drehmeißel außen links T03	v_c = 320 m/min; f = 0,1 mm
6	Drehen Fase 2 x 45°		
7	Drehen Lagersitz Ø 35k6		Toleranzmitte bei 35,01 mm
8	Drehen Fase 1 x 24°		
9	Drehen Absatz Ø 45		
10	Drehen Absatz Ø 85		
11	Drehen Freistich am Lagersitz		Freistichzyklus G85
12	Einstechdrehen Nut für den Sicherungsring	Einstechmeißel außen T0404	Einstechzyklus G86
13	Umspannen	Dreibackenfutter mit Weichbacken	
14	Zentrieren	Zentrierbohrer T1616	n = 2000 1/min; f = 0,2 mm
15	Querplandrehen	Drehmeißel außen links T0101	v_c = 300 m/min; f = 0,15 mm
16	Spannen	Mitlaufende Zentrierspitze	
17	Längsrunddrehen linke Wellenseite		
	Schruppen Außenkontur		Abspanzyklus längs G81
18	Schlichten Außenkontur	Drehmeißel außen links T03	v_c = 320 m/min; f = 0,1 mm
19	Drehen Gewindefase		
20	Drehen Nenndurchmesser Gewinde M20		
21	Kegeldrehen		
22	Drehen Absatz Ø 35		Toleranzmitte bei 35,01 mm
23	Drehen Absatz Ø 45		
24	Drehen Freistich am Lagersitz		Freistichzyklus G85
25	Drehen Gewindefreistich für M20 x 1,4		Einstechzyklus G86
26	Einstechdrehen Nut für den Sicherungsring	Einstechmeißel außen T04	n = 3000 1/min; f = 0,1 mm
27	Drehen Gewinde M20 x 1,5	Gewindemeißel außen T05	Gewindezyklus
28	Ausspannen und Prüfen		

Abb. 3: Arbeitsplan für das Drehen der Schneckenradwelle

2.1.5.1 Spannplan

Im Spannplan wird festgelegt, wie das Werkstück zu spannen ist, um die fehlerfreie Herstellung durch das Programm zu ermöglichen.

- **Bearbeitung rechte Seite**

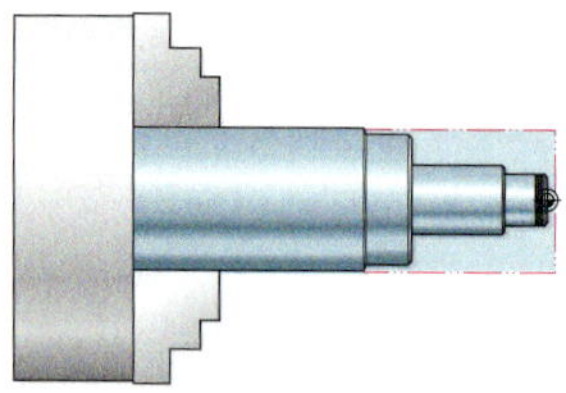

- **Bearbeitung linke Seite**

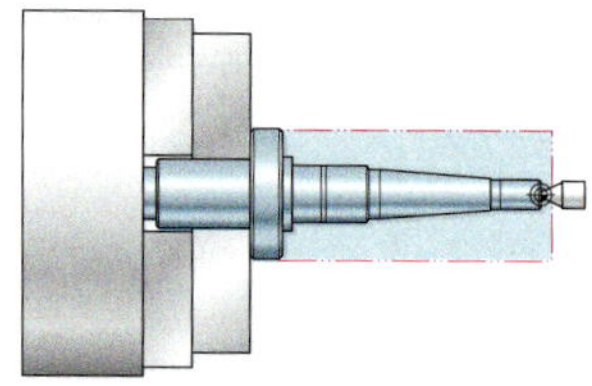

Programmieren

2.1.6 Programm Schneckenradwelle

Das Programm wird entsprechend den im Arbeitsplan festgelegten Schritten und Werkzeugen in die Steuerung eingegeben. Hier wird die rechte und die linke Seite des Programms in zwei getrennten Programmen abgearbeitet. Zur Veranschaulichung werden mehrere Methoden der Programmierung angewendet.
Es besteht aber auch die Möglichkeit, ein Programm für die ganze Welle zu erstellen und nach der Bearbeitung der rechten Wellenseite mit M60 einen Werkstückwechsel einzuplanen, um das Werkstück umzuspannen. Danach wird mit der Bearbeitung im Programm fortgefahren.

Programm rechte Wellenseite

Programm	Kommentar
`% 1265`	Name des Hauptprogramms
`N1 G74`	Referenzpunkt anfahren
`N2 G54`	Nullpunktverschiebung
`N3 F0.2 S2000 T1616 M4`	Werkzeugaufruf Zentrierbohrer
`N4 G0 X0 Z2`	Zentrieren
`N5 G1 Z-11.5 M8`	
`N6 G1 Z2`	
`N7 G14 H0`	Werkzeugwechselpunkt
`N8 G96 F0.15 S300 T0101 M4`	Werkzeugaufruf Schruppdrehmeißel außen links
`N9 G0 X92 Z0 M8`	
`N10 G1 X-1`	Plandrehen
`N11 G1 Z1`	
`N12 G0 X90`	
`N13 G0 X90`	Startpunkt Abspanzyklus
`N14 G81 D2 H4 AK0.5`	Abspanzyklus außen längs mit konturparallelem Aufmaß
`N15 G0 X31.01 Z1`	Anfang der Beschreibung der Außenkontur
`N16 G1 Z0 M8`	
`N17 G1 X35.01 Z2`	Fase 2 x 45°
`N18 G1 Z-19`	
`N19 G1 X43`	
`N20 G1 X45 Z-20`	Fase 1 x 45°
`N21 G1 Z-68`	
`N22 G1 X81`	
`N23 G1 X85 Z-70`	Fase 2 x 45°
`N24 G1 Z-89`	Ende der Beschreibung Außenkontur
`N25 G80`	Ende des Konturzyklus
`N26 G14`	Anfahren Werkzeugwechselpunkt
`N27 G96 M4`	Werkzeugaufruf Schlichtdrehmeißel außen links
`N28 G23 N16 N25 H1`	Programmabschnittswiederholung
`N29 G85 X35 Z-19 H2`	Aufruf Freistichzyklus für DIN 509-E
`N30 G14 H0`	Werkzeugwechselpunkt
`N31 G97 F0.1 S3000 T0404 M4`	
`N32 G86 X36 Z-5.1 ET82,92 EB1.6`	Aufruf Einstechzyklus
`N33 G0 X150 Z100 M9`	Werkzeugwechselpunkt, freifahren
`N34 M30`	Programmende

Programm linke Wellenseite

		Kommentar
% 1266		Name des Hauptprogramms
N1	G54	Nullpunktverschiebung
N2	F0.2 S2000 T1616 M4	Werkzeugaufruf Zentrierbohrer
N3	G0 X0 Z2 M8	
N4	G1 Z-11.5	Zentrieren
N5	G1 Z2	
N6	G0 X150 Z100 M9	Werkzeugwechselpunkt
N7	G14 H0	Werkzeugaufruf Schruppdrehmeißel außen links
N8	G0 X92 Z0	
N9	G1 X-1	Plandrehen
N10	G1 Z1	
N11	G41	Werkzeugbahnkorrektur
N12	G0 X91 Z1	Startpunkt Abspanzyklus
N13	G81 D2 H4 AK0.5	Abspanzyklus außen längs
N14	G22 L110 H1	Unterprogrammaufruf mit Beschreibung der Fertigkontur
N15	G80	
N15	G14 H0	Werkzeugwechselpunkt
N21	F0.1 S300 T0303 M8	Werkzeugaufruf Schlichtdrehmeißel außen links
N22	G0 X17 Z1	Start Schlichten Außenkontur
N23	G1 X17 Z0	
N24	G1 X20 Z-1	
N25	G1 Z-22	
N26	G1 X30 Z-80	Kegeldrehen
N27	G1 Z-85	
N28	G1 X33.01	
N29	G1 X35.01 Z-86	Fase 1 x 45°
N30	G1 Z-123	
N31	G1 X45	
N32	G1 Z-127	
N33	G1 X81	
N34	G1 X85 Z-129	Fase 2 x 45°
N35	G1 X86	Ende Schlichten Außenkontur
N39	G85 X35 Z-123 H2	Aufruf Zyklus Freistich DIN 509-F
N40	G0 X37 Z-20	
N41	G0 X22 Z-18.8	Anfahren Startpunkt Unterprogramm Gewindefreistich
N42	G22 L120 H1	Aufruf Unterprogramm Gewindefreistich
N43	G97 F0.1 S150	
N44	G14 H0	Werkzeugwechselpunkt
N45	G97 F0.1 S3000 T0404 M8	
N25	G86 X35 Z-99.3 ET33 EB1.6	
N49	G14 H0	Aufruf Einstechzyklus
N50	S800 T0505 Z100 M8	Wekzeugwechselpunkt
N52	G31 X20 Z-22 F1.5 D0.92 XS 20 ZS0 DA0 DU 4.5 Q2 H1 M03	Gewindezyklus
N53	G14 H0	Werkzeugwechselpunkt
N54	M30	Programmende

Unterprogramme

Unterprogramm Beschreibung Außenkontur

	Kommentar
`L 110`	Name des Unterprogramms
`N22 G1 X17`	
`N24 G1 X20 Z-1`	
`N25 G1 Z-22`	Fase 1 x 45°
`N26 G1 X30 Z-80`	
`N27 G1 Z-85`	
`N28 G1 X33.01`	
`N29 G1 X35.01 Z-86`	
`N30 G1 Z-123`	
`N31 G1 X45`	
`N32 G1 Z-127`	
`N33 G1 X81`	
`N34 G1 X85 Z-129`	Fase 2 x 45°
`N35 G1 X86`	
`N36 M17`	Unterprogrammende

Unterprogramm Gewindefreistich

	Kommentar
`L 12`	Name des Unterprogramms
`N1 G91`	Anwahl der inkrementalen Maßangabe
`N2 G1 X-1`	Anfahren der Werkstückkontur
`N3 G1 X-1.15 Z-2.59`	
`N4 G1 Z-2.7`	
`N5 G2 X0.8 Z-0.8 I0.8 K0`	
`N6 G1 Z1`	
`N7 G90`	Anwahl der absoluten Maßangabe
`N8 M17`	Unterprogrammende

Opti-mieren

2.1.7 Optimierung des Fertigungsprozesses

Für die Serienfertigung der Schneckenradwelle muss eine Fertigungsoptimierung stattfinden.

Eine Fertigungsoptimierung bedeutet in erster Linie eine Verringerung der Fertigungszeit bei Einhaltung der geforderten Qualität und damit verbunden eine Kostenersparnis.

Eine Optimierung kann erreicht werden durch:

- *eine bessere Anpassung der Schnitt- und Vorschubwerte an den Fertigungsprozess,*

  wenn z.B. eine schlechte Oberflächenqualität durch Schwingungen an der Maschine im Fertigungsprozess entsteht oder wenn der Fertigungsprozess höhere Werte zulässt und dadurch die Fertigungszeit verkürzt werden kann,

- *eine geeignetere Schneidstoffwahl,*

  wenn z.B. die Standzeit des Werkzeuges zu gering ist und dadurch Maß- und Oberflächenfehler entstehen,

- *ein in den Fertigungsabläufen verbessertes Programm,*

  wenn z.B. eine andere Bearbeitungsreihenfolge zu weniger Werkzeugwechsel führt und damit die Fertigungszeit verkürzt,

- *ein vorbereitetes Rohteil,*

  wenn z.B. vorgefertigte Zentrierungen eine Fertigung zwischen Spitzen ohne Umspannen ermöglichen.

Nur eine optimierte Fertigung und eine effektive Qualitätskontrolle ermöglichen eine Fertigung mit hohem und dauerhaftem Qualitätsstandard.

Prüfen

2.1.8 Prüfplan

Für die Serienfertigung ist ein Prüfplan zu erstellen (Abb. 1). Der Prüfplan enthält eine Zeichnung, in der alle zu prüfenden Maße den Prüfschritten zugeordnet sind.

westermann	Prüfplan	Blatt-Nr. 1	Anzahl 1
Benennung: Schneckenradwelle	Zeichn.-Nr. Sach.-Nr.____	Auftragsnr.:____	Prüfer:____
☐ Einzelteil	☒ Serienteil	Stückzahl:____	Datum:____

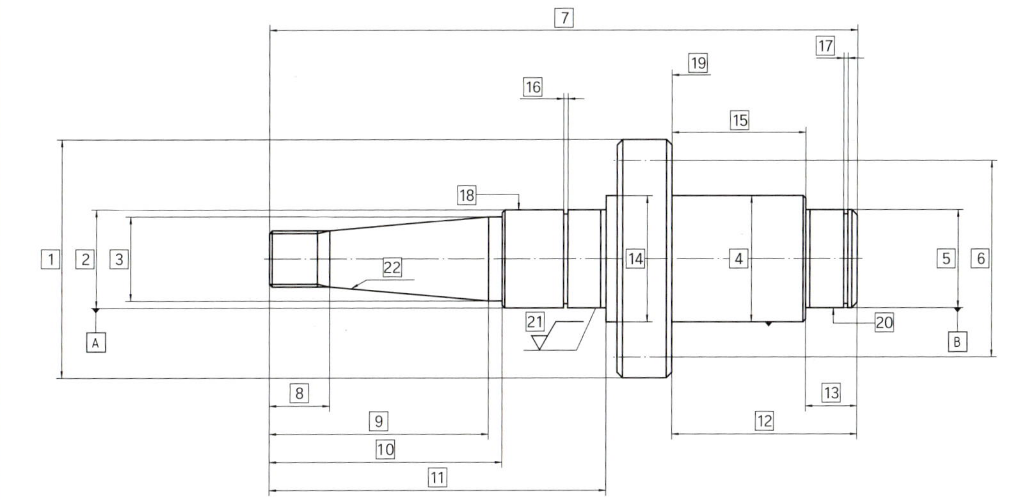

Prüf-schritt	Prüfmerkmal	Maßangabe nach Zeichnung	Grenzabmaße in mm	Prüfgerät
1	Durchmessermaß	85	+/– 0,15	Digitalmessschieber
2	Durchmessermaß	35 k6	+ 0,002 bis + 0,018	Messschraube mit Feinzeiger
3	Durchmessermaß	30	+/– 0,1	Digitalmessschieber
4	Durchmessermaß	45	+/– 0,15	Digitalmessschieber
5	Durchmessermaß	35 k6	+ 0,002 bis + 0,018	Messschraube mit Feinzeiger
6	Durchmessermaß	70	+/– 0,15	Digitalmessschieber
7	Längenmaß	215	+/– 0,2	Digitalmessschieber
8	Längenmaß	22	+/– 0,1	Digitalmessschieber
9	Längenmaß	80	+/– 0,15	Digitalmessschieber
10	Längenmaß	85	+/– 0,15	Digitalmessschieber
11	Längenmaß	123	+/– 0,2	Digitalmessschieber
12	Längenmaß	68	+/– 0,15	Digitalmessschieber
13	Längenmaß	19	+/– 0,1	Digitalmessschieber
14	Durchmessermaß	45	+/– 0,15	Digitalmessschieber
15	Längenmaß	49	+/– 0,15	Digitalmessschieber
16	Längenmaß	1,6 H13	0 bis + 0,14	Maßlehre
17	Längenmaß	1,6 H13	0 bis + 0,14	Maßlehre
18	Rundlauf	0,02	0,02 zu A-B	Rundlaufprüfgerät
19	Planlauf	0,02	0,02 zu A-B	Rundlaufprüfgerät
20	Rundlauf	0,02	0,02 zu A-B	Rundlaufprüfgerät
21	Oberfläche	Rz 1 drallfrei		Tastschnittgerät
22	Kegel			Kegellehre

Abb. 1: Prüfplan

Aufgaben

1. Weshalb werden Unterprogramme für manche Anwendungen inkremental programmiert?

2. Schreiben Sie für das Drehen der Radien die Programmsätze N60 und N80, wenn die Kreisinterpolation inkremental mit I und K programmiert wird.

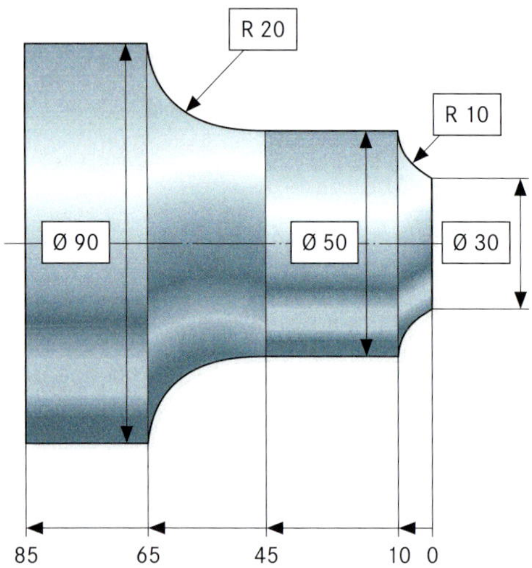


```
...
...
N50   X30   Z0
N60
N70   X50   Z-31
N80
N90   X80   Z-85
...
...
```

3. Schreiben Sie einen Konturschruppzyklus längs für die oben abgebildete Außenkontur. Legen Sie dabei die Fertigkontur als Unterprogramm an.

4. Erläutern Sie, welche Vorteile sich aus dem Einsatz von Zyklen bei der Erstellung von CNC-Drehprogrammen ergeben.

5. Beschreiben Sie die vier Möglichkeiten, die für das Verfahren auf einer geraden Bahn bestehen.

6. Das unten dargestellte Drehteil soll gefertigt werden. Schreiben Sie das vollständige Programm. Verwenden Sie alle notwendigen Zyklen. Programmieren Sie die Fertigkontur am Ende des Hauptprogramms.

Werkzeug: Schrupp- und Schlichtdrehmeißel T02
Gewindedrehmeißel T03

Schnittwerte: Vorschub 0.1 mm/U
Schnittgeschwindigkeit 250 m/min

Werkstücknullpunkt: rechte Planseite

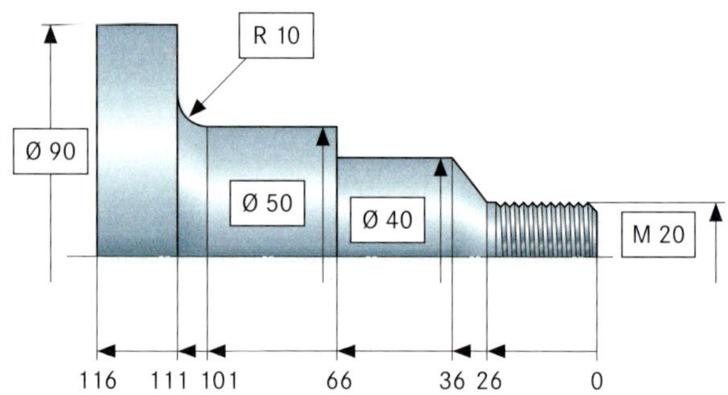

7. Erklären Sie den Unterschied zwischen einem Unterprogramm G22 und der Programmabschnittswiederholung G23.

8. Beschreiben Sie die drei Möglichkeiten, an welcher Stelle die Fertigkontur für den Konturschruppzyklus G81 beschrieben werden kann.

9. Bei der Zyklenprogrammierung gibt es zwei unterschiedliche Arten von Programmadressen. Stellen Sie den Unterschied dar.

10. Erklären Sie, wie sich die Lage des Drehmeißels auf die Programmierung der Drehrichtung G2 und G3 auswirkt.

11. Nennen Sie Maßnahmen, durch die ein bestehender Fertigungsprozess optimiert werden kann.

12. Was wird bei der Programmierung von CNC-Drehmaschinen unter dem Begriff Lagekennzahlen verstanden?

13. Für das unten dargestellte Drehteil sind die zugehörigen Programme vorgegeben.

a) Ergänzen Sie das Programm und das Unterprogramm, indem Sie in den grau unterlegten Stellen die richtigen Werte eintragen. Der Freistich wird mit einem Unterprogramm gefertigt.

b) Erstellen Sie einen Arbeitsplan, der die Arbeitsschritte des Programms widerspiegelt.

c) Fertigen Sie einen Prüfplan an, wenn das Werkstück nach DIN ISO 2768-m toleriert ist.

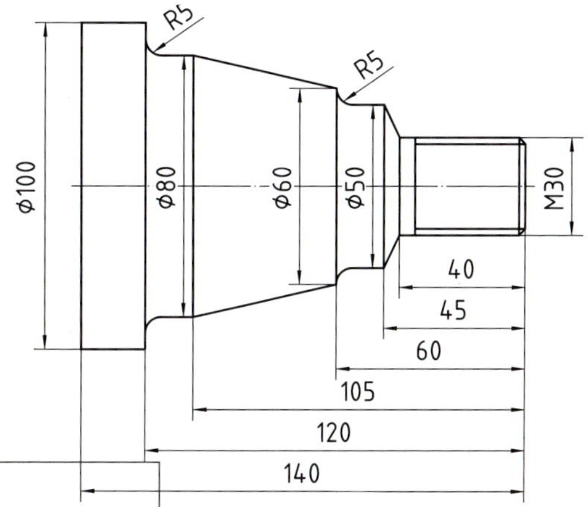

Hauptprogramm % 55

```
N1  G54
N2  G96 F0.25 S300 T0101 M4
N3  G0 X111 Z0.5 M8
N4  G1 X-1.6
N5  G1 Z1
N6  G0 X110
N7  G81 D2 H4 AK0.1
N8  G22 N     N
N9  G
N10 G14 T303 M9
N11 F0.09 S340
N12 G0 X30 Z1
N13 G1 X     Z0 M8
N14 G1 X     Z
N15 G1 Z-40
N16 G1 X     Z
N17 G1 Z
N18 G. X     Z     R
N19 G1 X     Z
N20 G1 Z
N21 G2 X     Z     I     K
N22 G1 X100
N23 G1 X     Z
N24 G0 Z-38
N25 G0 X31
N26 G     L
N27 G14 M9
N28 G97 S900 T505
N29 G     X     Z36 F     D     ZS     XS     H4
N30 G0 X150 Z100 M8
N31 M
```

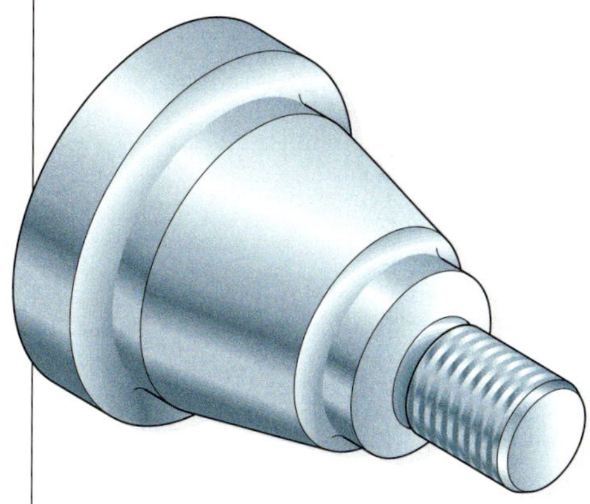

Unterprogramm L22

```
N1  G
N2  G96 F0.2 S300 T0303 M.
N3  G1 X-0.5
N4  G1 X-2.5 Z-4.33
N5  G1 Z-7.65
N6  G1 X2.5 Z-4.33
N7  G1 X3 Z1
N8  G
N9
```

14. Ergänzen Sie das Programm, wenn das Drehteil abgestochen werden soll. Der Abstechdrehmeißel hat die Werkzeugnummer T808.

SCHWENKEINRICHTUNG PROFILSÄGE

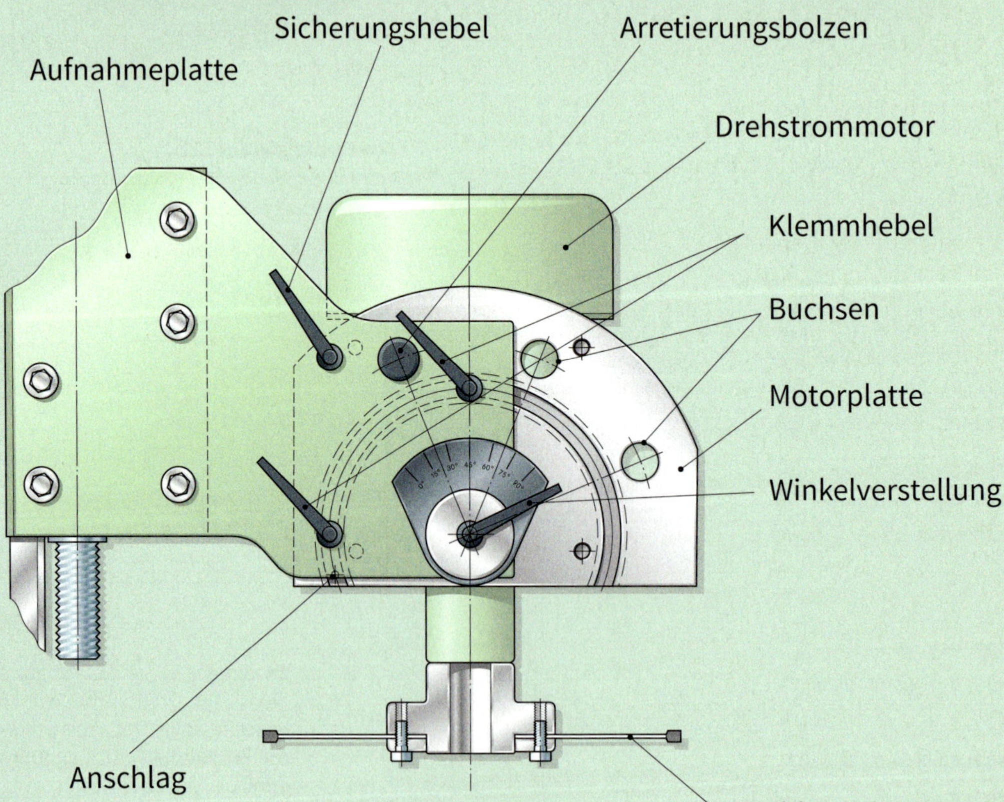

Fertigen auf numerisch gesteuerten Werkzeugmaschinen – FRÄSEN

GESAMTAUFTRAG

Für die Schwenkeinrichtung einer Profilsäge ist eine Motorplatte herzustellen. Die Motorplatte soll auf einer CNC-Fräsmaschine gefertigt werden. Dadurch ist eine kostengünstige Fertigung in kurzer Zeit möglich.

Das Rohteil wird aus einer rechteckigen Platte mit den Maßen 220 x 30 x 300 aus E335 durch Brennschneiden hergestellt. Zur Fertigung der Motorplatte sind die notwendigen Bohr- und Fräsarbeiten auszuführen.

ANALYSE

Technische Unterlagen

Von der Motorplatte liegt die Einzelteilzeichnung vor. Ihr können alle Maße, Toleranzen und Oberflächenangaben entnommen werden.

Aufbau und Funktion der Motorplatte

- **Motorbefestigung**

An der Motorplatte ist ein Drehstrommotor befestigt. Dieser erzeugt die benötigte Umdrehungsfrequenz für die Bearbeitung verschiedener Kunststoffe und Nichteisenmetalle. Zur Befestigung des Drehstrommotors sind an der Motorplatte vier Gewindebohrungen M10 vorhanden.

- **Feste Winkelverstellung**

Die Motorplatte ist schwenkbar gelagert. Alle Bohrungen in der Motorplatte mit dem Durchmesser 26H7 dienen zur Einstellung der Winkel von 0°, 45° und 90°. Um diese Winkel einzustellen, wird ein Arretierungsbolzen durch die Aufnahmeplatte in einer der Bohrungen der Motorplatte positioniert.

Um eine schnelle Instandsetzung der drei Bohrungen bei Verschleiß zu gewährleisten, sind in die Motorplatte Buchsen eingepresst. Ist der Arretierungsbolzen in einer Bohrung der Motorplatte fixiert, wird dieser über den Sicherungshebel gesichert.

- **Variable Winkelverstellung**

Über eine Winkelverstellung können unterschiedliche Winkel eingestellt werden. Die Winkelverstellung ist über die Aufnahmeplatte durch einen Gewindebolzen M14 mit der Motorplatte verbunden. Durch das Entfernen des Sicherungshebels, des Arretierungsbolzens und das Lösen der Klemmhebel ist die Einstellung von Winkeln zwischen 0° und 90° möglich. Die gewählte Winkelposition wird über die T-Nut der Motorplatte durch T-Stücke gesichert.

Um bei der Einstellung verschiedener Winkel die Motorplatte nicht über 0° hinaus zu verdrehen, ist ein Zylinderstift als Anschlag in der T-Nut montiert. Für die Montage des Zylinderstiftes ist in der T-Nut der Motorplatte eine Bohrung mit dem Durchmesser 5H7 vorhanden.

ANALYSE

Fertigung der Motorplatte

Die Herstellung der Motorplatte erfolgt durch verschiedene spanende Fertigungsverfahren auf einer CNC-Fräsmaschine.

Es ist eine Außenkontur mit einem Radius R170 und ebenen Flächen herzustellen. In die Motorplatte ist eine T-Nut zu fräsen. Außerdem sind verschiedene Durchgangs- und Gewindebohrungen zu fertigen. Alle Maße, Toleranzen und Oberflächenangaben können der Einzelteilzeichnung der Motorplatte entnommen werden. Entsprechend den Zeichnungsangaben und dem zu verwendenden Werkstoff sind die Fräsverfahren, Spannmittel und Werkzeuge festzulegen.

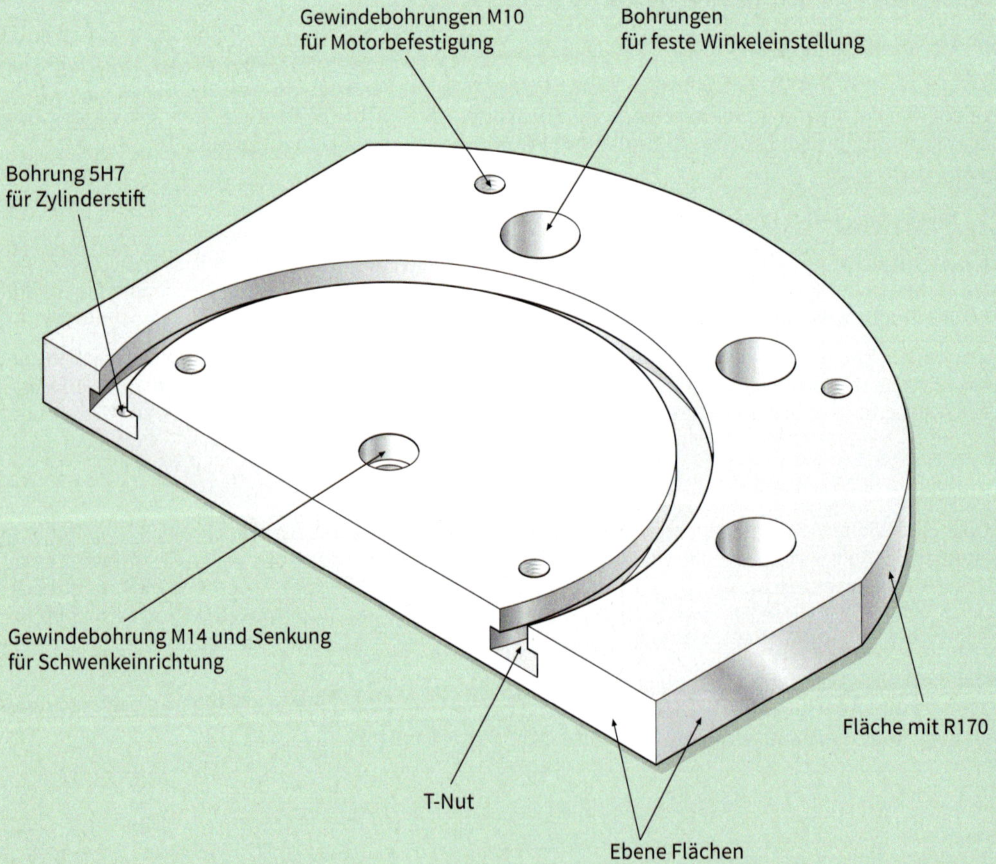

Infor-
mieren

2.2 CNC-Fräsen

2.2.1 Zeichnungsanalyse

Koordinatenbemaßung

Die Einzelteilzeichnung der Motorplatte (Abb. 1) ist mit einer Koordinatenbemaßung versehen.

Bei der Außenkontur und der Gewindebohrung M14 wird eine steigende Bemaßung verwendet. Die Bohrungen werden durch Kartesische Koordinaten und Polarkoordinaten nach **DIN 406-11** bestimmt (➡📖).

Die verschiedenen Arten der Maßeintragung dürfen miteinander kombiniert werden. Die Koordinatenbemaßung erleichtert die Programmierung von CNC-Fräsmaschinen.

- **Koordinatensysteme**

Man unterscheidet zwei verschiedene Koordinatensysteme:

- das Kartesische Koordinatensystem und
- das Polarkoordinatensystem.

Im *Kartesischen Koordinatensystem* werden die Koordinaten ausgehend von einem Ursprung auf senkrecht zueinander verlaufenden Koordinatenachsen angegeben (Abb. 2).

Die horizontale Koordinatenachse wird als X-Achse bezeichnet. Die vertikale Koordinatenachse wird als Y-Achse bezeichnet. Die Z-Achse wird senkrecht zur Werkstückoberfläche angegeben.

Alle Koordinatenachsen liegen im Kartesischen Koordinatensystem in einem Winkel von 90° zueinander.

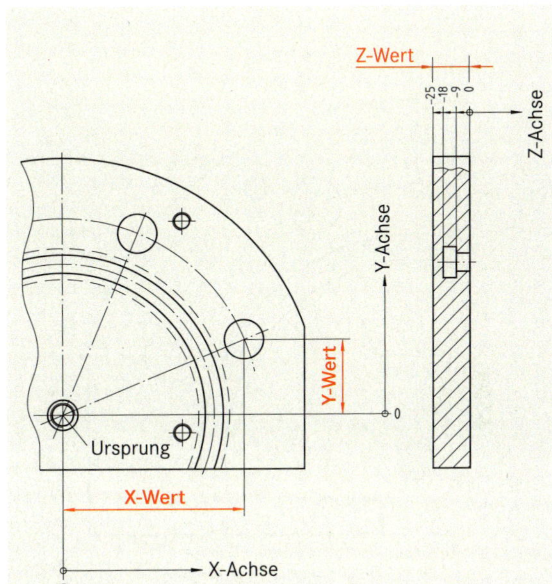

Abb. 2: Kartesisches Koordinatensystem

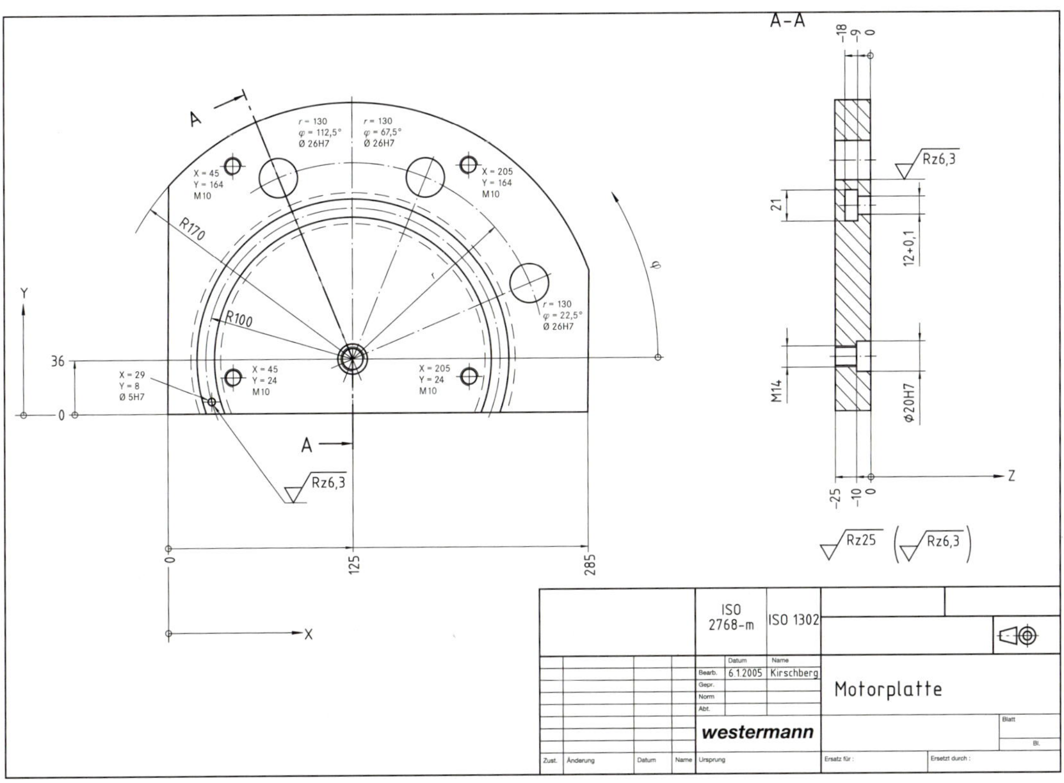

Abb. 1: Einzelteilzeichnung der Motorplatte

Bei der Verwendung von *Polarkoordinaten* wird das in der Zeichnung festgelegte Maß durch einen Radius *r* ① und den Polarwinkel φ ② bestimmt (Abb. 1). Beide Maße sind immer positiv und gehen von einem Ursprung aus. Der Polarwinkel wird entgegen dem Uhrzeigersinn angegeben (➡📖). Dabei geht man von der Waagerechten ③ aus.

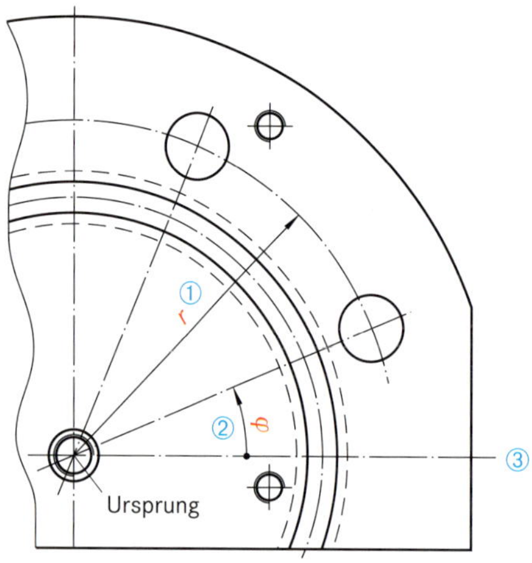

Abb. 1: Polarkoordinaten

Die Angabe der Koordinatenwerte kann direkt in der Zeichnung oder in einer Tabelle erfolgen.

- **Koordinatenwerte in Zeichnungen**

Wenn es die Übersichtlichkeit der Zeichnung zulässt, können die Koordinatenwerte direkt an die Konturpunkte innerhalb der Darstellung eingetragen werden. Dabei wird zuerst der X-Wert und darunter der Y-Wert geschrieben. Weitere Fertigungsangaben, z. B. Bohrungsdurchmesser (Gewindedurchmesser), können zusätzlich angegeben werden. Der Ursprung des Koordinatensystems ist einzuzeichnen und die Achsen zu beschriften (Abb. 1, auf der vorigen Seite).

- **Koordinatenwerte in Tabellen**

Die Konturpunkte erhalten Positionsnummern. Die Positionsnummer ist wie folgt aufgebaut:

Positionsnummer 1 . 1

Koordinatensystem (erste Ziffer)

Zählernummer des Koordinatenpunktes (zweite Ziffer)

Die Nummer des Koordinatensystems wird nur angegeben, wenn mindestens zwei Koordinatensysteme vorhanden sind.

In einer Tabelle werden die Kartesischen bzw. die Polarkoordinaten erfasst. Weitere Angaben für die Fertigung, wie Bohrungsdurchmesser oder Gewindedurchmesser, werden ebenfalls in die Tabelle eingetragen (Abb. 2).

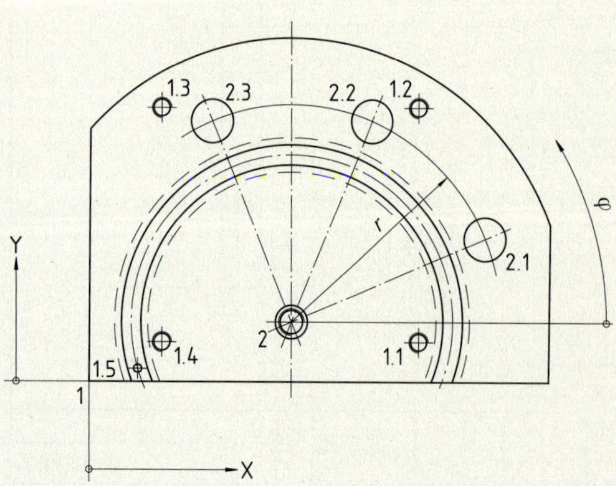

Koordinatentabelle für Bohrungsmittelpunkte

Koordinaten-Ursprung	Pos.	Koordinaten X	Y	r	φ	Bemerkung
1	1	0	0			
1	1.1	205	24			M10
1	1.2	205	164			M10
1	1.3	45	164			M10
1	1.4	45	24			M10
1	1.5	29	8			Ø5H7
1	2	125	36			Ø20H7x 10U M14
2	2.1			130	22,5°	Ø26H7
2	2.2			130	67,5°	Ø26H7
2	2.3			130	112,5°	Ø26H7

Abb. 2: Koordinatenwerte in Tabellen

2.2.2 CNC-Fräsmaschinen

Der Grundaufbau einer CNC-Fräsmaschine ist ähnlich der einer konventionellen Fräsmaschine. Sie unterscheiden sich in der Ausführung einiger Baueinheiten und in der Art der Steuerung (Abb. 3).

2.2.2.1 Baueinheiten

An CNC-Fräsmaschinen werden mehrere *Antriebe* verwendet. Der Hauptantrieb ist ein stufenlos regelbarer Elektromotor. Er treibt die Arbeitsspindel mit dem Werkzeug an. Für jede Vorschubrichtung gibt es einen stufenlos regelbaren Vorschubantrieb in der Längs- und Querrichtung sowie in der Höhe. Die Vorschubbewegungen sind gleichzeitig und unabhängig voneinander möglich. Die Umwandlung der Drehbewegung der Vorschubmotoren in geradlinige Bewegungen erfolgt über spielfreie Kugelgewindetriebe (siehe Kap. 2.1.2.1). Zunehmend werden an CNC-Fräsmaschinen Linearantriebe verwendet. Sie ermöglichen hohe Vorschubgeschwindigkeiten (Abb. 4).

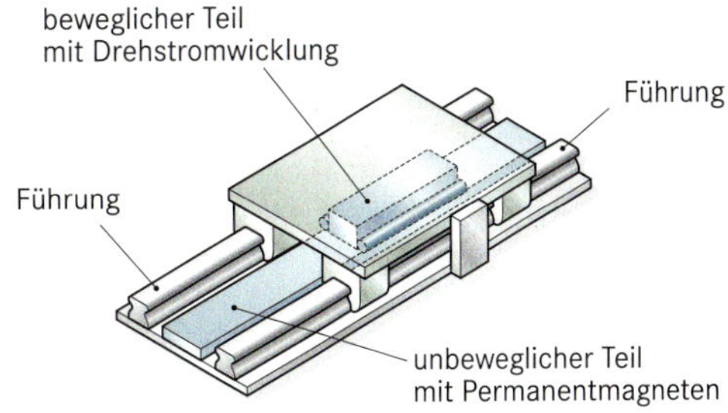

Abb. 4: Linearantrieb

Auf Grund der geforderten hohen Bearbeitungsgenauigkeit und großen Fertigungsgeschwindigkeiten müssen die *Maschinengestelle* eine hohe Steifigkeit, eine hohe Schwingungsdämpfung und eine geringe Wärmeausdehnung besitzen.

Alle für die Fertigung benötigten Daten sind in einem Programm gespeichert. Das Programm kann direkt über das Bedienfeld in die Maschine eingegeben werden. Ebenso können Programme von einem Computer über eine Datenleitung an die *Steuerung* der CNC-Fräsmaschine übertragen werden.

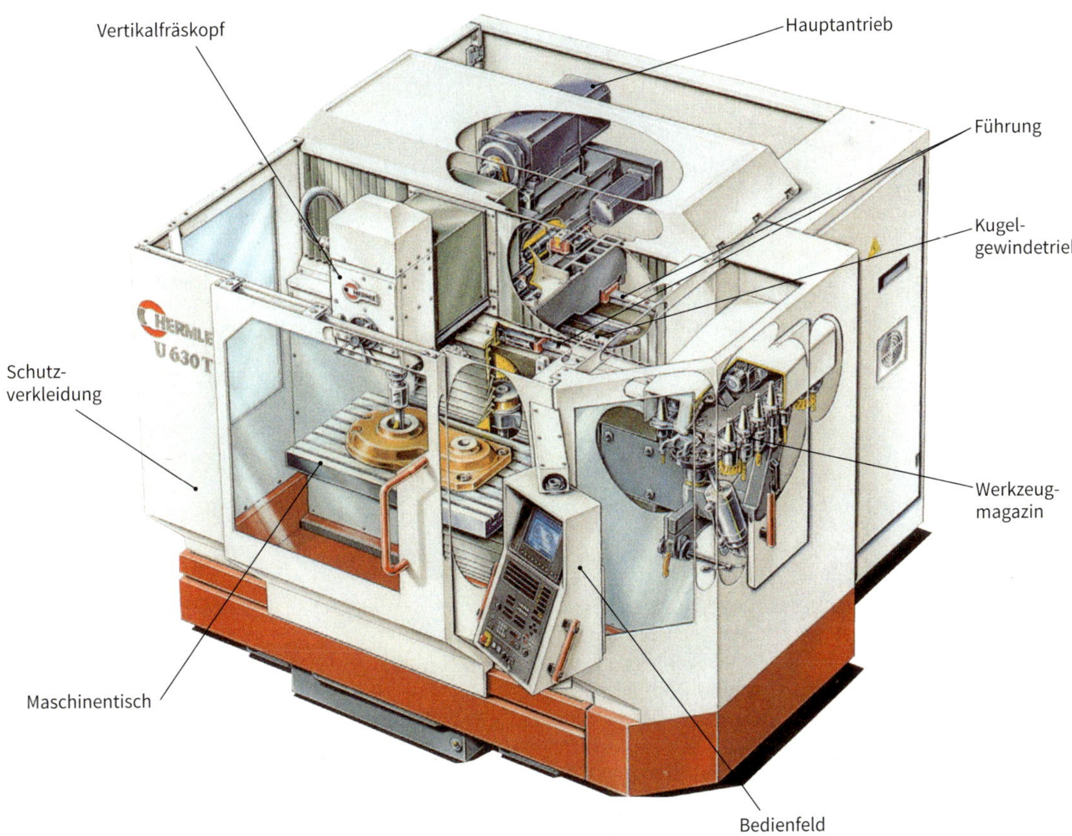

Abb. 3: CNC-Fräsmaschine

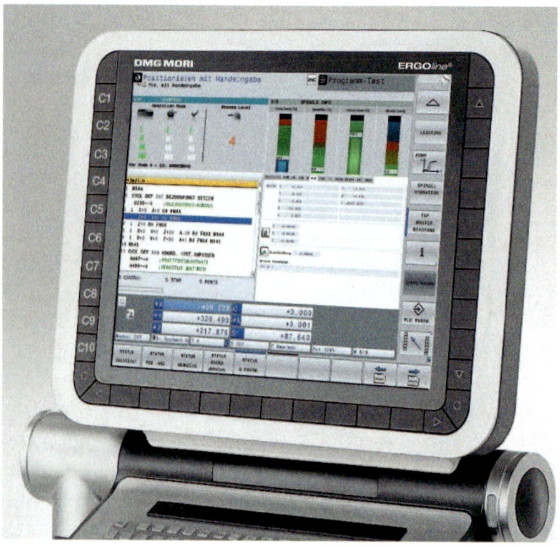

Abb. 1: Bedienfeld

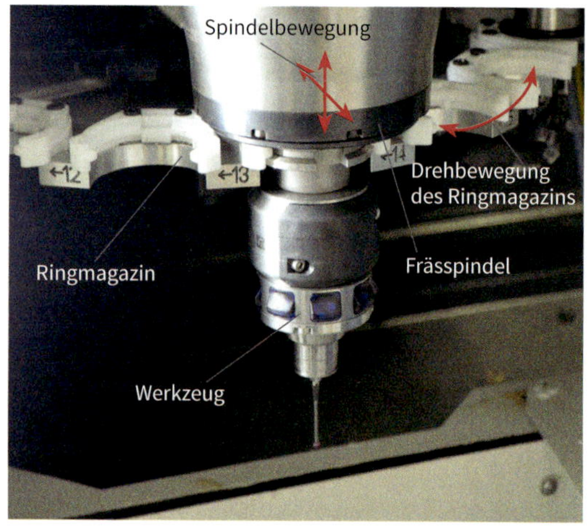

Abb. 3: Werkzeugwechsel über Ringmagazin

Die Position von Werkzeug und Maschinentisch wird durch ein *Wegmesssystem* erfasst und mit den Daten der Steuerung verglichen (Abb. 2).

Der Vergleich von Soll- und Istwerten führt zu einer genauen Positionierung des Maschinentisches.

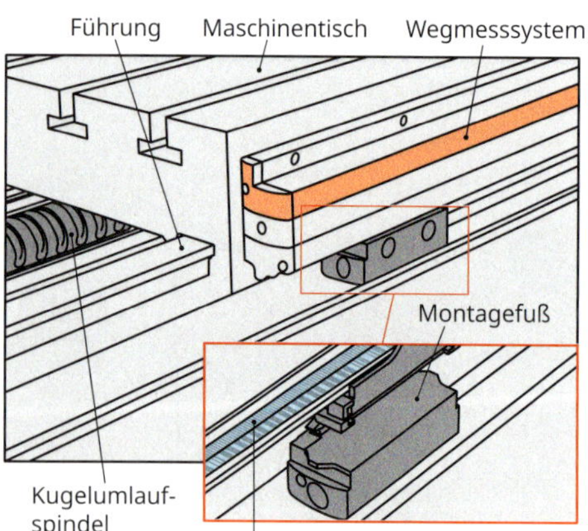

Abb. 2: Wegmesssystem

Abb. 4: Doppelgreifer

Die Steuerung regelt auch die Vorschub- und Schnittgeschwindigkeiten.

Für einen automatischen Werkzeugwechsel sind CNC-Fräsmaschinen mit einem Werkzeugwechselsystem ausgestattet. Die Werkzeuge sind in einem Werkzeugmagazin abgelegt. Der Wechsel erfolgt über ein Ringmagazin (Abb. 3), einen Doppelgreifer (Abb. 4) oder einen Roboter (Abb. 5). Greifer werden bei einer großen Anzahl von Werkzeugen eingesetzt, um die Werkzeugwechselzeiten gering zu halten.

Die Schutzverkleidung gewährleistet an einer CNC-Fräsmaschine den Spritz-, Lärm- und Sicherheitsschutz.

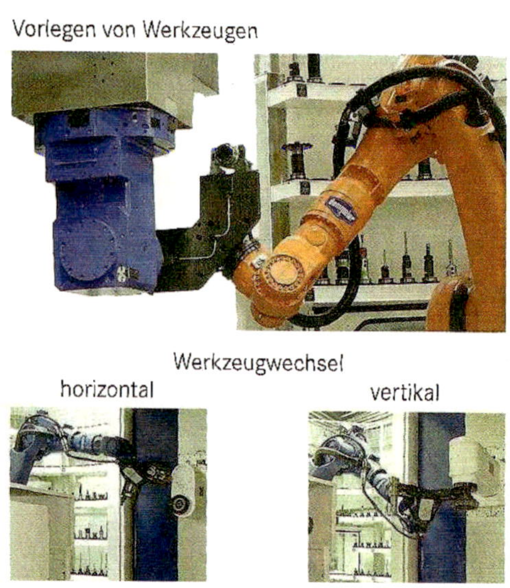

Abb. 5: Werkzeughandling durch Roboter

2.2.2.2 Steuerungsarten

Koordinaten

Nach **DIN 66217** sind die Richtungen und die Lage der Koordinatenachsen an einer Fräsmaschine vorgegeben. Hierzu verwendet man ein Kartesisches Koordinatensystem mit den Koordinatenachsen X, Y und Z (Abb. 6).

Die Koordinatenachsen liegen in Richtung der verschiedenen Führungsbahnen der Fräsmaschine. In Richtung der Arbeitsspindel ist die Z-Achse festgelegt (➔📖). Zur besseren Orientierung im Koordinatensystem einer CNC-Fräsmaschine kann die *Rechte-Hand-Regel* angewendet werden.

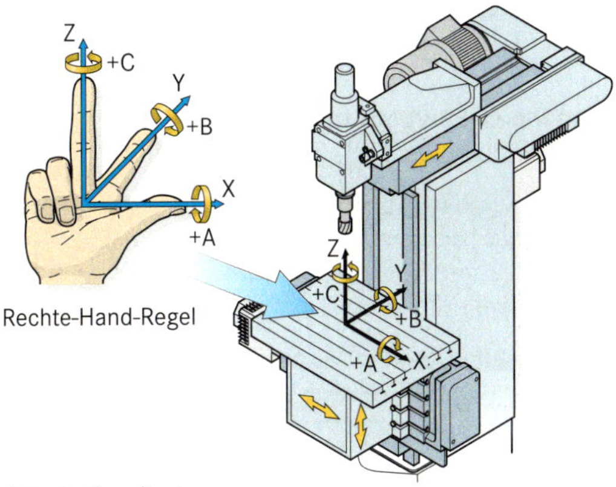

Abb. 6: Koordinaten

Um die verschiedenen Koordinatenachsen sind Dreh-bewegungen möglich. Es werden Drehbewegungen um die X-Achse, Y-Achse und Z-Achse unterschieden. Diese sind mit A, B und C gekennzeichnet.

Für die Programmierung wird davon ausgegangen, dass das Werkstück still steht und nur das Werkzeug bewegt wird.

Bei der Zerspanung dagegen bewegt sich der Fräsmaschinentisch mit dem Werkstück ebenso wie das Werkzeug.

Steuerungen

An CNC-Fräs- und Bohrmaschinen werden verschiedene Steuerungsarten verwendet. Hierbei unterscheidet man *Bahnsteuerungen*, *Punktsteuerungen* und *Streckensteuerungen*.

Üblicherweise werden an CNC-Fräsmaschinen *Bahnsteuerungen* eingesetzt. Bahnsteuerungen ermöglichen während der Zerspanung beliebige Verfahrbewegungen im Arbeitsraum der Fräsmaschine. Entsprechend den steuerbaren Achsen unterscheidet man 2 D, 2 ½ D und 3 D-Bahnsteuerungen (Tab. 1).

Wird eine Bearbeitungsmaschine ausschließlich zur Ausführung von Bohrarbeiten verwendet, kommt eine *Punktsteuerung* zum Einsatz. Das Werkzeug wird im Eilgang auf der programmierten Zielkoordinate positioniert. Anschließend erfolgt die Bearbeitung des Werkstücks (Abb. 7).

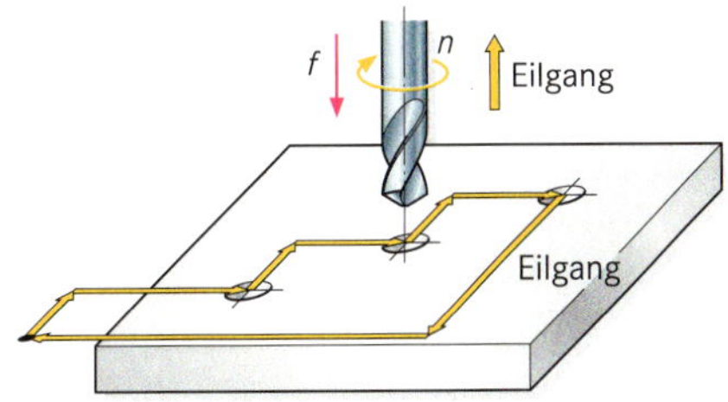

Abb. 7: Punktsteuerung

An älteren Fräsmaschinen werden *Streckensteuerungen* eingesetzt. Diese ermöglichen nur achsparallele Verfahrbewegungen mit verschiedenen Vorschubgeschwindigkeiten.

auch über Web-Link

Tab. 1: Bahnsteuerungen

Bahnsteuerungen		
2 D	2 ½ D	3 D
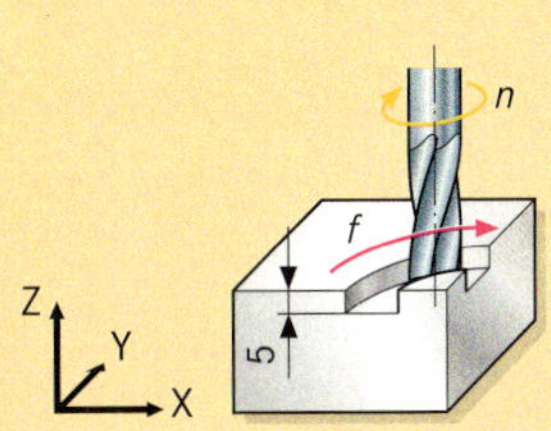	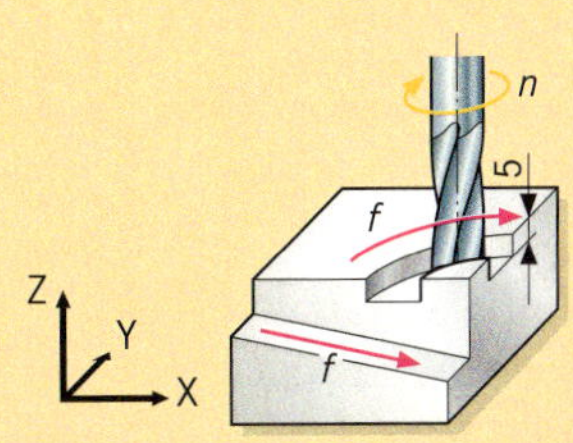	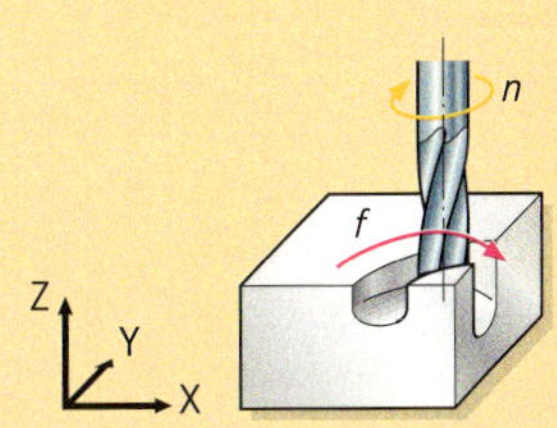
Es kann in zwei vom Hersteller festgelegten Achsen gleichzeitig verfahren werden. Dies können z. B. die X- und die Y-Achse sein.	Es kann in zwei vom Maschinenbediener ausgewählten Achsen gleichzeitig verfahren werden. Dies können z. B. die X- und Y-Achse oder X- und Z-Achse sein.	Es kann in drei Achsen gleichzeitig verfahren werden. Dadurch ist eine gemeinsame Bewegung in der X-, Y- und Z-Achse möglich.

auch über Web-Link

auch über Web-Link

2.2.2.3 Spannmittel

Werkzeugaufnahme

Werkzeugaufnahmen, die auf CNC-Fräsmaschinen eingesetzt werden, sollen folgende Eigenschaften haben:

- geringe Unwucht,
- große Steifigkeit vor allem bei hohen Drehzahlen,
- große Wiederholgenauigkeit bei einem Werkzeugwechsel und
- hohe Rundlaufgenauigkeit.

Die verschiedenen Werkzeugaufnahmen werden in der Arbeitsspindel der Fräsmaschine gespannt. Hierzu werden Hohlschaftkegel (HSK) oder Steilkegel (SK) verwendet.

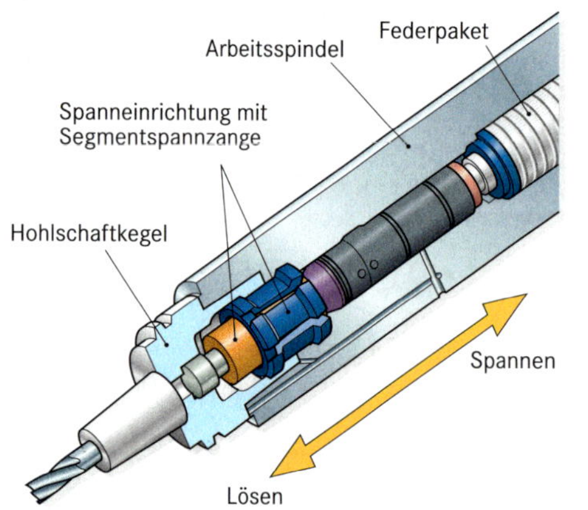

Abb. 1: Spannen von Hohlschaftkegeln

Steilkegel werden in CNC-Fräsmaschinen über einen Anzugsbolzen gespannt. Sie können leicht in der Frässpindel positioniert werden. Das Lösen der Steilkegel aus der Frässpindel erfordert nur geringe Kräfte.

Hohlschaftkegel erfüllen die geforderten Eigenschaften an eine Werkzeugaufnahme besser als Steilkegel.

Zum Spannen von Hohlschaftkegeln wird ein innenliegender Spannkegel eingesetzt.

Beim Spannen schlägt der Hohlschaftkegel an der Planfläche der Arbeitsspindel an. Dadurch wird eine genaue axiale Anlage sichergestellt.

Ebenso wird eine größere Wiederholgenauigkeit bei Werkzeugwechseln gewährleistet.

Zum Spannen der Werkzeuge in der Werkzeugaufnahme gibt es verschiedene Möglichkeiten. Die verschiedenen Spannprinzipien ergeben unterschiedliche Rundlaufgenauigkeiten (Abb. 2).

Häufig werden beim CNC-Fräsen *Hydro-Dehnspannfutter* und *Schrumpffutter* eingesetzt. Diese Werkzeugaufnahmen weisen eine besonders hohe Rundlaufgenauigkeit auf.

Zum Spannen von Werkzeugen mit einem *Hydro-Dehnspannfutter* muss eine Spannschraube verdreht werden (Abb. 3). Dadurch wird über eine Flüssigkeit Druck auf eine Dehnbuchse ausgeübt. In der Dehnbuchse befindet sich das Werkzeug. Dieses wird durch den erzeugten Druck gespannt.

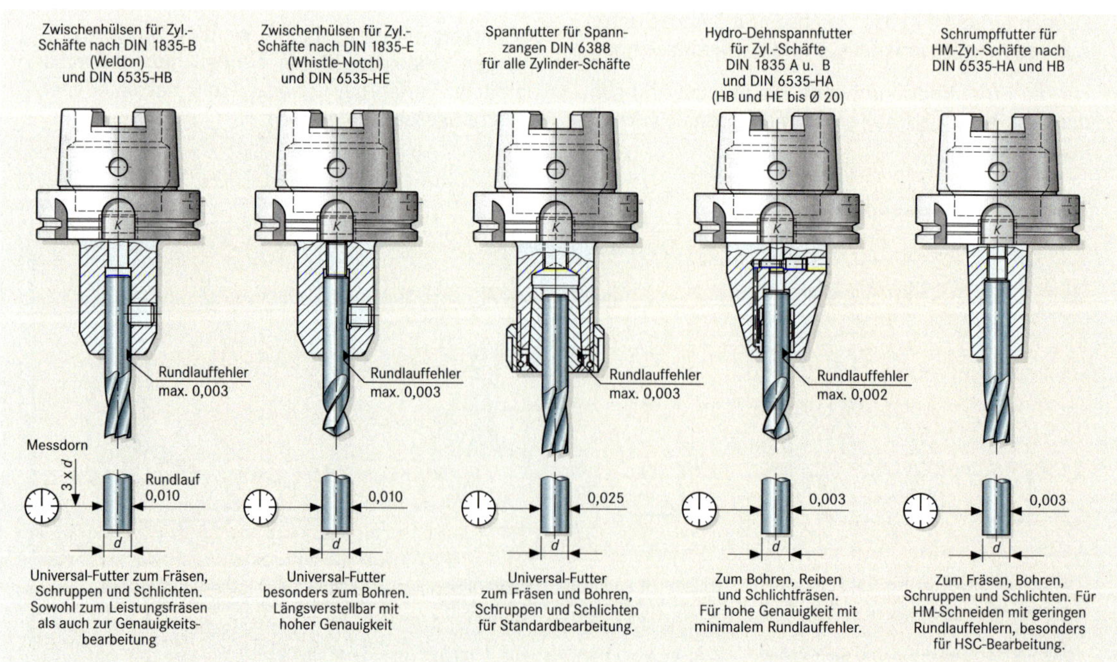

Abb. 2: Spannen von Werkzeugen mit Zylinderschaft

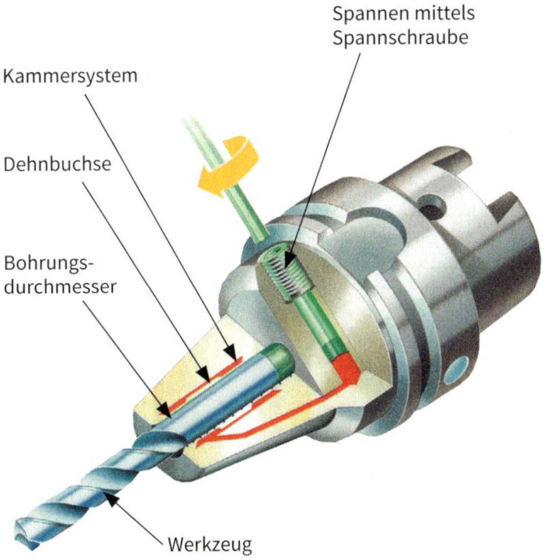

Abb. 3: Hydro-Dehnspannfutter

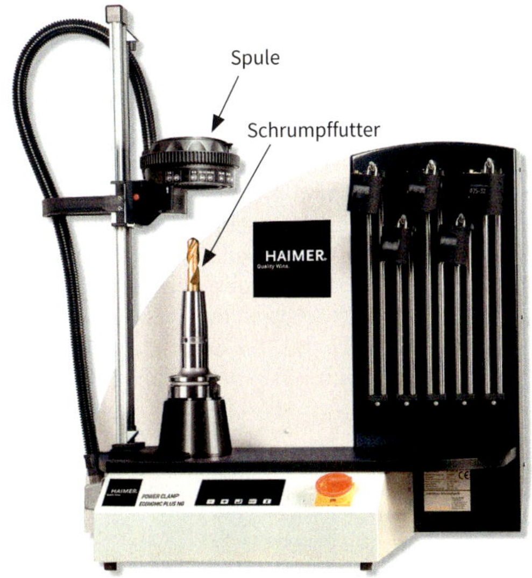

Abb. 5: Schrumpfgerät

Bei der Verwendung von *Schrumpffuttern* wird die Wärmeausdehnung zum Spannen von Werkzeugen ausgenutzt (Abb. 4). Das Schrumpffutter wird durch eine Spule induktiv erwärmt (Abb. 5). Auf Grund der Erwärmung dehnt sich das Futter aus. Das Werkzeug wird anschließend in das Futter eingesetzt. Beim Abkühlen zieht sich das Schrumpffutter zusammen und spannt das Werkzeug. Muss das Werkzeug aus dem Futter entfernt werden, wird die Aufnahme wiederum erwärmt. Nach dem Ausdehnen des Schrumpffutters kann das Werkzeug herausgezogen werden.

Hochdruck-Maschinenschraubstock

Auf CNC-Fräsmaschinen werden vorwiegend Maschinenschraubstöcke mit einer Hochdruckspindel verwendet (Abb. 6). Die Hochdruckspindel erlaubt durch den eingebauten Kraftverstärker eine sehr hohe Spannkraft. Ebenso ist ein genaues Einstellen und Vorwählen der Spannkraft möglich. Durch das Vorwählen der Spannkraft wird das Werkstück vor Beschädigungen geschützt.

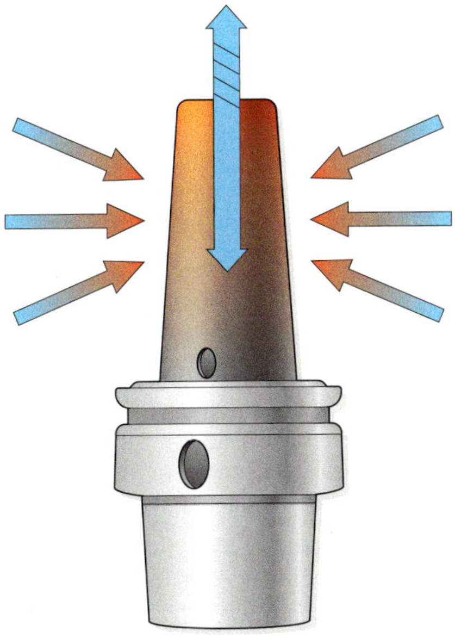

Abb. 4: Schrumpffutter

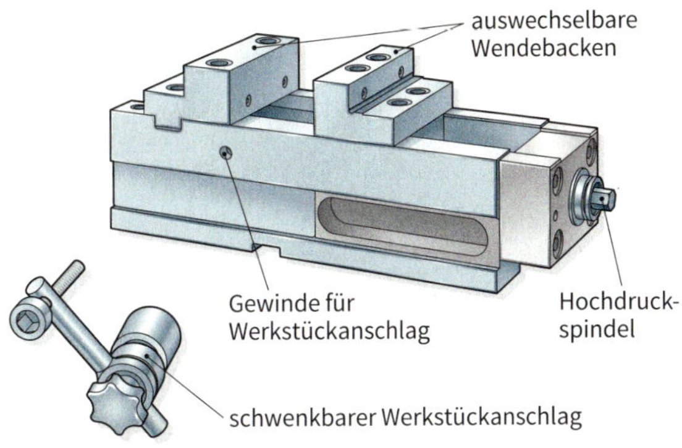

Abb. 6: Hochdruckspanner

Um das Risiko einer Kollision zwischen Spannmittel und Werkzeug zu vermeiden, werden an CNC-Fräsmaschinen vor allem Maschinenschraubstöcke als Unterzugspanner verwendet. Beim Öffnen des Maschinenschraubstocks werden die Spannbacken nicht in den Arbeitsraum hineinbewegt. Zum Spannen verschiedener Werkstückformen können die Spannbacken ausgewechselt werden.

Flexible Spannsysteme

Flexible Spannsysteme werden verwendet, um die Einrichtzeiten bei einem häufigen Umspannen des Werkstückes zu verkürzen (Abb. 1). Diese Spannsysteme bestehen aus Spannzapfen, die z. B. in einem Schraubstock oder direkt im Werkstück befestigt werden. Die Spannzapfen werden in einer Spanneinheit positioniert und pneumatisch gespannt. Die Spanneinheit ist fest mit dem Fräsmaschinentisch verbunden. Somit ist für die verschiedenen Umspannarbeiten ein positionsgenaues Spannen mit einer großen Wiederholgenauigkeit möglich.

Abb. 1: Flexibles Spannsystem

Zusammenfassung

Spannmittel

für Werkzeuge

Befestigung in der Maschine

- Hohlschaftkegel
- Steilkegel mit Anzugsbolzen

Befestigung des Werkzeuges

- Weldonfutter
- Whistle-Notch
- Spannfutter für Spannzangen
- Hydro-Dehnspannfutter
- Schrumpffutter

für Werkstücke

- Maschinenschraubstock
- Hochdruckspanner
- Flexible Spannsysteme

2.2.2.4 Werkzeugvermessung

Für die Bearbeitung eines Werkstückes auf einer CNC-Fräsmaschine benötigt die Steuerung Angaben über die Abmessungen des Werkzeuges. Hierzu wird vom Werkzeug der Radius (R) und die Länge (Z) ermittelt (Abb. 2). Die Länge des Werkzeuges bezieht sich auf den Werkzeugbezugspunkt.

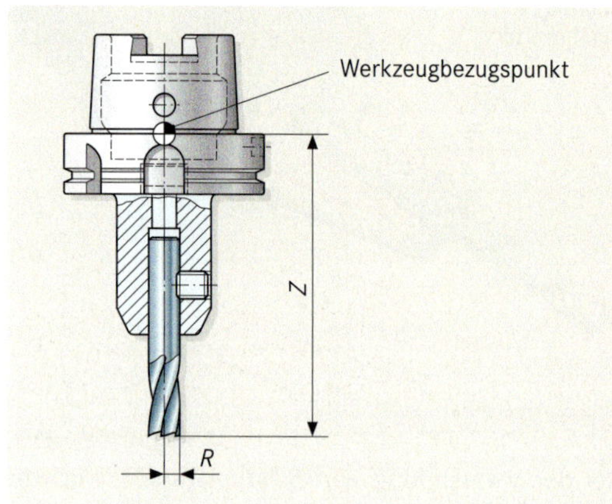

Abb. 2: Werkzeugvermessung eines Fräsers

Die Werkzeugvermessung kann als

- interne Vermessung oder
- externe Vermessung

erfolgen.

Interne Vermessung

Bei einer internen Werkzeugvermessung wird die Länge des Werkzeuges im Arbeitsraum der CNC-Fräsmaschine vermessen. Der Radius des Fräsers wird durch Messen des Fräserdurchmessers ermittelt.

- **Ankratzmethode**

Bei laufendem Fräser wird die Werkstückoberfläche angekratzt. Am Bedienfeld wird die Länge des Fräswerkzeuges abgelesen und in den Werkzeugkorrekturspeicher eingetragen.

- **Antasten**

Zum Antasten des Fräsers kann ein Messtaster oder Null-Einsteller verwendet werden (Abb. 3). Messtaster sind fest in der Maschine montiert. Beim Antasten des Fräsers wird dessen Länge erfasst und in den Werkzeugkorrekturspeicher der CNC-Fräsmaschine übernommen.

Null-Einsteller werden auf das Werkstück gestellt. Anschließend wird der in der Fräsmaschine eingespannte Fräser gegen die federnde Tastfläche des Null-Einstellers gefahren, bis die Messuhr auf Null steht.

Hat die Tastfläche eine Höhe von z. B. 50 mm, steht der Fräser um diesen Betrag über der zu bearbeitenden Werkstückfläche. Die Länge des Werkzeuges wird an der Steuerung abgelesen und in den Werkzeugkorrekturspeicher eingetragen.

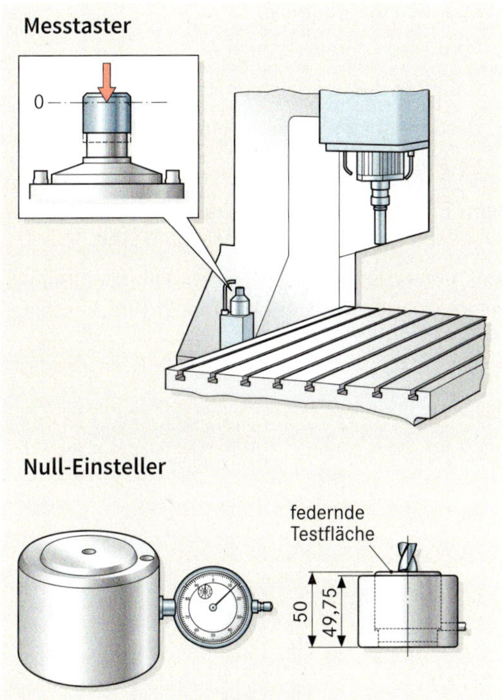

Abb. 3: Messtaster und Null-Einsteller

- **Laservermessung**

Für eine berührungslose Vermessung des Fräsers sind Laser fest in der Maschine eingebaut (Abb. 4).

Der rotierende Fräser wird in den Laserstrahl hineingefahren. Die Fräserlänge und der Fräserradius werden automatisch ermittelt und in den Werkzeugkorrekturspeicher übernommen.

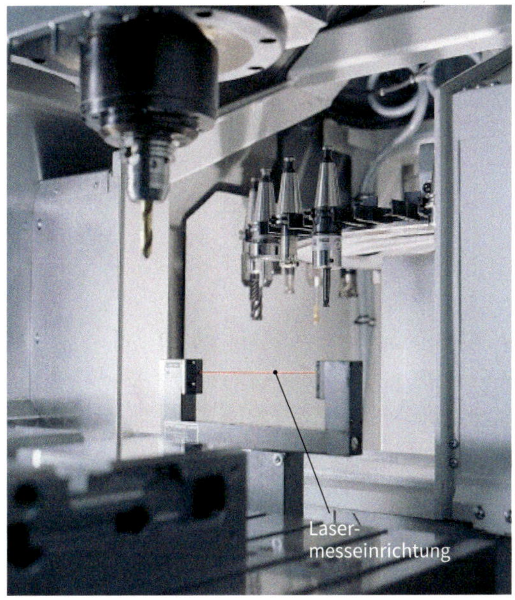

Abb. 4: Laservermessung

Externe Vermessung

Bei einer externen Werkzeugvermessung wird das Werkzeug außerhalb der CNC-Fräsmaschine vermessen. Dadurch werden Stillstandszeiten der Maschine vermieden. Hierzu wird ein Werkzeugvoreinstellgerät verwendet (Abb. 5).

Der Radius und die Länge des Fräs- oder Bohrwerkzeuges werden optisch erfasst und ausgewertet. Die Übertragung der ermittelten Werkzeugmaße in den Werkzeugkorrekturspeicher kann manuell, über eine Datenleitung oder über einen im Werkzeug befindlichen Chip erfolgen.

Beim Einsetzen des Werkzeuges in die CNC-Fräsmaschine werden die Daten über die RFID- Antenne ausgelesen und an die CNC-Steuerung übertragen (siehe Kapitel 19.3).

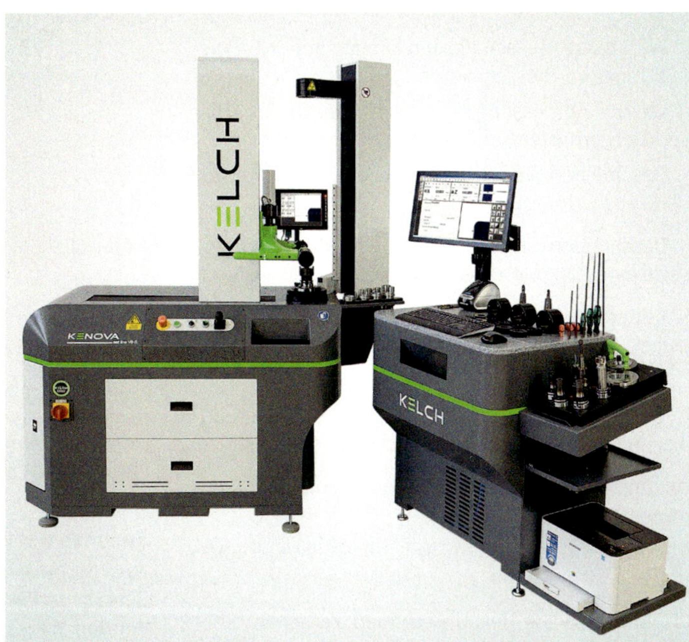

Abb. 5: Werkzeugvoreinstellgerät

Aufgaben

1. Es werden Kartesische Koordinaten und Polarkoordinaten unterschieden. Erläutern Sie die beiden Koordinatensysteme.

2. Das abgebildete Werkstück ist parallel bemaßt. Für eine CNC-Fertigung ist eine Koordinatenbemaßung notwendig.

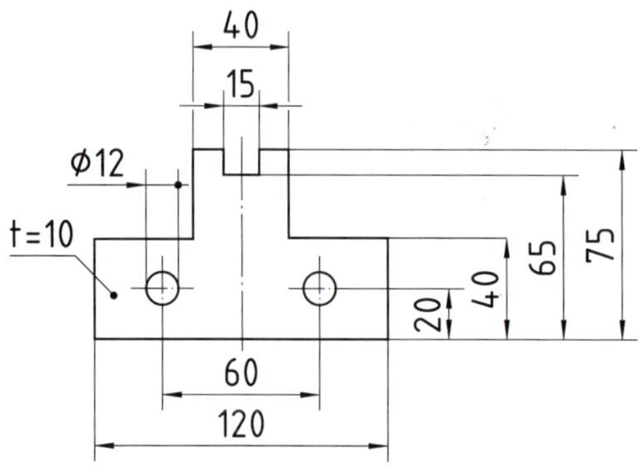

a) Zeichnen Sie das Werkstück und geben Sie die Koordinatenwerte in der Zeichnung an.

b) Zeichnen Sie das Werkstück und geben Sie die Koordinatenwerte in einer Tabelle an.

3. Beschreiben Sie zwei Möglichkeiten des automatischen Werkzeugwechsels an CNC-Fräsmaschinen.

4. Erläutern Sie die Funktion des Wegmesssystems an CNC-Fräsmaschinen.

5. Welche Vorteile bieten Werkzeugaufnahmen mit Hohlschaftkegel gegenüber Aufnahmen mit Steilkegel?

6. Werkzeuge müssen für den Einsatz auf CNC-Fräsmaschinen vermessen werden.

a) Welche Abmessungen werden von einem Fräswerkzeug ermittelt?

b) Beschreiben Sie zwei verschiedene Verfahren zur Werkzeugvermessung.

7. Beschreiben Sie den Aufbau und die Wirkungsweise eines flexiblen Spannsystems.

8. Erläutern Sie die Eigenschaften eines Werkzeuges, das auf einer CNC-Fräsmaschine eingesetzt werden soll.

9. Welche Vorteile hat das Spannen von Werkstücken mit einem Hochdruck-Maschinenschraubstock?

10. An CNC-Maschinen kommen verschiedene Steuerungsarten zum Einsatz.

Wodurch unterscheiden sich diese Steuerungsarten?

11. Erläutern Sie den Unterschied zwischen einer 2D-, 2 ½ D- und 3D-Bahnsteuerung.

2.2.3 Einrichten einer CNC-Fräsmaschine

Fertige

In Abhängigkeit von der Art der Steuerung und der Bauform der Maschine sind verschiedene Arbeitsgänge beim Einrichten auszuführen. Im Einzelnen sind dies folgende Arbeitsschritte:

- Spannen des Rohteils,
- Vermessen der Werkzeuge,
- Anfahren des Referenzpunktes,
- Bestimmen des Werkstücknullpunktes und
- Eingabe des Programms.

Beim Einrichten einer CNC-Fräsmaschine sind verschiedene Bezugspunkte zu beachten (Abb. 1).

Man unterscheidet zwischen Maschinennullpunkt, Referenzpunkt, Werkstücknullpunkt und Anschlagpunkt.

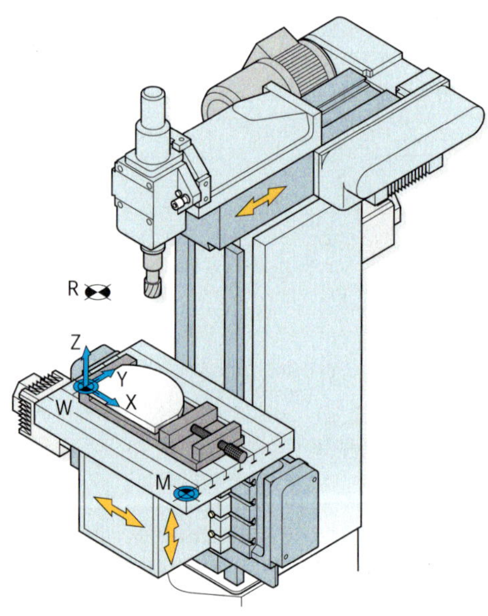

Symbol	Bedeutung	Symbol	Bedeutung
	Maschinennullpunkt M		Referenzpunkt R
	Werkstücknullpunkt W		Anschlagpunkt A

Abb. 1: Bezugspunkte

Spannen des Rohteils

Zum Spannen des Rohteils ist das Spannmittel, der Einsatz von Anschlägen und die Lage des zu spannenden Werkstücks festzulegen. Dem vorliegenden Spannplan kann auch die Lage des Werkstücknullpunktes entnommen werden (Abb. 2).

Durch das Festlegen eines *Anschlagpunktes* wird bei der Fertigung mehrerer Werkstücke die notwendige Wiederholgenauigkeit sichergestellt. In der Serienfertigung kann von einem Spannplan ausgegangen werden.

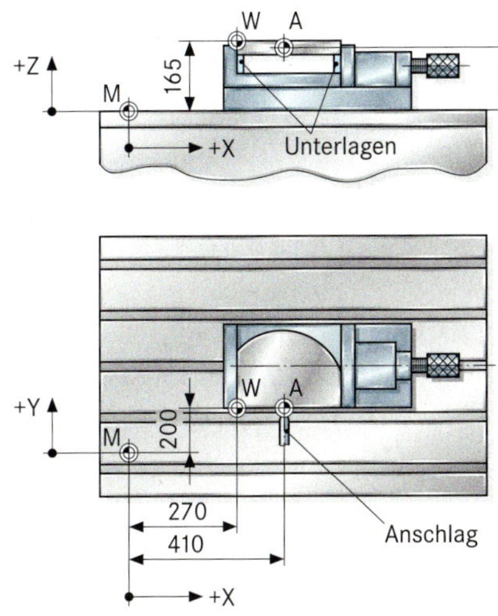

Abb. 2: Spannplan

Vermessen der Werkzeuge

Alle Werkzeuge müssen vor ihrem Einsatz in einer CNC-Fräsmaschine vermessen werden. Dies erfolgt durch eine interne oder externe Vermessung (Kap. 2.1.2.4).

Anfahren des Referenzpunktes

Nach dem Einschalten einer Fräsmaschine muss der Referenzpunkt angefahren werden. Dies erfolgt durch das Verfahren der Maschine in der X-, Y- und Z-Richtung. Der Bediener muss hierzu den Befehl zum Ausführen des in der Steuerung gespeicherten Zyklus geben. Der Referenzpunkt dient zur Nullung des inkrementalen Wegmesssystems. Erst nach dem Anfahren des Referenzpunktes ist die Angabe von Koordinatenwerten auf dem Bildschirm der Steuerung möglich. Die Lage des Referenzpunktes bezieht sich auf den Maschinennullpunkt. Der Maschinennullpunkt stellt den Ursprung des Maschinenkoordinatensystems dar.

Der *Referenzpunkt* wird wie der *Maschinennullpunkt* vom Hersteller vorgegeben und kann vom Bediener nicht verändert werden.

Bestimmen des Werkstücknullpunktes

Der Ursprung des Werkstückkoordinatensystems ist der *Werkstücknullpunkt*. Dieser ist beim Einrichten der Fräsmaschine zu ermitteln.

Das Bestimmen des Werkstücknullpunktes erfolgt durch das Anfahren von Außen- oder Bohrungsflächen des Werkstücks.

Das Ermitteln des Werkstücknullpunktes kann durch

- Ankratzen mit einem Fräser,
- Antasten mit einem Kantentaster oder
- Antasten mit einem 3D-Taster erfolgen.

Verwendet man einen *3D-Taster*, wird dieser in der Arbeitsspindel der Fräsmaschine gespannt (Abb. 3). Anschließend werden mit dem Taster die Werkstückflächen in der X-, Y- und Z-Richtung angetastet. Bei Verwendung von mechanischen 3D-Tastern wird um den Radius des Tasteinsatzes weitergefahren. Dadurch wird der Radius der Tastkugel berücksichtigt und die Mittelachse der Arbeitsspindel über der Kante der Antastfläche des Werkstücks positioniert. Hierzu kann man die Anzeige am Taster verwenden.

Bewegung des Tasters in Richtung der Antastfläche

Taster berührt mit der Tastkugel die Antastfläche, die Anzeige bewegt sich

Taster wird um den Radius der Tastkugel weiterbewegt

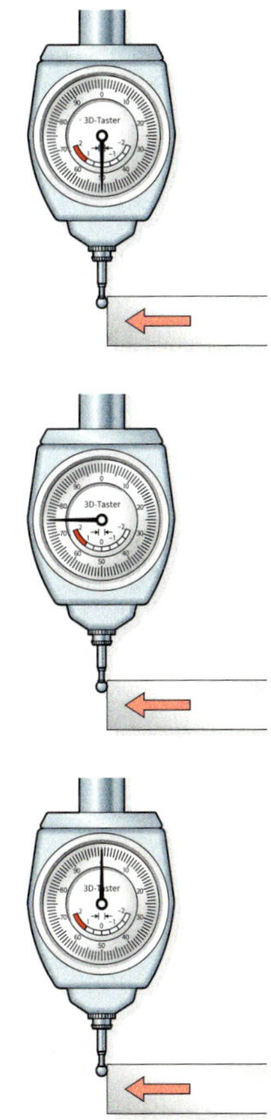

Abb. 3: 3D-Taster

Eingabe des Programms

Wurden alle Einrichtarbeiten ausgeführt, kann das Programm in die Steuerung der Fräsmaschine eingegeben werden. Dies erfolgt direkt an der Maschine durch den Bediener oder durch eine Übertragung des Programms von einem Programmierplatz an die Steuerung.

**Program-
mieren**

2.2.4 Programmierung

2.2.4.1 Programmaufbau

Für die Erstellung des Programms zur Fertigung der Motorplatte sind unterschiedliche Befehle notwendig (Abb. 1).

Das Programm enthält verschiedene Weg- und Schaltinformationen (siehe Kap. 2.1.4). Durch die Weginformationen erhält die Fräsmaschine alle Daten über die Art und Position der notwendigen Bewegungen in der X-, Y- und Z-Richtung. Durch die Schaltinformationen werden die für eine Fräsbearbeitung notwendigen technologischen Angaben und Zusatzfunktionen an die Steuerung übergeben.

Die Zusatzfunktionen bestimmen z. B. die Drehrichtung der Arbeitsspindel (M3) oder das Programmende (M30). Der Programmaufbau von CNC-Fräsprogrammen ist in der **DIN 66025** festgelegt (Abb. 2) (→). Die Ausführung der Wörter und Adressbuchstaben kann zwischen den verschiedenen Steuerungsherstellern unterschiedlich sein und von der DIN abweichen.

Beispiel:

nach DIN	Hersteller	
DIN 66025	**Heidenhain**	**PAL**
G00 X10 Y10	L X+10 FMAX	G0 X10 Y10
G01 X10 Y10 F100	L X+10 Y+10 F100	G1 X10 Y10 F100

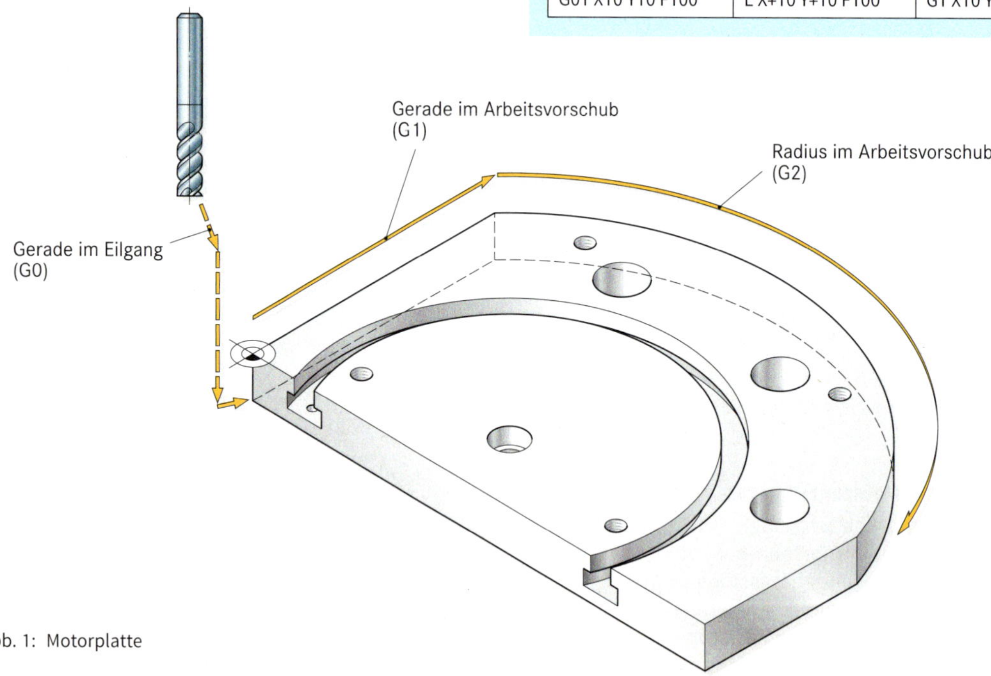

Abb. 1: Motorplatte

Programm-technische Information	Weginformation							Schaltinformation			
Satz-Nr.	Weg-bedingungen	Koordinaten X	Y	Z	Abstand zum Kreismittelpunkt I	J	K	Vorschub F	Umdrehungsfrequenz S	Werkzeug T	Zusatzfunktionen M
N10								F220	S1500	T1TC1	M3
N20	G0	X-10	Y-30	Z50							
N30				Z-25							
N40	G41										
N50	G1	X0	Y0								
N60			Y151,22								
N70	G2	X285	Y93,45		I125	J-115,22					
N80											
...											

Abb. 2: Programmaufbau

Wegbedingungen

Wegbedingungen haben den Adressbuchstaben **G**. Sie sind entweder modal (selbsthaltend) und bleiben so lange wirksam, bis sie überschrieben werden, oder sie gelten nur für einen Satz.

Bei der Programmierung der Wegbedingungen für den Verfahrweg gibt es drei Möglichkeiten:

- Verfahren im Eilgang (G0)
- Verfahren auf einer geraden Bahn (G1)
- Verfahren auf einer Kreisbahn (G2; G3)

Dabei können Koordinaten und Interpolationsparameter absolut oder inkremental programmiert werden.

- **Verfahren auf einer geraden Bahn**

Für das Verfahren auf einer geraden Bahn gibt es fünf Möglichkeiten.

- Fräsen einer Kontur durch Angabe der Länge der Verfahrstrecke. Diese wird bestimmt durch die Koordinaten in X-, Y- und Z-Richtung,
- Fräsen einer Kontur mit eingelagertem Radius zwischen zwei Geraden,
- Fräsen einer Kontur mit eingelagerter Fase zwischen zwei Geraden,
- Fräsen einer Kontur unter einem Winkel,
- Fräsen einer Kontur durch Angabe von Länge und Winkel.

Das Fräsen einer Kontur unter Angabe von Länge und Winkel erfolgt mit Hilfe von Polarkoordinaten.

Bei der Programmierung mit Polarkoordinaten wird G0 durch G10 und G1 durch G11 ersetzt (Abb. 3).

- **Verfahren auf einer Kreisbahn**

Zum Verfahren des Fräswerkzeuges auf einer Kreisbahn (Kreisinterpolation) sind folgende Angaben notwendig:

- die Drehrichtung,
- die Koordinaten des Zielpunktes und
- die Koordinaten des Kreismittelpunktes.

Die Drehrichtung wird über die Wegbedingungen G2 oder G3 angegeben. Mit G2 wird auf der Kreisbahn im Uhrzeigersinn verfahren. Durch G3 erfolgt die Bewegung auf der Kreisbahn im Gegenuhrzeigersinn (Abb. 1, nächste Seite).

Nach der Wegbedingung werden die Koordinaten des Zielpunktes bestimmt. Die Lage des Mittelpunktes der Kreisbahn wird inkremental vom Startpunkt (Abb. 1a, nächste Seite) oder absolut vom Werkstücknullpunkt aus angegeben (Abb. 1b, nächste Seite).

Hierzu werden die Interpolationsparameter I, J und K verwendet.

G11 – Gerade im Vorschub

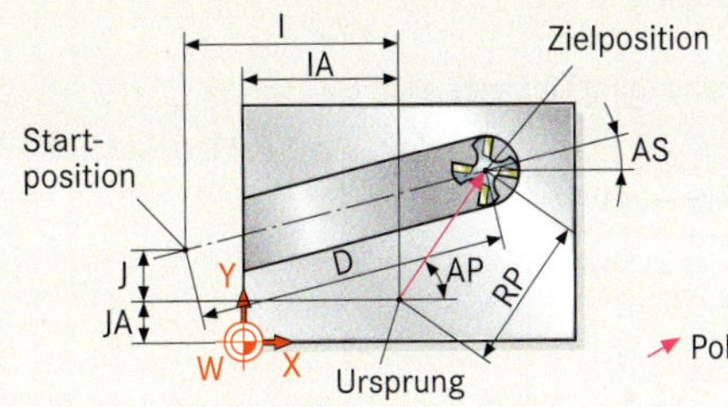

Adresse	Beschreibung	Art
RP	Pollänge	notwendig
AP	Polwinkel (– im Uhrzeigersinn, + entgegen dem Uhrzeigersinn)	notwendig
I, IA	X-Koordinate für den Ursprung des Pols	optional
J, JA	Y-Koordinate für den Ursprung des Pols	optional
Z, ZI, ZA	Z – Koordinate des Zielpunktes ZI – inkrementale Z-Koordinate ZA – absolute Z-Koordinate	optional
RN	Übergangselement (RN+ Verrundungsradius, RN– Fase)	optional
F, S, M, TC	Schaltinformationen	optional

Abb. 3: Verfahren auf einer Geraden über Polarkoordinaten

Die verschiedenen Interpolationsparameter sind den Achsrichtungen zugeordnet (Tab. 1).

Bei der Angabe der Interpolationsparameter sind die Vorzeichen zu beachten.

Tab. 1: Interpolationsparameter

Achse	Interpolationsparameter	
	inkremental	absolut
X	I	IA
Y	J	JA
Z	K	KA

Zusätzlich ist das Fräsen einer Kreisbahn über die Angabe der Zielkoordinaten und des Radius möglich (Abb. 1c, nächste Seite).

Liegen für eine Programmierung des Kreisbogens die Maße in Form von Winkeln und Radien vor, kann eine Kreisinterpolation über Polarkoordinaten erfolgen.

Mit der Wegbedingung **G12** wird eine Drehrichtung im Uhrzeigersinn erzeugt.

Durch den Befehl **G13** wird entgegen dem Uhrzeigersinn auf der Kreisbahn verfahren.

Der Ursprung des Pols liegt im Kreismittelpunkt und wird über die Interpolationsparameter I oder IA bzw. J oder JA angegeben. Dadurch wird der Radius automatisch ermittelt (Abb. 1, nächste Seite).

Kartesische Koordinaten

Kreisbahn im Uhrzeigersinn G2

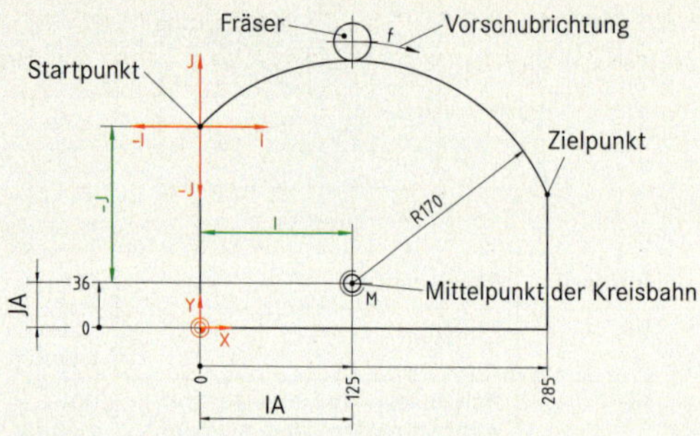

Kreisbahn im Gegenuhrzeigersinn G3

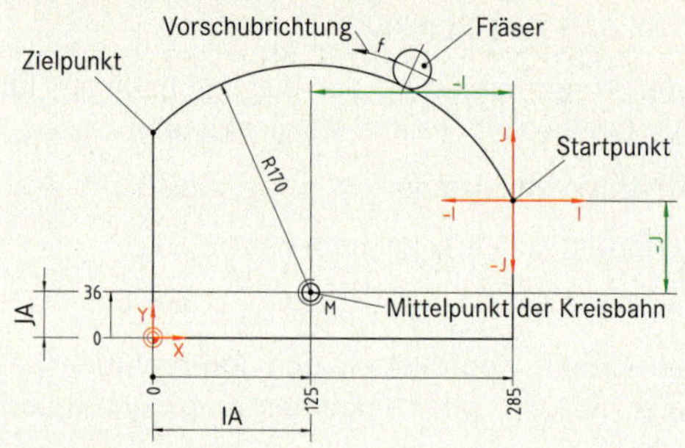

a) inkrementale Angabe der Interpolationsparameter vom Startpunkt des Kreisbogens:

N..
N30 G1 X0 Y151,22 — Startpunkt
N35 G2 X285 Y93,446 I125 J-115,22
N..

- G2: Wegbedingung Kreisbogen im Uhrzeigersinn
- X285 Y93,446: Zielpunkte in X- und Y-Richtung
- I125 J-115,22: Interpolationsparameter in X-Richtung (I) und in Y-Richtung (J)

N..
N30 G1 X285 Y93,446 — Startpunkt
N35 G3 X0 Y151,22 I-160 J-57,466
N..

- G3: Wegbedingung Kreisbogen im Gegenuhrzeigersinn
- X0 Y151,22: Zielpunkte in X- und Y-Richtung
- I-160 J-57,466: Interpolationsparameter in X-Richtung (I) und in Y-Richtung (J)

b) absolute Angabe der Interpolationsparameter vom Werkstücknullpunkt:

N..
N30 G1 X0 Y151,22
N40 G2 X285 Y93,446 IA125 JA36
N...

- IA125 JA36: Interpolationsparameter in X-Richtung (IA) und in Y-Richtung (JA)

N..
N30 G1 X285 Y93,446
N40 G3 X0 Y151,22 IA125 JA36
N..

- IA125 JA36: Interpolationsparameter in X-Richtung (IA) und in Y-Richtung (JA)

c) Angabe des Radius:

N..
N30 G1 X0 Y151,22
N40 G2 X285 Y93,446 R170
N...

- R170: Radius des Kreisbogens

N..
N30 G1 X285 Y93,446
N40 G3 X0 Y151,22 R170
N..

- R170: Radius des Kreisbogens

Polarkoordinaten

Kreisbahn im Uhrzeigersinn G12

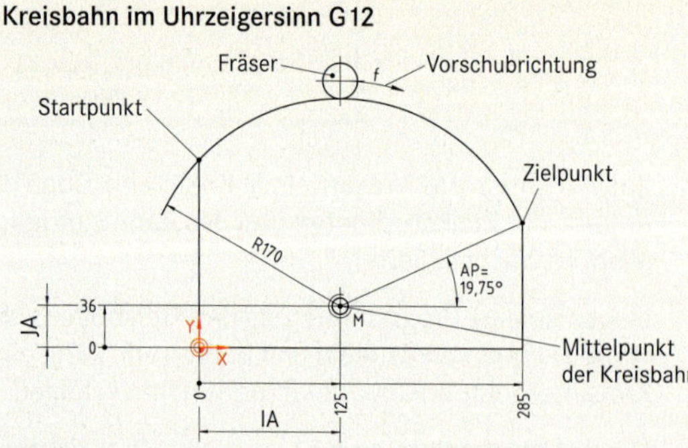

Kreisbahn im Gegenuhrzeigersinn G13

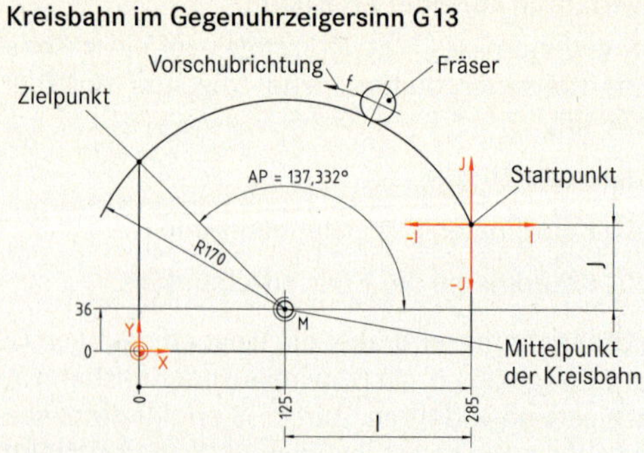

N..
N30 G1 X0 Y151,22 — Startpunkt
N40 G12 IA125 JA36 AP19,75 — Winkel des Pols
N..

- G12: Wegbedingung Kreisbogen im Uhrzeigersinn
- IA125: absoluter Abstand zwischen Startpunkt und Fußpunkt des Drehpols in X-Richtung
- JA36: absoluter Abstand zwischen Startpunkt und Fußpunkt des Drehpols in Y-Richtung

N..
N30 G01 X285 Y93,446 — Startpunkt
N40 G13 I-160 J-57,446 AP137,332° — Winkel des Pols
N..

- G13: Wegbedingung Kreisbogen entgegen dem Uhrzeigersinn
- I-160: inkrementaler Abstand zwischen Startpunkt und Fußpunkt des Drehpols in X-Richtung
- J-57,446: inkrementaler Abstand zwischen Startpunkt und Fußpunkt des Drehpols in Y-Richtung

Abb. 1: Verfahren auf einer Kreisbahn

Bei einer Programmierung von Wegbedingungen können die Koordinaten in der X-, Y- und Z-Richtung durch eine Absolutprogrammierung oder Inkrementalprogrammierung angegeben werden.

- **Absolutprogrammierung (G90)**

In den meisten Anwendungsfällen wird die Absolutprogrammierung mit dem Befehl G90 verwendet (Abb. 2). Bezogen auf den Werkstücknullpunkt werden alle Zeichnungsmaße als Koordinatenwerte angegeben. Die Absolutprogrammierung entspricht dem Einschaltzustand einer Fräsmaschine.

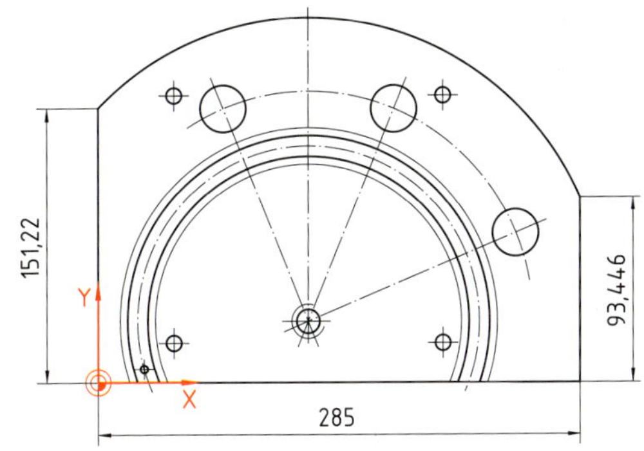

Abb. 2: Maßangabe für Absolutprogrammierung

Bei der Absolutprogrammierung (G90) beziehen sich alle Koordinatenangaben auf einen gemeinsamen Bezugspunkt, den Werkstücknullpunkt.

- **Inkrementalprogrammierung (G91)**

Werden in der Fertigungszeichnung Kettenmaße verwendet, ist eine Inkrementalprogrammierung (Relativprogrammierung) mit dem Befehl G91 zu verwenden. Ein typischer Anwendungsfall für eine Kettenbemaßung ist die Herstellung mehrerer Bohrungen z. B. in einer Bohrplatte (Abb. 3).

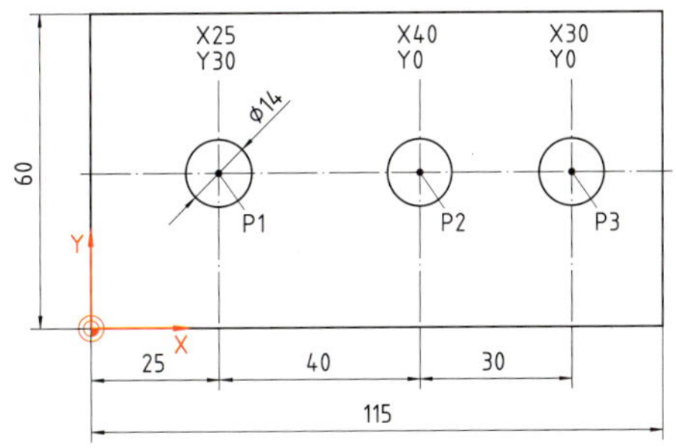

Abb. 3: Maßangabe für Inkrementalprogrammierung

Bei der Inkrementalprogrammierung (G91) beziehen sich alle Koordinatenangaben auf den zuletzt programmierten Punkt.

- **Nullpunktverschiebung**

An der Motorplatte sind zwei Nullpunkte angegeben (Abb. 4). Der Werkstücknullpunkt (W) wird zur Bearbeitung der Außenkontur verwendet. Um Koordinatenberechnungen zu vermeiden, wird der Nullpunkt auf die Position (W1) für die Fertigung der Bohrungen und der T-Nut verschoben.

Man unterscheidet:

- additive (programmierbare) Nullpunktverschiebungen (Tab. 1, nächste Seite) (➡📖) und
- speicherbare (einstellbare) Nullpunktverschiebungen.

Bei einer additiven Nullpunktverschiebung werden die Werte für die Verschiebung mit kartesischen Koordinaten (z. B. G59) oder mit Polarkoordinaten (z. B. G58) angegeben.

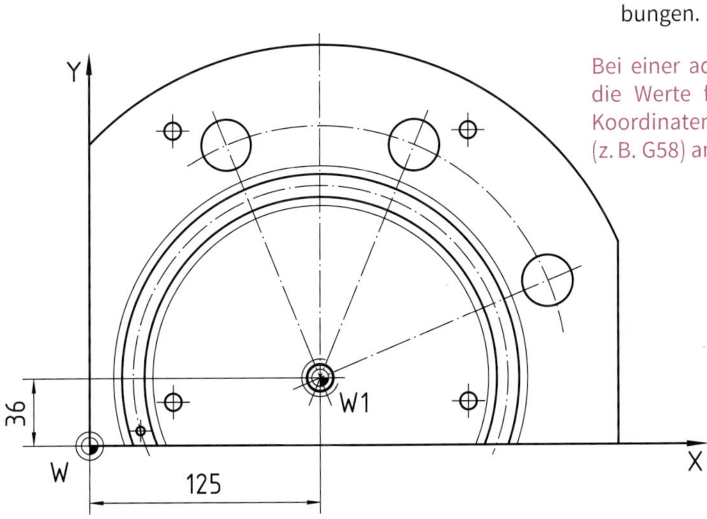

Speicherbare Nullpunktverschiebung

Programmierung:

N..
N5 G54 → **Nullpunktverschieberegister**

		X	Y	Z
N..				
N5	G54	125	36	0

Additive Nullpunktverschiebung

Programmierung:

N..
N5 G59 XA125 YA36
N..

Abb. 4: Speicherbare und additive Nullpunktverschiebungen

Tab. 1: Befehle für Nullpunktverschiebung

Befehl	Bedeutung
G53	Aufheben der Nullpunktverschiebung
G54 … G59	speicherbare und additive Nullpunktverschiebung

Additive Nullpunktverschiebungen beziehen sich auf den *zuletzt eingegebenen Werkstücknullpunkt* (z. B. W1). Eine additive Nullpunktverschiebung wird z. B. über den Befehl G59 programmiert.

Speicherbare Nullpunktverschiebungen beziehen sich auf den *Werkstücknullpunkt (W)* und verschieben diesen. Auf welche Position er verschoben wird, ist im Nullpunktverschieberegister gespeichert. Im Programm wird nur der Befehl für die Nullpunktverschiebung angegeben (z. B. G54).

Alle Nullpunktverschiebungen wirken modal (selbsthaltend) und werden durch den Befehl G53 aufgehoben.

2.2.4.2 Fräserradiuskorrektur

Beim Fräsen von Außen- oder Innenkonturen führt der Bezug auf die Fräsermittelpunktsbahn zu Konturfehlern. Das geforderte Maß wird um den Fräserradius kleiner oder größer. Um dies auszugleichen, wird der Fräserradius über die Befehle der Fräserradiuskorrektur G41 oder G42 korrigiert (Abb. 1).

Die Bewegung des Werkzeuges beschreibt die *Fräsermittelpunktsbahn* oder *Äquidistante*. Sie bezieht sich auf den Mittelpunkt des Fräswerkzeuges.

Durch den Befehl G40 wird die Fräserradiuskorrektur aufgehoben.

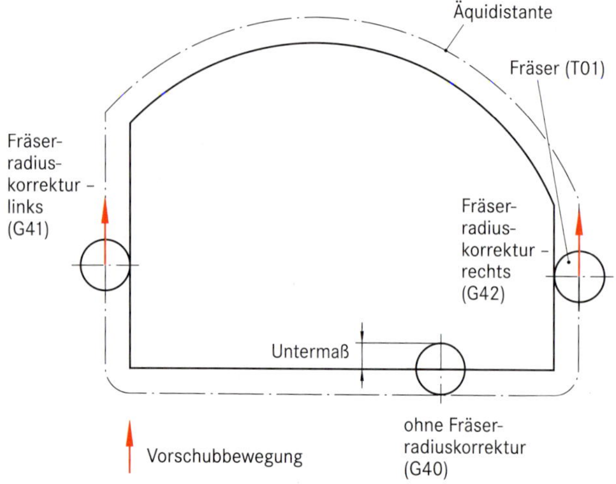

Abb. 1: Fräserradiuskorrektur

2.2.4.3 Auswahl von Arbeitsebenen

Bei der Verwendung von 2 1/2D-Bahnsteuerungen muss vom Maschinenbediener eine Arbeitsebene ausgewählt werden. Die Arbeitsebene legt fest, welche beiden Achsen gleichzeitig verfahren werden (siehe Kap. 2.2.2.2).

Bei der Bearbeitung der Motorplatte ist die XY-Ebene zu wählen (Abb. 2).

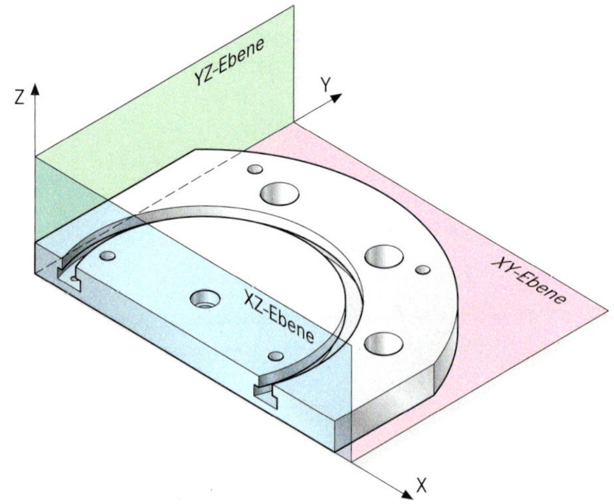

Abb. 2: Arbeitsebenen einer 2 1/2D-Bahnsteuerung

Tab. 2: Befehle für Arbeitsebenen

Befehl	Bedeutung
G17	XY-Ebene
G18	XZ-Ebene
G19	YZ-Ebene

2.2.4.4 Bearbeitungszyklen

Werkstückkonturen bestehen oft aus Formelementen wie Nuten, Kreistaschen, Rechtecktaschen oder Bohrungen (Abb. 3, nächste Seite). Für diese Formelemente werden dem Anwender der Steuerung Bearbeitungszyklen zur Verfügung gestellt. Dadurch kommt es zu einer Vereinfachung der Programmierung.

Der Bearbeitungszyklus wird als Wegbedingung in der Steuerung z. B. mit einem G-Befehl aufgerufen. Für eine maßgenaue Umsetzung von Bearbeitungszyklen ist die Fräserradiuskorrektur aufzuheben (G40).

Man unterscheidet Bearbeitungszyklen zur Herstellung von:

- Konturtaschen,
- Bohrungen,
- Bohrbildern und
- Gewinden.

Bei der Programmierung der Bearbeitungszyklen sind die Parameter für den Bearbeitungszyklus (z. B. Rechtecktasche oder Kreistasche) und der Zyklusaufruf zu programmieren.

Konturtaschen

Konturtaschen sind typische Formen an Frästeilen wie *Nuten*, *Rechtecktaschen* oder *Kreistaschen* (Abb. 3).

Rechtecktaschenfräszyklus z. B. G72

Kreistaschen- und Zapfenfräszyklus, z.B. G73

Kreistasche

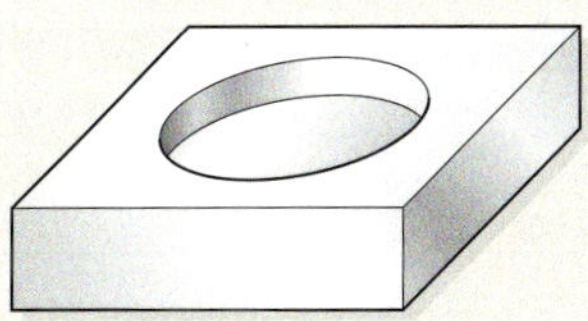

Kreistasche mit Zapfen

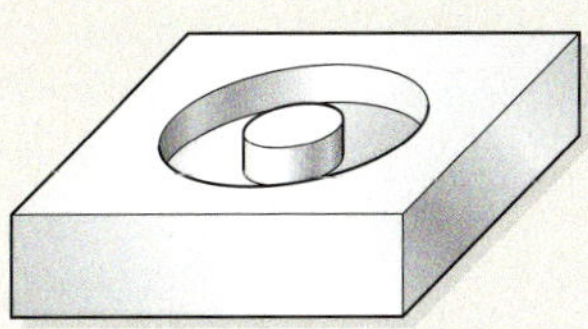

Nutenfräszyklus – Längsnut, z. B. G74

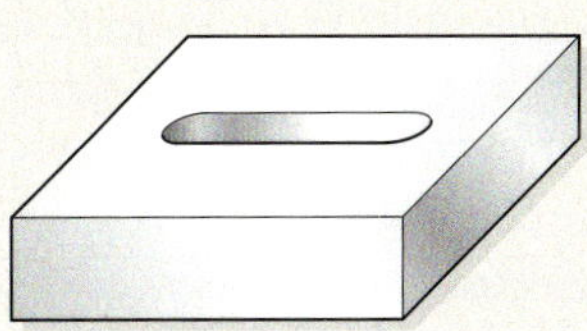

Nutenfräszyklus – Kreisbogen, z. B. G75

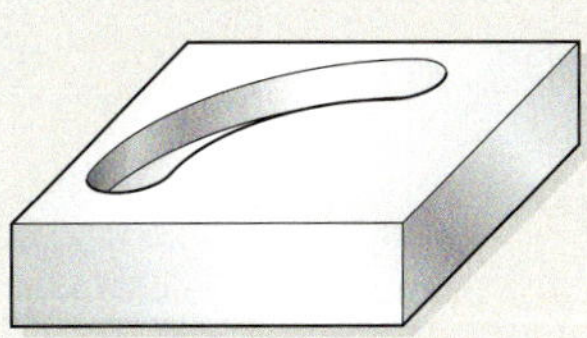

Abb. 3: Beispiele für Konturtaschen

Zyklusaufruf

Der Zyklusaufruf legt die Lage und Anordnung der Fräskontur und die Positionierung der Werkzeuge fest (Abb. 4). Eine Drehung der Fräskontur wird durch eine Winkelangabe (z. B. AR) mit dem Zyklusaufruf festgelegt. Die Parameter für den Bearbeitungszyklus müssen vor dem Zyklusaufruf programmiert werden (Abb. 1, nächste Seite) (➡📖).

Zyklusaufruf auf einer LInie, z. B. G76

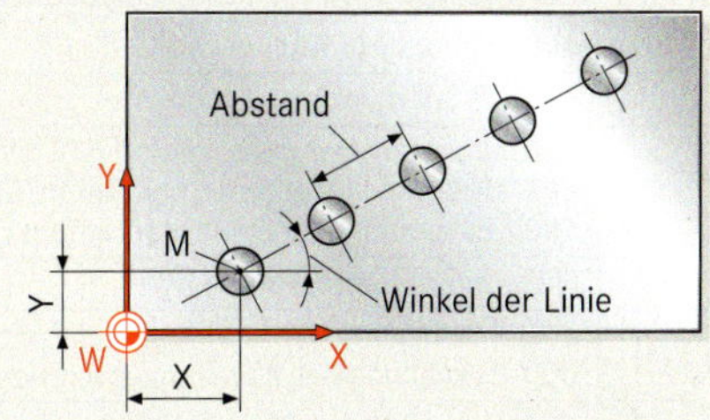

Zyklusaufruf auf einem Teilkreis, z. B. G77

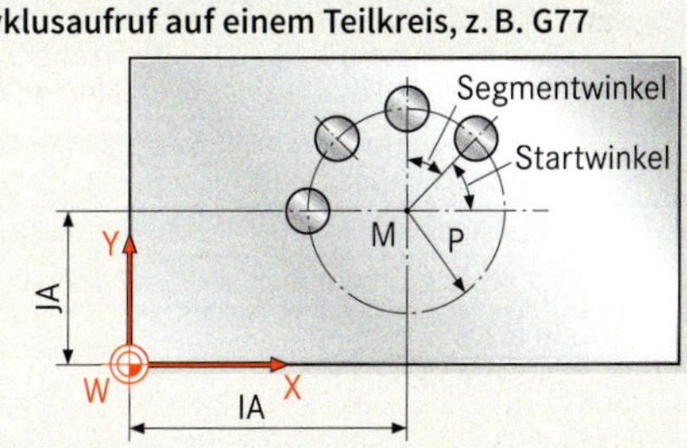

Zyklusaufruf an einem Punkt durch Polarkoordinaten, z. B. G78

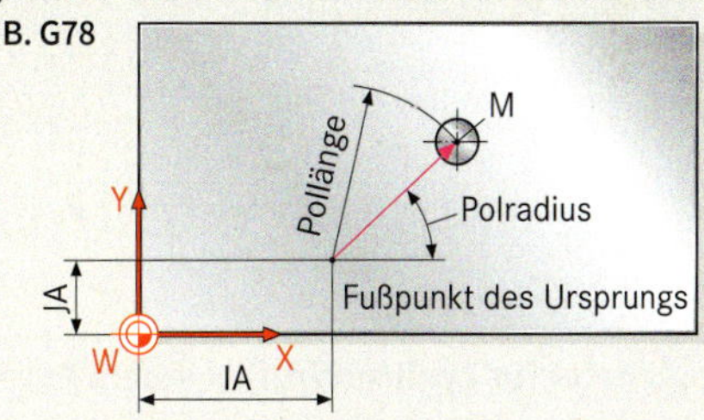

Zyklusaufruf an einem Punkt durch kartesische Koordinaten, z. B. G79

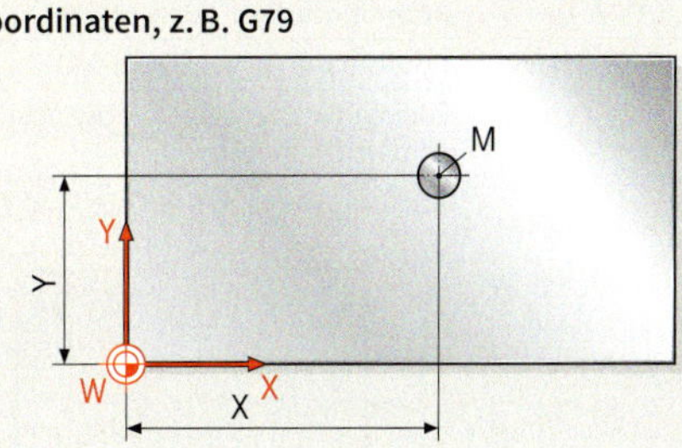

Abb. 4: Zyklusaufrufe

Zur Programmierung von Konturtaschen und Bohrungen wird ein Dialogfenster aufgerufen, in das die geforderten Werte eingegeben werden.

Dialogfenster für Rechtecktaschenfräszyklus – G72

Adresse	Beschreibung	Art
G72	Aufruf des Rechtecktaschenfräszyklus	notwendig
ZA oder ZI	Taschentiefe, ZI inkremental ab Taschenoberkante oder ZA absolut, bezogen auf das Werkstückkoordinatensystem	notwendig
LP	Länge der Tasche	notwendig
BP	Breite der Tasche	notwendig
D	maximale Zustelltiefe	notwendig
V	Sicherheitsabstand	notwendig
W	Rückzugsebene	optional
RN	Eckenradius (Voreinstellung RN0, damit ist der Eckenradius gleich dem Werkzeugradius)	optional
AK	Aufmaß auf dem Taschenrand	optional
AL	Aufmaß auf dem Taschenboden	optional
EP	Aufrufpunkt für den Zyklusaufruf G76 bis G79 (EP0 – Taschenmittelpunkt, EP1 – Eckpunkt im ersten Quadranten; EP2 – Eckpunkt im zweiten Quadranten; EP3 – Eckpunkt im dritten Quadranten; EP4 – Eckpunkt im vierten Quadranten)	optional
DB	Fräserbahnüberdeckung	optional
O	Zustellbewegung (O1 – senkrechtes Eintauchen des Werkzeuges, O2 – Eintauchen des Werkzeuges mit Helix-Interpolation)	optional
RH	Radius der Fräsermittelpunktsbahn der Helix-Interpolation beim Zustellen	optional
DH	Zustellung pro Helixumdrehung	optional
Q	Bearbeitungsrichtung (Q1 – Gleichlauf, Q2 – Gegenlauf, Q3 – Planen im Schruppbetrieb oder Gegenlauf bei der Taschenbearbeitung)	optional
H	Bearbeitungsart (H1 – Schruppen, H2 – Planschruppen, H4 – Schlichten, H14 – Schruppen und anschließendes Schlichten mit dem gleichen Werkzeug)	optional
E	Vorschubgeschwindigkeit beim Eintauchen	optional
F	Vorschubgeschwindigkeit beim Fräsen in der Bearbeitungsebene	optional
S	Drehzahl	optional
M	Zusatzfunktionen	optional

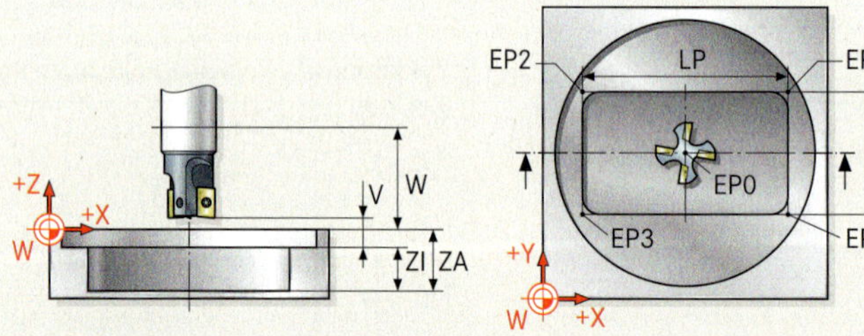

Dialogfenster für Zyklusaufruf an einem Punkt – G79

Adresse	Beschreibung	Art
G79	Zyklusaufruf an einem Punkt	notwendig
X/XI, Y/YI, Z/ZI	Koordinaten bei aktivem G90	notwendig
X/XA, Y/YA, Z/ZA	Koordinaten bei aktivem G91	notwendig
AR	Drehwinkel bezogen auf die positive X-Achse (+ entgegen dem Uhrzeigersinn, – im Uhrzeigersinn)	optional
W	Rückzugsebene (Voreinstellung W = V)	optional

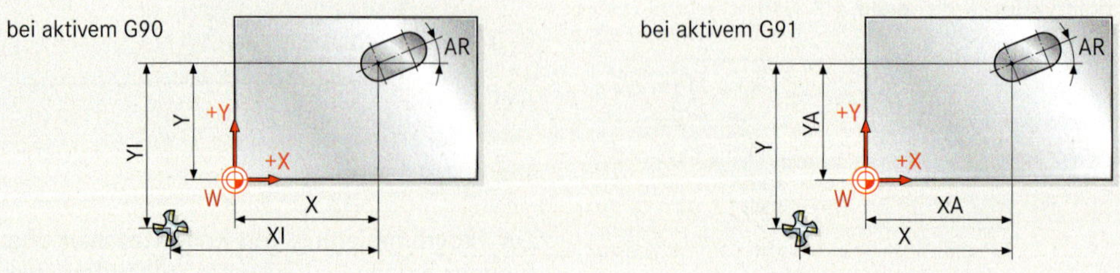

Abb. 1: Dialogfenster mit Parametern

Beispiel: Rechtecktasche

Es ist eine Rechtecktasche 60 mm lang, 40 mm breit und 10 mm tief um 20° verdreht zu fräsen. Zur Bearbeitung wird ein Langlochfräser Ø 6 mm mit einer zulässigen Schnitttiefe von 3 mm verwendet. Für die geforderten Werte ist ein Rechtecktaschenfräszyklus zu programmieren.

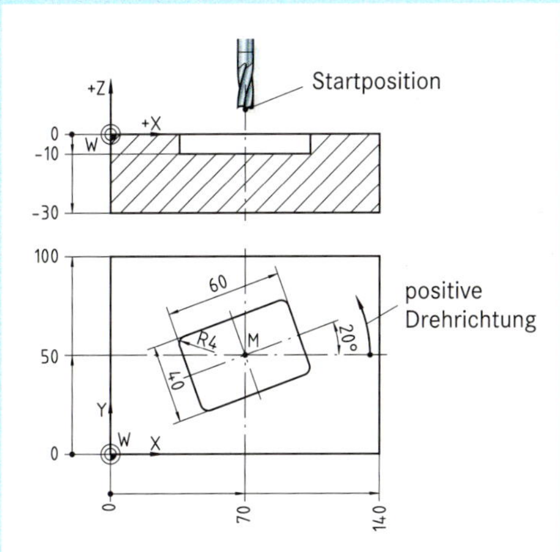

N..
N60 G72 ZA-10 LP60 BP40 D2 V1 W4
RN4 AK0 AL0 EP0 DB80 O1 Q1 H1
(Bearbeitungszyklus)
N70 G79 X70 Y50 Z0 AR20 (Zyklusaufruf)
N..

Bohrzyklen

Bohrzyklen werden zum *Bohren*, *Gewindeschneiden*, *Aufbohren* und *Reiben* verwendet (Abb. 2). Die programmierten Arbeitsbewegungen wirken satzweise oder modal (selbsthaltend).

- **Bohren**

Der Bohrer verfährt im Eilgang bis auf einen Sicherheitsabstand, fertigt im Arbeitsvorschub die Bohrung und verfährt zurück auf den Startpunkt.

Beim Bearbeiten langspanender Werkstoffe wird ein *Bohren mit Spanbruch* notwendig. Dazu stoppt der Bohrzyklus kurzzeitig den Vorschub und fährt den Bohrer zurück. Dadurch werden Fließspäne vermieden, die zu Produktionsstörungen, Verletzungen und Qualitätsminderungen führen können.

Bei *tiefen Bohrungen* kann es notwendig werden, den Bohrer mehrfach aus der Bohrung zurückzuziehen. Der Grund hierfür ist das Überschreiten der zulässigen Bohrtiefe. Durch das Zurückziehen des Bohrers werden die Späne aus der Bohrung entfernt (Ausspänen).

Beispiel: Bohren mit Bohrzyklus G81

Es ist eine Bohrung mit einem Durchmesser von 8 mm und einer Tiefe von 40 mm herzustellen. Hierzu ist ein Bohrzyklus ohne Spanbruch und Ausspänen zu programmieren.

Die Position der Bohrung ist auf der Zeichnung in X-Richtung mit 70 mm und in Y-Richtung mit 50 mm angegeben.

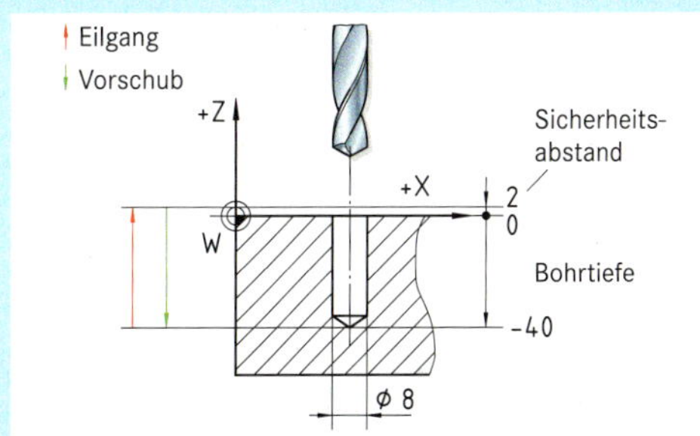

Aufruf Bohrzyklus | Bohrtiefe | Sicherheitsabstand | Rückzugsebene

N..
N60 G81 ZA-40 V2 W4 F200 S1200 (Bohrzyklus)
Vorschub | Drehzahl
N70 G79 X70 Y50 Z0 (Zyklusaufruf)
N..

Koordinaten des Punktes
Zyklusaufruf an einem Punkt

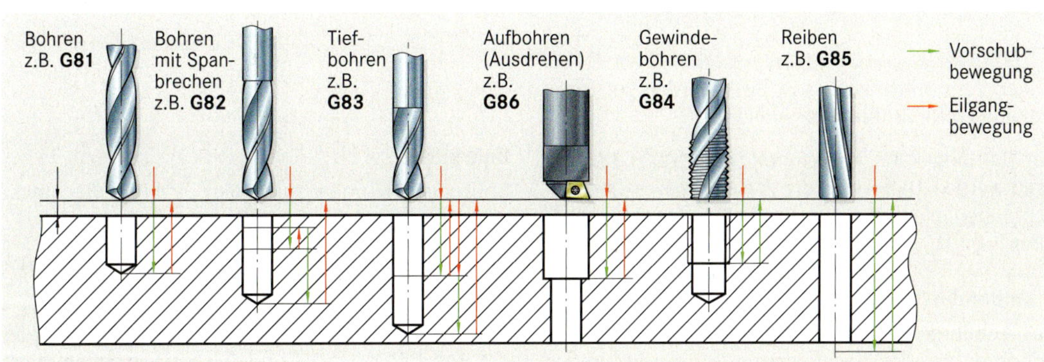

Abb. 2: Bohrzyklen

- **Gewindebohren**

Beim Gewindebohren sind folgende Größen festzulegen:

- der Sicherheitsabstand,
- die Drehrichtung des Gewindebohrers (M3 oder M4) und
- der Vorschub in Abhängigkeit von der Gewindesteigung (Abb. 1).

Dialogfenster für Gewindebohrzyklus – G84

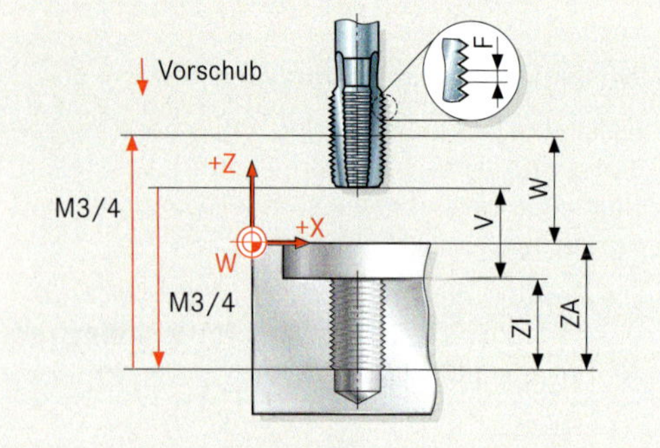

Adresse	Beschreibung	Art
G84	Aufruf des Gewindebohrzyklus	notwendig
ZA oder ZI	Tiefe des Gewindes in der Zustellachse (ZA – absolut, ZI – inkremental)	notwendig
F	Gewindesteigung in mm/ Umdrehung	notwendig
M	Drehrichtung des Werkzeuges beim Eintauchen (M3 – Rechtsgewinde, M4 – Linksgewinde)	notwendig
V	Sicherheitsabstand	notwendig
W	Rückzugsebene	optional
S	Drehzahl	optional
M	weitere Zusatzfunktionen	optional

Nach der Programmierung des Gewindebohrzyklus erfolgt ein Zyklusaufruf G76, G77, G78 oder G79.

Abb. 1: Dialogfenster mit Parametern

- **Bohrfräsen**

Zyklen zum Bohrfräsen (z. B. G87) werden zur Herstellung großer Bohrungen verwendet.

Die Bohrung kann mit einem Schaftfräser hergestellt werden. Dabei wird die Vorschubbewegung als Schraubenlinienbewegung (Helix-Bewegung) ausgeführt (→📖).

- **Anbohren**

Das Anbohren erfolgt in der Regel mit einem NC-Anbohrer, um das nachfolgende Bohrwerkzeug zu zentrieren.

Zusätzlich kann durch das Anbohren eine Senkung mit 90° oder 120° hergestellt werden. Dazu ist die Bohrtiefe zu berechnen.

Beispiel: Ermittlung der Bohrtiefe für einen NC-Anbohrer

Mit einem NC-Anbohrer Ø 10 mm soll eine 90° Senkung 1,1 mm tief hergestellt werden.

Hierzu ist die Bohrtiefe für den NC-Anbohrer zu ermitteln.

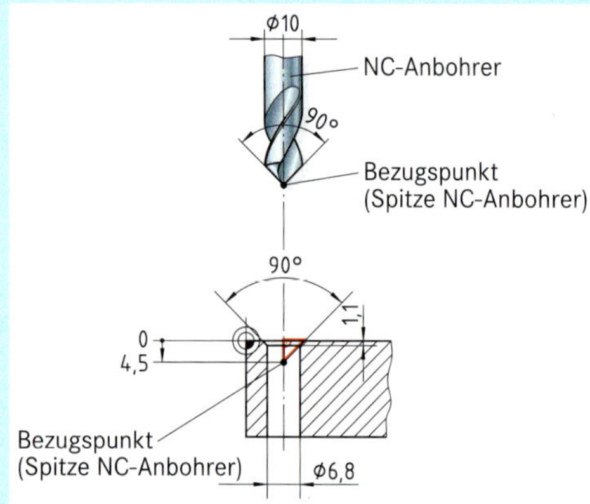

Geg.: Spitzenwinkel $\delta = 90°$ Ges.: Bohrtiefe Z
Senkungstiefe $t = 1{,}1$ mm
Bohrungsdurchmesser $d = 6{,}8$ mm

Lösung:

Senkungsdurchmesser

$D = d + 2 \cdot t$

$D = 6{,}8 \text{ mm} + 2 \cdot 1{,}1 \text{ mm} = \underline{\underline{9 \text{ mm}}}$

Bohrtiefe

$\tan\alpha = \frac{a}{b}$ $\tan\alpha = \frac{\frac{D}{2}}{Z}$

$Z = \frac{\frac{D}{2}}{\tan\alpha} = \frac{4{,}5 \text{ mm}}{\tan 45°}$

$Z = \frac{4{,}5 \text{ mm}}{1} = \underline{\underline{4{,}5 \text{ mm}}}$

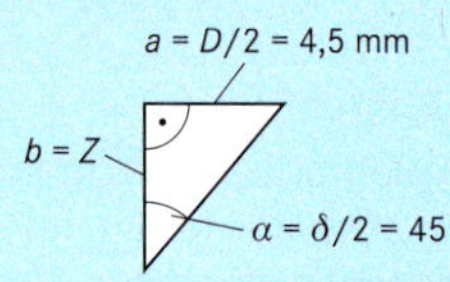

Besitzt der NC-Anbohrer einen Spitzenwinkel von 90°, entspricht die Bohrtiefe Z dem halben Senkungsdurchmesser.

Bohrbilder

Bohrungen können auf einem Teilkreis, Rechteck, einer Matrix oder einer Linie angeordnet sein.

Die Bohrbilder Teilkreis und Linie werden durch den Zyklusaufruf bestimmt.

An verschiedenen Industriesteuerungen können die Bohrbilder Matrix und Rechteck programmiert werden (Abb. 2).

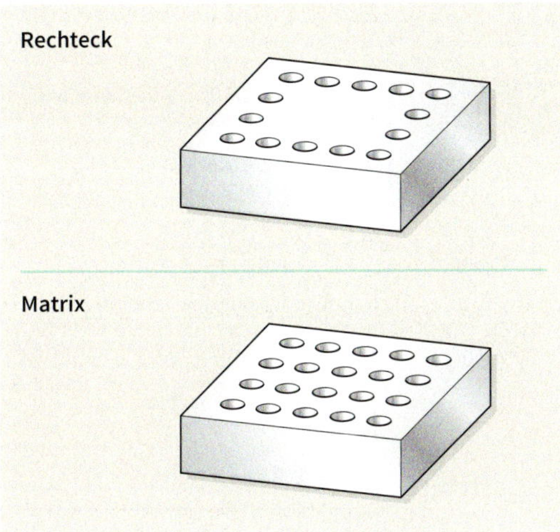

Abb. 2: Bohrbilder

Beispiel: Bohrbild Teilkreis-Gewindebohrzyklus

Es sind vier Gewindebohrungen M8, 10 mm tief herzustellen. Die Bohrungen liegen um 90° versetzt auf einem Teilkreis mit dem Durchmesser von 25 mm.

Es ist ein Gewindebohrzyklus zu programmieren und durch einen Zyklusaufruf zu ergänzen, der die Anordnung der Bohrungen festlegt.

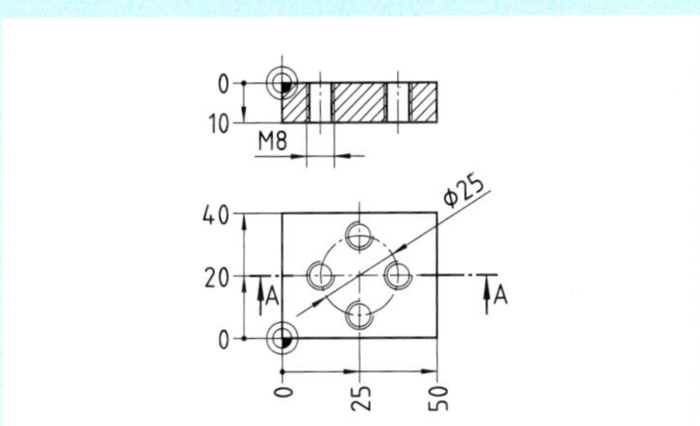

N..
(Gewindebohrzyklus)
N60 G84 ZA-14 F1,25 M3 V4 W10
(Zyklusaufruf auf einem Teilkreis)
N70 G77 R12,5 AN0 AI45 O4 I25 J20 Z0
N..

2.2.4.5 Unterprogramme

Wiederholen sich an einem Werkstück Konturelemente, z. B. Nuten, wird die Kontur nur einmal als Unterprogramm geschrieben.

Der Aufruf im Hauptprogramm erfolgt durch den Befehl **G22** in Verbindung mit der Unterprogrammnummer. Diese ist durch die Adresse L gekennzeichnet.

Anschließend wird die Anzahl der Wiederholungen für das Unterprogramm mit der Adresse H angegeben (Abb. 3).

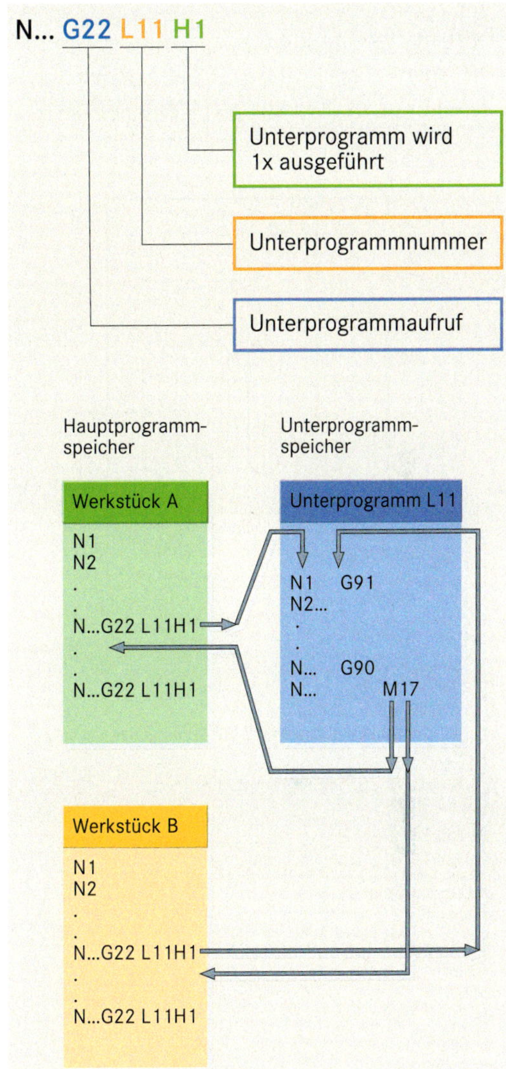

Abb. 3: Unterprogrammaufruf und Programmstruktur

Das Unterprogramm kann mehrmals im Hauptprogramm aufgerufen werden. Es ist auch für andere Werkstücke einsetzbar.

Damit ein Unterprogramm fehlerfrei arbeitet, muss der Startpunkt S im Hauptprogramm angefahren werden. Dies erfolgt in dem Satz unmittelbar vor dem Unterprogrammaufruf.

Unterprogramme werden meist inkremental programmiert.

Mit dem Befehl M17 werden Unterprogramme beendet.

Zur Optimierung von CNC-Programmen können Unterprogramme und Programmabschnittswiederholungen verwendet werden (Kap. 2.1.4.5).

Beispiel: Unterprogramm

Mit einem Langlochfräser Ø 8 mm sollen drei Nuten mit gleichen Abmaßen und gleichen Abständen 5 mm tief gefräst werden.

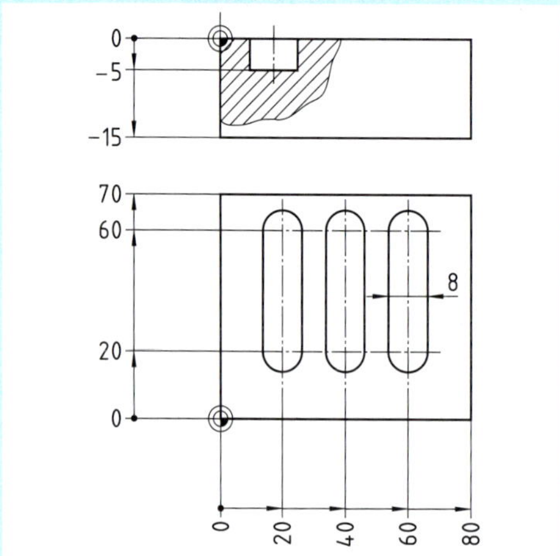

Hauptprogramm
N1 F200 S800 T1TC1 M3
N2 G0 X20 Y20 (Anfahren des Startpunktes S)
N3 Z2
N4 **G22L11H3** (Unterprogrammaufruf)
N5 G0 Z100
N6 X50 Y50
N7 M30

Unterprogramm L11
N1 G91
N2 G1 Z-7
N3 Y40
N4 Z7
N5 X20 Y-40
N6 G90
N7 M17

2.2.4.6 Anfahren und Abfahren

Außen- und Innenkonturen sind so an- und abzufahren, dass keine Bearbeitungsspuren an der Werkstückoberfläche entstehen.

In der Regel erfolgt dies durch ein lineares An- und Abfahren (Abb. 1).

Ist dies z. B. auf Grund der Aufspannung nicht möglich, erfolgt das An- und Abfahren auf einer Kreisbahn (Abb. 2).

Damit entsteht ein tangentialer Übergang.

Die Weginformationen zum tangentialen An- und Abfahren werden in der Steuerung aufgerufen.

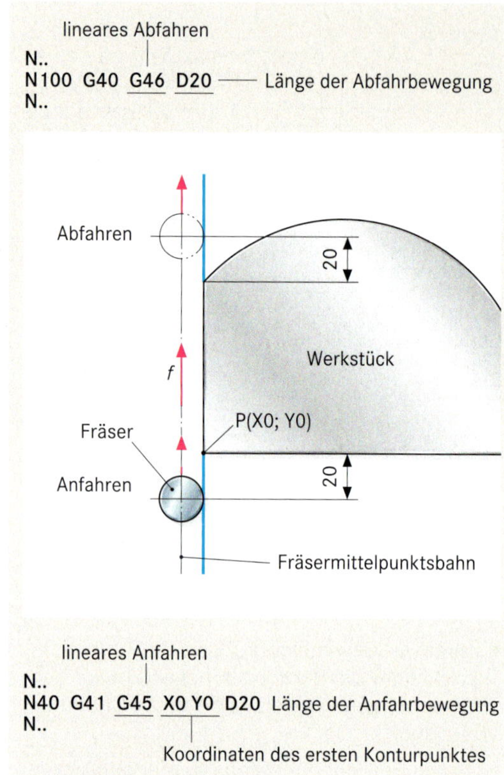

Abb. 1: Lineares An- und Abfahren

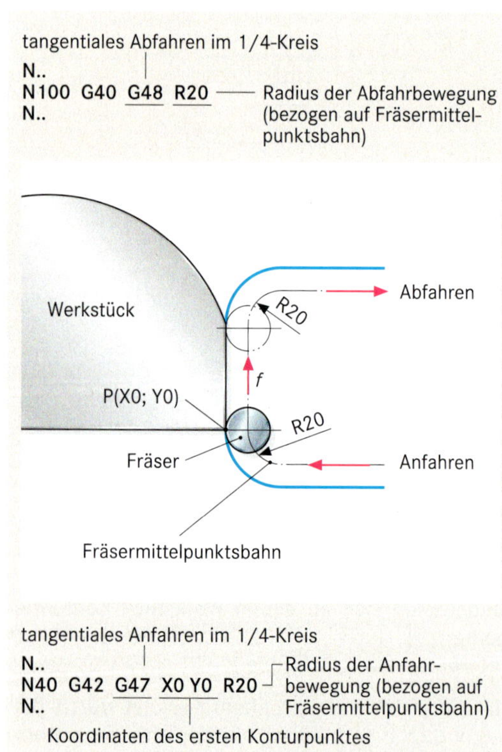

Abb. 2: Tangentiales An- und Abfahren

2.2.4.7 Spiegeln

Werden Konturelemente mit gleicher Form und Abmessung symmetrisch auf einem Werkstück angeordnet, genügt das Programmieren eines Konturelementes. Dieses wird um die Spiegelachse ein- oder mehrmals gespiegelt.

Beispiel: Spiegeln auf einer Kontur

G66 X –	Spiegeln um die X- Achse
G66 Y –	Spiegeln um die Y-Achse
G66 X Y –	Spiegeln um die X- und Y- Achse
G66 –	Spiegeln aufheben

Durch das Spiegeln entsteht die geforderte Fertigkontur des Werkstücks (Abb. 3).

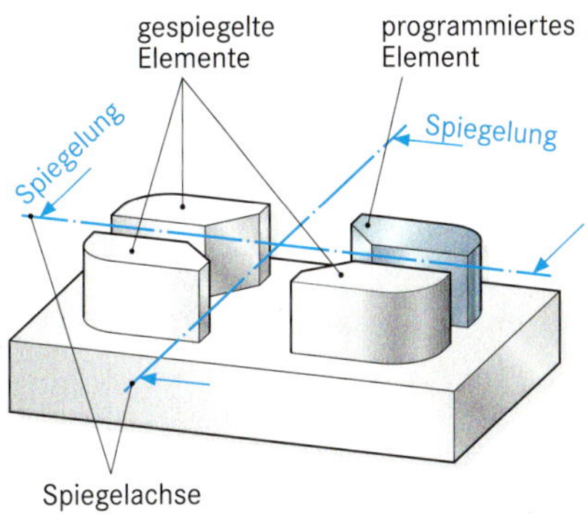

Abb. 3: Spiegeln

2.2.4.8 Skalieren

Durch den Befehl zum Skalieren **G67** können bereits programmierte Konturen vergrößert oder verkleinert werden (Abb. 4).

Dialogfenster für das Skalieren – G67

Adresse	Beschreibung	Art
G67	Aufruf Skalieren	notwendig
SK	Skalierungsfaktor SK = 1 – Originalkontur, SK > 1 – Vergrößerung, SK < 1 – Verkleinerung	notwendig
Q	Achsenauswahl Q1 – Skalierung aller drei Geometrieachsen, Q2 – Skalierung der ersten beiden Geometrieachsen, Q3 – Skalierung der Zustellachse	optional

Abb. 4: Dialogfenster mit Parametern

Beispiel: Verkleinern einer Kontur

Es ist die Kontur eines Fünfecks mit Hilfe des Skalierungsbefehls G67 zu verkleinern. Die Werkstückkontur des Fünfecks ist in einem Unterprogramm L150 abgespeichert.

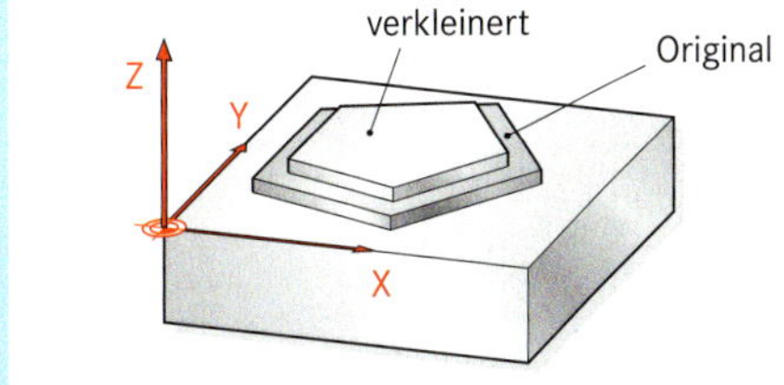

N..	
N80 G67 SK0,75 Q2	(Skalieren mit Faktor 0,75 in der X-Y-Ebene)
N90 G22 L150 H1	(Aufruf des Unterprogramms – 5-Eck)
N100 G67 SK1	(Skalierung zurücksetzen)
N..	

Aufgaben

1. Ein CNC-Programm besteht aus Weginformationen und Schaltinformationen. Erläutern Sie den Unterschied zwischen beiden Informationsarten.

2. Geben Sie die Weginformation zum Fertigen der dargestellten Radien an.

a)

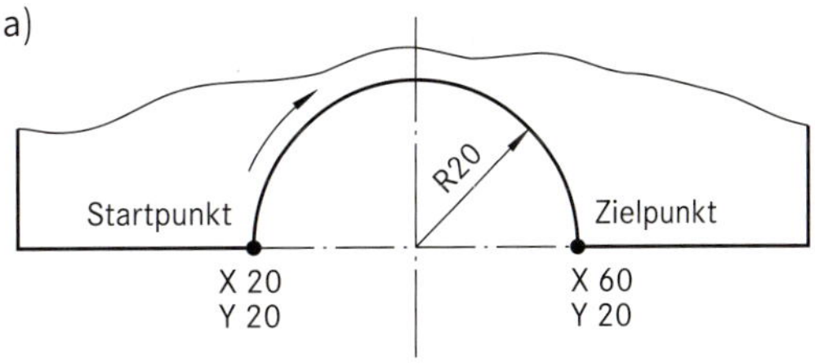

b)

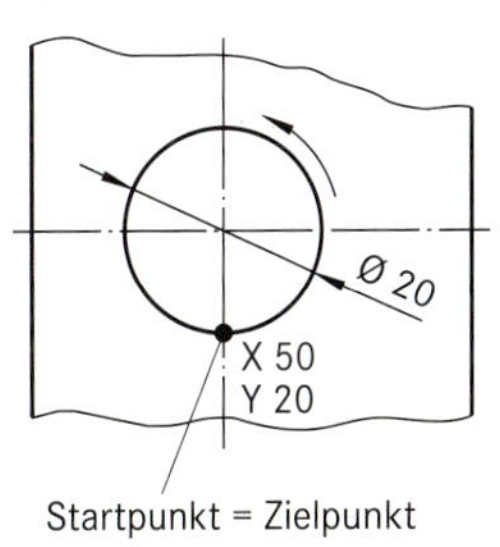

c)

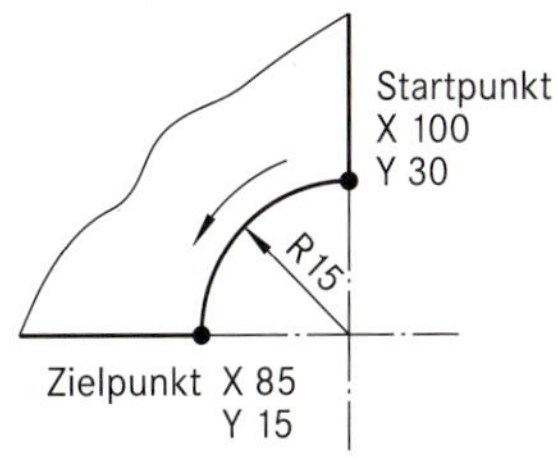

Aufgaben

3. Beschreiben Sie mit Hilfe der Wegbedingungen G1, G2 und G3 den Bearbeitungsweg für die Kontur. Die Bearbeitung soll im Uhrzeigersinn am Punkt P0 beginnen und enden.

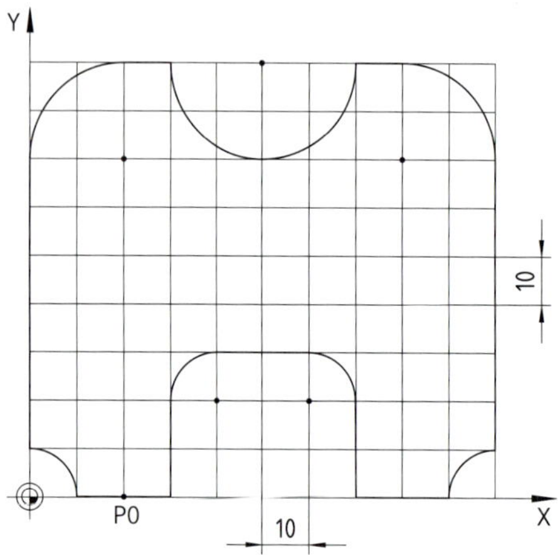

4. Ermitteln Sie für die dargestellte Kontur die Koordinaten und erstellen Sie das CNC-Programm.

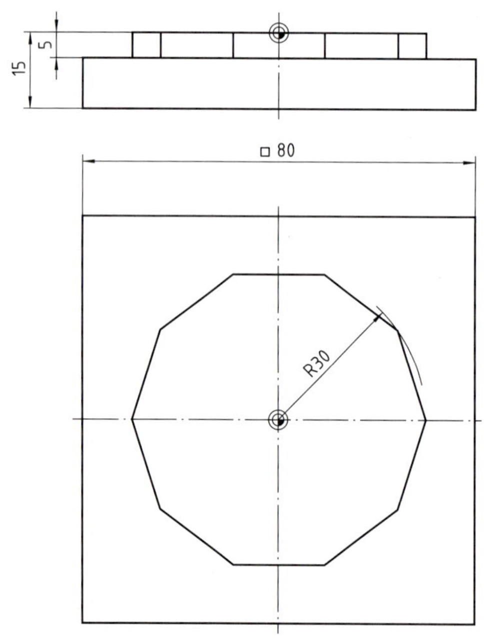

5. Erklären Sie den Unterschied zwischen Absolutprogrammierung und Inkrementalprogrammierung.

6. Die Grundplatte soll durch eine Schrupp- und Schlichtbearbeitung hergestellt werden. Entwickeln Sie das CNC-Programm.

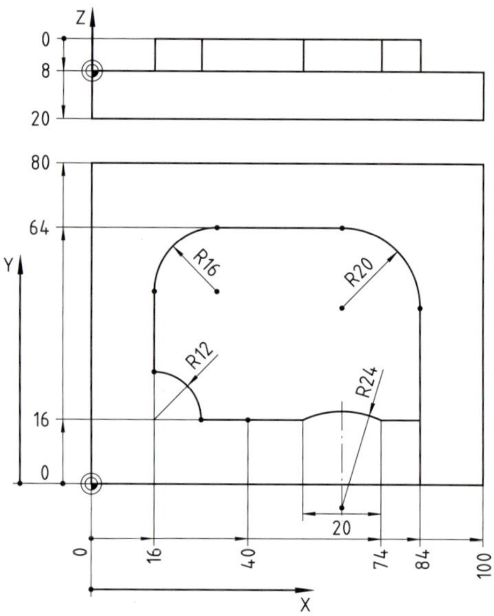

7. Programmieren Sie das Werkstück unter Verwendung der Wegbedingung G91.

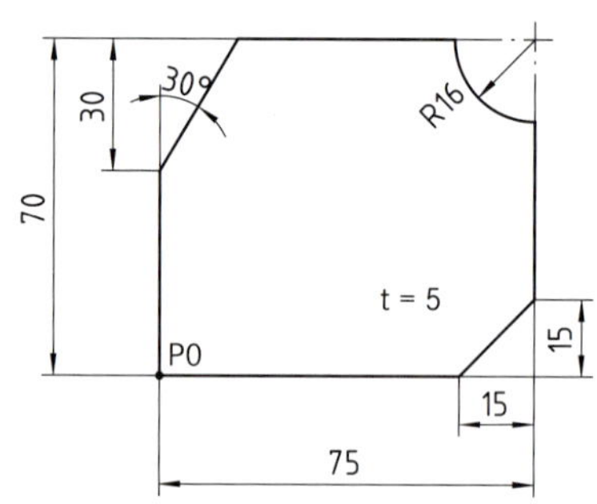

8. Begründen Sie die Notwendigkeit einer Fräserradiuskorrektur.

9. Erläutern Sie die Befehle **G41**, **G42** und **G40**.

10. Wählen Sie die Befehle der Fräserradiuskorrektur für die angegebenen Verfahrwege aus.

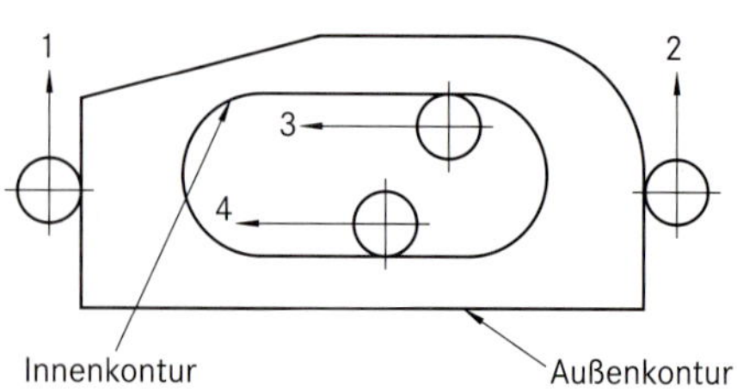

11. Warum werden Nullpunktverschiebungen verwendet?

12. Vergleichen Sie die additive und speicherbare Nullpunktverschiebung.

13. Warum werden beim Programmieren Bearbeitungszyklen verwendet?

Aufgaben

14. In einem Programmsatz wird **G22L44H6** programmiert. Erläutern Sie die Bedeutung des Wortes.

15. Welche Bohrbilder sind für eine Fertigung der Bohrplatte zu programmieren?

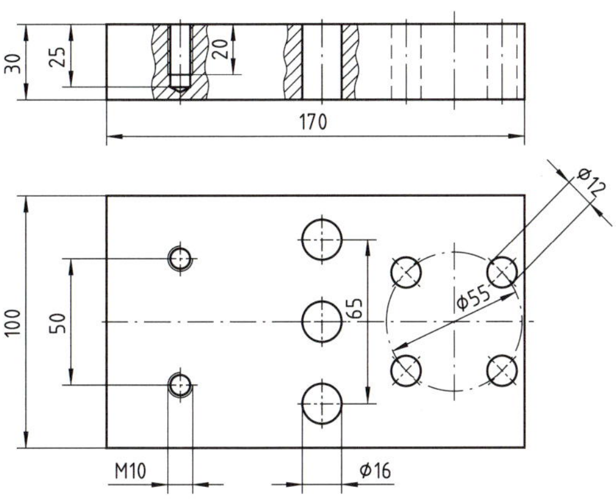

16. Erstellen Sie für die nachfolgenden Werkstücke das CNC-Programm unter Verwendung geeigneter Bearbeitungszyklen.

a)

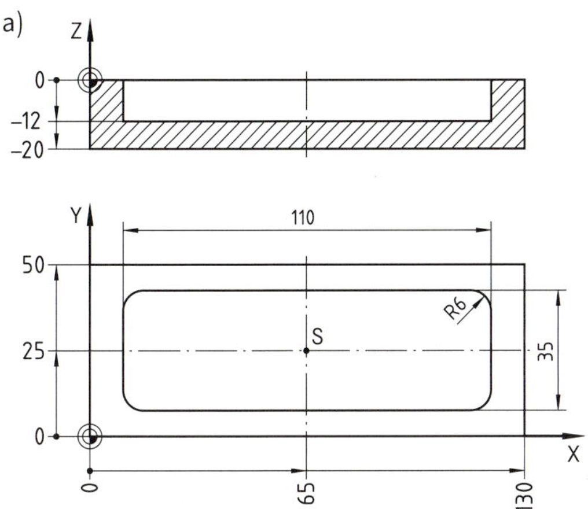

b)

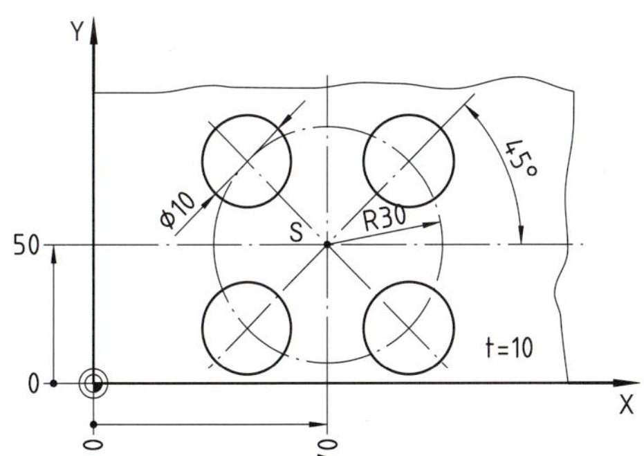

17. In eine Führungsplatte sind drei Nuten mit einer L-Form zu fräsen. Entwickeln Sie hierfür das CNC-Programm unter Verwendung eines Unterprogramms.

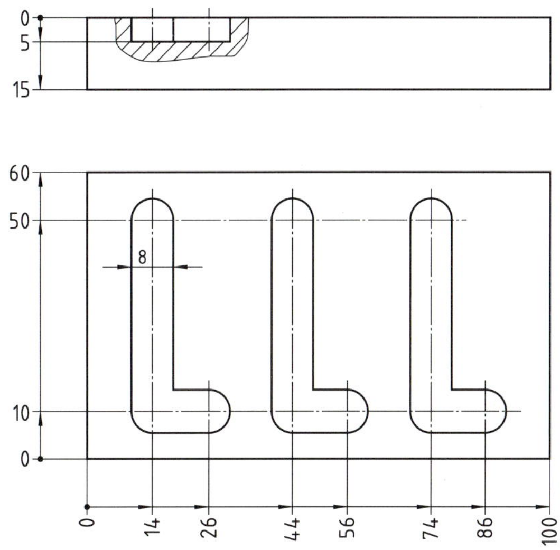

18. Eine Grundplatte soll aus C15 hergestellt werden.

a) Fertigen Sie eine Zeichnung mit CNC-gerechter Bemaßung an und legen Sie den Werkstücknullpunkt fest.

b) Erarbeiten Sie das CNC-Programm.

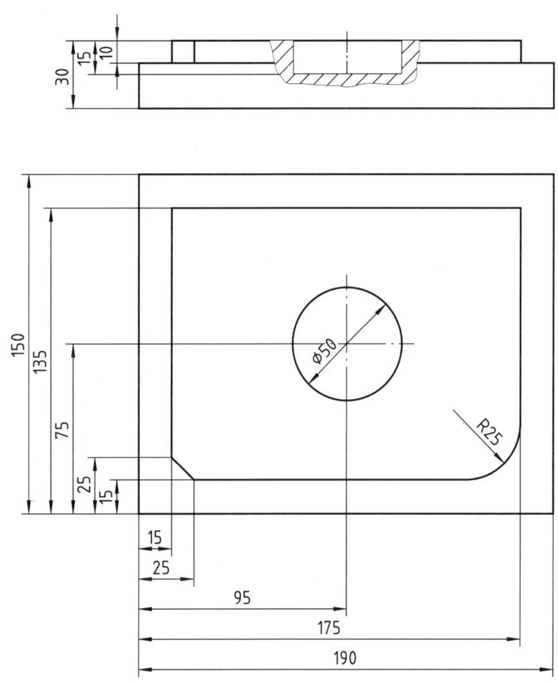

Planen/ Dokumentieren

2.2.5 Arbeitsplanung Motorplatte

Entsprechend dem Gesamtauftrag soll die Motorplatte auf einer CNC-Fräsmaschine gefertigt werden. Die Motorplatte wird mit den Maßen 220 x 25 x 300 bereitgestellt.

Als Material wird der Maschinenbaustahl E335 verwendet. Die Losgröße von einem Stück schließt die Verwendung von Sondervorrichtungen zum Spannen aus.

Spannplan

Die Außenkontur der Motorplatte wird in drei Aufspannungen hergestellt. Eine vierte Aufspannung ist zum Herstellen der Bohrungen und der T-Nut notwendig. Zum Spannen werden Parallelunterlagen und Spanneisen eingesetzt. Die Spanneisen sind in einer gekröpften Ausführung zu verwenden, um genügend Raum für die Werkstückbearbeitung sicherzustellen.

Zur Lagesicherung werden Anschläge verwendet.

Aufspannung 1

In der ersten Aufspannung wird die untere gerade Außenfläche (Seite 1) gefräst. Dies erfolgt durch ein eigenständiges CNC-Programm, weil in der nachfolgenden Aufspannung ein Nullpunktwechsel erfolgt und ein Antasten notwendig ist.

Aufspannung 2

Die gefräste Fläche wird an zwei Anschlägen positioniert. Dazu werden vier Spanneisen eingesetzt.

Um den Spanndruck aufzunehmen, ohne das Werkstück durchzubiegen, werden die Parallelunterlagen unter den Spanneisen positioniert.

Anschließend wird die linke und rechte gerade Außenfläche (Seite 2, Seite 3) gefräst.

Aufspannung 3

Zum Fräsen des Kreisbogens (R170) muss die Lage der Spanneisen wiederum verändert werden.

Vor dem Lösen der Spanneisen erfolgt die Lagesicherung durch einen seitlichen Anschlag.

Damit bleibt der Werkstücknullpunkt erhalten. Zum Vermeiden von Schwingungen auf Grund des großen Zerspanungsvolumens werden die Spanneisen so nah wie möglich am Kreisbogen positioniert.

Aufspannung 4

In der vierten Aufspannung werden die Bohrungen und die T-Nut gefertigt. Hierzu wird an der linken Werkstückseite das obere Spanneisen nach unten verschoben. An der rechten Werkstückseite wird das obere Spanneisen entfernt.

Außerdem muss die mittlere Parallelunterlage verschoben werden, um die Gewindebohrung M14 fertigen zu können.

Eine fehlerhafte Lagebestimmung oder Lagesicherung des Werkstücknullpunktes führt zu Konturverschiebungen oder Maßabweichungen.

Während der Bearbeitung wird das Werkstück nicht geprüft.

Aufspannung 1

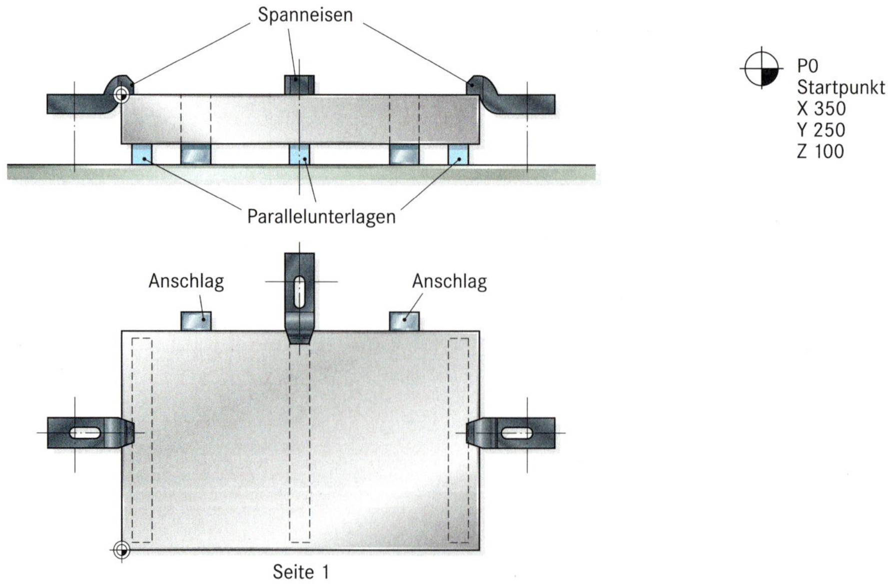

Aufspannung 2

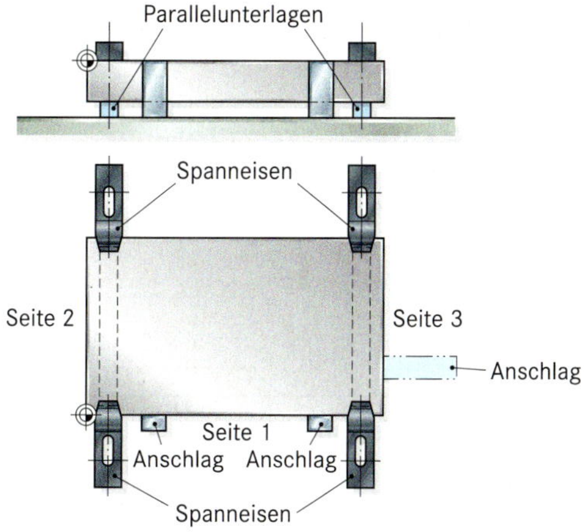

P0
Startpunkt
X 350
Y 250
Z 100

Aufspannung 3

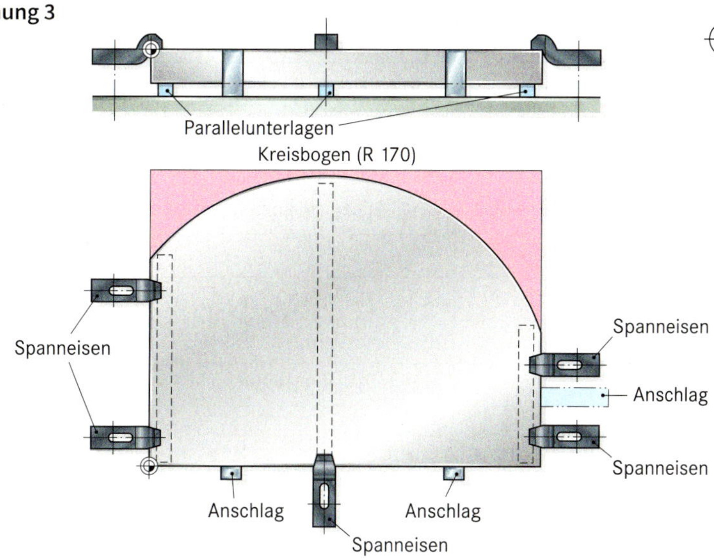

P0
Startpunkt
X 350
Y 250
Z 100

Aufspannung 4

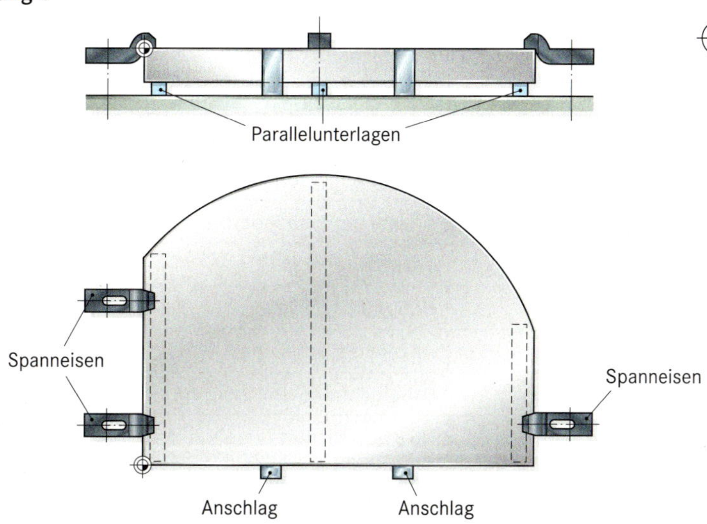

P0
Startpunkt
X 350
Y 250
Z 100

Arbeitsplan

Um die Struktur des CNC-Programms festlegen zu können, sind die einzelnen Bearbeitungsschritte in einem Arbeitsplan festzulegen.

westermann	**Arbeitsplan**	**Blatt-Nr.** 1	**Anzahl** 2
Benennung: Motorplatte **Zeichn.-Nr. Sach.-Nr.**	**Auftragsnr.:**	**Name:**	
Halbzeug: 220x25x300 – E335	**Stückzahl:** 1	**Klasse/Gr.:**	
[X] **Einzelteil** [ ] **Montage/Demontage**	**Termin:**	**Kontr.-Nr.:**	

Lfd. Nr.	Arbeitsvorgang	Arbeitsmittel	Arbeitswerte/ Bemerkungen
1	Rohteilmaße prüfen		
2	Werkstück spannen	Spanneisen, Parallelunterlagen	**Aufspannung 1**
3	Werkstücknullpunkt festlegen		
4	Umfangsfräsen Seite 1	Schaftfräser Ø 20 Typ NF,	v_c = 64 m/min;
		HSS beschichtet	f_z = 0,053 mm
		Anzahl Schneiden: 4	
5	Ausspannen und Entgraten		
6	Werkstück spannen	Spanneisen, Parallelunterlagen	**Aufspannung 2**
7	Werkstücknullpunkt festlegen		
8	Umfangsfräsen Seite 2 und Seite 3	Schaftfräser Ø 20 Typ NF,	v_c = 64 m/min;
	Ecken für den Radius R170 freifräsen	HSS beschichtet	f_z = 0,053 mm
		Anzahl der Schneiden: 4	
9	Lagesicherung des Werkstückes in X-Richtung	Anschlag	
10	Umspannen	Spanneisen, Parallelunterlagen	**Aufspannung 3**
11	Umfangsfräsen Radius R170	Walzenfräser Ø 40 Typ NF,	v_c = 68 m/min;
		HSS beschichtet	f_z = 0,080 mm
		Anzahl Schneiden: 6	
12	Lagesicherung des Werkstückes in X-Richtung	Anschlag	
13	Umspannen	Spanneisen, Parallelunterlagen	**Aufspannung 4**
14	Fräsen der Nut Breite 12	Schaftfräser Ø 12 Typ NF	v_c = 64 m/min;
		HSS beschichtet	f_z = 0,032 mm
		Anzahl der Schneiden: 4	
15	Fräsen der T-Nut	T-Nutenfräser Ø 21 x 9	v_c = 23 m/min;
		HSS unbeschichtet	f_z = 0,053 mm
		Anzahl der Schneiden: 8	
16	Kreistasche Ø 20 H7	Langlochfräser Ø 10 Typ NF,	v_c = 64 m/min;
		HSS beschichtet	f_z = 0,024 mm
		Anzahl der Schneiden: 2	

Abb. 1: Arbeitsplan Motorplatte – Blatt-Nr. 1

westermann	**Arbeitsplan**	**Blatt-Nr.** 2	**Anzahl** 2

Benennung: Motorplatte **Zeichn.-Nr.** **Sach.-Nr.**	**Auftragsnr.:**	**Name:**
Halbzeug: 220x25x300 – E335	**Stückzahl:** 1	**Klasse/Gr.:**
[X] **Einzelteil** [ ] **Montage/Demontage**	**Termin:**	**Kontr.-Nr.:**

Lfd. Nr.	**Arbeitsvorgang**	**Arbeitsmittel**	**Arbeitswerte/ Bemerkungen**
17	Anbohren, Senken und Zentrieren der	NC-Anbohrer Ø 16	n = 597 1/min;
	Bohrungen M10, M14	HSS unbeschichtet, 90°	f = 0,24 mm
18	Anbohren und Zentrieren der Bohrungen	NC-Anbohrer Ø 10	n = 955 1/min;
	Ø 26 H7, Ø 5 H7	HSS unbeschichtet, 90°	f = 0,15 mm
19	Kernloch bohren für M10	Spiralbohrer Ø 8,5 Typ N	n = 1124 1/min;
		HSS unbeschichtet	f = 0,2 mm
20	Kernloch bohren für M14	Spiralbohrer Ø 12 Typ N	n = 796 1/min;
		HSS unbeschichtet	f = 0,25 mm
21	Gewindebohren M10	Maschinen-Gewindebohrer	v_c = 15 m/min;
		M10 HSS unbeschichtet	P = 1,5 mm
22	Gewindebohren M14	Maschinen-Gewindebohrer	v_c = 15 m/min;
		M14 HSS unbeschichtet	P = 2 mm
23	Vorbohren Ø 26 H7	Spiralbohrer Ø 18 Typ N	n = 530 1/min;
		HSS unbeschichtet	f = 0,25 mm
24	Aufbohren Ø 26 H7	Aufbohrer Ø 25,7 Typ N	n = 382 1/min;
			f = 0,35 mm
25	Reiben Ø 26 H7	Maschinen-Reibahle Ø 26 H7	n = 89 1/min;
			f = 0,25 mm
26	Vorbohren Ø 5 H7	Spiralbohrer Ø 4,8 Typ N	v_c = 30 m/min;
		HSS unbeschichtet	f = 0,16 mm
27	Reiben Ø 5 H7	Maschinen-Reibahle Ø 5 H7	n = 446 1/min;
			f = 0,1 mm
28	Ausspannen		
29	Entgraten		
30	Prüfen der Motorplatte		

Abb. 2: Arbeitsplan Motorplatte – Blatt-Nr. 2

Programmieren

2.2.6 Programm Motorplatte

PROGRAMM SEITE 1

Programm		Kommentar
N1	G59 Y2	Nullpunktverschiebung
N2	G0 X350 Y250 Z100	Startpunkt, *Aufspannung 1*
N3	G94 F216 G97 S1019 T1 M3	Werkzeugaufruf – Schaftfräser D=20; konstante Drehzahl: konstanter Vorschub
N4	G0 X350 Y0	
N5	G0 Z-26	
N6	G41	Fräserradiuskorrektur – links
N7	G0 X305 Y0	
N8	G1 X300 Y0 M7	Anfahren an Seite 1, Kühlmittel – Ein
N9	G1 X-5	Fräsen Seite 1
N10	G0 X-50 M9	Abfahren von Seite 1, Kühlmittel – Aus
N11	G40	Fräserradiuskorrektur – Abwahl
N12	G0 Z100	
N13	G0 X350 Y250	
N14	G53	Nullpunktverschiebung – Aufheben
N15	M30	Programm Ende

PROGRAMM SEITE 2, SEITE 3, RADIUS R170, T-NUT, BOHRUNGEN, GEWINDEBOHRUNGEN

Programm		Kommentar
N1	G59 X7.5	Nullpunktverschiebung, *Aufspannung 2*
N2	G0 X350 Y250 Z100	Startpunkt
N3	G94 F216 G97 S1019 T1 M3	Werkzeugaufruf Schaftfräser D=20
N4	G0 X300	
N5	G0 Z-26	
N6	G41	Fräserradiuskorrektur – links
N7	G0 X285 Y225	
N8	G1 X285 Y210 M7	Anfahren an Seite 3, Kühlmittel – Ein
N9	G1 Y-20	Seite 3
N10	G40 M9	Fräserradiuskorrektur - Abwahl, Kühlmittel – Aus
N11	G0 Z5	
N12	G0 X-10	
N13	G0 Z-26	
N14	G41	Fräserradiuskorrektur – links
N15	G1 X0 Y0 M7	Anfahren an Seite 2, Kühlmittel – Ein
N16	G1 Y225	Seite 2
N17	G40 M9	Fräserradiuskorrektur – Abwahl, Kühlmittel – Aus
N18	G1 X50 M7	Freifräsen der linken oberen Ecke
N19	G1 Y210	
N20	G1 X-25 M9	
N21	G0 Z20	
N22	G0 X320	Freifräsen der rechten oberen Ecke
N23	G0 Z-26	
N24	G1 X230 M7	
N25	G1 Y225	
N26	G0 X310 M9	
N27	G0 Y190	
N28	G1 X250 M7	
N29	G1 Y225	
N30	G0 X320 M9	
N31	G0 Y180	
N32	G1 X260 M7	
N33	G1 Y225	
N34	G0 X320 M9	
N35	G0 Z100	

Programm		Kommentar
N36	G0 X350 Y250	
N37	M0	Programmierter Halt, Umspannen, *Aufspannung 3*
N38	G94 F260 G97 S542 T2	Werkzeugwechsel, Walzenstirnfräser D=40
N39	G0 X-30 Y135	
N40	G0 Z-26	
N41	G41	Fräserradiuskorrektur – links
N42	G1 X-10 Y151.22 M7	
N43	G1 X0 Y151.22	Startpunkt für den Kreisbogen – R170
N44	G2 X285 Y93.446 I125 J-115.22	Kreisbogen – R170
N45	G1 X300 Y60 M09	
N46	G40	Fräserradiuskorrektur – Abwahl
N47	G0 Z100	
N48	G0 X350 Y250	
N49	M0	Programmierter Halt, Umspannen, *Aufspannung 4*
N50	G94 F218 G97 S1700 T3	Werkzeugwechsel, Schaftfräser D=12
N51	G0 X35 Y-30	
N52	G0 Z-18	
N53	G0 X31.704 Y-8	
N54	G1 X31.704 Y0 M7	Startpunkt Kreisbogen – R100
N55	G2 X218.295 Y0 R100	Kreisbogen – R100
N56	G1 Y-30 M09	
N57	G0 Z100	
N58	G0 X350 Y250	
N59	G94 F148 G97 S349 T4	Werkzeugwechsel, T-Nutenfräser 21 X 9
N60	G0 X35 Y-30	
N61	G0 Z-18	
N62	G0 X31.704 Y-15	
N63	G1 X31.704 Y0 M7	Startpunkt Kreisbogen – R100
N64	G2 X218.295 Y0 R100	Kreisbogen – R100
N65	G1 Y-30 M09	
N66	G0 Z100	
N67	G0 X350 Y250	
N68	G94 F100 G97 S2040 T5	Werkzeugwechsel, Langlochfräser D=10
N69	G73 ZA-10 R10.01 D2 V2 W100 M7	Zyklus Kreistasche – D=20H7
N70	G79 X125 X36 Z0	Zyklusaufruf für die Kreistasche
N71	G0 Z100 M9	
N72	G0 X350 Y250	
N73	G94 F143 G97 S597 T6	Werkzeugwechsel, NC-Anbohrer D=16
N74	G81 ZA-17 V2 W10 M7	Anbohren – Gewinde M14 Bohrzyklus G81; Kühlmittel eingeschaltet
N75	G79 X125 Y36 Z0	Zyklusaufruf – Anbohren M14
N76	M9	Kühlmittel Aus
N77	G81 ZA-5 V2 W10 M7	Anbohren – Gewinde M10; Kühlmittel eingeschaltet
N78	G79 X45 Y24 Z0	Zyklusaufruf (kartesische Koordinaten) – Anbohren M10
N79	G79 X45 Y164 Z0	Zyklusaufruf (kartesische Koordinaten) – Anbohren M10
N80	G79 X205 Y164 Z0	Zyklusaufruf (kartesische Koordinaten) – Anbohren M10
N81	G79 X205 Y24 Z0	Zyklusaufruf (kartesische Koordinaten) – Anbohren M10
N82	G0 Z100 M9	Verfahren im Eilgang und Kühlmittel Aus
N83	G0 X350 Y250	
N84	G94 F145 G97 S955 T7	Werkzeugwechsel, NC-Anbohrer D=10
N85	G81 ZA-4 V2 W10 M7	Bohrzyklus G81; Bohrung D=26H7 – Anbohren; Kühlmittel eingeschaltet
N86	G78 IA 125 JA 36 RP130 AP22,5	Zyklusaufruf (Polarkoordinaten) – Anbohren D=26 H7
N87	G78 IA 125 JA 36 RP130 AP67,5	Zyklusaufruf (Polarkoordinaten) – Anbohren D=26 H7
N88	G78 IA 125 JA 36 RP130 AP112,5	Zyklusaufruf (Polarkoordinaten) – Anbohren D=26 H7
N89	G0 Z100 M9	Verfahren im Eilgang und Kühlmittel aus
N90	G0 X350 Y250	
N91	G94 F225 G97 S1124 T8	Werkzeugwechsel, Spiralbohrer D=8,5
N92	G81 ZA-28 V2 W10 M7	Bohrzyklus G81, Kernloch-Gewinde M10; Kühlmittel eingeschaltet

Programm		Kommentar
N93	G79 X45 Y24 Z0	Zyklusaufruf (kartesische Koordinaten) – Kernloch-Gewinde M10
N94	G79 X45 Y164 Z0	Zyklusaufruf (kartesische Koordinaten) – Kernloch-Gewinde M10
N95	G79 X205 Y164 Z0	Zyklusaufruf (kartesische Koordinaten) – Kernloch-Gewinde M10
N96	G79 X205 Y24 Z0	Zyklusaufruf (kartesische Koordinaten) – Kernloch-Gewinde M10
N97	G0 Z100 M9	Verfahren im Eilgang und Kühlmittel Aus
N98	G0 X350 Y250	
N99	G94 F199 G97 S796 T9	Werkzeugwechsel, Spiralbohrer D=12
N100	G81 ZA-29 V2 W10 M7	Bohrzyklus G81, Kernloch-Gewinde M14; Kühlmittel eingeschaltet
N101	G79 X125 Y36 Z0	Zyklusaufruf (kartesische Koordinaten) – Kernloch-Gewinde M10
N102	G0 Z100 M9	Verfahren im Eilgang und Kühlmittel Aus
N103	G0 X350 Y250	
N104	G94 F100 G97 S478 T10	Werkzeugwechsel, Gewindebohrer M10
N105	G84 ZA-30 F1,5 M3 V3 M7	Gewindebohrzyklus G84; Gewinde M10; Kühlmittel eingeschaltet
N106	G79 X45 Y24 Z0	Zyklusaufruf (kartesische Koordinaten) – Gewinde M10
N107	G79 X45 Y164 Z0	Zyklusaufruf (kartesische Koordinaten) – Gewinde M10
N108	G79 X205 Y164 Z0	Zyklusaufruf (kartesische Koordinaten) – Gewinde M10
N109	G79 X205 Y24 Z0	Zyklusaufruf (kartesische Koordinaten) – Gewinde M10
N110	G0 Z100 M9	Verfahren im Eilgang und Kühlmittel aus
N111	G0 X350 Y250	
N112	G94 F100 G97 S478 T11	Werkzeugwechsel, Gewindebohrer M14
N113	G84 ZA-30 F2 M3 V3 M7	Gewindebohrzyklus G84; Gewinde M14; Kühlmittel eingeschaltet
N114	G79 X125 Y36 Z0	Zyklusaufruf (kartesische Koordinaten) – Gewinde M14
N115	G0 Z100 M9	Verfahren im Eilgang und Kühlmitel Aus
N116	G94 F132 G97 S530 T12	Werkzeugwechsel, Spiralbohrer D=18
N117	G81 ZA-31 V2 W10 M7	Bohrzyklus G81; Bohrung D=26H7 – Vorbohren; Kühlmittel eingeschaltet
N118	G78 IA 125 JA36 RP130 AP22,5	Zyklusaufruf (Polarkoordinaten) – Vorbohren D=26H7
N119	G78 IA 125 JA36 RP130 AP67,5	Zyklusaufruf (Polarkoordinaten) – Vorbohren D=26H7
N120	G78 IA 125 JA36 RP130 AP112,5	Zyklusaufruf (Polarkoordinaten) – Vorbohren D=26H7
N121	G0 Z100 M9	Verfahren im Eilgang und Kühlmittel Aus
N122	G94 F134 G97 S382 T13	Werkzeugwechsel, Aufbohrer D=25,7
N123	G81 ZA-31 V2 W10 M7	Bohrzyklus G81; Bohrung D=26H7 – Vorbohren; Kühlmittel eingeschaltet
N124	G78 IA 125 JA36 RP130 AP22,5	Zyklusaufruf (Polarkoordinaten) – Vorbohren D=26H7
N125	G78 IA 125 JA36 RP130 AP67,5	Zyklusaufruf (Polarkoordinaten) – Vorbohren D=26H7
N126	G78 IA 125 JA36 RP130 AP112,5	Zyklusaufruf (Polarkoordinaten) – Vorbohren D=26H7
N127	G0 Z100 M9	Verfahren im Eilgang und Kühlmittel Aus
N128	G0 X350 Y250	
N129	G94 F23 G97 S89 T14	Werkzeugwechsel, Reibahle D=26H7
N130	G85 ZA-30 V2 W10 M7	Reibzyklus G85; Bohrung D=26H7 – Reiben; Kühlmittel eingeschaltet
N131	G78 IA 125 JA36 RP130 AP22,5	Zyklusaufruf (Polarkoordinaten) – Reiben D=26H7
N132	G78 IA 125 JA36 RP130 AP67,5	Zyklusaufruf (Polarkoordinaten) – Reiben D=26H7
N133	G78 IA 125 JA36 RP130 AP112,5	Zyklusaufruf (Polarkoordinaten) – Reiben D=26H7
N134	G1 Z3 M9	Verfahren im Eilgang und Kühlmittel Aus
N135	G0 Z100	
N136	G95 F0,16 G97 S1990 T15	Werkzeugwechsel, Spiralbohrer D=4,8
N137	G81 ZA-27 V2 W10 M7	Bohrzyklus G81; Bohrung D=5H7-Vorbohren; Kühlmittel eingeschaltet
N138	G79 X29 Y8 Z0	Zyklusaufruf (kartesische Koordinaten) – Vorbohren D=5H7
N139	G0 Z100 M9	
N140	G0 X350 X250	
N141	G94 F45 G97 S446 T16	Werkzeugwechsel, Reibahle D=5H7
N142	G85 ZA-30 V2 W10 M7	Reibzyklus G85; Bohrung D=5H7 – Reiben; Kühlmittel eingeschaltet
N143	G79 X29 Y8 Z0	Zyklusaufruf (kartesische Koordinaten) – Reiben D=5H7
N144	G0 Z100 M9	Verfahren im Eilgang und Kühlmittel Aus
N145	G0 X350 Y250	
N146	G53	Nullpunktverschiebung – Abwahl
N147	M30	Programm – Ende

Prüfen

2.2.7 Prüfen der Motorplatte

Da die Motorplatte als Einzelteil gefertigt wurde, ist kein Prüfplan notwendig. Die Maße werden entsprechend der Einzelteilzeichnung geprüft (Abb. 1).

Besonderer Wert wird dabei auf die Kontrolle der Funktionsmaße gelegt. Alle nicht tolerierten Längenmaße können auf Grund der Allgemeintoleranzen (mittel) mit einem Messschieber Skw = 0,05 mm geprüft werden.

Das Schwenken der Motorplatte erfolgt über die Gewindebohrung M14 mit der Senkung Ø 20H7. Es sind deren Lagemaße von 125 mm und 36 mm zu prüfen. Die Senkungstiefe von 10 mm wird mit einem Tiefenmessschieber überprüft.

Das Arretieren der Motorplatte nach dem Schwenken erfolgt durch die Bohrungen Ø26H7. Die Bohrungslagen werden über den Radius von 130 mm und über die Winkel von 22,5°, 67,5° und 112,5° kontrolliert. Die Winkel werden dabei indirekt mit Hilfe eines Höhenmessgerätes geprüft (Abb. 2).

Die variable Winkelverstellung beim Schwenken erfolgt über die T-Nut. Deren Lagemaß wird über den Radius von 100 mm kontrolliert. Außerdem sind die Nuttiefen von 9 mm und 18 mm und die Nutbreiten von 12+0,1 mm und 21 mm zu messen. Die Nutbreite muss auf Grund der Toleranz von 0,1 mm mit einem digitalen Messschieber Zw = 0,01 mm überprüft werden.

Die Motorbefestigung erfolgt über die Gewindebohrungen M10, deshalb ist deren Lage zu kontrollieren.

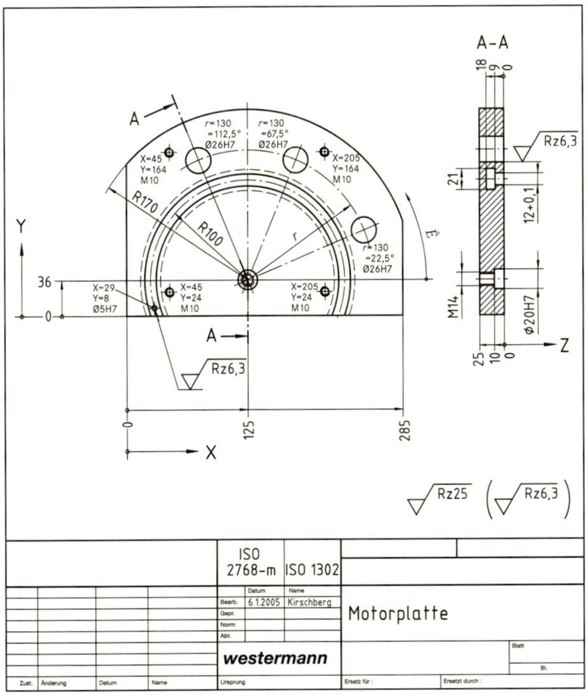

Abb. 1: Einzelteilzeichnung der Motorplatte

Die Bohrungsdurchmesser Ø26H7, Ø20H7 und Ø 5H7 werden mit Grenzlehrdornen geprüft. Zur Kontrolle der Gewindebohrungen M10 und M14 werden Gewindelehrdorne verwendet.

Eine Prüfung der Oberflächengüte (Rz25, Rz6,3) erfolgt durch eine Sichtprüfung. Hierzu wird ein Oberflächenvergleichsmuster eingesetzt.

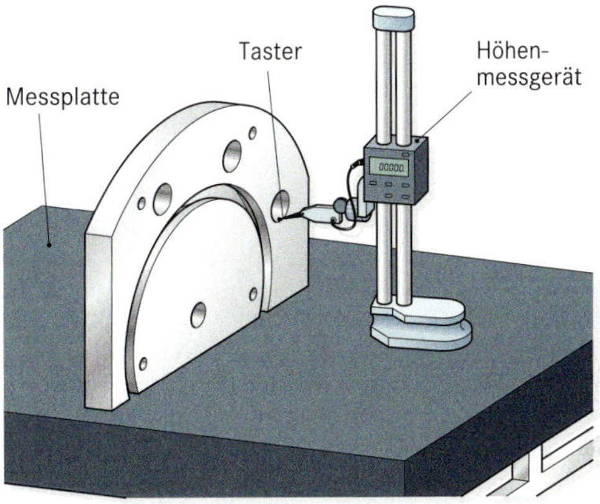

Abb. 2: Prüfen mit einem Höhenmessgerät

Beispiel:
Prüfung der Winkelposition von 22,5°

Um den Winkel von 22,5° für die Bohrung Ø26H7 zu prüfen, wird mit einem Höhenmessgerät der Höhenabstand zwischen der Bohrung Ø26H7 und der Senkung Ø20H7 gemessen.

Über den Radius R130 und das ermittelte Höhenmaß a ist eine rechnerische Überprüfung des Winkels möglich.

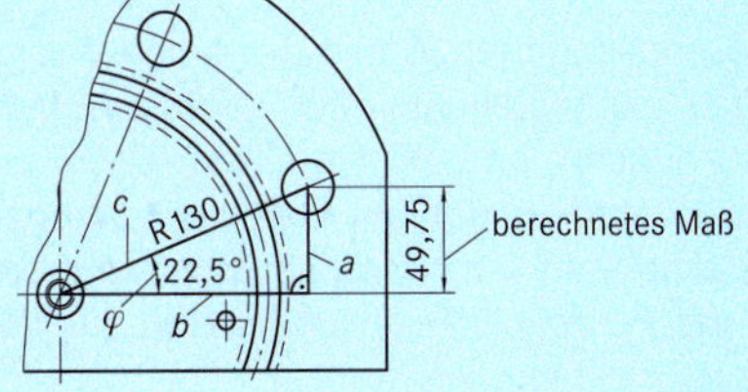

Geg.: $R = 130$ mm, $\varphi = 22{,}5°$

Ges.: Höhenmaß a in mm

Lösung:

$a = \sin\varphi \cdot c$

$a = \sin 22{,}5° \cdot 130$ mm

$\underline{\underline{a = 49{,}75 \text{ mm}}}$

Wird bei der Prüfung des Höhenabstandes zwischen dem Mittelpunkt der Senkung Ø20H7 und dem Mittelpunkt der Bohrung Ø26H7 ein Abstand von 49,75 mm ermittelt, wurde der Winkel von 22,5° richtig gefertigt.

2.3 CAD- und CAM- Applikationen zur Erzeugung von CNC-Programmen

ARBEITSAUFTRAG

Eine Kurvenscheibe aus 102Cr6 ist für einen Drehautomaten durch Fräsen herzustellen. Die Zeichnung der Kurvenscheibe liegt als CAD-Datei vor. Für die Erstellung des CNC-Fräsprogramms ist ein CAD/CAM-System zu verwenden. Das CAD/CAM-System besteht sowohl am Computer in der Arbeitsvorbereitung sowie an der CNC-Fräsmaschine aus verschiedenen Applikationen.

Informieren

2.3.1 Applikationen

Applikationen (APP) sind Computerprogramme, welche über ein Symbol aktiviert werden. In einer vernetzten Produktion kommen Applikationen bei der Planung, Arbeitsvorbereitung, Fertigung und Überwachung zum Einsatz. Alle Applikationen können an verschiedenen Orten der Produktion oder auf externen Geräten genutzt werden (Abb. 1).

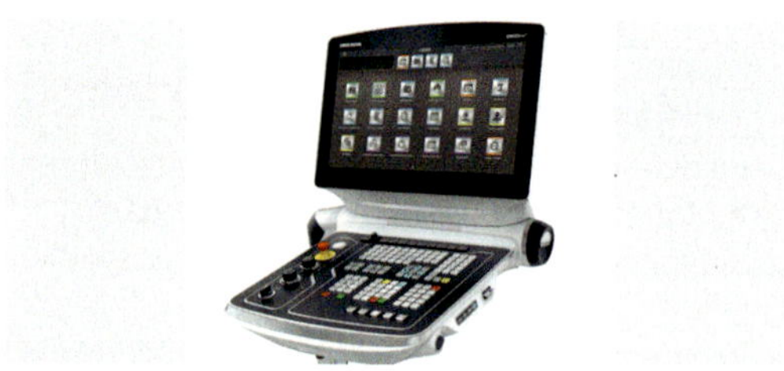

Abb. 1: CNC-Steuerung mit Applikationen

CAD-Applikationen

CAD-Applikationen (**C**omputer-**A**ided-**D**esign) ermöglichen die Erstellung oder Veränderung von CAD-Zeichnungen und 3D-Modellen. CAD-Zeichnungen und 3D-Modelle können über die Nutzung der CAD-Applikationen vom Maschinenbediener abgerufen, für die Fertigung angewendet und zur Information ausgedruckt werden (Abb. 2).

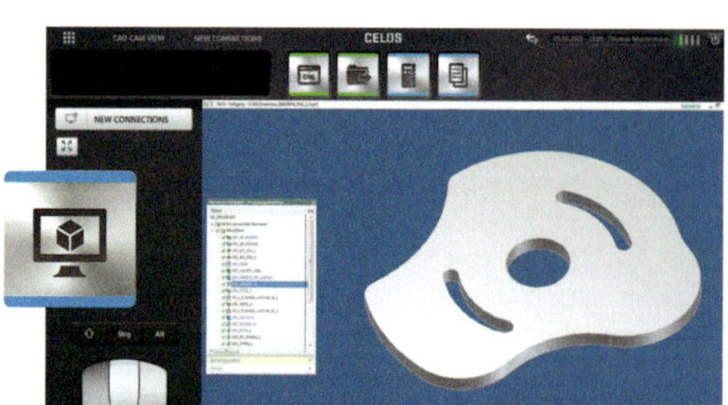

Abb. 2: Applikation CAD-CAM Viewer

CAM-Applikationen

CAM-Applikationen (**C**omputer-**A**ided-**M**anufacturing) verbinden CAD- und CNC-Programme in der rechnergestützten Fertigung. Es wird eine von der CNC-Maschine unabhängige Software zur Erstellung des CNC-Programms verwendet. Wenn die Bearbeitung im CAM-System abgeschlossen ist, kann über Postprozessoren das maschinenspezifische CNC-Programm erzeugt werden. (Abb. 3)

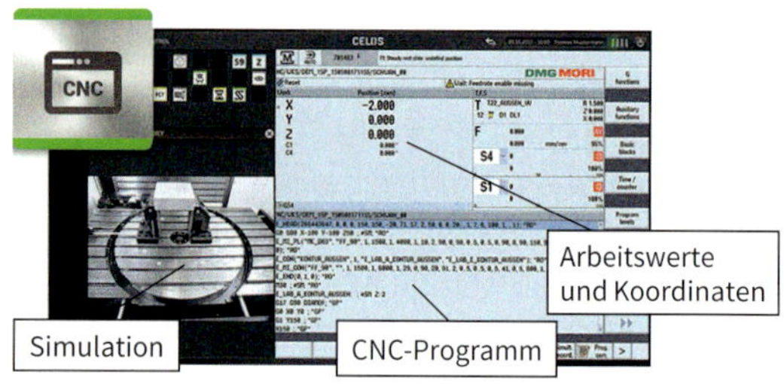

Abb. 3: Applikation zur Maschinenbedienung

Applikationen zur externen Vernetzung

Über Benachrichtigungsdienste kann der Maschinenbediener den aktuellen Status der CNC-Fräsmaschine über mobile Geräte wie Smartphone oder ein Tablet PC abrufen. Ebenso wird der Bediener bei Störungen oder Stillstandzeiten durch das Maschinensystem informiert.

2.3.2 Aufbau von CAD/CAM-Anwendungen

Zeichnungsanalyse

Zur Fertigung der Kurvenscheibe liegt die Einzelteilzeichnung als Datei *Kurvenscheibe.idw* (Inventor-Format) vor (Abb. 4). Die Einzelteilzeichnung enthält alle für die Fertigung notwendigen Angaben, wie Maße, Toleranzen, Rohteilmaße, Werkstoff und Oberflächenangaben.

Mithilfe der Einzelteilzeichnung kontrolliert der Programmierer das vom CAD/CAM-System erstellte Werkstück. Das 3D-Modell der Kurvenscheibe wird als Datei *Kurvenscheibe.ipt* (Inventor-Format) zur Verfügung gestellt.

Diese Datei wird im CAD-Programm im Step-Format als *Kurvenscheibe.stp* abgespeichert und kann damit in das CAM-Modul eingelesen werden. CAD-Zeichnungen im Step-Format können mit verschiedenen CAM-Systemen unterschiedlicher Hersteller bearbeitet werden.

Das 3D-Modell der Kurvenscheibe enthält keine sichtbaren Zeichnungsangaben. Alle Maße und Oberflächenanforderungen sind im 3D-Modell hinterlegt.

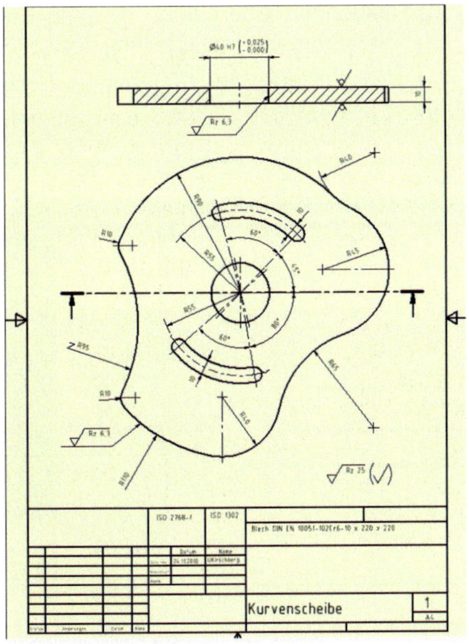

Abb. 4: Einzelteilzeichnung der Kurvenscheibe

Informieren

Erzeugen des 3D-Modells im Step-Format

Das 3D-Modell im ipt-Format ist die Grundlage für die automatische Erzeugung des CNC-Programms.

Es sind alle notwendigen Koordinatenachsen und Fertigmaße für das Fräsen im 3D-Modell enthalten. Das 3D-Modell wird als Step-Datei im CAD-Programm abgespeichert und unter dem Namen *Kurvenscheibe.stp* im CAM-Modul geöffnet (Abb. 5).

Mit der Übertragung des Frästeils aus dem CAD-Programm in das CAM-System wird der Zeichnungsnullpunkt des gezeichneten Werkstücks im CAM-System als Werkstücknullpunkt übernommen.

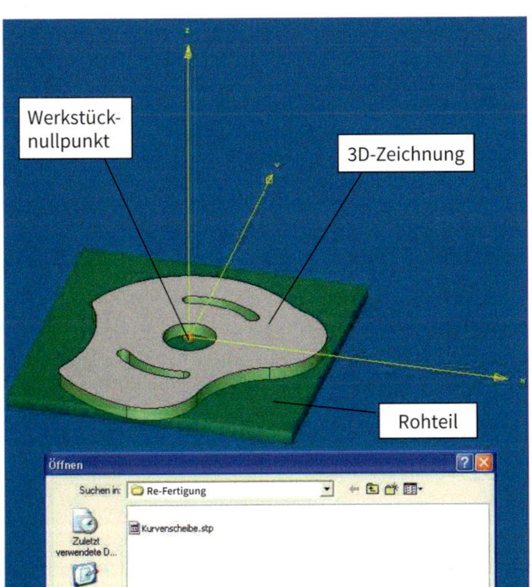

Abb. 5: 3D-Modell im Step-Format

Bevor die Werkstückkontur aus der Step-Datei im CAM-System geöffnet werden kann, ist das Rohteil (z. B. Rundmaterial oder Flachmaterial) und der Werkstoff auszuwählen und die Rohteilmaße festzulegen.

Programmieren

Erstellen des Arbeitsplanes

Zur Erstellung des Arbeitsplanes sind verschiedene Festlegungen im CAM-System notwendig.

Es sind die Werkzeuge, notwendige technologische Daten und die Spannmittel für das Werkstück festzulegen.

Ebenso ist eine Verschiebung des Werkstücknullpunktes möglich.

- **Auswahl der Werkzeuge**

Bevor aus dem 3D-Modell ein CNC-Programm erzeugt wird, sind zuerst die verschiedenen Fräswerkzeuge auszuwählen und die dazugehörigen technologischen Daten zu hinterlegen (Abb. 6). Dies kann im Werkzeugspeicher des CAM-Systems erfolgen. Während der Erstellung des CNC-Programms greift das CAM-System automatisch auf geeignete Werkzeuge zu und überträgt die dazugehörigen Daten in das CNC-Programm.

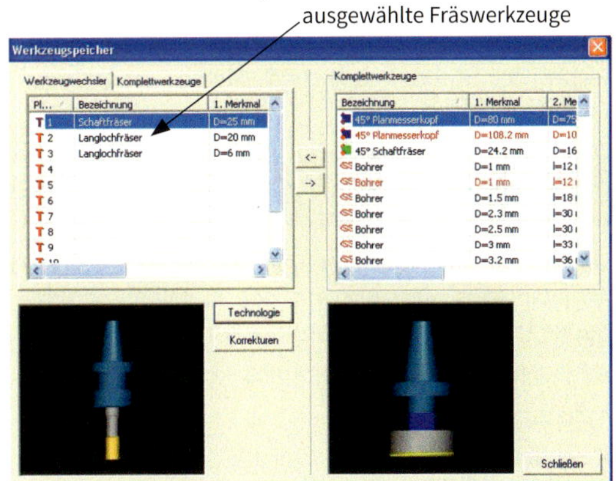

Abb. 6: Werkzeugspeicher

- **Erzeugung der Arbeitsschritte**

Nachdem die Werkzeuge festgelegt wurden, müssen die verschiedenen Geometrielemente, aus denen sich das Werkstück zusammensetzt, ausgewählt werden. Für die Kurvenscheibe sind die Außenkontur, die Bohrung und die Kreisbogennuten auszuwählen (Abb. 1).

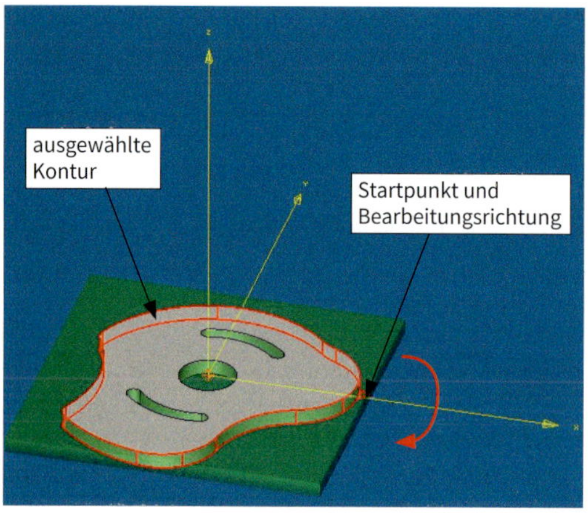

Abb. 1: Auswahl der Außenkontur und Startpunkt

Für die Bearbeitung des Werkstücks sind der Startpunkt und die Bearbeitungsrichtung festzulegen. Damit wird zwischen Gleich- und Gegenlauffräsen ausgewählt.

Das Anfahren an die Kontur bzw. das Abfahren von der Kontur wird aufgrund der Werkstückgeometrie automatisch durch das CAM-System bestimmt.

Danach erfolgt die menügeführte Erstellung des Arbeitsplanes. Dies ist mit der Auswahl verschiedener Arbeitsschritte verbunden (Abb. 2):

- Fräsen einer Innen- oder Außenkontur,
- Schruppen,
- Schlichten.

Durch die Auswahl der Arbeitsschritte wird die Bearbeitungsstrategie festgelegt (Abb. 2).

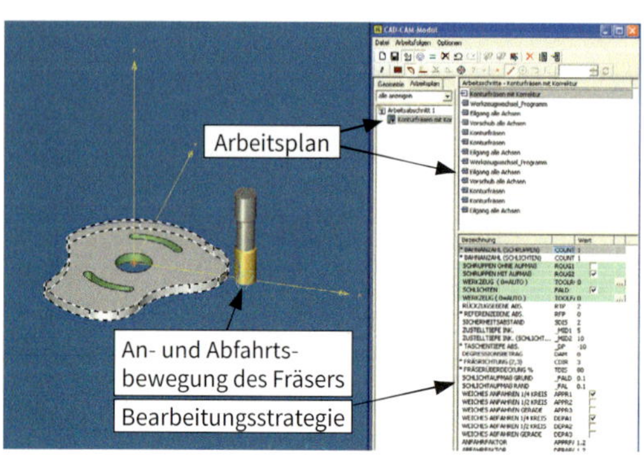

Abb. 2: Erzeugen des Arbeitsplanes und der Bearbeitungsstrategie

Mit der anschließenden Übernahme des Arbeitsplanes erfolgt die automatische Erstellung des CNC-Programms. Das erzeugte CNC-Programm kann gesondert ausgegeben werden (Abb. 3).

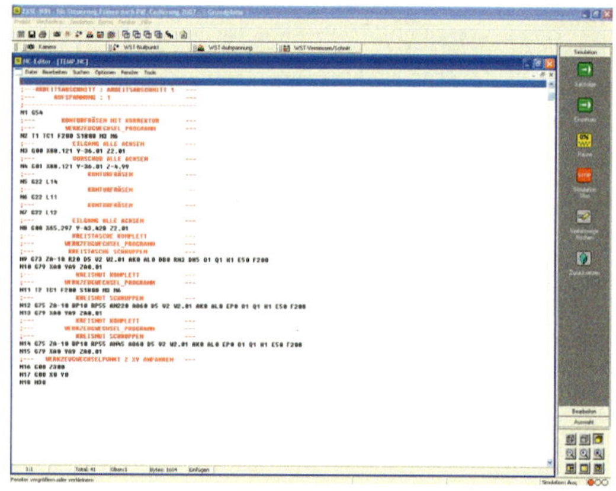

Abb. 3: Programmauszug

Simulieren des erstellten Programms

Jeder Arbeitsschritt kann in verschiedenen Ansichten simuliert werden. Dies ermöglicht die Kontrolle der Werkstückbearbeitung. Nach der Arbeitsplangenerierung ist eine Simulation der gesamten Werkstückbearbeitung möglich (Abb. 4).

Übertragen des Programms

Über einen Postprozessor kann das fertiggestellte Programm an die CNC-Fräsmaschine übertragen und zur Fertigung verwendet werden.

Postprozessoren ermöglichen eine Umwandlung des CNC-Programms in ein steuerungsspezifisches Programm der vorhandenen Steuerung. Somit können CNC-Programme an verschiedene Steuerungsarten mit einem CAD/CAM-System übertragen werden.

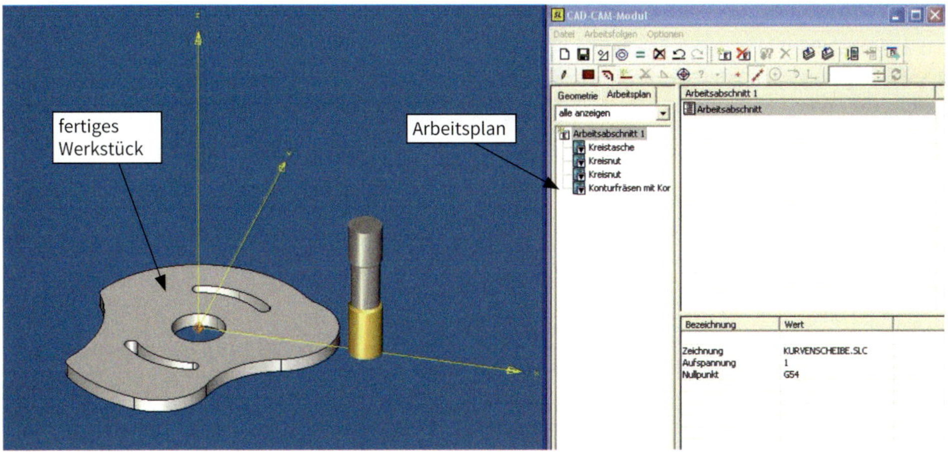

Abb. 4: Simulation des fertiggestellten CNC-Programms

Einrichten der Maschine

Das Einrichten der Fräsmaschine erfolgt in mehreren Schritten. Die einzelnen Arbeitsschritte können sich je nach Grad der Automatisierung der Fertigung unterscheiden (Abb. 5).

Nach der Optimierung wird ein weiteres Werkstück gefertigt. Entspricht das Werkstück den Anforderungen, kann mit der Serienfertigung begonnen werden.

Während der Serienfertigung muss eine ständige Prozessüberwachung stattfinden, um negative Einflüsse zu erkennen und korrigieren zu können.

1. Warum müssen CAD-Zeichnungen in ein Step-Format umgewandelt werden?

2. Welche Funktion hat das 3D-Modell bei der Erzeugung von CNC-Programmen mit einen CAD/CAM-System?

3. Welche Aufgaben hat der Postprozessor im CAD/CAM-System?

4. Beschreiben Sie die einzelnen Arbeitsschritte zur Erstellung eines Arbeitsplanes.

5. Erklären Sie die Übertragung eines CNC-Programms vom CAD/CAM-System an eine Fräsmaschine.

6. Erläutern Sie den Einrichtvorgang einer CNC-Fräsmaschine für die Fertigung eines neuen Werkstücks.

7. Ein Kunde liefert der Firma eine Zeichnung im Step-Format. Beschreiben Sie die Vorgehensweise bis zum fertigen CNC-Programm.

8. Worauf ist in der Serienfertigung eines Frästeils auf einer CNC-Fräsmaschine zu achten?

Programm einlesen

- Programm auswählen
- Steuerungsspezifische Eingaben

Werkstücknullpunkt festlegen

- Werkstück nach Spannplan aufspannen
- Werkstücknullpunkt antasten
- Werkstücknullpunkt in der Steuerung speichern und aufrufen
- Werkstücknullpunkt des Programms ermitteln

Werkzeuge einrichten

- Werkzeugliste des Programms besorgen
- Werkzeuge entsprechend der Werkzeugliste zusammenstellen
- Werkzeug vermessen
- Werkzeuge in den Werkzeugwechsler einsetzen
- Werkzeuge im Werkzeugspeicher der Steuerung anlegen

Programm starten

- Programm laden
- Simulation des Programms an der Maschine
- Werkstück fertigen

Werkstück kontrollieren

- Werkstück entnehmen
- Werkstückmaße kontrollieren
- Oberfläche kontrollieren

Werkstückherstellung optimieren

- Änderung von Programmdaten
- Prozessdaten ändern (z. B. Werkzeuge)

Abb. 5: Fertigen des Werkstücks

VENTILE

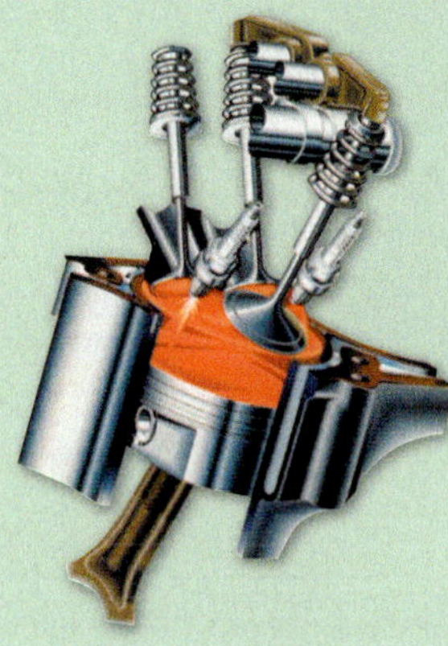

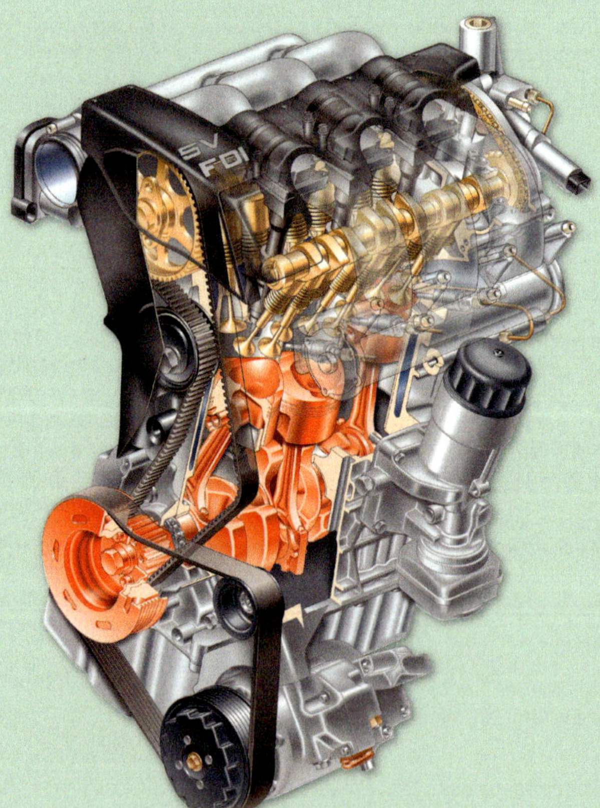

Überwachen der Produkt- und Prozessqualität

GESAMTAUFTRAG

Die Ventile für Verbrennungsmotoren werden auf einer Fertigungsstraße in Massenfertigung hergestellt. Um die Qualität des Ventils sicherzustellen, werden die einzelnen Bearbeitungsstationen durch eine statistische Prozesskontrolle überwacht. Die Fertigungsqualität der Bearbeitungsstation *Drehen der Tellerfläche* wird überprüft.

Außerdem muss nach Instandsetzungsarbeiten der Bearbeitungsstation *Schleifen des Ventilschaftes* die Maschinenfähigkeit der Bearbeitungsstation erneut durch Prüfungen nachgewiesen werden.

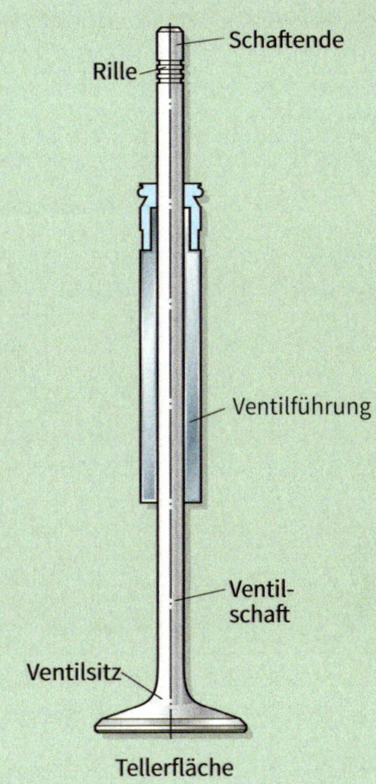

ANALYSE

Aufbau und Funktion des Ventils

Die Ventile dichten die Ein- und Auslassöffnungen zum Brennraum des Motors ab. Um diese Funktion zu erfüllen, werden hohe Anforderungen an die Maß- und Formgenauigkeit des Ventils gestellt.

Das Ventil wird in einer Ventilführung geführt. Eine hohe Oberflächengüte des Ventilschaftes bewirkt eine gute Gleiteigenschaft. Das Härten des Ventilschaftes dient der Verschleißminderung und der Erhöhung der Zugfestigkeit gegen Abreißen.

Mit der kegeligen Ventilsitzfläche erfolgt die Abdichtung zum Brennraum. Die Rille am Schaftende nimmt den Halter für die Ventilfeder auf. Die Feder erzeugt die erforderliche Kraft, um das Ventil zu schließen.

Die Fertigung des Ventils erfolgt an Hand einer Fertigungszeichnung. Die zeichnerische Darstellung einzelner Elemente weicht von der Norm ab.

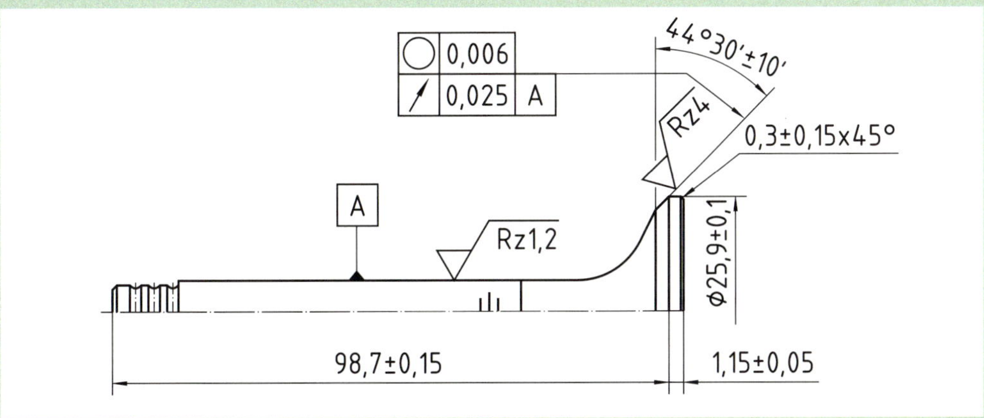

ANALYSE

Messen und Dokumentieren

Nach den jeweiligen Bearbeitungsstationen werden die in der Zeichnung vorgegebenen Prüfgrößen mit den entsprechenden Prüfmitteln aufgenommen. Der Prüfvorgang wird durch Prüfanweisungen beschrieben. Die ermittelten Messwerte werden anschließend in ein Messprotokoll eingetragen und ausgewertet.

Prüfmerkmale Maße	Messprotokoll						Sichtkontrolle	Prüfintervalle
	manuell messen	Anzahl Teile	SPC Messgerät	Prüf-intervall	autom. Messgerät	Überprüfung Messgerät		
Sitz/Schaftende > Δ* Tellerrandhöhe > Δ*	X X	5 5	X X	60 min 60 min			Schleifqualität	30 min
Sitz - Schlag	X	5	x-R. Karte	60 min			Oberflächenbeschädigung am gesamten Ventil	30 min
Sitz - Winkel	X	1		8 Std.				
Sitz - Rundheit > Δ*	X	1		8 Std.				
Rauigkeit	X	3		8 Std.				

Fertigungsprozess

Wareneingangsprüfung

Als Ausgangswerkstoff für die Ventilfertigung wird ein härtbarer Rundstahl verwendet. Bei der Wareneingangsprüfung ist der Durchmesser mit einem Messschieber und der Werkstoff an Hand der Werkstoffnummer auf dem Lieferschein zu kontrollieren. Kommt es zu Abweichungen, so wird die Warenannahme verweigert.

Transport

Vom Rohteil zum Fertigteil durchläuft das Ventil hintereinander angeordnete Bearbeitungsstationen mit den entsprechenden Bearbeitungsverfahren. Die Übergabe des bearbeiteten Teils zwischen den Stationen erfolgt entweder durch Container und Vereinzelner oder durch Druckluftförderer.

Prüfen

Stichprobe

Durch Prüfstationen werden die jeweiligen Bearbeitungstoleranzen überwacht. Bei einer Stichprobenprüfung werden nach jeder Stunde fünf aufeinander folgende Teile geprüft. Die vorher gefertigten Teile werden zwischengelagert und erst dann für die Weiterbearbeitung freigegeben, wenn die Stichprobe in Ordnung ist.

100 %-Prüfung

Bei einer 100 %-Prüfung werden die Prüfmerkmale durch Prüfsensoren automatisch erfasst und von einem Rechner dokumentiert. Weicht der Messwert vom Sollwert ab, wird die Fertigung unterbrochen und der Maschinenbediener zum Eingreifen aufgefordert.

ANALYSE

Die Fertigung des Ventils wird in folgende Bearbeitungsschritte eingeteilt.

Bearbeitungsschritte		Prüfvorgang und Prüfgrößen	
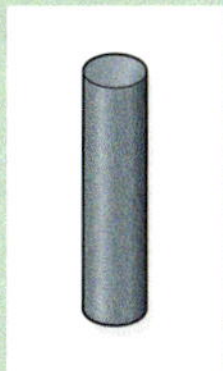	**Scheren des Rohteils** Das Rohteil wird mit einer Presse von einem ca. 800 °C warmen Rundstahl abgeschert.	Der Maschinenbediener prüft das Gewicht der gescherten Rohteile mit einer digitalen Waage. Die Messwerte trägt er in ein Prüfprotokoll ein.	Stichprobenprüfung
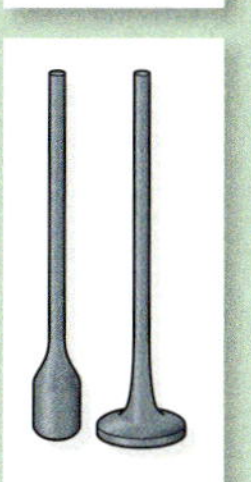	**Schmieden** Das warme Teil wird in zwei Schritten zur Ventil-Ausgangsform geschmiedet und anschließend abgekühlt.	Kontrolle der Symmetrie, der Tellerstärke und des Telleraustriebs. Als Prüfmittel kommen Messlehren zum Einsatz.	
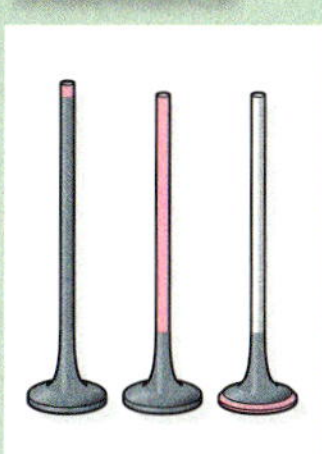	**Länge, 1. Schaftschliff, Sitz schleifen** Das Ventil wird am Schaftende auf Länge geschliffen. Diese Fläche dient als Bezugspunkt für alle weiteren Prüfmaße. Anschließend werden der Schaft und der Ventilsitz geschliffen.	Prüfung der Gesamtlänge, des Schaftdurchmessers an zwei Stellen und der Tellerrandhöhe durch elektronische Messtaster auf einem Prüfstand. Der Sitzwinkel wird mit einem einstellbaren Haarwinkel kontrolliert.	
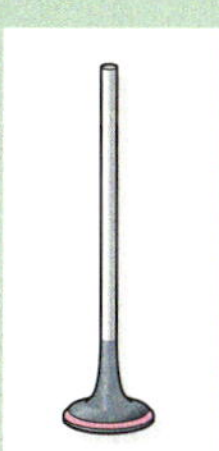	**Drehen der Tellerfläche** Auf einem Drehautomaten wird die Planfläche des Ventilsitzes gedreht.	Kontrolle der Tellerrandhöhe mit einer Messvorrichtung und der Rauheit der gedrehten Fläche durch einen elektronischen Messtaster.	
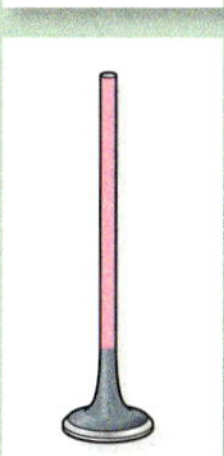	**2. Schaftschliff** Dieser Feinschliff ist die Vorstufe für das Fertigschleifen des Schaftes.	Kontrolle des Schaftdurchmessers an zwei Stellen mit einem Messtaster. Kontrolle der Rauheit der Schaftoberfläche durch elektronische Messtaster.	100 % Prüfung
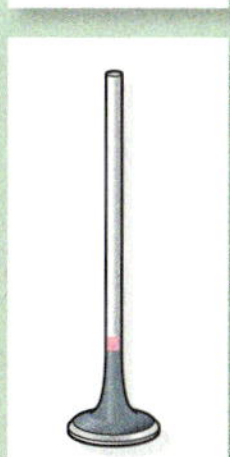	**Beschriften des Schaftes** Mit einem Laserstrahl wird die Ventil-Kennzeichnung auf den Schaft aufgebracht.	Die Kontrolle der Beschriftung erfolgt durch eine Sichtprüfung.	Stichproben-prüfung

ANALYSE

	Bearbeitungsschritte	Prüfvorgang und Prüfgrößen	
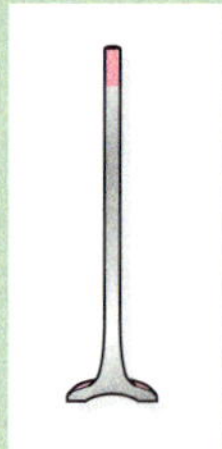	**Schaftende und Ventilschaft härten** Durch ein induktives Wärmebehandlungsverfahren wird das Schaftende gehärtet.	Prüfung der Schafthärte nach Rockwell. Eine Härtegefügeuntersuchung erfolgt schichtweise durch das Betriebslabor.	**Stichprobenprüfung**
	**Rille und Facette schleifen** Mit einer Profilschleifscheibe wird die Rille und die Facette geschliffen.	Kontrolle der geometrischen Form der Rille und der Facette.	**100 % Prüfung**
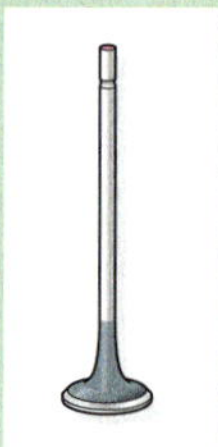	**Schaftende schleifen** Durch das Schleifen des Schaftendes wird eine hohe Oberflächengüte erreicht.	Prüfen der Gesamtlänge und der Rauheit.	**Stichprobenprüfung**
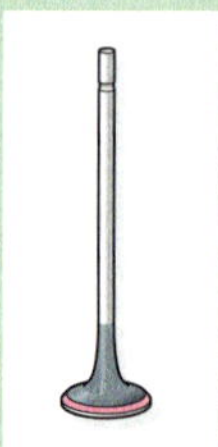	**Sitz schleifen** Um die Dichtheit des Ventils zu erreichen, wird der Sitz geschliffen.	Kontrolle der Rundheit durch elektronische Sensoren.	**100 % Prüfung**
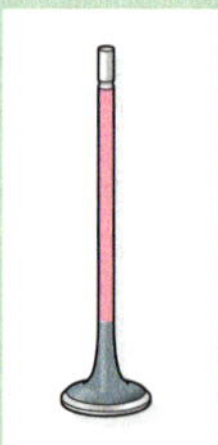	**Fertigschliff** Mit diesem Schliff wird der geforderte Durchmesser und die hohe Oberflächengüte des Schaftes erreicht.	Prüfung der Rauheit und des Schaftdurchmessers an zwei Stellen durch elektronische Messsensoren.	**Stichprobenprüfung**
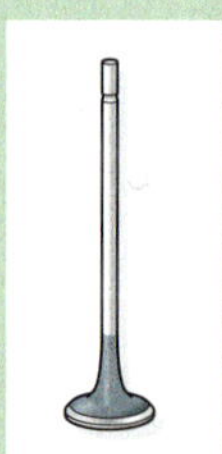	**Endkontrolle**	Kontrolle der Ventile auf Kratzer, Risse und korrekte Beschriftung durch eine Kamera. Prüfung der Form- und Oberflächengüte.	**100 % Prüfung**

3.1 Statistische Prozessüberwachung

ARBEITSAUFTRAG

Der Bearbeitungsstation *Drehen der Tellerfläche* sollen während der laufenden Produktion Stichproben entnommen werden. Pro Stunde werden von fünf Bauteilen die Prüfwerte in die Regelkarte eingetragen. Anhand des Kurvenverlaufes wird die Fertigungsqualität beurteilt.

Informieren

Die Fertigung der Ventile zeichnet sich durch einen hohen Automatisierungsgrad aus. Die Aufgabe des Facharbeiters besteht hauptsächlich im Einrichten und im Überwachen der Anlage. Die ständige Überwachung der Produktion ermöglicht bei fehlerhafter Fertigung ein schnelles Eingreifen in den Prozess. Dadurch werden Kosten durch Ausschuss oder Nacharbeit vermieden.

3.1.1 Zeichnungsanalyse

Die Bemaßung des Ventils erfolgt durch eine prüfbezogene Maßeintragung (Abb. 1). Alle Maße, die für die Prüfung erforderlich sind, werden so eingetragen, dass der Prüfer sie direkt mit dem jeweiligen Messwert vergleichen kann. ISO-Toleranzen werden zusätzlich mit dem Höchst- und Mindestmaß versehen oder in einer Abmaßtabelle angegeben (➡📖).

3.1.2 Prüfen von Merkmalen

Beim Prüfen des Ventils werden verschiedene Merkmale aufgenommen.

3.1.2.1 Variable und attributive Merkmale

Prüfen

Variable Merkmale lassen sich durch einen Zahlenwert ausdrücken. Sie werden durch Messgeräte erfasst.

Die Tellerrandhöhe und die Rauheit der gedrehten Fläche am Ventil sind variable Merkmale.

Attributive Merkmale beschreiben den Zustand eines Gegenstandes, zum Beispiel die Beschädigung der Oberfläche.

Das Prüfergebnis lautet *in Ordnung* (*i. O.*) oder *nicht in Ordnung* (*n. i. O.*).

Attributive Merkmale werden durch eine subjektive Prüfung erfasst. In der Regel werden alle Teile geprüft.

Die Oberfläche des Ventils wird durch eine Sichtkontrolle auf Kratzer überprüft.

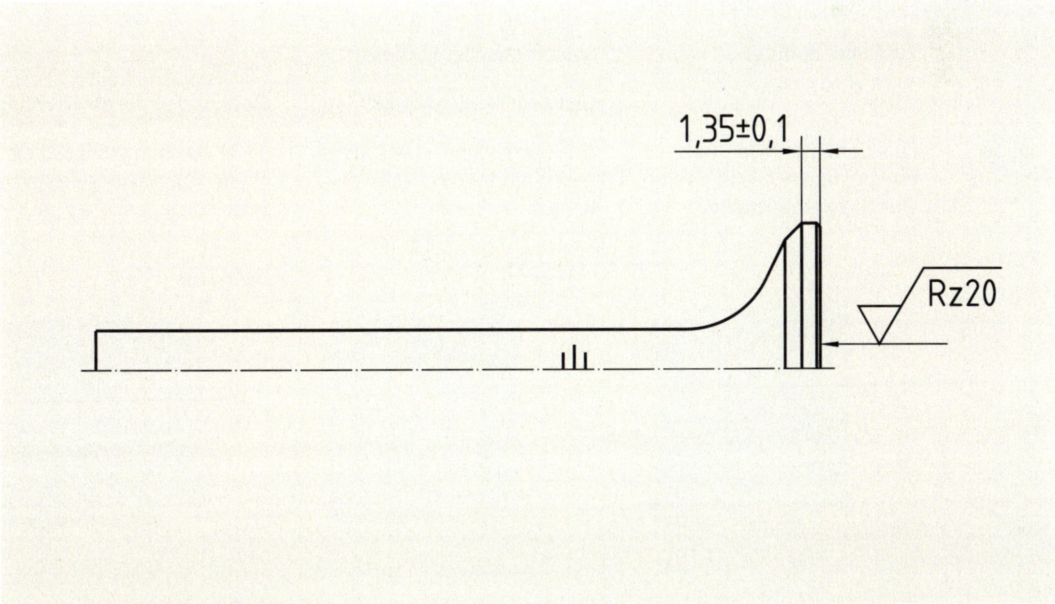

Abb. 1: Prüfmerkmale Tellerfläche

3.1.2.2 Zufällige und systematische Einflüsse

Bei der Fertigung können unterschiedliche Einflüsse wie Temperaturschwankungen und Werkzeugverschleiß zu einer Abweichung am Werkstück führen.

Nach der Art der Abweichung unterscheidet man (Tab. 1):

- zufällige Einflüsse und
- systematische Einflüsse (gleichbleibend, stetig zunehmend)

Zufällige und systematische Einflüsse können gleichzeitig auftreten (Abb. 1).

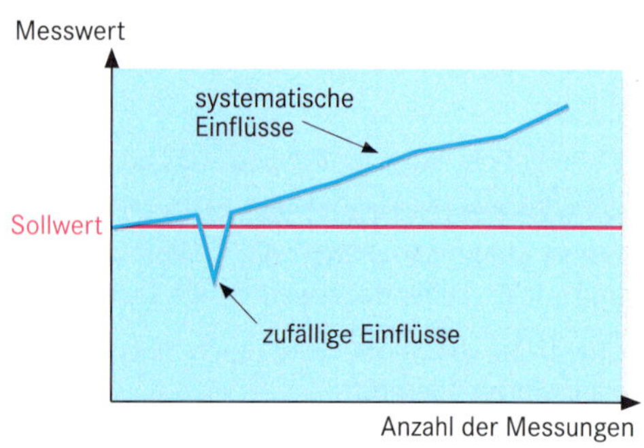

Abb. 1: Überlagerung von zufälligen und systematischen Einflüssen

3.1.2.3 Prüfarten

Durch das Prüfen wird die Produktqualität in der Massenfertigung gewährleistet. Andererseits müssen die Kosten für die Prüfung angemessen sein. Aus diesen Bedingungen wird der wirtschaftlich vertretbare Prüfaufwand für ein Produkt ermittelt.

Prüfungen werden über den ganzen Fertigungsprozess hinweg durchgeführt. Entsprechend den jeweiligen Prozessphasen unterscheidet man:

- Eingangsprüfung,
- Zwischenprüfung und
- Endprüfung.

Die *Eingangsprüfung* erfolgt bei der Warenannahme. Dadurch wird sichergestellt, dass die Lieferung den Anforderungen entspricht. Diese Prüfung entfällt, wenn der Zulieferer eine Warenausgangsprüfung durchführt.

Die *Zwischenprüfung* erfolgt bei einer komplexen Fertigung mit hintereinander angeordneten Bearbeitungsstufen. Dadurch werden fehlerhafte Teile erkannt und aussortiert. Das schnelle Eingreifen in den Prozess verhindert, dass fehlerhafte Teile weiter bearbeitet werden.

Die *Endprüfung* erfolgt am Ende der Fertigung. Dadurch wird sichergestellt, dass alle ausgelieferten Produkte die gestellten Anforderungen erfüllen.

Tab. 1: Zufälliger und systematischer Einfluss

	Zufälliger Einfluss	**Systematischer Einfluss**	
		Gleichbleibende Abweichung	**Stetig steigende Abweichung**
Verlauf der Abweichung	Zufällig auftretende Umgebungseinflüsse bewirken eine einmalige Abweichung. 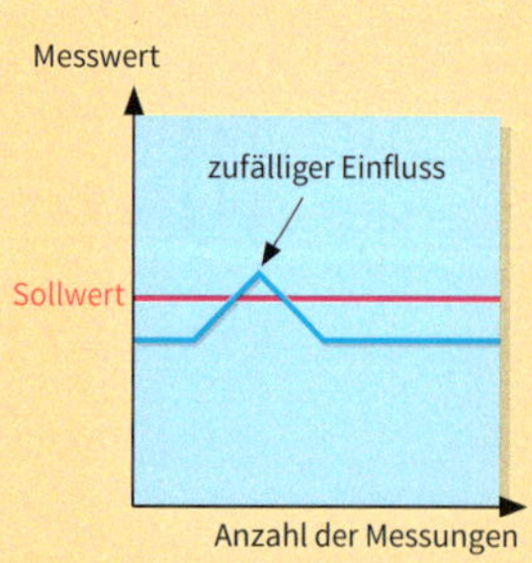	Die Abweichung ist bei allen geprüften Teilen gleichbleibend. 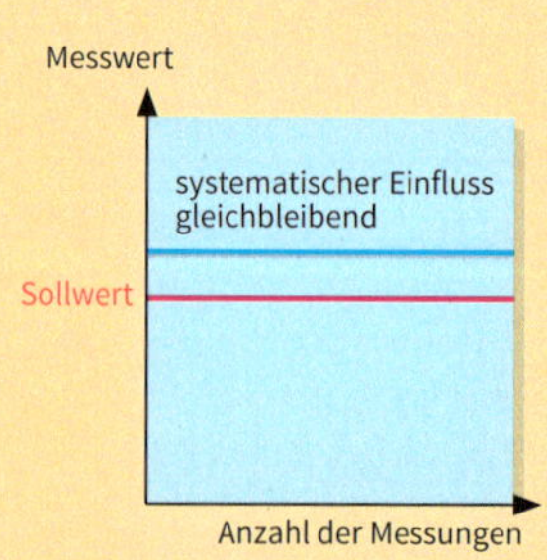	Die Abweichung steigt stetig mit der Anzahl der gefertigten Teile. 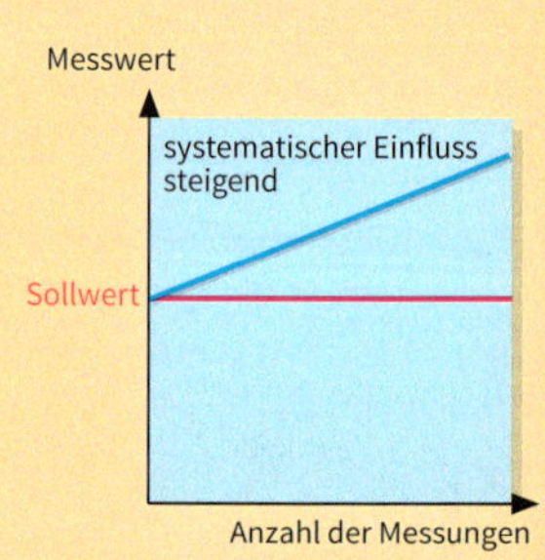
Abweichungen am Ventil	Gefügefehler im Werkstoff führen zu einem lokalen Härteverlust am Schaftende.	Der Drehmeißel ist fehlerhaft eingespannt. An allen Ventilen ist die Tellerrandhöhe zu groß.	Durch die Abnutzung der Drehmeißelschneide wird der Schaftdurchmesser immer größer.

3.1.2.4 Prüfumfang

Je nach der möglichen Fehlerart und der Auswirkung auf die weitere Produktion unterscheidet man in der Massenfertigung eine 100%-Prüfung und Stichprobenprüfung.

Bei einer 100%-Prüfung werden alle Teile geprüft. Sie ist erforderlich, wenn ein möglicher Fehler durch spätere Nacharbeit nicht mehr zu beheben ist. Die 100%-Prüfung ist kostenintensiv, aber dafür werden alle fehlerhaften Teile aussortiert.

Nach dem Sitzschleifen werden alle Ventile überprüft. Dabei wird die Rauheit geprüft. Sie ist die Voraussetzung für die Dichtheit des Ventils.

Bei der Stichprobenprüfung werden in regelmäßigen Abständen Prüflose kontrolliert. Ein Prüflos besteht aus mehreren nacheinander gefertigten Bauteilen. Die Größe der Abstände und der Prüflose hängt unter anderem von der Fehlerwahrscheinlichkeit ab.

Die Stichprobenprüfung ist kostengünstig, jedoch kann durch sie die Produktion von fehlerhaften Teilen nicht ganz ausgeschlossen werden.

Innerhalb eines Fertigungsprozesses können beide Prüfungen eingesetzt werden, um die jeweiligen Vorteile zu verbinden.

3.1.2.5 Prüfvorrichtungen

Das Prüfen in der Serienfertigung erfolgt mithilfe von Prüfvorrichtungen. Dadurch vereinfacht sich der Prüfvorgang und die zufälligen Fehler werden minimiert. Je nach der Form des Prüfstückes und dem Prüfmerkmal wird die Vorrichtung aus Vorrichtungsnormalien erstellt. Die Vorrichtungen bestehen meist aus folgenden Elementen (Abb. 2):

- Grundplatte, auf die die Vorrichtungsnormalien aufgebaut werden,
- Auflager, die das Werkstück stützen und positionieren,
- Anschlag, der das Werkstück positioniert und
- Stativ mit Messwertaufnehmer, um an der gleichen Stelle zu messen.

Abb. 2: Prüfvorrichtung

Die Position des Prüfstückes wird bei prismatischen Körpern durch eine Drei-Punkt-Auflage mit zusätzlichen Anschlägen bestimmt. Drehteile werden in Prüfprismen gelegt. In einer Vorrichtung können gleichzeitig mehrere Prüfmerkmale aufgenommen werden. Die Messwertaufnahme erfolgt durch Ablesen und Eintragen in ein Prüfprotokoll oder durch einen angeschlossenen Rechner.

Die Prüfbedingungen sind in den Prüfanweisungen enthalten.

3.1.2.6 Prüfmittelüberwachung

Die Genauigkeit der Prüfmittel muss regelmäßig kontrolliert werden. Dadurch werden mögliche Fehler durch fehlerhafte Prüfmittel ausgeschlossen. Diesen Vorgang bezeichnet man als Kalibrieren.

Eine Bügelmessschraube wird mit Kalibrierendmaßen kalibriert. Hierbei werden mehrere Maßüberprüfungen über den ganzen Messbereich der Bügelmessschraube durchgeführt. Der Vergleich des jeweiligen Sollwertes der Endmaße mit den Ablesewerten der Bügelmessschraube ergibt die Abweichung. Mit einem Diagramm werden die Abweichungen über den Messbereich dargestellt (Abb. 3).

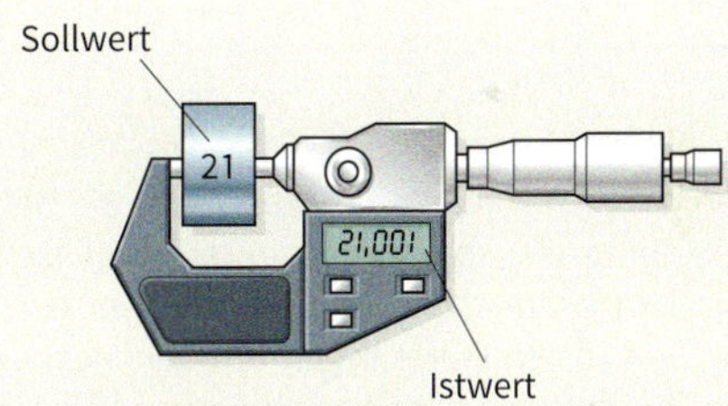

Sollwert	Abweichung *A*	Korrektur *K*
3,600 mm	−2 µm	+2 µm
5,800 mm	0	0
8,500 mm	+1 µm	−1 µm
11,700 mm	+1 µm	−1 µm

Abweichungsdiagramm

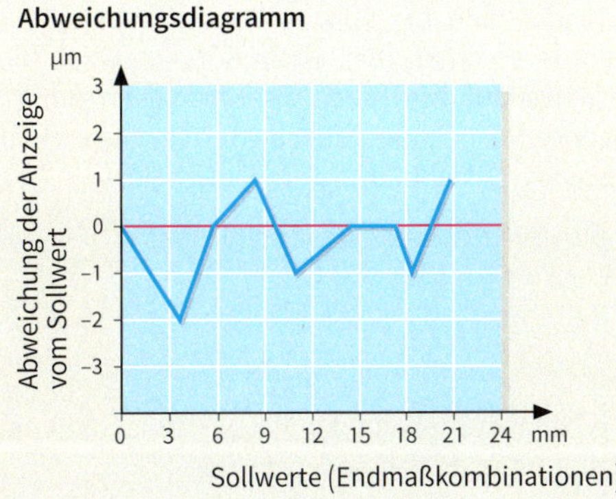

Abb. 3: Kalibrierung einer Bügelmessschraube

Grundlagen

Voraussetzung für eine Stichprobe

Der abgebildete Bolzen wird in einer Massenfertigung unter gleichbleibenden Bedingungen hergestellt. Der gedrehte Absatz besitzt einen Durchmesser von Ø 15 ± 0,05 mm. Die Toleranzgrenzen von 14,95 mm und 15,05 mm dürfen nicht überschritten werden.

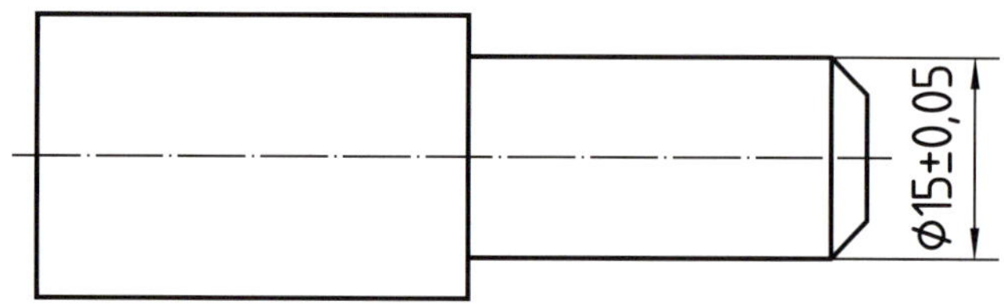

Die Prüfung von 50 Bolzen ergab folgende Messwerte für den Absatz:

Messprotokoll (Maße in mm)									
14,98	14,96	15,01	14,99	15,01	15,00	15,00	14,98	15,00	15,00
14,99	14,99	14,99	15,01	14,99	15,01	15,01	15,00	14,98	15,00
15,01	15,03	14,96	14,99	15,00	14,99	14,97	15,02	15,00	14,99
14,97	14,98	15,02	15,02	15,04	15,01	14,97	15,00	15,00	15,00
15,01	15,02	15,03	15,03	14,98	14,99	15,00	15,01	15,00	15,02

Alle Messwerte liegen im Toleranzbereich. Aufgrund der gleichbleibenden Fertigungsbedingungen schwankt der Durchmesser des Absatzes um einen Mittelwert. Um die Schwankungen der Messwerte besser darstellen zu können, ermittelt man die Häufigkeit gleicher Messwerte. In einer Tabelle wird eingetragen, wie oft ein Messwert vorkommt.

Messwert	14,95	14,96	14,97	14,98	14,99	15,00	15,01	15,02	15,03	15,04	15,05
Häufigkeit	0	2	3	5	9	13	9	5	3	1	0

Trägt man die Häufigkeiten der Messwerte als Säule in ein Diagramm ein, so erhält man die Häufigkeitsverteilung (Histogramm) für den Durchmesser Ø 15 ± 0,05 mm. Die meisten Werte liegen um den Messwert 15,00 mm. Zu den Toleranzgrenzen hin nimmt die Häufigkeit stark ab.

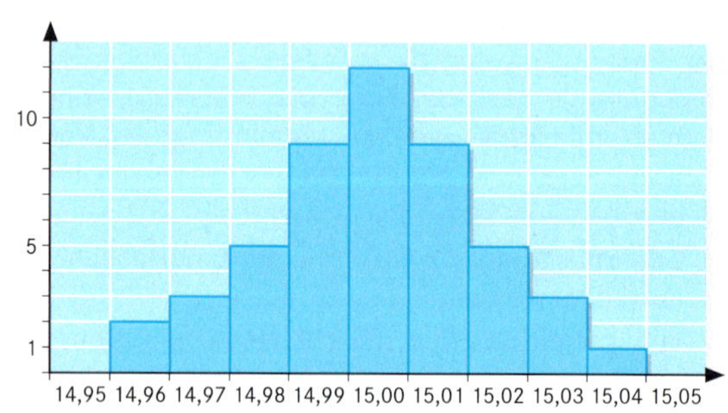

Verbindet man die Spitzen der Säulen des Histogramms, so erhält man einen Kurvenverlauf. Dieser Kurvenverlauf wird auch als Normalverteilung bezeichnet. Der höchste Punkt der Kurve entspricht dem Messwert mit der maximalen Häufigkeit.

Er gilt als Mittelwert $\overline{x}$ der Stichprobe.

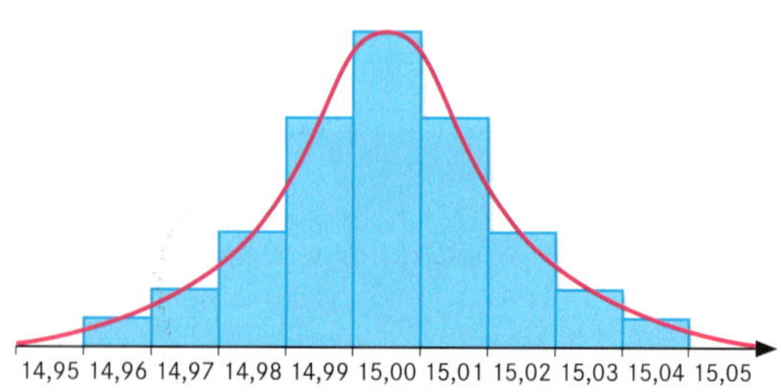

$\overline{x}$ = 15,00 mm

! Eine Normalverteilung der Messwerte ist die Voraussetzung für eine Stichprobenprüfung.

Der Durchmesser des Absatzes ist um den Mittelwert $\overline{x}$ = 15,00 mm normalverteilt. Somit ist die Voraussetzung für eine Stichprobenprüfung gegeben.

Die Größe der Prüfabstände und der Prüflose hängt unter anderem von der Größe der Maßabweichungen vom Mittelwert ab. Als Maß für diese Streuung gilt die Standardabweichung s.

Sie ist der Abstand vom Mittelwert zum jeweiligen Wendepunkt der Kurve. Die Streuung ist kleiner, wenn die Kurve steiler verläuft, und größer, wenn die Kurve flacher verläuft. Je größer die Streuung, umso größer muss der Prüfumfang gewählt werden.

Weiter hängt der Umfang einer Stichprobenprüfung von der Wichtigkeit des Bauteils und der Erfahrung über den Fertigungsprozess ab.

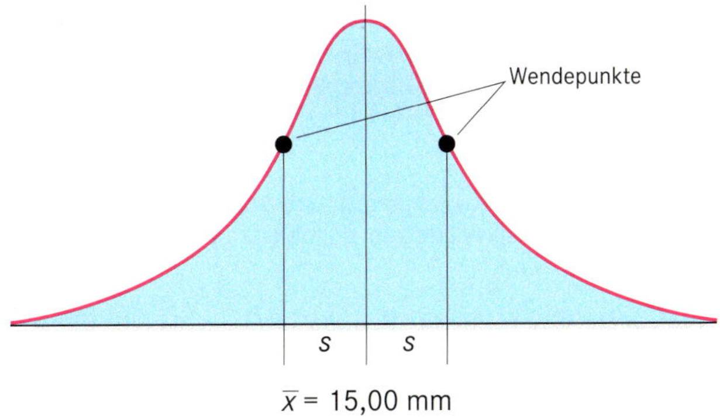

Normale Streuung	Kleine Streuung	Große Streuung
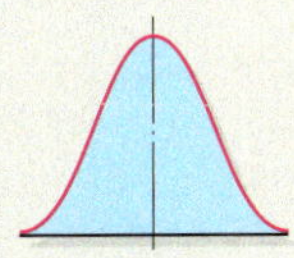 $\overline{x}$	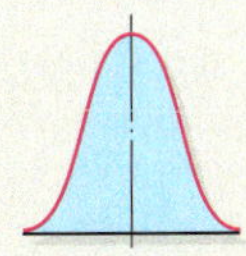 $\overline{x}$	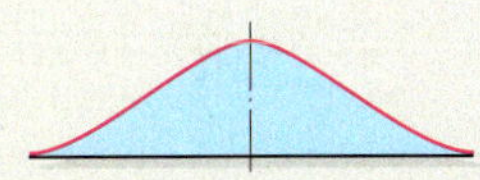 $\overline{x}$
Normaler Verlauf, Messwerte sind normal verteilt.	Steiler Verlauf, Messwerte liegen dicht am Mittelwert.	Flacher Verlauf, Messwerte sind über den gesamten Toleranzbereich verteilt.

Aufgaben

1. Was bedeutet die Aussage: „Qualität ist zu erzeugen und nicht zu überprüfen?“

2. Welche Aufgabe besitzt die statistische Prozessüberwachung?

3. Welche Anforderungen werden an eine prüfbezogene Bemaßung gestellt?

4. Geben Sie an, ob es sich bei den Prüfungen um variable oder attributive Merkmale handelt:

- Winkel 62° 45', Universalwinkelmesser,
- Härtewert HB 300 + 50, Prüfverfahren nach Brinell,
- Gewinde M 6 mit einem Gewindelehrring.

5. Erklären Sie den Unterschied zwischen einem systematischen und zufälligen Einfluss.

6. Ordnen Sie folgende Abweichungen den zufälligen oder systematischen Einflüssen zu.

- Maßabweichung durch eine Aufbauschneide,
- Abnutzung einer Schleifscheibe,
- kurzzeitiger Spannungsabfall beim Induktionshärten.

7. Wie wirkt sich die geforderte Produktqualität auf den Prüfaufwand aus?

8. Wann kann man auf eine Wareneingangsprüfung verzichten?

9. Nennen Sie die Vorteile einer

a) 100%-Prüfung,

b) Stichprobenprüfung.

10. Warum müssen Prüfmittel kalibriert werden?

11. Was sagt ein Histogramm aus?

12. Welche Voraussetzungen müssen für eine Stichprobenprüfung gegeben sein?

13. Was sagt die Standardabweichung aus?

14. Von welchen Faktoren hängt der Umfang einer Stichprobe ab?

Prüfen

3.1.3 Qualitätsregelkarte

Nach der Bearbeitungsstation *Drehen der Tellerfläche* werden die Ventile stichprobenartig überprüft. Stündlich wird an fünf aufeinander folgenden Ventilen der Messwert für die Tellerrandhöhe der gedrehten Fläche aufgenommen.

Die Überwachung dieses Fertigungsprozesses kann mit einer Qualitätsregelkarte erfolgen, da folgende Voraussetzungen erfüllt sind:

- immer gleich ablaufende Fertigung,
- regelmäßige Stichprobenentnahme,
- gleichbleibender Stichprobenumfang und
- gleichbleibender Prüfvorgang.

Qualitätsregelkarten werden zur ständigen Prozessüberwachung eingesetzt. Regelmäßig werden Messwerte eingetragen und ausgewertet. Zuerst wird kontrolliert, ob der jeweilige Messwert in dem vorgegebenen Toleranzbereich liegt. Weiter kann man anhand des Verlaufes der Messwerte erkennen, wie sich der Prozess entwickelt und entsprechend eine Trend-Analyse durchführen. Steigt der Messwert zum Beispiel kontinuierlich an, kann davon ausgegangen werden, dass er demnächst die Toleranzgrenze überschreitet. Um dies zu verhindern, muss rechtzeitig der Prozess korrigiert werden.

3.1.3.1 Aufbau der Qualitätsregelkarte

Jede Qualitätsregelkarte (Abb. 1) besitzt

- einen Datenkopf,
- eine Messwerttabelle und
- ein Mittelwert- und Spannweiten-Diagramm.

Im Datenkopf werden Angaben zum Fertigungsprozess gemacht. Für die Bearbeitungsstation *Drehen der Tellerfläche* sind die fertigungstypischen Angaben schon eingetragen. Zum Beispiel sind das Merkmal Tellerrandhöhe ① und die Prüfhäufigkeit 60 Min. ② schon ausgefüllt. Der Prüfer trägt nur noch die aktuellen Angaben, z. B. Name, Datum und Zeit ein ③.

In der Messwerttabelle werden die Messwerte x_1 - x_5 der jeweiligen Stichprobe eingetragen ④. Für jede Stichprobe wird die Summe $\sum$ der fünf Messwerte und der Durchschnittswert $\overline{x}$ ermittelt ⑤ ⑥.

Zusätzlich wird die Spannweite R eingetragen ⑦. Sie ist der Unterschied zwischen dem größten Messwert x_{max} und dem kleinsten Messwert x_{min}. Die Spannweite gibt an, wie groß die Streuung der einzelnen Messwerte einer Stichprobe ist.

Beispiel:

Die am 28.08. um 18.00 Uhr entnommene Stichprobe ergibt für die Tellerrandhöhe folgende Abweichungen:

$x_1 = 0{,}05$ mm; $x_2 = 0{,}02$ mm; $x_3 = 0{,}06$ mm;

$x_4 = 0{,}04$ mm; $x_5 = 0{,}01$ mm;

Es sind $\sum$, $\overline{x}$ und R zu bestimmen.

Die Summe aller Messwerte beträgt:

$$\sum = x_1 + x_2 + x_3 + x_4 + x_5$$

$$\sum = 0{,}05\text{ mm} + 0{,}02\text{ mm} + 0{,}06\text{ mm} + 0{,}04\text{ mm} + 0{,}01\text{ mm}$$

$$\underline{\underline{\sum = 0{,}18\text{ mm}}}$$

Der Mittelwert $\overline{x}$ beträgt:

$$\overline{x} = \frac{x_1 + x_2 + x_3 + x_4 + x_5}{5}$$

$$\overline{x} = \frac{(0{,}05 + 0{,}02 + 0{,}06 + 0{,}04 + 0{,}01)\text{ mm}}{5}$$

$$\underline{\underline{\overline{x} = 0{,}04\text{ mm}}}$$

Die Spannweite R beträgt:

$$R = x_{max} - x_{min}$$

$$R = 0{,}06\text{ mm} - 0{,}01\text{ mm}$$

$$\underline{\underline{R = 0{,}05\text{ mm}}}$$

In das Mittelwert-Diagramm wird der errechnete Mittelwert $\overline{x}$ der jeweiligen Stichprobe eingetragen. Anschließend werden die Punkte zu einem Kurvenverlauf verbunden.

Das Mittelwert-Diagramm wird durch eine obere Eingriffsgrenze ⑧ und eine untere Eingriffsgrenze ⑨ begrenzt. Die Eingriffsgrenzen werden so festgelegt, dass sie noch eine Reserve zur Toleranzgrenze besitzen. Somit bedeutet ein Überschreiten der Grenze nicht ein fehlerhaftes Maß. Der Maschinenbediener muss jedoch unverzüglich in den Prozess eingreifen. Dies kann zum Beispiel durch das Nachstellen eines Werkzeuges erfolgen.

Im Spannweiten-Diagramm ⑩ werden für alle Stichproben die Spannweiten R eingetragen. Eine obere Eingriffsgrenze zeigt an, wann die Spannweite einen kritischen Wert erreicht. Beim Überschreiten dieser Eingriffsgrenze müssen die einzelnen Messwerte der Stichprobe kontrolliert werden.

Datenkopf

Teilzeichnung **Ventil**	Zeichnungs-Nr.	Maschinen-Gruppe	Arbeitsgang **Tellerfläche Planen**	Nennmaß **1,35**	Kunde	Firma	
Auftrags-Nr.	Masch.-Nr.	Prüfhäufigkeit **60 Min.**	② Merkmal **Tellerrandhöhe**	① Toleranz **± 0,1**	Kundenbezeichnung	Straße	Blatt 1 von

Messwert-tabelle

	Mü.	Mü.	Mü.	Mü.	Mü.	Mü.	Mü.	Mü.	Mü.	Fr.	Fr.	Fr.
③ Datum	28.08.	28.08.	28.08.	28.08.	28.08.	28.08.	28.08.	28.08.	28.08.	28.08.	28.08.	28.08.
Zeit	06:00	07:00	08:00	09:00	10:00	11:00	12:00	13:00	14:00	15:00	16:00	17:00
x_1	0,02	0,01	−0,01	0,00	−0,01	0,00	−0,02	0,01	−0,01	0,02	0,01	0,03
④ x_2	0,01	0,01	0,00	0,02	0,00	0,02	0,00	0,02	−0,02	0,03	−0,02	0,01
x_3	0,00	0,01	0,01	0,01	0,01	0,02	0,01	0,01	−0,01	0,02	0,00	0,00
x_4	0,01	0,01	−0,01	0,01	0,02	0,01	0,02	0,01	0,00	0,04	−0,02	−0,01
x_5	0,02	0,01	0,01	0,00	0,01	−0,01	0,01	0,02	−0,02	0,01	−0,03	−0,02
⑤ $\sum$	0,06	0,05	0,00	0,04	0,03	0,04	0,02	0,07	−0,06	0,12	−0,06	0,01
⑥ $\bar{x}$	0,01	0,01	0,00	0,01	0,01	0,01	0,00	0,01	−0,01	0,02	−0,01	0,00
⑦ R	0,02	0,00	0,02	0,02	0,03	0,03	0,04	0,01	0,02	0,03	0,04	0,05

Name	Fr.	Fr.	Fr.	Fr.	Fr.	Be.	Be.	Be.	Be.	Be.	Be.	Be.
③ Datum	28.08.	28.08.	28.08.	28.08.	28.08.	28.08.	29.08.	29.08.	29.08.	29.08.	29.08.	29.08.
Zeit	18:00	19:00	20:00	21:00	22:00	23:00	00:00	01:00	02:00	03:00	04:00	05:00
x_1	0,05	0,06	−0,01	0,00	0,02	0,02	0,01	−0,03	0,01	0,00	0,03	−0,02
④ x_2	0,02	0,03	0,00	0,02	0,03	0,01	0,01	−0,06	−0,03	0,01	0,01	0,02
x_3	0,06	0,01	0,01	0,01	0,02	0,00	0,01	−0,01	0,04	−0,01	0,00	0,00
x_4	0,04	−0,02	−0,01	0,01	0,04	0,01	0,01	−0,02	0,02	0,03	0,03	0,01
x_5	0,01	0,02	0,01	0,00	0,01	0,02	0,01	0,00	−0,03	0,00	0,00	−0,01
⑤ $\sum$	0,18	0,10	0,00	0,04	0,12	0,06	0,05	−0,12	0,01	0,03	0,07	0,00
⑥ $\bar{x}$	0,04	0,02	0,00	0,01	0,02	0,01	0,01	−0,02	0,00	0,01	0,01	0,00
⑦ R	0,05	0,08	0,02	0,02	0,03	0,02	0,00	0,06	0,07	0,04	0,03	0,04

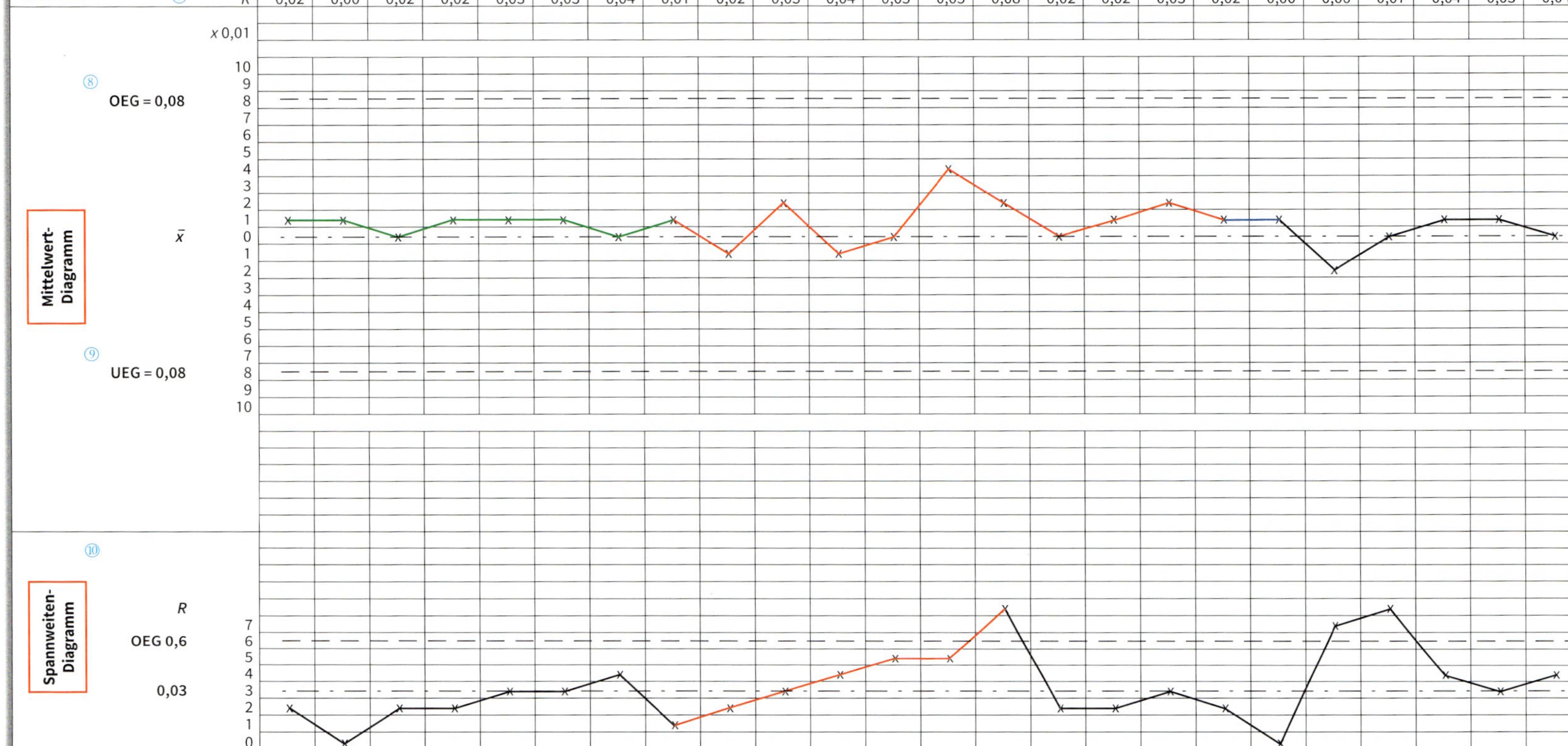

Abb. 1: Qualitätsregelkarte

Aus-werten

3.1.3.2 Auswertung der Qualitätsregelkarte

Der Verlauf des Mittelwertes zeigt, wie sich der Prozess *Drehen der Tellerfläche* entwickelt. Bei einem natürlichen Verlauf liegen 2/3 der Mittelwerte im mittleren Drittel zwischen der oberen und unteren Eingriffsgrenze. Der Prozess kann ohne Eingriff weiterlaufen.

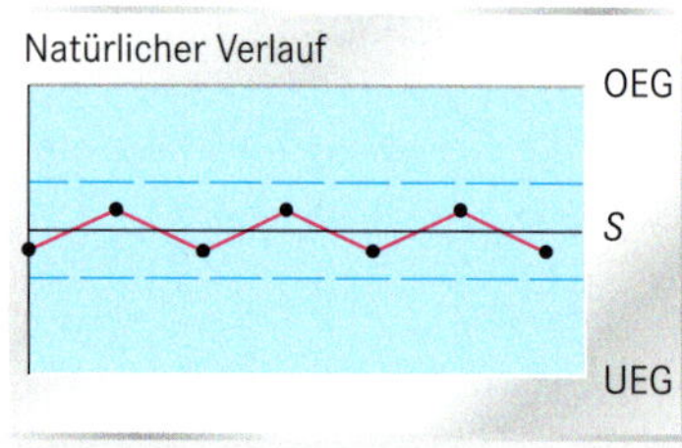

Der Prozess ist gestört, wenn:

- eine Eingriffsgrenze überschritten wird.

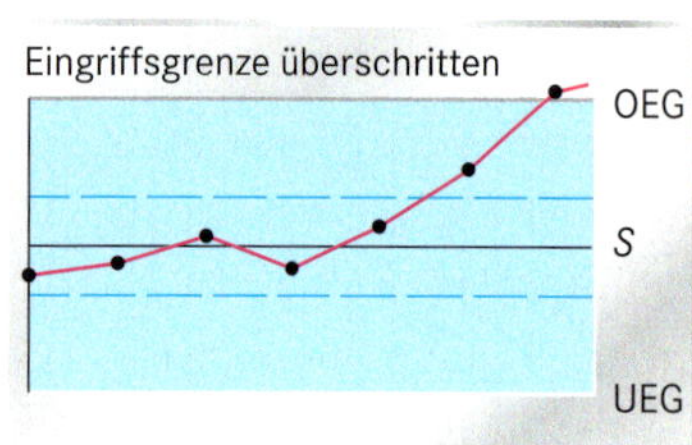

- mehr als ein Drittel der Mittelwerte nicht im mittleren Drittel (Middle Third) liegen.

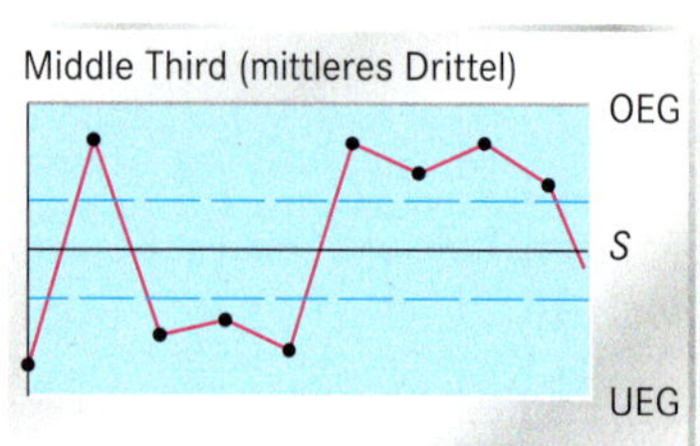

- mehr als 6 aufeinander folgende Werte auf einer Seite der Mittellinie (Run) liegen.

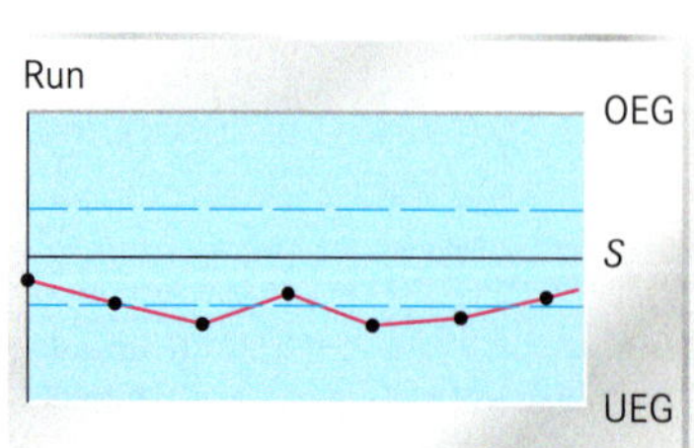

- mehr als 6 aufeinander folgende Werte eine steigende oder fallende Tendenz (Trend) zeigen.

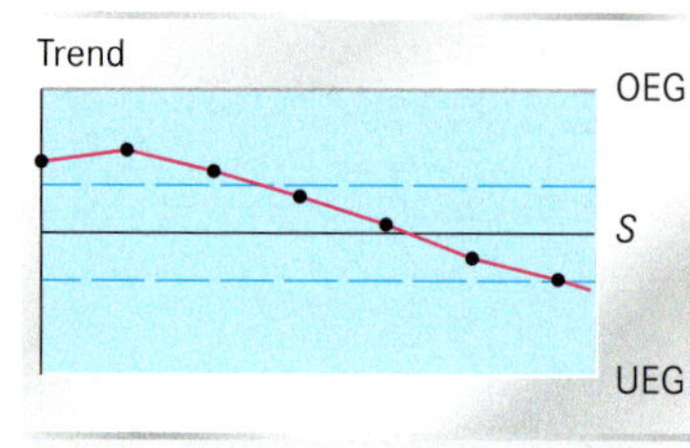

In diesen Fällen muss der Maschinenbediener sofort weitere Stichproben entnehmen, den Prozess korrigieren und fehlerhafte Teile aussortieren.

Auswerten der Qualitätsregelkarte Tellerrandhöhe

28.08. ab 6.00 Uhr bis 13.00 Uhr

Der Mittelwert-Verlauf zeigt, dass 8 Werte über oder auf der Mittellinie liegen (Run). Durch ein Eingreifen in den Prozess wurde für den weiteren Verlauf eine gleichmäßige Verteilung erreicht.

28.08. ab 13.00 Uhr bis 19.00 Uhr

Die Spannweite steigt (Trend) und die Messwerte besitzen eine große Streuung. Der Maschinenbediener muss in den Prozess eingreifen.

28.08. 18.00 Uhr

Der Mittelwert steigt und es besteht die Gefahr, dass er die obere Eingriffsgrenze erreicht. Gleichzeitig weist die Spannweite eine hohe Streuung auf. Durch eine Prozesskorrektur wird die Abweichung verringert.

28.08. 19.00 Uhr

Die obere Eingriffsgrenze für die Spannweite wird überschritten. Der Mittelwert liegt jedoch im geforderten Bereich. Ein Einschreiten ist nicht erforderlich.

28.08. ab 23.00 Uhr bis 00.00 Uhr

Es liegt ein optimaler Verlauf vor, der eine geringe Abweichung und eine kleine Spannweite aufweist. Jedoch wird die zur Verfügung stehende Toleranz nicht ausgenutzt. Eine Überprüfung der Fertigungsbedingungen ist ratsam.

29.08. 2.00 Uhr

Der Mittelwert liegt auf der Nulllinie, die Spannweite besitzt einen hohen Wert. Die vorhandenen Abweichungen neutralisieren sich. Ein Einschreiten ist nicht erforderlich.

3.2 Maschinenfähigkeitsuntersuchung

ARBEITSAUFTRAG

Nach einer Instandsetzung muss die Maschinenfähigkeit der Bearbeitungsstation *Schleifen des Ventilschaftes* untersucht werden.

Informieren

Die Maschinenfähigkeit gibt an, ob eine Maschine mit ausreichender Wahrscheinlichkeit die geforderten Fertigungstoleranzen erfüllt. Als Kennzahl wird der Maschinenfähigkeitsindex c_m bestimmt.

Bei der Maschinenfähigkeitsuntersuchung werden mindestens 50 Bauteile nacheinander gefertigt und auf Maß- und Formgenauigkeit überprüft. Bei dieser Kurzzeituntersuchung dürfen Einflüsse wie Raumtemperaturschwankungen oder Abweichungen durch Mess- oder Bedienfehler das Fertigungsergebnis nicht verfälschen. Damit sichergestellt ist, dass die Fertigungsqualität allein nur auf die Maschineneinstellwerte zurückzuführen ist, müssen alle äußeren Einflüsse vernachlässigbar klein sein. Im Allgemeinen besitzen der Mensch, die Maschine, das Material, die Umwelt (Mitwelt) und die Methode einen Einfluss auf das zu fertigende Produkt. Man nennt sie auch die „5M-Einflüsse" (Abb. 1).

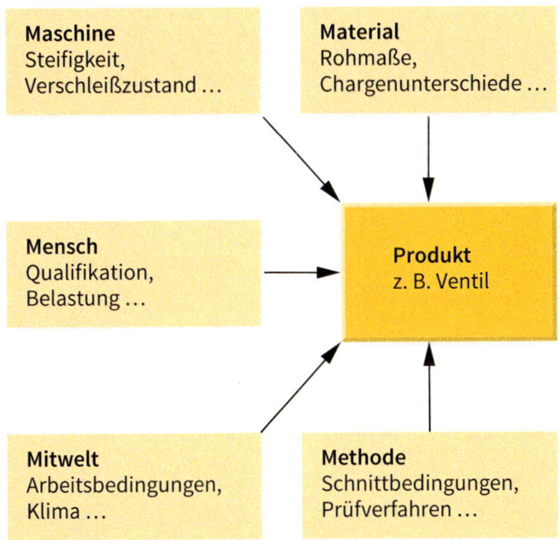

Abb. 1: 5M-Einflüsse auf ein Produkt

Da die Einflüsse des Managements im System und die Messbarkeit von einer bestimmten Tragweite sind, wird die 5M-Methode des öfteren um die zwei wichtigen Einflüsse Management und Messbarkeit erweitert. Man spricht dann von der 7M-Methode.

Wird als Ergebnis festgestellt, dass die Maschine nicht fähig ist, so müssen die Maschineneinstellungen korrigiert und eine weitere Maschinenfähigkeitsuntersuchung durchgeführt werden (Abb. 2).

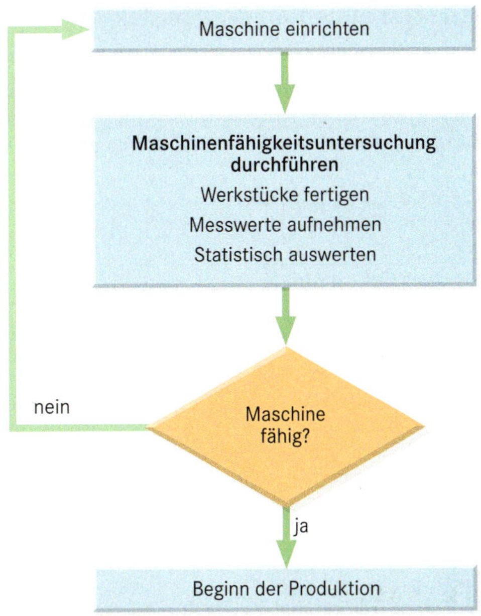

Abb. 2: Ablaufplan einer Maschinenfähigkeitsuntersuchung

Eine Maschinenfähigkeitsuntersuchung wird für folgende Fälle benötigt:

- bei der Inbetriebnahme einer neuen Maschine,
- als Nachweis für die Auftragsvergabe und
- als Abnahmevoraussetzung nach einer Instandsetzung.

Inbetriebnahme

Bei der Inbetriebnahme einer neuen Maschine wird die Maschinenfähigkeit durch die Lieferfirma ermittelt und in einem Abnahmeprotokoll dokumentiert.

Auftragsvergabe

Bei der Auftragsvergabe liefert die Maschinenfähigkeitsuntersuchung für den Kunden den Nachweis, dass die geforderte Produktqualität erreicht wird. Die Fertigungsproben werden durch entsprechendes Fachpersonal im Prüflabor ausgewertet.

Instandsetzung

Nach einer Instandsetzung muss die Genauigkeit der Maschine überprüft werden. Die Aufnahme der Messergebnisse kann je nach Prüfverfahren und geforderter Genauigkeit direkt am Arbeitsplatz erfolgen. Dies geschieht bei Instandsetzungsarbeiten, um den Produktionsausfall der Maschine zu reduzieren. Die Messwerte werden vom Instandhalter oder Maschinenbediener aufgenommen und dokumentiert. Mit Hilfe eines Rechners werden die Messwerte statistisch ausgewertet und der Maschinenfähigkeitsindex c_m berechnet.

Prüfen

3.2.1 Maschinenfähigkeitsindex c_m

An der Bearbeitungsstation *Schleifen des Ventilschaftes* wird das Ventil für den Fertigschliff vorgeschliffen. Die einzuhaltenden Maß- und Formtoleranzen sind der Zeichnung zu entnehmen (Abb. 1).

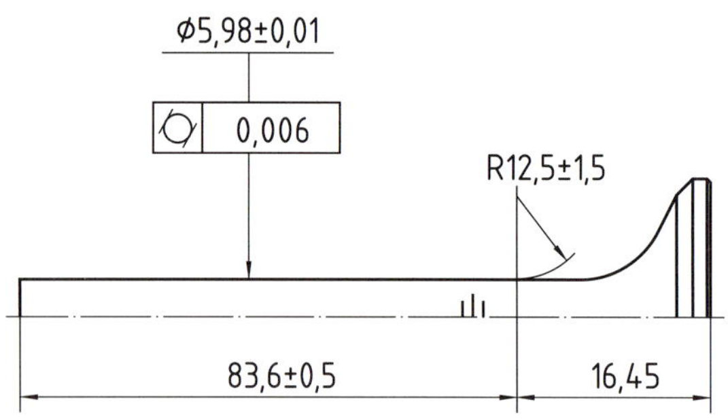

Abb. 1: Prüfmerkmale für den Schaftschliff

Für jedes Prüfmerkmal muss eine Maschinenfähigkeitsuntersuchung durchgeführt werden. Einflüsse, die nicht von der Maschine ausgehen, sind zu vermeiden. Daher sind folgende Bedingungen einzuhalten:

- Die Untersuchung wird von einer Person nach einem gleichbleibenden Ablauf durchgeführt.
- Es muss sichergestellt sein, dass die Maß- und Formtoleranzen aus den vorangegangenen Fertigungsstufen eingehalten wurden.
- Die Spannmittel und die Werkzeuge müssen die geforderte Funktion erfüllen.
- Angrenzende Bearbeitungsstationen müssen abgeschaltet werden, um Bodenerschütterungen zu vermeiden.

Für das Prüfmerkmal Schaftdurchmesser Ø 5,98 ± 0,01 mm wurden an 50 Ventilen folgende Messwerte aufgenommen (Abb. 2):

Rechnerische Bestimmung von c_m

Der Maschinenfähigkeitsindex c_m gibt an, wie weit die Maschinenstreuung den vorgegebenen Toleranzbereich ausnutzt. Je geringer der Streubereich (Standardabweichung s) der Messwerte zur Größe des Toleranzbereiches T ist, um so fähiger ist die Maschine.

Die Formel für den Maschinenfähigkeitsindex c_m lautet:

$$c_m = \frac{T}{6 \cdot s}$$

Der Toleranzbereich T ist die Differenz zwischen dem Höchstmaß und dem Mindestmaß:

$$T = \textbf{Höchstmaß} - \textbf{Mindestmaß}$$

Die Maschinenstreuung wird durch die Standardabweichung s angegeben. Sie wird mit folgender Formel aus den 50 Messwerten, z. B. für den Schaftdurchmesser, errechnet:

$$s = \sqrt{\frac{1}{n-1} \cdot \sum_{i=1}^{n} (x_i - \bar{x})^2}$$

n = Anzahl der Messwerte
x_i = einzelner Messwert
$\bar{x}$ = Mittelwert

Die Standardabweichung s kann mit Hilfe der Statistikfunktion eines Taschenrechners berechnet werden.

Ein Maschine gilt als fähig, wenn gilt:

$$c_m > 1{,}33$$

Prüfprotokoll: Instandsetzung
Datum: 07.09.20.. **Auf.-Nr.:** 32/AH/05
Name des Prüfers: H. Meyer

Masch.-Bez.: Schleifmaschine
Bearbeitungsstation: III
Masch.-Nr.: 12341

Prüfmerkmal: Schaftdurchmesser Ø 5,98 ± 0,01 mm
Prüfmittel: Prüfvorrichtung mit elektronischem Feinzeiger

Messwerte in mm									
5,981	5,982	5,981	5,983	5,981	5,981	5,981	5,981	5,982	5,981
5,981	5,983	5,979	5,982	5,982	5,981	5,981	5,981	5,984	5,982
5,980	5,981	5,979	5,981	5,981	5,980	5,982	5,982	5,983	5,983
5,979	5,980	5,982	5,982	5,980	5,978	5,980	5,983	5,981	5,981
5,978	5,980	5,981	5,980	5,980	5,979	5,981	5,980	5,980	5,980

Abb. 2: Messprotokoll Schaftdurchmesser

Beispiel:

Berechnung von c_m für den Schaftdurchmesser Ø 5,98 ± 0,01 mm

Die Formel lautet: $c_m = \frac{T}{6 \cdot s}$

T = Höchstmaß – Mindestmaß

T = 5,99 mm – 5,97 mm

T = 0,02 mm

$$s = \sqrt{\frac{1}{n-1} \cdot \sum_{i=1}^{n} (x_i - \bar{x})^2}$$

n = 50

x_i = einzelner Messwert

$\bar{x}$ = 5,9809 mm

s = 0,0013 mm

Eingesetzt in die Formel für den Maschinenfähigkeitsindex c_m:

$$c_m = \frac{0{,}02\text{ mm}}{6 \cdot 0{,}0013\text{ mm}}$$

$c_m = 2{,}56$

Die Schleifmaschine erfüllt für das Prüfmerkmal Schaftdurchmesser die Anforderung der Maschinenfähigkeit.

Prüfen

3.2.2 Kritischer Maschinenfähigkeitsindex c_{mk}

Auch wenn die Streuung der Maschine in Ordnung ist, kann der Mittelwert $\bar{x}$ der Streuung zu einer der Toleranzgrenzen hin verschoben sein. Es besteht die Gefahr, dass Messwerte die Toleranzgrenze überschreiten. Die kritische Maschinenfähigkeit berücksichtigt den kritischen Abstand des Mittelwertes zu einer der Toleranzgrenzen (Abb. 3).

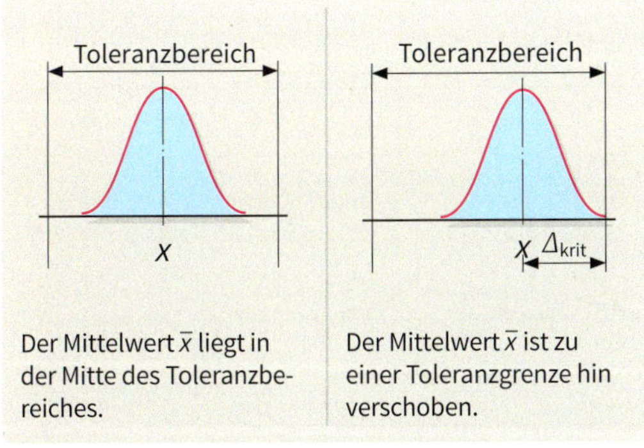

Abb. 3: Verschiebung des Mittelwertes im Toleranzbereich

Rechnerische Bestimmung von c_{mk}

Die Formel für den kritischen Maschinenfähigkeitsindex c_{mk} lautet:

$$c_{mk} = \frac{\Delta_{krit}}{3 \cdot s}$$

Δ_{krit} ergibt sich aus dem Abstand des Mittelwertes zur Toleranzgrenze. Für die Berechnung von c_{mk} wird der kleinere Wert verwendet.

Δ_{krit} = Höchstmaß – $\bar{x}$

Δ_{krit} = $\bar{x}$ – Mindestmaß

s = Standardabweichung

Ein Maschine gilt als fähig, wenn gilt:

$$c_{mk} > 1{,}33$$

Beispiel:

Berechnung von c_{mk} für den Schaftdurchmesser Ø 5,98 ± 0,01 mm

Die Formel lautet: $c_{mk} = \frac{\Delta_{krit}}{3 \cdot s}$

Δ_{krit} = für das Höchstmaß

Δ_{krit} = 5,99 mm – 5,9809 mm

Δ_{krit} = 0,0091 mm

Δ_{krit} = für das Mindestmaß

Δ_{krit} = 5,9809 mm – 5,97 mm

Δ_{krit} = 0,0109 mm

Für die weitere Berechnung gilt der kleinere kritische Abstand:

Δ_{krit} = 0,0091 mm

s = 0,0013 mm

Eingesetzt in die Formel für den kritischen Maschinenfähigkeitsindex c_{mk}:

$$c_{mk} = \frac{0{,}0091\text{ mm}}{3 \cdot 0{,}0013\text{ mm}}$$

$c_{mk} = 2{,}33$

Die Schleifmaschine erfüllt für das Prüfmerkmal Schaftdurchmesser die Anforderung der kritischen Maschinenfähigkeit. Erfüllen die anderen Prüfmerkmale ebenfalls diese Anforderung, kann die Schleifmaschine wieder für die Produktion freigegeben werden.

3.3 Prozessfähigkeitsuntersuchung

ARBEITSAUFTRAG

Die Prozessfähigkeit der Bearbeitungsstation *Schleifen des Ventilschaftes* muss nach der Instandsetzung untersucht werden.

Informieren

Nachdem die Maschinenfähigkeit der Bearbeitungsstation *Schleifen des Ventilschaftes* nachgewiesen wurde, muss nun eine Langzeituntersuchung der Maschine durchgeführt werden. Hierbei werden im Normalbetrieb alle Einflüsse mit ihren Auswirkungen auf die Fertigung berücksichtigt (Abb. 1). Die Prozessfähigkeit gibt an, ob ein Fertigungsprozess unter realen Bedingungen die geforderten Fertigungstoleranzen erfüllt. Als Kennzahl wird der Prozessfähigkeitsindex c_p bestimmt.

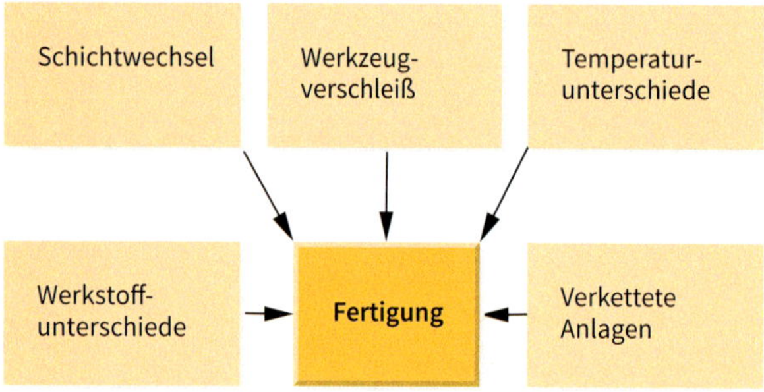

Abb. 1: Langzeiteinflüsse auf die Fertigung

Bei der Prozessfähigkeitsuntersuchung werden über einen längeren Zeitraum in der Regel 25 Stichproben genommen.

Jede Stichprobe besitzt den Umfang $n = 5$. Dabei sollte die Untersuchung mindestens 20 Produktionstage dauern, damit alle relevanten Einflussfaktoren wirksam werden.

Die Auswertung der Messwerte kann durch ein Statistikprogramm erfolgen. Als Ausdruck erhält man ein Datenblatt mit den erforderlichen Kennzahlen, die zusätzlich als Kurvenverläufe dargestellt sind (Abb. 2).

3.3.1 Prozessfähigkeitsindex c_p

Prüfen

Der Prozessfähigkeitsindex c_p gibt an, wie weit die Maschinenstreuung den vorgegebenen Toleranzbereich unter normalen Fertigungsbedingungen ausnutzt. Er wird aus dem Toleranzbereich T und der gemittelten Standardabweichung $\bar{s}$ der einzelnen Stichproben ermittelt. Je höher der Prozessfähigkeitsindex, um so höher ist die Fertigungsqualität.

Rechnerische Bestimmung von c_p

Die Formel für den Prozessfähigkeitsindex c_p lautet:

$$c_p = \frac{T}{6 \cdot \bar{s}}$$

Der Toleranzbereich T ist die Differenz zwischen dem Höchstmaß und dem Mindestmaß:

$$T = \textbf{Höchstmaß} - \textbf{Mindestmaß}$$

Die gemittelte Standardabweichung $\bar{s}$ wird aus den Standardabweichungen der einzelnen Stichproben ermittelt:

$$\bar{s} = \frac{s_1 + s_2 + \ldots + s_n}{n}$$

Ein Prozess ist fähig, wenn gilt:

$$c_p > 1{,}33$$

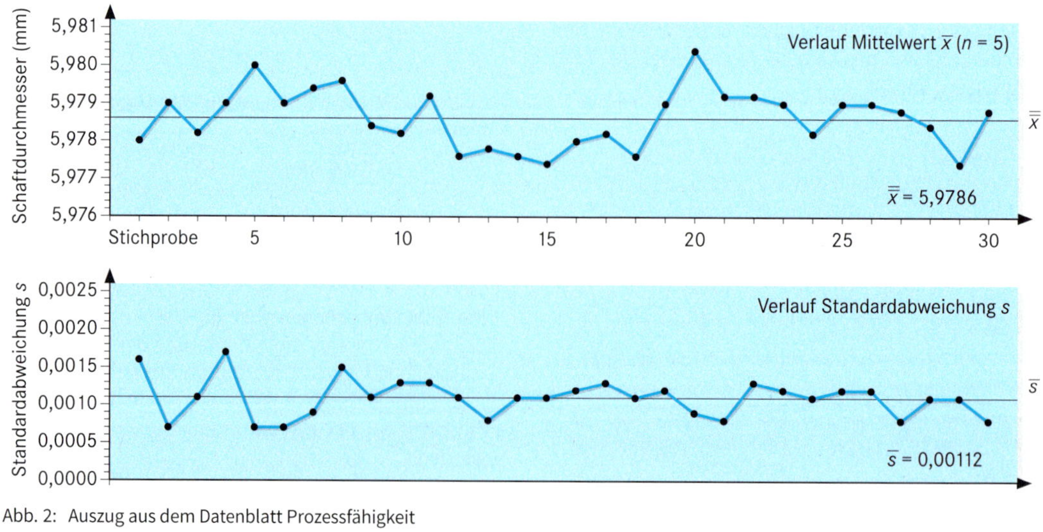

Abb. 2: Auszug aus dem Datenblatt Prozessfähigkeit

Beispiel:

Berechnung von c_p für den Schaftdurchmesser Ø 5,98 ± 0,01 mm.

$T = G_o - G_u$

$T = 5{,}99\ \text{mm} - 5{,}97\ \text{mm}$

$T = 0{,}02\ \text{mm}$

$\bar{s}$ ist dem Messprotokoll (Abb. 2) zu entnehmen.

$\bar{s} = 0{,}00112\ \text{mm}$

Prozessfähigkeitsindex c_p:

$$c_p = \frac{T}{6 \cdot \bar{s}}$$

$$c_p = \frac{0{,}02\ \text{mm}}{6 \cdot 0{,}00112\ \text{mm}}$$

$\underline{\underline{c_p = 2{,}98}}$ $c_p > 1{,}33$

Die Schleifmaschine erfüllt für das Prüfmerkmal Schaftdurchmesser die Anforderung der Prozessfähigkeit.

Beispiel:

Berechnung von c_{pk} für den Schaftdurchmesser Ø 5,98 ± 0,01 mm.

$\bar{\bar{x}}$ ist dem Messprotokoll (Abb. 2) zu entnehmen.

$\bar{\bar{x}} = 5{,}9786\ \text{mm}$

Δ_{krit} = für das Höchstmaß

$\Delta_{krit} = 5{,}99\ \text{mm} - 5{,}9786\ \text{mm}$

$\Delta_{krit} = 0{,}0114\ \text{mm}$

Δ_{krit} = für das Mindestmaß

$\Delta_{krit} = 5{,}9786\ \text{mm} - 5{,}97\ \text{mm}$

$\Delta_{krit} = 0{,}0086\ \text{mm}$

Für die weitere Berechnung gilt der kleinere kritische Abstand: $\Delta_{krit} = 0{,}0086\ \text{mm}$

$\bar{s}$ ist dem Messprotokoll (Abb. 2) zu entnehmen.

$\bar{s} = 0{,}00112\ \text{mm}$

Kritischer Prozessfähigkeitsindex c_{pk}:

$$c_{pk} = \frac{\Delta_{krit}}{3 \cdot \bar{s}} = \frac{0{,}0086\ \text{mm}}{3 \cdot 0{,}00112\ \text{mm}}$$

$\underline{\underline{c_{pk} = 2{,}56}}$ $c_{pk} > 1{,}33$

Die Schleifmaschine erfüllt für das Prüfmerkmal Schaftdurchmesser die Anforderung der kritischen Prozessfähigkeit. Erfüllen die anderen Prüfmerkmale ebenfalls diese Anforderung, kann die Schleifmaschine wieder für die Produktion freigegeben werden.

Prüfen

3.3.2 Kritischer Prozessfähigkeitsindex c_{pk}

Die Streuung der Mittelwerte der einzelnen Stichproben kann sich zu einer Toleranzgrenze hin verschieben. Diese Verschiebung wird durch den kritischen Prozessfähigkeitsindex c_{pk} erfasst.

Rechnerische Bestimmung von c_{pk}

Die Formel für den kritischen Prozessfähigkeitsindex c_{pk} lautet:

$$c_{pk} = \frac{\Delta_{krit}}{3 \cdot \bar{s}}$$

Δ_{krit} ergibt sich aus dem Abstand des gemittelten Mittelwertes zur Toleranzgrenze.

$$\bar{\bar{x}} = \frac{\bar{x}_1 + \bar{x}_2 + \ldots + \bar{x}_n}{n}$$

Δ_{krit} = Höchstmaß $- \bar{\bar{x}}$

Δ_{krit} = $\bar{\bar{x}}$ – Mindestmaß

Für die Berechnung von c_{pk} wird der kleinere Wert verwendet.

$\bar{s}$ = gemittelte Standardabweichung

Ein Prozess ist fähig, wenn gilt:

$$c_{pk} > 1{,}33$$

Aufgaben

1. Wann darf eine Qualitätsregelkarte zur Prozessüberwachung eingesetzt werden?

2. Was sagt eine Qualitätsregelkarte über den Fertigungsprozess aus?

3. Warum muss zum Mittelwert $\bar{x}$ auch die Spannweite R angegeben werden?

4. Eine Prozessregelkarte zeigt sechs aufeinander folgende fallende Werte.

a) Wie nennt man den Verlauf?

b) Welche Folgen sind für den Prozess zu erwarten?

c) Welche Maßnahmen sind zu ergreifen?

5. Für eine Fräsmaschine ist nach einer Reparatur die Maschinenfähigkeit zu untersuchen. Für das Prüfmaß Nuttiefe = 6 ± 0,03 mm gelten:

- Mittelwert $\bar{x} = 6{,}0091\ \text{mm}$
- Standardabweichung $s = 0{,}0041\ \text{mm}$

a) Berechnen Sie c_m und c_{mk}.

b) Ist die Maschinenfähigkeit gegeben?

6. Vergleichen Sie die Aussagen der Prozessfähigkeit mit den Aussagen einer Qualitätsregelkarte bezüglich der Prozessüberwachung.

Eine Prozessanalyse kann auch automatisch erfolgen. Als Ausdruck erhält man ein Prozessdatenblatt (Abb. 1).

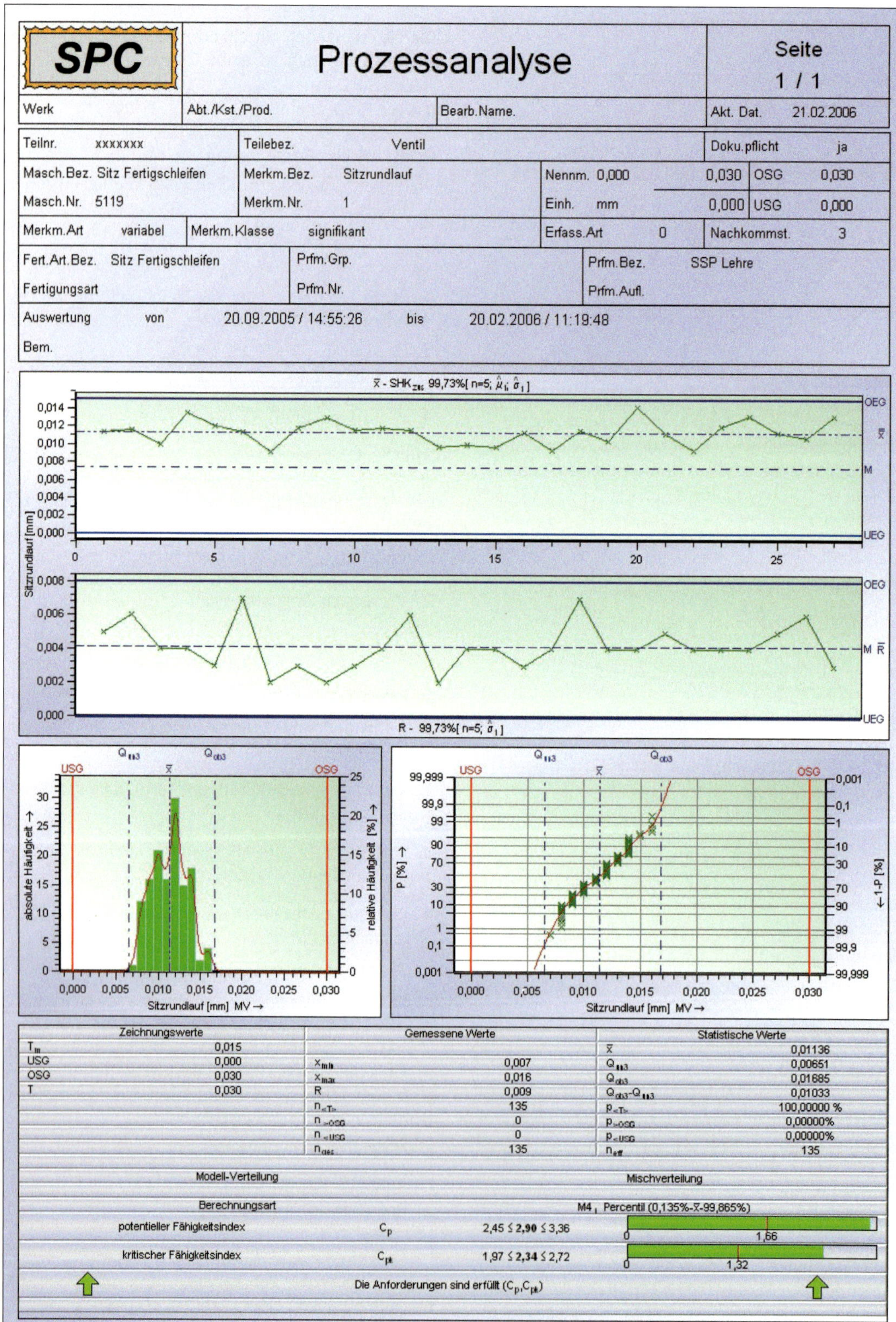

SPC **Prozessanalyse** Seite 1 / 1

Werk	Abt./Kst./Prod.	Bearb.Name.	Akt. Dat. 21.02.2006

Teilnr. xxxxxxx	Teilebez. Ventil		Doku.pflicht ja
Masch.Bez. Sitz Fertigschleifen	Merkm.Bez. Sitzrundlauf	Nennm. 0,000 0,030	OSG 0,030
Masch.Nr. 5119	Merkm.Nr. 1	Einh. mm 0,000	USG 0,000
Merkm.Art variabel	Merkm.Klasse signifikant	Erfass.Art 0	Nachkommst. 3

Fert.Art.Bez. Sitz Fertigschleifen	Prfm.Grp.	Prfm.Bez. SSP Lehre
Fertigungsart	Prfm.Nr.	Prfm.Aufl.

Auswertung von 20.09.2005 / 14:55:26 bis 20.02.2006 / 11:19:48

Bem.

Zeichnungswerte		Gemessene Werte		Statistische Werte	
T_m	0,015			$\bar{x}$	0,01136
USG	0,000	x_{min}	0,007	Q_{u3}	0,00651
OSG	0,030	x_{max}	0,016	Q_{ob3}	0,01685
T	0,030	R	0,009	$Q_{ob3}-Q_{u3}$	0,01033
		$n_{<T>}$	135	$p_{<T>}$	100,00000 %
		$n_{>OSG}$	0	$p_{>OSG}$	0,00000%
		$n_{<USG}$	0	$p_{<USG}$	0,00000%
		n_{ges}	135	n_{eff}	135

Modell-Verteilung			Mischverteilung
Berechnungsart			M4, Percentil (0,135%-x̄-99,865%)
potentieller Fähigkeitsindex	C_p	2,45 ≤ **2,90** ≤ 3,36	0 … 1,66
kritischer Fähigkeitsindex	C_{pk}	1,97 ≤ **2,34** ≤ 2,72	0 … 1,32

Die Anforderungen sind erfüllt (C_p, C_{pk})

Abb. 1: Datenblatt einer automatischen Langzeit-Prozessanalyse

3.4 Qualität in der Produktion

3.4.1 Einbindung des Mitarbeiters in das Unternehmen

Die Organisation eines Unternehmens bedarf einer klaren Struktur, die die Kompetenzen und Aufgabenbereiche der einzelnen Abteilungen festlegt (Abb. 2).

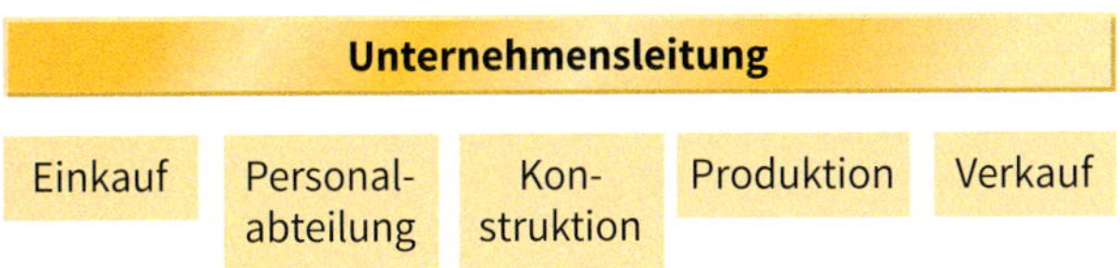

Abb. 2: Unternehmensstruktur

Der Facharbeiter ist mit seiner Werkzeugmaschine ein Teil der Produktion. Sein Fachwissen, seine Fähigkeiten und seine Einstellung beeinflussen die Produktion.

Da ein Produkt meist aus vielen Bauteilen besteht, sind an ihrer Herstellung mehrere Facharbeiter beteiligt. In der Gruppenarbeit sind alle Mitglieder der Gruppe für das Gesamtergebnis verantwortlich. Bei dieser Teamarbeit sind neben dem Fachwissen folgende Kompetenzen erforderlich:

- Teamfähigkeit,
- Kritikfähigkeit,
- Kommunikationsfähigkeit
- Flexibilität und
- Bereitschaft zur Weiterbildung.

Unterstützt werden die einzelnen Produktionsteams zum Beispiel durch die Arbeitsvorbereitung und die Instandhaltung (Abb. 3). Durch festgelegte Informationsstrukturen in Form von Formularen wie Materialanforderungsscheine oder Fehlerprotokolle erfolgt die Kommunikation zwischen den unterschiedlichen Produktionsabteilungen. Ein permanenter elektronischer Informationsaustausch zwischen Mensch und Maschine als auch unter den Maschinen ermöglicht die Überwachung der Fertigung und das Reagieren auf Störungen in Echtzeit.

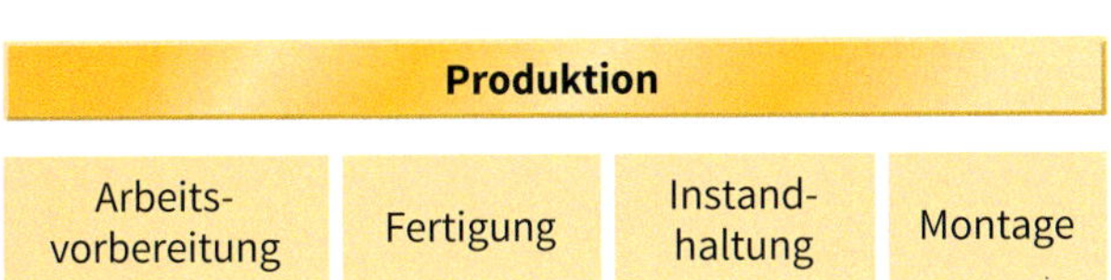

Abb. 3: Produktionsbereiche

Das hergestellte Produkt wird dem Kunden über die Verkaufsabteilung ausgeliefert. Weiter bestehen zwischen der Produktion und den Abteilungen Einkauf, Personal und Konstruktion Beziehungen (Abb. 4).

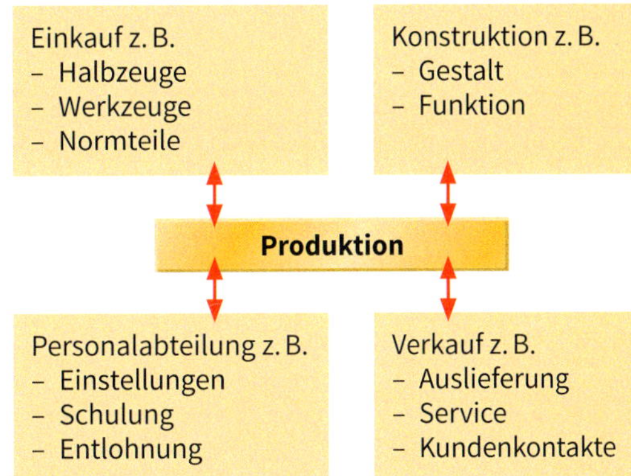

Abb. 4: Beziehungen zwischen Unternehmensbereichen

Jede Abteilung beeinflusst über ihre Tätigkeit das Gesamtergebnis. Je früher ein Fehler in der Produktionskette gefunden wird, um so geringer sind die Kosten für seine Beseitigung. Mit jeder Produktionsstufe erhöhen sich die Kosten für die Fehlerbehebung um das zehnfache (Zehnerregel).
Die Aufgabe der Unternehmensleitung besteht darin, strategische Entscheidungen zu treffen und die einzelnen Abteilungen bei ihrer Zusammenarbeit zu unterstützen.

Das Ziel eines Unternehmens sind zufriedene Kunden und das Erzielen von Gewinn.

3.4.2 Qualitätsmanagement

Der Kunde verlangt ein Produkt, das seine vorher im Auftrag festgelegten Anforderungen erfüllt. Ist dies der Fall, spricht man von Qualität. Die Qualität eines Produktes wird zum Beispiel bestimmt durch:

- ein fehlerfreies Produkt,
- Liefertreue,
- Umweltverträglichkeit,
- Preisstabilität.

Alle beteiligten Personen sind für die Qualität eines Produktes verantwortlich. Durch ein CAQ (computerunterstützte Qualitätssicherung)-System werden die qualitätsrelevanten Produktionsparameter kontinuierlich erfasst und ausgewertet. Durch Normen (DIN EN ISO 9000 bis 9004) wird ein Qualitätsmanagement-System zur Qualitätssicherung festgeschrieben. So legt die ISO 9001 für Prozesse u. a. folgende Qualitätskriterien fest:

- Prozesse erkennen, messen und analysieren,
- Lenken von Dokumenten und fehlerhaften Produkten,
- Nachweise führen über Entwicklung und ständige Verbesserung,
- Bewusstsein fördern für die Wichtigkeit von Kundenanforderungen und
- Sichern der Ressourcenverfügbarkeit.

Diese Kriterien geben im Allgemeinen die Bedingungen an, um den Qualitätsbegriff zu erfüllen. Hierbei wird der Informationsfluss des gesamten Unternehmens anhand von Anweisungen bewertet (Abb. 2).

Für den Facharbeiter bedeutet dies zum Beispiel das Ausfüllen von Materialentnahmescheinen und Prüfanweisungen.

Abb. 1: Beispiel für ein Prüfzeichen

Das Einführen eines Qualitätsmanagement-Systems wird von einem externen Sachverständigen überprüft. Werden die Kriterien erfüllt, erhält das Unternehmen ein Zertifikat. Dieses Zertifikat ist oft für die Auftragsvergabe erforderlich (Abb. 1).

Dadurch wird dem Kunden ein gleichbleibender Qualitätsstandard garantiert.

Durch ein Qualitätsmanagement-System ergeben sich folgende Vorteile:

- Prozesse werden in einem Unternehmen transparenter,
- Steigerung der Produktivität,
- Fehlerrate wird reduziert,
- zufriedene Mitarbeiter durch mehr Verantwortung und
- Vertrauensbildung beim Auftraggeber.

Das Einhalten der Kriterien wird jährlich überprüft.

umfasst	Verteiler		Beschreibung
ganzes Unternehmen	intern: Unternehmensleitung, Abteilungsleiter extern: wenn erforderlich	QM-Handbuch	Grundsätze, Aufbau- und Ablauforganisation, betriebsumfassende Zusammenhänge, Verantwortlichkeiten, Kompetenzen, organisatorisches Firmen-Know-how, Hinweise auf Richtlinien und Arbeitsanweisungen
Teilbereiche des Unternehmens	ausschließlich intern, Abteilung	Verfahrensanweisungen Qualifikation, Dokumentenfluss, Verantwortlichkeit, Ablaufbeschreibung	Teilgebiete des QM-Systems detailliert beschrieben, enthält organisatorisches und technisches Firmen-Know-how
Sachgebiete, einzelne Tätigkeiten	ausschließlich intern, Arbeitsplatz	Arbeits- und Prüfanweisungen Tätigkeitsbeschreibungen, Richtlinien, Checklisten	Regelung von Einzelheiten, Detailanweisungen, enthält technisches Firmen-Know-how

Abb. 2: Dokumentationsmittel im QM-System

Aufgaben

1. Ein Unternehmen besteht aus mehreren Abteilungen.

a) Nennen Sie die verschiedenen Abteilungen.

b) Wählen Sie zwei Abteilungen aus und beschreiben Sie ihre Tätigkeit in dem Unternehmen.

2. Von einem Facharbeiter werden unterschiedliche Kompetenzen verlangt.

a) Nennen Sie die erforderlichen Kompetenzen.

b) Wählen Sie zwei Kompetenzen und erklären Sie ihre Bedeutung für das Unternehmen.

3. Nennen Sie die Aufgaben und Ziele einer Unternehmensleitung.

4. Wann erfüllt ein Produkt aus der Sicht eines Kunden den Begriff „Qualität“?

5. Ein Unternehmen produziert Antriebswellen. Aufgrund einer höheren Festigkeit soll die Welle aus einem neuen Werkstoff gefertigt werden. Welche Produktionsabteilungen sind von dieser Änderung betroffen? Begründen Sie Ihre Auswahl.

6. Nennen Sie die Qualitätskriterien, die ein Qualitätsmanagement-System zur Qualitätssicherung fordert.

7. Welche Gründe sprechen für die Einführung eines Qualitätsmanagement-Systems?

MONTIEREN/ DEMONTIEREN

- Montieren technischer Teilsysteme
- Montieren technischer Systeme
- Inbetriebnehmen technischer Systeme

Technisches System – Bearbeitungsstation

4

Infor-mieren

4.1 Systembeschreibung

Die Bearbeitungsstation besteht aus Transportband, Schwenkarmroboter und Fräsmaschine. Diese Systeme setzen sich aus vielen unterschiedlichen Komponenten und Teilsystemen zusammen. Dabei sind mechanische, pneumatische, hydraulische, elektrische, elektronische Komponenten und Software-Komponenten integriert. Das geordnete Zusammenwirken aller Teile ergibt die Funktionsweise des Gesamtsystems.

Das planmäßige Durchführen von Montage- und Demontagearbeiten erfordert ein entsprechendes Verständnis über den Aufbau und die Wirkungsweise des Gesamtsystems und einzelner Teilsysteme.

Umfangreiche Systeme können in überschaubare Teilsysteme zerlegt werden, um nur die jeweils interessierenden Gruppen und Elemente zu betrachten. Eine systematisch ordnende Betrachtungsweise ermöglicht es, den Aufbau und die Wirkungsweise von komplexen Systemen zu verstehen.

In technischen Systemen werden Energie, Stoff und Informationen umgesetzt (Abb. 1).

Hauptfunktion der Bearbeitungsstation ist die Stoffumsetzung. Es findet eine spanende Formgebung und ein Transport von Werkstücken statt. Mit dem Transportband werden die Rohteile zur Fräsmaschine transportiert. Der Schwenkarmroboter nimmt das Rohteil auf und legt es auf dem Maschinentisch zur Bearbeitung ab. Nach dem Fräsen der Kontur und der Kreistasche nimmt der Roboter das bearbeitete Werkstück auf und legt es auf das Transportband zurück.

Die Stoffumsetzung ist immer an eine Energieumsetzung gebunden. Formänderung und Trans-port des Werkstückes sind nur durch Einsatz von Energie möglich. Werkzeugmaschine, Transport-band und Schwenkarmroboter werden durch Elek-tromotoren angetrieben.

Außerdem sind Informationen umzusetzen, die die Formgebung und Lageänderung der Werkstücke steuern und festlegen. Die Informationsumsetzung wirkt auf den Energie- und Stoffumsatz eines technischen Systems.

!

Das planmäßige Durchführen von Montage- und Demontagearbeiten erfordert ein entsprechendes Verständnis über den Aufbau und die Wirkungs-weise des Gesamtsystems und einzelner Teilsysteme.

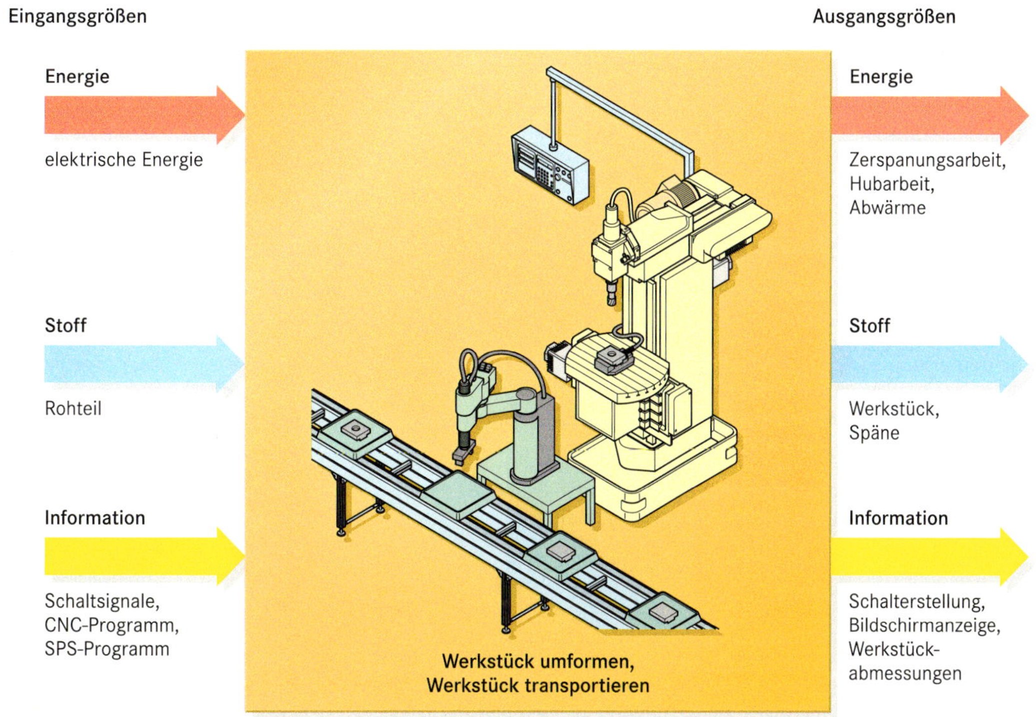

Abb. 1: Blockdarstellung der Bearbeitungsstation

Aufbau/ Funktion

4.2 Funktionseinheiten

Technische Systeme bestehen aus gleichartigen Funktionseinheiten. Die Funktionseinheiten bestehen häufig aus standardisierten Baugruppen und Bauelementen (Tab. 1).
Bei der Fräsmaschine lassen sich folgende Funktionseinheiten unterscheiden (Abb. 1).

Antriebseinheiten

Elektromotoren dienen als Antrieb der Fräsmaschine. Die Elektromotoren wandeln elektrische Energie in mechanische Energie um. Sie stellen die benötigte mechanische Energie für den Zerspanungsprozess bereit. In technischen Systemen werden als Antriebseinheiten häufig Elektromotoren verwendet.

Energieübertragungseinheiten

Bei der Fräsmaschine überträgt ein Keilriemengetriebe die Bewegungsenergie vom Elektromotor auf die Antriebswelle. Von der Antriebswelle wird die Energie durch ein Kegelradgetriebe auf die Arbeitsspindel übertragen. Getriebe und Wellen sind Funktionseinheiten zum Energieübertragen.

Stütz- und Trageinheiten

Die Energieübertragungseinheiten können die Bewegungen und Kräfte nur übertragen, wenn sie mit Funktionseinheiten zum Stützen und Tragen verbunden sind. Führungen und Lager führen die gleitenden oder sich drehenden Bauteile der Fräsmaschine. Dabei müssen sie Zerspanungs- und Gewichtskräfte aufnehmen und an das Maschinengestell und das Gehäuse weiterleiten. An dem Maschinengestell und Gehäuse sind auch die Antriebs- und Arbeitseinheiten befestigt. Führungen, Lager, Gestelle und Gehäuse sind Funktionseinhei-ten zum Stützen und Tragen.

Arbeitseinheiten

Die Arbeitsspindel nimmt das Fräswerkzeug auf. Die Spannvorrichtung auf dem Maschinentisch spannt das Werkstück. Sie sind die Arbeitseinheiten der Fräsmaschine. Durch das Zusammenwirken der Bewegungen von Fräswerkzeug und Maschinentisch erfolgt die Formgebung des Werkstückes.

Steuerungs- und Regelungseinheiten

Die CNC-Steuerung, die Umdrehungsfrequenz- und Wegmesseinrichtungen sind Steuerungs- und Regelungseinheiten an der Fräsmaschine.

Ver- und Entsorgungseinheiten

Die Elektromotoren sind mit Leitungen verbunden. Über die Leitungen entnimmt der Motor elektrische Energie aus dem Stromnetz. Der Anschluss der Leitungen erfolgt über Schraub- oder Klemmleisten. Die Fräswerkzeuge werden hydraulisch gespannt. Vom Hydraulikaggregat führen hydraulische Leitungen zur Arbeitsspindel. Leitungen und deren Verbindungen sind Funktionseinheiten zum Ver- und Entsorgen.

Stütz- und Trageinheiten sind mechanische Baugruppen und Komponenten des technischen Systems Fräsmaschine. Sie führen und tragen die mechanischen Baugruppen und Bauelemente zum Energieübertragen. Elektromotoren sind elektromechanische Komponenten. Als Steuerungs- und Regelungseinheiten wirken elektrische bzw. elektronische Komponenten und Software-Komponenten zusammen.

Ein Facharbeiter muss in der Lage sein, die verschiedenen mechanischen, elektromechanischen, elektrischen und elektronischen Komponenten fachgerecht zu montieren und zu demontieren.

Tab. 1: Funktionseinheiten

Funktionseinheiten	Erläuterungen	Baugruppen- und Bauelemente
Antriebseinheiten	Antriebsenergie in geeigneter Form und Menge bereitstellen	Elektromotoren, Hydraulikzylinder
Energieübertragungseinheiten	Energie zwischen Funktionseinheiten weiterleiten und deren Größen wie Drehmoment und Drehrichtung umformen oder Drehbewegung in geradlinige Bewegung umformen	Getriebe, Wellen, Kugelgewindegetriebe
Stütz- und Trageinheiten	Funktionseinheiten zusammenhalten und führen, Kräfte aufnehmen und weiterleiten	Maschinengestelle, Rahmen, Führungen, Lager
Arbeitseinheiten	Verwirklicht die eigentliche Aufgabe eines technischen Systems	Werkstück- und Werkzeugaufnahme
Steuerungs- und Regelungseinheiten	Informations- und Signalumsetzung zur Beeinflussung und Überwachung von Energie- und Stoffumsetzungen	Schalter, CNC-Steuerung, Wegmesseinrichtung
Ver- und Entsorgungseinheiten	Funktionseinheiten mit Energie oder Stoff versorgen	Elektrische, pneumatische und hydraulische Leitungen

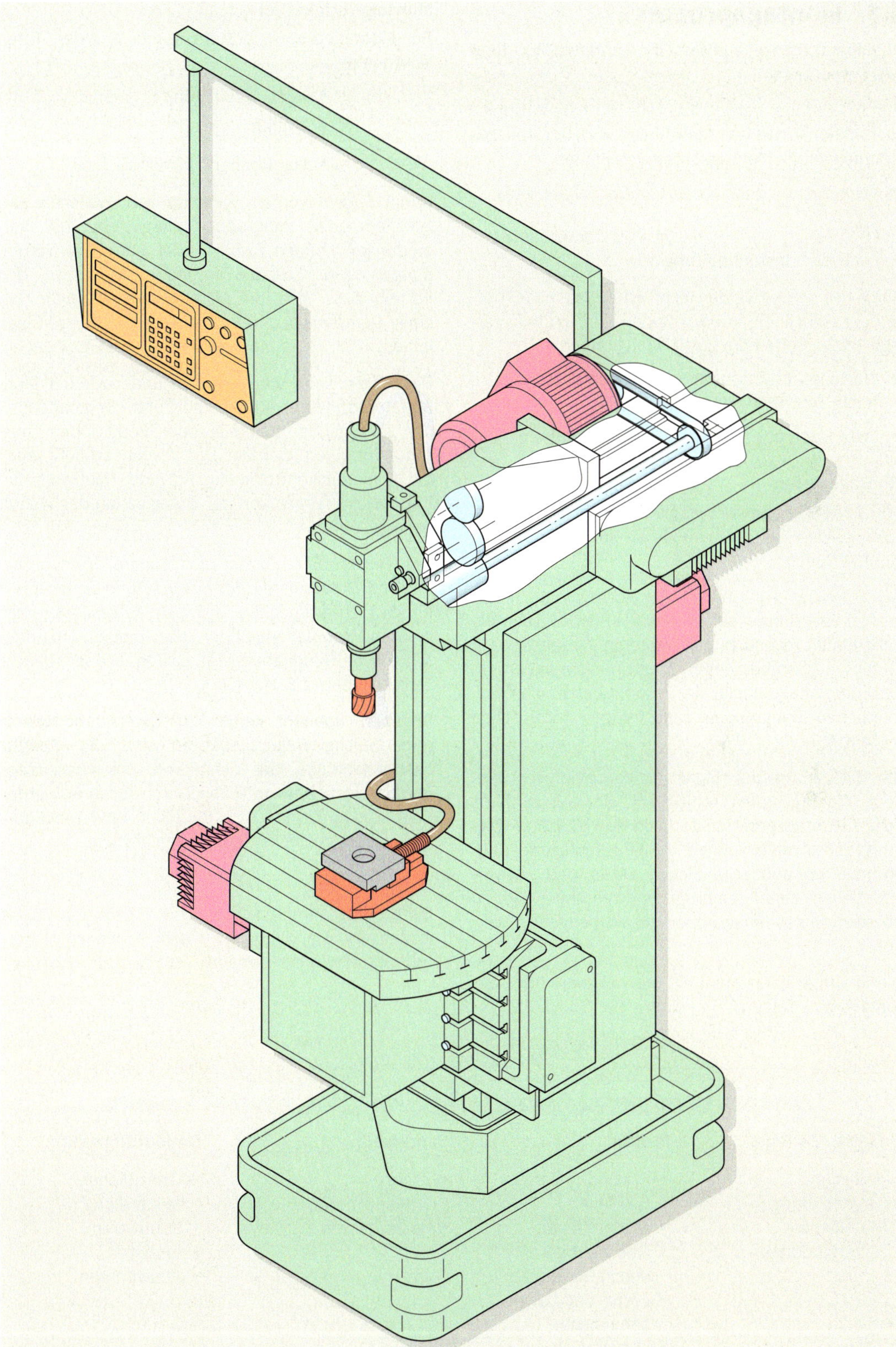

Abb. 1: Funktionseinheiten der Fräsmaschine

4.3 Montageprozess

Der Montageprozess umfasst die Vorgänge Mon-tage und Demontage.

Durch *Montage* werden Bauteile und Baugruppen zu funktionstüchtigen Maschinen und Geräten zusammengefügt. Montagearbeiten fallen an

- beim Zusammenbau eines technischen Systems oder
- nach einer Instandhaltung.

Durch *Demontage* werden technische Systeme teilweise oder vollständig in Baugruppen und Bauteile zerlegt. Anlass für Demontagearbeiten können

- Wartungs- und Inspektionsarbeiten an technischen Systemen oder
- Instandsetzungsarbeiten (Reparaturen) sein.

Montagestufen

Der Montageprozess komplexer technischer Systeme gliedert sich in mehrere aufeinander folgende Montagestufen.

Dabei werden zunächst in der Vormontage Einzelteile zu Baugruppen gefügt. Anschließend werden die Baugruppen, eventuell mit weiteren Einzelteilen, in Stufen zu übergeordneten Baugruppen montiert. In der Endmontage erfolgt der Zusammenbau aller vormontierten Baugruppen zum fertigen technischen System (Abb. 2).

Die Gliederung des Montageablaufs in verschiedene Montagestufen ermöglicht einen wirtschaftlichen Montageprozess. Je nach betrieblichen Org-a-nisationsformen können die Einzelteile und Baugruppen an unterschiedlichen Orten und zu verschiedenen Zeiten gefertigt und anschließend zu übergeordneten Baugruppen zusammengefügt werden.

Die Montage kann manuell, mechanisiert oder automatisiert erfolgen.

Montagetätigkeiten

Der Montageprozess besteht immer aus den Tätigkeiten (Abb. 1):

- Fügen, Zerlegen,
- Prüfen und
- Handhaben.

Durch *Fügen* werden Verbindungen zwischen Einzelteilen oder Baugruppen hergestellt. Die Verbindungen können lösbare oder unlösbare Verbindungen sein. Lösbare Verbindungen haben den Vorteil, dass sich die verbundenen Bauteile bei einer Demontage ohne Zerstörung wieder zerlegen lassen.

Das *Prüfen* kann vor, zwischen und nach der Montage stattfinden. Art, Anzahl und Beschaffenheit der zu fügenden Bauteile oder Baugruppen müssen kontrolliert werden. Das Prüfen schließt auch die Funktionskontrolle ein. Art und Häufigkeit der Kon-trollen hängen von der Organisation des Montageprozesses ab.

Das *Handhaben* umfasst das Lagern, Transportieren und Positionieren der Bauteile und Baugruppen für den Zusammenbau. Je nach Automatisierungsgrad und Beschaffenheit der Teile ergeben sich unterschiedliche Handhabungstätigkeiten. Große, schwere Teile erfordern z. B. Hebezeuge.

Daneben können weitere Tätigkeiten notwendig sein. Solche *Nebentätigkeiten* sind die Oberflächenbehandlung, das Schmieren, das Auswuchten und das Justieren von Teilen. Durch Justieren werden beim Zusammenbau von Bauteilen unvermeid-bare Abweichungen der Fertigung ausgeglichen.

Die Montage umfasst immer die Tätigkeiten Fügen, Prüfen und Handhaben. Außerdem können Nebentätigkeiten erforderlich sein.

Montagetätigkeiten

Fügen/Zerlegen	Prüfen	Handhaben	Nebentätigkeiten
• lösbare Verbindungen • unlösbare Verbindungen	• Art und Anzahl der Teile • Maßhaltigkeit • Oberflächenbeschaffenheit • Form- und Lagegenauigkeit • Funktion	• Lagern • Transportieren • Positionieren	• Oberflächenbehandlung • Schmieren • Justieren • Auswuchten

Abb. 1: Übersicht über Montagetätigkeiten

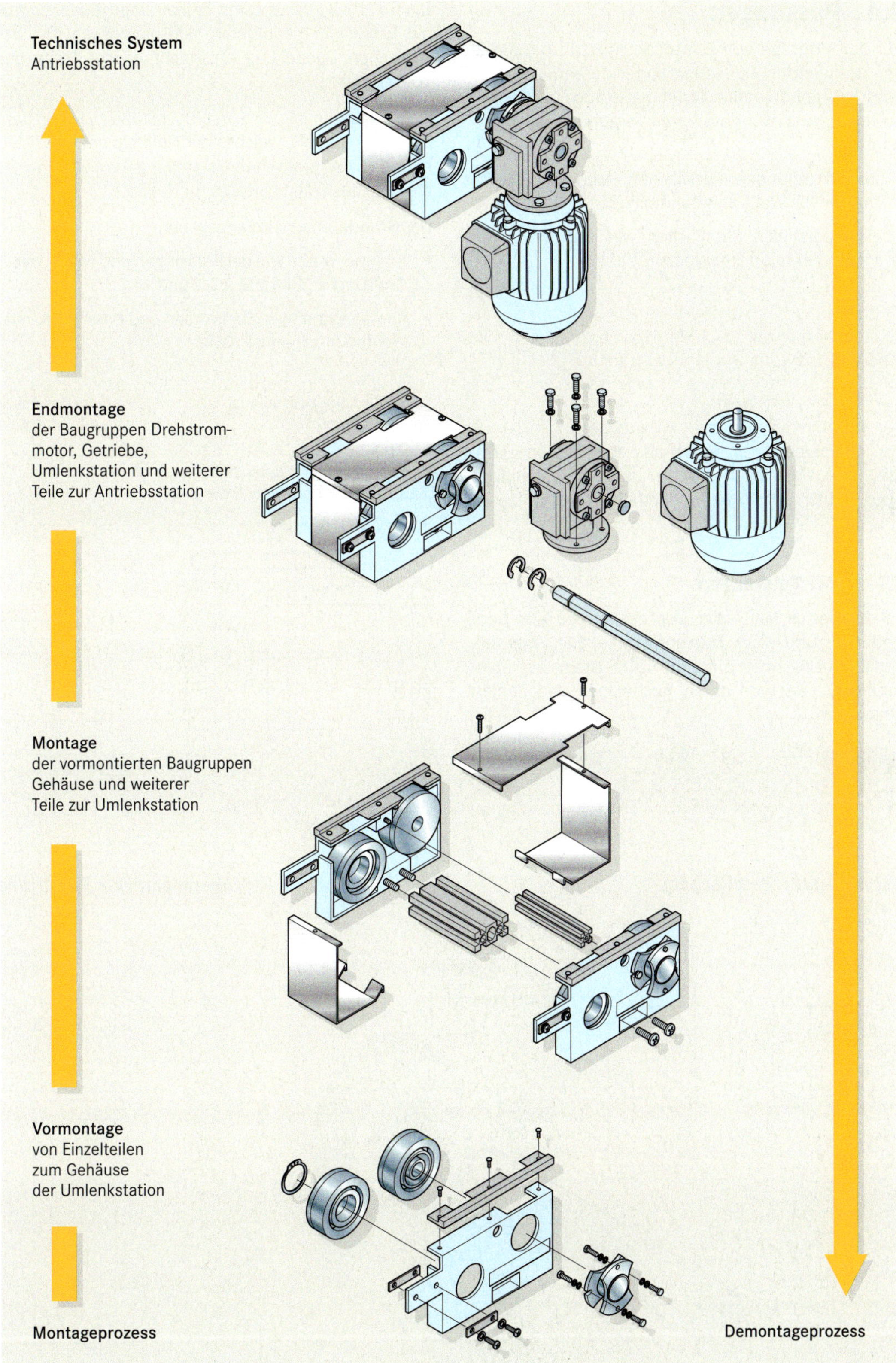

Abb. 2: Montagestufen der Antriebsstation

auch über Web-Link

Fügen

4.4 Passungen

Bei der Montage von Bauteilen müssen die Maße der zu fügenden Teile zueinander passen. Zu jeder Passung gehört eine Innenpassfläche und eine Außenpassfläche. Passungen ergeben sich zwischen

- zwei kreisrunden Passflächen wie dem Durchmesser von Welle und Bohrung oder
- zwei parallelen Passflächen wie der Breite von Passfedernut und Passfeder (Abb. 1).

! Eine Passung gibt den Maßunterschied von zwei zu fügenden Teilen an. Die beiden zu einer Passung gehörenden Passteile haben dasselbe Nennmaß.

Der Maßunterschied einer Passung ergibt sich aus der Tolerierung der Nennmaße der beiden Passteile. Bei Passungen erfolgt die Toleranzangabe nach **DIN ISO 286-1** durch Toleranzklassen (→📖).

4.4.1 ISO-Toleranzen

Ein toleriertes Maß setzt sich zusammen aus dem Nennmaß und einer Toleranzangabe. Die Toleranzangabe bezeichnet man im ISO-System als *Toleranzklasse*. Sie wird durch Buchstaben und Zahlen angegeben.

Nennmaß — 25 H7 — **Toleranzklasse**

Grundabmaß Toleranzgrad

Der *Toleranzgrad* wird mit Zahlen angegeben. Er gibt die Größe der geduldeten Maßtoleranz an. Bei der grafischen Darstellung entspricht er der Höhe des Toleranzfeldes (Abb. 2).

Das *Grundabmaß* wird mit Buchstaben angegeben. Es ist das Abmaß, welches der Nulllinie am nächs-ten liegt. Bei der grafischen Darstellung kennzeichnet es die Lage des Toleranzfeldes zur Nulllinie.

Das Grundabmaß wird angegeben:

- für Innenmaße wie bei Bohrungen und Nuten mit Großbuchstaben z. B. 25H7 und
- für Außenmaße wie bei Wellen und Passfedern mit Kleinbuchstaben z. B. 25k6.

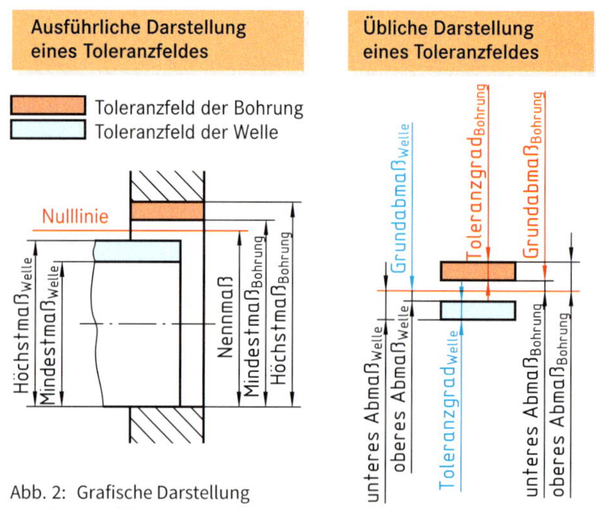

Abb. 2: Grafische Darstellung von Toleranzfeldern

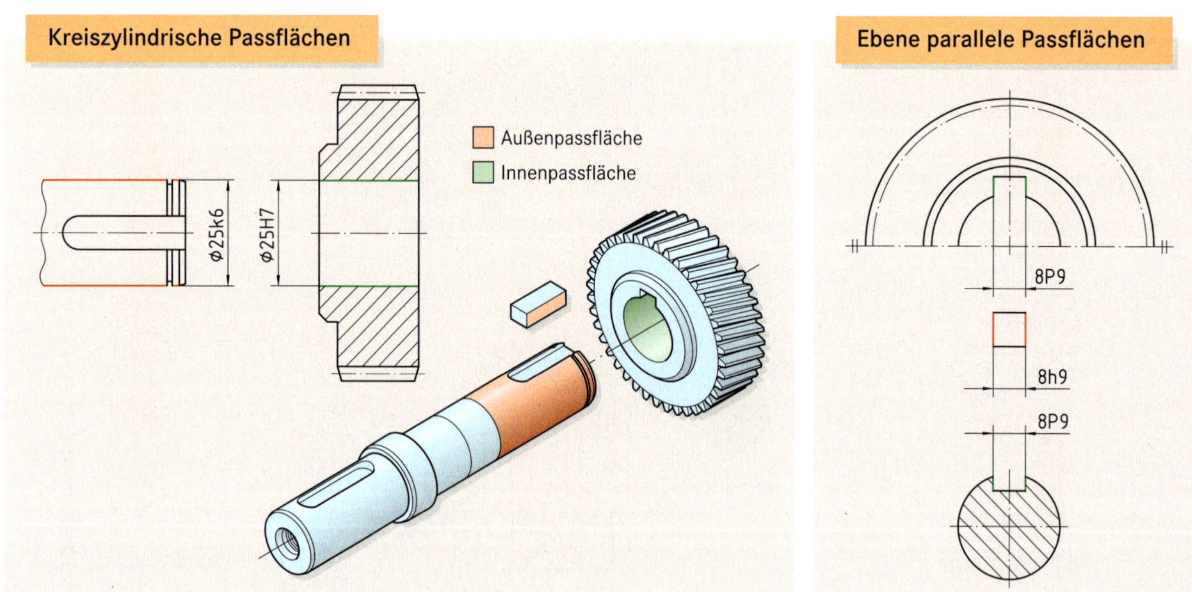

Abb. 1: Passungen beim Fügen eines Stirnrades

Größe der Maßtoleranz

Die Genauigkeit einer Passung wird durch die Größe der Maßtoleranz bestimmt. Die Größe der Toleranz ist abhängig vom Toleranzgrad und vom Nennmaß (Abb. 3).

Im ISO-System sind 20 Grundtoleranzgrade festgelegt: IT 01, IT 0, IT 1 bis IT 18 (→📖). Dabei steht IT 01 für die kleinste und IT 18 für die größte Maßtoleranz. Im allgemeinen Maschinenbau wird üblicherweise nach dem Grundtoleranzgrad IT 5 bis IT 13 gefertigt. Die Buchstaben IT werden in Zeichnungen nicht angegeben, da der Toleranzgrad immer im Zusammenhang mit einem Grundabmaß steht.

Die Maßtoleranz ist außerdem vom Nennmaß abhängig. Innerhalb eines Grundtoleranzgrades z.B. IT 6 gilt: Je größer das Nennmaß, um so größer ist die zugeordnete Maßtoleranz. Die Nennmaße sind dazu in 21 Nennmaßbereiche gegliedert. Die Norm legt die Toleranzgrade für Längenmaße bis 3150 mm fest.

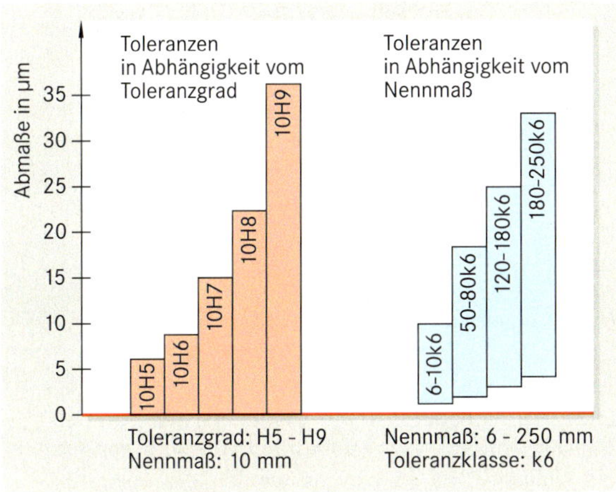

Abb. 3: Einflussgrößen auf die Maßtoleranz

4.4.2 Passungsarten

Je nach Lage und Größe der Toleranzfelder zueinander ergeben sich verschiedene Passungsarten (Abb. 4):

- Spielpassung,
- Übergangspassung oder
- Übermaßpassung.

Bei der *Spielpassung* ergibt sich beim Fügen von Welle und Bohrung ein Spiel. Das Mindestmaß der Bohrung ist größer oder im Grenzfall gleich dem Höchstmaß der Welle.

Bei der *Übergangspassung* kann beim Fügen der beiden Teile ein Spiel oder ein Übermaß entstehen. Die Toleranzfelder von Welle und Bohrung überdecken sich vollständig oder teilweise.

Bei der *Übermaßpassung* liegt beim Fügen von Welle und Bohrung ein Übermaß vor. Das Höchstmaß der Bohrung ist kleiner oder im Grenzfall gleich dem Mindestmaß der Welle.

Übermaßpassungen lassen sich nur unter hohem Druck oder durch Schrumpfen zusammenfügen. Für die Kraftübertragung zwischen den gefügten Teilen ist keine zusätzliche Sicherung in radialer oder axialer Richtung notwendig.

Übergangspassungen müssen in jedem Fall durch zusätzliche Maschinenelemente gegen Verdrehen und in einigen Fällen auch gegen Verschieben gesichert werden. Die Bauteile lassen sich unter geringem Kraftaufwand fügen.

Bei Spielpassungen können die Teile von Hand zu-sammengebaut werden. Sie lassen sich durch Hand-kraft gegeneinander verschieben. Spielpassungen wählt man auch bei Teilen, die nach dem Zusam-menstecken stoffschlüssig verbunden werden.

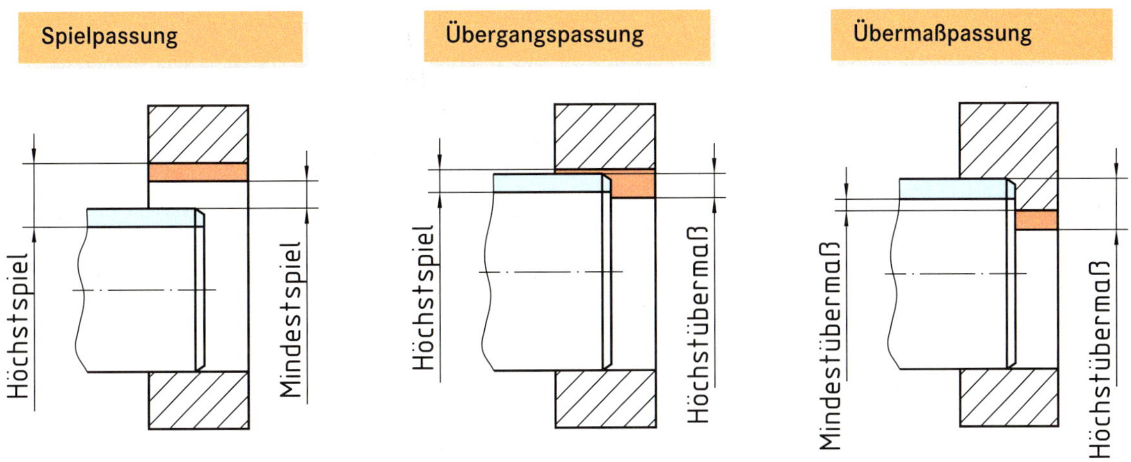

Abb. 4: Passungsarten und Lage der Toleranzfelder

Passungsberechnung

Spielpassung:
Das Höchstspiel P_{SH} ist die Differenz zwischen dem Höchstmaß der Bohrung G_{oB} und dem Mindestmaß der Welle G_{uW}.

$$P_{SH} = G_{oB} - G_{uW}$$

Das Mindestspiel P_{SM} ist die Differenz zwischen dem Mindestmaß der Bohrung G_{uB} und dem Höchstmaß der Welle G_{oW}.

$$P_{SM} = G_{uB} - G_{oW}$$

Übermaßpassung:
Das Höchstübermaß $P_{ÜH}$ ist die Differenz zwischen dem Mindestmaß der Bohrung G_{uB} und dem Höchstmaß der Welle G_{oW}.

$$P_{ÜH} = G_{uB} - G_{oW}$$

Das Mindestübermaß $P_{ÜM}$ ist die Differenz zwischen dem Höchstmaß der Bohrung G_{oB} und dem Mindestmaß der Welle G_{uW}.

$$P_{ÜM} = G_{oB} - G_{uW}$$

Übergangspassung:
Bei Übergangspassungen ist das Höchstspiel P_{SH} und das Höchstübermaß $P_{ÜH}$ zu bestimmen.

Beispiel: Passungsberechnung

Für die Passung zwischen Welle und Bohrung des Stirnrades ist das Höchstspiel und das Höchstübermaß zu berechnen.

Geg.: Passmaß Ø25H7/k6 Ges.: $P_{ÜH}$, P_{SH} in mm

Tabellenbuch:

Welle Ø25k6:

es = + 15 µm G_{oW} = 25,015 mm

ei = + 2 µm G_{uW} = 25,002 mm

Bohrung Ø25H7:

ES = + 21 µm G_{oB} = 25,021 mm

EI = 0 µm G_{uB} = 25,000 mm

Rechnung:

Höchstspiel

$P_{SH} = G_{oB} - G_{uW}$

P_{SH} = 25,021 mm - 25,002 mm

P_{SH} = 0,019 mm

Höchstübermaß

$P_{ÜH} = G_{uB} - G_{oW}$

$P_{ÜH}$ = 25,000 mm - 25,015 mm

$P_{ÜH}$ = - 0,015 mm

4.4.3 Passungssysteme

Passungssysteme sind planmäßig und systematisch aufgebaute Reihen von Passungen. In den meisten Fällen wird das international einheitliche ISO-System nach **DIN ISO 286 -1** verwendet (➔📖).

Das *Grundabmaß* gibt die Maßabweichung zum Nennmaß an. Es entspricht bei der grafischen Darstellung der Lage des Toleranzfeldes zur Nulllinie und wird durch einen oder auch durch zwei Buchstaben gekennzeichnet (Abb. 1):

- Großbuchstaben für Bohrungen (Innenmaße),
- Kleinbuchstaben für Wellen (Außenmaße).

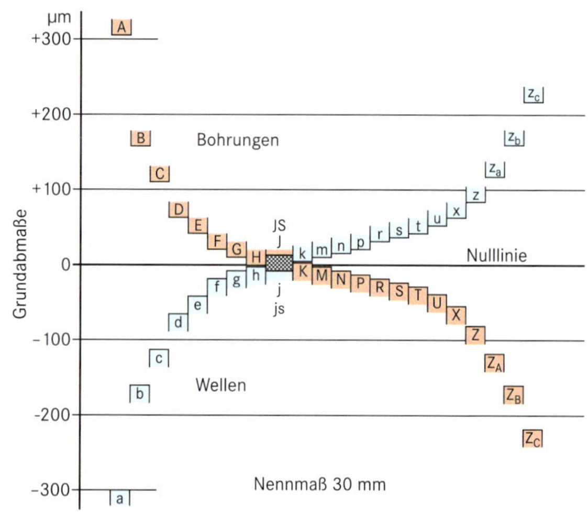

Abb. 1: Grundabmaße und Lage der Toleranzfelder

Toleranzfelder mit Buchstaben vom Anfang und Ende des Alphabetes liegen besonders weit von der Nulllinie entfernt. Das Toleranzfeld H bzw. h berührt die Nulllinie. Mit JS bzw. js werden die Toleranzfelder bezeichnet, deren Lage symmetrisch zur Nulllinie ist.

Das ISO-System schreibt vor, dass eines der Passteile mit dem Toleranzfeld H bzw. h herzustellen ist. Man erhält die Passungssysteme

- System Einheitsbohrung und
- System Einheitswelle.

System Einheitsbohrung

Im System Einheitsbohrung werden alle Bohrungen einheitlich mit einer H-Toleranz hergestellt. Das Mindestmaß der Bohrung entspricht dem Nenn-maß. Das H-Toleranzfeld liegt im Plusbereich und grenzt an die Nulllinie (Abb. 2).

Die Art der Passung (Spiel-, Übermaß- oder Übergangspassung) ergibt sich aus der Wahl der Toleranzfelder für die Wellen.

Das Passungssystem Einheitsbohrung wird vor allem im allgemeinen Maschinenbau und im Fahrzeugbau angewendet. Man schränkt dadurch für die Fertigung und Prüfung von Bohrungen den Bedarf an Bohrwerkzeugen, z. B. Reibahlen, und an Prüfmitteln, z. B. Grenzlehrdornen, auf den Tole-ranzgrad H ein.

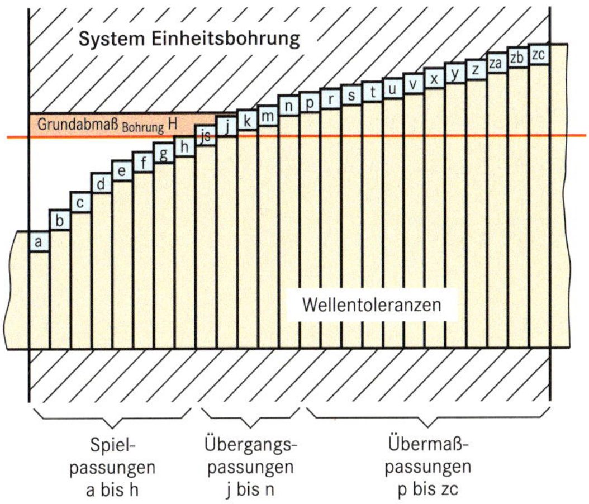

Abb. 2: Passungssystem – Einheitsbohrung

System Einheitswelle

Im System Einheitswelle werden alle Wellen einheitlich mit einer h-Toleranz hergestellt. Das Höchstmaß der Welle entspricht dem Nennmaß. Das h-Toleranzfeld liegt im Minusbereich und grenzt an die Nulllinie.

Die unterschiedlichen Passungsarten ergeben sich aus der Wahl der Toleranzfelder für die Bohrungen.

Das System Einheitswelle ist dann vorteilhaft, wenn kaltgezogene Wellen (Toleranzfelder h9 ... h11) verwendet werden können, die ohne Nacharbeit einbaufertig sind.

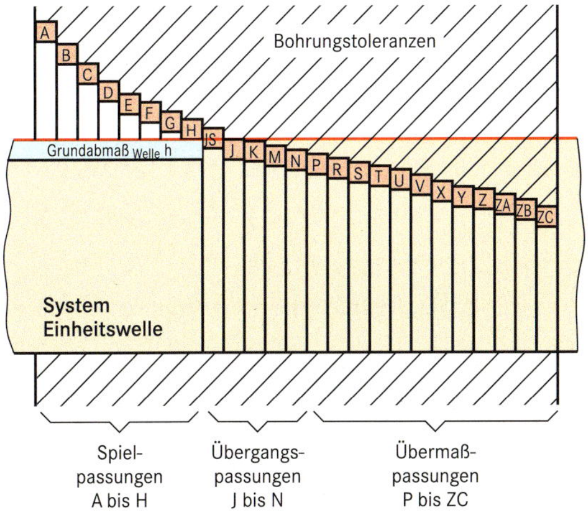

Abb. 3: Passungssystem – Einheitswelle

Durch die einheitliche Normung nach ISO-Toleranzen ist es möglich, Passteile unabhängig voneinander herzustellen und ohne Nacharbeit einzubauen. Eine solche Fertigungsweise ist für eine kosten-günstige Serien- und Massenfertigung unerlässlich. Ebenso erfordert eine kostengünstige Reparatur von Maschinen und Geräten die Austauschbarkeit von Passteilen.

Passungsauswahl

Die beliebige Kombination von Toleranzfeldern würde zu einer großen Zahl von Passungen führen. Eine wirtschaftliche Fertigung erfordert eine Einschränkung der Zahl möglicher Toleranzfelder.

In **DIN 7157** sind für den allgemeinen Maschinen-bau eine Auswahl von Passungskombinationen zusammengestellt (➡📖). Andere Passungen sollten nur in Ausnahmefällen benutzt werden.

Beim Einbau von Wälzlagern gilt diese Passungsauswahl nicht. Grundabmaße für Wellen und Bohrungen zum Fügen von Wälzlagern können nach **DIN 5425-1** bestimmt werden.

Aufgaben

1. Beschreiben Sie typische Montagetätigkeiten.

2. Eine ISO-Toleranzangabe besteht aus Buchstaben und Zahlen. Was geben

a) die Buchstaben und

b) die Zahlen an?

3. Wodurch zeichnen sich die Toleranzfelder H und h aus?

4. Beim Fügen eines Zahnrades auf einer Welle besteht zwischen der Passfeder und der Nut die Passung 8P9/h9.

a) Geben Sie an, welches Passungssystem vorliegt.

b) Geben Sie die Art der Passung an.

c) Berechnen Sie das Höchstübermaß und das Höchstspiel.

5. Eine Distanzbuchse wird auf einer Welle mit der Passung 25H8/d9 gefügt.

a) Geben Sie die Art der Passung an.

b) Ist zum Fügen der Distanzbuchse eine Press-kraft erforderlich oder kann sie von Hand auf die Welle geschoben werden?

6. Gehärtete Zylinderstifte nach DIN EN ISO 8734 werden mit der ISO-Toleranz m6 gefertigt. Welche Passung ergibt sich beim Fügen, wenn die Bohrung mit H7 gerieben wurde?

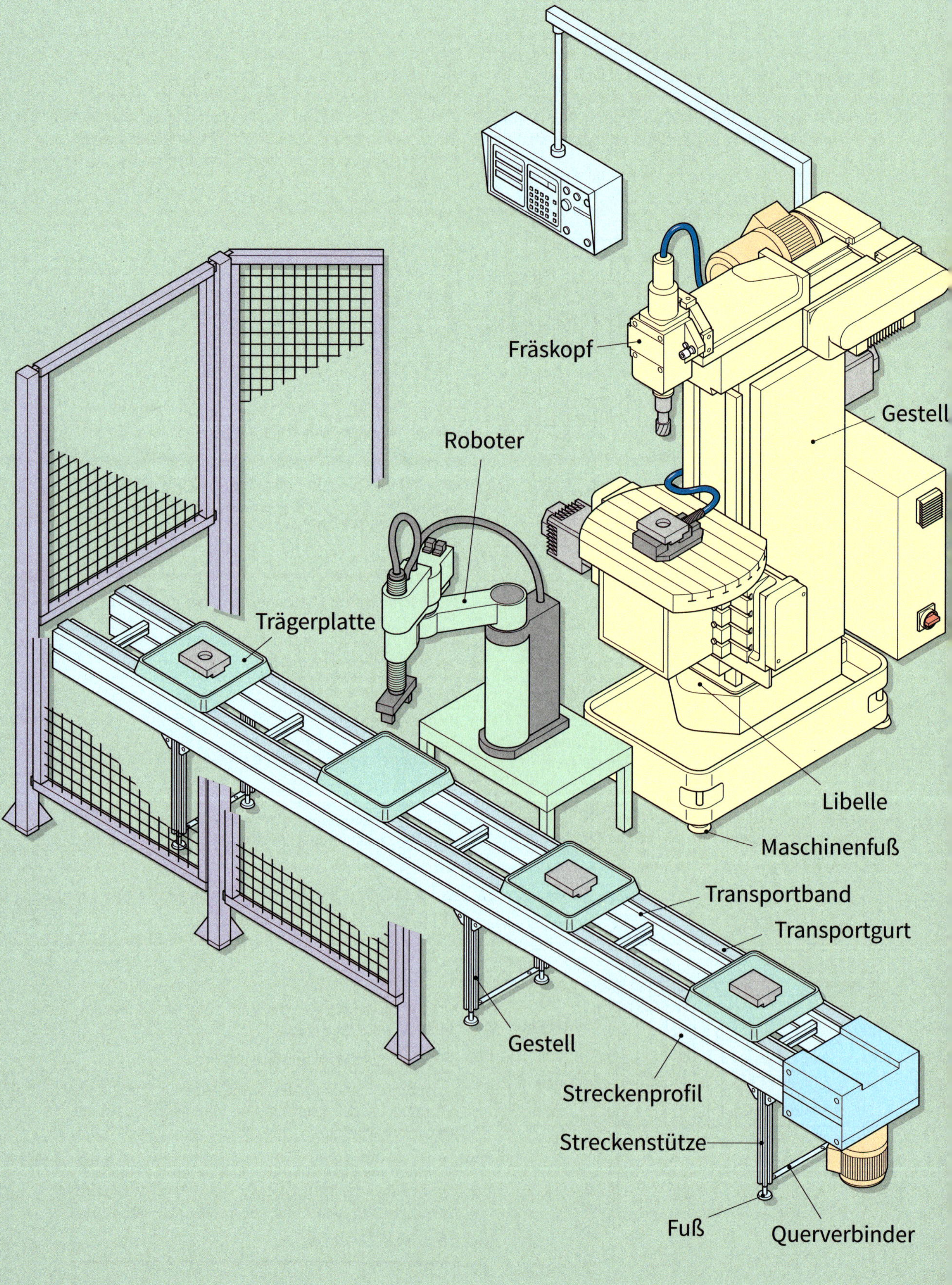
Fräskopf
Gestell
Roboter
Trägerplatte
Libelle
Maschinenfuß
Transportband
Transportgurt
Gestell
Streckenprofil
Streckenstütze
Fuß
Querverbinder

Stütz- und Trageinheiten

5

Stütz- und Trageinheiten sind mechanische Baugruppen und Komponenten eines technischen Systems. Sie führen und tragen Baugruppen und Bauelemente zum Energieübertragen. Stütz- und Trageinheiten sind Gestelle und Gehäuse, Achsen, Bolzen, Führungen und Lager.

ufbau/ nktion

5.1 Gestelle

Die Haupteinheit zum Stützen und Tragen von Baugruppen der Werkzeugmaschine ist das Gestell (Topic). Dieses wurde aus Gusseisen mit Lamellengrafit gefertigt. Es muss Kräfte aufnehmen und Schwingungen dämpfen.

Die Baugruppen, z. B. der Fräskopf, haben ein Gehäuse. In diesem sind Lager eingebaut, die wiederum Wellen tragen.

Die Förderstrecke ist auf einem Gestell aus Profilstäben montiert. Das Gestell trägt den Antrieb, die Lagerungen und das Transportband der Förderstrecke. Als Halbzeug für das Gestell werden Aluminiumprofile verwendet. Sie haben geringes Gewicht, sind korrosionsbeständig und lassen sich einfach montieren.

ntieren

Die Fräsmaschine der Bearbeitungsstation wird betriebsfertig geliefert. Nach der Prüfung auf Vollständigkeit und Schäden erfolgt die Aufstellung der Maschine. In die Grundplatte des Gestells sind einstellbare Maschinenfüße eingeschraubt. Mit Hilfe der im Gestell angebrachten Libelle und mit einer Richtwaage wird die Maschine durch Verstellen der Muttern der Maschinenfüße ausgerichtet. Die Maschine kann auch fest am Werkstattboden verschraubt werden. Das Aufstellen erfolgt nach einem Aufstellplan.

Von den Führungsbahnen und anderen Teilen ist mit Hilfe eines weichen Lappens das Korrosionsschutzöl zu entfernen. Anschließend sind die Führungsbahnen mit Gleitöl zu schmieren.

Vor der Fräsmaschine wird der Roboter aufgebaut, ausgerichtet und ggf. im Boden verankert.

Die Profile für das Gestell der Förderstrecke werden vom Hersteller in der benötigten Länge angeliefert oder vor Ort auf die erforderliche Länge zugeschnitten.

Wird das Gestell als Bausatz von der Herstellerfirma bereitgestellt, ist die Lieferung auf Vollständigkeit zu prüfen. Danach wird das Gestell am Einsatzort nach den Angaben des Herstellers montiert.

Durch Verstellen der Füße wird es mit einer Richtwaage ausgerichtet.

5.2 Schraubenverbindungen

Fügen

!

Eine Schraubenverbindung ist eine lösbare, kraftschlüssige Verbindung. Es werden zwei oder mehrere Bauteile miteinander fest verbunden.

Für eine einwandfreie Funktion der Schraubenverbindung ist eine Vorspannkraft zwischen dem Schraubenkopf, den Fügeteilen und der Mutter notwendig. Dies wird durch Anziehen der Schraube oder Mutter mit einem geeigneten Schraubenschlüssel oder Schraubendreher erreicht. Bei zu großer Vorspannkraft wird die Schraube plastisch verformt und kann brechen, die Fügeteile werden verformt. Die maximale Vorspannkraft F_V und das maximale Anziehmoment M_A können dem Tabellenbuch entnommen werden (→📖).

Grundlagen

Beim Anziehen einer Schraube oder Mutter wird ein Drehmoment erzeugt. Über die Steigung des Gewindes wird der Schraubenschaft auf Zug beansprucht und gedehnt. Die Fügeteile werden verspannt. Die insgesamt auf die Fügeteile wirkende Kraft ist die Vorspannkraft F_V.

Die Vorspannkraft F_V wird durch das Anziehmoment M_A erzeugt. Beim Anziehen von Hand ist das Anziehmoment M_A das Produkt aus der Handkraft F_H und der Länge des Schraubenschlüssels l. Die Vorspannkraft F_V errechnet sich aus dem Anziehmoment M_A und der Steigung P der Schraube.

Die Reibung zwischen Schrauben- und Mutterngewinde geht über den Wirkungsgrad η mit ein.

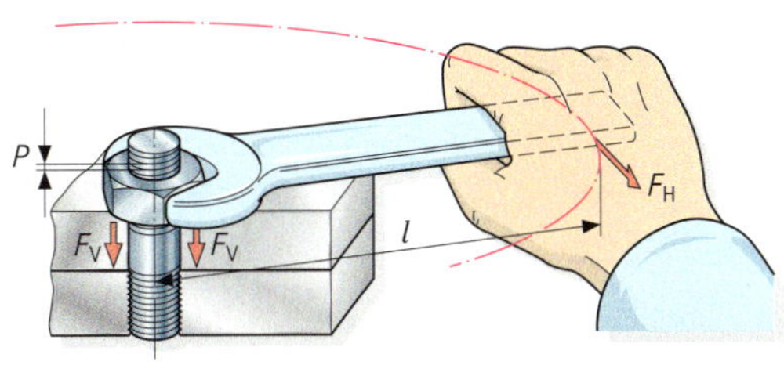

$$M_A = F_H \cdot l \qquad F_V = \frac{M_A \cdot 2\pi}{P} \cdot \eta$$

$$F_V \cdot P = F_H \cdot l \cdot 2 \cdot \pi \cdot \eta$$

$$F_V \cdot P = M_A \cdot 2\pi \cdot \eta \qquad F_V = M_A \cdot \frac{2\pi}{P} \cdot \eta$$

Drehmoment-Werkzeuge

Beim Anziehen von Hand werden Schrauben bis M 10 oft überdreht, größere Schrauben werden nicht fest genug angezogen. Um die geforderten Werte des Anziehmomentes einhalten zu können, werden bei hochwertigen Schraubenverbindungen messende Drehmoment-Werkzeuge eingesetzt. Es gibt handbetriebene Drehmomentschlüssel und motorbetriebene Dreh- oder Schlagschrauber.

Beim drehmomentgesteuerten Anziehen wird das erforderliche Moment angezeigt oder als Grenzwert eingestellt. Wird der Grenzwert erreicht, ertönt ein Messsignal oder eine Kupplungsautomatik trennt den Antrieb vom Hebel.

Beim drehwinkelgesteuerten Anziehen wird die Mutter zunächst so weit angezogen, bis ein mög-liches Spiel beseitigt ist. Anschließend wird durch zusätzliches Anziehen um einen vorgegebenen Drehwinkel die erforderliche Vorspannkraft erreicht.

Beim streckgrenzengesteuerten Anziehen wird die Schraube so lange angezogen, bis ein elektronisch gesteuerter Schrauber das Erreichen der Streckgrenze des Schraubenwerkstoffes anzeigt.

Montieren vorgefertigter Teile

Das Gestell der Förderstrecke besteht aus einzelnen Aluminiumprofilen. Sie sind vorgefertigt und werden mit Hilfe von mitgelieferten Winkeln oder Profilverbindern zusammengesetzt (Abb. 1).

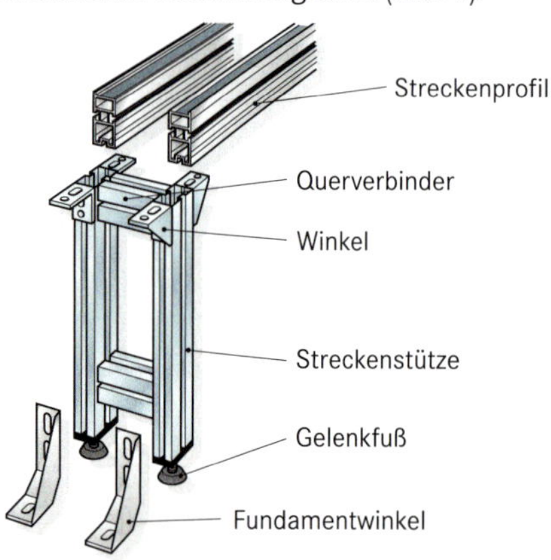

Abb. 1: Einzelteile des Gestells

Die Einzelteile der Profile werden mit Hammerschrauben zusammengeschraubt (➜📖). Diese werden in die T-Nut eingeführt und um 90° gedreht, so dass sie fest in das Profil eingreifen (Abb. 2). Die vorgefertigten Winkel zwischen Streckenprofil und Streckenstütze werden aufgesetzt und durch Muttern mit Flansch befestigt. Ist ein Lockern der Verbindung zu befürchten, kann man Muttern mit Flansch und Klemmteil verwenden (➜📖).

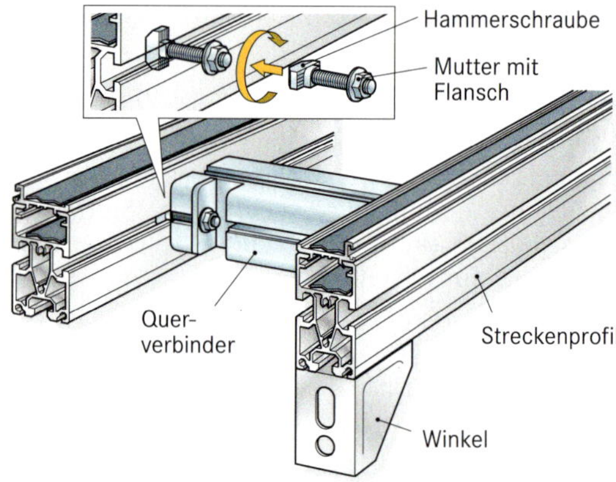

Abb. 2: Zusammenbau vorgefertigter Profile

Die Muttern werden mit einem Maulschlüssel oder Ringschlüssel der entsprechenden Schlüsselweite leicht angezogen. Nach dem Ausrichten der Teile zueinander werden die Muttern festgezogen.

Verankern am Boden

Am Fußende jeder Streckenstütze werden Gelenk-füße eingesetzt. Sie nehmen die Belastungen und können unterschiedliche Höhen und Bodenuneben-heiten ausgleichen.

Um das Gestell auf dem Boden zu befestigen, werden Fundamentwinkel an die Stützen geschraubt. Man führt die Hammerschrauben in die Nut des Profils ein und setzt den Winkel auf. Als Sicherung der Schraubenverbindung verwendet man Fächerscheiben, zum Schutz der Oberfläche legt man Scheiben unter (Abb. 3). Die Muttern werden aufgesetzt und leicht angezogen.

Der Winkel wird durch den Bodendübel fest am Werkstattboden verankert. Nach dem Ausrichten der Förderstrecke schraubt man die Muttern fest.

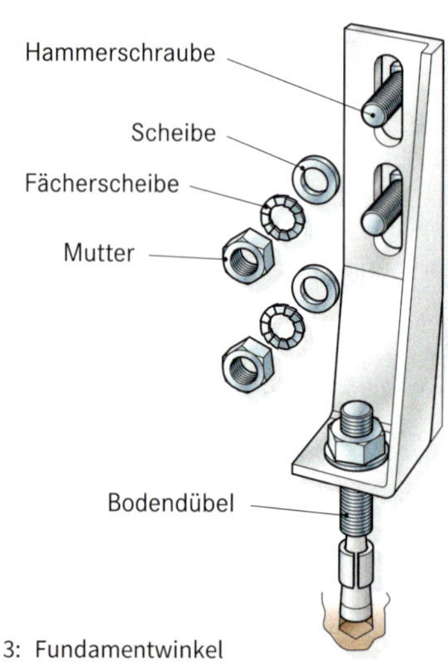

Abb. 3: Fundamentwinkel

Montieren nicht vorgefertigter Teile

Sollen nicht vorgefertigte Teile durch Schrauben miteinander verbunden werden, sind folgende Arbeitsschritte erforderlich:

- Anreißen und Körnen der Bohrungen,
- Bohren,
- Fügen der Schraube,
- Fügen der Schraubensicherung,
- Anziehen der Mutter.

Wenn es notwendig ist, sind die zu fügenden Bauteile nach entsprechenden Angaben der Zeichnung gemeinsam zu bohren, damit die Bohrungen fluchten (Abb. 4).

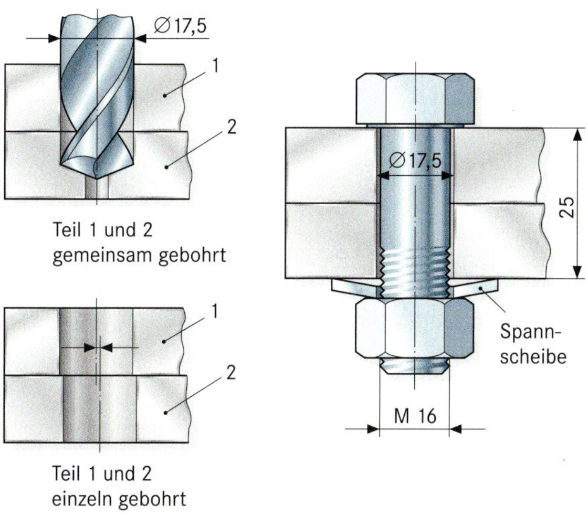

Abb. 4: Herstellen einer Schraubenverbindung

Vor dem Fügen von Schraube, Schraubensicherung und Mutter sind die Abmessungen und Festigkeitsangaben der Teile mit den Angaben der Stückliste zu vergleichen.

Anschließend wird die Schraubenverbindung mit geeignetem Werkzeug montiert.

Sichern von Schraubenverbindungen

Man unterscheidet

- statisch belastete Schraubenverbindungen, z. B. im Stahlhochbau, und
- dynamisch belastete Schraubenverbindungen, z. B. im Getriebe- und Motorenbau.

Statisch belastete Schraubenverbindungen sind gegen selbsttätiges Lösen durch Selbsthemmung im Gewinde gesichert. Sie erfordern keine zusätzlichen Sicherungen.

Dynamisch belastete Verbindungen müssen gegen selbsttätiges Lösen gesichert werden. Man unterscheidet Setzsicherungen, Losdrehsicherungen und Verliersicherungen (Tab. 1).

Setzsicherungen werden unter den Schraubenkopf oder zwischen Mutter und Fügeteil gelegt. Schraube oder Mutter sind fest anzuziehen, um die Funktion der Sicherung zu gewährleisten.

Die Verliersicherungen beruhen auf Formschluss. Dieser kann durch einen Splint, eine Scheibe mit Lappen oder durch eine Mutter mit Klemmteil erreicht werden.

Tab. 1: Schraubensicherungen

Setzsicherungen	Losdrehsicherungen	Verliersicherungen
Setzsicherungen können die Abnahme der Klemmlänge durch die plastische Verformung aller Klemmteile ausgleichen und eine Abnahme der notwendigen Vorspannkraft verhindern.	Losdrehsicherungen verhindern ein Lockern der Schraube oder der Mutter, sie gleichen die Abnahme der Klemmlänge durch die plastische Verformung aller Klemmteile **nicht** aus.	Verliersicherungen verhindern nach dem Lockern und dem Verlust der Vorspannkraft ein völliges Auseinanderfallen der Verbindung.
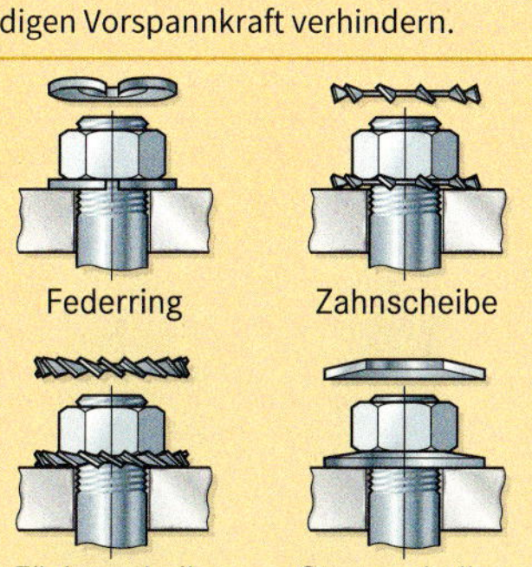 Federring, Zahnscheibe, Fächerscheibe, Spannscheibe oder Tellerfeder	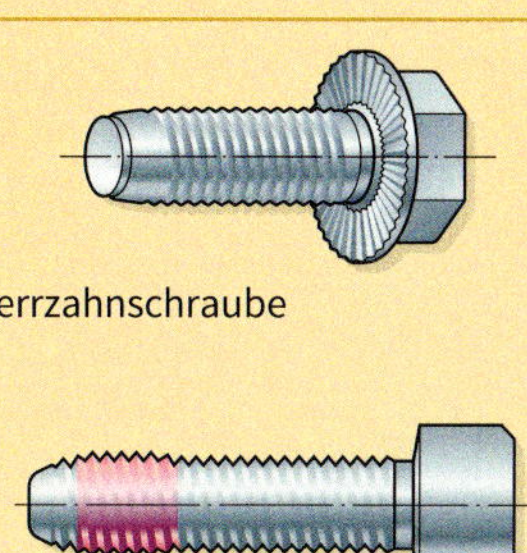 Sperrzahnschraube, klebstoffbeschichtetes Gewinde	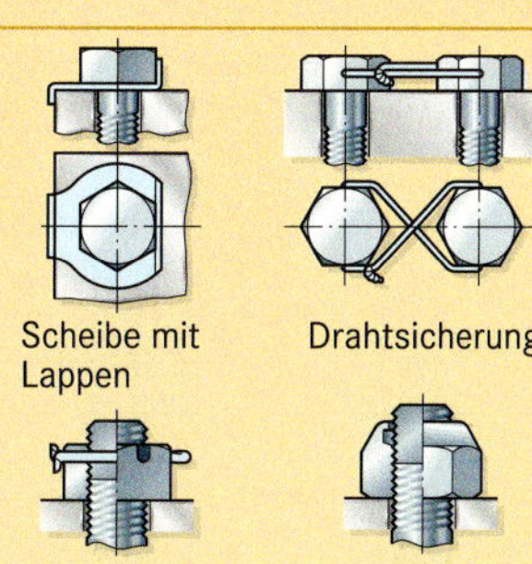 Scheibe mit Lappen, Drahtsicherung, Kronenmutter mit Splint, Mutter mit Klemmteil
Alle Schraubensicherungen sind nur einmal verwendbar, da sie sich beim Anziehen der Verbindung plastisch verformen können oder bei der Demontage brechen. Bei einem erneuten Einsatz ist die Funktionsfähigkeit nicht mehr gewährleistet.		

Verstiften einer Schraubenverbindung

Nach einer Demontage und einer erneuten Montage einer Schraubenverbindung ist nicht gewährleistet, dass die Einzelteile in der ursprünglichen Lage zueinander gefügt werden können. Ursache dafür ist das vorhandene Spiel zwischen dem Durchmesser des Schraubenschaftes und dem Durchmesser der Durchgangsbohrung.

Um die Lage der Teile zueinander zu fixieren, werden sie zusätzlich verstiftet.

In dem Gehäuse (Pos.1) des Getriebes und in dem Deckel (Pos.2) sind Wellen gelagert, die fluchten müssen (Abb. 1). So ist gewährleistet, dass die auf den Wellen montierten Zahnräder verschleißarm ineinander greifen.

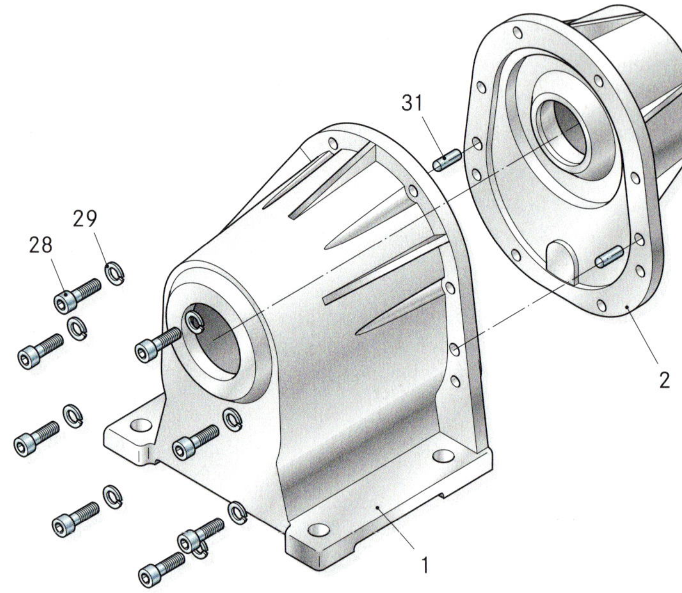

Abb. 1: Lagesicherung durch Verstiften

Vor der Montage wurden die Bohrungen für die Schrauben und die Stifte z.B. auf einem CNC-Bohrwerk gefertigt.

Bei der Montage werden zuerst die Spannstifte (Pos. 31) in die entsprechenden Bohrungen des Gehäuses eingetrieben. Danach wird der Deckel aufgesetzt und durch die Zylinderschrauben (Pos. 28) mit dem Gehäuse verbunden.

Da die Schraubenverbindungen dynamisch belastet werden, sichert man die Schrauben mit Federrin-gen (Pos. 29). Die Schrauben sind über Kreuz fest anzuziehen, um ein Verkanten des Deckels gegen-über dem Gehäuse zu verhindern.

Zusammenfassung

Zustand der Einzelteile	Montagevorgang
Teile sind vorgefertigt	• Schrauben einsetzen • Schraubensicherungen aufsetzen • Muttern aufsetzen und anziehen
Teile sind nicht vorgefertigt	• Maße anreißen und körnen • Löcher bohren • Schrauben einsetzen • Schraubensicherungen aufsetzen • Muttern aufsetzen und anziehen
Teile müssen zusätzlich verstiftet werden	• Stifte in die Bohrungen des einen Bauteils eintreiben • zweites Bauteil aufsetzen • Schrauben und Schraubensicherungen montieren • Schrauben fest anziehen

Aufgab

1. Nennen Sie Beispiele für Gestelle aus Ihrem Ausbildungsbetrieb.

2. Für eine Verbindung mit einer Schaftschraube M16–10.9 ist eine Vorspannkraft von $F_V = 100$ kN bei geringster Reibung gefordert. Ist diese Vorspannkraft zulässig? Beschreiben Sie die Montage.

3. Ein Getriebegehäuse wird durch Erschütterungen so belastet, dass sich die Schrauben lösen, mit denen ein Deckel gefügt wurde. Erläutern Sie unterschiedliche Möglichkeiten, die Schraubenverbindungen zu sichern.

4. Auf die Schneidplatte (2) des Werkzeuges sind zwei Führungsleisten (3 und 4) mit Zylinderschrauben (5) befestigt. Ihre Lage ist durch je zwei Zylinderstifte (6) fixiert.

Begründen Sie die Verwendung der Zylinderstifte und beschreiben Sie die Montage der Führungsleisten.

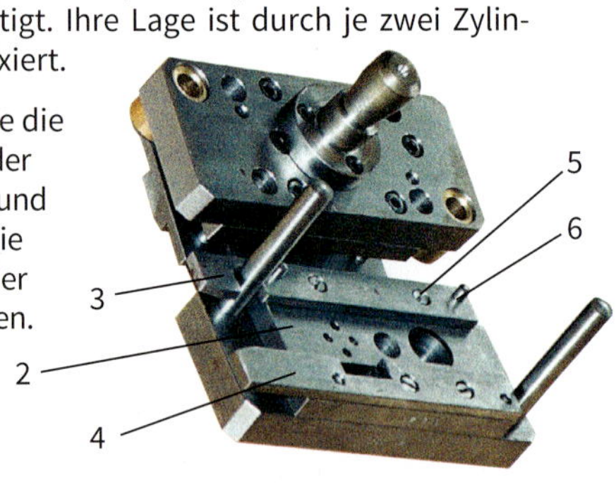

Beanspruchung von Schraubenverbindungen

Schrauben werden durch Kräfte beim Anziehen und durch Kräfte im Betrieb belastet. Beim Anziehen werden Schrauben auf Verdrehung und Zug beansprucht. Die Vorspannkraft F_V verspannt die Bauteile.

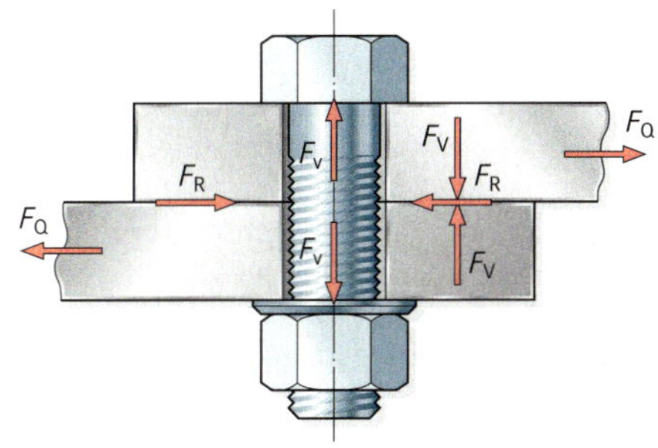

Wird die Schraubenverbindung im Betrieb durch eine Querkraft F_Q belastet, muss die Reibungskraft F_R zwischen den Bauteilen größer sein als die angreifende Querkraft. Andernfalls würden sich die Bauteile gegeneinander verschieben.

$$F_R \geq F_Q$$

Die Größe der Reibungskraft F_R ist von der Vorspannkraft F_V und der Haftreibungszahl μ_0 abhängig.

$$F_R = F_V \cdot \mu_0$$

Durch die Vorspannkraft F_V tritt im Spannungsquerschnitt S der Schraube eine Zugspannung σ_z auf.

$$\sigma_z = \frac{F_V}{S} \leq \sigma_{zzul}$$

Die Zugspannung σ_z darf nicht die 0,2%-Dehngrenze $R_{p0,2}$ des Schraubenwerkstoffes überschreiten. Die 0,2%-Dehngrenze $R_{p0,2}$ ist die Spannung, bei der nach Entlastung eine Dehnung von 0,2% der Anfangslänge zurückbleibt.

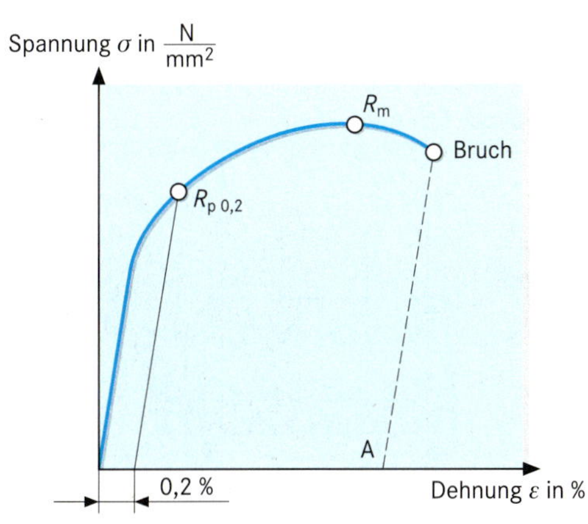

Zur Sicherheit muss die zulässige Zugspannung σ_{zzul} kleiner als die 0,2%-Dehngrenze $R_{p0,2}$ sein. Dies wird durch eine Sicherheitszahl ν berücksichtigt.

$$\sigma_{zzul} = \frac{R_{p0,2}}{\nu}$$

Wird eine Schraubenverbindung im Betrieb durch eine Längskraft F_z belastet, so erhöht sich die Zugspannung im Schraubenwerkstoff. Auch dann darf die auftretende Zugspannung die 0,2%-Dehngrenze nicht überschreiten.

Die erforderliche Vorspannkraft F_V und das zugehörige Anziehdrehmoment M_A einer Schraubenverbindung können für verschiedene Reibungszahlen μ_{ges} aus Tabellen entnommen werden (➡📖). Die Reibungszahl μ_{ges} berücksichtigt die Reibung an der Schraubenverbindung und den Schmierzustand.

Beispiel:

Ein Motor mit einem Stahlflansch wird an ein Getriebe aus Gusseisen mit 6 Zylinderschrauben ISO 4762 – M8 x 25 – 8.8 verschraubt.

Mit welchem Anziehmoment M_A sind die Schrauben anzuziehen, wenn die Reibungszahl $\mu_{ges} = 0{,}16$ beträgt?

Welche Querkräfte F_Q können übertragen werden?

Liegt die Zugspannung σ_z im Schraubenquerschnitt unterhalb der zulässigen Zugspannung σ_{zzul}, wenn die Sicherheit $\nu = 1{,}4$ betragen soll?

Geg.: $R_{p0,2} = 640\ \text{N/mm}^2$
$\mu_{ges} = 0{,}16$
$i = 6$ (Anzahl der Schrauben)
$\nu = 1{,}4$

Ges.: M_A in Nm, σ_z in N/mm²
F_Q in kN, σ_{zzul} in N/mm²

Tabellenbuch:
$M_A = 27\ \text{Nm}$, $S = 36{,}6\ \text{mm}^2$
$F_V = 15{,}9\ \text{kN}$, $\mu_0 = 0{,}18 \ldots 0{,}24$

Rechnung:

$$F_Q \leq F_R = F_V \cdot \mu_0 \cdot i$$

$$F_Q \leq F_R = 15{,}9\ \text{kN} \cdot 0{,}18 \cdot 6 = \underline{\underline{17{,}2\ \text{kN}}}$$

$$\sigma_z = \frac{F_V}{S} = \frac{15900\ \text{N}}{36{,}6\ \text{mm}^2} = \underline{\underline{434\ \text{N/mm}^2}}$$

$$\sigma_{zzul} = \frac{R_{p0,2}}{\nu} = \frac{640\ \text{N/mm}^2}{1{,}4} = \underline{\underline{457\ \text{N/mm}^2}}$$

$$\sigma_z = 434\ \text{N/mm}^2 \leq \sigma_{zzul} = 457\ \text{N/mm}^2$$

Aufbau/ Funktion

5.3 Achsen und Bolzen

Die Vorspannung eines Riemens in einem Keilriemengetriebe kann durch eine Spannrolle erfolgen (Abb. 1).

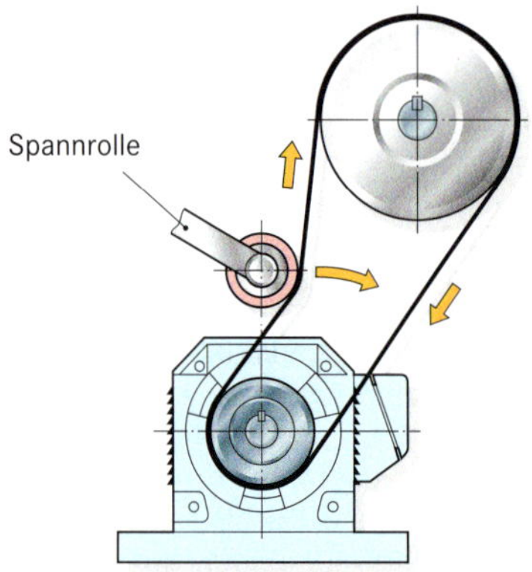

Abb. 1: Spannrolle in einem Keilriemengetriebe

Die Spannrolle ist z. B. mit Hilfe eines Lagers auf einer Achse oder einem Bolzen gelagert. Achse oder Bolzen stehen dabei fest.

! Achsen und Bolzen stützen und tragen ruhende, drehende oder schwingende Bauteile. Sie übertragen keine Drehmomente, sondern nehmen Kräfte auf. Achsen werden auf Biegung, Bolzen auf Bie-gung oder Abscherung beansprucht.

Achsen sind Fertigungsteile, Bolzen sind Normteile.

Prüfen

Prüfen

Eine Achse wird auf Biegung beansprucht. Um eine Kerbwirkung zu vermeiden, dürfen sie keine Riefen oder scharfkantigen Querschnittsveränderungen haben. Daher müssen die Oberflächenbeschaffenheit, die Werkstückkanten und die Radien anhand der Zeichnung geprüft werden.

Die Oberflächenbeschaffenheit prüft man mit Hilfe des Oberflächenmessgerätes, die Radien mit einer Radienlehre (Abb. 2).

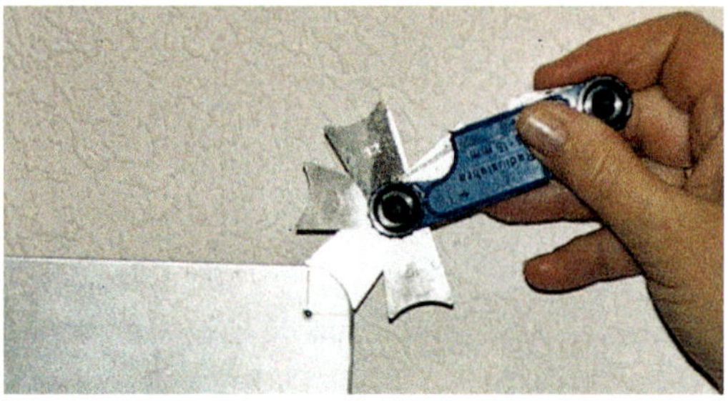

Abb. 2: Prüfung mit einer Radienlehre

Bolzen gibt es in verschiedenen Ausführungen (➜📖). Aus der Bezeichnung kann man die Maße ermitteln.

Bolzen ISO 2341 – B – 16 x 100 x 4 – St

- B: Form B mit Splintloch
- 16: Durchmesser
- 100: Länge
- 4: Splintlochdurchmesser
- St: Werkstoff

Montieren

Montieren

Die Spannrolle mit eingepresster Lagerbuchse wird in die Aufnahme eingelegt, die Achse wird danach durch die Bohrung der Bauteile geschoben. Anschließend ist die Achse gegen axiales Verschieben zu sichern. Dies geschieht mit Hilfe von Scheiben und Sicherungsringen (➜📖) (Abb. 3a). Die Sicherungsringe werden mit einer Montagezange aufgesetzt.

Wird die Spannrolle auf einen Bolzen montiert, ist dieser auf beiden Seiten der Aufnahme durch Splinte (➜📖) zu sichern. Zwischen der Aufnahme und dem Splint wird eine Scheibe montiert, um eine Beschädigung der Aufnahme bei Drehbewegungen zu vermeiden.

Nach dem Durchstecken der Splinte durch die Bohrungen sind sie leicht aufzubiegen, um ein Herausfallen zu verhindern.

Bolzen mit Kopf erleichtern die Montage und erfordern nur einen Splint (Abb. 3b).

a) Spannrolle montiert auf Achse

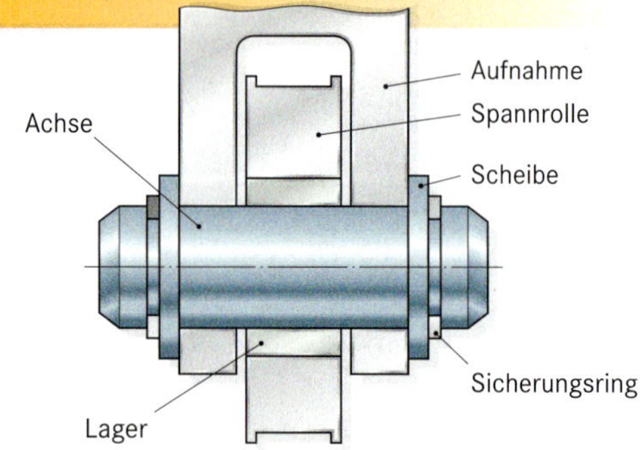

b) Spannrolle montiert auf Bolzen

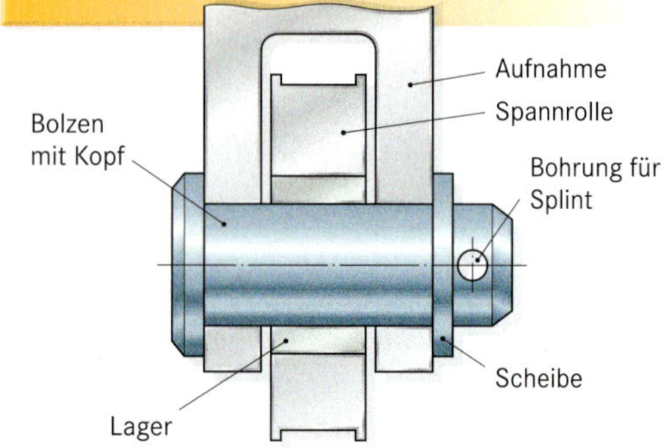

Abb. 3: Montierte Spannrolle

Beanspruchung von Bolzen- und Stiftverbindungen

Bolzen und Stifte werden durch Querkräfte belastet. Die Querkräfte F_Q beanspruchen die Verbindungen auf Flächenpressung, Abscherung und Biegung.

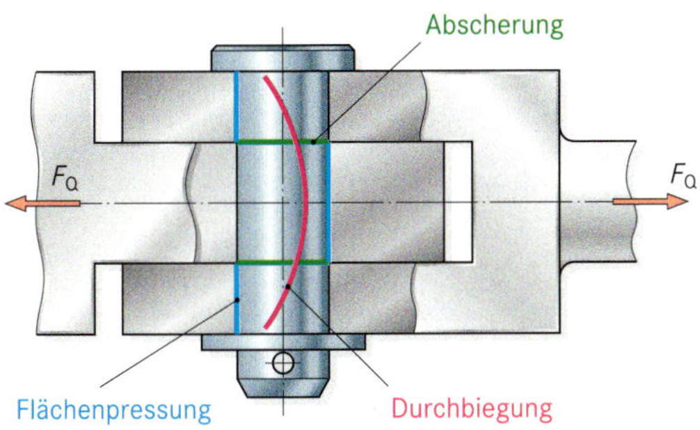

- **Flächenpressung**

Die Flächenpressung p in der Aufnahmebohrung ergibt sich aus der Querkraft F_Q, dividiert durch die in Kraftrichtung projizierte Fläche A.

$$p = \frac{F_Q}{A} \leq p_{zul}$$

Die auftretende Flächenpressung p darf nicht größer als die zulässige Flächenpressung p_{zul} sein.

- **Abscherung**

Durch die wirkende Querkraft F_Q tritt am gefährdeten Querschnitt S des Bolzen bzw. des Stiftes eine Scherspannung τ_a auf.

$$\tau_a = \frac{F_Q}{S} \leq \tau_{a\,zul}$$

Die Scherspannung τ_a darf nicht die zulässige Scherspannung $\tau_{a\,zul}$ überschreiten. Die zulässige Scherspannung $\tau_{a\,zul}$ ergibt sich aus der Scherfestigkeit τ_{aB} und der Sicherheitszahl ν.

$$\tau_{a\,zul} = \frac{\tau_{aB}}{\nu} \qquad \tau_{aB} \approx 0{,}8 \cdot R_m$$

Die Scherfestigkeit τ_{aB} ist etwa 0,8 mal so groß wie die Bruchfestigkeit R_m des Stift- bzw. Bolzenwerkstoffes.

- **Biegung**

Insbesondere bei längeren Bolzen und bei Achsen treten neben den Beanspruchungen auf Flächenpressung und Abscherung auch erhebliche Biegebeanspruchungen auf.

Beispiel:

Bei der dargestellten Bolzenverbindung ist zu überprüfen, ob die Flächenpressung p und die Abscherung τ_a nicht die zulässigen Werte überschreiten (Sicherheitszahl $\nu = 2{,}4$). Die zu übertragende Querkraft beträgt $F_Q = 9$ kN.

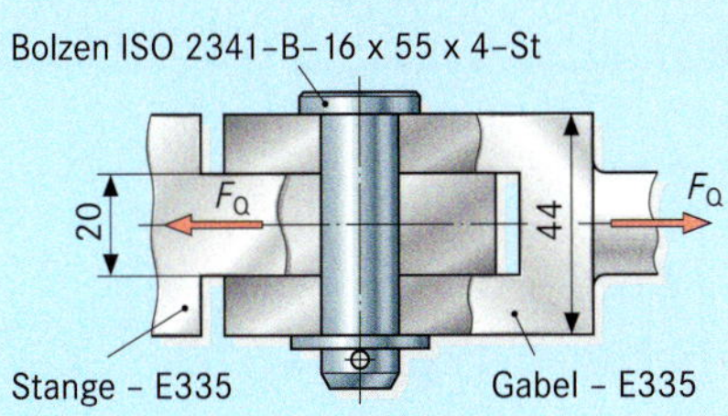

Flächenpressung in der Stange (kleinste Fläche)

Geg.: $d = 16$ mm; $l = 20$ mm; $F_Q = 9$ kN

Ges.: p in N/mm²; p_{zul} in N/mm²

Tabellenbuch: $p_{zul} = \underline{\underline{170 \text{ N/mm}^2}}$ (für E335)

Rechnung:

$$p = \frac{F_Q}{A}$$

$$A = d \cdot l = 16 \text{ mm} \cdot 20 \text{ mm} = 320 \text{ mm}^2$$

$$p = \frac{9000 \text{ N}}{320 \text{ mm}^2} = \underline{\underline{28{,}3 \text{ N/mm}^2}} < p_{zul} = 170 \text{ N/mm}^2$$

Abscherung

Geg.: $d = 16$ mm; $\nu = 2{,}4$; $F_Q = 9$ kN; $n = 2$ (Anzahl der beanspruchten Querschnitte)

Ges.: τ_a in N/mm²; $\tau_{a\,zul}$ in N/mm²

Tabellenbuch: $R_m = 360 \ldots 530$ N/mm²

Rechnung:

$$\tau_{aB} \approx 0{,}8 \cdot R_m$$

$$\tau_{aB} \approx 0{,}8 \cdot 360 \text{ N/mm}^2 = 288 \text{ N/mm}^2$$

$$\tau_{a\,zul} = \frac{\tau_{aB}}{\nu}$$

$$\tau_{a\,zul} = \frac{288 \text{ N/mm}^2}{2{,}4} = \underline{\underline{120 \text{ N/mm}^2}}$$

$$\tau_a = \frac{F_Q}{2 \cdot S}$$

$$S = \frac{d^2 \cdot \pi}{4} = \frac{(16 \text{ mm})^2 \cdot \pi}{4} = 201 \text{ mm}^2$$

$$\tau_a = \frac{9000 \text{ N}}{2 \cdot 201 \text{ mm}^2} = \underline{\underline{22{,}4 \text{ N/mm}^2}}$$

$$\tau_a < \tau_{a\,zul} = 120 \text{ N/mm}^2$$

Fügen

5.4 Metallschweißen

5.4.1 Schweißgruppenzeichnungen

Zu verschweißende Werkstücke werden an einem Schweißstoß stoffschlüssig zusammengefügt. Durch das Verschweißen einzelner Schweißteile entsteht eine Schweißgruppe.

In der Schweißgruppenzeichnung wird die Lage der stoffschlüssig gefügten Teile dargestellt. Durch Symbole werden Art und Position der Schweißverbindungen beschrieben (Abb. 1).

Schweißstoß

Die konstruktive Anordnung der einzelnen Schweißteile zueinander wird als Schweißstoß bezeichnet (Tab. 1, →). Der in der Abb. 1 dargestellte Ablagebock wird entsprechend der **DIN EN ISO 17659** mit T-Stößen ausgeführt.

Symbole für Schweißnähte

Durch die Schweißnaht werden die einzelnen Teile am Schweißstoß miteinander verbunden.

Die Schweißnaht wird bestimmt durch die Art des Schweißstoßes. Alle Symbole für Schweißnähte sind nach **DIN EN ISO 2553** dargestellt (→). Symbole beschreiben die Form, Vorbereitung und Ausführung der Schweißnaht. Die symbolische Darstellung einer Schweißnaht beinhaltet

- das Grundsymbol,
- Zusatz- und Ergänzungssymbole sowie
- zusätzliche Angaben z. B. Schweißverfahren, Zusatzwerkstoff.

Mit Hilfe der *Grundsymbole* werden die verschiedenen Nahtarten erläuternd oder symbolhaft dargestellt (Tab. 2).

Tab. 1: Stoßarten

Stoßart	Lage der Teile	Beschreibung
Stumpfstoß	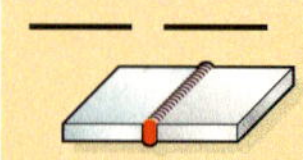	Die Teile liegen in einer Ebene und stoßen stumpf gegeneinander.
Überlappstoß	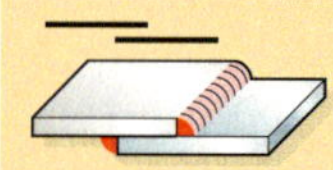	Die Teile liegen parallel aufeinander und überlappen sich.
T-Stoß	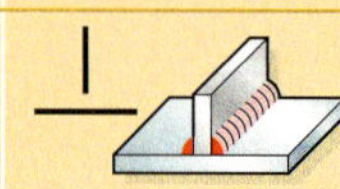	Die Teile stoßen rechtwinklig (T-förmig) aufeinander.
Schrägstoß	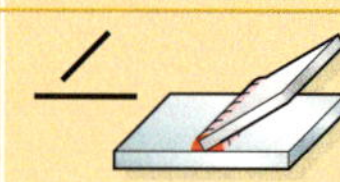	Ein Teil stößt schräg gegen ein anderes.

Tab. 2: Grundsymbole

Benennung der Nahtart	Darstellung	
	erläuternd	symbolhaft
I-Naht	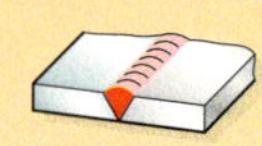	
V-Naht	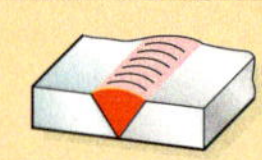	
Kehlnaht	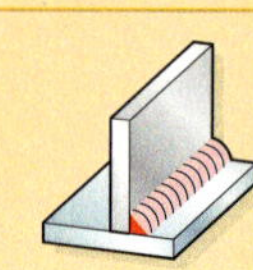	

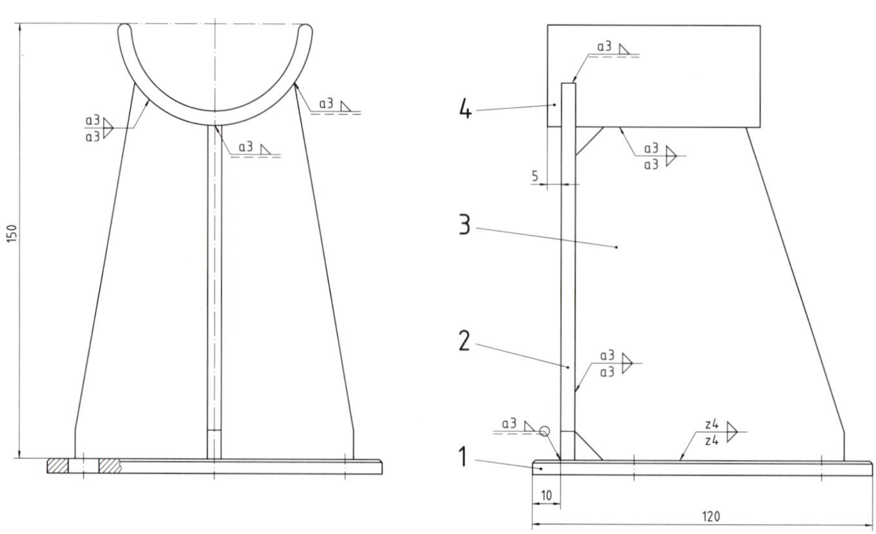

Abb. 1: Schweißgruppenzeichnung Ablageblock

Die Grundsymbole können durch *Zusatzsymbole* ergänzt werden. Diese beinhalten Angaben zur Oberflächenform und Nahtausführung (Tab. 3). Ist kein Zusatzsymbol angegeben, sind Oberflächen-form und Nahtausführung freigestellt.

Tab. 3: Zusatzsymbole

Benennung	Darstellung	
	erläuternd	symbolhaft
Flache V-Naht	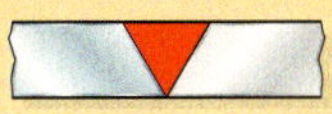	
Gewölbte Doppel-V-Naht (X-Naht)	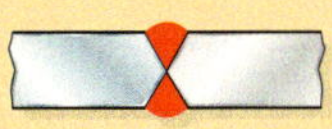	
Hohle Kehlnaht	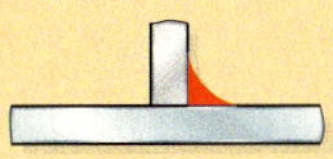	
Flache V-Naht Naht wurde eingeebnet durch zusätzliche Bearbeitung	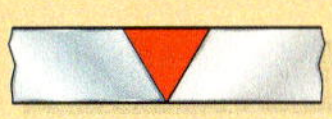	

Ergänzungssymbole werden zur Kennzeichnung einer ringsum-verlaufenden Naht oder einer Baustellennaht verwendet (Abb. 2). Eine ringsum-verlaufende Naht wird durch einen Kreis gekennzeichnet. Die Baustellennaht erhält als Kennzeichnung eine Fahne.

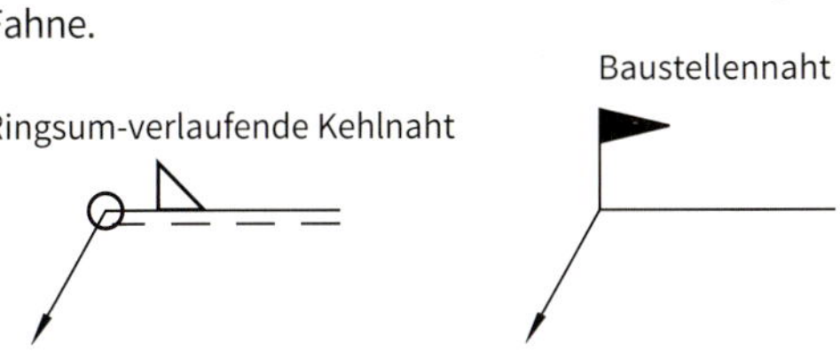

Abb. 2: Ergänzungssymbole

Symbole in Zeichnungen

Die Kennzeichnung von Schweißnähten besteht aus einem Grundsymbol ① und einem Bezugszeichen. Das Bezugszeichen setzt sich aus einer Pfeillinie ②, einer Bezugs-Volllinie ③, einer Bezugs-Strichlinie ④ und einer Gabel ⑤ zusammen (Abb. 3).

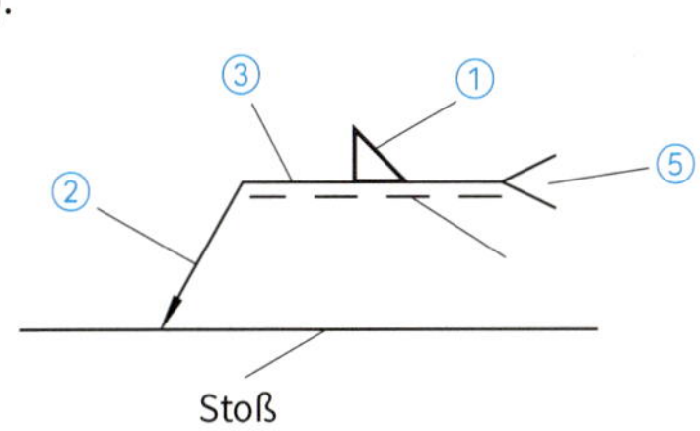

Abb. 3: Schweißnahtkennzeichnung

Die Lage des Grundsymbols zur Bezugslinie gibt die Lage der Schweißnaht am Stoß an (Abb. 4). Wird das Grundsymbol auf die Bezugs-Vollinie gesetzt, befindet sich die Schweißnaht auf der Pfeilseite. Erfolgt eine Positionierung des Grundsymbols auf der Bezugs-Strichlinie, befindet sich die Naht auf der Gegenseite (➡📖). In der Gabel werden alle zusätzlichen Angaben wie z. B. Schweißverfahren oder Zusatzwerkstoffe angeführt (➡📖).

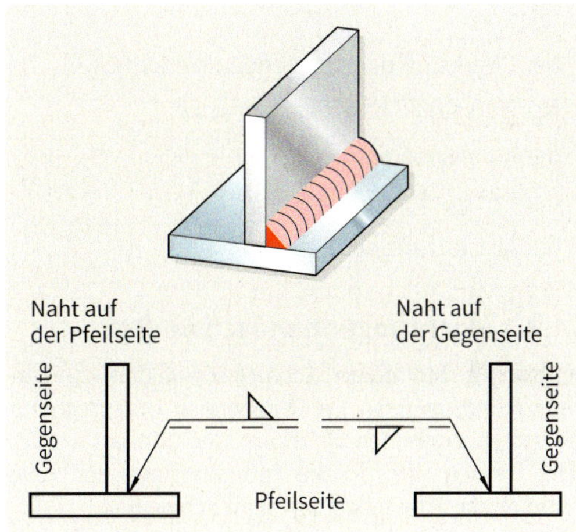

Abb. 4: Stellung der Schweißsymbole

Bemaßung der Nähte

Jedem Symbol einer Schweißnaht können Maße zugeordnet werden. Diese Maße beziehen sich auf die Nahtdicke *a* oder die Schenkeldicke *z* (Abb. 5). Ebenso kann die Nahtlänge, der Nahtabstand bei unterbrochenen Nähten und die Anzahl der Einzel-nähte angegeben werden (➡📖).

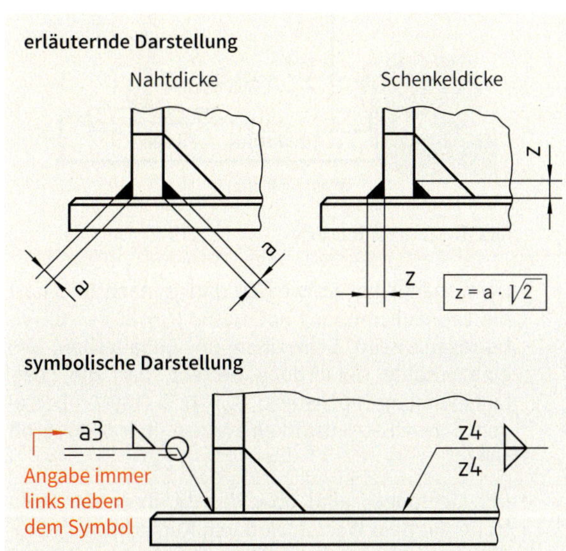

Abb. 5: Naht- und Schenkeldicke einer Kehlnaht

5.4.2 Schweißverfahren

Durch Schweißen werden Werkstoffe unter Zufuhr von Wärme miteinander verbunden. Der Werkstoff wird im Bereich der Schweißzone in einen flüssigen Zustand versetzt. Das Schweißen kann mit und ohne Zusatzstoffe erfolgen. Schweißhilfsstoffe wie Gase, Pasten oder Pulver ermöglichen oder erleichtern das Schweißen.

Die Auswahl geeigneter Schweißverfahren ist abhängig von:

- dem Werkstoff der zu fügenden Werkstücke,
- der Werkstück- bzw. der Nahtdicke,
- der Arbeitsposition,
- der Fertigungsstückzahl und
- der Ausstattung des Betriebs.

5.4.2.1 Lichtbogenhandschweißen

Werkstücke, die durch Schmelzschweißen zu verbinden sind, müssen im Fügebereich entsprechend der vorgeschriebenen Nahtform und Stoßart vorbereitet werden (→📖). Die Fertigungslage der Teile bestimmt die Arbeitsposition beim Schweißen.

Beim Lichtbogenhandschweißen ist die Wärmequelle ein elektrischer Lichtbogen, der zwischen Elektrode und Werkstück brennt und ca. 4000 °C erreicht (Abb. 1). Als Schweißstromquelle werden Transformatoren, Generatoren, Gleichrichter oder Inverter eingesetzt (Abb. 4). Verwendete Strom-arten sind Gleich- oder Wechselstrom.

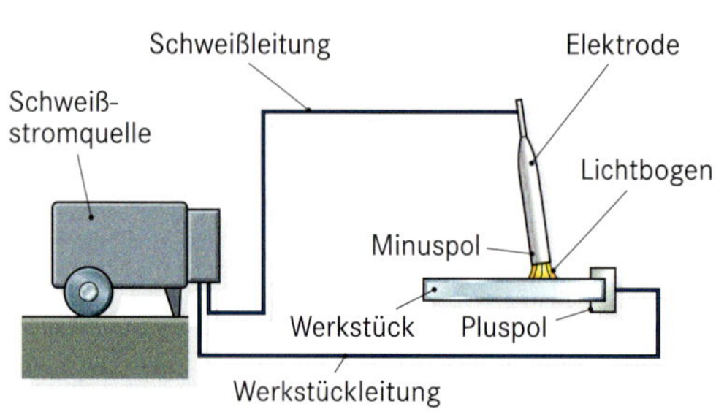

Abb. 1: Schweißstromkreis

Beim manuellen Schweißen darf je nach Stromart die Leerlaufspannung höchstens $U_0 = 80\,V\sim / 100\,V-$ betragen. Beim Schweißen im Behälterbau, wo eine erhöhte Gefährdung besteht, darf die Leerlaufspannung höchstens $U_0 = 42\,V\sim / 100\,V-$ betragen. Schweißstromstärken können über 600 A groß sein.

Der Lichtbogen wird über das Berühren der Elektrode mit dem Werkstück durch Kurzschluss gezündet. Dem Spannungsabfall auf nahe 0 V folgt bei Erwärmung ein Anstieg auf Zündspannung (Abb. 2).

Das reicht aus, um nach Abheben der Elektrode die Luft im Spalt mit austretenden Elektronen zu ionisieren. Es entsteht ein Plasma unter elektrischer Gasentladung. Der Lichtbogen ist elektrisch leitfähig.

Als Faustformel für die Geräteeinstellung und Handhabung gilt:

$$\text{Stromstärke } I \text{ in A} = \frac{40\text{ A}}{1\text{ mm}} \cdot \text{Kernstabdurchmesser}$$

Elektrodenabstand in mm ≈ Kernstabdurchmesser

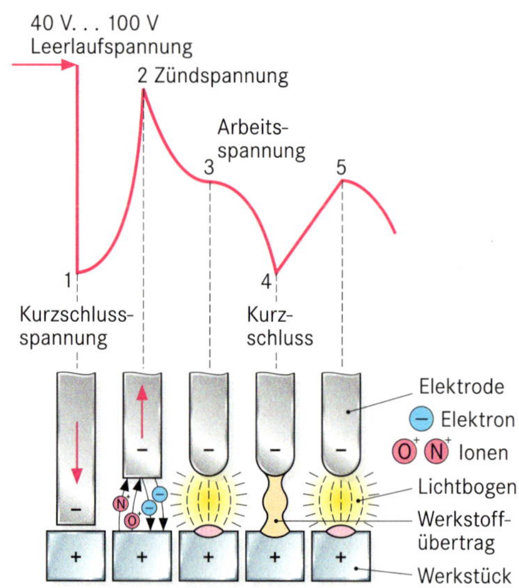

Abb. 2: Entstehung des Lichtbogens

Durch die hohe Energiedichte sind Schweiß- und Aufwärmzone klein. Deshalb können Werkstücke unterschiedlicher Dicken mit allen Nahtformen verschweißt werden.

Sind die Schweißfugen nicht in einem Schweißvorgang füllbar, muss in mehreren Lagen geschweißt werden. Die Wurzelnaht kann durchgeschweißt oder als Gegenlage geschweißt werden. Beim Schweißen einer Gegenlage wird das Werkstück nach dem Schweißen der Zwischen- und Deckenlagen meist vorher ausgefugt (Abb. 3).

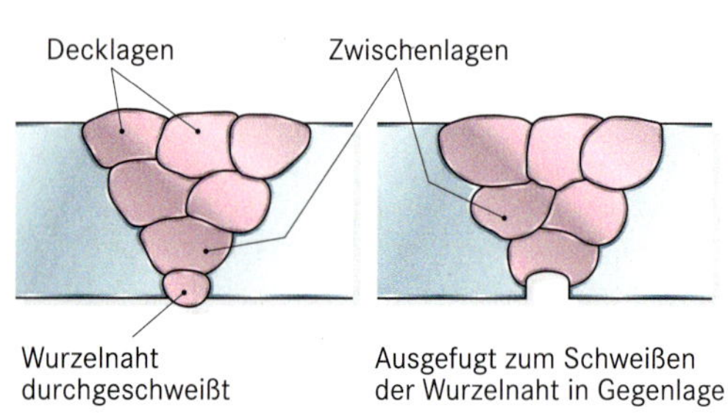

Abb. 3: Mehrlagige Schweißnähte

Schweißstromquellen

Transformatoren
- Wechselstrom
- Transformator formt die Netzspannung in eine niedrigere Wechselspannung.
- Kleinschweißgeräte für Baustellen und Hobby

Gleichrichter
- Gleichstrom
- Transformator mit nachgeschaltetem Gleichrichterblock
- Für Spezialelektroden

Generatoren
- Gleichstrom
- Drehstrommotor oder Dieselmotor treibt einen Gleichstromgenerator an
- Hohe Anschaffungs- und Wartungskosten

Inverter
- Gleich- oder Wechselstrom
- Elektronische Schweißstromquelle
- für alle Schweißverfahren, universell einsetzbar

Abb. 4: Schweißstromquellen zum Lichtbogenhandschweißen

Beim Schweißen mit Gleichstrom brennt der Lichtbogen ruhiger als beim Wechselstrom, da kein Stromrichtungswechsel erfolgt. Ungünstig ist aber die elektromagnetisch verursachte Ablenkung des Lichtbogens, die sogenannte Blaswirkung (Tab. 1). Durch die Blaswirkung wird der Schweißablauf gestört. Es entstehen Einschlüsse sowie Bindefehler durch ungenügendes Aufschmelzen des Grundwerkstoffes. Gegenmaßnahmen sind z. B.

- das Neigen der Elektrode gegen die Blasrichtung,
- das Schweißen mit Wechselstrom oder
- die Mehrfachpolung am Werkstück.

Tab. 1: Blaswirkung und Gegenmaßnahmen

Ursache der Blaswirkung	Gegenmaßnahmen
Kantenwirkung 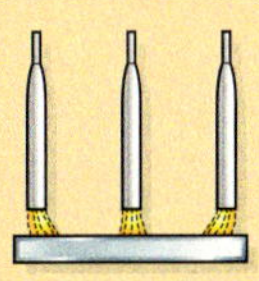	Neigen der Elektrode 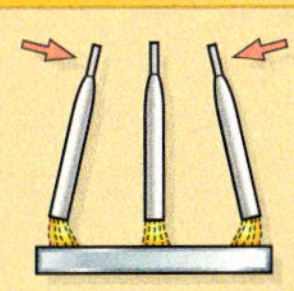
Anschluss-klemme 	Gabelpole 
Werkstoff-anhäufung 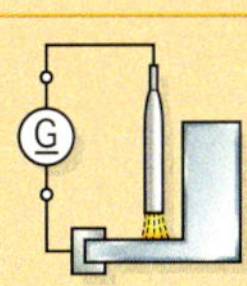	Schweißen mit Wechselstrom (Schweißtransformator) 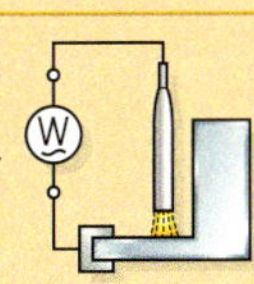

Mit Gleichstrom wird am Pluspol eine höhere Temperatur (4200 °C) und Schmelzwirkung erreicht als beim Schweißen mit Wechselstrom. Beim Schweißen dünner Bleche wird deshalb der Pluspol an die Elektrode gelegt.

Lichtbogenhandschweißen erfolgt handgeführt mit abschmelzender, umhüllter Stabelektrode. Der Werkstoff tropft im Lichtbogen in die Schweißfuge. Die abschmelzende, gasbildende Umhüllung bildet um den Lichtbogen und das Schweißbad eine vor Luftsauerstoff O_2 und Stickstoff N_2 schützende Umgebung (Abb. 5). Die Umhüllung enthält Bestandteile, die den Lichtbogen bei Wechselstrom stabilisieren sowie Zusatzstoffe zur Schweißbadreinhaltung oder zur Legierungsbildung einbringen. Mit Eisenbestandteilen in der Umhüllung kann das Abschmelzvolumen (Ausbringung) über das Kernstabvolumen (100 %) hinaus erhöht werden (z. B. 160 %).

Teile der abgebrannten Umhüllung erstarren auf der Schweißnaht als Schlacke und sorgen so für eine langsame Abkühlung. Die Schlacke muss nach dem Abkühlen entfernt werden.

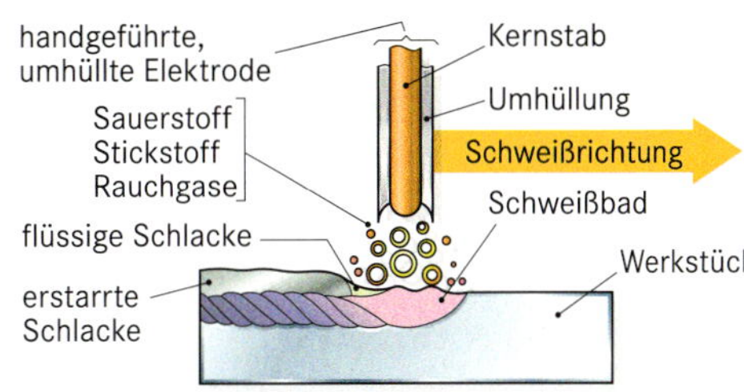

Abb. 5: Schweißbad beim Lichtbogenhandschweißen

Die Wahl der Elektrode richtet sich u. a. nach dem Grundwerkstoff, der Arbeitsposition, der Nahtform und der Lage der Naht. Angaben über Eigenschaften, Anwendungsgebiet, Werkstoffwerte oder Schweißstromquelle sind Herstellerkatalogen oder dem Tabellenbuch zu entnehmen (➜📖).

Stabelektrode ISO 2560 – A – E 46 3 1Ni B 5 4 H5

- Bezeichnung nach Streckgrenze und Kerbschlagarbeit von 47 J (A)
- Verwendung (Lichtbogenhandschweißen) (E)
- Kennzahl für Festigkeit (R_e = 460 N/mm²) und Bruchdehnung (A_5 = 20 %) (46)
- Kennzeichen für Kerbschlagarbeit (47 J bei –30 °C) (3)
- Kurzzeichen für chem. Zusammensetzung (ca. 1 % Nickel) (1Ni)
- Umhüllungstyp (basisch) (B)
- Ausbringung (125 ... 160 %) und Stromart (Gleich- und Wechselstrom) (5)
- Schweißposition (Stumpfnaht PA u. Kehlnaht PA) (4)
- Wasserstoffgehalt (5 ml/100 g Schweißgut) (H5)

5.4.2.2 Schutzgasschweißen

Beim Schutzgasschweißen wird das Schmelzbad mit zusätzlich zugeführten Gasen vor schädlichen Umgebungseinflüssen geschützt. Geschweißt wird mit nichtumhüllter Elektrode. Schutzgasschweißen kann sowohl manuell als auch programmgesteuert mit Schweißrobotern erfolgen (Abb. 1).

Eine Schutzgasschweißanlage besteht aus der Schweißstromquelle, der Schutzgasversorgungseinrichtung und dem Schlauchpaket mit Brenner. Bei abschmelzenden Drahtelektroden ist zusätzlich ein Schweißdraht-Vorschubaggregat erforderlich.

Durch das Schlauchpaket wird Strom, Schutzgas und Draht zur Schweißstelle geführt. Verwendet wird Wechselstrom und konstanter bzw. pulsierender Gleichstrom. Stromimpulse bei pulsierendem Gleichstrom sollen spritzerfreies Schweißen ohne Blaswirkung ermöglichen, Einbrandtiefen veränderbar machen und die Abschmelzleistung erhöhen (Abb. 2). Das Schutzgas ist in Druckgasflaschen gespeichert und wird durch das Brennermundstück an die Schweißstelle geführt.

Nach der Elektrodenart unterscheidet man

- Metall-Schutzgasschweißen und
- Wolfram-Schutzgasschweißen.

Metall-Schutzgasschweißen

Beim Metall-Schutzgasschweißen brennt der Lichtbogen zwischen einer abschmelzenden, meist plus gepolten Drahtelektrode und dem Werkstück. Schutzgase können inerte Gase oder aktive Gase sein (Tab. 1). Danach unterteilt man in

- Metall-Inertgasschweißen
- Metall-Aktivgasschweißen

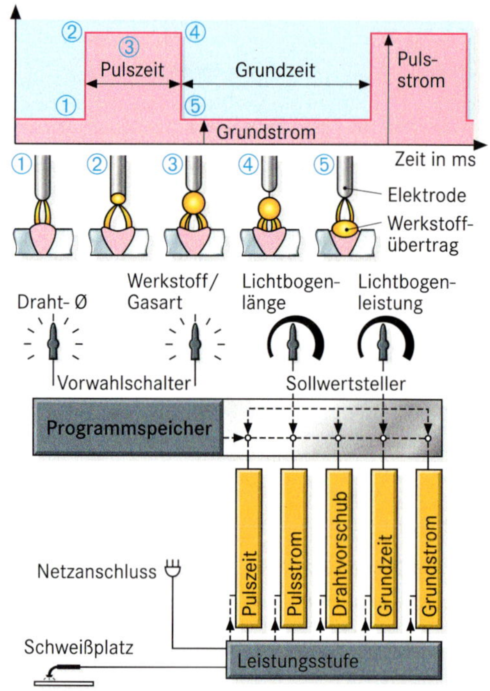

Abb. 2: Gepulster Schweißstrom einer MIG/MAG-Schweißanlage

Inerte Gase wie Argon, Helium und deren Gemische reagieren weder mit dem Grund- noch mit dem Zusatzwerkstoff. Sie sind allerdings teuer.

Aktive Gase sind CO_2 oder Mischgase, wobei der reaktionsaktive Teil der Sauerstoff O_2 ist.

- **Metall-Inertgasschweißen (MIG-Schweißen)**

Das MIG-Schweißen wird vorwiegend bei Nichteisenmetallen (z. B. Leichtmetalle, CuNi-Legierungen) und teilweise bei hochlegierten Stählen eingesetzt.

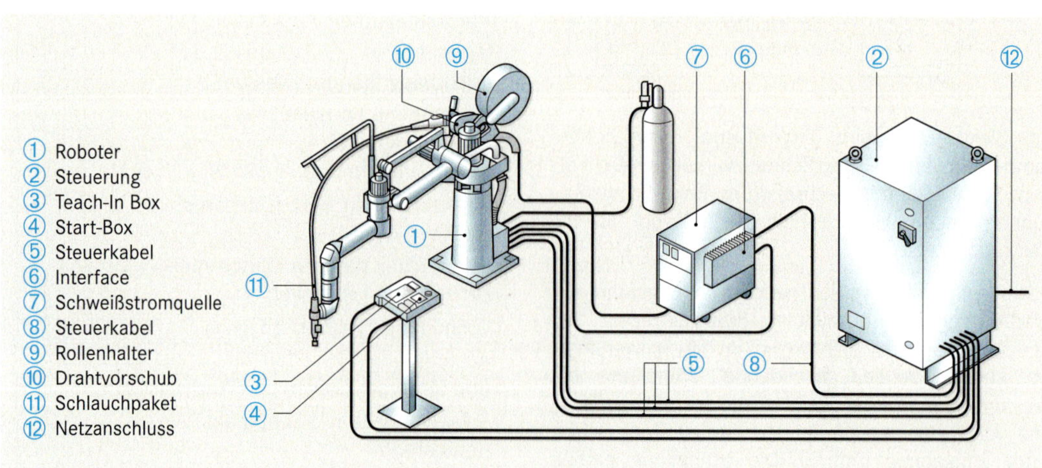

Abb. 1: Programmgesteuerte maschinelle Metall-Schutzgasschweißanlage

Tab. 1: Schutzgase

Schutzgase	Merkmale	Bezeichnung	Verfahren
inerte Gase	Es sind Edelgase. Sie gehen keine Verbindung mit dem Schweißwerkstoff oder dem Zusatzwerkstoff ein.	Argon **Ar**, Helium **He**	MIG WIG
aktive Gase	Sie reagieren mit dem Schweißwerkstoff (Fe), was aber für den Schweißvorgang unschädlich und teilweise erwünscht ist.	Kohlendioxid $\mathbf{CO_2}$	MAG
Mischgase	Sie gehen mit dem Schweißwerkstoff (Fe) Verbindungen ein, die aber für die Schweißnaht unschädlich sind.	$\mathbf{Ar\text{-}O_2}$ $\mathbf{Ar\text{-}CO_2}$ $\mathbf{Ar\text{-}CO\text{-}O_2}$	MAG

- **Metall-Aktivgasschweißen (MAG-Schweißen)**

Das MAG-Schweißen wird hauptsächlich bei unlegierten Stähle und besonders bei Feinblechen eingesetzt. Der kurze Lichtbogen bewirkt bei einem schmalen, tiefen Einbrand eine hohe Schweißgeschwindigkeit, eine sichere Nahtflankenaufschmelzung und Wurzelerfassung sowie einen geringen Wärmeverzug.

Dieses Schweißverfahren eignet sich auch zum Schweißen mehrlagiger Nähte und zum Schweißen in schwierigen Arbeitspositionen (z. B. Querposition PC).

Wolfram-Inertgasschweißen (WIG-Schweißen)

Das WIG-Schweißen erfolgt mit inerten Gasen oder Gasgemischen mit einem kleinen Anteil von Wasserstoff H_2. Der Lichtbogen brennt zwischen einer nicht abschmelzenden Wolframelektrode und dem Werkstück (Abb. 3). Der Strom wird mit hochfrequentem Strom berührungslos (kurzschlussfrei) gezündet.

Der Schweißzusatz wird außerhalb des Brenners z. B. von Hand als Massivdraht zugeführt. Beim Verbindungsschweißen soll der Schweißzusatz der Zusammensetzung des Grundwerkstoffes entsprechen.

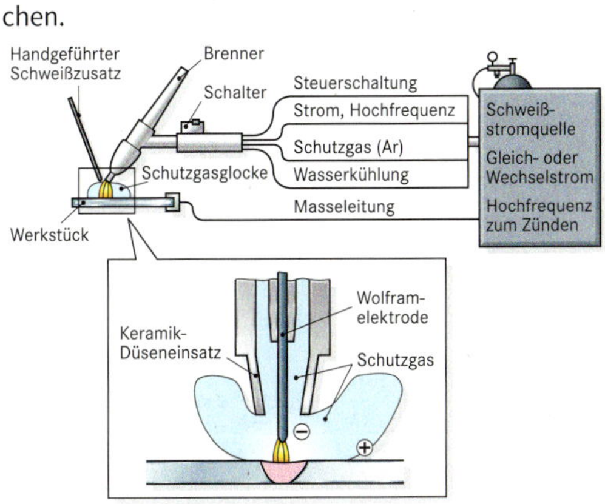

Abb. 3: WIG-Schweißen

WIG-Schweißen wird zum Schweißen korrosionsbeständiger Stähle, Nichteisenmetallen (z. B. Legierungen mit Ti, Ni, Cu) und Al-Legierungen eingesetzt. Das Schweißen der legierten Stähle und Nichteisenmetall-Legierungen erfolgt mit Gleichstrom bei negativ gepolter Wolframelektrode. Das Schweißen von Aluminium und Al-Legierungen erfolgt mit Wechselstrom.

Arbeitsregeln

- Die Schweißstelle darf beim Schutzgasschweißen keiner starken Zugluft ausgesetzt sein, um den Schutzgasmantel an der Schweißstelle nicht zu stören.
- Der Arbeitsplatz muss gut belüftet sein (z. B. durch eine Absaugung), da beim Schutzgasschweißen giftige Gase entstehen.

Tab. 2: Schweißfehler und mögliche Ursachen

Fehler		Mögliche Ursachen
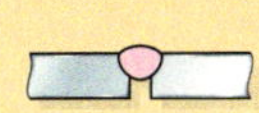	Wurzel nicht durchgeschweißt	Schweißgeschwindigkeit zu hoch, ungeeignete Elektrode
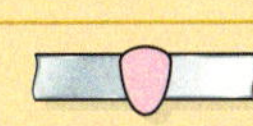	Wurzelüberhöhung	Schweißgeschwindigkeit zu klein
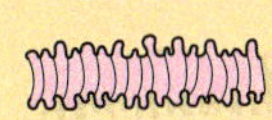	ungleichmäßige Schuppenbildung	ungleichmäßige Elektrodenführung
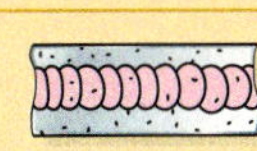	sichtbare Poren, Einschlüsse und Spritzer	Stromstärke zu hoch, Lichtbogen zu lang, Schlacke vorgelaufen
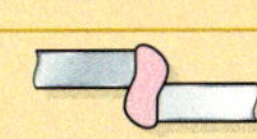	Werkstückversatz	schlechte Vorbereitung beim Heften
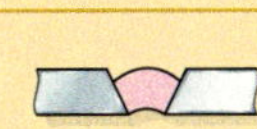	Randkerben	unzureichende Pendelbewegung der Elektrode
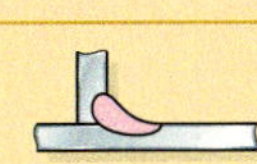	ungleiche Schweißnaht	einseitige, falsche Elektrodenhaltung
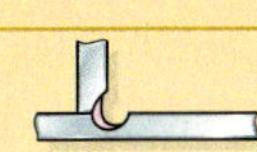	Einbrandkerben	Schweißstrom zu hoch

Aufbau/ Funktion

5.5 Führungen

Der Querschlitten einer Fräsmaschine führt geradlinige Bewegungen aus (Abb. 1). Damit man eine genaue Werkstückkontur erhält, dürfen die Maschinenteile des Schlittens nur ein geringes Spiel zueinander haben. Dies wird durch *Führungen* erreicht.

Eine Führung besteht aus einem Führungskörper und einem Gleitkörper. Beide müssen formschlüssig zueinander passen.

Nach der Form unterscheidet man
- Rundführungen,
- Flachführungen und
- Prismenführungen.

Nach der Art der Reibung unterscheidet man Führungen in
- Gleitführungen (Abb. 2) und
- Wälzführungen (Abb. 3).

An Führungen werden folgende *Anforderungen* gestellt:
- hohe Führungsgenauigkeit,
- große Tragfähigkeit,
- geringe Reibung,
- einfaches Ein- und Nachstellen des Spiels,
- unempfindlich gegen Verschmutzen,
- einfach zu warten.

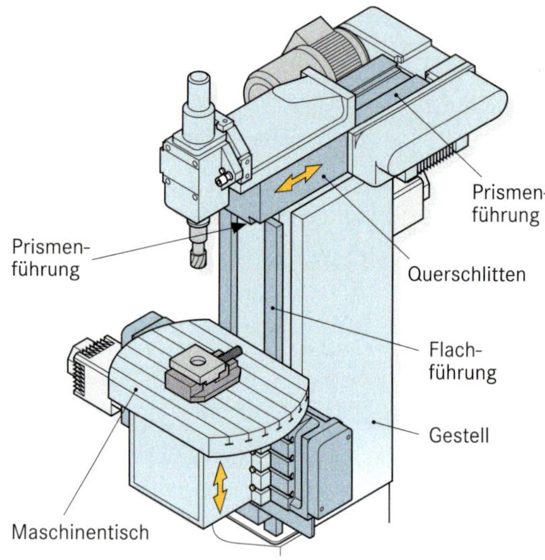

Abb. 1: Querschlitten einer Fräsmaschine

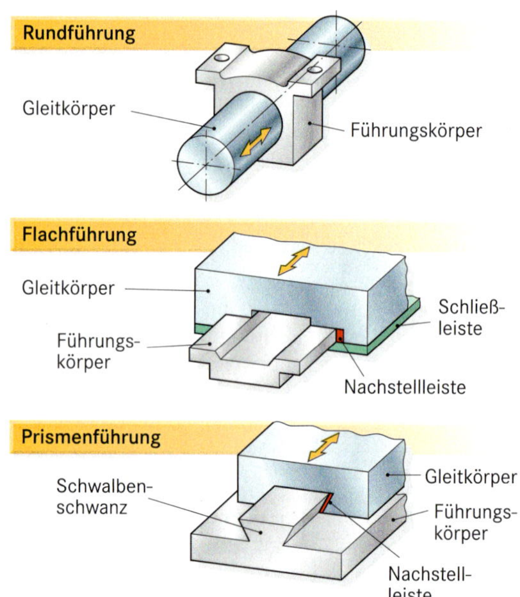

Abb. 2: Gleitführungen

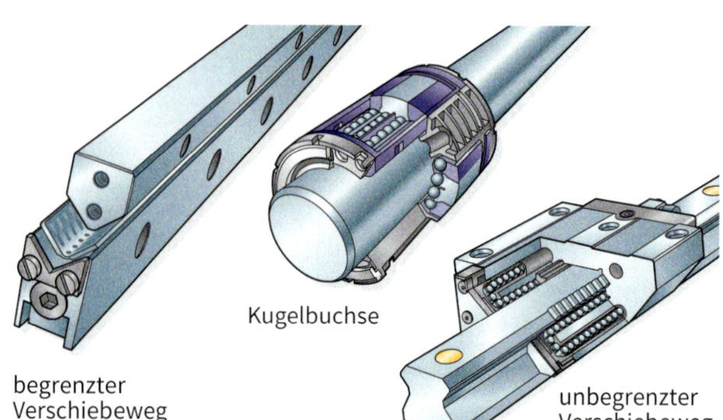

Abb. 3: Wälzführungen

Prüfen

Prüfung

Um eine hohe Führungsgenauigkeit zu gewährleisten, sind anhand der mitgelieferten Einzelteilzeichnungen die Oberfläche, die Maße und Form und Lage zu prüfen. Die Prüfung erfolgt anhand der Zeichnung oder eines Prüfplanes.

- **Sichtprüfung**

Nach Bereitstellung der Bauteile ist zuerst eine Sichtprüfung durchzuführen. Werden Beschädigungen an den Gleitflächen festgestellt, kann das Bauteil in der Regel nicht nachgearbeitet werden, es ist Ausschuss.

- **Oberflächenprüfung**

Die Oberfläche muss eine geringe Rautiefe aufweisen, um die notwendigen Toleranzen zu gewährleisten und die Reibung zwischen den Gleitflächen zu verringern. Die Angaben zur Oberflächenbeschaffenheit findet man in der Einzelteilzeichnung. Die Oberflächenbeschaffenheit wird mit einem Tastschnittgerät geprüft. Die Messergebnisse werden angezeigt, zusätzlich kann das vom Gerät geschriebene Protokoll ausgewertet werden.

- **Maßprüfung**

Für die Feststellung der *Maße* und deren Toleranzen verwendet man Messschrauben oder Messuhren mit einer Messgenauigkeit von 1/100 mm.

Für geforderte Genauigkeiten bis zu 1/1000 mm verwendet man Endmaße.

Bei der Prüfung von Durchmessern werden Lehren verwendet.

Für die Winkel zwischen den Gleitflächen sind ebenfalls nur geringe Toleranzen zulässig. Zur Prüfung verwendet man Universalwinkelmesser oder Winkelendmaße mit einer Ablesegenauigkeit von bis zu 10″.

- **Form- und Lageprüfung**

Neben den Maßen sind auch die *Form* und die *Lage* der einzelnen Flächen zueinander zu prüfen.

Die Anlageflächen der Gleitkörper und der Führungskörper müssen eben sein. Die Ebenheit kann mit einer Messuhr festgestellt werden (Abb. 4).

Ebenso ist auch die Parallelität der einzelnen Flächen zueinander zu prüfen.

Werden Wälzführungen eingesetzt, sind Gleitkörper oder Führungskörper Fertigteile. Daher ist das jeweils anliegende Teil zu prüfen.

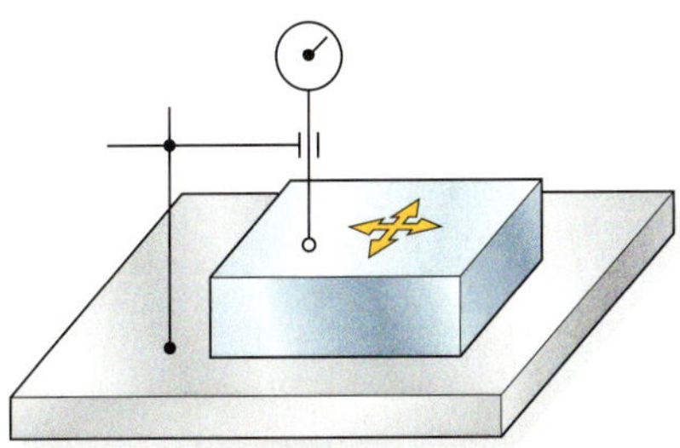

Abb. 4: Prüfung der Ebenheit

Montage von Führungsleisten

Sind Gleitflächen nicht Bestandteil des Gestells und des Maschinentisches, müssen Führungsleisten in die vorgesehenen Ausklinkungen des Grundkörpers geschraubt werden (Abb. 5).

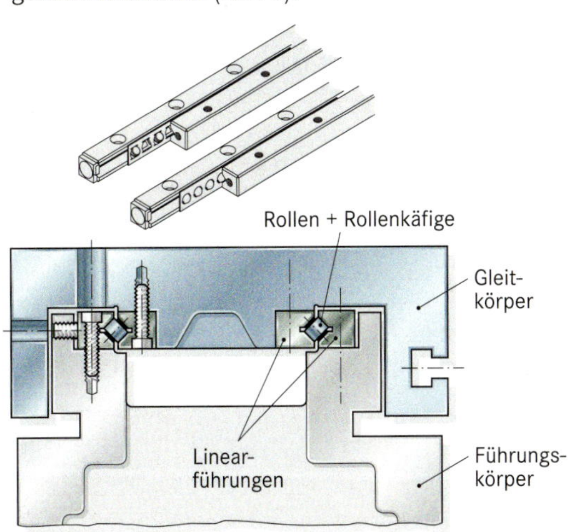

Abb. 5: Montierte Führungsleisten

Zum Verschrauben einer Führungsleiste mit dem Grundkörper verwendet man Zylinderschrauben. Die Schraubenköpfe dürfen nicht über die Oberfläche des Führungskörpers hinausragen.

Sind Führungskörper und Gleitkörper vorbereitet, werden die Gleitflächen geschmiert. Man verwendet dazu die vom Maschinenhersteller empfohlenen Schmiermittel.

Nach einer Sichtprüfung werden Führungskörper (Maschinengestell) und Gleitkörper (Maschinentisch) montiert. Um die Gleitflächen nicht zu beschädigen, ist ein Verkanten zu vermeiden.

Spiel einstellen

Nach der Montage der Bauteile ist das Spiel zwischen den Gleitflächen mit Hilfe einer Fühlerlehre zu prüfen und ggf. einzustellen.

Dieses geschieht durch Nachstellleisten. Man unterscheidet prismatische Nachstellleisten und Keilleisten (Abb. 6).

Prismatische Nachstellleisten (Abb. 6 a) werden durch Druckschrauben eingestellt. Es ist schwierig, sie so einzustellen, dass die Leisten auf der ganzen Länge tragen. Im Betrieb ist daher der Verschleiß ungleichmäßig.

Keilleisten (Abb. 6b) werden durch stirnseitig angebrachte Schrauben verschoben. Sie sind einfacher einzustellen und tragen gleichmäßig.

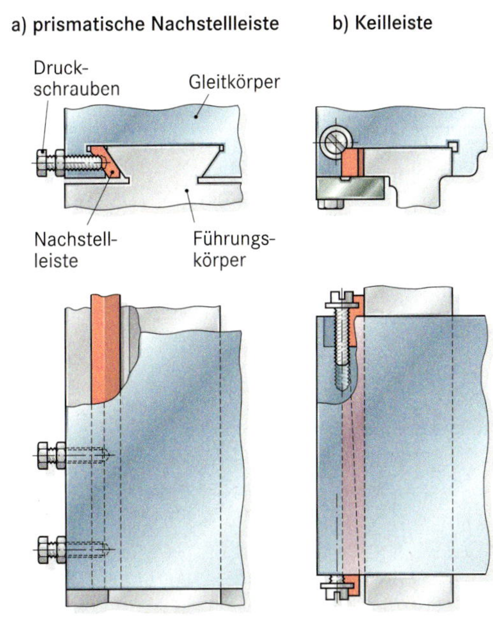

Abb. 6: Nachstellleisten

Nach Einstellen des Spieles ist die Gängigkeit zu prüfen. Ggf. ist nachzustellen und zu schmieren.

Aufbau/ Funktion

5.6 Lager

! Lager dienen zum Tragen und Führen von Achsen und Wellen.

Lager werden in Gleitlager und Wälzlager eingeteilt.

Ein *Gleitlager* besteht aus einer Lagerbuchse und einem Lagergehäuse (Abb. 1). In der Lagerbuchse dreht sich eine Welle. Ein geschlossener Schmierfilm verringert die Reibung.

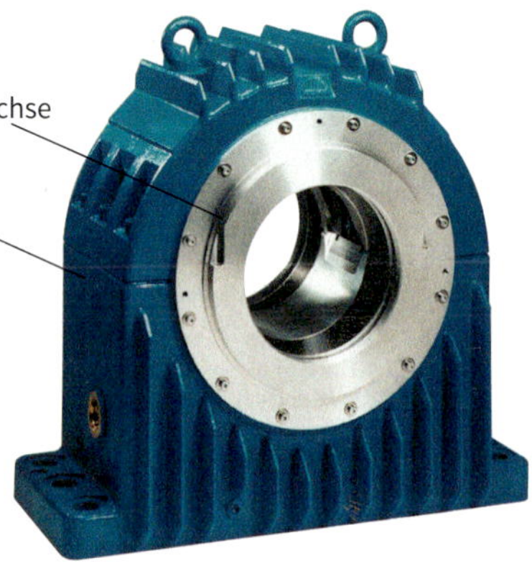

Abb. 1: Aufbau eines Gleitlagers

Wälzlager sind genormte, einbaufertige Maschinenelemente. Sie bestehen aus einem Außenring, den Wälzkörpern und einem Innenring. In das Lager kann ein Käfig eingebaut sein. Dieser hält die Wälzkörper in gleichmäßigem Abstand (Abb. 2).

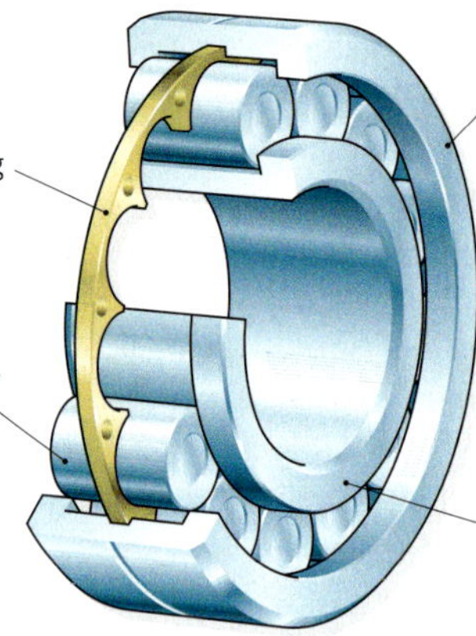

Abb. 2: Aufbau eines Wälzlagers

Wälzlager unterteilt man nach der vorwiegenden Belastungsrichtung in Radiallager und Axiallager. Lager werden auch nach der Form ihrer Wälzkörper eingeteilt. Es gibt zerlegbare und nicht zerlegbare Lager (Tab. 1).

Tab. 1: Wälzlagerarten

	Radiallager				**Axiallager**	
Kugellager	Rillenkugellager	Schrägkugellager	Schulterkugellager	Pendelkugellager	Rillenkugellager einseitig wirkend	Rillenkugellager zweiseitig wirkend
	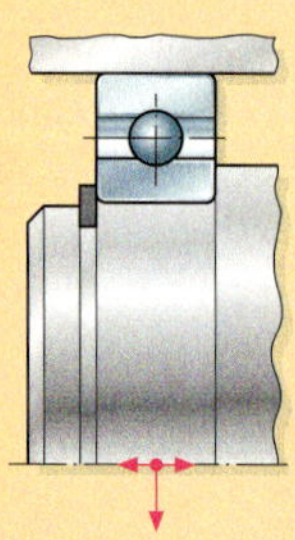	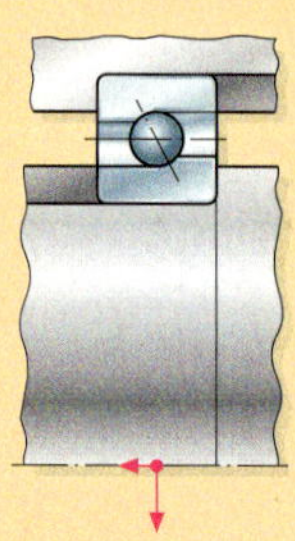	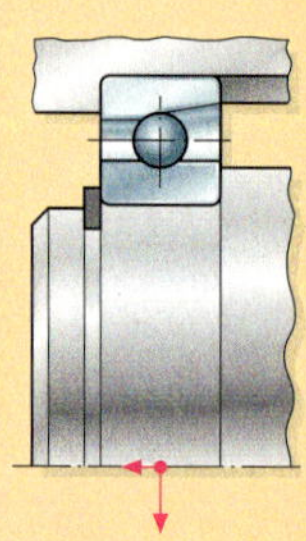	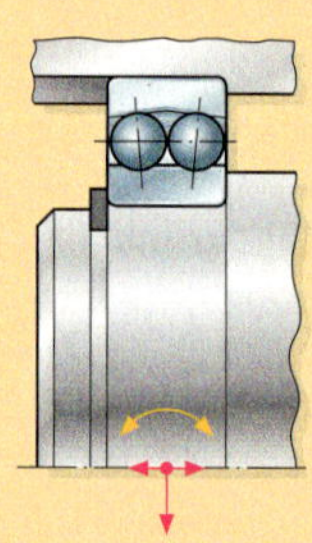	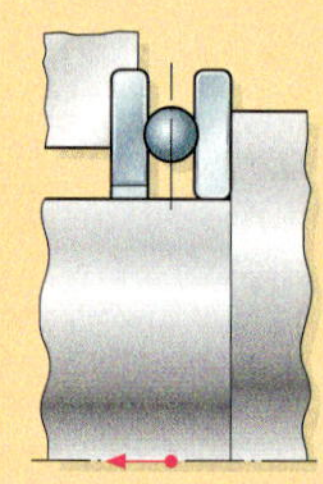	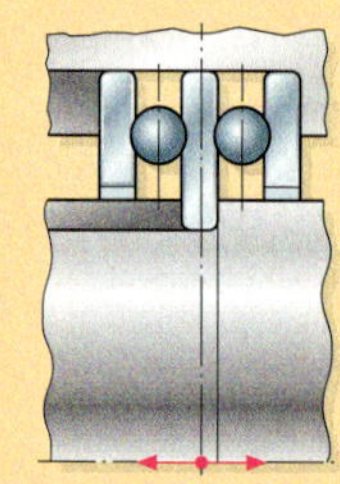
	nicht zerlegbar	nicht zerlegbar	zerlegbar	nicht zerlegbar	zerlegbar	zerlegbar
Rollenlager	Zylinderrollenlager	Kegelrollenlager	Pendelrollenlager	Nadellager	Pendelrollenlager	Zylinderrollenlager
	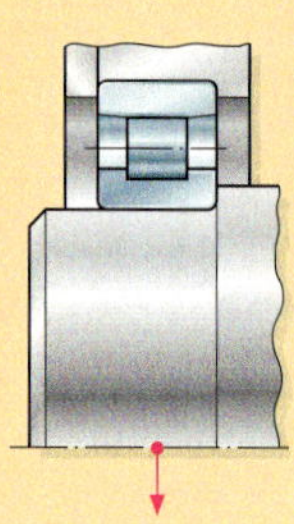	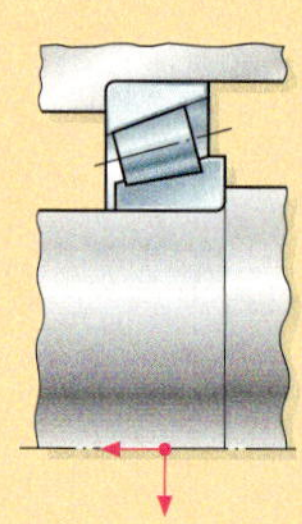	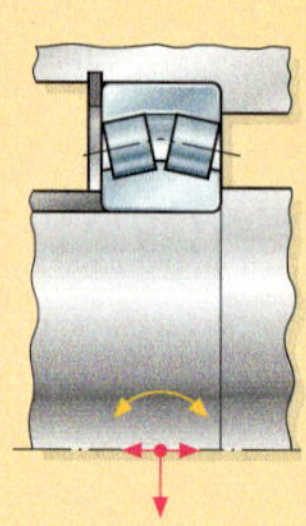	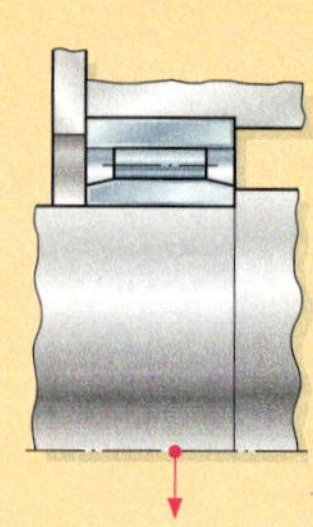	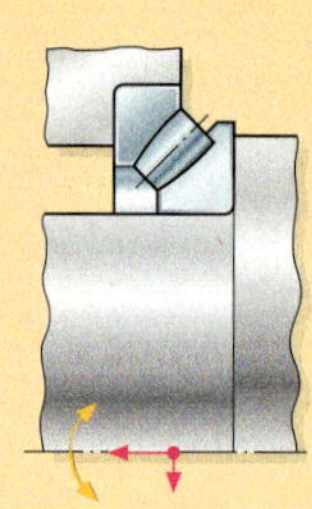	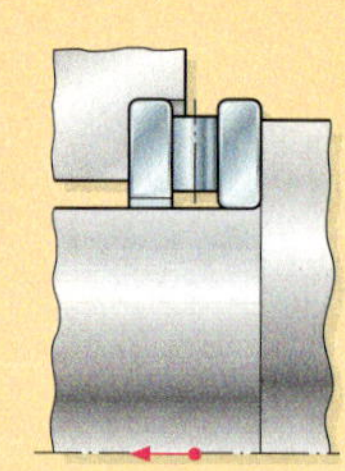
	zerlegbar	zerlegbar	nicht zerlegbar	zerlegbar	zerlegbar	zerlegbar

Montieren/Demontieren

Funktion und Aufbau einer Lagerung

In der Abtriebseinheit sind zwei *Wälzlager* eingebaut (Abb. 3 und 4). Aus der Stückliste kann man die Bezeichnung „Rillenkugellager DIN 625 - 6205" entnehmen.

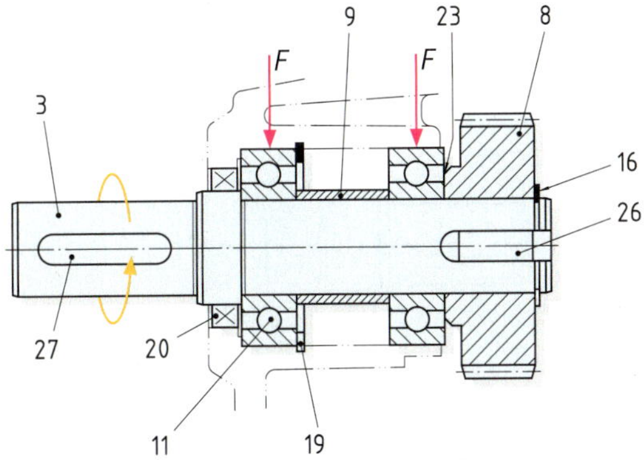

Abb. 3: Abtriebseinheit

Die Rillenkugellager lagern die Welle in dem Gehäuse, so dass ein Drehmoment übertragen werden kann. Über das Stirnrad (Pos. 8) wird ein Drehmoment eingeleitet, es kann am Ende der Welle (Pos. 3) abgenommen werden. Die Innenringe der beiden Lager laufen mit der Welle um, sie sind an dem gesamten Umfang der Höchstbelastung ausgesetzt. Man spricht von *Umfangslast*.

Die Außenringe der Kugellager bewegen sich im Gehäuse nicht, die Höchstbelastung wirkt immer gleich an einem Punkt des Umfanges. Man spricht von *Punktlast*.

Um eine einwandfreie Funktion der Lager zu gewährleisten, müssen die Innenringe der Kugellager fest auf der Welle sitzen. Dies erfordert eine Übergangspassung oder Übermaßpassung. Da auf die Außenringe nur eine Punktlast wirkt, werden sie in das Gehäuse mit einer Spielpassung oder Übergangspassung eingebaut. Ein ausreichendes Spiel zwischen den Laufringen und den Wälzkörpern ist dadurch gewährleistet.

Bei Umfangslast werden Wälzlager mit einem festen Sitz eingebaut.

Bei Punktlast werden die Lager mit einem losen Sitz eingebaut.

Werden Lagerringe mit losem Sitz eingebaut, können sie in der Regel ohne weitere Hilfsmittel montiert werden.

Werden Lagerringe mit festem Sitz eingebaut, müssen besondere Montageverfahren angewendet und Hilfsmittel eingesetzt werden.

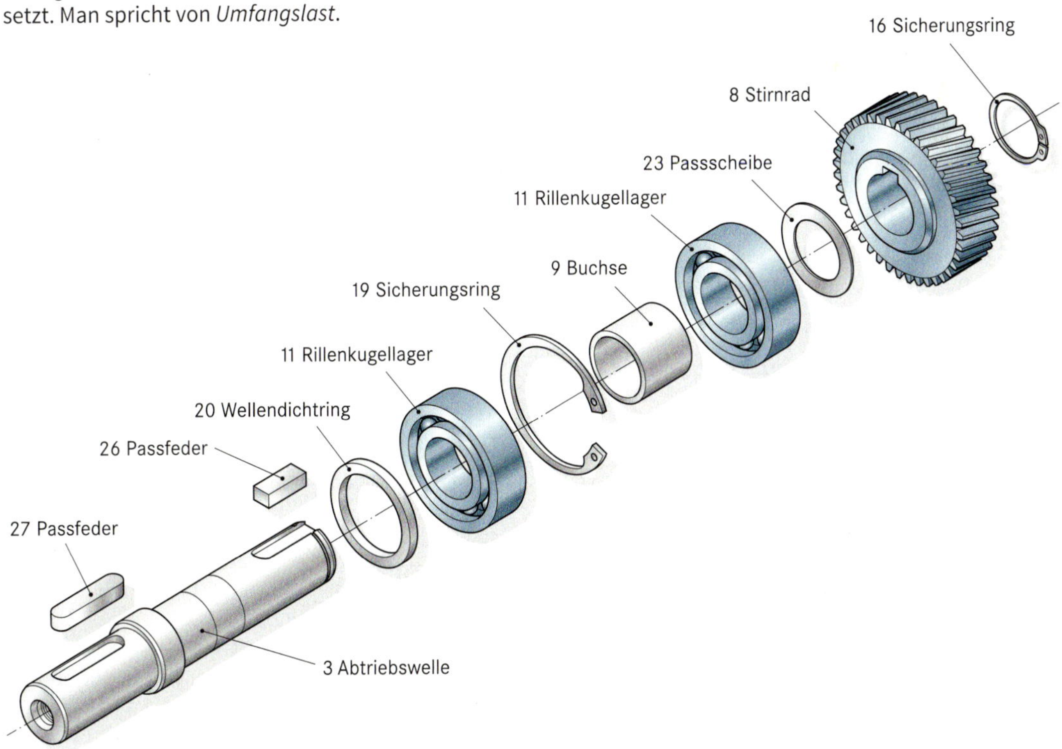

Abb. 4: Abtriebseinheit - Explosionszeichnung

Infor-
mieren

Darstellung von Lagern

Wälzlager werden in Gruppen- und Gesamtzeichnungen dargestellt.

- **Bildliche Darstellung**

Die Darstellung der Lager erfolgt meist im Vollschnitt (Abb. 1).

Die Lagerringe sind dabei in gleicher Richtung zu schraffieren. Die Wälzkörper werden nicht schraffiert.

Wälzkörper-Käfig, Deck- oder Dichtscheiben sowie Rundungen an den Lagerringen müssen nicht gezeichnet werden (Abb. 1).

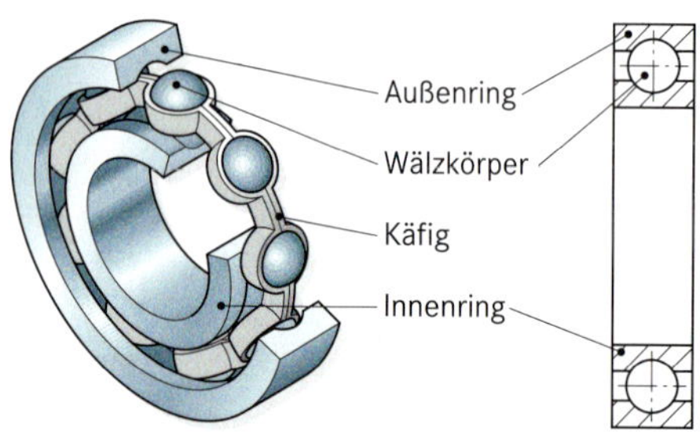

Abb. 1: Darstellung eines Rillenkugellagers

- **Vereinfachte Darstellung**

Wälzlager können nach **DIN ISO 8826** vereinfacht dargestellt werden (Abb. 2).

Bei der vereinfachten Darstellung werden die Umrisse des Wälzlagers allgemein durch ein Rechteck dargestellt. In der Mitte des Rechteckes wird ein freistehendes aufrechtes Kreuz mit breiten Volllinien gezeichnet.

Sollen Einzelheiten über die Ausführung des Wälzlagers in der vereinfachten zeichnerischen Darstellung ersichtlich sein, so verwendet man die detaillierte vereinfachte Darstellung. Genormte Symbole werden dann anstelle des Kreuzes ebenfalls mit breiter Volllinie eingetragen (➜📖).

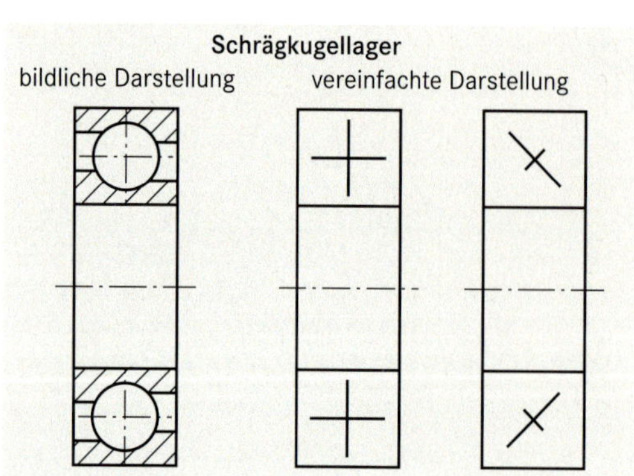

Abb. 2: Vereinfachte Darstellung von Wälzlagern

- **Stücklistenangaben**

Wälzlager werden mit der Benennung, der DIN-Nr. und einem Kurzzeichen in die Stückliste eingetragen (Abb. 3).

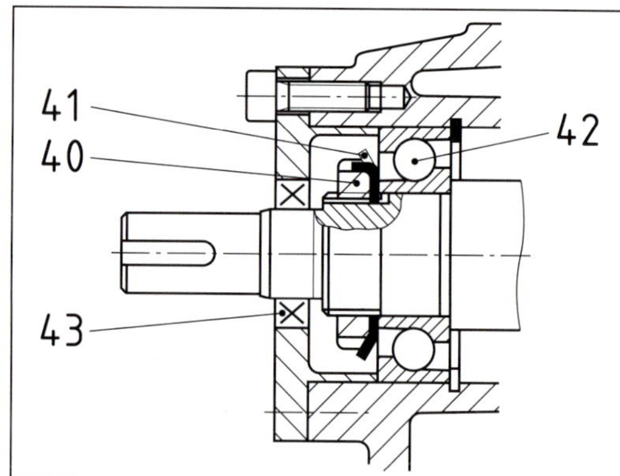

Pos.	Menge	Einh.	Benennung	Sachnummer / Norm-Kurzbezeichnung	Bemerkung
43	1	Stck.	Radial-Wellendichtring	DIN 3760-18×30×7	NBR
42	1	Stck.	Schrägkugellager	DIN 628-7205 B	
41	1	Stck.	Sicherungsblech	DIN 5406-MB 5	
40	1	Stck.	Nutmutter	DIN 981-KM 5	
1	2	3	4	5	6

Abb. 3: Baugruppe mit Stückliste

Das Kurzzeichen besteht aus dem Vorsetzzeichen, dem Basiszeichen und dem Nachsetzzeichen. Durch Vorsetzzeichen werden in der Regel Einzelteile von Lagern gekennzeichnet. Durch Nachsetzzeichen wird der Aufbau von Lagern wie die Abdichtung, die Käfigausführung oder die Lagerluft gekennzeichnet. Aus dem Basiszeichen lassen sich die Lagerart und die wesentlichen Lagerabmaße bestimmen. Es kann, abhängig von der Lagerart, aus vier oder mehr Ziffern und Buchstaben bestehen (➜📖). Vorsetzzeichen und Nachsetzzeichen müssen nicht angegeben sein.

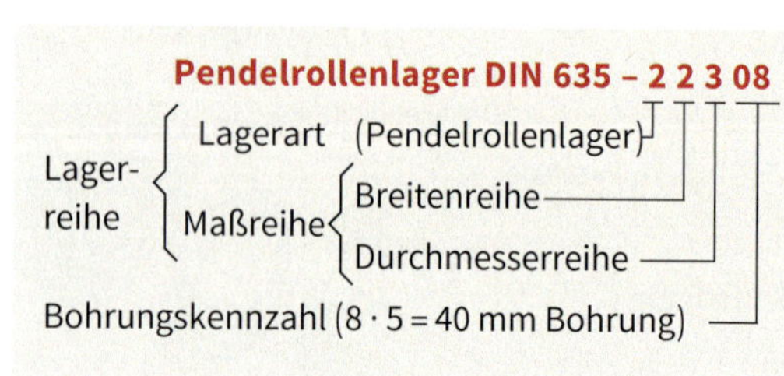

Als letzte Kennziffer im Basiszeichen steht die Bohrungskennzahl. Sie ist zweistellig und ergibt ab der Kennziffer 4, multipliziert mit dem Faktor 5, den Durchmesser der Lagerbohrung.

Hat die Breitenreihe die Kennziffer 0, wird sie bei den meisten Lagern im Basiszeichen nicht angegeben.

Anordnung von Lagern

Lagerringe werden in der Regel so eingebaut, dass sie an einem Wellenabsatz anliegen. Die Sicherung gegen axiales Verschieben auf der Welle erfolgt häufig durch Sicherungsringe oder durch Nutmuttern mit Sicherungsblech (Abb. 4).

Die Sicherung gegen axiales Verschieben in der Lagerbohrung wird einerseits durch eine Abstufung in der Bohrung und andererseits durch Sicherungsringe oder Lagerdeckel erreicht.

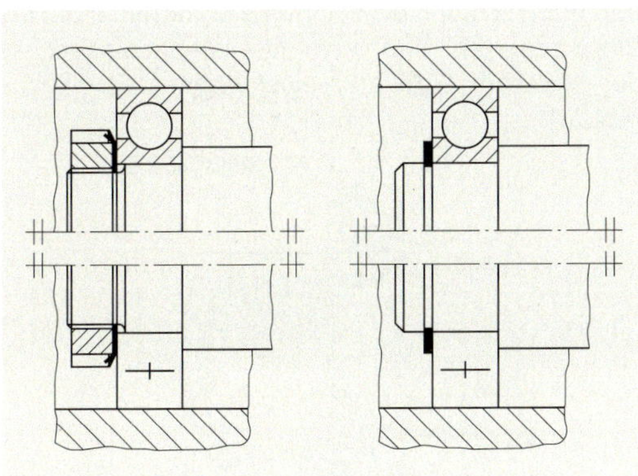

Abb. 4: Axiale Sicherung von Wälzlagern

Für die Lagerung von Wellen sind mindestens zwei Lager erforderlich. Nach der Art des Einbaus unterscheidet man zwischen einer Lagerung mit

- einer Fest-Loslager-Anordnung,
- einer angestellten Lagerung (Stützlagerung) und
- einer schwimmenden Lagerung.

Die Fest-Loslager-Anordnung ist die gängigste Art für eine Lagerung.

- **Fest-Loslager-Anordnung**

Als Festlager bezeichnet man das Lager, das die Welle axial nach beiden Richtungen fixiert. Außen- und Innenring sind gegen Verschieben gesichert. Das Festlager nimmt dabei Radial- und Axialkräfte auf (Abb. 5).

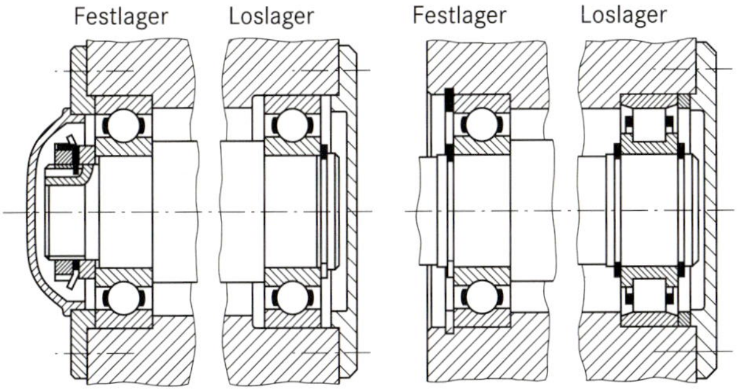

Abb. 5: Beispiele einer Fest-Loslager-Anordnung

Als Loslager bezeichnet man das Lager, das axiale Wärmedehnung ausgleicht. Ideale Loslager sind Zylinderrollenlager der Baureihe N und NU. Hier kann sich der Wälzkörperkranz auf den Laufbahnen des bordlosen Lagerringes verschieben. Alle anderen Lager, wie Rillenkugellager und Pendelrollenlager, können nur dann als Loslager eingesetzt werden, wenn einer der beiden Laufringe eine lose Passung und keine axiale Anlagefläche erhält.

- **Angestellte Lagerung**

Die angestellte Lagerung besteht in der Regel aus zwei spiegelbildlich angeordneten Schrägkugellagern oder Kegelrollenlagern (Abb. 6). Axialspiel, das auf Grund von Fertigungstoleranzen auftritt, kann leicht korrigiert werden. Bei der Montage wird ein Lagerring durch z. B. eine Nutmutter so weit verschoben, bis die Lagerung das gewünschte Spiel hat.

Man unterscheidet zwischen der X-Anordnung und der O-Anordnung der Lager. Durch Wärmedehnung kann sich das eingestellte Lagerspiel verändern. Bei der O-Anordnung führt dies zu einer Spielvergrößerung, während sich bei der X-Anordnung das Spiel verringert.

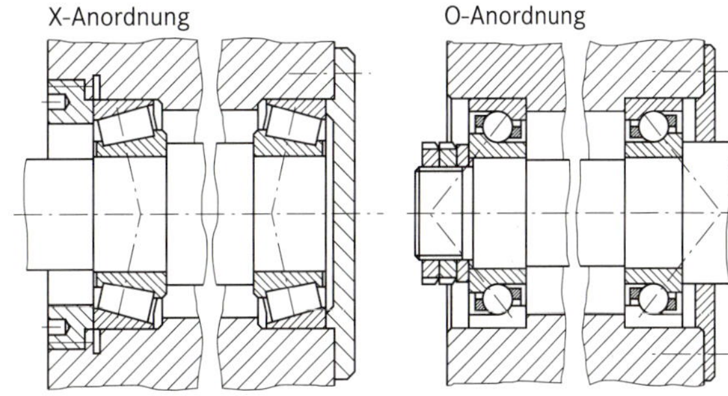

Abb. 6: Beispiele einer angestellten Lagerung

- **Schwimmende Lagerung**

Die schwimmende Lagerung wird angewandt, wenn die Welle axial nicht geführt werden muss. Die Welle kann sich im Gehäuse in axialer Richtung bewegen (Abb. 7). Der Außenring wird dabei im Allgemeinen mit einer losen Passung versehen.

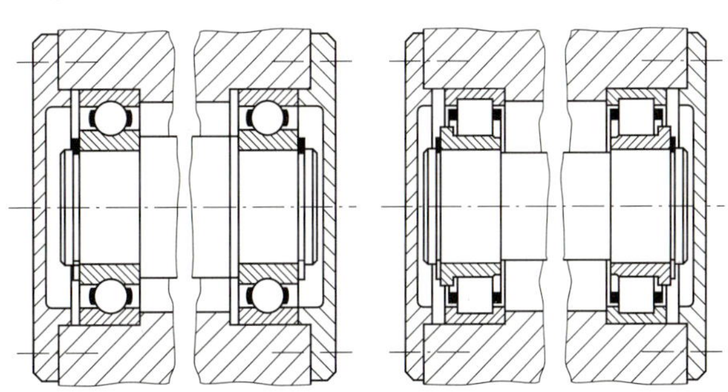

Abb. 7: Beispiele für schwimmende Lagerung

Montieren

Vorbereitung der Montage

Wälzlager sind vor Schmutz und Feuchtigkeit zu schützen. Bereits kleinste Teilchen, die in das Lager gelangen, beschädigen die Laufflächen.

! Der Montageplatz muss staubfrei und trocken, Welle und Gehäuse müssen sauber sein.

Nach den Angaben der Stückliste ist das richtige Wälzlager auszuwählen. Das Kurzzeichen des Lagers ist auf der Verpackung vermerkt und in die Seitenflächen der Lagerringe gestempelt. Aus dem Kurzzeichen kann man Lagerart, Abmessungen und Angaben für besondere Ausführungen erkennen (→📖).

Wälzlager sind in der Originalverpackung mit einem dickflüssigen Korrosionsschutzöl konserviert. Vor der Montage ist dieses Öl an den Sitz- und Anlageflächen abzuwischen. Aus kegeligen Bohrungen ist vor dem Einbau der Korrosionsschutz mit Kaltreiniger auszuwaschen. Dadurch ist ein sicherer, fester Sitz auf der Welle oder einer Hülse gewährleistet. Nach dem Reinigen wird die kegelige Bohrung mit einem Maschinenöl mittlerer Viskosität dünn benetzt, um einer möglichen Korrosion vorzubeugen.

Beim Einbau nichtzerlegbarer Lager müssen die Montagekräfte immer an dem fest gepassten Ring angreifen. Dieser Ring wird zuerst montiert (Abb. 1).

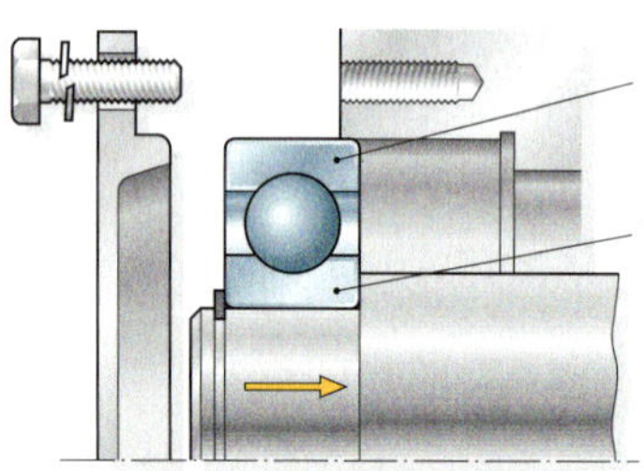

Abb. 1: Einbau nichtzerlegbarer Lager

Beim Einbau zerlegbarer Lager können beide Ringe einzeln montiert werden. Das Lager wird anschließend mit einer schraubenden Drehung gefügt (Abb. 2).

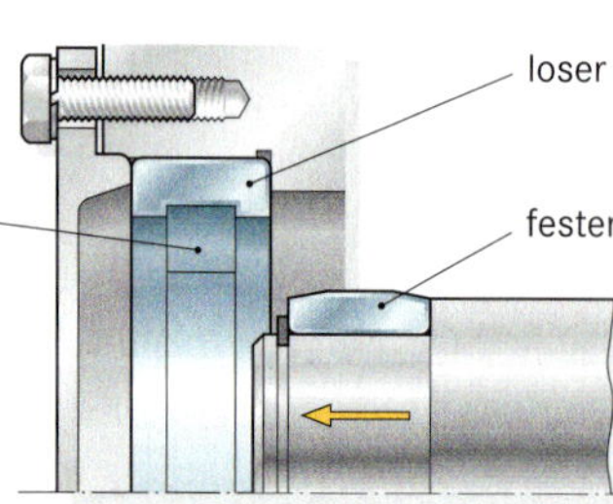

Abb. 2: Einbau zerlegbarer Lager

Mechanische Montage

• Wälzlager mit zylindrischen Bohrungen

Wälzlager mit zylindrischen Bohrungen werden mechanisch von Hand oder mit Hilfe einer Presse montiert.

Das Maß der Bohrung des Rillenkugellagers DIN 625-6302 (Pos. 11) und das Maß der Welle bilden eine Übergangspassung. Das Lager wird mit leichten Hammerschlägen auf die Welle getrieben. Weil die Lagerringe gehärtet und schlagempfindlich sind, darf man nicht mit dem Hammer unmittelbar auf die Ringe schlagen. Man verwendet eine Schlagbüchse aus weichem Stahl mit einer ebenen Stirnfläche (Abb. 3).

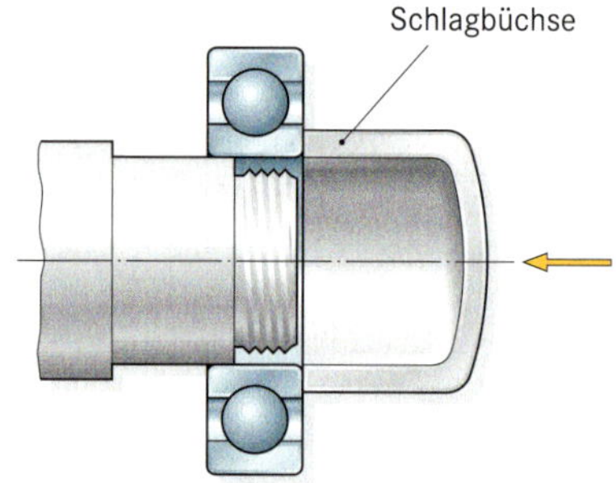

Abb. 3: Einbau mit Hilfe einer Schlagbüchse

Der Innendurchmesser der Büchse soll nur wenig größer als der Durchmesser der Lagerbohrung sein. Der Außendurchmesser der Büchse darf nicht größer als der Außendurchmesser des Innenringes sein. Die Schlagkraft muss gleichmäßig am ganzen Umfang angreifen, um das Lager nicht zu beschädigen.

Statt eines Einbaus von Hand können die Lager auch mit Hilfe einer mechanischen oder hydraulischen Presse montiert werden (Abb. 4).

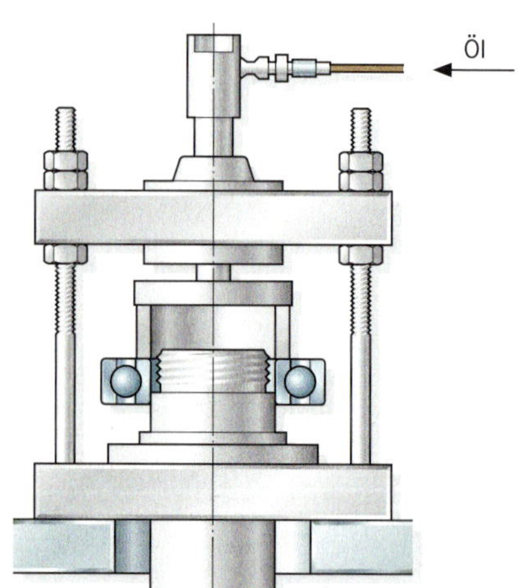

Abb. 4: Einbau mit Hilfe einer hydraulischen Presse

• Wälzlager mit kegeligen Bohrungen

Wälzlager mit kegeligen Bohrungen werden mit Hilfe einer Wellenmutter eingebaut. Ihre Montage erfolgt unmittelbar auf der kegeligen Welle. Auf einer zylindrischen Welle werden sie mit einer Spann- oder Abziehhülse montiert. Zum Anziehen der Mutter verwendet man einen Hakenschlüssel.

Beim Aufschieben des Lagers auf die kegelige Welle wird der Innenring geweitet und die Radialluft *e* vermindert (Abb. 5a).

Die Radialluftverminderung ist die Differenz zwischen der Radialluft vor und nach dem Einbau. Während der Montage ist die Radialluft mit einer Fühlerlehre ständig zu prüfen, bis der vorgeschriebene Wert eingestellt ist (Abb. 5b). Statt der Radialluftverminderung kann man auch den Verschiebeweg auf dem Kegel messen. Die Werte für die Radialluftverminderung und den Verschiebeweg sind Tabellen der Lagerhersteller zu entnehmen.

a) Radialluft des Lagers

b) Prüfen der Radialluft

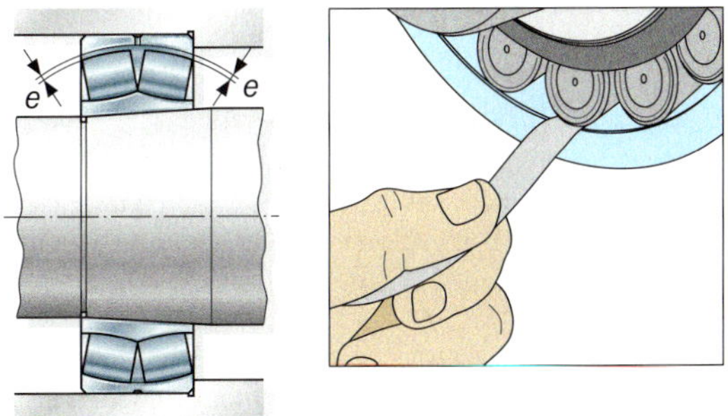

Abb. 5: Radialluft eines Pendelrollenlagers

Lager mit Spannhülse werden mit einer Spannhülsenmutter auf den kegeligen Sitz der Hülse geschoben (Abb. 6a). Bei größeren Lagern verwendet man eine Wellenmutter mit Druckschrauben (Abb. 6b).

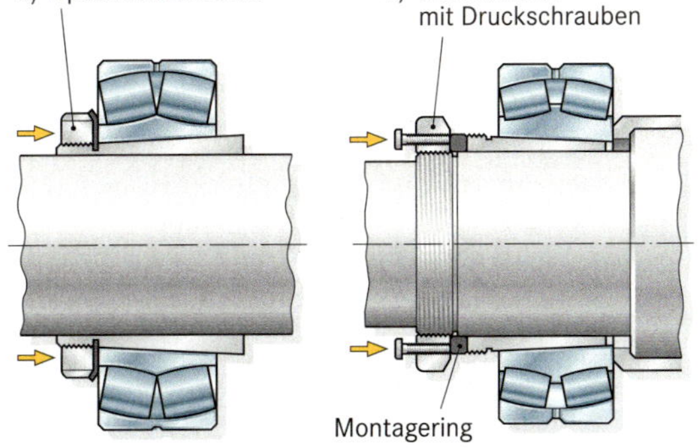

Abb. 6: Aufpressen eines Pendelrollenlagers

Man zieht die Mutter zunächst so weit an, bis Mutter und Montagering satt anliegen. Dann werden die Druckschrauben über Kreuz angezogen, bis die geforderte Radialluftverminderung erreicht ist.

Abziehhülsen werden mit der Wellenmutter in den Spalt zwischen Welle und Innenring gepresst (Abb. 7).

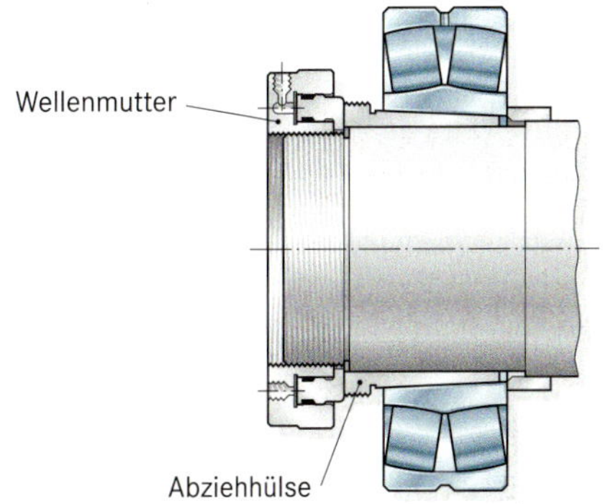

Abb. 7: Einpressen einer Abziehhülse

Thermische Montage

Zylindrische Lager, bei denen Übermaßpassungen vorgeschrieben sind, werden thermisch montiert. Die Lager werden auf ca. 100 °C erwärmt. Eine Erwärmung auf über 120 °C ist nicht zulässig, da sich dann die Werkstoffeigenschaften des Lagers ändern können. Lager mit einer Fettfüllung und mit Dichtscheiben dürfen nur bis 80 °C erwärmt werden.

Wälzlager kann man auf einer temperaturgeregelten *Heizplatte* oder in einem *Ölbad* erwärmen. Über den Boden des Ölbehälters legt man ein Sieb, damit sich das Lager gleichmäßig erwärmt und keine Schmutzpartikel in das Lager gelangen (Abb. 8). Nach dem Erwärmen muss das Öl gut abtropfen. Alle Pass- und Anlageflächen sind abzuwischen.

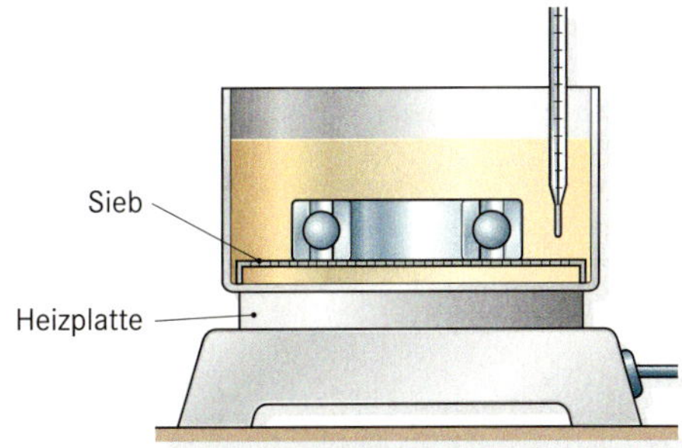

Abb. 8: Anwärmen eines Lagers im Ölbad

Danach wird das Lager zügig, mit einer leicht schraubenden Drehung, auf die Welle geschoben. Als Schutz für die Hände verwendet man Schutzhandschuhe oder nicht fasernde Lappen.

Eine sichere, aber zeitaufwändige Methode ist das Erwärmen der Wälzlager in einem *Heißluftofen*. Die Temperatur kann genau eingehalten werden, eine Verschmutzung ist nahezu ausgeschlossen.

Sicher und schnell kann man Lager mit Hilfe eines *induktiven Anwärmgerätes* auf Montagetemperatur bringen (Abb. 1). Nach dem Erwärmen ist das Lager mit Hilfe des induktiven Anwärmgerätes entsprechend der Betriebsanleitung zu entmagnetisieren.

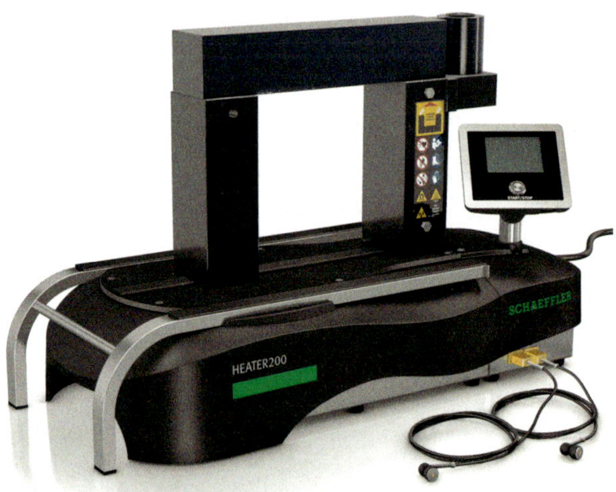

Abb. 1: Induktives Anwärmgerät

Ist ein fester Sitz des Außenringes des Lagers vorgesehen, erwärmt man das Gehäuse. Ist dies nicht möglich, wird das Lager mit einer Mischung aus Trockeneis und Alkohol auf bis zu − 50 °C abgekühlt.

Bei der Montage sind Schutzhandschuhe zu tragen. Das beim Temperaturausgleich entstehende Kondenswasser ist mit Öl aus den Lagern herauszuspülen, da sonst Rostgefahr besteht.

Hydraulische Montage

Teile mit kegeligen Passflächen können mit Hilfe des Hydraulikverfahrens aufgepresst und abgezogen werden.

Bei diesem Verfahren wird Öl zwischen die Passflächen gepresst. Die Welle muss dazu mit einem Zuführkanal und einer Ölnut versehen sein (Abb. 2).

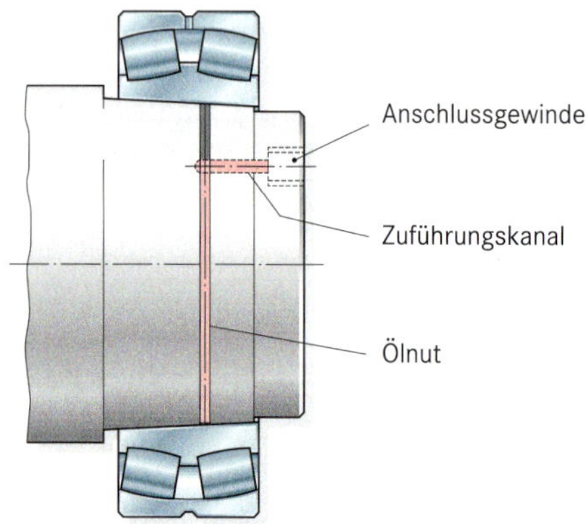

Abb. 2: Ölnuten und Zuführungskanäle

Der Ölfilm hebt die Berührung der Passteile weitgehend auf, so dass sie ohne Gefahr einer Oberflächenbeschädigung gegeneinander verschoben werden können.

Zylindrische Lagerringe werden warm gefügt und hydraulisch demontiert.

Zur Erzeugung des notwendigen Öldrucks verwendet man Injektoren (Abb. 3a) oder Handpumpen (Abb. 3b).

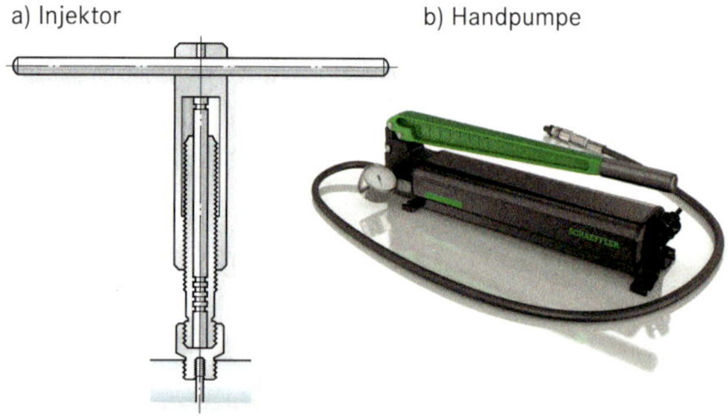

Abb. 3: Druckerzeuger

Schmierung

Vor der Montage eines Lagers ist dieses nach den Angaben des Lagerherstellers mit Fett zu schmieren.

Tab. 1: Fett-Füllmenge

Kennzahl	Füllmenge
$n \cdot d_m < 50\,000\ \text{min}^{-1}\ \text{mm}$	100 %
$n \cdot d_m = 50\,000 \ldots 500\,000\ \text{min}^{-1}\ \text{mm}$	60 %
n : max. Betriebs-Umdrehungfrequenz in min^{-1} d_m : mittlerer Lagerdurchmesser in mm	

Wird das Lager z. B. in ein Getriebe eingebaut, übernimmt eine Tauchschmierung oder Umlaufschmierung die Versorgung des Lagers mit Schmieröl.

Betriebstemperatur, Belastung der Lagerstelle sowie die Umdrehungsfrequenz sind bestimmend für die Auswahl des geeigneten Schmierstoffes.

Demontieren

Sollen Lager nach der Demontage wiederverwendet werden, ist beim Ausbau mit besonderer Sorgfalt vorzugehen.

Bei nichtzerlegbaren Lagern soll das Wälzlager zunächst über den lose gepassten Ring z.B. aus dem Gehäuse ausgebaut werden. Anschließend wird der fest gepasste Ring von der Welle gezogen.

Das Abziehwerkzeug muss an dem Lagerring angesetzt werden, der abgezogen werden soll. Damit wird vermieden, dass sich die Wälzkörper in die Laufbahnen eindrücken.

Die Ringe zerlegbarer Lager lassen sich einzeln ausbauen (Abb. 4).

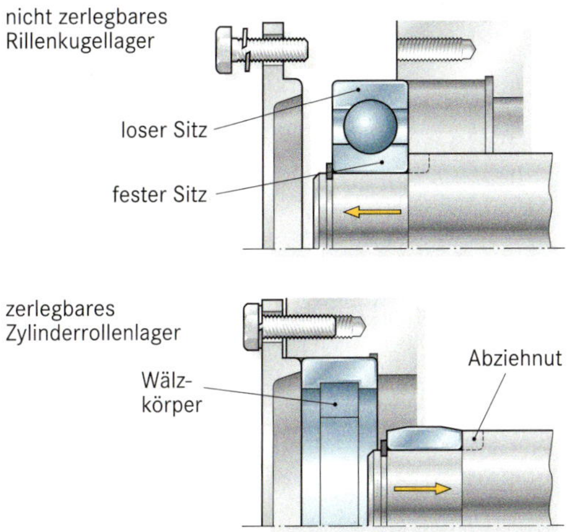

Abb. 4: Ausbau nichtzerlegbarer und zerlegbarer Lager

Wie bei der Montage unterscheidet man bei der Demontage mechanische, thermische und hydraulische Verfahren.

Mechanische Demontage

- **Lager mit zylindrischen Bohrungen**

Zum Ausbau kleinerer Lager werden Abziehvorrichtungen verwendet (Abb. 5).

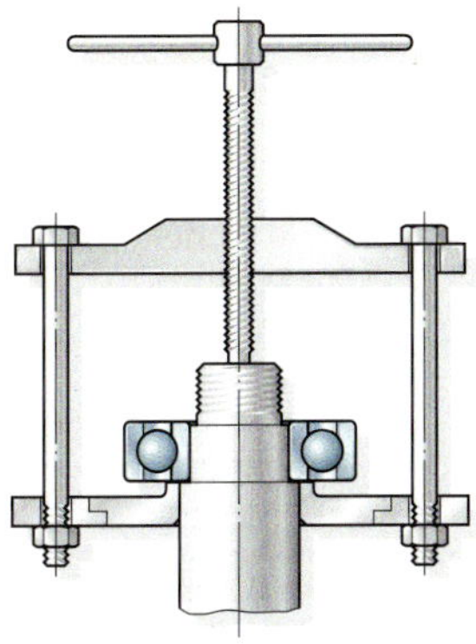

Abb. 5: Abziehvorrichtung

Hilfsweise können kleine Lager auch mit Hilfe eines weichen Metalldorns vom Lagersitz getrieben werden. Dabei sollen die Schläge auf den ganzen Umfang des festsitzenden Ringes verteilt werden (Abb. 6).

Abb. 6: Ausbau mit einem Metalldorn

In Fällen, in denen der Innenring den gleichen Durchmesser wie der Wellenbund hat und keine Abziehnuten vorgesehen sind, können Kugellager und Zylinderrollenlager mit Hilfe einer besonderen Abziehvorrichtung abgezogen werden. Fingerartige Vorsprünge der Vorrichtung greifen an die Laufbahnkante oder hinter die Wälzkörper. Mit Hilfe einer Zugspindel wird das Lager abgezogen (Abb. 7).

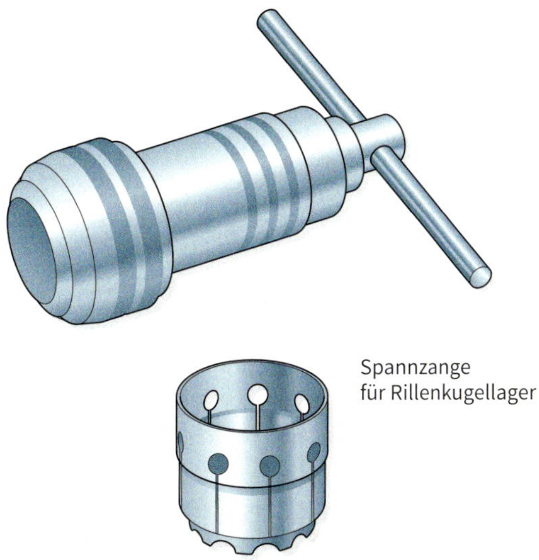

Abb. 7: Kugellagerabzieher

- **Lager mit kegeligen Bohrungen**

Beim Ausbau von Lagern, die unmittelbar auf dem kegeligen Wellenende oder auf einer Spannhülse montiert sind, wird zunächst die Wellenmutter gelöst.

Dann treibt man den Innenring mit leichten Hammerschlägen von der Welle bzw. der Spannhülse. Dazu wird ein weicher Metalldorn verwendet (Abb. 1).

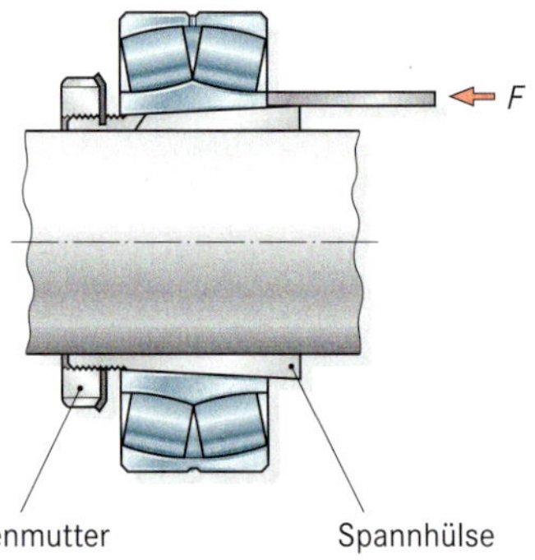

Abb. 1: Ausbau eines Wälzlagers mit Spannhülse

Thermische Demontage

Anwärmringe eignen sich zum Ausbau von zerlegbaren Zylinderrollenlagern und Nadellager-Innenringen. Die Anwärmringe aus Leichtmetall werden auf einer Heizplatte auf 200 … 300 °C erwärmt und über den abzuziehenden Innenring geschoben. Nach kurzer Erwärmung kann man den Ring abziehen (Abb. 2).

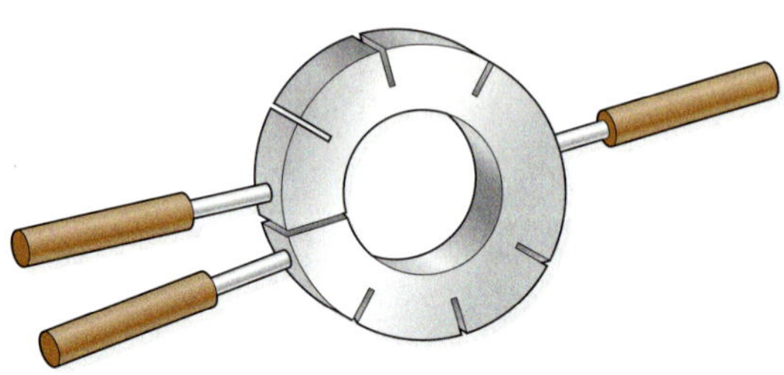

Abb. 2: Anwärmring

Bei der Verwendung induktiver Demontagevorrichtungen wird die Wärme durch den induzierten Strom erzeugt.

Die Innenringe größerer Lager können auch mit Hilfe eines Ringbrenners erwärmt und abgezogen werden. Unter keinen Umständen darf ein Schweißbrenner verwendet werden, weil der Ring dann ungleichmäßig und zu stark erwärmt wird.

Lagerringe, die nicht wieder verwendet werden sollen, kann man von dem Lagersitz absprengen. Sie werden mit einem Schweißbrenner partiell auf ca. 350 °C erwärmt. Danach wird der Lagerring mit einem Wasserstrahl abgeschreckt. Auf Grund der hohen Spannungen zerspringt der Ring. Wegen der bestehenden Unfallgefahr muss die Sprengstelle z. B. mit Lappen abgedeckt werden.

Hydraulische Demontage

Beim Hydraulik-Verfahren wird Öl zwischen die Passflächen gepresst. Dazu müssen Ölnuten, Zuführungskanäle und Anschlussgewinde für den Druckerzeuger vorgesehen sein (Abb. 3). Der Ölfilm hebt die Berührung der Passteile so weit auf, dass sie ohne Kraftaufwand gegeneinander verschoben werden können.

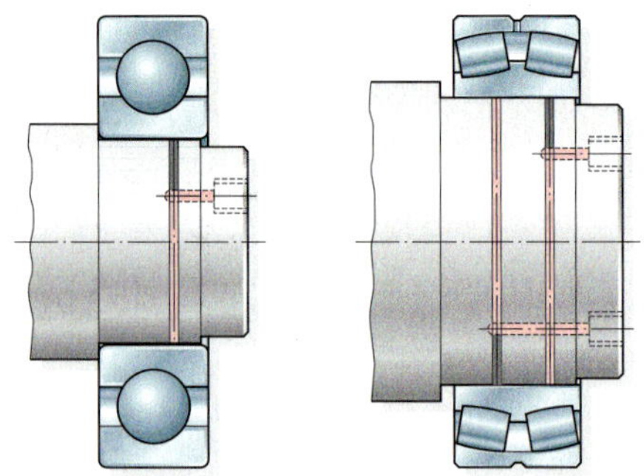

Abb. 3: Ölnuten für die Demontage

Aufgab

1. Welche Vorbereitungen sind vor Beginn der Montage eines Lagers zu treffen?

2. Beschreiben Sie die Montage eines Pendelrollenlagers.

3. Ein Pendelkugellager mit kegeliger Bohrung soll auf ein zylindrisches Wellenende montiert werden. Beschreiben Sie zwei verschiedene Montagemöglichkeiten und die notwendigen Voraussetzungen.

4. Beschreiben Sie die Demontage der Abtriebseinheit.

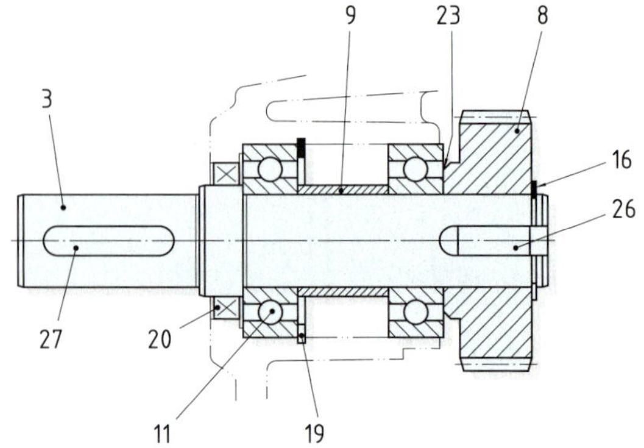

Zusammenfassung

Montage						
Lagerbauart	Lagerbohrung	Lagergröße [1]	ohne Anwärmen		mit Anwärmen	
Rillenkugellager Schrägkugellager Pendelkugellager Kegelrollenlager Tonnenlager Pendelrollenlager	zylindrisch	klein	Schlagbüchse	mechanische oder hydraulische Presse	Ölbad oder induktives Anwärmgerät	Heizplatte
		mittel				
		groß	–			–
Zylinderrollenlager Nadellager	zylindrisch	klein	Schlagbüchse	mechanische oder hydraulische Presse	Ölbad oder induktives Anwärmgerät	Heizplatte
		mittel				
		groß	–			–
Axial-Rillenkugellager Axial-Schrägkugellager	zylindrisch	klein	Schlagbüchse	mechanische oder hydraulische Presse	Ölbad oder induktives Anwärmgerät	Heizplatte
		mittel	–			
		groß				–
Pendelkugellager Tonnenlager Pendelrollenlager Spann-, Abziehhülse	kegelig	klein	–	Mutter und Druckschrauben	–	–
		mittel				
		groß				

Demontage						
Lagerbauart	Lagerbohrung	Lagergröße [1]	ohne Anwärmen			mit Anwärmen
Rillenkugellager Schrägkugellager Pendelkugellager Kegelrollenlager Tonnenlager Pendelrollenlager	zylindrisch	klein	Hammer und Dorn	Abziehvorrichtung	mechanische oder hydraulische Presse	–
		mittel	–			
		groß		–		
Zylinderrollenlager Nadellager	zylindrisch	klein	–	Abziehvorrichtung	mechanische oder hydraulische Presse	Anwärmring
		mittel				
		groß		–		Induktive Vorrichtung
Axial-Rillenkugellager Axial-Schrägkugellager	zylindrisch	klein	–	Abziehvorrichtung	mechanische oder hydraulische Presse	–
		mittel		–		
		groß				
Pendelkugellager Tonnenlager Pendelrollenlager Spann-, Abziehhülse	kegelig	klein	Hammer und Dorn	–	hydraulische Montage	–
		mittel	–	Mutter u. Druckschrauben		
		groß				

[1] klein: $d_i < 80$ mm; mittel: $d_i = 80 \ldots 200$ mm; groß: $d_i > 200$ mm

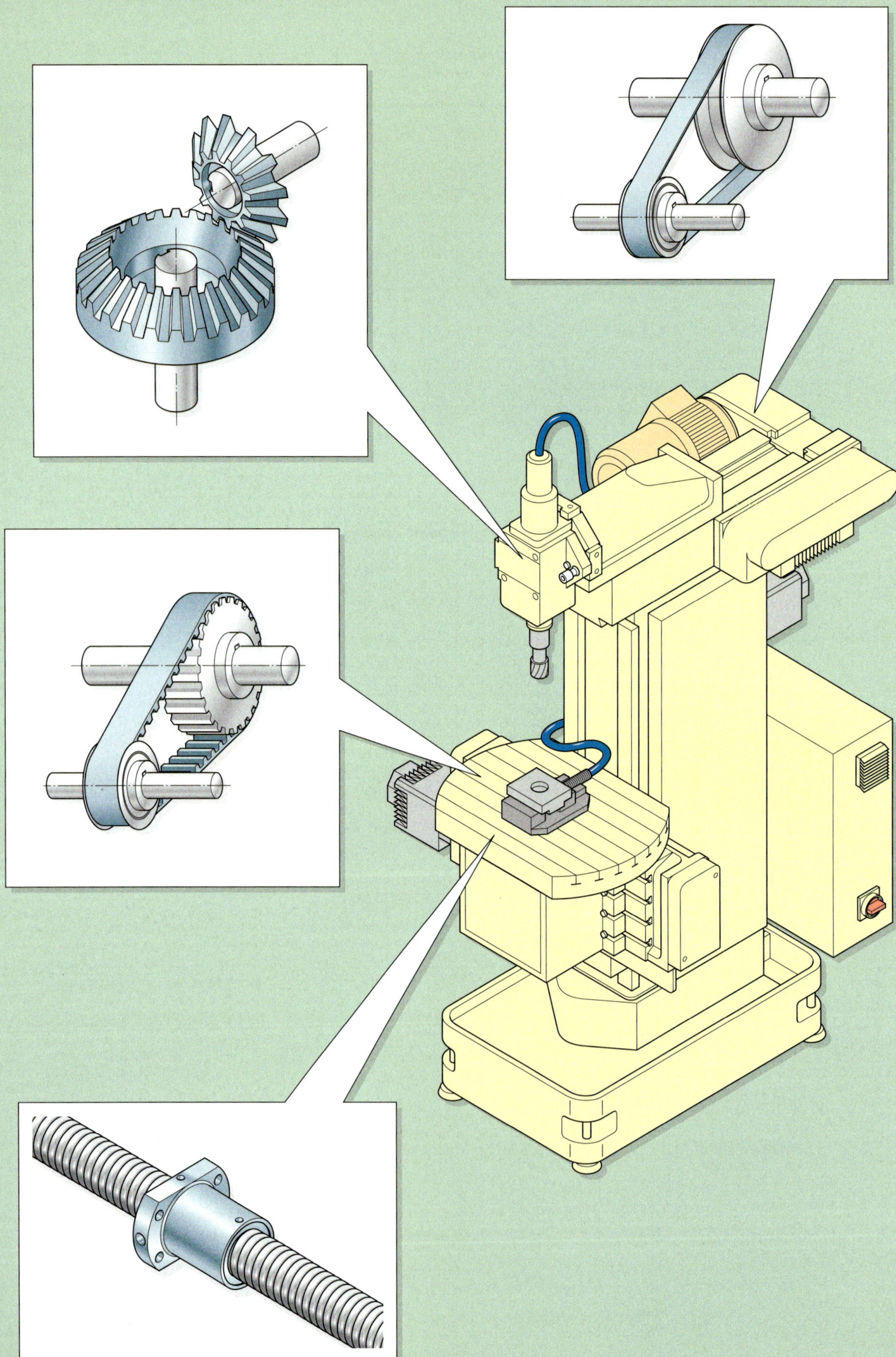

Energieübertragungseinheiten

Die Fräsmaschine hat als Antriebseinheiten mehrere Elektromotoren. Die Motoren wandeln die elektrische Energie, die sie aus dem Stromnetz entnehmen, in mechanische Energie um.

! Die mechanische Energie wird durch Energieübertragungseinheiten auf Arbeitseinheiten, wie Arbeitsspindel und Maschinentisch, übertragen.

In den Energiefluss vom Hauptantrieb zur Arbeitsspindel sind als Energieübertragungseinheiten u. a. Keilriemengetriebe, Zahnradgetriebe, Kupplungen und Wellen eingebunden. Die Arbeitsspindel nimmt die Fräswerkzeuge auf und führt die Schnittbewegung aus (Abb. 1a).

Bei den Vorschubantrieben wird die Antriebsenergie über Zahnriemengetriebe und Kugelgewindegetriebe direkt auf den Maschinentisch bzw. den Querschlitten übertragen (Abb. 1b). Der Maschinentisch führt die Vorschubbewegungen in X- und Y-Richtung, der Querschlitten in Z-Richtung aus.

Bei der Montage müssen die verschiedenen Energieübertragungseinheiten so zusammengefügt werden, dass die Funktionsanforderungen erfüllt werden. Die Energieübertragungseinheiten müssen die Kräfte und Drehmomente zuverlässig übertragen und die Bewegungen genau ausführen. Außerdem sollen die eingebauten Bauteile und Baugruppen eine lange Nutzungsdauer haben und einen geringen Instandhaltungsaufwand erfordern.

Riemengetriebe, Zahnradgetriebe, Kupplungen u. Ä. werden häufig als Energieübertragungseinheiten in technischen Systemen verwendet. Sie sind standardisierte Baugruppen.

Bei der Montage und Demontage dieser Baugruppen sind bestimmte Tätigkeiten auszuführen. Diese sind unabhängig von der Art des technischen Systems, in dem sie verwendet werden.

Abb. 1: Blockdarstellung der Energieübertragung

6.1 Riemengetriebe

Bei der Fräsmaschine wird die Antriebsenergie von den Elektromotoren durch Riemengetriebe übertragen. Es sind Keilriemengetriebe und Zahnriemengetriebe eingesetzt.

Aufbau/ Funktion

6.1.1 Keilriemengetriebe

Das Keilriemengetriebe an der Fräsmaschine überträgt die Antriebsenergie vom Hauptantrieb auf die Antriebswelle (Abb. 1). Die biegeweichen Keilriemen umschlingen die Riemenscheiben. Sie nehmen die Umfangskräfte als Zugkräfte auf. Zum Übertragen großer Kräfte sind mehrere Keilriemen erforderlich, die in mehrrilligen Riemenscheiben laufen. Keilriemengetriebe dämpfen Schwingungen und stoßartige Belastungen.

! Keilriemengetriebe übertragen die Umfangskräfte durch Kraftschluss auch bei größeren Achsabständen.

Abb. 1: Keilriemengetriebe

Montieren

Wahl des Keilriemenprofils

Bei der Montage ist darauf zu achten, dass das trapezförmige Keilriemenprofil und das Profil der Keilriemenscheiben übereinstimmen. Keilriemengetriebe übertragen die Kräfte durch Reibung zwischen den schrägen Flanken von Keilriemen und Keilriemenscheibe. Durch die Keilform der Flanken wird die Anpresswirkung der radialen Kraft verstärkt.

! Falsch gewählte Keilriemenprofile führen zu funktionsuntüchtigen Antrieben.

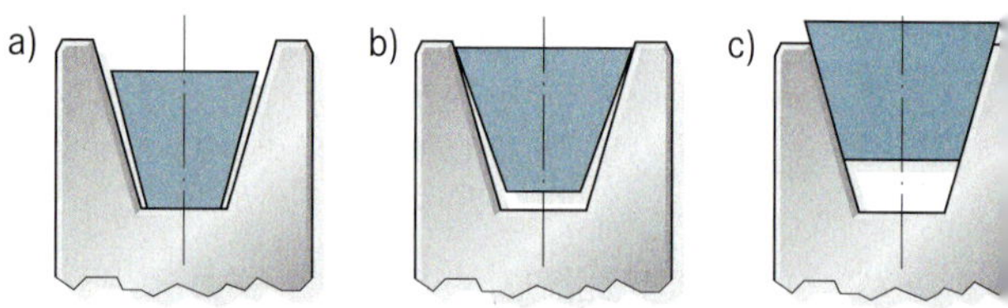

a)
- Keilriemen zu schmal
- fehlende Keilwirkung
- geringe Kraftübertragung

b)
- fehlerhafter Winkel
- fehlende Keilwirkung
- geringe Kraftübertragung

c)
- Keilriemen zu bre[it]
- erhöhte Verform[ung]
- hoher Riemenver[]schleiß

Abb. 2: Fehlerhafte Profilzuordnung

Liegt der Keilriemen im Grund auf (Abb. 2a) oder liegt er nicht mit den Flanken an der Riemenscheibe an (Abb. 2b), so kommt die zur Kraftübertragung notwendige Keilwirkung nicht zustande.

Ragt der Keilriemen über den Außendurchmesser der Scheibe hinaus, so wird er durch erhöhte Verformung in kurzer Zeit zerstört (Abb. 2c).

Grundlagen

Kraftwirkung des Keilriemens

Die radiale Kraft F_r erzeugt durch die Keilwirkung zwei gleichgroße Normalkräfte F_N. Die Normalkräfte stehen senkrecht auf den Flanken des Riemens. Die radiale Kraft F_r wird durch die Vorspannung der Keilriemen erzeugt.

$$F_N = \frac{F_r/2}{\sin \alpha/2}$$

Die durch ein Riemengetriebe übertragbare Umfangskraft F_U ergibt sich aus der Reibung zwischen den Flanken des Riemens.

$$F_U \leq F_R = 2 \cdot \mu \cdot F_N$$

Die Reibkraft F_R ist um so größer, je größer die Gleitreibungszahl μ und um so größer die Normalkraft F_N ist.

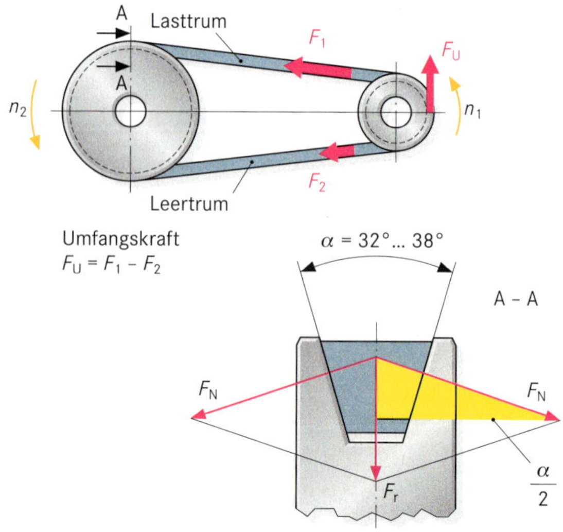

Die Abmessungen der Keilriemen und Keilriemenscheiben sind genormt (Abb. 3). Für Antriebe im Maschinenbau werden hauptsächlich *Normalkeilriemen* und *Schmalkeilriemen* eingesetzt. Beide gibt es auch als *Hochleistungskeilriemen*. Eine normgerechte Riemenbezeichnung ist folgendermaßen aufgebaut (➜📖):

Schmalkeilriemen DIN 7753 - XPZ 900

Art des Riemenprofils —— XPZ

Richtlänge des Keilriemens —— 900

Die jeweiligen Keilriemenabmessungen sind aus Montagezeichnungen und Bestelllisten zu ermitteln.

a) Normalkeilriemen DIN 2215

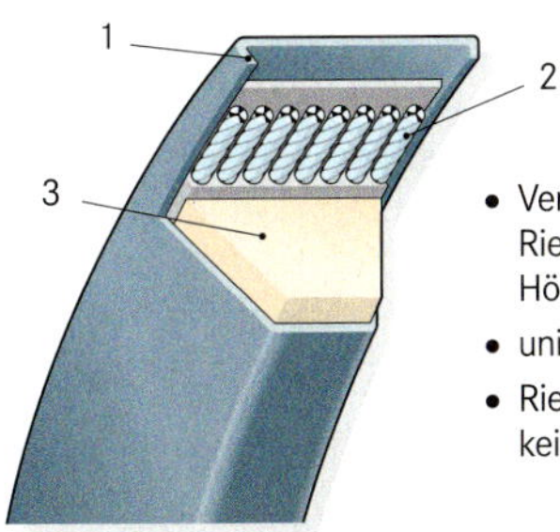

- Verhältnis obere Riemenbreite zu Höhe ≈ 1,6
- universell einsetzbar
- Riemengeschwindigkeit bis 30 m/s

b) Schmalkeilriemen DIN 7753-1

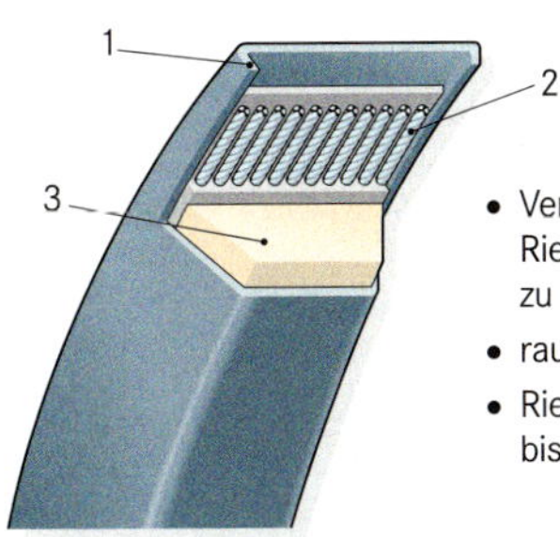

- Verhältnis obere Riemenbreite zu Höhe ≈ 1,2
- raumsparender Antrieb
- Riemengeschwindigkeit bis 40 m/s

c) Hochleistungskeilriemen DIN 2215 oder DIN 7753-1

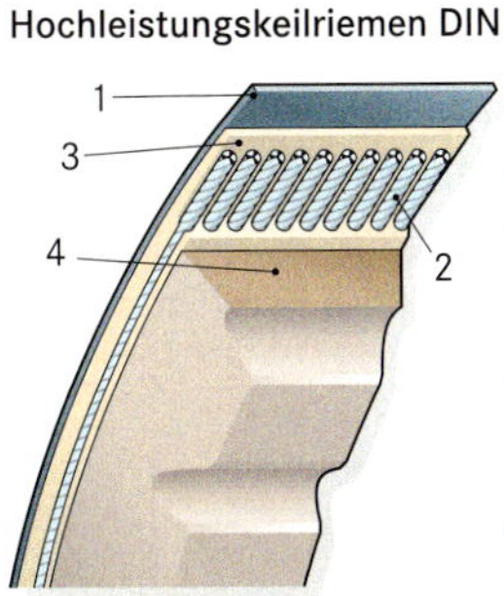

- flankenoffen
- hohe Biegefähigkeit durch Zahnung im Keilriemenunterbau
- hohe Quersteifigkeit durch Elastomer-Fasern quer zur Laufrichtung
- Riemengeschwindigkeit bis 50 m/s

1 Gewebeummantelung
2 Zugstrang aus Polyamid- oder Polyestercord
3 Einbettungsmischung aus Elastomer oder Kautschuk
4 Keilriemenunterbau aus Elastomer-Faser-Mischung

Abb. 3: Ausgewählte Keilriemenprofile

Zustand von Keilriemen und Keilriemenscheibe

Vor der Montage ist der Zustand von Keilriemenscheiben und Keilriemen zu überprüfen. Die Keilriemenscheiben müssen frei von Grat, Rost, Öl und Schmutz sein.

! Unsaubere Keilriemenscheiben zerstören die Keilriemen vorzeitig und vermindern die Flankenreibung.

Durch schlechte Lagerung verformte bzw. hart gewordene Riemen sollten nicht mehr verwendet werden. Verschmutzte Keilriemen können mit einer Glyzerin-Spiritus-Mischung (1:10) gereinigt werden.

Ausrichten der Keilriemenscheiben

Die Keilriemenscheiben werden auf die Wellen von Antrieb und Abtrieb montiert. Antriebs- und Ab-triebswelle müssen parallel zueinander liegen. Zur Überprüfung der Wellenparallelität wird der Ab-stand der Wellen an mehreren Stellen gemessen.
Außerdem müssen die Keilriemenscheiben in einer Ebene zueinander liegen und miteinander fluchten. Das genaue Fluchten der Riemenscheibenstirnflächen kann mit Hilfe eines Lineals überprüft werden (Abb. 4).

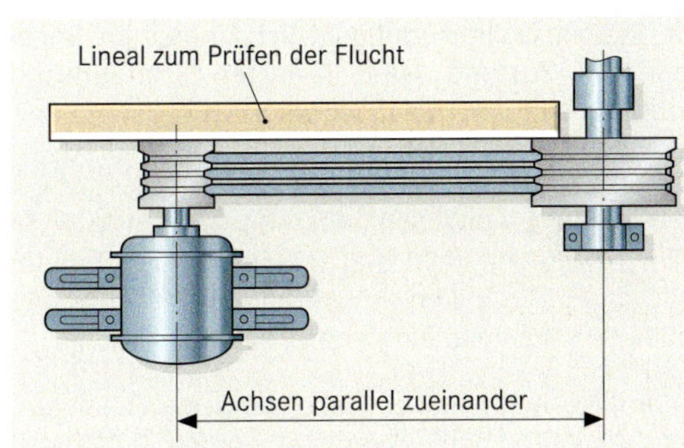

Abb. 4: Ausrichten der Keilriemenscheiben

Parallelitätsabweichung der beiden Wellen führt zu erhöhtem Verschleiß an einer Riemenflanke (Abb. 5).

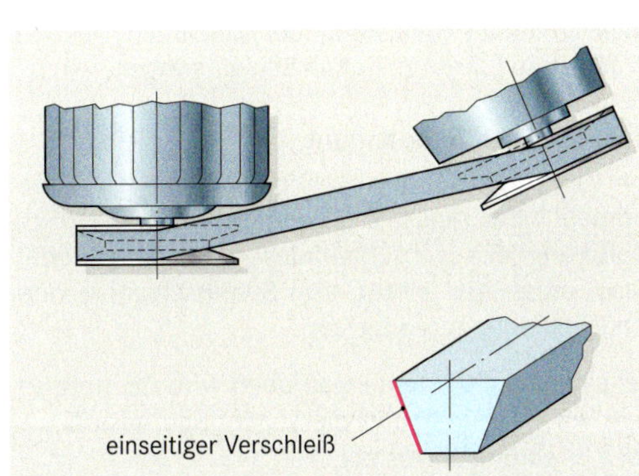

Abb. 5: Auswirkung von Parallelitätsabweichungen

Fluchten die Scheiben nicht miteinander, liegt Scheibenversatz vor. *Scheibenversatz* ergibt erhöhten Verschleiß an beiden Riemenflanken (Abb. 1).

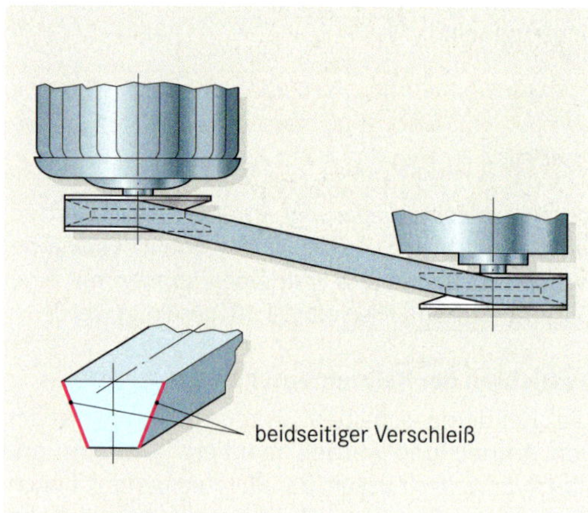

Abb. 1: Auswirkung von Scheibenversatz

! Eine fehlerhafte Ausrichtung der Keilriemenscheiben zueinander ergibt vorzeitigen Riemenverschleiß und erzeugt übermäßige Laufgeräusche.

Auflegen der Keilriemen

Die Riemen sollten grundsätzlich immer im ungespannten Zustand ohne jeglichen Kraftaufwand aufgelegt werden. Hierzu wird der Achsabstand entsprechend verringert.

! Gewaltsames Aufziehen über die Scheibenkanten oder die Verwendung von Montiereisen beschädigen Zugstrang und Gewebeummantelung der Riemen und verringern die Lebensdauer.

Mehrrillige Keilriemengetriebe müssen mit längengleichen Keilriemen ausgerüstet werden. Bei Ausfall einzelner Riemen ist immer ein kompletter neuer Satz zu montieren. Bereits eingesetzte Riemen und neue Riemen können wegen der unterschiedlichen Dehnung nicht in einem Satz verwendet werden. Schon kleinste Längentoleranzen ergeben eine ungleichmäßige Belastung der einzelnen Riemenstränge und führen zu hohen Schwingungen.

Einstellen der Vorspannung

Nur ein vorgespannter Keilriemen kann ein Drehmoment übertragen. Der Riemen wird durch Vergrößerung des Achsabstandes elastisch gedehnt. Dazu muss der Motor auf Spannschienen oder schwenkbar angeordnet sein.

Bei einfachen Keilriemengetrieben wird die notwendige Vorspannkraft und die zugehörige Auslenkung nach Erfahrung eingestellt.

Für hochbeanspruchte Keilriemengetriebe werden Vorspannungsmessgeräte eingesetzt (Abb. 2).

Abb. 2: Prüfen der Keilriemenvorspannung

Zur Überprüfung der Vorspannkraft wird in der Mitte des Riemens eine vorgegebene Prüfkraft aufgebracht und die dabei auftretende Riemenauslenkung gemessen. Die für die Kontrolle nötigen Daten sollten auf einem Aufkleber festgehalten sein, der gut sichtbar am Antrieb angebracht ist (Abb. 3).

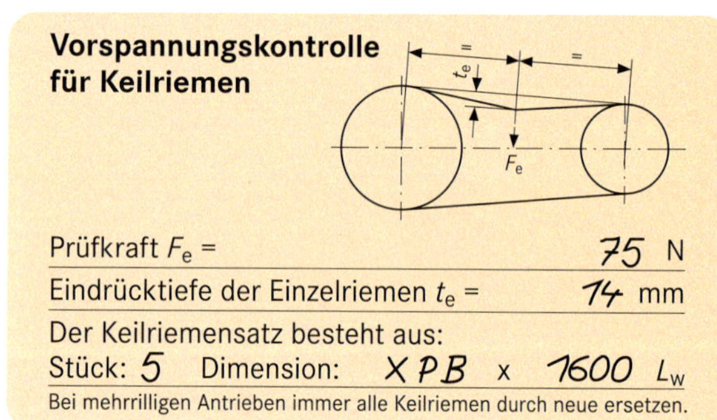

Abb. 3: Aufkleber zur Vorspannungskontrolle

Zu hohe Vorspannung verursacht

- übermäßige Dehnung des Keilriemens,
- große Verformung verbunden mit hohen Temperaturen,
- verminderte Lebensdauer des Keilriemens und
- hohe Lagerbelastung.

Zu geringe Vorspannung führt zu

- ungenügender Kraftübertragung,
- Durchrutschen mit erhöhter Geräuschbildung und
- vorzeitigem Verschleiß durch großen Schlupf.

Nach einer Einlaufzeit von etwa 20 Minuten ist die Vorspannung erneut zu kontrollieren und der Riemen ggf. nachzuspannen.

ufbau/ nktion

6.1.2 Zahnriemengetriebe

Bei den Zahnriemengetrieben greifen Zähne des biegsamen Zahnriemens (Synchronriemen) in die Verzahnung der Zahnscheiben (Synchronscheiben) ein (Abb. 4). Zahnriemengetriebe haben eine schlupffreie synchrone Bewegungsübertragung. Sie dämpfen stoßartige Belastungen und Schwingungen.

Abb. 4: Zahnriemengetriebe

! Zahnriemengetriebe übertragen die Antriebsenergie schlupffrei durch Formschluss.

Durch Bordscheiben werden die Zahnriemen seitlich geführt. Die Bordscheiben sind meist an der kleineren Zahnscheibe angebracht. Sie können auch wechselseitig an beiden Zahnscheiben befestigt sein.

Bei sachgemäßer Montage sind Zahnriemengetriebe wartungsfrei.

Mon-tieren

Bestimmen der Zahnriemenabmessungen

Bei der Montage ist darauf zu achten, dass die Profilform des Zahnriemens und die Hauptabmessungen Teilung, Wirklänge und Breite mit den Zahnscheiben übereinstimmen. Die Teilung T ist der Abstand zwischen zwei benachbarten Zähnen (Abb. 5). Die Wirklänge l_w ist der Umfang des Zahnriemens auf der Wirklinie.

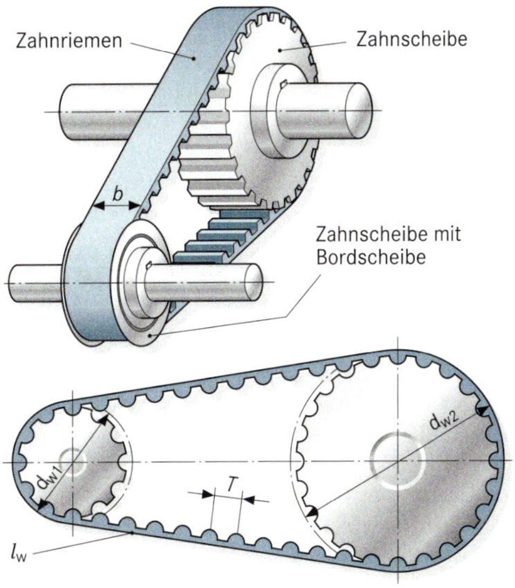

Abb. 5: Zahnriemenabmessungen

Genormte Zahnriemenprofile haben eine trapezförmige Verzahnung (Abb. 6a). Zahnriemen mit metrischer Teilung sind nach **DIN 7721** und mit inch-Teilung nach **ISO 5296** genormt.

Moderne Zahnrienprofile, als Weiterentwicklung der trapezförmigen Profile, sind industrieller Standard, aber nicht genormt. Die Profile sind von Hersteller zu Hersteller unterschiedlich. Häufig eingesetzte Profile sind HTD-Profile (High-Torque-Drive) (Abb. 6b u. 6c).

a) Zahnriemen DIN 7721 **b) HTD Zahnriemen** **c) doppelverzahnter HTD Zahnriemen**

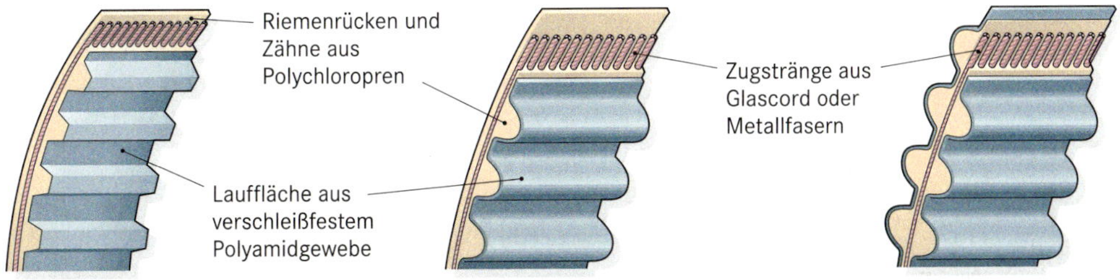

a)
- trapezförmiges Zahnprofil
- hohe Zahnverformung
- ungleichmäßige Belastung bei Zahneingriff
- geringere Lebensdauer

b)
- gerundetes HTD-Zahnprofil
- präziser Zahneingriff
- hohe Sicherheit gegen Überspringen der Zähne
- für Riemengeschwindigkeiten bis 50 m/s

c)
- doppelverzahntes HTD-Zahnprofil
- präziser Zahneingriff
- für Zahnriemengetriebe mit Drehrichtungsumkehr

Abb. 6: Ausgewählte Zahnriemenprofile

Eine normgerechte Bezeichnung für Zahnriemen mit trapezförmigem Profil und Teilung in Millimeter ist folgendermaßen aufgebaut:

Riemen DIN 7721 - 10 T 5 x 500

- Zahnriemenbreite → 10
- Zahnteilung → T 5
- Wirklänge des Zahnriemens → 500

Die jeweiligen Zahnriemenabmessungen sind aus Montagezeichnungen oder Bestelllisten zu ermitteln.

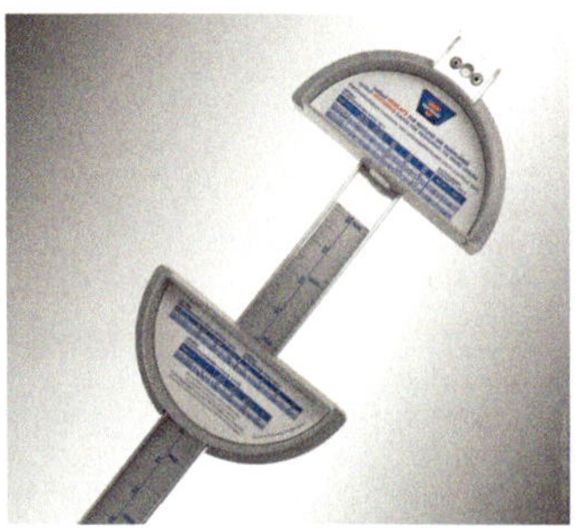

Abb. 1: Messgerät zum Bestimmen der Wirklänge

Auflegen der Zahnriemen

Die Montage der Zahnriemen muss zwanglos von Hand erfolgen. Hierzu ist der Achsabstand zu verringern. Wenn dies nicht möglich ist, müssen die Zahnriemen zusammen mit einer Zahnscheibe oder mit beiden Zahnscheiben montiert werden.

! Zahnriemen dürfen nicht mit Gewalt auf die Zahnscheiben gezwängt oder über die Bordscheiben gerollt werden, weil dadurch Zugstrang und Polyamidgewebe beschädigt werden können.

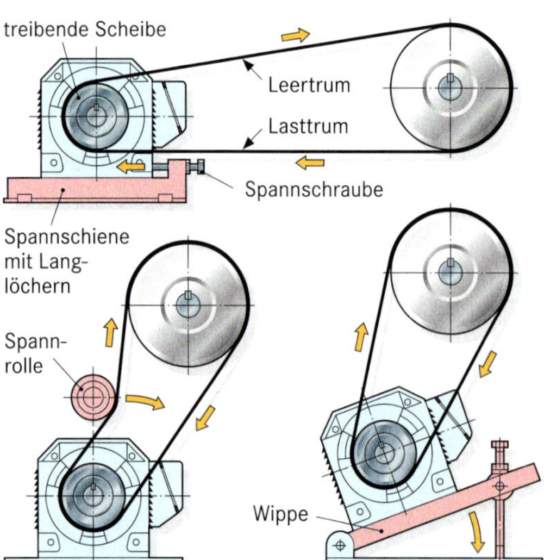

Abb. 2: Spannvorrichtungen

Die Zahnscheiben müssen genau wie Keilriemenscheiben fluchtend ausgerichtet werden (vgl. Kapitel 6.1.1).

Einstellen der Vorspannung

Die formschlüssige Kraftübertragung erfordert nur eine verhältnismäßig geringe Vorspannung des Zahnriemens. Das Einstellen der Vorspannung kann über

- eine Verstellmöglichkeit für den Achsabstand oder
- eine Vorspannrolle im Leertrum erfolgen (Abb. 2).

Zu hohe Vorspannung

- verursacht hohe Laufgeräusche und
- bewirkt vorzeitigen Riemenverschleiß.

Zu geringe Vorspannung

- führt zu Gleichlaufschwankungen und
- begünstigt das Überspringen der Riemenzähne.

Das Prüfen der Vorspannung von Zahnriemen kann mit zwei unterschiedlichen Verfahren erfolgen.

Beim *Durchbiegeverfahren* wird die auftretende Riemenauslenkung bei einer vorgegebenen Prüfkraft gemessen. Stimmt die Auslenkung mit dem angegebenen Wert überein, ist der Zahnriemen ordnungsgemäß vorgespannt (s. vorige Seite, Abb. 2).

Beim *Frequenzmessverfahren* wird die Eigenfrequenz des in Schwingungen versetzten Zahnriemens ermittelt (Abb. 3). Stimmt die gemessene Frequenz mit der vorgegebenen Frequenz überein, ist der Zahnriemen ordnungsgemäß gespannt. Ein Nachspannen von Zahnriemen ist nicht notwendig.

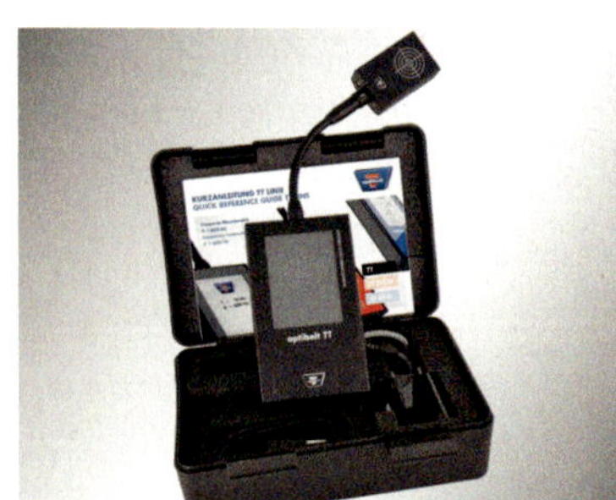

Abb. 3: Frequenzmessgerät

Lagerung von Zahnriemen

Nur Riemen, die sachgemäß gelagert wurden, haben eine lange Lebensdauer.
Riemen sollten trocken und staubfrei bei Temperaturen von 15 - 20°C gelagert werden. Sie können liegend oder aufgehängt auf Sätteln oder großen Rohren aufbewahrt werden. Dabei dürfen sie sich nicht verformen. Auf keinen Fall dürfen Zahnriemen geknickt werden, da dadurch der Zugstrang beschädigt werden kann.

6.2 Kettengetriebe

Kettengetriebe dienen zum Übertragen von großen Kräften sowie zum Fördern und Transportieren von Teilen (Abb. 4). Die Zähne der Kettenräder greifen in die Glieder der Kette ein und übertragen die Antriebskräfte formschlüssig. Gleichzeitig wird die Kette durch die Zähne der Kettenräder seitlich geführt.

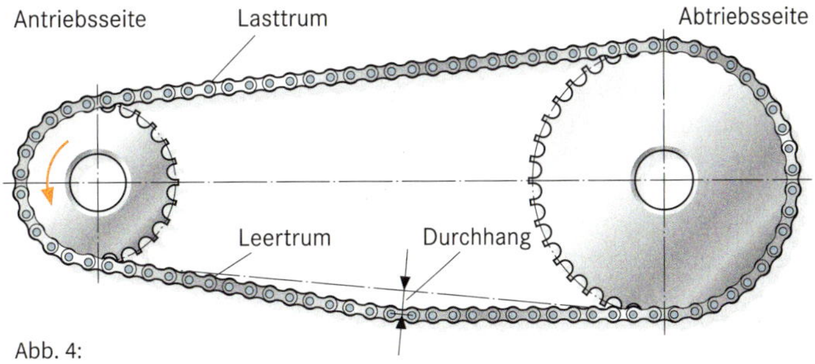

Abb. 4: Kettengetriebe

Kettengetriebe übertragen große Antriebsenergien schlupffrei durch Formschluss.

Bei Kettengetrieben wird keine Vorspannung aufgebracht. Daher hat das Leertrum stets etwas Durchhang.

Eine Kette verlängert sich während ihres Einsatzes. Um diese Verlängerung auszugleichen, sollte ein Kettenrad des Getriebes verstellbar angeordnet sein. Bei nicht verstellbarem Kettenrad ist der Einbau von Kettenspannelementen notwendig.

Kettengetriebe müssen ständig geschmiert werden, um eine vorzeitige Abnutzung der Kette zu verhindern.

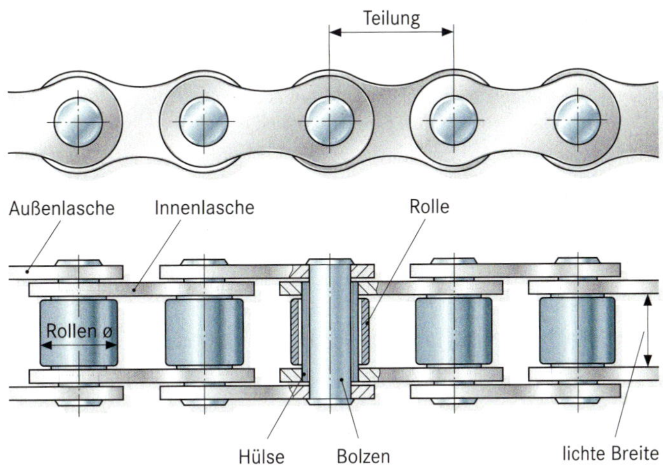

Abb. 5: Bezeichnungen an einer Rollenkette

Bestimmen der Kettenabmessungen

Entsprechend den unterschiedlichen Aufgaben werden Ketten verschiedener Bauarten und Ausführungen verwendet. Für Antriebsketten werden häufig Rollenketten eingesetzt (Abb. 5). Rollenketten sind nach **DIN ISO 606** genormt.

Man unterscheidet geschlossene oder offene Kettenausführungen. Geschlossene Ketten sind endlos vernietet und können nur durch Zerstörung eines Bolzens aufgetrennt werden. Offene Ketten sind mit einem lösbaren Verbindungsglied ausgestattet.

Die Kette wird von Kettenrädern aufgenommen. Kette und Kettenrad müssen deshalb zueinander passen. Teilung und lichte Breite der Kette müssen mit den Abmessungen des Kettenrades übereinstimmen.

Die normgerechte Bezeichnung einer Rollenkette ist folgendermaßen aufgebaut:

Rollenkette DIN ISO 606 – 08 B – 1 x 79 E

- 08 B – 1: Kettennummer
- 79: Anzahl der Glieder
- E: Art des Verbindungsgliedes

Die beiden ersten Ziffern der Kettennummer geben im Allgemeinen die Kettenteilung in 1/16 inch an. Die Ziffer hinter dem B gibt an, ob es sich um eine Einfach-, Zweifach- oder Dreifachrollenkette handelt.
Die Art des Verbindungsliedes wird durch genormte Buchstaben angegeben.

Fügen des Verbindungsgliedes

Um die Montage zu erleichtern, verwendet man möglichst offene Ketten mit lösbaren Verbindungsgliedern. Beim Fügen eines Verbindungsgliedes mit Feder ist die Laufrichtung der Kette zu beachten. Die Federöffnung muss gegen die Laufrichtung zeigen (Abb. 6).

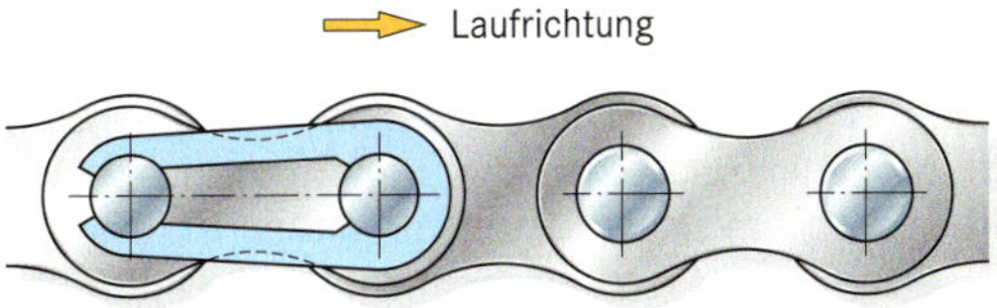

Abb. 6: Einbau eines Verbindungsgliedes mit Feder

Eingebaute Ketten sollten einschließlich Verbindungsglied möglichst eine gerade Gliederzahl aufweisen (Abb. 1a). Ist dies aus baulichen Gründen (Achsabstand der Kettenräder) nicht möglich, muss ein gekröpftes Glied oder Doppelglied eingebaut werden (Abb. 1b). Sie können nur geringere Kräfte übertragen. Bei ungeraden Gliederzahlen sind unterschiedliche Verschlusskombinationen möglich.

Abb. 1: Verschlusskombinationen

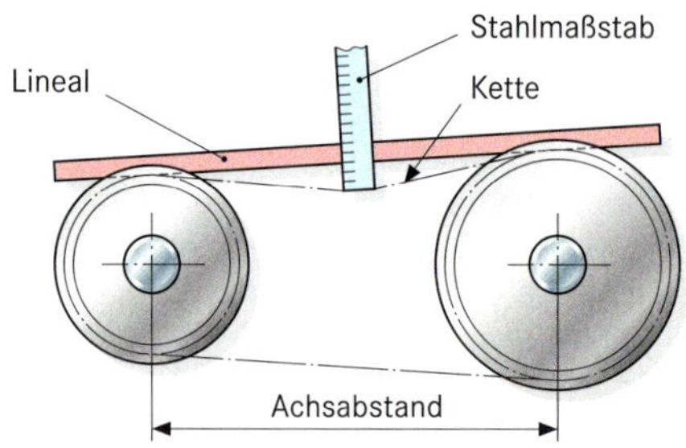

Abb. 2: Prüfen des Kettendurchhangs

Ausrichten der Kettenräder

Alle zu einem Kettengetriebe gehörenden Kettenräder müssen ausreichend fluchtend montiert sein. Die Kettenräder dürfen keinen seitlichen Versatz aufweisen und die Kettenradwellen müssen parallel zueinander laufen.

! Fluchtungsfehler und Versatz führen zu frühzeitiger Abnutzung der Kette und der Kettenradzähne.

Das Überprüfen des seitlichen Versatzes und der Parallelität der beiden Wellen erfolgt wie bei Keilriemengetrieben (siehe Kapitel 6.1.1).

Prüfen des Kettendurchhangs

Jede Kette hat im unbelasteten Kettenstrang einen gewissen Durchhang. Der Durchhang sollte bei einer neuen Kette etwa 1 % des Achsabstandes betragen.

Gemessen wird der Durchhang zwischen der Kette und der gedachten Tangente der beiden Kettenräder. Dazu ist ein Lineal zur Hilfe zu nehmen. Die Messung ist einfacher durchzuführen, wenn der Durchhang im oberen Trum vorhanden ist. Um dies zu erreichen, ist ein Kettenrad entsprechend zu verdrehen, so dass die Kette unten gespannt verläuft (Abb. 2).

Einstellen der Kettenspannelemente

Aufgrund des Durchhangs einer Kette im unbelasteten Kettenstrang kann es zu Schwingungen kommen. Daher werden bei längeren Ketten Kettenspannelemente eingebaut. Sie werden stets im Leertrum angeordnet. Als Kettenspannelemente werden Spannräder oder Gleitschienen verwendet (Abb. 3).

! Zu großer Durchhang kann zum Überspringen der Kette führen.

Das Spannen erfolgt in der Regel mechanisch von Hand. In der Anfangsstellung sollten mindestens drei Zähne des Spannrades im Eingriff sein.

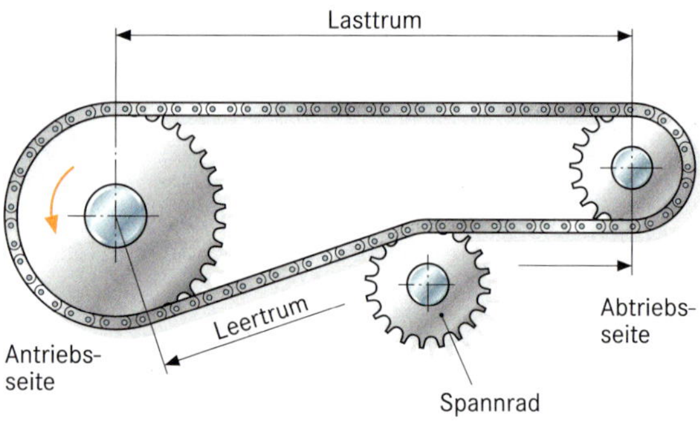

Abb. 3: Kettenspannelement

Schmieren der Kette

Die Kette verschleißt besonders an den Bolzen und Laschen. Um den Verschleiß gering zu halten, ist eine wirksame Schmierung erforderlich. Der Öleintritt soll zwischen Innen- und Außenlaschen erfolgen. Geeignet für die Kettenschmierung sind dünnflüssige Mineralöle ohne HP-Zusätze gemäß Herstellerangaben (→📖).

! Ungenügende Schmierung führt zu vorzeitigem Verschleiß der Ketten.

Zusammenfassung

Keilriemengetriebe	Zahnriemengetriebe	Kettengetriebe
• Kraftschluss • hohe Vorspannung • geringer Schlupf • Dämpfung von Schwingungen und stoßartigen Belastungen • wartungsarm	• Formschluss • geringe Vorspannung • schlupffreie, synchrone Bewegungsübertragung • Dämpfung von Schwingungen und stoßartigen Belastungen • wartungsarm	• Formschluss • keine Vorspannung • schlupffreie, synchrone Bewegungsübertragung • kaum schwingungsdämpfend • Schmierung erforderlich

Montagetätigkeiten

Keilriemengetriebe	Zahnriemengetriebe	Kettengetriebe
• Keilriemenabmessungen bestimmen • Zustand von Keilriemen und Keilriemenscheibe prüfen • Keilriemenscheiben ausrichten • Keilriemen auflegen • Vorspannung einstellen	• Zahnriemenabmessungen bestimmen • Zahnriemen ordnungsgemäß lagern • Zahnriemenscheiben ausrichten • Zahnriemen auflegen • Vorspannung einstellen	• Kettenabmessungen bestimmen • Kettenräder ausrichten • Verbindungsglieder einsetzen • Kettendurchhang einstellen • Kette schmieren

Aufgaben

1. Auf einem Keilriemen steht die Bezeichnung XPB 1600. Erklären Sie die Angaben.

2. An einem Keilriemen werden folgende Maße ermittelt:

Obere Riemenbreite: 13 mm,
Riemenhöhe: 8 mm,
Riemenlänge: 1020 mm.

Geben Sie die vollständige Bestellbezeichnung für den Riemen an.

3. Für ein Keilriemengetriebe stehen in der Betriebsanleitung folgende Angaben:

Prüfkraft $F_e = 80$ N; Eindrücktiefe $t_e = 12$ mm

Beschreiben Sie, wie die Vorspannung für das Keilriemengetriebe eingestellt wird.

4. Beim Einsatz eines Keilriemens tritt übermäßiger einseitiger Verschleiß des Riemens auf.

a) Nennen Sie mögliche Ursachen.

b) Beschreiben Sie Maßnahmen, um die einseitige Abnutzung des Keilriemens zu verhindern.

5. An einem Keilriemengetriebe mit mehreren Keilriemen ist ein Riemen beschädigt und muss ausgewechselt werden. Beschreiben Sie stichwortartig die Montagetätigkeit.

6. In der Bestellliste für ein Riemengetriebe steht für den Riemen folgende Kurzbezeichnung:

Riemen DIN 7721 – 10 T5 x 480.

Erläutern Sie die Angaben.

7. Für ein Zahnriemengetriebe steht in der Betriebsanleitung folgende Angabe:

Sollfrequenz $f = 111$ Hz

Beschreiben Sie, wie die Vorspannung für das Zahnriemengetriebe eingestellt wird.

8. a) Erklären Sie folgende Normbezeichnung: Rollenkette DIN ISO 606 – 12B – 2 x 100 E.

b) Welche Teilung in mm hat die Rollenkette?

c) Bestimmen Sie die Länge der geöffneten Kette.

9. Kettenräder müssen ausgerichtet werden. Beschreiben Sie das Ausrichten der Kettenräder.

10. Ein Kettengetriebe mit Rollenketten hat einen Achsabstand von 800 mm. Bestimmen Sie den zulässigen Kettendurchhang.

11. Beschreiben Sie, wie der Durchhang einer Kette überprüft wird.

12. Eine Rollenkette hat ohne Verschlussglied 75 Kettenglieder. Stellen Sie eine geeignete Verschlusskombination zusammen.

6.3 Zahnräder und Zahnradgetriebe

In der Bearbeitungsstation sind je nach Anforderung unterschiedliche Zahnradgetriebe eingebaut. Die Getriebe sind entweder im Maschinenkörper integriert oder als eigenständiges Getriebe mit eigenem Gehäuse zwischen dem Antriebsmotor und der Anlage angeordnet.

Beim Transportband wird die Antriebsenergie des Elektromotors über ein eigenständiges Schneckengetriebe auf die Umlenkstation übertragen. Im Maschinenkörper der Fräsmaschine befinden sich Kegelradgetriebe und Stirnradgetriebe zur Energieübertragung (Abb. 1).

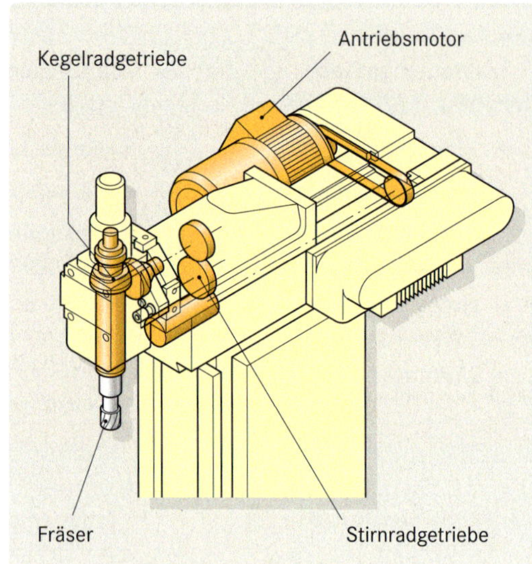

Abb. 1: Zahnradgetriebe an der Fräsmaschine

Aufbau/ Funktion

6.3.1 Stirnradgetriebe

Bei Stirnradgetrieben sind die Wellen parallel angeordnet. Die Zähne der Stirnräder greifen ineinander und übertragen die Drehbewegung formschlüssig (Abb. 2). Dabei werden die Umdrehungsfrequenz, das Drehmoment und die Drehrichtung geändert.

! Stirnradgetriebe übertragen Drehbewegungen formschlüssig. Sie ändern Umdrehungsfrequenz, Drehmoment und Drehrichtung.

Stirnräder werden mit Außen- und Innenverzahnung hergestellt. Die Verzahnung der Stirnräder kann gerade, schräg oder pfeilförmig sein (Abb. 3).

Bei der Montage von Zahnradgetrieben ist darauf zu achten, dass die entsprechenden Stirnräder mit den richtigen Zahnradabmessungen montiert werden.

! Zahnräder, die ineinander greifen sollen, müssen den gleichen Modul und den gleichen Eingriffswinkel haben.

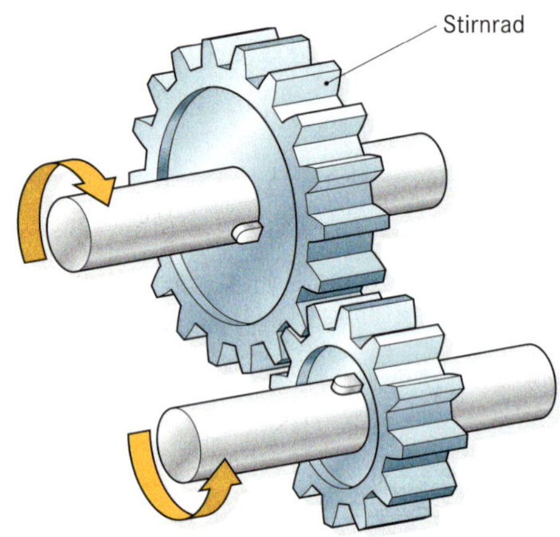

Abb. 2: Stirnradgetriebe

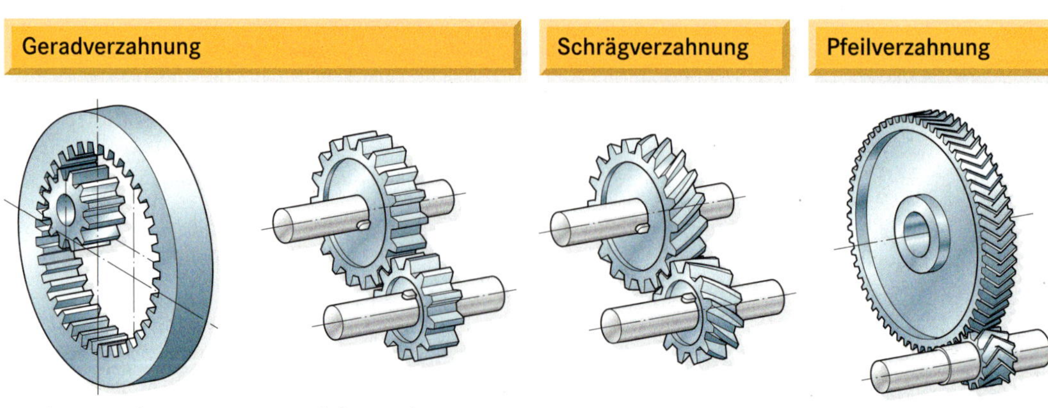

Abb. 3: Verzahnungsarten bei Stirnrädern

Montieren/Demontieren

Zahnradabmessungen

Der *Modul m* ist nach **DIN 780** in Modulreihen genormt (➜📖). Je größer der Modul, desto größer sind die Zähne eines Zahnrades. Der Modul m ergibt sich aus der Teilung p geteilt durch die Zahl π.

$$m = \frac{p}{\pi}$$

Der Modul hat die Einheit einer Länge, z. B. 1,5 mm. Die *Teilung p* ist der Abstand von einer Zahnflanke bis zur nächsten gleichgerichteten Zahnflanke auf dem Teilkreisbogen.

Zwischen dem Kopfkreis eines Rades und dem Fußkreis des Gegenrades muss Spiel, das Kopfspiel c, vorhanden sein. Das *Kopfspiel c* beträgt im Allgemeinen $0{,}1 \ldots 0{,}3 \cdot m$.

Sind der Modul m, die Zähnezahl z und das Kopfspiel c bekannt, können alle anderen Größen eines Stirnrades bestimmt werden (➜📖).

Teilkreisdurchmesser: $d = m \cdot z$

Kopfkreisdurchmesser: $d_a = d + 2 \cdot m$

Fußkreisdurchmesser: $d_f = d - 2 \cdot (m + c)$

Die Zahnflanken der im Eingriff stehenden Zähne berühren sich auf einer linienförmigen Zone. Während die Zähne aufeinander abwälzen, wandert die Zone über die gesamte Zahnflanke, bis sie außer Eingriff sind. Von der Zahnradseite aus betrachtet, ergibt sich eine punktförmige Berührung der Zahnflanken.

Sämtliche Berührungspunkte eines Eingriffs liegen auf einer Geraden, der Eingriffslinie. Die Eingriffslinie ist um den Eingriffswinkel α geneigt. Bei Normalverzahnung beträgt der Eingriffswinkel $\alpha = 20°$.

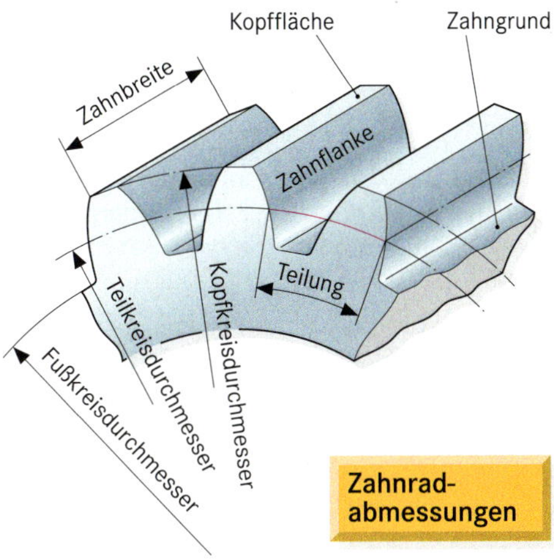

Zahnradabmessungen

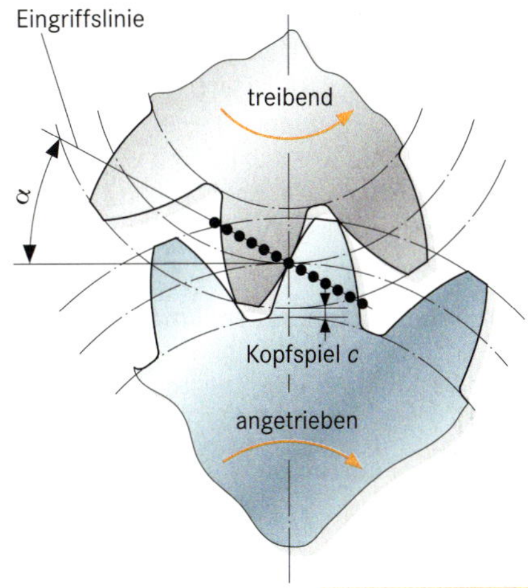

Eingriffswinkel

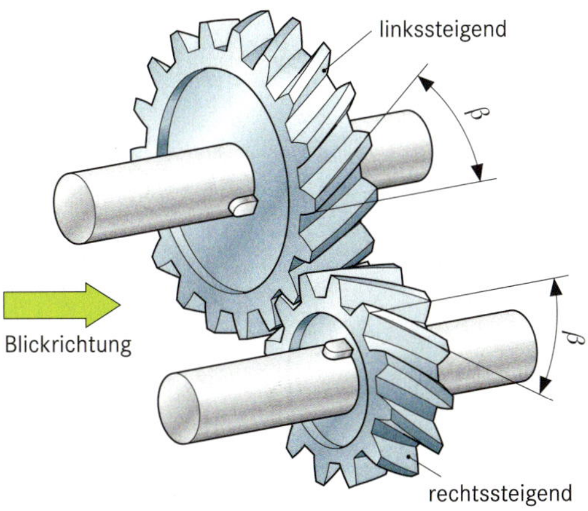

Abb. 4: Schrägverzahnte Stirnräder

Die Zähne von zwei schrägverzahnten Stirnrädern, die ineinander greifen, müssen den gleichen, aber entgegengesetzt gerichteten Schrägungswinkel β besitzen. Die Zähne des einen Rades verlaufen rechtssteigend, die des anderen Rades linkssteigend. Beurteilt wird die Flankenrichtung von der Stirnseite des Zahnrades aus (Abb. 4).

Die Zahnflanken fehlerhaft eingebauter Zahnräder unterliegen einer größeren Beanspruchung und verschleißen schneller. Nur eine sachgerechte Montage sichert einen ruhigen Lauf und eine lange Lebensdauer von Zahnradgetrieben.

Infor-
mieren

Darstellung von Zahnrädern

Eine bildliche Darstellung von Zähnen eines Zahnrades wäre sehr aufwändig. Zahnräder werden deshalb nach **DIN ISO 2203** vereinfacht dargestellt (Abb. 1) (➜📖):

① In der Ansichtsdarstellung wird die Kontur als ein volles von der Kopffläche (Kopfkreisdurchmesser) begrenztes Zahnrad dargestellt. Einzelne Zähne werden grundsätzlich nicht gezeichnet.

② Im Schnitt wird die Kontur mit zwei gegenüberliegenden ungeschnittenen Zähnen dargestellt. Dies gilt auch bei ungeraden Zähnezahlen und unabhängig von der Verzahnungsart.

③ Der Teilkreisdurchmesser wird immer in allen Ansichten als schmale Strich-Punkt-Linie gezeichnet.

④ Der Fußkreisdurchmesser wird im Allgemeinen nur in der Schnittdarstellung gezeichnet.

⑤ Die Verzahnungsart bzw. die Flankenrichtung kann in einer zur Radachse parallelen Ansicht gekennzeichnet werden. Die Kennzeichnung wird mit drei parallelen schmalen Volllinien der entsprechenden Form oder Richtung vorgenommen. Bei geradverzahnten Zahnrädern entfällt die Kennzeichnung.

Oft reicht eine Schnittdarstellung aus. Nach **DIN 3966-1** sind für Stirnräder in Teil-Zeichnungen folgende Maße und Kennzeichnungen anzugeben (Abb. 2):

⑥ Kopfkreisdurchmesser,

⑦ Fußkreisdurchmesser,

⑧ Zahnbreite,

⑨ Oberflächenangaben für die Zahnflanken, die an den Teilkreis bzw. die Teilkreislinie gesetzt werden,

⑩ Kennzeichnung der Form- und Lagetoleranzen,

⑪ in einer Tabelle die Größen, die für die Auswahl der Verzahnungswerkzeuge, das Einstellen der Verzahnungsmaschine und das Prüfen des Zahnrades erforderlich sind,

⑫ Angaben zur Wärmebehandlung des Zahnrades.

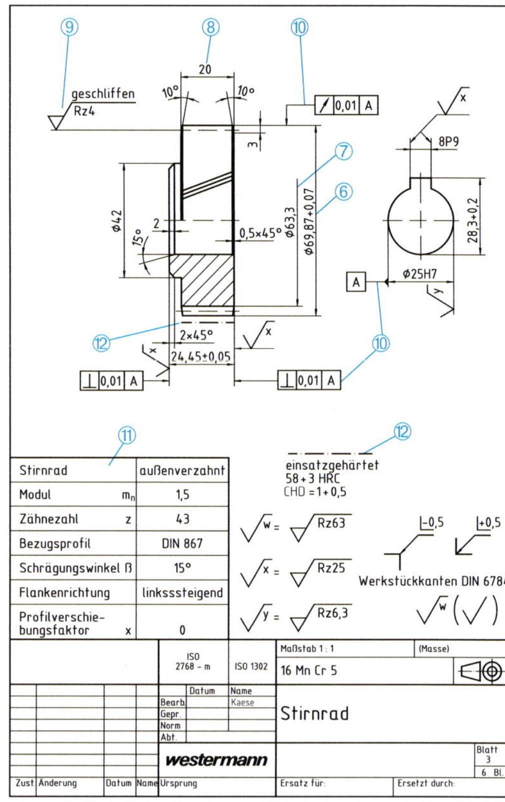

Abb. 2: Einzelteilzeichnung Stirnrad

Die Bemaßung des Teilkreisdurchmessers ist für die Herstellung und Prüfung des Zahnrades nicht erforderlich und wird darum in der Regel nicht angegeben.

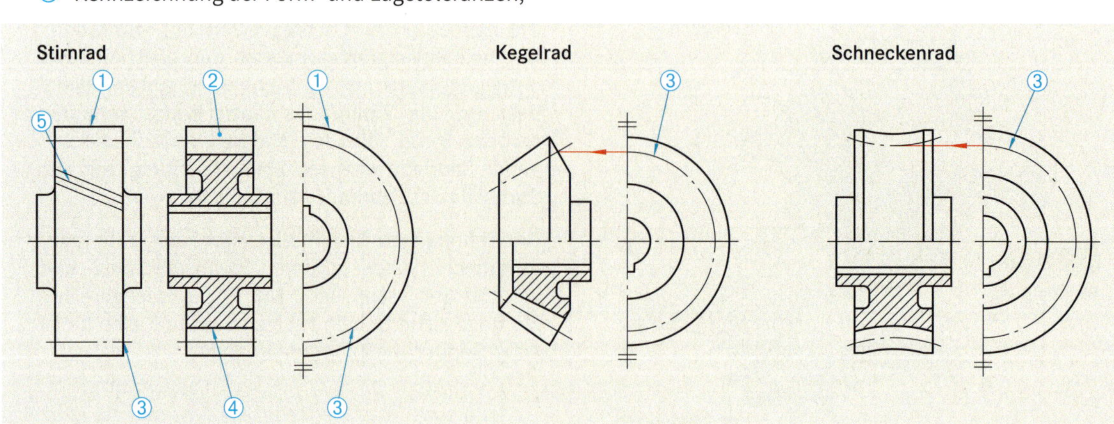

Abb. 1: Darstellung von Zahnrädern

Darstellung von Zahnradpaaren

Für das Darstellen von Zahnradpaaren gelten die gleichen Zeichenregeln wie für einzelne Zahnräder. Allerdings sind einige Besonderheiten zu berücksichtigen.

- **Ansichtsdarstellung**

Bei der Ansichtsdarstellung wird nicht davon ausgegangen, dass eines der beiden Zahnräder am Zahneingriff vom anderen überdeckt wird (Abb. 3).

① In der Ansichtsdarstellung werden die sich berührenden Teilkreisdurchmesser und die sich schneidenden Kopfkreisdurchmesser gezeichnet. Der Fußkreisdurchmesser wird im Allgemeinen nicht dargestellt.

② Die Verzahnungsart bzw. die Flankenrichtung wird nur an einem der beiden Zahnräder gekennzeichnet.

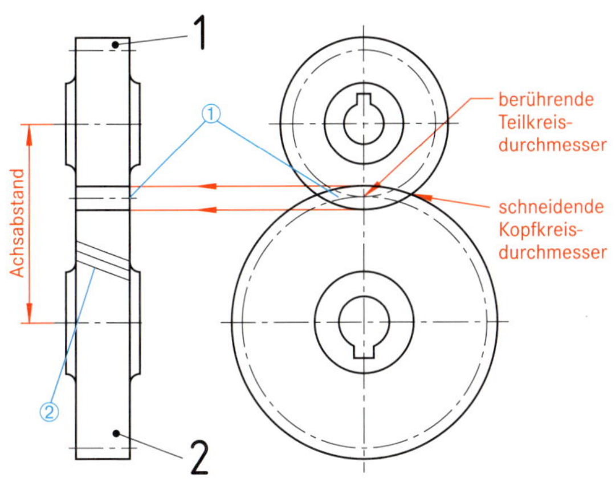

Abb. 3: Stirnradpaar in Ansichtsdarstellung

- **Schnittdarstellung**

Es können beide Zahnräder oder nur ein Zahnrad im Schnitt gezeichnet sein (Abb. 4).

③ Bei einer Schnittdarstellung der im Eingriff befindlichen Zahnräder wird wahlweise eine der beiden Verzahnungen von der anderen verdeckt gezeichnet. Verdeckte Körperkanten müssen nicht dargestellt werden, außer sie sind für die Eindeutigkeit der Zeichnung notwendig.

④ Das Kopfspiel ist deutlich sichtbar darzustellen, abweichend von der tatsächlichen Größe.

⑤ Bei der Darstellung eines geschnittenen und eines ungeschnitten Zahnrades im Eingriff wird vorzugsweise der Zahn des geschnittenen Zahnrades verdeckt gezeichnet.

Weitere Zahnradpaare zeigt die Abb. 5.

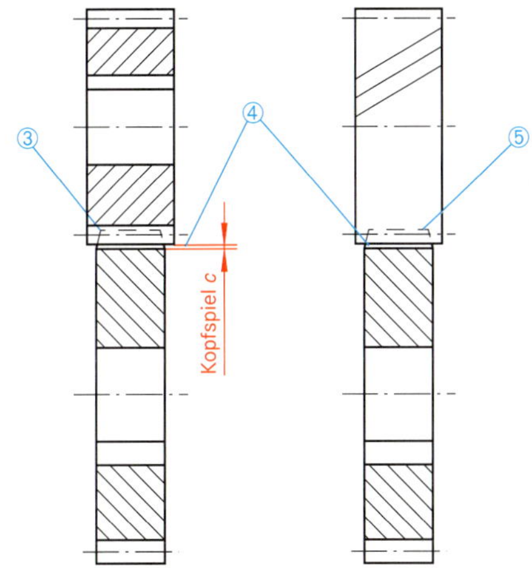

Abb. 4: Stirnradpaar in Schnittdarstellung

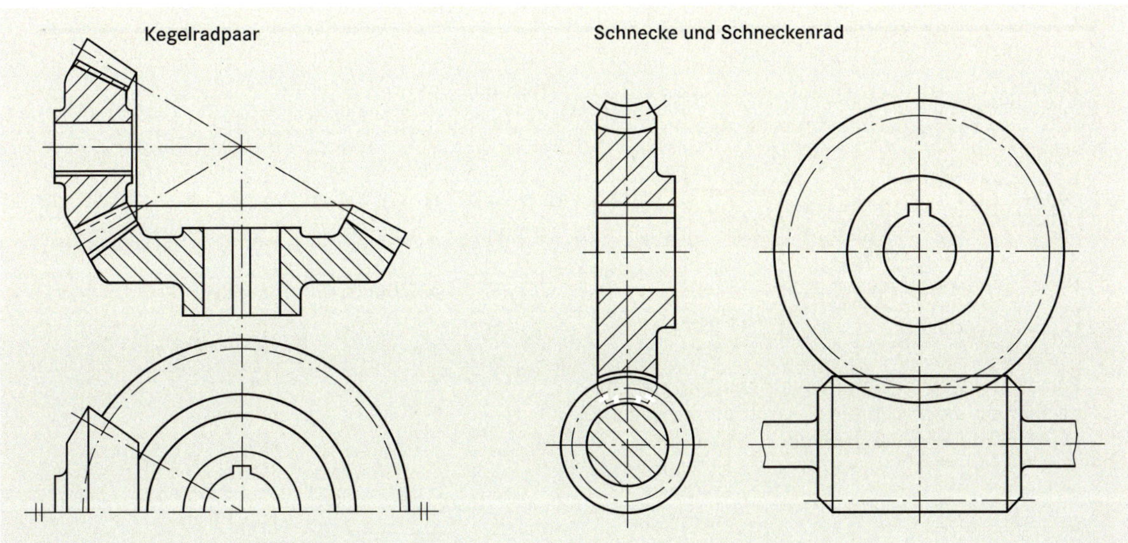

Abb. 5: Kegelradpaar und Schneckengetriebe

Grundlagen

Getriebeübersetzung

Die Umfangsgeschwindigkeit v von zwei ineinander greifenden Zahnrädern ist gleich groß.

$$v_1 = v_2$$

Daraus ergibt sich, dass Räder mit großem Durchmesser d mit kleinerer Umdrehungsfrequenz n laufen als Räder mit kleinem Durchmesser.

$$n_1 \cdot \pi \cdot d_1 = n_2 \cdot \pi \cdot d_2$$
$$n_1 \cdot d_1 = n_2 \cdot d_2$$

Die Umdrehungsfrequenzen zweier Räder verhalten sich umgekehrt wie ihre Durchmesser.

$$\frac{n_1}{n_2} = \frac{d_2}{d_1}$$

Bei Zahnrädern errechnet sich der Teilkreisdurchmesser d aus dem Modul m und der Zähnezahl z. Damit gilt für Zahnräder

$$n_1 \cdot m \cdot z_1 = n_2 \cdot m \cdot z_2$$
$$n_1 \cdot z_1 = n_2 \cdot z_2$$

Die Umdrehungsfrequenzen zweier Zahnräder verhalten sich umgekehrt wie ihre Zähnezahlen.

$$\frac{n_1}{n_2} = \frac{z_2}{z_1}$$

Das Verhältnis der Umdrehungsfrequenz des treibenden Rades n_1 zur Umdrehungsfrequenz des angetriebenen Rades n_2 bezeichnet man als Übersetzungsverhältnis i.

$$i = \frac{n_1}{n_2} = \frac{d_2}{d_1} = \frac{z_2}{z_1}$$

Das Übersetzungsverhältnis i kann aus den Teilkreisdurchmessern d_2/d_1 oder aus den Zähnezahlen z_2/z_1 berechnet werden.

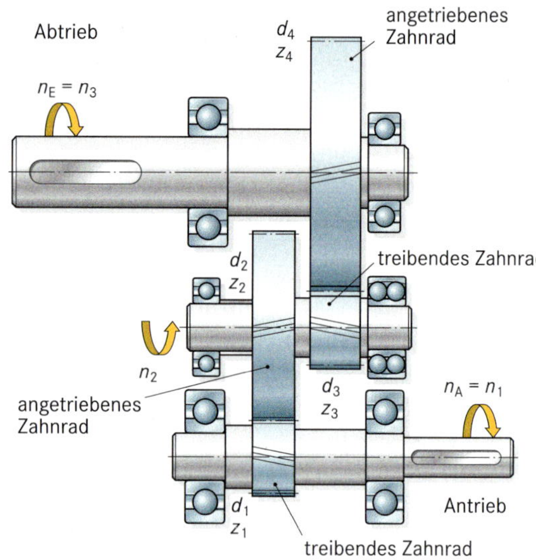

Die Gesamtübersetzung i_{ges} eines mehrstufigen Getriebes ist gleich dem Verhältnis der Anfangsumdrehungsfrequenz n_A zur Endumdrehungsfrequenz n_E.

$$i_{ges} = \frac{n_A}{n_E}$$

Die Gesamtübersetzung ist gleich dem Produkt aller Einzelübersetzungen.

$$i_{ges} = i_1 \cdot i_2 \cdot \ldots$$

Die Gesamtübersetzung von Zahnradgetrieben kann auch aus dem Verhältnis der Zähnezahlen der angetriebenen Räder $z_2 \cdot z_4$ zu den Zähnezahlen der treibenden Räder $z_1 \cdot z_3$ berechnet werden.

$$i_{ges} = \frac{z_2 \cdot z_4}{z_1 \cdot z_3}$$

Beispiel

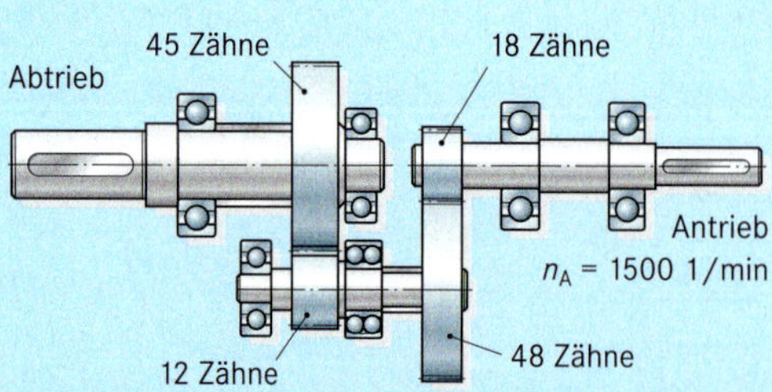

Für das zweistufige Zahnradgetriebe sind die Einzelübersetzungen und die Gesamtübersetzung sowie die Endumdrehungsfrequenz zu berechnen.

Geg.: $n_A = 1500$ 1/min, $z_1 = 18$, $z_2 = 48$, $z_3 = 12$, $z_4 = 45$

Ges.: i_1, i_2, i_{ges}, n_E in 1/min

Rechnung:

$$i_1 = \frac{z_2}{z_1} \qquad i_1 = \frac{48}{18} = \frac{2{,}66}{1} = 2{,}66 : 1 = \underline{\underline{2{,}66}}$$

$$i_2 = \frac{z_4}{z_3} \qquad i_2 = \frac{45}{12} = \frac{3{,}75}{1} = 3{,}75 : 1 = \underline{\underline{3{,}75}}$$

$$i_{ges} = i_1 \cdot i_2 = 2{,}66 \cdot 3{,}75 = \underline{9{,}99} \text{ oder}$$

$$i_{ges} = \frac{z_2 \cdot z_4}{z_1 \cdot z_3} \qquad i_{ges} = \frac{48 \cdot 45}{18 \cdot 12} = \frac{10}{1} = 10 : 1 = \underline{\underline{10}}$$

$$i_{ges} = \frac{n_A}{n_E} \qquad n_E = \frac{n_A}{i_{ges}}$$

$$n_E = \frac{1500 \text{ 1/min}}{10} = \underline{\underline{150 \text{ 1/min}}}$$

Drehmoment

Das von einem Getrieberad zu übertragende Drehmoment M ergibt sich aus der Umfangskraft F und dem wirksamen Hebelarm $d/2$.

$$M = F \cdot d/2$$

Die Kräfte F_1 und F_2 von zwei im Eingriff stehenden Rädern sind gleich groß.

$$F_1 = F_2$$

$$\frac{M_1}{d_1/2} = \frac{M_2}{d_2/2}$$

Die Drehmomente zweier Räder verhalten sich wie ihre Durchmesser. Wobei das Durchmesserverhältnis d_2/d_1 dem Übersetzungsverhältnis i entspricht.

$$\frac{M_2}{M_1} = \frac{d_2}{d_1} = i$$

Mit dem Übersetzungsverhältnis lässt sich das theoretische Abtriebsmoment berechnen.

$$M_2 = M_1 \cdot i$$

Reibung zwischen den Zahnflanken und in den Lagern mindert das Abtriebsdrehmoment. Die Verluste werden durch den Wirkungsgrad η berücksichtigt.

$$M_2 = M_1 \cdot i \cdot \eta$$

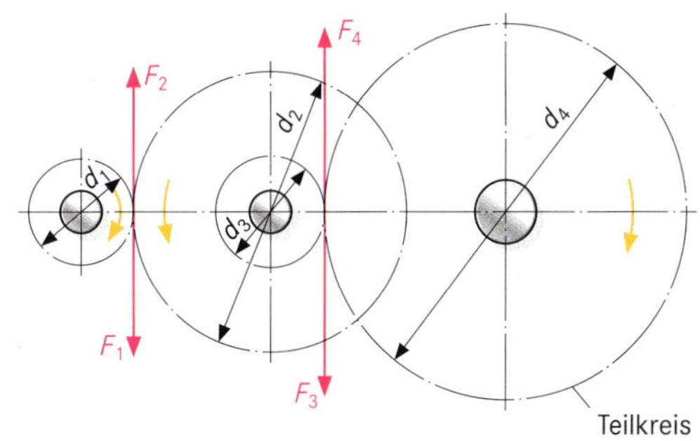

Leistung

Die Aufgabe von Getrieben ist nicht die Änderung der Leistung P. Leistungsverluste entstehen jedoch durch Reibung zwischen den Flanken der Zahnräder und in den Lagern. Die Verluste werden durch den Wirkungsgrad η berücksichtigt.

$$P_2 = P_1 \cdot \eta$$

Die abgegebene Leistung P_2 ist kleiner als die zugeführte Leistung P_1.

Die Leistung P eines Getriebes lässt sich an jeder Stelle aus dem Drehmoment M und der Umdrehungsfrequenz n errechnen.

$$P = M \cdot 2 \cdot \pi \cdot n$$

Beispiel

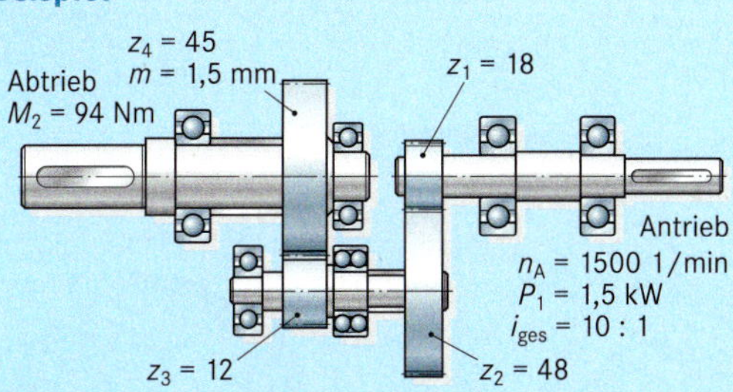

Für das zweistufige Stirnradgetriebe ist die abgegebene Leistung, der Wirkungsgrad, das Antriebs-moment und die Umfangskraft am Zahnrad 4 zu berechnen.

Geg.: $n_A = n_1 = 1500\ 1/\text{min}$
$P_1 = 1{,}5\ \text{kW} = 1500\ \text{Nm/s}$
$M_2 = 94\ \text{Nm}$
$i_{ges} = 10$
$n_E = 150\ 1/\text{min}$

Ges.: η
P_2 in W
M_1 in Nm
F_4 in kN

Rechnung:

$$P_2 = M_2 \cdot 2 \cdot \pi \cdot n_E = \frac{94\ \text{Nm} \cdot 2 \cdot \pi \cdot 150 \cdot 1\ \text{min}}{\text{min} \cdot 60\ \text{s}}$$

$$P_2 = 1476\ \text{Nm/s} = \underline{\underline{1476\ \text{W}}}$$

$$P_2 = P_1 \cdot \eta$$

$$\eta = \frac{P_2}{P_1} \qquad \eta = \frac{1476\ \text{W}}{1500\ \text{W}} = \underline{\underline{0{,}984}}$$

$$P_1 = M_1 \cdot 2 \cdot \pi \cdot n_1$$

$$M_1 = \frac{P_1}{2 \cdot \pi \cdot n_1} \qquad M_1 = \frac{1500\ \text{Nm min} \cdot 60\ \text{s}}{2 \cdot \pi \cdot 1500\ \text{s} \cdot 1\ \text{min}}$$

$M_1 = \underline{\underline{9{,}55\ \text{Nm}}}$ oder

$$M_2 = M_1 \cdot i \cdot \eta$$

$$M_1 = \frac{M_2}{i \cdot \eta} \qquad M_1 = \frac{94\ \text{Nm}}{10 \cdot 0{,}984} = 9{,}55\ \text{Nm}$$

$$M_2 = F_4 \cdot d_4/2$$

$$F_4 = \frac{M_2}{d_4/2}$$

$$F_4 = \frac{94000\ \text{Nmm}}{33{,}75\ \text{mm}} = 2785\ \text{N} \approx \underline{\underline{2{,}8\ \text{kN}}}$$

$$d_4 = m \cdot z_4$$

$$d_4 = 1{,}5\ \text{mm} \cdot 45 = 67{,}5\ \text{mm}$$

$$d_4/2 = 33{,}75\ \text{mm}$$

Prüfen

Prüfen des Achsabstandes

Bei Stirnradpaaren ist der Achsabstand der Wellen maßgebend für ein einwandfreies Eingreifen der Zähne. Zulässige Abweichungen sind von der Größe des Achsabstandes abhängig (Tab. 1). Der Abstand kann mit Hilfe von Endmaßen überprüft werden. Dazu werden die Wellen probeweise in die Lagerstellen eingebaut.

Tab. 1: Zulässige Achsabweichungen

Achsabstand in mm	Toleranz in mm
< 40	± 0,03
40 - 100	± 0,04
100 - 250	± 0,05
> 250	± 0,07

Ausgleich von axialem Spiel

Beim Fügen von Zahnrädern kann axiales Spiel durch Passscheiben ausgeglichen werden. Abbildung 1 zeigt eine Abtriebswelle, auf der zwei Rillenkugellager mit einer Buchse und einem Stirnrad zu montieren sind. Die Montage ist nur möglich, wenn der Abstand zwischen dem Wellenbund und der Nut für den Sicherungsring mindestens so groß ist, wie alle zu fügenden Bauteile breit sind. Da die Bauteile mit Toleranzen gefertigt werden, ergibt sich in der Regel ein axiales Spiel zwischen Sicherungsring und den gefügten Teilen. Dieses Axialspiel kann durch Passscheiben ausgeglichen werden. Passscheiben sind für gleiche Durchmesser in Dickenstufungen von 0,1 mm genormt (→📖).

Um die Dicke der notwendigen Passscheibe zu ermitteln, werden die Bauteile probeweise gefügt. Das axiale Spiel zwischen Zahnrad und Sicherungsring kann dann mit einer Fühlerlehre bestimmt werden.

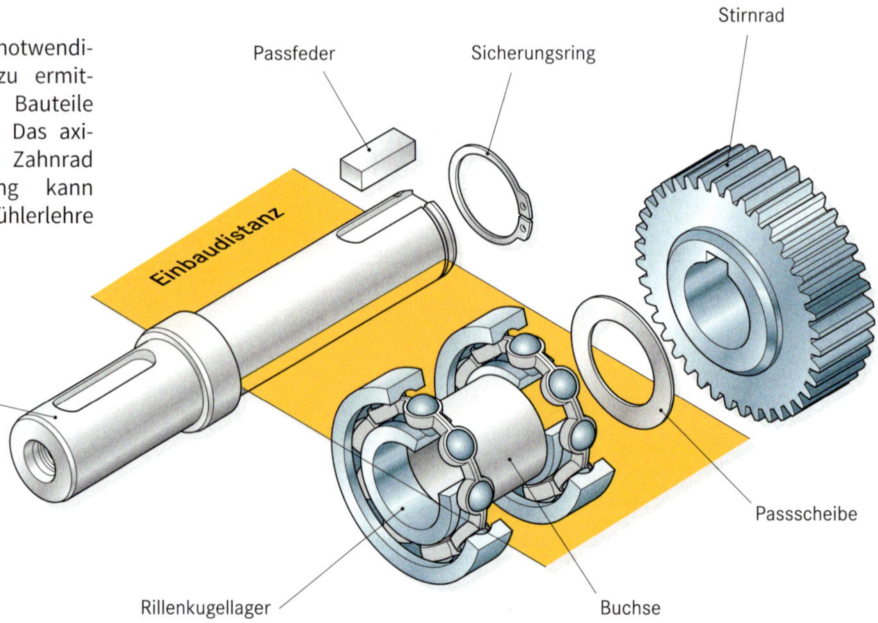

Abb. 1: Einbau von Passscheiben

Aufbau Funktion

6.3.2 Kegelradgetriebe

Bei der Fräsmaschine wird die Antriebsenergie von der waagerechten Antriebswelle durch ein Kegelradgetriebe auf die senkrechte Arbeitsspindel umgelenkt. Bei Kegelradgetrieben schneiden sich die Wellen in der Regel unter einem Winkel von 90° (Abb. 2).

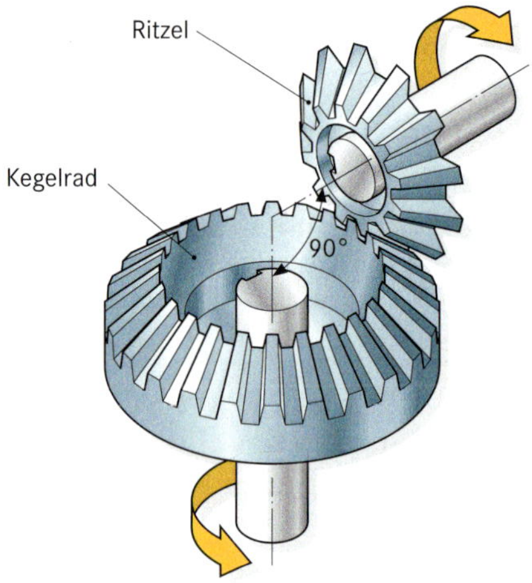

Abb. 2: Kegelradgetriebe

Kegelradgetriebe werden bei sich schneidenden Wellen zur Kraftumlenkung eingesetzt.

Die Verzahnung der Kegelräder kann gerade, schräg oder spiralförmig sein (Abb. 3).

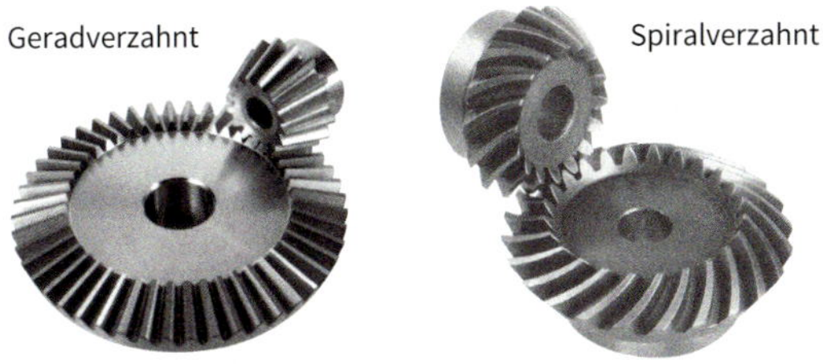

Abb. 3: Verzahnungsarten bei Kegelrädern (MÄDLER GmbH)

Der einwandfreie Eingriff von Kegelrädern wird von der Einbaudistanz *A*, dem Achswinkel und der Lage der Achsen zueinander (Achsversatz) beeinflusst. Die Einbaudistanz ist der Abstand von der Bezugsstirnfläche eines Kegelrades bis zur Mittelachse des Gegenrades (Abb. 4).

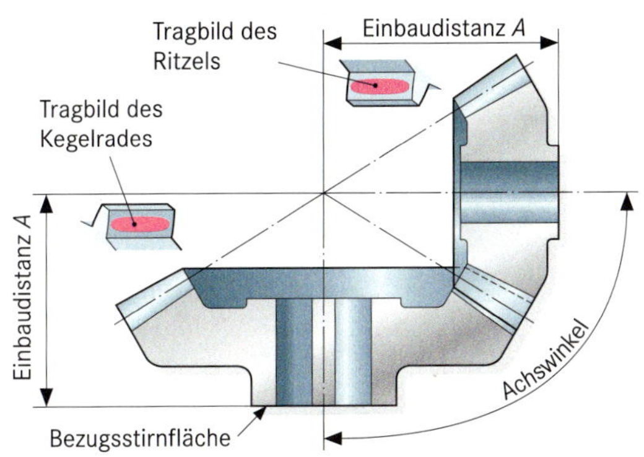

Abb. 4: Fehlerfrei eingebaute Kegelräder

Prüfen

Sichtbarmachen von Tragbildern

Zur Prüfung des richtigen Einbaus kann das Tragbild herangezogen werden. Tragbilder werden durch Auftragen von Tuschierfarbe und langsames Drehen der Kegelräder unter leichter Last sichtbar gemacht.

! Die gesamte Zahnflanke soll gleichmäßig an der Kraftübertragung beteiligt sein.

Fehlerhaft eingebaute Kegelräder tragen nur an den Zahnkanten. Dadurch verschleißt vor allem das kleinere Rad (Ritzel) schneller.

Einstellen der Einbaudistanz

Liegt das Tragbild bei den Zähnen des Ritzels zu weit am Zahngrund und bei den Zähnen des Rades zu dicht an der Kopffläche, ist die *Einbaudistanz* zu groß (Abb. 5a). Liegen die Tragbilder entgegengesetzt, ist die Einbaudistanz zu klein. Die Einbaudistanz von Kegelrädern kann mit Hilfe von Passscheiben eingestellt werden.

Prüfen von Achswinkel und Achsversatz

Liegt das Tragbild bei beiden Kegelrädern am inneren Zahnende, ist der Achswinkel zu groß (Abb. 5b). Liegt das Tragbild bei beiden Kegelrädern am äußeren Zahnende, ist der Achswinkel zu klein.

Liegen die Tragbilder kreuzweise zueinander, schneiden sich nicht die Achsen der beiden Kegelräder (Abb. 5c). Je nach Richtung des Achsversatzes liegen die Tragbilder entgegengesetzt.

Fehlerhafte Achswinkel oder Achsversatz ergeben sich aus ungenauen Lagerstellen im Getriebegehäuse. Sie können durch die Montage nicht korrigiert werden.

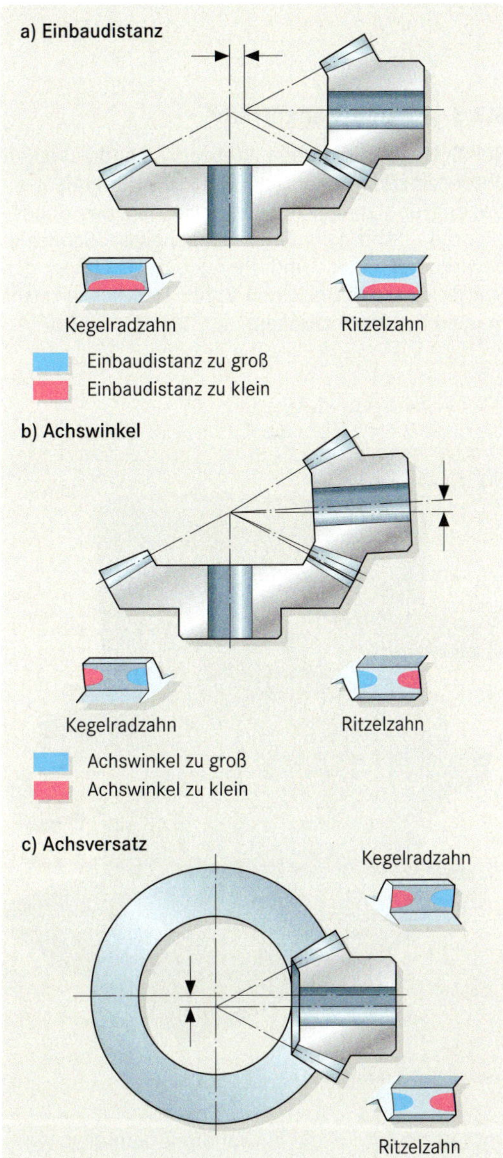

Abb. 5: Einbaufehler und Tragbilder

Mon-
tieren

Prüfen des Flankenspiels

Kegelräder werden paarweise eingebaut. Sie werden mit Flankenspiel hergestellt (Tab. 1). Das Flankenspiel ist vom Modul abhängig. Bei der Montage sollte das gleiche Spiel eingestellt werden. Das Flankenspiel kann mit Fühlerlehren geprüft werden.

Tab. 1: Flankenspiel

Modul in mm	Flankenspiel in mm
1,5	0,05 - 0,1
2 - 3	0,07 - 0,13
3,4 - 4	0,1 - 0,15
4,5 - 5	0,13 - 0,18

Aufbau/
Funktion

6.3.3 Schneckengetriebe

Bei Schneckengetrieben kreuzen sich die Wellen unter einem Winkel von 90°. Die Energieübertragung erfolgt von der Schnecke auf das Schneckenrad (Abb. 1). Eine eingängige Schnecke bewirkt bei einer Umdrehung eine Drehung des Schneckenrades um einen Zahn. Dadurch erreicht man große Übersetzungen.

! Schneckengetriebe ermöglichen große Übersetzungen bei geringem Platzbedarf.

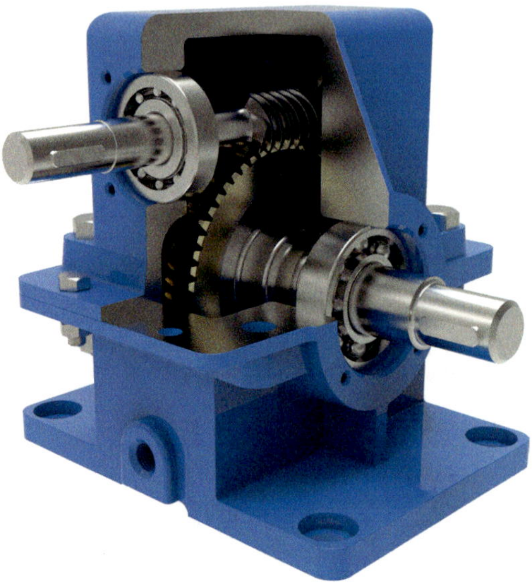

Abb. 1: Schneckengetriebe

Voraussetzung für die einwandfreie Funktion eines Schneckengetriebes ist das genaue axiale Einstellen des Schneckenrades zur Schnecke.

Prüfen des Tragbildes

Die richtige Einbaulage des *Schneckenrades* lässt sich anhand des Tragbildes kontrollieren. Dazu wird der Schneckenradsatz probeweise montiert und die Flanken der Schnecke werden dünn mit Tuschierfarbe eingestrichen. Das Tragbild, das beim langsamen Drehen der Schneckenwelle entsteht, soll einen möglichst großen Teil der Zahnflanken des Rades bedecken und etwas mehr zur Auslaufseite hin liegen (Abb. 2). Unter Last verlagert sich das Tragbild zur Einlaufseite hin.

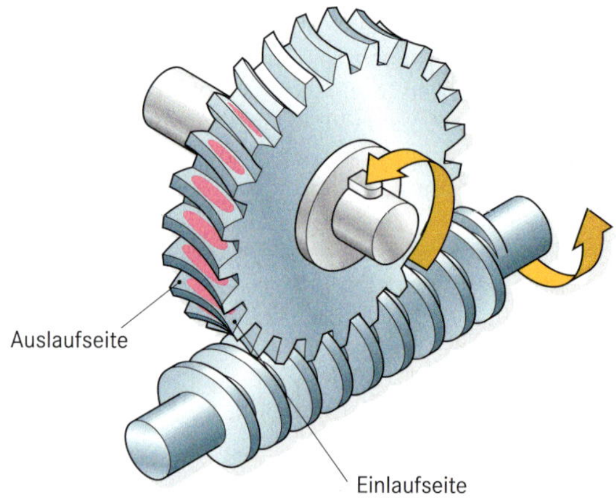

Abb. 2: Fehlerfrei eingebauter Schneckenradsatz

Axiales Einstellen des Schneckenrades

Liegt das Tragbild nur an einer Stirnseite des Schneckenrades, ist das Rad axial zu verschieben (Abb. 3). Es ist dabei zu der Seite zu verschieben, auf der das Tragbild liegt.

Das axiale Einstellen des Schneckenrades kann mit Hilfe von Passscheiben vorgenommen werden.

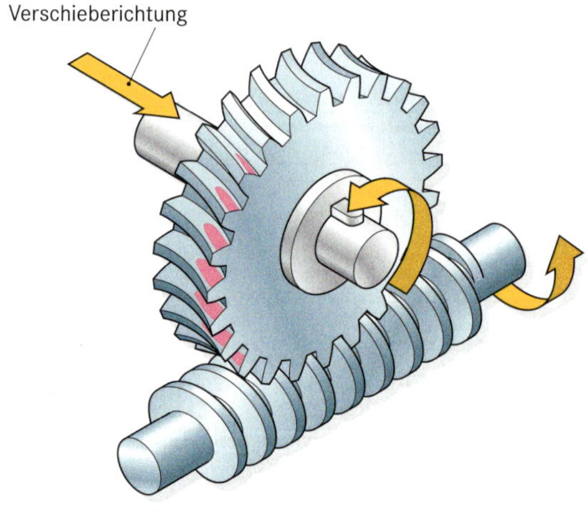

Abb. 3: Fehlerhaftes Tragbild eines Schneckenradsatzes

Zusammenfassung

Zahnradgetriebe

Stirnradgetriebe	Kegelradgetriebe	Schneckenradgetriebe
	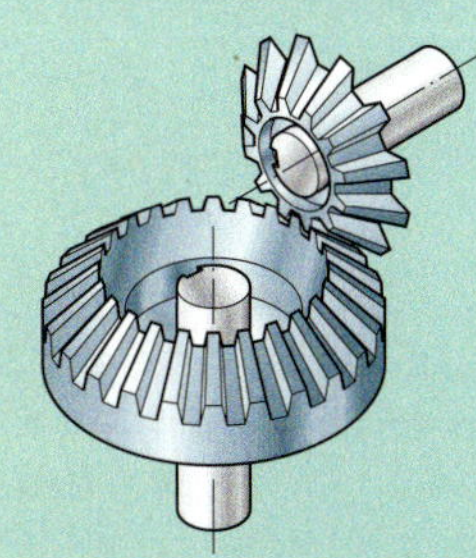	
• Übersetzung bis $i = 5 : 1$ • parallele Wellen	• Übersetzung bis $i = 5 : 1$ • sich schneidende Wellen	• Übersetzung bis $i = 100 : 1$ • sich kreuzende Wellen

Montagetätigkeiten

• Prüfen des Achsabstandes • Ausgleichen des Axialspiels	• Prüfen des Tragbildes • Einstellen der Einbaudistanz • Prüfen des Flankenspiels	• Prüfen des Tragbildes • Einstellen der Schneckenradlage

Aufgaben

1. Geben Sie an, was für ein Zahnradgetriebe jeweils an den Motor angeflanscht ist:

a) 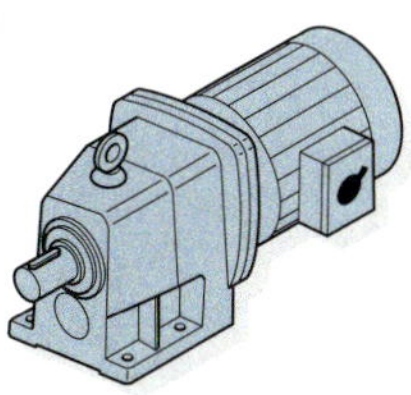

b) 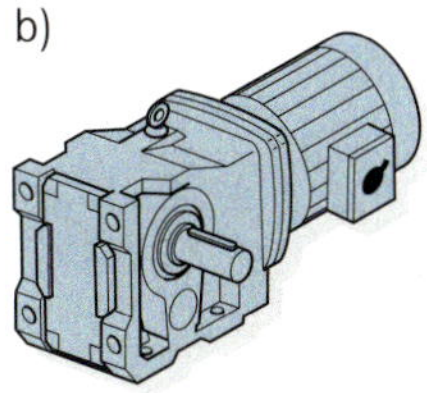

c) 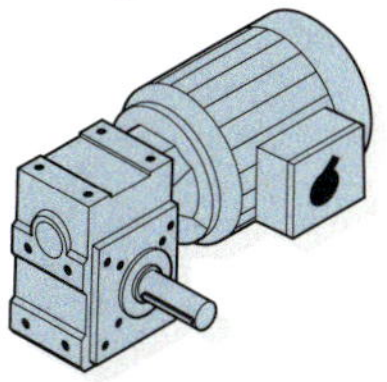

d) 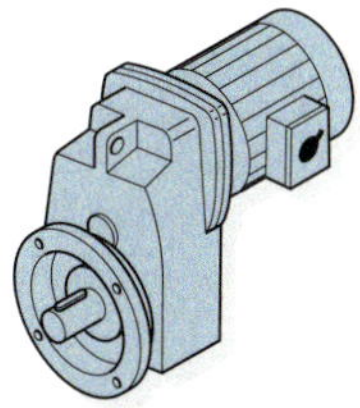

2. An einem demontierten Stirnrad sollen die Zahnradabmessungen bestimmt werden. Beschreiben Sie, wie Sie den Modul m ermitteln.

3. Ein schrägverzahntes Stirnrad hat einen rechtssteigenden Schrägungswinkel von $\beta = 15°$. Welchen Schrägungswinkel muss das Gegenrad aufweisen?

4. Ein Stirnrad soll auf einer Welle ohne axiales Spiel gefügt werden. Es wird durch einen Siche-rungsring gesichert. Beschreiben Sie, wie man das axiale Spiel ermitteln und ausgleichen kann.

5. In welchen Fällen werden Kegelradgetriebe eingesetzt?

6. Die Kegelräder eines Kegelradgetriebes sollen mit kleinem Spiel eingebaut werden. Wie lässt sich das Spiel überprüfen?

7. Für ein Kegelradgetriebe wird in einem Herstellerkatalog die Einbaudistanz mit $A = 36$ mm angegeben.

a) Was stellt die Einbaudistanz A dar?

b) Beschreiben Sie, wie sich die Einbaudistanz A bei der Montage überprüfen lässt.

c) Wie kann an einem Kegelradgetriebe die Einbaudistanz eingestellt werden?

d) Welche Folgen hat es, wenn die Einbaudistanz bei der Montage nicht eingehalten wird?

8. Das Tragbild eines Kegelradgetriebes zeigt folgende Lage: Am kleineren Kegelrad liegt es zur Kopffläche hin, beim größeren Kegelrad zum Zahngrund.

a) Welcher Fehler wurde beim Einbau gemacht?

b) Welche Korrekturen müssen vorgenommen werden, damit der Fehler beseitigt wird?

9. Wann werden Schneckengetriebe eingesetzt?

10. Beschreiben Sie das Tragbild bei einem fehlerfrei eingebauten Schneckenrad.

11. Das Tragbild eines Schneckenrades liegt nur an der Stirnseite, die zur Einlaufseite zeigt.

a) Welcher Fehler wurde beim Einbau gemacht?

b) Welche Korrekturen müssen vorgenommen werden, damit der Fehler beseitigt wird?

Aufbau/ Funktion

6.4 Kupplungen

Abbildung 2 zeigt den Antrieb eines Kegelradgetriebes durch einen Elektromotor. Zwischen der Welle des Motors und der angetriebenen Welle des Getriebes ist eine Kupplung eingebaut.

! Kupplungen verbinden zwei Wellen oder Wellen und Maschinenteile miteinander. Sie übertragen Drehbewegungen und Drehmomente.

Kupplungen bestehen im Wesentlichen aus zwei Kupplungshälften. Eine Kupplungshälfte befindet sich am Wellenende des Antriebs, die andere an der angetriebenen Welle.

Die Kupplungshälften können auf unterschiedliche Weise miteinander verbunden sein und so verschiedene technische Anforderungen erfüllen (Abb. 1).

Starre Kupplungen verbinden zwei Wellen starr miteinander. Sie erfordern ein genaues Fluchten der Wellen miteinander und können keinen Wellenversatz ausgleichen (Abb. 3).

Drehstarre und *elastische Kupplungen* gleichen durch ihren Aufbau axialen, radialen und winkligen Wellenversatz innerhalb bestimmter Toleranzen aus. Elastische Kupplungen dämpfen darüber hinaus Drehmomentenstöße und Schwingungen.

Schaltbare Kupplungen werden verwendet, wenn die Verbindung der Wellen zeitweise unterbrochen werden soll.

Sicherheitskupplungen schützen nachfolgende Getriebeteile, Maschinen und Anlagen vor Beschädigung bei Überlastungen. In die Vorschubantriebe der CNC-Fräsmaschine sind deshalb zwischen Motor und Zahnriemenscheibe Sicherheitskupplungen eingebaut (Abb. 4).

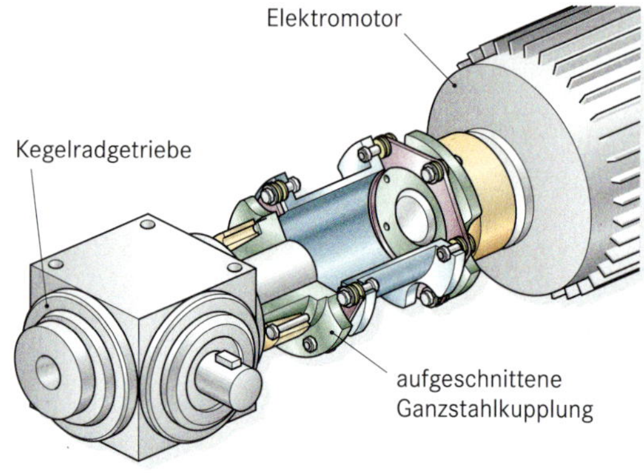

Abb. 2: Einsatz von Kupplungen

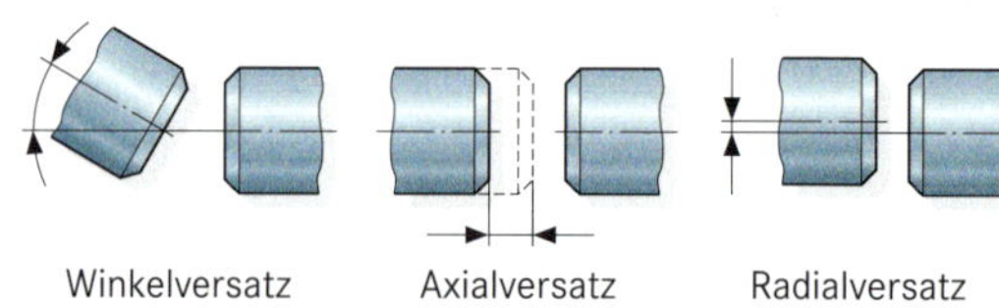

Abb. 3: Wellenversatz

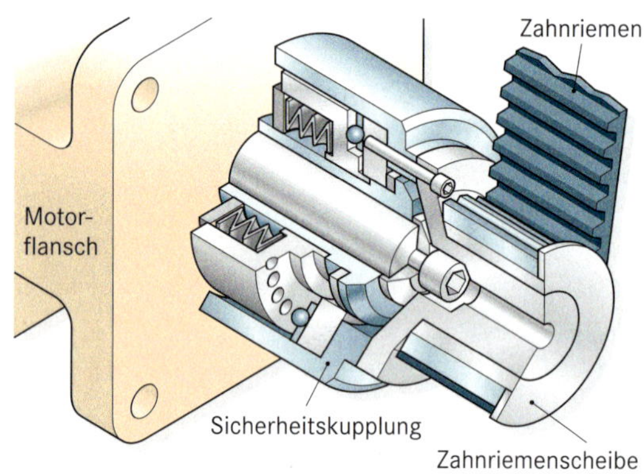

Abb. 4: Sicherheitskupplung

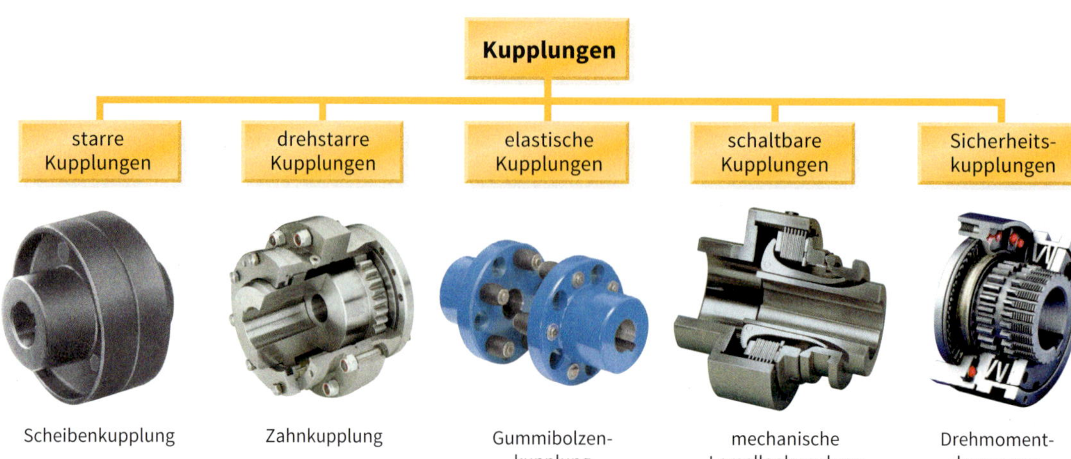

Abb. 1: Kupplungsarten

Mon-tieren

Aufsetzen der Kupplungshälften

Vor Beginn der Montage müssen die Passbohrungen und die Anlageflächen der Kupplung von jeglichem Rostschutz befreit werden. Die Wellenenden sind sorgfältig zu reinigen.

Die vorliegende Welle-Nabe-Verbindung bestimmt, wie die Kupplungshälften zu fügen sind. Kupplungen werden häufig mit Passfeder-, Spann- oder Schrumpfverbindungen ausgeführt.

- **Passfederverbindung**

Kupplungsnaben mit Passfederverbindungen haben Übergangspassungen. Daher können die Kupplungshälften nicht von Hand auf die Wellen aufgeschoben werden.

! Die Kupplungsnaben müssen mit einer geeigneten Vorrichtung auf die Wellen aufgezogen werden.

Die Vorrichtung verhindert, dass axiale Kräfte auf die Lager von Motor oder Getriebe wirken und sie dadurch beschädigt werden.

Dazu wird eine Gewindestange in das Wellenende mit Gewindezentrierbohrung eingeschraubt und eine Scheibe mit entsprechender Größe über die Gewindestange gelegt (Abb. 5). Durch Aufschrauben und Anziehen der Mutter schiebt sich die Nabe auf die Welle. Bei zusätzlicher Verwendung eines Axiallagers ergeben sich beim Anziehen der Mutter geringere Kräfte.

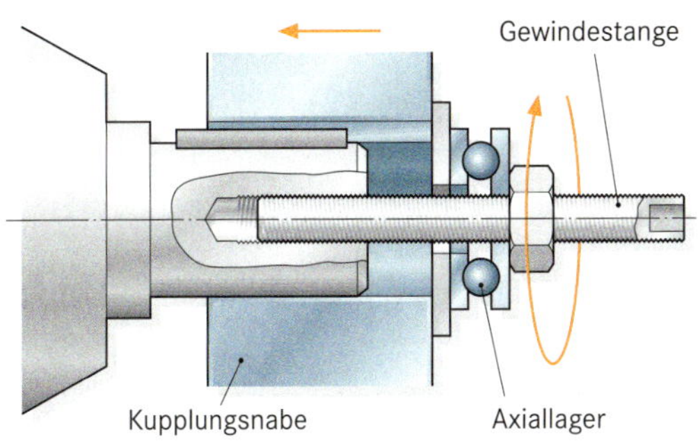

Abb. 5: Aufziehen einer Kupplungsnabe auf eine Motorwelle

Bei Passfederverbindungen müssen die Kupplungsnaben axial gesichert werden. Die axiale Sicherung kann über einen Gewindestift oder über eine Endscheibe und eine Schraube erfolgen (Abb. 6). Der Gewindestift sollte radial auf die Passfeder drücken, um eine Beschädigung der Welle zu vermeiden.

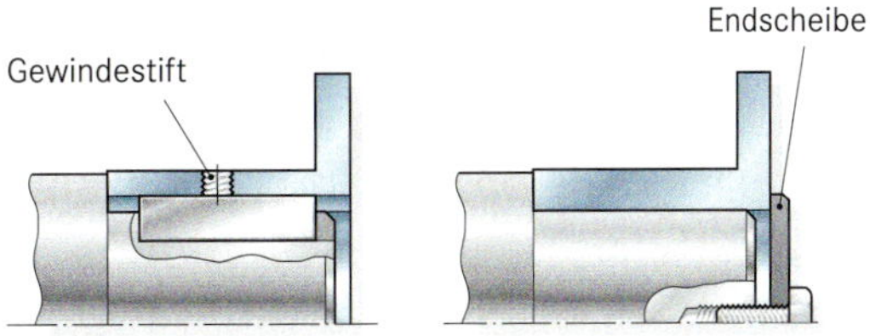

Abb. 6: Axiale Sicherung von Passfederverbindungen

- **Spannverbindungen**

Bei Spannverbindungen sind die Welle und die Nabenbohrung sorgfältig zu entfetten, da die Kraftübertragung reibschlüssig erfolgt.

Die Spannverbindung wird zusammengebaut geliefert. Vor dem Einbau sind die Spannschrauben leicht zu lösen und der kegelige Klemmring geringfügig von der kegeligen Klemmnabe abzuziehen, so dass der Ring lose aufliegt. Dadurch lässt sich die Nabe von Hand auf die Welle aufschieben (Abb. 7).

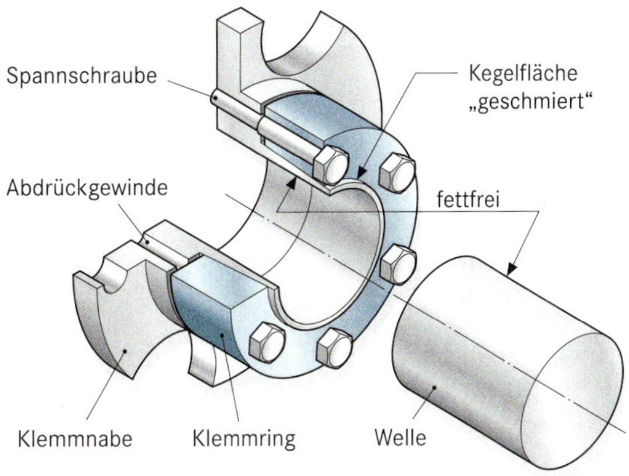

Abb. 7: Aufbau einer Spannverbindung

Anschließend werden die Spannschrauben gleichmäßig über Kreuz in mehreren Stufen angezogen. Es sind mehrere Umläufe notwendig, damit der Klemmring nicht verkantet.

Abschließend werden die Spannschrauben der Reihe nach mit dem vollen Anzugsmoment nachgezogen. Die Spannverbindung ist funktionsfähig, wenn das durch den Hersteller angegebene Anzugsmoment erreicht ist.

! Die Spannschrauben von Spannverbindungen müssen mit dem vorgeschriebenen Drehmoment angezogen werden, um den notwendigen Reibschluss zwischen Welle und Kupplungsnabe zu erreichen.

- **Schrumpfverbindungen**

Bei Schrumpfverbindungen liegt zwischen Kupplungsnabe und Welle eine Übermaßpassung vor. Die Nabe wird erwärmt und dehnt sich aus. Dadurch lässt sie sich ohne Kraftaufwand auf die Welle aufschieben. Beim Abkühlen auf Raumtemperatur schrumpft die Nabe und erzeugt so die notwendige Flächenpressung (vgl. Kapitel 6.6.4).

Grundlagen

Erwärmungstemperatur bei Schrumpfverbindungen

Werkstoffe dehnen sich beim Erwärmen aus und ziehen sich beim Abkühlen zusammen.

Längenänderung Durchmesseränderung

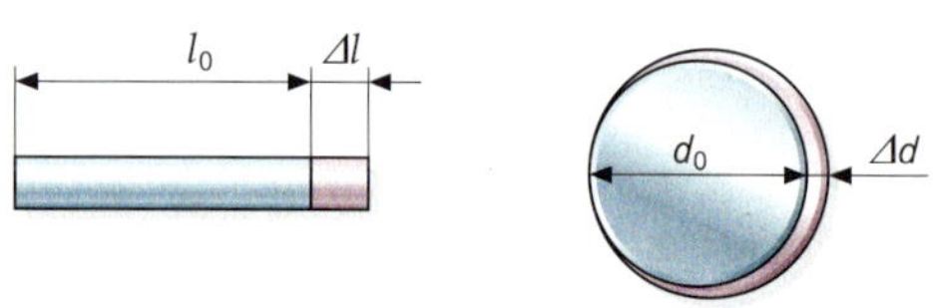

Die Längenänderung Δl ist abhängig von der Temperaturdifferenz Δt, von der Ausgangslänge l_0 und vom Werkstoff des Bauteils. Verschiedene Werkstoffe haben unterschiedliche Längenausdehungskoeffizienten α (→📖).

$$\Delta l = l_0 \cdot \alpha \cdot \Delta t$$

Für die Durchmesseränderung Δd gelten die gleichen Zusammenhänge:

$$\Delta d = d_0 \cdot \alpha \cdot \Delta t$$

Die Temperaturdifferenz Δt, um die ein Bauteil erwärmt werden muss, lässt sich folgendermaßen errechnen:

$$\Delta t = \frac{\Delta d}{d_0 \cdot \alpha}$$

Die zum Fügen erforderliche Durchmesserdifferenz Δd ergibt sich aus dem Höchstübermaß $P_{ÜH}$ der Passung und einem notwendigen Fügespiel. Das notwendige Fügespiel soll etwa 10 … 15 µm betragen.

$$\Delta d = P_{ÜH} + 10 \ldots 15\,\mu m$$

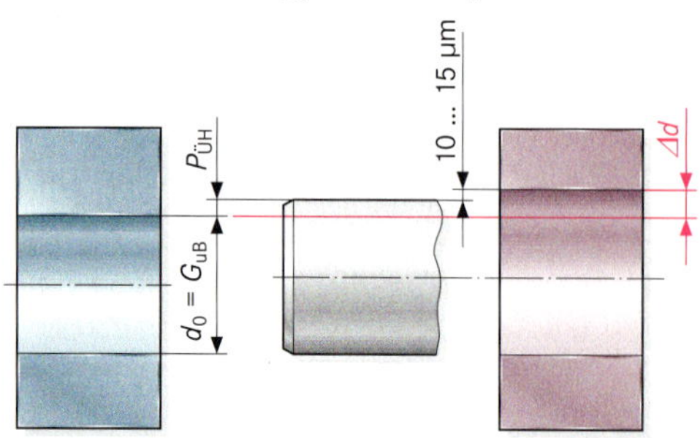

vor Erwärmung nach Erwärmung

Beispiel

Eine Kupplungsnabe aus legiertem Stahl soll mit einer Schrumpfverbindung auf die Abtriebswelle eines Elektromotors gefügt werden. Die Passung ist Ø 30H8/u8.

a) Welches Höchstübermaß $P_{ÜH}$ ergibt sich?

b) Auf welche Temperatur ist die Kupplungsnabe zu erwärmen, wenn die Werkstatttemperatur 20 °C beträgt?

a) Geg.: Passmaß Ø 30H8/u8 Ges.: $P_{ÜH}$

Tabellenbuch:

Welle Ø 30u8: $es = +81\ \mu m$ $G_{oW} = 30{,}081\ mm$

$ei = +48\ \mu m$ $G_{uW} = 30{,}048\ mm$

Bohrung

Ø 30H8: $ES = +33\ \mu m$ $G_{oB} = 30{,}033\ mm$

$EI = 0\ \mu m$ $G_{uB} = 30{,}000\ mm$

Rechnung:

$P_{ÜH} = G_{uB} - G_{oW}$

$P_{ÜH} = 30{,}000\ mm - 30{,}081\ mm$

$\underline{\underline{P_{ÜH} = 0{,}081\ mm}}$

b) Geg.: $P_{ÜH} = 0{,}081\ mm$ Ges.: Δt, t

$t_0 = 20\ °C$

$d_0 = 30\ mm$

Tabellenbuch: $\alpha = 0{,}000\,0161\ 1/°C$

Rechnung:

$\Delta d = P_{ÜH} + 0{,}010\ mm$

$\Delta d = 0{,}081\ mm + 0{,}010\ mm = 0{,}091\ mm$

$$\Delta t = \frac{\Delta d}{d_0 \cdot \alpha}$$

$$\Delta t = \frac{0{,}091\ mm\ \ °C}{30\ mm \cdot 0{,}0000161} = 188{,}4\ °C \approx 189\ °C$$

Erwärmungstemperatur:

$t = \Delta t + t_0 = 189\ °C + 20\ °C = \underline{\underline{209\ °C}}$

Ausrichten

Die Maschinen sollten so ausgerichtet werden, dass die Wellen miteinander fluchten. Bei starren Kupplungen darf kein Versatz zwischen den Wellen auftreten. Auch bei drehstarren und elastischen Kupplungen, die Wellenversatz ausgleichen können, sollten die Wellen so gut wie möglich fluchten. Dadurch erhöht sich die Lebensdauer der elastischen Zwischenglieder.

! Eine fehlerhafte Ausrichtung führt zu Schäden an den Lagern und Dichtungen der gekuppelten Wellen sowie an der Kupplung selber.

Das Prüfen des Ausrichtzustandes kann dann je nach erforderlicher Genauigkeit mit unterschiedlichen Methoden erfolgen (siehe Kapitel 10.5):

- Prüfen mit Haarlineal,
- Prüfen mit Messuhr und Fühlerlehre oder
- laseroptisches Messen.

Wird beim Prüfen Versatz festgestellt, müssen die Maschinen neu ausgerichtet werden. Winkelversatz und Parallelversatz können in horizontaler und vertikaler Ebene auftreten (Abb. 1). In der Regel treten sie gleichzeitig in unterschiedlicher Größe auf.

Das Ausrichten erfolgt in der Reihenfolge

1. winkliges Ausrichten,
2. radiales Ausrichten und evtl.
3. axiales Ausrichten.

- **Winkliges Ausrichten**

Die Korrektur von vertikalem Winkelversatz erfolgt durch Unterlegbleche. Je nach Winkelversatz müssen Bleche von unterschiedlicher Dicke unter die vorderen oder hinteren Befestigungspunkte gelegt werden. In horizontaler Ebene wird eine der Maschinen entsprechend gedreht (Abb. 2).

- **Radiales Ausrichten**

Bei vertikalem Parallelversatz werden unter jeden Befestigungspunkt Bleche gleicher Dicke gelegt. Bei horizontalem Parallelversatz werden die Maschinen seitlich zueinander verschoben.

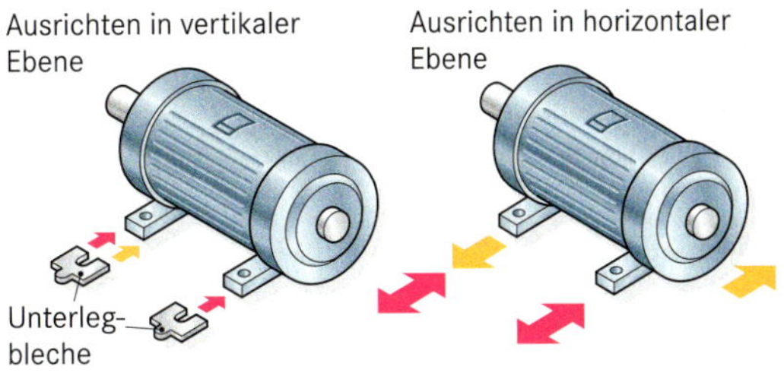

Abb. 2: Ausrichten von Maschinen

- **Axiales Ausrichten**

Der Axialversatz ergibt sich als Unterschied zwischen dem Sollwert und dem Istwert für das Einbaumaß einer Kupplung bzw. den axialen Abstand der Wellenenden zueinander (Abb. 3). Die Einbaumaße von Kupplungen werden vom Hersteller vorgegeben. Beim Ausrichten müssen die zulässigen Toleranzen eingehalten werden.

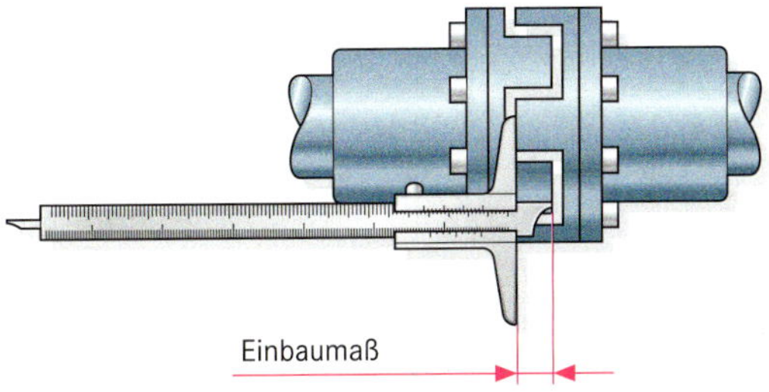

Abb. 3: Messen von Axialversatz

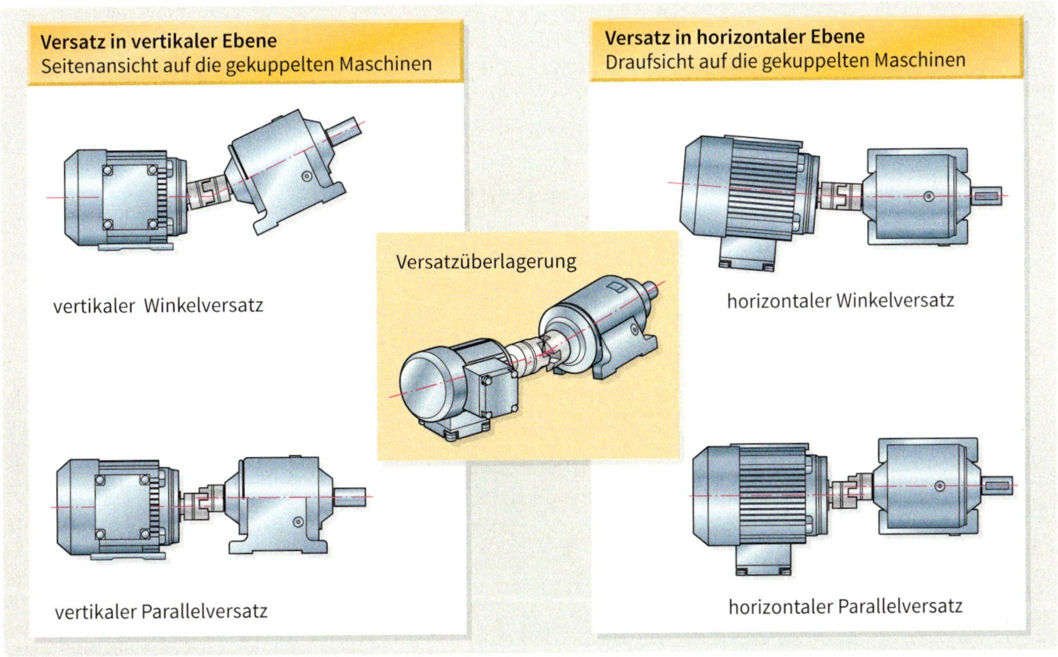

Abb. 1: Winkliger und paralleler Versatz an Maschinen

Verschrauben der Kupplungshälften

Nach Einsetzen der je nach Bauart vorhandenen Zwischenstücke können die Kupplungshälften miteinander verschraubt werden. Die Schrauben sind mit dem vom Hersteller oder in der Betriebsanweisung angegebenen Drehmoment anzuziehen (Abb. 1).

Nach einem Testlauf sind alle Schraubenverbindungen noch einmal auf ihren richtigen Sitz hin zu überprüfen.

Werden keine selbstsichernden Sechskantmuttern verwendet, kann als Schraubensicherung Klebstoff eingesetzt werden. Einige Gewindegänge werden dann mit anaerobem Klebstoff (z. B. Loctite Typ 243) eingestrichen.

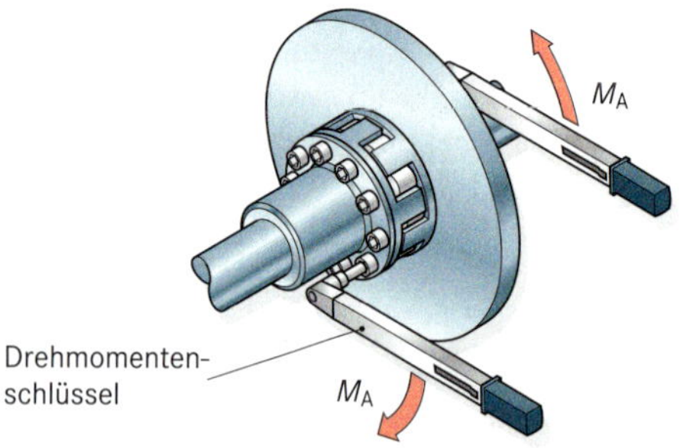

Abb. 1: Verschrauben mit Drehmomentenschlüssel

Demon-tieren

Abziehen der Kupplungshälften

Bevor die Kupplungen demontiert werden können, sind die Verschraubungen zwischen den Kupplungshälften zu lösen und eventuell vorhandene Zwischenstücke zu entfernen.

Die vorliegende Welle-Nabe-Verbindung bestimmt, wie die Kupplungshälften von den Wellen abgezogen werden.

- **Passfederverbindung**

Bei Passfederverbindungen ist zuerst die Endscheibe zu entfernen oder der Gewindestift zu lösen.

Anschließend werden die Kupplungshälften mit einer Abziehvorrichtung von der Welle abgezogen. Haben die Kupplungen Abziehbohrungen, werden Abziehvorrichtungen verwendet, deren Schrauben in die Bohrungen einzuschrauben sind (Abb. 2a). Ansonsten verwendet man Dreiarmabzieher (Abb. 2b).

- **Spannverbindung**

Die Spannschrauben werden stufenweise der Reihe nach gelöst. Jede Schraube darf pro Umlauf nur um etwa eine halbe Umdrehung gelöst werden. Insgesamt sind die Spannschrauben um 3 bis 4 Gewindegänge herauszudrehen.

Anschließend sind die Spannschrauben, die neben einem Abdrückgewinde sitzen, herauszuschrauben und von Hand in die Abdrückgewindebohrungen einzudrehen (vgl. Abb. 7, S. 239). Die Schrauben sind nun gegenüberliegend versetzt in mehreren Stufen gleichmäßig einzuschrauben. Dadurch werden der Klemmring von der kegeligen Klemmnabe geschoben und die Verbindung gelöst.

Die Kupplungshälfte kann nun leicht mit der Hand von der Welle abgezogen werden.

- **Schrumpfverbindung**

Schrumpfverbindungen werden durch Einpressen von Öl in den Nabenverband gelöst (vgl. Kapitel 5.6). Das axiale Abziehen der Nabe erfolgt dann mit einer separaten Hydraulikpresse oder einem mechanischen Abzieher.

Die demontierten Teile sind sorgfältig auf die Wiederverwendbarkeit zu prüfen und gegebenenfalls instandzusetzen bzw. auszutauschen.

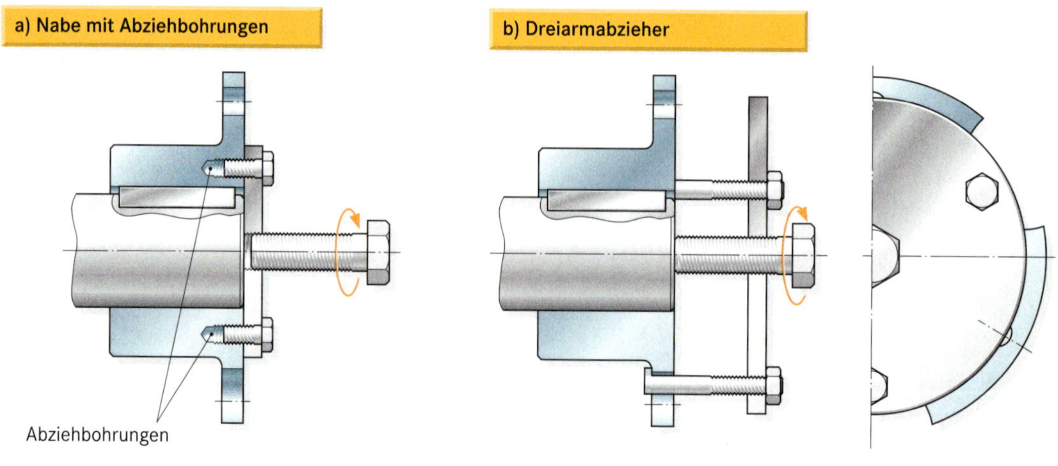

Abb. 2: Abziehen einer Kupplungshälfte

Zusammenfassung

Kupplungen

starre Kupplungen
- kein Ausgleich von Wellenversatz

drehstarre Kupplungen
- Ausgleich von axialem, radialem und winkligem Wellenversatz

elastische Kupplungen
- Ausgleich von axialem, radialem und winkligen Wellenversatz
- Ausgleich von Schwingungen und Drehmomentenstößen

schaltbare Kupplungen
- Trennen und Kuppeln von Wellen im Stillstand oder während des Betriebes

Sicherheitskupplungen
- Trennen von Wellen und Maschinenteilen (z. B. Riemenscheiben, Kettenräder) bei Überlastung

Montagetätigkeiten

Fügen der Kupplungshälften auf den Wellenenden durch
- Passfederverbindung
- Spannverbindung
- Schrumpfverbindung

Prüfen des Wellenversatzes
- winkliger Versatz
- radialer Versatz
  - ◇ Haarlineal
  - ◇ Messuhr, Fühlerlehre
  - ◇ Laseroptisches Messsystem

  (zunehmende Ausrichtgenauigkeit)
- axialer Versatz
  - ◇ Messschieber

Ausrichten der zu kuppelnden Maschinenteile
- horizontales Ausrichten durch Verschieben oder Verdrehen der Maschinen
- vertikales Ausrichten mit Unterlegblechen

Verschrauben der Kupplungshälften mit Drehmomentenschlüssel

Aufgaben

1. Warum können drehstarre und elastische Kupplungen mit einem Lineal ausgerichtet werden?

2. Weshalb dürfen Kupplungen auf Getriebewellen oder Motorwellen nicht mit einer Presse aufgepresst werden?

3. Eine Kupplung mit Passfederverbindung soll durch einen Gewindestift axial gesichert werden. Beschreiben Sie, wie die Gewindebohrung anzubringen ist.

4. Eine Kupplungsnabe hat eine Spannverbindung.

a) Beschreiben Sie die Montage der Nabe.

b) Beschreiben Sie die Demontage von der Welle.

5. Ein Elektromotor und eine Pumpe sollen mit einer Scheibenkupplung verbunden werden. Das winklige und radiale Ausrichten erfolgt mit Messuhr und Fühlerlehre.

Skizzieren Sie eine Kupplungshälfte und geben Sie an, welche Flächen der Kupplung einer Planlauf- oder Rundlaufprüfung unterzogen werden sollten.

6. Welche Schäden können an einem Zahnradgetriebe auftreten, wenn die zu kuppelnden Wellen nicht miteinander fluchten?

7. Erläutern Sie mögliche Auswirkungen auf den Ausrichtzustand von Antriebsmaschine und Getriebe:

a) bei Erwärmung der Maschinenteile während des Betriebes,

b) durch auftretende Getriebekräfte bei einem Zahnradgetriebe.

8. Beim radialen Ausrichten einer Kupplung mit einer Messuhr wurden folgende Abweichungen festgestellt:

- in der horizontalen Ebene 1,24 mm,
- in der vertikalen Ebene 0,82 mm.

Beschreiben Sie, wie der Ausrichtzustand der Maschinen zu korrigieren ist.

9. Eine Kupplungsnabe aus E 335 mit dem Durchmesser 35H8 wird auf 200 °C erwärmt. Bestimmen Sie die Durchmesseränderung.

10. Eine Kupplungsnabe aus EN-GJL-200 soll durch Schrumpfen gefügt werden. Die Kupplung hat die Passung 80 H8/u8.

a) Ermitteln Sie die erforderliche Durchmesserdifferenz zum Fügen.

b) Bestimmen Sie die Erwärmungstemperatur.

Aufbau/ Funktion

6.5 Wellen

Das in der Abbildung 1 dargestellte Getriebe soll ein Drehmoment über ein Keilriemengetriebe aufnehmen.

Hierzu sind Kegelscheiben auf einer abgesetzten Welle montiert. Die Welle überträgt das Drehmoment auf das Ritzel. Sie ist mit Wälzlagern im Getriebegehäuse gelagert.

Aufgrund unterschiedlicher Anforderungen werden verschiedene Arten von Wellen verwendet (Tab. 1).

! Wellen dienen
- zur Übertragung von Drehmomenten,
- zum Aufnehmen montierter Bauteile.

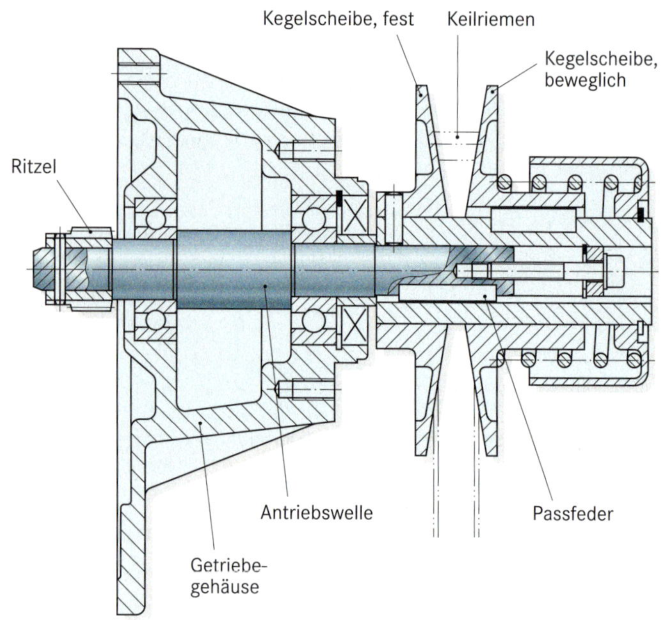

Abb. 1: Getriebe mit montierter Welle

Tab. 1: Wellen

Anforderungen	Wellenart	Anwendung
Drehmomentübertragung	Glatte Welle 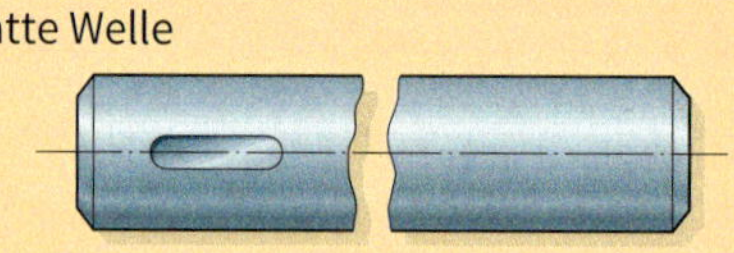	Transfersysteme und Krananlagen
Drehmomentübertragung; Abstützung; axiales Positionieren von Bauteilen	Abgesetzte Welle 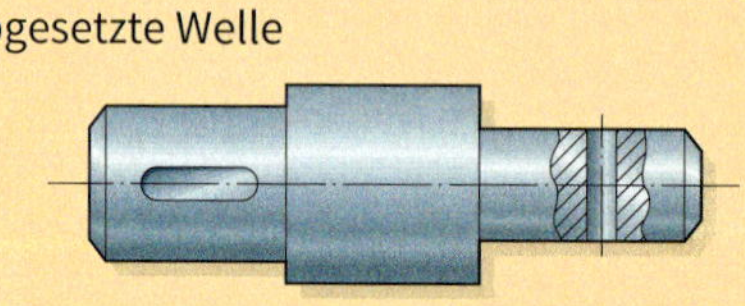	Kraft- und Arbeitsmaschinen, Pumpen, Elektromotoren
Drehmomentübertragung; Bewegungsumformung	Kurbelwelle 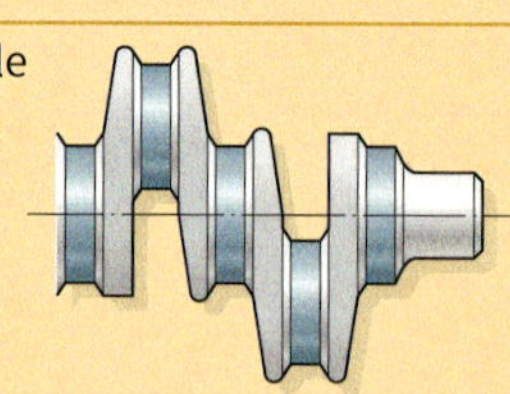	Kurbelpressen, Verbrennungsmotoren, Hubkolbenpumpen
Drehmomentübertragung zwischen zueinander winkelverschobenen Wellen an der An- und Abtriebsseite	Gelenkwelle 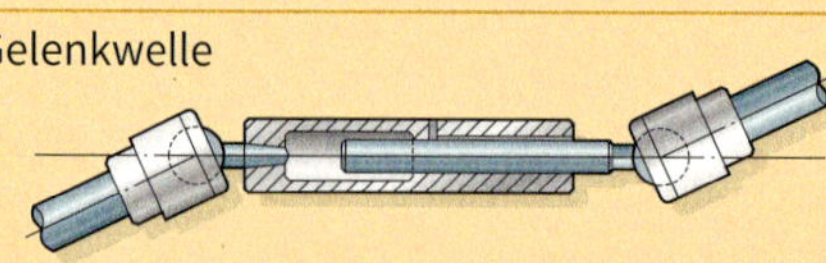	Tischantriebe von Fräsmaschinen, Antriebe von Kraftfahrzeugen
Drehmomentübertragung auch bei fortlaufender Lageänderung von Antriebsseite zur Abtriebsseite	Biegsame Welle 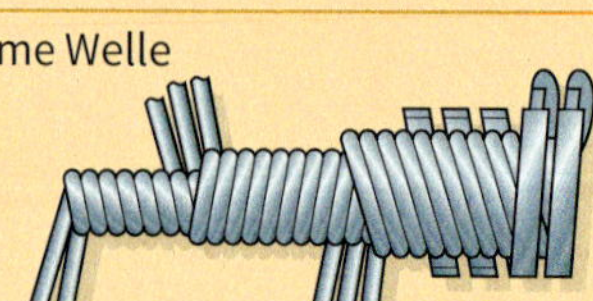	handbetriebene Schleifwerkzeuge, Tachometerwelle

Montieren/Demontieren

Kontrollieren der Welle

Je nach Organisation des Montageprozesses kann es notwendig sein, die zu montierende Welle zu überprüfen. Die Prüfung kann Oberflächenzustände, Maße sowie Form- und Lageabweichungen umfassen.

1. Sichtprüfung

Vor der Montage einer Welle ist diese von Verschmutzungen zu reinigen. Ebenso sind alle Kantenzustände zu prüfen. Grat ist zu entfernen.

Wellen werden auf Biegung und Torsion beansprucht. Deshalb dürfen die Oberflächen keine Beschädigungen aufweisen. Durch die daraus resultierende Kerbwirkung würden Haarrisse und Dauerbrüche entstehen.

2. Maßliche Prüfung

Für die Montage wichtige Maße sind mit geeigneten Prüfmitteln zu kontrollieren, um eine störungsfreie Montage und Funktion sicherzustellen. An der Welle in Abbildung 2 sind die Lagersitze (Ø17k6 und Ø15k6) mit einer Grenzrachenlehre oder Messschraube mit digitaler Anzeige zu prüfen.

3. Form- und Lageprüfung

Weist die Welle Form- und Lageabweichungen auf, können bei der Montage mit dem Ritzel typische Fehlbewegungen auftreten (Tab. 2).

Tab. 2: Form- und Lageabweichungen

Fehler:	Das Ritzel führt Schwingbewegungen aus.
Ursache:	Die Mittelachse von Welle und Wellenzapfen liegen in einem Winkel zueinander. 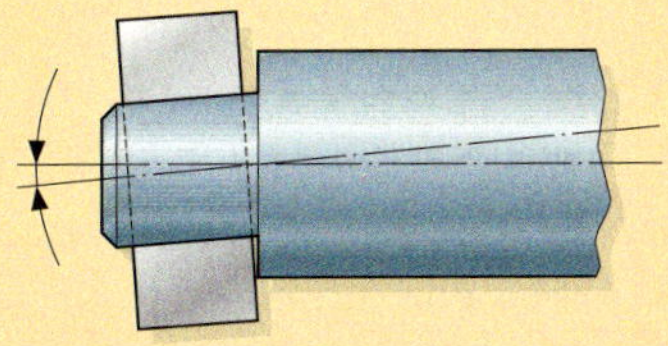
Ursache:	Die Mantelfläche des montierten Wellenzapfens weist eine ballige Form auf. 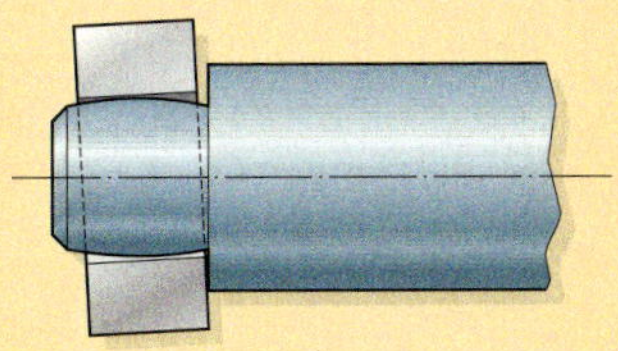
Fehler:	Das Ritzel läuft zur Welle unrund.
Ursache:	Die Mittelachse des Wellenzapfens ist verschoben (Exzentrizität *e*). 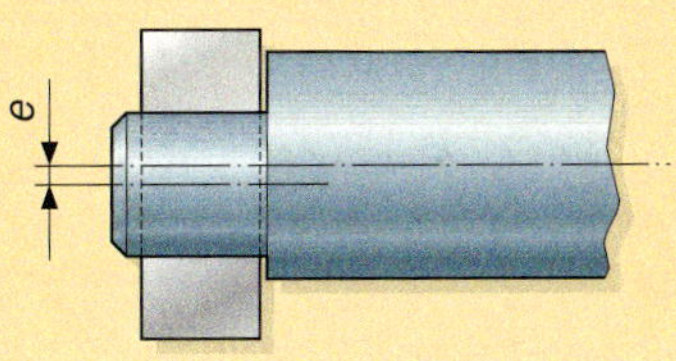

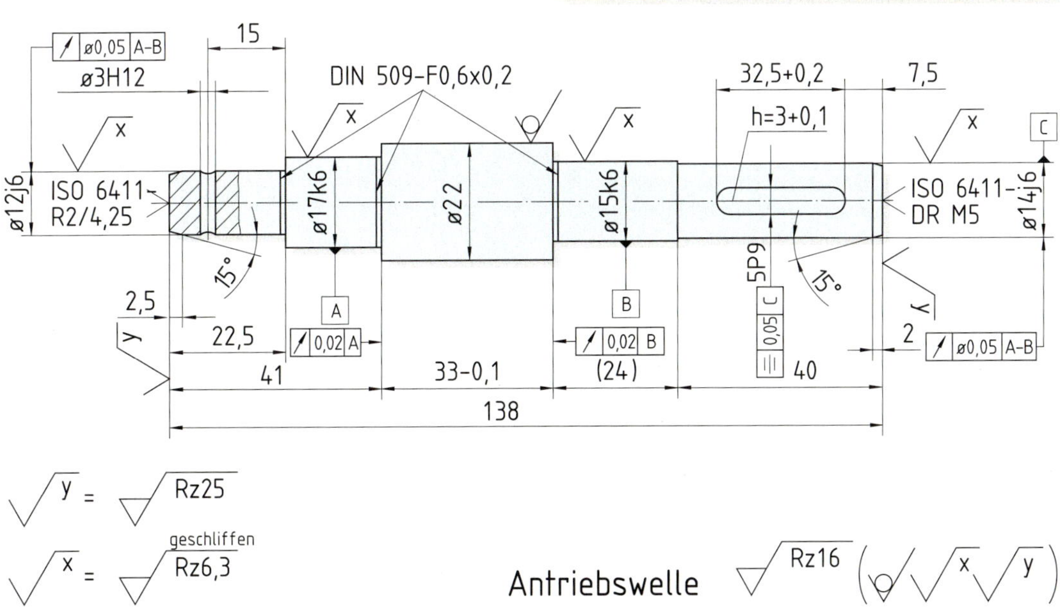

Abb. 2: Welle

An der Welle (Abb. 2, vorige Seite) sind Rundlauf, Planlauf und Symmetrie zu prüfen (➜📖).

- **Rundlaufprüfung**

Die Welle wird in das Prüfgerät eingelegt, um die Rundlaufabweichungen zu ermitteln (Abb. 1).

Hierzu wird die Messuhr auf den Ritzelansatz Ø12 j6 aufgesetzt. Es muss eine vollständige Wellenumdrehung ausgeführt werden.

Das Messergebnis darf die angegebene Rundlauftoleranz von 0,05 mm nicht übersteigen.

- **Planlaufprüfung**

Um die festgelegten Planlauftoleranzen zu prüfen, wird die Welle in das in der Abb. 2 dargestellte Prüfgerät eingelegt.

Die Messuhr wird auf die Planfläche aufgesetzt. Es muss eine vollständige Wellenumdrehung ausgeführt werden.

Die Differenz zwischen der größten und kleinsten Messuhranzeige darf den Wert von 0,02 mm nicht übersteigen.

- **Symmetrieprüfung**

Wichtig für die funktionsgerechte Montage der Welle ist die Mittigkeit und Achsparallelität der Wellennut (Abb. 2, vorige Seite).

Um die Symmetrie der Passfedernut zu prüfen, wird die Passfedernut mit einem entsprechenden Endmaß versehen und die Welle in ein Prisma eingelegt (Abb. 3).

Das in der Passfedernut eingesetzte Endmaß wird durch ein zweites Endmaß ausgerichtet. Danach ist eine Messuhr auf das in der Nut eingesetzte Endmaß aufzusetzen und parallel zur Welle zu verschieben. Nach dem Wellenumschlag wird auf der gegenüberliegenden Endmaßseite diese Prüfung wiederholt.

Das Messergebnis darf die Symmetrietoleranz von 0,05 mm nicht übersteigen.

Nach Beendigung der Sichtprüfung, einer Kontrolle aller wichtigen Durchmesser und Längenmaße sowie der Prüfung von Form- und Lageabweichungen ist die Welle für eine Montage vorbereitet.

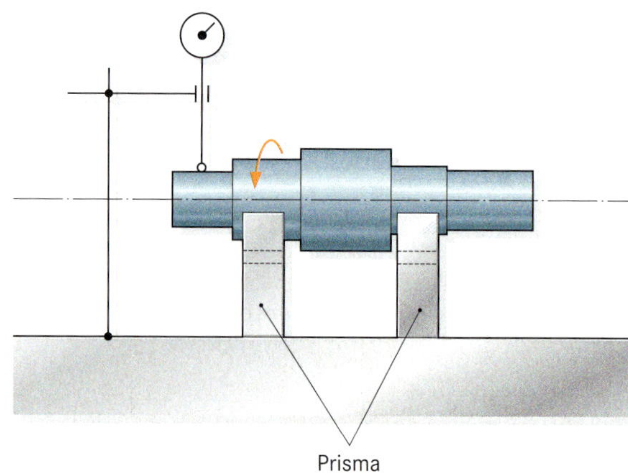

Abb. 1: Rundlaufprüfung

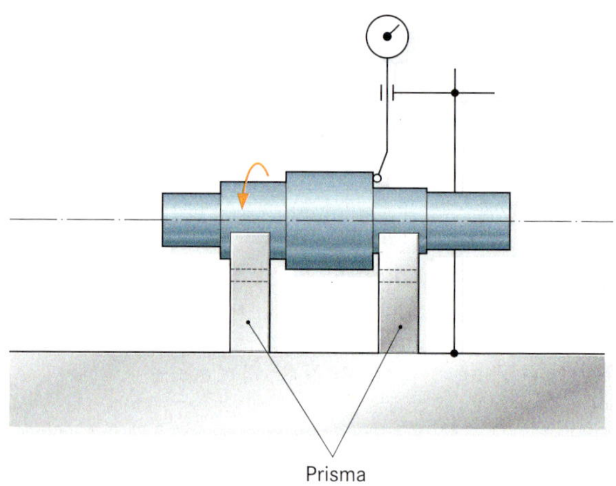

Abb. 2: Planlaufprüfung

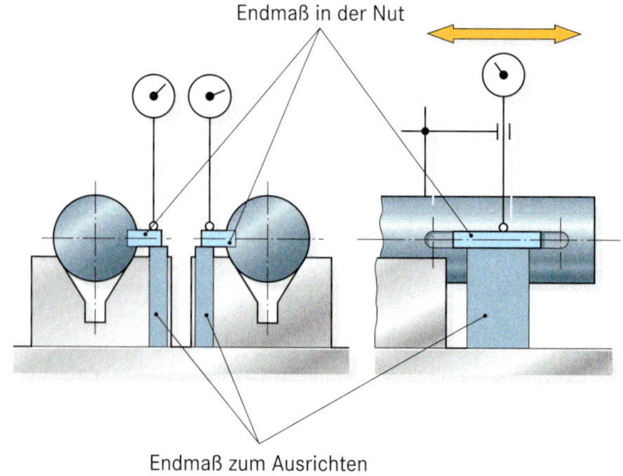

Abb. 3: Symmetrieprüfung

6.6 Welle-Nabe-Verbindungen

Abb. 4: Welle-Nabe-Verbindung

Wellen sind mit verschiedenen Bauteilen, z. B. Zahnrädern, Lagern und Kupplungen, so zu verbinden, dass Drehmomente in wechselnde Richtungen übertragen werden können (Abb. 4).

Hierbei werden unterschiedliche Arten der Welle-Nabe-Verbindung angewendet. Folgende Welle-Nabe-Verbindungen werden vorwiegend verwendet:

- Federverbindungen
- Keilverbindungen
- Profilwellenverbindungen
- Pressverbindungen
- Verbindungen durch Spannelemente

Ist eine Demontage von mechanischen Bauteilen auf Grund von Instandhaltungsmaßnahmen notwendig, sind *lösbare Verbindungen* einzusetzen.

Lösbare Verbindungen sind jederzeit demontierbar und können wieder hergestellt werden, ohne die Bauteile zu zerstören.

Wird durch die Montage der Bauteile eine Verbindung erzeugt, welche nur durch Zerstörung demontiert werden kann, liegt eine *nicht lösbare Verbindung* vor.

6.6.1 Federverbindungen

Über eine Welle soll ein Drehmoment auf ein Zahnrad übertragen werden. Hierzu wird ein Verbindungselement zwischen Welle und Zahnrad benötigt. Dieses Verbindungselement ist eine Passfeder (Abb. 5).

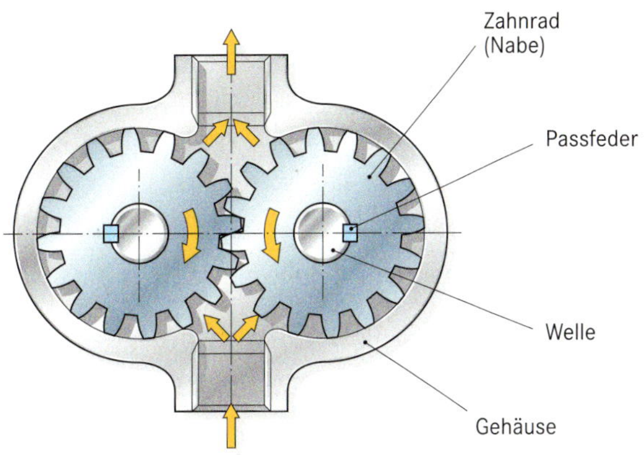

Abb. 5: Passfederverbindung an einer Zahnradpumpe

Federverbindungen setzen eine Nut in Welle und Nabe voraus. In der Nut von Welle und Nabe liegt die Feder, welche das auf der Welle sitzende Bauteil mitnimmt. Aus diesem Grund bezeichnet man Federverbindungen auch als Mitnehmerverbindungen. Federverbindungen sind lösbare, formschlüssige Verbindungen. Zwischen dem Federrücken und dem Nutgrund der Nabe ist Spiel vorhanden. Das Drehmoment wird über die Seitenflächen der Feder übertragen.

Beim Einsatz von Federn erfolgt keine Verspannung von Welle und Nabe. Dies wirkt sich günstig auf den Rundlauf der gefügten Bauteile aus.

Da Federn keine Verspannung erhalten, sind diese für häufig wechselnde stoßartige Belastungen nicht geeignet.

Entsprechend ihrer Verwendung werden unterschiedliche Federn eingesetzt.

Man unterscheidet zwischen *Passfedern* und *Scheibenfedern*. Bei zylindrischen Wellenformen werden Passfedern verwendet. Hierbei ist die Nabe gegen axiales Verschieben auf der Welle zu sichern.

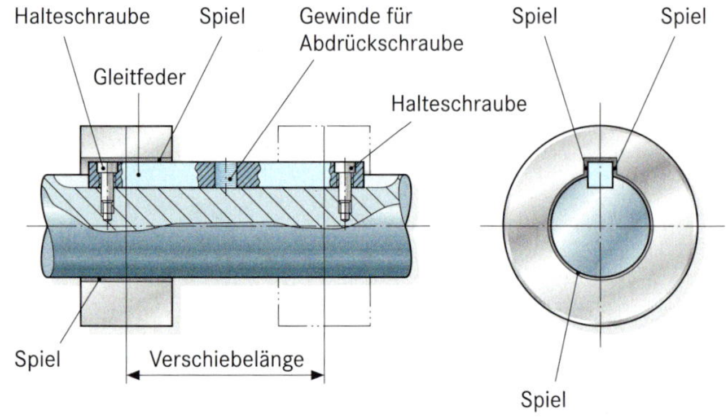

Abb. 1: Gleitfeder

Soll die Nabe auf der Welle verschiebbar sein, muss Spiel zwischen den Bauteilen vorliegen. Die eingesetzte Passfeder nennt man dann *Gleitfeder* (Abb. 1).

Grundlagen

Passfedern werden auf Abscherung und Flächenpressung beansprucht. Da die Abscherung gegenüber der Flächenpressung gering ist, kann sie vernachlässigt werden.

Die Flächenpressung p ergibt sich aus der Belastung durch die Umfangskraft F_u auf der Berührungsfläche A zwischen Passfeder und Nabennut bzw. Wellennut. Berechnet wird die Flächenpressung für das Bauteil mit der geringeren Werkstofffestigkeit p_{zul}.

$$p = \frac{F_u}{A} \leq p_{zul}$$

Die Berührungsfläche A ergibt sich vereinfacht aus der halben Passfederhöhe $h/2$ und der nutzbaren Länge l_n.

$$A = \frac{h}{2} \cdot l_n$$

Sind die genormten Passfederabmessungen eingebaut, brauchen Passfederverbindungen nicht berechnet zu werden (→📖).

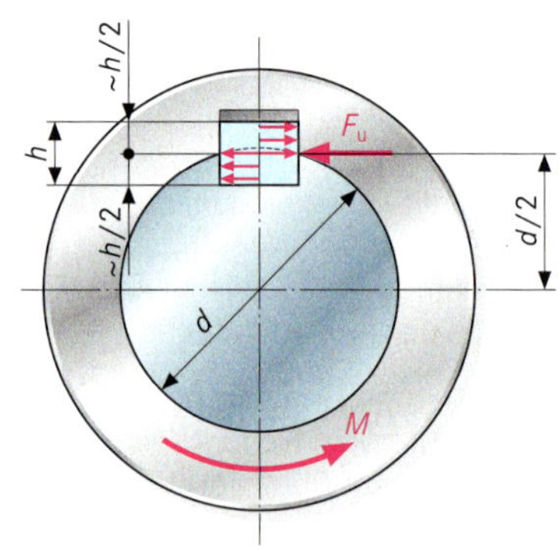

Umfangskraft: $F_u = \frac{M}{d/2}$

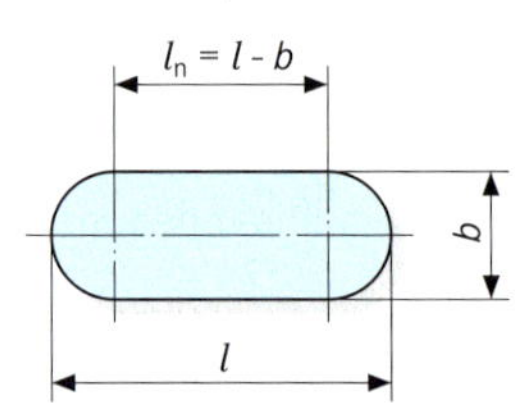

An kegeligen Wellenenden werden Scheibenfedern montiert (Abb. 2).

Die Verwendung von Scheibenfedern führt im Vergleich zum Einsatz von Passfedern zu einer starken Reduzierung des Wellenquerschnittes.

Damit ist nur eine geringe Beanspruchung der Welle-Nabe-Verbindung möglich.

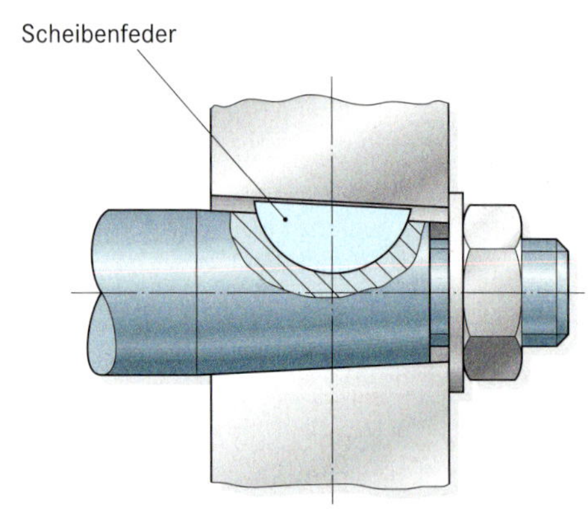

Abb. 2: Scheibenfederverbindung

! Federverbindungen sind lösbare, formschlüssige Verbindungen.

Über die Seitenflächen der Feder wird das Drehmoment zwischen Welle und Nabe übertragen.

Montieren/Demontieren

Prüfen

Kontrollieren

Vor der Montage einer Federverbindung ist eine Prüfung der Bauteile notwendig. Hierbei werden die Federart und deren Maße mit den Montageunterlagen verglichen.

Eine normgerechte Bezeichnung ist folgendermaßen aufgebaut (→📖):

Passfeder DIN 6885 – A 12 x 8 x 80

- Form der Passfeder: A
- Breite: 12
- Höhe: 8
- Länge: 80

Gleichzeitig ist die Feder auf Beschädigungen und Korrosion zu überprüfen.

Eventuell sind die Bohrung der Nabe, die Nabennut, der Wellendurchmesser sowie die Wellennut auf *Maßgenauigkeit*, *Formgenauigkeit* und *Lagegenauigkeit* zu prüfen (siehe Kapitel 6.5).

Durch das probeweise Fügen von Welle und Nabe kann die Paarung der Bauteile kontrolliert werden.

Bei der Montage von Gleitfedern ist eine gute Verschiebbarkeit der Nabe auf der Welle ohne merkliches Spiel zu überprüfen.

Tab. 1: Federarten

Federn			
	Passfedern nach DIN 6885		
	ohne Bohrungen	mit Bohrung für Halteschraube	mit Bohrungen für Halteschrauben und Gewinde für Abdrückschraube
geradstirnig	Form B 	Form D 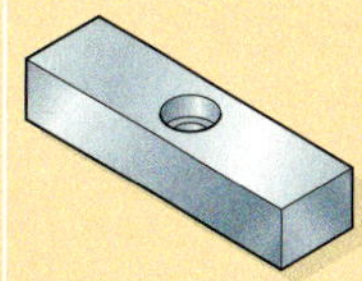	Form F 
rundstirnig	Form A 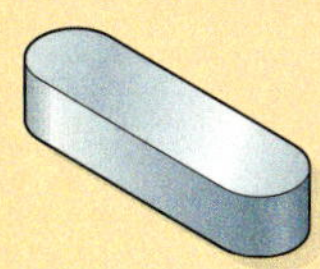	Form C 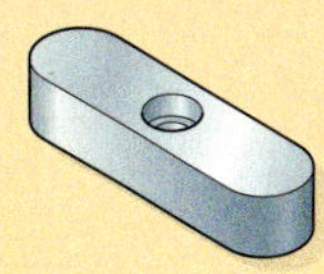	Form E 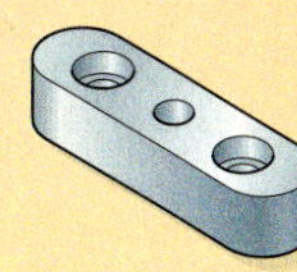
	Scheibenfeder nach DIN 6888		
	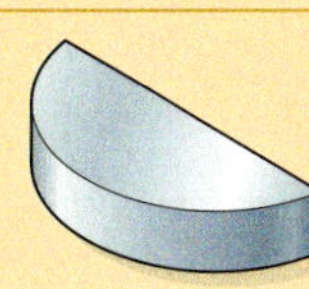		

Montieren

Herstellen der Federverbindung

1. Passfedern

Die Passfeder ist in die Wellennut einzupressen. Es ist darauf zu achten, dass die Passfeder vollständig in der Wellennut anliegt. Die Feder darf weder verformt noch verkantet werden.

Anschließend wird die Nabe mit der Welle gefügt. Hierbei ist ein Verkanten zwischen Welle und Nabe zu vermeiden.

2. Gleitfedern

Wird die Passfeder (Tab. 1) als Gleitfeder montiert, ist darauf zu achten, dass die Verschiebelänge der Nabe die Länge der Gleitfeder bestimmt. Dementsprechend ist die Gleitfeder auszuwählen.

Gleitfedern werden in den meisten Fällen mit Halteschrauben befestigt. Dies sichert die Lage der Gleitfeder in der Wellennut. In der Mitte der Feder kann eine Gewindebohrung für eine Abdrückschraube vorhanden sein. Diese benötigt man bei der Demontage der Gleitfeder (Abb. 1).

3. Scheibenfedern

Die Scheibenfeder wird in die halbrunde Wellennut eingelegt (Abb. 2). Anschließend ist die Nabe auf die Welle aufzuschieben. Durch die runde Form der Scheibenfeder stellt diese sich selbst auf die Neigung der Nabennut ein.

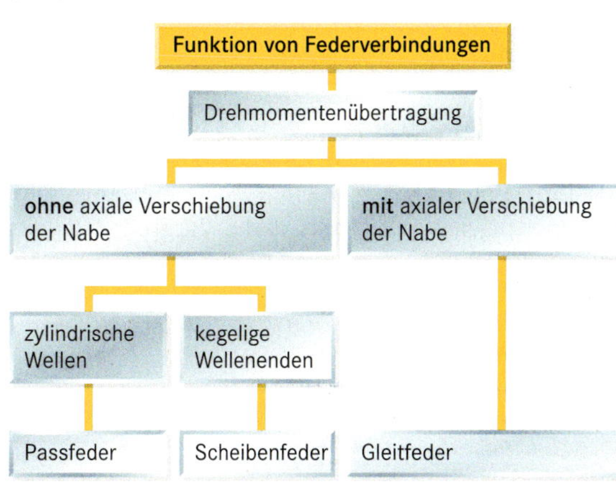

Abb. 3: Funktion von Federverbindungen

Fügen

6.6.2 Keilverbindungen

Keilverbindungen gehören zu den kraftschlüssigen und lösbaren Verbindungen. Das Eintreiben des Keils zwischen Welle und Nabe verursacht eine Verspannung.

Keilverbindungen kommen zum Einsatz, wenn die Anforderungen an den Rundlauf gering sind.

Im Maschinenbau finden Keilverbindungen ihre Verwendung bis zu einer Umdrehungsfrequenz von ca. 150 1/min.

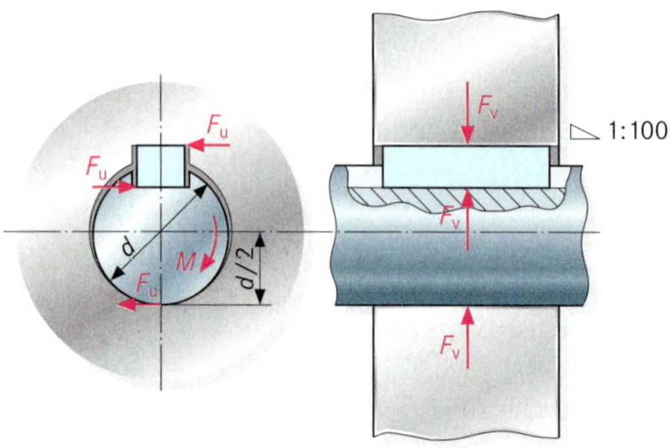

Abb. 1: Aufbau einer Keilverbindung

Keile haben eine Neigung von 1 : 100. Durch die Neigung wird die Einschlagkraft übersetzt.

An den Seitenflächen der Keilverbindung besteht ein geringes Spiel.

Keilverbindungen sind lösbare und kraftschlüssige Verbindungen.

Für die verschiedenen Einsatzbedingungen werden unterschiedliche Keile nach **DIN 6886** und **DIN 6887** angeboten (→). So unterscheidet man unter anderem folgende Einzelformen:

- *Treibkeil*
- *Einlegekeil*
- *Nasenkeil*

Prüfer

Kontrollieren der Bauteile

Vor einer Montage sind die Nuttiefen in der Welle und der Nabe zu prüfen. Hierzu kann ein Messschieber oder ein Tiefenmaß benutzt werden.

Für die tolerierte Breite der Wellennut (D10) kann eine Prüfung durch ein Endmaß erfolgen.

Um eine sichere Keilverbindung zu erzeugen, ist eine vollständige Anlage der Deck- und Grundfläche des Keils zu gewährleisten.

Liegt der Keil nicht vollständig an, ist er nachzuarbeiten. Durch ein leichtes Eintreiben des Keils ist dessen Anlage gut zu prüfen. Zu diesem Zweck werden die Keilflächen mit Tusche eingerieben. Entsprechend dem entstehenden Tragbild ist der Keil nachzuarbeiten.

Die Deck- und Grundflächen des Keils müssen vollständig in der Wellen- und Nabennut aufliegen.

Grundlagen

Durch die Einschlagkraft F_e wird über die Neigung des Keils die Verspannkraft F_V erzeugt.

$$F_V = \frac{F_e}{\tan\alpha}$$

Durch die Neigung des Keils von 1 : 100 ergibt sich eine große Verspannkraft F_V zwischen Welle und Nabe.

Die Verspannkraft bewirkt in Verbindung mit der Haftreibung μ_0 eine entsprechende Reibkraft F_R. Die Umfangskraft F_u, die durch eine Keilverbindung übertragen werden kann, darf nicht größer sein als die Reibkraft F_R.

$$F_u \leq F_R = F_V \cdot \mu_0$$

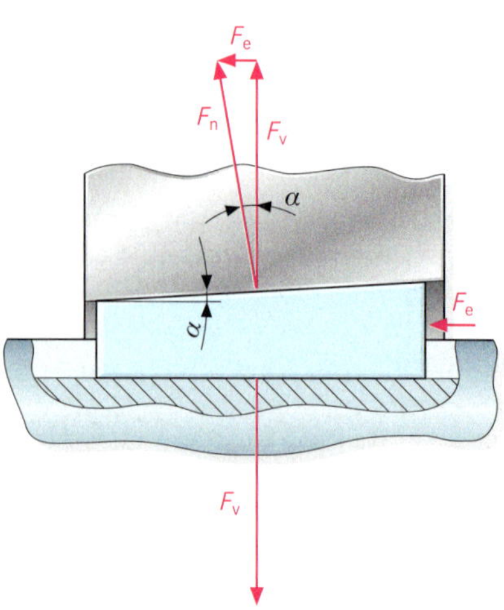

Montieren/Demontieren

Montieren

Eintreiben des Keils

Vor dem Eintreiben des Keils sollten Keil und Nut leicht gefettet werden. Das Fetten verhindert ein Fressen der Bauteile.

Anschließend wird der Keil mit einem Hammer eingetrieben. Um die Stirnflächen des Keils nicht zu beschädigen, sollte ein Dorn verwendet werden.

Beim Einschlagen des Keils dürfen weder Welle noch Nabe beschädigt werden. Beschädigungen wirken als Kerben, welche die Haltbarkeit und Funktion beeinträchtigen.

! Beim Einschlagen des Keils sind Beschädigungen an Keil, Welle und Nabe zu vermeiden.

Bei der Montage der verschiedenen Keile sind Besonderheiten zu beachten.

1. Treibkeil

Ist ein großes Platzangebot für die Keilmontage vorhanden, kann ein Treibkeil eingesetzt werden.

Bei der Verwendung von Treibkeilen muss die Nut die doppelte Länge des Keils aufweisen. Hierdurch steht genügend Platz zum Eintreiben des Keils zur Verfügung.

Für die Montage und Demontage des Treibkeils wird ein Keiltreiber verwendet (Abb. 2).

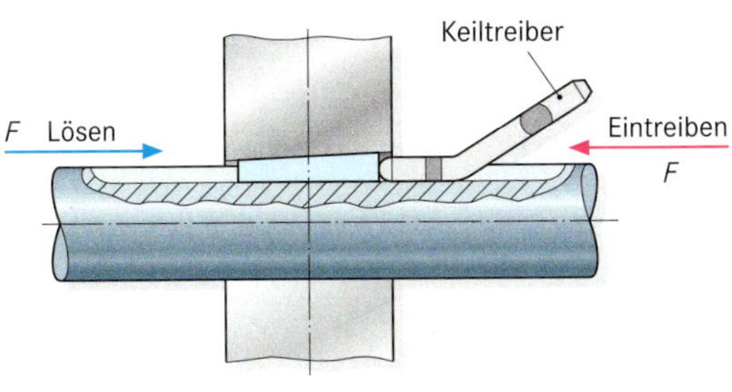

Abb. 2: Treibkeil

2. Einlegekeil

Einlegekeile verwendet man, wenn der Platz zum Eintreiben bzw. Austreiben gering ist.

In die Wellennut erfolgt das Einlegen oder Einpressen des rundstirnigen Einlegekeils.

Anschließend wird die Nabe, z.B. mit einem Hammer, auf die Welle aufgetrieben (Abb. 3).

Beim Lösen der Verbindung wird in entgegengesetzter Richtung die Nabe von der Welle getrennt. Hierzu kann ein Schonhammer oder eine entsprechende Abziehvorrichtung verwendet werden.

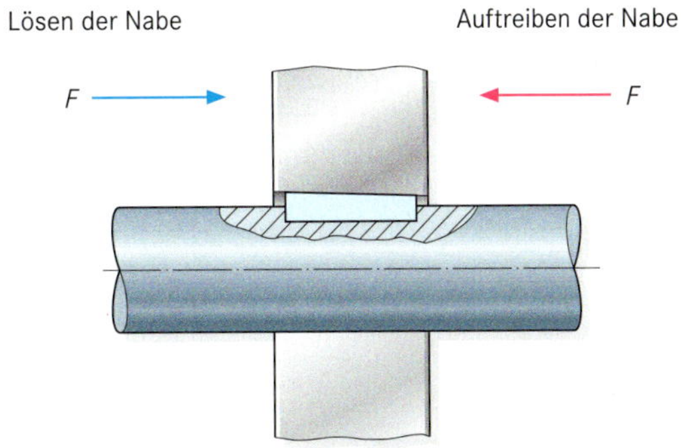

Abb. 3: Einlegekeil

3. Nasenkeil

Kann ein Keil nur von einer Seite ein- und ausgebaut werden, sind Nasenkeile zu verwenden (Abb. 4).

Das als angewinkelte Nase gestaltete dickere Keilende ergibt eine größere Aufschlagfläche beim Eintreiben des Keils.

Mit dem größeren Keilende wird beim Einschlagen des Keils die Gefahr des Stauchens stark reduziert.

Zwischen der Nabe und der Keilnase müssen ungefähr 10 mm Platz bleiben.

Die Nase wird bei einer Demontage des Keils als Gegenlager für einen Hebel verwendet.

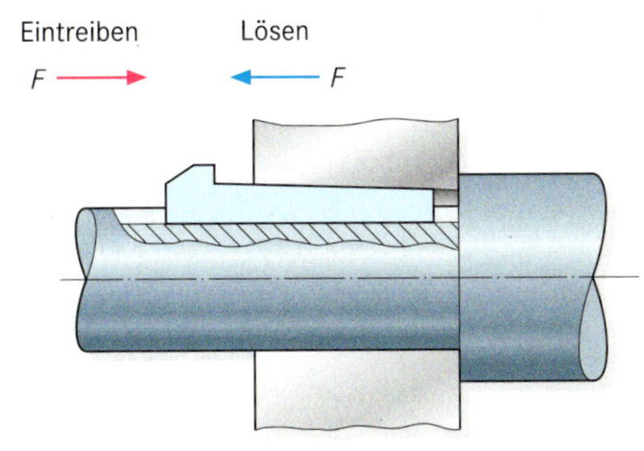

Abb. 4: Nasenkeil

Fügen

6.6.3 Profilwellenverbindungen

Zur Übertragung des Drehmomentes werden neben zylindrischen Wellen Profilwellen eingesetzt. Hierbei sind Wellenquerschnitt und die Innenform der Nabe aufeinander abgestimmt (Abb. 1). Profilwellenverbindungen sind formschlüssig und lösbar.

Abb. 1: Polygonwelle mit Zahnrad

Es werden *Keilwellen*, *Polygonwellen* und *Zahnwellen* unterschieden (Tab. 1). Das Drehmoment wird im Vergleich zu den Passfedern über den gesamten Wellenumfang übertragen.

Somit ist bei gleichen Wellendurchmessern eine Übertragung größerer Drehmomente möglich. Profilwellen können mit der Nabe fest oder axial verschiebbar montiert werden.

Profilwellen sind lösbare und formschlüssige Verbindungen. Sie dienen zur Übertragung großer Drehmomente.

Montieren

Kontrollieren der Profilwellen

Die Maße der Profilwellen sind mit den Angaben der Montageunterlagen zu vergleichen. Die normgerechte Bezeichnung für eine Keilwelle ist folgendermaßen aufgebaut (→📖):

Welle DIN ISO 14 - 8 x 36 x 40

- Keilwelle (DIN ISO 14)
- Anzahl der Keile (*N*) (8)
- Wellendurchmesser (*d*) (36)
- Wellendurchmesser (*D*) (40)

Zusammenbau

Die Nabe wird von Hand auf die Welle geschoben. Um ein Verkanten zu vermeiden, sind Welle und Nabe ohne große Gewalt zu fügen.

Tab. 1: Einteilung der Profilwellen

Wellenart	Keilwelle	Polygonwelle	Zahnwelle
Wellenquerschnitt	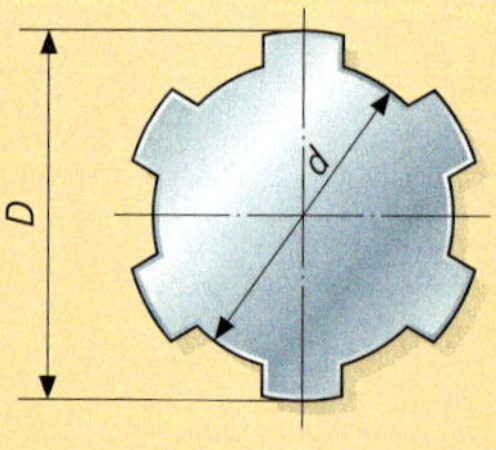	P3G (Gleichdick) 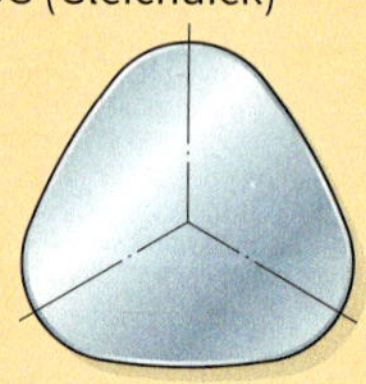 P4C (Quadratpolygon) 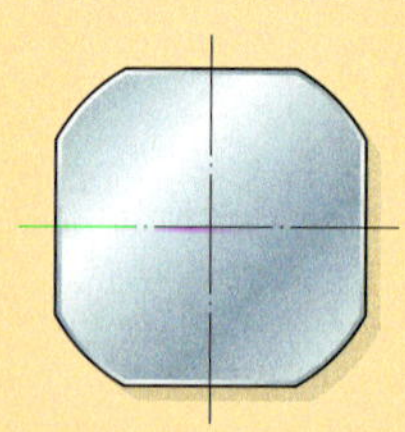	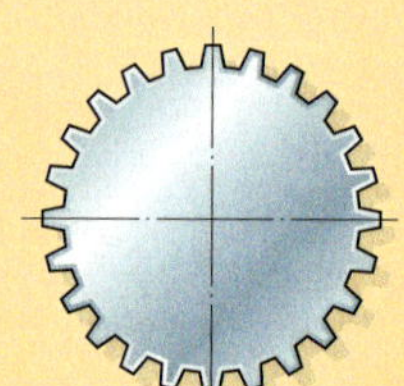
Eigenschaften	• stoßartige, wechselnde Drehmomentenübertragung möglich • gute Rundlaufeigenschaften bei großen Stoßbelastungen	• hohe Rundlaufgenauigkeit bei großer Beanspruchung • hohe Zentriergenauigkeit von Welle und Nabe	• stoßartig wirkende Drehmomentenübertragung möglich • genaue Positionierung der Welle zur Nabe • kleine Nabenabmessungen
Verwendung	Wellen in Schaltgetrieben; Gelenkwellen	Antriebswellen in Schleifmaschinen	Wellen in Lamellenkupplungen

Fügen

6.6.4 Pressverbindungen

Bei der Herstellung einer Pressverbindung erfolgt keine Montage von Mitnehmern wie Passfedern oder Keilen. Dadurch entfallen zusätzliche Bearbeitungen an Welle und Nabe (Abb. 2).

Der Pressvorgang führt zu einem Kraftschluss zwischen Welle und Nabe. Dies geschieht durch die gefertigte Übermaßpassung (→). Ein Drehmoment kann übertragen werden.

Abb. 2: Welle mit Kegelrad ohne Mitnehmerverbindung

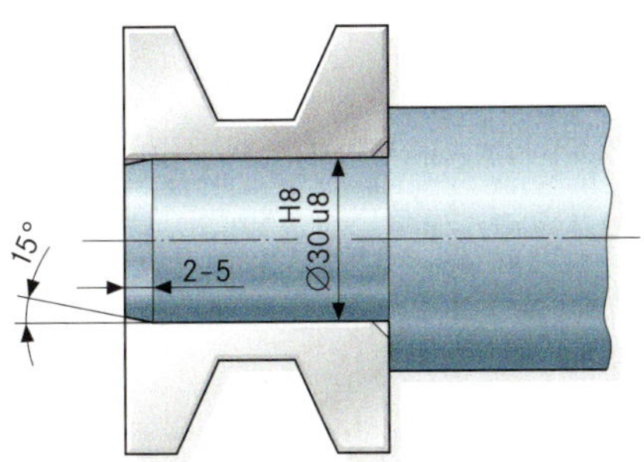

Abb. 3: Pressverbindung

Pressverbindungen sind kraftschlüssige bedingt lösbare Verbindungen.

Welle und Nabe können mit verschiedenen Verfahren miteinander verpresst werden.

Man unterscheidet *Längspressverbindungen und Querpressverbindungen*. Querpressverbindungen sind Schrumpf- oder Dehnverbindungen.

Montieren

1. Herstellen von Längspressverbindungen

Prüfen der Bauteile

Die Passung von Welle und Nabe ist maßlich zu prüfen. Ebenso ist das Vorliegen einer Fase an der Welle zu kontrollieren. Die Welle sollte eine 2 bis 5 mm breite Fase mit einer Schräge von 15° aufweisen (Abb. 3).

Einpressen der Bauteile

Vor dem Fügen sind die Passflächen sorgfältig zu reinigen und einzuölen. Anschließend wird die Welle in die Bohrung eingepresst (Abb. 4).

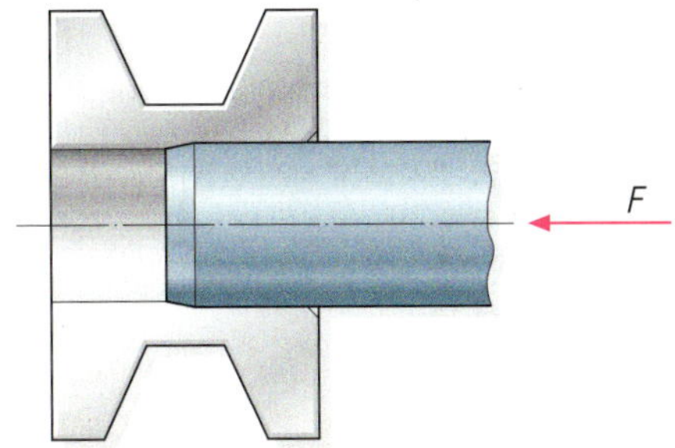

Abb. 4: Herstellen einer Längspressverbindung

Kleine Bauteile mit einem geringeren Übermaß (Bsp.: H7/r6) können durch Hammerschläge eingetrieben werden. Die Hammerschläge sind zentrisch und axial auszuführen, um ein Verkanten der Bauteile zu verhindern. Größere Bauteile werden mit hydraulischen oder mechanischen Pressen gefügt. Dabei ist eine Einpressgeschwindigkeit von 2 mm/s nicht zu überschreiten. Bei dieser Geschwindigkeit hat der Werkstoff genügend Zeit, um auszuweichen, ohne dass ein Schaben oder Fressen auftritt.

Beim Fügen von Welle und Nabe ist auf einen zentrischen und axialen Kraftangriff zu achten.

2. Herstellen von Schrumpfverbindungen

Schrumpfverbindungen entstehen durch das Erwärmen und Fügen der Nabe sowie deren Abkühlung auf Raumtemperatur.

Erwärmen

Die *Nabe* wird erwärmt (Abb. 1, nächste Seite). Dabei dehnt sich die Nabe aus und lässt sich leicht auf die Welle schieben. Die Nabe muss gleichmäßig erwärmt werden. Eine ungleichmäßige Erwärmung bewirkt einen Verzug der Nabe. Dies kann zu Rundlauffehlern führen. Bei kleinen Bauteilen verwendet man Heizplatten. Größere Bauteile können mit Hilfe von Gasbrennern erwärmt werden. Eine gleichmäßige Erwärmung ist besonders gut in Öl- oder Salzbädern möglich. Soll die Haftfähigkeit der Welle-Nabe-Verbindung erhöht werden, sind die Fügeflächen trocken zu halten. In diesem Fall ist eine Erwärmung in einem Heißluftofen vorzuziehen.

Beim Umgang mit erwärmten Bauteilen muss geeignete Schutzbekleidung getragen werden. Handschuhe, Lederschürze und festes Schuhwerk schützen vor Verbrennungen.

Fügen durch Abkühlen

Die erwärmte Nabe wird auf die Welle aufgeschoben. Durch Abkühlen auf Raumtemperatur schrumpft die Nabe. Die Montage hat schnell zu erfolgen. Nach dem Schrumpfen der Nabe ist keine Lagekorrektur mehr möglich.

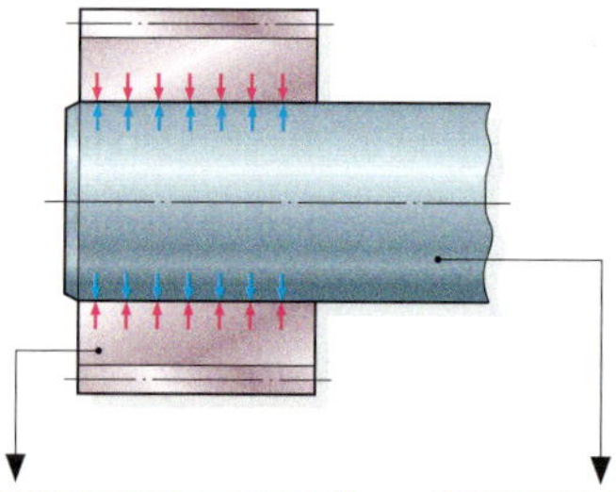

Schrumpfverbindung

Erwärmung der Nabe durch

Wärmeplatte	100°C
Ölbad	350°C...400°C
Heißluft	400°C...650°C
gasbeheizten Ofen	700°C
elektrisch beheizten Ofen	700°C

Dehnverbindung

Abkühlung der Welle durch

Kühlschrank	- 40°C
Trockeneis	- 78°C
verflüssigter Sauerstoff	- 183°C
verflüssigter Stickstoff	- 195,8°C

Abb. 1: Pressverbindungen durch Temperaturänderung

! Bei der Herstellung einer Schrumpfverbindung wird die Nabe erwärmt. Es hat eine schnelle Montage zu erfolgen, da nach Abkühlen keine Lagekorrektur möglich ist.

3. Herstellen von Dehnverbindungen

Dehnverbindungen entstehen durch das Abkühlen und Fügen der Welle sowie deren Erwärmung auf Raumtemperatur.

Abkühlen

Die *Welle* wird abgekühlt. Dies kann in Kühlschränken, in Trockeneis, in flüssigem Stickstoff oder flüssigem Sauerstoff erfolgen (Abb. 1). Dadurch schrumpft die Welle und lässt sich leicht in die Nabe schieben. Beim Umgang mit abgekühlten Bauteilen ist Schutzbekleidung zu tragen. Besondere Unfallverhütungsvorschriften (UVV) sind beim Einsatz von flüssigem Stickstoff zu beachten. Wird flüssiger Sauerstoff zur Abkühlung eingesetzt, sind die Bauteile gründlich von Ölen und Fetten zu reinigen. Schmierstoffe sind aus dem Arbeitsbereich zu entfernen. Eine Kombination von Öl oder Fett mit flüssigem Sauerstoff führt zu explosionsartigen Verbrennungen.

Sehr niedrige Temperaturen bewirken eine Versprödung der Werkstoffe. Stoßartige Belastungen sind deshalb zu vermeiden.

Fügen durch Erwärmen

Die abgekühlte Welle wird in die Nabe eingeschoben. Das Positionieren der Welle hat schnell zu erfolgen, da die Erwärmung der Welle in kurzer Zeit zu einer Verbindung führt. Das Anbringen von Markierungen kann das Ausrichten der Welle in der Nabe erleichtern. Durch das Erwärmen der Welle auf Raumtemperatur kommt es zum Verpressen von Welle und Nabe.

! Bei der Herstellung einer Dehnverbindung wird das Innenteil abgekühlt. Die Montage hat schnell zu erfolgen, da die Erwärmung der Welle in kurzer Zeit zu einer Verbindung führt.

Arbeitssicherheit

Sicherheitshinweise beim Umgang mit Stickstoff

1. Eigenschaften

Flüssiger Stickstoff geht an der Luft in den gasförmigen Zustand über. Es entsteht ein farbloses und ungiftiges Gas. Verdampft 1 kg flüssiger Stickstoff, entsteht eine Stickstoffwolke von 800 l.

Stickstoff verdrängt wie andere Gase den Sauerstoff.

2. Gefahren

Hohe Stickstoffkonzentrationen können zum Ersticken führen. Das Opfer bemerkt das Ersticken nicht. Symptome können Bewegungsunfähigkeit und der Verlust des Bewusstseins sein. Durch die niedrigen Temperaturen kann es bei einem Hautkontakt zu Kaltverbrennungen kommen.

3. Reinigung und Entsorgung

Zur Reinigung sind betroffene Räume zu lüften. Die Entsorgung kann an einem gut belüfteten Platz in die Atmos-phäre erfolgen.

4. Schutzmaßnahmen

Beim Umgang mit flüssigem Stickstoff sind Handschuhe, Schürze und Gesichtsschutz zu tragen. Für eine ausreichende Belüftung ist zu sorgen. Ein unkontrollierbarer Stickstoffaustritt ist sofort zu stoppen und der Behälter zu entfernen. Das Eindringen in Kanalisation, Keller, Arbeitsgruben und in geschlossene Räume ist zu verhindern. Stickstoffbehälter sind sicher zu verschließen und sicher zu lagern.

5. Erste-Hilfe-Maßnahmen

Einatmen

Nach dem Einatmen hoher Stuckstoffkonzentrationen ist das Opfer unter Benutzung eines umluftunabhängigen Atemgerätes an die frische Luft zu bringen. Das Unfallopfer ist warm und ruhig zu halten, wobei schnell ein Arzt informiert werden muss. Bei Atemstillstand sind die Maßnahmen zur künstlichen Beatmung einzuleiten.

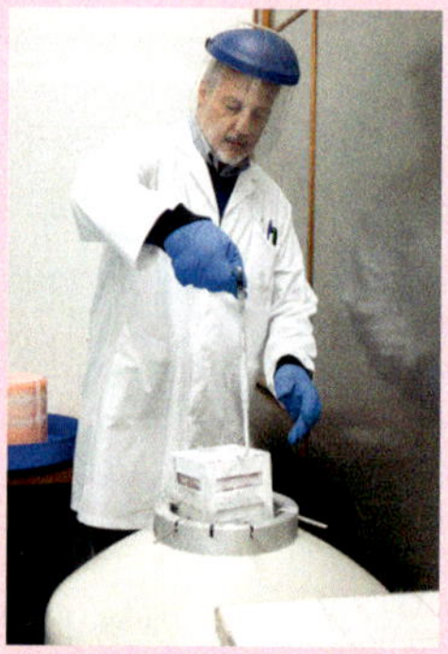

Hautkontakt

Bei Kaltverbrennungen ist sofort mindestens 15 Minuten mit Wasser zu spülen. Die Verbrennung ist steril abzudecken und ein Arzt aufzusuchen.

Demontage von Pressverbindungen

Eine Demontage führt häufig zur Beschädigung von Welle und Nabe.

Demontieren

Fügen

6.6.5 Verbindungen durch Spannelemente

Bei der Montage von konischen oder federnden Spannelementen werden Welle und Nabe gegeneinander verspannt.

Man unterscheidet folgende Verbindungen:

- *Verbindungen durch Konus-Spannelemente*
- *Sternscheibenverbindungen*
- *Schrumpfscheibenverbindungen*
- *Druckhülsenverbindungen*

Konus-Spannelemente bestehen aus einem Außenring und einem Innenring (Abb. 2). Durch das Anziehen der Spannschrauben werden die konischen Ringe axial gegeneinander verschoben. Dabei kommt es zu einer elastischen Verformung der Ringe. Es entstehen Radialkräfte zwischen Welle und Nabe (kraftschlüssige Welle-Nabe-Verbindung).

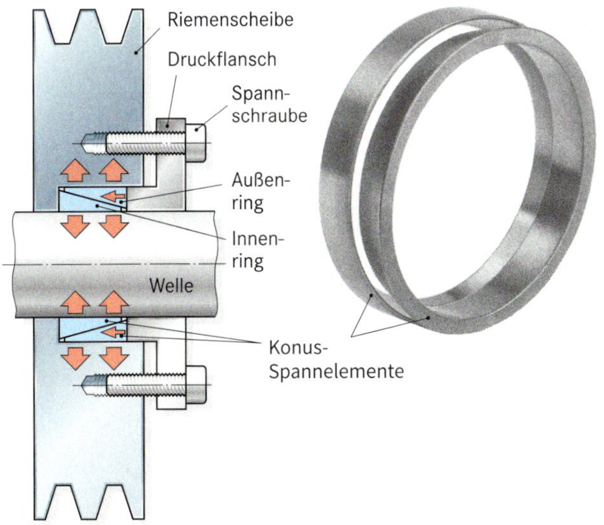

Abb. 2: Verbindung durch Konus-Spannelemente

Sternscheiben sind federnde Spannelemente (Abb. 3). Durch das Aneinanderpressen und Flachdrücken der geschlitzten Scheiben entstehen Radialkräfte. Sie verspannen die Bauteile.

Die über Spannelemente erzeugten Radialkräfte führen zu einem Anpressdruck zwischen Welle und Nabenbohrung. Die damit erzeugte Reibung ermöglicht die Übertragung eines Drehmomentes.

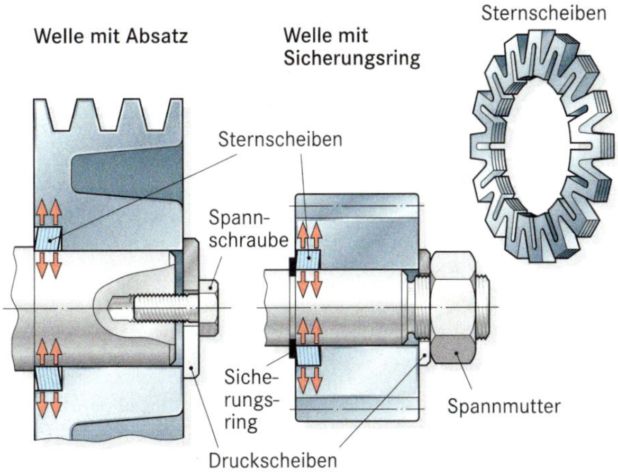

Abb. 3: Sternscheibenverbindung

Verbindungen durch Spannelemente sind kraftschlüssige und lösbare Verbindungen. Werden hohe Drehfrequenzen und große Rundlaufgenauigkeiten gefordert, kommen Spannelemente zum Einsatz.

Montieren

Vorbereiten der Bauelemente

Vor der Montage von Spannelementen sind die Kontaktflächen der Verbindung zu kontrollieren. Alle Berührungsflächen sind zu säubern und mit einem Ölfilm zu versehen. Dies schließt Gewinde und Anlageflächen von Schraubenköpfen ein. Es sind Öle zu verwenden, die keine reibungsmindernden Zusätze besitzen.

Fügen und Verspannen der Bauelemente

Grundsätzlich wird beim Verspannen der Bauelemente ein Drehmomentenschlüssel verwendet. Damit ist sichergestellt, dass die jeweils geforderten Drehmomente eingehalten werden. Bei einer Montage der verschiedenen Spannelemente sind deren Besonderheiten zu berücksichtigen.

1. Verbindung durch Konus-Spannelemente

- **Fügen und Ausrichten**

Die Nabe wird auf die Welle aufgesetzt. Anschließend werden die Konus-Spannelemente eingebaut (Abb. 2).

Sie müssen mit der Stirnfläche sauber in der Nabe anliegen. Danach wird der Druckflansch auf die Welle geschoben. Die Spannschrauben werden in die Nabe eingeschraubt und leicht angezogen.

Vor dem Verspannen ist die Nabe axial auszurichten.

- **Verspannen**

Zum Verspannen werden die Spannschrauben über Kreuz angezogen. Das Anziehdrehmoment wird jedoch in der Reihenfolge der Schraubenanordnung kontrolliert.

Es ist darauf zu achten, dass der Druckflansch die Stirnseite der Nabe nicht berührt. Damit wird eine Beeinträchtigung bei der Übertragung des Drehmomentes vermieden.

2. Konus-Spannelementeverbindung

- **Einsetzen**

Damit das Konus-Spannelement in die Nabe eingesetzt werden kann, sind die Spannschrauben um einige Gewindegänge aus dem Spannelement herauszudrehen (Abb. 1).

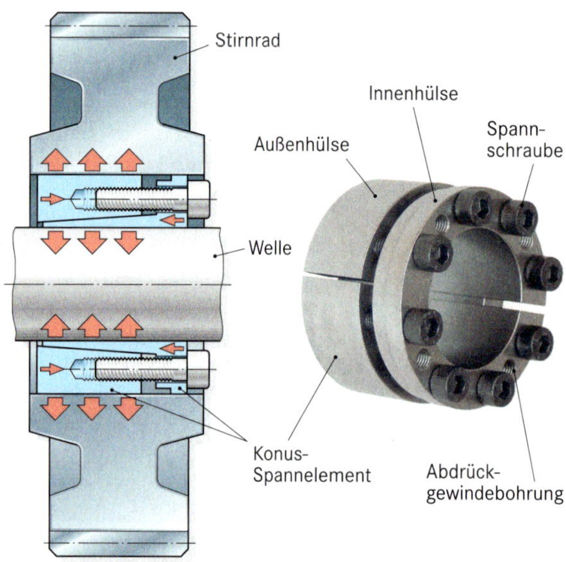

Abb. 1: Konus-Spannelementeverbindung

In alle Abdrückgewindebohrungen sind Spannschrauben einzudrehen. Diese sind vorher aus dem Konus-Spannelement herauszunehmen. Durch das Eindrehen der Spannschrauben in die Abdrückgewindebohrungen kann das Innenteil zum Außenteil auf Abstand gehalten werden (Abb. 5).

- **Fügen und Ausrichten**

Die Konus-Spannelemente werden in die Nabe eingeschoben. Anschließend wird die Nabe auf die Welle geschoben.

Die Spannschrauben sind aus den Abdrückgewindebohrungen zu entfernen und wieder in die Spanngewindebohrungen einzudrehen.

Nachfolgend werden die Spannschrauben leicht über Kreuz angezogen und die Nabe axial ausgerichtet.

- **Verspannen**

Das Verspannen erfolgt in zwei Schritten. Zuerst wird das halbe Anziehdrehmoment aufgewendet. In einem weiteren Durchgang wird mit dem vollen Drehmoment angezogen. Das Anziehen erfolgt über Kreuz. Eine Kontrolle des Anziehdrehmomentes wird in der Reihenfolge der Schraubenanordnung vorgenommen.

3. Schrumpfscheibenverbindung

- **Fügen und Ausrichten**

Die ungespannte Schrumpfscheibe wird *von außen* auf die Hohlwelle der Kupplung aufgeschoben (Abb. 2). Anschließend werden Welle und Hohlwelle ineinander geschoben und axial ausgerichtet.

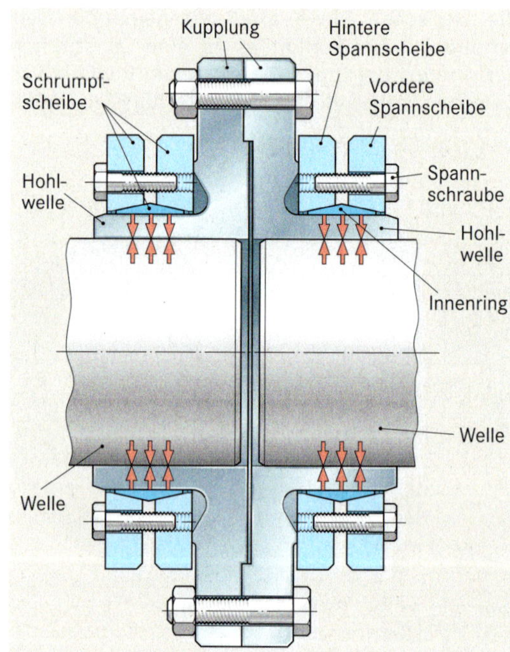

Abb. 2: Schrumpfscheibenverbindung

- **Verspannen**

Zum Verspannen werden die Spannschrauben der Reihe nach angezogen. Das Anziehen erfolgt in mehreren Durchgängen. Beim Anziehen der Spannschrauben ist darauf zu achten, dass die beiden Spannscheiben planparallel ausgerichtet bleiben.

4. Sternscheibenverbindung

- **Einsetzen**

Zuerst werden die Sternscheiben in die Nabe gedrückt (Abb. 3). Die Scheiben werden mit der gewölbten Seite nach außen in die Bohrung der Nabe eingesetzt. Zum Eindrücken wird als Hilfswerkzeug eine Hülse mit dem Außendurchmesser der Sternscheibe verwendet.

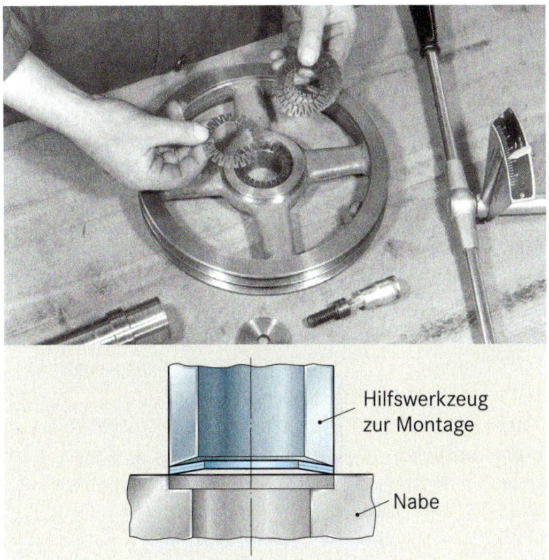

Abb. 3: Montage einer Sternscheibenverbindung

- **Fügen und Verspannen**

Anschließend wird die Nabe auf die Welle geschoben. Die Sternscheibenverbindung wird durch eine Schraube oder Mutter über die Druckscheibe gespannt (Abb. 4, vorige Seiten). Beim Einsatz mehrerer Schrauben muss das Span-nen gleichmäßig erfolgen.

5. Druckhülsenverbindung

- **Einbau der Druckhülse**

Die Druckhülse wird entweder auf die Welle oder in die Nabenbohrung geschoben.

- **Verspannen**

Welle und Nabe werden ineinander geschoben. Danach wird die Spannschraube angezogen. Dadurch verformt sich die Druckhülse elastisch nach außen und verspannt somit die Nabe (Abb. 4).

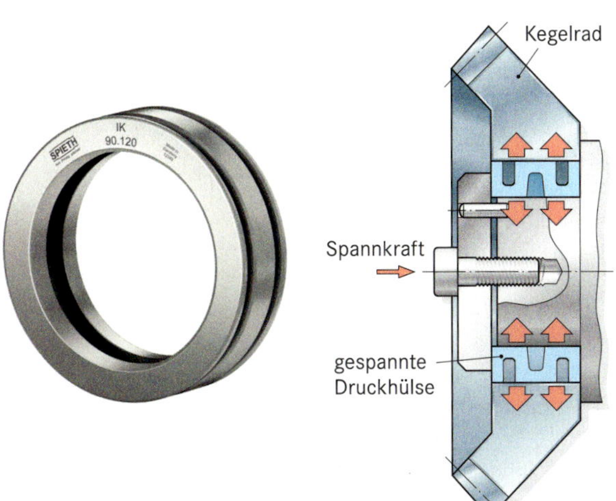

Abb. 4: Druckhülsenverbindung

Zerlegen der Bauteile

Bei einer Demontage der Spannelemente sind deren Besonderheiten zu beachten. Die Demontage beginnt jedoch immer mit dem Lösen der Spannschrauben.

1. Konus-Spannelemente, Sternscheiben und Druckhülsen

Nach dem Lösen der Schrauben kommt es zur Entspannung der montierten Bauelemente.

Dem Entspannen der Verbindungselemente folgt das Zerlegen entgegen der Montagerichtung. Ist bei einer Verbindung durch Konus-Spannelemente keine Entspannung möglich, sind leichte Schläge mit dem Schonhammer notwendig.

2. Konus-Spannelemente mit Spannschrauben

Zu Beginn des Demontagevorgangs sind die Spannschrauben um einige Gewindegänge herauszudrehen (Abb. 1). In alle Abdrückgewindebohrungen sind Spannschrauben einzudrehen (Abb. 5). Diese sind aus dem Konus-Spannelement zu entnehmen.

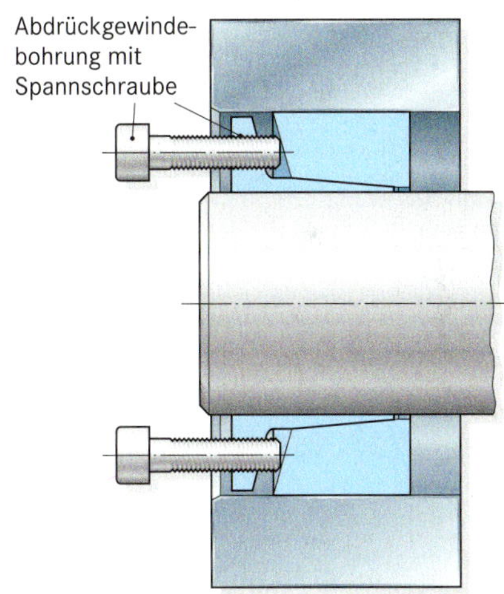

Abb. 5: Demontage von Konus-Spannelementen

Die Schrauben werden in mehreren Stufen gleichmäßig angezogen. Dadurch wird die äußere Konushülse von der inneren Konushülse geschoben und die Verbindung gelöst. Die Nabe wird von der Welle abgezogen.

3. Schrumpfscheiben

Beim Lösen dürfen die Spannschrauben nicht vollständig aus den Spanngewindebohrungen herausgedreht werden. Dadurch wird ein Abspringen der Spannscheiben verhindert. Wenn Abdrückgewindebohrungen vorhanden sind, werden Spannschrauben zum Abziehen der Schrumpfscheibe verwendet. Anschließend wird die Nabe von der Welle abgezogen.

Zusammenfassung

Welle-Nabe-Verbindungen

Federverbindungen	Keilverbindungen	Profilwellenverbindungen	Pressverbindungen	Verbindungen durch Spannelemente
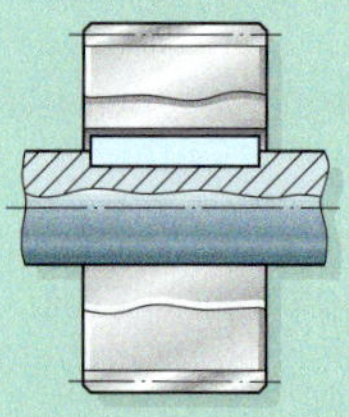	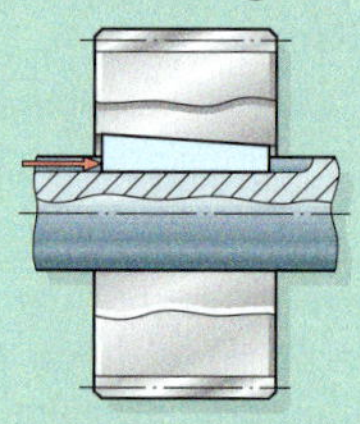	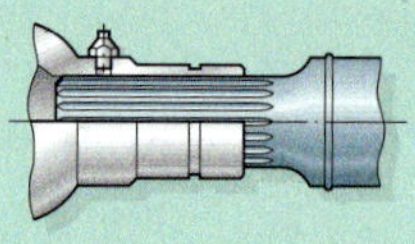	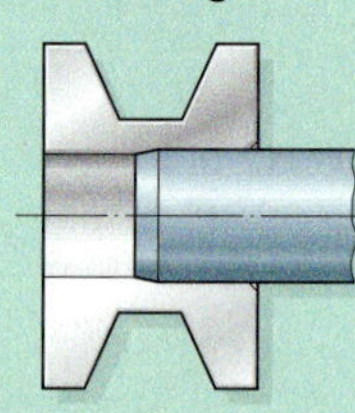	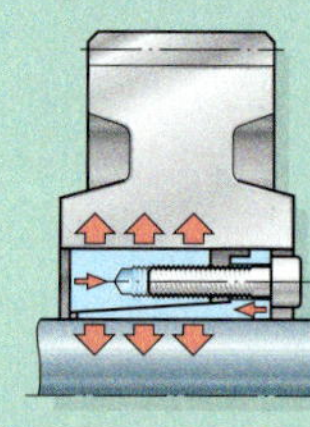
• Mitnehmerverbindung	• Verspannen von Welle und Nabe	• Wellenquerschnitt und Innenform der Nabe sind aufeinander abgestimmt.	• Übermaßpassung zwischen Welle und Nabe	• federnde oder konische Spannelemente
• lösbar und formschlüssig	• lösbar und kraftschlüssig	• lösbar und formschlüssig	• bedingt lösbar und kraftschlüssig	• lösbar und kraftschlüssig
Montagetätigkeiten				
• Einlegen der Feder in die Wellennut • Aufschieben der Nabe • axiale Sicherung der Nabe	• Aufschieben der Nabe auf die Welle • Eintreiben des Keils zwischen Welle und Nabe	• Aufschieben der Nabe auf die Welle • axiale Sicherung der Nabe	• Einpressen der Welle in die Nabe *oder* • Fügen der Bauteile durch Erwärmen (Schrumpfverbindung) oder Abkühlen (Dehnverbindung)	• Befestigen des Spannelements • Ineinanderschieben von Welle und Nabe • Verspannen des Spannelements

Aufgaben

1. Eine Welle und eine Riemenscheibe lassen sich nach dem Einlegen der Passfeder in die Wellennut nicht fügen.

a) Welche Fehler können eine Montage von Welle und Nabe verhindern?

b) Beschreiben Sie das Vorgehen bei einer Prüfung der Passfedernut auf Lagegenauigkeit.

2. Vergleichen Sie die Eigenschaften von Passfederverbindungen und Keilverbindungen.

3. Durch einen Wellenabsatz kann ein Keil nur von einer Seite eingeschlagen werden. Wählen Sie eine Keilform aus und begründen Sie Ihre Entscheidung.

4. Eine Welle soll in eine Nabe eingepresst werden. Welche Maße und Formen sind vor der Montage an den Bauteilen zu prüfen?

5. Welche Auswirkungen hat eine zu große Einpressgeschwindigkeit beim Herstellen einer Längspressverbindung?

6. Beschreiben Sie die Herstellung einer Schrumpfverbindung.

7. Kettenräder sollen durch Dehnverbindungen mit einer Welle verbunden werden.

a) Beschreiben Sie mögliche Abkühlverfahren für die Welle.

b) Erläutern Sie, wie Ihr Arbeitsplatz für die verschiedenen Abkühlverfahren vorbereitet wird.

8. Beschreiben Sie die Montage- und Demontagefolge für die vorliegende Schneckenradbefestigung.

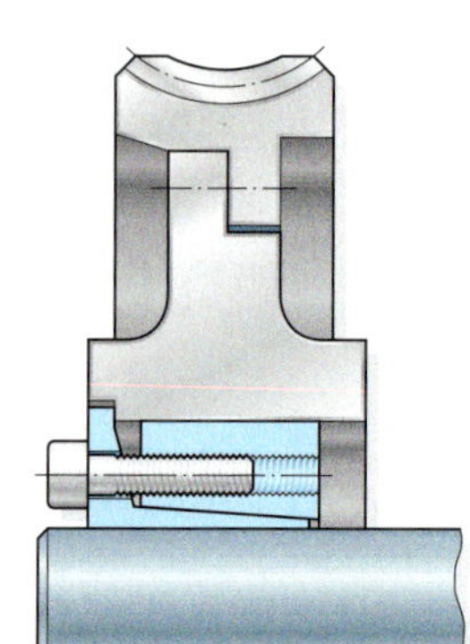

Aufbau/ Funktion

6.7 Elemente zur Sicherung der axialen Lage

Um eine Längsverschiebung von Bauteilen wie Zahnrädern, Lagern und Riemenscheiben auf Wellen oder in Bohrungen zu verhindern, sind Sicherungselemente zu verwenden.

Dies können *Sicherungsringe*, *Sicherungsscheiben* und *Sprengringe* sein (Tab. 1). Entsprechend der Auswahl des Sicherungselements sind Welle oder Nabe zu gestalten. Eine große Anzahl von Sicherungselementen wird in Wellen- oder Bohrungsnuten eingesetzt. Die Auswahl des Sicherungselements erfolgt nach den Angaben der Montageunterlagen.

! Axiale Sicherungselemente sind Normteile. Sie verhindern das Verschieben von montierten Bauteilen auf Wellen oder in Bohrungen.

Montieren

Einsetzen von Sicherungsringen

Sicherungsringe werden federnd in die Wellen- oder Nabennuten eingesetzt. Hierzu werden Montagezangen verwendet (Abb. 1). Sicherungsringe für Wellen werden *gespreizt* und Sicherungsringe für Bohrungen *zusammengepresst*. So wird es möglich, die Sicherungsringe in Achsrichtung über die Welle zu schieben bzw. in die Nabe einzusetzen. Die Sicherungsringe dürfen bei der Montage nicht überdehnt werden. Anschließend ist der freie Sitz des Sicherungselements durch Drehen mit der Zange zu kontrollieren.

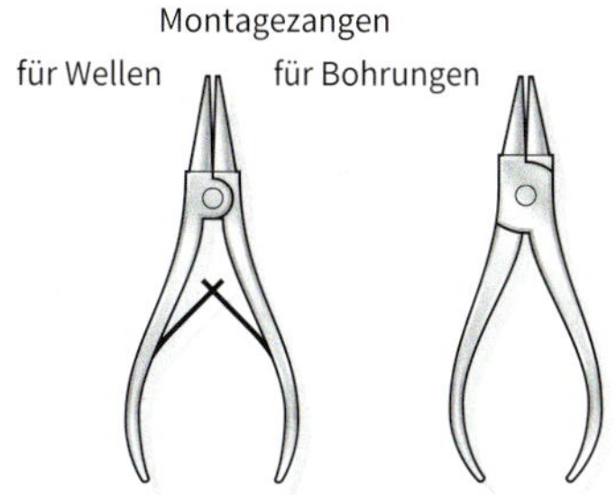

Abb. 1: Montage von Sicherungsringen

Aufschieben von Sicherungsscheiben

Sicherungsscheiben werden radial in die Wellennut geschoben. Hierzu kann ein Greifer verwendet werden (Abb. 2). In der Aufnahme des Greifers wird die Sicherungsscheibe gehalten. Die Scheiben können mit der Hand in den Greifer eingesetzt werden.

Einsetzen von Sprengringen

Sprengringe werden von Hand oder über einen Konus in die Nuten von Bohrung und Welle eingesetzt (Abb. 2).

Sie können mit Zangen nur eingeschränkt festgehalten und montiert werden. Für Sprengringe mit spitz auslaufenden Enden stehen Montagezangen zur Verfügung.

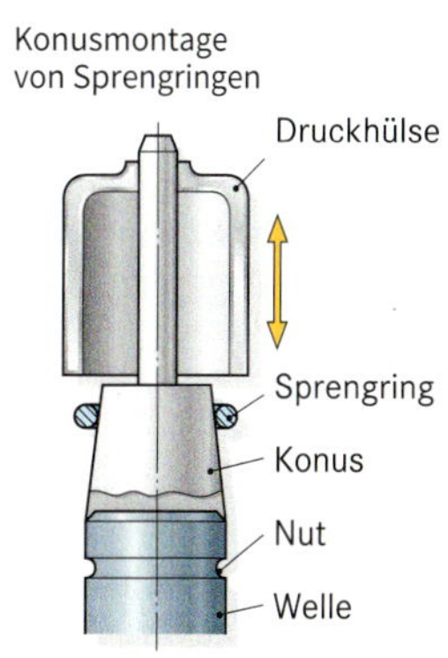

Abb. 2: Montage von Sicherungsscheiben und Sprengringen

Tab. 1: Axiale Sicherungselemente

Sicherungsringe		Sicherungsscheibe DIN 6799	Sprengring DIN 7993	
für Wellen DIN 471	für Bohrungen DIN 472		für Wellen	für Bohrungen
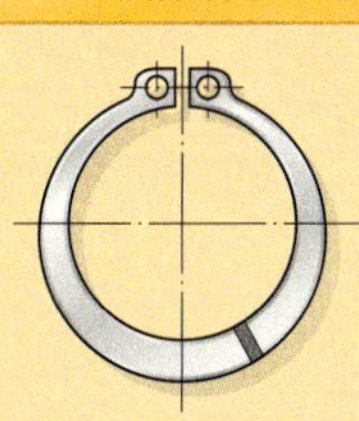	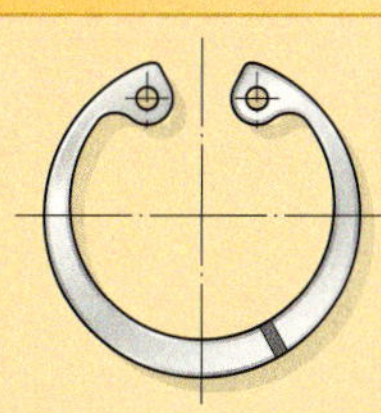	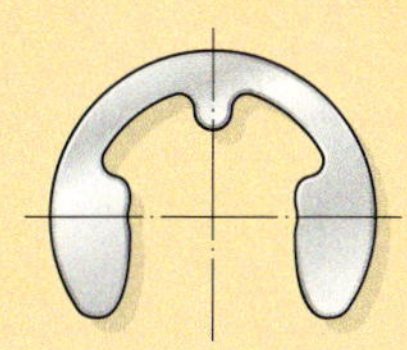	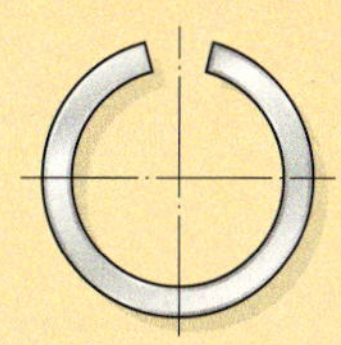	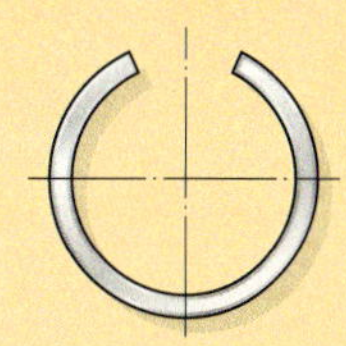
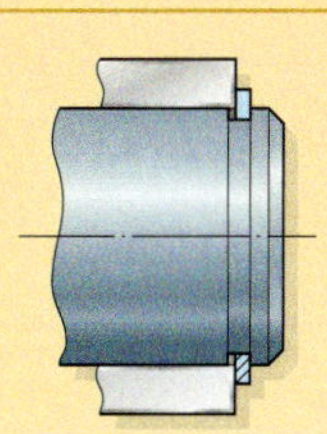	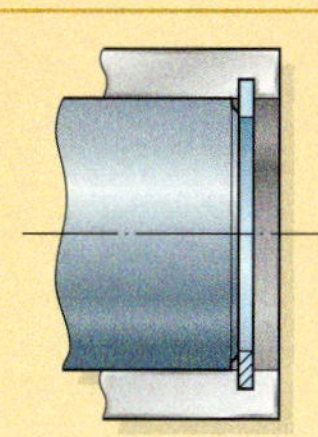	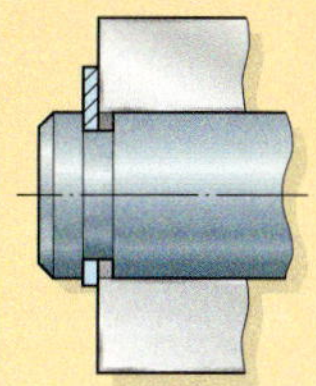	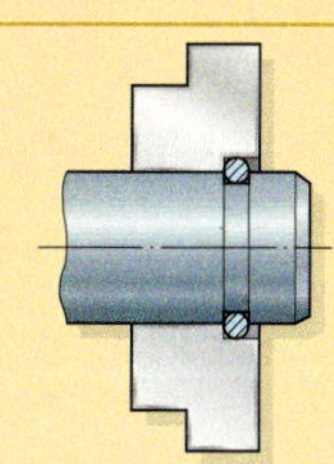	

Aufbau/ Funktion

6.8 Dichtungen

Dichtungen verhindern das Eindringen von Staub und Schmutz in Getriebe, Lagerstellen oder Führungen sowie den Austritt von Schmiermitteln.

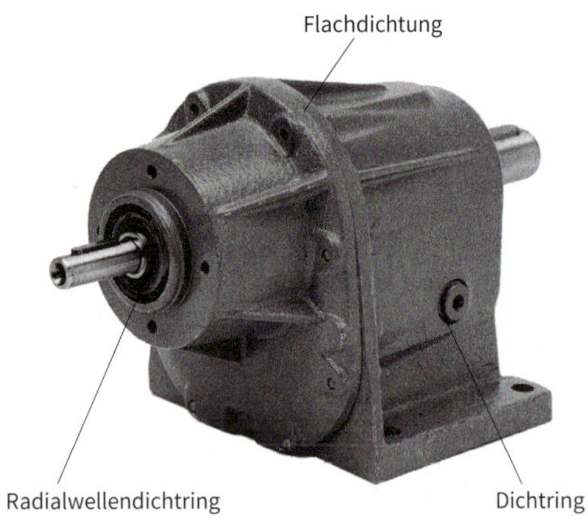

Abb. 1: Dichtungen am Stirnradgetriebe

An dem abgebildeten Stirnradgetriebe (Abb. 1) wird zwischen Lagerdeckel und Gehäuse eine Flachdichtung eingesetzt.

Lagerdeckel und Gehäuse bewegen sich nicht gegeneinander. Dichtungen, die ruhende Bauteile abdichten, sind *statische Dichtungen*.

An der Antriebswelle ist ein Radialwellendichtring montiert. Die Antriebswelle dreht sich im Gehäuse. Dichtungen, die bewegliche Bauteile abdichten, sind *dynamische Dichtungen* (Tab. 1).

! Dichtungen verhindern den Austritt oder das Eindringen von Flüssigkeiten, Gasen und festen Stoffen. Statische Dichtungen dichten ruhende Bauteile ab. Dynamische Dichtungen werden an beweglichen Maschinenteilen verwendet.

Mon- tieren

Vorbereitung der Bauteile

Vor der Montage von Dichtungen sind grundsätzlich die abzudichtenden Flächen zu kontrollieren.

Es dürfen keine Beschädigungen durch Korrosion, Kratzer, Riefen oder Poren vorhanden sein. Ebenso sind die abzudichtenden Flächen von Spänen, Schmutz und anderen Fremdpartikeln zu reinigen.

Es ist sicherzustellen, dass die Dichtung keine Beschädigungen aufweist.

Tab. 1: Dichtungsarten

Dichtungsarten			
statische Dichtungen – keine Bewegung zwischen den Dichtflächen		dynamische Dichtungen – Bewegung zwischen den Dichtflächen	
Flachdichtung	O-Ring	Radialwellendichtring	Nutring

Abdichtung großer Flächen	Abdichtung kleiner Flächen	Abdichtung von drehenden Maschinenteilen	Abdichtung von geradlinig bewegten Maschinenteilen

1. Flachdichtungen

- **Einlegen**

Die im Montageplan vorgeschriebene Flachdichtung wird zwischen die abzudichtenden Flächen gelegt, Überstände sind zu entfernen (Abb. 2).

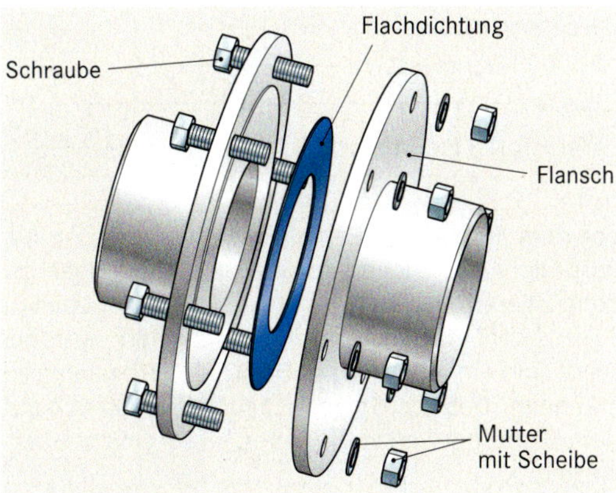

Abb. 2: Flansch mit Flachdichtung

- **Verspannen**

Nach dem Einlegen der Flachdichtung sind die Schrauben und Muttern anzuziehen. Dabei ist eine bestimmte Reihenfolge einzuhalten (Abb. 3). Um einen gleichmäßigen Dichtdruck zu erzeugen, wird ein Drehmomentenschlüssel verwendet. Flachdichtungen aus Kunststoff (PTFE) mit mineralischen Füllstoffen oder Spezialgraphit als Füllstoff müssen entsprechend den Herstellerangaben nach einer vorgegebenen Betriebsdauer nachgezogen werden.

2. O-Ringe

- **Prüfen**

Um für die Montage eine richtige Auswahl des O-Rings sicherzustellen, sind dessen Innendurchmesser und der Durchmesser des Querschnitts zu kontrollieren und mit der O-Ringbezeichnung zu vergleichen (➜📖).

O-Ring DIN ISO 3601-1 - 125 B - 32,99 x 2,62 - N - NBR - 70

Größenbezeichnung (SC = 125)
Toleranzklasse (Innendurchmesser d_1)
Innendurchmesser
Durchmesser des Querschnittes (Schnurstärke d_2)
Sortenmerkmal (allgemeine Anforderungen)
Werkstoff (Nitril-Butadien-Kautschuk)
Gummihärtegrad (IRHD-Härte)

Zum Messen des Innendurchmessers wird ein konischer Messdorn verwendet (Abb. 4a). Das Prüfen des Querschnittdurchmessers erfolgt mit einem Messtaster (Abb. 4b).

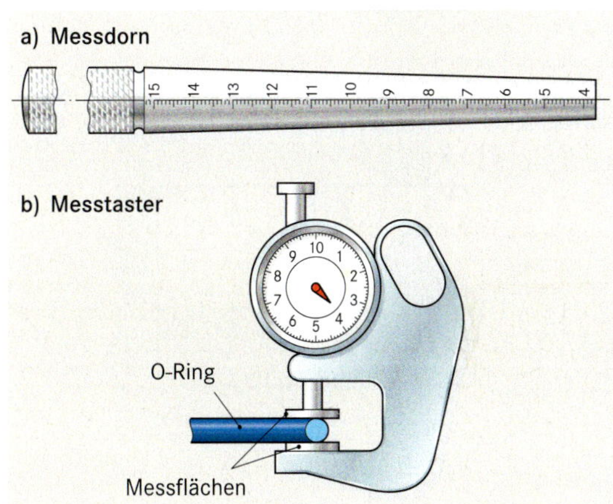

Abb. 4: Messen von O-Ringen

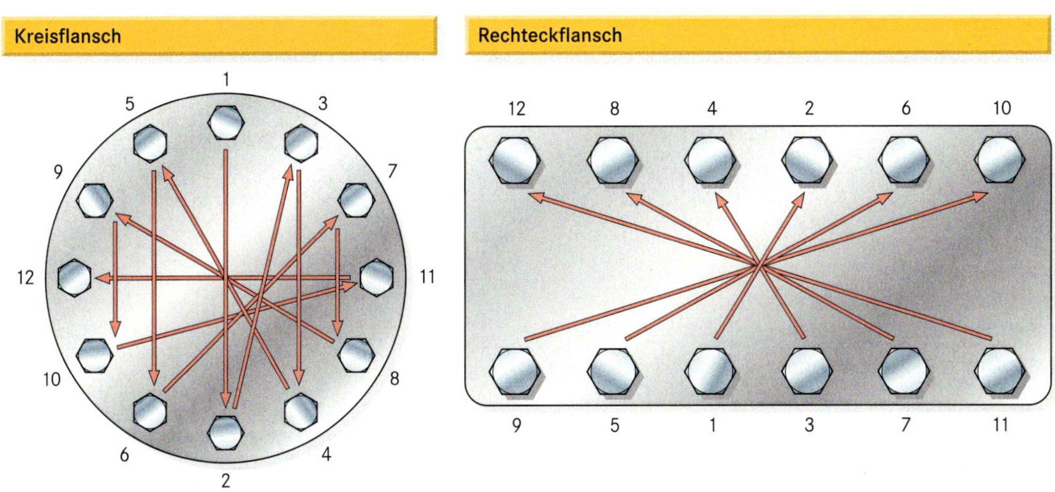

Abb. 3: Verschraubungsfolge

- **Einsetzen und Fügen**

Ein O-Ring wird in eine Bohrungs- oder Wellennut eingesetzt. Es ist darauf zu achten, dass eine zügige Montage erfolgt, um eine dauernde Dehnung des O-Ringes zu vermeiden (Abb. 1a). Nach dem Einsetzen des O-Ringes sollte diesem Zeit zur Rückverformung gegeben werden.

Dem Einsetzen des O-Ringes folgt das Fügen der abzudichtenden Maschinenteile. Hierdurch wird der O-Ring verformt und es kommt zur Abdichtung der Bauteile (Abb. 1b).

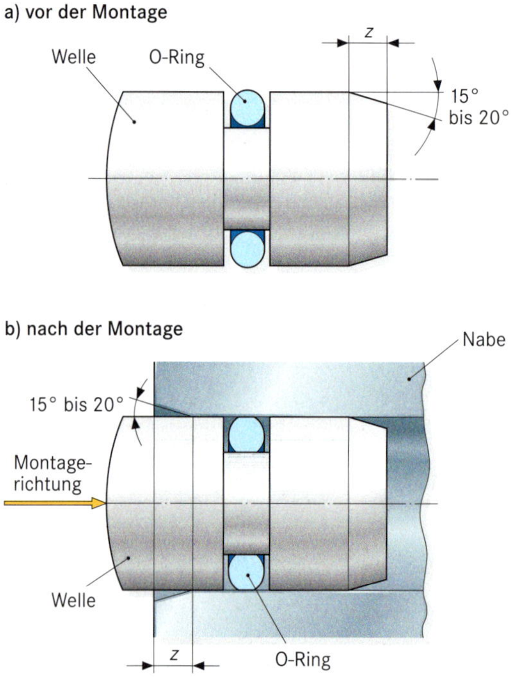

Abb. 1: Einbau von O-Ringen

Um den O-Ring nicht zu verletzen, darf dieser nicht über scharfe Kanten gezogen werden. Eine beschädigungsfreie Montage wird gewährleistet, indem Nabe und Welle mit 15° bis 20° angefast werden.

! Bei der Montage von O-Ringen ist auf Folgendes zu achten:
- nicht überdehnen,
- nicht verdrehen,
- freie Lage in der Aufnahmenut.

3. Radialwellendichtringe

- **Vorbereitung**

Entsprechend den Montageunterlagen ist der zu montierende Radialwellendichtring (RWDR) auszuwählen. Hierbei sind die Angaben der Dichtungsbezeichnung zu prüfen (➡📖).

RWDR DIN 3760 - A 25 x 40 x 7 - FKM

Form	A
Wellendurchmesser	25
Außendurchmesser	40
Breite	7
Werkstoff (Fluorkautschuk)	FKM

Vor dem Einbau des Radialwellendichtrings ist insbesondere die Dichtlippe auf Beschädigungen zu kontrollieren. Die vom Hersteller vorgeschriebenen Lagerzeiten dürfen nicht überschritten werden. Diese sind am Aufdruck der Dichtungsverpackung zu erkennen. Dabei sollte die Lagerzeit entsprechend dem Dichtungswerkstoff 5 oder 7 Jahre nicht übersteigen.

Vor einer Montage von Radialwellendichtringen sind die Dichtung und die dazugehörige Lauffläche gut einzufetten. Dies sichert die Schmierung für die ersten Wellenumdrehungen. Bei der Verwendung von Wellendichtringen mit einer Schutzlippe (Form AS) ist der Raum zwischen Dicht- und Schutzlippe mit Fett zu füllen. Jedoch darf die Fettmenge maximal 40 % des Volumens betragen (Abb. 2).

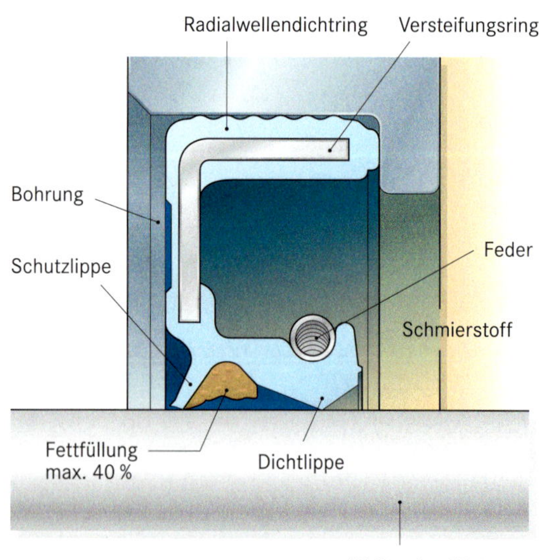

Abb. 2: Fettfüllung von Radialwellendichtringen

Bei der Montage wird die Dichtlippe dem abzudichtenden Bereich zugewendet. Der Radialwellendichtring wird in eine Bohrung oder über eine Welle in eine Bohrung eingesetzt.

- **Einsetzen in eine Bohrung**

Das Einsetzen von Radialwellendichtringen in Bohrungen erfolgt durch das *Einpressen* mit Hilfe einer mechanischen, pneumatischen oder hydraulischen Einpressvorrichtung. Ebenso kann der Radialwellendichtring durch eine *Hammermontage* in die Bohrung eingesetzt werden. Nach dem Einsetzen der Dichtung wird die Welle montiert (Abb. 3).

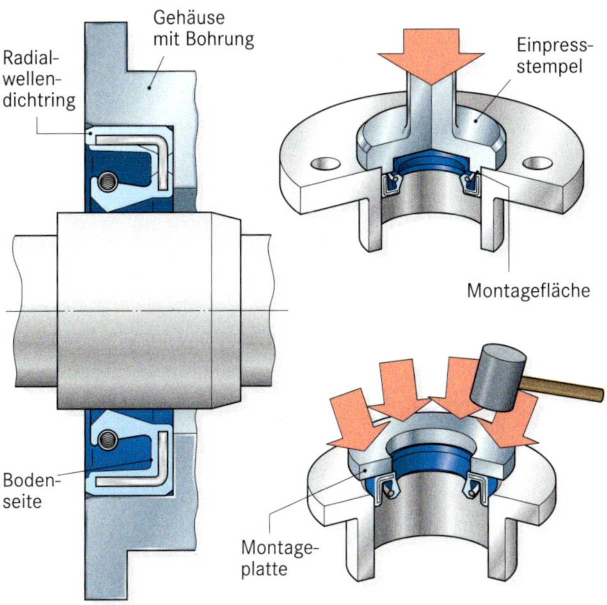

Abb. 3: Einsetzen von Radialwellendichtringen in Bohrungen

Vor dem Einsetzen ist die Bohrung fluchtend zum Einpressstempel auszurichten. Es darf keine Schrägstellung zueinander entstehen. Besonders bei einer Montage über die Bodenseite sollte die Einpresskraft möglichst nah am Außendurchmesser der Dichtung angreifen. Ein zu kleiner Durchmesser des Montagedorns führt zum Verbiegen der Dichtung. Kurz vor der Endposition des Radialwellendichtrings (ca. 1 mm) sollte dieser vollständig entlastet werden. Anschließend wird die Dichtung in die Endposition gebracht.

Bei der Montage mit dem Hammer ist eine Unterlage oder Schlagbüchse zu verwenden. Diese schützt die Dichtung vor Beschädigungen.

- **Einsetzen in eine Bohrung über eine Welle**

Bei einer Montage von Radialwellendichtringen über eine Welle sind scharfe Kanten mit einer Schutzkappe abzudecken. Dadurch werden beim Aufschieben des Dichtrings auf eine Welle Beschädigungen der Dichtlippe vermieden. Um eine Überdehnung der Dichtlippe zu verhindern, darf die Wanddicke der Schutzkappe nicht größer als 0,5 mm sein.

Der Wellendichtring wird über die Welle geschoben und durch Einpressen oder eine Hammermontage in der Gehäusebohrung positioniert (Abb. 4).

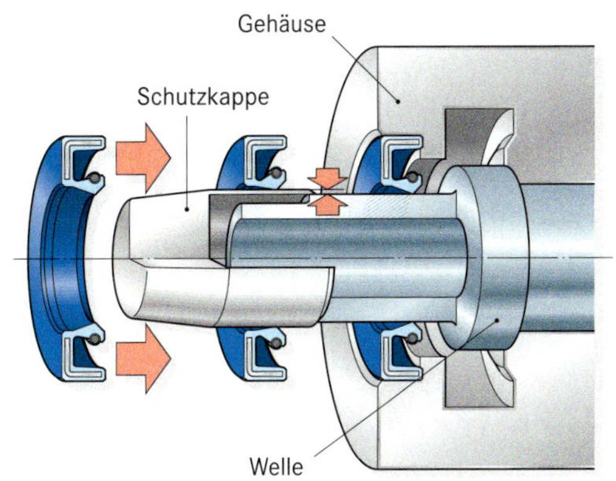

Abb. 4: Montage einer Welle

4. Nutringe

- **Vorbereitung**

Kompakte Dichtungen lassen sich nur schwer montieren. Durch Erwärmen wird der Dichtungswerkstoff elastischer. Vor dem Einbau können Nutringe in 80 bis 100 °C heißem Öl erwärmt werden.

Bei der Montage ist zu beachten, dass die Dichtlippe gegen den abzudichtenden Bereich gerichtet sein muss.

- **Einsetzen in eine Wellennut**

Schnappmontage

Die Schnappmontage kann sowohl von Hand (Abb. 5) als auch mit einer Montagehilfe durchgeführt werden.

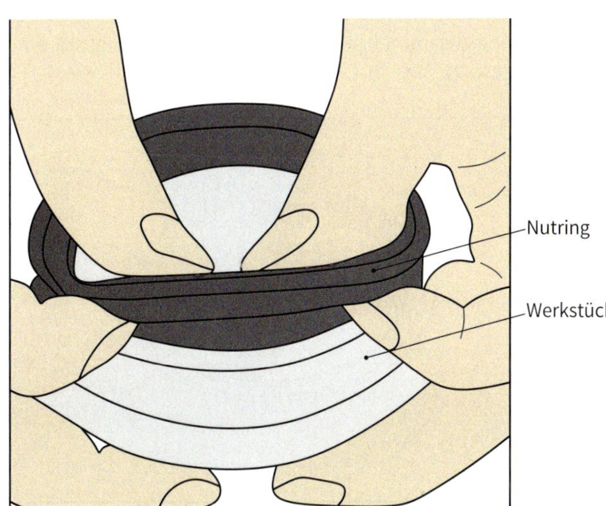

Abb. 5: Schnappmontage von Hand

Wird die Schnappmontage mit einem Montagedorn durchgeführt, sind die in der Abbildung 1 dargestellten Arbeitsschritte auszuführen.

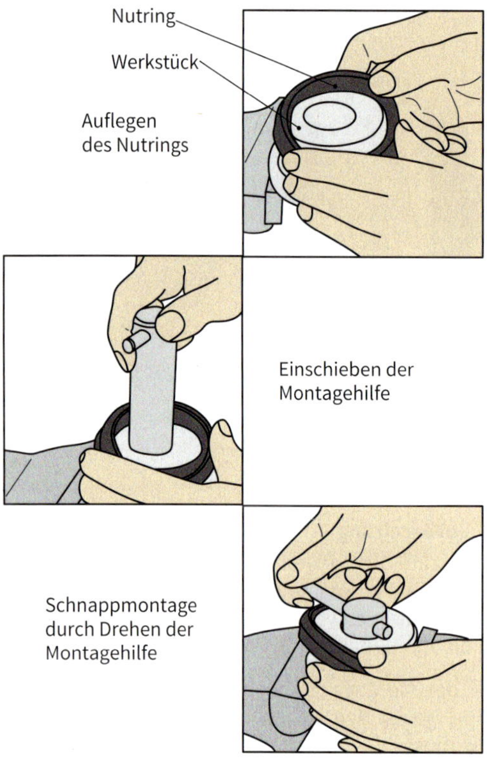

Abb. 1: Schnappmontage mit Montagehilfe

- **Einsetzen in eine Bohrungsnut**

Nutringe können in Bohrungen mit Hilfe von Zangen oder Dornen eingesetzt werden.

Zangenmontage

Bei Verwendung einer Montagezange wird der Nutring zusammengepresst und in die Bohrungsnut eingesetzt (Abb. 2).

Abb. 2: Montagezange

Montage mit Spreizdorn

Bei der Montage von Nutringen mit einem Spreizdorn ist zuerst die Montagehülse auf das vorbereitete Bauteil aufzusetzen (Abb. 3). Anschließend wird der Nutring durch den Spreizdorn in die Bohrung geschoben. Der Spreizdorn wird während der Montage entsprechend dem Konusdurchmesser der Montagehülse zusammengepresst.

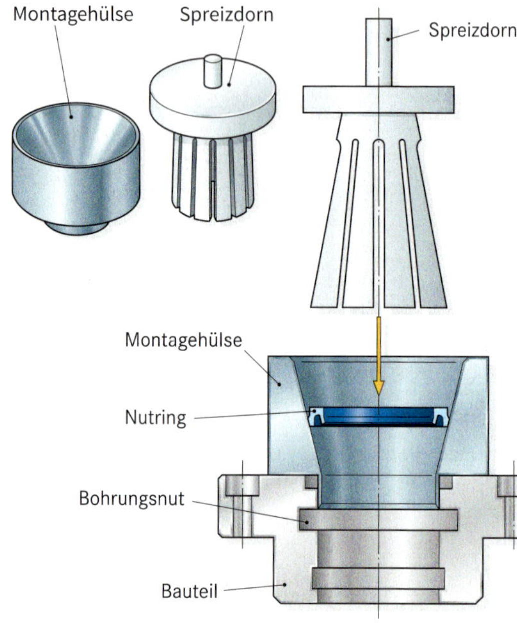

Abb. 3: Spreizdorn und Montagehülse

Montage mit Dorn

Der Nutring wird von Hand in die Bohrung eingelegt und mit einem Dorn verschoben (Abb. 4). Bei durchgehenden Bohrungen wird ein Stopfen auf der gegenüberliegenden Bohrungsseite angebracht. Er dient als Montageanschlag.

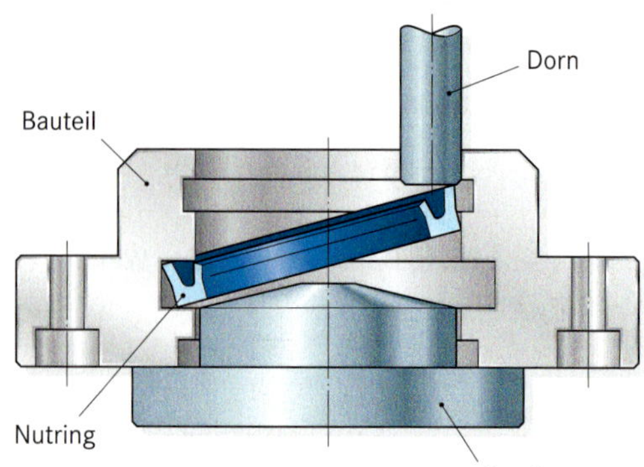

Abb. 4: Dorn und Stopfen

- **Fügen der Bauteile**

Nach der Montage der Nutringe werden z. B. Kolben und Zylinder ineinander geschoben. Dabei ist darauf zu achten, dass die Dichtung nicht beschädigt wird. Darum werden die Bauteile angeschrägt und Abdeckungen verwendet (Abb. 5).

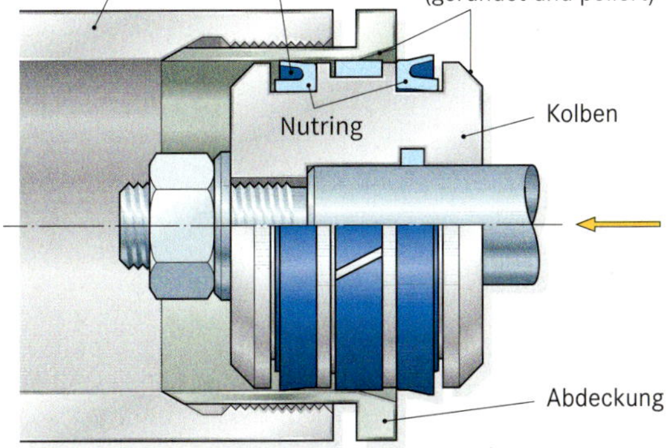

Abb. 5: Kolbenmontage und Abdeckung eines Gewindes

emon-tieren

Ausbau der Dichtungen

Bei einer Demontage sind die Bauteile in umgekehrter Montagereihenfolge auszubauen.

Im Reparaturfall werden grundsätzlich alle Dichtungen ausgetauscht. Neue Radialwellendichtringe dürfen nicht auf der Position des alten Dichtringes fixiert werden. Durch den Einbau von Distanzringen oder Passscheiben wird eine neue Einbauposition bestimmt (Abb. 6).

Originaleinbau

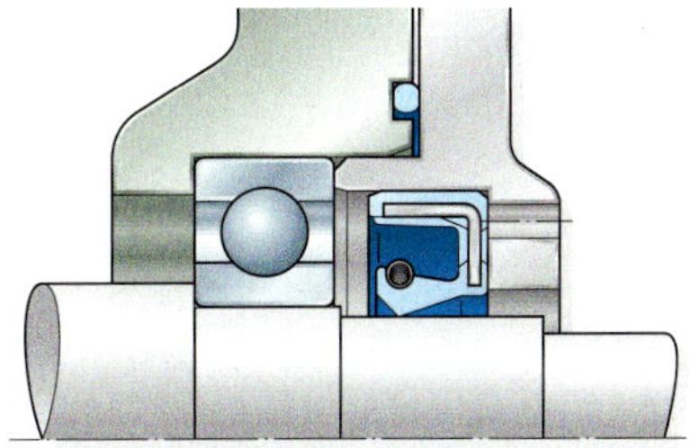

Einbau im Reparaturfall

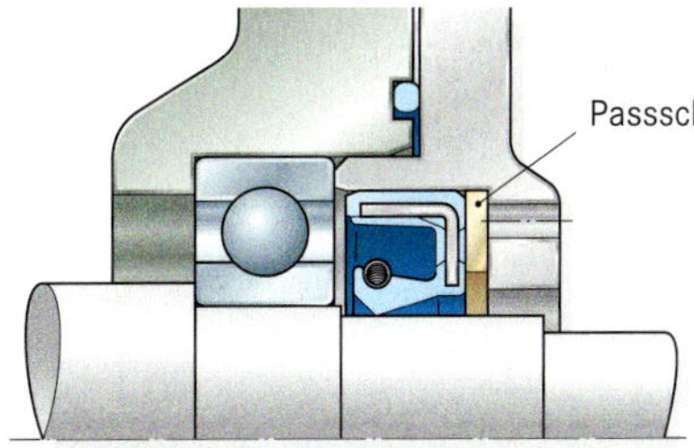

Abb. 6: Austausch von Radialwellendichtringen

Zusammen-fassung

Dichtungen

Flachdichtungen	O-Ringe	Radialwellendichtringe	Nutringe
für große Flächen an ruhenden Bauteilen	für kleine Flächen an ruhenden Bauteilen	für drehende Bauteile	für geradlinig bewegte Bauteile

Montagetätigkeiten

Flachdichtungen:
- auf Fläche auflegen
- Bauteile mit Drehmomentschlüssel verspannen
- Überstände entfernen

O-Ringe:
- Einsetzen in Bohrungs- oder Wellennuten
- Baugruppe montieren

Radialwellendichtringe:
- Dichtung und dazugehörige Laufflächen einfetten
- Dichtung ggf. mit Fett füllen
- Einsetzen in Gehäusebohrung
- Fügen von Gehäuse und Welle

  oder
- Dichtung über Welle schieben und in Gehäusebohrung fixieren

Nutringe:
- ggf. Erwärmen der Dichtung auf 80 bis 100 °C
- Einsetzen in Wellennuten durch Schnappmontage von Hand

  oder
- Einsetzen in Bohrungsnut durch:
  - Zange
  - Spreizdorn mit Montagehülse
  - Dorn
- Fügen von Welle und Bohrung

Aufgaben

1. O-Ringe sind über ein Gewinde auf einer Welle zu montieren. Beschreiben Sie die Montage.

2. Ein Nutring lässt sich auf Grund seiner Größe und Festigkeit schwer montieren. Welche Möglichkeiten gibt es, die Montage zu vereinfachen?

3. In welche Richtung soll die Dichtlippe bei der Montage eines Nutrings zeigen?

4. Es ist ein Radialwellendichtring in eine Gehäusebohrung einzusetzen.

a) Wie ist das Einsetzen vorzubereiten?

b) Beschreiben Sie mögliche Montagevarianten.

5. An einem Flansch ist eine Flachdichtung zu montieren. Erklären Sie das Verspannen an einem runden und einem rechteckigen Flansch.

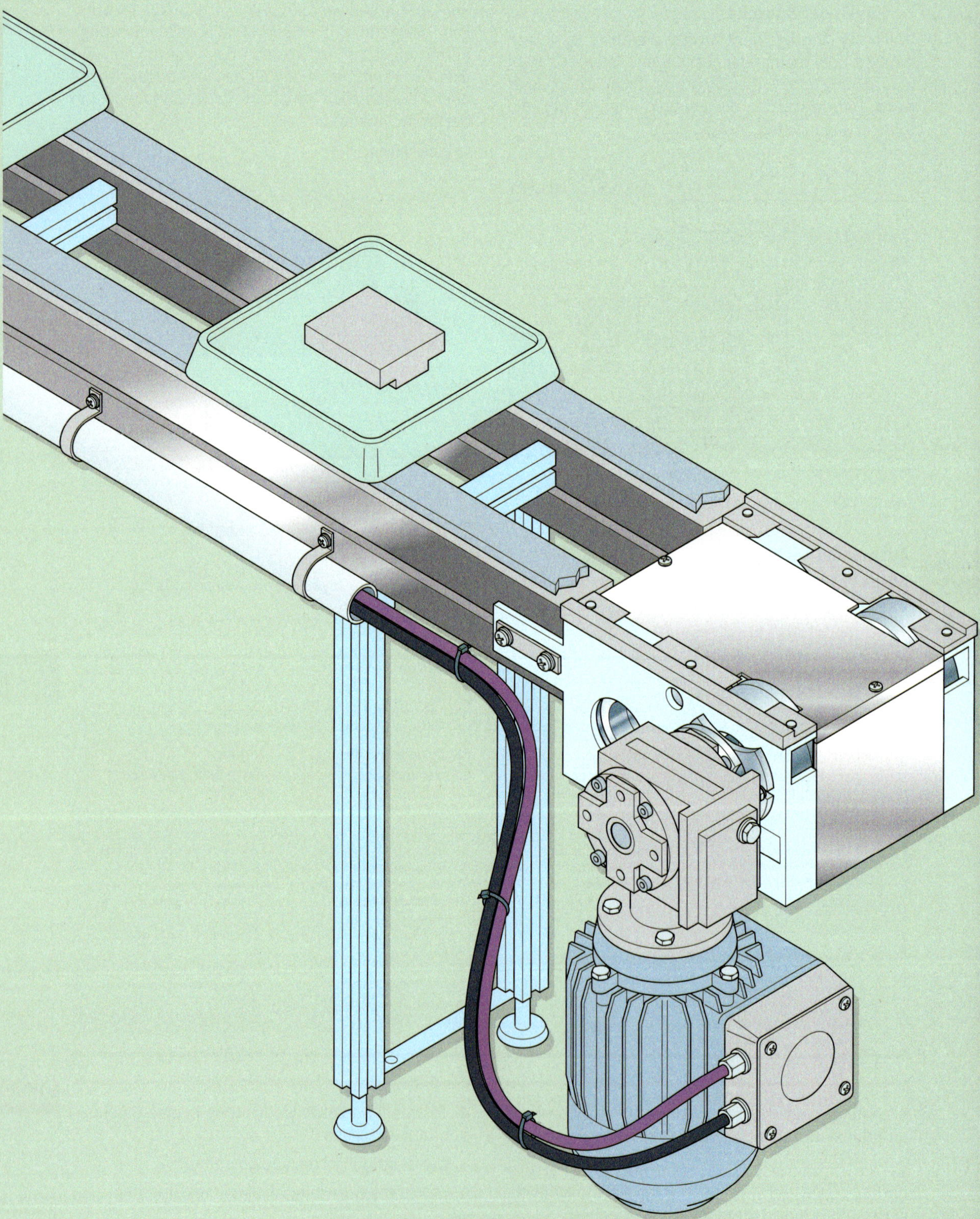

Montage/Demontage eines Teilsystems

7

Während des Betriebes werden am Antrieb des Transportbandes auffällige Geräusche festgestellt. Eine Überprüfung ergibt, dass die Geräusche von einem defekten Lager der Umlenkstation ausgehen, das ausgetauscht werden muss. Nach dem Instandsetzen kann die Antriebsstation geprüft und in Betrieb genommen werden.

7.1 Vorbereiten der Instandsetzungsarbeiten

Um den Fertigungsbetrieb möglichst kurz zu unterbrechen, sind die Instandsetzungsarbeiten gut vorzubereiten. Dies beginnt mit dem Festlegen eines geeigneten Stillsetzungszeitpunktes. Für einen effektiven und schnellen Arbeitsablauf sind die folgenden Vorbereitungen zu treffen:

- Hersteller- und Firmenangaben zusammenstellen und lesen,
- Sicherheitsvorschriften ermitteln,
- Werkzeug zusammenstellen,
- Verbrauchsmaterialien zusammenstellen,
- Arbeitsstätte von möglichen Hindernissen befreien, damit der Arbeitsplatz übersichtlich bleibt.

Die Arbeiten am Förderband beginnen mit der Außerbetriebsetzung. Dazu wird zunächst die Steuerung ausgeschaltet. Vor der Arbeit an elektrischen Anlagen sind die fünf Sicherheitsregeln einzuhalten.

1. Freischalten der betroffenen Stromkreise, z. B. durch Entfernen von Schraubsicherungen.
2. Anbringen eines Hinweisschildes, um zu verhindern, dass der betroffene Stromkreis während der Arbeiten wieder eingeschaltet wird.
3. Spannungsfreiheit mit Hilfe eines Spannungsprüfers feststellen.
4. Da die Bemessungsspannung des Antriebs 400 V beträgt, kann auf ein Erden und Kurzschließen verzichtet werden.
5. Das Abdecken/Abschranken unter Spannung stehender Teile entfällt ebenfalls, da sich im Bereich der Arbeiten keine entsprechenden Teile befinden.

During operation, noises in the drive unit of the conveyor belt are noticed. As a check shows, the source of these noises is a faulty ball bearing in the return unit, which has to be replaced. After completing repair work, the drive unit can be tested and put into operation again.

7.1 Preparing repair work

To keep downtime as short as possible, repair work has to be prepared carefully. This starts by setting an appropriate time to shut down the equipment. To ensure a fast and efficient repair process, the following steps have to be taken:

- compile and read the available information given by the manufacturer,
- find out relevant safety regulations,
- collect tools needed,
- collect materials needed,
- clear workplace of possible obstacles so that workplace can be kept tidy.

Work on the conveyor belt starts by putting it out of operation. The first step is to switch off the control unit. Before working on electrical equipment the five safety rules have to be obeyed.

1. Disconnect the relevant circuits e.g. by removing the screw-plug cartridge fuses.
2. Install a suitable warning sign to prevent the circuit from being switched on again during work.
3. Make sure that there are no live cables by using a voltage detector.
4. As the rated voltage of the drive unit is 400 V, earthing and shortcircuiting is not necessary.
5. Covering or blocking access to live parts is also unnecessary either, as there are no such parts within the area.

7.2 Zerlegen der Antriebsstation

Abklemmen des Getriebemotors

Zuerst sind die Schrauben des Klemmenkastens zu lösen und der Deckel zu entfernen. Danach werden alle belegten Schraubklemmen so weit gelockert, dass der Leiter leicht aus der Klemme gezogen werden kann. Anschließend werden die Durchführungsverschraubungen gelöst und die Energie- sowie Profibusleitung aus dem Klemmenkasten gezogen (Abb. 1).

Alle vorhandenen Leitungen müssen so weit entfernt werden, dass sie bei weiteren Demontage- und Montagearbeiten nicht stören und nicht beschädigt werden können. Die Adern mit offenen, elektrisch leitenden Enden stellen eine Gefahr dar, falls sie trotz Sicherheitsmaßnahmen unter Spannung gesetzt werden. Daher müssen sie

- mit Isolierband umwickelt werden,
- in einem separaten Kasten verwahrt werden oder
- kurzgeschlossen werden.

Falls mehrere leicht zu verwechselnde Leitungen gelöst werden, ist eine Kennzeichnung erforderlich, die ein verkehrtes Anklemmen nach den Instandsetzungsarbeiten verhindert.

7.2 Disassembling the drive unit

Disconnecting the geared motor

First the screws of the terminal box are loosened and the cap is removed. Next all used terminal screws are loosened to the point at which all cables can easily be pulled out of the terminal. Then the screws for the cable glands are loosened and the energy cable and the Profi Bus cable are pulled out of the terminal box (Fig. 1).

All cables have to be removed where they cannot disturb further disassembly or assembly work and cannot be damaged. The wire ends of electrically conducting cables represent a danger if they carry a voltage despite the safety precautions taken. Therefore they have to be

- wrapped with insulating tape
- kept in a separate box or
- shortcircuited.

If cables that can easily be mixed up have been disconnected, it is necessary to label them, so that wrong wiring after maintenance work is prevented.

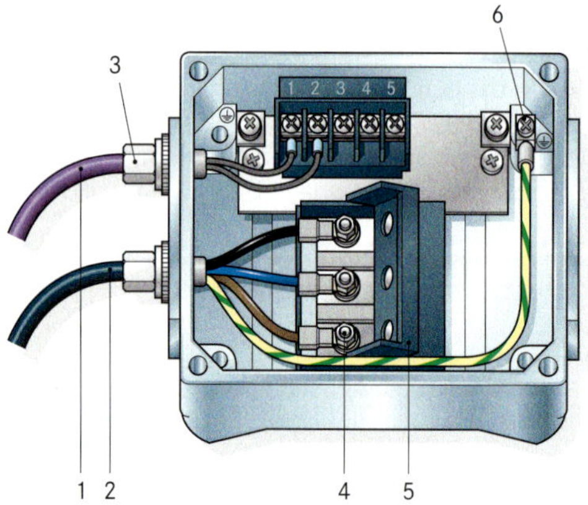

1 cable entry for Profi Bus cable
2 cable entry for energy cables
3 cabel gland
4 terminal for power supply
5 cover
6 screw for mounting cable for protection earth (PE)

Fig. 1: terminal box of the motor

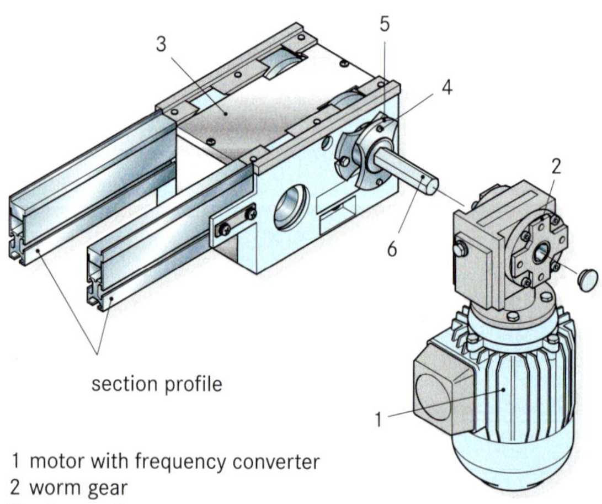

1 motor with frequency converter
2 worm gear
3 return unit
4 mounting screws
5 gear box flange
6 hex shaft

Fig. 2: drive unit with gear motor

Ausbau des Getriebemotors

Die Schrauben am Getriebeflansch (Pos. 5) sind zu lösen (Abb. 2 u. 3). Hierbei ist der Getriebemotor so festzuhalten, dass keine Querkräfte an der Sechskantwelle auftreten können. Anschließend wird der Getriebemotor von der Sechskantwelle abgezogen.

Removal of the geared motor

The bolts at the gearbox flange (Pos. 5) are loosened (Fig. 2 and 3). When doing this, the geared motor must be kept in a position in which no lateral forces are exerted on the hex shaft. Then the geared motor is pulled off the hex shaft.

Zerlegen der Umlenkstation

Durch Lösen der Schrauben am Deckel (Pos. 4) wird dieser mit den beiden Seitendeckeln (Pos. 3) entfernt (Abb. 3). Anschließend sind die Transportgurte zu demontieren. Dies kann durch Zerschneiden oder Überdehnen und Abnehmen der Gurte erfolgen. Danach werden die Sicherungsscheiben (Pos. 6) aus den Wellennuten geschoben und die Sechskantwelle (Pos. 2) aus der Umlenkstation gezogen.

Nach dem Lösen der Schrauben (Pos.10) wird die Umlenkstation vom Streckenprofil der Förderstrecke abgezogen. Durch Lösen der Schrauben (Pos. 12) für die beiden Querverbinder (Pos. 11) werden die Seitenteile (Pos. 1) voneinander getrennt.

Disassembling the return unit

By loosening the screws of the top cover (Pos. 4) the top cover sheet and both side cover sheets (Pos. 3) are removed. Next the conveyor belts must be removed. This can be done either by cutting or by stretching and removing the belts. After that, the lock washers (Pos. 6) are pushed out of the shaft keyway and the hex shaft is pulled out of the return unit.

After loosening the plug connectors to the section, (Pos. 10) the return unit is pulled off the section profile of the conveyor. By loosening the bolts (Pos. 12) for the two cross-connectors (Pos. 11) the side parts of the housing (Pos.1) are separated.

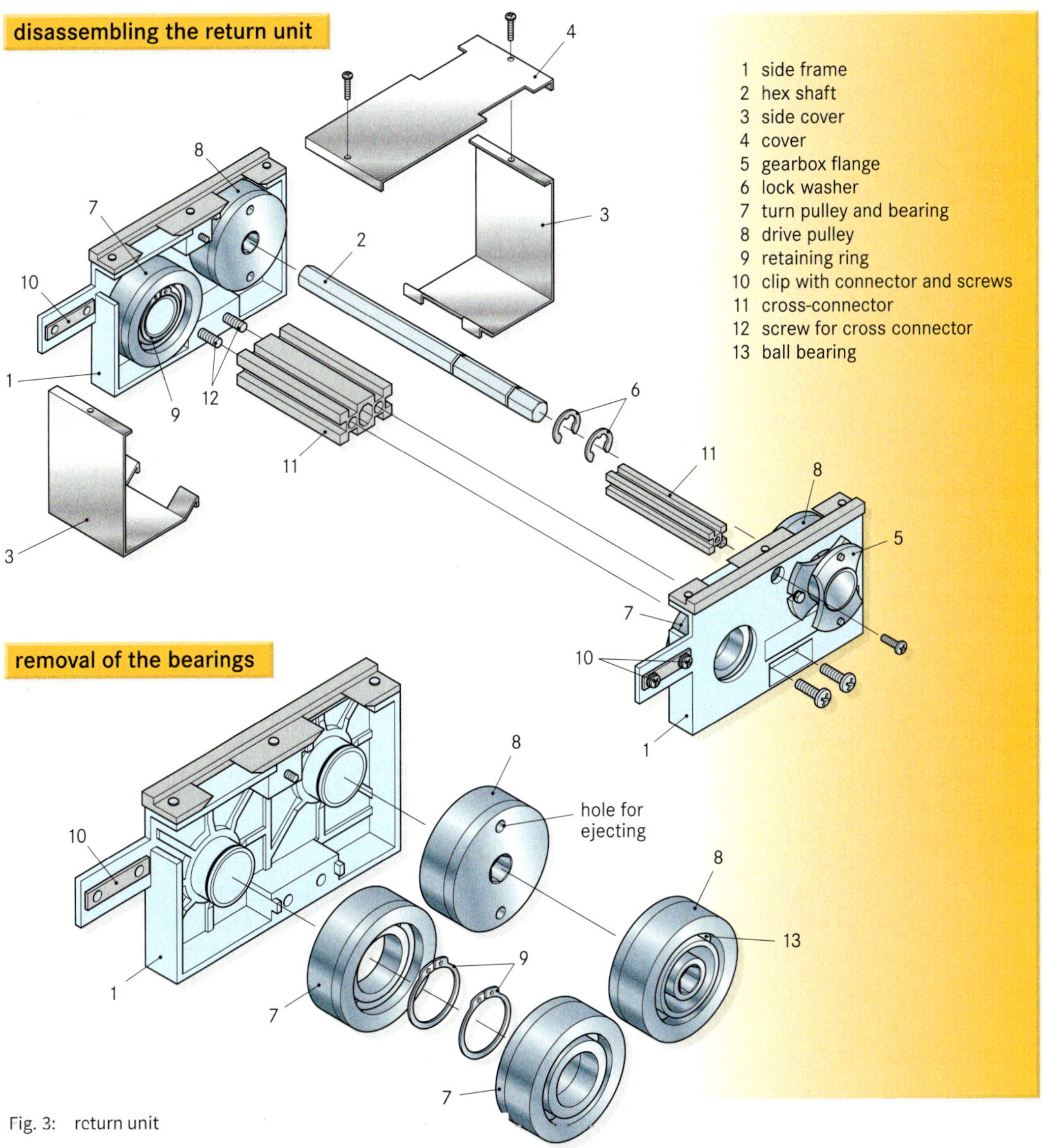

Fig. 3: rcturn unit

auch über Web-Link

Ausbau der Lager

- Antriebsrad

Das Antriebsrad (Pos. 8) ist mit einer Abziehvorrichtung vom Seitenteil (Pos. 1) abzuziehen. Anschließend wird das Rillenkugellager (Pos. 13) aus der Bohrung des Antriebsrades herausgedrückt. Dies erfolgt durch das Eindrehen von Schrauben in die Abdrückgewindebohrungen des Antriebsrades.

- Umlenkrolle

Das Rillenkugellager bildet mit der Umlenkrolle (Pos. 7) eine Einheit. Nach dem Herausheben des Sicherungsringes (Pos. 9) wird die Umlenkrolle vom Seitenteil (Pos. 1) abgezogen.

Disassembling the bearing

- drive pulley

The drive pulley (Pos. 8) is pulled off the side part of the housing (Pos. 1) by means of a puller. Then the grooved ball bearing (Pos. 13) is pressed out of the borehole of the drive pulley. This is done by screwing screws into the two theaded holes for ejecting of the drive pulley.

- turn pulley

The grooved ball bearing and the turn pulley form a unit. After taking out the retaining ring (Pos. 9), the turn pulley is pulled off the side part of the housing (Pos. 1).

7.3 Zusammenbau der Antriebsstation

Lagereinbau

- Antriebsrad

Das ausgewechselte Rillenkugellager wird in das Antriebsrad (Pos. 8) eingepresst. Anschließend ist das vormontierte Antriebsrad (Pos. 8) mit der Aufnahme des Seitenteils (Pos. 1) zu verpressen.

- Umlenkrolle

Die neue Umlenkrolle (Pos. 7) wird auf das Seitenteil (Pos. 1) aufgeschoben. Anschließend erfolgt die Sicherung durch einen Sicherungsring (Pos. 9).

Fügen der Umlenkstation

Nach dem Einbau der Lager werden die beiden Querverbinder (Pos. 11) mit den Seitenteilen (Pos. 1) lose verschraubt. Anschließend wird die gereinigte und eingeölte Sechskantwelle (Pos. 2) durch die Sechskantbohrungen der Antriebsräder (Pos. 8) geschoben. Durch das Aufschieben von Sicherungsscheiben (Pos. 6) wird die Sechskantwelle (Pos. 2) in ihrer axialen Lage gesichert. Damit sind die Seitenteile (Pos. 1) in ihrer Lage zueinander bestimmt.

Nachfolgend werden die Schrauben (Pos. 12) für die Querverbinder (Pos. 11) fest angezogen. Anschließend wird die Umlenkstation über die Steckverbinder (Pos. 10) mit dem Streckenprofil des Transportbandes verbunden.

Wurden die Transportgurte zerschnitten, erfolgt anschließend deren Montage. Sie müssen verklebt und gespannt werden. Vor dem Kleben ist der Gurt an den Enden anzuschrägen. Nach der Gurtmontage werden die Seitendeckel (Pos. 3) eingehängt und mit dem Deckel (Pos. 4) verschraubt.

7.3 Assembling the drive unit

Installing the ball bearing

- drive pulley

The new grooved ball bearing is pressed into the drive pulley (Pos. 8). Next, the prepared drive pulley (Pos. 8) is firmly pressed into the opening of the side part of the housing.

- turn pulley

The new turn pulley (Pos. 7) is slid onto the side part of the housing (Pos. 1) and secured by the retaining ring (Pos. 9).

Joining the return unit

After installing the ball bearings, the two cross-connectors (Pos. 11) are loosely bolted to the side parts of the housing (Pos. 1). Next, the cleaned and lubricated hex shaft (Pos. 2) is pushed through the hexagonal openings of the drive pulleys (Pos. 8). By affixing the retaining rings (Pos. 6), the hex shaft (Pos. 2) is secured in its axial position. Thus, the position of the side parts of the housing (Pos. 1) is determined.

In the following step, the bolts (Pos. 12) for the cross-connectors (Pos. 11) are tightened securely and the return unit is connected with the conveyor section profile, using the plug connectors (Pos. 10).

If the belts have been cut, their installation follows next. They have to be glued and stretched. Before gluing, the ends of the belt must be bevelled. After mounting the belts, the side cover sheets (Pos. 3) are installed and screwed to the top cover sheet (Pos. 4).

Einbau des Getriebemotors

Der Getriebemotor (Abb. 2, vorherige Seiten) wird auf die Sechskantwelle (Pos. 2) geschoben. Um Beschädigungen zu vermeiden, ist der Getriebemotor ohne Verkanten aufzuschieben.

Nachfolgend wird der Getriebeflansch (Abb. 3, vorige Seiten) mit dem Aufsteckgetriebe (Abb. 2, vorige Seiten) verschraubt.

Motor anklemmen

Alle abgeklemmten Leitungen werden wieder durch die Leitungseinführung in den Klemmenkasten geführt. Bei der Verschraubung ist darauf zu achten, dass die Dichtungselemente noch in einwandfreiem Zustand sind. Andernfalls sind diese gegen neue Dichtungen auszutauschen. Vor dem Anklemmen müssen alle Leiterenden mit den Aderendhülsen oder Kabelschuhen kontrolliert werden. Bei starken Verformungen oder beschädigten Leitern ist die Ader mit dem Seitenschneider zu kürzen und ein neuer Adernanschluss zu fertigen. Alle Adern müssen wieder so im Klemmenkasten aufgelegt werden, wie sie zuvor demontiert wurden.

Besonders wichtig sind hierbei das richtige Drehfeld der Energieleitung und die korrekte Polarität der Profibusleitung. Alle Klemmenstellen müssen fest angezogen werden. Abschließend wird der Deckel des Klemmenkastens wieder eingesetzt und verschraubt.

Die getroffenen Sicherheitsvorkehrungen sind in vorgegebener Reihenfolge aufzuheben.

7.4 Inbetriebnahme der Antriebsstation

Nach Abschluss der Arbeiten wird der Arbeitsplatz geräumt, d. h., alle Werkzeuge, Ersatzteile, Verbrauchsmaterialien und Abfälle müssen entfernt werden. Danach ist der Betreiber über den Abschluss der Arbeiten zu informieren, damit die Wiederinbetriebnahme der Anlage erfolgen kann.

Alle durchgeführten Arbeiten sind gemäß den betriebsinternen Vorschriften zu dokumentieren.

Installing the geared motor

The geared motor (Fig. 2, previous pages; Pos. 1 and 2) is slid onto the hex shaft (Pos. 2). To avoid damage, care must be taken not to wedge the geared motor while sliding it onto the hex shaft.

Next the gearbox flange (Fig. 3, previous pages; Pos. 5) is bolted to the slip on gearing (Fig. 2, previous pages; Pos. 2).

Connecting the motor

All disconnected cables are inserted through the cable entries into the terminal box. On re-connection it is important that all seals are still in perfect condition. If not, they have to be replaced by new ones. Before connecting, all wire ends and their end sleeves or cable lugs must be checked. If they are badly deformed or damaged, the wire is shortened using diagonal cutting pliers and a new connector is formed. All wires must be arranged inside the terminal box in exactly the same way as before disconnecting.

A particularly important point here is the right rotating field of the energy cable and the correct polarity of the Profi Bus cable. All terminal screws must be tightened securely. Finally, the cap of the terminal box is put on again and fixed with srews.

All safety precautions taken are lifted in the given order.

7.4 Putting the drive unit into operation

After finishing work, the workplace is cleared, i.e. all tools, spare parts, materials and waste have to be removed. Next, the persons in charge of the equipment have to be informed about the completion of the work, so that the equipment can be put into operation again.

All work performed has to be documented according to the regulations of the company.

Exercises

1. How can an accidental switching on the motor during work in progress be prevented?

2. How do disconnected cables have to be treated?

3. The motor has to be replaced due to a defect in the fequency converter. Describe how work is prepared and performed.

4. Cutting the belt of the conveyor during the disassembly of the return unit is to be avoided. Describe the differences when disassembling and assembling the return unit.

5. What are the possible consequences of sliding the geared motor onto the hex shaft incorrectly?

Informieren

7.5 Einsatz von Hebezeugen

Bei der Montage und Demontage großer, schwerer Teile müssen Hebezeuge eingesetzt werden. Mit Hebezeugen werden die Bauteile und Baugruppen transportiert und für den Zusammenbau positioniert.

Beim Arbeiten mit dem Hebezeug sind die erforderlichen Anschlagmittel und Lastaufnahmemittel auszuwählen. Der Transportvorgang ist zu planen und fachgerecht durchzuführen.

7.5.1 Krane und Lastaufnahmeeinrichtung

Häufig verwendete Hebezeuge sind Krane. Zum Heben der Lasten dienen dabei Hubwerke (Abb. 1). Lastaufnahmeeinrichtungen von Hebezeugen sind:

- Tragmittel,
- Anschlagmittel und
- Lastaufnahmemittel.

Durch Anschlagmittel und Lastaufnahmemittel werden die Lasten mit dem Tragmittel des Hebezeuges verbunden.

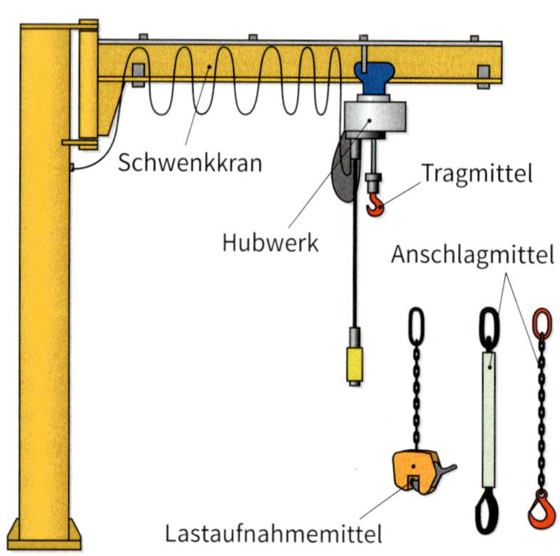

Abb. 1: Komponenten von Hebezeugen

Kranarten

In Werkstätten werden meist Schwenkkrane und Deckenkrane verwendet.

Schwenkkrane haben einen kleinen Arbeitsbereich und werden als Wandschwenkkran oder als Säulenschwenkkrane eingesetzt (Abb. 1).

Deckenkrane haben einen wesentlichen größeren Arbeitsbereich (Abb. 2). Sie werden meist durch den Bediener des Krans über eine Fernbedienung gesteuert.

Abb. 2: Deckenkran

Gefahren beim Hebezeugbetrieb

Beim Arbeiten mit Hebezeugen bestehen besondere Gefahren. Gefährdet sind die Personen, die das Hebezeug bedienen und die Lasten anschlagen, aber auch unbeteiligte Personen in der Nähe.

Arbeitssicherheit

Beim *Arbeiten mit Hebezeugen* entstehen Gefährdungen vor allem durch:

- Unbeabsichtigtes Lösen des Anschlagmittels von der Last,
- Unbeabsichtigtes Mitreißen von Gegenständen,
- Eingeklemmtwerden durch pendelnde Lasten, besonders beim ersten Anheben,
- Überlastung von Anschlagmitteln wegen zu großer Lasten oder
- Bruch von Anschlagmitteln wegen nicht erkannter Beschädigungen.

7.5.2 Hubwerke und Tragmittel

Hubwerke

Zum Heben von Lasten werden meist Elektro-Seilzüge oder Elektro-Kettenzüge verwendet (Abb. 3). Sie sind direkt am Kran befestigt und meistens fahrbar.

Abb. 3: Fahrbarer Elektro-Seilzug

Tragmittel

Tragmittel sind dauernd mit dem Hebezeug verbunden und dienen zur Aufnahme der Lastaufnahmemittel und Anschlagmittel. Gebräuchliche Tragmittel sind Lasthaken, die mit einer Hakensicherung versehen sind (Abb. 4).

Abb. 4: Lasthaken mit Hakensicherung

Wichtig ist die zur Aufnahme passende Auswahl des Aufnahmegliedes. Das Aufnahmeglied muss so groß sein, dass es über den Lasthaken passt (Abb. 5a) und nicht verklemmt (Abb 5b).

Durch das Verklemmen wird das Aufnahmeglied verformt. Es besteht die Gefahr, dass es an der Schweißnaht aufreißt.

a) richtig b) falsch

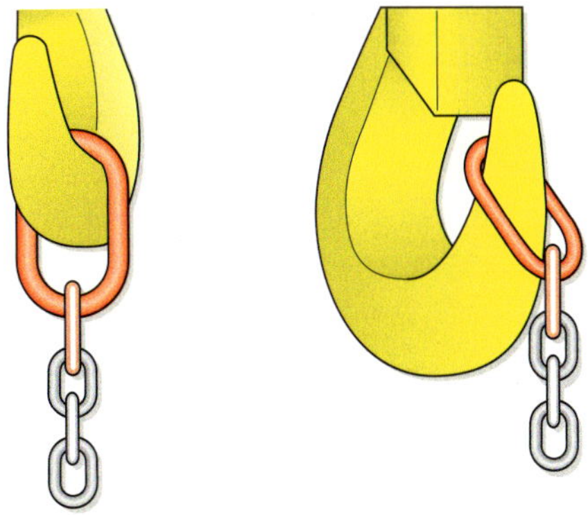

Abb. 5: Lasthaken mit Aufnahmeglied

7.5.3 Anschlagmittel

Anschlagmittel verbinden die Last oder das Lastaufnahmemittel mit dem Kranhaken. Als Anschlagmittel werden Seile, Ketten, Hebebänder und Rundschlingen verwendet.

Bei der Auswahl des Anschlagmittels sind die Masse, Form, Größe und Beschaffenheit der Last sowie Umgebungseinflüsse wie Temperatur und chemische Substanzen zu beachten.

Hebebänder und Rundschlingen eignen sich für Lasten mit empfindlichen Oberflächen wie Wellen oder lackierte Teile.

Ketten können auch bei scharfkantigen Teilen und bei Temperaturen oberhalb 100 °C eingesetzt werden.

Hebebänder und Rundschlingen

Hebebänder und Rundschlingen gibt es mit unterschiedlicher Tragfähigkeit. Entsprechend ihrer Tragfähigkeit haben sie unterschiedliche Farben. Das Material und die Tragfähigkeit sind auf eingenähten farbigen Etiketten angegeben (Abb. 7).

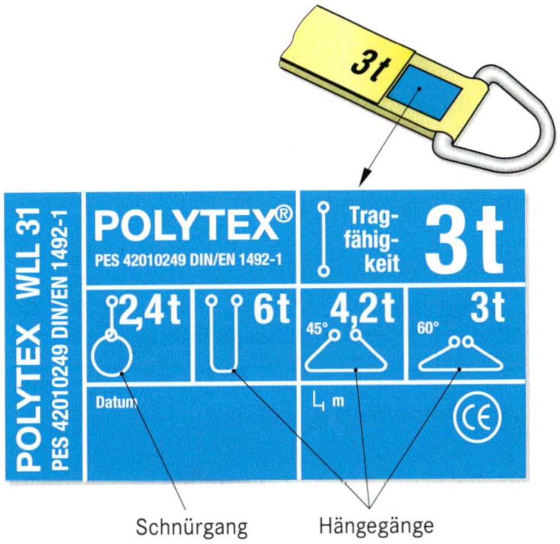

Abb. 7: Etikett eines Hebebandes

Die Aufnahme von Werkstücken kann im Hängegang oder im Schnürgang erfolgen (Abb. 8). Im Schnürgang verringert sich die Tragfähigkeit wegen der Biegebeanspruchung im Schnürpunkt auf 80 %.

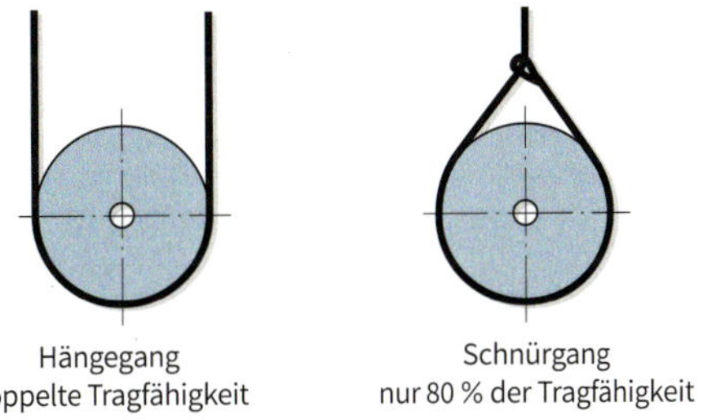

Abb. 8: Lastaufnahmearten

Hebebänder und Rundschlingen dürfen nur mit einem Kantenschutz oder einem Schutzschlauch um scharfe Kanten gelegt werden (Abb. 1). Sie können sonst beschädigt oder regelrecht zerschnitten werden.

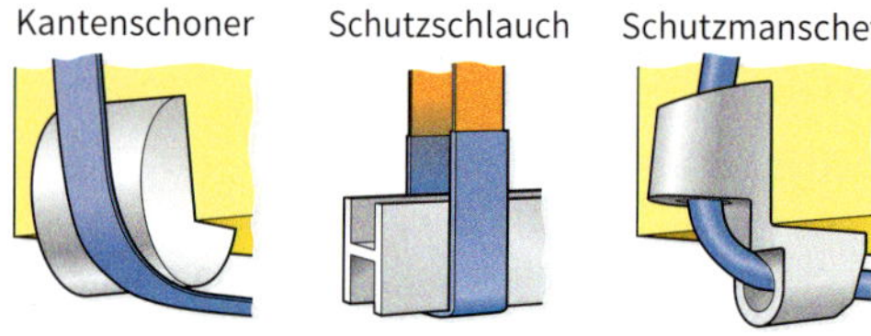

Abb. 1: Kantenschutz an Anschlagmitteln

Hebebänder und Rundschlingen sind auszusondern:

- bei Anrissen, Einschnitten und starken Scherstellen,
- bei Beschädigung der Webkanten, Nähte und Ummantelung.

Ketten und Drahtseile

Die Tragfähigkeit von Ketten ist auf Kettenanhängern, die von Drahtseilen auf Metallplaketten angegeben. Sie sind am Anschlagmittel befestigt.

- **Kennzeichnung von Ketten**

Die Tragfähigkeit einer Kette hängt von der Nenndicke und der Güteklasse der Kette ab.

Die Kennzeichnung von Ketten erfolgt über genormte Kettenanhänger (Abb. 2).

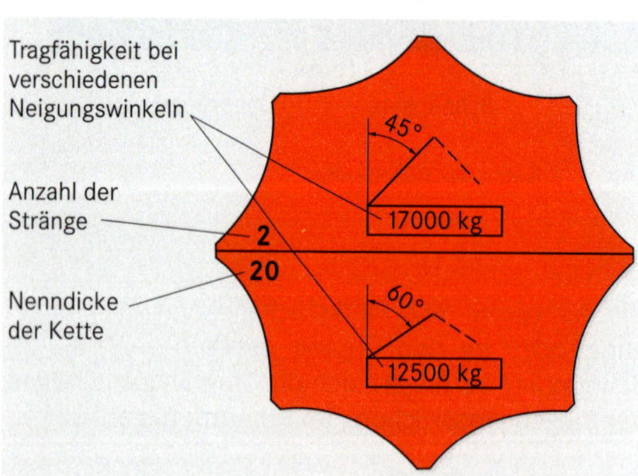

Abb. 2: Kettenanhänger für Ketten der Güteklasse 8

Güteklasse 2 ist gekennzeichnet durch runde Kettenanhänger. Ab Güteklasse 3 werden eckige Anhänger verwendet. Die Anzahl der Ecken gibt die Güteklasse an.

Die Anhänger der Klassen 2 bis 7 sind grau eingefärbt, die der Güteklasse 8 rot.

Geht ein Anhänger verloren, darf die Kette nur noch mit der Tragfähigkeit einer Kette der Güteklasse 2 eingesetzt werden. Die Tragfähigkeit von Ketten ist in der **BGI 622** festgelegt.

- **Kennzeichnung von Drahtseilen**

Die Kennzeichnung eines Seiles erfolgt auf ovalen Metallplaketten, die am Seil befestigt sind (Abb. 3).

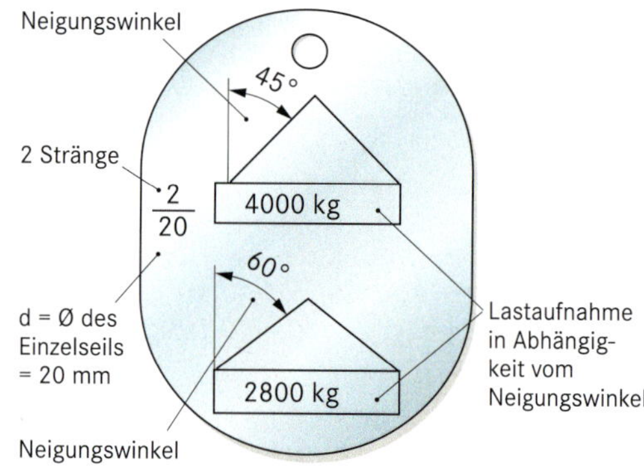

Abb. 3: Kennzeichnung von Stahldrahtseilen

- **Tragfähigkeit und Anschlagart**

Die Tragfähigkeit hängt auch davon ab, welche Anschlagart gewählt wird und welchen Neigungswinkel β die Stränge mit der Senkrechten bilden (Tab. 1).

Tab. 1: Tragfähigkeit und Anschlagart

Anschlagsart				
1-Strang direkt	1-Strang geschnürt	endlos direkt	endlos geschnürt	Schlaufengehänge
Lastanschlagsfaktor				
1	0,8	2	1,6	1,4

Anschlagart			
2-strängig		3- und 4-strängig	
$\beta \leq 45°$	$\beta \leq 60°$	$\beta \leq 45°$	$\beta \leq 60°$
Lastanschlagsfaktor			
1,4	1	2,1	1,5

Als Anschlagart für eine Last unterscheidet man das Befestigen mit einem Strang oder mit mehreren Strängen. Bei einem drei- oder viersträngigen Gehänge sind bei symmetrischer Belastung (gleiche Stranglänge und gleicher Neigungswinkel pro Strang) drei Stränge (statisch bestimmte Aufhängung) als tragend anzunehmen. Der Lastanschlagsfaktor berücksichtigt dabei die Tragfähigkeitsreduzierung für den Schnürgang und den Neigungswinkel β.

Mit zunehmendem Neigungswinkel β nimmt die Tragfähigkeit ab. Üblicherweise wird in den Belastungstabellen die Tragfähigkeit für einen Neigungswinkel bis 45° und einen Neigungswinkel von mehr als 45° bis 60° angegeben. Neigungswinkel über 60° sind verboten, weil die dabei auftretenden Kräfte sehr groß werden.

Treten bei zweisträngigen Gehängen unterschiedliche Neigungswinkel β auf, darf nur die Tragfähigkeit eines Stranges zugrunde gelegt werden. Bei drei- und viersträngigen Gehängen mit ungleichmäßiger Belastung (ungleiche Stranglänge und ungleiche Neigungswinkel pro Strang) darf nur die Tragfähigkeit von zwei Strängen angenommen werden.

Beispiel: Tragfähigkeit von Gehängen

Darf ein zweisträngiges Kettengehänge, dessen Einzelketten eine Tragfähigkeit von 2000 kg haben, die abgebildete Last heben?

Da bei ungleichen Neigungswinkeln die Tragfähigkeit nur eines Kettenstranges zugrunde gelegt werden darf, kann die Last von 2500 kg nicht mehr gehoben werden.

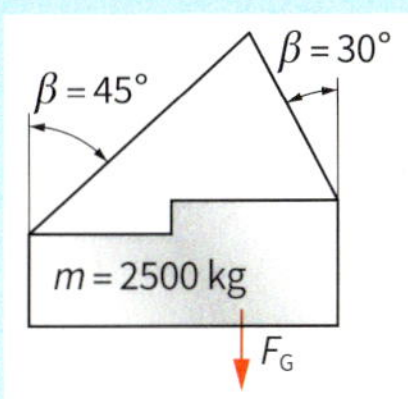

Ketten und Drahtseile gibt es im Baukastensystem mit Aufnahmegliedern oder Lasthaken (Abb. 6). Diese Teile sind dabei auf die jeweilige Tragfähigkeit der Ketten und Seile abgestimmt.

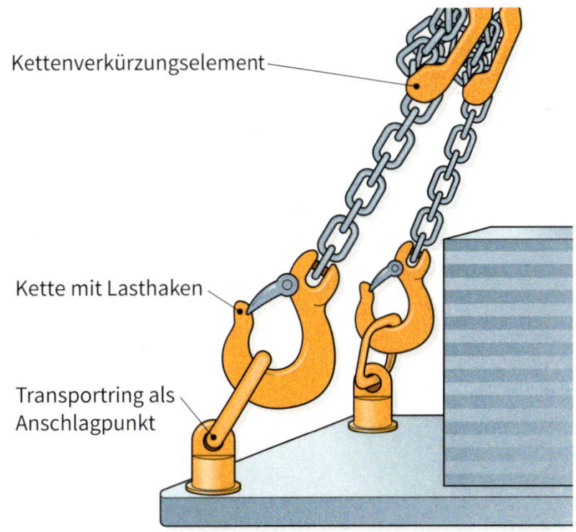

Abb. 4: Last mit Anschlagpunkten und Kettengehänge

Beim Einhaken der Haken ist darauf zu achten, dass der Haken nach außen zeigt. Dies und die Verwendung von Hakensicherungen verhindern ein ungewolltes Aushängen der Last. Ketten haben den Vorteil, dass sie sich durch Kettenverkürzungselemente um jeweils eine Teilungslänge verkürzen lassen. So können Lasten einbaulagegerecht transportiert oder bei schwieriger Schwerpunktlage waagerecht gehängt werden.

Grundlagen

Kraftzerlegung

Beim Anheben von Lasten mit mehrsträngigen Anschlagmitteln ist die Zugkraft in den Tragsträngen F_{TS} von der Größe der Gewichtskraft F_G und vom Neigungswinkel β des Tragstranges abhängig.

Die Größe der Belastung kann durch Kraftzerlegung mittls Kräfteparallelogramm ermittelt werden.

Kräfteparallelogramm mit $\beta = 45°$

F_G: Gewichtskraft

F_{TS}: Zugkraft im Tragstrang

β: Neigungswinkel

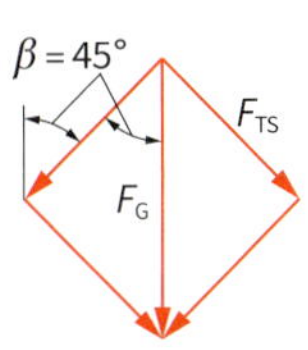

Mit steigendem Neigungswinkel β nimmt die Kraft im Tragstrang F_{TS} zu. Bei β = 60° entspricht die Kraft in nur einem Strang schon der Gewichtskraft.

Kräfteparallelogramm mit $\beta = 60°$

F_G: Gewichtskraft

F_{TS}: Zugkraft im Tragstrang

β: Neigungswinkel

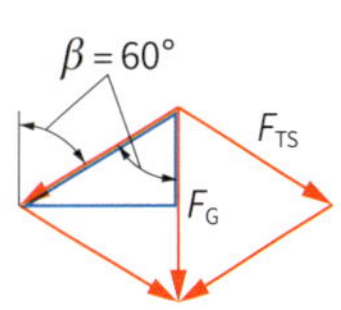

Die Kraft im Tragstrang kann über Winkelfunktionen berechnet werden.
Für F_G = 4300 N und β = 60° gilt:

$$\cos\beta = \frac{\frac{F_G}{2}}{F_{TS}}$$

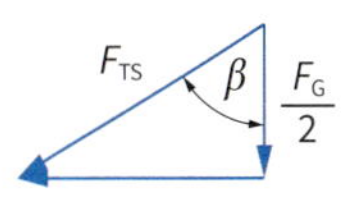

$$F_{TS} = \frac{\frac{F_G}{2}}{\cos\beta} = \frac{\frac{4300\ \text{N}}{2}}{\cos 60°} = 4300\ \text{N}$$

Anschlagmittel müssen durch einen Sachkundigen mindestens einmal jährlich überprüft werden. Unabhängig davon sind Anschlagmittel vom Benutzer vor jedem Einsatz auf sichtbare Beschädigungen zu kontrollieren. Diese Kontrollen sollen sich auch auf die Beschlagteile und die Kennzeichnung erstrecken. Bei fehlender oder unlesbarer Kennzeichnung dürfen Anschlagmittel nicht mehr eingesetzt werden.

Ketten dürfen nicht mehr verwendet werden, wenn:

- Glieder gebrochen, angerissen oder abge schliffen sind,
- Glieder Verformungen oder starke Korrosion aufweisen.

Drahtseile dürfen nicht mehr verwendet werden, wenn:

- mehrer Drähte gebrochen sind,
- Quetschungen, Knickungen oder starke Korrosion vorliegen.

7.5.4 Lastaufnahmemittel

Neben Rundschlingen, Hebebändern, Ketten und Drahtseilen werden besondere Lastaufnahmemittel verwendet. Solche Lastaufnahmemittel sind mechanische Greifer, Zangen und Traversen.

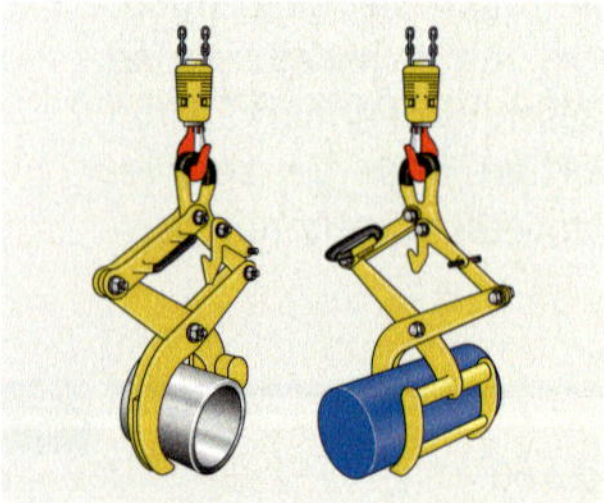

Abb. 1: Rundgreifer

Greifer und Zangen

Greifer und Zangen sind speziell auf bestimmte Werkstücke ausgelegte Lastaufnahmemittel.

Ihr Einsatz ist dann wirtschaftlich, wenn gleichartige Werkstücke zu handhaben sind (Abb. 1).

Traversen

Große lange Werkstücke müssen mehrsträngig angeschlagen werden, um ein Pendeln der Last oder Werkstückverformungen durch das Eigengewicht zu verhindern. In diesen Fällen werden Traversen eingesetzt (Abb. 2).

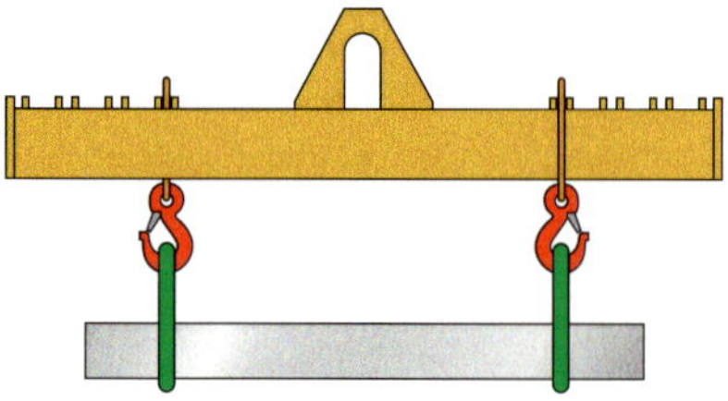

Abb. 2: Traverse mit Last

Die Last muss so aufgenommen werden, dass der Lastschwerpunkt unter dem Kranhaken liegt, damit sich die Traverse mit der Last nicht neigt.

7.5.5 Krantransporte

Arbeitssicherheit

Einen Kran selbstständig bedienen dürfen nur Personen, die mindestens 18 Jahre alt sind, ausreichend unterwiesen wurden und beauftragt sind, die entsprechenden Arbeiten auszuführen.

Ein Krantransport wird in folgenden Schritten geplant und durchgeführt:

1. Das Anschlagen, den Hebevorgang und den Absetzvorgang vorbereiten; dabei
   - den Transportweg und die Abladestelle auf Sicht- und Platzverhältnisse prüfen,
   - das Gewicht der Last und deren Schwerpunkt ermitteln,
   - geeignete Anschlagmittel und notwendigen Kantenschutz bereitlegen,
   - die Anschlagmittel auf Beschädigungen kontrollieren und
   - benötigte Unterleghölzer u.Ä. an der Abladestelle bereitlegen.
2. Kranhaken senkrecht über den Lastschwerpunkt fahren und Last anschlagen. Anschlagmittel dabei nicht verdrehen.
3. Last probeweise leicht anheben, dabei Anschlagmittel wenn nötig von außen fassen und halten. Anschlagmittel langsam straffen, Reißen oder ruckartige Belastungen vermeiden. Beim probeweisen Anheben beachten, ob
   - die Last sich verhakt hat oder festsitzt,
   - die Last in Waage ist bzw. richtig hängt und
   - alle Stränge gleichmäßig tragen.

   Schief hängende Lasten wieder ablassen und neu befestigen.
4. Absetzen der Last, dabei Last gegen Umstürzen oder Auseinanderfallen sichern. Entfernen der Anschlagmittel von der Last.

Aufgaben

1. a) Wodurch ergibt sich eine Gefährdung für den Bediener eines Krans? Nennen Sie drei Ursachen.

b) Geben Sie entsprechende Maßnahmen an, die eine Gefährdung verhindern sollen.

2. Die Ketten eines viersträngigen Kettengehänges haben eine Tragfähigkeit von 8000 kg. Kann eine Last von m = 7500 kg gehoben werden, wenn die Kettenstränge unsymmetrisch belastet werden und der Neigungswinkel $\beta = 50°$ beträgt?

3. Eine 4 m lange gedrehte Welle soll transportiert werden. Wählen Sie Lastaufnahme- und Anschlagmittel aus und begründen Sie Ihre Auswahl.

INSTAND-HALTEN

- Warten und Inspizieren technischer Systeme
- Instandsetzen technischer Systeme
- Instandhalten technischer Systeme

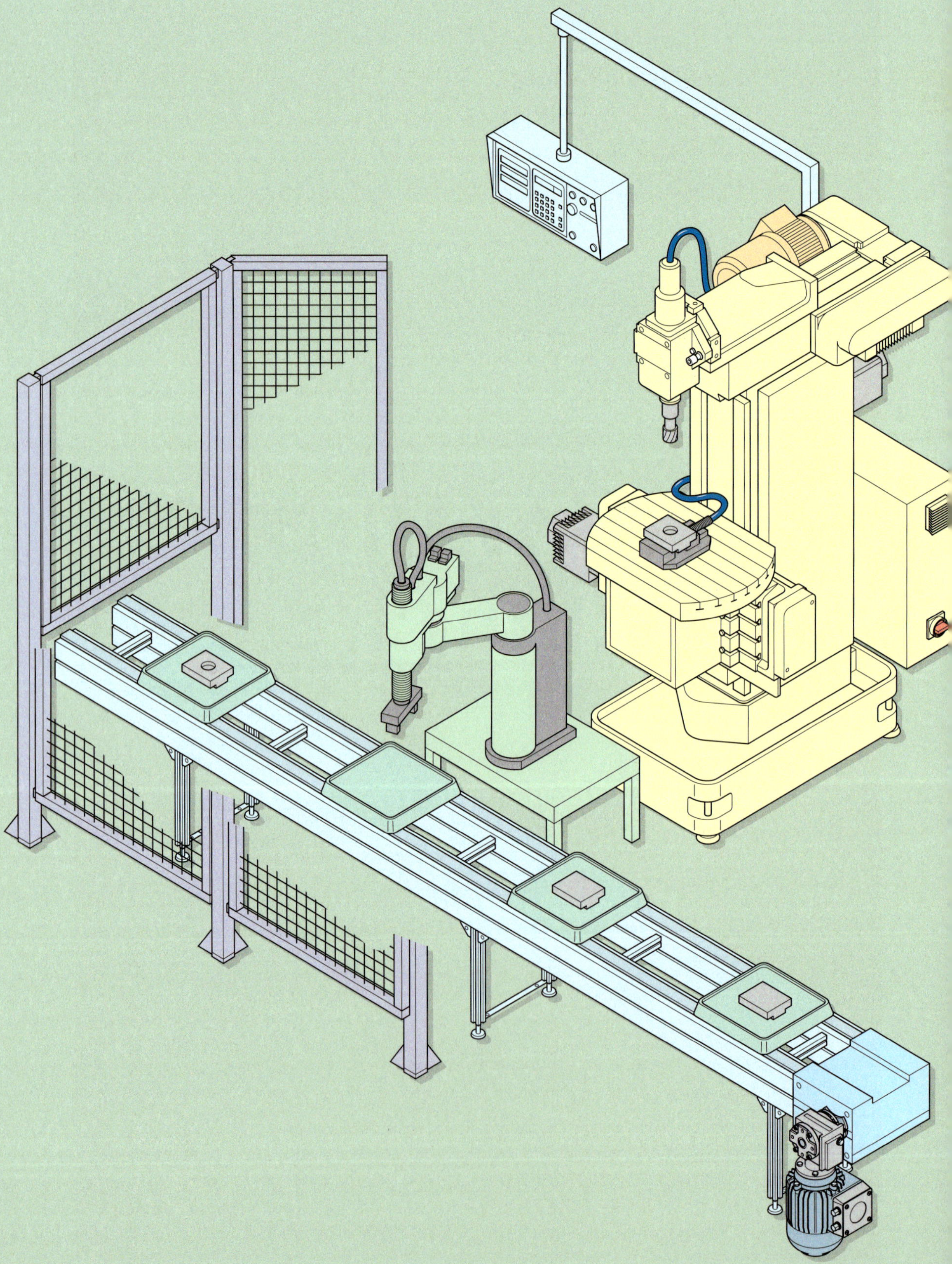

Instandhaltung

8

8.1 Begriffe der Instandhaltung

Das System Bearbeitungsstation besteht aus den Teilsystemen Transportband, Schwenkarmroboter und Fräsmaschine. Diese Teilsysteme setzen sich aus vielen unterschiedlichen Baugruppen und Elementen zusammen. Dabei sind mechanische, pneumatische, hydraulische, elektrische, elektronische und Software-Komponenten integriert. Das geordnete Zusammenwirken aller Teile ergibt die Hauptfunktion des Gesamtsystems.

Die Anschaffungskosten der Bearbeitungsstation sind hoch. Da sich die Investition lohnen muss, wird von ihr eine lange Lebenszeit und ein störungs- und ausfallfreier Betrieb über ihre gesamte Nutzungsdauer gefordert.

Störungen und Ausfälle lassen sich aber nicht vermeiden. Durch eine geplante Instandhaltung wird dem entgegengewirkt. Ziel ist die Begrenzung von Ausfallzeiten. Voraussetzung ist ein funktionsfähiger Zustand der Bearbeitungsstation. Diesen durch Instandhaltungsmaßnahmen zu bewahren oder gegebenenfalls wieder herzustellen ist die Aufgabe der Instandhaltung.

Die Funktionsfähigkeit der Bearbeitungsstation hängt in erster Linie davon ab, wie zuverlässig die einzelnen Teilsysteme arbeiten. Die Zuverlässigkeit beschreibt die Wahrscheinlichkeit, dass ein System seine Funktion kontinuierlich, ohne Ausfall, für einen festgelegten Zeitraum erfüllt. Eine hohe Zuverlässigkeit bedeutet weniger Ausfälle der Bearbeitungsstation und damit weniger Stillstandzeit und Produktionsverluste.

Die Zuverlässigkeit wird beeinflusst durch:

- Konstruktion,
- Werkstoffeigenschaften,
- Betriebs- und Umgebungsbedingungen,
- Maschinensystem und Instandhaltung.

Eine Zuverlässigkeitsangabe ist für die Instandhaltung von großer Bedeutung, weil sie Aussagen über das wahrscheinliche Eintreffen von Ausfällen macht. Die Bearbeitungsstation ist aber nur so zuverlässig wie ihr schwächstes Element. Deshalb werden einzelne Bauelemente auf ihr Ausfallverhalten hin untersucht.

Betrachtet man z. B. ein Gleitlager unter Betriebsbedingungen, so zeigt sich während des Betriebes, dass sich der Zustand des Lagers ständig verschlechtert.

Das Lager nutzt sich während des Arbeitsprozesses ab. Die Abnutzung wird durch Verschleiß herbeigeführt.

Abbildung 1 zeigt den Verlauf der Abnutzung an einem Lager.

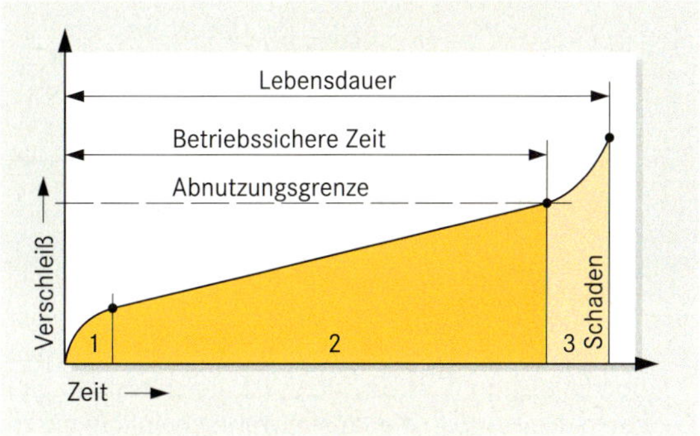

Abb. 1: Verschleißkurve eines Gleitlagers

Die Abnutzung des Gleitlagers verläuft in drei Phasen. Bei Inbetriebnahme des Lagers steigt der Verschleiß in Phase 1 relativ rasch an. In dieser kurzen Phase bewirkt der Einlaufverschleiß eine Verbesserung der Oberflächengüte in der Tragzone des Gleitlagers.

In Phase 2 steigt der Verschleiß sehr langsam an. In dieser Phase ist ein Ausfall des Gleitlagers unwahrscheinlich. Durch den kontinuierlich wachsenden Verschleiß ändert sich die Lagergeometrie für den Schmierspalt.

Mit Erreichen der Abnutzungsgrenze verändert der Verschleiß in Phase 3 die Geometrie der Lagerschalen unzulässig. Führungsgenauigkeit und Rundlauf der Welle sind nicht mehr gewährleistet. Eine Funktionsfähigkeit des Lagers ist nicht mehr gegeben. Es sind jederzeit Spontanausfälle möglich.

Die Lagerschalen des Gleitlagers stellen also einen Abnutzungsvorrat bereit, der durch Verschleiß bis zum Erreichen einer Abnutzungsgrenze aufgebraucht wird. Gleiches gilt für die gesamte Bearbeitungsstation, die als Ganzes über einen Abnutzungsvorrat verfügt.

Um den Zuverlässigkeitsverlauf für die Bearbeitungsstation feststellen zu können, werden alle Ausfälle in Fehlersammellisten festgehalten, statistisch ausgewertet und graphisch dargestellt.

Abbildung 1 zeigt grafisch den Zusammenhang zwischen der Ausfallwahrscheinlichkeit und der Überlebenswahrscheinlichkeit.

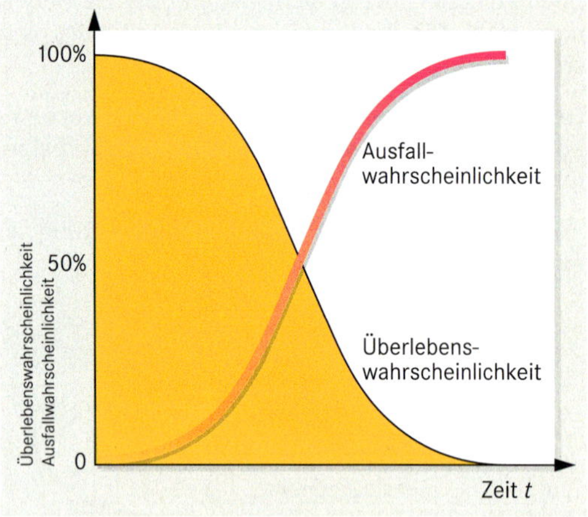

Abb. 1: Ausfallwahrscheinlichkeit und Überlebenswahrscheinlichkeit

Ein wahrscheinlicher Ausfall der Bearbeitungsstation zu Beginn ihres Einsatzes ist gleich Null. In gleichem Maße, wie die Ausfallwahrscheinlichkeit im Laufe der Zeit zunimmt, verringert sich die Überlebenswahrscheinlichkeit. Ab einem kritischen Zeitpunkt ist die Betriebssicherheit der Bearbeitungsstation nicht mehr gegeben. Mit einem unvorhergesehenen Ausfall der Anlage muss ständig gerechnet werden.

Kommt es zu einem Ausfall, wird die Betriebsbereitschaft durch Instandhaltungsmaßnahmen wieder hergestellt. Für die Produktion ist es von großem Interesse, dass die Anlage möglichst schnell wieder ihre Funktion erfüllt.

Die Verfügbarkeit ist für den Produktionsbetrieb von großer Bedeutung. Sie wird in Prozent angegeben. Die Prozentzahl gibt an, mit welcher Wahrscheinlichkeit die Anlage für ihren Einsatz zur Verfügung steht.

! Die Verfügbarkeit ist ein Maß für die Dauer der Einsatzbereitschaft.

Als Beispiel für die Ermittlung der Verfügbarkeit V wird für die Bearbeitungsstation eine geplante Betriebsdauer T = 20 Wochen angenommen. Auf der Zeitachse in Abbildung 2 sind die einsatzfähigen Zeiten E und die Ausfallzeiten A eingetragen.

Werden die Einsatzzeiten addiert, erhält man einen Zeitraum von 16 Wochen. Für die Summe der Stillstände 4 Wochen. Aus dem Anteil der Einsatzzeiten an der Gesamtzeit kann die Verfügbarkeit der Bearbeitungsstation ermittelt werden. Dieser Wert erhält eine umso größere Aussagekraft, je länger der Beobachtungszeitraum ist.

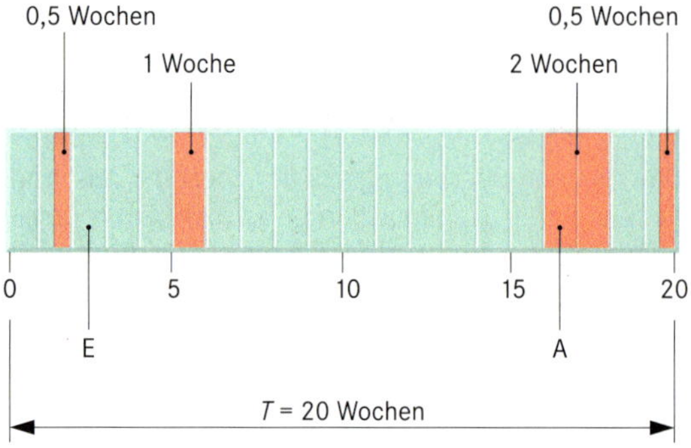

Abb. 2: Einsatz- und Ausfallzeiten der Bearbeitungsstation

Beispiel: Berechnung der Verfügbarkeit für das Beispiel in Abbildung 2

Gesamteinsatzzeit

$$\Sigma E = (1{,}5 + 3 + 10 + 1{,}5) \text{ Wochen} = 16 \text{ Wochen}$$

Gesamtausfallzeit

$$\Sigma A = (0{,}5 + 1 + 2 + 0{,}5) \text{ Wochen} = 4 \text{ Wochen}$$

Verfügbarkeit

$$\text{Verfügbarkeit} = \frac{\text{Gesamteinsatzzeit}}{\text{geplante Betriebszeit}} \cdot 100\ \%$$

$$V = \frac{\Sigma E}{T} \cdot 100\ \% = \frac{\Sigma E}{\Sigma E + \Sigma A} \cdot 100\ \%$$

$$V = \frac{16 \text{ Wochen}}{16 \text{ Wochen} + 4 \text{ Wochen}} \cdot 100\ \% = \underline{\underline{80\ \%}}$$

Die Gesamtausfallzeit beinhaltet Störzeiten und Zeiten für geplante Instandhaltungsarbeiten, dies sind Zeiten für die

- Fehlersuche,
- Ersatzteilbeschaffung,
- eigentliche Reparatur und
- Wiederinbetriebnahme.

8.2 Maßnahmen der Instandhaltung

Die Maßnahmen der Instandhaltung werden nach **DIN 31051** unterteilt.
Abbildung 3 zeigt die Gliederung der Instandhaltungsmaßnahmen und ihre Definitionen.

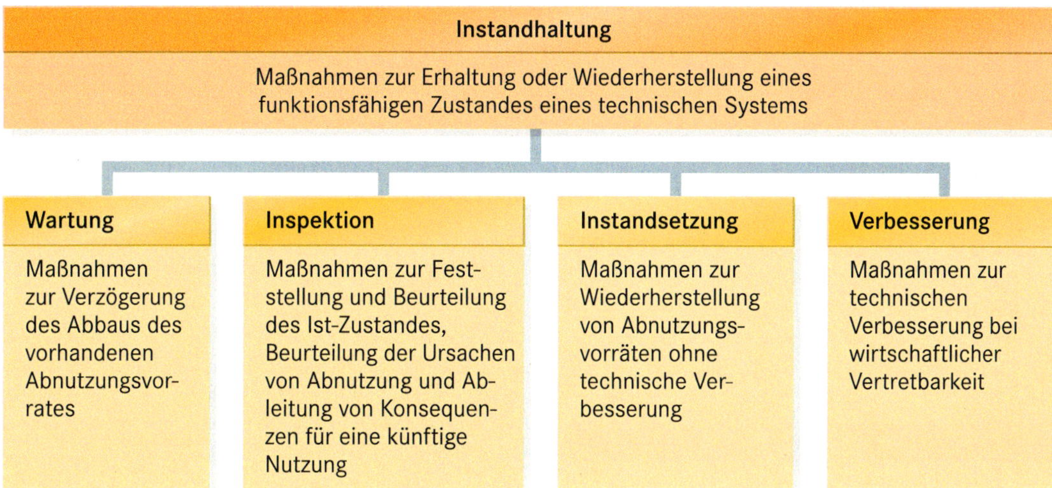

Abb. 3: Maßnahmen der Instandhaltung

8.2.1 Wartung

Die bei einer Wartung durchzuführenden Maßnahmen hängen von dem zu wartenden Anlagenteil ab. Je nach Einsatzbedingungen unterliegen diese Anlagenteile unterschiedlichen Abnutzungsprozessen. Deshalb gibt es vom Hersteller oder von der Instandhaltung gesonderte Wartungspläne. Sie enthalten

- die Beschreibung der Wartungseinheit,
- Wartungsmaßnahmen,
- Wartungsstellen,
- Wartungszeiten sowie
- Hilfsmittel und Hilfsstoffe.

Zu den Wartungsmaßnahmen gehören:

Schmieren:
Zuführen von Schmierstoff zur Schmierstelle, um z. B. die Gleitfähigkeit zu erhalten.

Ergänzen:
Nach- und Auffüllen von Hilfsstoffen.

Auswechseln:
Ersetzen von Kleinteilen und Hilfsstoffen (kurzfristige Tätigkeiten mit einfachen Werkzeugen oder Vorrichtungen).

Nachstellen:
Beseitigung einer Abweichung mit Hilfe dafür vorgesehener Einrichtungen (kein kompliziertes Justieren).

Reinigen:
Entfernen von Fremd- und Hilfsstoffen (durch Saugen, durch Kehren, mit Lösungsmitteln u. a.).

Durch Wartungsmaßnahmen kann die Abnutzung so verzögert werden, dass eine erheblich verlängerte Nutzungszeit erzielt werden kann (Abb. 4).

Durch Wartungsmaßnahmen wird der Abbbau des vorhandenen Abnutzungsvorrates verzögert und der funktionsfähige Zustand der Maschine bewahrt. !

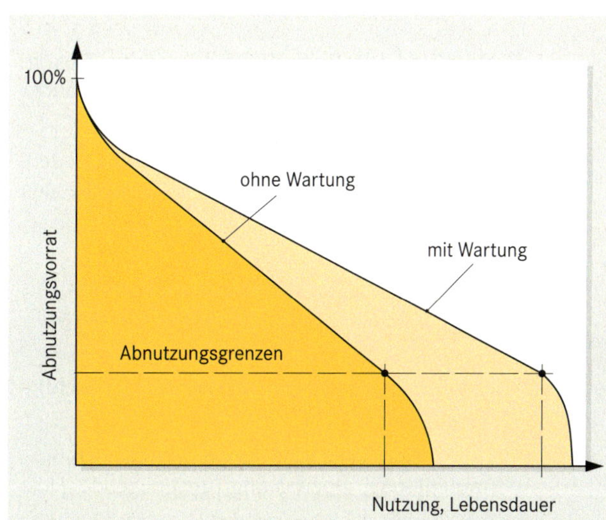

Abb. 4: Abnutzungsvorrat, mit und ohne Wartung

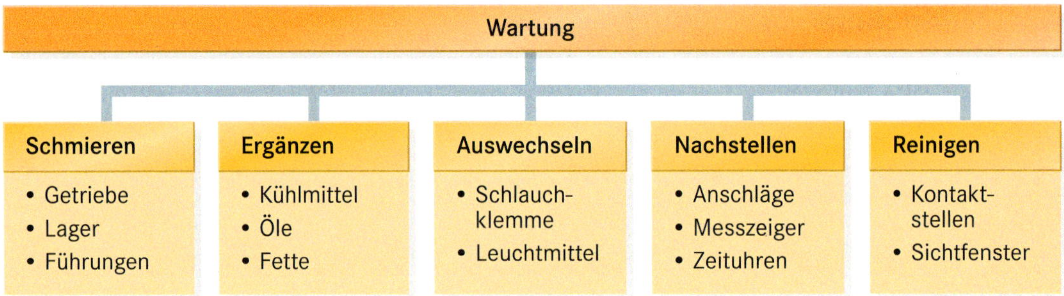

Abb. 1: Maßnahmen der Wartung

8.2.2 Inspektion

Ziel einer Inspektion ist die Früherkennung von Abnutzungserscheinungen, um rechtzeitig geeignete Maßnahmen zu veranlassen (Abb. 2).

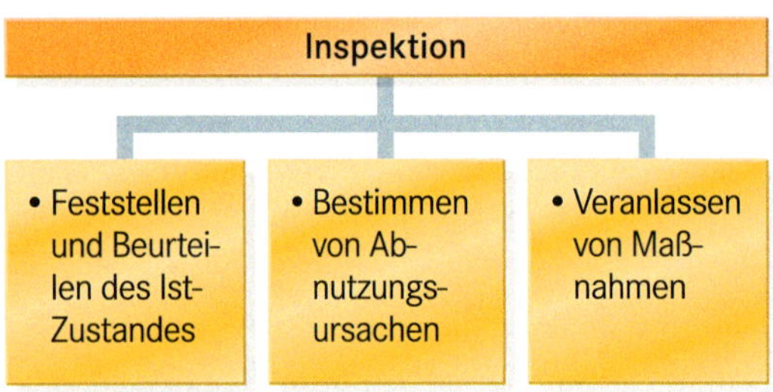

Abb. 2: Maßnahmen der Inspektion

Feststellen und Beurteilen des Ist-Zustandes

Die Durchführung der Inspektion beginnt mit einem Rundgang um die Bearbeitungsstation. Veränderungen und Unregelmäßigkeiten werden zuerst subjektiv durch die Sinnesorgane erfasst und lokalisiert.

Sichtbar sind z. B. Risse, Formänderungen, Flüssigkeitsaustritt, Verstopfungen und Bewegungsänderungen.

Ursachen können Werkstofffehler, Undichtigkeiten, Verunreinigungen und fehlerhafte Einstellungen sein.

Hörbar sind z. B. Knacken, Knirschen, Rauschen, als Folge von Verschmutzung, Trockenlauf und Abrieb.

Fühlbar sind z. B. Temperatur, Vibration, Feuchtigkeit.

Ursachen sind Verschleiß, ungenügende Schmiermittelzuführung, Überlastung, ungenügende Flüssigkeitsabfuhr.

Riechbar sind z. B. das Schmoren eines Kabels oder das Austreten von Gasen.

Kann der Zustand eines auffälligen Bauelementes vor Ort erfasst werden, wird dieser sofort beurteilt und die Ursache für die Veränderung festgestellt. Objektive Werte für das Erfassen und Beurteilen des Anlagenzustandes liefern die Messungen.

Dazu gehören auch Messeinrichtungen, die bei einer automatisierten Fertigung installiert sind. Eigene aufwändige Messungen werden dadurch vermieden.

Bestimmen von Abnutzungsursachen

Subjektive Wahrnehmungen und objektive Messwerte ergeben ein Datenbündel, das die Grundlage für eine eingehende Beurteilung des Ist-Zustandes bildet.

Für eine abschließende Beurteilung gilt:

- Werte und Größen gegeneinander abgleichen,
- Soll- und Grenzwerte vergleichen,
- Gesetzmäßigkeiten suchen,
- Rand- und Betriebsbedingungen bedenken,
- wirtschaftliche Gesichtspunkte berücksichtigen,
- Maßnahmemöglichkeiten suchen, bewerten und auswählen.

Veranlassen von Maßnahmen

In Abhängigkeit von der Systembeurteilung beziehen sich diese Maßnahmen auf das

- Anpassen der Wartungs- und Inspektionspläne,
- Einleiten von Instandsetzungsmaßnahmen und
- Anregen von technischen Verbesserungen.

8.2.3 Instandsetzung

Basierend auf den Ergebnissen einer Inspektion erfolgt die Instandsetzung der Anlage. Diese wird innerhalb eines für die Produktion günstigen Zeitraumes durchgeführt. Dazu wird die Anlage zum geplanten Zeitpunkt stillgesetzt und Instandsetzungsmaßnahmen (z.B. Reparatur oder Austausch eines Teils) werden durchgeführt.

Fällt die Anlage aus ungeklärter Ursache aus, ist eine sofortige Instandsetzung notwendig.

8.2.4 Verbesserung

Führen die Erkenntnisse einer Inspektion oder einer Fehlerdiagnose dazu, dass häufig gleiche Teile ausfallen, handelt es sich um eine Schwachstelle. Die anschließende Fehleranalyse zeigt, ob eine technische Verbesserung möglich, sinnvoll und wirtschaftlich ist. Der Einsatz eines Lagers mit besseren Laufeigenschaften, Zahnräder aus einem verschleißbeständigeren Werkstoff oder bessere Dichtungen führen zu einer höheren Funktionssicherheit. Dadurch vergrößert sich der Abnutzungsvorrat gegenüber dem ursprünglichen Abnutzungsvorrat.

Instandsetzung und Verbesserung bilden den umfangreichsten und kostenintensivsten Teil der Instandhaltung.

Außer den Maßnahmen am System zur Wiedererlangung eines neuen Abnutzungsvorrates umfassen die Instandsetzung und die Verbesserung Maßnahmen, die in Bezug stehen zu

- Auftrag und Dokumentation,
- Kalkulation, Terminplanung und Abstimmung,
- Erstellen von Arbeitsschutz- und Sicherheitsplänen,
- Aufzeigen und Planen von Verbesserungen,
- Funktionsprüfung und Abnahme,
- Auswertung und Kostenaufstellung.

Zusammenfassung

Maßnahmen der Instandhaltung stellen die Funktionsfähigkeit einer Anlage sicher. Durch Wartung verzögert sich der Abbau des Abnutzungsvorrats.

Durch eine Instandsetzung wird der Abnutzungsvorrat wieder aufgebaut.

Inspektionen dienen der Feststellung des Ist-Zustands und der Früherkennung von Störungen.

Mittels einer Verbesserung vergrößert sich der Abnutzungsvorrat gegenüber dem anfänglichen Abnutzungsvorrat.

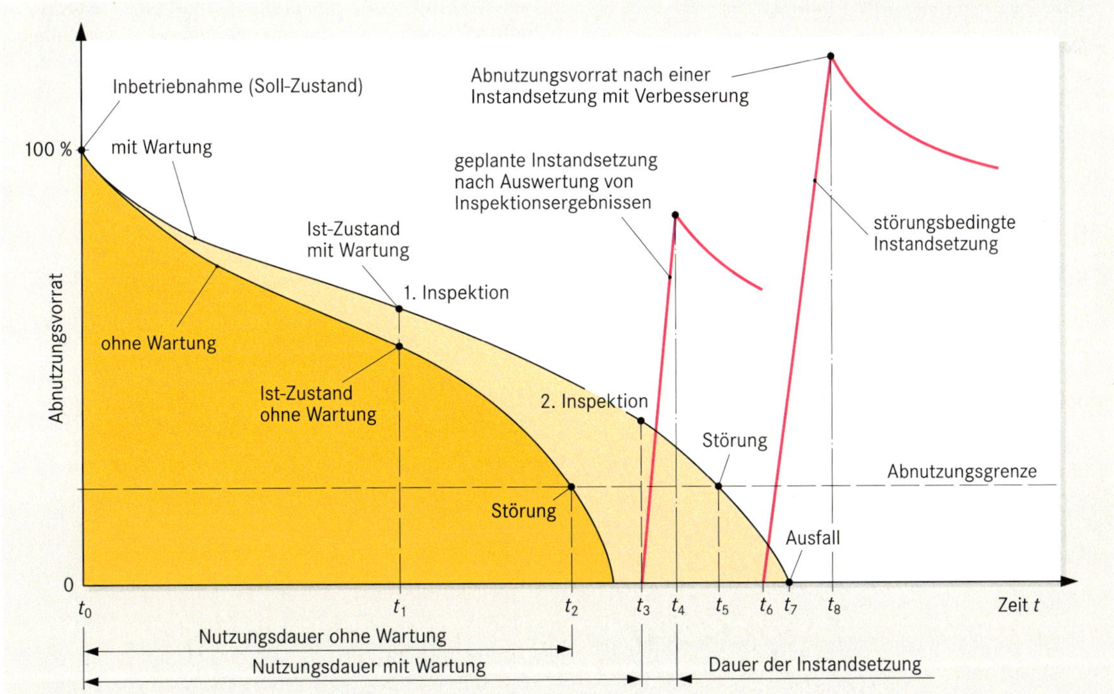

Abb. 3: Verlauf des Abnutzungsvorrates mit und ohne Wartung

Planen/ Dokumentieren

8.3 Instandhaltungskosten

Durch Instandhaltungsmaßnahmen entstehen Kosten. Sie werden dem erzielbaren Nutzen gegenübergestellt und gewichtet. Daraus werden Maßnahmen zur Kostenminimierung abgeleitet.

!

Kosten werden minimiert, wenn

- ein bestimmter Nutzen mit möglichst geringem Aufwand oder
- mit einem bestimmten Aufwand der größtmögliche Nutzen erzielt wird.

Die durch die Wartung entstehenden Kosten richten sich nach deren Umfang und Häufigkeit. Dies gilt auch für die Kosten durch Inspektionen, wobei der Automatisierungsgrad einer Anlage einen hohen Einfluss auf die Inspektionskosten hat. Einrichtungen für eine technische Diagnostik sind oft teuer. Die Vor- und Nachteile solcher Einrichtungen hinsichtlich der Kosten müssen genau abgewogen werden.

Bei der Instandsetzung richtet sich die Höhe der Kosten danach, ob zu einem geplanten Zeitpunkt oder nach einem Ausfall Bauteile ausgetauscht werden.

Kosten, die durch eine Verbesserung entstehen, richten sich nach dem technischen Aufwand und der wirtschaftlichen Vertretbarkeit.

Hinzu kommen noch Kosten für Hilfsmittel (z.B. Fette und Öle), Ersatzteilkosten sowie Kosten für Spezialwerkzeuge und Prüfmittel.

Aus einem Abgleich von Instandhaltungskosten und erzielbarem Nutzen ergibt sich der kostengünstigste Plan. Dieser bestimmt die Instandhaltungsstrategien, nach denen Instandhaltungsmaßnahmen durchgeführt werden.

Planen/ Dokumentieren

8.4 Instandhaltungsstrategien

8.4.1 Ziele und Kriterien der Instandhaltungsstrategien

Die geeignete Instandhaltungsstrategie für eine Anlage wird so gewählt, dass sich eine möglichst hohe Zuverlässigkeit für die Anlage ergibt.

Welche Instandhaltungsstrategie gewählt wird, hängt von folgenden Kriterien ab:

- Wie ist das Ausfallverhalten von Bauteilen?
- Sind bei einem Ausfall Folgeschäden zu erwarten und wie hoch sind die dadurch entstehenden Kosten?
- Wie wirkt sich eine Störung auf den Produktionsablauf aus?
- Entstehen durch einen Schadensfall Sicherheitsrisiken?
- Ist der Schaden durch Abnutzung entstanden und kann die Abnutzung messtechnisch erfasst werden?
- Welche berufsgenossenschaftlichen und gesetzlichen Bestimmungen bestehen?

Aus diesen Kriterien lassen sich drei typische Instandhaltungsstrategien ableiten.

- Die ereignisorientierte Instandhaltung nach Auftreten einer Störung.
- Die vorbeugende Instandhaltung nach festen Intervallen.
- Die vorbeugende Instandhaltung in Abhängigkeit vom Zustand, der durch Inspektion festgestellt wird.

Mit der Instandhaltungsstrategie wird festgelegt, welche Maßnahmen inhaltlich, methodisch und zeitlich durchzuführen sind.

8.4.2 Ereignisorientierte Instandhaltung

Bei dieser Strategie wird eine Instandsetzung erst dann durchgeführt, wenn es zum Anlagenstillstand durch eine Störung kommt.

Die ereignisorientierte Instandhaltung wird angewandt bei Anlagen, die wenig genutzt werden und nur geringe Anforderungen an die Verfügbarkeit stellen. Wo Stillstände (Produktionsunterbrechungen) keine Lieferschwierigkeiten bewirken, kann sie ebenfalls angewendet werden.

Des Weiteren wird die ereignisorientierte Instandhaltung angewandt, wenn genügend Ersatzteile vorhanden und kurze Austauschzeiten möglich sind. Sie kann auch da angewandt werden, wo keine Sicherheitsanforderungen gestellt sind oder genügend gleiche Systeme vorhanden sind.

!

Vorteile:

- Die Lebensdauer eines Bauteils wird voll genutzt, da ein Austausch erst nach einem Bauteilversagen erfolgt.
- Geringerer Planungsaufwand als bei den vorbeugenden Instandhaltungsstrategien.

Nachteile:

- Die Instandsetzung muss oft unter hohem Zeitdruck durchgeführt werden.
- Gelagerte Ersatzteile verursachen Lagerhaltungskosten.
- Nicht vorrätige Ersatzteile, die nicht kurzfristig beschaffbar sind, können Ausfallkosten verursachen.
- Die Koordination des Personaleinsatzes für die Instandsetzung wird erschwert. Eine kurzfristige Verfügbarkeit von Instandhaltungspersonal muss gewährleistet werden.

8.4.3 Zustandsabhängige Instandhaltung

Die zustandsabhängige Instandhaltung ist eine vorbeugende Instandhaltungsstrategie. Sie kommt zum Einsatz, wenn die Abnutzung direkt oder indirekt messbar ist. Eine solche zustandorientierte Überwachung von Anlagen bezeichnet man auch als Condition Monitoring.

Der Teiletausch erfolgt entweder kurz vor Erreichen der Abnutzungsgrenze oder durch rechtzeitiges Erkennen einer unzulässigen Veränderung.

Moderne Messtechnik sowie technische Diagnostik ermöglichen eine permanente Zustandserfassung einer Anlage während der Produktion. Diese Vorgehensweise wird als Online-Condition-Monotoring bezeichnet und kommt an produktionswichtigen Anlagen immer mehr zum Einsatz. Zusätzlich kann auch die Qualität des hergestellten Produktes, die bei der statistischen Prozessüberwachung (siehe Kapitel 3.1) überprüft wird, als Bewertungskriterium dienen.

!

Vorteile:

- Abgenutzte Bauteile können in planbaren Stillstandzeiten ausgewechselt werden.
- Der Abnutzungsvorrat wird weitgehend ausgenutzt.
- Erkenntnisse über den Verschleißzustand tragen zur Betriebssicherheit bei.
- Geringere Lagerhaltung von Ersatzteilen.
- Gegenüber der ereignisorientierten Instandhaltung besteht eine wesentlich höhere Verfügbarkeit der Anlage.

Nachteile:

- Inspektionen können Kosten verursachen, die höher liegen als Kosten für einen vorbeugenden Teiletausch.
- Durch Demontagearbeiten bei Inspektionen können Fehler entstehen.

8.4.4 Intervallabhängige Instandhaltung

Die intervallabhängige Instandhaltung ist ebenfalls eine vorbeugende Instandhaltungsstrategie. Sie geht davon aus, dass der Ausfallzeitpunkt eines Bauteils bekannt ist.

Die intervallabhängige Instandhaltung kommt zum Einsatz, wenn Bauteile auf keinen Fall versagen dürfen und gesetzliche Vorschriften eine regelmäßige Inspektion erfordern. Ferner, wenn durch den Ausfall von Anlagen schwerwiegende Gefährdungen für Personen und Einrichtungen entstehen könnten.

!

Vorteile:

- Produktion und Instandhaltungsarbeiten lassen sich gut aufeinander abstimmen. Instandhaltungsbedingte Stillstände einer Anlage werden in Zeiten geringer Auslastung oder in Zeiten, in denen nicht produziert wird, gelegt.
- Unvorhergesehene Ausfälle werden reduziert und Kosten gesenkt.
- Der Ersatzteilbedarf ist absehbar, Ersatzteile können rechtzeitig beschafft werden.
- Fehler, die durch Zeitdruck entstehen, werden reduziert.
- Der Personaleinsatz ist gut planbar.

Nachteile:

- Die Lebensdauer von Bauteilen wird nicht voll ausgenutzt.
- Der Ersatzteilbedarf ist hoch.
- Das Ausfallverhalten von Bauteilen kann nicht ermittelt werden.

Zusammenfassung

Die Entscheidung für eine bestimmte Instandhaltungsstrategie hängt von vielen Faktoren ab. Es können auch unterschiedliche Strategien gleichzeitig zum Einsatz kommen. Veränderte Situationen bewirken oftmals eine Anpassung der Instandhaltungsstrategie.

Aufgaben

1. Welche Aufgaben hat die Instandhaltung?

2. Welche Faktoren bestimmen die Zuverlässigkeit eines Systems?

3. Bei einer Instandsetzung wurde ein defektes Gleitlager durch ein Gleitlager mit verbesserten Eigenschaften ersetzt.

a) Stellen Sie für beide Gleitlager die Abnutzungskurve in einem Abnutzungsdiagramm dar.

b) Stellen Sie für beide Gleitlager die Verschleißkurve in einem Diagramm dar.

4. Berechnen Sie die Verfügbarkeit einer Anlage nach folgenden Angaben:

Die Verfügbarkeit der Anlage wurde für 10 Wochen bei einem Einsatz von 8 Stunden pro Tag geplant. Die Anlage fiel bereits am gesamten 2. und 3. Tag für die Produktion aus. In der 3. Woche erzwang eine Störung einen Stillstand der Anlage für 3 Stunden. Eine erforderliche Instandsetzung erfolgte in der 5. Woche und benötigte 12 Stunden. Die Inbetriebnahme der Anlage dauerte 1 Stunde.

5. Beschreiben Sie Wartungsmaßnahmen an Anlagen oder Maschinen aus Ihrem Erfahrungsbereich.

6. Inwieweit nimmt die Inspektion eine Sonderstellung innerhalb der Instandhaltung ein?

7. Welche Maßnahmen können aufgrund von Inspektionsergebnissen und deren Auswertung veranlasst werden?

8. Welche Instandhaltungsstrategien gibt es?

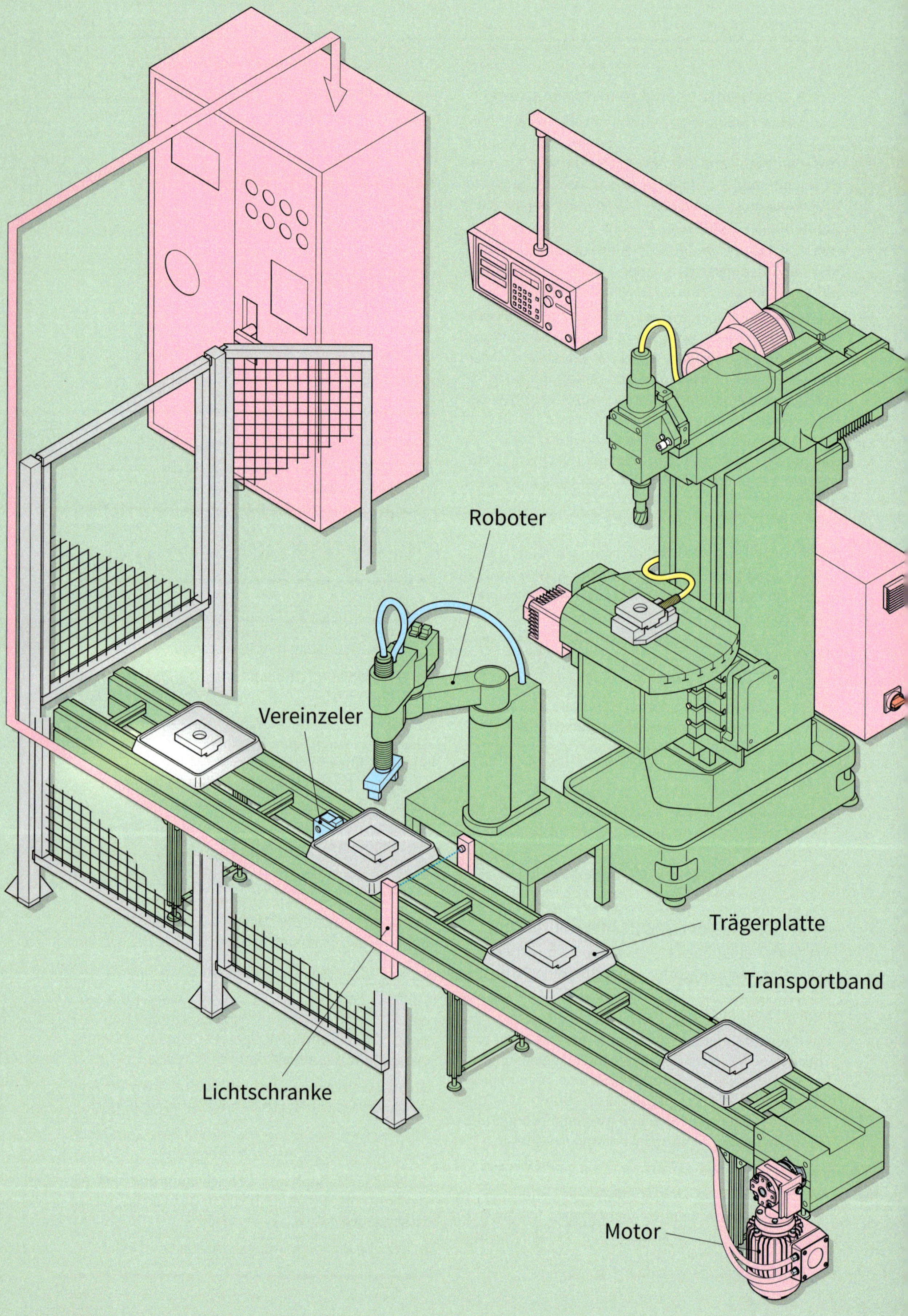
Roboter
Vereinzeler
Trägerplatte
Transportband
Lichtschranke
Motor

9 Instandhaltungsplanung

9.1 Systembeschreibung

Eine geplante, systematische Instandhaltung erfordert immer ein entsprechendes Verständnis von der Wirkungsweise, dem Aufbau des Gesamtsystems und der einzelnen Teilsysteme sowie deren Komponenten.

Die Hauptfunktion der Bearbeitungsstation ist die Stoffumsetzung. Dabei findet eine spanende Formgebung und ein Transport von Werkstücken statt. Mit dem Transportband werden die Rohteile zur Fräsmaschine transportiert. Der Schwenkarmroboter nimmt das Rohteil auf und legt es auf dem Maschinentisch zur Bearbeitung ab. Nach dem Fräsen der Kontur und der Kreistasche nimmt der Roboter das bearbeitete Werkstück auf und legt es auf das Transportband zurück. Anschließend wird das bearbeitete Werkstück weitertransportiert und es kann ein neuer Arbeitszyklus beginnen.

Die Bearbeitungsstation besteht aus den Teilsystemen Transportband, Schwenkarmroboter, Fräsmaschine, Steuerung und elektrische Energieversorgung.

Diese Teilsysteme enthalten mechanische, pneumatische, hydraulische, elektrische und steuerungstechnische Baueinheiten.

Der Roboter enthält:

- **Mechanische Baueinheiten**

Dies sind Stütz- und Trageinheit, Arbeitseinheit und Energieübertragungseinheit. Sie sind erforderlich, um dem Roboter einen festen Stand zu sichern, das Werkstück zu greifen und die Bewegungsenergie zu übertragen.

- **Pneumatische Baueinheiten**

Diese bewegen den Greifer mit einem pneumatischen Zylinder.

- **Elektrische Baueinheiten**

Sie sind für die Positionserfassung des Schwenkarmes, die Versorgung der Positioniermotoren mit elektrischer Energie und die Ansteuerung der elektromagnetischen Pneumatikventile erforderlich.

- **Hydraulische Baueinheiten**

Sie sind am Roboter nicht vorhanden.

Die Integration der verschiedenen Baueinheiten lässt sich auch für alle anderen Teilsysteme der Bearbeitungsstation darstellen. Abb. 1 zeigt eine Übersicht der vorhandenen Baueinheiten sowie die Zuordnung zum jeweiligen Teilsystem und dem entsprechenden Fachgebiet.

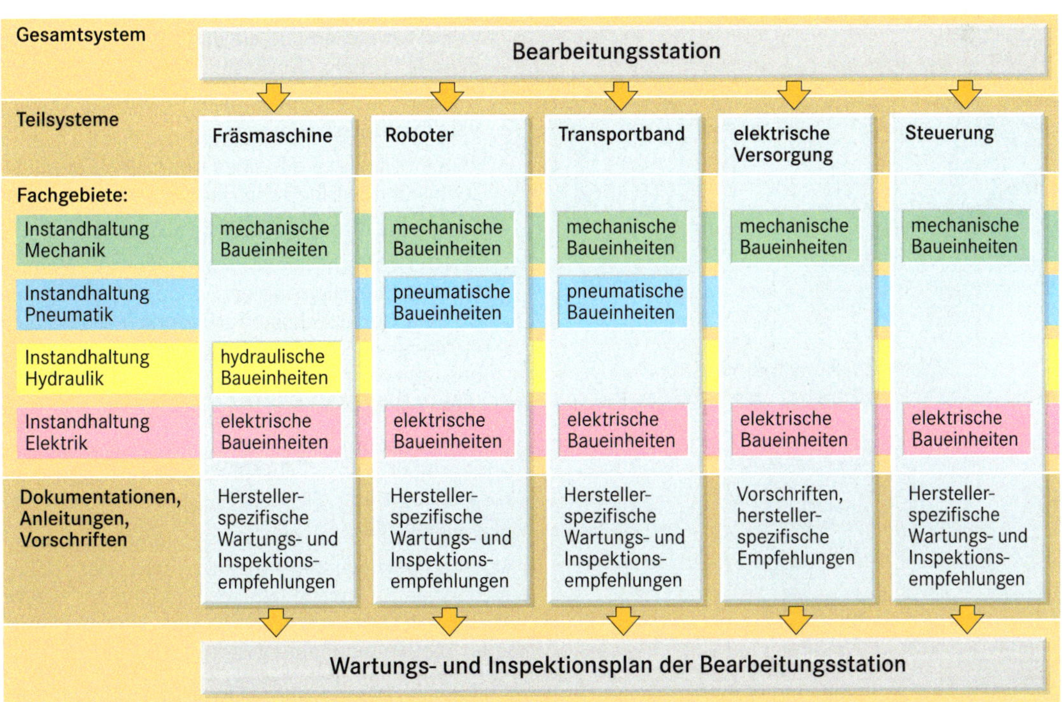

Abb. 1: Struktur der Bearbeitungsstation

Planen/ Dokumentieren

9.2 Wartungs- und Inspektionspläne von Teilsystemen

In der Übersicht (Abb. 1, vorige Seite) ist zu erkennen, dass gleichartige Einheiten in mehreren Teilsystemen enthalten sind. Bei der großen Anzahl von Teilsystemen und Baueinheiten erfordert dies eine strukturierte Instandhaltungsplanung. Ziel ist hierbei, die Stillstandszeiten und den Aufwand zu minimieren, wodurch die Verfügbarkeit erhöht wird.

Dazu sind an allen Teilsystemen Wartungs- und Inspektionsarbeiten durchzuführen. Da die Teilsysteme von unterschiedlichen Herstellern stammen, gibt es keinen einheitlichen Wartungs- und Inspektionsplan. Für jedes Teilsystem wird ein eigener spezieller Plan mitgeliefert, oft sind es nur Empfehlungen. Diese Pläne und Empfehlungen enthalten z.B. Angaben zu Schmierarbeiten. Ergänzend zu den Vorgaben der Hersteller sind vorgeschriebene Prüfungen nach Vorschriften der Berufsgenossenschaften (*BGV*) und ggf. behördlichen oder gesetzlichen Auflagen durchzuführen. Diese Vorgaben sind für jedes Teilsystem in einer Instandhaltungsplanung zu berücksichtigen. Häufig ist die Erfüllung der Wartungs- und Inspektionsanforderungen die Voraussetzung für eine Leistung im Garantiefall.

Von der Bearbeitungsstation liegen unterschiedliche Pläne und Empfehlungen vor (Abb. 1). Für die Fräsmaschine gibt es detaillierte Wartungs- und Inspektionspläne, für den Roboter lediglich einen Schmierplan. Das Transportband ist laut Herstellerangaben wartungsfrei.

Abb. 1: Wartungs- und Inspektionspläne der Teilsysteme

9.3 Instandhaltungsplanung für die gesamte Anlage

Zuerst wird die Entscheidung über die jeweilige Instandhaltungsstrategie der einzelnen Teilsysteme getroffen.

Bei der Auswahl einer Instandhaltungsstrategie sind verschiedene Gesichtspunkte zu berücksichtigen. Empfehlungen der Hersteller können einen ersten Ansatz liefern. Erfahrungen aus betrieblich notwendigen Instandsetzungsmaßnahmen sind wichtige Größen bei der Auswahl der Instandhaltungsstrategie.

! Gut dokumentierte Instandhaltungsmaßnahmen geben viele Hinweise auf mögliche Schwachstellen, erforderliche Reparaturzeiten, Ersatzteile und Ausfallhäufigkeit.

Durch eine Auswertung der Dokumentation ergeben sich Rückschlüsse auf mögliche Schwachstellen. Deren Beseitigung bildet im Sinne der Instandhaltung eine Verbesserung.

9.3.1 Ausfallverhalten

Durch Auswertung der Instandhaltungsdokumentation können verschiedene Abhängigkeiten zwischen Alter und Ausfallhäufigkeit ermittelt werden (Abb. 2). Diese entstehen durch folgende Effekte:

- **Inbetriebnahmeprobleme**
  „Kinderkrankheiten" sind für die Instandhaltung wenig bedeutsam, da sie durch verbesserte Fertigung, Prüfung, Montage und Inbetriebnahme beseitigt werden sollten (Abb. 2 a, d).
- **Verschleißerscheinungen**
  können Hinweise auf einen optimalen Zeitpunkt zur Instandhaltung geben (Abb. 2 a, b).
- **Langsame Alterung / zufälliger Ausfall**
  lassen sich nicht mit vorbeugenden Maßnahmen beherrschen. Hier sind bei hohen Anforderungen Überwachungstechniken erforderlich, die bei auftretenden Fehlern umgehend eine Meldung abgeben, um eine Fehlerausweitung zu vermeiden (Abb. 2 c, e, f).

In der „Badewannenkurve" (Abb. 2a) werden die unterschiedlichen Ausfallverhalten graphisch zusammengefasst. Sie stellt das Ausfallverhalten im Allgemeinen dar.

Anhand der Herstellerangaben und der dokumentierten Instandhaltungsmaßnahmen zum Ausfallverhalten kann nun eine Entscheidung über die Instandhaltungsstrategie der einzelnen Teilsysteme getroffen werden. Daraus wird dann der Instandhaltungsplan für die Gesamtanlage entwickelt.

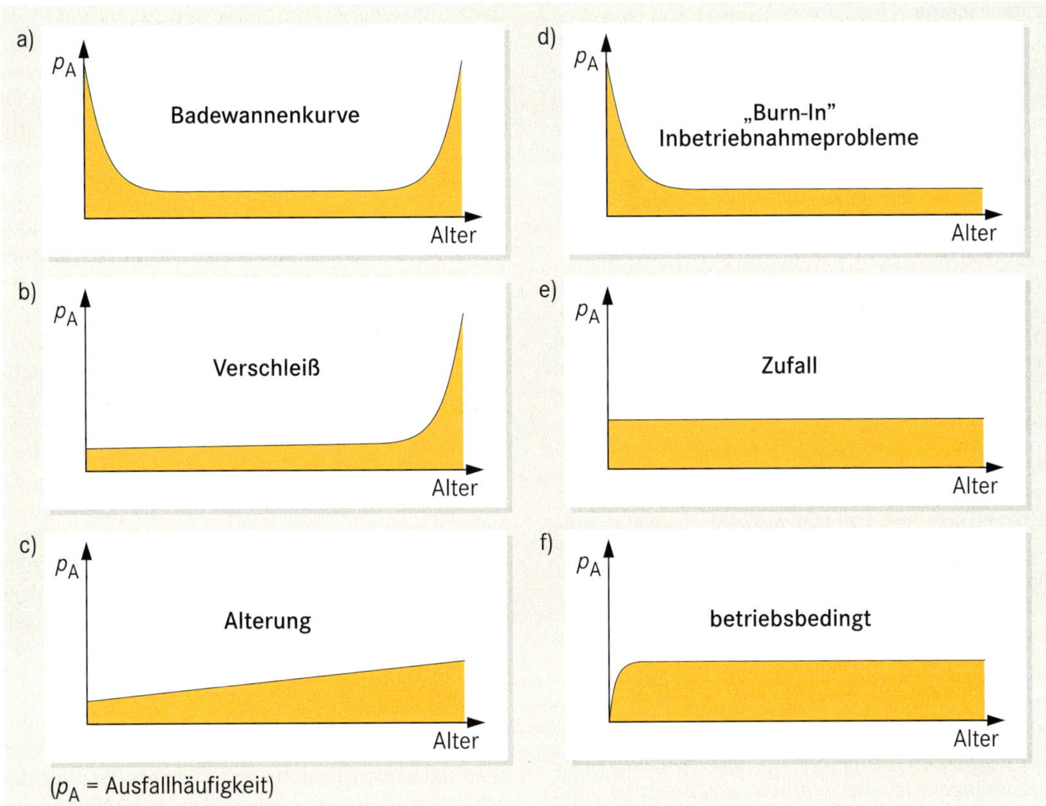

Abb. 2: Ausfallverhalten

9.3.2 Auswahl der Instandhaltungsstrategie

Transportband

Von Förderbandanlagen existieren allgemein umfangreich dokumentierte Betriebserfahrungen. Diese zeigen, dass die auftretenden Fehler zufällig über das Alter und die Betriebszeit verteilt sind (Abb. 2e). Regelmäßige Verschleißerscheinungen konnten bisher nicht beobachtet werden.

Da es sich beim Transportband um ein relativ einfaches System handelt, ist die Reparatur schnell und mit Standardersatzteilen durchführbar.

In diesem Fall sind vorbeugende Maßnahmen nicht sinnvoll, da hierdurch unnötiger Personal- und Materialaufwand entstehen würde. Aufgrund der kurzen Reparaturzeiten ist eine Störungsbehebung schnell möglich. Die Ausfallkosten sind dadurch begrenzt. Auf den Einsatz von Überwachungstechnik wird deshalb verzichtet.

Die wirtschaftlichste Lösung stellt in diesem Fall die *ereignisorientierte Instandhaltung* dar.

Jede durchgeführte Instandhaltungstätigkeit ist zu dokumentieren.

Roboter

Zum Roboter der Bearbeitungsstation gibt es bisher wenig Betriebserfahrung. Daher werden zu Beginn die Empfehlungen des Herstellers für den Wartungs- und Inspektionsplan übernommen.

Nach einiger Zeit wird unter den gegebenen Betriebsbedingungen festgestellt, nach wie vielen Bewegungszyklen die Abnutzungsgrenze des Greifers erreicht ist (Abb. 2b). Ein rechtzeitiger, vorbeugender Austausch des Greifers ist daher planbar. Die Stillstandszeit kann somit in ein für die Fertigung günstiges Zeitintervall, z. B. das Wochenende, gelegt werden.

Unter diesen Bedingungen ist die *intervallabhängige Instandhaltung* für den Greifer die wirtschaftlichste Lösung. So können trotz geringer Ersatzteilbevorratung die Stillstandszeiten auf ein Minimum begrenzt werden.

Die Auswertung der dokumentierten Instandhaltungsmaßnahmen ermöglicht ein Anpassen der Instandhaltungsintervalle. Hierdurch wird der Instandhaltungsaufwand auf das nötige Maß begrenzt.

Fräsmaschine

Auch bei der Fräsmaschine sind die einzelnen Baueinheiten zu betrachten. Wie beim Roboter gibt es zahlreiche Baueinheiten, die z. B. in den Bereichen Schmierung und Hydraulik eine regelmäßige Inspektion und Wartung erfordern. Diese werden gemeinsam mit Arbeiten an benachbarten Teilsystemen durchgeführt und somit in einem gemeinsamen Plan vorgegeben (Abb. 1).

Bei der Fräsmaschine handelt es sich um ein sehr komplexes System. Im Störungsfall können Fehlersuche, Reparatur und Ersatzteilbeschaffung sehr lange dauern. Dies führt zu hohen Ausfallkosten, da in dieser Zeit die Produktion nicht läuft. Darum sind Instandhaltungsmaßnahmen rechtzeitig zu planen.

Die vielen unterschiedlichen Komponenten und Bauteile der Fräsmaschine haben jeweils ein unterschiedliches Ausfallverhalten, was eine intervallabhängige Instandhaltung erschwert. Die Instandhaltungsanforderungen des Herstellers zur vorbeugenden Instandhaltung sind für einen wirtschaftlichen Betrieb zu umfangreich, da sie einen großen Sicherheitszuschlag enthalten.

Um eine optimale Lösung zwischen notwendigen Instandhaltungsmaßnahmen und geringen Instandhaltungskosten zu finden, ist eine Überwachung des Anlagenzustandes durch Inspektionen und Überwachungstechnik erforderlich. Bei den Inspektionen können zahlreiche Kriterien überprüft werden, ohne die Anlage stillsetzen zu müssen. Die Überwachungstechnik prüft ständig z. B. Schmierstoffmengen, Temperaturen oder Schwingungsverhalten. Weiterhin kann die Produktqualität durch stichprobenartige Messungen erfasst werden.

Sollten eine oder mehrere überwachte Größen den Normalwert verlassen, ist eine Instandhaltungsmaßnahme erforderlich. Diese ist planbar und findet nur bei Bedarf statt. Sie wird als *zustandsabhängige Instandhaltung* bezeichnet.

Steuerung und elektrische Energieversorgung

Diese Anlagen werden intervallabhängig und zeitabhängig inspiziert. Für elektrische Anlagen schreibt die Berufsgenossenschaft regelmäßige Prüfungen vor. Sie sind jeweils im Abstand von bestimmten Zeiten zu wiederholen. Da diese Prüfungen nicht tagesgenau durchgeführt werden müssen, lassen sie sich mit anderen Wartungs- und Inspektionsmaßnahmen zusammenlegen. Da die elektrischen Baueinheiten alle Teilsysteme der Bearbeitungsstation betreffen, werden diese Arbeiten im gemeinsamen Wartungs- und Inspektionsplan festgelegt (Abb. 1).

Darüber hinaus erfolgt lediglich eine ereignisorientierte Instandhaltung. Die elektrischen Anlagen sind sehr selten von Fehlern betroffen, so dass zusätzliche Wartungs- und Inspektionsmaßnahmen zu teuer sind.

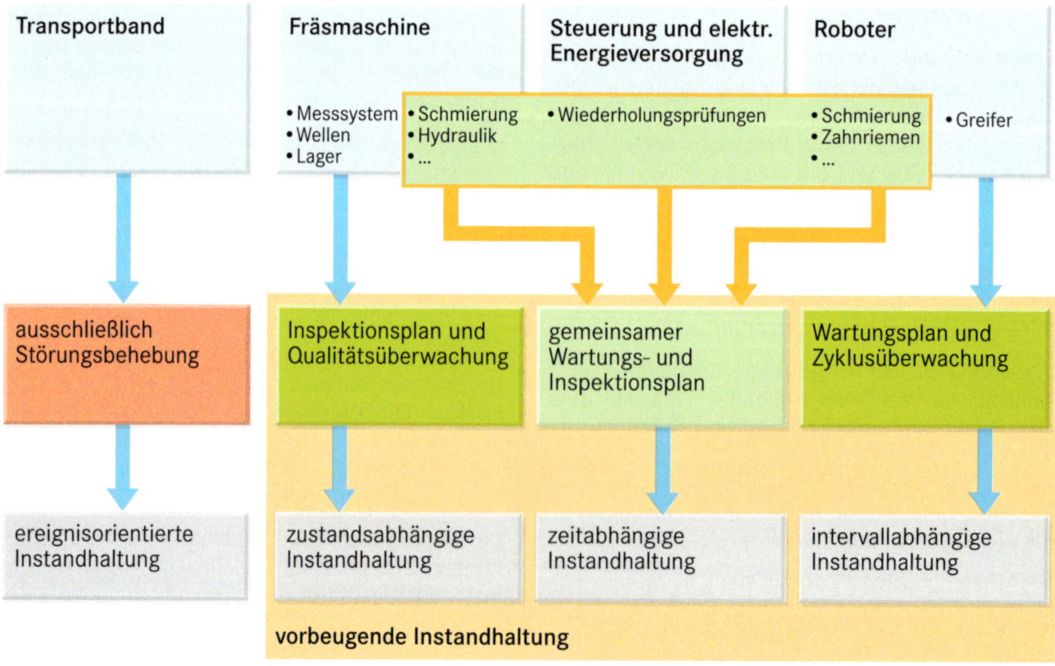

Abb. 1: Zuordnung einzelner Anlagenteile zu Instandhaltungsstrategien

Gesamtanlage

Darüber hinaus gibt es zahlreiche Bauelemente, die häufigeren und regelmäßigen Instandhaltungsmaßnahmen unterzogen werden müssen. Dies sind z. B. Schmierarbeiten und Sichtkontrollen, die keinen großen Zeitaufwand erfordern. Diese Arbeiten werden gemeinsam mit gleichen Tätigkeiten an anderen Teilsystemen durchgeführt (Abb. 1). Sie finden üblicherweise in festen zeitlichen Abständen statt, die sich an den Herstellerangaben orientieren und mit anderen Teilsystemen zu einem Arbeitsvorgang zusammengefasst werden.

Planen/ Dokumentieren

9.4 Erstellen des Instandhaltungsplanes

9.4.1 Grundsätze

Die Bearbeitungsstation erfüllt nur dann ihre Anforderungen, wenn alle Teilsysteme gleichzeitig verfügbar sind. Jeweils einzeln abgearbeitete Wartungs- und Inspektionspläne hätten viele unnötige Stillstände der Gesamtanlage zur Folge. Deshalb ist aus den einzelnen Vorgaben ein einheitlicher Plan für die Gesamtanlage zu entwickeln.

Die Eingriffszeitpunkte für Instandhaltungsarbeiten sind bei allen Teilsystemen unterschiedlich. Daher können die Pläne und Empfehlungen nicht einfach in ihrem Originalzustand zusammengefügt werden.

Für die Koordinierung der einzelnen Wartungs- und Inspektionspläne müssen bestimmte Vorüberlegungen angestellt werden, aus denen sich dann für die Praxis einfach anwendbare Grundsätze ableiten lassen.

Gleichartige Baueinheiten in unterschiedlichen Teilsystemen erfordern auch gleiche Instandhaltungstätigkeiten. Es ist daher sinnvoll, diese Tätigkeiten zusammenzufassen. Einfache Tätigkeiten können nach entsprechender Einweisung vom Anlagenführer durchgeführt werden.

Manche Tätigkeiten erfordern einen Stillstand der Maschine. Da dann die gesamte Bearbeitungsstation nicht funktionsfähig ist, sollte dieser Stillstand möglichst gut genutzt werden. Dies erfolgt durch Ausführen von Tätigkeiten mit erforderlichem Anlagenstillstand an allen Teilsystemen.

Arbeiten, die zeitlich und räumlich dicht beieinander liegen, werden ebenfalls zusammengefasst. Ein wichtiges Kriterium für die Zusammenführung einzelner Maßnahmen ist die Frage, ob für die Tätigkeit der Stillstand von mindestens einem Teilsystem erforderlich wird.

Kein Stillstand erforderlich

In diesem Fall ist keine Koordinierung zwischen einzelnen Fachabteilungen (Elektrotechnik, Pneumatik, Hydraulik) erforderlich, d. h., unterschiedliche Abteilungen können unabhängig voneinander an der Anlage arbeiten.

Zahlreiche Arbeiten wie Sichtkontrollen von Messwerten, Füllständen, Anlagenzustand usw. können direkt vom Maschinenführer übernommen werden.

Stillstand erforderlich

Manche Arbeiten machen einen Anlagenstillstand erforderlich (z. B. Wechsel eines Zahnriemens). Während dieser Zeit kann die Anlage nicht mehr produzieren, was zu Ausfallkosten führt.

Während einer unvermeidbaren Stillstandszeit sind daher möglichst viele Tätigkeiten auch an anderen Teilsystemen durchzuführen. Dies erfordert unter Umständen die rechtzeitige Koordinierung mehrerer Fachabteilungen.

Um dies zu ermöglichen, müssen die Wartungs- und Inspektionszyklen einzelner Teilsysteme verlängert oder verkürzt werden.

!

Gleichartige Wartungs- und Inspektionstätigkeiten an unterschiedlichen Teilsystemen sind zusammenzufassen. Hierbei können fachliche Zuordnungen berücksichtigt werden (Schmierarbeiten, elektrische Prüfungen, ...).

Arbeiten mit erforderlichem Anlagenstillstand sind zusammenzufassen.

Nach jeder Tätigkeit ist eine einheitliche Dokumentation zu erstellen. Diese bildet die Entscheidungsgrundlage für eine spätere Instandhaltungsstrategie.

Gewählte Instandhaltungsstrategie beachten.

Tätigkeiten, die der Anlagenführer durchführen kann und darf, sind von diesem zu erledigen.

Arbeiten, die zeitlich und räumlich dicht beieinander liegen, zusammenfassen.

9.4.2 Zusammenfassen der Einzelpläne

In den einzelnen Plänen (Tab. 1, Tab. 2, Tab. 3) sind die Zeitintervalle unterschiedlich angegeben (z. B. Betriebsstunden, Monate). Erfolgt die Angabe in Betriebsstunden, so sind kleine Intervalle möglichst exakt einzuhalten. Bei größeren Intervallen oder der Angabe in Monaten ist ein gewisser Spielraum vorhanden, welcher bei der Entwicklung des Gesamtplanes ausgenutzt werden kann.

Da in den Plänen der Fräsmaschine die Intervallangabe sehr präzise in Stunden erfolgt, werden in einem *ersten Schritt* der Plan (Tab. 3) des Roboters sowie die Intervalle der vorgeschriebenen elektrischen Prüfungen formal in Stunden umgerechnet. Im *zweiten Schritt* werden entsprechend der jeweiligen Instandhaltungsstrategie die Maßnahmen herausgenommen, die für den gemeinsamen Plan nicht relevant sind. Das sind z. B. bei der Fräsmaschine das 10.000-Stunden-Intervall im Schmierplan sowie das 1.000-Stunden-Intervall bei den mechanischen Wartungsarbeiten (Tab. 1 und Tab. 2).

Schritt 3: Gegenüberstellung der Tabellen

Tabelle 1: Schmierplan der Fräsmaschine

Intervall in Betriebsstunden	Nummer im Schmierplan	Beschreibung der Wartungsmaßnahmen
8 h	1	Kühlschmierstoffbehälter möglichst voll halten
40 h	2	Ölstand im Zentralschmiergerät kontrollieren
200 h	1 2 3 4	Kühlschmierstoff auswechseln, Behälter reinigen Öl in das Zentralschmiergerät auffüllen Ölstand im Hydraulikaggregat kontrollieren Ölstand im Spindelschlitten kontrollieren
1000 h	2 3 4	Öl in das Zentralschmiergerät auffüllen Öl in das Hydraulikaggregat auffüllen Öl im Getriebe auswechseln Öl im Spindelschlitten auswechseln
10000 h	5	Überprüfung Fräskopf und horizontales Spindellager

Schritt 4: Verkürzung auf 49…

Schritt … entfäll…

Tabelle 2: Mechanische Wartungsarbeiten an der Fräsmaschine

Intervall in Betriebsstunden	Nummer im Schmierplan	Auszuführende Arbeit
8 h	1	Filtersieb für Kühlschmieranlage reinigen
40 h	6 5	Maschine reinigen Scheiben reinigen
200 h	5	Spannzangen
500 h	3 4	Kontrolle der Schlauchanschlüsse des - Zentralschmierungssystems - Hydrauliksystems Reinigen der Behälter der Wartungseinheit
1000 h	5 4	Werkzeugaufnahmekegel auf Beschädigung kontrollieren Rundlauf der Frässpindel prüfen Zustand der Führung und der Abstreifer kontrollieren

Schritt 4: Verkürzung auf 49…

Schritt 4: Verkürzung auf 49…

Schritt … entfäll…

Tabelle 3: Wartungs-/Inspektionshinweise für den Roboter

Tätigkeit	Wartungsintervall	Wartungspersonal	Schritt…
Prüfung der Befestigungsschrauben	6 monatlich	Bediener	960 h
Prüfung der Ausrichtung der Roboterbasis	6 monatlich	Spezialist	960 h
Schmierung der Kugelumlaufspindel der 3. Achse (z-Achse)	3 monatlich	Spezialist	480 h
Prüfung der Spannung des Antriebsriemens der 3. Achse (z-Achse)	3 monatlich	Spezialist	480 h
Überprüfung der Signalleuchten auf dem Bedienerinterface	1 monatlich	Bediener	160 h

Bemerkung:
Der Zeitraum zwischen den einzelnen Wartungszyklen ist abhängig vom individuellen Einsatz des Systems und den Umgebungsbedingungen. Alle Angaben in obiger Tabelle sind daher nur Anhaltswerte, die an die vorhandenen Ansprüche angepasst werden müssen.

Tabelle 4: Wartungs-/Inspektions-Intervall 1 (WII 1)

Lf. Nr. .... Verantwortlicher: Bediener (*H. Decker*) ← Schritt 5:
Hinweis: alle 8 Stunden durchzuführen

Fräs-maschine	Dat.	Kzz.	Nummer im Schmierplan	Beschreibung der Wartungsmaßnahmen	Bemerkungen
			1	Kühlschmierstoffbehälter möglichst voll halten	
	Dat.	Kzz.	Nummer im mech. Plan	Auszuführende Arbeit	
			1	Filtersieb für Kühlschmier-anlage reinigen	

Tabelle 5: Wartungs-/Inspektions-Intervall 3 (WII 3)

Lf. Nr. .... Verantwortlicher: Bediener (*H. Decker*) ← Schritt 5:
Hinweis: alle 160 Stunden durchzuführen

Fräs-maschine	Dat.	Kzz.	Nummer im Schmierplan	Beschreibung der Wartungsmaßnahmen	Bemerkungen
			1	Kühlschmierstoffbehälter möglichst voll halten	
			2	Ölstand im Zentralschmiergerät kontrollieren	
	Dat.	Kzz.	Nummer im mech. Plan	Auszuführende Arbeit	
			1	Filtersieb für Kühlschmier-anlage reinigen	
			6 5	Maschine reinigen Scheiben reinigen	
Roboter	Dat.	Kzz.	Tätigkeit		
			Überprüfung der Signalleuchten auf dem Bedienerinterface		

Tabelle 6: Wartungs-/Inspektions-Intervall 6 (WII 6)

Lf. Nr. .... Verantwortlicher: Bediener (*H. Kaese*) ← Schritt 5:
Hinweis: alle 496 Stunden durchzuführen

Fräs-maschine	Dat.	Kzz.	Nummer im Schmierplan	Beschreibung der Wartungsmaßnahmen	Bemerkungen
			1	Kühlschmierstoffbehälter möglichst voll halten	
			3 4	Kontrolle der Schlauch-anschlüsse des – Zentralschmierungssystems – Hydrauliksystems Reinigen der Behälter der Wartungseinheit	(500 Stunden-maßnahme)
	Dat.	Kzz.	Nummer im mech. Plan	Auszuführende Arbeit	
			1	Filtersieb für Kühlschmier-anlage reinigen	

Die verbleibenden Positionen aller drei Teilsysteme werden nun in einem **dritten Schritt** einander gegenübergestellt (Tab. 1, 2, 3). Als **vierter Schritt** erfolgt unter Berücksichtigung der formulierten Grundsätze die Bildung von Wartungs- und Inspektions-Intervallen (WII) (Tab. 4, 5, 6). Insgesamt ergeben sich acht verschiedene Wartungs- und Inspektions-Intervalle zu unterschiedlichen Zeiten mit differierenden Inhalten. Entsprechend dem Grundsatz, Tätigkeiten, die zeitlich beieinander liegen, zusammenzufassen, wird das 500-Stunden-Intervall (mech. Wartungsplan der Fräsmaschine) auf 496 h verkürzt. Dies ist möglich, da das 500-Stunden-Intervall diese Verschiebung im Gegensatz zum 8-Stunden-Intervall zulässt. Dadurch wird ein unnötiger Stillstand der Maschine vermieden. In einem letzten, dem **fünften Schritt**, werden die Wartungs- und Inspektions-Intervalle in einem Gesamtplan zusammengefasst und Verantwortliche festgelegt. Für die Durchführung der Intervalle WII 1, WII 2 und WII 3 kann nach entsprechender Einweisung der Anlagenführer beauftragt werden.

Die durchzuführenden Arbeiten bei den anderen Wartungs- und Inspektions-Intervallen erfordern die Qualifikation eines geschulten Instandhalters. Zur Vereinfachung sind in die Intervalle WII 4 bis WII 8 Tätigkeiten aus WII 1 bis WII 3 integriert (Tab. 6).

Zusammenfassend lässt sich die Entstehung eines Wartungs- und Inspektionsplanes wie folgt beschreiben:

Ausgehend von den Erkenntnissen und Erfahrungen der verschiedenen Fachgebiete lassen sich spezifische Wartungs- und Inspektionshinweise für deren Teilsysteme und Komponenten ableiten. Diese wiederum bilden die Basis der Wartungs- und Inspektionsvorschriften bei komplexeren Teilsystemen. Für ein Gesamtsystem, welches mehrere Teilsysteme integriert, werden die Wartungs- und Inspektionsvorschriften dieser Teilsysteme entsprechend verknüpft. Hierbei werden die vorgestellten Koordinations- und Zusammenfassungskriterien zum Gesamtwartungs- und Inspektionsplan verwendet.

Aufgaben

1. Nennen Sie die Teilsysteme, die pneumatische Komponenten enthalten.

2. An welchen Teilsystemen ist die Fachabteilung „Hydraulik“ bei der Instandhaltung beteiligt?

3. Was beeinflusst die Stillstandszeit einer Anlage im Störungsfall?

4. Nennen Sie Instandhaltungsarbeiten, die nur im Stillstand durchgeführt werden können.

5. Welche Instandhaltungsarbeiten lassen sich bei laufender Anlage durchführen?

6. Wie kann sich das Ausfallverhalten mit zunehmendem Anlagenalter verändern und welche Ursachen gibt es hierfür?

7. Wozu dient eine ausführliche Dokumentation der Instandhaltungsmaßnahmen?

8. Welche Instandhaltungsstrategie wählen Sie in den folgenden Fällen?

a) Ein sehr teures Ersatzteil hat seine Abnutzungsgrenze immer nach 10.000 Betriebsstunden erreicht.

b) Eine Meldeleuchte fällt immer im Zeitraum zwischen 6 und 12 Monaten aus.

9. Welche Grundsätze gelten für das Zusammenführen mehrerer Wartungs-/Instandhaltungspläne?

10. Erstellen Sie mit Hilfe der Pläne auf den vorigen Seiten die Wartungs- und Inspektionsintervalle 2 (40 h) und 8 (1000h). Benutzen Sie die Tabelle.

Wartungs-/Inspektions-Intervall 2 (WII 2)/8

Lf. Nr. .... Verantwortlicher:

Fräs-maschine	Dat.	Kzz.	Nummer im Schmierplan	Beschreibung der Wartungsmaßnahmen	Bemerkungen
Roboter	Dat.	Kzz.	Tätigkeit		

Zusammenfassung

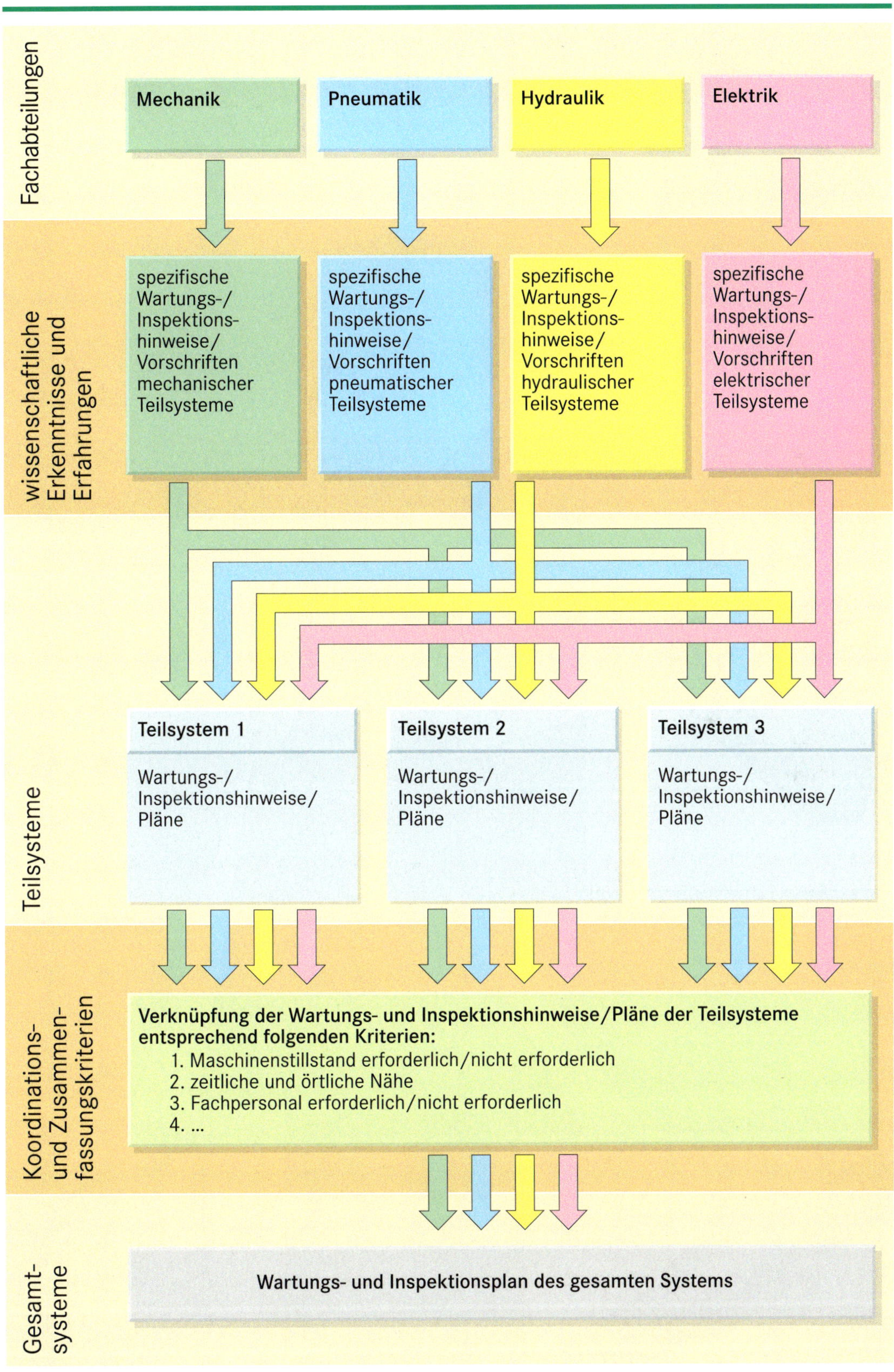

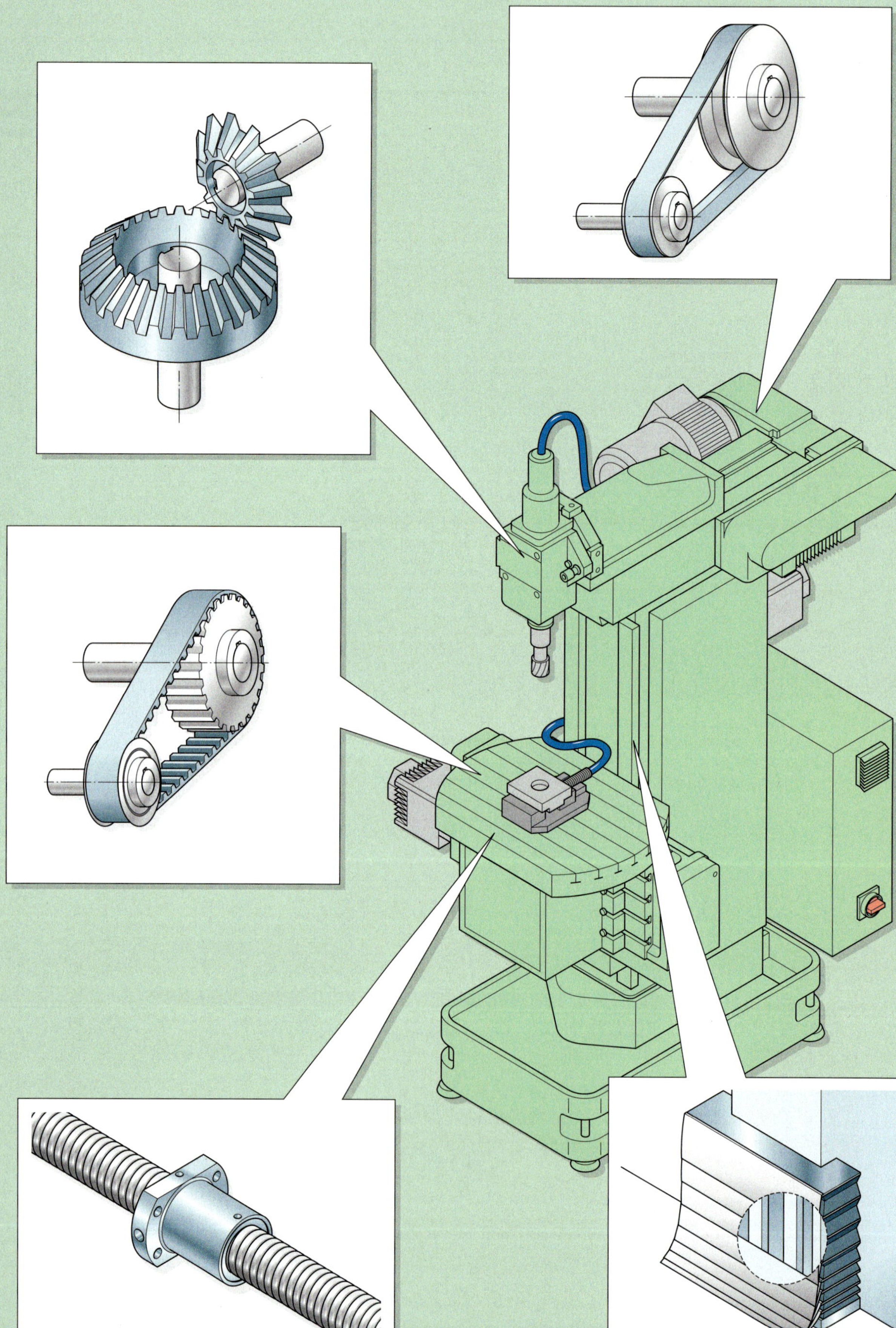

Mechanische Einheiten

Mechanische Einheiten sind vorwiegend Funktionseinheiten zur Energieübertragung, zum Stützen und Tragen.

Die Energieübertragungseinheiten leiten die Bewegungsenergie weiter und formen dabei die Drehmomente, Kräfte und Bewegungen um. Zu den Energieübertragungseinheiten gehören:

- Riemengetriebe,
- Kupplungen,
- Zahnradgetriebe oder
- Kettengetriebe.

Die Stütz- und Trageinheiten führen und tragen die Baugruppen und Bauelemente zur Energieübertragung und nehmen die Kräfte und Drehmomente auf. Zu den Stütz- und Trageinheiten gehören:

- Maschinengestelle,
- Führungen und
- Lager.

Beim Übertragen der Kräfte und Drehmomente nutzen sich die Funktionseinheiten aufgrund ihrer Beanspruchung ab. Um die Abnutzung möglichst gering zu halten, werden die Teilsysteme geschmiert. Dabei werden unterschiedliche Schmierverfahren und Schmierstoffe eingesetzt.

Funktionseinheiten wie Führungen, Lager oder Getriebe müssen entsprechend instand gehalten werden, damit sie die Kräfte und Drehmomente über ihre gesamte Lebensdauer zuverlässig übertragen und die Bewegungen genau ausführen.

Sie sind standardisierte Baueinheiten, die in mechanischen Teilsystemen häufig verwendet werden.

Bei der Instandhaltung dieser Teilsysteme sind bestimmte Maßnahmen durchzuführen. Diese Maßnahmen sind weitgehend unabhängig von der Art des technischen Systems, in dem sie verwendet werden.

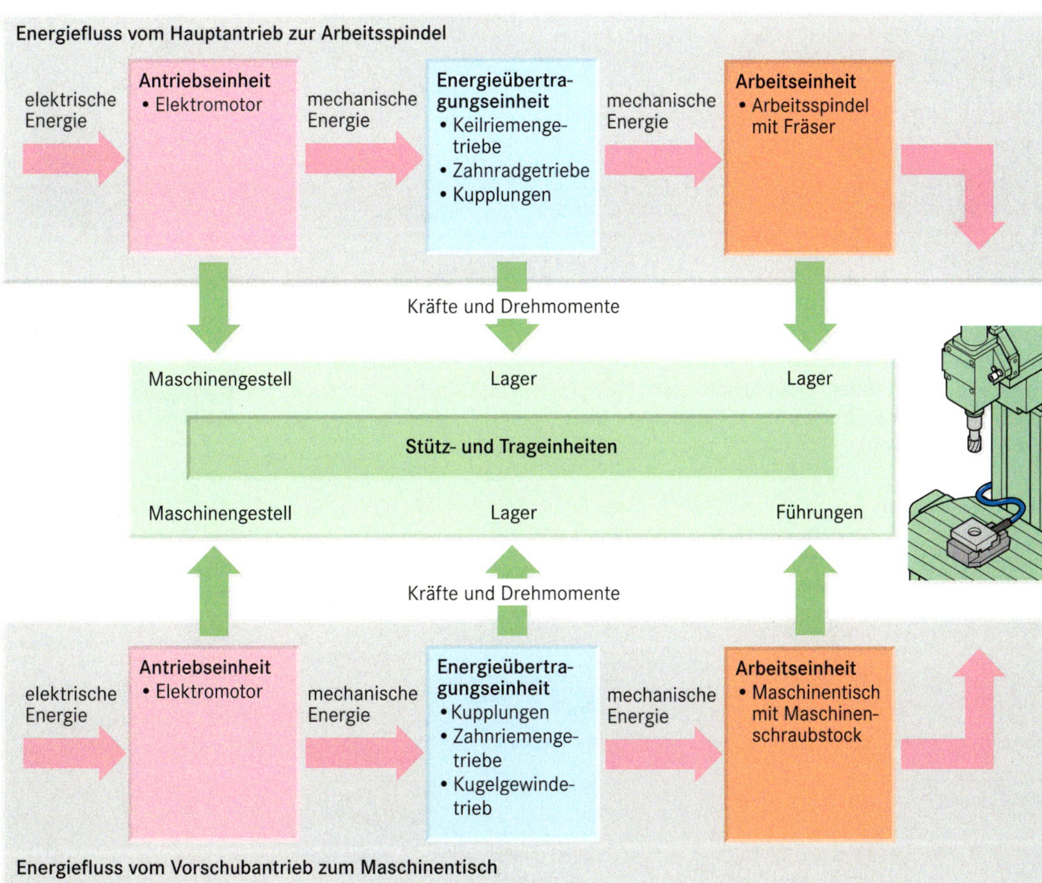

Abb. 1: Blockdarstellung

Aufbau/ Funktion

10.1 Führungen, Abdeckungen und Abstreifer

An einer Fräsmaschine führen Maschinentisch und Querschlitten geradlinige Bewegungen aus. Daraufhin kommt es zur Reibung und zum Verschleiß der Führungen. Um den Verschleiß zu mindern, ist eine Schmierung notwendig (Grundlagen, nächste Seiten). Durch das Fräsen werden Werkstücke mit einer großen Form- und Maßgenauigkeit gefertigt. Das erfordert ein geringes Spiel der Maschinenteile zueinander. Dies gilt insbesondere für die Führungen (Abb. 1).

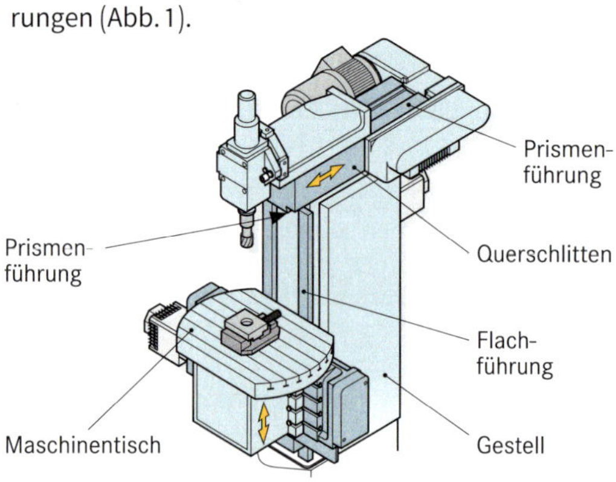

Abb. 1: Führungen an einer Fräsmaschine

Führungen stützen und führen bewegliche Maschinenteile. Die Bewegungen sollen dabei mit geringen Reibungsverlusten übertragen werden.

Führungen bestehen aus einem Führungskörper und einem Gleitkörper. Beide müssen formschlüssig zueinander passen.

Führungen werden nach ihrer *Form* oder der *Reibungsart* unterschieden. Die Form der Führung kann rund, flach oder prismatisch sein (Tab. 1). Entsprechend der Reibung unterscheidet man Gleit- oder Wälzführungen.

Tab. 1: Führungen

Führungsart	Führungsbeispiel	
Gleitführung	**Flachführung** 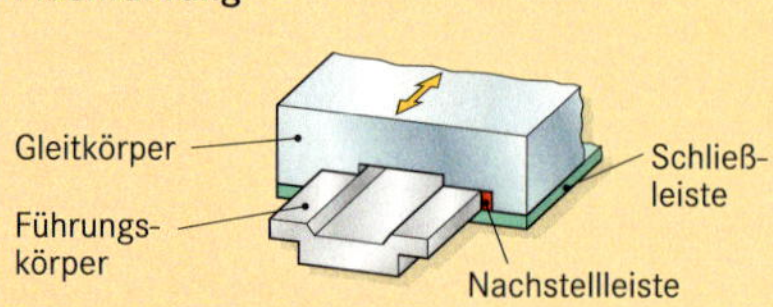	**Prismenführung** 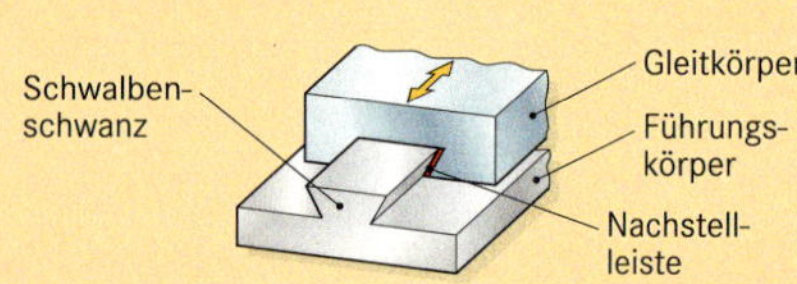
Wälzführung	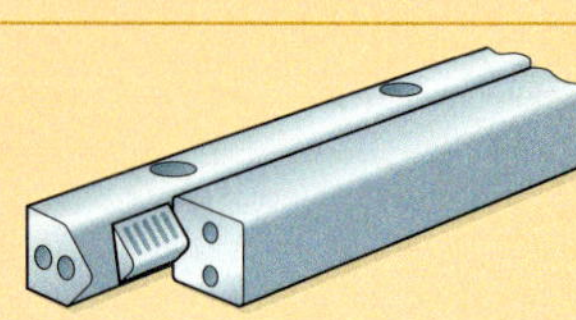	

Zum Schutz von Führungen gegen Verschmutzung oder Zerstörung durch Späne oder aggressive Kühlschmierstoffe werden verschiedene Abdeckungen verwendet.

Man unterscheidet unter anderem folgende Einzelformen:

- *Faltenbalg mit beweglichen Teleskopblechen*
- *Faltenbalg mit starren Teleskopblechen*
- *Teleskopabdeckungen*

Ein Faltenbalg mit beweglichen Teleskopblechen ist zum Schutz der verschiedenen Faltenbalgmaterialien (z. B. Kunststoffe, PU-beschichtete Trägermaterialien oder Leder) mit gelenkig gelagerten Teleskopblechen versehen (Abb. 2a). Die Bleche liegen übereinander. Hingegen besteht bei einem Faltenbalg mit starren Teleskopblechen ein ständiger Andruck der einzelnen Teleskopbleche über dem Faltenbalg (Abb. 2b). Diese verschieben sich entsprechend der Bewegung des Maschinentisches zueinander. Beide Arten von Faltenbälgen werden in jeder Falte durch einen Kunststoffrahmen abgestützt.

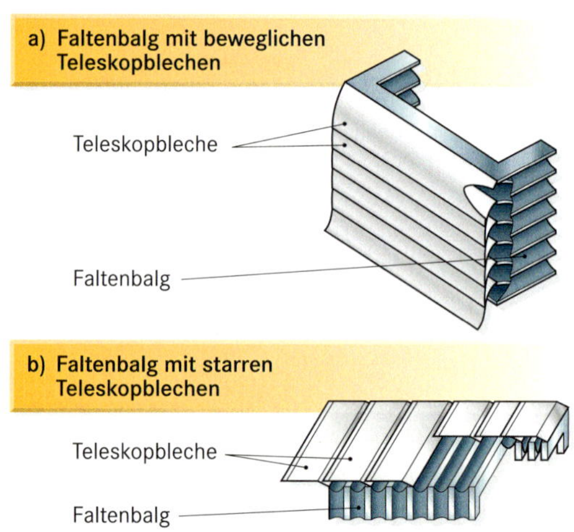

Abb. 2: Faltenbälge an Werkzeugmaschinen

Entstehen beim Bearbeiten von Werkstücken auf Werkzeugmaschinen glühende oder große Späne, werden Teleskopabdeckungen verwendet (Abb. 3).

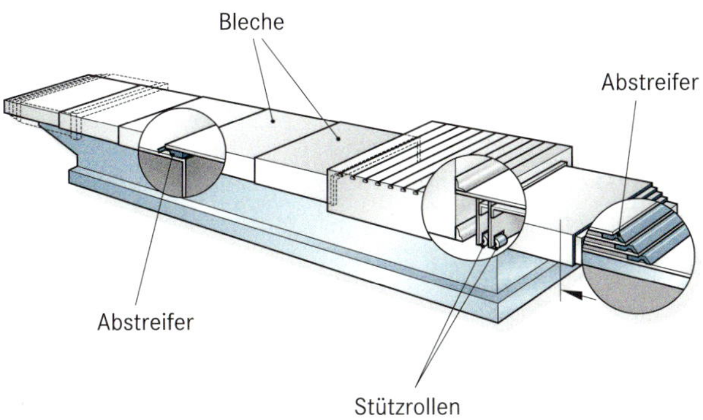

Abb. 3: Teleskopabdeckung

Die einzelnen Abdeckbleche werden durch die Maschinenbewegungen ineinander geschoben. Zum Schutz sind an den Blechen Abstreifer montiert. Es werden Abstreifer an Führungen und Abdeckungen unterschieden. Die Abstreifer beseitigen Späne und Kühlschmierstoffe von der Oberfläche der Führung oder Abdeckung (Abb. 4).

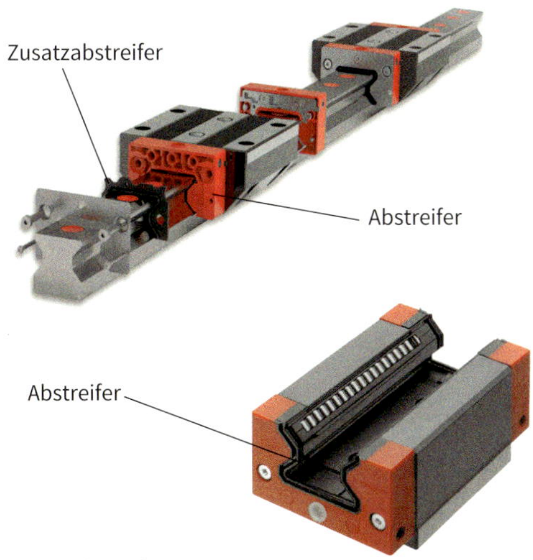

Abb. 4: Abstreifer

Das Abstreifen unerwünschter Fremdpartikel und Flüssigkeiten erfolgt durch die Maschinenbewegung. Entsprechend der Form oder Beanspruchung der Führung werden unterschiedliche Abstreiferformen und Materialien verwendet.

Schmieren und Reinigen

- **Führungen / Abstreifer**

Führungen können mit verschiedenen Ölen oder Fetten geschmiert werden. Bei der Verwendung von Öl erfolgt dies direkt von Hand mit der Ölkanne oder über unterschiedliche Öler (➜📖) bzw. durch eine Zentralschmierung (s. Kap. 10.6).

Beim Einsatz von Ölern ist darauf zu achten, dass ein ausreichender Ölvorrat vorhanden ist.

Werden Zentralschmierungen verwendet, ist der Füllstand am Ölbehälter zu kontrollieren. Hierzu sind die Ölbehälter mit einer Füllstandsmarkierung versehen. Ist die Zentralschmierung mit einer Handpumpe ausgestattet, wird das Öl über die Pumpe an die Schmierstellen gefördert.

Fette können durch eine Fettpresse in verschiedene Schmiernippel (➜📖) eingebracht werden.

An den Schmieranschlüssen der Führungen ist somit eine Montage von Schmiernippeln oder Lei-tungen der Zentralschmierung möglich.

Über die Schmierung der Führungen werden auch die Abstreifer mit Schmierstoff versorgt. Führungen und Abstreifer sind regelmäßig zu reinigen.

- **Faltenbälge mit starren und beweglichen Teleskopblechen**

Faltenbälge sind weitgehend wartungsfrei. Verschmutzungen müssen regelmäßig entfernt werden.

Verrutschte Teleskopbleche sind wieder in ihre Ausgangslage zu bringen (Abb. 5).

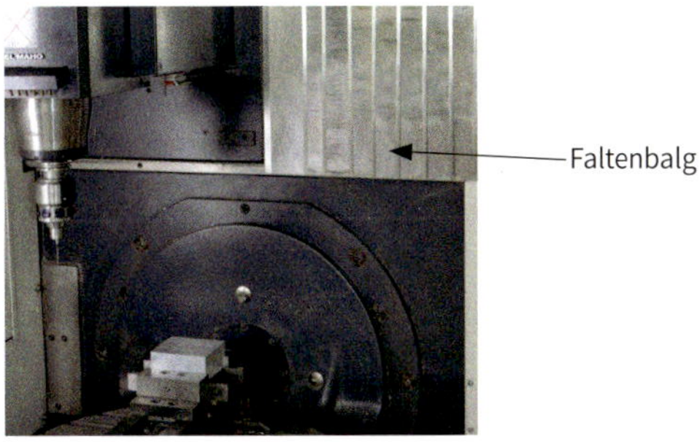

Abb. 5: Fräsmaschine mit Faltenbälgen

- **Teleskopabdeckungen**

Eine Reinigung erfolgt im ausgefahrenen Zustand der Teleskopabdeckung (Abb. 3).

! Teleskopabdeckungen dürfen nicht mit Pressluft gereinigt werden. Es besteht die Gefahr, dass Schmutzanteile oder Späne ins Innere der Abdeckung gelangen. Dies führt zur Beschädigung sowie zum Verschleiß der einzelnen Abdeckungsbauteile.

Bei der Bearbeitung von Grauguss entstehen Verkrustungen auf der Abdeckungsoberfläche. Werden die Graugussspäne nicht entfernt, kommt es beim Anfahren der Maschine zur Zerstörung der Abdeckung. Nach der Reinigung sind alle Blechsegmente von außen mit einem nicht harzenden Öl abzureiben. Werden die Teleskopabdeckungen für Inspektionsarbeiten demontiert, ist vor dem Montieren der einzelnen Bleche deren Unterseite mit einem dünnflüssigen Öl einzusprühen.

Prüfen

Sichtprüfung

- **Führungen/Abstreifer**

Führungen und *Abstreifer* sind in regelmäßigen Abständen auf Verschleiß und Korrosion zu untersuchen.

Mit zunehmender Betriebsdauer erhöhen sich die Abnutzung der Führung und somit das Führungsspiel. Das Spiel ist mit Hilfe einer Fühlerlehre zu prüfen.

! Die Inspektion von Führungen erfolgt durch eine Sichtkontrolle hinsichtlich Verschleiß und Korrosion. Um nicht sichtbaren Verschleiß zu untersuchen, sind Röntgen- oder Ultraschallprüfungen möglich.

Defekte Abstreifer sind an einer Schlierenbildung auf der Führung oder Teleskopabdeckung zu erkennen.

- **Faltenbälge mit starren und beweglichen Teleskopblechen**

Faltenbälge sind auf Risse und Verformungen zu kontrollieren. Ebenso ist der feste Sitz der Schraubenverbindungen zu prüfen.

- **Teleskopabdeckungen**

Teleskopabdeckungen sind auf äußere Beschädigungen zu untersuchen.

Die Teleskopabdeckungen dürfen in der Regel nicht begangen werden, was an entsprechenden Hinweisschildern zu erkennen ist.

Mit der Säuberung der Maschinenführungen werden gleichzeitig die Führungs- und Stützelemente der Teleskopabdeckung inspiziert.

Stütz- und Führungsgleiter sind auf Abrieb oder Beschädigungen zu kontrollieren. Ebenso ist die Leichtgängigkeit der Stützrollen zu prüfen (Abb. 3, vorherige Seite).

Grundlagen

Reibung

Die Ursache für den Verschleiß ist die Reibung (→📖). Den Zusammenhang zwischen Reibung, Verschleiß und Schmierung bezeichnet man als Tribologie.

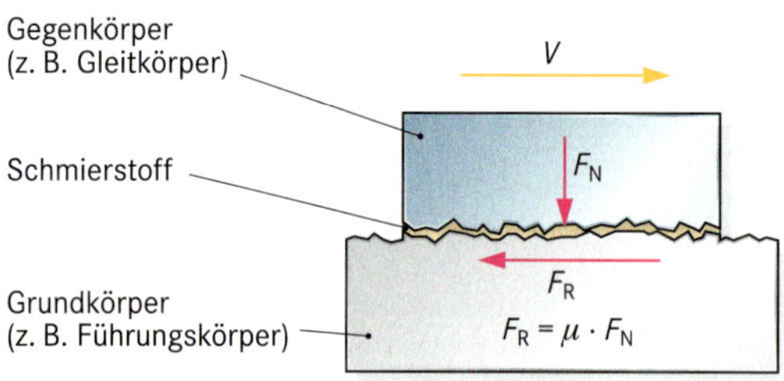

Führung als tribologisches System

In Abhängigkeit von der Geschwindigkeit und Be-lastung der Bauteile werden folgende Reibungszustände unterschieden:

- *Flüssigkeitsreibung*
- *Festkörperreibung*
- *Mischreibung*

Durch die Schmierung der Bauteile soll eine Flüssigkeitsreibung erzeugt werden.

Um eine lange Lebensdauer von Maschinen und technischen Systemen zu gewährleisten, ist eine Misch- oder Festkörperreibung zu vermeiden.

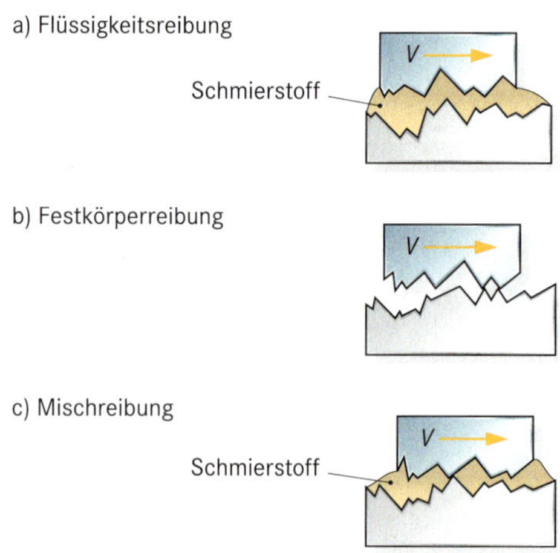

Reibungszustände

Flüssigkeitsreibung

Bei der Flüssigkeitsreibung trennt die beiden Reibpartner ein lückenloser flüssiger Schmierstofffilm. Durch eine hohe Geschwindigkeit der Bauteile, eine geringe Belastung und die ausreichende Menge von Schmierstoff kann eine Flüssigkeitsreibung erzeugt werden.

Festkörperreibung

Bei einer Festkörperreibung berühren sich die aufeinander gleitenden Reibpartner unmittelbar. Dabei werden Oberflächenerhöhungen verformt oder abgeschert.

Mischreibung

Die Mischreibung besteht aus gleichzeitiger Festkörper- und Flüssigkeitsreibung.

Die Gleitflächen sind mit einem Schmierstoff benetzt, berühren sich aber an einigen Stellen.

Wird die Geschwindigkeit der Bauteile reduziert oder wird die Belastung erhöht, entsteht aus der Flüssigkeitsreibung eine Mischreibung. Dieser Zustand entsteht bei einer Maschinenbewegung aus dem Stillstand. Mischreibung entsteht oft durch unzureichende Schmierung.

Grundlagen

Verschleiß

Verschleiß ist der fortschreitende Materialverlust aus der Oberfläche eines festen Körpers. Er entsteht durch verschiedene Verschleißmechanismen.

Auch bei einer vollständigen Trennung von Grund- und Gleitkörper kommt es zu einer Materialabnutzung. Die Ursache liegt in der Reibung zwischen dem Schmiermittel und den Rauheitsspitzen des Oberflächenprofils.

Die Verschleißmechanismen treten in verschiedenen Erscheinungsformen auf (siehe Tabelle).

Oberflächenzerrüttung

Oberflächenzerrüttungen entstehen durch die wechselnde, stoßweise Belastung der Bauteile. Dadurch bilden sich Risse in der Oberfläche.

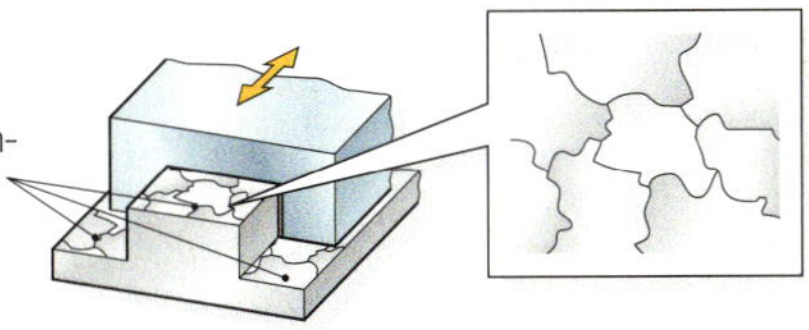

Abrasion

Abrasion entsteht, wenn die Oberfläche des Grundkörpers durch die Rauheitsspitzen des Gegenkörpers gefurcht und dadurch abgetragen wird. Ebenso erfolgt durch Festkörper im Schmierstoff ein Abtrag.

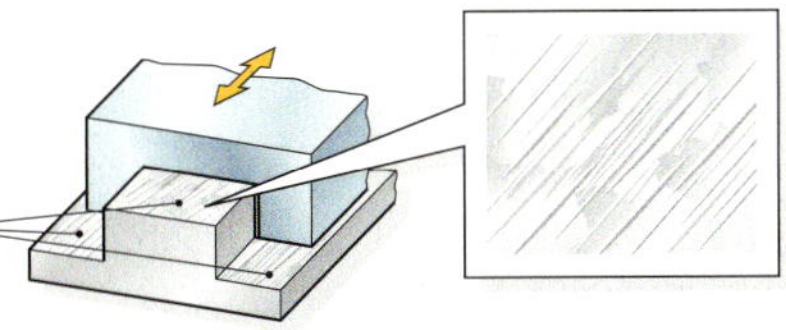

Adhäsion

Adhäsion entsteht, wenn Bauteile ohne Schmiermittel aufeinander gleiten.

Durch hohen Druck kommt es zur Berührung der Flächen. Dies führt zum Abreißen, Abscheren und Verformen der Verbindungsbrücken.

Der Verschleiß durch Adhäsion macht sich durch „Fresserscheinungen" an den Führungen bemerkbar.

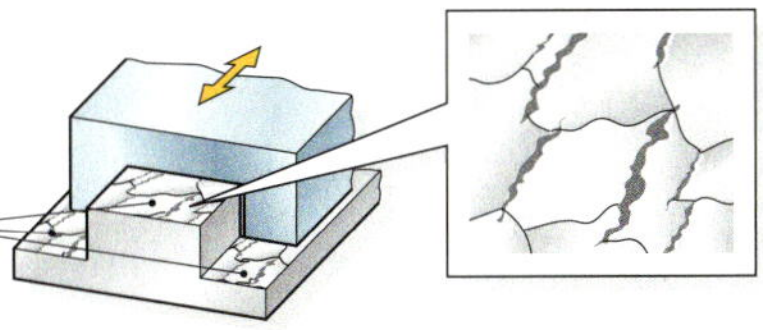

Tribochemische Reaktion

Eine tribochemische Reaktion der Bauteile entsteht, wenn Grund- und Gegenkörper mit dem Schmiermittel chemisch reagieren. Hierdurch entsteht ein Abtrag an den Bauteiloberflächen.

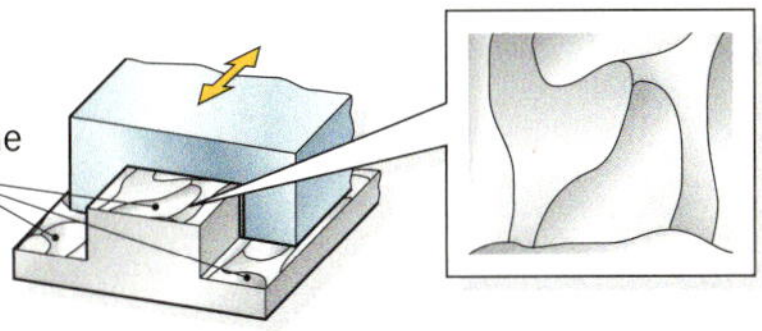

Verschleißmechanismen

Verschleißmechanismus	Erscheinungsform
Oberflächenzerrüttung	Risse, Grübchen
Abrasion	Kratzer, Riefen, Mulden
Adhäsion	Fresser, Löcher, Schuppen
Tribochemische Reaktion	Reaktionsprodukte wie Schichten und Partikel

Instand-setzen

Austauschen und Nachstellen

- **Führungen**

Entsprechend der Abnutzungserscheinung werden verschiedene Maßnahmen der Instandsetzung ergriffen (Tab. 1).

- **Abstreifer**

Beschädigte oder zerstörte Abstreifer sind auszutauschen. Dies kann einzeln oder in Verbindung mit der Führung ausgeführt werden.

- **Abdeckungen**

Um einen störungsfreien Betrieb der Abdeckungen zu gewährleisten, ist bei Verschleiß der Bauteile ein Austausch vorzunehmen (Tab. 2).

! Unabhängig von der Laufzeit der Führungen, Abstreifer und Abdeckungen sind verschlissene Teile in jedem Fall auszutauschen. Die Ursachen für einen vorzeitigen Verschleiß sind zu beseitigen, damit keine Folgeschäden eintreten.

Tab. 2: Instandsetzung von Abdeckungen

Abnutzungserscheinung	Instandsetzungsmaßnahmen
Faltenbälge: Abnutzung, Verformung, Risse	Austausch der Faltenbälge
Teleskopabdeckungen: Verformung der Bleche	Austausch oder Reparatur (Ausbeulen/Zurückbiegen) der Teleskopbleche
Verschlissene Führungs- und Stützelemente	Austausch der Stütz- und Führungsleiter sowie der Führungsrollen
Abgenutzte oder eingerissene Abstreifer	Austausch der Abstreifer

Tab. 1: Instandsetzung von Führungen

<table>
<tr><th>Abnutzungserscheinung</th><th colspan="2">Ursachen</th><th>Instandsetzungsmaßnahmen</th></tr>
<tr><td>Adhäsion</td><td>• hoher Druck an Berührungsflächen bei geringer Gleitgeschwindigkeit
• Verschleiß durch Abscheren, Verformen und Abreißen</td><td rowspan="4">mangelhafte und falsche Schmierung</td><td>• Ersetzen durch neue Führungsbahnen</td></tr>
<tr><td>Abrasion</td><td>• Rauheitsspitzen der Führungsflächen führen zum Abtrag</td><td rowspan="2">• Schleifen und Schaben
• Verschleißleisten aufschrauben
• Streifen aus Hartgewebe oder Kunststoff aufkleben</td></tr>
<tr><td>Oberflächenzerrüttung</td><td>• Bestandteile des Abriebs oder Späne gelangen zwischen die Gleitflächen (Abstreifer defekt)
• wechselnde Bewegungsrichtungen und -beträge</td></tr>
<tr><td>Korrosion</td><td>• ungenügender aktiver und passiver Korrosionsschutz</td><td>• Ausfräsen schadhafter Stellen und Aufkleben neuer Führungsflächen</td></tr>
<tr><td>zu großes Spiel zwischen den Führungsflächen</td><td colspan="2">• Verschleiß der Führungen
• Lockerung der Nachstell- und Keilleisten</td><td>• Führungen nachstellen
– Nachstellleisten werden durch seitliche Druckschrauben eingestellt.
– Keilleisten werden durch stirnseitige Schrauben verschoben.</td></tr>
</table>

An allen Führungen, Abdeckungen und Abstreifern sind Schraubenverbindungen und ggf. Schraubensicherungen vorhanden. Diese werden auf ihren festen Sitz oder Beschädigungen geprüft. Bei Lockerungen erfolgt deren Befestigung oder im Schadensfall ein Austausch.

Zusammenfassung

	Führungen	Abdeckungen		Abstreifer
	Gleitführungen, Wälzführungen	Faltenbälge mit Teleskopblechen (beweglich, starr)	Teleskopabdeckungen	
Wartung	• Reinigen • Schmieren mit Öl o. Fett	• Reinigen	• Reinigen • Einölen	• Reinigen • Schmieren über die Führungen
Inspektion	• Sichtkontrolle auf Verschleiß und Korrosion • Prüfung des Spiels mit Fühlerlehre • Ultraschall- oder Röntgenprüfung	• Sichtkontrolle auf Verformung, Risse und Lockerungen	• Sichtkontrolle auf Beschädigung der Blechabdeckungen • Sichtkontrolle auf Verschleiß der Führungs- und Stützelemente	• Sichtkontrolle auf Abrieb, Risse und Verformung
Instandsetzung	• Nachstellen des Führungsspiels • Ersetzen schadhafter Führungsflächen • Austauschen der Führungen	• Austauschen der Faltenbälge	• Austauschen der Faltenbälge	• Austauschen der Abstreifer

Aufgaben

1. Erklären Sie die Verschleißursachen an Führungen.

2. Führungen müssen geschmiert werden.

a) Auf welche Weise kann die Schmierung erfolgen?

b) Erklären Sie die Wirkung einer ausreichenden Schmierung.

3. Reibung tritt an allen bewegten Bauteilen auf.

a) Welche Reibungsart sollte an den Bauteilen auftreten? Begründen Sie Ihre Aussage.

b) Welche Ursachen führen zu einer Mischreibung?

4. Fehlt das Schmiermittel zwischen zueinander bewegten Bauteilen, kommt es zum Verschleiß.

a) Welcher Verschleißmechanismus entsteht?

b) Beschreiben Sie den Verschleißablauf.

5. Warum dürfen Führungen oder Abdeckungen nicht mit Pressluft gereinigt werden?

6. Auf einer Fräsmaschine mit Teleskopabdeckung werden Werkstücke aus Grauguss gefertigt.

a) Wann ist eine Reinigung der Teleskopabdeckung notwendig?

b) Beschreiben Sie die Folgen einer unterlassenen Reinigung der Abdeckung.

7. Bleche einer Teleskopabdeckung sind einzuölen. Welche Eigenschaften sollte die zu wählende Ölsorte haben?

8. Auf der Oberfläche einer Führung bilden sich Schlieren.

a) Erklären Sie die Ursachen für die Schlierenbildung.

b) Beschreiben Sie die Maßnahmen zur Beseitigung der Schlierenbildung.

9. Abdeckungen schützen Führungen vor einer Beschädigung. Unter welchen Bedingungen werden Faltenbälge mit starren Teleskopblechen oder Teleskopabdeckungen eingesetzt?

Aufbau/ Funktion

10.2 Riemengetriebe

Die Antriebsenergie der Elektromotoren wird bei der Fräsmaschine durch Riemengetriebe übertragen. Die biegeweichen Riemen umschlingen die Riemenscheiben und nehmen die Umfangskräfte als Zugkräfte auf. Riemengetriebe dämpfen Schwingungen und stoßartige Belastungen.

Bei den Riemengetrieben werden Keilriemengetriebe und Zahnriemengetriebe unterschieden.

Keilriemengetriebe (Abb. 1) übertragen die Um-fangskräfte durch Reibung zwischen den schrägen Flanken von Keilriemen und Keilriemenscheibe.

Bei Zahnriemengetrieben (Abb. 2) greifen die Zähne des Zahnriemens in die Verzahnung der Zahnscheiben ein und übertragen dadurch die Kräfte.

Die ordnungsgemäße Funktion eines Riemengetriebes hängt im Wesentlichen von der richtigen Vorspannung des Keilriemens bzw. Zahnriemens ab.

Eine zu geringe Vorspannung von Keilriemen führt zu ungenügender Kraftübertragung, Durchrutschen mit erhöhter Geräuschbildung und vorzeitigem Verschleiß der Keilriemenflanken durch Schlupf.

Eine zu geringe Vorspannung von Zahnriemen führt zu Gleichlaufschwankungen und begünstigt das Überspringen der Riemenzähne.

Eine zu hohe Vorspannung von Keil- und Zahnriemen führt zu erhöhter Beanspruchung der Zugstränge sowie zu hoher Belastung der Lager und Wellen.

Erhöhter Riemenverschleiß ergibt sich auch durch fehlerhafte Ausrichtung der Riemenscheiben (Abb. 3). Die Riemenscheiben müssen in einer Ebene zueinander liegen und miteinander fluchten. Fehlerhaft ausgerichtete Riemengetriebe erzeugen außerdem übermäßige Laufgeräusche.

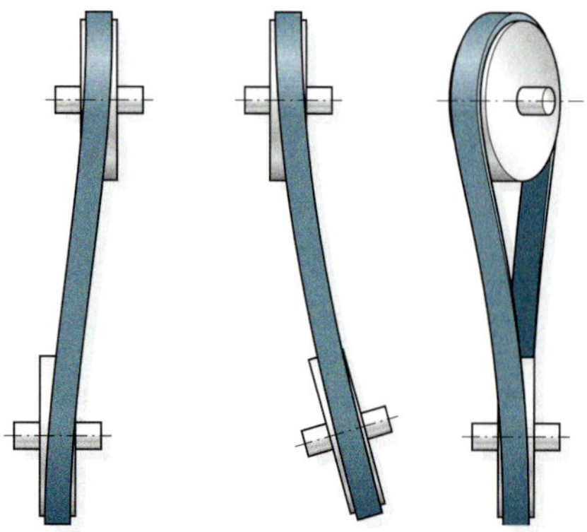

Abb. 3: Ausrichtfehler bei Riemengetriebe

Abb. 1: Keilriemengetriebe

Abb. 2: Zahnriemengetriebe

Riemengetriebe erhalten aus Sicherheitsgründen eine Abdeckung. Die Abdeckung soll das Getriebe auch vor Verschmutzung (z. B. durch Späne und Staub) sowie vor Einwirkungen von Kühlschmierstoffen oder Schmierstoffen schützen. Schmierstoffe setzen die Reibung zwischen den Keilriemenflanken herab und greifen das Gewebe der Riemen an. Grobe Schmutzpartikel können Riemen und Riemenscheiben beschädigen.

Warten

Bei Riemengetrieben erstreckt sich die Wartung vorwiegend auf das Reinigen des Getriebes.

Riemengetriebe reinigen

Beim Reinigen fallen folgende Arbeiten an:

- Beseitigen von möglichen Fremdkörpern im Bereich der Riemenscheiben und der Riemen.
- Beseitigen des Abriebes der Riemen, z. B. durch Absaugen.
- Reinigen der Riemenscheiben. Die Riemenscheiben müssen frei von Rost, Schmutz, Fett und Öl sein.

Um den Zustand des Riemengetriebes zu beurteilen, kann es notwendig sein, Teile der Getriebeabdeckung zu demontieren.

Äußeren Zustand prüfen

Beim Begutachten sollte auch der Pflegezustand des Getriebes wie Sauberkeit, Korrosionserscheinungen und Zustand der Sicherheitsabdeckungen überprüft werden. Die Prüfung ist bei laufender und stillstehender Maschine durchzuführen. Dabei ist auch auf ungewöhnliche Geräusche und zu hohe Umgebungstemperaturen zu achten.

Zustand des Keilriemens bzw. Zahnriemens prüfen

Nach längerem Einsatz zeigen Riemen meist Abnutzungserscheinungen unterschiedlichster Art. Solche Erscheinungen sind zu begutachten und zu beurteilen. Je nach Zustand muss entschieden werden, ob der Riemen zu wechseln ist und welche weiteren Instandsetzungsmaßnahmen zu treffen sind (siehe Tab. 1, folgende Seiten).

Vorspannung prüfen

Die Vorspannung von Keilriemen und Zahnriemen kann subjektiv durch einfache Methoden erfolgen. Bei Keilriemen wird überprüft, wie weit sich der Riemen durchbiegt, wenn er mit dem Daumen in der Mitte belastet wird (Abb. 4a). Bei Zahnriemen überprüft man, wie weit sich der Riemen verdrehen lässt, wenn er in der Mitte an einer Kante mit dem Daumen belastet wird (Abb. 4b).

Solche Methoden erfordern viel Erfahrung. Genauer sind Messmethoden. Zum Messen der Vorspannung werden unterschiedliche Verfahren eingesetzt:

- **Durchbiegeverfahren**

Beim Durchbiegeverfahren wird mit einem Vorspannungsmessgerät in der Mitte des Riemens die auftretende Riemenauslenkung bei einer vorgegebenen Prüfkraft gemessen (Abb. 5). Stimmt die Auslenkung mit dem im Inspektionsplan angegebenen Wert überein, ist der Riemen ordnungsgemäß vorgespannt.

- **Frequenzmessverfahren**

Beim Frequenzmessverfahren wird die Eigenfrequenz des durch Anschlagen in Eigenschwingung versetzten Riemens ermittelt (Abb. 6). Diese Eigenfrequenz wird von der Messsonde mittels getaktetem Licht gemessen. Dazu wird die Sonde etwa über die Mitte des Antriebsriemens gehalten. Stimmt die gemessene Frequenz mit der im Inspektionsplan angegebenen Frequenz überein, ist der Riemen ordnungsgemäß vorgespannt.

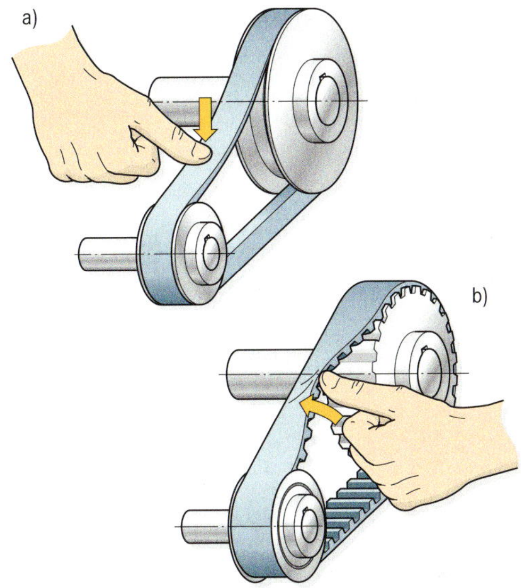

Abb. 4: Subjektive Vorspannungsprüfung

Abb. 5: Durchbiegeverfahren

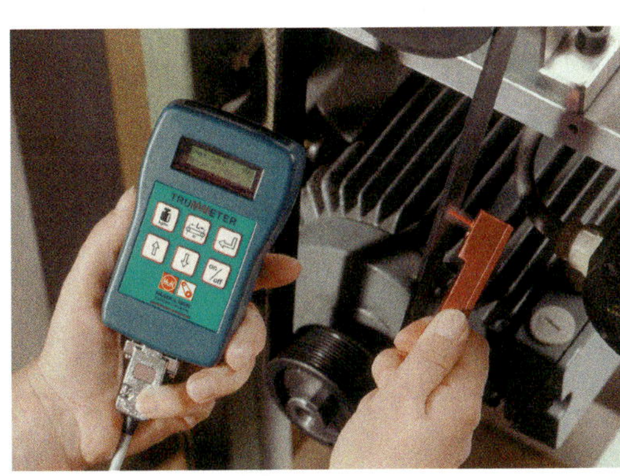

Abb. 6: Frequenzmessverfahren

- **Schallwellenmessverfahren**

Bei dem Schallwellenmessverfahren werden die Schallwellen aufgenommen, die der Antriebsriemen abgibt, wenn man ihn anschlägt. Die Eigenfrequenz wird umgerechnet und auf einem Display digital angezeigt.

Sitz der Riemenscheiben prüfen

Es ist zu überprüfen, ob die Riemenscheiben fest auf den Wellenenden sitzen. Die Scheiben dürfen sich in axialer Richtung nicht verschieben lassen. Sind Spannelemente als Welle-Nabe-Verbindungen eingebaut, sollte auch das Anzugsmoment der Spannschrauben überprüft werden (Abb. 1).

Abb. 1: Riemenscheibenbefestigung

Ausrichtzustand der Riemenscheiben prüfen

Das Fluchten der Riemenscheiben kann mit zwei unterschiedlichen Methoden kontrolliert werden:

- **Ausrichten mit Lineal**

Hierbei wird auf die Stirnseiten der Riemenscheiben ein Lineal oder bei größeren Achsabständen ein Stahlband gelegt. Bei fehlerhaftem Ausrichtzustand liegen Lineal oder Stahlband nicht vollständig an den Stirnseiten beider Riemenscheiben an (Abb. 2).

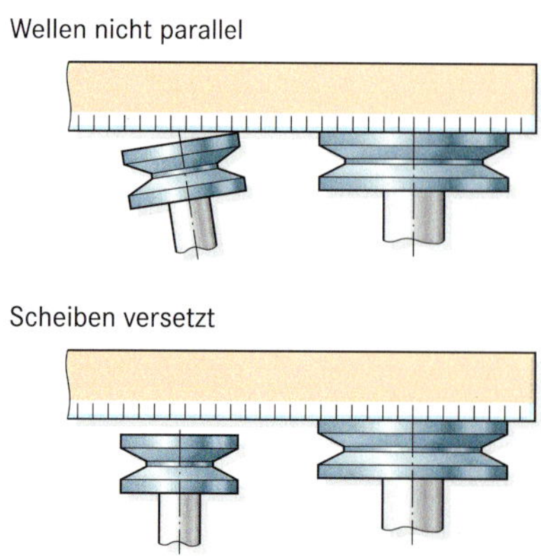

Abb. 2: Ausrichten mit Lineal

- **Ausrichten mit Laser**

An einer Riemenscheibe wird der Laser und an der gegenüberliegenden Scheibe werden zwei Zielmarken mit Haftmagneten befestigt (Abb. 3). Die Richtung der Laserlinien auf den Zielmarken zeigt den Ausrichtzustand an. Die Riemenscheiben sind genau ausgerichtet, wenn die Laserlinien auf beiden Zielmarken mittig auftreffen. Um alle horizontalen und vertikalen Abweichungen festzustellen, sind die Zielmarken einmal hintereinander und einmal übereinander anzuordnen (Abb. 4).

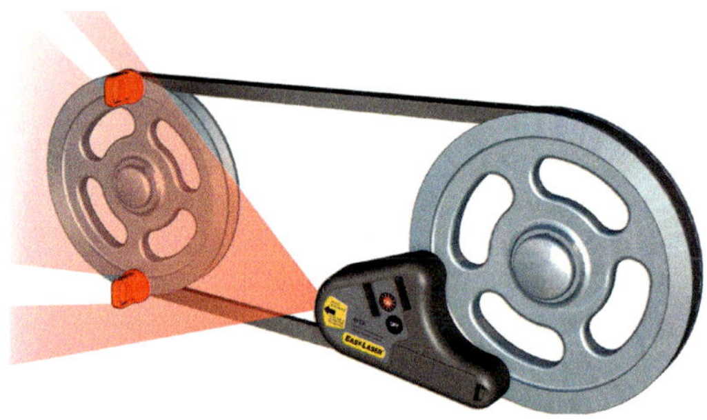

Abb. 3: Anbringen der Messeinrichtung

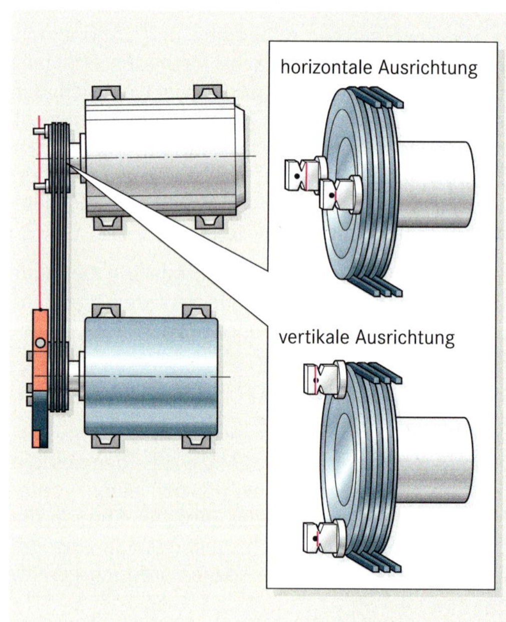

Abb. 4: Messvorgang

Lasermessgeräte können zum Ausrichten von Riemenscheiben und Kettenrädern verwendet werden.

Zustand der Abdeckung kontrollieren

Es ist zu kontrollieren, ob die Abdeckung vollständig, fest montiert und in einem einwandfreien Zustand ist.

stand-setzen

Riemengetriebe müssen instand gesetzt werden, wenn bei der Inspektion Abweichungen festgestellt wurden. Zeigen die Keil- oder Zahnriemen starke Abnutzungserscheinungen, sind auch die Ursachen zu ermitteln und zu beseitigen (Tab. 1).

Tab. 1: Instandsetzungsmaßnahmen an Keilriemengetrieben

Abnutzungserscheinung	Ursachen	Maßnahmen
Keilriemen gerissen	• grober Schmutz in den Keilriemenscheiben • zu große Keilriemenvorspannung	• Keilriemen ersetzen • Fremdmaterial im Getriebe entfernen • Keilriemenvorspannung prüfen
Keilriemenboden gebrochen	• Keilriemen hat Schlupf und wird zu warm, wodurch der Unterbau hart wird • Lauftemperatur zu hoch • abnormale starke Vibrationen	• Keilriemen ersetzen • Vorspannung einstellen • Antrieb belüften • Rundlauf der Keilriemenscheiben kontrollieren
starker Flankenverschleiß an den Keilriemenseiten	• nicht fluchtende Keilriemenscheiben • ständiger Schlupf	• Keilriemenscheiben ausrichten • Keilriemen nachspannen
Ummantelung des Keilriemens löst sich und Flanken werden weich und klebrig, Keilriemen aufgequollen	• Öl oder Fett am Keilriemen oder in den Rillen der Keilriemenscheiben	• Keilriemen auswechseln • Verschmutzung beseitigen • Abdeckung ändern

nmen-ng

Riemengetriebe

Keilriemengetriebe
- kraftschlüssig
- Abnutzung an den Flanken

Zahnriemengetriebe
- formschlüssig
- Abnutzung an den Zähnen

Wartung
- Riemengetriebe reinigen

Inspektion
- äußeren Zustand prüfen
- Abnutzung der Riemen kontrollieren
- festen Sitz der Riemenscheiben prüfen
- Vorspannung prüfen
  - Durchbiegeverfahren
  - Frequenzmessverfahren
  - Schallwellenmessverfahren
- Ausrichtzustand der Riemenscheiben prüfen
  - mittels Lineal
  - durch Laser
- Zustand der Abdeckung kontrollieren

Instandsetzung
- Riemen ersetzen
- Riemenscheiben ausrichten
- Vorspannung einstellen

Aufgaben

1. Beschreiben Sie jeweils die Folgen einer fehlerhaften Vorspannung bei Keilriemengetrieben und bei Zahnriemengetrieben.

2. Bei einem Keilriemengetriebe steht im Inspektionsplan folgende Angabe:

Prüfkraft $F_e = 80$ N; Eindrücktiefe $t_e = 12$ mm

Beschreiben Sie, wie Sie die Vorspannung des Keilriemens überprüfen.

3. Bei einem Zahnriemengetriebe steht im Inspektionsplan folgende Angabe:

Sollfrequenz $f = 111$ Hz

Beschreiben Sie, wie Sie die Vorspannung für das Zahnriemengetriebe überprüfen.

4. Beim Überprüfen der Keilriemenscheiben erzeugt der Laser auf den Zielmarken folgende Anzeige:

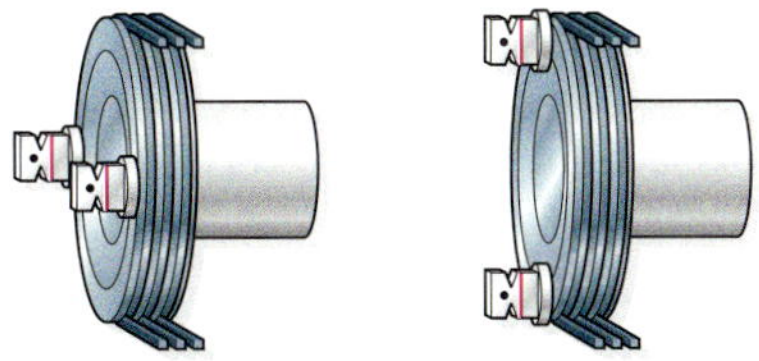

a) Welcher Ausrichtfehler liegt vor?

b) Welche Korrekturen müssen am Riemengetriebe vorgenommen werden?

5. Ein Keilriemen zeigt übermäßigen Verschleiß an den Flanken. Geben Sie mögliche Ursachen dafür an.

Aufbau/ Funktion

10.3 Kettengetriebe

Kettengetriebe übertragen die Antriebskräfte formschlüssig. Die Zähne der Kettenräder greifen in die Glieder der Kette ein. Gleichzeitig wird die Kette durch die Zähne der Kettenräder seitlich geführt.

Kettengetriebe dienen zum schlupffreien Übertragen von Kräften bei größeren Achsabständen sowie zum Fördern und Transportieren von Teilen. Entsprechend den unterschiedlichen Aufgaben werden Ketten verschiedener Bauarten und Ausführungen verwendet. Für Antriebsketten werden meist Rollenketten eingesetzt (Abb. 1).

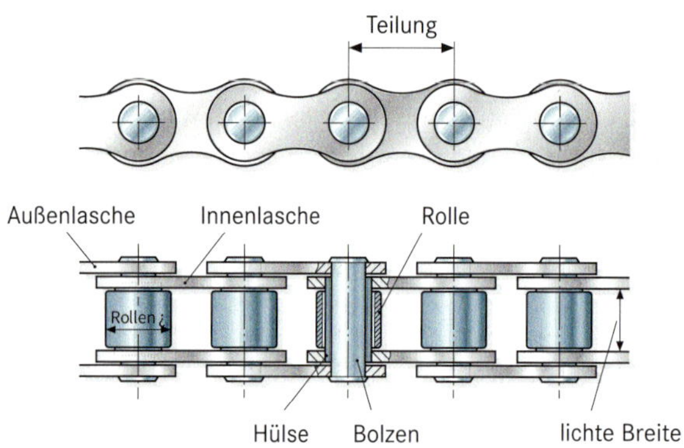

Abb. 1: Aufbau einer Rollenkette

Bei Kettengetrieben wird keine Vorspannung aufgebracht. Daher hat der Leertrum stets etwas Durchhang (Abb. 3). Bei neuen Ketten sollte der Durchhang nicht mehr als 1 % des Achsabstandes betragen. Größerer Durchhang kann zu Schwingungen der Kette führen.

Durch Abnutzung der Hülsen und Bolzen in den Kettengelenken nehmen die Kettenlänge und die wirksame Teilung zu (Abb. 2).

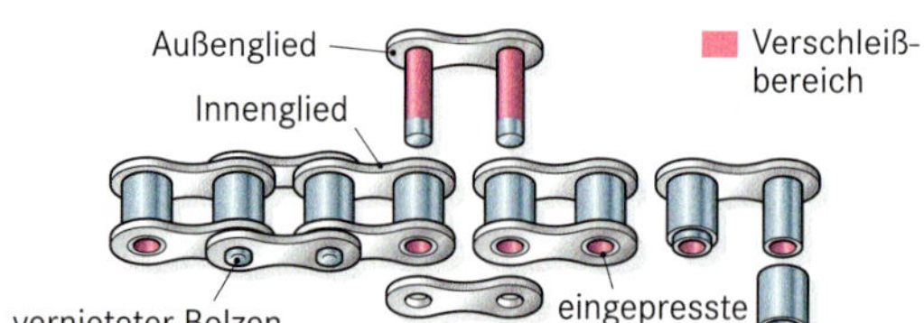

Abb. 2: Verschleiß an Gliedern einer Rollenkette

1. Kettenlängung

Um die Kettenlängung auszugleichen, sollte ein Kettenrad des Getriebes verstellbar sein oder Kettenspannelemente wie Spannrad und Spannschiene im Leertrum eingebaut werden (Abb. 4). Das Schwingen von Ketten kann auch durch Führungsschienen verhindert werden.

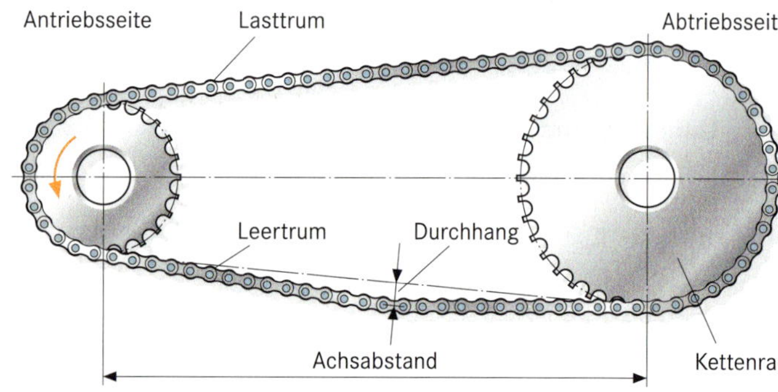

Abb. 3: Kettengetriebe

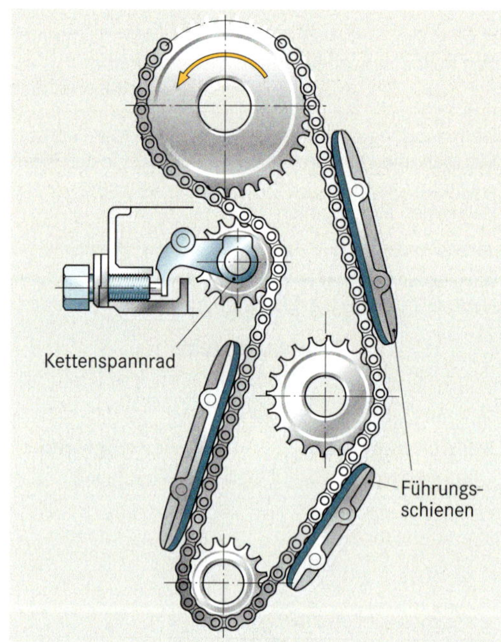

Abb. 4: Kettengetriebe mit Spannrad und Führungsschienen

2. Wirksame Kettenteilung

Abnutzung in den Kettengelenken führt dazu, dass die wirksame Kettenteilung nicht mehr mit der Teilung des Kettenrades übereinstimmt. Die Kette wandert nach außen und wird vom Kettenrad nur noch unvollständig erfasst (Abb. 5). Dadurch kann die Kette überspringen.

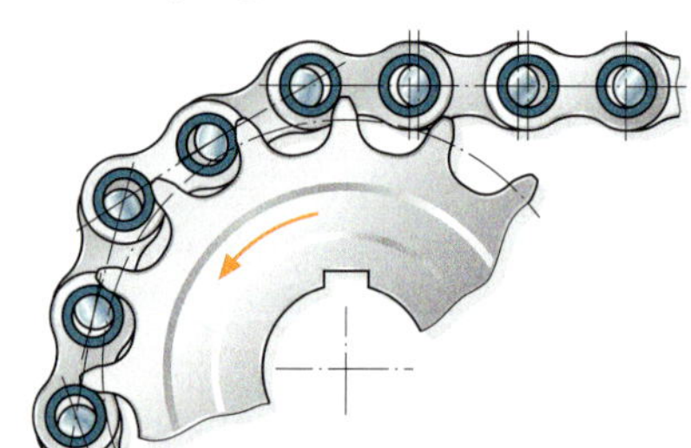

Abb. 5: Fehlerhafter Eingriff des Kettenrades

Kettengetriebe müssen geschmiert werden, um eine vorzeitige Abnutzung der Kette zu verhindern. Die Art der Schmierung ist von der Kettengeschwindigkeit und der Kettenbelastung abhängig. Eingesetzt werden folgende Schmierungsarten:

- Handschmierung,
- Tropfschmierung,
- Tauchschmierung oder
- Umlaufschmierung (Zentralschmierung).

Bei geringen Geschwindigkeiten ist eine Schmierung von Hand ausreichend (Abb. 6a). Der Schmierstoff wird mit der Ölkanne, einem Pinsel oder als Spray aufgetragen. Bei der Tropfschmierung tropft der Schmierstoff aus einem Behälter auf die Kette (Abb. 6b). Tauchschmierung und Umlaufschmierung erfordern ein geschlossenes Getriebegehäuse. Sie werden nur bei höheren Kettengeschwindigkeiten eingesetzt. Bei der Tauchschmierung taucht ein Kettenrad mit der Kette in ein Ölbad ein (Abb. 6c). Bei der Umlaufschmierung wird der Schmierstoff aus dem Getriebegehäuse gepumpt und auf die Kette geleitet (Abb. 6d). Die Reibungswärme wird durch das umgepumpte Öl gut abgeleitet.

Warten

Bei geschlossenen Kettengetrieben erstreckt sich die Wartung auf den regelmäßigen Wechsel des Schmierstoffes. Offene Kettengetriebe sind je nach Verschmutzungsgrad alle 3 bis 6 Monate zu reinigen und zu schmieren.

Kette reinigen

Stark verschmutzte Ketten, bei denen der Schmierstoff nicht mehr zwischen die Kettenglieder eindringen kann, müssen gereinigt werden. Grobe Verschmutzungen werden mit einer Bürste abgetragen. Verhärtete Schmierstoffschichten werden anschließend in einem Reinigungsbad aufgeweicht und entfernt. Danach muss die Kette sorgfältig geschmiert werden.

Kette schmieren

Beim Schmieren der Ketten von Hand ist darauf zu achten, dass der Schmierstoff an die Kettengelenke gelangt.

! Die Handschmierung mit einem Pinsel sollte wegen der erhöhten Unfallgefahr nicht bei laufendem Kettengetriebe durchgeführt werden.

Das Schmieren mit Ölkanne oder Spray kann auch bei laufender Anlage erfolgen. Ist am Kettengetriebe eine Spann- oder Führungsschiene vorhanden, sollte auch deren Lauffläche für die Kette geschmiert werden.

Bei einer Tropfschmiereinrichtung sind der Schmierstoffbehälter aufzufüllen und bei Bedarf die Tropföffnungen zu reinigen.

Bei der Tauch- oder Umlaufschmierung sind gegebenenfalls verbrauchter Schmierstoff aufzufüllen sowie der Schmierstoff nach festgelegten Zeitintervallen auszuwechseln.

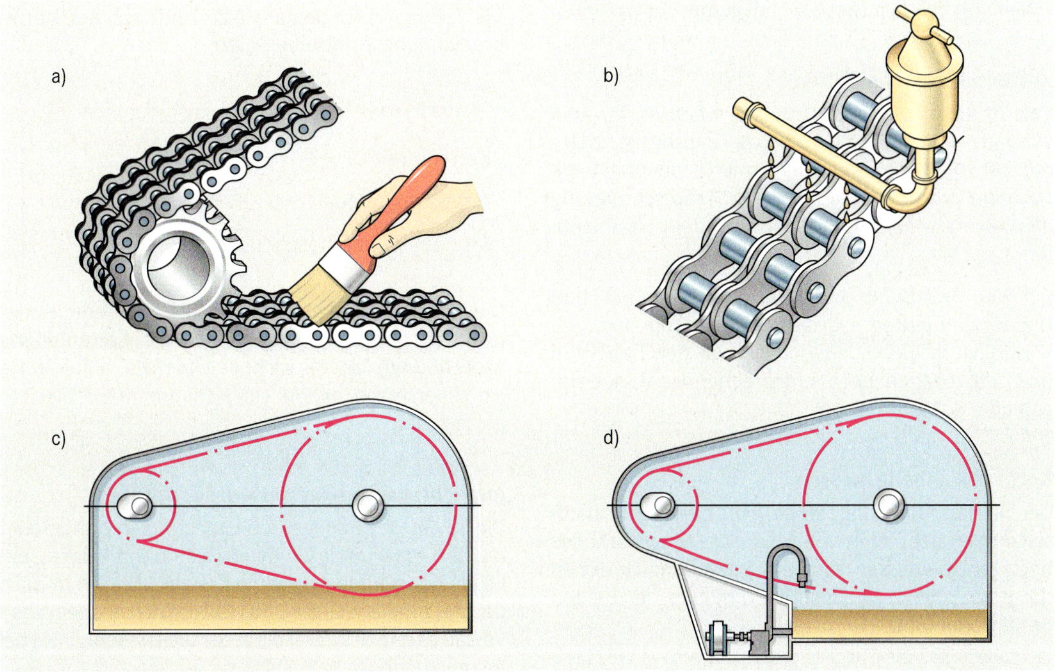

Abb. 6: Arten der Kettenschmierung

Prüfen

Äußeren Zustand prüfen

- **Kettengetriebe**

Der äußere Zustand sollte bei laufendem und stillstehendem Kettengetriebe kontrolliert werden. Bei laufendem Getriebe können außergewöhnliche Laufgeräusche festgestellt werden, die durch Scheuern oder Schlagen der Kette an der Abdeckung oder durch Knarrgeräusche in trockenlaufenden Kettengelenken entstehen. Außerdem lassen sich so außergewöhnliche Kettenschwingungen ermitteln.

- **Kettenräder und Kette**

Bei stillstehendem Getriebe ist der Zustand der Kettenräder und der Kette zu überprüfen. Die Zähne der Kettenräder dürfen keine deutlichen Abnutzungserscheinungen durch die Kettenlaschen aufweisen. Die Kette muss frei von Rost sein. Sie darf keine steifen Gelenke, verdrehte, lose oder gebrochene Bolzen und Laschen haben. Je nach Zustand der Kettenräder und der Kette sind entsprechende Instandsetzungsmaßnahmen einzuleiten (Tab. 1).

- **Kettenspannelemente**

Sind Spannelemente vorhanden, ist zu prüfen, ob sie die Kette auch wirksam spannen. Die Spannkraft der Kettenräder muss so groß sein, dass der empfohlene Durchhang der Kette auch erreicht wird. Es sollten mindestens drei Zähne des Spannrades im Eingriff sein. Bei Spann- und Führungsschienen ist auch der Verschleiß der Gleitflächen zu kontrollieren. Weisen sie deutliche Abnutzungserscheinungen auf, müssen sie ausgetauscht werden.

Kettenschmierung prüfen

Eine Kette ist richtig geschmiert, wenn an ihr kein Schmutz haftet und wenn bei Berührung der Kette mit dem Finger dieser leicht mit Öl benetzt wird. Bei einer von Hand oder durch Tropfschmierung geschmierten Ketten darf kein Schmierstoff abtropfen.

Bei der Tropfschmierung, Tauchschmierung und Umlaufschmierung ist der Schmierstoffvorrat zu kontrollieren. Dazu befinden sich an den Behältern und Getriebegehäusen entsprechende Markierungen oder Schaugläser.

Kettendurchhang messen

Der Kettendurchhang sollte bei einer gebrauchten Kette nicht mehr als 2 % des Achsabstandes betragen. Gemessen wird der Durchhang zwischen der Kette und der gedachten Tangente der beiden Kettenräder (Abb. 1).

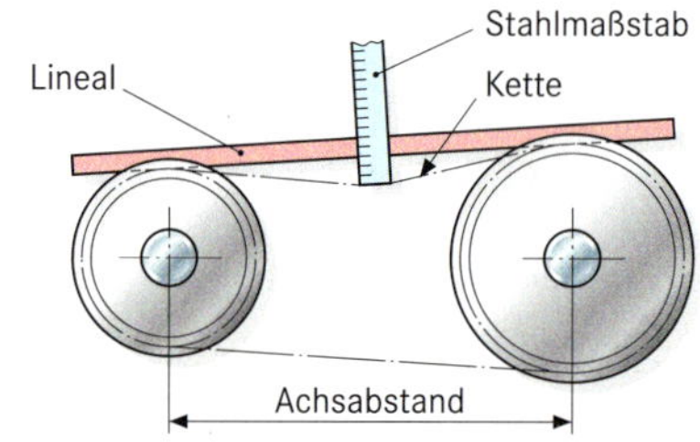

Abb. 1: Kettendurchhang messen

Die Messung ist einfacher durchzuführen, wenn der Durchhang im oberen Trum vorhanden ist. Um dies zu erreichen, ist ein Kettenrad so zu drehen, dass die Kette im unteren Trum gespannt ist.

Kettenlängung ermitteln

Das Messen der Kettenlänge muss im gespannten Zugtrum erfolgen. Dabei wird über eine möglichst große Anzahl von Kettengliedern (z. B. zehn Glieder) die Teilung gemessen (Abb. 2). Der gemessene Wert ist mit der Teilung einer neuen Kette zu vergleichen.

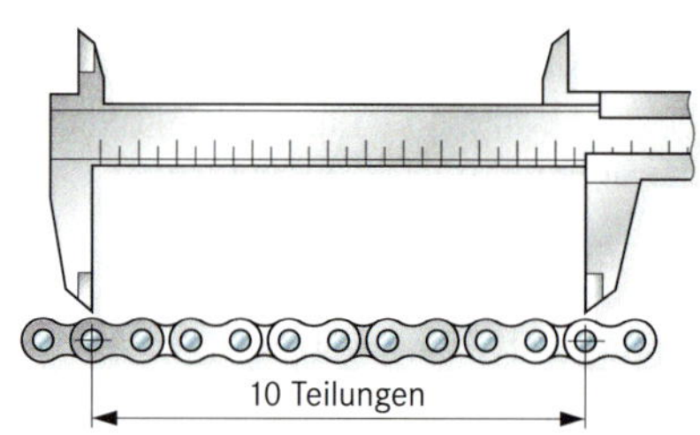

Abb. 2: Kettenteilung messen

Die Teilung einer neuen Kette kann aus der Normbezeichnung ermittelt werden:

Rollenkette DIN ISO 606 - 08B - 1 x 80 E

- Kettennummer (08B - 1)
- Anzahl der Glieder (80)
- Art des Verbindungsgliedes (E)

Die beiden ersten Ziffern der Kettennummer (z. B. 08) geben im Allgemeinen die Kettenteilung in 1/16 inch an (1 inch = 25,4 mm). Eine Kette ist zu ersetzen, wenn sie sich um mehr als 3 % gelängt hat.

Ausrichtzustand der Kettenräder prüfen

Die zu einem Kettengetriebe gehörenden Kettenräder müssen miteinander fluchten. Sie dürfen keinen seitlichen Versatz haben und die Kettenradwellen müssen parallel zueinander sein. Das Überprüfen des seitlichen Versatzes und der Parallelität der Wellen erfolgt wie bei Riemengetrieben (s. S. 312).

Instand-setzen

Kettengetriebe müssen instand gesetzt werden, wenn bei der Inspektion Abweichungen festgestellt wurden. Zeigen Ketten starke Abnutzungserscheinungen, sind auch die Ursachen zu ermitteln und zu beseitigen (Tab. 1).

Tab. 1: Instandsetzungsmaßnahmen an Kettengetrieben

Abnutzungserscheinung	Ursachen	Maßnahmen
Oberflächenrost an den Laschen oder Rost in den Gelenken	• zu dickflüssiger Schmierstoff • keine oder ungenügende Schmierung der Gelenkstellen	• Kette reinigen und geeigneten Schmierstoff verwenden • Kette reinigen und fachgerechte Schmierung sicherstellen
steife Gelenke	• Kaltverschweißung der Gelenke oder Korrosion in den Gelenken aufgrund mangelhafter Schmierung	• Kette ersetzen
verdrehte Kettenbolzen	• Blockierung der Kettengelenke aufgrund unzureichender Schmierung	• Kette ersetzen und ausreichende Schmierung sicherstellen
gebrochene Laschen	• Bruch durch Überlastung • äußerer Einfluss durch Fremdkörper	• Antrieb neu berechnen lassen, gegebenenfalls Mehrfachkette verwenden • beschädigte Kettenglieder austauschen • Abdeckung des Kettengetriebes verbessern

Zusammen-fassung

Kettengetriebe

formschlüssig

Abnutzung an Hülsen und Bolzen in den Kettengelenken

Schmierung senkt den Verschleiß

Wartung

- Kette reinigen
- Kette schmieren

Inspektion

- äußeren Zustand des Kettengetriebes prüfen
- Kettenschmierung prüfen
- Kettendurchhang messen
- Kettenlängung ermitteln
- Ausrichtzustand der Kettenräder prüfen

Instandsetzung

- Kettenspannelemente nachstellen
- Kettenräder ausrichten
- beschädigte Kettenglieder auswechseln
- abgenutzte Kette ersetzen

Aufgaben

1. Beschreiben Sie die Auswirkungen der Kettenabnutzung bei einer Rollenkette.

2. Bei der Inspektion eines Kettengetriebes mit einem Achsabstand von 650 mm wird ein Durchhang von 15 mm festgestellt.

a) Ist der Kettendurchhang noch zulässig?

b) Nennen Sie Maßnahmen zur Instandsetzung.

3. Beschreiben Sie, wie der Durchhang einer Kette gemessen wird.

4. Ermitteln Sie die Teilung folgender Kette:

Rollenkette DIN ISO 606 – 12 B – 2 x 72 E

5. Bei der Inspektion einer Kette wurde für 10 Teilungen das Maß 132 mm gemessen. In das Getriebe ist folgende Kette eingebaut:

Rollenkette DIN ISO 606 – 08 B – 1 x 60 E

Kann die Kette weiterverwendet werden?

6. Weshalb sind Ketten zu ersetzen, wenn sie sich um mehr als 3 % gelängt haben?

7. Bei einer Rollenkette sind die Kettenbolzen verdreht.

a) Nennen Sie mögliche Ursachen.

b) Geben Sie Maßnahmen zur Instandsetzung an.

Aufbau/ Funktion

10.4 Zahnradgetriebe

In der Bearbeitungsstation sind unterschiedliche Zahnradgetriebe eingebaut.

Im Maschinenkörper der Fräsmaschine befinden sich Stirnradgetriebe und Kegelradgetriebe zum Übertragen der Antriebsenergie (Abb. 1). Sie sind in den Maschinenkörper integriert und haben kein besonderes Getriebegehäuse. Man bezeichnet sie daher auch als *integrierte Getriebe*.

Beim Transportband wird die Antriebsenergie vom Elektromotor über ein Schneckengetriebe auf das Band übertragen (Abb. 2). Das Schneckengetriebe hat ein eigenes Getriebegehäuse. Man bezeichnet solche Getriebe auch als *eigenständige Getriebe*.

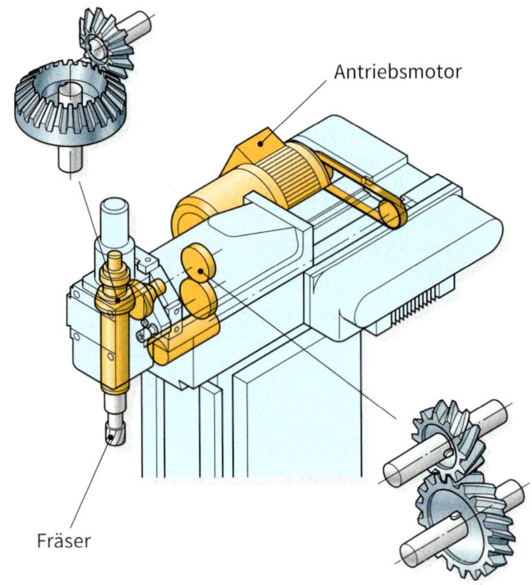

Abb. 1: Im Fräsmaschinenkörper integrierte Zahnradgetriebe

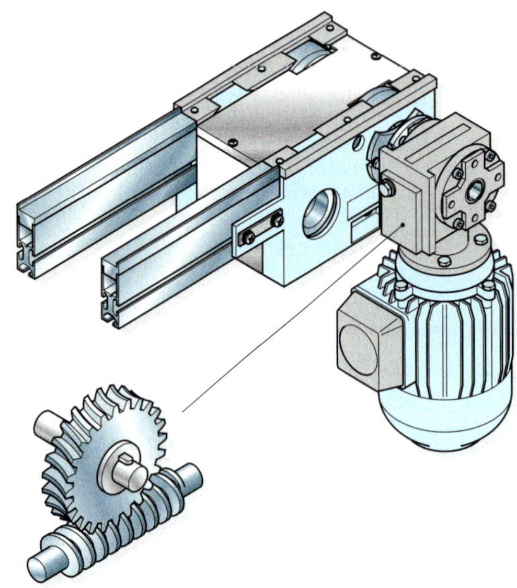

Abb. 2: Eigenständiges Schneckengetriebe

Zahnradgetriebe bestehen aus typischen Maschinenteilen (Abb. 3):

- *Zahnräder* übersetzen die Drehmomente,
- *Wellen* leiten die Drehmomente weiter,
- *Passfedern* verbinden die Zahnradnaben mit den Wellen,
- *Sicherungsringe* verhindern das axiale Verschieben der Zahnräder auf den Wellen,
- *Wälzlager* führen und stützen die Wellen,
- *Radialwellendichtringe* verhindern das Eindringen von Schmutz und den Austritt von Schmierstoff.

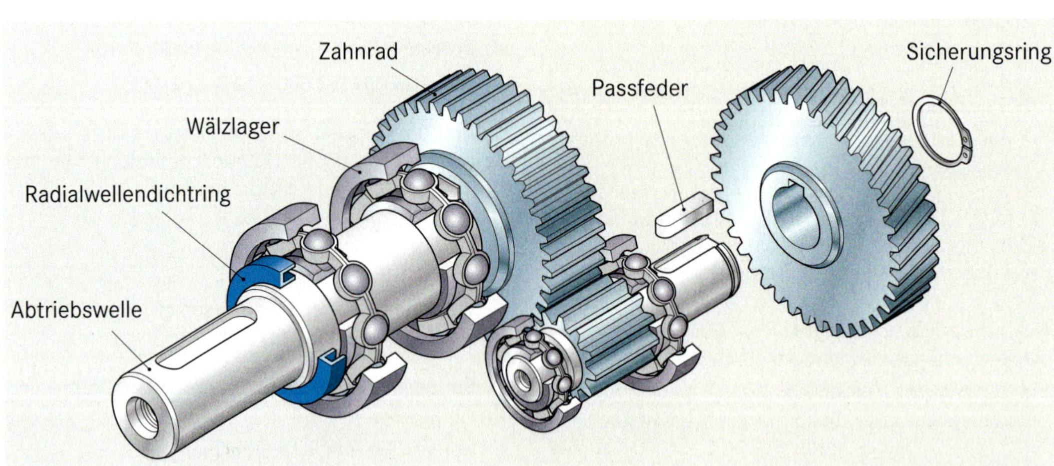

Abb. 3: Aufbau von Zahnradgetrieben

Die Zähne der Zahnräder greifen ineinander und wälzen aufeinander ab. Durch das Abwälzen verschleißen die Flanken der Zähne. Um den Verschleiß gering zu halten, werden Zahnradgetriebe geschmiert. Neben der Verschleißminderung dient die Schmierung auch zur Geräuschminderung sowie zur Kühlung der Zahnräder und der Lager. Im Dauerbetrieb sollen Betriebstemperaturen von 60 - 80°C nicht überschritten werden.

Die Wahl der Schmierung richtet sich nach der Bauart des Getriebes und der Umfangsgeschwindigkeit der Zahnräder.

Eigenständige Getriebe mit geringer Umfangsgeschwindigkeit haben meist eine *Tauchschmierung*. Ein Zahnrad taucht in das Schmieröl ein und erzeugt so einen Sprühnebel, der die anderen Zahnräder und häufig auch die Lager schmiert (Abb. 4). Bei zu geringem Eintauchen des Zahnrades werden die Zahnräder und Wälzlager nicht ausreichend geschmiert. Bei zu tiefem Eintauchen schäumt das Öl auf, was ebenfalls zu mangelhafter Schmierung führen kann. Außerdem entstehen Energieverluste, die zur Erwärmung des Getriebes führen.

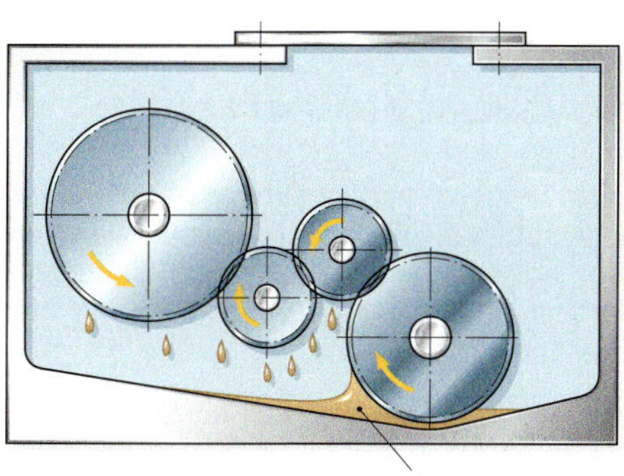

Abb. 4: Tauchschmierung eines Zahnradgetriebes

Integrierte Getriebe und eigenständige Getriebe mit hoher Umfangsgeschwindigkeit haben meist eine *Ölumlaufschmierung* (siehe Kap.10.6.1).

Warten

Die Wartung umfasst den regelmäßigen Wechsel des Schmieröls. Eigenständige Getriebe sind darüber hinaus abhängig vom Verschmutzungsgrad zu reinigen.

Getriebegehäuse reinigen

Getriebegehäuse, die mit einer Staub- oder Schmutzschicht bedeckt sind, müssen gereinigt werden. Staub und Schmutz verhindern die Wärmeabgabe an die Umgebungsluft. Das Getriebe wird nicht mehr ausreichend gekühlt.

Die Entlüftungsschraube sollte je nach Betriebszeit alle 3 bis 6 Monate gesäubert werden. Hierzu wird die Schraube herausgeschraubt und ausgewaschen.

Schmierstoff wechseln

Der Wechsel des Schmieröles sollte bei warmen Getrieben kurz nach dem Außerbetriebsetzen erfolgen. Das noch warme Öl ist dünnflüssiger und fließt gut ab. Außerdem haben sich vorhandene Verunreinigungen noch nicht abgesetzt und fließen so mit ab. Beim Ölwechsel sind die Getriebe mit der vorher verwendeten Ölsorte zu füllen. Menge und Art des verwendeten Schmieröles können dem Wartungsplan oder dem Leistungsschild entnommen werden (Abb. 5).

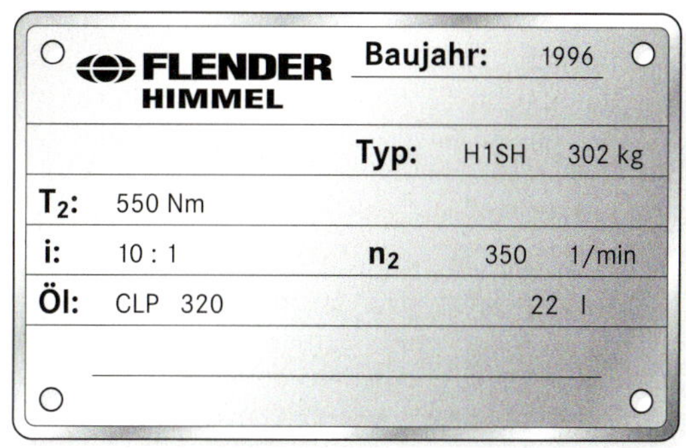

Abb. 5: Leistungsschild eines Zahnradgetriebes

Der Schmierstoffwechsel umfasst folgende Schritte:

1. Abschalten des Antriebsmotors. Antrieb gegen unbeabsichtigtes Wiedereinschalten sichern und Hinweisschild anbringen.
2. Unter die Ölablassschraube ein ausreichend großes Auffanggefäß stellen.
3. An der Oberseite des Getriebegehäuses die Entlüftungsschraube, den Wartungsdeckel u.Ä. entfernen.
4. Ölablassschraube herausschrauben und das Öl vollständig ablassen.
5. Wenn notwendig Getriebegehäuse durch Ölspülung von Ölschlamm, Abrieb und alten Ölresten reinigen. Erst wenn alle Rückstände entfernt sind, darf das frische Öl eingefüllt werden.
6. Ölablassschraube einschrauben. Dabei Zustand des Dichtringes kontrollieren und falls notwendig neuen Dichtring einsetzen.
7. Getriebe unter Verwendung eines Einfüllfilters mit frischem Öl auffüllen. Mengenangaben auf dem Leistungsschild oder im Wartungsplan sind Anhaltswerte. Maßgebend ist der tatsächliche Schmierstoffstand.

8. Ölstand kontrollieren. Zwischen dem Einfüllen und der Kontrolle ist eine ausreichende Zeitspanne vorzusehen. Das Schmieröl muss sich erst am Gehäuseboden sammeln, damit der Schmierstoffstand erkennbar ist.
9. Wartungsdeckel bzw. Entlüftungsschraube schließen. Dabei sind die Dichtfläche und die Dichtung zu kontrollieren und gegebenenfalls auszutauschen.

Arbeitssicherheit/Umweltschutzbestimmungen

- Ölbindemittel bereitstellen, um das Öl sofort aufzunehmen, das beim Ablassen und Auffüllen auf den Boden tropft.
- Schutzhandschuhe tragen. Durch das austretende warme Öl besteht Gefahr von Verbrühungen.
- Verbrauchte Schmieröle, ölgetränkte Putzlappen und eingesetzte Ölbindemittel sind umweltgerecht und vorschriftsmäßig zu entsorgen.

Prüfen

Bei der Inspektion wird der äußere und auch der innere Zustand eines Getriebe begutachtet. Je nach Bedeutung und Größe der Getriebe werden subjektive Verfahren oder objektive Messverfahren angewendet. Subjektive Verfahren, z.B. Erfühlen der Temperatur von Hand, liefern keine vergleichbaren Daten. Außerdem setzt deren Beurteilung viel Er-fahrung voraus.

Der Zustand der Lager und Zahnräder wird meist indirekt ermittelt, um eine zeitraubende Demontage des Getriebes zu vermeiden.

Schmierstoffstand kontrollieren

Der Schmierölstand sollte täglich vor Arbeitsbeginn bei stillstehendem Getriebe kontrolliert werden. Der Stand kann an einem Schauglas oder einem Messtab am Getriebegehäuse abgelesen werden (Abb. 1). Starker Schmierölverlust deutet auf eine Leckage hin. Leckagen sollten sofort beseitigt werden.

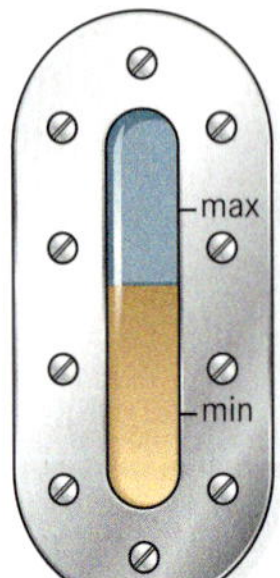

Abb. 1: Schauglas zur Ölstandskontrolle

Betriebstemperatur prüfen

Die Schmierstofftemperatur sollte täglich während des laufenden Betriebes kontrolliert werden, wenn das Öl seine Betriebstemperatur erreicht hat. Größere Getriebe haben dazu häufig ein Getriebethermometer. Ist kein Thermometer eingebaut, reicht es aus, die Betriebstemperatur mit der Hand zu kontrollieren.

Lagertemperaturen können außerdem mit einem Thermometer gemessen werden. Die Messstelle muss sich möglichst in unmittelbarer Nähe des zu kontrollierenden Lagers befinden (Abb. 2).

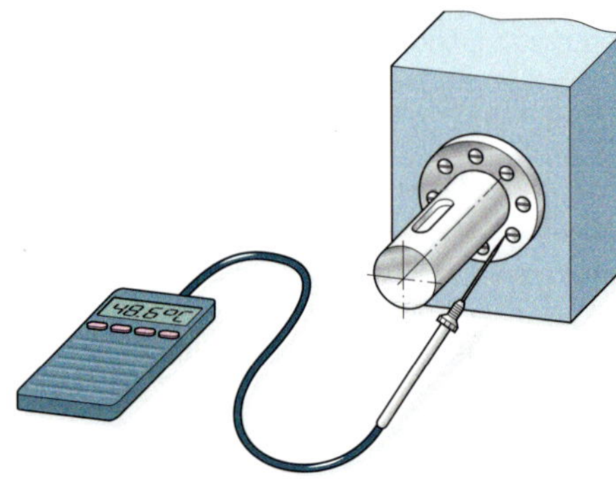

Abb. 2: Messen der Lagertemperatur

Erhöhte Betriebs- und Lagertemperatur weisen auf Schmierstoffmangel, überaltertes oder verschmutztes Öl oder auf erhöhte Reibung zwischen den Zahnrädern bzw. in den Lagern aufgrund mechanischer Schädigungen hin.

Schmierstoffbedingte Schäden können sehr zuverlässig durch die Temperaturmessung erkannt werden.

- Schmierstoffmangel zeigt sich dabei durch einen stetigen Temperaturanstieg.
- Überalterter oder verschmutzter Schmierstoff ergibt einen schwankenden Temperaturverlauf mit ansteigenden Werten.

Mechanische Schädigungen an Zahnrädern und Lagern führen allerdings erst dann zu Temperaturerhöhungen, wenn die Bauteile bereits stark beschädigt sind. Für eine zuverlässige Früherken-nung von kleinen Anfangsschäden an Zahnrädern und Wälzlagern ist die Temperaturüberwachung wenig geeignet. Allerdings ist es möglich, Folge-schäden an anderen Bauteilen zu verhindern.

Dichtheit kontrollieren

Durch eine Sichtkontrolle werden alle Dichtstellen eines Getriebes überprüft (Abb. 3). Es darf kein Schmierstoff austreten.

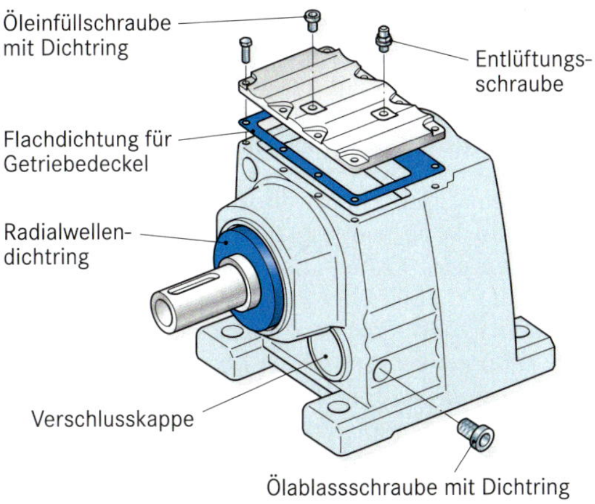

Abb. 3: Dichtstellen an einem Getriebegehäuse

Getriebegeräusche feststellen

Die bewegten Teile eines Getriebes erzeugen spezifische Schwingungen, die als Geräusche und Vibrationen wahrgenommen werden. Abweichungen deuten auf einen veränderten Getriebezustand hin.

Ursache dafür können defekte Lager, beschädigte Zahnflanken, ungenügende oder falsche Schmierung sowie ausgeschlagene Passfederverbindungen sein.

Zur besseren Wahrnehmung von Laufgeräuschen werden Stethoskope verwendet. Sie verstärken die Laufgeräusche, die von innen auf das Getriebegehäuse übertragen werden (Abb. 4). Neben einfachen Stethoskopen werden auch elektronische Stethoskope mit einstellbarer Lautstärke eingesetzt.

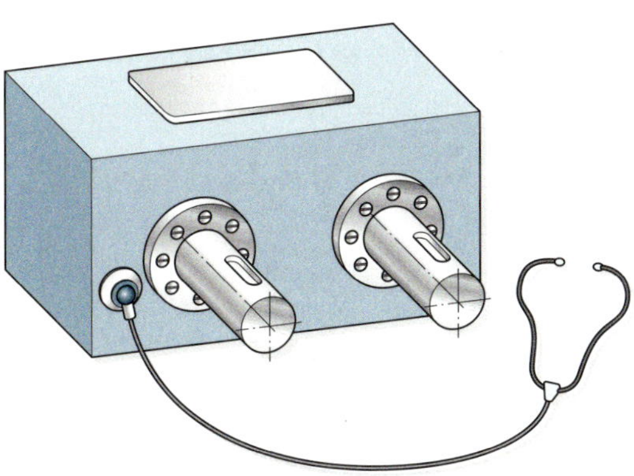

Abb. 4: Überprüfen von Laufgeräuschen mit einem Stethoskop

Da es keine allgemein gültigen Anhaltswerte für die Lautstärke, Tonhöhe und Art der Laufgeräusche eines Getriebes gibt, setzt deren Interpretation viel Erfahrung voraus.

Getriebeschwingungen messen

Mit Schwingungsmessgeräten werden die auftreteden Vibrationen eines Getriebes gemessen (Abb. 5). Die ermittelten Werte von Schwingfrequenz und Schwingungsamplitude lassen sich speichern, zur weiteren Analyse auf einen Rechner übertragen, mit einer entsprechenden Software auswerten und grafisch darstellen. Durch den Vergleich mit vorausgegangenen Messungen können Veränderungen festgestellt und deren Verlauf überwacht werden.

Abb. 5: Einsatz eines Schwingungsmessgerätes

Vor dem Einsatz des Gerätes müssen geeignete Messpunkte an der Gehäuseoberfläche festgelegt werden. Geeignete Messpunkte sind starre Bauteile wie Lager- und Getriebegehäuse. Maschinenschwingungen sollten möglichst nah an ihrer Quelle erfasst werden, um Verfälschungen der Messsignale gering zu halten. Insbesondere bei der Wälzlagerüberwachung ist der Abstand zum Lager so klein wie möglich zu wählen. An den Lagerstellen sind die Messwerte in horizontaler, vertikaler und axialer Richtung aufzunehmen (Abb. 6).

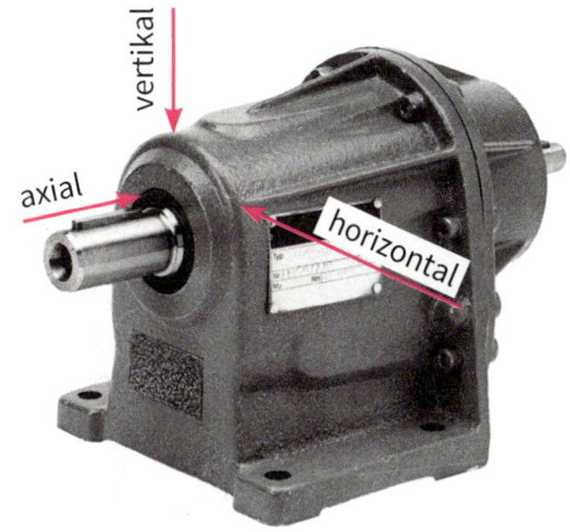

Abb. 6: Messpunkte zur Wälzlagerüberwachung

Der Schwingungsaufnehmer wird mit einem Haftmagneten an das Gehäuse angekoppelt. Die Koppelstelle sollte eben sein und mindestens dem Durchmesser des Aufnehmers entsprechen. Dazu kann ein Stahl-Messplättchen auf den Messpunkt geklebt oder geschweißt werden.

Entsprechend den Ursachen ergeben sich zwei unterschiedliche Schwingungsarten:

1. Erregerfrequenz

Zahneingriff und Unwuchten rotierender Getriebeteile führen zum Schwingen des ganzen Getriebes mit der Erregerfrequenz. Starke Schwingungen belasten das Getriebe unzulässig und führen zu Schäden am Getriebe. Die **ISO 10816** liefert Empfehlungen für zulässige Schwingstärkewerte bei unterschiedlichen Maschinenklassen. Werden diese überschritten, muss das Getriebe instand gesetzt werden.

2. Stoßimpuls

Begrenzte Schäden an den Laufringen und Wälzkörpern eines Wälzlagers oder an den Zähnen eines Zahnrades erzeugen kurze Stoßimpulse. Die Stoßimpulsfolgen versetzen das Getriebe in Eigenschwingungen. Sie sind an der Getriebeoberfläche messbar. Durch Analyse der gemessenen Schwingungen können die Stoßanregungen festgestellt und die Schäden ermittelt werden.

Die Analyse und Auswertung der Messwerte sollte von besonders geschultem Fachpersonal durchgeführt werden.

Zahnräderzustand prüfen

Die Sichtkontrolle der Zahnflanken auf Abnutzungserscheinungen erfolgt am zusammengebauten, stillstehenden Getriebe. Abnutzungserscheinungen können Risse, Riefen oder Grübchen sein.

Sind Zahnräder nicht direkt einsehbar, können Endoskope eingesetzt werden. Durch das Endoskop wird Licht in das Getriebe eingebracht sowie das Bild übertragen. Man unterscheidet starre und flexible Endoskope. Bei starren Endoskopen werden die Lichtstrahlen über ein Linsensystem weitergeleitet. Flexible Endoskope arbeiten mit Glasfaserbündeln. Videoendoskope digitalisieren das Bild im Endoskopkopf und übertragen es elektrisch. Die digitalen Bilder lassen sich auf einem Rechner darstellen und abspeichern. Der Schädigungszustand der Zahnflanken kann so dokumentiert werden. Der Umgang mit dem Endoskop erfordert Übung. Es ist schwierig, mit dem Endoskopkopf die zu untersuchende Stelle zu finden und an dieser hinreichend lange ruhig zu verharren.

Der Zahnflankenzustand lässt sich auch durch Klebstreifenabzüge und Kunststoffabdrücke feststellen.

Aus der Art der vorliegenden Störung lassen sich mögliche Ursachen und die zu ergreifenden Maßnahmen bestimmen (Tab. 1).

Eigenständige Zahnradgetriebe werden meist in der Anlage ausgetauscht und anschließend in der Instandhaltungswerkstatt instand gesetzt.

Instandsetzen

Tab. 1: Instandsetzungsmaßnahmen an Zahnradgetrieben

Störung	Ursachen	Maßnahmen
ungewöhnliche, gleichmäßige Getriebegeräusche • abrollende/mahlende Geräusche • klopfende Geräusche	 Lagerschaden Verzahnungsschaden	Lager überprüfen und gegebenenfalls austauschen Verzahnung kontrollieren und beschädigte Zahnräder austauschen
ungewöhnliche, ungleichmäßige Getriebegeräusche	Fremdkörper im Schmieröl	Antrieb stillsetzen, Schmieröl überprüfen
Getriebe ist von außen verölt	ungenügende Abdichtung des Getriebedeckels bzw. der Ölablassschraube Wellendichtring defekt	Schrauben an Dichtstellen festdrehen, falls notwendig Dichtungen auswechseln Wellendichtring auswechseln
erhöhte Betriebstemperatur	zu niedriger oder zu hoher Schmierölstand überaltertes oder stark verschmutztes Schmieröl	Ölstand kontrollieren und korrigieren Öl wechseln
erhöhte Temperatur an den Lagerstellen	zu niedriger Schmierölstand Lager defekt	Ölstand kontrollieren und korrigieren Lager kontrollieren und gegebenenfalls auswechseln

Zusammenfassung

Zahnradgetriebe

integrierte Getriebe | **eigenständige Getriebe**

Stirnradgetriebe

Kegelradgetriebe

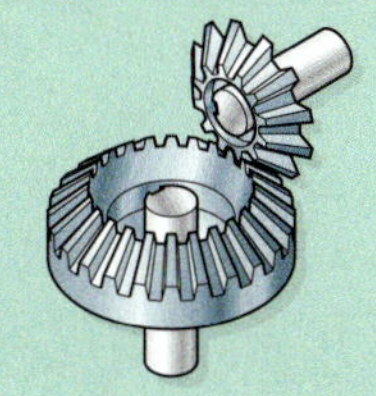

Schneckenradgetriebe

	Zahnräder/Wellen	Wälzlager	Gehäuse/Dichtungen	Schmierstoffe
Maschinenteile, Schmierstoff	Ändern von Umdrehungsfrequenz, Drehmoment und Drehrichtung	Abstützen und Führen in radialer und axialer Richtung	Verhindern das Austreten von Schmieröl	Mindern von Verschleiß und Geräusch Abfuhr von Wärme
Wartung			• Getriebegehäuse reinigen • Entlüftungsschraube waschen	• Schmieröl wechseln
Inspektion	• Zahnradzustand prüfen • Getriebegeräusche feststellen • Getriebeschwingungen messen	• Lagertemperatur messen • Lagergeräusche feststellen • Wälzlagerschwingungen messen	• Dichtheit kontrollieren	• Schmierölstand kontrollieren • Betriebstemperatur prüfen
Instandsetzung	• beschädigte Zahnräder auswechseln	• Lager austauschen	• Schrauben an Dichtstellen festdrehen • Dichtungen auswechseln	• Ölstand korrigieren • Schmieröl wechseln

Aufgaben

1. Wodurch unterscheiden sich integrierte von eigenständigen Getrieben?

2. Beschreiben Sie die Funktionsweise einer Tauchschmierung bei einem Zahnradgetriebe.

3. Beschreiben Sie die Folgen eines

a) zu niedrigen Schmierölstandes,

b) zu hohen Schmierölstandes im Getriebe mit Tauchschmierung.

4. Welche Aufgaben übernimmt das Schmieröl in einem Zahnradgetriebe?

5. Weshalb sollte der Schmierölwechsel bei einem noch warmen Zahnradgetriebe erfolgen?

6. Weshalb erhalten größere eigenständige Getriebe eine Entlüftungsschraube?

7. Wozu wird die Schwingungsmessung an Getrieben eingesetzt?

8. Ein Zahnradgetriebe wird inspiziert.

a) Welche subjektiven Inspektionsmaßnahmen können eingesetzt werden, um den Zustand des Getriebes zu erfassen?

b) Beschreiben Sie Vor- und Nachteile dieser Maßnahmen.

9. Bei der Inspektion eines Zahnradgetriebes wird eine erhöhte Betriebstemperatur am Getriebethermometer abgelesen.

a) Nennen Sie mögliche Ursachen für den Temperaturanstieg.

b) Mit welchen Maßnahmen lässt sich die tatsächlich vorliegende Ursache ermitteln?

10. Auf welche Weise lässt sich der Flankenzustand von Zahnrädern ermitteln und dokumentieren?

Aufbau/ Funktion

10.5 Kupplungen

Kupplungen verbinden zwei Wellen miteinander. Sie übertragen dabei Drehbewegungen und Drehmomente.

Kupplungen bestehen im Wesentlichen aus zwei Kupplungshälften. Eine Kupplungshälfte befindet sich am Wellende des Antriebs, die andere an der angetriebenen Welle. Die Wellen müssen miteinander fluchten und dürfen keine oder nur geringe Abweichungen zueinander aufweisen.

Die Kupplungshälften können auf unterschiedliche Weise miteinander verbunden sein und so verschiedene technische An-forderungen erfüllen.

Bei *starren Kupplungen* werden die Kupplungshälften durch Schrauben fest aneinandergepresst (Abb. 1). Das Drehmoment wird durch Reibung übertragen. Da die Wellen starr miteinander verbunden sind, müssen sie genau miteinander fluchten.

Bei *elastischen Kupplungen* sind die Kupplungshälften durch elastische Zwischenglieder miteinander verbunden (Abb. 2). Als Zwischenglieder werden Stahlfedern, Gummi- oder Kunststoffelemente verwendet. Die Übertragung des Drehmomentes erfolgt durch Formschluss.

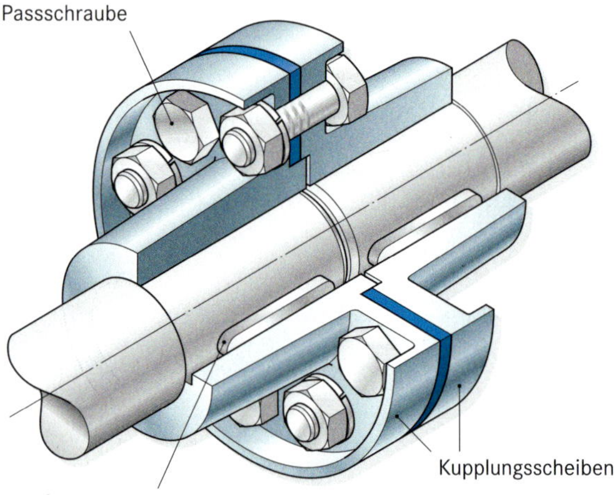

Abb. 1: Starre Kupplung mit Passfederverbindung

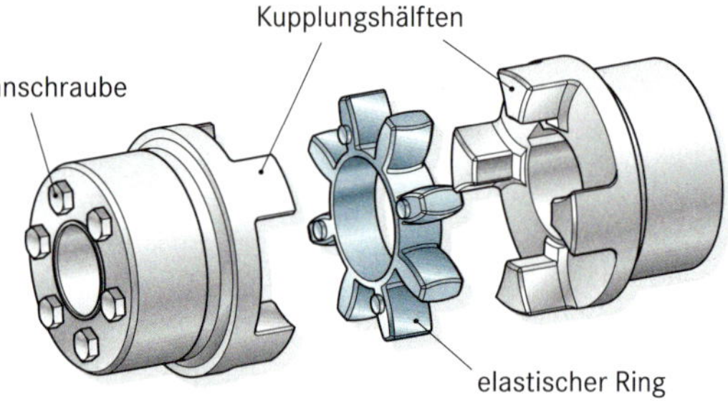

Abb. 2: Elastische Kupplung mit Spannverbindung

Die elastischen Zwischenglieder gleichen axialen, radialen und winkligen Versatz innerhalb bestimmter Toleranzen aus (Abb. 3). Außerdem dämpfen sie Drehmomentenstöße und Schwingungen. Dies führt allerdings zu erhöhter Abnutzung der elastischen Elemente.

Bei *schaltbaren Kupplungen* befinden sich zwischen den Kupplungshälften Reibbeläge (Abb. 4). Die Reibbeläge werden beim Schließen der Kupplung gegeneinander gepresst. Das Drehmoment wird durch Reibung übertragen. Bei Schaltvorgängen oder bei Überlastung reiben die Reibbeläge aneinander. Es entsteht Wärme und die Beläge nutzen sich ab. Das Schalten der Kupplungen kann mechanisch, pneumatisch, hydraulisch oder elektromagnetisch erfolgen.

Die Kupplungshälften werden meist durch Passfeder-, Spann- oder Schrumpfverbindungen an der Welle befestigt.

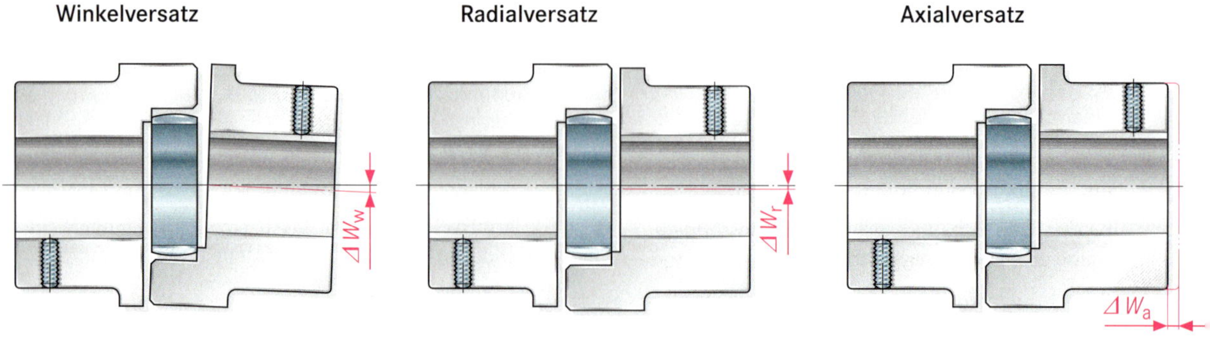

Abb. 3: Versatz an Kupplungen

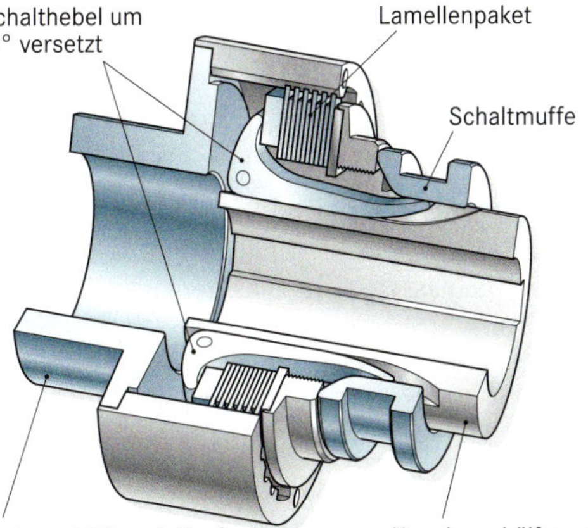

Abb. 4: Mechanische Lamellenkupplung

Kupplungen sind unter normalen Betriebsbedingungen weitgehend wartungsfrei.

Prüfen

Die vielen Arten und Ausführungen von Kupplungen erfordern unterschiedliche Inspektionsmaßnahmen. Diese können den Bedienungsanleitungen der Hersteller entnommen werden.

Generell sollten bei Kupplungen folgende Überprüfungen vorgenommen werden.

Lauf der Kupplung überprüfen

Während des Betriebes ist auf

- veränderte Laufgeräusche und
- auftretende Vibrationen zu achten.

Werden Abweichungen festgestellt, sind der Antrieb abzuschalten und die Ursache zu ermitteln. Ursache für starke Laufgeräusche und Vibrationen können lose Schraubenverbindungen, Ausrichtfehler oder starker Verschleiß elastischer Zwischenglieder sein (vgl. Tab. 1, folgende Seiten).

Zwischenglieder überprüfen

Bei *elastischen Kupplungen* sind besonders die Zwischenglieder zu überprüfen. Zwischenglieder dürfen keine Haarrisse, abgelöste Vulkanisierung, sichtbare Verformung u.Ä. aufweisen. Beschädigungen deuten auf Überlastung, unzulässigen Wellenversatz, vorzeitige Alterung durch aggressive Umgebungsbedingungen oder auch auf natürliche Alterung infolge langer Einsatzzeit hin.

Die elastischen Elemente sind in solchen Fällen auszutauschen. Vorher sollte die Ursache für die Beschädigung behoben werden, sofern keine natürliche Alterung vorliegt.

Bei *schaltbaren Kupplungen* sollten die Reibbeläge regelmäßig kontrolliert werden. Die Reibbeläge haben einen bestimmten Abnutzungsvorrat. Ist dieser verbraucht, sind die Beläge zu erneuern. Entsprechende Angaben können den Herstellerunterlagen entnommen werden.

Schraubenanzugsmomente kontrollieren

Bei starren Kupplungen müssen die Drehmomente der Schrauben, mit denen die beiden Kupplungshälften verbunden sind, mit einem Drehmomentenschlüssel überprüft werden.

Festen Sitz der Kupplungshälften prüfen

Die Kupplungshälften müssen fest auf den Wellen sitzen. Sie dürfen sich nicht in radialer Richtung verdrehen oder in axialer Richtung verschieben lassen. Je nach vorliegender Welle-Nabe-Verbindung sind unterschiedliche Kontrollen notwendig. Bei Spannverbindungen ist das Anzugsmoment der Klemmschrauben zu überprüfen. Bei Passfederverbindungen ist zu kontrollieren, ob die Passfeder ausgeschlagen bzw. die Wellennut beschädigt ist oder der Gewindestift sich gelöst hat.

Ausrichtzustand kontrollieren

Vor dem Prüfen müssen die Schraubenverbindungen der beiden Kupplungshälften gelöst werden. Das Prüfen kann je nach erforderlicher Genauigkeit mit unterschiedlichen Methoden erfolgen:

- **Prüfen mit Haarlineal**

Werden nur geringe Anforderungen an den Ausrichtzustand gestellt, reicht das Überprüfen mit einem Haarlineal (Abb. 5). Dabei wird die Lage der Kupplungshälften zueinander in der vertikalen und horizontalen Ebene überprüft. Man erreicht eine Ausrichtgenauigkeit von 1/10 mm.

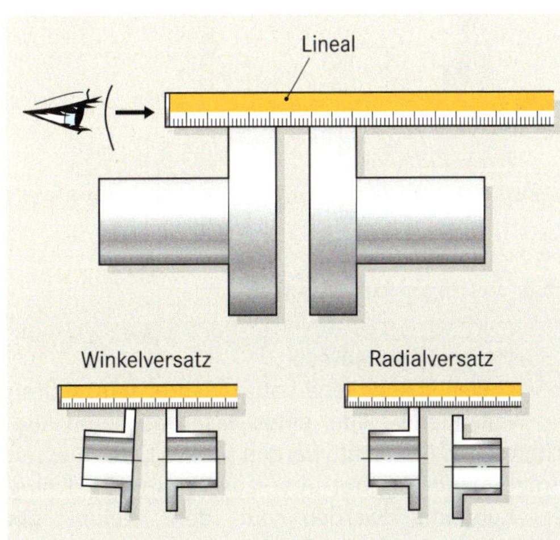

Abb. 5: Prüfen des Ausrichtzustandes mit Lineal

- **Prüfen mit Messuhr und Fühlerlehre**

Der Winkelversatz wird über den axialen Abstand der Kupplungsstirnflächen zueinander kontrolliert. Die Messung erfolgt in der horizontalen und vertikalen Ebene jeweils an zwei gegenüberliegenden Punkten (Abb. 1). Dies kann mit Fühlerlehren, Endmaßen oder Innenmessschrauben erfolgen.

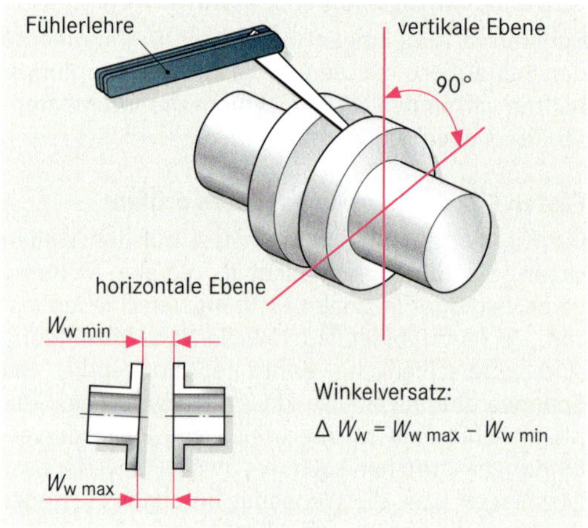

Abb. 1: Messen von Winkelversatz

Der Radialversatz wird mit Hilfe einer Messuhr bestimmt. Die Messuhr ist dazu fest auf einer Kupplungsnabe zu befestigen (Abb. 2). Durch gleichzeitiges Drehen der beiden Kupplungshälften um 360° ist die maximale Abweichung festzustellen. Dabei zeigt die Messuhr den doppelten Wert des radialen Versatzes an. Da die Messgenauigkeit einer Messuhr 1/100 mm beträgt, erreicht man eine zehnmal genauere Ausrichtung gegenüber dem Prüfen mit einem Haarlineal.

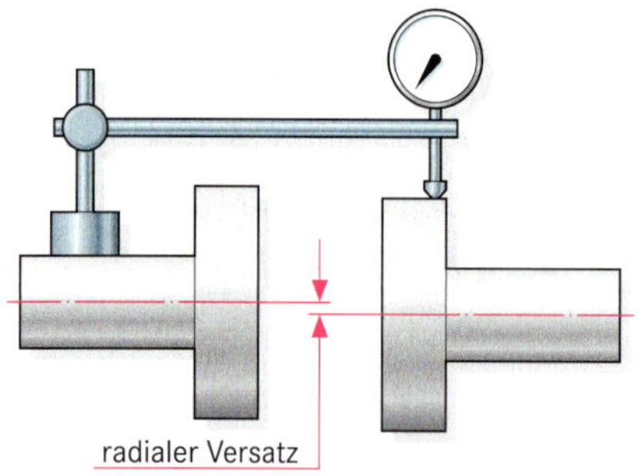

Abb. 2: Messen von Radialversatz

- **Laseroptisches Messen**

Müssen Wellen sehr genau ausgerichtet sein, sollten die Wellen mit Hilfe eines laseroptischen Ausrichtsystems überprüft werden (Abb. 3). Das Messen erfolgt berührungsfrei über Laserstrahl. Beidseitig der Kupplung werden auf den Wellen ein Gebersystem und ein Reflexionssystem montiert. Das Ausrichtsystem muss vor dem Messen so eingestellt werden, dass der Laserstrahl vom Reflektor wieder zurück zum Geber reflektiert wird. Zur Messung sind die Abstände der Motorbefestigungspunkte und von Geber und Reflektor in den Messcomputer einzugeben.

Das System wird in drei um 90° versetzte Positionen gedreht. Vorhandener Winkel- und Radialversatz werden gemessen. Die Messgenauigkeit beträgt 1/1000 mm. Das Display des Messsystems zeigt die erforderlichen Korrekturwerte direkt an. Zusätzlich können die Messwerte über einen Drucker zur Dokumentation ausgedruckt werden.

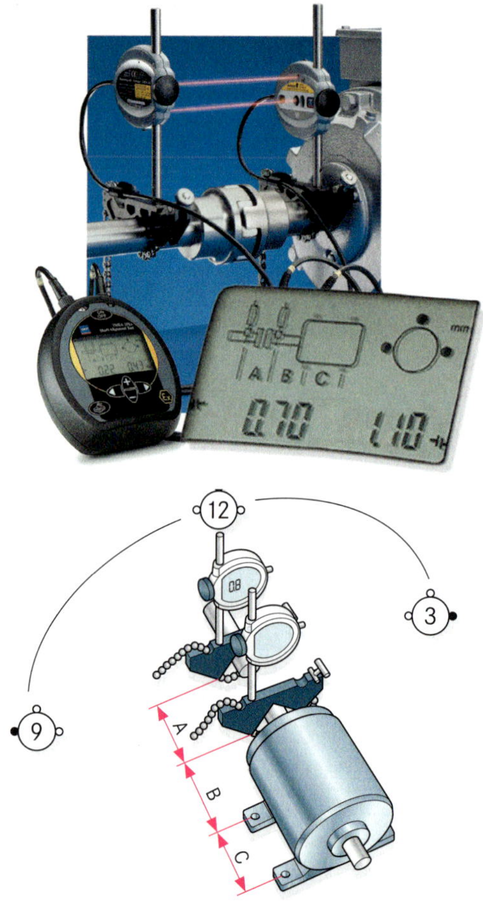

Abb. 3: Messen mit laseroptischem Ausrichtsystem

Um die Ausdehnung der Maschinenteile durch Erwärmung während des Betriebes zu berücksichtigen, kann es notwendig sein, den Ausrichtzustand bei betriebswarmen Maschinen zu ermitteln.

Wenn bei der Inspektion unzulässige Abweichungen festgestellt wurden, müssen die Kupplungen instand gesetzt werden. Bei auftretenden Störungen sind auch die Ursachen zu ermitteln und zu beseitigen (Tab. 1).

Instandsetzen

Tab. 1: Instandsetzungsmaßnahmen an elastischen Kupplungen

Störung	Ursachen	Maßnahmen
Änderung der Laufgeräusche und/oder auftretende Vibrationen	Ausrichtfehler	Grund des Ausrichtfehlers beheben (z. B. lose Befestigungsschrauben, Wärmeausdehnung von Anlagenteilen) Ausrichtzustand prüfen und korrigieren
	starker Verschleiß oder Bruch der elastischen Zwischenglieder	beschädigte Kupplungsteile austauschen
	Schrauben zur axialen Nabensicherung lose	Schrauben zur Sicherung der Kupplungsnaben anziehen und gegen Selbstlockern sichern
vorzeitiger Verschleiß der elastischen Zwischenglieder	Ausrichtfehler	beschädigte Kupplungsteile austauschen Grund des Ausrichtfehlers beheben (z. B. lose Befestigungsschrauben, Wärmeausdehnung von Anlagenteilen) Ausrichtzustand prüfen und korrigieren
	Überlastung oder starke Schwingungen	Kupplung komplett wechseln Grund für Überlastung ermitteln
	Kontakt mit Ölen, aggressive Flüssigkeiten zu hohe Umgebungstemperatur	beschädigte Kupplungsteile austauschen Abdeckung verbessern, bessere Kühlung der Kupplung sicherstellen evtl. anderen Werkstoff für Zwischenglieder einsetzen

mmen-
ng

Kupplungen

Funktion

- Verbinden von Wellen zum Übertragen von Drehmomenten
- Ausgleichen von Versatz oder Schwingungen
- Schalten nachgeordneter Anlagenteile

Wartung

Kupplungen sind wartungsfrei

Inspektion

- Lauf der Kupplung überprüfen
- Zwischenglieder prüfen
- Schraubenanzugsmomente kontrollieren
- festen Sitz der Kupplungshälften prüfen
- Ausrichtzustand kontrollieren

Instandsetzung

- Ausrichten der Kupplungshälften
- beschädigte Kupplungsteile austauschen
- Schrauben mit vorgeschriebenem Drehmoment anziehen, Schrauben sichern

Aufgaben

1. Die abgebildete elastische Kupplung soll inspiziert werden. Geben Sie die durchzuführenden Inspektionsmaßnahmen an.

2. An einer Kupplung werden starke Laufgeräusche wahrgenommen. Welche Inspektionen sind durchzuführen, um die Ursache dafür festzustellen?

3. Beschreiben Sie das Überprüfen des Ausrichtzustands einer Kupplung mit Messuhr und Fühlerlehre.

4. Warum müssen bei Scheibenkupplungen die Schraubenverbindungen gelöst werden, bevor der Ausrichtzustand überprüft wird?

Aufbau/ Funktion

10.6 Schmierung

Eine wichtige Voraussetzung für die Lebensdauer und Betriebssicherheit einer Maschine oder Anlage ist das fachgerechte Schmieren. Dadurch werden Führungen, Lager oder Getriebe vor Reibung und Verschleiß geschützt.

10.6.1 Schmieranleitung und Schmierverfahren

Um eine fachgerechte Schmierung an technischen Systemen zu gewährleisten, sind Schmierpläne zu verwenden (Abb. 3). Schmierpläne enthalten unterschiedliche Symbole, welche verschiedene Schmieranweisungen darstellen (Abb. 1). Aus dem Schmierplan ist die Schmiervorschrift für das technische System zu erkennen (Tab. 1).

Z. B. werden die verschiedenen Lager einer Werkzeugmaschine durch eine Zentralschmierung mit Schmierstoff versorgt (Abb. 2). Dies vereinfacht die Schmierung mehrerer Schmierpositionen und erlaubt die Kontrolle des Schmiermittels an einer zentralen Stelle. Das Öl wird durch eine Pumpe in einem Umlauf gefördert. Das abfließende Öl wird gefiltert, gekühlt und der Schmierstelle erneut zugeführt.

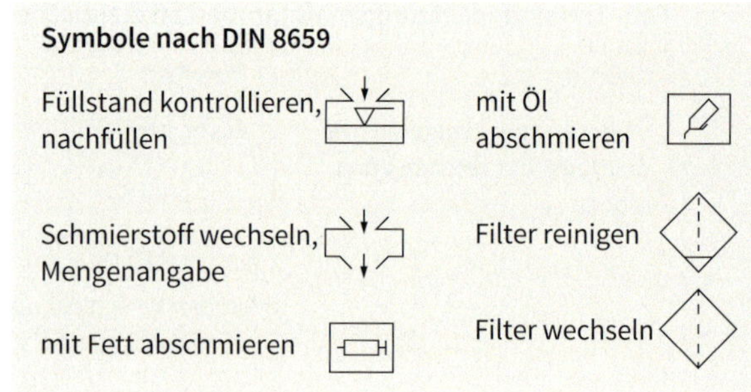

Abb. 1: Symbole im Schmierplan

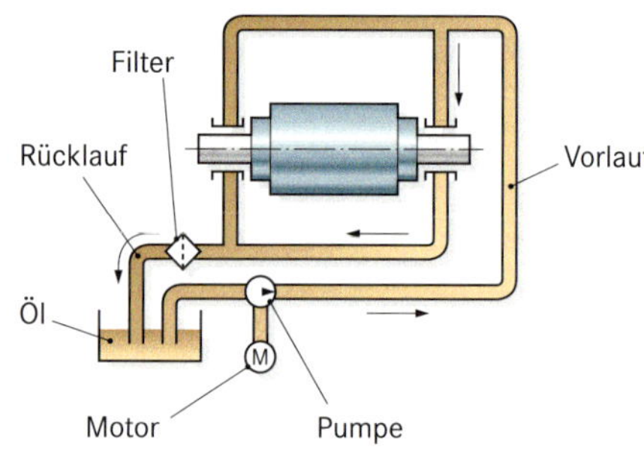

Abb. 2: Zentralschmierung

Tab. 1: Schmiervorschrift

Intervall in Betriebsstunden	Pos.	Eingriffstelle	Tätigkeit	Symbol
8 h	1	Kühlschmierstoffbehälter	Füllstand kontrollieren	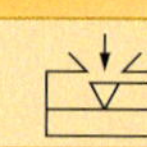
40 h	2	Zentralschmieraggregat	Ölstand kontrollieren	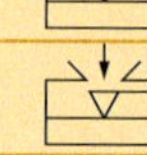
200 h	1	Kühlschmierstoff-behälter	Entleeren, reinigen, neu füllen (ca. 240 l)	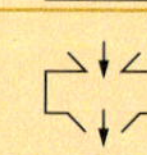
	2	Zentralschmieraggregat	Ölstand kontrollieren, nachfüllen	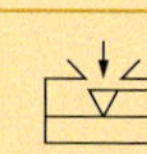
	3	Hydraulikaggregat	Ölstand kontrollieren	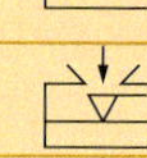
	4	Spindelschlitten	Ölstand kontrollieren	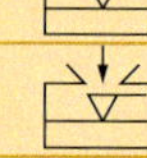
1000 h	2	Zentralschmieraggregat	Öl auffüllen	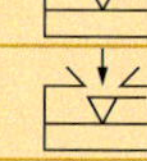
	3	Hydraulikaggregat	Entleeren, reinigen, Öl neu auffüllen (ca. 2,7 l)	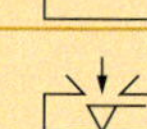
	4	Getriebe	Öl auswechseln (ca. 8 l)	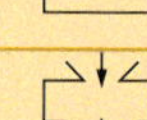
	4	Spindelschlitten	Öl auswechseln (ca. 8 l)	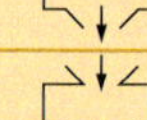
10 000 h	5	Fräskopf und horizontales Spindellager	Öl auswechseln (ca. 2,7 l)	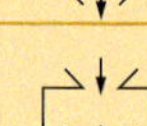

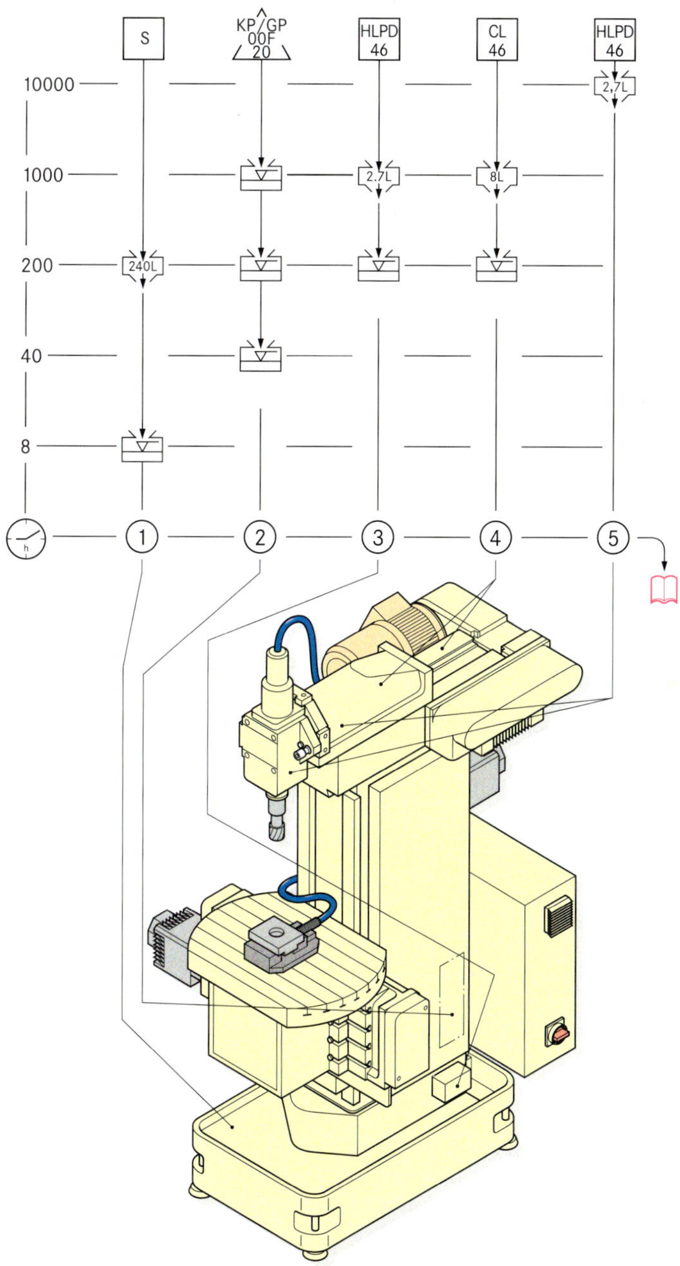

Abb. 3: Schmierplan einer Fräsmaschine

10.6.2 Schmierstoffe

Je nach Verwendungszweck werden unterschiedliche Arten von Schmierstoffen eingesetzt (Tab. 2). Dabei unterscheidet man:

- Schmieröle,
- Schmierfette,
- Festschmierstoffe.

Die Schmierstoffe müssen gleichmäßig an den zueinander gleitenden Flächen haften, um einen Schmierfilm zu bilden.

1. Schmieröle

Schmieröle sind *mineralische* oder *synthetische* Öle.

Sie werden bei hohen Geschwindigkeiten, hohen Betriebstemperaturen und niedrigen Drücken eingesetzt. Um die Eigenschaften von Ölen zu verbessern, werden Zusätze (Additive) verwendet. Nach **DIN 51502** werden Schmieröle folgendermaßen gekennzeichnet (➜📖):

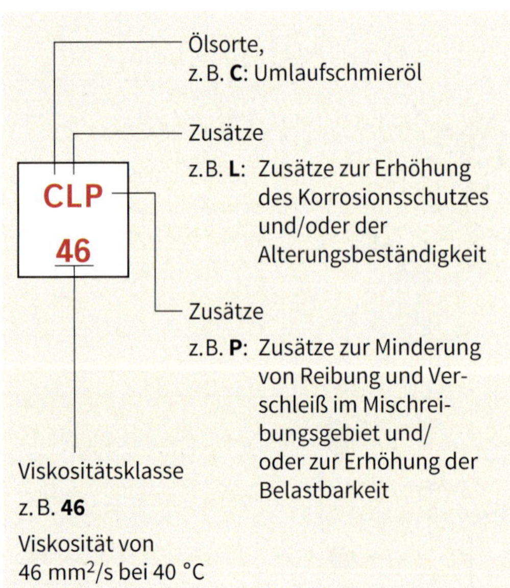

Der Schmierfilm von Ölen wird insbesondere von der Viskosität beeinflusst. Öle mit einer geringen Viskosität sind dünnflüssig und durch eine niedrige Viskositätsklasse gekennzeichnet, z. B. Viskositätsklasse VG2. Öle mit einer hohen Viskosität sind zähflüssig und durch eine hohe Viskositätsklasse gekennzeichnet, z. B. Viskositätsklasse VG 680.

Die Viskosität beschreibt die Zähigkeit eines Schmierstoffes.

An schnell laufenden Maschinen werden Schmierstoffe mit einer niedrigen Viskosität eingesetzt.

Für langsam laufende Maschinen mit einer hohen Belastung der Führungen und Lagerungen wird ein Schmieröl mit einer hohen Viskosität benötigt.

Die Viskosität eines Schmieröles ist von dessen Temperatur abhängig. Je geringer die Temperatur ist, umso zähflüssiger wird das Schmieröl. Deshalb müssen bei niedrigen Temperaturen Öle mit einer niedrigen Viskosität verwendet werden. Kann der Schmierstoff nicht mehr fließen, hat dieser seinen Stockpunkt erreicht.

Der Stockpunkt eines Schmieröls ist die Temperatur, bei der es seine Fließfähigkeit verliert.

Hohe Temperaturen führen zur Bildung brennbarer Gase, die bei einer Berührung mit einer Flamme zur Entzündung kommen. Das Öl hat seinen Flammpunkt erreicht.

Der Flammpunkt ist die Temperatur, bei der sich über der Oberfläche des Schmieröls brennbare Gase bilden.

2. Schmierfette

Fettschmierungen werden bei niedrigen Geschwindigkeiten eingesetzt oder um geschmierte Bauteile vor Verunreinigungen zu schützen. Fette besitzen ein hohes Haftungsvermögen.

Schmierfette sind Lösungen von Seifen (z. B. Calcium-, Natrium- und Lithiumseifen) in Ölen. Somit sind Schmierfette eingedickte Öle.

Schmierfette können unterschiedliche Konsistenzen aufweisen. Diese reichen von halb fließend über weich, salbenartig bis fest und sehr fest.

Die Konsistenz von Schmierfetten wird durch Kennzahlen (NLGI-Klasse) angegeben.

Bei einer niedrigen Kennzahl (z. B. 00) hat das Schmierfett eine weichere Konsistenz. Bei einer hohen Kennzahl (z. B. 6) hat es eine festere Konsistenz. Die Konsistenz kann auch durch die Walkpenetration angegeben werden. Nach **DIN 51502** werden Schmierfette folgendermaßen gekennzeichnet (➜📖):

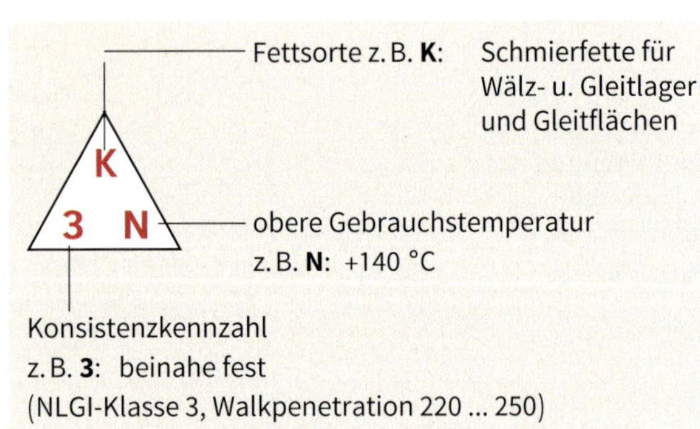

3. Festschmierstoffe

Festschmierstoffe werden bei geringen Geschwindigkeiten, hohen Drücken, stoßartigen Belastungen oder sehr niedrigen bzw. sehr hohen Betriebstemperaturen eingesetzt. Sie haften an den zu schmierenden Bauteilen auch dann noch, wenn der Schmierfilm von Fetten oder Ölen abreißt.

Festschmierstoffe sind pulverförmig. Sie erzeugen zwischen den aufeinander gleitenden Bauteilen eine Schmierstoffschicht.
Die Bezeichnung von Festschmierstoffen nach **DIN 51 502** erfolgt durch chemische Kennbuchstaben (Tab. 2).

Eine gute Schmierwirkung bei Metall wird mit Molybdändisulfit (MoS_2) erreicht. Dessen Eigenschaften auf der Metalloberfläche ergeben kleine Reibwerte und einen großen Verschleißschutz. Bereits dünne Schichten erzeugen eine tragfähige Schicht.

Prüfen

Kontrolle von Schmierstoffen

Schmierstoffe können hinsichtlich ihrer Verunreinigung, Oxidation, Rückstandsbildung und Alterung kontrolliert werden.
In regelmäßigen Zeitabständen ist der Ölstand zu prüfen. Dies kann durch Messstäbe oder durch Ölstandsschaugläser erfolgen. Ebenso ist der Ölstand am Behälter einer Zentralschmierung zu prüfen.

Beurteilen von Schmierölen

Im Einsatz verändert Schmieröl seine Beschaffenheit (Tab. 1).

Die Beurteilung der Beschaffenheit ist durch eine Probenentnahme möglich. Dabei werden die Trübung, Verfärbung, das sich absetzende Wasser und der Anteil von festen Fremdstoffen bewertet. Eine Schmierölprobe kann durch eine Sichtprobe oder durch eine Untersuchung im Labor beurteilt werden.

Daraus können Rückschlüsse auf den Zustand des technischen Systems gezogen werden.

Tab. 1: Beschaffenheit von Ölen

Zustand	Ursache
Trübung	Feuchtigkeit und/oder feinste, in Schwebe befindliche Schmutzteile, feinste Luftbläschen
Verfärbung	Feinster Metallabrieb und/ oder Fremdflüssigkeit Alterungserscheinung
starke Dunkelfärbung	Verunreinigungen durch feste Fremdstoffe wie Abrieb oder Staub Alterung durch Rückstandsbildung oder Überhitzung
sich absetzendes Wasser	Anfallen von Kondenswasser Eindringen von Wasser
feste Fremdstoffe in der Ölprobe	Abrieb von aufeinander reibenden Bauteilen, Verschmutzung von außen Alterungsprodukte

Tab. 2: Schmierstoffarten

Schmierstoffe							
Arten		Schmieröle		Schmierfette		Festschmierstoffe	
		Mineralöle	Synthetische Öle	Mineralölbasis	Synthetische Ölbasis	Graphit	Molybdändisulfit
Symbol/ Kennbuchstabe		□	⊟	△	◇	C	MoS_2
Verwendung	Geschwindigkeit	hoch		niedrig		niedrig	
	Druck	niedrig		hoch		hoch	
	Temperatur	hoch		niedrig		sehr hoch oder sehr niedrig	

Beurteilen von Schmierfetten

Eine Beurteilung von Fetten ist durch eine Sichtprobe möglich.

Gealterte Schmierfette sind dunkler gefärbt als Neufette. Kaltverseifte Fette trocknen nach längeren Betriebszeiten aus und werden hart, da sie Wasser enthalten. Sie geben dann nur noch eine ungenügende Menge Schmieröl frei. Lithium-Seifenfette enthalten kein Wasser und sind deshalb alterungsbeständig.

Beurteilung von Festschmierstoffen

Durch eine Sichtkontrolle kann festgestellt werden, ob der Festschmierstofffilm beschädigt ist.

10.6.3 Umgang mit Schmierstoffen

Lagerung

Schmierstoffe behalten ihre Eigenschaften nur, wenn sie fachgerecht gelagert werden. Feuchtigkeit, Frost oder starke Sonneneinstrahlung vermindern die Qualität der Schmierstoffe und sind deshalb zu vermeiden. Die Lagerung von Schmierstoffen unterliegt den Vorschriften aus dem *Gewerbe- und Wasserrecht*, weil sie brennbar und wassergefährdend sind.

Brennbare Flüssigkeiten sind in Gefahrenklassen eingeteilt. Die Festlegung erfolgt in Abhängigkeit vom Flammpunkt (Tab. 3).

Tab. 3: Gefahrenklassen brennbarer Flüssigkeiten

Gefahrenklasse	Flammpunkt
A I	unter 21 °C
A II	21 °C bis 55 °C
A III	55 °C bis 100 °C

Bei den meisten Schmierölen liegt der Flammpunkt über 100 °C, sie werden deshalb keiner Gefahrenklasse zugeordnet.

Alle Schmieröle und Schmierfette sind wassergefährdende Stoffe. Die wassergefährdenden Stoffe werden in drei Wassergefährdungsklassen (WGK) eingeteilt:

- WGK 1: schwach wassergefährdend
- WGK 2: wassergefährdend
- WGK 3: stark wassergefährdend

Altöle und wassermischbare Öle gehören grund-sätzlich zur WGK 3.

Entsorgung

Verbrauchte Schmierstoffe sind ausschließlich in dafür zugelassenen Behältern zu sammeln. Dies erfolgt getrennt nach Sorten für verschiedene Kategorien:

- Kategorie 1 – Aufarbeitung
- Kategorie 2 – Weiterverwertung
- Kategorie 3 – Sondermüll

Die Entsorgung von Schmierstoffen nehmen autorisierte Sammelstellen vor. Gealterte und verunreinigte Schmierstoffe müssen restlos beseitigt werden.

Umweltschutz

Die Entsorgung von Schmierstoffen muss nach den gesetzlichen Vorschriften erfolgen. In keinem Fall dürfen Öle in das Abwasser oder Grundwasser gelangen.

Hautschutz

Der Kontakt mit Schmierstoffen reizt die Haut und entzieht ihr Wasser und Fett. Dies kann zu Haut-erkrankungen führen.

Zum Schutz sind Hautschutzmittel aufzutragen oder Schutzhandschuhe zu verwenden. Das zu verwendende Hautschutzmittel ist den betrieblichen Hautschutzplänen zu entnehmen (Abb. 1). Die Auswahl der Schutzhandschuhe muss der Gefährdung am Arbeitsplatz entsprechen.

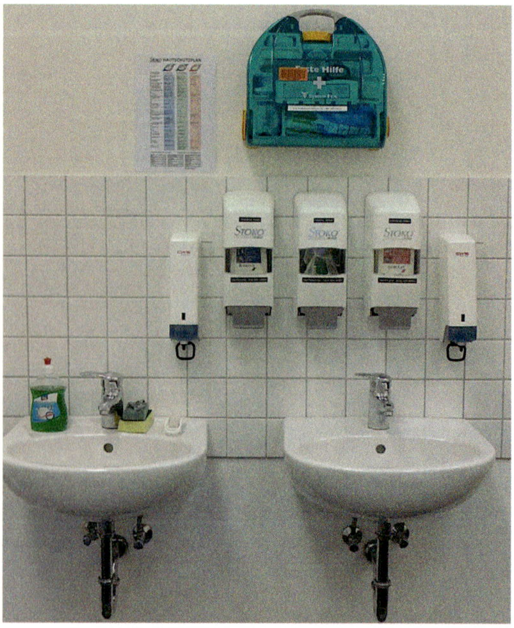

Abb. 1: Hautschutzmittel mit Hautschutzplan

Zusammenfassung

Schmierstoffe

	Schmieröle	Schmierfette	Festschmierstoffe
	• Mineralöle • Synthetische Öle	Lösungen von Seifen in: • Mineralölen • Synthetischen Ölen	• Graphit • Molybdändisulfit
Inspektion	• Sichtkontrolle z. B. durch den Vergleich zwischen Alt- und Neuölproben • Untersuchung im Labor	• Sichtkontrolle z. B. durch Ausstreichen auf Filterpapier	• Sichtkontrolle
Lagerung	• Unterlassen einer Lagerung im Freien • Beachten der Vorschriften aus dem Gewerbe- und Wasserrecht		
Entsorgung	• Sammeln verbrauchter Schmierstoffe in dafür geeigneten Behältern • Entsorgung erfolgt über autorisierte Sammelstellen • Schmierstoffe dürfen nicht in das Abwasser oder Grundwasser gelangen		
Hautschutz	• Auftragen von Hautschutzmitteln • Tragen von Schutzhandschuhen		

Aufgaben

1. Was haben Sie bei der Entsorgung von Mineralölen zu beachten?

2. Es stehen flüssige Schmierstoffe, Schmierfette und Festschmierstoffe zur Verfügung.

a) Beschreiben Sie den Unterschied zwischen den einzelnen Schmierstoffen.

b) Wann verwenden Sie die verschiedenen Schmierstoffarten?

3. Bei der Sichtkontrolle einer Schmierölprobe ist eine Trübung des Öles erkennbar. Erläutern Sie mögliche Ursachen der Trübung.

4. Welche möglichen Rückschlüsse können aus einer Schmierölprobe hinsichtlich des Zustandes eines Getriebes in einer Werkzeugmaschine entnommen werden?

5. Auf einem Schmierölbehälter ist folgende Kennzeichnung angegeben. Erläutern Sie die Kennzeichnung.

HLPD 46

6. Auf einem Behälter für Schmierfette ist folgende Kennzeichnung angegeben. Erläutern Sie die Kennzeichnung.

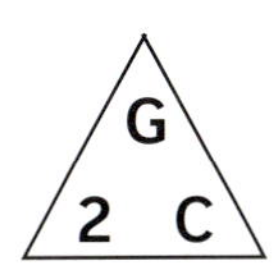

7. Sie müssen über einen längeren Zeitraum mit Schmierölen arbeiten. Wie schützen Sie sich vor Hautschäden?

8. Warum können kaltverseifte Fette nach einer längeren Betriebsdauer ihre Funktion nicht mehr erfüllen?

9. Welche Bedeutung hat die Viskosität bei der Auswahl des Schmieröls?

10. Wählen Sie einen geeigneten Schmierstoff aus und begründen Sie die Auswahl.

a) Für sehr hohe Temperaturen.

b) Für sehr niedrige Temperaturen.

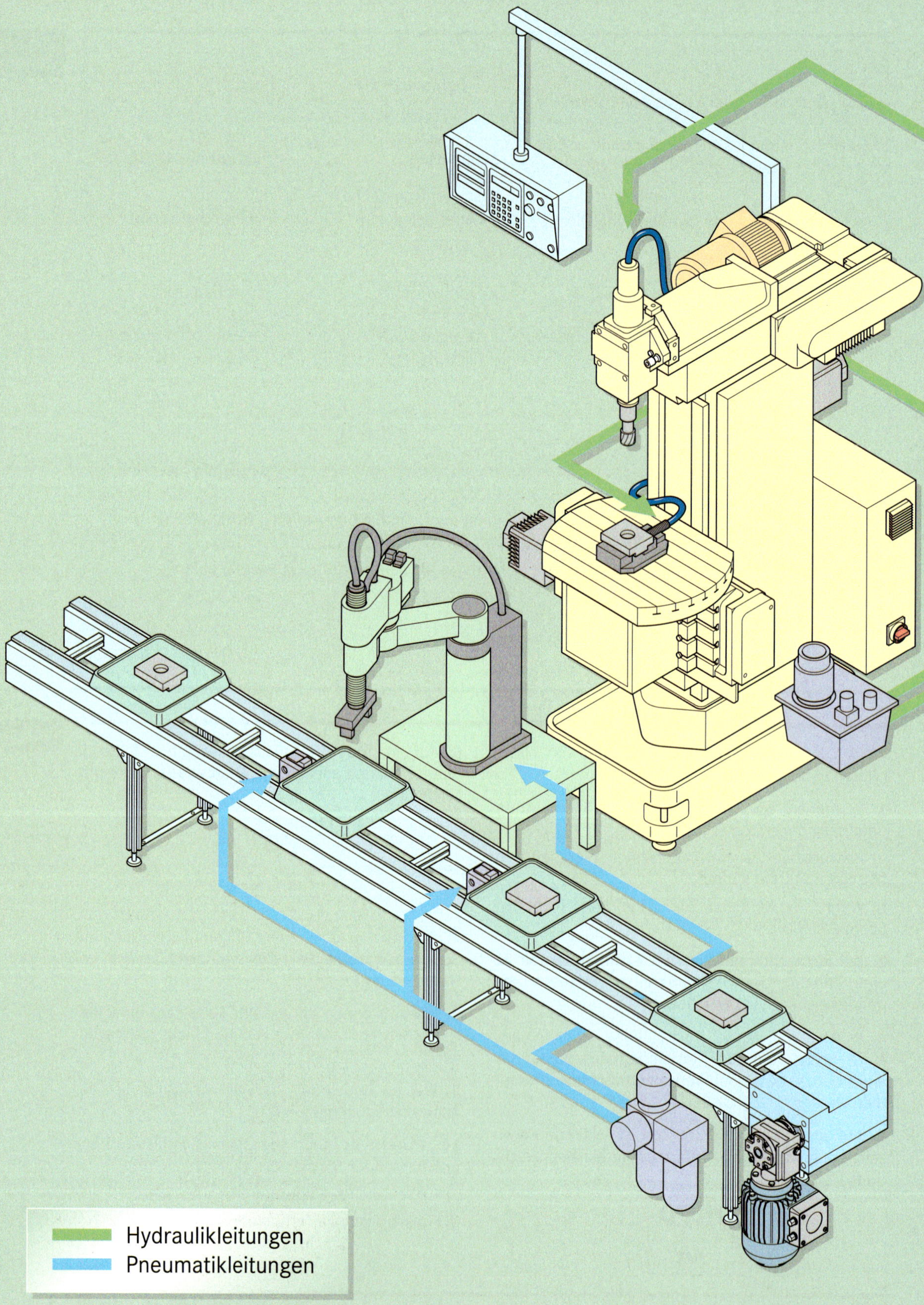

Hydraulikleitungen
Pneumatikleitungen

Hydraulische und pneumatische Einheiten

11

ufbau/
nktion

11.1 Hydraulische Einheiten

Die Werkstück und Werkstückspannung erfolgen an der Fräsmaschine hydraulisch. Im Maschinengestell befindet sich das Hydraulikaggregat. Über Rohrleitungen und Schlauchleitungen wird die Hydraulikflüssigkeit zu den Bauteilen der Hydraulikanlage transportiert.

Den Aufbau und die Funktion der Hydraulikanlage zeigt der Hydraulikplan (Abb. 1). In praxisgerechten Schaltplänen sind folgende technische Angaben einzutragen:

- Größe des Behaltervolumens, z.B. 20 l,
- Bezeichnung des Hydrauliköls, z. B. HLP 46,
- Nennvolumen der Pumpe, z. B. 0,9 l/min,
- Nennleistung und Umdrehungsfrequenz des Antriebsmotors, z. B. 0,25 kW, 1500 1/min,
- Einstelldruck der Druckventile, z. B. 120 bar,
- Zylinder-, Kolbenstangendurchmesser und Hub des Zylinders, z. B. Ø 25/16 x 120,
- Außendurchmesser und Wanddicke der Rohrleitungen, z. B. Ø 10 x 1

Technische Angaben in Hydraulikplänen erleichtern die Wartung, Inspektion und Instandsetzung.

Arbeitssicherheit

Beim *Arbeiten an hydraulischen Anlagen* ist zu beachten:

- Hydraulikpumpe ausschalten.
- Keine Leitungsverschraubungen, An-schlüsse und Geräte lösen, solange die Anlage unter Druck steht.
- Bei allen Arbeiten auf Sauberkeit achten.
- Alle Öffnungen mit Schutzkappen verschließen, damit kein Schmutz in das Hydrauliksystem eindringt.
- Hydraulikanschlüsse nicht verwechseln.
- Keine Putzwolle zum Reinigen von Ölbehältern verwenden.

Beim *Wechseln von Hydraulikleitungen* ist zu beachten:

- Richtige Druckstufe der Schläuche und Armaturen,
- ausreichende Schlauchleitungslänge,
- fachgerechte Verlegung und Montage.

Beim Umgang mit Druckflüssigkeiten und deren Entsorgung die Angaben von Betriebsanweisung und Sicherheitsblättern befolgen. Die Hände sind mit einer Schutzcreme einzucremen.

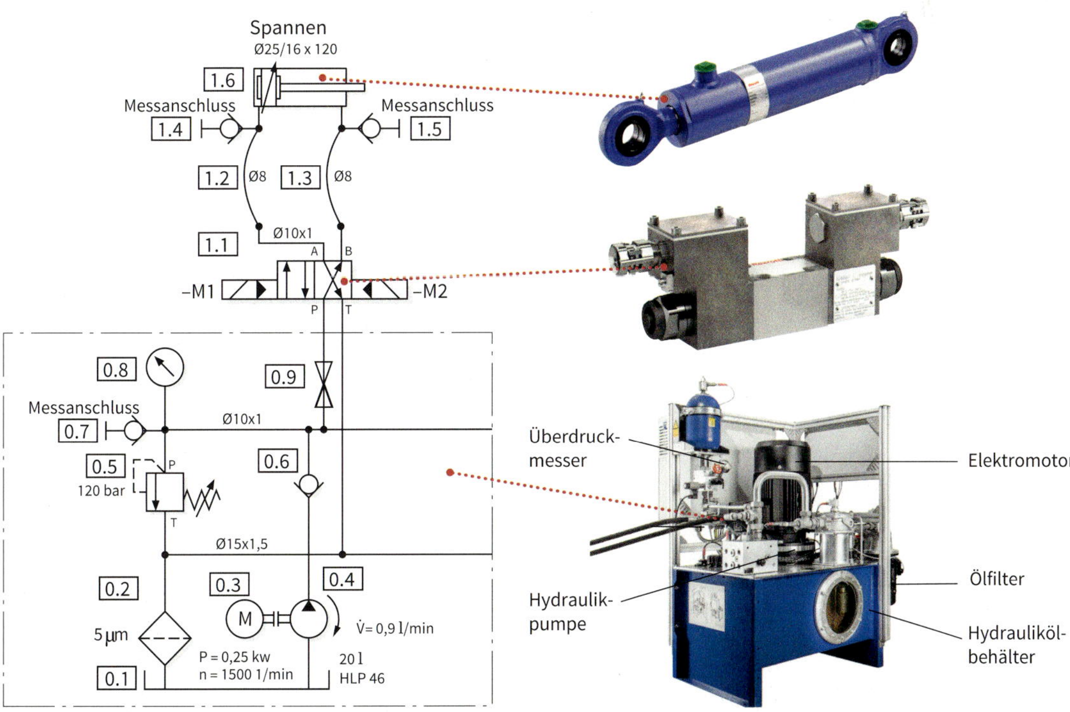

Abb. 1: Hydraulikplan

Warten

Die Wartung von Hydraulikanlagen umfasst folgende Tätigkeiten:

- Hydraulikanlage reinigen,
- Hydrauliköl wechseln,
- Hydrauliköl ergänzen,
- Hydraulikfilter wechseln oder reinigen.

Diese Wartungsarbeiten müssen in bestimmten Intervallen ausgeführt werden. Entscheidend für die Wartungsintervalle ist der Einsatz der Hydraulikanlage (Tab. 1).

Tab. 1: Wartungsintervalle

Einsatzklasse A	
Gelegentliche Nutzung bei langen Stillstandszeiten	alle zwei Jahre bei guten Umgebungsbedingungen (z.B. staubfreie Umgebung, nicht im Freien), sonst jährlich.
Einsatzklasse B	
Regelmäßige Nutzung bei unterbrochenem Betrieb	jährlich
Einsatzklasse C	
Regelmäßige Nutzung im Dauerbetrieb	nach maximal 5000 Betriebsstunden, spätestens jährlich

Hydraulikanlage reinigen

Die Hydraulikanlage muss regelmäßig gereinigt werden. Dadurch wird erreicht, dass

- beim Nachfüllen der Hydraulikflüssigkeit und beim Filterwechsel kein Schmutz in das System gelangt,
- sich bewegende Zylinderstangen vor Verschleiß geschützt werden,
- undichte Stellen besser sichtbar werden.

Beim Reinigen darf die Reinigungsflüssigkeit nicht in das Hydrauliksystem gelangen.

Hydrauliköl wechseln

Das Hydrauliköl wird nach den Vorgaben des Wartungsplans gewechselt (Abb. 1). Ein Ölwechsel muss auch durchgeführt werden, wenn Inspektionsergebnisse dies erfordern.

Bei einem Ölwechsel sind folgende Tätigkeiten auszuführen:

- Ölauffangwanne bereitstellen.
- Ölauffangmatten oder ölbindende Mittel bereitstellen.
- Hydrauliköl aus dem Ölbehälter ablassen oder abpumpen.
- Behälter auf abgesetztes Wasser oder Bodenschlamm überprüfen.
- Falls erforderlich eine Ölprobe entnehmen. Dazu müssen die Entnahmeeinrichtung und die Probeflasche sehr sorgfältig gereinigt sein.
- Ölbehälter reinigen.
- Hydrauliköl über einen Ölfilter nachfüllen. Die Porengröße dieses Filters sollte gleich oder kleiner als diejenige des eingebauten Ölfilters sein.
- Abgelassenes Hydrauliköl und ölverschmutzte Putzlappen müssen nach geltenden Vorschriften gelagert und entsorgt werden.

Abb. 1: Ölwechsel mit einem mobilen Ölfilter

Hydrauliköl ergänzen

Wird bei einer Inspektion ein zu niedriger Ölstand im Ölbehälter festgestellt, muss Hydrauliköl über einen Ölfilter nachgefüllt werden.

Hydraulikfilter wechseln oder reinigen

Es gibt Ölfilter mit wiederverwendbaren Filterelementen oder mit Einwegfilterelementen. Einwegfilterelemente müssen bei einem Ölwechsel ausgetauscht werden. Wiederverwendbare Filterelemente müssen bei einem Ölwechsel gereinigt werden. Heute werden hauptsächlich Ölfilter mit auswechselbaren Filterelementen verwendet. Der Zustand dieser Ölfilter wird mit Hilfe einer Verschmutzungsanzeige überwacht (Abb. 2). Das Überschreiten einer Grenzverschmutzung wird angezeigt.

Abb. 2: Verschmutzungsanzeige

Das Wechseln des Filterelementes umfasst folgende Schritte:

- Hydraulikfilter mit dem verschmutzten Filterelement druckentlasten.
- Filtergehäuse abschrauben bzw. Filterdeckel öffnen. Auf Sauberkeit achten.
- Verschmutztes Filterelement gemeinsam mit dem eingelegten Schmutzauffangkorb entnehmen.
- Die im Filtergehäuse vorhandene Restflüssigkeit vorschriftsgemäß entsorgen. Auf keinen Fall darf diese wegen der hohen Verschmutzung in den Ölkreislauf gelangen.
- Gehäuse mit einem flusenfreien, sauberen Lappen reinigen.
- Dichtung am Filterdeckel oder Filtergehäuse kontrollieren und falls erforderlich auswechseln.
- Dichtung des Filterelementes sowie die Dichtflächen und Gewinde am Filtergehäuse mit sauberem Hydrauliköl dünn bestreichen.
- Neues Filterelement entsprechend den Herstellerangaben einbauen.
- Filtergehäuse aufschrauben oder Filterdeckel schließen.
- Anlage einschalten und den Hydraulikfilter auf äußere Leckage kontrollieren.

Prüfen

Die Inspektionen richten sich nach dem Gesamtinspektionsplan (siehe Kap. 9). Für die Hydraulik gelten hierbei folgende Richtwerte (Tab. 2).

Tab. 2: Inspektionsintervalle

auszuführende Arbeit	**Kurzinspektion** (täglich)	**Einsatzklassen**		
		A	**B**	**C**
Gesamtanlage:				
• äußere Leckagen	x	monatlich	wöchentl.	täglich
• Verschmutzung	x	monatlich	wöchentl.	täglich
• Geräusche	x	monatlich	wöchentl.	täglich
• Beschädigungen	x	monatlich	wöchentl.	täglich
Hydrauliköl:				
• Stand	x	monatlich	wöchentl.	täglich
• Temperatur	x	monatlich	wöchentl.	täglich
• Zustand (Ölproben)			1 Jahr	½ Jahr
Filter:				
• Überwachung von Verschmutzungsanzeigen	x	monatlich	wöchentl.	täglich
Einstellwerte:				
• Druckventil		1 Jahr	½ Jahr	½ Jahr
• Spanndruck für Werkzeug	x	1 Jahr	½ Jahr	½ Jahr
• Spanndruck für Werkstück	x	1 Jahr	½ Jahr	½ Jahr
Pumpen:				
• Druck-Volumenstrom-kennlinie			1 Jahr	½ Jahr
• Volumenstrom des Lecköls				

Vor Beginn der Arbeit muss der Anlagenführer eine Kurzinspektion durchführen. Hierbei vergewissert er sich über den ordnungsgemäßen Zustand der Anlage.

Die Inspektionsarbeiten müssen bei eingeschaltetem Hydraulikaggregat durchgeführt werden.

Rohrleitungen und Rohrverschraubungen prüfen

Die Kontrolle des Leitungsnetzes (Abb. 1) besteht aus folgenden Tätigkeiten:

- Rohrleitungen auf Beschädigungen überprüfen,
- Verschraubungen, Einschraub- und Verbindungsverschraubungen auf Dichtigkeit kontrollieren,
- Rohrleitungen auf festen Sitz in ihren Befestigungen prüfen und
- Rohrleitungen auf unzulässige Schwingungen untersuchen.

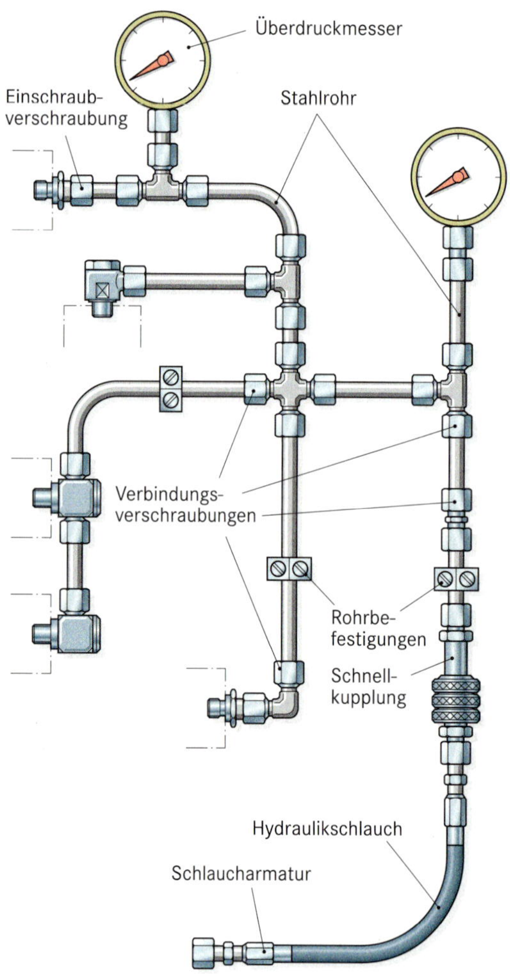

Abb. 1: Rohrleitungen und Rohrverschraubungen

Eine lockere Verbindung in einer Druckleitung führt zur Leckage von Hydrauliköl. Bei Rücklauf- und Ansaugleitungen führen lockere Verbindungen zum Ansaugen von Luft in das Hydrauliksystem. Lose Rohrleitungen können durchscheuern.

Schlauchleitungen prüfen

Schlauchleitungen werden auf folgende Mängel untersucht:

- Beschädigung der Außenschicht bis zur Einlage z. B. durch Risse, Schnitte oder Scheuerstellen,
- Rissbildung durch Versprödung (Alterung) des Schlauchmaterials,
- Verformungen, hervorgerufen durch Schichttrennung, Blasenbildung, Quetsch- oder Knickstellen,
- undichte Schlauchleitung,
- Schlaucharmatur beschädigt oder deformiert,
- Schlauch löst sich aus der Armatur,
- Armatur korrodiert, so dass Festigkeit und Funktion beeinträchtigt werden,
- die Verwendungsdauer ist überschritten.

Die Verwendungsdauer eines Hydraulikschlauches sollte max. 6 Jahre ab Herstellerdatum nicht überschreiten. Das Herstelldatum ist auf der Schlaucharmatur vermerkt. Abbildung 2 zeigt den Aufbau eines Hydraulikschlauches.

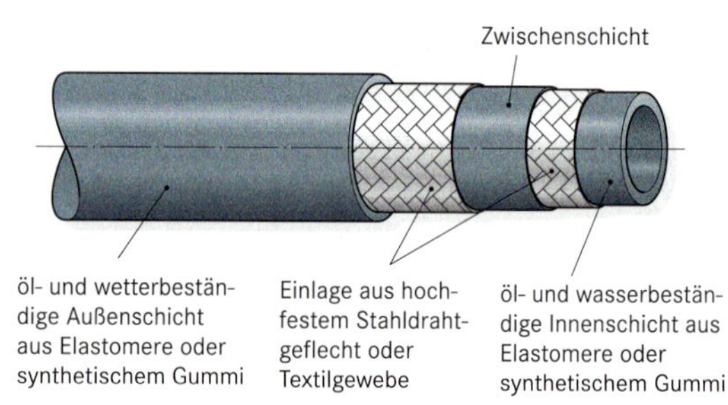

Abb. 2: Aufbau eines Hydraulikschlauches

Wird einer dieser Mängel festgestellt, so muss die betreffende Schlauchleitung ausgetauscht werden.

Hydrauliköl kontrollieren

Die Kontrolle umfasst den Zustand des Öls und den Ölstand im Ölbehälter. Der Ölstand im Hydraulikbehälter ist am Schauglas zu kontrollieren (Abb. 3). Ein zu niedriger Ölstand deutet auf äußere Leckagen hin. Des Weiteren muss die Öltemperatur kontrolliert werden.

Um eine genaue Auskunft über die vorhandene Ölqualität zu erhalten, werden Ölproben im Labor untersucht (siehe Kap 10.6). Damit der Betriebszustand des Hydrauliköls erfasst wird, müssen die Ölproben bei betriebswarmer Anlage aus dem Behälter entnommen werden. Eventuell vorhandene Schwebstoffe haben sich dann noch nicht abgesetzt. Bei komplexeren Hydraulikanlagen sind hierfür extra Ventile eingebaut, die es ermöglichen, während des Betriebes Kontrollmessungen und Ölentnahmen durchzuführen (Abb. 4). Nach der anschließenden Untersuchung des Öls können Aussagen über den Ölzustand und die Schmutzrückstände gemacht werden.

Abb. 3: Ölstand

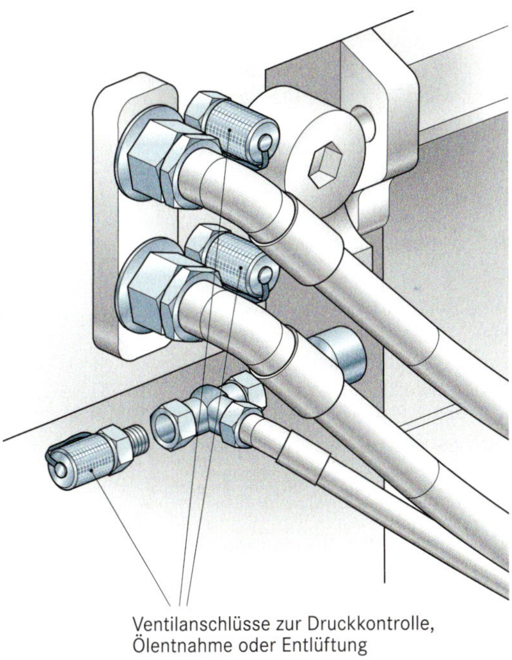

Abb. 4: Hydraulikanlage mit Messstellenanschlüssen

Zylinder kontrollieren

Bei Hydraulikzylindern ist der Zustand der Kolbenstange von großer Bedeutung (Abb. 5). Sie wird auf Verformung, Beschädigung und Korrosion untersucht.

Der äußere Zustand und die Dichtheit des Hydraulikzylinders müssen beurteilt werden. Die Befestigungen und die genaue Ausrichtung des Hydraulikzylinders müssen überprüft werden.

Eine gleichmäßige Kolbenbewegung und eine ausreichende Dämpfung sind sicherzustellen.

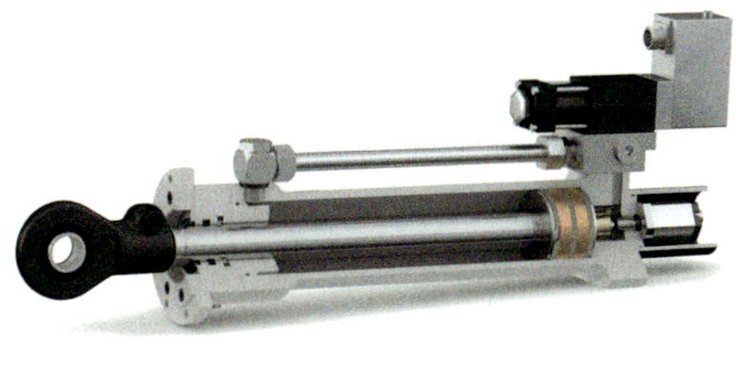

Abb. 5: Hydraulikzylinder

Hydraulikpumpe und Elektromotor prüfen

Die Inspektion der Hydraulikpumpe und des Elektromotors umfasst folgende Maßnahmen (Abb. 6):

- Temperatur von Pumpe und E-Motor mit der Hand überprüfen. Bei normaler Betriebstemperatur lassen sich diese Hydraulikkomponenten mit der Hand berühren.
- Geräuschverhalten von Pumpe und E-Motor bewerten.
- Befestigungen und Ausrichtung von Hydraulikpumpe und E-Motor kontrollieren.
- Pumpen-Drehrichtung überprüfen.
- Leitungsanschlüsse und Wellendurchführung bei der Pumpe auf Dichtheit kontrollieren.

Abb. 6: Elektromotor mit Hydraulikpumpe

Hydroventile kontrollieren

Die Kontrolle umfasst folgende Arbeiten:

- Befestigungen und Leitungsanschlüsse überprüfen.
- Dichtheit des Ventils kontrollieren.
- Vorhandene Plomben, Typenschilder und elektrische Anschlüsse überprüfen.

Außerdem sind die Ventilgeräusche und die Temperatur zu bewerten.

Instand-setzen

Anlass für eine Instandsetzung können festgestellte Mängel infolge einer Inspektion oder plötzlich aufgetretene Störungen sein.

Bauteile austauschen

Hierbei fallen Tätigkeiten an, die bei fast jedem Bauteilwechsel stattfinden.

Zum Beispiel wurde bei einer täglichen Kontrolle festgestellt, dass ein Zylinder Öl verliert. Ein gleicher Zylinder ist vorrätig und die Instandsetzung benötigt nicht viel Zeit. Mit der Behebung des Fehlers kann gleich begonnen werden. Ein Produktionsausfall ist nicht zu erwarten.

Defekten Zylinder wechseln

Für den Austausch des Zylinders sind folgende Arbeitsschritte notwendig:

- Anlage spannungs- und drucklos schalten.
- Hydraulikleitungen losschrauben und verschließen, damit kein Schmutz in das System eindringen kann.
- Zylinder ausbauen und die Hydraulikflüssigkeit durch Betätigen mit der Hand vollständig ablassen.
- Anschlüsse des defekten Zylinders verschließen.
- Hydraulikanschlüsse des Ersatzzylinders auf Beschädigungen untersuchen.
- Ersatzzylinder ausrichten und befestigen.
- Endlagendämpfung kontrollieren und einstellen.
- Hydraulikschläuche anschließen, die Anschlüsse dabei nicht verwechseln. Die Schläuche müssen fest verschraubt sein, um eine Leckage zu vermeiden.
- Zylinder entlüften und mit Druck beaufschlagen.
- Ausgelaufenes Öl aufwischen.
- Funktionsprüfung mehrmals wiederholen.
- Fertigmeldung durch den Monteur.

Fehlersuche

Bei einer Störung ist die Fehlerursache nicht bekannt. Es muss eine Fehlersuche durchgeführt werden. Eine Möglichkeit stellt die Druckmessung dar. Um wichtige Druckmessergebnisse zu erhalten, sind an der Hydraulikanlage Messanschlüsse installiert (Abb. 1). An diesen Messstellen können Druckmessgeräte aufgeschraubt werden, um den jeweiligen Druck zu messen (Abb. 2).

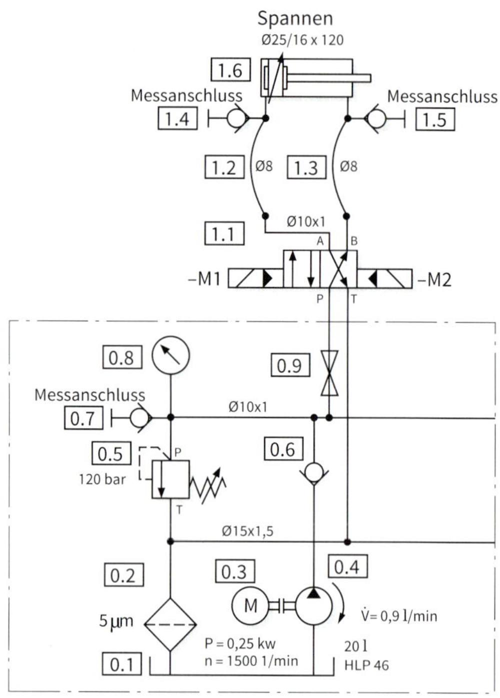

Abb. 1: Hydraulikplan mit Messanschlüssen

Um Stillstandszeiten zu senken, muss bei der Fehlersuche systematisch vorgegangen werden. Hierbei kann ein Ablaufdiagramm nach **DIN 66001** zur Veranschaulichung eines Lösungsweges hilfreich sein (Abb. 3).

Zum Überprüfen der Pumpe und des Hydraulikaggregates wird der Absperrhahn 0.9 geschlossen. Der sich einstellende Druck wird am Überdruckmesser 0.8 abgelesen.

Abb. 2: Aufschraubbares, digitales Manometer

Der abgelesene Wert von 120 bar und alle nachfolgenden Messergebnisse werden zur Dokumentation und Auswertung in eine Tabelle eingetragen (Tab. 1).

Für die nachfolgenden Prüfungen wird der Absperrhahn 0.9 geöffnet. Als Nächstes lässt man den Kolben ausfahren und trägt die angezeigten Werte der installierten Überdruckmesser in die Tabelle ein (Tab. 1).

In der vorderen Endlage des Zylinders muss an den Messstellen 0.7 und 1.4 der Maximaldruck von 120 bar anliegen. An der Messstelle 1.5 sollte kein Druck angezeigt werden.

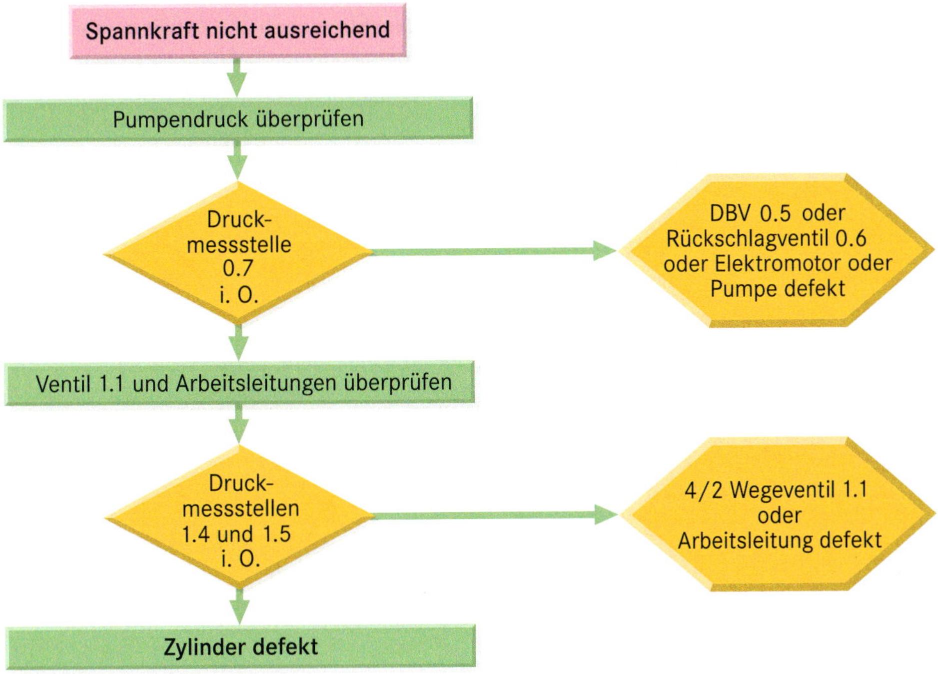

Abb. 3: Ablaufdiagramm zur Störungssuche

An den Messstellen werden folgende Drücke angezeigt:

- 0.7 → 120 bar,
- 1.4 → 116,5 bar,
- 1.5 → 3,5 bar.

Für die nächste Auswertung lässt man den Hydraulikkolben wieder einfahren. Im eingefahrenen Zu-stand muss an den Messstellen 0.7 und 1.4 der maximale Druck von 120 bar angezeigt werden. Am Überdruckmesser 1.5 sollte kein Druck angezeigt werden. Folgende Drücke sind an den Messstellen vorhanden:

- 0.7 → 120 bar,
- 1.4 → 3,5 bar,
- 1.5 → 116,5 bar.

Sind alle Messergebnisse in die Tabelle eingetragen, erfolgt die Auswertung. Die ermittelten Ist-Werte werden mit den Soll-Werten verglichen.

Wie Tabelle 1 zeigt, besteht eine Druckdifferenz für den ausgefahrenen Zylinder an den Messstellen 1.4 und 1.5.

Ebenso ist eine Abweichung von den Soll-Werten für den eingefahrenen Hydraulikzylinder an 1.4 und 1.5 zu verzeichnen.

Die angezeigten Druckdifferenzen weisen auf eine Undichtheit des Kolbens hin.

Zur Fehlerbeseitigung muss der Hydraulikzylinder gegen einen neuen oder überholten Zylinder ausgetauscht werden.

Für eine Reparatur werden von vielen Herstellern Reparatursets oder Ersatzteile angeboten.

Tab. 1: Auswertung der Messergebnisse

Auswertung						
Bezeichnung	**Messstelle – Druckangaben in bar**					
	0.7		**1.4**		**1.5**	
	Soll	Ist	Soll	Ist	Soll	Ist
Absperrventil 0V4 geschlossen	120,0	120,0	0,0	0,0	0,0	0,0
vordere Endlage	120,0	120,0	120,0	116,5	0,0	3,5
hintere Endlage	120,0	120,0	0,0	3,5	120,0	116,5

Aufgaben

1. Wie wirkt sich eine defekte Pumpe auf die Messwerte aus?

2. Wie können Sie mit Hilfe der installierten Überdruckanzeiger den inneren Widerstand des Hydraulikzylinders ermitteln?

Aufbau/ Funktion

11.2 Pneumatische Einheiten

Den Aufbau und die Funktion der Pneumatikanlage für die Vereinzeler zeigt der pneumatische Schaltplan (Abb. 1). Die zentral erzeugte Druckluft wird in der Wartungseinheit (0.1) auf den Arbeitsdruck eingestellt. Über 3/2-Wegeventile (1.1, 2.1) werden die Zylinder (1.2, 2.2) der Vereinzeler angesteuert.

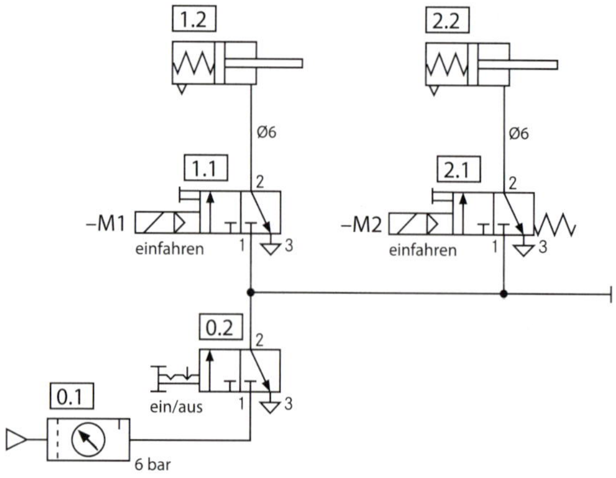

Abb. 1: Pneumatischer Schaltplan

Wartungseinheit kontrollieren

- Wartungseinheit reinigen,
- Filterpatrone reinigen oder wechseln,
- Kondensat ablassen,
- automatische Kondensatabscheidung kontrollieren,
- Öl im Druckluftöler ergänzen.

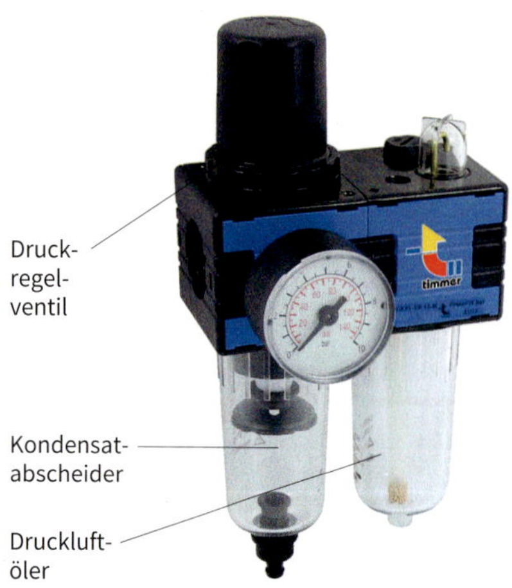

Abb. 2: Wartungseinheit

Schlauchleitungen und Bauelemente prüfen

Hierbei sind folgende Prüfungen durchzuführen:

- Schlauchleitungen auf Beschädigungen wie Knicke, Risse, Porosität oder eingedrückte Metallspäne untersuchen,
- Schlauchbefestigungen wie Klemmleisten und Schlauchbinder auf festen Sitz kontrollieren,
- Schlauchverbindungen auf richtigen Sitz und Dichtheit prüfen,
- Kolbenstangen auf Verschleißerscheinungen untersuchen, dies können Längsriefen und festhaftende Partikel der Stangendichtung sein,
- Laufruhe des Zylinders kontrollieren (Stick-Slip Effekt),
- Zylinderbefestigungen auf festen Sitz und Korrosion überprüfen,
- Ventile auf Leckverluste kontrollieren,
- Handbetätigung der Ventile kontrollieren.

Instandsetzen

Bei der Inspektion entdeckte Fehler gilt es zu beseitigen. Dazu werden bei druckloser Anlage z. B.:

- Fehlerhafte Schlauchleitungen erneuert,
- Lose Verschraubungen nachgezogen oder ersetzt,
- Defekte Rohrleitungen repariert oder erneuert,
- Verbindungen und Dichtungen ausgetauscht,
- Bauelemente wie Ventile oder Pneumatikzylinder ausgetauscht oder repariert.

Arbeitssicherheit/Umweltschutz

Bei der Instandhaltung von hydraulischen und pneumatischen Anlagen sind zu jedem Zeitpunkt die geltenden Unfall-Verhütungs-Vorschriften zu beachten.

Für die Entsorgung von Altöl und ölverschmutzten Gegenständen sind die geltenden Vorschriften zu beachten.

Zusammenfassung

Instandhaltungsmaßnahmen

Hydraulische Einheiten

Wartung

- Reinigen der Hydraulikanlage
- Hydrauliköl wechseln
- Hydrauliköl ergänzen
- Hydraulikfilter reinigen oder wechseln

Inspektion

- tägliche Kontrollen
  - äußere Leckagen
  - Verschmutzung
  - Geräusche
  - Beschädigungen
  - Ölstand
  - Öltemperatur
  - Ölfilter Verschmutzungsanzeige
  - Spanndruck Werkzeug
  - Spanndruck Werkstück
- Verschraubungen, Rohr- und Schlauchleitungen
- Hydrauliköl
  - Zustand (Ölprobe)
- Einstellwerte
  - Druckventil
- Pumpen
- Ventile

Pneumatische Einheiten

Wartung

- Reinigung der Aufbereitungseinheit bestehend aus:
  - Filter
  - Druckreduzierventil
  - Öler
- Wechseln der Filterpatrone
- Ergänzen des Öls im Öler

Inspektion

- Kontrolle der:
  - Schlauchleitungen
  - Zylinder
  - Ventile

Instandsetzung

- Fehlerhafte Schlauchleitungen erneuern.
- Lose Verschraubungen nachziehen oder erneuern.
- Verbindungen und Dichtungen erneuern.
- Bauelemente wie z. B. Ventile und Zylinder auswechseln oder reparieren.

Aufgaben

1. Worauf müssen Sie beim Arbeiten an hydraulischen Anlagen achten?

2. Welche Tätigkeiten umfasst die Wartung einer Hydraulikanlage?

3. Sie sollen an einem Hydraulikaggregat einen Ölwechsel durchführen. Nennen Sie die notwendigen Arbeitsschritte.

4. Beschreiben Sie den Wechsel eines Hydraulikfilters.

5. Welche Inspektionstätigkeiten werden bei einer Kurzinspektion durchgeführt?

6. Welche Mängel können an Hydraulikschläuchen auftreten?

7. Welche Kontrollen sind an einem Hydraulikzylinder durchzuführen?

8. Wozu dienen Messanschlüsse innerhalb einer Hydraulikanlage?

9. Welche Wartungstätigkeiten werden an einer Pneumatikanlage durchgeführt?

10. Beschreiben Sie die Inspektion einer Pneumatikanlage.

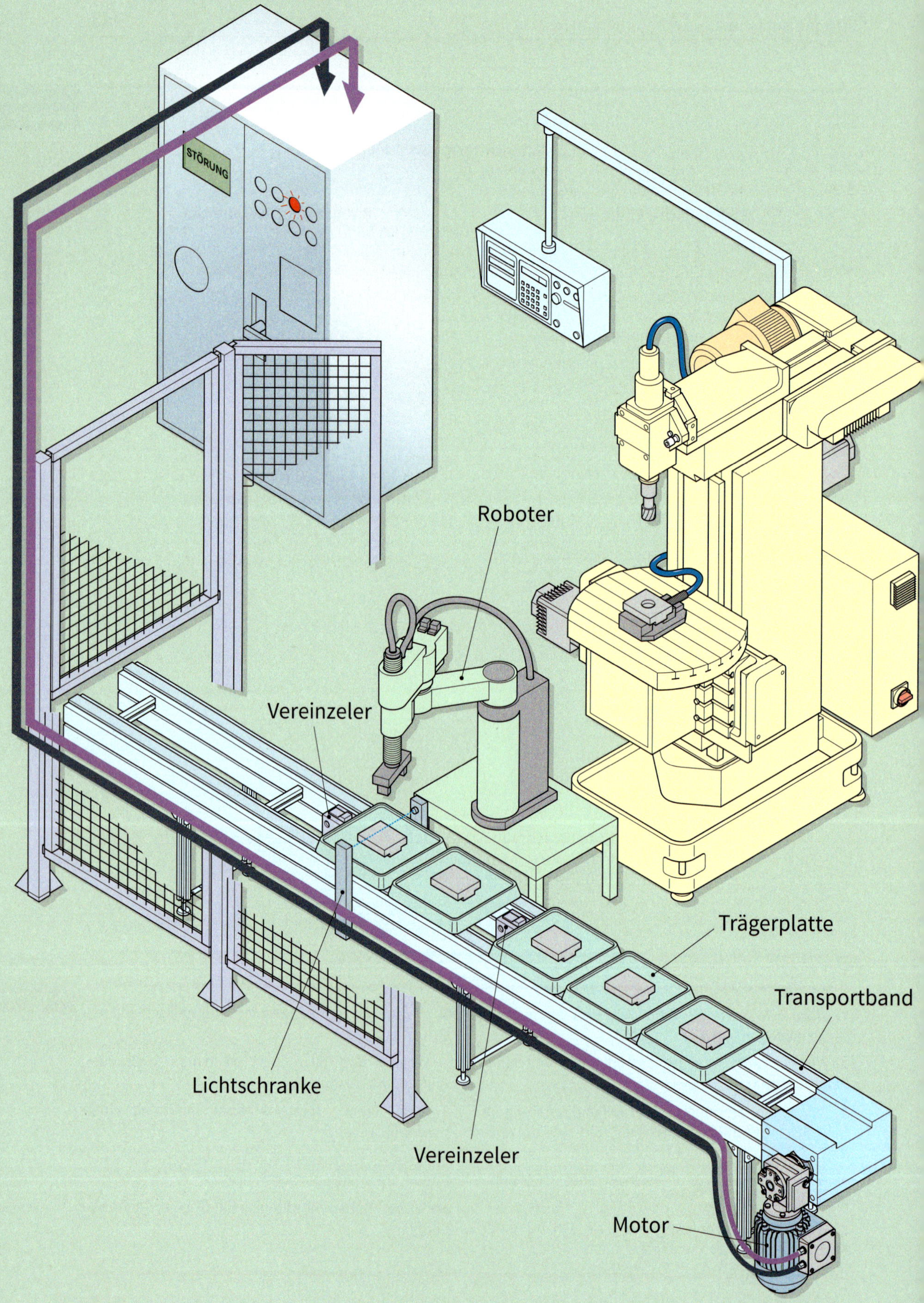
STÖRUNG
Roboter
Vereinzeler
Trägerplatte
Transportband
Lichtschranke
Vereinzeler
Motor

Instandhalten der Bearbeitungsstation 12

Die Bearbeitungsstation besteht aus mehreren Teilsystemen. Jedes Teilsystem hat verschiedene Eigenschaften, die bei den Instandhaltungsabläufen berücksichtigt werden müssen, z. B.:

- Abnutzungsverhalten,
- Reparaturfreundlichkeit und
- Ersatzteilverfügbarkeit.

Aus diesen Eigenschaften und den betrieblichen Anforderungen (z. B. max. zulässige Ausfallzeit) lassen sich verschiedene Instandhaltungsstrategien zuordnen (siehe Kapitel 9). An der Bearbeitungsstation sind dies die

- ereignisorientierte,
- zustandsabhängige und
- intervallabhängige Instandhaltung.

Je nach gewählter Instandhaltungsstrategie sind in der Praxis unterschiedliche Arbeitsabläufe und Prozesse erforderlich.

12.1 Ereignisorientiertes Instandhalten

Bei der ereignisorientierten Instandhaltung werden erst dann Maßnahmen erforderlich, wenn eine Komponente ihre Abnutzungsgrenze erreicht hat. Dies wird in der Regel durch eine Störung des Prozesses erkannt.

An der Bearbeitungsstation stoppt plötzlich der automatische Bearbeitungsablauf. Der Anlagenführer unterzieht die Anlage einer Sichtkontrolle, um festzustellen, ob er das aufgetretene Problem selbst lösen kann.

Dabei stellt er fest, dass sich vor dem Schwenkarmroboter auf dem Transportband unbearbeitete Rohteile angestaut haben. Der Bandmotor läuft und der Vereinzeler vor dem Roboter steht in Sperrstellung. Weiterhin erkennt er am Steuerschrank eine anstehende Störmeldung des Transportbandes. Da er selbst die Fehlerursache nicht erkennt, fordert er eine Fachkraft an.

Der mit der Anlage vertraute Instandhalter analysiert zunächst deren Ist-Zustand. Hierbei erkennt er, dass sich sowohl der Roboter als auch die Fräsmaschine in Grundstellung befinden und auf das Einfahren einer neuen Trägerplatte warten.

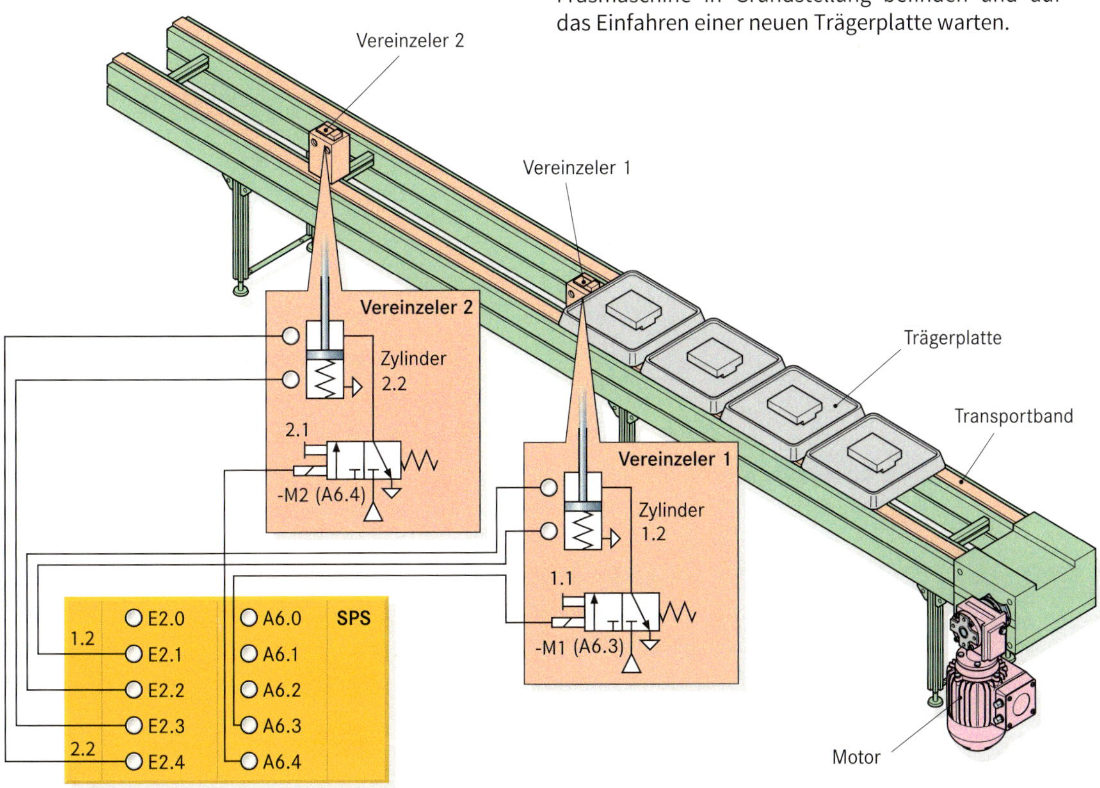

Abb. 1: Funktionsstruktur und Technologieschema des Transportbandes

Gleichzeitig stauen sich viele Trägerplatten vor dem ersten Vereinzeler. Daraus schließt er, dass die Störung im Zusammenhang mit dem Transportband bzw. dem Vereinzeler steht.

Um die Fehlersuche möglichst effektiv zu gestalten, ist ein systematisches Vorgehen unerlässlich. Dies beinhaltet einerseits die Kenntnis über die Funktionsstruktur des Teilsystems. Andererseits sind die einzelnen Schnittstellen zwischen den Funktionseinheiten zu ermitteln (Abb. 1, vorige Seiten). Dazu werden die vorhandenen technischen Unterlagen verwendet.

Funktionsstruktur

Hierzu wird das Transportband in die folgenden Funktionseinheiten zerlegt:

- Antriebseinheit
- Arbeitseinheit
- Stütz- und Trageinheit
- Energieübertragungseinheit
- Steuerungseinheit
- Versorgungseinheit

Zwischen den einzelnen Funktionseinheiten sind die entsprechenden Schnittstellen zu ermitteln und darzustellen.

Schnittstellen

Eine Schnittstelle (Systemgrenze) befindet sich immer am Übergang unterschiedlicher Funktionseinheiten. Für jede Schnittstelle lässt sich die Funktion beschreiben. Weiterhin gehört zu jeder Schnittstelle eine physikalische Größe (Tab. 1). Da sich die Trägerplatten am Vereinzeler stauen, ist es naheliegend, dort mit der Fehlersuche zu beginnen.

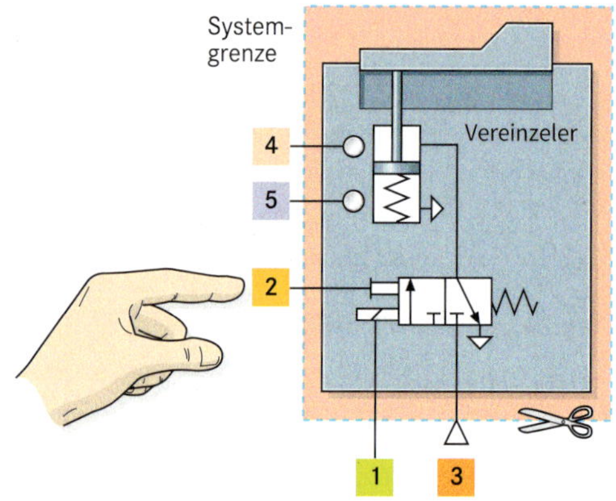

Abb. 1: Funktionsstruktur und Schnittstellen des Vereinzelers

Dazu müssen die Schnittstellen des Vereinzelers definiert werden.

Schnittstellendefinition (Abb. 1):

1 Die Auslösespule des Ventils ist über eine zweiadrige Leitung mit der Steuerung verbunden. Wenn die Spule nicht betätigt ist (Vereinzeler ausgefahren), liegt eine Spannung von 0 V zwischen den beiden Leitern. Bei betätigter Spule (Vereinzeler eingefahren) liegt hier eine Spannung von $U = 24$ V DC an.

2 Das Ventil kann ebenfalls durch Handbetätigung geschaltet werden, wozu eine Kraft erforderlich ist.

3 Wenn das Ventil betätigt ist, wird mit Hilfe des Luftdruckes der Vereinzeler eingefahren.

Tab. 1: Schnittstellen

Funktionseinheit A	Funktionseinheit B	Schnittstelle	physikalische Größe	geprüft	Bemerkung
Getriebemotor (Antriebseinheit)	Transportband (Arbeitseinheit)	Welle (Kraftübertragungseinheit)	Drehmoment		
	Steuerung	Profibusanschluss am Frequenzumrichter	Spannung (Datenwort)		
	elektrische Energieversorgung	Netzanschluss am Frequenzumrichter	Spannung		
	Stütz- und Trageinheit	Befestigungsschrauben	Kraft		
Vereinzeler 1	Steuerung Ausgang A6.3	Anschluss Ventilspule	Spannung		
	Mensch	Hand-Betätigungsknopf	Kraft		
	pneumatische Energieversorgung	Druckluftanschluss	Druck		
	Steuerung Eingang E2.2	Anschluss oberer Näherungsschalter	Spannung		
	Steuerung Eingang E2.1	Anschluss unterer Näherungsschalter	Spannung		
usw.	usw.	usw.	usw.		

4 Der ausgefahrene Zustand des Vereinzelers wird über den berührungslosen Näherungsschalter B1 an die Steuerung übertragen, der eine Gleichspannung von 24 V an den Eingang der SPS legt.

5 Gleiches gilt für die Überwachung des eingefahrenen Zustandes.

Anhand der Schnittstellendefinitionen lassen sich im folgenden Fehlersuchablauf alle Schnittstellen auf ihre Funktionsfähigkeit überprüfen.

Systematische Fehlersuche

Für die Fehlersuche und Überprüfung der Schnittstellen sind Messungen erforderlich. Das Ergebnis der Messungen wird in die Schnittstellentabelle eingetragen. Nach Abschluss der Instandsetzung wird diese mit dem Instandsetzungsbericht der Anlagendokumentation hinzugefügt.

Im vorliegenden Fall darf die abgesperrte Anlage nur betreten werden, wenn diese zuvor stillgesetzt wurde. Hiermit werden ein unkontrollierter Anlauf und damit eine Personengefährdung vermieden. Da hierfür der Gang zum Steuerschrank erforderlich ist, bietet es sich an, dort mit der Überprüfung der Schnittstellen zu beginnen. Dies entspricht der Vorwärtsstrategie für Fehlersuchen (Grundlagen).

Anlage sichern

Am Steuerschrank wird nun die Energiezufuhr für die einzelnen Antriebe unterbrochen und gegen Wiedereinschalten gesichert. Um die Schnittstellen prüfen zu können, wird die Steuerspannung für SPS, Sensoren und Kleinspannungsaktoren nicht abgeschaltet.

Grundlagen

Fehlersuchstrategien

Prinzipiell lassen sich zwei Strategien nach ihrer Suchrichtung unterscheiden.

1. Vorwärtsstrategie

Es wird von übergeordneten Systemen zum fehlerhaften Teilsystem gesucht.
(Suche von Steuerung in Richtung Vereinzeler)

2. Rückwärtsstrategie

Es wird vom fehlerhaften Teilsystem zu übergeordneten Systemen gesucht.
(Suche von Vereinzeler in Richtung Steuerung)

Vorwärtsstrategie: Suche in Richtung Fehlfunktion
Rückwärtsstrategie: Suche von der Fehlfunktion weg

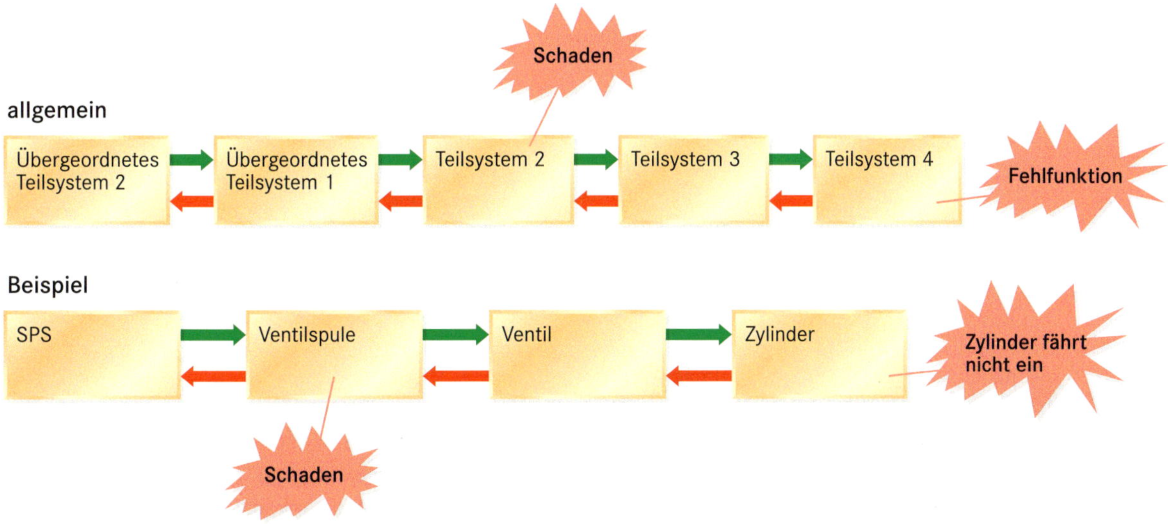

Die Suche lässt sich mit Hilfe von Fehlerbäumen bzw. Ereignis-Ablauf-Analysen (EAA) strukturieren. Je nach gewählter Suchstrategie wird der Fehlerbaum in unterschiedlicher Richtung abgearbeitet.

Schnittstellensignale prüfen

Die einzelnen Schnittstellen zwischen den Komponenten werden nun gemäß einer Ereignis-Ablauf-Analyse (EAA) nacheinander überprüft (Abb. 1).

Zuerst wird festgestellt, welchen Zustand die SPS am Ausgang hat. Sie zeigt durch eine LED an, dass der Ausgang für den Vereinzeler aktiv ist. Da diese Information der Vorgabe entspricht, wird anschließend die Spannung am SPS-Ausgang gemessen, um zu überprüfen, ob der angezeigte Zustand auch am Ausgang vorliegt. Es wird eine Spannung von U = 24 V DC gemessen. Dieser Wert entspricht den Vorgaben.

Die nächste zu prüfende Schnittstelle ist der An-schluss der Steuerleitung an der Auslösespule des Ventils. Auch hier wird die gleiche Spannung wie am SPS-Ausgang gemessen, wodurch ein Fehler auf der Steuerleitung ausgeschlossen werden kann.

Da die Verbindung von der Steuerung zum Vereinzeler in Ordnung ist, wird die nächste Schnittstelle getestet. Dies ist hier der Anschluss der Druckluftversorgung. Dazu wird das Ventil von Hand betätigt. Da sich der Vereinzeler nun senkt, ist sichergestellt, dass die Druckluftversorgung, das Ventil und die Mechanik des Vereinzelers korrekt funktionieren.

Nachdem nun alle in Frage kommenden Schnittstellen geprüft wurden und diese keine Auffälligkeiten zeigen, muss die Spule des Ventils im Vereinzeler defekt sein.

Instand-setzen

Fehlerbehebung

Nachdem die Fehlerquelle gefunden wurde, kann die Instandsetzung beginnen. Der Vereinzeler bildet eine Einheit und wird somit komplett ausgetauscht.

Als Schnittstellen nach außen bestehen die mechanische Verbindung sowie der elektrische und pneumatische Anschluss. Vor Beginn der Demontage sind Steuerspannung und Druckluftzufuhr abzuschalten.

Anschließend können die elektrischen und pneumatischen Leitungen sowie die Befestigung an den Stütz- und Trageinheiten gelöst werden. Der Einbau des neuen Vereinzelers erfolgt in umgekehrter Reihenfolge zur Demontage.

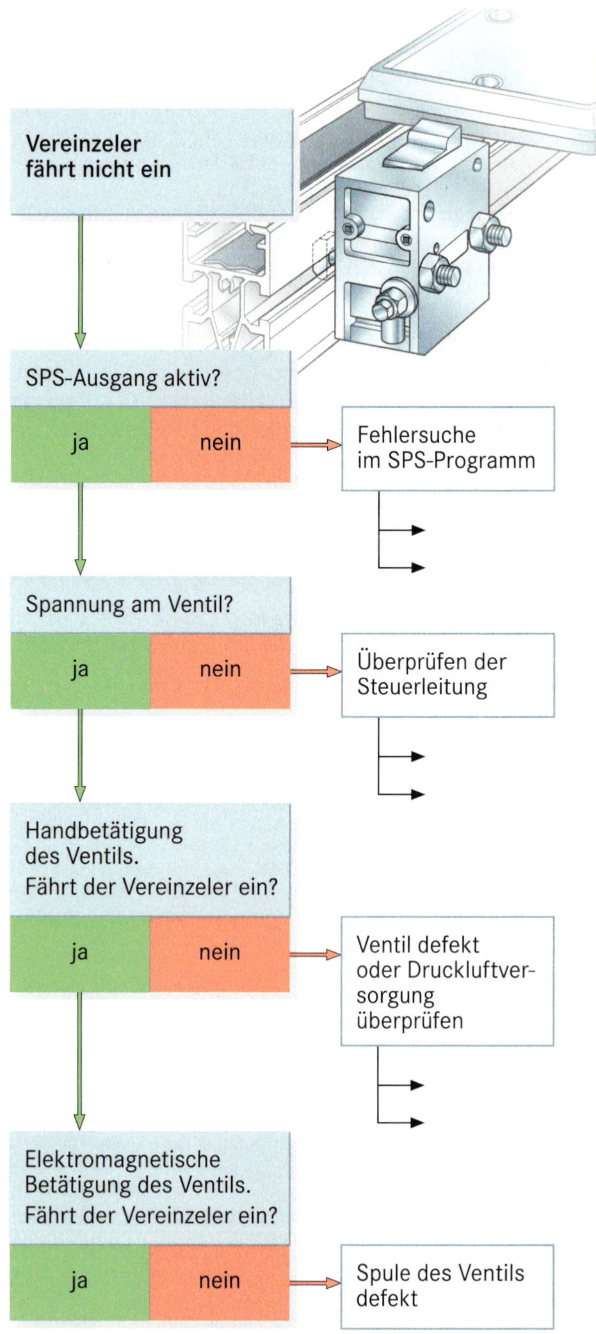

Abb. 1: Ereignis-Ablauf-Analyse

Wiederinbetriebnahme

Mit Hilfe der Steuerung kann die Funktion des Vereinzelers getestet werden.

Nach erfolgreichem Test sind an der Montagestelle alle Bauteile, Werkzeuge etc. zu entfernen. Sofern sich keine Person mehr im Gefahrenbereich der Anlage befindet, wird die Absperrung geschlossen und am Schaltschrank die Energiezufuhr für die elektrischen Antriebe wieder hergestellt. Abschließend kann die Störungsmeldung an der Steuerung quittiert werden und die Anlage nimmt ihren ordnungsgemäßen Betrieb wieder auf.

Dokumentieren

Dokumentation in Störungskarte

Der Instandsetzungsprozess ist erst abgeschlossen, wenn die durchgeführten Arbeiten und gewonnenen Erfahrungen ausreichend dokumentiert wurden. Hierzu gibt es betriebsspezifische Störungskarten, in denen die geforderten Informationen aufgelistet sind und eingetragen werden können (Abb. 2).

Wichtige Informationen sind:

- Datum, Uhrzeit,
- Fehlereintritts-Zeitpunkt,
- Stillstandsdauer,
- Störung,
- Ursache,
- Fehlerart,
- beteiligte Personen,
- durchgeführte Maßnahme,
- benötigte Ersatzteile.

Um nicht alle Informationen ausführlich eintragen zu müssen, können vorgegebene Abkürzungen verwendet werden. Dies kann wie in Abb. 2 z. B. der Fehlerindex sein. Dieser Fehlerindex bietet einen ersten Ansatz für das Lokalisieren der Fehlerquelle.

Diese Informationen werden mit Hilfe von Instandhaltungssoftware ausgewertet. Weicht das Verhalten der Anlage wiederholt von den bisher getroffenen Annahmen und Erfahrungen ab, sollte die Instandhaltungsstrategie angepasst werden.

! Instandsetzungsmaßnahmen sind am Ende des Instandsetzungsprozesses zu dokumentieren (z.B. in Störungskarten oder Maschinenkarten).

MASCHINENSTÖRUNGSLISTE: Bearbeitungsstation

Lfd.-Nr.	Datum Uhrzeit	Störung	Ursache	Fehler-index	behoben durch	Maßnahme
1	06.03.2002 10.45	Spannzylinder fährt nicht aus	Druckbegrenzungsventil defekt	H	H. Kaese (Instandhaltung)	Ventil gewechselt, Maschinenbediener H. Decker unterwiesen
2	07.03.2002 16.46	Fräser ausgebrochen	Fräser ausgeglüht	M	H. Decker (Bediener)	Fräser ausgetauscht
3	07.03.2002 22.50	Spannzylinder fährt aus, obwohl kein Werkstück bereitliegt	Sensor Werkstückabfrage verschmutzt	E	H. Dzieia (Instandhaltung)	Sensor gereinigt
4	08.03.2002 9.30	Fräser ausgebrochen	Fräser ausgeglüht	M	H. Decker (Bediener)	Fräser ausgetauscht
5	08.03.2002 13.40	QS: Kreistasche nicht in Toleranz und mit vorgeschriebener Rautiefe	Fräser stumpf	M	H. Decker (Bediener)	Fräser ausgetauscht
6	08.03.2002 14.41	Fräser ausgebrochen	Drossel für Kühlwasserzufuhr verstellt	B	H. Kirschberg (Instandhaltung)	Drossel neu eingestellt. Maschinenbediener und Vorgesetzten unterwiesen
7	09.03.2002 20.40	Greifzylinder fährt nicht aus	Zuluftschlauch geknickt	P	H. Kaese (Instandhaltung)	Schlauch gewechselt
8	12.03.2002 10.50	Vereinzeler 2 fährt ein, obwohl kein Werkstück bereitliegt	Lichtschranke, Werkstückabfrage dejustiert	M	H. Schmid (Instandhaltung)	Lichtschranke justiert
9	20.03.2002 10.00	Anlage bleibt plötzlich stehen	Leitungsbruch bei AUS-Schalter	E	H. Jagla (Instandhaltung)	Leitung ausgetauscht
10	03.04.2002 10.52	Geräuschentwicklung Antrieb Transportband	Lager Umlenkstation defekt	W	H. Seefelder (Instandhaltung)	Lager ausgetauscht
11	12.04.2002 10.53	Anlage lässt sich nicht starten	Druckabfall in Pneumatik, Wartungseinheit verschmutzt	P	H. Kaese (Instandhaltung)	Wartungseinheit gereinigt, Leitungssystem überprüft
12	05.05.2002 11.33	Anlage steht, Trägerplattenstau, Vereinzeler 1				

Fehlerindex: A = Arbeitsergebnis falsch; M = Mechanischer Fehler; E = Elektrischer Fehler; H = Hydraulischer Fehler; P = Pneumatischer Fehler; B = Bedienerfehler; W = Wartungsfehler

Abb. 2: Störungskarte

Arbeitsablauf bei einer Instandhaltung

Störfallmeldung
↓
Überblick anhand technischer Unterlagen verschaffen
↓
IST-Zustand der Anlage analysieren
↓
Fehler eingrenzen (Funktionsstruktur, Schnittstellen)
↓
Fehlersuchstrategie festlegen
↓
Fehler suchen (Ereignis-Ablauf-Analyse)
↓
Fehler beheben
↓
Anlage wieder in Betrieb nehmen
↓
Instandsetzungsmaßnahmen dokumentieren (Störungskarte / Maschinenkarte)
↓
Anlage an Betrieb übergeben
↓
Störungsdokumentation auswerten

Aufga

1. Sie werden wegen einer Störung an die Bearbeitungsstation gerufen. Das Transportband steht, es ist eine Transportschale auf dem Band und die Meldeleuchte „Transportband gestört“ blinkt. Wie gehen Sie bei der Fehlersuche vor?

2. Erläutern Sie unterschiedliche Fehlersuchstrategien.

3. Nennen Sie die Schnittstellen einer Lichtschranke und deren physikalische Größe.

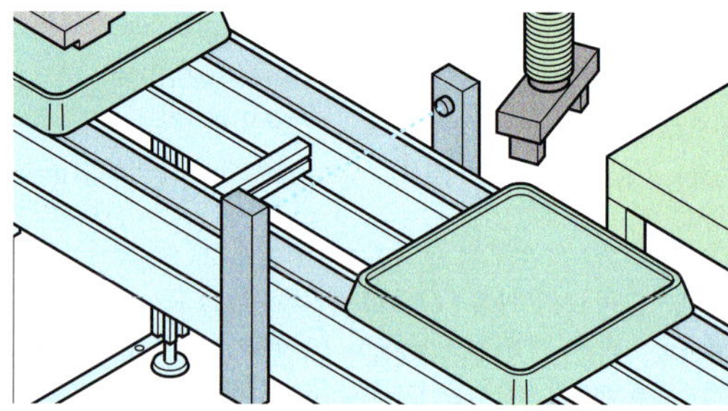

4. Welche Angaben gehören in die Störungsdokumentation?

Exerci

5. A fault has occured at the milling machine. The treated production part can not be removed anymore as the clamping jaws can not be opened. No error messages are displayed at the control board. How do you proceed?

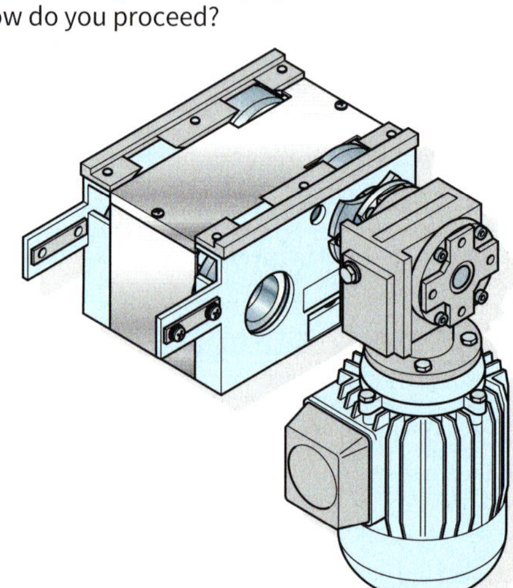

6. Determine the interfaces of a drive unit and its physical units.

7. Describe the backward strategy.

8. Explain the term “state driven maintenance”.

12.2 Zustandsabhängiges Instandhalten

Bestimmte Baugruppen der Fräsmaschine sind aufgrund langer Reparaturzeiten, komplexer Fehlersuche und ihres direkten Einflusses auf die Produktqualität in die zustandsabhängige Instandhaltung eingestuft. Überwacht werden die Messsysteme, Spindeln und Lager der Maschine. Schäden an diesen Komponenten beeinflussen maßgeblich die Genauigkeit und können direkt zum Ausfall der Maschine führen.

Die Zustandsüberwachung der Fräsmaschine erfolgt auf zwei Wegen:

Zum einen wird der Maschinenzustand durch regelmäßige Inspektion und durch Meldungen der Überwachungstechnik überwacht.

Zum anderen gibt die Produktqualität, wie sie im Rahmen der statistischen Prozessüberwachung (siehe Kapitel 3.1) ermittelt wird, Hinweise auf den Maschinenzustand. Verschleißzustände beeinflussen die Fertigungsgenauigkeit der Maschine.

Treten Mängel an der Anlage oder am Produkt auf, werden Instandsetzungsmaßnahmen eingeleitet.

1. Zustandsüberwachung – Condition Monitoring

Das Überwachen und Beurteilen des Maschinenzustandes erfolgt einerseits durch regelmäßige Inspektion und andererseits bei der Antriebsspindel der Maschine durch eine automatisierte Überwachungstechnik.

Regelmäßige Inspektion

Die Inspektionen werden nach dem aufgestellten Inspektionsplan durchgeführt. Die ermittelten Messergebnisse werden dokumentiert und ausgewertet. Im Allgemeinen wird dazu eine Instandhaltungssoftware eingesetzt. Beim Messen mit mobilen digitalen Handmessgeräten wie Schwingungsmessgeräte oder digitale Thermometer, besteht die Möglichkeit die Messwerte auf den Messgeräten zu speichern und für eine spätere Auswertung an einen PC mit entsprechender Auswertesoftware zu übergeben.

Werden für die Messwerte festgelegt Warn- oder Eingriffsgrenzen überschritten, kann eine sofortige Instandhaltung ausgelöst werden oder das Messintervall verkürzt und eine Instandhaltung in Abstimmung mit der Produktion eingeplant werden. Die Inspektion liefert Hinweise, welche Bauteile verschlissen sind und ausgetauscht werden müssen.

12.2 Condition dependent Maintenance

Certain assemblies of the milling machine are subjected to condition-dependent maintenance because of long repair times, more complex troubleshooting and their direct impact on the product quality. Measuring systems, spindles, and bearings of the machine are being monitored. Damage to these components critically influences the accuracy and can directly lead to a failure of the machine.

Condition monitoring of the milling machine occurs in two ways:

On the one hand, the machine status is monitored by regular inspection and messages of the surveillance technology.

On the other hand, the product quality, as determined in the context of statistical process monitoring (see Chapter 3.1), is an indicator of the condition of the machine. The state of wear affects the manufacturing accuracy of the machine.

If defects appear in the system or in the product, maintenance measures are initiated.

1. Condition monitoring – Condition Monitoring

Monitoring and assessing the machine status occurs by regular inspection and additionally at the drive spindle of the machine through an automated surveillance technology.

Regular inspection

The inspections are carried out according to an established inspection plan. The determined measurement results are documented and evaluated. In general, a maintenance software is used for this purpose. When measuring with mobile digital handheld devices such as vibration measuring devices or digital thermometers, it is possible to store the measured values on the devices and to transfer them to a computer with appropriate evaluation software for later assessment.

If the measuring results exceed predetermined warning or intervention limits, immediate maintenance can be triggered or the measuring interval can be shortened and maintenance can be scheduled in coordination with the production.The inspection provides information on which components are worn out and must be replaced.

Automatisierte Zustandsüberwachung

An der Fräsmaschine werden die Hauptspindel und deren Wälzlager mit einer Überwachungstechnik überwacht. Es werden die Leistungsaufnahme der Antriebsmotoren und die Schwingungen der Maschine automatisch mit Hilfe von Sensoren und Messgeräten erfasst (Abb. 1). Die gemessenen Signale werden mit einer Auswertesoftware ausgewertet (Abb. 2). Die Signalauswertung liefert Erkenntnisse über Art und Umfang eines Bauteilschadens.

Die Überwachungssysteme können sehr schnell auf Zustandsabweichungen reagieren. Werden festgelegte Grenzwerte überschritten, kommt es zu einer Warnung oder im Extremfall zum Abschalten der Anlage.

Abb. 1: Festinstallierter Schwingungssensor

Automated condition monitoring

On the milling machine the main spindle and its roller bearings are monitored with surveillance technology. The power consumption of the drive motors and the vibrations of the machine are automatically recorded with the help of sensors and measuring devices (Fig. 1). The measured signals are evaluated using an evaluation software (Fig. 2). The signal evaluation yields insights into the type and scope of damage in a component.

The surveillance systems can react very quickly to state deviations. If defined limit values are exceeded, there is a warning or, in extreme cases, the whole system is switched off.

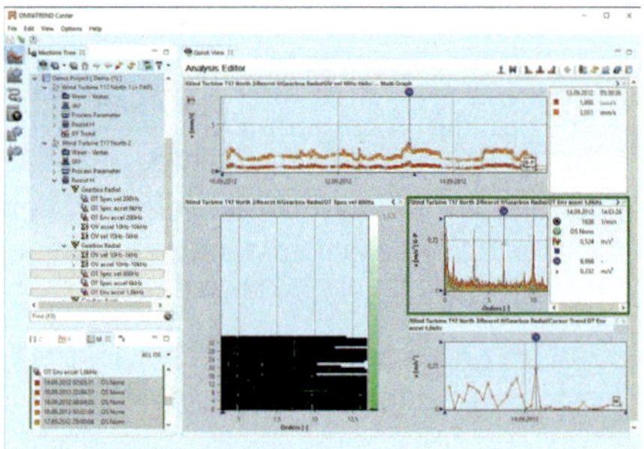

Abb. 2: Evaluation software

2. Produktqualität

Beim Prüfen der Produktqualität werden von den bearbeiteten Werkstücken regelmäßig Stichproben (z. B. 5 Stück) genommen. Diese werden einer Qualitätsprüfung (z. B. Maßkontrolle) unterzogen. Die Ergebnisse sind in die Qualitätsregelkarte einzutragen (Abb. 3). Aus den einzelnen Messungen werden Mittelwerte und Standardabweichungen berechnet und grafisch dargestellt.

Bei einer automatisierten Prüfung erfolgen die Messung, Eingabe und Auswertung automatisch.

Die Mittelwerte sind ein Maß dafür, ob ein vorgeschriebener Wert bei der Produktion eingehalten wird (z. B. Werkstücklänge). Weicht dieser zu stark vom Sollwert ab, ist es erforderlich, eine Maßnahme zu treffen.

Die Standardabweichung beschreibt, wie stark die einzelnen Messwerte vom Mittelwert abweichen. Streuen die Messwerte sehr stark, so ist dies ein Hinweis auf zu große Fertigungstoleranzen (OWG). Da jedes technische System gewisse Toleranzen aufweist, ist immer mit einer tolerierbaren minimalen Standardabweichung zu rechnen. Wird diese unterschritten, kann ein systematischer Fehler oder ein Fehler in der Messwerterfassung vermutet werden (UWG).

2. Product quality

In order to monitor the product quality, random samples of the worked parts (e. g. 5 pieces) are taken periodically. These samples have to undergo a quality control (e. g. measuring of dimensions). The results are entered in a quality control sheet (Fig. 3) and the mean values and standard deviations of the different tests are calculated and displayed graphically.

In an automated testing take place all measurement, input and evaluation automatically.

Using the mean values it can be determined if the production parts comply with the specified values (e.g. length of the part). If the deviation from the nominal value exceeds certain limits, corrective action must be taken.

The standard deviation indicates the deviation of the different test results from the mean value. A wide dispersion of the different test results indicates that the manufacturing tolerances are too high (OWG). As every technical system contains certain tolerances a minimum tolerable value for the standard deviation will always occur. If the standard deviation drops below this natural limit it is likely that a systematic error or an error in the determination of the test values has occurred (UWG).

Qualitätsregelkarte **Bearbeitungsstation**

Datum	Stichprobe	Messwert 1	2	3	4	5	Stichproben-Mittelwert	Standard Abweichung
12. 05. 04	1	29,966	29,996	29,972	29,984	29,990	29,9816	0,0128
14. 04. 04	2	29,984	29,990	30,014	29,976	30,008	29,9948	0,0155
16. 05. 04	3	29,984	29,990	29,978	29,972	29,978	29,9804	0,0088
18. 05. 04	4	30,026	29,972	30,008	29,996	29,972	29,9948	0,0234
20. 05. 04	5	29,996	30,014	30,008	30,014	29,984	30,0032	0,0130
22. 05. 04	6	30,002	30,044	30,020	30,044	30,008	30,0236	0,0197
23. 05. 04	7	29,996	30,002	30,020	30,014	30,008	30,0080	0,0095
24. 05. 04	8	29,996	30,026	30,008	29,930	30,026	29,9972	0,0387
25. 05. 04	9	30,026	29,966	29,960	29,996	29,996	29,9948	0,0234
26. 05. 04	10	30,026	30,032	30,038	30,020	30,040	30,0312	0,0083

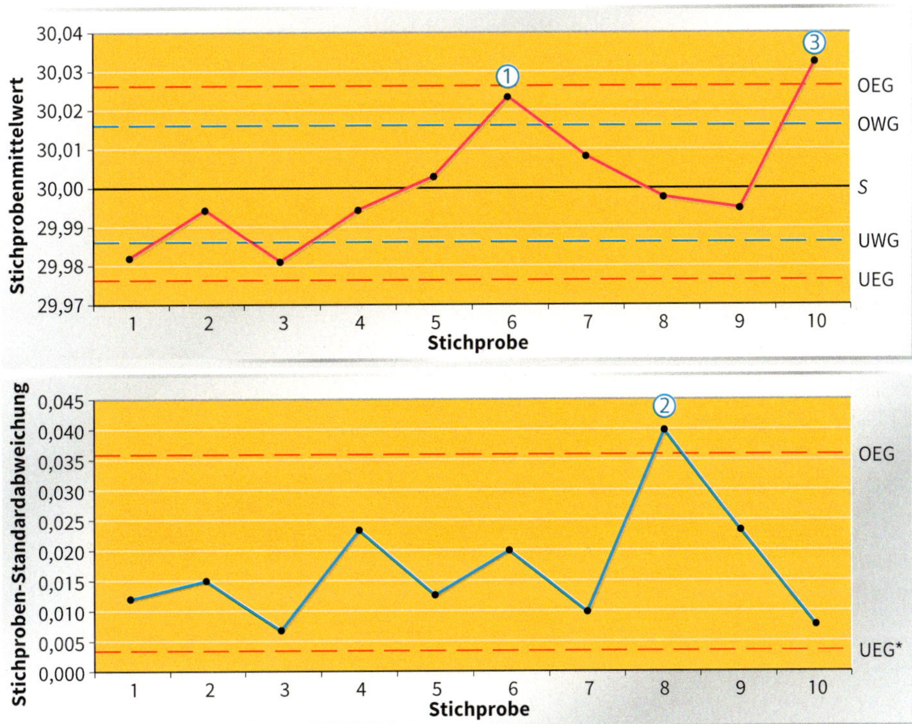

S: Sollwert

EG: Eingriffsgrenze

OEG: obere Eingriffsgrenze
OWG: obere Warngrenze

UEG: untere Eingriffsgrenze
UWG: untere Warngrenze

*) Bei Stichprobenumfang mit $n < 6$ ist die UEG = 0

Abb. 3: Stichprobenwerte und Qualitätsregelkarte

Die errechneten Mittelwerte und Standardabweichungen der Maße müssen sich innerhalb eines vorgegebenen Toleranzbandes befinden. Überschreiten diese die Warngrenze, so ist die Produktqualität noch ausreichend gut. Jedoch besteht die Gefahr, dass die geforderte Qualität nicht mehr erreicht wird. Es müssen dann häufiger Stichproben genommen werden.
Überschreiten die Werte die Eingriffsgrenze, so ist die geforderte Produktqualität nicht mehr sichergestellt. Es wird hierdurch eine Instandhaltungsmaßnahme erforderlich.
In der Stichprobe Nr. 6 (Abb. 3) überschreitet der Stichprobenmittelwert die Warngrenze ①. Daraufhin wird der Stichprobenzyklus von zwei Tagen auf einen Tag verkürzt. Dadurch soll festgestellt werden, ob es sich um einen Ausreißer oder einen Trend handelt. Die achte Stichprobe zeigt zwar einen Mittelwert innerhalb der Toleranz, jedoch weichen die einzelnen Messwerte stark voneinander ab. Dies ergibt die Überschreitung der Standardabweichungsgrenze ②.

The calculated mean values and standard deviations of the different measurements must stay within a specified range of tolerance. If they exceed these warning limits the product quality is still sufficiently good. However, there is a danger that the quality requirements cannot be met. Therefore the frequency for the sample tests has to be increased.
If the values exceed the engagement limit, the required product quality cannot be guaranteed anymore and maintenance measures are initiated.

For random sample no. 6 (fig. 3) the warning limit is exceeded by the mean value of the sample ①. As a result the cycle of the random sampling is reduced from two days to one day. This is to determine whether the test result is representative, or just a one-off deviation. The eighth sample does indeed show a mean value within the range of tolerance but the individual values vary significantly. The limit for the standard deviation is exceeded ②.

Daraufhin kontrolliert und korrigiert der Maschinenführer die Justierung der Maschine, um den Fehler zu beheben. Er war der Meinung, dass hiermit der Fehler behoben sei.

Zwei Tage später wird die Eingriffsgrenze der Stichprobenmittelwerte überschritten (vorherige Seite Abb. 3, ③). Daraufhin wird eine Instandhaltungsfachkraft hinzugezogen. Diese ermittelt den Fehler und behebt diesen. Anschließend werden die Instandhaltungsarbeiten dokumentiert und ausgewertet.

Ergeben sich aus der Zustandsüberwachung Erkenntnisse, die von den bisherigen Erfahrungen abweichen, können folgende Maßnahmen abgeleitet werden:

- Verbesserung,
- Änderung der Instandhaltungsstrategie oder
- Anpassung der Eingriffsgrenzen.

Because of the significant variation in the measurement results, the operator has verified and adjusted the machine. In his opinion the fault has now been corrected.

Two days later the engagement limit for the sample mean values is exceeded (previous page fig. 3, ③). As 25 a result the maintenance technician is consulted who is able to determine the fault and correct it. Subsequently the jobs are documented and evaluated.

Result from condition monotoring new information which 30 differs from that gained previously the following measures can be initiated:

- Adaptation of the maintenance strategy,
- Improvement or
- Adaptation of the engagement limits.

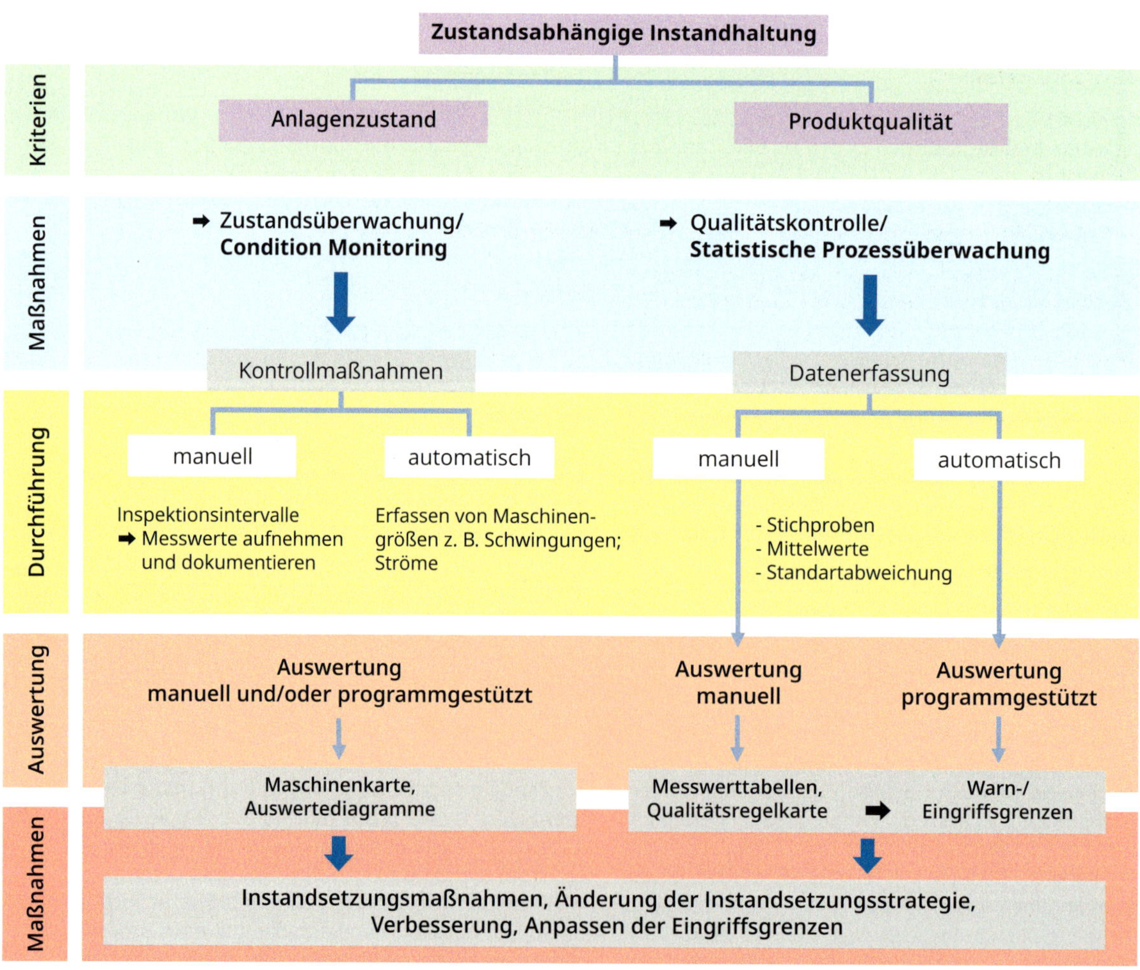

Abb. 1: Zustandsabhängige Instandhaltung

Zustandsüberwachung – Condition monitoring

Die Zustandsüberwachung dient dem Schutz von Maschinen und ihrer Komponenten vor einem Verlust der Funktion. Es wird der aktuelle Zustand von hochbelasteten Maschinenkomponenten überwacht. So können Maschinenschäden verhindert, die Produktion vor Ausfällen geschützt und Instandhaltungsmaßnahmen frühzeitig geplant werden.

Einen beginnenden Schaden gilt es durch geeignete Überwachungsmaßnahmen rechtzeitig vor dem Ausfall zu entdecken. Schäden von Maschinenkomponenten kündigen sich z. B. durch erhöhte Temperaturen, erhöhte Schwingungen oder Materialabrieb im Schmierstoff an. Mit Hilfe von Sensoren werden diese Veränderungen gemessen und mit einer Diagnosetechnik ausgewertet.

Dabei ist abzuwägen, wie oft die Messungen durchgeführt werden müssen, um ausreichende Informationen über Veränderungen des Maschinenzustandes zu erhalten.

Messdatenerfassung

Nach Art und Umfang der Messungen unterscheidet man mobiles Monitoring und onlinie Condition Monitoring.

- **Mobiles Monitoring**

Beim mobilen Monitoring werden die Maschinenzustände mit Handmessgeräten in regelmäßigen Abständen gemessen (vgl. Kapitel 10.4). Damit die Messungen immer an der gleichen Stelle erfolgen, sind die Messpunkte gekennzeichnet. Die Messpunkte sind im Messgerät hinterlegt und jederzeit abrufbar.

Die Messpunkte sind vorher von geschultem Personal festgelegt worden. Die Stellen sollten möglichst nahe an dem überwachten Bauteil liegen, um aussagekräftige Messdaten zu erhalten.

Die Messungen sollten immer unter gleichen Betriebsbedingungen wie Umdrehungsfrequenz und Lastbereich erfolgen. Nur so erhält man vergleichbare Messdaten.

Die Messdaten können im Gerät gespeichert, über Auswertefunktionen angezeigt und an einen Betriebsserver übertragen werden.

Voraussetzung für mobile Messungen ist ein sicherer Zugang zum Messort und ein sicherer Aufenthalt für die messende Person während der Messungen.

- **Onlinie Condition Monitoring**

Beim onlinie Condition Monitoring werden die Maschinenzustände automatisch über festinstallierte Sensoren permanent oder kontinuierlich überwacht. Dadurch erhält man lückenlos Messdaten über den Maschinenzustand.

Neue Maschinen sind heutzutage meist mit den entsprechenden Sensoren versehen. Ältere Maschinen können durch Nachrüstung modernisiert (Retrofitting) und mit entsprechenden Sensoren ausgestattet werden.

Die Signale der Sensoren werden über Signalleitungen oder Funk an Auswerteeinheiten übertragen.

Zusätzlich zu den Maschinenzuständen werden die vorliegenden Betriebsbedingungen aufgezeichnet. Die Betriebsbedingungen können entweder aus der Maschinensteuerung ausgelesen oder ebenfalls mit Hilfe von Sensoren gemessen werden. Gemessenen Betriebsbedingungen sind z. B. Drehmomente und Umdrehungsfrequenzen oder die Leistungsaufnahme des Motors.

Die automatisiert Zustandsüberwachung sollte für funktionswichtige Bauteile und für Bauteile mit einer kurzen Zeitspanne zwischen ersten erkennbaren Schäden und dem Ausfall eingesetzt werden.

Messdatenauswertung

Die durch die Sensoren aufgenommenen Messwerte werden zu einer Auswerteeinheit übertragen. Dort werden sie automatisch mit Hilfe einer Auswertesoftware verarbeitet.

Die Maschinenüberwachung kann anhand vorher festgelegter Kennwerte oder mittels Schwingungsanalyse erfolgen.

Die Überwachung mittels Kennwerten ermöglicht extrem kurze Reaktionszeiten. Die Schwingungsanalyse dagegen ist genauer und zuverlässiger, benötigt jedoch mehr Rechenleistung und Rechenzeit.

- **Kennwertüberwachung**

Als Grundlage für die Kennwertüberwachung werden an der fehlerfreien Maschine unter festgelegten Betriebsbedingungen Referenzwerte aufgenommen und in der Auswertesoftware als Muster gespeichert.

Die Referenzwerte dienen als Basis für den Vergleich mit späteren Messwerten. So lassen sich Änderungen des Maschinenzustands erkennen und Trendanalysen des Schadensverlaufs ableiten.

Grundlagen

Die Referenzwerte dienen auch als Grundlage, um Grenzen für Kennwerte festzulegen. Wird der festgelegte Grenzwert überschritten, wird ein Alarm ausgelöst.

Die konkrete Ursache für Abweichungen ist aus den Kennwerten in der Regel nicht zu erkennen. Dies kann jedoch durch eine anschließende Diagnose der aufgenommen Daten geklärt werden.

- **Schwingungsanalyse**

Bei der Schwingungsanalyse überwacht die Auswerteeinheit die Schwingungen und untersucht sie auf Muster, die für Schäden an Bauteilen typisch sind. Werden Schadensmuster erkannt, gibt es einen Alarm. Das geschieht vollkommen automatisch, ohne menschliches Eingreifen.

Der Alarm beinhaltet eine Klartextmeldung, die die erkannte Unregelmäßigkeit beschreibt. Der Alarm erfolgt auf der Maschinensteuerung oder einem Überwachungsrechner am Leitstand. Er muss dort quittiert werden.

Zwischen dem ersten Alarm und dem tatsächlichen Ausfall eines Antriebselements vergeht in den meisten Fällen noch Zeit. Man kann den Schadensanstieg weiter beobachten und parallel dazu die Instandsetzung organisieren.

Außerdem kann man sich die in der Auswerteeinheit oder auf dem Betriebsserver gespeicherten Daten ansehen, die zu dem Alarm geführt haben. So können Diagnoseexperten die Messdaten analysieren und interpretieren.

Datendiagnose

Wird beim Monitoring ein Antriebselement wiederholt als auffällig angezeigt, muss entschieden werden, ob und wann eine Instandsetzung notwendig ist. Die Entscheidung wird in der Instandhaltungsabteilung erfolgen, wo man auch spezifische Sachkenntnis zur diagnostizierten Maschine besitzt.

Zusätzlich kann eine tiefgehende Diagnose und Interpretation der Messdaten durchgeführt werden. Dabei werden verschiedenen Methoden der Schwingungsanalyse und Kennwertanalyse angewandt. Das erfordert Erfahrung und vertiefte Diagnosekenntnisse sowie entsprechend geschultes Personal.

Die Diagnose kann durch firmeneigenes Diagnosepersonal erfolgen oder kann durch externe Experten von Serviceanbietern in Ferndiagnose erbracht werden.

In einem Diagnosebericht werden die Diagnoseergebnisse für jedes Maschinenelement festgehalten und auf dem Betriebsserver oder in einer Cloud gespeichert. Die Instandhaltung kann auf die Diagnoseergebnisse bei ihrer Entscheidungsfindung zurückgreifen.

Der Diagnosebericht enthält u. a. gefundene Unregelmäßigkeiten, einen Schadenstrend und Handlungsempfehlungen.

Bauteil	Kritisch	Auffällig	OK	Trend	Empfehlung
Bauteil A					
Lager A			X	→	
Lager B			X	→	
Bauteil B					
Lager A		X		↑	Außenringschaden, Inspektion empfohlen
Lager B			X	→	

Werden Daten nicht im Betriebs-Netzwerk gespeichert, ist auf eine sichere Datenübertragung zu achten. Die ein- und ausgehenden Daten müssen durch eine Firewall geschützt und verschlüsselt gesendet werden.

Eine Möglichkeit der Verschlüsselung ist das VPN (Virtual Private Network). Eine solche Verbindung ist so gesichert, dass nichtautorisierte Personen keinen Zugriff haben.

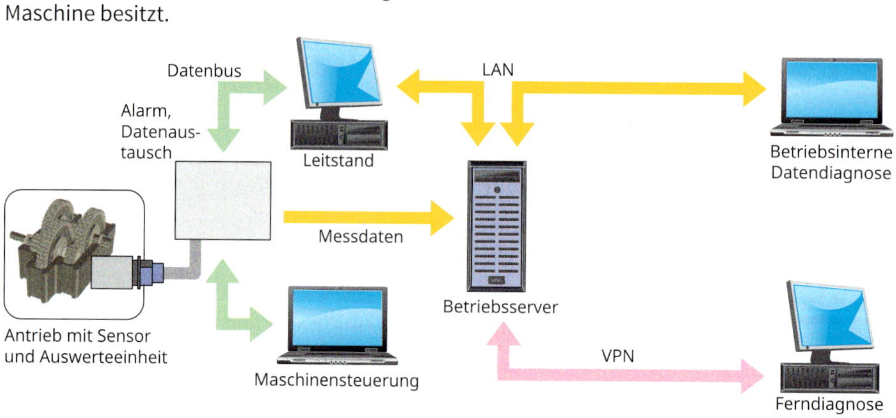

stand- halten

12.3 Intervallabhängiges Instandhalten

Der Abnutzungsvorrat mancher Systeme steht in direktem Zusammenhang mit der Benutzungsdauer oder getätigten Bewegungszyklen. Dies ist beispielsweise beim Greifer des Schwenkarmroboters der Fall. Aufgrund langer Betriebserfahrungen ist bekannt, dass nach 50.000 getätigten Bewegungszyklen die Ausfallhäufigkeit dieses Bauteils stark ansteigt. Es ist daher im Sinne einer optimalen Betriebsführung, den Greifer möglichst kurz vor einer Störung auszutauschen.

Die Anzahl der getätigten Bewegungszyklen wird automatisch von der Anlagensteuerung erfasst. Vom Instandhaltungspersonal wurde zuvor eine Warnschwelle festgesetzt. Wird diese Schwelle überschritten, erfolgt von der Steuerung eine Meldung. Daraufhin informiert der Maschinenführer das zuständige Instandhaltungspersonal.

Die Warnschwelle richtet sich nach der Lieferzeit der Ersatzteile (Bsp. 5 Arbeitstage) und der Häufigkeit der Bewegung (500 Zyklen/Tag). Diese Schwelle wird regelmäßig an die Produktionsbedingungen angepasst.

Ermittlung der Warnschwelle

1. Zeitdauer zwischen Ersatzteilbestellung und Lieferung feststellen (Lieferdauer z. B. 5 Tage).
   Momentane Bewegungszyklen pro Tag erfassen (z. B. 500 Zyklen/Tag).

2. Gangreserve berechnen

   Gangreserve = Lieferdauer · Zyklen/Tag
   Gangreserve = 5 Tage · 500 Zyklen/Tag
   Gangreserve = 2500 Zyklen

3. Warnschwelle berechnen

   Warnschwelle = Wartungsintervall – Gangreserve
   Warnschwelle = 50.000 – 2500
   Warnschwelle = 47.500 Zyklen

4. Ermittelte Warnschwelle (47.500 Zyklen) in der Steuerung hinterlegen.

Nach Auftreten der Warnmeldung stehen nun 5 Tage zum Vorbereiten der Arbeiten zur Verfügung.

Hierzu zählen:

- Information des Betriebspersonals und der Produktionsleitung,
- überprüfen, ob zeitnah weitere Wartungs- und Inspektionsintervalle anstehen und diese mit einplanen,
- Zeit- und Personalplanung.

mainte- nance

12.3 Interval-based maintenance

The wearability of some systems is directly related to their useful life or their effected movement cycles. For example, this is the case for the grab of a swing arm robot. As a result of long operational experience it is known that the failure frequency increases rapidly after 50,000 effected movement cycles. To achieve an operational optimum the grab should be exchanged just shortly before the occurrence of a fault.

The number of effected movement cycles is automatically recorded by the plant's control system. The maintenance crew has pre-selected a warning threshold and a message report is issued by the control system if this threshold is exceeded. The operator will then inform the responsible maintenance crew.

The value for the warning threshold depends on the time of delivery for the spare parts (here 5 working days) and the frequency of movements (500 cycles/day). The value of this threshold is adapted to the production conditions on a regular basis.

Determination of the warning threshold:

1. Determine the time difference between the order of the spare parts and their delivery (time of delivery, e.g. 5 days)
   Register the frequency of movements (e.g. 500 cycles/day)

2. Calculate the running reserve

   Running reserve = Time of delivery · cycles/day
   Running reserve = 5 days · 500 cycles/day
   Running reserve = 2500 cycles

3. Calculate the warning threshold

   Warning threshold = Maintenance Interval – Running reserve
   Warning threshold = 50,000 cycles – 2500 cycles
   Warning threshold = 47,500 cycles

4. Enter the determined warning threshold (47,500 cycles) in the control system.

After the occurrence of a warning message the responsible personnel have 5 days to prepare the tasks.

This includes:

- Information of the operational staff and the production supervision
- Checking whether other maintenance/inspection intervals that have to be considered will occur in due time
- Planning of time and personnel

1. Vorbereitende Maßnahmen

Die benötigten Ersatzteile (z. B. Greifer) sind sofort zu bestellen, um eine rechtzeitige Lieferung zu gewährleisten. Für die Durchführung der Arbeiten wird ein günstiger Zeitpunkt ausgesucht, um die Stillstandszeit zu minimieren. Dies ist z. B. nachts oder am Wochenende der Fall. Werden gleichzeitig Tätigkeiten eines vorgezogenen Wartungs- und Inspektionsintervalles durchgeführt, sind die einzelnen Arbeiten vorher zu koordinieren. Dies erfordert wiederum die Bereitstellung von Personal zum gewählten Zeitpunkt.

Rechtzeitig vor Beginn der Arbeiten muss kontrolliert werden, ob das benötigte Material geliefert und das Instandhaltungspersonal eingeplant wurde. Weiterhin sollte man sich nochmals vergewissern, ob das vorgesehene Zeitfenster für die Arbeiten eingehalten werden kann.

2. Durchführung

Die Arbeiten werden entsprechend der Planung durchgeführt.

3. Funktionsprüfung

Nach Abschluss der Maßnahme werden alle we-sentlichen Funktionen der Anlage überprüft.

4. Fertigmeldung

Nachdem die Arbeitsstelle geräumt wurde, wird die Anlage an den Betrieb übergeben. Dies erfolgt durch die Fertigmeldung des Instandhaltungspersonals.

5. Dokumentation

Alle durchgeführten Arbeiten werden schriftlich dokumentiert (z. B. Maschinen-Störkarte) und in EDV-Systemen erfasst (Abb. 1).

1. Preparatory measures

The spare parts needed have to be ordered immediately to guarantee delivery in good time. To minimize the shutdown period of the plant, a favourable point of time for the replacement tasks has to be chosen; for example, during the night or at the weekend. If the work related to an upcoming maintenance or inspection interval is performed in parallel to the scheduled replacement, the different tasks have to be co-ordinated in advance. This requires the allocation of personnel at the chosen point of time.

It has to be ascertained well in advance of the scheduled start of the replacement that all the parts needed have been delivered and that the maintenance crew will be available. It should also be checked whether the time frame set for the repair work can still be met.

2. Execution of the replacement

The tasks are executed according to schedule.

3. Functional test

After finishing the replacement all relevant functions of the plant are tested.

4. Notification of readiness

After clearing the site the plant is returned to operation by the notification of readiness from the maintenance crew.

5. Documentation

All executed tasks are documented in writing (e.g. plant fault sheet) and recorded in computer systems (fig. 1).

Aus-werten

12.4 Auswertung der Instandhaltungsdokumentation

In regelmäßigen Abständen werden die Instandhaltungsdokumentationen ausgewertet. Diese sollen Aufschluss geben, ob die gewählten Instandhaltungsstrategien, festgelegten Zyklen und Instandhaltungsplanungen für den Betrieb noch optimal sind. Weiterhin können Schwachstellen an den Anlagen festgestellt werden. Aus der Anlagendokumentation lässt sich eine Übersicht erstellen, zu welchem Zeitpunkt sich die Maschine im Status

- Normalbetrieb,
- Stillstand durch Instandhaltungsmaßnahme,
- Anlagenausfall,
- keine Betriebszeit

befunden hat. Die Ergebnisse lassen sich im Maschinenbericht grafisch darstellen und dienen zur Ermittlung statistischer Größen (Abb. 2) wie z. B. Verfügbarkeit und Anlagennutzungsgrad. Durch diese Größen können Rückschlüsse auf die Wirtschaftlichkeit der Anlage gezogen werden.

Im Beispiel ergeben sich für die Kalenderwoche 3 die folgenden Werte:

Beispiel:

Verfügbarkeit:

= Betriebszeit / Zeit geplanter Betrieb

= 36 Std. / 45 Std. · 100 %

= 80 %

Anlagennutzungsgrad:

= Normalbetrieb / Betrachtungszeit

= 36 Std. / 168 Std. · 100 %

= 21 %

Diese Berechnungen dienen der betriebswirtschaftlichen Betrachtung.

Verfügbarkeit und Anlagennutzungsgrad sind ein Maß für die Anlagenrentabilität. Diese beschreibt das Verhältnis zwischen Kosten der Anlage (Wert von Beschaffung, Betrieb, Instandhaltung) und Nut-zen (Wert des produzierten Gutes).

KW 3			Tag						
Uhrzeit			Mo	Di	Mi	Do	Fr	Sa	So
0:00	bis	7:00	0	0	0	0	0	0	0
7:00	bis	8:00	B	B	B	B	B	IH	0
8:00	bis	9:00	B	B	B	B	B	IH	0
9:00	bis	10:00	B	X	B	B	B	IH	0
10:00	bis	11:00	B	X	B	B	B	IH	0
11:00	bis	12:00	B	X	B	B	B	IH	0
12:00	bis	13:00	0	0	0	0	0	0	0
13:00	bis	14:00	B	X	B	B	B	0	0
14:00	bis	15:00	B	B	B	B	B	0	0
15:00	bis	16:00	B	B	B	B	B	0	0
16:00	bis	0:00	0	0	0	0	0	0	0

B Normalbetrieb/Produktion
IH Stillstand wegen Instandhaltungsmaßnahme
X Anlagenausfall
0 keine Betriebszeit

Abb. 1: Dokumentierter Anlagenstatus

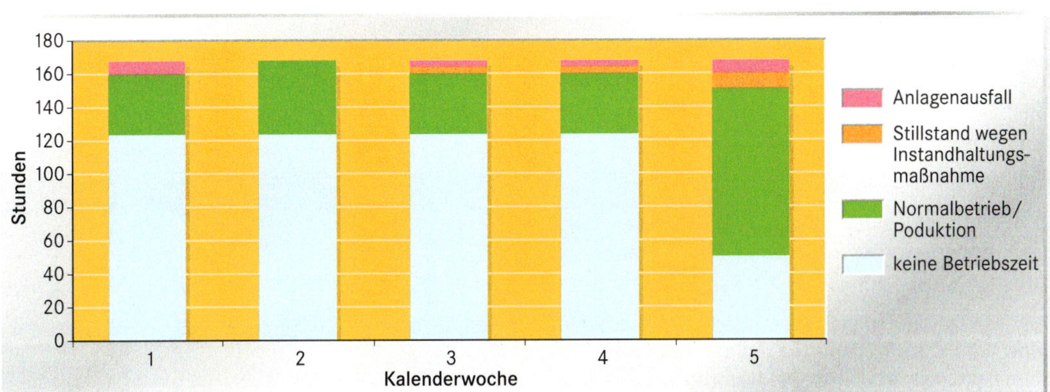

Abb. 2: Maschinenbericht

Fallen in einem Zeitraum ungewöhnlich hohe Aus-fallzeiten an (z. B. KW 5), so sind die Rahmenbedingungen dieser Produktionswoche einer näheren Betrachtung zu unterziehen. Daraus lassen sich beispielsweise Rückschlüsse auf hohe Produktionszeiten oder Witterungseinflüsse (hohe Temperatur) ziehen.

Die Maschinenstörungsliste (S. 349, Abb. 2) lässt sich hinsichtlich der Häufigkeit einzelner Fehler auswerten (Tab. 1).

Tab. 1: Störungshäufigkeit aus Maschinenstörungsliste ermittelt

Fehler-index	Störungsursache	Häufigkeit/ Quartal
M	Fräser	3
H	Spannzylinder	1
E	Sensor	1
B	Kühlwasserdrossel	1
P	Luftschlauch	1
M	Lichtschranke	1
E	Leitung (elektrisch)	1
W	Lager	1
P	Wartungseinheit (pneumatisch)	1

Im vorliegenden Fall fällt auf, dass der Fräser innerhalb von zwei Tagen dreimal ausgeglüht und dadurch ausgefallen ist. Da die Kühlwasserzufuhr zuverlässig funktioniert, kann ein Materialfehler, also eine Schwachstelle vorliegen. Die erreichte Verfügbarkeit entspricht nicht den Anforderungen und Erfahrungen. Es kann davon ausgegangen werden, dass eine Verbesserung technisch und wirtschaftlich möglich ist.

Mögliche Ursachen für die Schwachstelle:

- Lieferantenwechsel
- Wechsel des Werkzeugtyps
- Besondere Belastungen

Die Entscheidung für mögliche Maßnahmen nach Fehlereintritt werden nach einer Fehleranalyse getroffen (Abb. 1).

Aus den *Qualitätsregelkarten* lassen sich verschiedene Veränderungen an der Anlage und dem Fertigungsprozess erkennen. Die wichtigsten sind *Run*, *Trend* und *Middle Third* (siehe Kap.3.1.3).

Beim Run liegen die Messwerte dauerhaft unterhalb des Sollwertes. Obwohl keine Eingriffsgrenzen verletzt wurden, ist dies ein Hinweis auf Veränderungen an der Anlage (z. B. verstellter Sollwert).

Der *Trend* gibt einen Hinweis darauf, dass sich die gemessenen Werte kontinuierlich verändern. Bei einem weiteren Verlauf des Trends kann auf eine baldige Verletzung der Eingriffsgrenzen geschlossen werden.

Üblicherweise liegen im mittleren Drittel zwischen den Eingriffsgrenzen immer zwei Drittel aller Messwerte (Middle Third). Ist diese Bedingung nicht erfüllt, ist der Fertigungsprozess gestört.

Überschreitungen der *Eingriffsgrenzen* führen zu Instandsetzungsmaßnahmen. Diese werden in der Maschinenstörungsliste dokumentiert und ausgewertet.

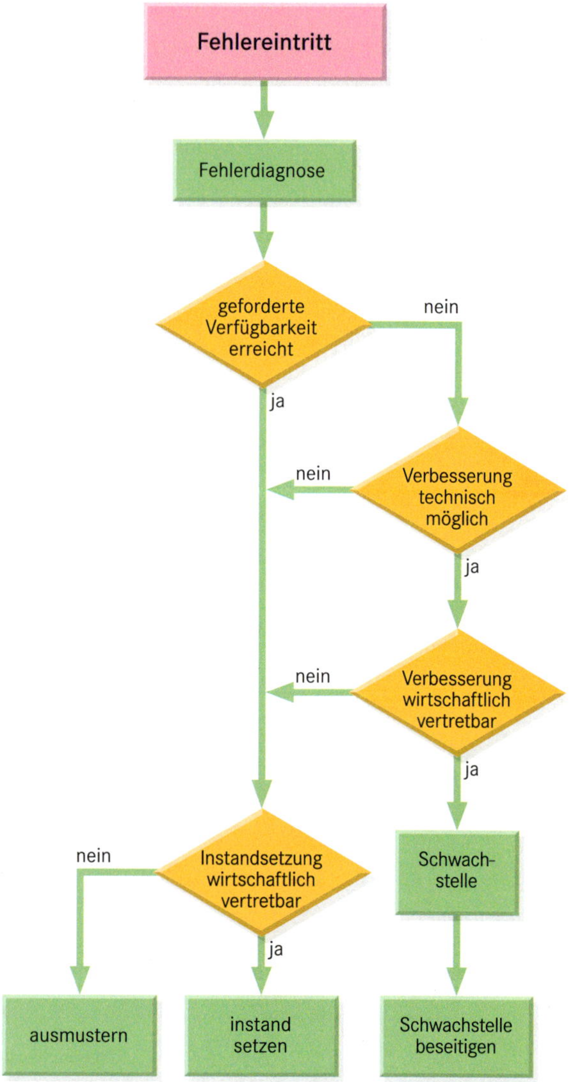

Abb. 1: Fehleranalyse

Der Dokumentation kommt in allen Phasen der Instandhaltung eine wichtige Bedeutung zu. Sie ist der Schnittpunkt zwischen unterschiedlichen Stufen der Instandhaltung. Die Fachkräfte sind für die Fehlersuche und Instandsetzung zuständig. Ohne die Dokumentation der Fehler wäre es nicht möglich, Hinweise zu bekommen, die eine Fehlervermeidung ermöglichen. Gleiches gilt für die Ziele Instandhaltung und Betrieb optimieren sowie das Erreichen eines wirtschaftlichen Einsatzes von Personal und Anlage.

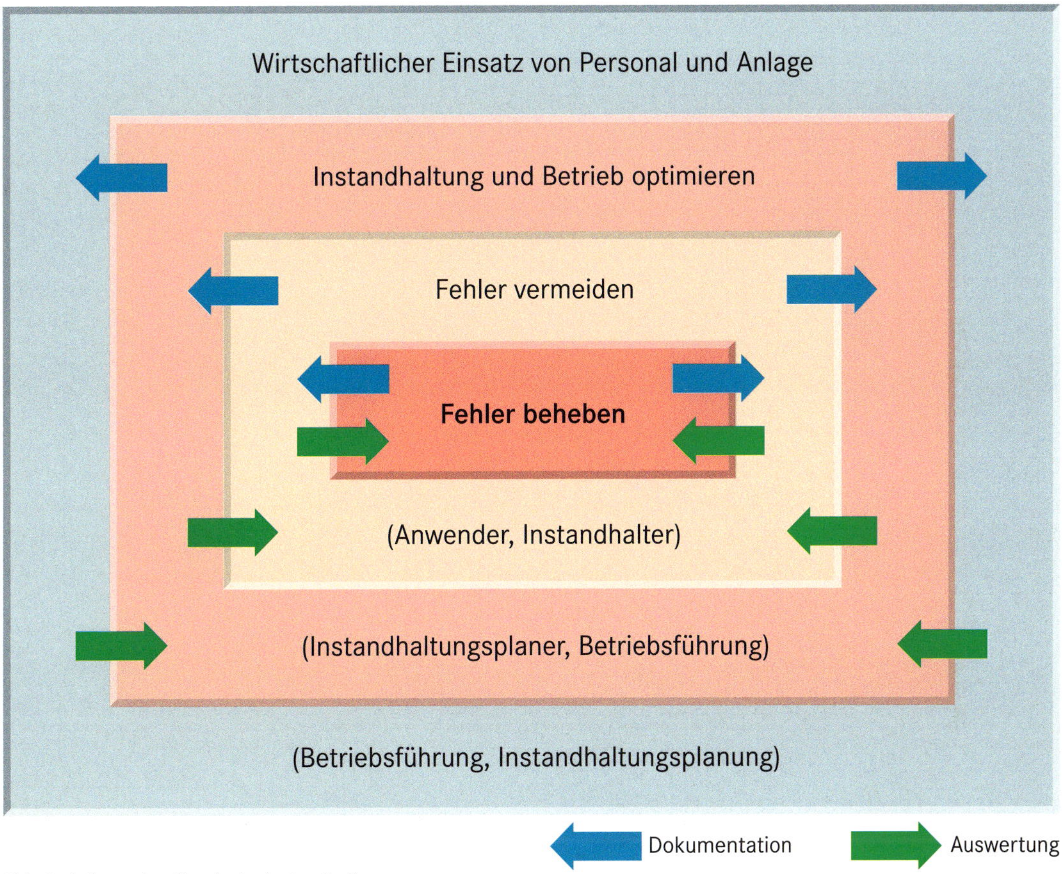

Abb. 2: Informationsfluss in der Instandhaltung

Aufgaben

1. Bei der Qualitätskontrolle wurden von zwei Stichproben die Maße kontrolliert. Berechnen Sie jeweils den Mittelwert und die Standardabweichung. Erläutern Sie die Ergebnisse:

	Messwerte in µm				
1.	27	30	29	28	31
2.	5	10	20	14	12

2. Welche Aussage treffen die statistischen Größen
- Mittelwert und
- Standardabweichung?

3. Welche Informationen können der Qualitätsregelkarte entnommen werden?

4. In Abbildung 1, vorige Seiten ist für jeden Tag der Anlagenstatus dokumentiert. Berechnen Sie für jeden Tag die Verfügbarkeit und den Anlagennutzungsgrad.

5. Bei der Analyse der Maschinenstörungsliste fällt auf, dass die Lichtschranken ungewöhnlich oft verstellt sind. Wie analysieren Sie den Fehler und ermitteln Sie die Schwachstellen?

6. Nennen Sie drei typische Instandhaltungsstrategien.

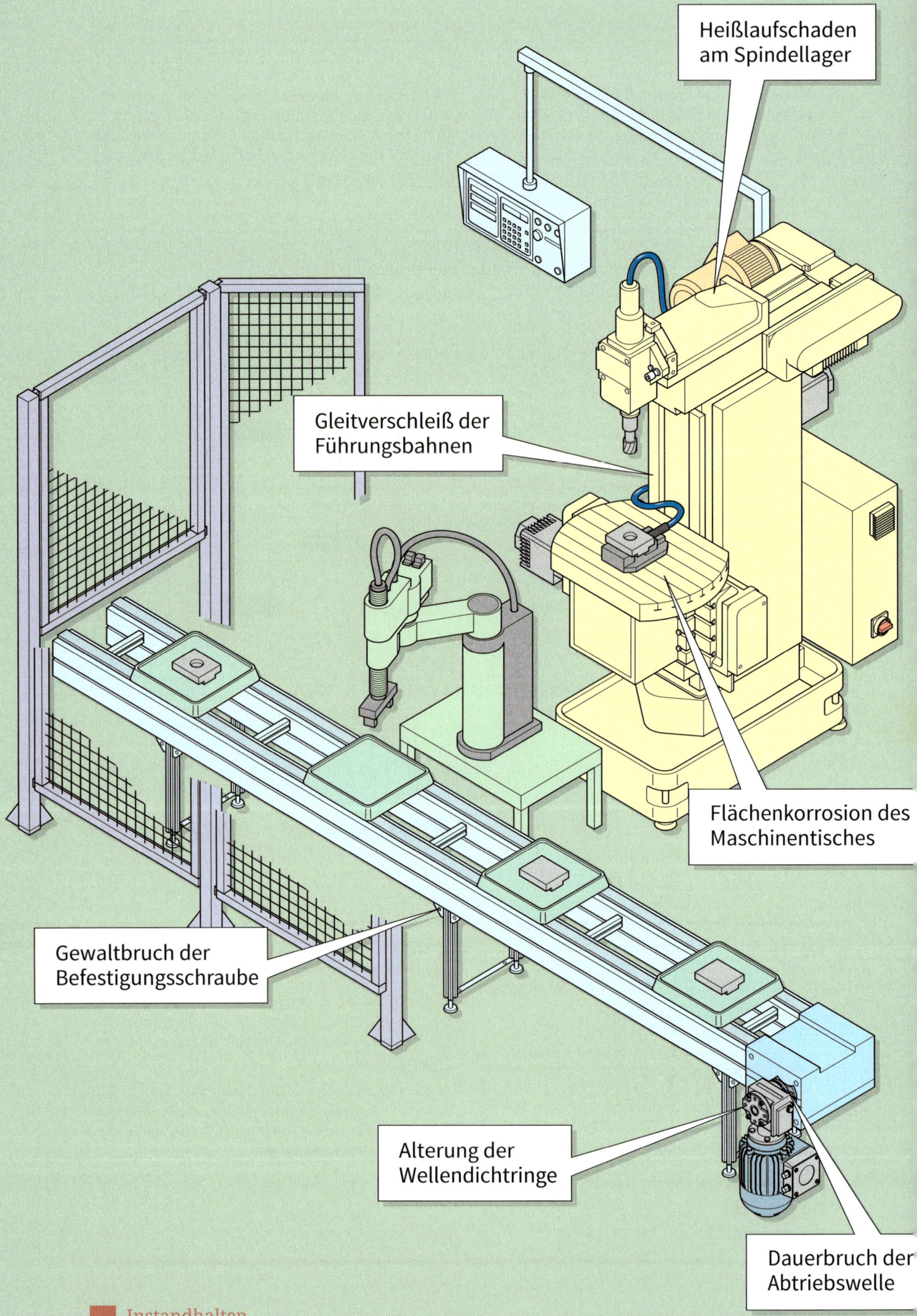

Heißlaufschaden am Spindellager
Gleitverschleiß der Führungsbahnen
Flächenkorrosion des Maschinentisches
Gewaltbruch der Befestigungsschraube
Alterung der Wellendichtringe
Dauerbruch der Abtriebswelle

Schadensanalyse

13

Maschinen, Anlagen und Geräte werden nach wirtschaftlichen Gesichtspunkten für einen funktionssicheren, gefahrlosen und möglichst störungsfreien Einsatz während der geplanten Betriebszeit hergestellt. Das Entstehen von Schäden kann allerdings nicht hundertprozentig ausgeschlossen werden. Wenn ein Schadensfall eingetreten ist, kommt der Schadensanalyse die Aufgabe zu, die Vorgänge, die beim Versagensprozess abgelaufen sind, nachzuvollziehen und Ansatzpunkte für Verbesserungen zu finden. Die Schadensanalyse dient somit der Schadensvorbeugung.

Für die Schadensuntersuchung kommen alle zerstörungsfreien und zerstörende Prüfverfahren zur Werkstoff- und Bauteilprüfung sowie Simulationsprüfungen in Betracht.

Schadensuntersuchungen werden am Bauteil selbst oder an Proben durchgeführt. Die Proben müssen an einer für die Schadensursache aussagekräftigen Stelle entnommen werden. Der Schaden wird nach einem Untersuchungsplan ermittelt. Dieser Plan soll einen sinnvollen und wirtschaftlichen Untersuchungsablauf gewährleisten. Es ist mit einfachen Untersuchungen zu beginnen, bevor aufwändige Verfahren eingesetzt werden.

Informieren

13.1 Schadensbilder

Schäden können grundsätzlich durch mechanische, thermische, korrosive und tribologische Überbeanspruchung von Bauteilen entstehen. In Tabelle 1 sind die unterschiedlichen Beanspruchungen und Beispiele für die Schadensart zusammengefasst.

Tab. 1: Beanspruchung und Schadensarten

Beanspruchung	Schadensarten
mechanisch	Dauerbruch, Gewaltbruch
thermisch	Warmbruch, Warmrisse, Warmverformung, Verzunderung, Anlaufen, Diffusionsvorgänge
korrosiv/chemisch	Flächenkorrosion, Muldenkorrosion, Kontaktkorrosion, Spaltkorrosion, Spannungsrisskorrosion
tribologisch	Gleit-, Wälz- und Schwindungsverschleiß, Erosion

Ein Schaden bedingt eine Veränderung an einem Bauteil, durch die seine Funktion beeinträchtigt oder unmöglich wird. Die Veränderungen hinterlassen Spuren im Werkstoff bzw. am Bauteil. Diese Spuren werden Schadensbild genannt und sind kennzeichnend für jeden Schaden.

Zur Aufklärung des Schadensverlaufs spielt die Analyse von Schadensbildern eine wichtige Rolle. Eine visuelle Untersuchung mit dem Auge oder mit der Lupe bringt oft schon wichtige Erkenntnisse. Genauere Untersuchungen der Feinstrukturen finden mit Licht- oder Rasterelektronenmikroskopen statt.

Anhand der Schadensbilder und ihrer Merkmale ist es möglich, die jeweiligen Schadensursachen einzugrenzen und geeignete Maßnahmen einzuleiten (Tab. 2).

Tab. 2: Schadensbilder an Wälzlagern

Schadensbild	Schadensursachen	Maßnahmen
Fremdkörpereindrücke	Unsauberkeit beim Einbau, unsauberes Öl, unzureichende Abdichtung	Montageschulung, Ölsystem vor Inbetriebnahme durchspülen, Abdichtung verbessern
Wälzkörpereindrücke, Schürfmarken	fehlerhafte Montage, Überlastung, Stöße, Schwingungen bei Maschinenstillstand	Montageschulung, Schwingungen dämpfen
Fressspuren	Drehbewegung zwischen Lagerring und Welle/Gehäuse	feste Lagersitze, Passflächen trocken halten
Verschleißschäden	Unsauberkeit beim Einbau, Schmierstoffmangel, ungeeigneter Schmierstoff	Schmierstoffzufuhr verbessern, Schmierstoff mit Additiven
Korrosionsschäden	unsachgemäße Lagerung, ungeeigneter Schmierstoff, Versagen der Dichtungen, Kondenswasserbildung	Schmierstoff mit Korrosionsschutzzusätzen, verbesserte Abdichtung
Heißlaufschäden	zu feste Passung oder Vorspannung, zu hohe Umdrehungsfrequenz, Schmierstoffmangel, ungeeigneter Schmierstoff, Überschmierung, hohe Umgebungstemperatur	Lagerluft vergrößern, Schmierung verbessern, Kühlung verbessern
Brüche	fehlerhafte Montage, Unrundheiten im Lagersitz	Montageschulung, bessere Sitzverhältnisse
Passungsrost	Lagerring mit Umfangslast lose, Wellendurchbiegung	feste Lagersitze, biegesteifere Welle, Lagersitze beschichten

Zur Beurteilung werden herangezogen:

- das Aussehen des Schadens, z. B. die Lage und der Ausgangspunkt von Verformungen, Rissen, Brüchen, Korrosions- und Verschleißerscheinungen sowie
- Merkmale der Oberfläche, z. B. Anlassfarben, Beläge, Korrosionsprodukte, Oxid- und Zunderschichten.

Im Folgenden sollen beispielhaft die Schadensarten durch mechanische Überbeanspruchung betrachtet werden.

Gewaltbruch

Gewaltbrüche treten durch einmalige Überlastung von Bauteilen durch Überschreiten der Festigkeit auf.

An spröden Werkstoffen ist die Gewaltbruchfläche samtartig glatt und zeigt keine Verformung des Querschnitts. Man bezeichnet solche Brüche auch als Spröd- oder Trennbrüche. Da sie ohne erkennbare plastische Verformung auftreten, verursachen sie oft folgenschwere Schadensfälle.

Ein Gewaltbruch an einem zähen Werkstoff hat eine körnige, zerklüftete Bruchfläche, die an den Rändern verformt ist (Abb. 1). Durch vorausgehende sichtbare Verformung des Querschnittes kündigen sich Verformungsbrüche an.

Abb. 1: Gewaltbruchfläche

Dauerbruch

Ein Dauerbruch kann auftreten, wenn Maschinenteile schwellenden oder wechselnden Belastungen ausgesetzt sind. Dabei kann das Bauteil brechen, obwohl die Belastung deutlich unterhalb der Streckgrenze des Werkstoffes liegt.

Ausgangsstellen von Dauerbrüchen sind meist Kerben an der Oberfläche von Bauteilen. Bei ständig wechselnder Belastung bilden sich dort Risse, die im Laufe der Zeit immer tiefer werden. Es entsteht eine glatte Bruchfläche mit typischen Rastlinien. Ist der Restquerschnitt so gering, dass er die Belastung nicht mehr aufnehmen kann, bricht er infolge Überlastung. Der gebrochene Restquerschnitt zeigt die typischen Merkmale eines Gewaltbruches. Er ist körnig und mehr oder weniger stark zerklüftet (Abb. 2).

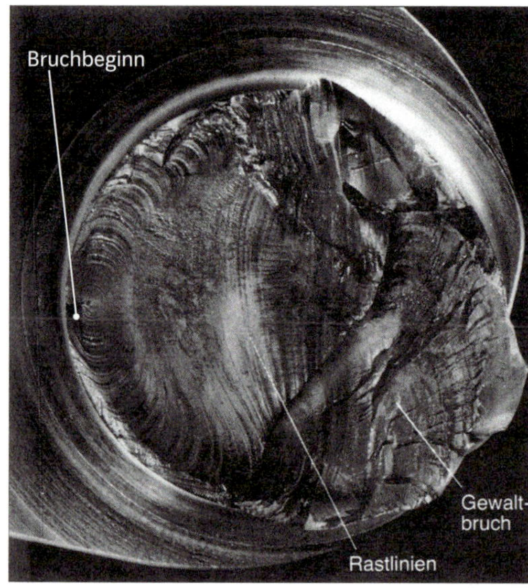

Abb. 2: Dauerbruch mit ausgeprägten Rastlinien

Die Dauerbruchfläche gibt Hinweise auf die Entstehung des Dauerbruches und die aufgetretene Belastung.

Die Art der Belastung ist an der Lage der Dauerbruchzone (D) zur Gewaltbruchzone (G) erkennbar. Bei schwellender Biegebeanspruchung liegt die Dauerbruchzone einseitig, bei wechselnder Biegebeanspruchung oberhalb und unterhalb der Restbruchzone und bei umlaufender Biegebeanspruchung umschließt die Dauerbruchzone die Restbruchzone in der Mitte (Abb. 3).

Der Beginn des Anrisses, als die eigentliche Ursache für den Dauerbruch, kann durch den Beginn der Rastlinien bestimmt werden.

schwellende
Beanspruchung

wechselnde
Beanspruchung

umlaufende
Beanspruchung

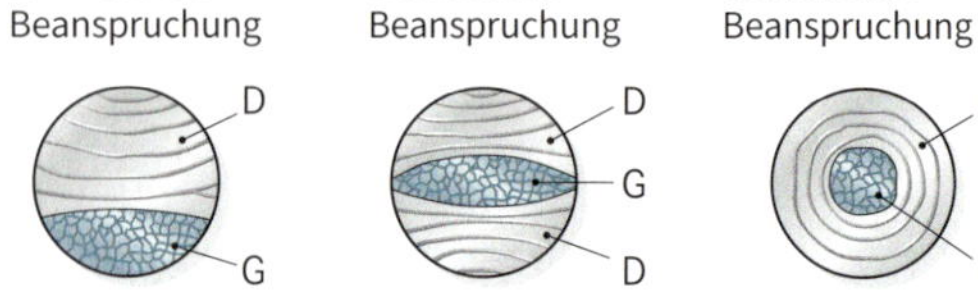

Abb. 3: Bruchflächenarten von Dauerbrüchen

Die Höhe der Belastung ist an der Größe der durch Gewaltbruch entstandenen Restbruchfläche abzuschätzen. Je größer die Gewaltbruchzone, desto höher war die Belastung des Bauteils.

Kerben

Kerben können durch die Konstruktion oder Fertigung eines Bauteils bedingt sein oder auch durch Fehler im Werkstoff entstehen (Tab. 1).

Tab. 1: Ursachen von Kerbwirkungen

Fehlerbereich	Ursachen
Konstruktion	Nuten, Wellenabsätze, Gewinde, Bohrungen
Fertigung	Bearbeitungsriefen, Montageriefen, Schleifrisse, Härterisse, Walzriefen, Schweißspritzer
Werkstoff	Schlackeneinschlüsse, Poren, Lunker, Kristallbaufehler, Korrosionsstellen

Kerben verändern die Spannungsverteilung in einem Bauteil. Entgegen der gleichmäßigen Spannungsverteilung σ_m in einem glatten Bauteil treten Spannungsspitzen σ_{max} an den Rändern der Kerben auf. Je spitzer und scharfkantiger die Kerben sind, desto größer sind die Spannungsspitzen (Abb. 4).

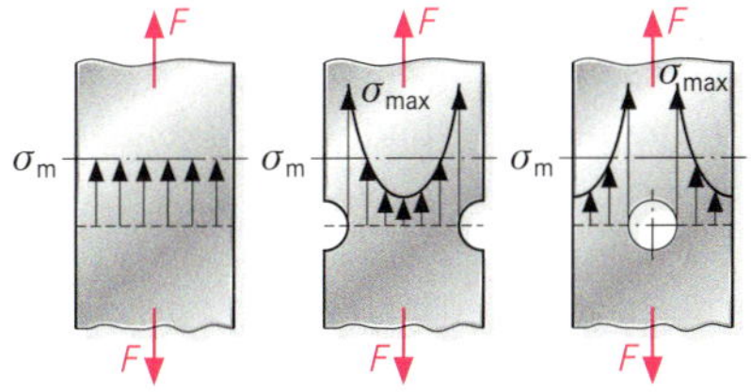

Abb. 4: Spannungserhöhung durch Kerbwirkung

Die formgerechte Gestaltung von Bauteilen verringert die Gefahr von Dauerbrüchen.

So sind scharfkantige Übergänge an gefährdeten Stellen unbedingt zu vermeiden. Bei Wellen und Bolzen sind an den Übergängen Hohlkehlen anzubringen. Dabei ist auf eine riefenfreie Oberfläche zu achten.

Bearbeitungsriefen an stark beanspruchten Teilen lassen sich durch Schleifen oder Polieren vermeiden.

13.2 Schadenshäufigkeit

Informieren

Für Verbesserungen ist neben den Schadensursachen auch die Häufigkeit ihres Eintretens wichtig. Die Häufigkeit von Schäden oder Fehlern kann anhand der Instandhaltungsdokumentation ermittelt werden.

Die in Maschinenstörungslisten dokumentierten Schadensursachen und Fehlerarten werden in Fehlersammellisten festgehalten, ausgewertet und graphisch dargestellt.

Mit Hilfe des Pareto-Diagramms kann man diejenigen Fehlerarten und Schadensursachen herausfiltern, die den größten Einfluss haben. Die Wichtigkeit einer Ursache kann direkt aus dem Diagramm abgelesen werden. So entsteht eine Entscheidungshilfe, in welcher Reihenfolge die Ursachen bekämpft werden sollten.

Grundlagen

Pareto-Diagramm

Das Pareto-Diagramm beruht auf der Erkenntnis, dass oft ein Großteil der Auswirkungen eines Problems (ca. 80 %) auf nur eine kleine Anzahl von Ursachen (ca. 20 %) zurückzuführen sind. Es ist ein Säulendiagramm, das Problemursachen nach ihrer Bedeutung ordnet.

Es werden Kategorien für mögliche Fehlerarten oder Ursachen gebildet. Dann werden die Fehlerarten nach ihrer Häufigkeit des Auftretens oder der Höhe ihrer Kosten bewertet.

Leckage an vorzeitig ausgefallenen Radialwellendichtringen

Nr.	Fehlerart	Häufigkeit in %
1	fehlerhafte Wellenbearbeitung	30 %
2	unsachgemäße Montage	30 %
3	falsche Dichtungsauswahl	10 %
4	Scheinleckage	15 %
5	Schmierstoffunverträglichkeit	5 %
6	Verschmutzung	5 %
7	Schwingungen	2 %
8	sonstige	3 %
	Summe	100 %

Die Fehlerarten werden absteigend nach ihrer Bedeutung sortiert und dann auf der waagerechten Achse von links nach rechts abgetragen. Über jeder Fehlerkategorie wird eine Säule gezeichnet, deren Höhe die Häufigkeit des Auftretens bestimmt. Werden die Säulen von links nach rechts aufeinander gestapelt, ergibt sich die Pareto-Kurve, über die der summierte Prozentwert abgelesen werden kann.

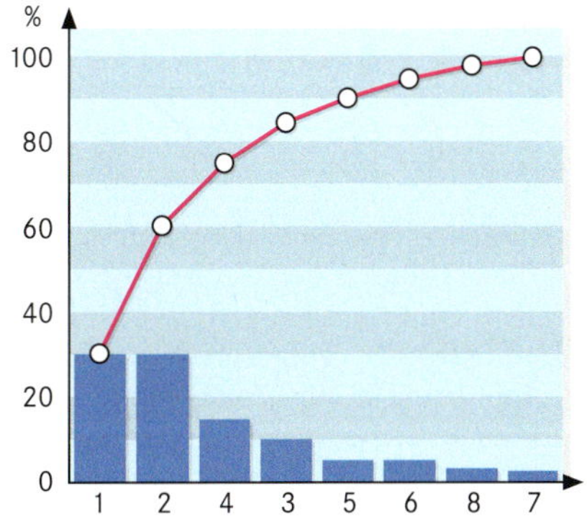

Prüfen

13.3 Werkstoffprüfverfahren

Werkstoffprüfverfahren dienen neben der Aufklärung von Schadensfällen auch zur Bewertung der Werkstoffeigenschaften sowie der Produkt- und Fertigungsüberwachung.

Die Werkstoffprüfung soll Aufschluss geben über Art, Eigenschaften und Verhalten der Werkstoffe unter mechanischen, thermischen und chemischen Beanspruchungen. Außerdem können die chemische Zusammensetzung und eventuelle Materialfehler, wie Risse, Lunker oder Schlackeneinschlüsse, festgestellt werden.

Der Prüfvorgang und die Prüfbedingungen der einzelnen Prüfungen sind genormt.

13.3.1 Zerstörungsfreie Prüfverfahren

Bei den zerstörungsfreien Prüfungen wird keine Materialprobe entnommen und das zu prüfende Bauteil nicht beschädigt.

13.3.1.1 Eindringverfahren

Das Eindringverfahren wird angewandt zur Anzeige von zur Oberfläche hin offenen Fehlern, wie Poren, Risse, Bindefehler, Überlappungen und Falten.

Die zu prüfende Oberfläche ist zu reinigen. Sie muss sauber und frei von Öl, Fett, Zunder, Formsand oder anderen Verunreinigen sein (Abb. 1a).

Nach Trocknen der Oberfläche wird ein rot färbendes oder ein fluoreszierendes Eindringmittel auf die Prüffläche aufgesprüht. Es dringt durch Kapillarwirkung in vorhandene Fehlstellen ein (Abb. 1b).

Nach Abschluss des Eindringvorganges wird das überschüssige, an der Oberfläche haftende Eindringmittel mit einem Reinigungsmittel entfernt (Abb. 1c).

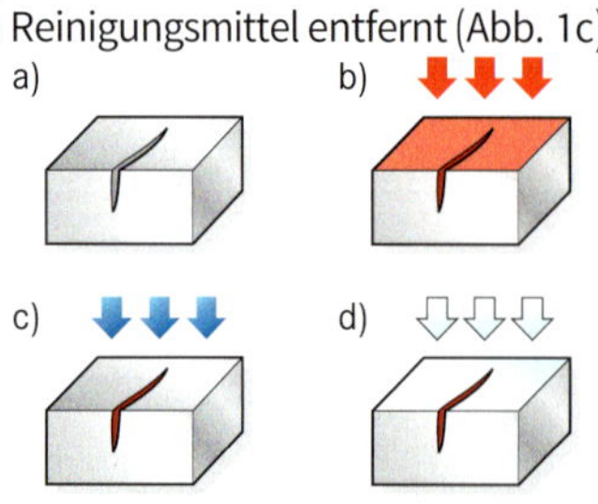

Abb. 1: Verfahrensschritte beim Eindringverfahren

Nach einem Trocknungsvorgang wird eine weiße Entwicklerflüssigkeit aufgesprüht oder aufgestäubt (Abb. 1d). Mit der Zeit werden die Reste des stark kontrastierenden Eindringmittels an der Oberfläche sichtbar (Abb. 2). Bei fluoreszierenden Eindringmitteln erfolgt die Betrachtung des Werkstücks unter UV-Licht (Abb. 3).

Eine Nachreinigung ist erforderlich, wenn Rückstände des Prüfmittels den Verwendungszweck des Bauteils beeinträchtigen könnten, z. B. eine anschließende Lackierung.

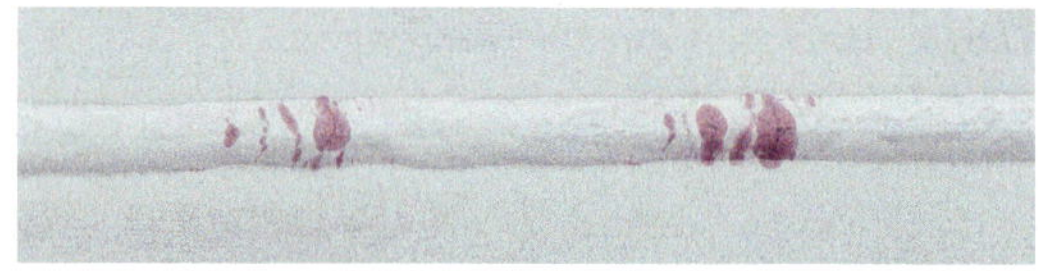

Abb. 2: Mit Farbeindringmittel geprüfte rissige Schweißnaht

Abb. 3: Mit fluoreszierendem Eindringmittel geprüfte rissige Schweißnaht

Das Eindringverfahren wird vornehmlich bei metallischen Werkstoffen eingesetzt. Es können jedoch auch andere nicht poröse Werkstoffe geprüft werden. Es ist mit geringem Aufwand selbst unter Baustellenbedingungen anwendbar. Das Verfahren ist sehr empfindlich und auch für komplizierte Bauteilgeometrien geeignet.

13.3.1.2 Magnetpulver-Rissprüfung

Die Magnetpulver-Rissprüfung ist ein Verfahren zum Nachweis von Fehlstellen an oder dicht unter der Oberfläche magnetisierbarer Werkstoffe wie ferromagnetische Stähle und Gusseisen (Abb. 4).

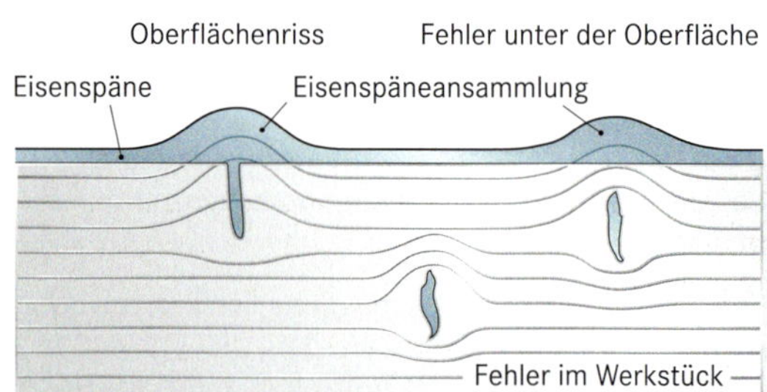

Abb. 4: Schematische Darstellung der Magnetpulver-Rissprüfung

Die zu prüfende Oberfläche muss sauber und frei von Öl, Fett, Zunder, Formsand oder anderen Verunreinigen sein.

Das Werkstück wird zunächst im Prüfbereich magnetisiert. Die Magnetisierung kann z. B. mit einem Elektromagneten (Joch oder Spule) oder auch durch Stromdurchflutung erfolgen (Abb. 5). Die Oberfläche des zu prüfenden Bauteils wird mit eingefärbtem oder fluoreszierendem Eisenpulver besprüht oder übergossen.

Abb. 5: Magnetpulver-Rissprüfung mit Handmagnet

Die magnetischen Feldlinien werden im magnetisch leitenden Werkstoff geführt. Treffen die Magnetfeldlinien auf einen magnetisch schlecht leitenden Bereich, z. B. einen Oberflächenriss, werden die Feldlinien durch den hohen magnetischen Widerstand umgelenkt. Die Umlenkung der magnetischen Feldlinien erzeugt an der Oberfläche des Werkstückes einen Streufluss. Dieser bewirkt eine Ansammlung des Eisenpulvers entlang der Rissgeometrie.

Unter Weißlicht oder unter UV-Licht werden die Fehlstellen sichtbar. Falls notwendig müssen die Werkstücke nach der Prüfung entmagnetisiert werden.

Gefunden werden alle rissartigen Werkstofftrennungen im Oberflächenbereich über 1 µm Breite. Schmale Risse parallel zu den magnetischen Feldlinien werden nicht angezeigt. Daher wird meist nacheinander in zwei Richtungen um 90° versetzt magnetisiert.

13.3.1.3 Ultraschallprüfung

Die Ultraschallprüfung ist ein geeignetes Prüfverfahren bei schallleitfähigen Werkstoffen, wozu die meisten Metalle gehören. Es dient

- zur Auffindung von inneren Fehlern wie Lunker, Poren oder Bindefehler sowie
- zur Schichtdickenmessung z. B. bei Kunststoffbeschichtungen und
- zur Wanddickenmessung z. B. bei Rohren.

Die Prüfung kann manuell, mechanisiert oder automatisch innerhalb der Fertigungsstraßen erfolgen. Dabei wird meist das Impuls-Echo-Verfahren angewandt. Beim Impuls-Echo-Verfahren dient ein Prüfkopf gleichzeitig als Sender und Empfänger.

Auf der Oberfläche des Werkstückes wird ein Koppelmittel (z. B. Gel, Wasser oder Öl) aufgetragen. Mittels des Prüfkopfes wird die zu prüfende Oberfläche abgefahren (Abb. 6).

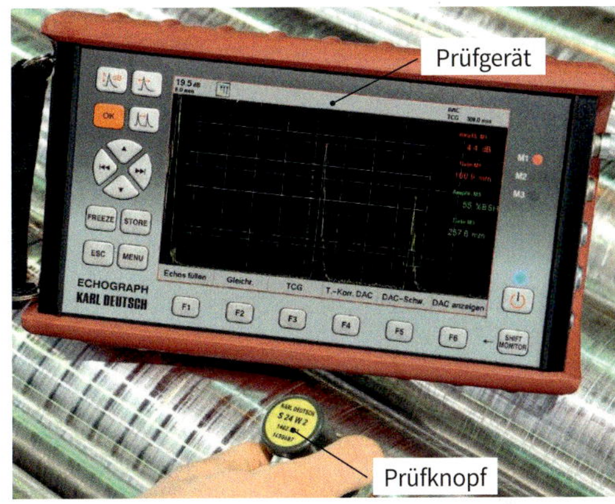

Abb. 6: Ultraschallprüfung

Der Prüfkopf sendet kurze Schallimpulse von 1 bis 10 µs Dauer mit einer Frequenz von 1 bis 10 MHz. Die Schallimpulse durchdringen das Werkstück und werden an der Rückwand sowie von Fehlern im Inneren des zu prüfenden Teils reflektiert und zum Prüfkopf zurückgesendet. Anhand der gemessenen Zeitdifferenz zwischen Senden und Empfangen wird ein Signalbild erzeugt und auf einem Monitor sichtbar gemacht. Es können so die Größe und die Lage des Fehlers bestimmt werden (Abb. 7).

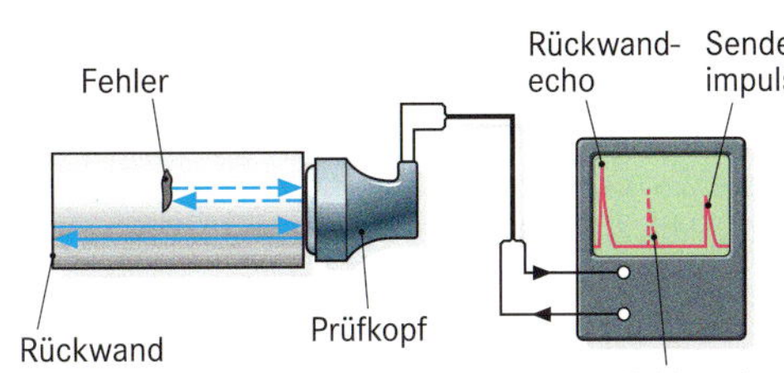

Abb. 7: Verlauf von Ultraschallwellen im Werkstück

Der Bildschirm-Maßstab muss vor dem Messen mit Hilfe eines Vergleichsnormals aus dem gleichen Werkstoff wie das Prüfstück justiert werden.

Die größten Materialdicken, die üblicherweise geschallt werden, liegen bei 5 m, die kleinsten Dicken bei 1 mm. Parallel zum Schallstrahl lie-gende Fehlstellen lassen sich nur schwer feststellen, da nur ein geringer Teil des Schalls reflektiert wird. Im Stahl können Fehlstellen ab etwa 0,7 mm Breite festgestellt werden.

13.3.1.4 Durchstrahlungsprüfung

Bei der Durchstrahlungsprüfung werden zur Fehlersuche Röntgen- oder Gammastrahlen verwendet. Diese Strahlen können auch feste Stoffe durchdringen. Bei der Durchstrahlungsprüfung befindet sich die Strahlenquelle auf einer Seite des zu prüfenden Werkstückes und ein Röntgenfilm auf der anderen Seite (Abb. 1).

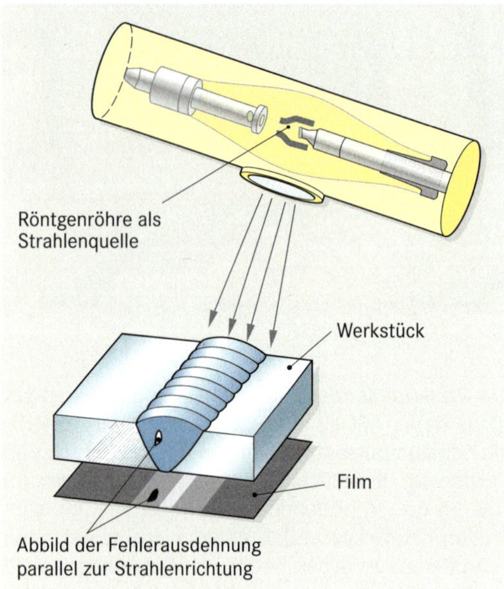

Abb. 1: Röntgenuntersuchung einer Schweißnaht

Beim Durchdringen des Prüfkörpers werden die Strahlen in Abhängigkeit von der Materialdicke unterschiedlich stark geschwächt. Dadurch wird der Film mehr oder weniger belichtet. Fehler wie Risse, Bindefehler oder Einschlüsse erscheinen auf dem Röntgenfilm als dunkle Flecken.

Strahlenschutz beachten

Röntgen und Gammastrahlen können erhebliche gesundheitliche Schäden verursachen. Daher dürfen Durchstrahlungsgeräte nur in strahlengeschützten Räumen oder in abgesperrten Bereichen durch berechtigtes Fachpersonal betrieben werden.

Die Durchstrahlungsprüfung wird zur Beurteilung von Schweißnähten, zur Prüfung von Gussteilen, und zum Auffinden von Korrosion oder Erosion angewendet.

13.3.2 Zerstörende Prüfverfahren

Die zerstörenden Prüfverfahren werden an Proben durchgeführt, die in ihren Eigenschaften denen des zu bewertenden Werkstückes entsprechen müssen.

13.3.2.1 Zugversuch

Beim Zugversuch wird eine genormte Zugprobe in einer Universalprüfmaschine bis zum Bruch mit einer gleichmäßigen Geschwindigkeit gedehnt (Abb. 2). Während des Versuchs werden die Zugkraft und die Probenverlängerung gemessen und als Kraft-Verlängerungs-Diagramm aufgezeichnet. Aus diesem wird das Spannungs-Dehnungs-Diagramm errechnet. Aus dem Spannungs-Dehnungs-Diagramm lassen sich wichtige Kenngrößen eines Werkstoffes ablesen.

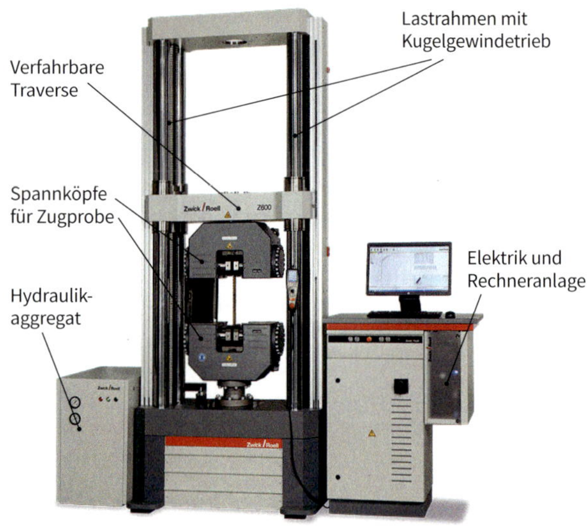

Abb. 2: Universalprüfmaschine

In der Regel verwendet man Rundproben. Aus Blechen werden Flachproben gefertigt.

In der Abbildung 3 ist das Diagramm für einen unlegierten Baustahl zu sehen. Zunächst verläuft der Anstieg der Kurve geradlinig. Die wirkende Spannung ist der entstandenen Dehnung proportional. Der Werkstoff verhält sich in diesem Bereich elastisch.

Bei weiterer Steigerung der Zugkraft tritt zusätzlich neben dieser elastischen auch eine plastische Verlängerung auf.

Das Diagramm zeigt im weiteren Verlauf eine Unstetigkeit. Trotz zunehmender Dehnung bleibt die Spannung gleich oder fällt sogar ab. Der Werkstoff „fließt“, wodurch eine Verfestigung eintritt.

Man unterscheidet die obere Streckgrenze R_{eH}, bei der das Fließen beginnt, und die *untere Streckgrenze* R_{eL}, bei der dieser Vorgang abgeschlossen ist. Als Werkstoffkennwert wird im Allgemeinen die *obere Streckgrenze* R_{eH} angegeben. Sie dient als Grundlage für die Berechnung und Konstruktion von Bauteilen (➡📖).

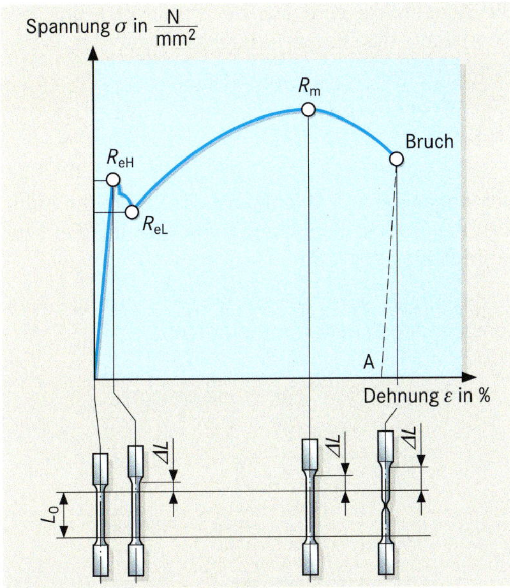

Abb. 3: Spannungs-Dehnungs-Diagramm eines unlegierten Baustahls

Nach Überschreiten der unteren Streckgrenze steigt die Spannung wieder und die Dehnung nimmt rasch zu. Die Kurve erreicht ihren höchsten Spannungswert, die *Zugfestigkeit* R_m. Der Probe-stab beginnt sich bei weiterer Belastung einzuschnüren, die Kurve fällt deutlich ab. Bei abnehmender Spannung nimmt die Dehnung deutlich ab, bis die Probe zerreißt.

Als Verformungskennwert wird die *Bruchdehnung A* angegeben. Sie ist das Verhältnis aus der Längenzunahme ΔL und der Anfangslänge L_0. Die Längenänderung wird nicht aus dem Diagramm ermittelt, sondern an den zusammengelegten Probenteilen. Die Bruchdehnung dient zur Beurteilung der Verformbarkeit eines Werkstoffes.

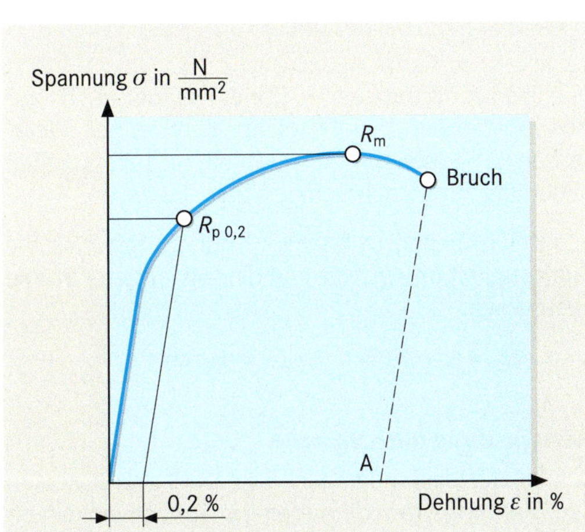

Abb. 4: Spannungs-Dehnungs-Diagramm mit 0,2 %-Grenze

Die oben beschriebene Streckgrenze tritt nur bei zähen Werkstoffen auf. Bei den anderen Metallen gibt man statt der Streckgrenze R_{eh} die 0,2 %-Dehngrenze $R_{p0,2}$ an. Das ist die Spannung, bei der nach Entlastung eine Dehnung von 0,2 % der Anfangslänge zurückbleibt. Das Spannungs-Dehnungs-Diagramm weist hier einen stetigen Übergang vom elastischen in den plastischen Bereich auf (Abb. 4).

13.3.2.2 Kerbschlagbiegeversuch

Zur Prüfung der Zähigkeit von Werkstoffen wird der Kerbschlagbiegeversuch herangezogen. Hierbei wird das Verhalten eines Werkstoffes bei schlagartiger Beanspruchung bei einer bestimmten Temperatur untersucht. Es werden genormte Proben mit einer U-förmigen oder V-förmigen Kerbe verwendet.

Die Probe wird in ein Pendelschlagwerk gegen zwei Widerlager gelegt und mit einem einzigen Schlag entweder durchgebrochen oder durch die Widerlager gezogen (Abb. 5). Der durchschwingende Hammer nimmt einen Schleppzeiger mit, so dass auf einer Skala direkt die verbrauchte Schlagarbeit abgelesen werden kann.

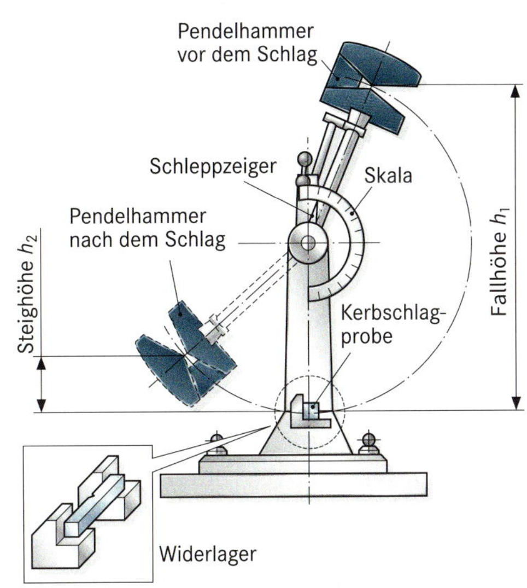

Abb. 5: Pendelschlagwerk mit Probe

Je zäher ein Werkstoff ist, umso mehr wird der Hammer abgebremst und umso größer ist die entsprechende Kerbschlagarbeit. Die *Kerbschlagarbeit* wird in Joule (J) angegeben (➜📖).

Die Kerbschlagarbeit ist auch von der Temperatur des Werkstoffs abhängig. Mit sinkender Temperatur sinkt die Kerbschlagarbeit.

Das Aussehen des Bruches ist ebenfalls ein wichtiges Auswertungskriterium.

13.3.2.3 Härteprüfung

Die Härteprüfung wird meist mit Universal-Prüfmaschinen durchgeführt (Abb. 1). Die Prüfung kann am Werkstück selbst erfolgen, weil nur geringe Eindrücke auf der Werkstückoberfläche entstehen.

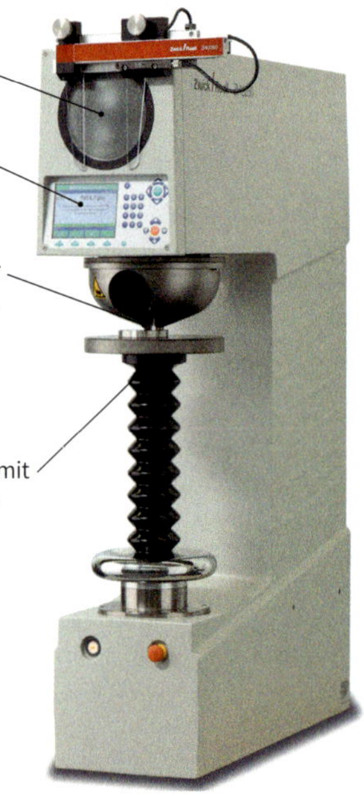

Abb. 1: Universal-Härteprüfmaschine

Härteprüfung nach Brinell

Bei der Härteprüfung nach Brinell wird eine polierte Hartmetallkugel mit einer festgelegten Kraft senkrecht in die ebene, metallisch blanke Oberfläche des Prüfstückes gedrückt (Abb. 2). Der Durchmesser D der Kugel ist genormt und beträgt 1 mm, 2,5 mm, 5 mm und 10 mm. Beim Prüfen ist der Kugeldurchmesser so groß wie möglich zu wählen. Bei ausreichender Probendicke sollte der Kugeldurchmesser 10 mm betragen.

Die Prüfkraft F soll so gewählt werden, dass der Eindruckdurchmesser $d = 0{,}24 \ldots 0{,}6\ D$ beträgt. Die Prüfkraft ist daher in Abhängigkeit von Werkstoff und Härte des Prüfstückes festzulegen. Das wird durch den Beanspruchungsgrad $= 0{,}102 \cdot F/D^2$ berücksichtigt. Der Beanspruchungsgrad sollte dem Wert 1; 5; 10; 15 oder 30 entsprechen. In Abhängigkeit vom Beanspruchungsgrad kann die Prüfkraft aus Tabellen entnommen werden.

Die Einwirkdauer der Prüfkraft beträgt in der Regel 10 bis 15 Sekunden.

Nach Entlasten wird der Eindruckdurchmesser d mit Hilfe einer optischen Vergrößerung ausgemessen und der Mittelwert aus zwei senkrecht aufeinander stehenden Durchmessern gebildet.

Die Brinellhärte wird aus der Prüfkraft F und der Oberfläche des Kugeleindruckes A auf der Probe berechnet.

$$\text{HBW} = \frac{0{,}102 \cdot F}{A} = 0{,}102 \cdot \frac{2F}{\pi \cdot D\left(D - \sqrt{D^2 - d^2}\right)}$$

Der angegebene Zahlenfaktor 0,102 ist der Kehrwert der Erdbeschleunigung g von 9,81 und dient zur Umrechnung der Kraft.

In der Praxis wird der Härtewert meist aus entsprechenden Tabellen entnommen.

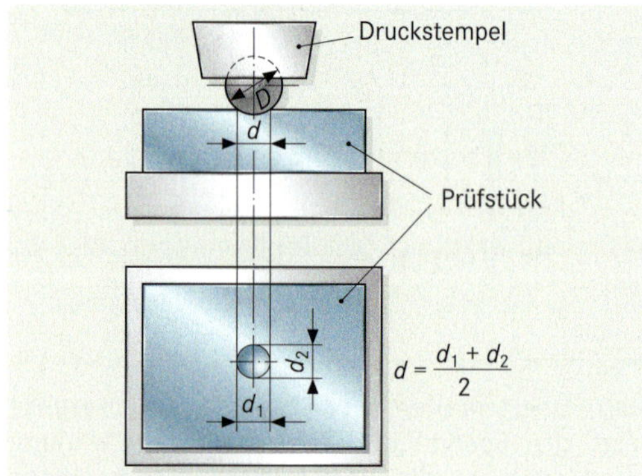

Abb. 2: Härteprüfung nach Brinell

Eine Härteangabe enthält neben dem Härtewert auch die Prüfbedingungen:

350 HBW 5/750/20

- Härtewert → 350
- Brinellhärte → HBW
- Kugeldurchmesser 5 mm → 5
- Prüfkraft 7,355 kN ($750 \cdot 1/0{,}102$ N ≈ 7355 N) → 750
- Einwirkdauer 20 s (keine Angabe bei der Dauer 10 … 15 s) → 20

Die Härteprüfung nach Brinell eignet sich zur Härtebestimmung von nicht gehärteten Werkstoffen, z. B. unlegierte Baustählen, und Werkstoffen mit ungleichmäßigen Gefügen, z. B. Gusseisen.

Aus der Brinellhärte lässt sich näherungsweise die Zugfestigkeit unlegierter und niedrig legierter Stähle bestimmen.

$$R_m \approx 3{,}5 \cdot \text{HBW} \qquad \text{in N/mm}^2$$

Härteprüfung nach Vickers

Bei der Härteprüfung nach Vickers wird eine vierseitige Diamantpyramide mit einem Spitzenwinkel von 136° mit einer Prüfkraft F senkrecht in das Prüfstück eingedrückt (Abb. 3).

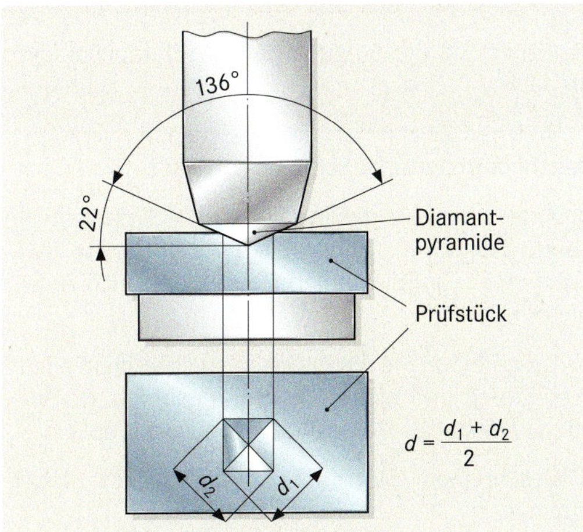

Abb. 3: Härteprüfung nach Vickers

Die Prüfkräfte sind genormt und entsprechend dem zu überprüfenden Härtewert aus Tabellen zu entnehmen (➡📖). Nach Entlasten werden die Diagonalen d_1 und d_2 des Eindruckes mit Hilfe einer optischen Vergrößerung ausgemessen und deren Mittelwert d errechnet.

Die Vickershärte errechnet sich aus der Prüfkraft F und der Eindruckoberfläche A auf der Probe.

$$HV = \frac{0{,}102 \cdot F}{A} \approx \frac{0{,}1891 \cdot F}{d^2}$$

Der Härtewert wird in der Praxis mit Hilfe entsprechender Tabellen ermittelt.

Eine Härteangabe enthält neben dem Härtewert auch die Prüfbedingungen:

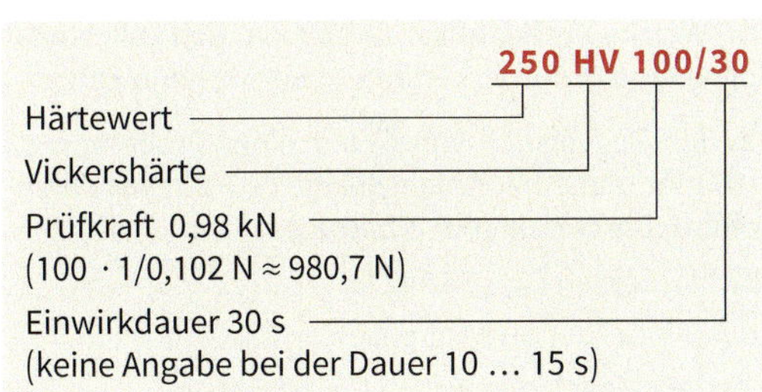

Die Härteprüfung nach Vickers eignet sich zur Härtebestimmung von besonders harten Werkstoffen, dünnwandigen Werkstücken und harten Randzonen.

Härteprüfung nach Rockwell

Bei der Härteprüfung nach Rockwell wird ein Prüfkörper in zwei Stufen in das Prüfstück gedrückt. Zuerst wird die Oberfläche des Prüfstückes mit einer Prüfvorkraft F_0 = 98,07 N vorbelastet und die Skala der Messuhr auf Null gestellt (Abb. 4).

Danach wird der Prüfkörper mit der Prüfzusatzkraft belastet. Nach einer Einwirkdauer von zwei bis sechs Sekunden wird die Prüfzusatzkraft abgehoben, so dass nur noch die Prüfvorkraft wirksam ist.

Die bleibende Eindringtiefe des Prüfkörpers in das Prüfstück ist das Maß für die Rockwellhärte. Die Rockwellhärte wird direkt an der Messuhr abgelesen.

Um verschieden harte Werkstoffe prüfen zu können, werden unterschiedliche Prüfkörper und Prüfzusatzkräfte eingesetzt (➡📖).

Für harte Werkstoffe wird ein Diamantkegel mit einem Spitzenwinkel von 120° verwendet, z. B.:

- **HRC** für gehärtete Stähle,
- **HRA** für Hartmetall.

Für weiche Werkstoffe wird eine gehärtete Stahlkugel von 1,5875 mm oder 3,175 mm Durchmesser verwendet, z. B:

- **HRB** für Werkstoffe mittlerer Härte,
- **HRF** für kaltgewalzte Stahlbleche.

Die weiteste Verbreitung in Deutschland hat das Rockwell-C-Verfahren.

Eine Härteangabe besteht aus dem Härtewert und dem Zeichen für das angewandte Verfahren:

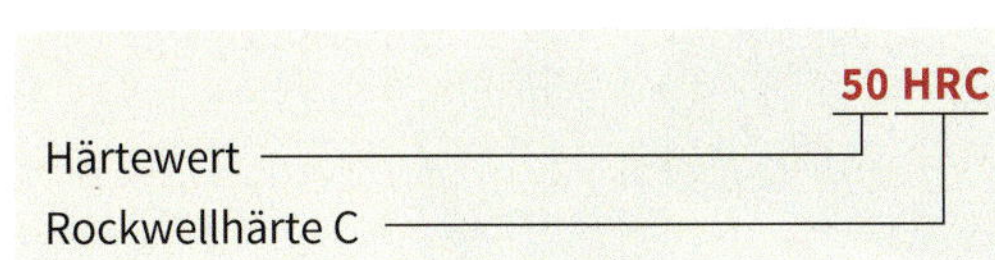

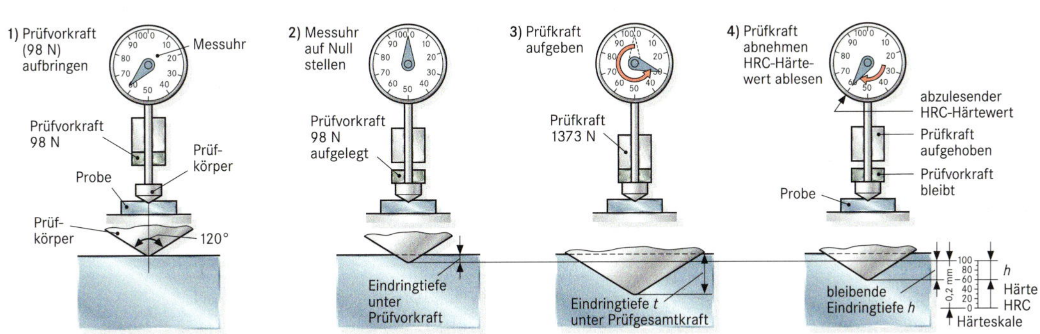

Abb. 4: Härteprüfung nach Rockwell

Mobile Härteprüfung

Bei großen Bauteilen oder an schwer zugänglichen Bauteilstellen wird die Härteprüfung mit kleinen tragbaren Geräten durchgeführt. Gebräuchlich sind zwei unterschiedliche Messverfahren.

Beim *UCI-Verfahren* wird ein Stab in Längsrichtung zu Schwingungen angeregt. An einem Ende sitzt ein Vickersdiamant. Dieser wird durch Federkraft in die zu prüfende Werkstückoberfläche gedrückt. Aus der gemessenen Frequenzänderung wird die Härte des Werkstoffes berechnet und an einem Display angezeigt.

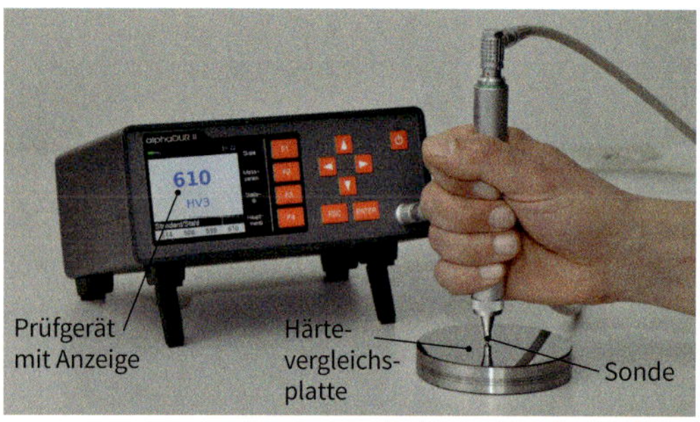

Abb. 1: UCI-Härteprüfgerät

Das UCI-Verfahren eignet sich für die Prüfung von feinkörnigen Materialien mit nahezu allen Formen und Größen. Im Maschinenbau werden damit z. B. Kugellager, Wellen oder Zahnräder geprüft.

Das *Rückprallverfahren* ist ein dynamisches Härtemessverfahren. Über Federkraft wird eine Hartmetallkugel auf die Werkstückoberfläche geschleudert. Aus dem Geschwindigkeitsverlust zwischen Auf- und Rückprall wird der Härtewert berechnet und digital angezeigt.

Abb. 2: Härteprüfung mit dem Rückprallverfahren

Die Rückprall-Härteprüfung wird vor allem an großen Bauteilen mit rauer Oberfläche, an Schmiedeteilen mit inhomogener Oberflächenstruktur sowie an Gussmaterialien durchgeführt.

Beide Verfahren können in jede Richtung messen. Die Sonde bzw. das Schlaggerät werden auf die Werkstoffoberfläche aufgesetzt und die Messung ausgelöst. Eine automatische Umwertung in an-dere Härtewerte wie Brinell, Rockwell oder Vickers ist möglich.

Aufgab

1. Geben Sie die Aufgaben einer Schadensanalyse an.

2. Welchen Zweck hat die Untersuchung von Schadensbildern bei einer Schadensanalyse?

3. Analysieren Sie das in Abschnitt 13.2 dargestellte Pareto-Diagramm. Geben Sie zwei geeignete Maßnahmen an, um die Fehlerhäufigkeit deutlich zu verringern.

4. Beschreiben Sie die Unterschiede zwischen einem Trennbruch und einem Verformungsbruch. Bei welchen Werkstoffen treten die Brüche jeweils auf?

5. Beschreiben Sie das Aussehen eines Dauerbruches.

6. Geben Sie mögliche Ursachen für die Kerbwirkung an Bauteilen an.

7. a) Wie kann an einem hoch beanspruchten Wellenabsatz die Kerbwirkung verringert werden?

b) Begründen Sie die Maßnahme.

8. Geben Sie die zerstörungsfreien Prüfverfahren an, mit denen sich folgende Werkstofffehler ermitteln lassen.

a) Härteriss in einem Bolzen,
b) Schlackeneinschlüsse in einer Schweißnaht,
c) Oberflächenriss in einer Schweißnaht,
d) Oberflächenrisse in Aluminiumgussstücken,
e) Korrosion an einer Rohrinnenwand.

9. Beschreiben Sie die Arbeitsschritte zum Prüfen eines Gussgehäuses auf Oberflächenfehler mit dem Eindringverfahren.

10. Welche Werkstoffkennwerte werden mit einem Zugversuch ermittelt? Erläutern Sie die Kennwerte.

11. Ein Zugversuch wurde mit einer Probe von d_0 = 10 mm und einer Anfangslänge L_0 = 50 mm durchgeführt. Die Messergebnis betrugen:

Höchstzugkraft F_m = 34 542 N

Zugkraft bei der Streckgrenze F_e = 20 620 N

Messlänge nach dem Bruch L_u = 57,3 mm

Berechnen Sie die Werkstoffkennwerte Zugfestigkeit, Streckgrenze und Bruchdehnung.

12. Erläutern Sie die Werkstoffeigenschaften „spröde“ und „zäh“ anhand der Ergebnisse eines Kerbschlagbiegeversuches.

13. Ein Stirnrad soll die Härte 58+3 HRC aufweisen.

a) Wählen Sie ein geeignetes Härteprüfverfahren.
b) Beschreiben Sie den Prüfvorgang.

14. Erläutern Sie die Härteangabe:

100 HBW 2,5/62,5/20.

STEUERN/ AUTOMATISIEREN

- Analysieren und Installieren steuerungstechnischer Systeme
- Inbetriebnehmen steuerungstechnischer Systeme
- Sicherstellen der Betriebsfähigkeit automatisierter Systeme

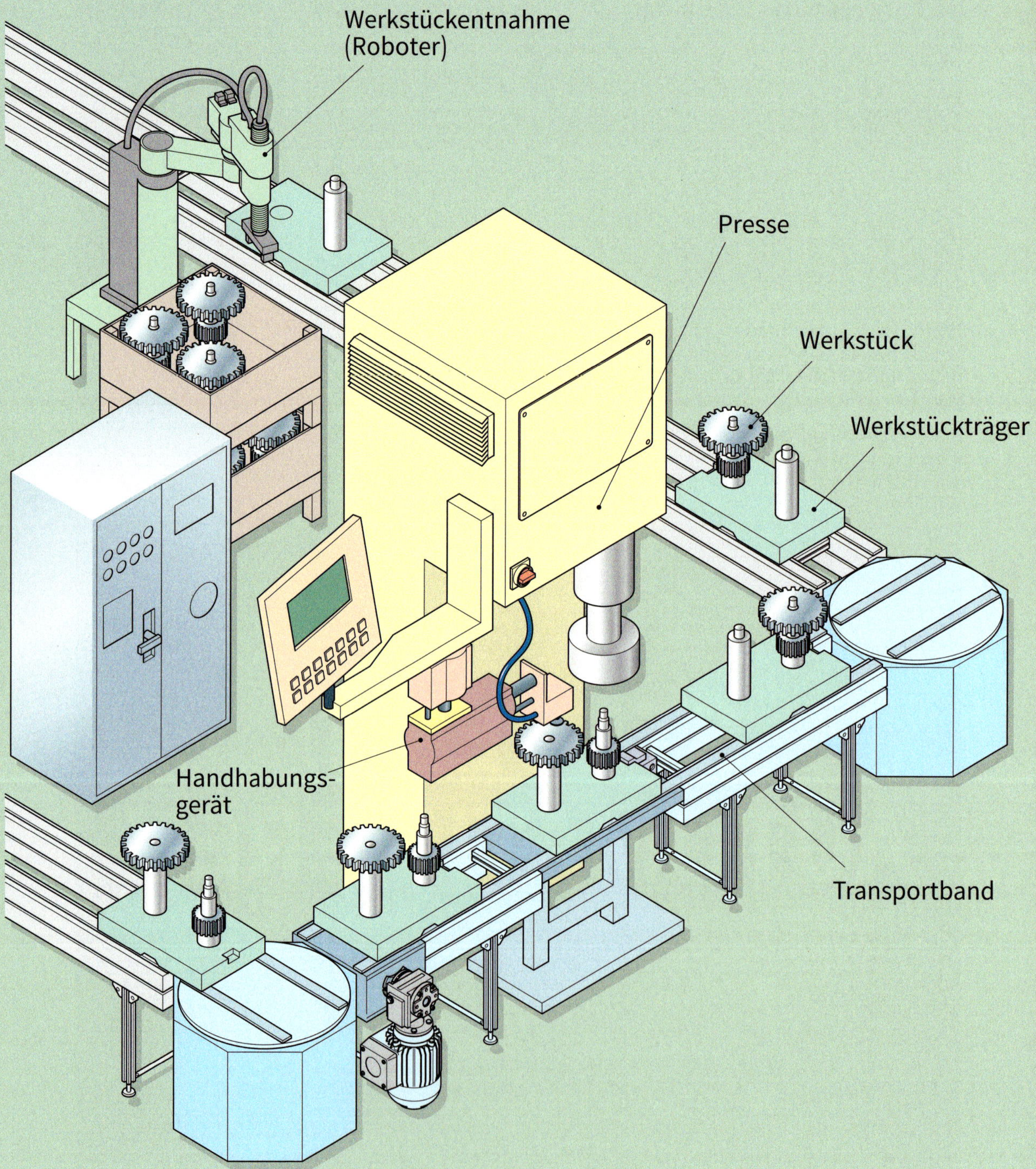
Werkstückentnahme
(Roboter)
Presse
Werkstück
Werkstückträger
Handhabungs-
gerät
Transportband

Automatisierte Systeme – Montagestation

14

Informieren

14.1 Systembeschreibung

In einer Montagestation werden Zahnräder auf Getriebewellen gefügt. Die Station enthält die Teilsysteme Transportband, pneumatisches Handhabungsgerät und hydraulische Presse. Die Hauptfunktion der Montagestation ist die Stoffumsetzung (Abb. 1).

Von einem Transportband werden auf einem Werkstückträger je ein Zahnrad und eine Getriebewelle der Montagestation zugeführt. An der Station wird der Werkstückträger gestoppt und das Zahnrad durch ein pneumatisches Handhabungsgerät auf die Getriebewelle gesetzt. Mit der hydraulischen Presse werden Zahnrad und Getriebewelle gefügt. Anschließend läuft das Transportband weiter und transportiert den Werkstückträger von der Montagestation zu einem Roboter.

Die Stoffumsetzung ist immer an eine Energieumsetzung gebunden. Transport und Fügen von Welle und Zahnrad sind nur durch den Einsatz von Energie möglich. Auf den Energie- und Stoffumsatz wirkt die Steuerung als Informationsumsetzendes System.

! Das Betreiben, Installieren, und Programmieren von Anlagen erfordert ein entsprechendes Verständnis über den Aufbau und die Wirkungsweise des Gesamtsystems sowie der einzelnen Teilsysteme.

Die Steuerung der Montagestation besteht aus folgenden Teilsystemen:

- Pneumatische Einheiten,

  das sind die Pneumatikzylinder des Handhabungsgerätes, der Saugheber und die Pneumatikventile zum Steuern des Handhabungsgerätes sowie die Druckluftbereitstellung.

- Hydraulische Einheiten,

  das sind der Pressenstempel, die Hydraulikventile zum Steuern des Pressenzylinders sowie das Hydraulikaggregat zur Energieversorgung

- Elektrische Einheiten,

  das sind die elektrischen Antriebsmotoren für Transportband und Hydraulikaggregat und die elektromagnetischen Stopper. Außerdem die Sensoren zur Positionserfassung von Handhabungsgerät, Pressenstempel und Werkstückträger sowie die elektrischen Leitungen zur Ansteuerung der elektromagnetischen Ventile und Stopper.

- SPS-Einheiten,

  das sind die SPS-Steuerung und das Bedienfeld der Montagestation sowie die elektrischen Leitungsanschlüsse an die SPS.

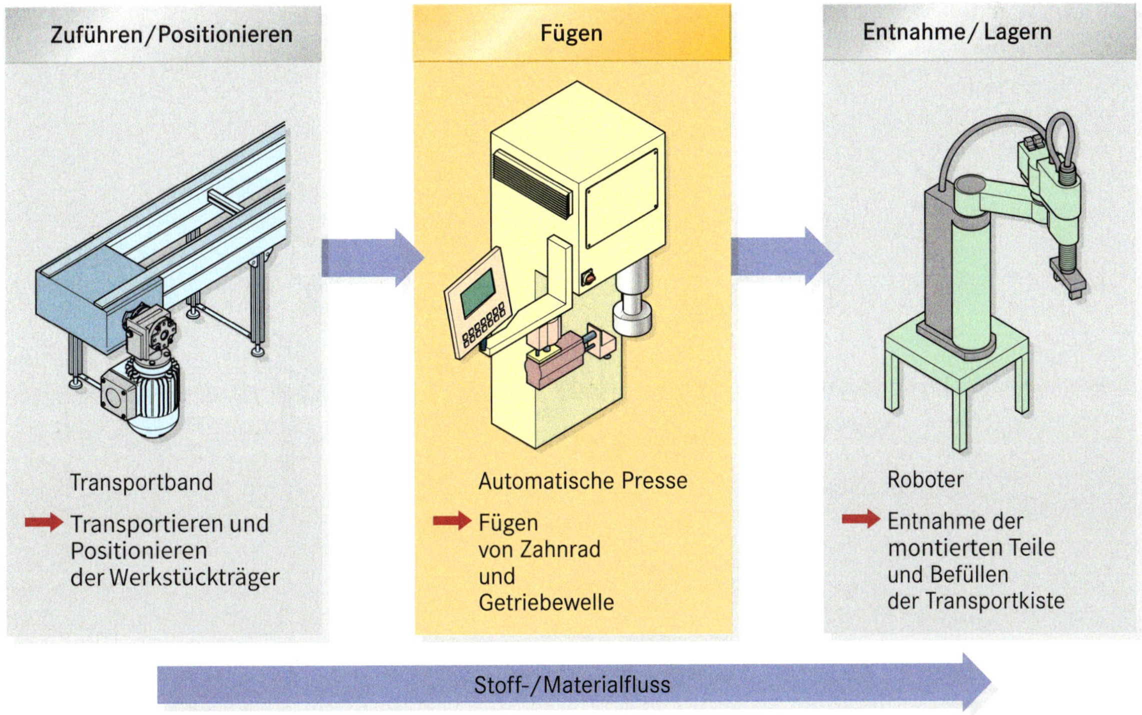

Abb. 1: Stoff- und Materialfluss in der Montagestation

Funktion

14.2 Funktionsbeschreibung

Die Funktionsbeschreibung der Montagestation dient dazu, die Arbeitsschritte des Montagevorgangs zu beschreiben (Abb. 1). Sie ist ein Bestandteil der Anlagendokumentation.

Funktion der Montagestation:

Der automatische Arbeitsablauf kann gestartet werden, wenn die Station betriebsbereit ist und sich in ihrer Grundstellung befindet.

- **Betriebsbereitschaft**

Die Montagestation ist betriebsbereit, wenn die Energieversorgung eingeschaltet ist und in der Anlage keine Störung vorliegt (Abb. 2).

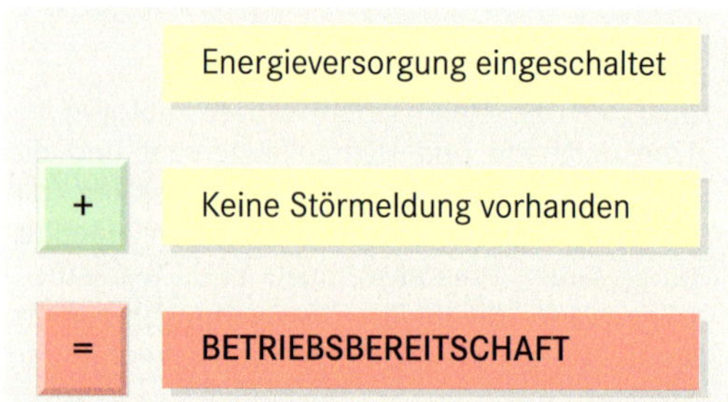

Abb. 2: Betriebsbereitschaft der Montagestation

- **Grundstellung**

Die Montagestation befindet sich in der Grundstellung, wenn der Pressenstempel und alle Zylinder des Handhabungsgerätes eingefahren sind, der Sauger nicht aktiv ist, das Transportband steht und kein Werkstückträger sich in Arbeitsposition befindet (Abb. 3).

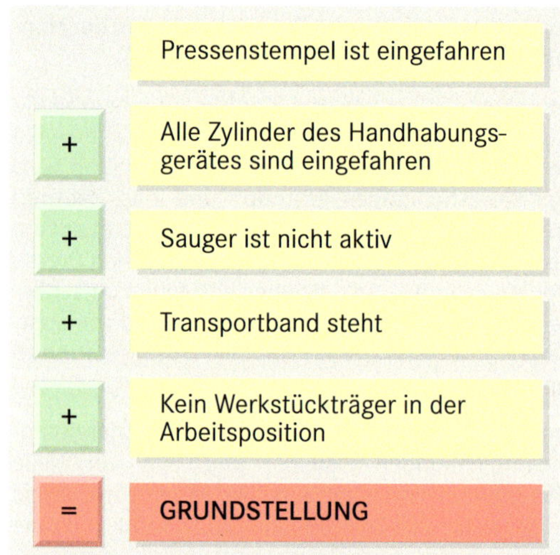

Abb. 3: Grundstellung der Montagestation

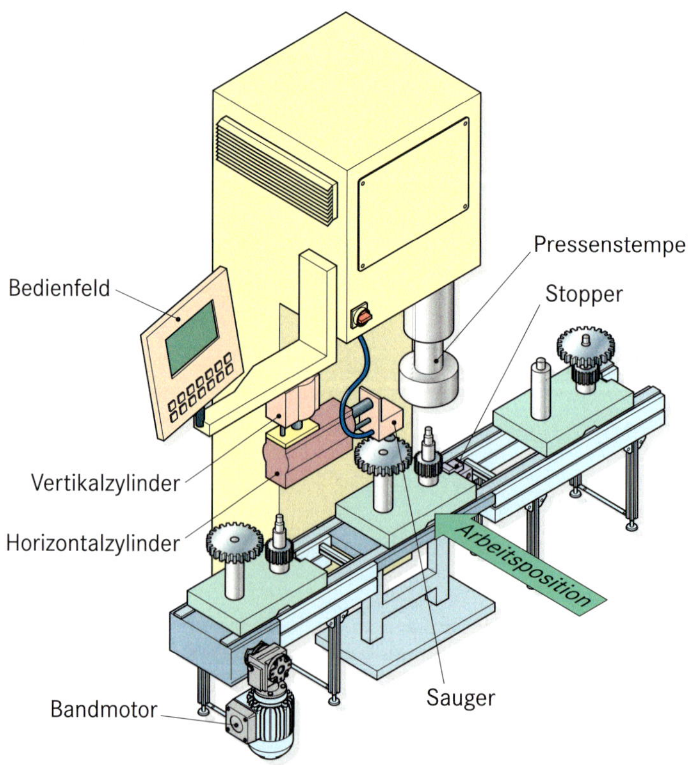

Abb. 1: Komponenten der Montagestation

Sind diese Bedingungen erfüllt, wird der Prozess gestartet und die automatisierte Montage läuft ab. Die Montage erfolgt in festgelegten Schritten, dem Arbeitszyklus.

- **Arbeitszyklus**

1. Ein Starsignal wird gegeben, wenn ein Werkstück am Transportband bereit steht. Der Bandmotor wird gestartet.
2. Der Werkstückträger wird auf dem Transportband in Arbeitsposition gefahren und vom Stopper angehalten.
3. Das Transportband wird ausgeschaltet. Danach fährt der Vertikalzylinder des Handhabungsgerätes abwärts (Abb. 4a).
4. Anschließend wird der pneumatische Sauger aktiviert und das Zahnrad angesaugt.
5. Das so gehaltene Zahnrad wird vom Vertikalzylinder nach einer kurzen Verzögerungszeit angehoben (Abb. 4b).
6. Anschließend wird das Zahnrad vom Horizontalzylinder über der Welle positioniert (Abb. 4c).
7. Das Zahnrad wird nun abgesenkt (Abb. 4d).
8. Durch Deaktivierung des Saugers wird das Zahnrad auf der Welle abgesetzt.
9. Der Vertikalzylinder fährt nach einer kurzen Verzögerungszeit wieder in seine Ausgangsposition (Abb. 4e).
10. Anschließend fährt der Horizontal in Ausgangsposition (Abb. 4f).
11. Nun fährt der Pressenstempel im Eilgang aus.
12. Kurz vor dem Zahnrad erfolgt durch eine Positionsmeldung die Umschaltung auf langsame Geschwindigkeit zum Aufpressen des Zahnrades.
13. Danach fährt der Pressenstempel im Eilgang nach oben in die Ausgangsposition.
14. Der Stopper gibt nun den Werkstückträger frei.
15. Das Transportband wird wieder gestartet und der Werkstückträger aus der Arbeitsposition gefahren.

Sobald der Werkstückträger die Montagestation verlassen hat, befindet sie sich wieder in der Grundstellung und der Arbeitszyklus ist abgeschlossen.

Sofern weitere Werkstückträger auf dem Transportband bereitstehen, wiederholt sich der automatische Arbeitsablauf.

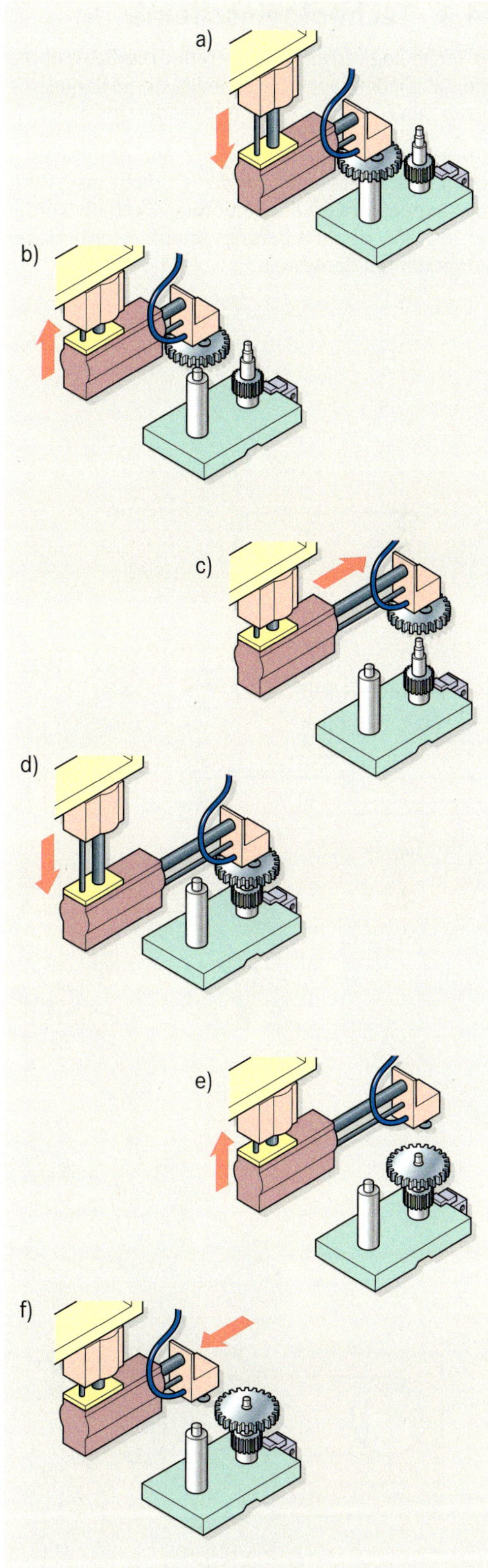

Abb. 4: Arbeitszyklen des Handhabungsgerätes

auch über Web-Link

Infor-
mieren

14.3 Technologieschema

Im Technologieschema werden nur die Baugruppen und Bauglieder der einzelnen Teilsysteme dargestellt, die für den Funktionsablauf notwendig sind

Ein Technologieschema stellt nicht den tatsächlichen Aufbau einer Anlage dar. Es dient als Grundlage für den Entwurf der Steuerung. Deshalb werden nur die für den Steuerungsablauf erforderlichen Komponenten dargestellt.

Für den Funktionsablauf notwendige Teilsysteme der Montagestation sind (Abb. 1):

- der Pressenstempel mit den Ansteuerventilen (Stellglieder),
- das Handhabungsgerät mit Vertikal- und Horizontalzylinder sowie dem Sauger und den Ansteuerventilen (Stellgliedern),
- das Transportband mit Antriebsmotor und dem Stopper sowie
- alle für den Steuerungsablauf notwendigen Signalglieder.

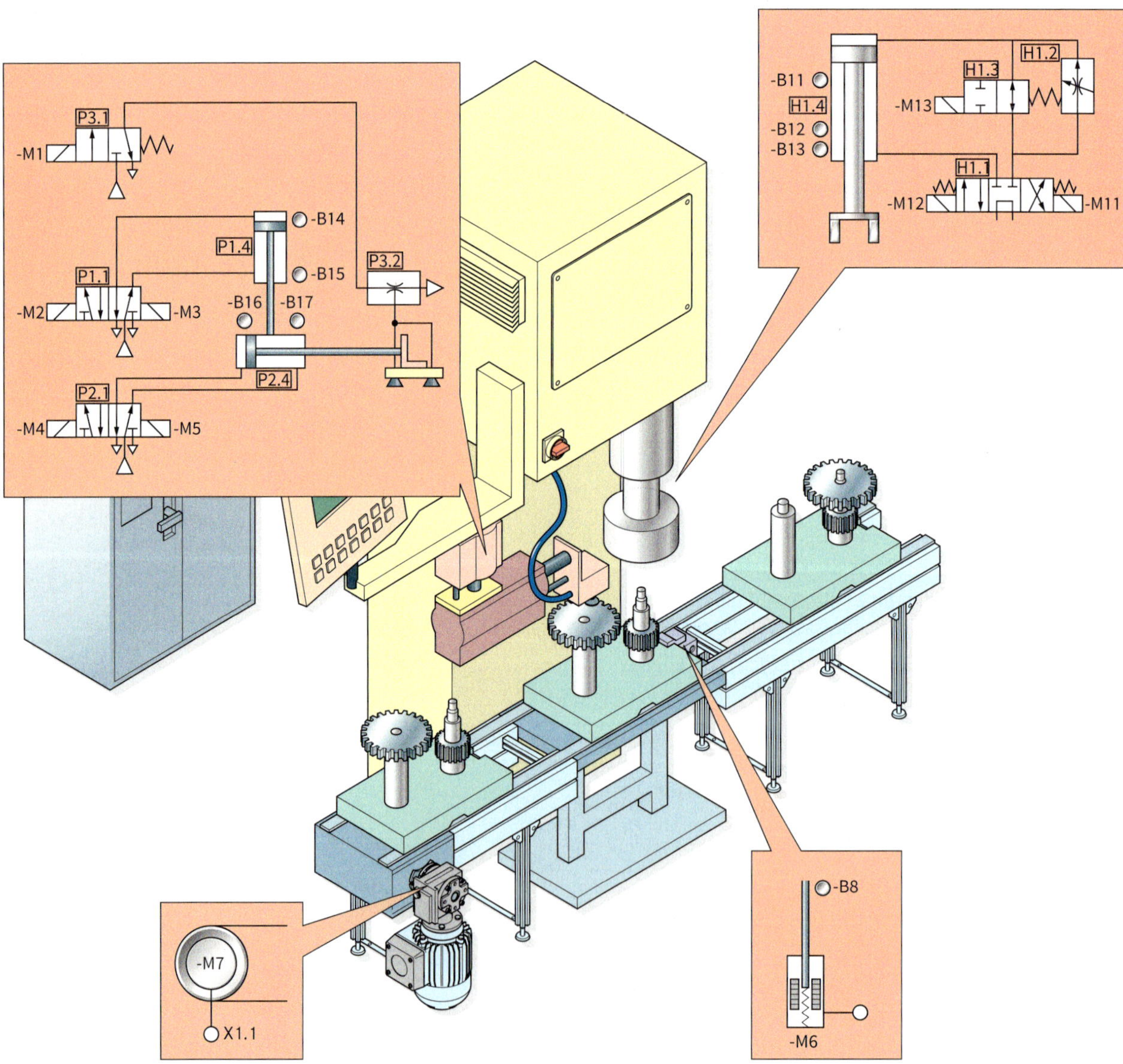

Abb. 1: Komponenten des Technologieschemas

Die Teilsysteme werden vereinfacht abgebildet. Soweit möglich, werden die genormten Schaltzeichen verwendet und so angeordnet, dass der Funktionsablauf möglichst einfach abgeleitet werden kann (Abb. 2). Die Art der Konstruktion, Montage etc. sind bei der funktionalen Betrachtung nicht erforderlich. Deshalb gibt das Technologieschema nicht den tatsächlichen Aufbau der Anlage wieder. Die Anlage wird nur schematisch dargestellt. Die dargestellten Elemente erhalten im Technologieschema die gleiche Bezeichnung wie in der Anlage und der Dokumentation.

! Ein Technologieschema stellt eine technische Anlage schematisch dar. Es enthält alle für den Funktionsablauf notwendigen Komponenten.

Der tatsächliche Aufbau der Anlage wird nicht wiedergegeben.

Aufgaben

1. Warum werden umfangreiche Anlagen in Teilsysteme zerlegt?

2. Wozu dient die Funktionsbeschreibung einer Steuerungsanlage?

3. Was versteht man unter der Grundstellung einer Steuerungsanlage?

4. Beschreiben Sie, was man unter dem Begriff Arbeitszyklus versteht.

5. Welche Aufgabe hat das Technologieschema einer Steuerungsanlage?

6. Nach welchen Gesichtspunkten wird ein Technologieschema erstellt?

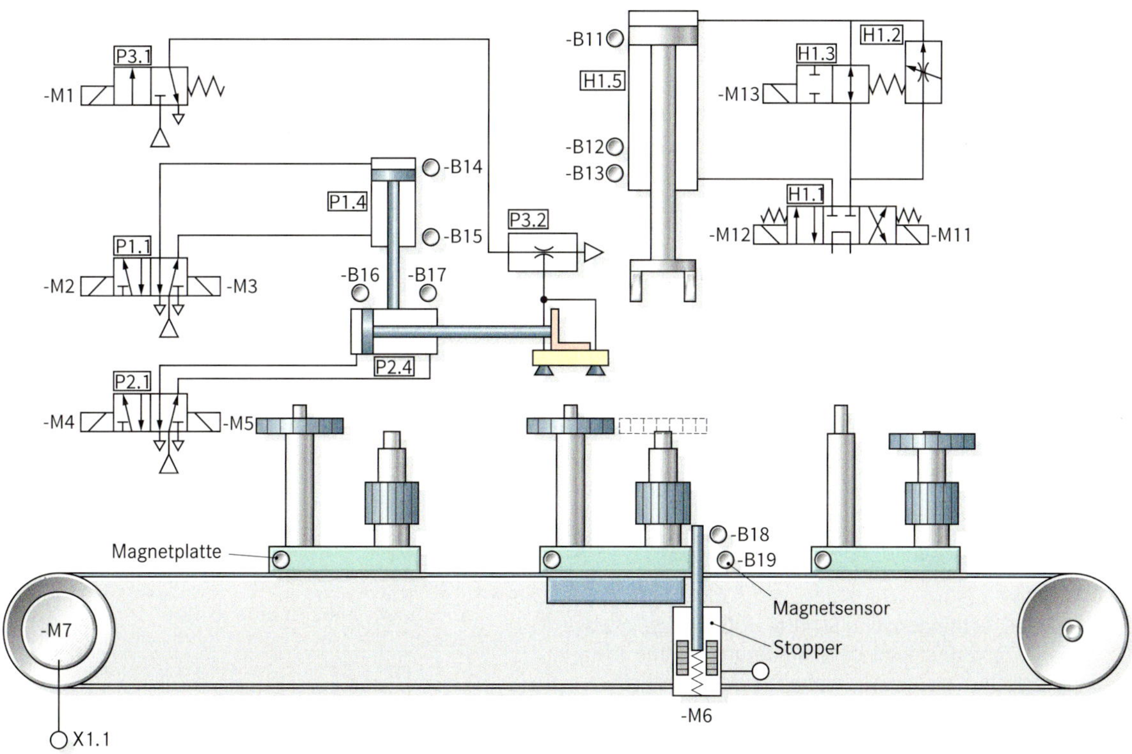

Abb. 2: Technologieschema der Montagestation

Informieren

14.4 Funktionsplan - GRAFCET

Der Funktionsplan GRAFCET nach **DIN EN 60484** stellt den Steuerungsvorgang grafisch dar (➜📖). Dabei ist die technische Realisierung der Steuerung, ob zum Beispiel pneumatische, hydraulische oder elektrische Bauteile eingesetzt werden, noch nicht festgelegt. Der Steuerungsvorgang wird dabei in Einzelschritte aufgegliedert.

! Funktionspläne beschreiben den Steuerungsablauf geräteunabhängig mit genormten grafischen Symbolen.

Die Symbole kennzeichnen

- Schritte,
- Wirklinien, die Schritte miteinander verbinden,
- Übergänge und
- Aktionen, die von den Schritten ausgelöst werden.

Schritte

Abläufe werden in Schritte unterteilt. Ein Schritt hat immer ein Speicherverhalten und ist einem bestimmten Prozessschritt zugeordnet. Schritte werden vorzugsweise als Quadrat dargestellt und erhalten eine Schrittnummer (Abb. 1).

Der Startschritt oder Anfangsschritt wird mit einem doppelten Rahmen besonders gekennzeichnet. Er gibt die Grundstellung an, indem die Steuerung unmittelbar nach dem Einschalten steht.

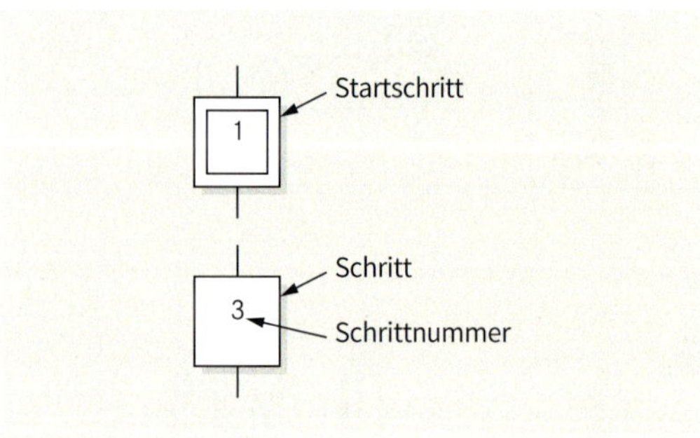

Abb. 1: Darstellung von Schritten

Wirklinien

Wirklinien verbinden die Schritte, Übergänge und Aktionen entsprechend dem Steuerungsablauf. Die Eingänge sind vorzugsweise oben oder an der linken Seite der Schrittsymbole anzuordnen, die Ausgänge unten oder an der rechten Seite. Wirklinien verlaufen waagerecht oder senkrecht. Kreuzungen sollten vermieden werden.

Wirklinien, die von unten nach oben oder von rechts nach links verlaufen, sind mit einem Pfeil zu kennzeichnen (Abb. 2).

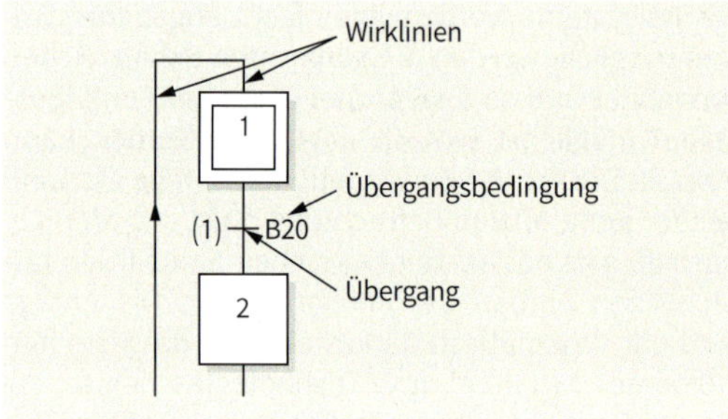

Abb. 2: Wirklinien und Übergangsbedingungen

Übergänge

Ein Übergang (Transition) wird durch einen kurzen waagerechten Strich dargestellt, der zwischen zwei Schritten gesetzt wird (Abb. 2). Ein Übergang kann einen Transitionsnamen (z. B. (1)) erhalten, der links angeordnet und in Klammern gesetzt wird.

! Schritte und Übergange wechseln sich immer miteinander ab.

Jedem Übergang ist eine Übergangsbedingung (Transitionsbedingung) zugeordnet. Übergangsbedingungen können durch Textaussagen, grafische Symbole oder einem booleschen Ausdruck beschrieben werden.

Erst wenn die geforderte Übergangsbedienung erfüllt ist, wird von dem vorhergehenden Schritt in den nächsten Schritt weitergeschaltet.

Soll nach Ablauf einer festgelegten Zeit in den nächsten Schritt weitergeschaltet werden, so ist als Übergangsbedingung die Zeit (z.B. 2 s) und der boolsche Zustand (X = BOOL) des aktiven Schrittes (z. B. X4), getrennt durch einen Schrägstrich, anzugeben (Abb. 3).

Im dargestellten Beispiel wird 2 Sekunden nach Aktivieren von Schritt 4 in den Schritt 5 weitergeschaltet. Das bedeutet, dass Schritt 4 zwei Sekunden aktiv ist.

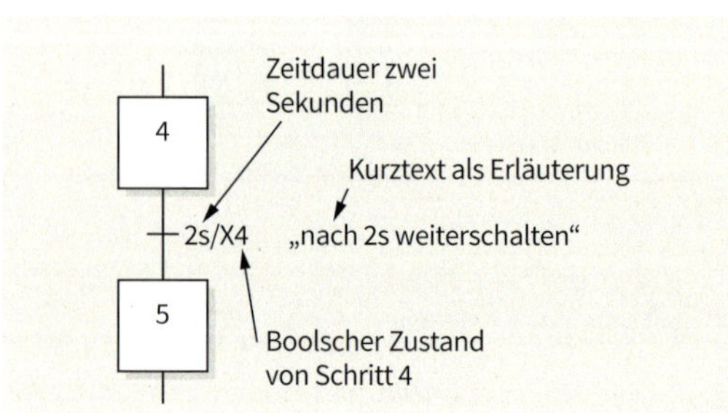

Abb. 3: Zeitabhängige Übergangsbedingung

Übergangsbedingungen können mit einem Kurztext erläutert werden. Der Text wird dabei in Anführungszeichen gesetzt.

Aktionen

Schritte lösen eine oder mehrer Aktionen aus. Eine Aktion wird als Rechteck dargestellt und mit dem zugehörigen Schrittsymbol durch eine Wirklinie verbunden ist. Das Rechteck wird rechts vom Schrittsymbol angeordnet und in der gleichen Höhe wie das Schrittsymbol gezeichnet (Abb. 4).

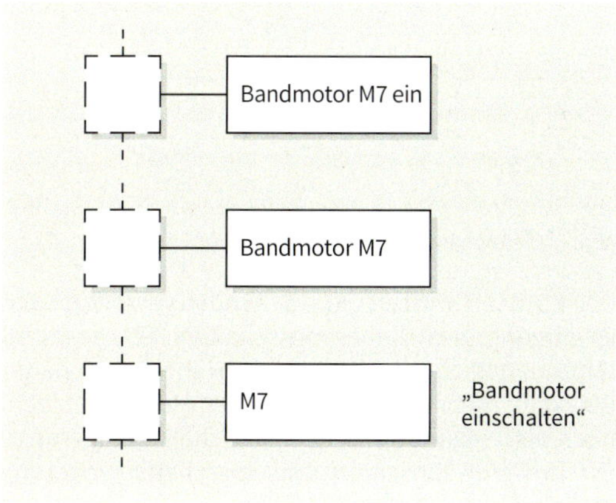

Abb. 4: Darstellung einer Aktion

Aktionen können durch Textaussagen (z. B. Bandmotor M7 ein) oder symbolisch (z. B. M7) beschrieben werden. Die Aktionen können mit einem Kurztext erläutert werden. Der Text wird dabei in Anführungszeichen gesetzt

Man unterscheidet unterschiedlich wirkende Aktionen.

- **Kontinuierlich wirkende Aktion**

Kontinuierlich wirkende Aktionen werden nur solange ausgeführt, wie der zugehörige Schritt aktiv ist (Abb.5).

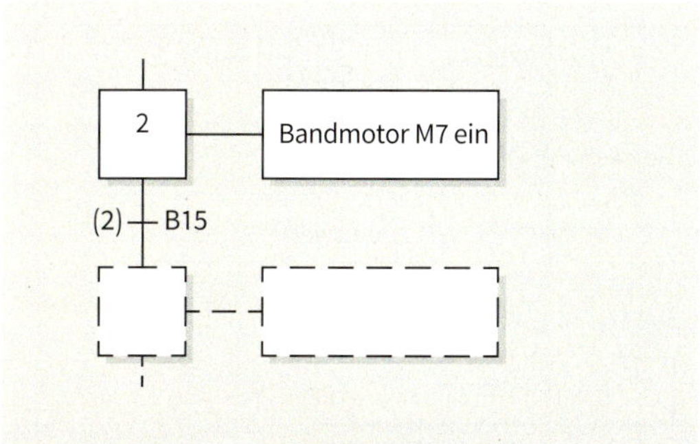

Abb. 5: Kontinuierlich wirkenden Aktion

Das Signal zum Einschalten des Bandmotors M7 wird nur solange ausgegeben, wie der Schritt 2 aktiv ist. Wenn der Sensor B15 betätigt wird, ist die Übergangsbedingung für das Weiterschalten in Schritt 3 erfüllt und es wird in den Schritt 3 weitergeschaltet. Der Schritt 2 ist nicht mehr aktiv. Folglich wird der Bandmotor M7 abgeschaltet.

- **Speichernd wirkende Aktion**

Speichernd wirkende Aktionen bei Aktivierung eines Schrittes werden mit einem Pfeil nach oben gekennzeichnet. Die Aktion bleibt solange ausgeführt (gespeichert), bis sie durch eine andere Aktion überschrieben (zurückgesetzt) wird (Abb. 6).

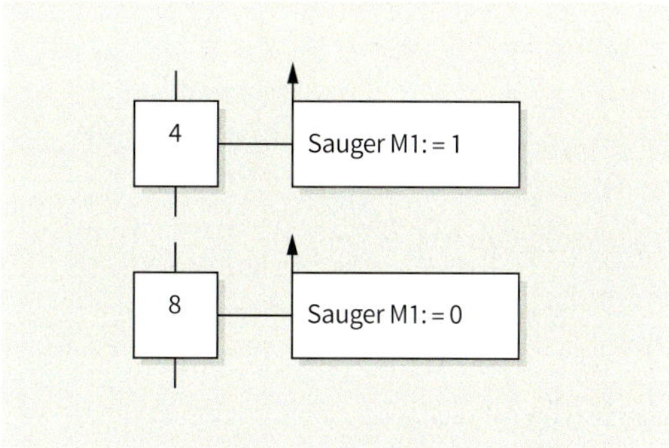

Abb. 6: Speichernd wirkenden Aktionen

Der Sauger des Handhabungsgerätes wird im Schritt 4 durch Anlegen von Spannung an die Ventilspule M1 eingeschaltet (M1: = 1) und bleibt so lange in diesem Zustand, bis die Spule im Schritt 8 ausgeschaltet wird (M1: = 0). Die Aktion wird also über mehrere Schritte hinweg gespeichert.

- **Aktion mit Zuweisungsbedingung**

Aktionen mit Zuweisungsbedingung werden über dem Aktionskästchen mit einer zusätzlichen Angabe gekennzeichnet (Abb. 7).

Die angegebene Aktion wird nur dann ausgeführt, wenn die angegebene Bedingung erfüllt ist. Andernfalls wird die Aktion nicht ausgeführt, auch wenn der Schritt aktiv ist.

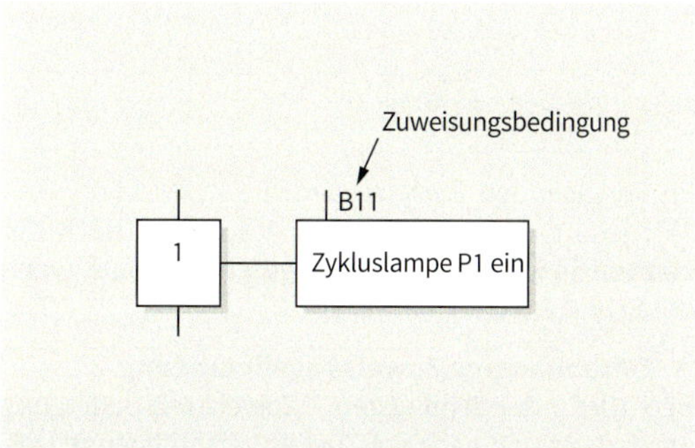

Abb. 7: Aktion mit Zuweisungsbedingung

Die Zykluslampe P1 wird dann eingeschaltet wenn der Schritt 1 aktiv ist und zusätzlich die Zuweisungsbedingung erfüllt ist, d. h. Näherungsschalter B11 ein Signal gibt. Die Zykluslampe wird wieder ausgeschaltet, wenn in den nächsten Schritt weitergeschaltet wird.

- **Verzögerte Aktion**

Soll eine Aktion zeitverzögert ausgeführt werden, so kann die Aktion durch eine Zuweisungsbedingung mit einer Zeitangabe (z.B. 2 s) erweitert werden. Danach wird die Schrittvariable des Schrittes angegeben, getrennt durch einen Schrägstrich (Abb. 1).

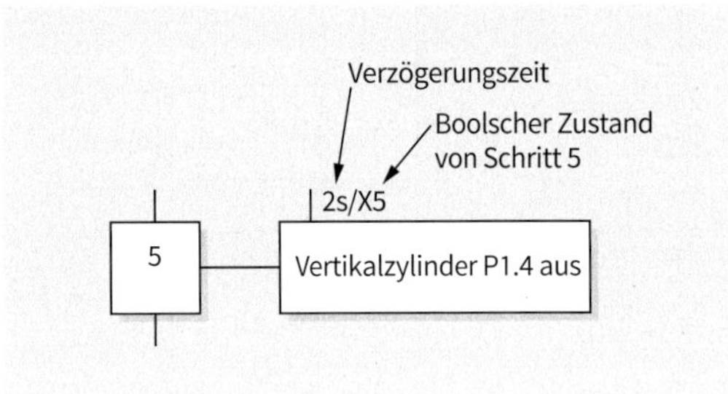

Abb. 1: Verzögerte Aktion

Im dargestellten Beispiel fährt der Vertikalzylinder P1.4 erst um zwei Sekunden verzögert nach Aktivieren von Schritt 5 aus. Der Zylinder fährt wieder ein, wenn in den nächsten Schritt weitergeschaltet wird.

- **Zeitbegrenzte Aktion**

Die zeitbegrenzte Aktion ergibt sich durch eine Negation der Bedingung der verzögerten Aktion (Abb. 2).

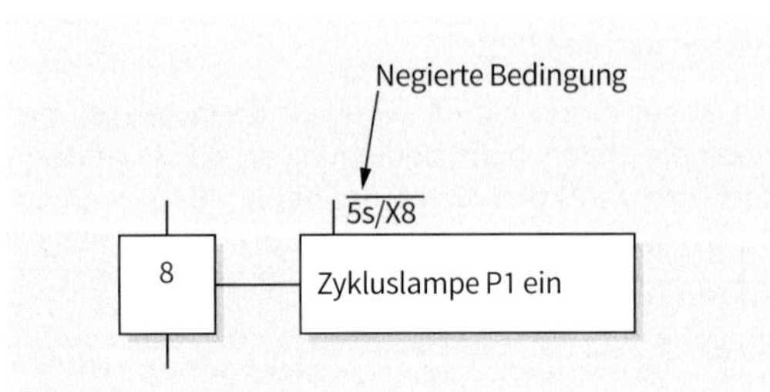

Abb. 2: Zeitbegrenzte Aktion

Im vorliegenden Beispiel wird die Zykluslampe mit Aktivierung des Schrittes 8 eingeschaltet. Nach der Zeit von 5 s wird die Lampe ausgeschaltet, auch wenn der Schritt 8 weiter aktiv ist.

- **Zeitabhängige Zuweisungsbedingung**

Bei der zeitabhängigen Zuweisungsbedingung werden vor und nach der Zuweisungsbedingung (z.B. B9) getrennt durch einen Schrägstrich jeweils eine Zeit angegeben (Abb. 3).

Die angegebene Aktion wird dann gestartet, wenn die Zuweisungsbedingung erfüllt und die vorne angegebene Zeit (z.B. 5 s) abgelaufen ist. Dies entspricht einer Einschaltverzögerung.

Ist die Zuweisungsbedienung nicht mehr erfüllt, startet die nachstehende Zeit (z.B. 4 s). und verlängert die Dauer der Aktion um diese Zeit. Das entspricht einer Ausschaltverzögerung. Voraussetzung dafür ist, dass der Schritt aktiv bleibt.

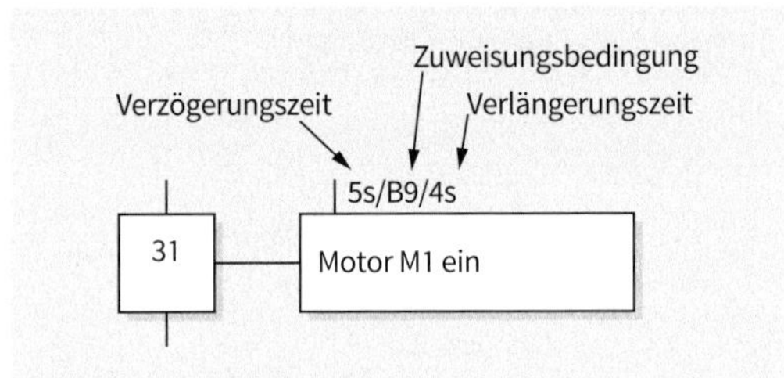

Abb. 3: Zeitabhängige Zuweisungsbedingung

Der Motor M1 wird erst fünf Sekunden verzögert nach Betätigung des Näherungsschalters B9 gestartet (Einschaltverzögerung). Wird der Näherungsschalter B9 nicht mehr betätigt, läuft der Motor trotzdem noch vier Sekunden weiter (Ausschaltverzögerung). Es wird eine Einschalt- und Ausschaltverzögerung realisiert.

Eine nicht benötigte Zeit (t = 0) wird nicht angegeben. Soll nur eine Einschaltverzögerung realisiert werden, wird keine Verlängerungszeit angegeben. Soll nur eine Ausschaltverzögerung realisiert werden, wird keine Verzögerungszeit angegeben.

- **Verknüpfung mehrerer Aktionen**

Von einem Schritt können mehrere Aktionen gleichzeitig ausgelöst werden. Dies kann in GRAFCET unterschiedlich dargestellt werden. Alle vier Arten der Darstellung sind vollständig gleichbedeutend. Die Reihenfolge der Darstellung stellt keine zeitliche Reihenfolge dar. (Abb. 4).

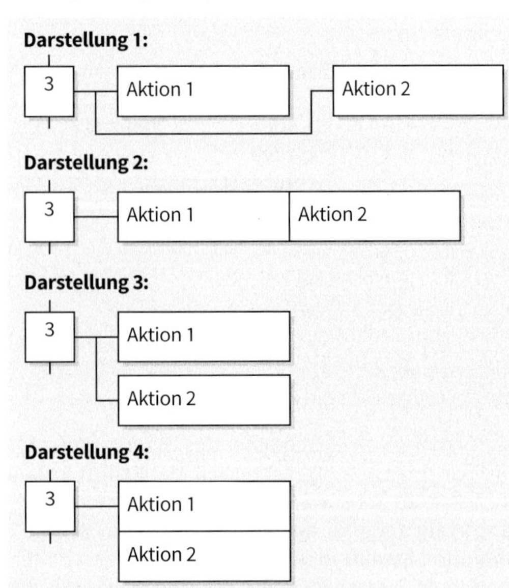

Abb. 4: Verknüpfung mehrerer Aktionen

Ablaufkette

Die Gesamtheit aller Schritte wird als Ablaufkette oder Schrittkette bezeichnet. Die Schritte werden nacheinander von oben nach unten durchlaufen und es ist immer nur ein Schritt aktiv.

Besteht eine Rückführung vom letzten Schritt zum Startschritt, spricht man von einer geschlossenen Ablaufkette (Abb. 5).

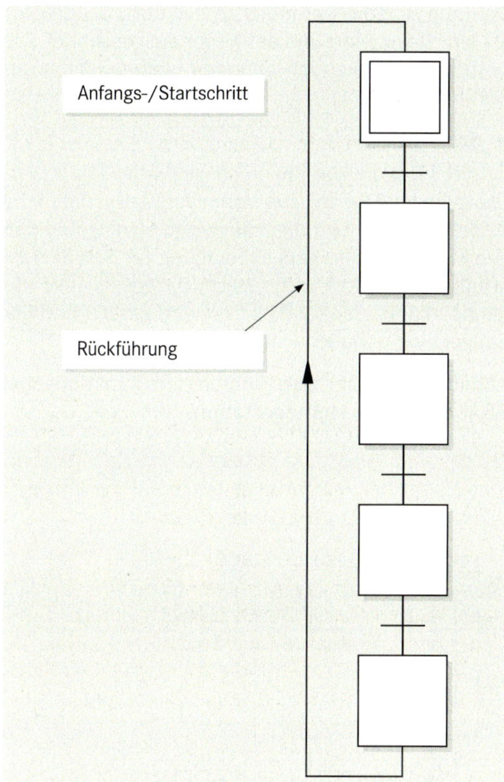

Abb. 5: Ablauf- oder Schrittkette

Die Wirklinie für die Rückführung von unten nach oben ist dem üblichen Ablauf entgegengesetzt und muss durch einen Richtungspfeil angezeigt werden.

Ablaufauswahl

Bei der Ablaufauswahl verzweigt sich die Schrittkette in zwei oder mehrere alternative Abläufe. Die alternative Möglichkeiten werden durch einfache Verzweigungen dargestellt (Abb. 6)

Für jede Alternative gibt es eine eigene Weiterschaltbedingung. Diese müssen so eindeutig beschrieben werden, dass niemals mehrere Bedingungen gleichzeitig erfüllt sein können (gegenseitige Verriegelung).

Nachdem die einzelnen Alternativzweige mit je einer eigenen Übergangsbedingung abgeschlossen sind, führt eine einfache Zusammenführung direkt in den nächsten Schritt.

Die Grundregel, dass sich Schritte und Übergänge immer gegenseitig miteinander abwechseln ist eingehalten.

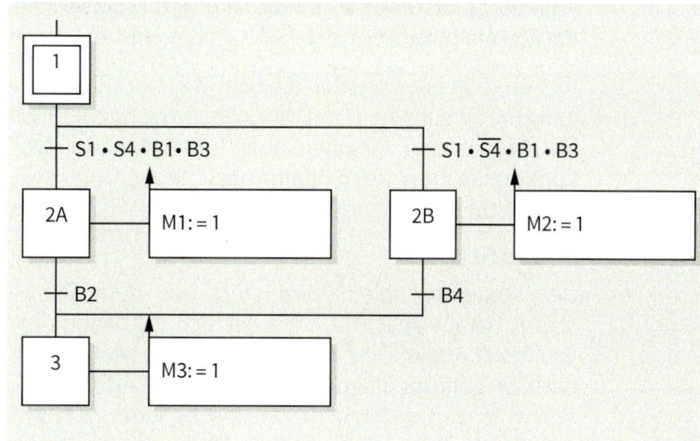

Abb. 6: Ablaufauswahl

Aufgaben

1. Geben Sie an,
a) wie Startschritte in einer Ablaufkette gekennzeichnet werden.
b) welchen Zustand der Steuerung Startschritte angeben.

2. Beschreiben Sie die Unterschiede zwischen kontinuierlich wirkenden Aktionen und speichernd wirkenden Aktionen.

3. Beschreiben Sie die Funktion folgender Aktion:

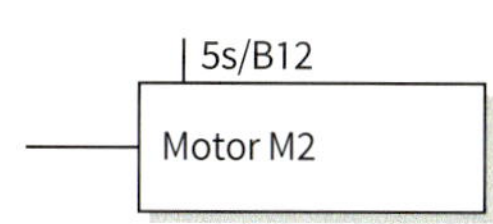

4. Beschreiben Sie den im Funktionsplan GRAFCET dargestellten Steuerungsablauf.

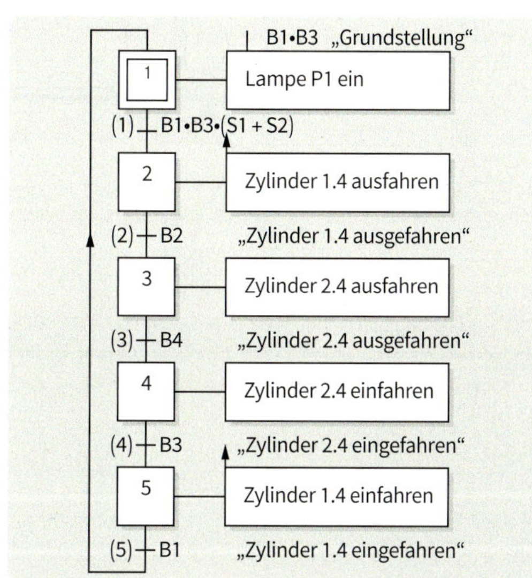

Funktionsplan der Montagestation

Anhand der Funktionsbeschreibung aus Kapitel 14.2 sowie des Technologieschemas (Abb. 1) lässt sich der Funktionsplan GRAFCET für die Montagestation entwickeln (Abb. 2).

Im Funktionsplan werden die Schrittkette, alle Übergangsbedingungen (Transistionsbedingungen) und auszuführenden Aktionen aufgeführt. Anhand des Funktionsplanes wird dann das Steuerungsprogramm für die SPS entwickelt.

- ***Startschritt***

Der Steuerungsablauf wird stets aus dem Startschritt heraus gestartet. Befindet sich die Station in Grundstellung und ist der Startschritt gesetzt, so ist die Übergangsbedingung nach Schritt 2 erfüllt und Schritt 2 wird gesetzt. Die Anlage befindet sich im Arbeitszyklus. Dies soll durch eine Zykluslampe angezeigt werden.

- ***Schritt 2***

Schritt 2 löst mehrere Aktionen aus:

- Aktion 1: Zykluslampe P2 wird eingeschaltet (speichernd wirkende Aktion).
- Aktion 2: Stopper M6 wird ausgefahren (speichernd wirkende Aktion).
- Aktion 3: Bandmotor M7 wird eingeschaltet (kontinuierlich wirkende Aktion).

Das Transportband transportiert den Werkstückträger bis zur Arbeitsposition und aktiviert dort den Positionsgeber B18. Durch das Meldesignal von B18 und das Verstreichen einer Verzögerungszeit von einer Sekunde wird die Übergangsbedingung für den Schritt 3 erfüllt. Schritt 3 wird gesetzt und setzt Schritt 2 zurück.

Dadurch wird die kontinuierliche Aktion „Bandmotor M7 ein“ deaktiviert und der Motor ausgeschaltet. Die gespeichert wirkenden Aktionen bleiben davon unberührt.

- ***Schritt 3***

Schritt 3 löst die kontinuierlich wirkende Aktion „Vertikalzylinder P1.4 ab“ aus. Wenn Vertikalzylinder P1.4 eingefahren ist, wird dies durch den Signalgeber B15 gemeldet. Die Übergangsbedingung für Schritt 4 ist erfüllt und Schritt 4 wird gesetzt. Die gespeichert wirkende Aktion „Sauger P3.2 ein“ wird gesetzt und der Sauger eingeschaltet.

Abbildung 2 zeigt den kompletten Funktionsplan GRAFCET für die Montagestation.

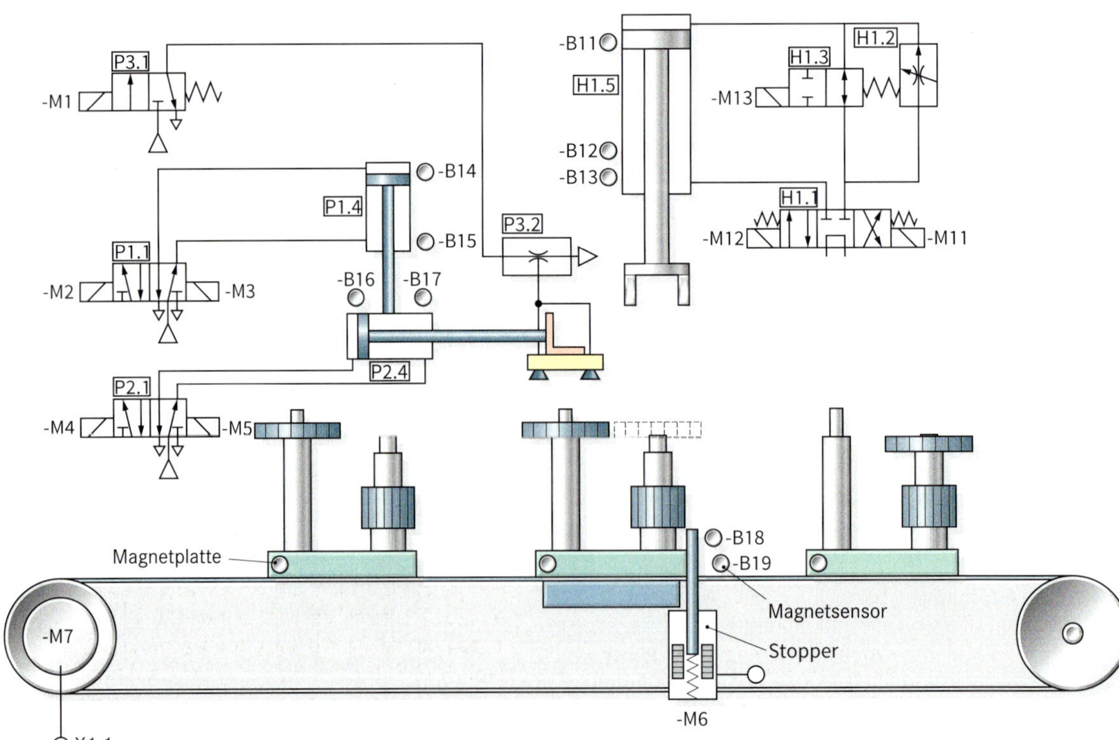

Abb. 1: Technologieschema

Planen

Arbeitszyklus

Bandmotor und Zykluslampe werden eingeschaltet und der Stopper ausgefahren

Nach Ablauf einer Verzögerungszeit von 1s wird der Bandmotor ausgeschaltet und der Vertikalzylinder fährt abwärts.

Anschließend wird der Sauger eingeschaltet.

Nach Ablauf einer Verzögerungszeit von 2s fährt der Vertikalzylinder wieder ein und hebt das Zahnrad an.

Der Horizontalzylinder fährt aus.

Der Vertikalzylinder fährt abwärts und positioniert das Zahnrad über der Welle.

Der Sauger wird abgeschaltet und das Zahnrad auf der Welle abgesetzt.

Nach Ablauf einer Verzögerungszeit von 1s fährt der Vertikalzylinder wieder ein.

Anschließend fährt der Horizontalzylinder wieder ein.

Nun fährt der Pressenzylinder bis zum Positionsschalter B12 im Eilgang aus.

Dann presst der Pressenzylinder das Zahnrad mit Arbeitsvorschub auf die Welle.

Danach fährt der Pressenstempel im Eilgang aufwärts.

Der Stopper fährt ein und gibt den Werkstückträger frei.

Der Bandmotor wird eingeschaltet und fährt den Werkstückträger aus der Arbeitsposition. Die Anlage befindet sich wieder in Grundstellung.

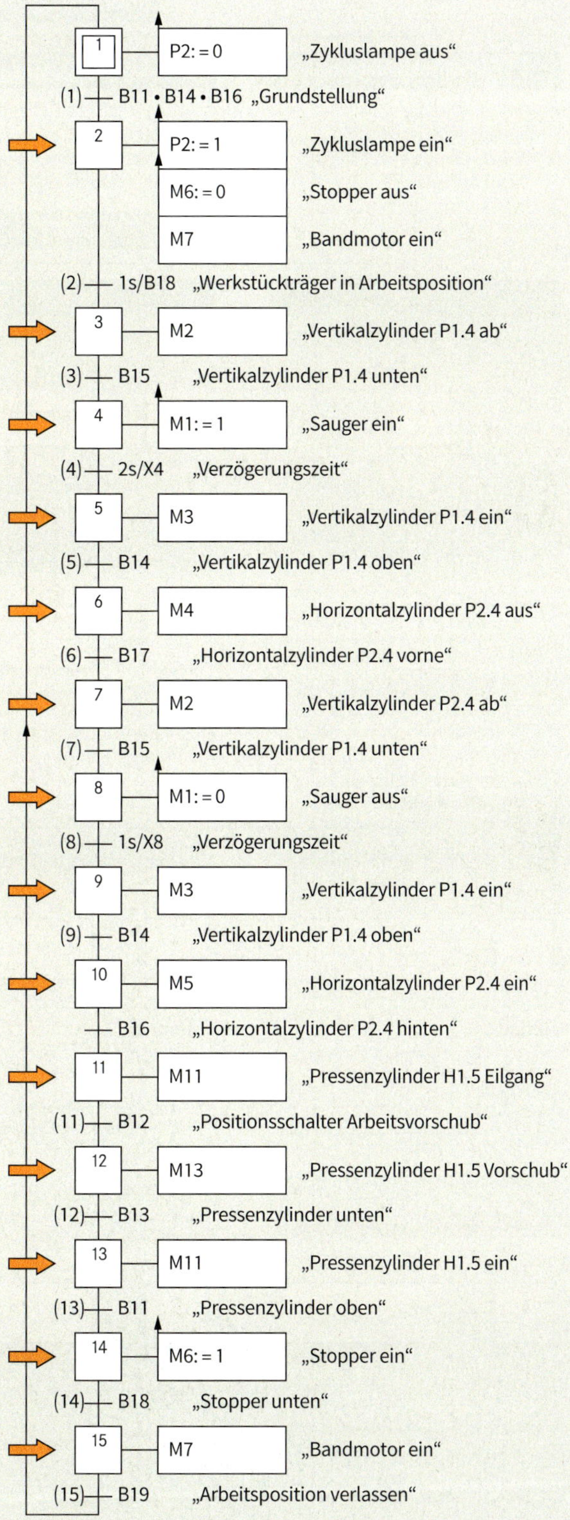

Abb. 2: Funktionsplan der Montagestation

Zusammenfassung

Steuerungsanlagen

Funktionsbeschreibung
- Bestandteil der Anlagendokumentation
- Beschreibung aller Schritte eines Ablaufs

Technologieschema
- schematische Darstellung einer Anlage
- Darstellung aller für den Funktionsablauf notwendigen Komponenten

Funktionsplan - GRAFCET
- geräteunabhängige Beschreibung mit genormten Symbolen

GRAFCET

Schritte

Schritte, allgemein
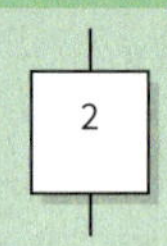

- Quadrat mit zugeordneter Schriftnummer

Startschritt
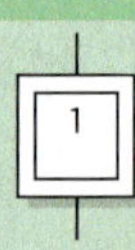

- kennzeichnet Ausgangsstellung einer Steuerung,
- erster aktiver Schritt bei Programmstart

Aktionen

speichernd wirkende Aktionen
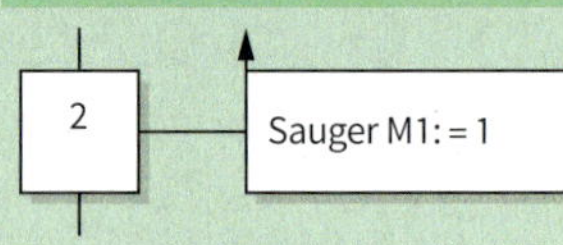

- über mehrere Schritte aktiv,
- muss zurückgesetzt werden

kontinuierlich wirkende Aktionenen
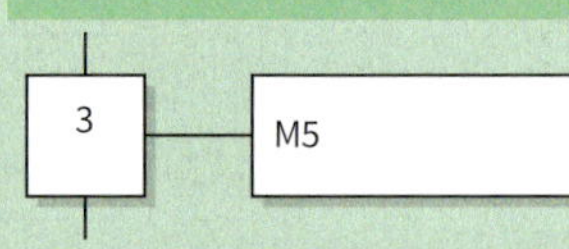

- Aktion wird solange ausgeführt, solange Schritt gesetzt ist

Übergänge/Transitionen

Transition, allgemein
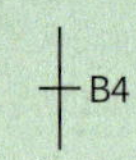

- Übergangsbedingung als Text oder Boolescher Ausdruck

zeitbegrenzte Transition
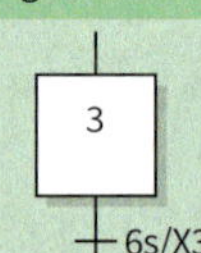

- Rücksetzen des vorausgehenden Schrittes nach angegebener Zeit und aktivieren des nachfolgenden Schrittes

bedingte Aktionen
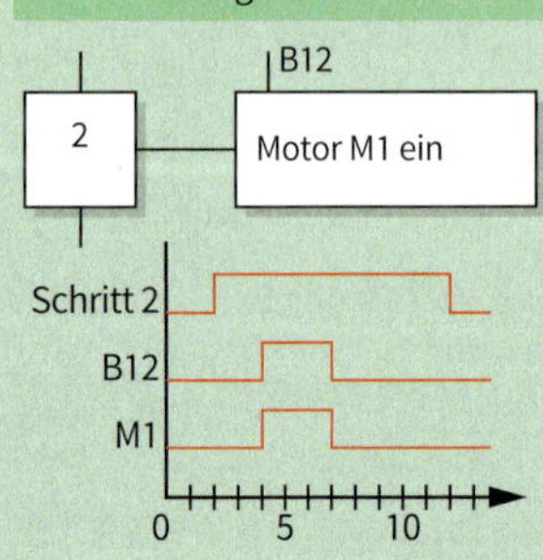

zeitverzögerte Aktionen
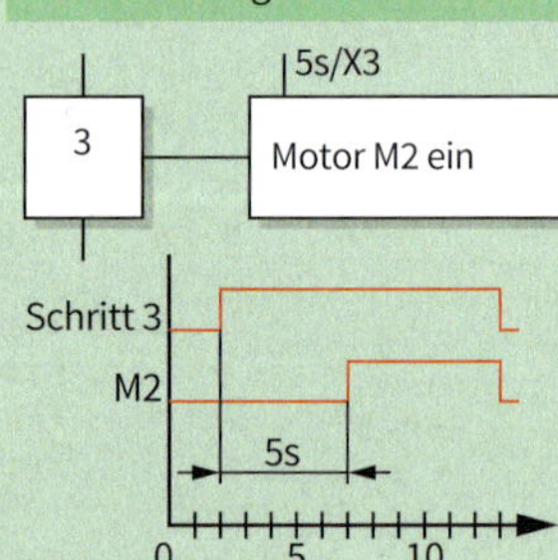

zeitbegrenzte Aktion
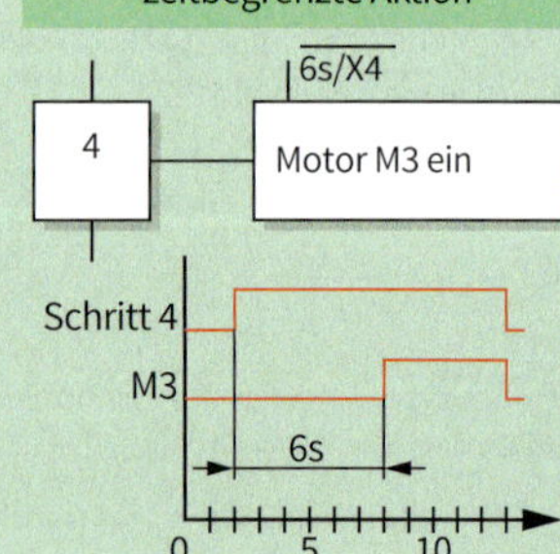

zeitabhängige Aktionen

Ein-/Ausschaltverzögerung
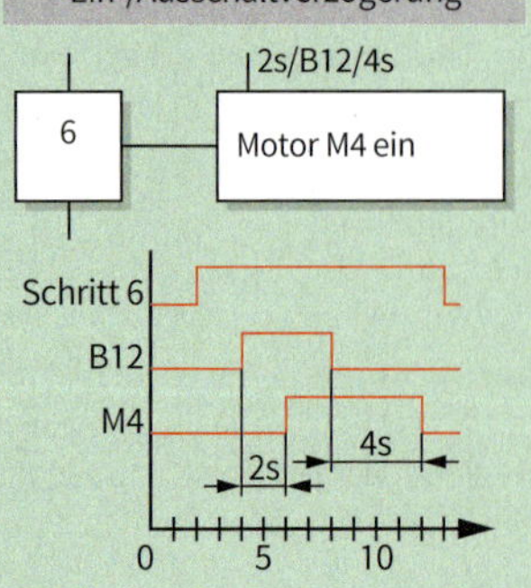

Einschaltverzögerung
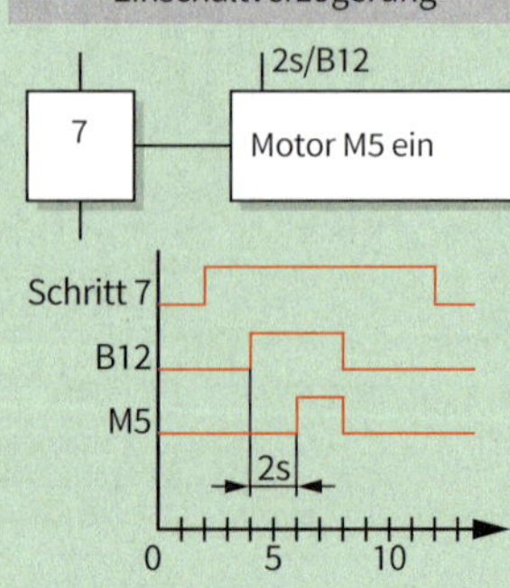

Ausschaltverzögerung
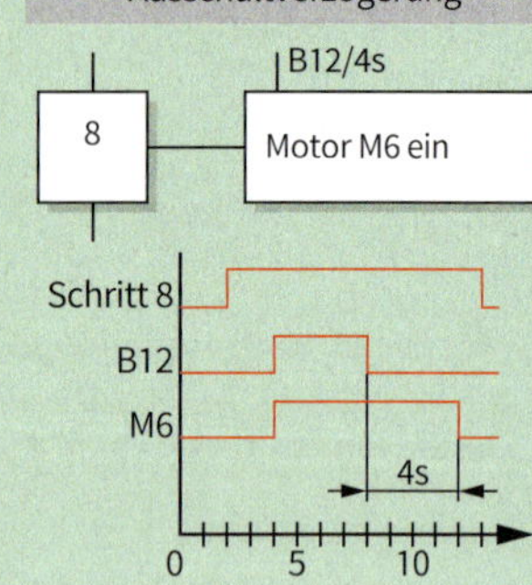

Automatische Bohranlage

Auf einer automatisierten Bohranlage werden Löcher in Distanzplatten gebohrt. Die Bohreinheit ist mit einem hydraulischen Vorschub ausgestattet. Das Zuführen und Auswerfen der Distanzplatten wird durch die Pneumatikzylinder P1.4 und P2.4 realisiert.

Als Spindelantrieb ist ein drehzahlgesteuerter Drehstromasynchronmotor M5 eingesetzt.

Funktionsbeschreibung

Nach dem Aktivieren der Anlage über die Start-Taste wird der Arbeitszyklus aus der Grundstellung heraus gestartet. Der Zuführzylinder P1.4 schiebt eine Platte aus dem Magazin und drückt sie gegen den Endanschlag. Dadurch wird die Platte fixiert. Danach beginnt der Bohrvorgang, wobei der Hydraulikzylinder H1.5 zunächst im Eilvorlauf (EV) die Bohrspindel bis zum Endschalter B13 abwärts fährt und dann den eigentlichen Bohrvorgang im Arbeitsvorschub (AV) ausführt. Nach einer Verweilzeit von einer Sekunde bewegt der Hydraulikzylinder H1.5 die Bohrspindel im Eilrücklauf (ER) wieder nach oben. Nun fährt Zylinder P1.4 zurück und das fertig gebohrte Teil wird durch den Auswurfzylinder P2.4 in den Teilebehälter ausgeworfen. Die Anlage befindet sich jetzt wieder in Grundstellung.

Solange sich die Anlage im Arbeitszyklus befindet, wird dies durch die Lampe -P3 angezeigt.

Grundstellung

- Zuführzylinder P1.4 hinten
- Auswurfzylinder P2.4 hinten
- Bohreinheit oben
- Kein Teil am Anschlag -B15

Arbeitszyklus

1. Zuführzylinder P1.4 fährt aus und spannt Teil gegen Anschlag → Meldung über -B15, Zykluslampe wird eingeschaltet
2. Hydraulikzylinder H1.5 fährt Bohrspindel im EV ab bis B13 und Spindelmotor wird eingeschaltet
3. Hydraulikzylinder H1.5 fährt Bohrspindel im AV ab bis -B12
4. Nach Ablauf einer Verweilzeit T1 fährt Hydraulikzylinder H1.5 die Bohrspindel im ER auf
5. Spindelmotor wird ausgeschaltet und Zuführzylinder P1.4 fährt ein
6. Auswurfzylinder P2.4 wirft Teil in Teilebehälter aus und fährt wieder ein

Erstellen Sie anhand der Funktionsbeschreibung und des Arbeitszyklus den kompletten Funktionsplan in GRAFCET.

Technologieschema

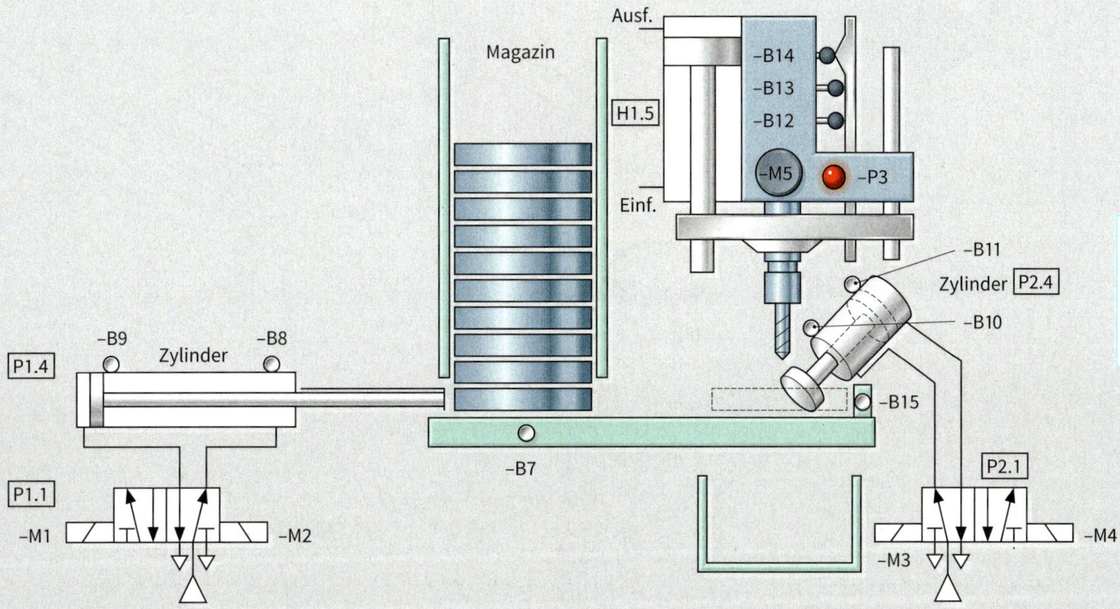

auch über Web-Link

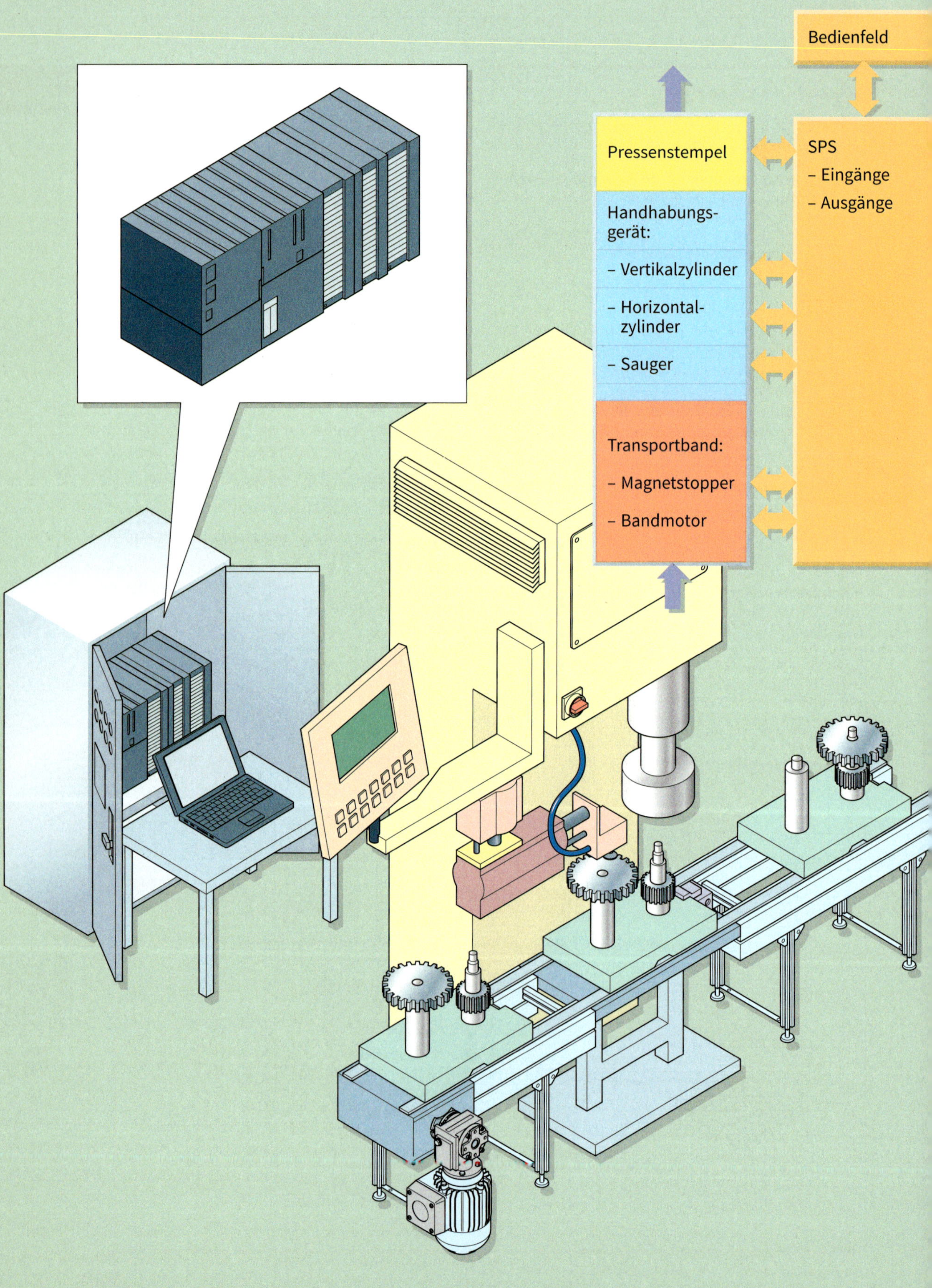
Bedienfeld
Pressenstempel
Handhabungs-
gerät:
– Vertikalzylinder
– Horizontal-
zylinder
– Sauger
Transportband:
– Magnetstopper
– Bandmotor
SPS
– Eingänge
– Ausgänge

Steuerung der Montagestation

15

Informieren

Die Montagestation wird von einer speicherprogrammierbaren Steuerung (SPS) gesteuert.

Bei speicherprogrammierbaren Steuerungen werden die elektrischen Signalglieder und Bedienelemente sowie die Stellglieder und Aktoren direkt an die SPS angeschlossen. Der Einsatz von Relais und eine umfangreiche Verdrahtung entfallen.

Das zentrale Gerät in der SPS ist das Automatisierungsgerät. Im Automatisierungsgerät wird der Steuerungsablauf über ein in die Steuerung eingelesenes Steuerungsprogramm festgelegt. Das Steuerungsprogramm wird über ein Programmiergerät (PC) zum Automatisierungsgerät übertragen. (Abb. 1). Neben der Programmerstellung und Programmeingabe dienen Programmiergeräte dazu, Programme zu testen, abzuändern, zu erweitern und zu archivieren.

! Bei speicherprogrammierbaren Steuerungen wird der Steuerungsablauf durch ein Programm vorgegeben. Eine Änderung des Steuerungsablaufs ist durch eine Programmänderung einfach durchführbar.

Signalverarbeitung

Steuerungen arbeiten nach dem EVA-Prinzip. Alle Steuerungen haben eine Signaleingabe, eine Signalverarbeitung und eine Signalausgabe.

Die *Eingabe* erfolgt durch die Signalglieder. Sie melden ein Signal an die SPS. Ein geöffneter Schalter meldet das Signal „0“, ein geschlossener Schalter meldet das Signal „1“ an die SPS.

Die *Verarbeitung* der Signale erfolgt im Steuerungsprogramm. Das Steuerungsprogramm wird über ein Programmiergerät (PC) zum Automatisierungsgerät übertragen. Das Automatisierungsgerät ist die Schaltzentrale der Steuerung.

Nachdem das Steuerungsprogramm die Anweisungen abgearbeitet hat, erfolgt die *Ausgabe*. Den Ausgängen der SPS werden die entsprechenden Signale, z. B. „0“ oder „1“ zugewiesen. Erhält ein Ausgang ein „1“-Signal, wird das angeschlossene Bauteil mit Spannung versorgt.

15.1 Aufbau der SPS

Eine SPS kann kompakt oder modular aufgebaut sein. Die modular aufgebaute SPS wird am häufigsten verwendet (Abb. 5). Sie besteht aus einzelnen Baugruppen, welche unterschiedliche Aufgaben wahrnehmen. Sie kann an beliebige Steuerungsaufgaben angepasst und bei Bedarf erweitert werden.

Eine modular aufgebaute SPS benötigt

- eine Spannungsversorgung,
- eine Zentraleinheit,
- eine Eingabebaugruppe und
- eine Ausgabebaugruppe.

Weitere Baugruppen sind möglich. Sie sind von der Steuerungsaufgabe abhängig und können in der Art und in der Anzahl variieren. Alle Baugruppen werden auf einer Tragschiene montiert. Sie sind über elektrische Steckverbindungen miteinander verbunden.

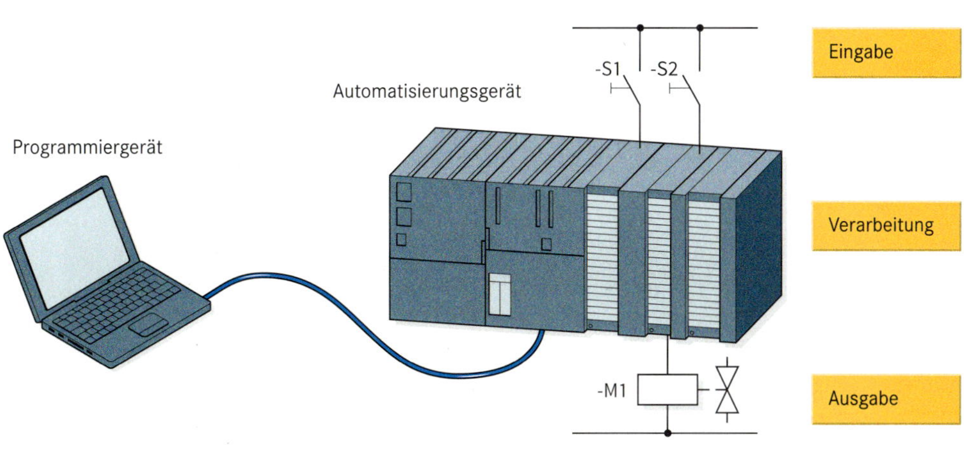

Abb. 1: Steuerung mit SPS

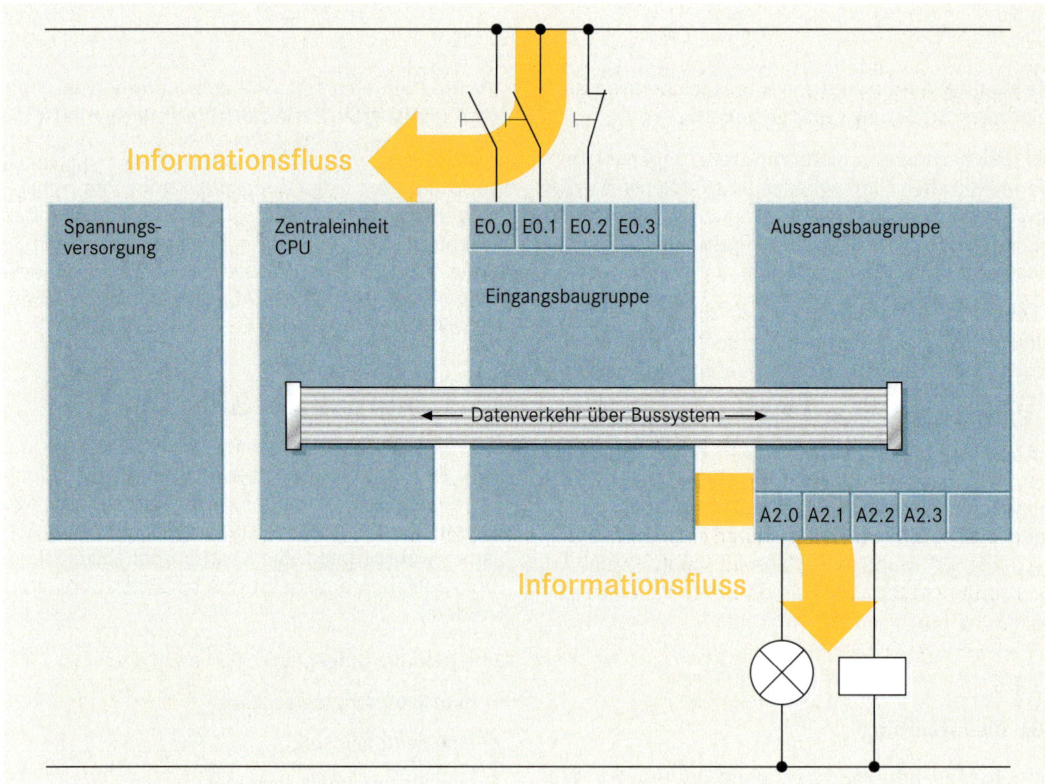

Abb. 1: Baugruppen einer SPS

Aufbau/ Funktion

Spannungsversorgung

Die Spannungsversorgung erfolgt mit einem Netzteil (Abb. 2). Dieses wandelt die Netzspannung (230 V ~) in eine Gleichspannung von 24 Volt um. Mit dieser Gleichspannung werden die angeschlossenen Baugruppen versorgt.

Zentraleinheit

Die Zentraleinheit, auch **CPU** (**C**entral **P**rocessing **U**nit) genannt, übernimmt die eigentliche Steuerungsfunktion. Sie besitzt Speicherbausteine, einen leistungsfähigen Prozessor und ein Bussystem, auf welchem die Daten ausgetauscht werden (Abb. 3).

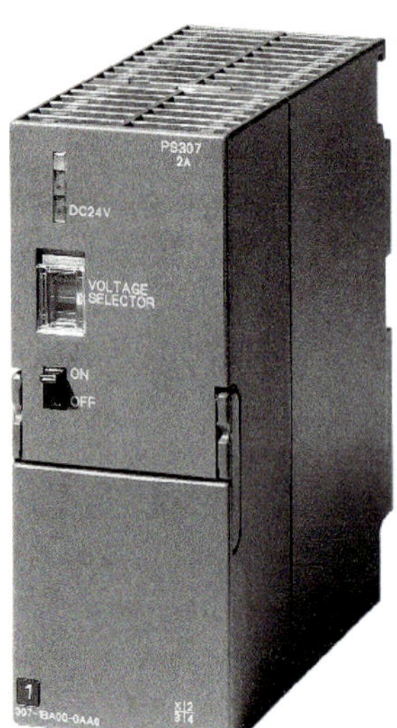

Abb. 2: Spannungsversorgung

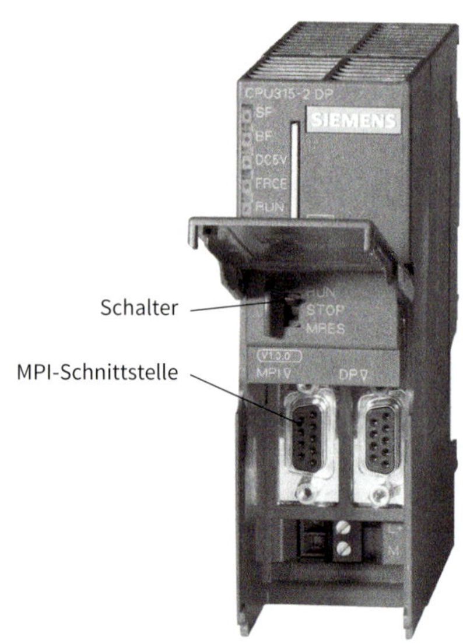

Abb. 3: Zentraleinheit

Um eine Anlage mit einer SPS zu steuern, wird zuerst das Steuerungsprogramm zur SPS übertragen. Dies erfolgt über die serielle Schnittstelle des Programmiergerätes (PC) zur Schnittstelle der SPS. Die SPS besitzt hierzu die **MPI**-Schnittstelle (**M**ulti **P**oint **I**nterface).

Vor der Programmübertragung muss die SPS über den Schalter oder durch die Steuerungssoftware in die Schaltstellung „STOP“ geschaltet werden. Dadurch ist die Programmbearbeitung in der SPS unterbrochen. Jetzt kann das Programm in den Speicher der SPS übertragen werden. Dreht man den Schalter in die Schaltstellung „RUN“, startet die SPS den Arbeitszyklus.

Die Eingangssignale gelangen über das Bussystem zum Prozessor. Dieser verarbeitet die Eingangssignale im Steuerungsprogramm. Anschließend werden die Ausgangssignale über das Bussystem zu den Ausgabebaugruppen gesendet.

Ein einmal übertragenes Programm bleibt so lange im Speicher der SPS, bis es gelöscht wird. Das vollständige Löschen des Speichers nennt man Urlöschen.

Grundlagen

Signalarten

Signalglieder liefern unterschiedliche Arten von Signalen. Ein elektrischer Schalter erzeugt ein binäres Signal. Binäre Signale unterscheiden nur die Zustände „0“ oder „1“. Diese Informationseinheit nennt man ein Bit. Es ist die kleinste Informationseinheit.

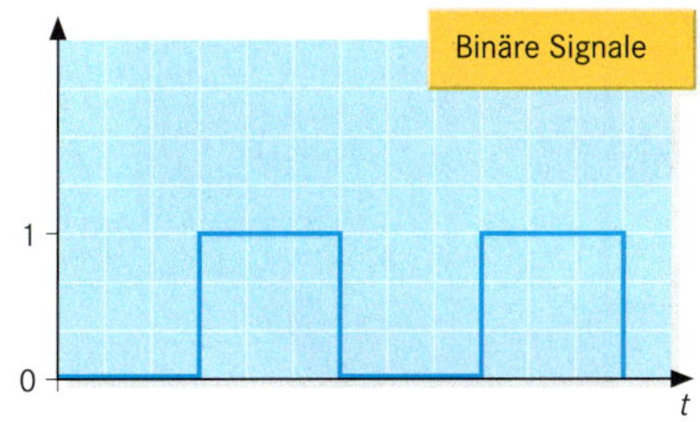

Erfasst ein Signalglied z. B. einen hydraulischen Druck, erhält man ein *analoges Signal*. Dem Messbereich des Signalgliedes (z. B. 0 bar bis 100 bar) wird eine Spannung (z. B. 0 V bis 10 V) zugeordnet. Es treten beliebige Zwischenwerte auf.

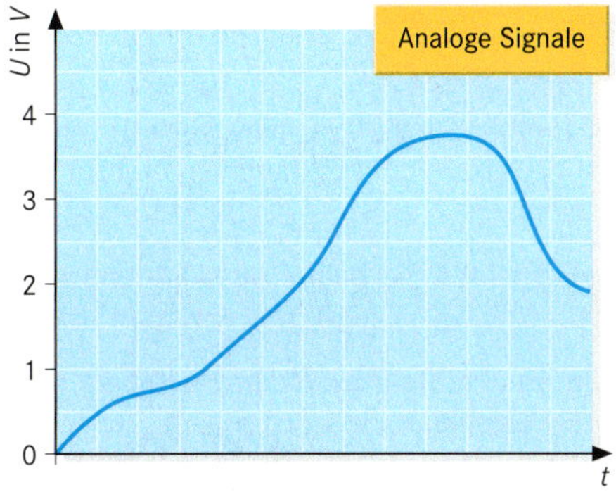

Analoge Signale müssen vor der Verarbeitung durch ein Automatisierungsgerät häufig in *digitale Signale* umgewandelt werden. Dadurch entsteht ein treppenförmiges Signal.

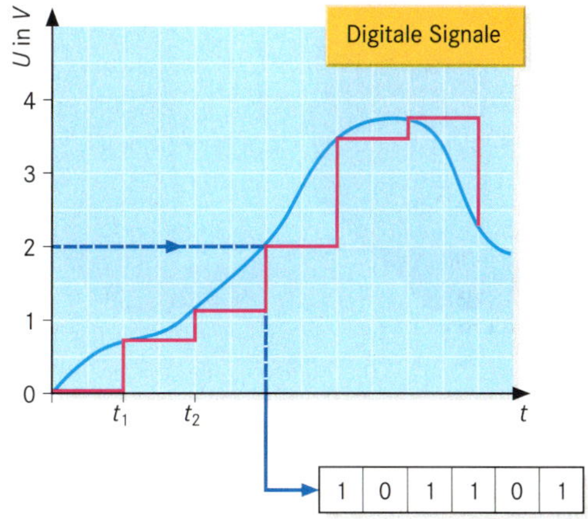

Das analoge Signal, z. B. die Spannung *U*, wird dabei in gleichmäßigen Zeitabständen abgetastet. Jedem Spannungswert *U* wird ein Zahlenwert zugeordnet.

Die Zahlenwerte werden meist verschlüsselt, z. B. im *Dualcode*, angegeben. Sie bestehen aus einer bestimmten Anzahl von binären Signalen.

Mit acht binären Signalen kann man 256 ($=2^8$) Zahlen – die Zahlen 0, 1, 2, … bis 255 – darstellen. Sie werden gebildet aus acht elektrischen Signalen mit den Werten „0“ oder „1“. Eine Zahl aus einer Folge von acht Bit entspricht einem Byte.

Eingabebaugruppen

Mit Hilfe von digitalen Eingabebaugruppen werden Signalglieder an die SPS angeschlossen (Abb. 1). Sie besitzen meist 8 oder 16 binäre Eingänge. Jeder Eingang hat eine Schnittstelle, über die er Signale empfangen kann. Die binären Eingangssignale werden von der Baugruppe an die Zentraleinheit weitergeleitet und dort verarbeitet.

Für analoge Eingangssignale (z. B. Drucksensor 0 bis 100 bar) müssen analoge Eingabebaugruppen verwendet werden. Da die Zentraleinheit nur digitale Signale verarbeiten kann, wandelt die Baugruppe das analoge Signal in ein digitales Signal um.

Abb. 1: Digitale Ein- und Ausgabebaugruppe

Ausgabebaugruppen

Mit Hilfe von digitalen Ausgabebaugruppen werden Stellglieder und Aktoren angesteuert (Abb. 1). Die Zentraleinheit sendet ein binäres Ausgangssignal (0 oder 1) an die Baugruppe. Wird dann der entsprechende Ausgang von „0“ auf „1“ gesetzt, wird das angeschlossene Bauteil mit Spannung versorgt. Digitale Ausgabebaugruppen besitzen meist 8 oder 16 Ausgänge. Jeder Ausgang hat eine Schnittstelle, über die er Signale senden kann.

Für analoge Ausgangssignale (z. B. für Proportionalventile) werden analoge Ausgabebaugruppen verwendet. Sie wandeln das digitale Ausgangssignal der Zentraleinheit in ein analoges Signal um.

Spezielle Baugruppen

Für besondere Steuerungsaufgaben, z. B. schnelle Zählvorgänge bei Wegmesssystemen oder die Ansteuerung von Feldbussystemen, stehen spezielle Baugruppen zur Verfügung.

Bezeichnung der Ein- und Ausgänge

Um eine Baugruppe ansprechen zu können, muss deren Adresse bekannt sein. Eine digitale Eingangsbaugruppe mit 16 Eingängen belegt 16 Bit. Damit belegt sie 2 Byte, z. B. das Byte 0 mit den Adressen E0.0 bis E 0.7 und das Byte 1 mit den Adressen E1.0 bis E1.7. Die erste Zahl gibt das jeweilige Byte an, die zweite Zahl das Bit (Abb. 2).

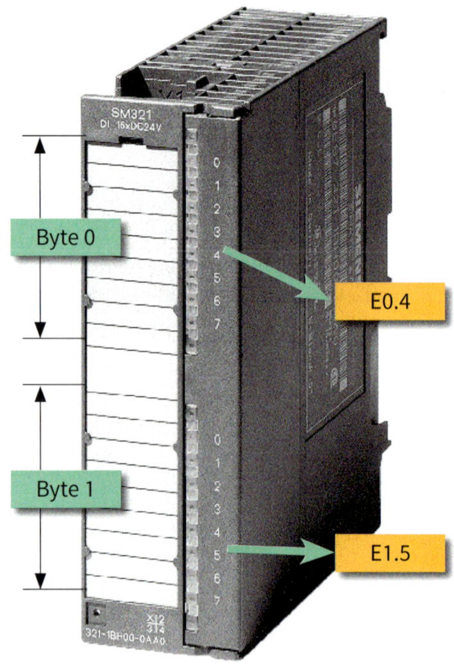

Abb. 2: Bezeichnung von Eingängen

Aufgab

1. Welchen Vorteil hat eine speicherprogrammierbare Steuerung gegenüber einer elektrischen Steuerung mit Relais?

2. Beschreiben Sie die grundsätzlichen Aufgaben der einzelnen Baugruppen einer modularen SPS.

3. Beschreiben Sie die Vorgehensweise um ein Steuerungsprogramm vom Programmiergerät zur SPS zu übertragen.

4. Unterscheiden Sie binäre, analoge und digitale Signale.

5. Erläutern Sie die Umwandlung analoger Signale in digitale Signale.

6. Unterscheiden Sie die Informationseinheiten Bit und Byt.

Infor-
mieren

15.2 Signalverarbeitung in der SPS

Die Arbeitsweise der SPS ist zyklisch, das heißt, das Steuerungsprogramm wird ununterbrochen abgearbeitet. Die Arbeitsschritte eines Zyklusses sind:

- Erfassen der Eingangssignale,
- Verarbeiten der Daten nach den Anweisungen des Steuerungsprogrammes und
- Zuweisen der Ausgangsignale (Abb. 3).

Jeder Zyklus beginnt mit dem Einlesen der Eingänge. Die Eingangssignale an der Eingabebaugruppe werden erfasst und in das *Prozessabbild der Eingänge* (PAE) übertragen. Das Prozessabbild der Eingänge ist ein kurzzeitiger Speicher. In diesem Speicher wird der momentan aufgenommene Signalzustand an den Eingängen für einen Zyklus festgehalten. Im Beispiel wird das Eingangsbyte 0, bestehend aus den 8 binären Eingängen E0.0 bis E0.7 eingelesen.

Die Eingänge mit der Adresse E0.1 und E0.2 bekommen von den Signalgliedern der Anlage ein „1“-Signal. Die übrigen Eingänge des Eingangsbytes 0 bekommen ein „0“-Signal. Im Prozessabbild der Eingänge werden diese Signale abgespeichert. Sie bilden die Grundlage für den anstehenden Zyklus. Für diesen Zyklus können sie nicht mehr verändert werden.

Mit dem Prozessabbild der Eingänge wird anschließend das Steuerungsprogramm Anweisung für Anweisung abgearbeitet. Da im Beispiel beide Eingänge „1“-Signal haben, ist die UND-Verknüpfung erfüllt. Das Programm weist dem Ausgang A2.6 ein „1“-Signal zu. Die anderen Ausgänge des Ausgangsbytes 2 werden hier nicht berücksichtigt.

Mit den Programmanweisungen für die Ausgänge wird das *Prozessabbild der Ausgänge* (PAA) erzeugt. Das Prozessabbild der Ausgänge ist ebenfalls ein momentaner Speicher, der nur für diesen Zyklus seine Gültigkeit hat. Er wird in die digitale Ausgabebaugruppe übertragen. Der Ausgang A2.6 wird mit Spannung versorgt und schaltet durch.

Damit ist ein Zyklus abgeschlossen. Die SPS startet anschließend sofort einen neuen Zyklus und beginnt wieder mit dem Einlesen der Eingänge. Das Prozessabbild der Eingänge und das Prozessabbild der Ausgänge wird erneut erzeugt.

Die Zeit für einen Zyklus nennt man die Zykluszeit. Sie ist ein Maß für die Geschwindigkeit der SPS und liegt im Bereich von Mikrosekunden (z. B. 5 µs für 1024 kB).

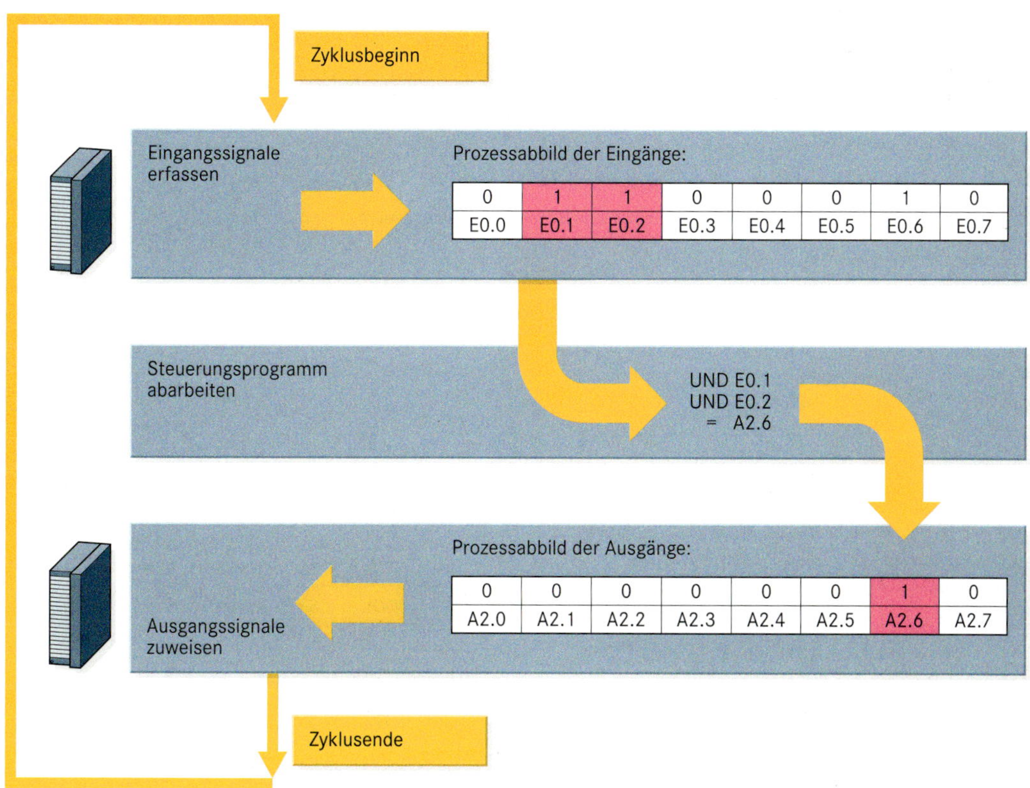

Abb. 3: Signalverarbeitung in der SPS

Program-mieren

15.3 Zuordnungslisten

Die Zuordnungsliste listet die an der SPS angeschlossenen Betriebsmittel auf und weist diese den Eingangs- und Ausgangsadressen der SPS zu (Tab. 1).

Aus der Zuordnungsliste ist ersichtlich,

- an welchen Eingängen die jeweiligen Signalglieder angeschlossen sind,
- an welchen Ausgängen die jeweiligen Stellglieder oder Aktoren angeschlossen sind,
- welche Objektkennzeichnung die angeschlossenen Signalglieder, Stellglieder und Aktoren haben,
- welche Merker im Programm verwendet werden und
- welche symbolischen Bezeichnungen im Programm verwendet werden.

Die *Objektkennzeichnung* ergibt sich aus der Betriebsmittelkennzeichnung der Signalglieder, Stellglieder und Aktoren wie sie in der Anlage und in den Schaltplänen verwendet wird.

Merker sind interne Speicher, mit denen Zwischenergebnisse von Signalverknüpfungen gebildet und rechnerintern zwischengespeichert werden können. Die Speicher können das Signal „0" oder das Signal „1" führen. Durch Merker ergeben sich einfache und übersichtliche Programme.

Symbolische Bezeichnungen sind Stichwörter zur Kennzeichnung der Funktion der an Eingängen bzw. Ausgängen angeschlossenen Betriebsmitteln („Ausfahren-Pressen-Zyl") sowie der Funktion von Merkern („Grundstellung").

Bei der Programmerstellung kann zwischen der absoluten Adressierung und der symbolischen Bezeichnung gewählt werden. Die symbolische Bezeichnung stellt einen besseren Bezug zur Anlage her.

Üblicherweise werden Zuordnungslisten mit zusätzlichen Kommentaren versehen. Die *Kommentare* beschreiben die Art und Funktion der angeschlossenen Betriebsmittel und dienen der besseren Übersicht und Lesbarkeit.

!

Zuordnungslisten enthalten die Zuordnung von Betriebsmitteln, Objektkennzeichen, Steuerungseingängen und Steuerungsausgängen sowie einem Kommentar. Sie sind Bestandteil der Steuerungsdokumentation.

Zuordnungslisten dienen

- als Grundlage für das Erstellen von Steuerungsprogrammen,
- zum Festlegen der Größe der SPS, d.h. der benötigten Eingänge und Ausgänge und
- zur Installation und Inbetriebnahme der Steuerung an der Anlage.

Tab. 1: Auszug aus der Zuordnungsliste der Montagestation

Adresse	Objektkennzeichnung	Symbolische Bezeichnung	Datentyp	Kommentar
Eingänge				
E1.0	B11	„Hydraulikzyl-oben"	BOOL	Hydraulikzylinder oben, Schließer
E1.3	B14	„Vertikalzyl-ein"	BOOL	HHG-Vertikalzylinder eingefahren, Schließer
E1.5	B16	„Horizontalzyl-ein"	BOOL	HHG-Horizontalzylinder eingefahren, Schließer
Ausgänge				
A6.5	M6	„Stopper-aus"	BOOL	Stopper ausfahren
A7.1	P2	„Lampe-Arbeitszyklus"	BOOL	Signallampe Arbeitszyklus
A7.2	P3	„Signallampe"	BOOL	Signallampe Drucküberwachung
A8.0	X1.1	„Bandmotor"	BOOL	Ansteuerung Band-Motor (M7)
Merker				
M15.0		„Grundstellung"	BOOL	

15.4 Programmierung der SPS

15.4.1 Programmiersprachen

Die Programmierung der SPS erfolgt in einer Programmiersprache. Gemäß **DIN EN 61131-3** gibt es fünf Programmiersprachen (Abb. 2): (➡📖)

- Anweisungsliste (AWL)
- Funktionsbausteinsprache (FBS)
- Kontaktplan (KOP)
- Ablaufsprache (AS)
- Strukturierter Text (ST)

Anweisungsliste und Strukturierter Text sind textuell orientierte Sprachen. Die Steueranweisungen werden als Text erstellt.

Funktionsbausteinsprache, Kontaktplan und Ablaufsprache sind grafisch orientierte Sprachen. Die Steueranweisungen werden mit Hilfe von Symbolen erstellt.

Die *Anweisungsliste* wird mit einem Texteditor erstellt. Für jede Anweisung wird eine Zeile verwendet. Eine Anweisung besteht aus einer Operation, gefolgt von einem Operand. Große Programme, die in AWL erstellt werden, sind sehr unübersichtlich.

Der *Strukturierte Text* ist eine Hochsprache, angelehnt an ISO-Pascal.

Die *Funktionsbausteinsprache* verwendet grafische Symbole in Form rechteckiger Felder. Sie ist leicht verständlich und weit verbreitet. Bei manchen Herstellern wird die Funktionsbausteinsprache (FBS) auch als Funktionsplan (FUP) bezeichnet.

Der *Kontaktplan* verwendet grafische Symbole, die an einen Stromlaufplan angelehnt sind. Die Strompfade sind waagerecht gezeichnet mit speziellen Symbolen.

Die *Ablaufsprache* wird für umfangreiche Steuerungen verwendet. Sie ist die Umsetzung der Funktionsplandarstellung GRAFCET. Mit ihr lassen sich die Steuerungsschritte eines Ablaufes gut darstellen.

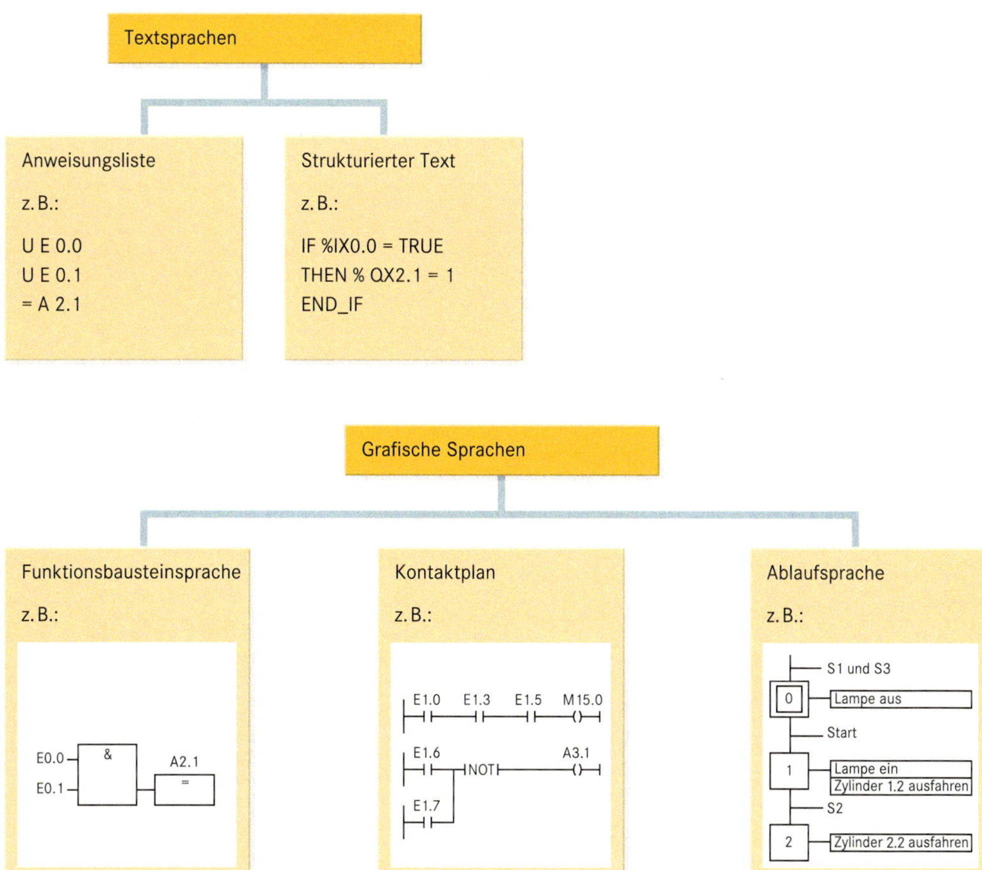

Abb. 1: Übersicht Programmiersprachen

Die einzelnen Sprachelemente einer Programmiersprache sind vom Hersteller abhängig und variieren, da sich nicht alle Hersteller exakt an die Vorgaben der **DIN IEC 5 61131 - 3** halten.

Die nachfolgenden Programmierbeispiele werden mit der Software STEP 7 der Firma Siemens in den Programmiersprachen Anweisungsliste (AWL) und Funktionsbausteinsprache (FBS) dargestellt.

Anweisungsliste AWL

Die Anweisungsliste setzt sich aus einer Folge von Steueranweisungen zusammen. Steueranweisungen gliedern sich in einen Operationsteil und einen Operandenteil (Tab. 1). Operationen dienen der Signalverarbeitung und der Programmorganisation.

Tab. 1: Aufbau von Steueranweisungen

Steueranweisung		
Operationsteil	Operandenteil	
Operator	Operand	Adresse
U	**E**	**1,2**
UND	**Eingang**	**1,2**

Im **Operationsteil** wird die Art der Operation, die in der Anweisung ausgeführt werden soll, durch genormte Zeichen für Operatoren angegeben (➡📖). Operationen zur Signalverarbeitung sind zum Beispiel die Grundverknüpfungen UND, ODER, NICHT oder das Setzen bzw. Rücksetzen von Ausgängen und Merkern.

Im **Operandenteil** stehen die Operanden mit ihren Adressen. Operanden sind beispielsweise Eingänge, Ausgänge und Merker. Die Adressen ergeben sich aus der Bezeichnung für verwendete Ein- und Ausgänge der SPS bzw. der internen Speicher für Merker.

Funktionsbausteinsprache FBS

Die Funktionsbausteinsprache verwendet Sinnbilder, die den Logiksymbolen nach **DIN EN 60 617** entsprechen. Die Sinnbilder werden durch Rechtecke dargestellt. Deren Größe richtet sich nach der Anzahl der Eingänge, der Ausgänge und der weiteren Informationen, die darzustellen sind.

15.4.2 Binäre Grundverknüpfungen

Binäre Grundverknüpfungen sind die Operationen UND, ODER und NICHT.

UND-Verknüpfung

Der Steuerungsablauf der Montagestation startet mit dem Grundschritt (Schritt 1). Sind alle Bedingungen für die Grundstellung erfüllt, beginnt der eigentliche Steuerungsablauf. Im Schritt 2 wird der Bandmotor eingeschaltet. Gleichzeitig wird die Zykluslampe eingeschaltet und der Stopper ausgefahren (Abb. 1).

Die Bedingungen für die Grundstellung sind erfüllt, wenn

- das Signalglied B11 meldet, dass der Pressenzylinder in der hinteren Endlage ist,
- das Signalglied B14 meldet, dass der Vertikalzylinder in der hinteren Endlage ist und
- das Signalglied B16 meldet, dass der Horizontalzylinder eingefahren ist.

Das Ergebnis wird im Merker „Grundstellung“ abgelegt. Aus der Zuordnungsliste kann entnommen werden, dass der Merker „Grundstellung“ die Adresse M15.0 belegt. Die Grundstellung wird durch eine UND-Verknüpfung erreicht. Das entsprechende Steuerungsprogramm für diese Verknüpfung ist in der Programmiersprache Funktionsbausteinsprache erstellt (Abb. 2).

Der Ausgang einer UND-Verknüpfung hat dann „1“-Signal, wenn alle Eingänge ein „1“-Signal führen. !

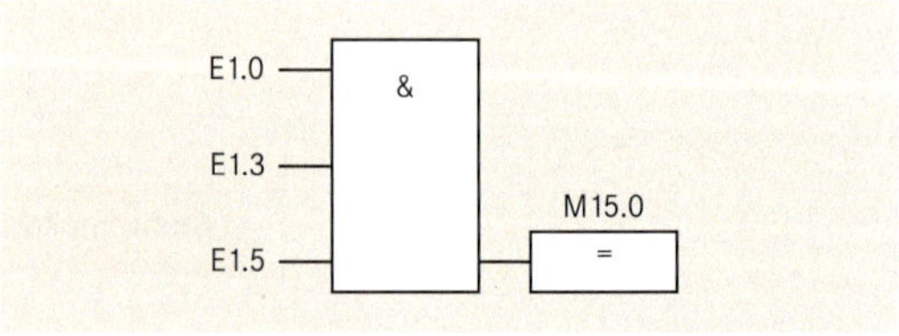

Abb. 2: UND–Verknüpfung mit absoluter Adressierung

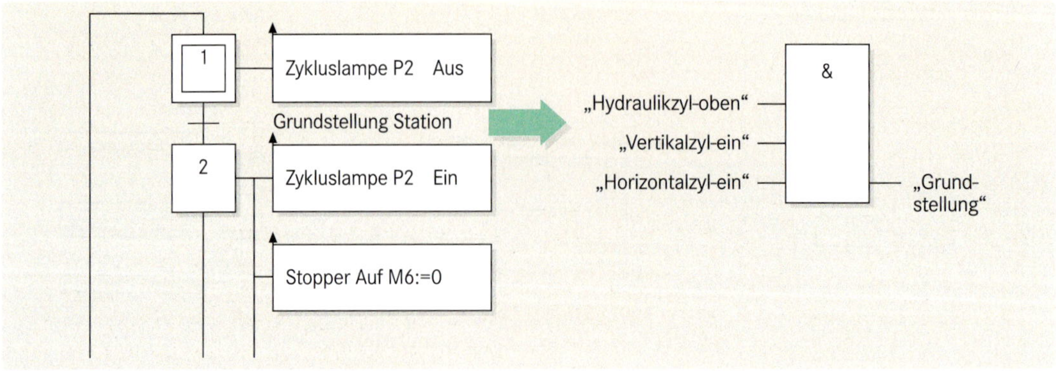

Abb. 1: UND–Verknüpfung für die Grundstellung

Bei der Programmerstellung kann zwischen der absoluten Adressierung und der symbolischen Bezeichnung gewählt werden (Abb. 2 und Abb. 3).

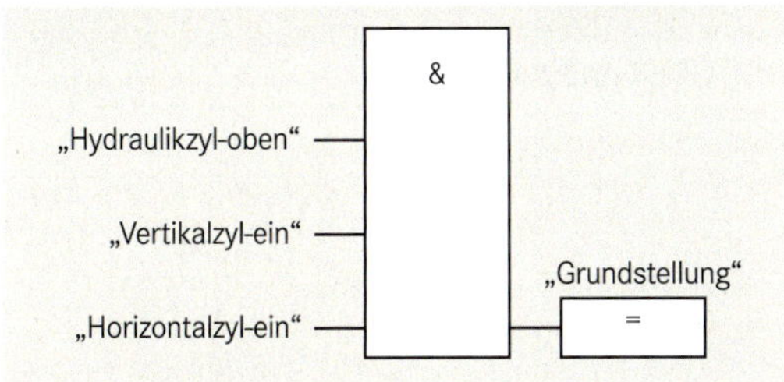

Abb. 3: UND-Verknüpfung mit symbolischer Bezeichnung

Die Anweisungsliste kann ebenfalls mit absoluter Adressierung oder mit symbolischer Bezeichnung erstellt werden (Abb. 4 und Abb. 5).

U	E	1.0
U	E	1.3
U	E	1.5
=	**M**	**15.0**

Abb. 4: UND-Verknüpfung mit absoluter Adressierung

U	„Hydraulikzyl-oben"
U	„Vertikalzyl-ein"
U	„Horizontalzyl-ein"
=	**Grundstellung**

Abb. 5: UND-Verknüpfung mit symbolischer Bezeichnung

Für die Lösung von Steuerungsaufgaben wird häufig die Wahrheitstabelle verwendet. Dort werden die möglichen Kombinationen der Eingänge erfasst. Diese erhält man, indem man die Dualzahlen bei „0" beginnend der Reihe nach auflistet.

Dem Ausgang bzw. dem Merker wird entsprechend der Steuerungsaufgabe das Signal „0" oder „1" zugewiesen. Tabelle 1 zeigt die Wahrheitstabelle der UND-Verknüpfung für die Grundstellung der Montagestation.

Tab. 1: Wahrheitstabelle der UND-Verknüpfung

E1.0	E1.3	E1.5	M15
0	0	0	0
0	0	1	0
0	1	0	0
0	1	1	0
1	0	0	0
1	0	1	0
1	1	0	0
1	1	1	1

ODER-Verknüpfung

Die Montagestation soll mit einer Signallampe P3 für die Drucküberwachung ausgestattet werden. Die Signallampe soll leuchten, wenn der hydraulische Druck für den Pressenzylinder oder der pneumatische Druck für den Taktzylinder unter eine Mindestgrenze fällt.

Die Überwachung erfolgt mit zwei binären Druckschaltern (B_{hyd} und B_{pneu}), die als Schließer ausgeführt sind. Diese melden ein „1"-Signal an die SPS, wenn der vorhandene Druck unter die Mindestgrenze absinkt.

Für die Verknüpfung der beiden Druckschalter wird die ODER-Verknüpfung angewendet.

Der Ausgang einer ODER-Verknüpfung hat dann „1"-Signal, wenn mindestens einer der Eingänge ein „1"-Signal führt. !

Das entsprechende Steuerungsprogramm ist in Anweisungsliste (Abb. 6) und in Funktionsbausteinsprache erstellt (Abb. 7).

O	E0.6
O	E0.7
=	**A2.1**

Abb. 6: ODER-Verknüpfung in AWL

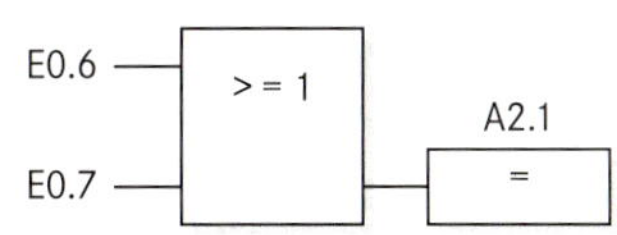

Abb. 7: ODER-Verknüpfung in FBS

Die Wahrheitstabelle zeigt, dass der Ausgang A2.1 für die Signallampe P3 dann ein „1"-Signal hat, wenn mindestens einer der beiden Eingänge ein „1"-Signal führt (Tab. 2).

Tab. 2: Wahrheitstabelle der ODER-Verknüpfung

E0.7	E0.6	A2.1
0	0	0
0	1	1
1	0	1
1	1	1

Negation einer Verknüpfung

Im vorangegangenen Beispiel sind die beiden Druckschalter B_{hyd} und B_{pneu} als Schließer ausgeführt. Der Befehl für die Signallampe P3 erfolgt, wenn der Signalzustand eines Druckschalters am Eingang der SPS von „0"-Signal auf „1"-Signal wechselt (Tab. 2).

Tritt in der elektrischen Leitung des Druckschalters B_{hyd} ein Drahtbruch auf, kann das Signal nicht mehr zur SPS gelangen. Der Druck in der Anlage wird nicht mehr überwacht. Dies kann zu Störungen an Bauteilen bis hin zum Ausfall der gesamten Anlage führen. (Abb. 1).

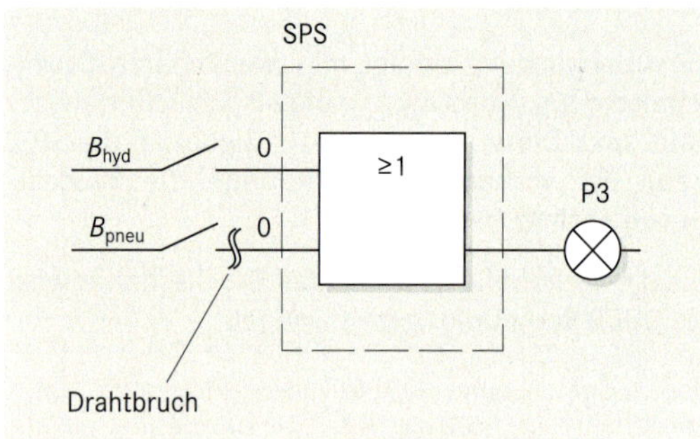

Abb. 1: Drucküberwachung mit Schließern

Aufgrund dieser Überlegungen werden die Druckschalter B_{hyd} und B_{pneu} als Öffner ausgeführt (Abb. 2).

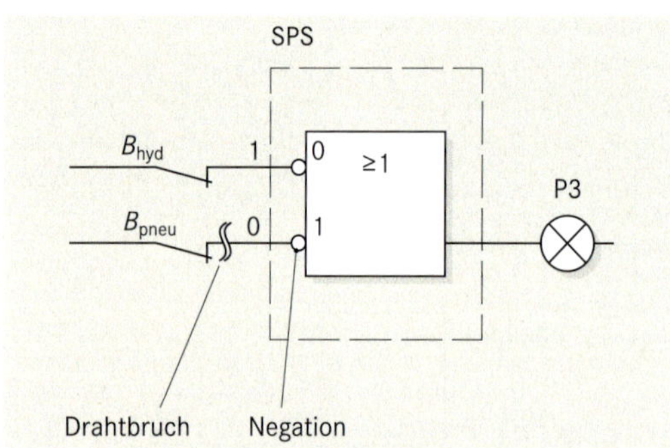

Abb. 2: Drucküberwachung mit Öffnern

Bei Betätigung eines Öffners *oder* bei Drahtbruch wird der Stromkreis unterbrochen. Der Befehl für die Signallampe erfolgt also dann, wenn der Signalzustand eines Druckschalters am Eingang der SPS von „1"-Signal auf „0"-Signal wechselt.

Bei der Programmierung wird dies durch die Negation berücksichtigt.

Bei der Programmierung muss also grundsätzlich berücksichtigt werden, ob ein Signalglied als Öffner oder als Schließer ausgeführt ist und ob der Schalter betätigt oder nicht betätigt ist (Abb. 3).

- Ein nicht betätigter Schließer liefert ein „0"-Signal an die SPS.
- Ein nicht betätigter Öffner liefert ein „1"-Signal an die SPS.
- Ein betätigter Schließer liefert ein „1"-Signal an die SPS.
- Ein betätigter Öffner liefert ein „0"-Signal an die SPS.

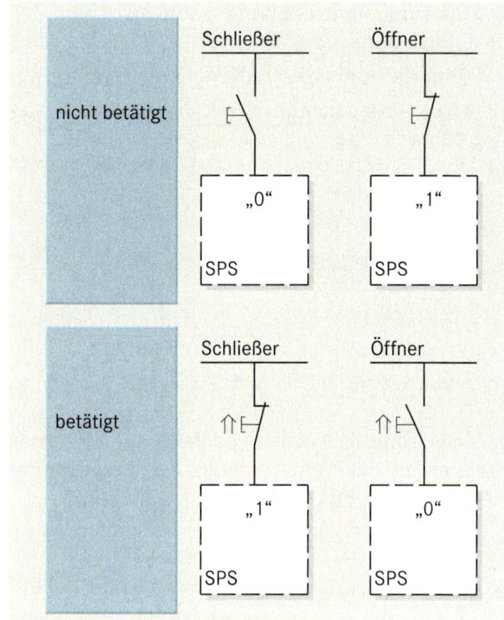

Abb. 3: Öffner- und Schließersignale

Das entsprechende Steuerungsprogramm ist in Anweisungsliste (Abb. 4) und in Funktionsbausteinsprache erstellt (Abb. 5). Dabei wurden jeweils die Eingänge negiert.

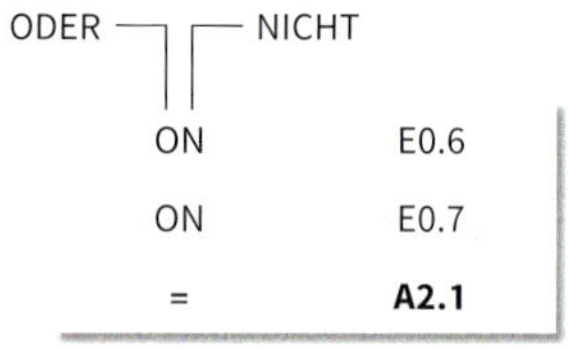

```
ODER ─┐ ┌─ NICHT
      ON        E0.6
      ON        E0.7
      =         A2.1
```

Abb. 4: ODER-Verknüpfung in AWL mit negierten Eingängen

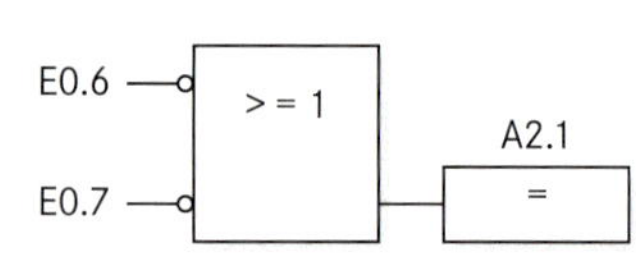

Abb. 5: ODER-Verknüpfung in FBS mit negierten Eingängen

Tab. 1: Wahrheitstabelle der ODER-Verknüpfung mit negierten Eingängen

E0.7	E0.6	A2.1
0	0	1
0	1	1
1	0	1
1	1	0

Bei umfangreichen Steuerungsaufgaben werden die Grundverknüpfungen UND, ODER, NICHT miteinander kombiniert. Dadurch ergeben sich häufig umfangreiche Steuerungsprogramme, die meist vereinfacht werden können.

15.4.3 Speicherfunktionen

Bei der Montagestation soll eine Zykluslampe P2 anzeigen, ob sich die Anlage im Arbeitsablauf befindet. Die Zykluslampe ist in der Grundstellung ausgeschaltet und soll beim Arbeiten der Station leuchten. Die Schaltzustände der Zykluslampe zeigt der Ablaufplan der Schrittkette (Abb. 6).

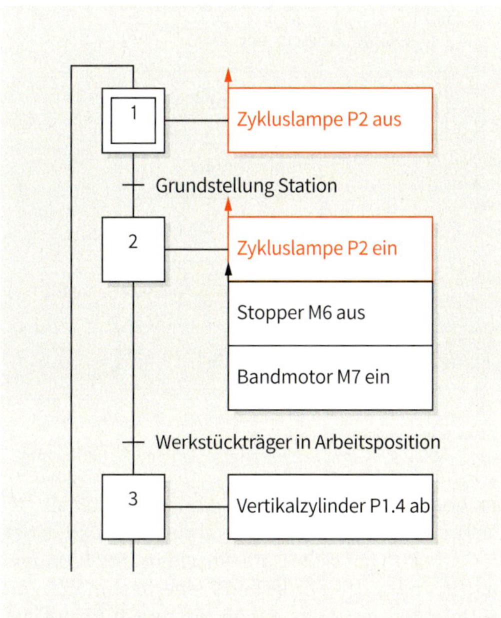

Abb. 6: Schaltzustände der Zykluslampe

Die Schrittkette des Funktionsplanes zeigt, dass die Zykluslampe P2 mit dem Schritt 2 eingeschaltet wird und solange leuchten soll, bis der Montageprozess abgeschlossen ist und die Anlage sich wieder in Grundstellung (Schritt 1) befindet. Die von Schritt 2 ausgelöst Aktion „Zykluslampe P2 ein“ soll über mehrere Schritt aktiv sein.

Die Aktion bleibt solange ausgeführt (gespeichert), bis sie durch den Schritt 1 überschrieben (zurückgesetzt) wird. Aktionen, die über mehrere Schritte aktiv sein sollen, werden in einem Speicher abgelegt.

Speicher können wie alle anderen Verknüpfungen mit symbolischer Bezeichnung oder mit absoluter Adressierung programmiert werden. Man unterscheidet Speicher mit vorrangigem Rücksetzen und Speicher mit vorrangigem Setzen.

Speicher mit vorrangigem Rücksetzen

Der Speicher besitzt einen Setzeingang S, mit dem der Speicherinhalt auf „1“ gesetzt werden kann. Am Ausgang Q steht das gespeicherte Signal zur 30 Verfügung. Mit einem „1“-Signal am Rücksetzeingang R wird der Speicher auf „0“ zurückgesetzt. (Abb. 7).

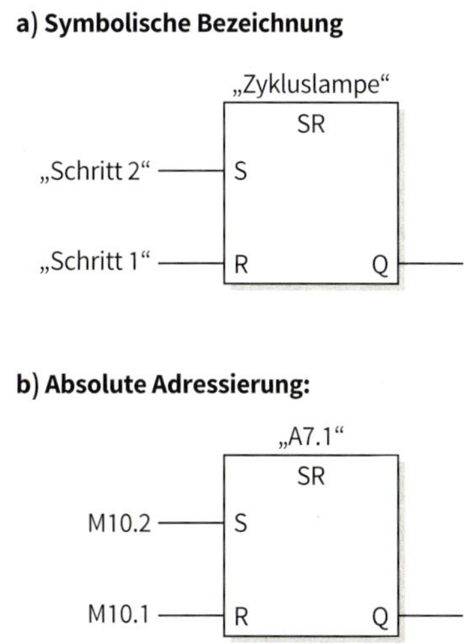

Abb. 7: Speicher mit vorrangigem Setzen in FBS

Der Eingang „Schritt2“ setzt den Inhalt des Speichers auf den Wert „1“. Dieser Wert wird im „Speicher“ abgelegt und kann jederzeit abgerufen werden. Mit dem Eingang „Schritt1“ kann der „Speicher“ auf den Wert „0“ zurückgesetzt werden. Dabei muss der Eingang „Schritt1“ ein „1“-Signal führen.

Liegt an beiden Eingängen ein „1“-Signal an, wird der „Speicher“ zuerst auf „1“, dann aber im gleichen Zyklus wieder auf „0“ gesetzt.

Dieses Verhalten nennt man vorrangiges Rücksetzen.

Speicher mit dominantem Rücksetzen werden im Symbol mit SR gekennzeichnet. Der dominierende Rücksetzeingang R liegt dem Ausgang Q direkt gegenüber.

In der Programmiersprache AWL erkennt man, dass das Rücksetzen die letzte und damit die vorrangige Anweisung ist (Abb. 8).

U	„Schritt2“
S	„Zykluslampe“
U	„Schritt1“
R	„Zykluslampe“

Abb. 8: Speicher mit vorrangigem Rücksetzen in AWL

Bei der Speicherfunktion kann die *Wahrheitstabelle* nicht ohne weitere Vorüberlegungen erstellt werden, da der Inhalt des Speichers Q_n vom vorangegangenen Zustand abhängig ist. Daher wird in der Wahrheitstabelle in einer zusätzlichen Spalte Q_{n-1} berücksichtigt, ob der Speicher *vorher* auf dem Wert „0“ (Zeile 0 bis Zeile 3) oder auf dem Wert „1“ (Zeile 4 bis Zeile 7) ist (Tab. 1).

Tab. 1: Wahrheitstabelle der Speicherfunktion:

Zeile	Q_{n-1}	„Ein“	„Aus“	Q_n
0	0	0	0	0
1	0	0	1	0
2	0	1	0	1
3	0	1	1	0
4	1	0	0	1
5	1	0	1	0
6	1	1	0	1
7	1	1	1	0

Speicher mit vorrangigem Setzen

Der Speicher mit vorrangigem Setzen unterscheidet sich vom Speicher mit vorrangigem Rücksetzen dadurch, dass hier das Setzen die bestimmende Anweisung ist (Abb. 1).

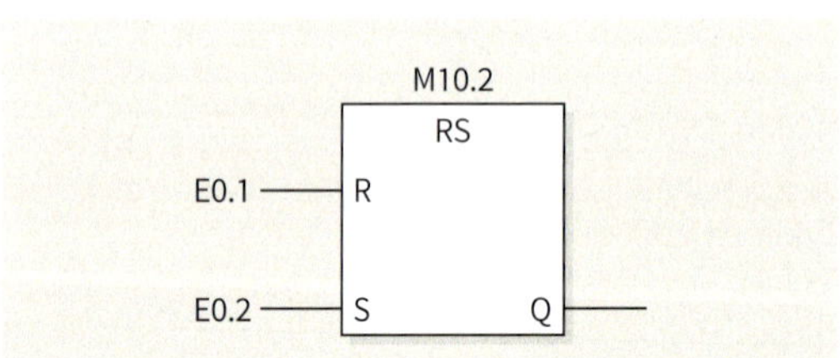

Abb. 1: Speicher mit vorrangigem Setzen in FBS

! Liegt an beiden Eingängen ein „1“-Signal an, so wird der Speicher zuerst auf „0“, dann aber im gleichen Zyklus auf „1“ gesetzt.

Dieses Verhalten nennt man vorrangiges Setzen.

Das Setzen des Speichers ist die letzte und damit die vorrangige Anweisung. Dies wird anhand der Programmiersprache AWL durch die letzte Zeile deutlich (Abb. 2).

```
U    E 0.3
R    M 10.2
U    E 0.4
S    M10.2
```

Abb. 2: Speicher mit vorrangigem Setzen in AWL

15.4.4 Zeitfunktionen

In der Schrittkette der Montagestation sind mehrere Verzögerungszeiten programmiert. Das erfordert den Einsatz von Zeitgliedern in der Steuerung (Abb. 3).

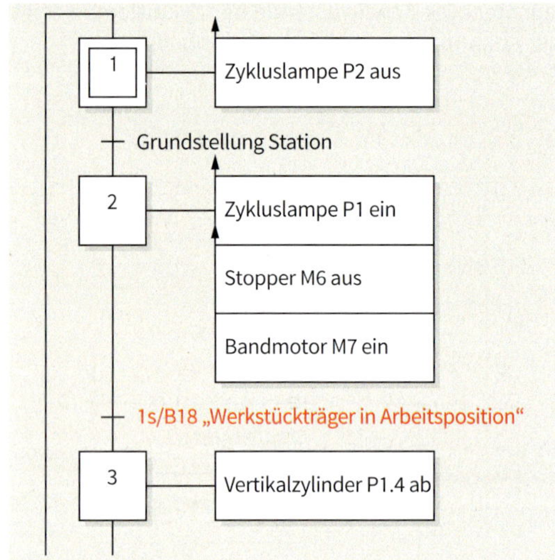

Abb. 3: Ablaufkette mit zeitabhängiger Übergangsbedingung

Die Verzögerungszeit ist notwendig um einen sicheren Prozessablauf zu gewährleisten. Damit der Werkstückträger sicher am Anschlag des Stoppers anliegt, muss das Förderband eine bestimmte Zeit weiterlaufen, bevor es anhält. Erst nach Ablauf der Verzögerungszeit darf der Bandmotor ausgeschaltet werden.

Zeitfunktionen werden mit speziellen Bausteinen programmiert. Nach **DIN EN 61131-3** werden drei Standardbausteine für Zeitfunktionen unterschieden:

- die Einschaltverzögerung S_EVERZ,
- die Ausschaltverzögerung S_AVERZ und
- der Impuls S_IMPULS.

Mit der *Einschaltverzögerung* wird ein Ausgang Q zeitverzögert eingeschaltet.

Mit der *Ausschaltverzögerung* wird ein Ausgang Q zeitverzögert ausgeschaltet.

Mit dem *Impuls* erhält der Ausgang für eine bestimmte vorgegebene Zeit ein „1“-Signal. Ist die Vorgabezeit abgelaufen, wechselt der Ausgang Q wieder auf „0“.

Die genaue Funktion und Belegung der Eingänge und der Ausgänge muss dem jeweiligen Handbuch der Steuerung entnommen werden.

Für die Programmierung der Schrittkette wird die Einschaltverzögerung verwendet. Im folgenden Beispiel ist die Verzögerungszeit der Schrittkette programmiert (Abb. 4).

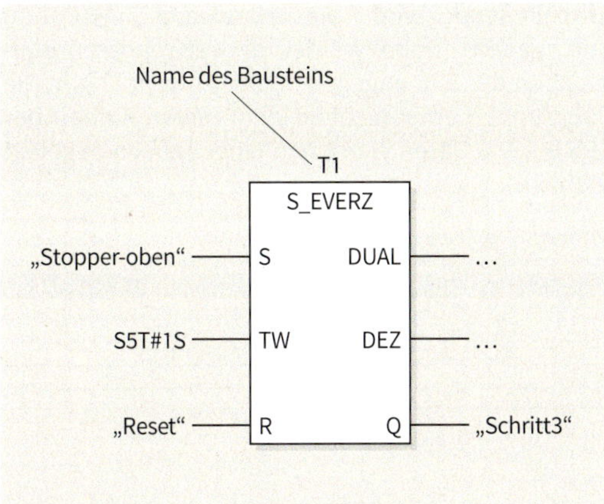

Abb. 4: Einschaltverzögerung S_EVERZ

Der Baustein hat folgende Eingänge und Ausgänge:

S: Starteingang des Zeitgliedes: Das Zeitglied startet, wenn der Eingang auf „1“ wechselt.

TW: Vorgabewert der Zeitdauer: An diesem Eingang wird die Vorgabezeit eingegeben.

R: Rücksetzeingang: Die abgelaufene Zeit und der Ausgang Q werden zurückgesetzt.

Q: Ausgang des Zeitgliedes: Der Ausgang wechselt nach Ablauf der Zeit TW von „0“ auf „1“.

Dual: An diesem Ausgang wird die ablaufende Zeit als Dualzahl angezeigt.

DEZ: An diesem Ausgang wird die ablaufende Zeit als binär codierte Dezimalzahl (BCD-Zahl) angezeigt.

Die in Abb. 4 dargestellt Einschaltverzögerung ergibt folgenden Steuerungsablauf:

Ist der Stopper ausgefahren und hat den Grenztaster 18 betätigt, wechselt der Signalzustand am Setzeingang S von „0“ auf „1“. Damit wird die Vorgabezeit TW gestartet.

Die Vorgabezeit beträgt eine Sekunden. Sie muss mit dem Datentyp S5TIME im dargestellten Format S5T#1S eingegeben werden. Ist die Vorgabezeit von einer Sekunde erreicht, wechselt der Signalzustand am Ausgang Q von „0“ auf „1“.

Dem Zeitglied T1 wird damit ein „1“-Signal zugewiesen und der „Schritt3“ ist aktiviert. Der Operand kann bei der nachfolgenden Programmbearbeitung verwendet werden.

Über den Rücksetzeingang „Reset“ kann das Zeitglied T1 auf „0“ gesetzt werden. Dabei ist das Rücksetzen dominant.

Die Ausgänge DUAL und DEZ werden in diesem Beispiel nicht verwendet. Sie sind optional.

Aufgaben

1. Nennen und beschreiben Sie die Programmiersprachen der SPS.

2. An einem Härteofen wird die Temperatur mit zwei Signalgliedern (Öffner) überwacht. Ist die Temperatur an einem Signalglied zu hoch, leuchtet eine Signallampe. Die Funktionsprüfung der Signallampe erfolgt durch einen Schließer. Es gilt folgende Anweisungsliste:

ON	„Temp-1“
ON	„Temp-2
O	„Funktionsprüfung“
=	„Signallampe“

a) Erstellen Sie die Wahrheitstabelle für die Schaltung.

b) Geben Sie die Signalverknüpfung in Funktionsbausteinsprache an.

3. Entwerfen Sie für die dargestellte Signalverknüpfung in Funktionsbausteinsprache FBS eine Anweisungsliste AWL.

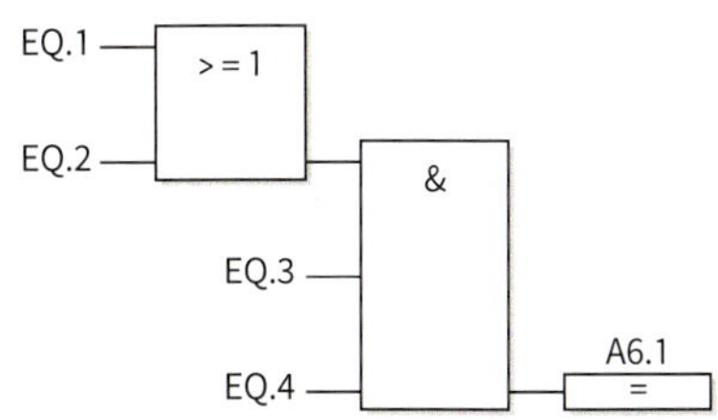

4. Beschreiben Sie die Unterschiede von Speichern mit vorrangigem Setzen und Speichern mit vorrangigem Rücksetzen.

5. Der Pressenzylinder einer pneumatischen Presse soll ausfahren, wenn der Sart-Taster betätigt und ein Schutzgitter geschlossen ist. Nach Erreichen der vorderen Endlage soll er selbsttätig wieder einfahren. Der Ablauf kann jederzeit durch einen Stopp-Taster (Öffner) unterbrochen werden. Der Zylinder fährt dadurch ein.

Erstellen Sie das Steuerungsprogramm in Funktionsbausteinsprache.

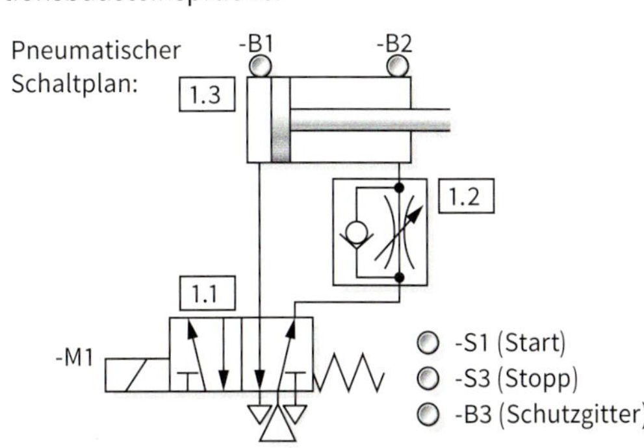

Program-
mieren

15.5 Strukturierte Programmierung

Das Steuerungsprogramm wird mit einer Computersoftware am Bildschirm erstellt.

15.5.1 Programmierumgebung

Ein Steuerungsprogramm besteht aus unterschiedlichen Programmbestandteilen, die in einem Projekt zu einer Gesamtheit zusammengefasst sind.

Anlegen eines Projektes

Der Aufbau von Projekten und die Bezeichnung der einzelnen Bestandteile eines Projektes sind je nach Hersteller unterschiedlich. Im Folgenden wird daher auf die Software STEP 7 der Fa. Siemens Bezug genommen. STEP 7 ist die Standardsoftware für das Projektieren der speicherprogrammierbaren Steuerungen der Bauart S7.

Ein STEP 7-Projekt besteht immer aus einer Hardwarekonfiguration und den Anwenderprogrammen (Abb. 1).

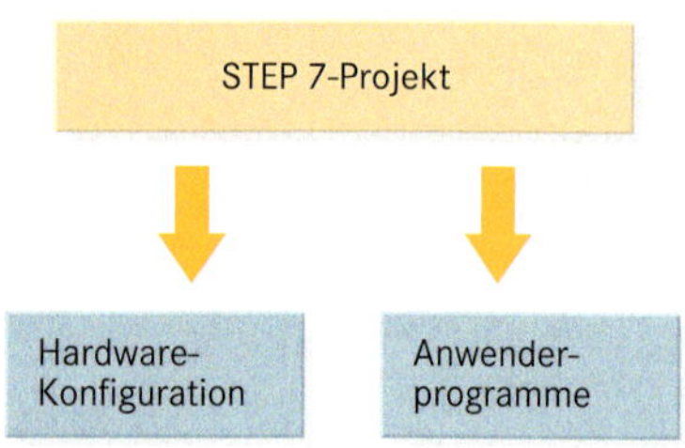

Abb. 1: STEP 7-Projekt

In der *Hardwarekonfiguration* werden die verwendeten Baugruppen der SPS, wie z. B. Spannungsversorgung, Zentraleinheit, Ein- und Ausgabebaugruppen, ... festgelegt.

Die *Anwenderprogramme* sind Softwarebausteine, die den Steuerungsablauf bestimmen.

Nach dem Start der STEP 7-Software wird der Anwender aufgefordert, sein Projekt anzulegen. Zunächst muss ein Projektname festgelegt werden.

Anschließend wird die Hardwarekonfiguration durchgeführt. Dabei werden die verwendeten Baugruppen der SPS angegeben. Der Anwender gibt die Baugruppen entsprechend dem realen Aufbau der SPS an. Die Daten werden in einer Tabelle abgelegt (Abb. 2).

Steckplatz	Baugruppe	Bestellnummer	M...	E...	A...	K...
1	PS 307 5A	6ES7 307-1EA00-0AA0				
2	CPU 314IFM(1)	6ES7 314-5AE00-0AB0	2	124...	124...	
3						
4	DI16xDC24V	6ES7 321-7BH80-0AB0		0...1		
5	DO16xDC24V/0.5A	6ES7 322-1BH01-0AA0			4...5	
6						
7						

Abb. 2: Hardwarekonfiguration

Der Ordner *S7-Programm* sowie die Unterordner *Quellen* und *Bausteine* werden automatisch erzeugt. In diesem Ordner werden alle Bestandteile des Steuerungsprogramms abgelegt (Abb. 3).

Programmtest

Nachdem das Steuerungsprogramm erstellt ist, werden häufig Simulationsprogramme für die Fehlersuche eingesetzt. Um Programme zu testen, kann z. B. die Simulationssoftware S7-PLCSIM verwendet werden. Da die Simulation nur auf der Softwareebene erfolgt, wird keinerlei Hardware benötigt. Damit lassen sich vor allem in der Entwicklung von Programmen Fehler vermeiden.

Übertragen von Programmen

Nach dem Programmtest kann das Programm zur SPS übertragen werden. Die SPS muss dabei im STOPP-Zustand sein. Der STOPP-Zustand kann durch Softwaresteuerung oder durch den Schalter an der SPS erfolgen. Schaltet man anschließend die SPS in den Zustand RUN (per Software oder durch den Schalter), wird das Programm ununterbrochen abgearbeitet. Die programmierten Ausgänge werden angesteuert. Mit Hilfe der Funktion Beobachten von Bausteinen kann der Programmablauf verfolgt werden.

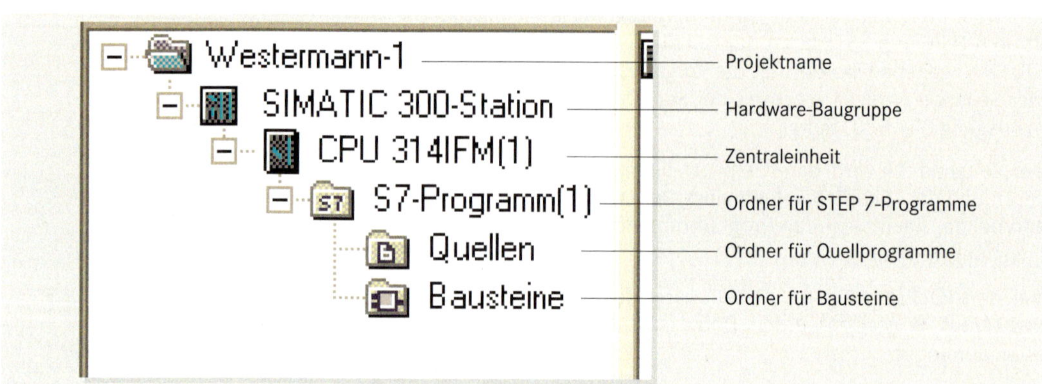

Abb. 3: Bildschirmausschnitt eines STEP 7-Projektes

15.5.2 Programmstrukturen

Unter der Programmstruktur versteht man den Aufbau und die Gliederung eines Steuerungsprogrammes.

Lineare Programmierung

Die lineare Programmierung ist nur für Programme mit geringem Umfang geeignet. Man schreibt das gesamte Programm in einen einzigen Baustein, den sogenannten Organisationsbaustein mit der Bezeichnung OB 1 (Abb. 4).

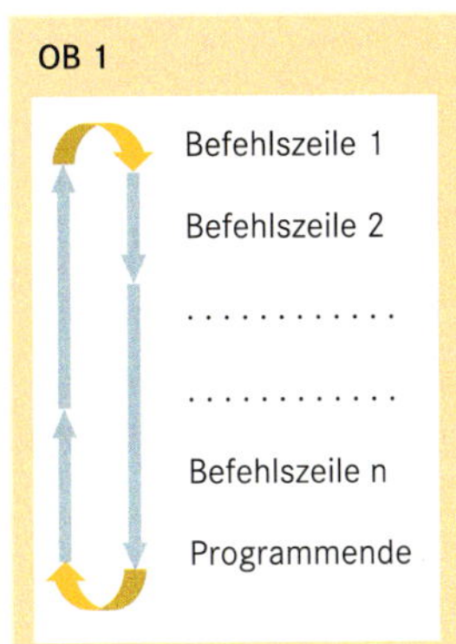

Abb. 4: Lineare Programmierung

Die Befehle werden nacheinander Zeile für Zeile abgearbeitet. Dabei erfolgt ein starrer Ablauf, der stets die Abarbeitung aller Befehle verlangt. Bei umfangreichen Steuerungsaufgaben geht schnell der Überblick verloren.

Strukturierte Programmierung

Bei der *strukturierten Programmierung* wird das Anwenderprogramm in mehrere Bausteine gegliedert (Abb. 2).

Der Aufruf des Organisationsbausteins OB 1 erfolgt zyklisch durch das Betriebssystem. Er legt den Rahmen für das Steuerungsprogramm fest. Der Aufruf aller anderen Bausteine erfolgt durch den Organisationsbaustein.

Die strukturierte Programmierung weist gegenüber der linearen Programmierung folgende Vorteile auf:

- Der gegliederte Aufbau des Programms verschafft einen besseren Überblick.
- Paralleles Programmieren (Teamwork) ist möglich.
- Die einzelnen Programmteile können bestimmten Anlagenteilen, Gruppen oder Maschinen zugeordnet werden.
- Standardisierte Bausteine aus Bibliotheken können verwendet werden. Dadurch verringert sich der Programmieraufwand.
- Programmteile können (mit verschiedenen Parametern) mehrfach verwendet werden.
- Die Inbetriebnahme kann schrittweise (ein Baustein nach dem anderen) erfolgen.

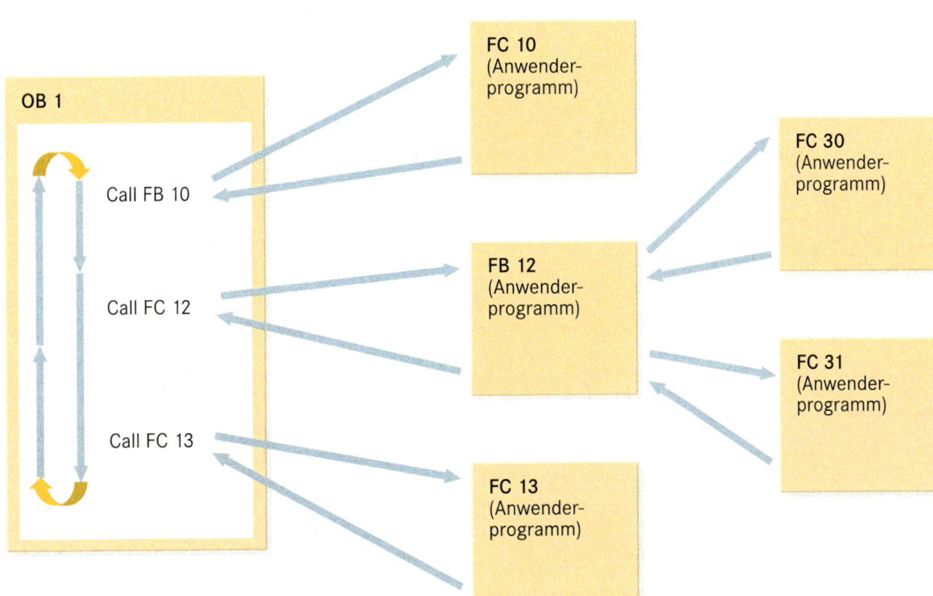

Abb. 5: Strukturierte Programmierung

15.5.3 STEP 7 Bausteintypen

Zur Strukturierung von Programmen stellt STEP 7 unterschiedliche Arten von Bausteinen mit unterschiedlichen Eigenschaften zur Verfügung.

Organisationsbausteine OBs:

Organisationsbausteine sind die Schnittstellen zwischen dem Betriebssystem und dem Anwenderprogramm. Üblicherweise beginnt jedes Programm mit dem Organisationsbaustein OB 1. Mit diesem Baustein wird das Programm strukturiert. Die einzelnen Programmteile werden immer von diesem Organisationsbaustein aufgerufen. Neben dem OB 1 gibt es noch eine Reihe von weiteren Organisationsbausteinen. Die weiteren Organisationsbausteine werden bei umfangreichen Programmierarbeiten verwendet. Die Aufgabe des jeweiligen Organisationsbausteins geht aus seiner Nummer hervor. In den meisten Fällen werden OBs aufgerufen bei

- Alarmen (z. B. OB10)
- Fehlern (z. B. OB 80) oder
- Anlauf der SPS (z. B. OB 101).

Funktionen FCs:

Funktionen stellen das Kernstück der Programmierung von SPS-Steuerungen dar. Hier werden die logischen Verknüpfungen der Ein- und Ausgänge erstellt. Funktionen sind parametrierbare Programmbausteine „ohne Gedächtnisfunktion". Ihre Verknüpfungsergebnisse stehen im nächsten Programmzyklus nicht mehr zur Verfügung.

Funktionsbausteine FBs:

Funktionsbausteine sind parametrierbare Programmbausteine „mit Gedächtnisfunktion". Als Gedächtnis dient dabei ein dem Funktionsbaustein zugeordneter Datenbaustein. Die logischen Zustände bleiben damit auch im nächsten Zyklus erhalten.

Datenbausteine DBs:

In Datenbausteinen werden nur Daten, jedoch keine Befehle abgelegt. Sie haben die Funktion eines Schreib-/Lesespeichers. Man kann sich Datenbausteine als Tabellen vorstellen, in denen Werte gespeichert sind. Der Zugriff auf die Werte erfolgt absolut oder symbolisch.

Systemfunktionen SFCs und Systemfunktionsbausteine SFBs:

Dies sind vorgefertigte Bausteine, die in das Betriebssystem der CPU integriert sind. Sie werden von Anwenderprogrammen aus aufgerufen. Ein Verändern der Bausteine ist nicht möglich.

15.5.4 Programmieren von Ablaufsteuerungen

Umfangreiche Anlagen, wie die Montagestation, werden als Ablaufsteuerung programmiert. Steuerungen werden dann als Ablaufsteuerung bezeichnet, wenn sie schrittweise ablaufen. Dabei ist immer nur ein Schritt aktiv. Der nächste Schritt kann nur dann erfolgen, wenn die Anlage meldet, dass der aktive Schritt vollständig ausgeführt ist und dass die Weiterschaltbedingung erfüllt ist. Die Weiterschaltbedingungen werden auch als Transitionen bezeichnet.

Eine Ablaufsteuerung lässt sich in 4 Programmteile gliedern (Abb. 1). In

- den Betriebsartenteil,
- die Schrittkette,
- die Befehlsausgabe und
- die Meldungen.

Im *Betriebsartenteil* werden die Signale des Bedienfeldes verarbeitet. Der Bediener wählt auf einem Bedienfeld aus, ob er die Anlage im Automatikbetrieb oder im Einzelschrittbetrieb betreibt. Diese Signale müssen im Betriebsartenteil verarbeitet werden. Anschließend erfolgt ein Freigabesignal an die Schrittkette. Das Freigabesignal legt fest, ob die Schrittkette dann im Automatikbetrieb oder im Einzelschrittbetrieb abläuft. Daher ist der Betriebsartenteil auch die Schnittstelle zwischen dem Bedienfeld und der Schrittkette. Auf dem Bedienfeld zeigen Meldeleuchten an, welche Betriebsart gerade ausgewählt ist.

Die *Schrittkette* legt die Reihenfolge der Schritte fest. Die einzelnen Schritte werden nacheinander, in einer festgelegten Reihenfolge aktiviert. Die Weiterschaltbedingung (Transition) aktiviert immer den nächsten Schritt.

Die *Befehlsausgabe* steuert die Stellglieder einer Anlage an. Jedem Schritt werden dabei eine oder mehrere Aktionen zugeordnet.

Die *Meldungen* dienen in erster Linie einem sicheren Prozessablauf. Durch Meldeleuchten auf dem Bedienfeld werden dem Bediener der Anlage Informationen angezeigt, z. B. Steuerung ist eingeschaltet, Anlage ist im Automatikbetrieb, Anlage befindet sich im Schritt 4 oder auch Störungsmeldungen.

Bei großen Anlagen können Störmeldungen auch über das Netzwerk oder das Internet weitergeleitet werden.

Die Befehlsausgabe und die Meldungen können auch in einem Programmteil zusammengefasst werden.

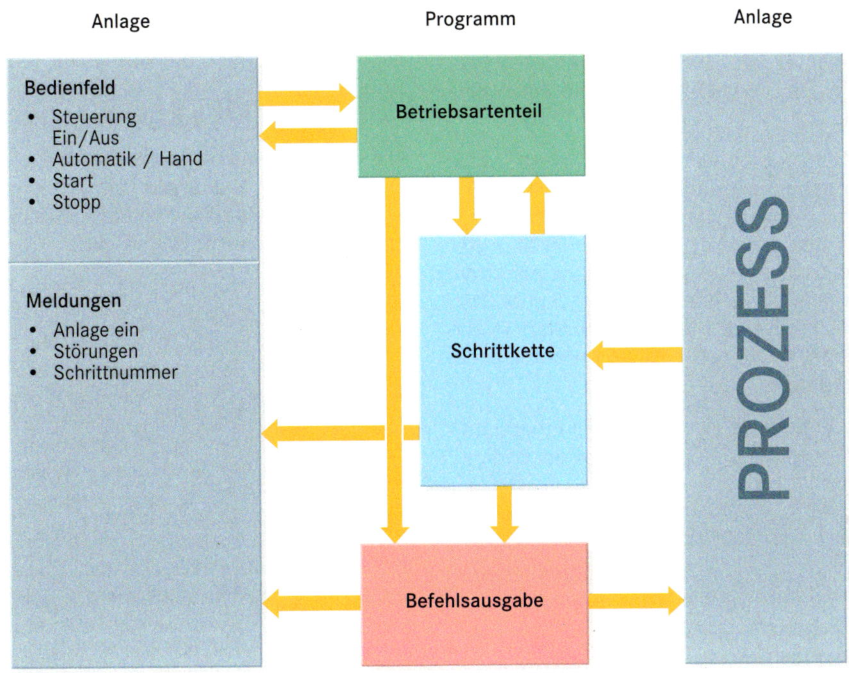

Abb. 1: Struktur einer Ablaufsteuerung

Darstellung von Schrittketten

In einer Schrittkette wird jeder mögliche Zustand einer Anlage durch einen Schritt erfasst. Es kann jeweils nur ein Schritt aktiv sein. Ist ein Schritt aktiv, werden die ihm zugewiesenen Aktionen ausgeführt. Die Übergangsbedingung (Transition) führt zum nächsten Schritt. Eine übersichtliche Darstellung von Schrittketten liefert der Funktionsplan nach GRAFCET (Abb. 2).

Der Grundschritt wird durch eine doppelte Umrahmung dargestellt. Er muss zu Beginn der Schrittkette aktiv sein. Alle anderen Schritte sind nicht aktiv.

Die Schrittkette beginnt mit der Transition 1-2. Ist die Transition 1-2 erfüllt, dann wird der Schritt 2 aktiviert und gleichzeitig wird der Grundschritt 1 zurückgesetzt. Jetzt wird die Aktion 2, die dem Schritt 2 zugeordnet ist, ausgeführt.

Ist anschließend die Transition 2-3 erfüllt, dann wird der Schritt 3 aktiviert und gleichzeitig wird der Schritt 2 zurückgesetzt. Jetzt wird die Aktion 3, die dem Schritt 3 zugeordnet ist, ausgeführt.

Transitionen sind logische Verknüpfungen, die eine logische „1“ oder eine logische „0“ liefern. Wird ein „1“-Signal geliefert, dann ist die Transition erfüllt und es wird zum nächsten Schritt weitergeschaltet.

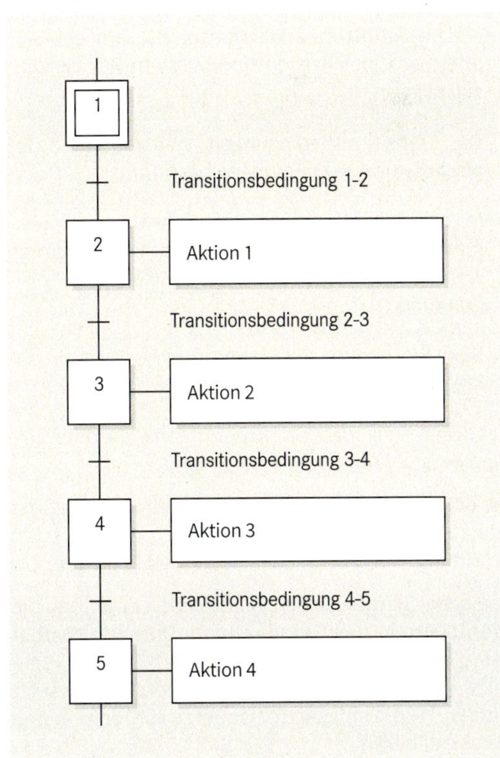

Abb. 2: Funktionsplan einer Schrittkette

Programmieren des Betriebsartenteils

Der Betriebsartenteil richtet sich immer nach dem Bedienfeld der Anlage. Die meisten Anlagen verfügen über einen Automatikbetrieb und einen Einzelschrittbetrieb.

Beim Automatikbetrieb wird die Schrittkette ohne weitere Eingaben des Bedieners automatisch durchlaufen. Die Schrittkette wird durch das „Freigabe“-Signal dauerhaft freigegeben. Beim Einzelschrittbetrieb erfolgt das Weiterschalten zum nächsten Schritt ebenfalls durch das „Freigabe“-Signal. Der Bediener gibt das Signal z. B. durch den Start-Taster ein. Mit jedem Tastendruck wird der nachfolgende Schritt freigegeben.

Für den Betriebsartenteil werden häufig Programmbausteine verwendet, die auf das jeweilige Bedienfeld abgestimmt sind.

Programmieren der Schrittkette

Schrittketten können mit allen Programmiersprachen der SPS erstellt werden. Für die Programmierung der Schrittkette wird hier die Funktionsbausteinsprache verwendet.

Zunächst muss der Funktionsplan der Schrittkette in ein Programm umgesetzt werden. Hierbei sind folgende Regeln zu beachten:

- Jedem Schritt des Funktionsplans wird ein S-R-Speicher (Speicher mit dominantem Rücksetzen) zugewiesen.
- Die Transitionsbedingungen werden durch logische Grundverknüpfungen bestimmt.
- In der Schrittkette werden Schrittmerker programmiert und keine Ausgänge. Die Ausgänge werden im Programmteil Befehlsausgabe programmiert.
- Beim Einschalten der Steuerung muss sich die Anlage in der Grundstellung befinden.

Das *Umsetzen der Schritte in Funktionsbausteinsprache* ist in Abbildung 1 dargestellt.

Bei der Programmierung der Schritte unterscheidet man zwischen dem ersten Schritt, dem letzten Schritt und den dazwischen liegenden Schritten.

Der erste Schritt ist der *Initialschritt*. Er bringt die Schrittkette in den Grundzustand. Dies erfolgt über das „Reset“-Signal. Damit wird der Schritt 1 gesetzt, während alle anderen Schritte zurückgesetzt werden. Die Schrittkette ist jetzt für den ersten Durchlauf bereit.

Wird die Schrittkette ein weiteres Mal durchlaufen, muss die Transitionsbedingung „T_8-1“ erfüllt und das Freigabesignal muss vorhanden sein. Die Transitionsbedingung „T_8-1“ ist die Weiterschaltbedingung vom letzten Schritt zum ersten Schritt.

Alle weiteren Schritte besitzen die gleiche Struktur wie der Schritt 2. Deshalb kann man jeden Schritt auch mit einer allgemeinen Form beschreiben. Dies ist durch den Schritt n dargestellt.

Der *letzte Schritt* hat ebenfalls die gleiche Struktur wie die vorhergehenden Schritte. Es muss jedoch beachtet werden, dass der nachfolgende Schritt des letzten Schrittes der erste Schritt der Schrittkette ist. Für das Rücksetzen des Schrittmerkers muss also der Schritt 1 verwendet werden.

Im Folgenden wird der Schritt 2 stellvertretend für alle anderen Schritte ausführlich vorgestellt:

Jeder Schritt wird jeweils in einem Merker, dem sogenannten *Schrittmerker*, abgelegt. Diese werden im weiteren Programmablauf von der Befehlsausgabe verarbeitet.

Der Schrittmerker „Schritt 2“ wird *gesetzt*, wenn

- der vorhergehende Merker „Schritt 1“ aktiv ist

und

- das „Freigabe“-Signal vorhanden ist

und

- die Transitionsbedingung 1-2 erfüllt ist.

Der Schrittmerker „Schritt 2“ wird *zurückgesetzt*, wenn

- der nachfolgende Schritt 3 aktiviert wird

oder

- das Signal „Reset“ eine logische „1“ hat.

! Das Setzen eines Schrittes erfolgt immer durch eine **UND-Verknüpfung**, das Rücksetzen eines Schrittes erfolgt immer durch eine **ODER-Verknüpfung**.
Eine Ausnahme bildet der Initialschritt.

Programmieren der Befehlsausgabe

In dem Programmteil Befehlsausgabe werden jedem Stellglied der Anlage die entsprechenden Schrittmerker zugewiesen. Je nach Anlage kann ein Stellglied auch in mehreren Schritten aktiviert sein.

Programmieren des Meldeteils

Im Meldeteil werden Meldeleuchten angesteuert, die sich auf dem Bedienfeld oder in der Umgebung der Anlage befinden. Der Meldeteil kann entfallen, wenn er innerhalb der Befehlsausgabe programmiert wird.

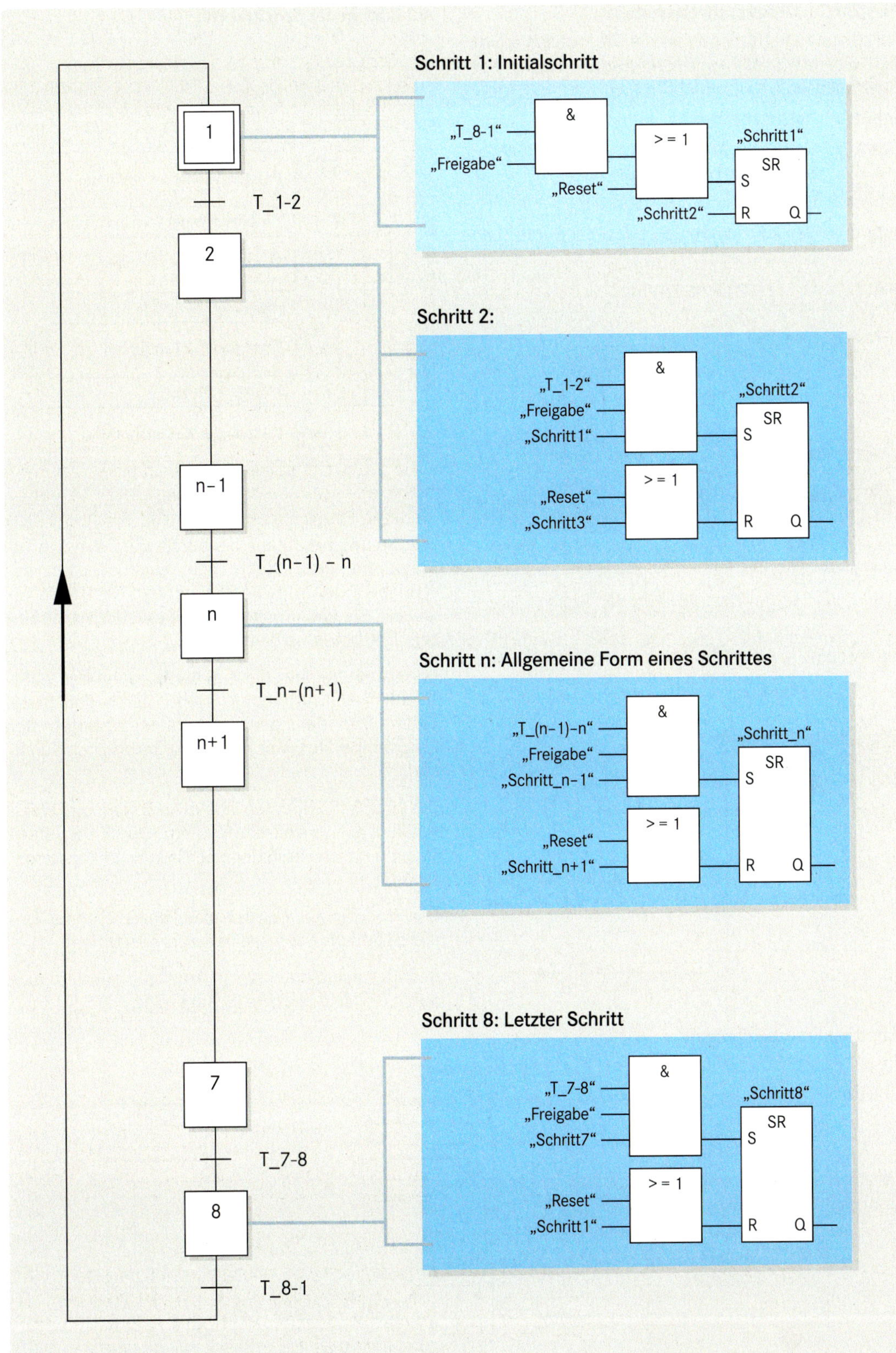

Abb. 1: Umsetzen der Schrittkette in Funktionsbausteinsprache

Beispiel: Pneumatische Presse

Bei der pneumatischen Presse mit Rundtisch ergibt sich folgender *Steuerungsablauf* zum Einpressen der Lagerbuchsen:

Schritt 1: Initialschritt

Schritt 2: Der Pressenzylinder fährt aus, die Lagerbuchse wird eingepresst.

Schritt 3: Der Pressenzylinder fährt ein.

Schritt 4: Der Taktzylinder fährt aus, der Rundtisch wird gedreht.

Schritt 5: Der Taktzylinder fährt ein.

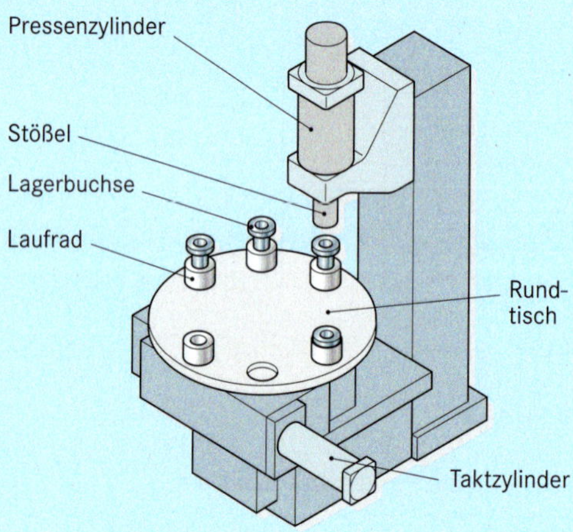

auch über Web-Link

Weg-Schritt-Diagramm:

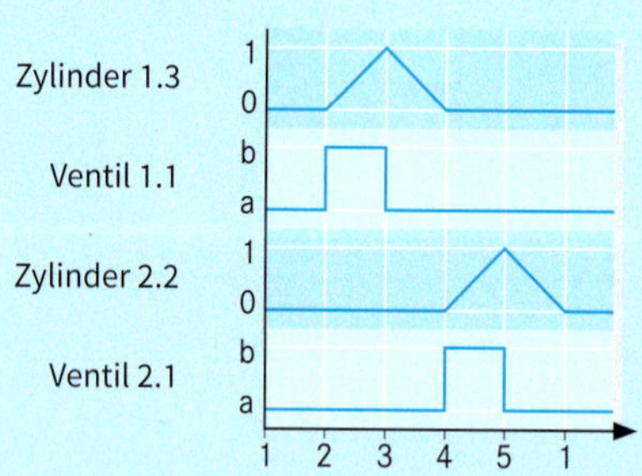

Ablaufplan der Schrittkette:

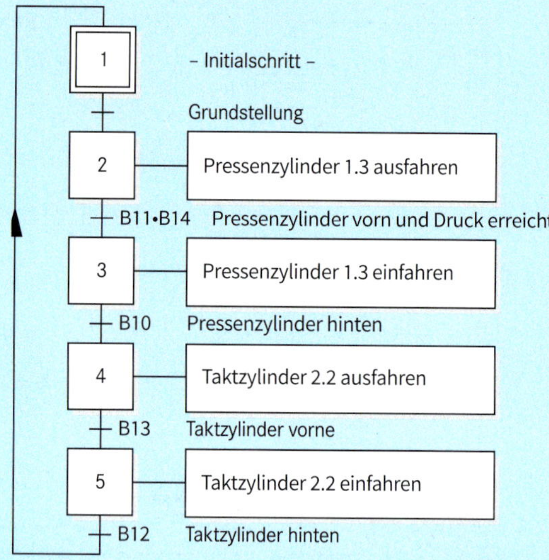

Der Steuerungsablauf ist durch das Weg-Schritt-Diagramm und durch den Funktionsplan beschrieben. Über das Bedienfeld wird die Presse gesteuert. Sie kann im Automatikbetrieb oder im Einzelschrittbetrieb arbeiten.

Der Automatikbetrieb ist aktiviert, wenn der Wahlschalter auf „Automatik" steht. Durch den Start-Taster wird der Steuerungsablauf gestartet. Der Programmzyklus wird dabei ununterbrochen durchlaufen.

Der Einzelschrittbetrieb ist aktiviert, wenn der Wahlschalter auf „Einzelschritt" steht. Durch den Start-Taster wird jeweils in den nächsten Schritt weitergeschaltet.

Der Stopp-Taster bewirkt, dass beide Zylinder einfahren und die Schrittkette zurückgesetzt wird.

Befindet sich die Anlage im Arbeitsablauf, wird dies durch die Meldeleuchte P1 angezeigt.

Schaltplan mit Bedienfeld:

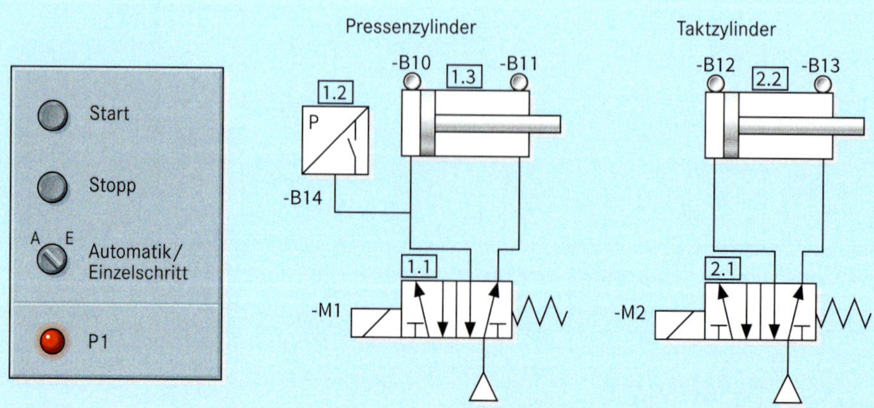

Programm:

Betriebsartenteil:

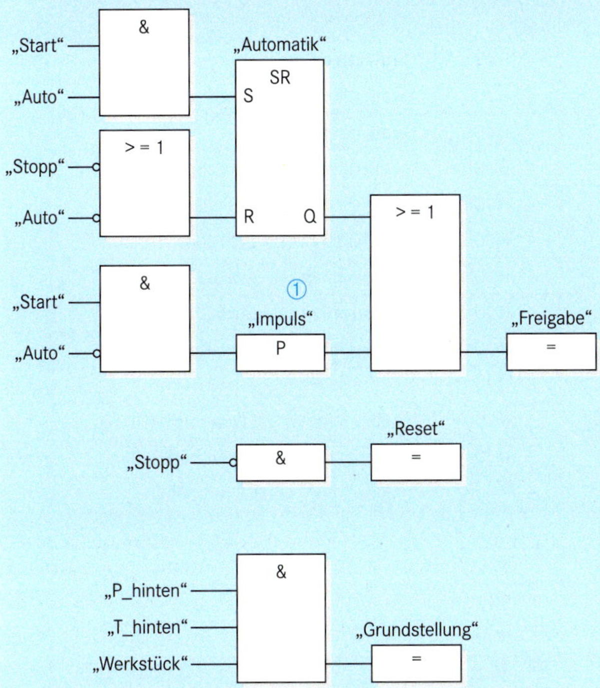

Schrittkette:

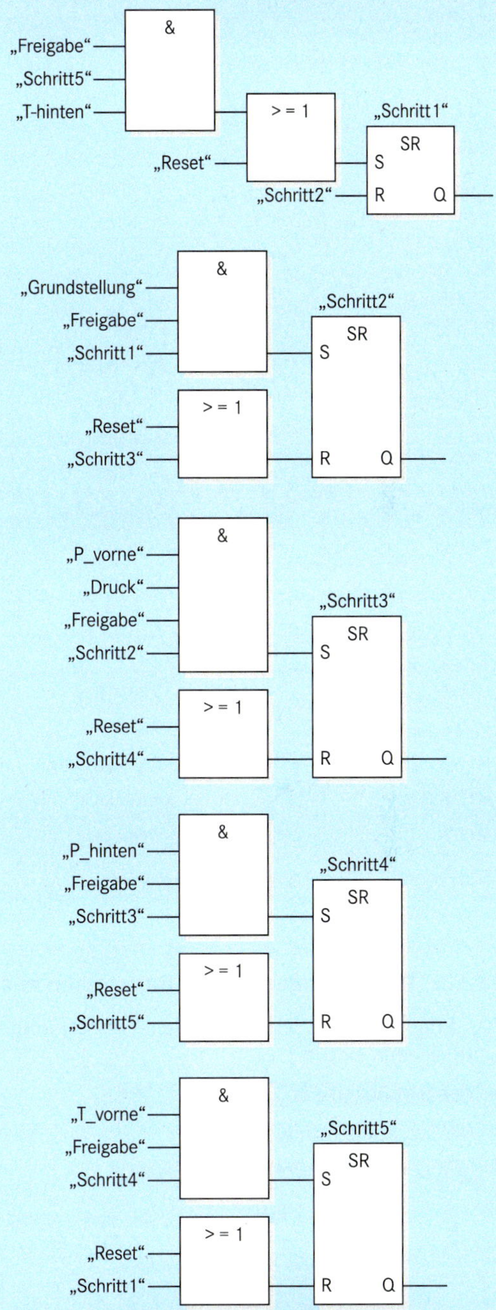

Befehlsausgabe mit Meldungen:

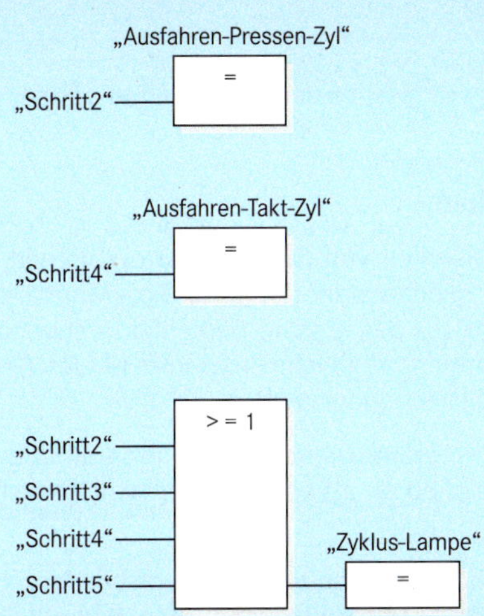

① Beim Einzelschrittbetrieb muss sichergestellt sein, dass durch das Signal des Starttasters jeweils nur ein Schritt weitergeschaltet wird. Das Signal darf daher nur einen Zyklus lang anliegen. Man erreicht dies, indem man den Wechsel des Starttasters von 0 (Aus) auf 1 (Ein) erfasst. Dies nennt man eine *Flankenauswertung*.

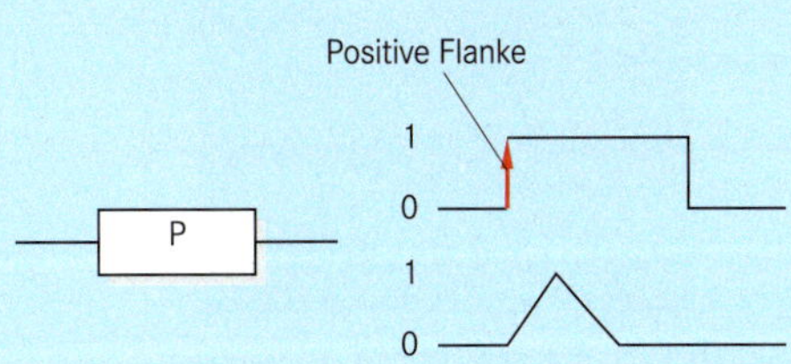

Zuordnungsliste:

Adresse	Objektkenn-zeichnung	Symbolische Bezeichnung	Datentyp	Kommentar
Eingänge				
E0.1	S1	„Start"	BOOL	Start-Taster, Schließer
E0.2	S2	„Auto"	BOOL	Automatik = 1/Einzelschritt = 0, Schalter
E0.3	S3	„Stopp"	BOOL	Stopp-Taster, Öffner
E1.0	B10	„P_hinten"	BOOL	Pressenzylinder hinten, Schließer
E1.1	B11	„P_vorne"	BOOL	Pressenzylinder vorne, Schließer
E1.2	B12	„T_hinten"	BOOL	Taktzylinder hinten, Schließer
E1.3	B13	„T_vorne"	BOOL	Taktzylinder vorne, Schließer
E1.4	B14	„Druck"	BOOL	Abfrage, ob Druck erreicht, Schließer
E1.5	B15	„Werkstück"	BOOL	Abfrage Werkstück, Schließer
Ausgänge				
A4.1	M1	„Ausfahren-Pressen-Zyl"	BOOL	Ausfahren bei M1 = 1, Federrückstellung
A4.2	M2	„Ausfahren-Takt-Zyl"	BOOL	Ausfahren bei M2 = 1, Federrückstellung
A5.0	P1	„Zyklus-Lampe"	BOOL	Meldeleuchte – Anlage im Zyklus
Merker				
M10.1		„Schritt1"	BOOL	
M10.2		„Schritt2"	BOOL	
M10.3		„Schritt3"	BOOL	
M10.4		„Schritt4"	BOOL	
M10.5		„Schritt5"	BOOL	
M11.0		„Grundstellung"	BOOL	
M11.1		„Automatik"	BOOL	
M11.2		„Freigabe"	BOOL	
M11.3		„Reset"	BOOL	

15.5.5 Programmierung mit Bausteinen aus Bibliotheken

Das Programm der pneumatischen Presse (vorige Seite) gliedert sich in

- den Betriebsartenteil,
- die Schrittkette und
- den Ausgabeteil mit Meldungen.

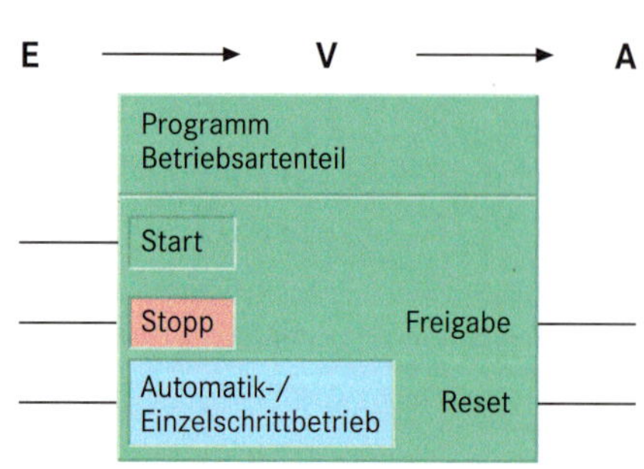

Abb. 1: Prinzip eines bibliotheksfähigen Bausteins

Beim Erstellen von Steuerungsprogrammen treten häufig gleiche oder ähnliche Programmteile auf. Wird immer das gleiche Bedienfeld verwendet, so kann immer das gleiche Programm für den Betriebsartenteil verwendet werden.

Dieses Programm kann nach der Programmierung in einer Bibliothek als sogenannter bibliotheksfähiger Baustein abgelegt werden.

Bibliotheken dienen zur Ablage von wiederverwendbaren Programmbausteinen. Eine Bibliothek stellt einen eigenen Bereich innerhalb einer Programmiersoftware dar.

Nachdem ein Programm erstellt ist, kann es in die Bibliothek kopiert und dort abgelegt werden.

Durch die Verwendung von Programmbausteinen kann der Programmieraufwand erheblich reduziert werden.

Bibliotheksfähige Bausteine sind nach dem EVA-Prinzip aufgebaut (Abb. 1). Damit der Baustein auch für andere Steuerungsprogramme verwendet werden kann, werden die Ein- und Ausgänge mit Parametern versehen. Bei der Wiederverwendung des Bausteins müssen lediglich die Parameter neu belegt werden, das heißt, die Ein- und Ausgänge müssen entsprechend zugewiesen werden.

Umsetzung der Programmbausteine in bibliotheksfähige Bausteine

Der Betriebsartenteil erfasst die Schaltzustände der Bedienelemente einer Anlage. Das Bedienfeld der pneumatischen Presse (s. vorige Seiten) besitzt einen Start-Taster, einen Stopp-Taster und einen Wahlschalter für Automatik-/Einzelschrittbetrieb. Je nachdem wie die Taster oder Schalter betätigt werden, muss der Betriebsartenteil einen Freigabebefehl oder einen Resetbefehl an die Schrittkette ausgeben.

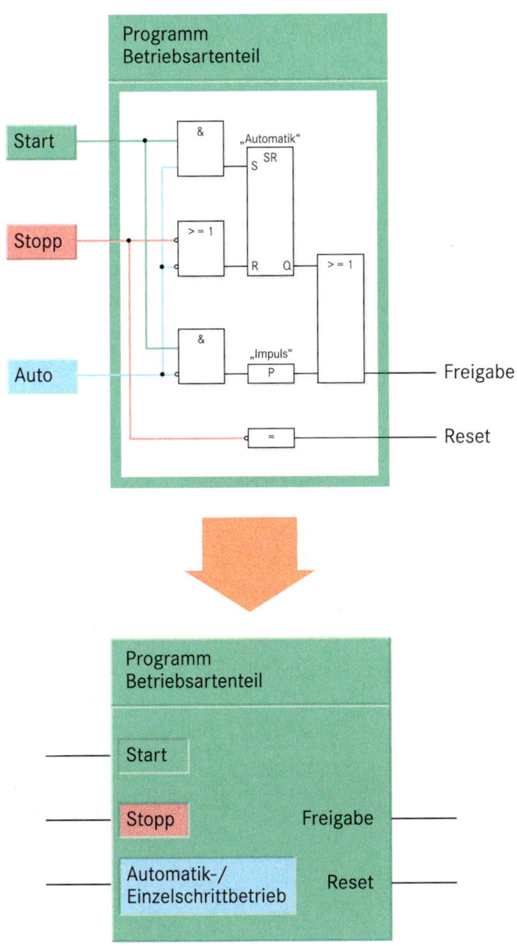

Abb. 2: Umsetzen des Betriebsartenteils

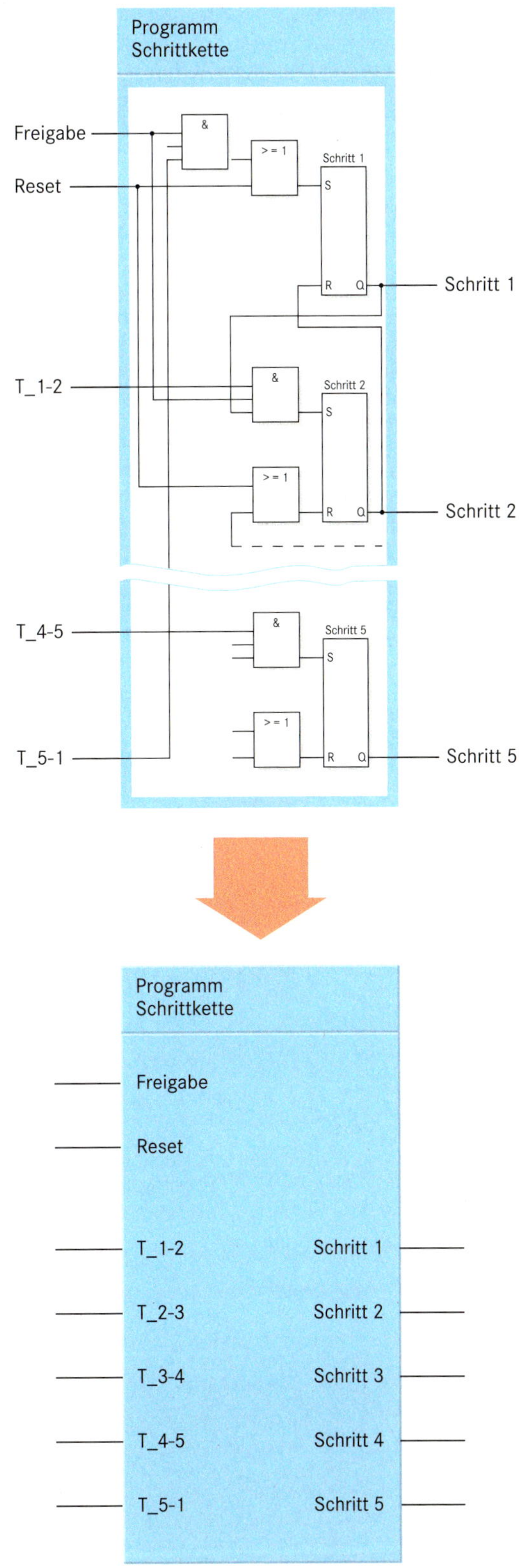

Abb. 3: Umsetzen der Schrittkette

Durch die *Schrittkette* wird sichergestellt, dass die Schritte nacheinander in der richtigen Reihenfolge abgearbeitet werden. Der innere Aufbau einer Schrittkette erfolgt immer nach dem gleichen Prinzip. Schrittketten unterscheiden sich daher lediglich

- durch das Freigabesignal,
- durch das Resetsignal und
- durch die Transitionen.

Diese Signale müssen bei einem bibliotheksfähigen Baustein mit den entsprechenden Parametern belegt werden (Abb. 3, vorige Seite). Auf der Ausgabeseite der Schrittkette wird der jeweilige Schrittmerker aktiviert.

Die *Befehlsausgabe mit den Meldungen* wird nach dem gleichen Prinzip erstellt. Auf der Eingabeseite werden die Schrittmerker abgefragt. Die Aktoren, Stellglieder und Meldeeinrichtungen werden auf der Ausgabeseite angesteuert.

! Der Betriebsartenteil richtet sich grundsätzlich nach dem Bedienfeld. Die Schrittkette besitzt immer den gleichen inneren Aufbau. Die Anzahl der Schritte ist jedoch unterschiedlich. Die Befehlsausgabe muss immer individuell an die Anlage angepasst werden.

Erstellen des Gesamtprogramms

Nachdem die einzelnen Programmteile, der Betriebsartenteil, die Schrittkette und die Befehlsausgabe mit den Meldungen in bibliotheksfähige Bausteine umgesetzt sind, kann das komplette Programm erstellt werden (Abb. 1).

Die Eingänge des Bedienfeldes müssen dem Betriebsartenteil zugewiesen werden. Der Freigabe- und Reset-Befehl wird mit dem entsprechenden Eingang der Schrittkette verbunden. Die Eingänge für die Transitionsbedingungen werden von der Anlage geliefert. Die Ausgänge der Schrittkette sind die Schrittmerker. Sie gehen als Eingang in den Programmteil Befehlsausgabe ein. Die Ausgänge der Befehlsausgabe steuern die Ausgänge der SPS. Sie stellen somit die Verbindung zu den Aktoren und Stellgliedern der Anlage her.

Das Erstellen von bibliotheksfähigen Bausteinen ist eine fortgeschrittene Programmiertechnik. Die genaue Vorgehensweise muss dem jeweiligen Handbuch der Steuerung entnommen werden.

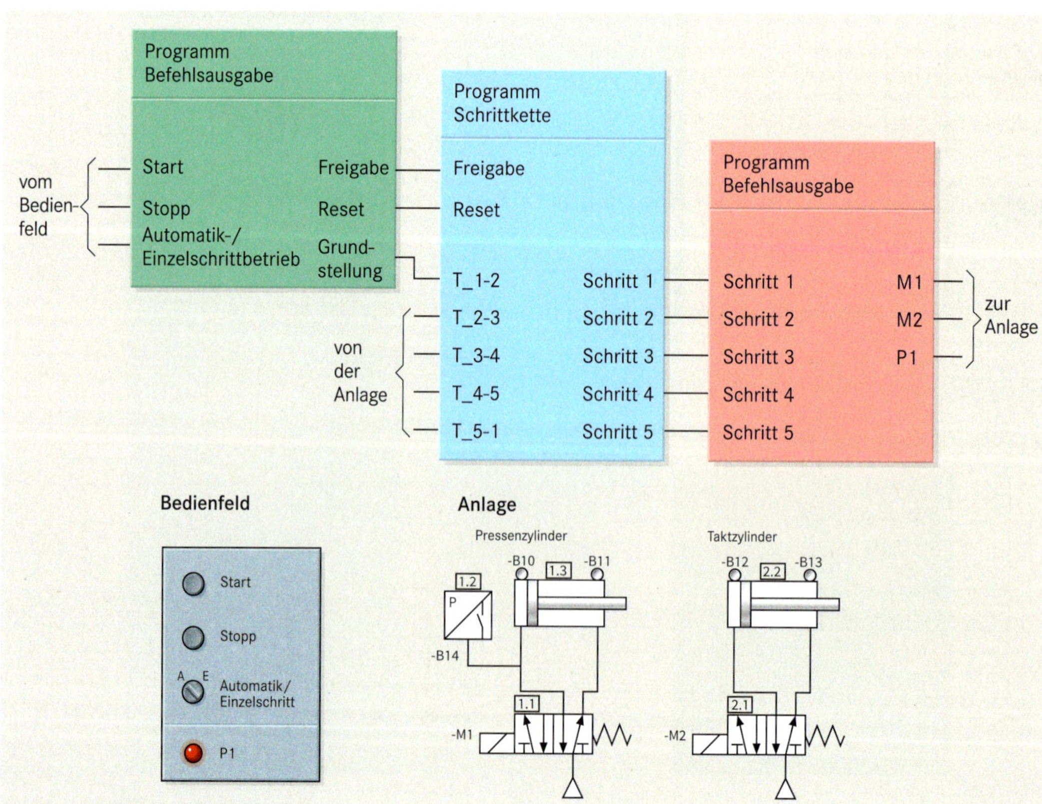

Abb. 1: Gesamtprogramm

Aufgaben

In einer pneumatisch betriebenen Prägestation werden Werkstücke durch den Zuführzylinder 1.3 vereinzelt und gegen einen Anschlag gespannt. Anschließend fährt der Prägezylinder 2.3 aus. Damit sich der Druck im Prägezylinder aufbauen kann, wartet der Prägezylinder in der unteren Endlage, bis der Drucksensor B17 meldet, dass der eingestellte Druck erreicht ist. Bei einem Druck von 5,5 bar meldet der Drucksensor ein „1"- Signal an die SPS. Anschließend fahren der Prägezylinder und der Zuführzylinder ein. Der Auswerfzylinder 3.3 wirft die geprägten Teile aus. Alle Stellglieder haben Federrückstellung.

Die Prägestation wird über das Bedienfeld gesteuert. Sie kann in die Betriebsarten Automatikbetrieb oder Einzelschrittbetrieb geschaltet werden. Die Auswahl erfolgt über einen Schalter. Der Einzelschrittbetrieb und der Automatikbetrieb werden über den Start-Taster gestartet und durch den Stopp-Taster angehalten.

Ein Start der Anlage darf nur erfolgen, wenn sich die Anlage in der Grundstellung befindet. In der Grundstellung sind alle Zylinder eingefahren und der Werkstücksensor B16 meldet ein „1"-Signal.

1. Erstellen Sie das Weg-Schritt-Diagramm für die Zylinder und Stellglieder.

2. Beschreiben Sie den Steuerungsablauf anhand des Funktionsplans GRAFCET.

3. Erstellen Sie eine Zuordnungsliste. Die SPS hat die Eingänge E0.0 … E0.7 und E1.0 … E1.7, die Ausgänge A2.0 … A2.7 und A3.0 … A3.7. Als Schrittmerker dienen die Merker M10.1 …. Als Merker für den Betriebsartenteil dienen die Merker M11.0 ….

4. Erstellen Sie das Programm in Funktionsbausteinsprache für

a) den Betriebsartenteil,

b) die Schrittkette,

c) die Befehlsausgabe und

d) die Meldungen.

Funktionsplan GRAFCET der Steuerung

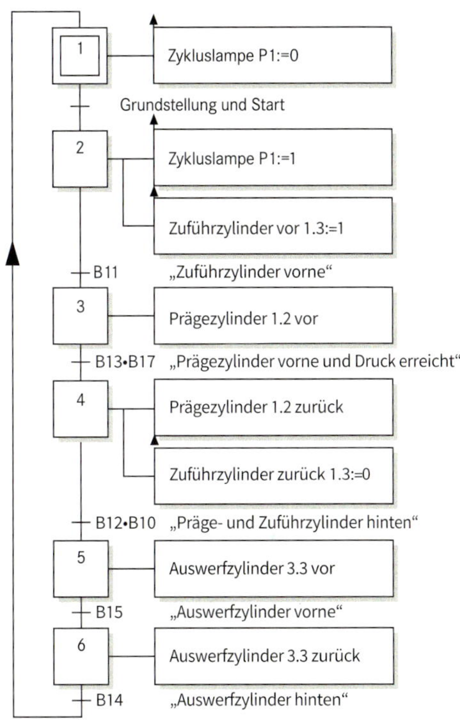

Bedienfeld

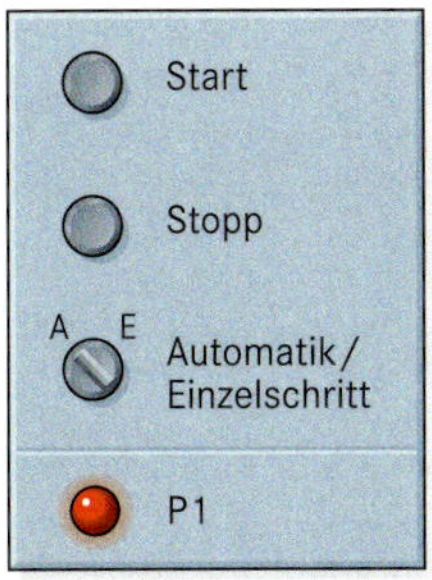

Technologieschema

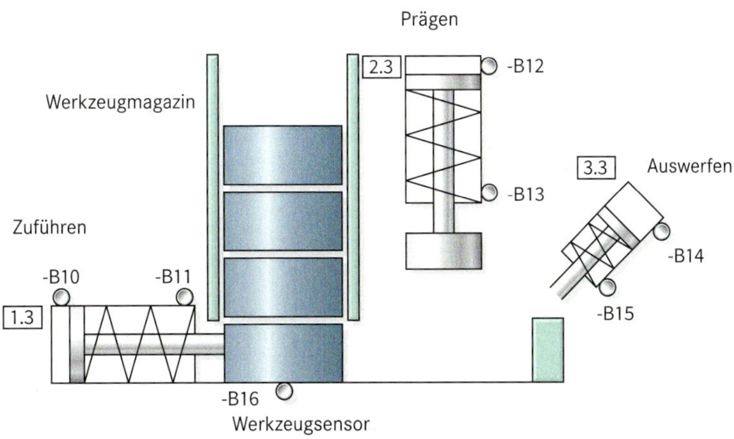

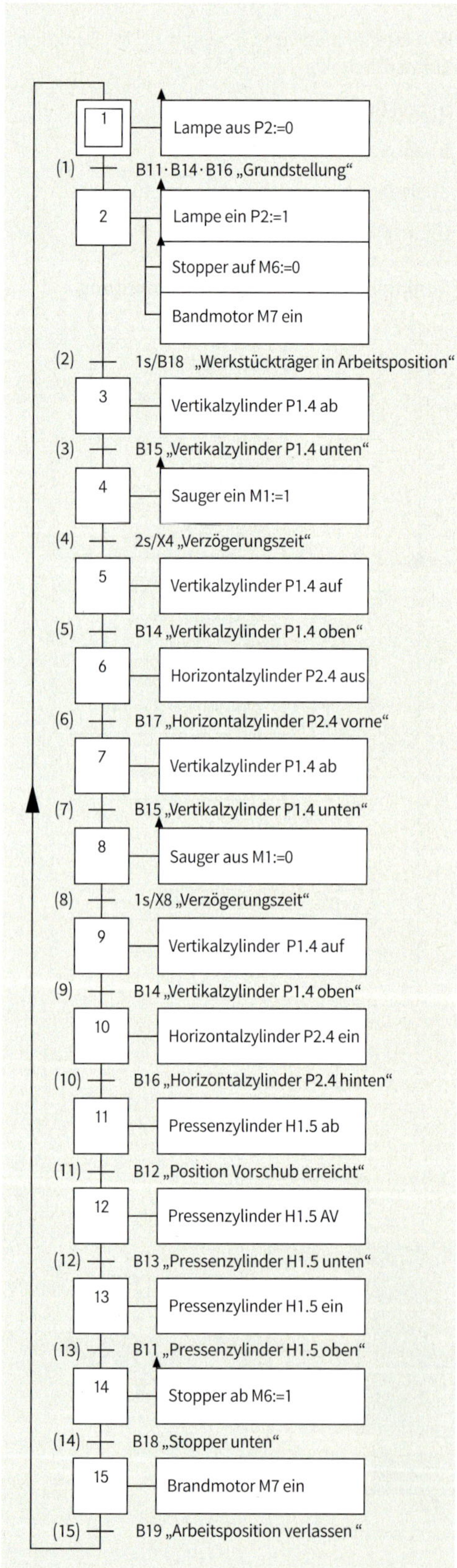

1
Lampe aus P2:=0
(1) B11·B14·B16 „Grundstellung“
2
Lampe ein P2:=1
Stopper auf M6:=0
Bandmotor M7 ein
(2) 1s/B18 „Werkstückträger in Arbeitsposition“
3
Vertikalzylinder P1.4 ab
(3) B15 „Vertikalzylinder P1.4 unten“
4
Sauger ein M1:=1
(4) 2s/X4 „Verzögerungszeit“
5
Vertikalzylinder P1.4 auf
(5) B14 „Vertikalzylinder P1.4 oben“
6
Horizontalzylinder P2.4 aus
(6) B17 „Horizontalzylinder P2.4 vorne“
7
Vertikalzylinder P1.4 ab
(7) B15 „Vertikalzylinder P1.4 unten“
8
Sauger aus M1:=0
(8) 1s/X8 „Verzögerungszeit“
9
Vertikalzylinder P1.4 auf
(9) B14 „Vertikalzylinder P1.4 oben“
10
Horizontalzylinder P2.4 ein
(10) B16 „Horizontalzylinder P2.4 hinten“
11
Pressenzylinder H1.5 ab
(11) B12 „Position Vorschub erreicht“
12
Pressenzylinder H1.5 AV
(12) B13 „Pressenzylinder H1.5 unten“
13
Pressenzylinder H1.5 ein
(13) B11 „Pressenzylinder H1.5 oben“
14
Stopper ab M6:=1
(14) B18 „Stopper unten“
15
Brandmotor M7 ein
(15) B19 „Arbeitsposition verlassen“

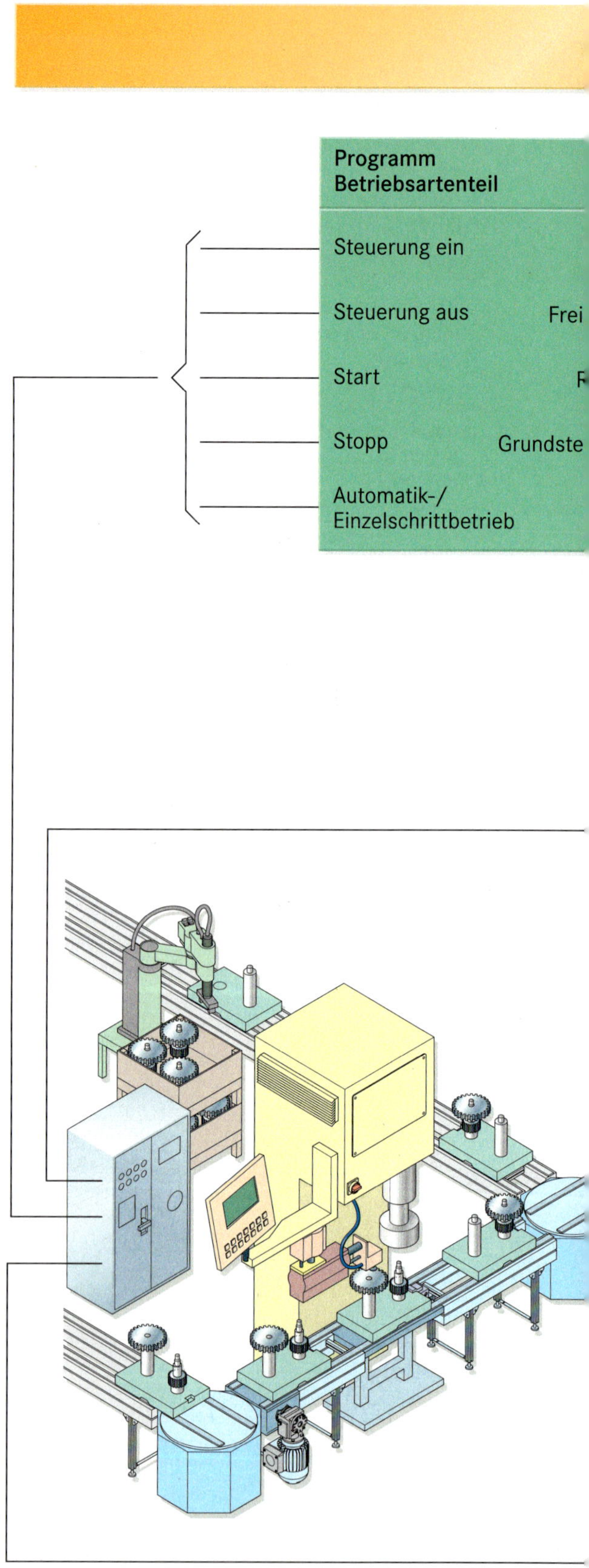

Programm
Betriebsartenteil
Steuerung ein
Steuerung aus
Frei
Start
Stopp
Grundste
Automatik-/
Einzelschrittbetrieb

mtprogramm der Montagestation

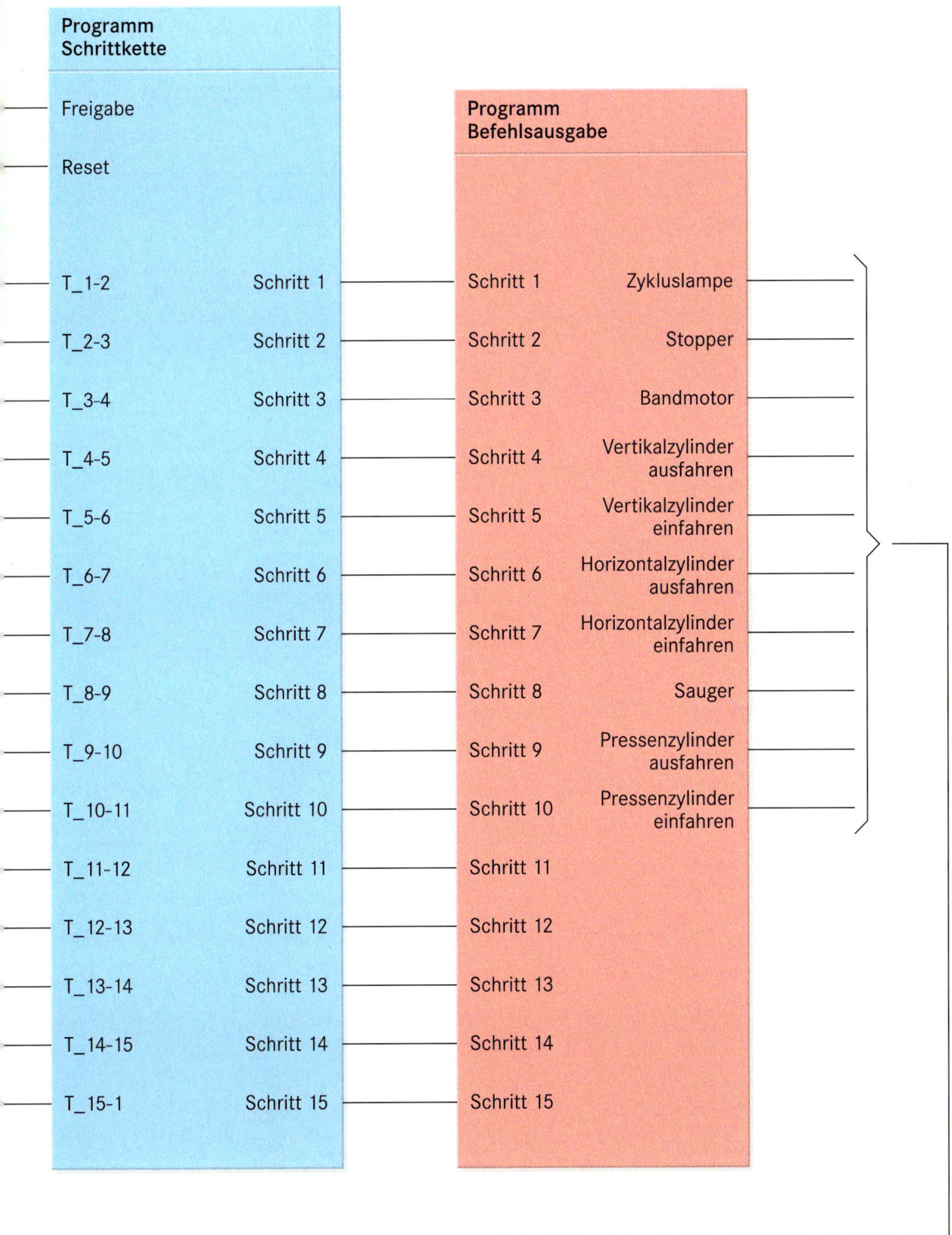

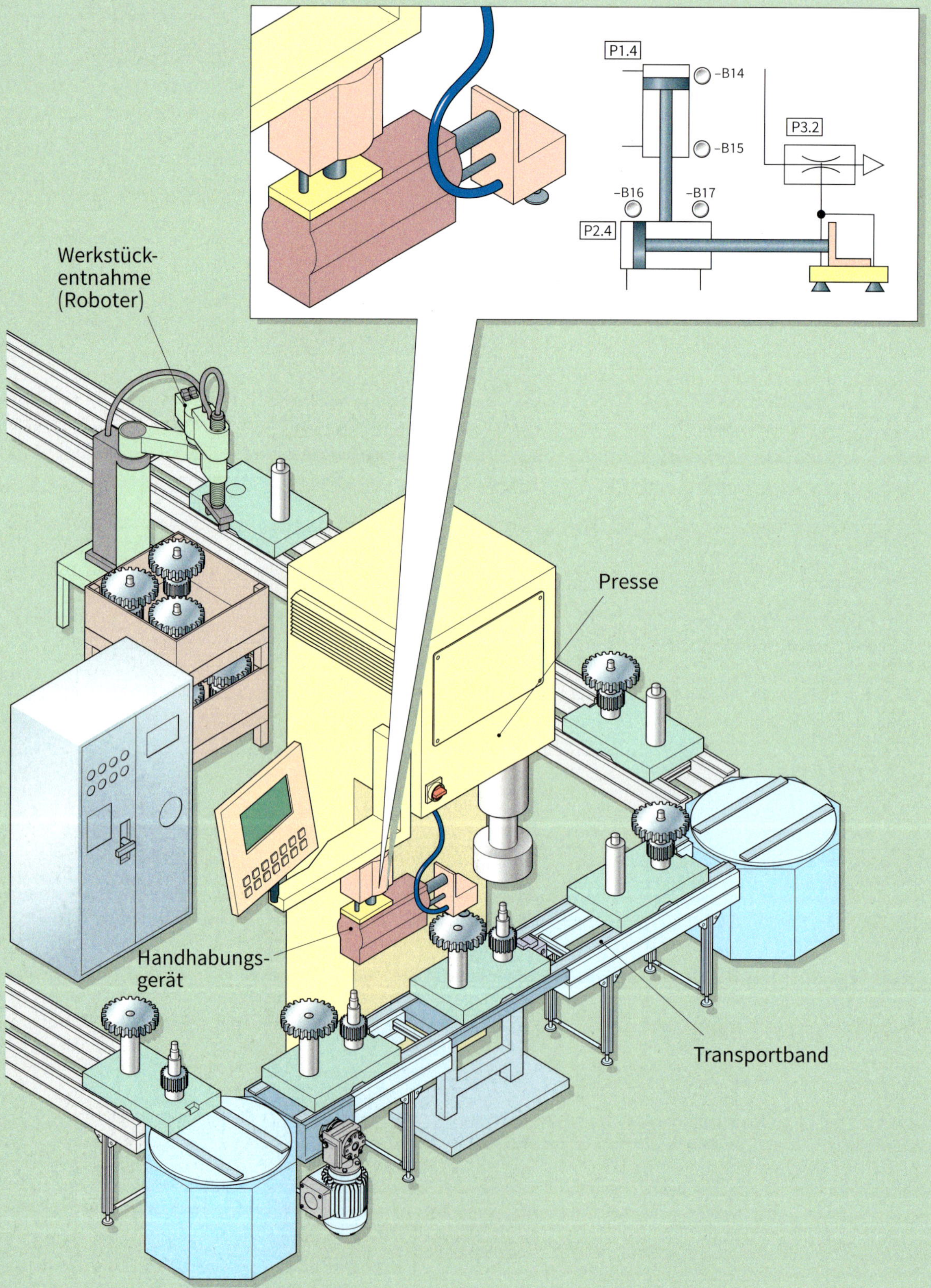

P1.4
-B14
-B15
P3.2
-B16
-B17
P2.4
Werkstück-
entnahme
(Roboter)
Presse
Handhabungs-
gerät
Transportband

Pneumatische Einheiten

16

Infor-
mieren

In der Montagestation wird das Zahnrad mit einem pneumatischen Handhabungsgerät auf der Getriebewelle positioniert und so für den Einpressvorgang vorbereitet.

Für den Einsatz eines pneumatischen Handhabungsgerätes sprechen das geringe Gewicht, eine unproblematische Leitungsführung der Pneumatikleitungen und eine geringe Störanfälligkeit.

Außerdem ermöglicht der Einsatz von Pneumatik eine schnelle und präzise Taktung, was zu einer effizienten Auslastung der Anlage beiträgt.

16.1 Pneumatische Schaltpläne

Die pneumatische Anlage der Montagestation besteht aus den Teilsystemen

- Handhabungsgerät, bestehend aus zwei Lineareinheiten und einem Vakuumsauger,
- elektromagnetisch betätigten Wegeventilen als Stellgliedern und
- Wartungseinheit und Hauptventil als Versorgungsglieder.

Der pneumatische Schaltplan zeigt den Aufbau der pneumatischen Anlage mit allen wichtigen Angaben zur Installation und Inbetriebnahme. Die Darstellung erfolgt nach **ISO 1219-2** (➜📖).

Bauteile und Leitungen

Die Darstellung aller Bauteile und Leitungen der Steuerung erfolgt ohne Berücksichtigung der tatsächlichen räumlichen Lage in der Anlage. Sie werden mit genormten Symbolen nach **ISO 1219-1** dargestellt (➜📖).

Die Leitungsanschlüsse an den Bauteilen werden durch Ziffern oder Buchstaben gekennzeichnet. Die gleiche Kennzeichnung findet sich auch auf den Bauteilen in der Anlage.

Kennzeichnung der Bauglieder

Jedes Bauglied erhält eine Kennzeichnung nach **ISO 1219-2**, die mit einem Rahmen versehen ist (➜📖). Die Kennzeichnung besteht aus der Anlagenbezeichnung, dem Medienschlüssel, der Schaltkreisnummer und der Bauteilnummer.

Beispiel X- XX.X

- Anlagenbezeichnung
- Medienschlüssel
- Schaltkreisnummer
- Bauteilnummer

Die *Anlagenbezeichnung* besteht aus Zahlen oder Buchstaben, gefolgt von einem Bindestrich.

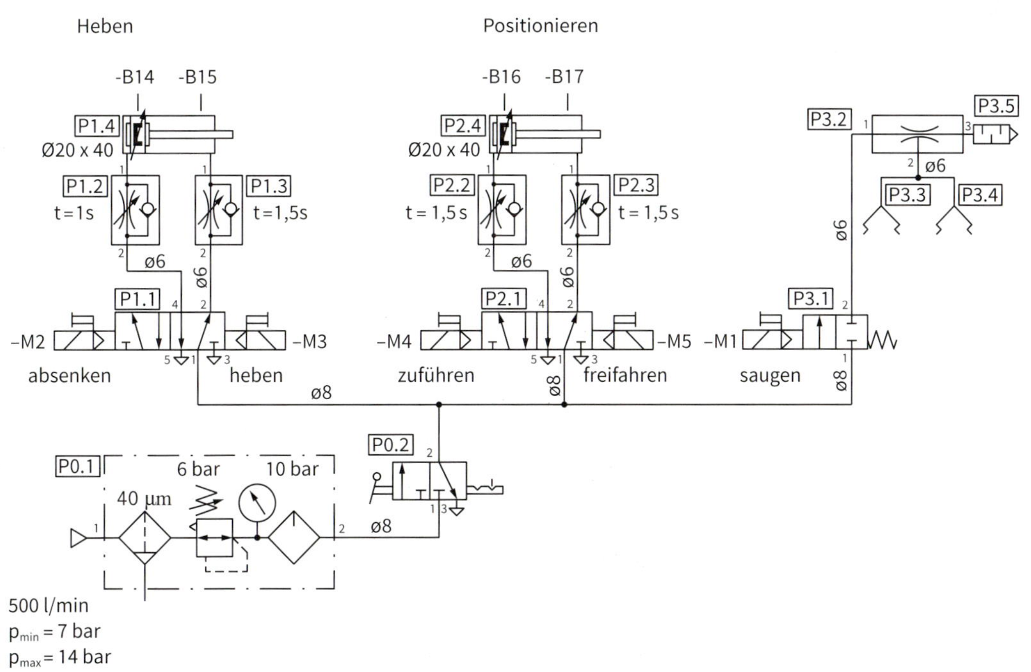

Abb. 1: Pneumatischer Schaltplan

Der *Medienschlüssel* besteht aus Buchstaben. Er muss angegeben werden, wenn in einer Anlage unterschiedliche Medien verwendet werden.

Tab. 1: Medienschlüssel

Medienschlüssel	Medium
H	Hydraulik
P	Pneumatik
C	Kühlung
K	Kühlschmiermittel
L	Schmierung
G	Gastechnik

Die Schaltkreise einer Anlage erhalten eine fortlaufende *Schaltkreisnummer*, gefolgt von einem Punkt. Bauglieder der Energieversorgung erhalten die Schaltkreisnummer 0.

Jedes Bauteil eines Schaltkreises erhält zusätzlich eine *Bauteilnummer*. Sie werden dabei fortlaufend von links nach rechts und von unten nach oben nummeriert, beginnend mit der Zahl 1.

Anlagenbezeichnung bzw. Medienschlüssel können entfallen, wenn nur eine Anlage vorhanden ist bzw. nur ein Medium verwendet wird. Die Kennzeichnung besteht dann aus Schaltkreis- und Bauteilnummer.

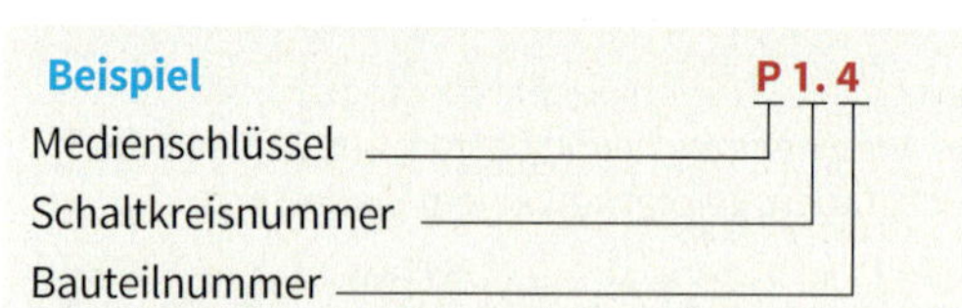

Kennzeichnung elektrischer Bauteile

Elektrische Bauteile wie Magnetspulen und Endschalter erhalten die gleiche Kennzeichnung wie im elektrische Schaltplan. Die Kennzeichnung erfolgt nach **DIN EN 81346-2** (➡📖).

Diese Norm legt die Kennbuchstaben für *Haupt-* und *Unterklassen* von Bauteilen fest. *Hauptklassen* gruppieren Bauteile nach deren Zweck und Aufgabe und verwenden einen Kennbuchstaben (Tab. 1).

Tab. 1: Hauptklassen

Kenn-buchstabe	Zweck/Aufgabe der Bauteile	Beispiele für Bauteile
B	Umwandeln einer Eingangsgröße in ein Signal	Endschalter, Sensor
K	Verarbeiten von Signalen oder Informationen	Relais, Steuerventil
M	Bereitstellen von mechanischer Energie	Ventilspule, Elektromotor
P	Darstellen von Informationen	Signallampe, Manometer
Q	Schalten eines Energie-, Signal- od. Materialflusses	Schütz, Wegeventil
S	Umwandeln einer manuellen Betätigung in ein Signal	handbetätigter Taster
X	Verbinden von Objekten	Klemmenleiste

Die *Unterklassen* nehmen eine ausführlichere Einteilung der Bauteile vor und verwenden zwei Kennbuchstaben (Tab. 2). Der erste Buchstabe entspricht dabei der Hauptklasse. Die Kennzeichnung mit Unterklassen ist in Schaltplänen anzuwenden sofern es erforderlich oder hilfreich ist.

Tab. 2: Unterklassen

Kenn-buchstabe	Beispiele für Bauteile	Kenn-buchstabe	Beispiele für Bauteile
BG	Näherungs-, Endschalter	PG	Manometer, Thermometer
BP	Drucksensor	PF	Meldelampe
KF	Relais	QB	Leistungsschutz
KH	Ventilblock, Vorsteuerventil	QB	Trennschalter, Hauptschalter
MA	Elektromotor	QM	Wegeventil
MB	Ventilspule, Elektromagnet	SF	elektrischer Taster
MM	Druckluft-zylinder	SJ	handbetätigtes Ventil
XD	Klemmenleiste	XM	Schlauchkupplung

Dem Kennzeichen für die elektrischen Bauteile wird ein Vorzeichen vorangestellt.

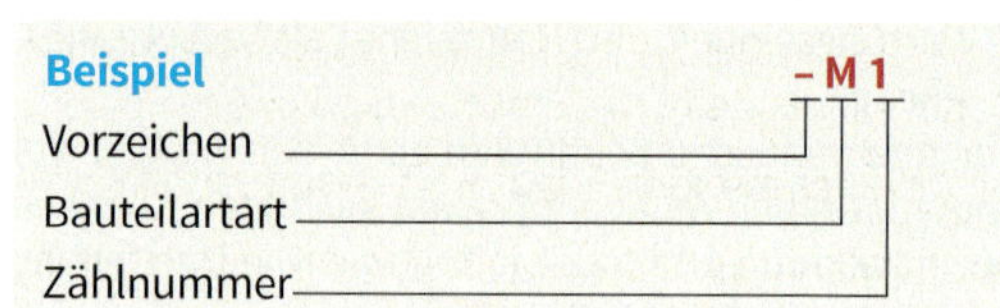

Die **DIN EN 81346-2** gilt nicht nur für die Kennzeichnung von elektrischen Bauteilen. Sie kann auch für die Kennzeichnung mechanischer oder pneumatischer Bauteile verwendet werden (siehe Beispiele in Tab. 2).

Technische Angaben

Auf praxisgerechten Schaltplänen sind die technischen Daten einzutragen:

- oberhalb eines Schaltreises dessen Funktion, z. B. **Zuführen**,
- bei Schlauchleitungen der Nenn-Innendurchmesser, z. B. **Ø 6**,
- bei Druckventilen der Einstelldruck, z. B. **6 bar**,
- bei Druckluftfiltern die Nennfiltrationsrate, z. B. **40 µm,**
- bei Überdruckmessgeräten der Druckbereich in bar, z. B. **10 bar**,
- bei Druckluftzylindern der Innendurchmesser und Hub in Millimeter, z. B. **Ø 20 x 40**,
- bei Wegeventilen die Funktion der einzelnen Schaltstellungen, z. B. **heben**,
- bei verstellbaren Drosselventilen die beeinflusste Größe, z. B. Zylinderausfahrzeit **t = 1,5 s**.

16.2 Antriebseinheiten

Antriebseinheiten wandeln die Energie der Druckluft in mechanische Energie um. Zu den Antriebseinheiten zählen Druckluftzylinder, Lineareinheiten, Vakuumsauger und Druckluftmotoren. Antriebseinheiten bezeichnet man auch als Aktoren.

Mit Druckluft können hohe Kolbengeschwindigkeiten und kurze Schaltzeiten erzielt werden. Pneumatische Antriebseinheiten und Werkzeuge können bis zum Stillstand belastet werden und sind somit überlastsicher. Pneumatische Bauglieder sind einfach in ihrem Aufbau und damit preiswert. Allerdings lassen sich mit Druckluft keine konstanten und gleichmäßigen Kolbengeschwindigkeiten erreichen. Auch sind mit Druckluft wirtschaftlich keine hohen Kräfte zu erzielen.

16.2.1 Druckluftzylinder

Zylinder führen geradlinige Bewegungen aus. Man unterscheidet einfachwirkende Zylinder und doppeltwirkende Zylinder.

Doppeltwirkende Zylinder

Doppeltwirkende Zylinder haben den Vorteil, dass sie Arbeit in beiden Richtungen ausführen können. Daher gibt es vielfältige Einsatzmöglichkeiten.

- **Zylinder mit einseitiger Kolbenstange**

Bei Zylindern mit einseitiger Kolbenstange sind die Kräfte der Kolbenstange größer beim Ausfahren als beim Einfahren.

Bei großen bewegten Massen und hohen Geschwindigkeiten werden Zylinder mit Endlagendämpfung verwendet, um Beschädigungen des Zylinders zu vermeiden (Abb. 1). Die Dämpfung wird dadurch erreicht, dass der Kolben kurz vor Erreichen seiner Endlage mit einem Zapfen in die Deckelbohrung eintaucht. Die Abluft muss nun über eine einstellbare Drossel entweichen.

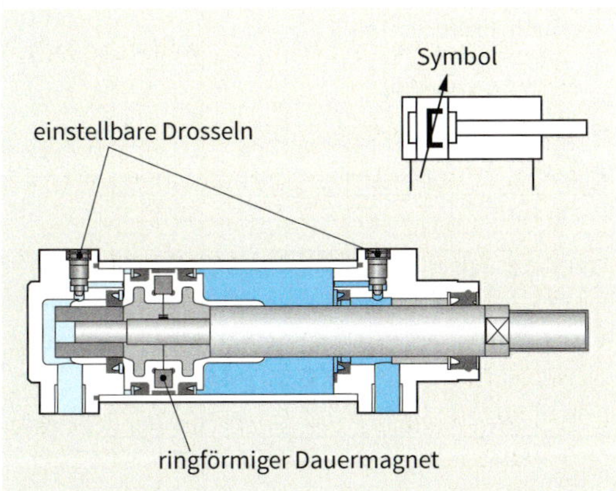

Abb. 1: Doppeltwirkender Zylinder mit Endlagendämpfung

Damit die Lage der Kolben auch berührungslos abgetastet werden kann, sind in den Kolben ringförmige Dauermagneten eingelassen. Mit den Magneten können am Zylinder montierte magnetische Näherungsschalter (z. B. Reedschalter) betätigt werden.

- **Zylinder mit durchgehender Kolbenstange**

Diese Zylinder haben nach beiden Seiten eine Kolbenstange. Da die Kolbenstange durchgehend ist, ergeben sich zwei Lagerstellen. Die Führung der Kolbenstange ist dadurch besser. Die Kolbenkraft ist in beiden Bewegungsrichtungen gleich groß.

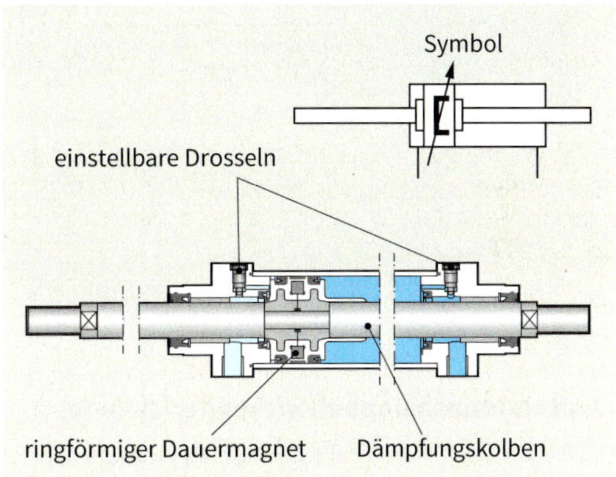

Abb. 2: Zylinder mit durchgehender Kolbenstange

- **Drehzylinder**

Bei dieser Ausführung besitzt die Kolbenstange ein Zahnprofil. Die Kolbenstange dreht ein Zahnrad. Aus einer Linearbewegung ergibt sich eine Drehbewegung. Je nach Bauart werden Schwenkbereiche von 45° bis 360° erreicht.

Das erzeugte Drehmoment ist abhängig von Druck, Kolbenfläche und Übersetzung.

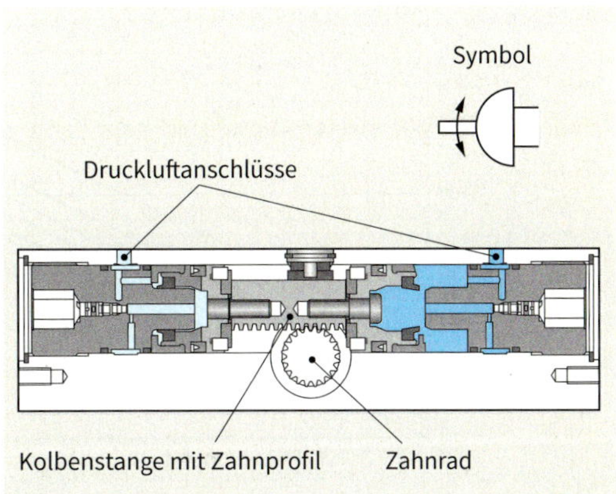

Abb. 3: Drehzylinder

Grundlagen

Berechnung des Luftverbrauches

Der Luftverbrauch $\dot{V}$ ist proportional dem Hubvolumen V eines Zylinders, der Hubzahl n und dem Verdichtungsverhältnis und wird in l/min angegeben. Wobei beim doppeltwirkenden Zylinder der Vorhub und Rückhub durch Druckluft erfolgt.

Luftverbrauch einfachwirkender Zylinder

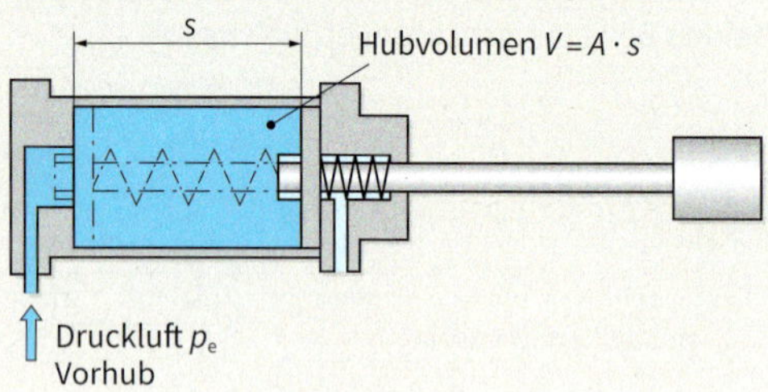

$$\dot{V} = A \cdot s \cdot n \cdot \frac{p_e + p_{amb}}{p_{amb}} \quad \text{in l/min}$$

Luftverbrauch doppeltwirkender Zylinder

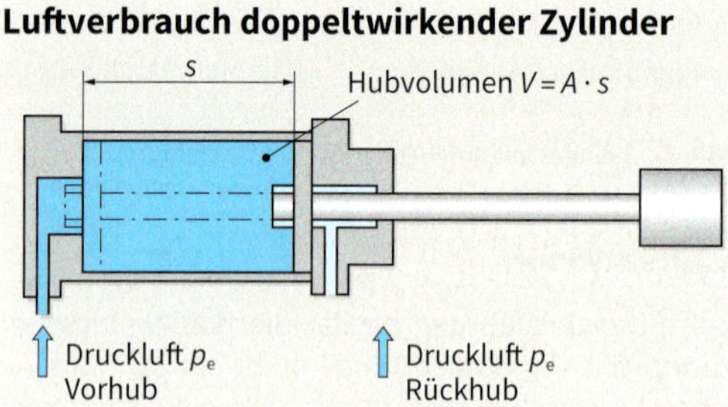

$$\dot{V} = 2 \cdot A \cdot s \cdot n \cdot \frac{p_e + p_{amb}}{p_{amb}} \quad \text{l/min}$$

Die Hubzahl n gibt die Anzahl der Hübe in einer Minute an. Das Verdichtungsverhältnis ist das Verhältnis von absoluten Druck ($p_e + p_{amb}$) zum Luftdruck p_{amb}. Der absolute Druck ergibt sich aus dem Überdruck der Anlage p_e (Betriebsdruck) und dem Luftdruck p_{amb}. Wobei vereinfacht mit dem Luftdruck mit $p_{amb} = 1$ bar gerechnet wird.

Bei der Formel für den Luftverbrauch doppeltwirkender Zylinder wird die Kolbenstange beim Rückhub nicht berücksichtigt. Aufgrund anderer Toleranzen in Leitungen und Ventilen kann der unterschiedliche Luftverbrauch für Vor- und Rückhub vernachlässigt werden.

Zum Gesamtluftverbrauch von Zylindern zählt auch das Füllen von Toträumen. Toträume sind Druckluftzuleitungen im Zylinder selbst und nicht für den Hub nutzbare Räume in den Endstellungen des Kolbens. Dadurch kann der Luftverbrauch um bis zu 20 % höher liegen als der errechnete Wert.

Ermittlung des Luftverbrauches aus Diagrammen

Der Luftverbrauch kann leicht anhand von Luftverbrauchs-Diagrammen ermittelt werden. Diese geben den spezifischen Luftverbrauch q_H in Abhängigkeit vom Kolbendurchmesser D und vom Betriebsdruck an. Der spezifische Luftverbrauch q_H besagt, wie viel Liter Luft pro cm Hub eines Kolbens benötigt wird.

Die Formeln zur Berechnung des Luftverbrauchs nach dem Luftverbrauchsdiagramm lauten:

Luftverbrauch einfachwirkender Zylinder

$$\dot{V} = s \cdot n \cdot q_H \quad \text{in l/min}$$

Luftverbrauch doppeltwirkender Zylinder

$$\dot{V} = 2 \cdot s \cdot n \cdot q_H \quad \text{in l/min}$$

Luftverbrauchsdiagramm:

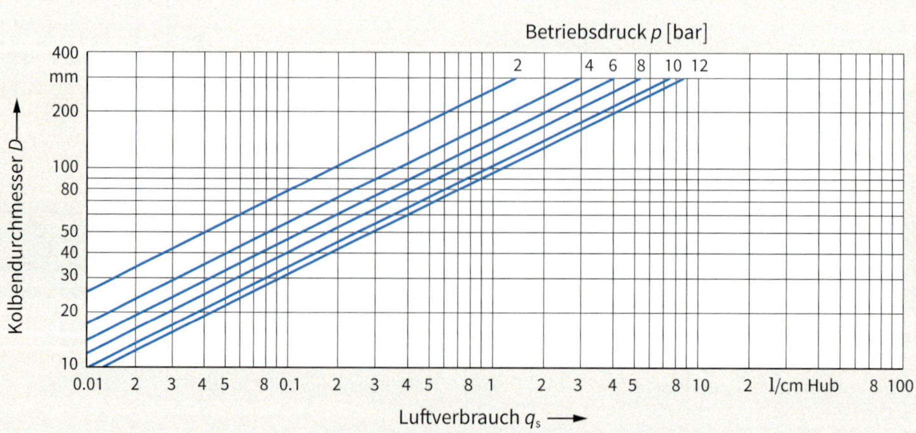

Infor-
mieren

16.2.2 Lineareinheiten

Normzylinder können im Wesentlichen nur Kräfte in Bewegungsrichtung aufnehmen, außerdem sind deren Kolben bzw. Kolbenstange nicht verdrehsicher.

Deshalb werden Lineareinheiten eingesetzt, wenn Verdrehsicherheit und Stabilität gegen Querkräfte und gegen Drehmomente erforderlich sind. Dies ist für Positionier- und Handhabungsaufgaben erforderlich.

Lineareinheiten können entsprechend der anlagenspezifischen Aufgabenstellung auch miteinander kombiniert werden. Dadurch können Bewegungen in zwei oder drei verschiedene Richtungen ausgeführt werden.

Das Handhabungsgerät in der Montagestation ist ein Pick-and-Place-Gerät und aus zwei Lineareinheiten aufgebaut. Der typische Bewegungsablauf eines Pickand-Place-Gerätes hat folgende Sequenzen (Abb. 1):

1. Greifen eines Teils (pick up),
2. Bewegen eines Teils (transfer) und
3. Ablegen eines Teils (place at).

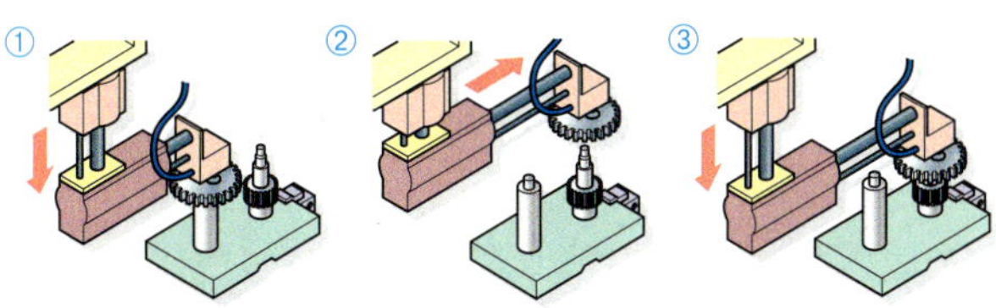

Abb. 1: Bewegungssequenzen von Pick-and-Place

Neben den Pick-and-Place-Geräten gibt es weitere Handlings- und Positioniersysteme. Sie unterscheiden sich hinsichtlich der Aufgabenstellung und des Aufbaus (Abb. 2).

Die Basis dieser Systeme bilden Lineareinheiten, die sich abhängig von ihrer Anwendung kombinieren lassen.

Lineareinheiten müssen eine hohe Führungsgenauigkeit besitzen und hohe Querkräfte *F* und Moment *M* aufnehmen können (Abb. 3). Bei Normzylindern kann dies nur durch Anbringen von besonderen Führungen erreicht werden.

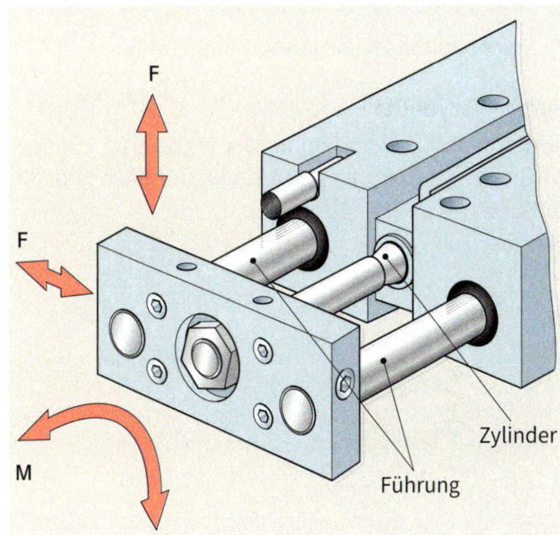

Abb. 3: Angreifende Querkräfte und Drehmoment

Bei langen Strecken und hohen Lasten quer zur Bewegungsrichtung sowie beschränktem Platzangebot sind kolbenstangenlose Zylinder notwendig. Sie haben bei gleichen Verfahrstrecken eine 50 % geringere Einbaulänge. Die Kraft ist in beiden Bewegungsrichtungen gleich groß.

Besonders wichtig ist bei Lineareinheiten eine gute Endlagendämpfung, da wegen möglichst kurzer Taktzeiten mit sehr hohen Geschwindigkeiten gefahren wird. Erreicht wird dies durch pneumatische und hydraulische Dämpfungsglieder (Stoßdämpfer).

Je nach Aufgabe werden Lineareinheiten mit Kolbenstange und Lineareinheiten ohne Kolbenstange verwendet.

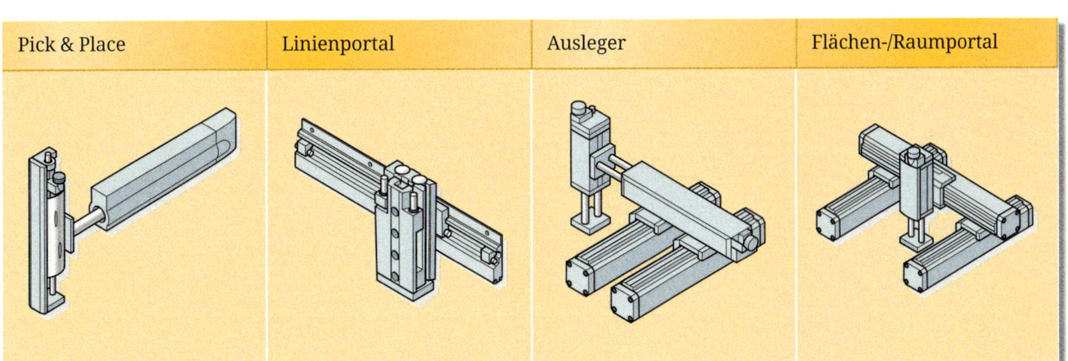

Abb. 2: Handling- und Positioniersysteme

Aufbau/ Funktion

16.2.2.1 Lineareinheiten mit Kolbenstangen

Lineareinheiten mit Kolbenstangen werden unterteilt in:

- Zylinder mit integrierter Führung (Führungszylinder),
- Normzylinder mit externer Führung und
- Handhabungsachsen (Kompaktgeräte).

Führungszylinder

Führungszylinder sind doppelt wirkende, für die spezifischen Anforderungen von Lineareinheiten abgeänderte Normzylinder (Abb. 1).

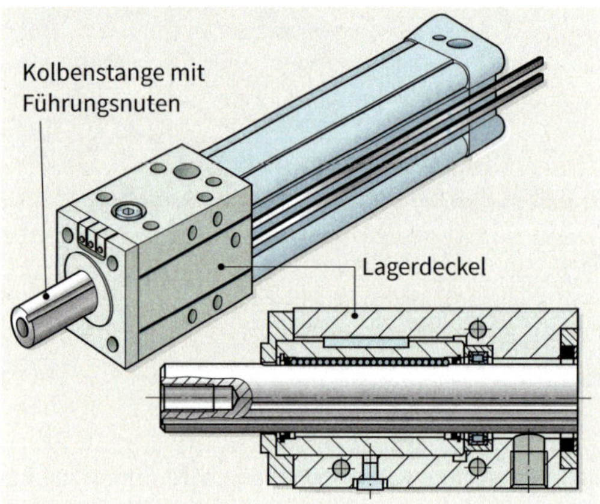

Abb. 1: Führungszylinder

Durch eine Kolbenstange mit Führungsnuten ist der Zylinder verdrehsicher. In einem extra langen Lagerdeckel werden statt Gleitlager Kugelumlaufbuchsen verwendet, die in Längsnuten der Kolbenstange eingreifen. Durch die Kugelumlaufführung wird auch bei großen Belastungen eine hohe Führungsgenauigkeit erreicht.

Normzylinder mit externer Führung

Bei dieser Lineareinheit ist ein Normzylinder mit einer passenden genormten Führungseinheit zusammengebaut (Abb. 2). Die Führungseinheit sorgt für die verlangte Stabilität und Präzision. Sie sind mit Sinter-Gleitlagern oder mit Kugelumlaufführungen ausgestattet.

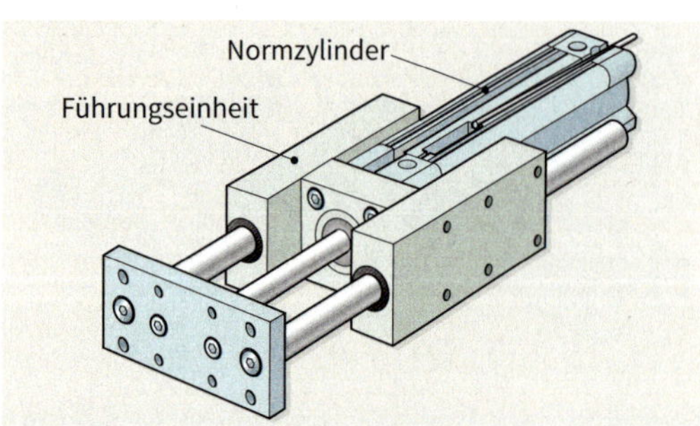

Abb. 2: Normzylinder mit externer Führung

Handhabungsachsen (Kompaktgeräte)

Bei Kompaktgeräten sind Zylinder und Führung in einem Gehäuse integriert. Dadurch werden kleinere Abmessungen erreicht. Handhabungsachsen gibt es in unterschiedlichen Bauformen.

• Handhabungsachsen mit Schlitten

Handhabungsachsen mit Schlitten bestehen aus einem Grundkörper mit integriertem Antriebskolben und einem aufgesetzten Schlitten (Abb. 3). Der Schlitten wird von einer am Grundkörper angebrachten spielfreien Kugelkäfigführung geführt.

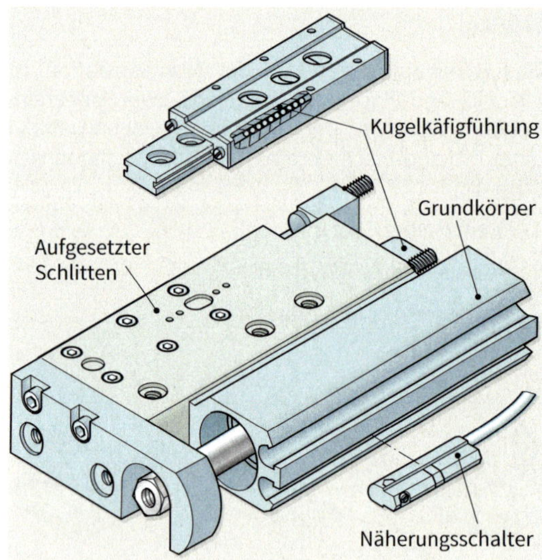

Abb. 3: Handhabungsachse mit Schlitten

• Handhabungsachsen mit Doppelkolben

Diese Handhabungsachsen besitzen zwei angetriebene Kolben und können deshalb große Kräfte liefern (Abb. 4). Durch die beiden Kolbenstangen wird eine gute Verdrehsicherheit erreicht. Eine zusätzliche Führung ist somit nicht erforderlich. Die Kolben werden in einem Gleitlager oder einer Kugelumlaufführung geführt, wodurch eine hohe Präzision gegeben ist. Durch einstellbare Dämpfungselemente ist eine Hubfeineinstellung in den Endlagen möglich.

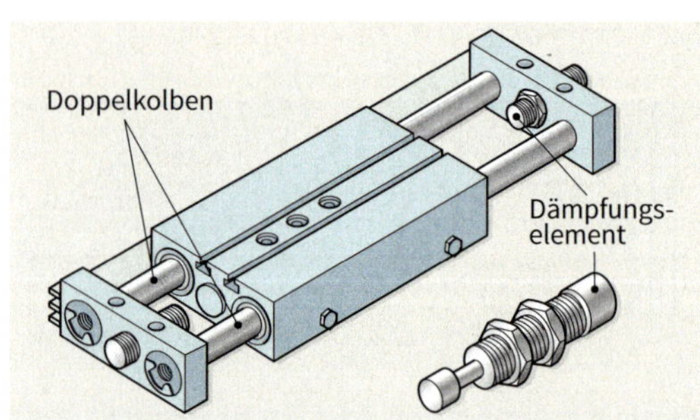

Abb. 4: Handhabungsachse mit Doppelkolben

16.2.2.2 Kolbenstangenlose Lineareinheiten

Durch die Konstruktion ohne Kolbenstange steht fast die gesamte Einbaulänge als Nutz- oder Hublänge zur Verfügung. Dieses führt im Vergleich zu Zylindern mit Kolbenstange zu einer um etwa 50 % reduzierten Einbaulänge. Außerdem sind mit ihnen sehr große Hublängen (bis ca. 8000 mm) möglich, da bei ihnen nicht die Gefahr besteht, dass die Kolbenstange ausknickt.

Kolbenstangenlose Lineareinheiten gibt es in verschiedenen Bauarten. Man unterscheidet hinsichtlich des Wirkprinzips

- Zylinder mit magnetischer Kopplung,
- Bandzylinder und
- Dichtband-Zylinder.

Zylinder mit magnetischer Kopplung

Bei dieser Lineareinheit wird die Kolbenbewegung kraftschlüssig mit einer magnetischen Kopplung auf den Außenläufer übertragen (Abb. 5). Zwischen Kolben und Außenläufer besteht keine mechanische Verbindung. Der Kolbenraum ist gegenüber dem Läufer hermetisch abgedichtet. Dadurch treten keine Leckageverluste auf.

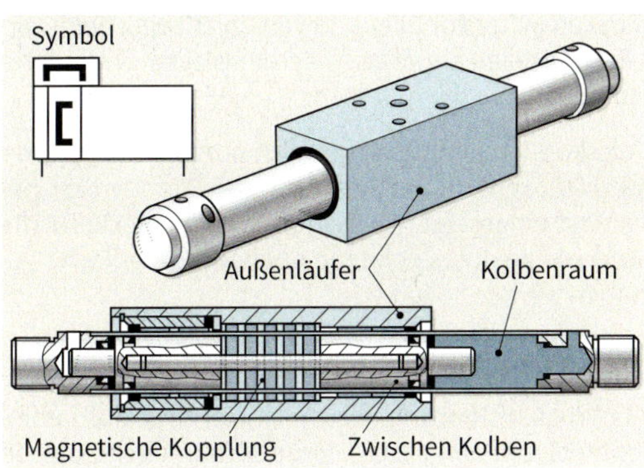

Abb. 5: Zylinder mit magnetischer Kopplung

Bandzylinder

Beim Bandzylinder ist ein Stahlband am Kolben befestigt, das durch die Zylinderdeckel geführt und umgelenkt wird. Der außen am Stahlband befestigte Mitnehmer ist als Laufschlitten ausgeführt, der auf dem Zylinderrohr oder einer Führung läuft (Abb. 6).

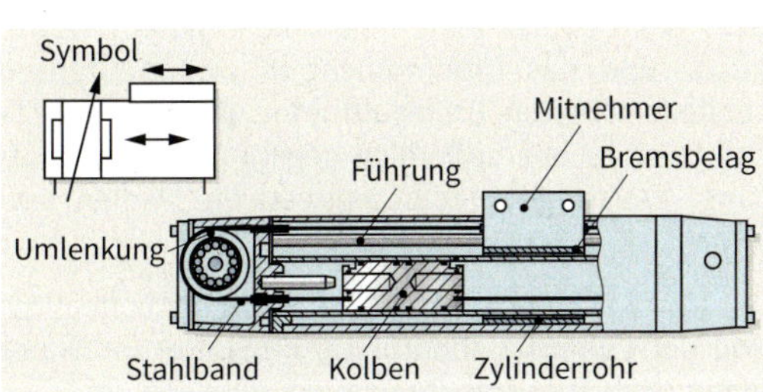

Abb. 6: Bandzylinder

Zusätzlich können diese Zylinder mit einer pneumatischen Bremse ausgestattet werden. Bei Druckausfall werden durch Federkraft die Bremsbeläge auf das Zylinderrohr gepresst.

Dichtband-Zylinder

Die am häufigsten eingesetzten Lineareinheiten sind mit Dichtband-Zylindern aufgebaut (Abb. 7). Es gibt sie in unterschiedlichen Bauformen.

Bei diesen Lineareinheiten ist das Zylinderrohr in Längsrichtung durchgehend geschlitzt. Durch diesen Schlitz ist der Mitnehmer über den Kolbenbügel mit dem Kolben fest verbunden. Ein dünnes Stahlband im Zylinderinnenraum dichtet den Längsschlitz des Zylinderrohres auf der gesamten Länge nach außen ab. Zum Schutz vor Verschmutzung deckt ein äußeres Stahlband den Längsschlitz von außen ab. Der Kolben wird an beiden Enden durch Stützringe reibungsarm geführt. Spezialdichtungsmanschetten garantieren eine einwandfreie Abdichtung. Eine pneumatische Dämpfung in den beiden Kolbendeckeln vermeidet harte Stöße beim Anfahren der Endlagen. Das Zylinderrohr besteht aus einem stabilen Profil. In diesem Profil befindet sich eine Befestigungsnut zum Anbringen von Näherungsschaltern.

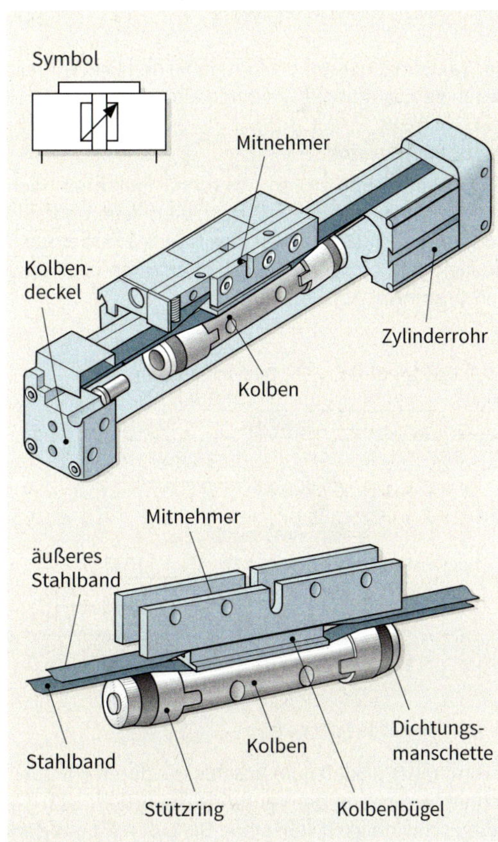

Abb. 7: Dichtband-Zylinder

16.2.3 Vakuumsauger

Vakuumsauger werden im Produkt-Handling, sowie als Spannmittel und Hebezeug eingesetzt. Vakuumsauger hinterlassen keine Abdrücke und schonen die Oberfläche empfindlicher Bauteile.

Vakuumsauger bestehen aus Vakuumgenerator mit Schalldämpfer, Saugerhalter und Saugnapf (Abb. 1).

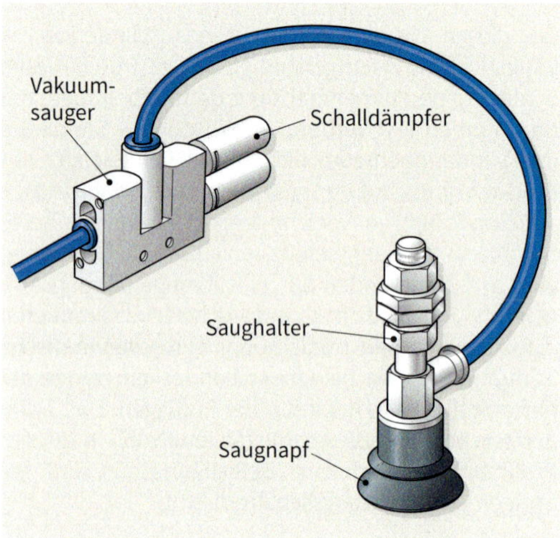

Abb. 1: Aufbau eines Vakuumsaugers

Der Vakuumgenerator erzeugt dabei den Unterdruck, der zu den Saugnäpfen weitergeleitet wird.

Vakuumgenerator

Als Vakuumgeneratoren werden Ejektoren verwendet. Sie besitzen keine bewegten Teile und sind deshalb wartungs- und verschleißfrei. Außerdem sind sie klein und kompakt. Ejektoren arbeiten nach dem Venturiprinzip (Abb. 2).

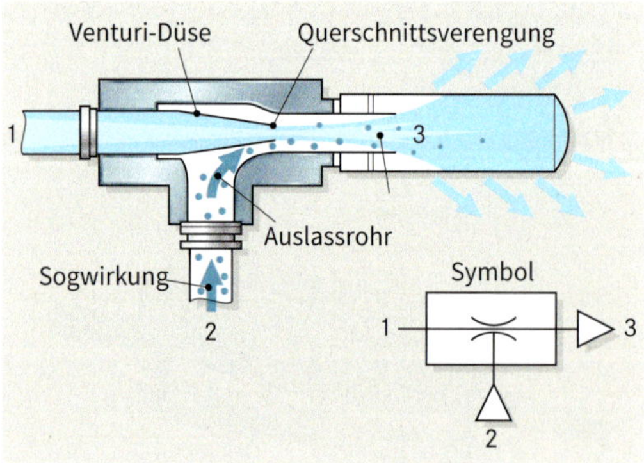

Abb. 2: Prinzipbild eines Ejektors

Strömt die Druckluft vom Anschluss 1 durch die Querschnittsverengung der Venturi-Düse, erhöht sich die Luftgeschwindigkeit sehr stark. Die Luft reißt aus dem Raum um die Düse immer mehr Luft mit, so dass hier nahezu ein Vakuum entsteht.

Am Anschluss 2 des Ejektors tritt dadurch eine Sogwirkung auf, die über die Saugleitung an den Saugnäpfen wirksam wird. Durch den stetig wachsenden Querschnitt des Auslassrohres nimmt die Geschwindigkeit des Luftstromes wieder ab. Der Luftstrom kann nun über den Schalldämpfer an die Umgebung abgegeben werden.

Saugnäpfe

Saugnäpfe gibt es in verschiedenen Ausführungen, die sich in Aufbau und Form unterscheiden. Prinzipiell lassen sich Flach-Saugnäpfe und Teleskop-Saugnäpfe (Faltenbälge) unterscheiden (Abb. 3). Die Auswahl erfolgt entsprechend den betrieblichen Anforderungen.

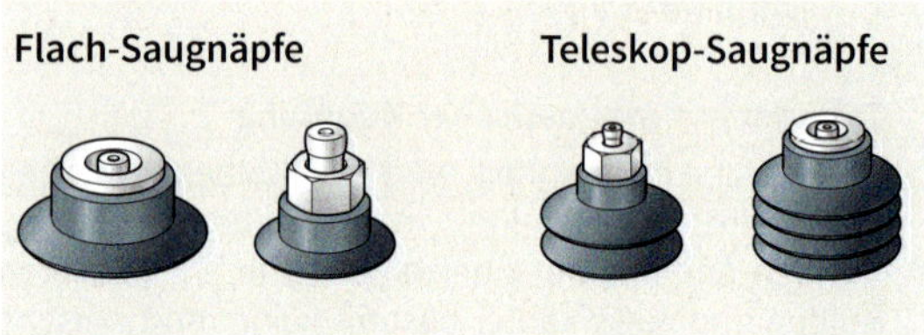

Abb. 3: Arten von Saugnäpfen

Flach-Saugnäpfe eignen sich zum Greifen von Werkstücken in horizontaler und vertikaler Lage. Beim vertikalen Greifen ergibt sich allerdings eine verminderte Haltekraft.

Teleskop-Saugnäpfe eignen sich nur zum Greifen von Werkstücken in horizontaler Lage. Sie werden bevorzugt eingesetzt, wenn großflächige, biegeschlaffe Werkstücke und solche mit unebener Oberfläche gehoben werden sollen.

16.2.4 Druckluftmotoren

Als Druckluftmotoren werden meist Druckluftlamellenmotoren eingesetzt. Druckluftlamellenmotoren sind vielseitige und robuste Antriebe Sie werden z. B. für Werkzeuge wie Druckluftschrauber und Handschleifgeräte, bei geringen Einbauraum oder für eine explosionssichere Schüttgutförderung eingesetzt. Sie haben bereits beim Anlaufen ein hohes Drehmoment und sind überlastsicher bis zum Stillstand.

Durch einfaches Verändern des Volumenstromes bzw. des Druckes lassen sich die Umdrehungsfrequenz und das Drehmoment in weiten Grenzen verstellen. Da der Druckluftmotor unter Überdruck steht, ist er unempfindlich gegenüber Verschmutzung, Feuchtigkeit und aggressiven Medien von außen.

Der Motor besteht aus dem Stator mit der Lufteinlass und der Luftauslassbohrung (Abb.5). Der im Stator exzentrisch angeordnete Rotor ist mit Längsschlitzen versehen, die zur Aufnahme der Lamellen dienen.

Beidseitige Dichtplatten mit der Rotorlagerung erschließen den Statorraum. Durch die spezielle Rotoranordnung ergibt sich ein sichelförmiger Arbeitsraum, der durch die freibeweglichen Lamellen in Kammern aufgeteilt wird.

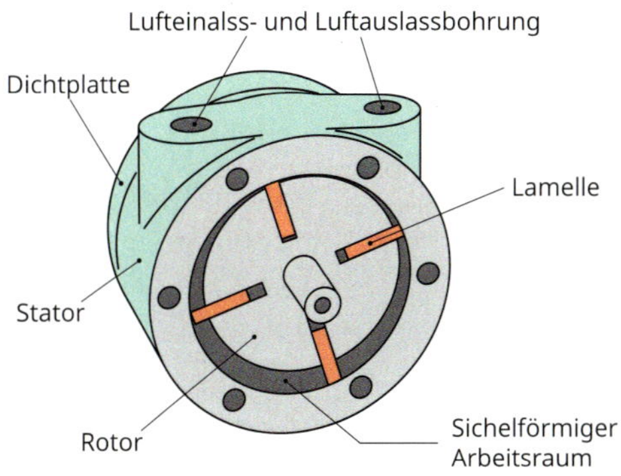

Abb. 5: Druckluftmotor

Die Lamellen werden entweder durch Federn oder durch rückseitige Druckbeaufschlagung gegen die gehonte Gehäusebohrung gedrückt. Bei höheren Drehzahlen unterstützt zusätzlich die Fliehkraft die Lamellenabdichtung.

Die für beide Drehrichtungen geeigneten Druckluftmotoren sind symmetrisch aufgebaut. Durch Vertauschen von Ein- und Auslass kann die Drehrichtung umgekehrt werden.

Über den Druckluftanschluss werden während der Rotation die Kammern nacheinander mit Druckluft gefüllt (Abb. 6). Dort, wo der sichelförmige Arbeitsraum sich wieder verengt, beginnt die großflächige Luftaustrittsbohrung.

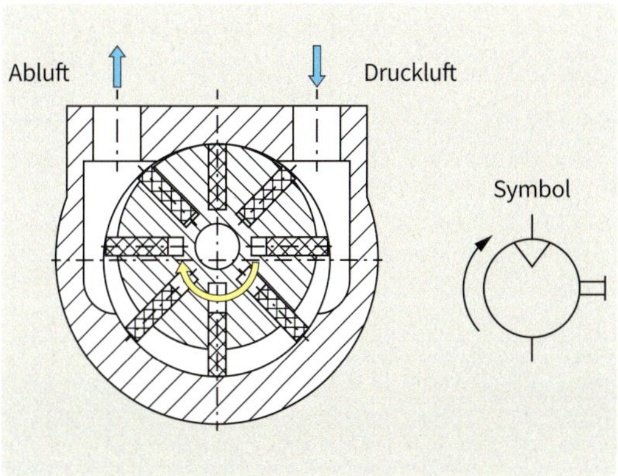

Abb. 6: Schnittbild eines Druckluftlamellenmotors

Die expandierende Druckluft kühlt den Motor im Dauerbetrieb. Der Betrieb von Druckluftmotoren ist mit relativ starker Geräuschentwicklung verbunden. Der austretende Luftstrom muss daher durch den Einsatz von Schalldämpfern gedämpft werden.

Aufgaben

1. Erläutern Sie die Angabe ø 20 x 40 an einem Druckluftzylinder in einem pneumatischen Schaltplan.

2. Gebe Sie für das Ventil und die Magnetspulen die Kennzeichnung nach DIN EN 81 346-2 mit Unterklassen an.

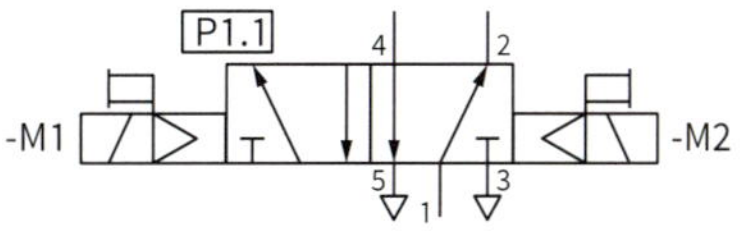

3. Aus welchen Gründen eignen sich Normzylinder nicht für Positionier- und Handhabungsaufgaben?

4. Ein doppelt wirkender Zylinder mit einem Durchmesser $D = 100\,mm$ und einem Hub $s = 250\,mm$ wird mit dem Druck $p_e = 6\,bar$ 10mal in einer Minute betätigt.
a) Berechnen Sie den Luftverbrauch in l/min.
b) Bestimmen Sie den Luftverbrauch mit Hilfe des Luftverbrauchs-Diagramms.

5. Ein Verdichter liefert einen Volumenstrom von $\dot{V} = 800\,l/min$. Angeschlossen sind ein doppeltwirkender Zylinder ($D = 50$ mm; $d = 20$ mm; $s = 960$ mm; $n = 20/min$) und zwei einfachwirkende Zylinder ($D = 20$ mm; $s = 400$ mm; $n = 25/min$). Der Betriebsdruck beträgt 6 bar. Die Verluste betragen 15 %.

Überprüfen Sie, ob der Volumenstrom des Verdichters ausreicht, um alle angeschlossenen Zylinder gleichzeitig zu betreiben?

6. Bei welchen Anforderungen setzt man kolbenstangenlose Zylinder ein?

7. Wodurch werden bei Lineareinheiten mit Kolbenstangen eine hohe Präzision sowie eine ausreichende Verdrehsicherheit erreicht?

8. Beschreiben Sie den prinzipiellen Aufbau von Zylindern mit
a) magnetischer Kopplung,
b) Bandzylindern und
c) Dichtband-Zylindern.

9. Worauf muss beim Einsatz von pneumatischen Saugern geachtet werden?

10. Beschreiben Sie die Eigenschaften von Druckluftmotoren.

11. Wo werden Druckluftmotore vorteilhaft eingesetzt?

12. Geben Sie an, wie die Umdrehungsfrequenz und das Drehmoment eines Druckluftmotors verändert werden können.

Zusammenfassung

Antriebseinheiten – Aktoren

Normzylinder

als doppeltwirkende Zylinder mit
- einseitiger Kolbenstange
- durchgehender Kolbenstange, verrichtet Arbeitsbewegung in beiden Richtungen
- Drehzylinder, wandelt Linearbewegung in Schwenkbewegung

Lineareinheiten

mit Kolbenstange

Führungszylinder

Führungszylinder mit
- speziellen Lagern
- verstärkter Kolbenstange
- verdrehsicherer Kolbenstange

Normzylinder mit externer Führung

Führungseinheit mit
- Sinter-Gleitlager
- Kugelumlaufführung
- langer Führung

Handhabungsachsen

Kompaktgerät mit
- Zylinder und Führung im Gehäuse integriert
- kleinen Abmessungen
- Schlitten oder Doppelkolben

ohne Kolbenstange

Lineareinheit als
- Zylinder mit magnetischer Kopplung
- Bandzylinder
- Schlitzzylinder

Lineareinheit
- mit geringer Einbaulänge
- geeignet für sehr große Hublängen

Vakuumsauger

Modularer Aufbau mit
- Wegeventil
- Ejektor
- Sauhalter mit Saugnapf

geeignet für
- Produkthändling
- Spannmittel und
- Hebezeuge

Druckluftmotoren

robuster Drehantrieb mit
- geringem Bauraum
- Explosionssicherheit
- hohem Anlaufmoment
- Überlastsicherheit bis zum Stillstand
- einfacher Drehrichtungsumkehr

16.3 Steuerungseinheiten

Zur Ansteuerung von Antriebseinheiten werden Magnetventile sowie Proportionalventile eingesetzt. Die Ventile können in Ventilinseln integriert sein.

16.3.1 Magnetventile

Magnetventile sind pneumatische Wegeventile, die elektromagnetisch betätigt werden. Sie bilden die Schnittstelle zwischen dem pneumatischen Arbeitsteil und dem elektrischen Steuerteil.

Abb. 1: Elektromagnetisches Wegeventil

Es gibt Magnetventile, die direkt durch Elektromagnete umgeschaltet werden. Es gibt Magnetventile, bei denen der Elektromagnet ein Vorsteuerventil umschaltet. Magnetventile mit dieser Funktion nennt man vorgesteuerte Ventile.

Bei vorgesteuerten Ventilen ist das Vorsteuerventil durch einen internen Luftkanal mit kleinem Querschnitt mit dem Druckluftanschluss 1 verbunden. Das elektromagnetisch betätigte Vorsteuerventil steuert die Steuerhilfsluft zum Umschalten des Ventils. Dazu reichen ein geringer Luftdurchfluss und ein vergleichsweise kleiner Anker mit geringer Betätigungskraft. Der Elektromagnet kann im Vergleich zum direktgesteuerten Ventil kleiner gebaut werden. Die elektrische Leistungsaufnahme und die Wärmeabgabe sind geringer als bei einem direktgesteuertem Ventil.

Die Vorteile hinsichtlich elektrischer Leistungsaufnahme, Baugröße des Elektromagneten und Wärmeabgabe haben dazu geführt, dass in elektropneumatischen Steuerungen überwiegend vorgesteuerte Wegeventile eingesetzt werden.

Vorgesteuerte Magnetventile

Abbildung 2 zeigt ein vorgesteuertes 3/2-Wegeventil, das einseitig durch einen Elektromagneten betätigt wird (Abb. 2a). Im spannungslosen Zustand wirkt eine Feder, die den Steuerkolben in die Ausgangstellung drückt. Die Druckluft am Anschluss 1 ist gesperrt und Anschluss 2 ist nach Anschluss 3 entlüftet.

Liegt Spannung an den Spulenanschlüssen des Magneten an, öffnet das Vorsteuerventil (Abb. 2b). Dadurch wird der interne Luftkanal freigegeben und die Druckluft verschiebt den Steuerkolben entgegen der Feder nach rechts. Druckluft strömt vom Anschluss 1 zum Anschluss 2.

Wird die Magnetspule stromlos, schaltet der Ventilkolben zurück in die Ausgangstellung. Über den Steuerkolben wird die Steuerluft entlüftet.

Mit der Handhilfsbetätigung lässt sich der Steuerkolben betätigen, auch wenn kein Strom durch die Spule des Elektromagneten fließt.

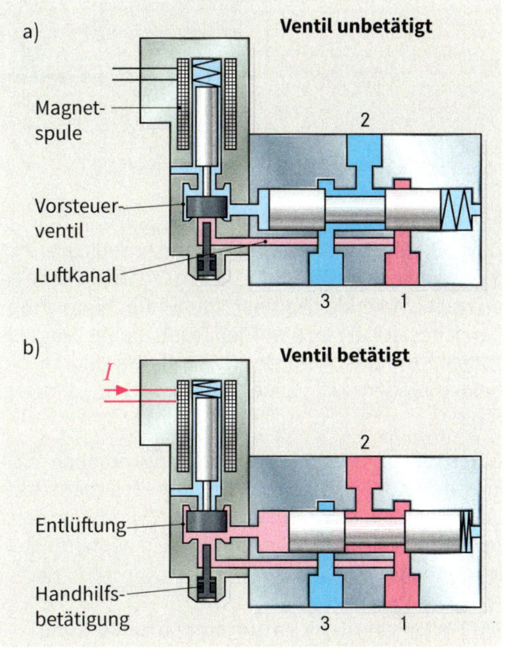

Abb. 2: Vorgesteuertes, elektromagnetisch betätigtes 3/2-Wegeventil

Magnetventile mit externer Steuerhilfsluft

Bei kleinem Arbeitsdruck oder bei stark schwankendem Arbeitsdruck ist ein sicheres Schalten des Ventils nicht mehr gewährleistet. Die Steuerhilfsluft kann in diesem Falle nicht von der Hauptluft an Anschluss 1 abgezweigt werden. Deshalb gibt es Ventile mit einem extra Anschluss für die Steuerhilfsluft (Abb. 3). Diese wird dann als externe Steuerhilfsluft zugeführt.

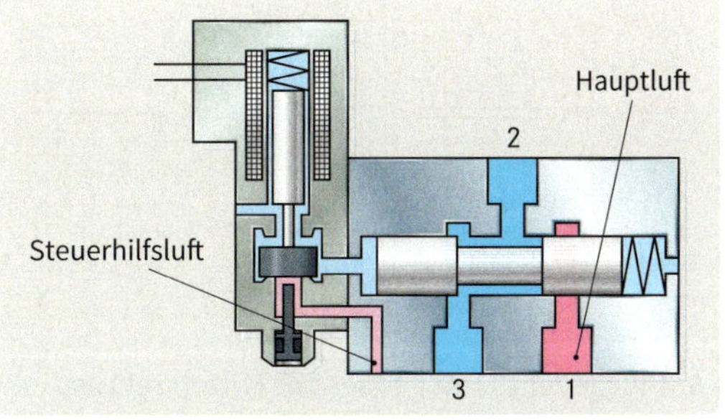

Abb. 3: Vorgesteuertes, elektromagnetisch betätigtes 3/2-Wegeventil mit externer Steuerhilfsluft

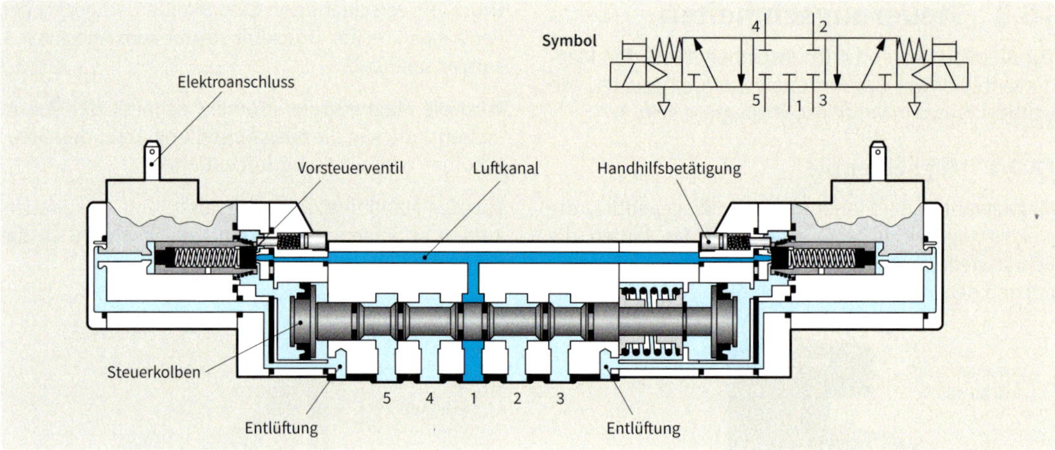

Abb. 1: 5/3-Wegeventil mit gesperrter Mittelstellung

5/3-Wege-Magnetventile

Das 5/3-Wegeventil hat fünf Arbeitsanschlüsse und drei Schaltstellungen. Mit diesen Ventilen können doppelt wirkende Zylinder innerhalb eines Hubbereiches stillgesetzt werden. Sind beide Magnetspulen stromlos, wird der Steuerkolben durch die beiden Federn in seine Mittelstellung zentriert (Abb. 1).

Durch die zusätzliche Mittelstellung ergeben sich erweiterte Möglichkeiten bei der Zylinderbetätigung. Es soll das Verhalten des Zylinderantriebs betrachtet werden, wenn das Ventil in der Mittelstellung schaltet.

• 5/3-Wegeventil mit entlüfteter Mittelstellung

Sind beide Magnetspulen stromlos, schaltet das Ventil in die entlüftete Mittelstellung. Die Druckluft übt auf den Kolben des Zylinderantriebes keinerlei Kraft mehr aus. Die Kolbenstange bleibt stehen. Sie ist aber durch äußere Kräfte frei beweglich (Abb. 2).

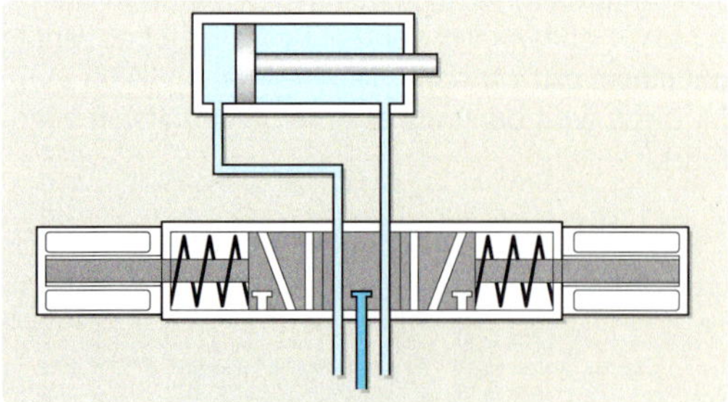

Abb. 2: Funktionsweise eines 5/3 Wege-Magnetventil, Mittelstellung entlüftet

• 5/3-Wegeventil mit gesperrter Mittelstellung

Sind beide Magnetspulen stromlos, schaltet das Ventil in die gesperrte Mittelstellung. Da die Anschlüsse zum Zylinder abgesperrt sind, bleibt die Kolbenstange in jeder Lage stehen und bewegt sich auch nicht durch äußere Kräfte (Abb. 3).

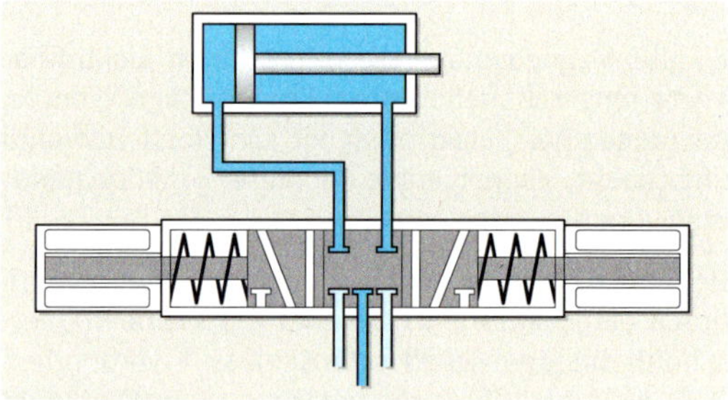

Abb. 3: Funktionsweise eines 5/3 Wege-Magnetventil, 30 Mittelstellung gesperrt

• 5/3-Wegeventil mit belüfteter Mittelstellung

Sind beide Magnetspulen stromlos, schaltet das Ventil in die belüftete Mittelstellung. Da die Druckluft auf unterschiedlich große Kolbenflächen wirkt, fährt die Kolbenstange mit verminderter Kraft aus (Abb. 4).

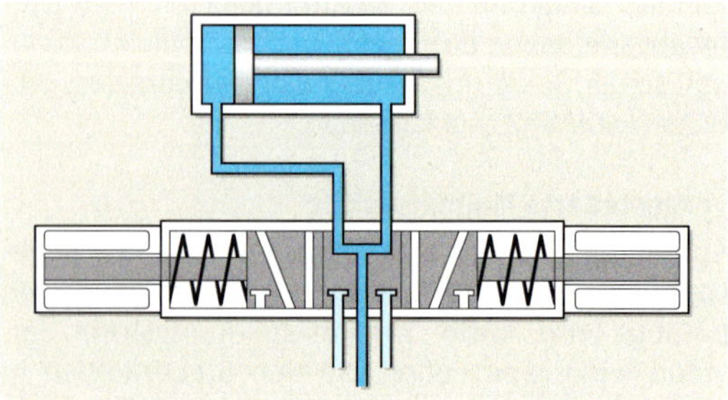

Abb. 4: Funktionsweise eines 5/3-Wege-Magnetventils, Mittelstellung belüftet

Tabelle 1 zeigt häufig verwendete vorgesteuerte Wege-Magnetventile mit ihren Symbolen und ihrer Funktion.

Tab. 1: Häufig verwendete vorgesteuerte Wege-Magnetventile und ihre Funktion

Ventilart	Symbol	Funktion/Anwendung
vorgesteuertes 2/2-Wegeventil mit Handhilfsbetätigung und Federrückstellung (Ruhestellung geschlossen)	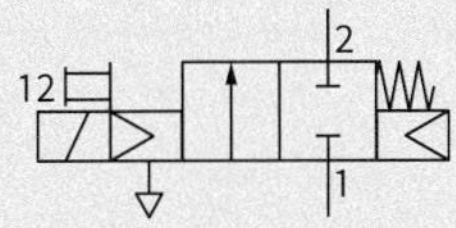	Absperrfunktion, schließt bei Stromausfall
vorgesteuertes 3/2-Wegeventil mit Handhilfsbetätigung und Rückstellung durch mechanische Feder und Luftfeder (Ruhestellung geschlossen)	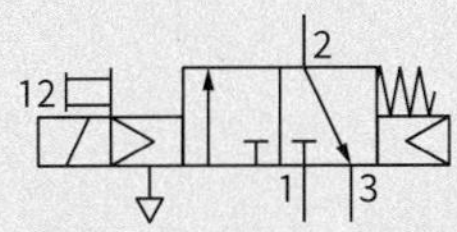	Einsatz bei einfach wirkenden Zylindern, schließt bei Stromausfall
vorgesteuertes 5/2-Wegeventil mit Handhilfsbetätigung und Rückstellung durch mechanische Feder und Luftfeder	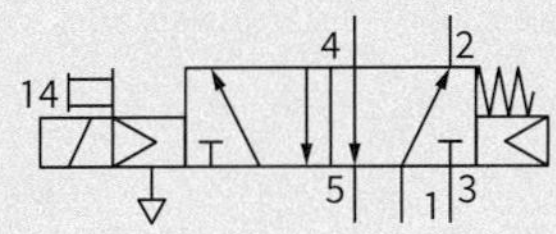	Einsatz bei doppelt wirkenden Zylindern und Drehantrieben, schaltet bei Stromausfall in die Grundstellung
vorgesteuertes 5/2-Wegeventil, mit Steuerhilfsluft und Handhilfsbetätigung und Rückstellung durch mechanische Feder und Luftfeder	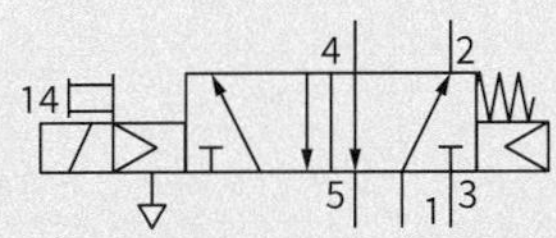	Einsatz bei doppelt wirkenden Zylindern und Drehantrieben, schaltet bei Stromausfall in die Grundstellung
vorgesteuertes 5/2-Wege-Impulsventil, mit beidseitiger Handhilfsbetätigung	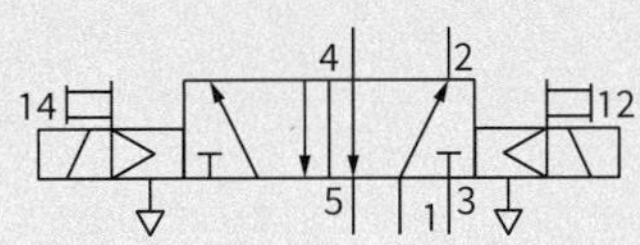	Einsatz bei doppelt wirkenden Linear und Schwenkzylindern, Ventil hat Speicherverhalten
vorgesteuertes, federzentriertes 5/3-Wegeventil, mit beidseitiger Handhilfsbetätigung (Ruhestellung geschlossen)	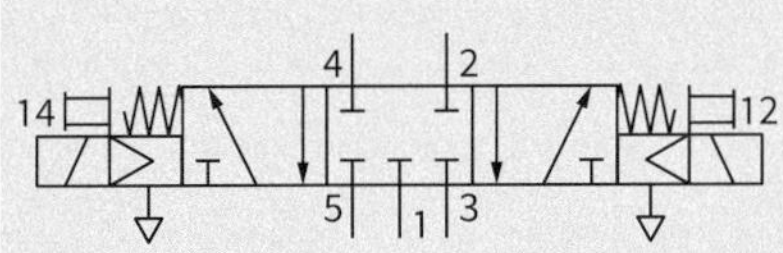	Einsatz bei doppelt wirkenden Linear und Schwenkzylindern mit Zwischenstopp, bei Stromausfall bleibt der Antrieb stehen
vorgesteuertes, federzentriertes 5/3-Wegeventil, mit beidseitiger Handhilfsbetätigung (Ruhestellung entlüftet)	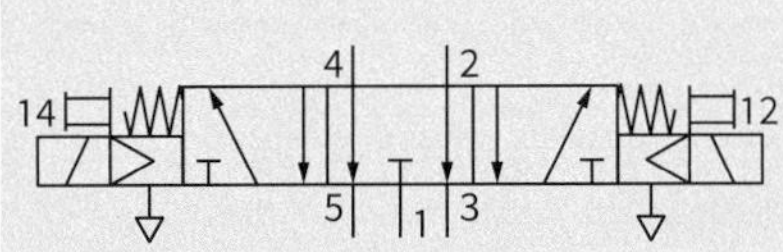	Einsatz bei doppelt wirkenden Linear und Schwenkzylindern mit Zwischenstopp, bei Stromausfall bleibt der Antrieb stehen, ist aber frei beweglich
vorgesteuertes, federzentriertes 5/3-Wegeventil, mit beidseitiger Handhilfsbetätigung (Ruhestellung belüftet)	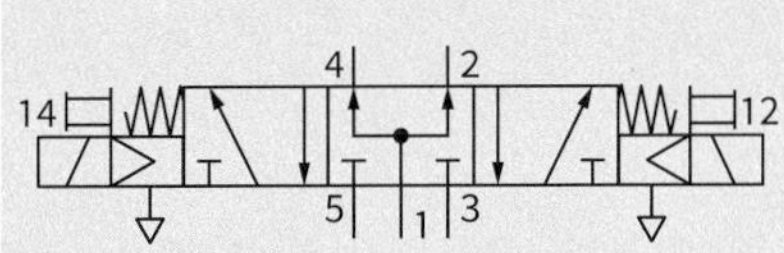	Einsatz bei doppelt wirkenden Linear und Schwenkzylindern, bei Stromausfall fährt der Antrieb mit verminderter Kraft aus

Infor-mieren

16.3.2 Proportionalventile

In der Pneumatik werden Proportionalventile als Stellglieder für pneumatische Antriebe und zur Druckregelung eingesetzt.

16.3.2.1 Proportionalwegeventil

Proportionalwegeventile werden überwiegend als Stellglieder in geregelten pneumatischen Antrieben eingesetzt. Mit ihnen lassen sich verschiedene Regelungen aufbauen:

- Positionierregelungen und Endlagenregelungen,
- Geschwindigkeitsregelungen für beliebige pneumatische Antriebe,
- Drehwinkelregelungen für pneumatische Schwenkantriebe.

Das Proportionalwegeventil ist als 5/3-Wegeventil aufgebaut (Abb. 1).

Der Ventilkolben wird von einem Elektromagneten bewegt. Der Elektromagnet bildet zusammen mit einem integrierten Lagesensor und der Ventilregelelektronik ein Proportionalmagnetsystem. Dieses wandelt ein analoges elektrisches Eingangssignal (0-10 V oder 4-20 mA) in einen dazu proportionalen Weg des Ventilkolbens um. Dadurch werden die Öffnungsquerschnitte der Ventilausgänge größer oder kleiner. Somit verändert sich die Durchflussmenge der Druckluft entsprechend stufenlos.

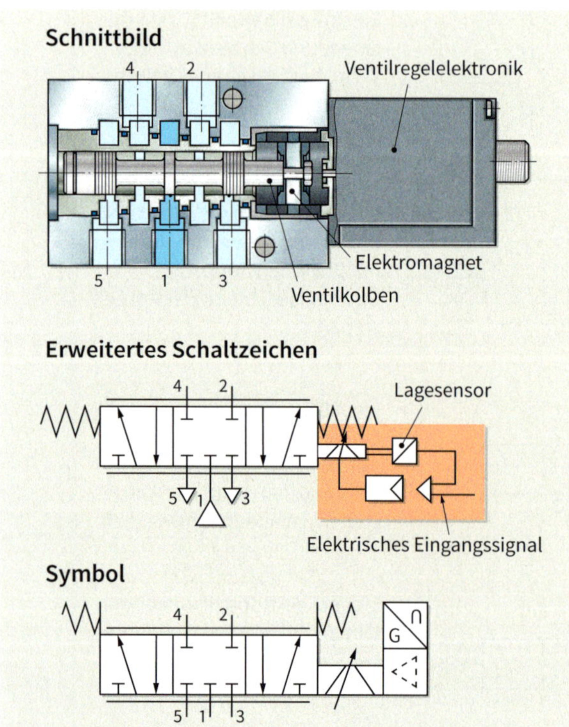

Abb. 1: Aufbau eines Proportionalwegeventils

In Abbildung 2 ist das Spannungs-Durchfluss-Diagramm eines Proportionalwegeventils dargestellt. Bei 5 V befindet sich dieses Ventil in Mittelstellung und ist somit gesperrt. Ein Eingangssignal *U* von 3 V hat eine Durchflussmenge *q* von 47 % zur Folge. Liegt ein Eingangssignal *U* von 9 V an, so beträgt die Durchflussmenge *q* 84 %

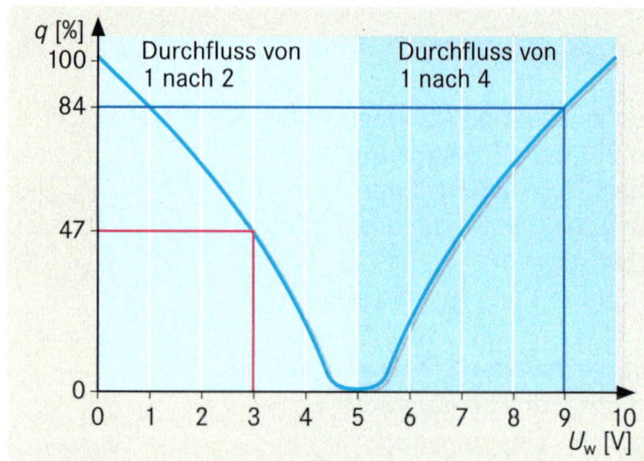

Abb. 2: Spannungs-Durchfluss-Diagramm

16.3.2.2 Proportionaldruckregelventil

Mit einem Proportionaldruckregelventil lässt sich der Sollwert des Druckes in einer pneumatischen Anlage oder einem Anlagenteil stufenlos einstellen (Abb. 3).

Dazu wandelt die Ventilregelelektronik ein analoges Eingangssignal (0-10 V oder 4-20 mA) über ein Proportionalmagnetsystem in einen Drucksollwert um. Die Druckregelung selbst erfolgt im Ventil mechanisch. Die Einstellung kann sehr genau vorgenommen werden.

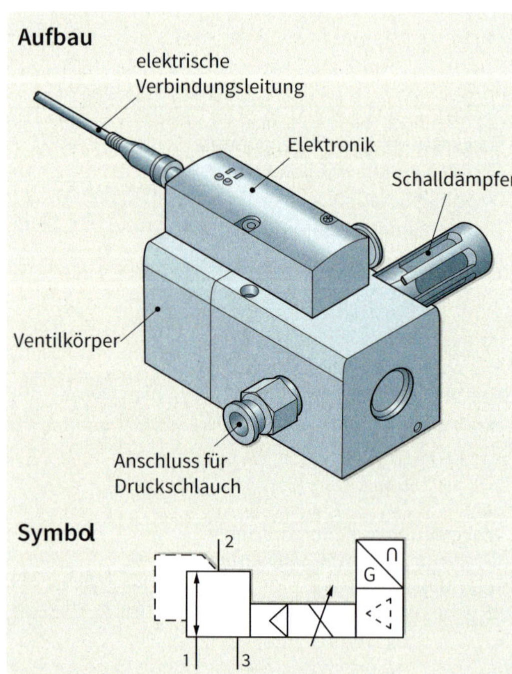

Abb. 3: Proportionaldruckregelventil

16.3.3 Ventilinsel

Ventilinseln sind als Baukastensysteme aufgebaut (Abb. 4). Die Basis bildet eine Grundplatte, auf die unterschiedliche Ventile aufgesetzt werden können. Mehrere Ventile werden so zu einer kompakten Baugruppe mit gemeinsamer Be- und Entlüftung montiert. Dadurch reduziert sich der Verschlauchungs- und Montageaufwand erheblich, wodurch Kosten gespart werden.

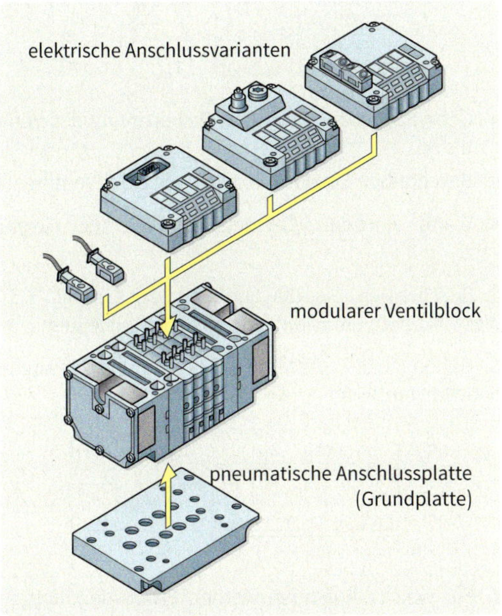

Abb. 4: Modularer Aufbau einer Ventilinsel

Außerdem können diese kompakten und somit Platz sparende Einheiten besonders gut in der Nähe der Aktoren platziert werden. Dadurch entfallen lange Schlauchwege, wodurch sich die Reaktionszeiten verkürzen. Ventilinseln gibt es in unterschiedlichen pneumatischen und elektrischen Ausführungen.

16.3.3.1 Pneumatische Ventilblöcke

Bei der Grundversion mit einem gemeinsamen Be- und Entlüftungsanschluss steht an den Arbeitsausgängen der Ventile überall der gleiche Druck zur Verfügung.

Durch Trennplatten zwischen den Ventilblöcken können Ventilinseln mit unterschiedlichen Druckzonen aufgebaut werden. An den Arbeitsanschlüssen stehen dann unterschiedliche Drücke zur Verfügung. Außerdem sind Anschlüsse für externe Steuerhilfsluft vorhanden.

Die Ventile können auf eine gemeinsame Grundplatte luftdicht verschraubt werden. An die Platte sind die Pneumatikleitungen angeschlossen. Dadurch ist es möglich die Ventile bei stehender Verschlauchung zu wechseln.

16.3.3.2 Elektrische Anschlüsse

Die elektrische Verbindung zwischen Ventilinsel und Steuerung kann unterschiedlich erfolgen. Man unterscheidet:

- Einzel-Anschluss,
- elektrischen Multipol-Anschluss,
- Feldbus-Anschluss und
- programmierbare Ventilinseln.

Beim **Einzelanschluss** wird jede Ventilspule über separate Stecker mit den Anschlüssen der Steuerung verbunden. Die Anschlussleitungen sind vorkonfektioniert (Abb. 5).

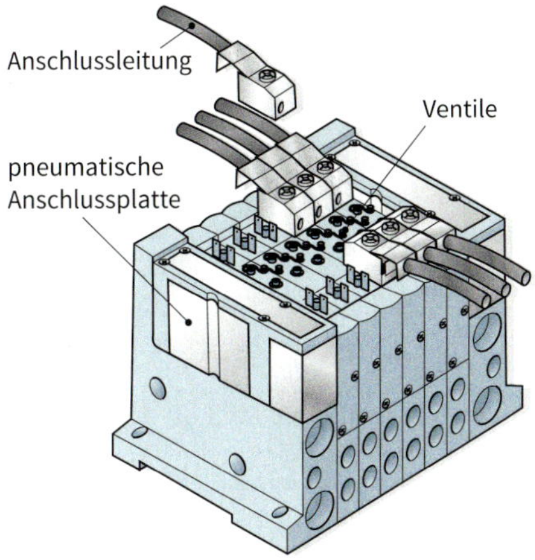

Abb. 5: Ventilinsel mit Einzelanschluss

Diese Art der Anschlusstechnik wird bei der Erweiterung bestehender Anlagen und bei kleinen Anlagen angewandt.

Beim **Multipolanschluss** werden sämtliche Anschlüsse der Ventilspulen über elektrische Kontaktbrückenmodule am zentralen Multipolanschluss zusammengeführt. Über einen Gegenstecker wird das mehradrige Multipolkabel an die Steuerung angeschlossen (Abb. 6).

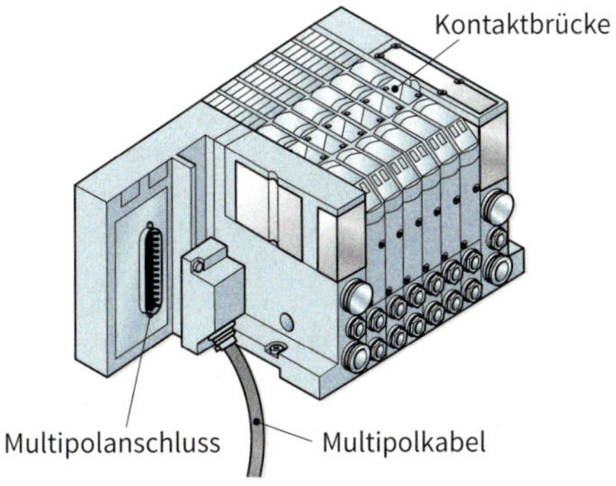

Abb. 6: Ventilinsel mit Multipolanschluss

Durch den Multipolanschluss führt nur noch eine Leitung von der Ventilinsel zur Steuerung. Diese Anschlusstechnik eignet sich besonders für größere Anlagen mit vielen Ventilen.

Beim **Feldbusanschluss** werden sämtliche Magnetspulen innerhalb der Ventilinsel mit einer Feldbusschnittstelle verbunden. Die Verbindung zur Steuerung erfolgt über eine serielle Busleitung (Abb. 1). Über ein zusätzliches Eingabe-Ausgabe-Modul können weitere Aktoren wie z. B. Signallampen angesteuert werden. Außerdem können Eingangssignale, z. B. die Endlageabfrage der pneumatischen Antriebe, eingelesen werden.

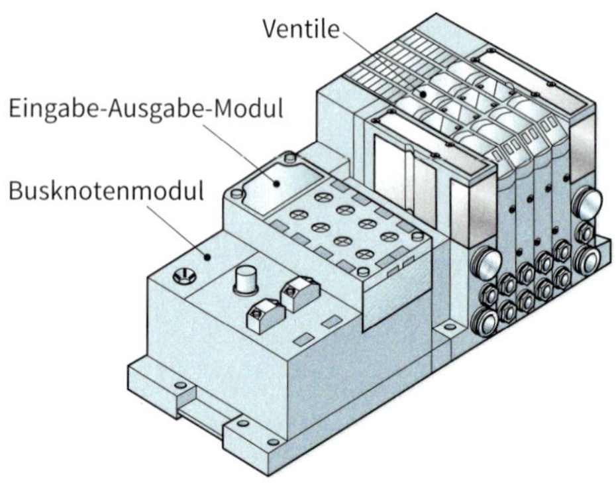

Abb. 1: Ventilinsel mit Feldbusanschluss

Diese Art der Anschlusstechnik kommt in größeren Anlagen mit vielen, dezentral verteilten Ventilinseln zum Einsatz. Die Anlagen können leicht umgebaut und erweitert werden.

Die **programmierbare Ventilinsel** besitzt eine integrierte Kleinsteuerung (SPS), mit der einfache Steuerungsaufgaben gelöst werden können. Dadurch kann diese Steuerung autark ohne übergeordnete Steuerung eingesetzt werden (Abb. 2).

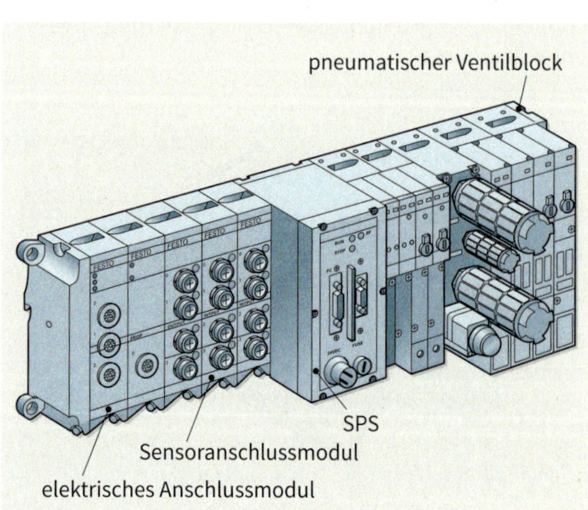

Abb. 2: Programmierbare Ventilinsel mit SPS

1. Beschreiben Sie die Vorteile von vorgesteuerten Magnetventilen gegenüber direktgesteuerten Magnetventilen.

2. Wann werden Magnetventile mit externer Steuerhilfsluft eingesetzt?

3. Die Abbildung zeigt das Symbol eines Magnetventils.

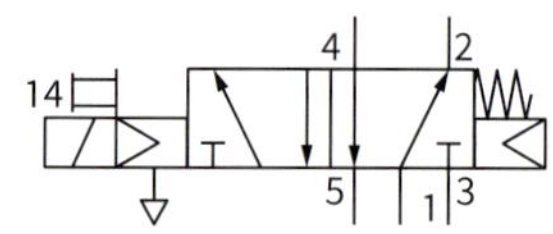

a) Geben Sie die vollständige Bezeichnung des Ventils an.

b) Beschreiben Sie die Funktionsweise des Ventils.

4. Wann werden 5/3-Wege-Magnetventile eingesetzt.

5. Beschreiben Sie die Funktionsweise eines 5/3-Wege-Magnetventils mit gesperrter Mittelstellung.

6. Geben Sie die vollständige Bezeichnung des abgebildeten Ventils an.

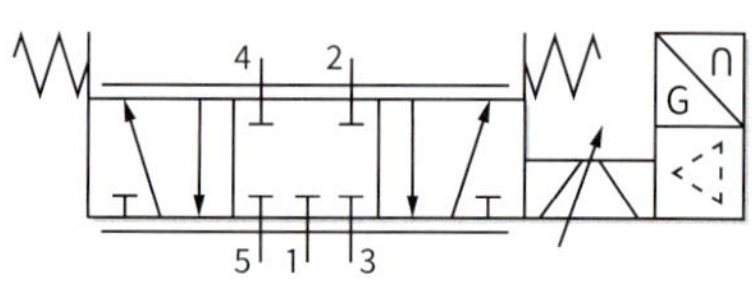

7. Für welche Aufgaben werden Proportionalwegeventile eingesetzt?

8. Mit welchen elektrischen Eingangssignalen können Proportionalventile angesteuert werden?

9. Wie erfolgt die Druckregelung bei einem Proportionaldruckregelventil?

10. Welcher Wert wird bei einem Proportionaldruckregelventil elektrisch eingestellt?

11. Beschreiben Sie den Aufbau einer Ventilinsel.

12. Welche Vorteile haben Ventilinseln?

13. Warum gibt es verschiedene Varianten von Ventilinseln?

14. Welche pneumatischen und elektrischen Varianten von Ventilinseln lassen sich unterscheiden?

15. Erläutern Sie einen Vorteil von Ventilinseln mit einer gemeinsamen pneumatischen Anschlussplatte, die besonders bei Instandsetzungsarbeiten eine Rolle spielt.

16. Unter welchen Bedingungen muss eine Ventilinsel mit einem Anschluss für externe Steuerhilfsluft eingesetzt werden?

Antriebsglieder → Normzylinder – Lineareinheiten – Vakuumsauger – Druckluftmotoren

stellen/steuern

Steuerungseinheiten

Wege-Magnetventile

direkt gesteuerte Wegeventile

Elektromagnet schaltet direkt das Wegeventil
- großer Elektromagnet
- hohe elektrische Leistungsaufnahme

vorgesteuerte Wegeventile

Elektromagnet schaltet ein Vorsteuerventil
- kompakte Bauweise
- geringe elektrische Leistungsaufnahme
- geringe Wärmeabgabe

Proportionalventile

Proportional-Wegeventile

stufenlose Regelung des Durchflusses
- Geschwindigkeits-regelung
- Positionsregelung

Proportional-Druckventile

stufenlose Regelung des Druckes

eingebaut

Ventilinseln

Kompakte Baugruppe
- weniger Aufwand an Verschlauchung und Montage
- verkürzte Reaktionszeiten beim Umschalten

Einzelanschlüsse
- einzelne elektrische Leitungen führen vom Ventil zur Steuerung
- für kleine Anlagen und für Erweiterungen

Multipolanschluss
- über eine Multipolleitung mit der Steuerung verbunden
- für mittlere Anlagen

Bus-Anschluss
- über eine serielle Busleitung mit der Steuerung verbunden
- Anschluss von zusätzlichen Aktoren und Sensoren möglich
- für komplexe Anlagen

Integrierte Steuerung
- autarker Betrieb möglich
- Anschluss von weiteren Aktoren, Sensoren und Ventilinseln möglich
- Anschluss an übergeordnete Steuerung möglich
- für komplexe Anlagen

abnehmender Installationsaufwand →

Infor-
mieren

16.4 Pneumatikleitungen

Zum Anhalten von Werkstückträgern können pneumatische Vereinzeler eingesetzt werden (Abb. 1). Sie öffnen pneumatisch. In drucklosem Zustand geht der Vereinzeler durch eine Feder in die Sperrstellung und der Werkstückträger wird angehalten.

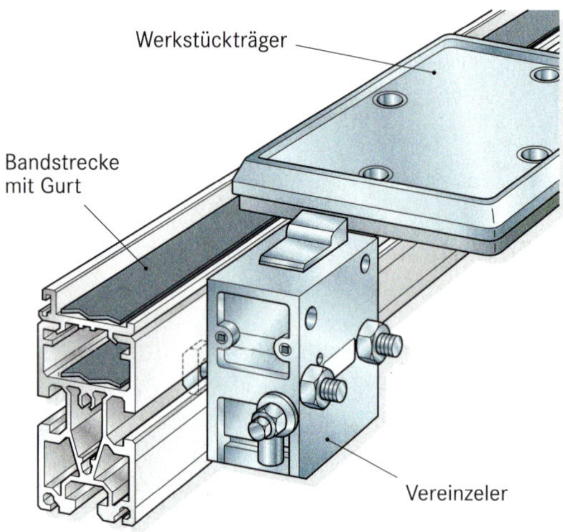

Abb. 1: Vereinzeler in der Bandstrecke

Den Aufbau und die Funktion der Pneumatikanlage für die Vereinzeler zeigt der pneumatische Schaltplan (Abb. 2). Die zentral erzeugte Druckluft wird in der Aufbereitungseinheit (0.1) auf den Arbeitsdruck eingestellt. Über 3/2-Wegeventile (1.1, 2.1) werden die Zylinder (1.2, 2.2) der Vereinzeler angesteuert.

Die pneumatischen Bauteile werden durch Leitungen, meist Kunststoffschläuche, verbunden. Zum Anschließen der Schläuche dienen Steckschraubverbindungen oder Verbindungen mit Schlauchtülle.

16.4.1 Steckschraubverbindungen

Steckschraubverbindungen verbinden Schläuche aus Polyurethan und Polyamid. Die Steckverschraubungen werden in die pneumatischen Bauteile eingeschraubt. Die Einschraubanschlüsse haben zylindrisches (z. B. G 1/8) bzw. kegeliges Whitworth-Rohrgewinde (z. B. R 1/8) oder metrisches Feingewinde (z. B. M7x1). Zylindrische Einschraubanschlüsse werden durch einen gekammerten O-Ring abgedichtet. Bei kegeligen Einschraubanschlüssen wird die Dichtigkeit durch das teflonisierte Gewinde gewährleistet.

Der Schlauch wird in die Steckverschraubung geschoben. Ein elastischer Klemmring sichert einen festen Halt des Schlauches im Gehäuse (Abb. 3). Der innenliegende O-Ring dichtet den Schlauch zum Gehäuse hin ab.

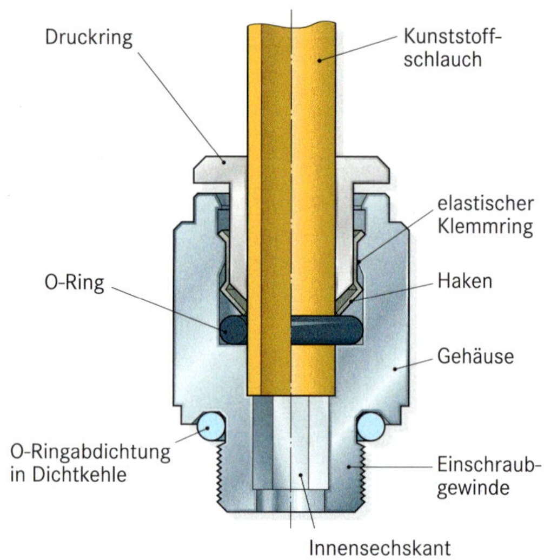

Abb. 3: Aufbau einer Steckschraubverbindung

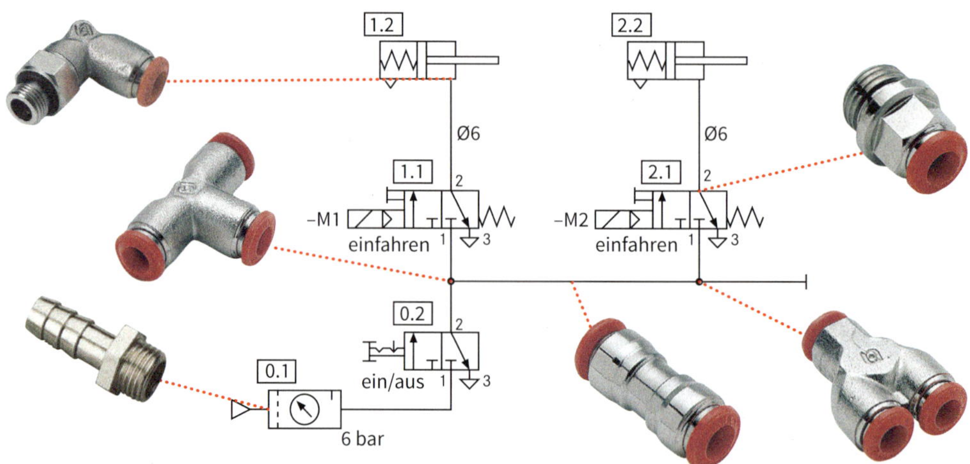

Abb. 2: Pneumatischer Schaltplan

Mon-tieren

Vorbereiten des Schlauches

Der Schlauch ist in einem 90°-Winkel gerade abzuschneiden. An der Schlauchkante dürfen keinerlei Überstände vorhanden sein. Für einen sauberen und winkligen Abschnitt des Schlauches sollte ein Schlauchabschneider verwendet werden (Abb. 4). Vor der Montage ist der Schlauch von Verunreinigungen zu säubern, um Beschädigungen des O-Ringes vorzubeugen.

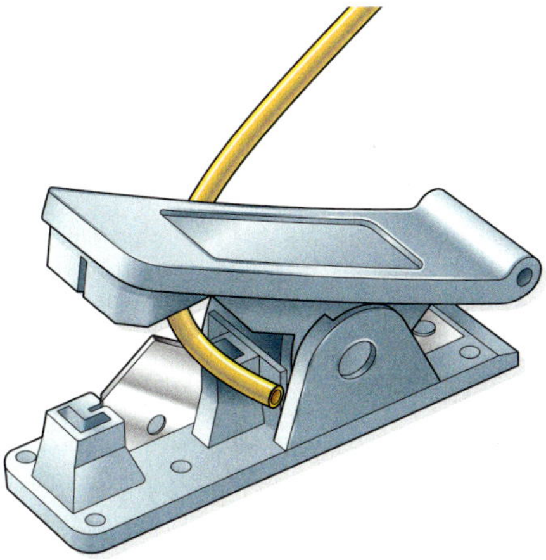

Abb. 4: Schlauchabschneider

Einbau der Steckschraubverbindung

Gerade Steckverschraubungen haben einen Innensechskant im Inneren des Gehäuses. Sie werden mit einem Sechskantstiftschlüssel eingeschraubt (Abb. 5a). Dadurch ist eine leichte Montage selbst bei beengten Platzverhältnissen gegeben.

Winkel- und T-Steckverschraubungen haben entweder einen Außensechskant oder eine flache Seite am Außengehäuse. Sie werden mit Hilfe eines Maulschlüssels angezogen (Abb. 5b u. 5c).

Klemmen des Schlauches

Der Schlauch wird bis zum Anschlag in den Steckanschluss gesteckt (Abb. 6). Der Klemmring hält den Schlauch fest und der O-Ring dichtet die Verbindung ab.

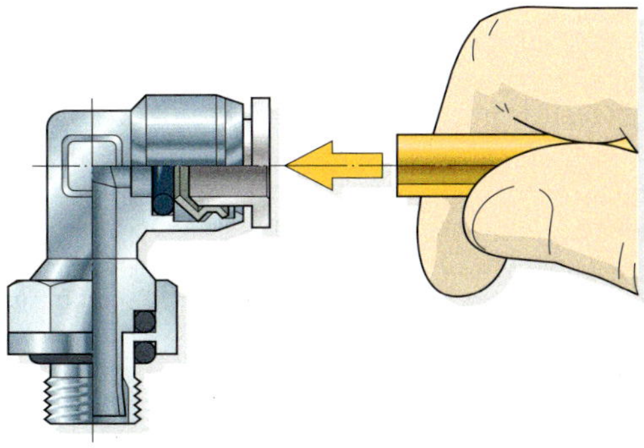

Abb. 6: Klemmen des Schlauches

Demon-tieren

Lösen des Schlauches

Durch Drücken auf den Druckring (1) öffnen sich die Haken des Klemmrings. Der Schlauch (2) lässt sich aus dem Steckanschluss herausziehen (Abb. 7).

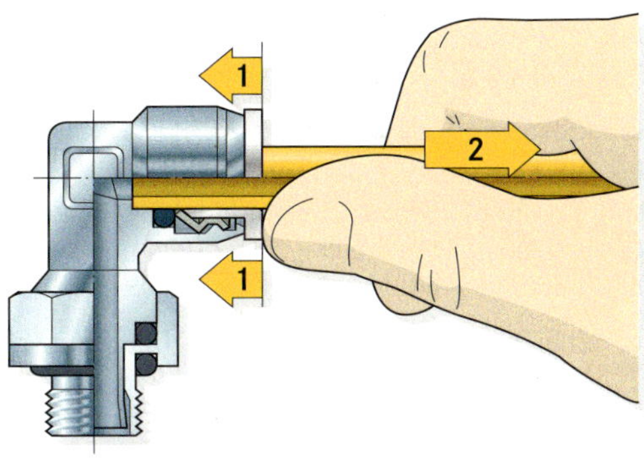

Abb. 7: Lösen des Schlauches

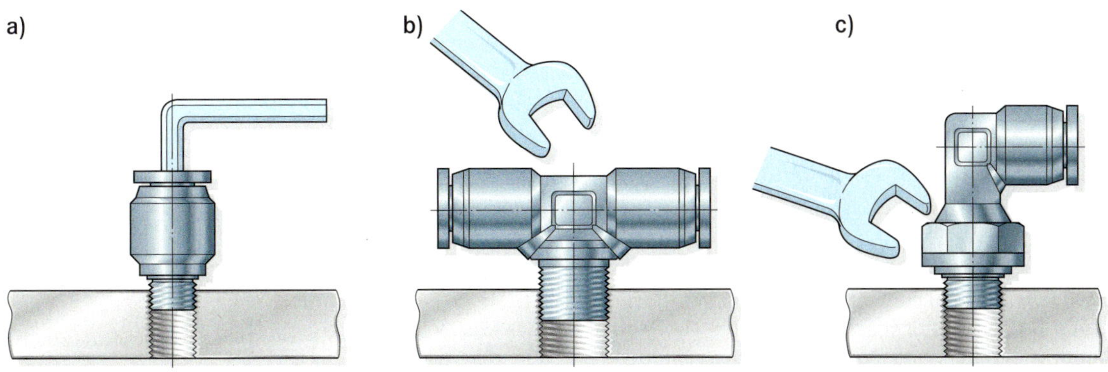

Abb. 5: Einschrauben von Steckverschraubungen

Informieren

16.4.2 Verbindungen mit Schlauchtülle

PVC-Schläuche werden mit Schlauchtüllen angeschlossen. Der Anschlussnippel der Schlauchtülle muss dem Innendurchmesser des Schlauches angepasst sein. Die Schlauchtülle wird mit Schlauchklemmen befestigt. Je nach Verwendungszweck werden unterschiedliche Klemmenarten verwendet. Häufig werden Ohr-Schlauchklemmen und Schlauchklemmen mit Schneckentrieb eingesetzt (Abb. 1). Ohr-Schlauchklemmen haben eine kleine Bauweise. Es gibt sie als 1-Ohr-Klemmen und 2-Ohr-Klemmen. Schlauchklemmen mit Schneckentrieb können für mehrere Schlauchdurchmesser verwendet werden. Sie haben einen verstellbaren Spannbereich, z. B. 8 - 12 mm.

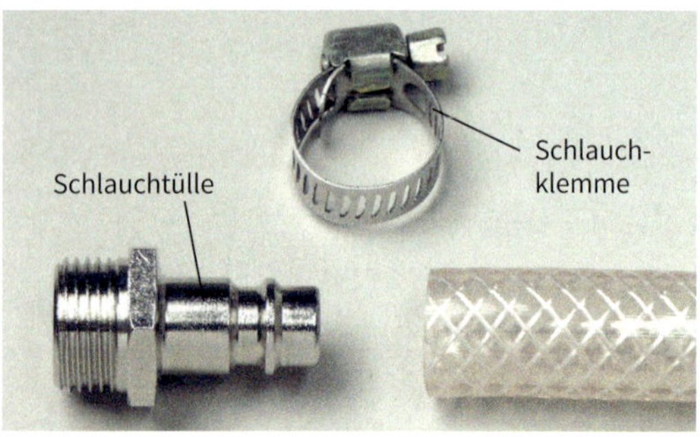

Abb. 1: Schlauchtüllenverbindung

Montieren

Befestigen von Schlauchklemmen

Die Ohr-Schlauchklemme zum Herstellen einer haltbaren und dichten Verbindung ist auf den Schlauch zu positionieren und durch Zukneifen mittels Klemmzange zu spannen (Abb. 2).

Ohr-Schlauchklemmen lassen sich durch Zerschneiden lösen.

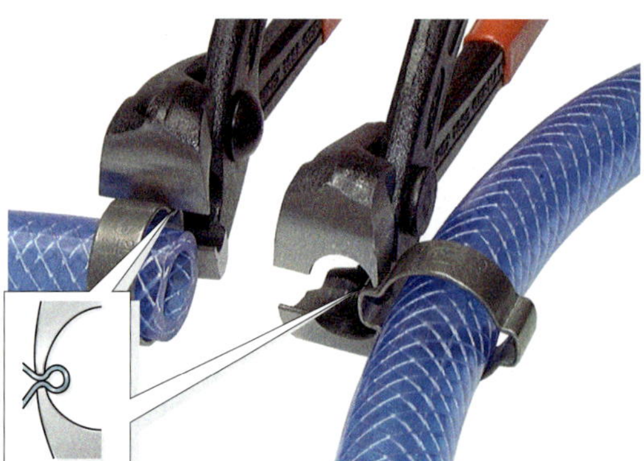

Abb. 2: Befestigen von Ohr-Schlauchklemmen

Bei *Schlauchklemmen mit Schneckentrieb* wird durch Drehen des Schneckentriebes das Gewindeband angezogen und so der Schlauch auf dem Anschlussnippel festgeklemmt. Sie lassen sich lösen und wieder verwenden.

16.4.3 Schlauchleitungen

Für Schlauchleitungen werden meist Kunststoffleitungen aus Polyurethan und Polyamid eingesetzt. Sie sind sehr flexibel und gewährleisten auch bei engen Einbauverhältnissen eine einwandfreie Funktion, ohne zu knicken. Sie werden hauptsächlich mit Steckverschraubungen verbunden.

Daneben werden PVC-Schläuche mit Gewebeeinlage verwendet. Sie sind besonders knickfest.

Um die Funktionsfähigkeit von Pneumatikanlagen sicherzustellen, sind nach **DIN 24558** bestimmte Grundsätze zu beachten:

- Leitungen möglichst kurz verlegen,
- vollen Querschnitt der Leitungen erhalten,
- in Leitungen eingeschlossenes Volumen zwischen Arbeitsgliedern (Zylindern) und Ventilen so klein wie möglich halten,
- Leitungsverbindungen auf ein Minimum beschränken,
- Zugänglichkeit von Bauteilen für Einstellarbeiten, Reparaturen und Austausch durch Leitungen nicht behindern,
- Arbeitsprozess durch Leitungen nicht behindern,
- Typbezeichnungen und Symbole von Bauteilen nicht verdecken,
- schroffe Querschnittsänderungen in Leitungen vermeiden,
- Leitungen so verlegen, dass sie gegen Beschädigung geschützt sind.

Dabei müssen die Schlauchleitungen so verlegt werden, dass

- stets ein gewisser Durchhang vorhanden ist, damit während des Betriebes keine unzulässigen Zugspannungen auftreten,
- die kleinsten zulässigen Biegeradien (r_{min} nach Herstellerangaben) nicht unterschritten werden,
- sie nicht direkt hinter dem Schlauchanschluss gebogen werden, sondern auf eine Länge von 1,5 x Schlauchaußendurchmesser gerade verlaufen (Abb. 3),
- sie nirgends scheuern können.

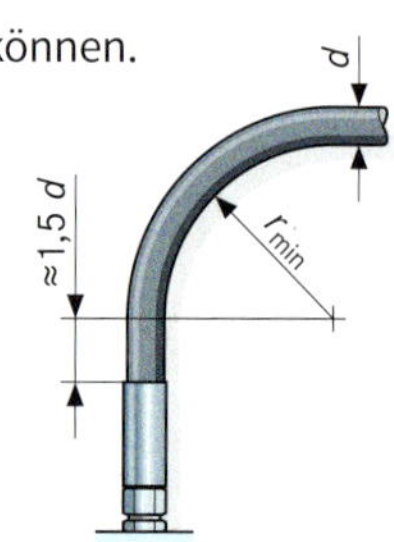

Abb. 3: Schlauchanschluss

Zum Bündeln von pneumatischen Schlauchleitungen werden Schlauchbinder verwendet. Die einzelnen Schlauchleitungen sind dann besonders zu kennzeichnen.

Durch Schlauchklemmenleisten können Schläuche parallel getrennt nebeneinander verlegt werden (Abb. 4). Die Leisten werden mit zwei Schrauben montiert. Die Schlauchleitungen können beliebig oft aus der Klemmenleiste gelöst werden.

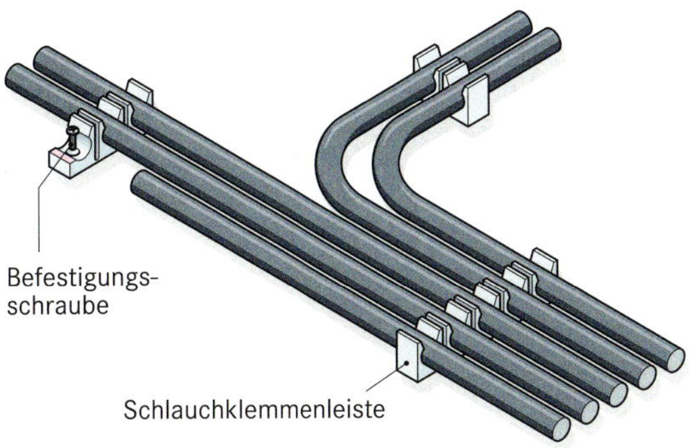

Abb. 4: Verlegen mit Schlauchklemmenleiste

Aufgaben

1. Steckverschraubungen werden in die pneumatischen Bauteile eingeschraubt. Wie werden die Einschraubanschlüsse dabei abgedichtet?

2. Beschreiben Sie das Vorbereiten eines Schlauches zum Verbinden mit einer Steckverschraubung.

3. Beschreiben Sie das Herstellen einer Schlauchtüllenverbindung mit
a) Ohr-Schlauchklemme und
b) Schlauchklemme mit Schneckentrieb.

4. Weshalb sollten Leitungen so kurz wie möglich ausgeführt werden und der volle Querschnitt erhalten bleiben?

5. Wie müssen Schlauchleitungen verlegt werden, dass das eingeschlossene Volumen in Leitungen zwischen Arbeitsglied und Ventilen so klein wie möglich gehalten wird?

6. Welche Vorteile bietet das Verlegen von Schlauchleitungen in Schlauchklemmenleisten gegenüber dem Bündeln mehrerer Leitungen mit Schlauchbindern?

Zusammenfassung

Pneumatikleitungen

- Druckluft bis 15 bar

Schlauchleitungen

flexible, bewegliche Leitungen bestehend aus:

- Kunststoffschlauch
- Steckschraubverbindung oder Schlauchtüllenverbindung

Montagetätigkeiten

- Vorbereiten des Schlauchs
- Einschrauben der Steckverschraubung
  - zylindrisches Einschraubgewinde mit eingebautem O-Ring
  - kegeliges Einschraubgewinde mit teflonisiertem Gewinde
- Klemmen des Schlauches
- Verlegen der Leitungen
  - mit geringem Durchhang
  - unter Beachtung des Biegeradius
- Zusammenfassen von Leitungen mit
  - Schlauchbindern oder
  - Schlauchklemmenleisten

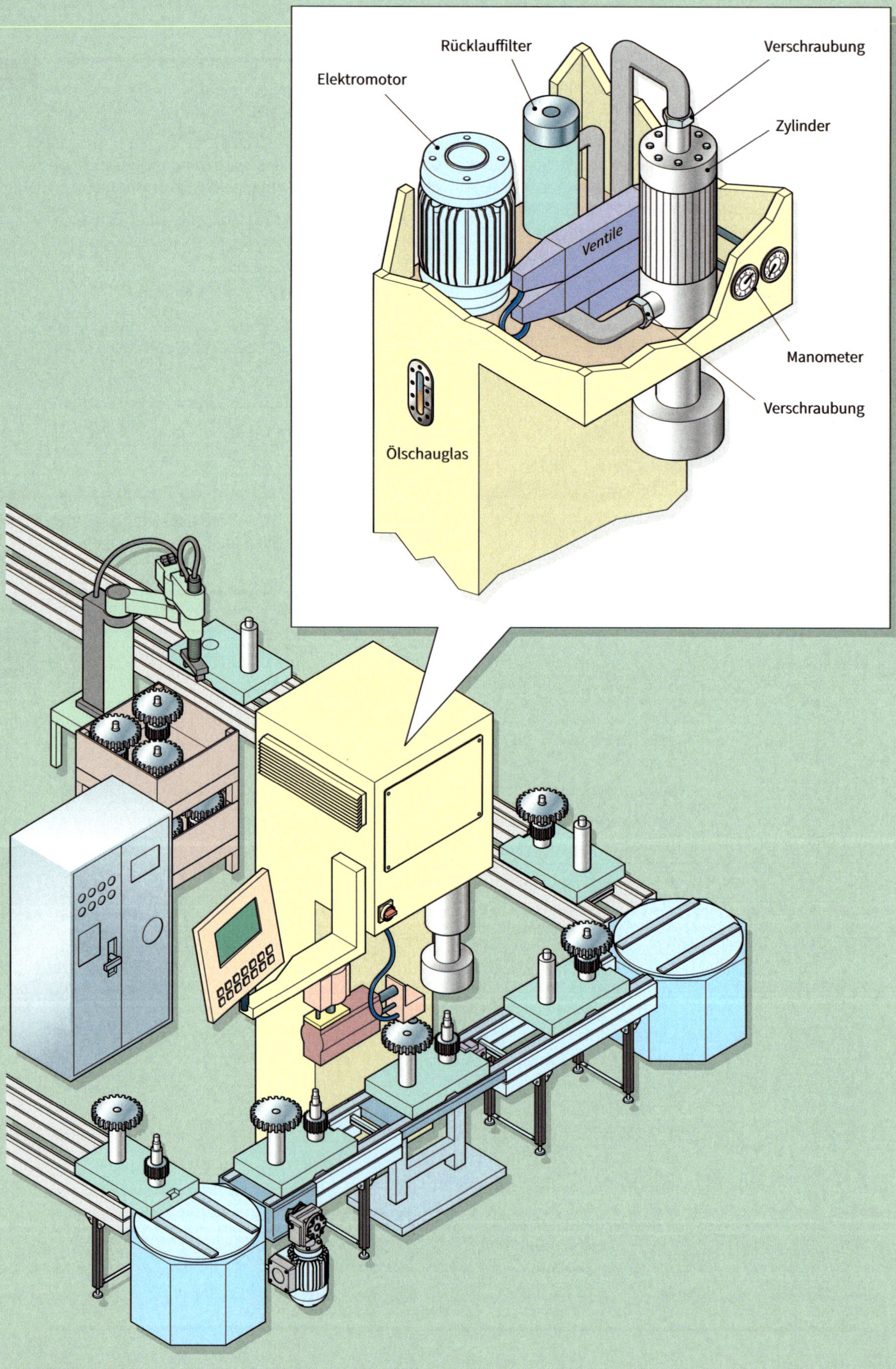
Rücklauffilter
Verschraubung
Elektromotor
Zylinder
Ventile
Manometer
Verschraubung
Ölschauglas

Hydraulische Einheiten

17

Informieren

Das Zahnrad und die Getriebewelle werden durch Aufpressen gefügt. Da dieser Fügevorgang eine große Kraft erfordert, wird eine hydraulische Presse eingesetzt. Die sehr geringe Kompressibilität der Druckflüssigkeit ermöglicht eine unmittelbare Kraftübertragung und dadurch eine genaue Positionierung des Pressenstempels. Die Ausfahr- und Einfahrgeschwindigkeit des Pressenstempels lassen sich exakt einstellen.

Die hydraulische Anlage der Presse besteht aus den Teilsystemen

- Antriebsteil (Hydraulikzylinder),
- Steuerung (Hydraulikventile) und
- Hydraulikaggregat.

Der Hydraulikplan zeigt die einzelnen Teilsysteme der hydraulischen Anlage (Abb. 1).

Im Antriebsteil wird die hydraulische Energie in mechanische Energie umgewandelt. Diese wird zum Verfahren des Pressenstempels und zum Aufpressen des Zahnrades auf die Getriebewelle genutzt.

Die Steuerung bestimmt die Bewegungsrichtung und die Verfahrgeschwindigkeit des Pressenstempels. Dies erfolgt über die Steuerung des Volumenstroms der Druckflüssigkeit. Bei der Presse sind die Hydraulikventile zu einer Ventilinsel zusamengefasst.

Das Hydraulikaggregat dient zur Energieversorgung und zur Aufbereitung der Druckflüssigkeit. Hier wird die elektrische Energie im Elektromotor zuerst in mechanische und dann mittels der Hydraulikpumpe in hydraulische Energie umgewandelt. Jede hydraulische Anlage hat dabei ihre eigene Energieversorgung.

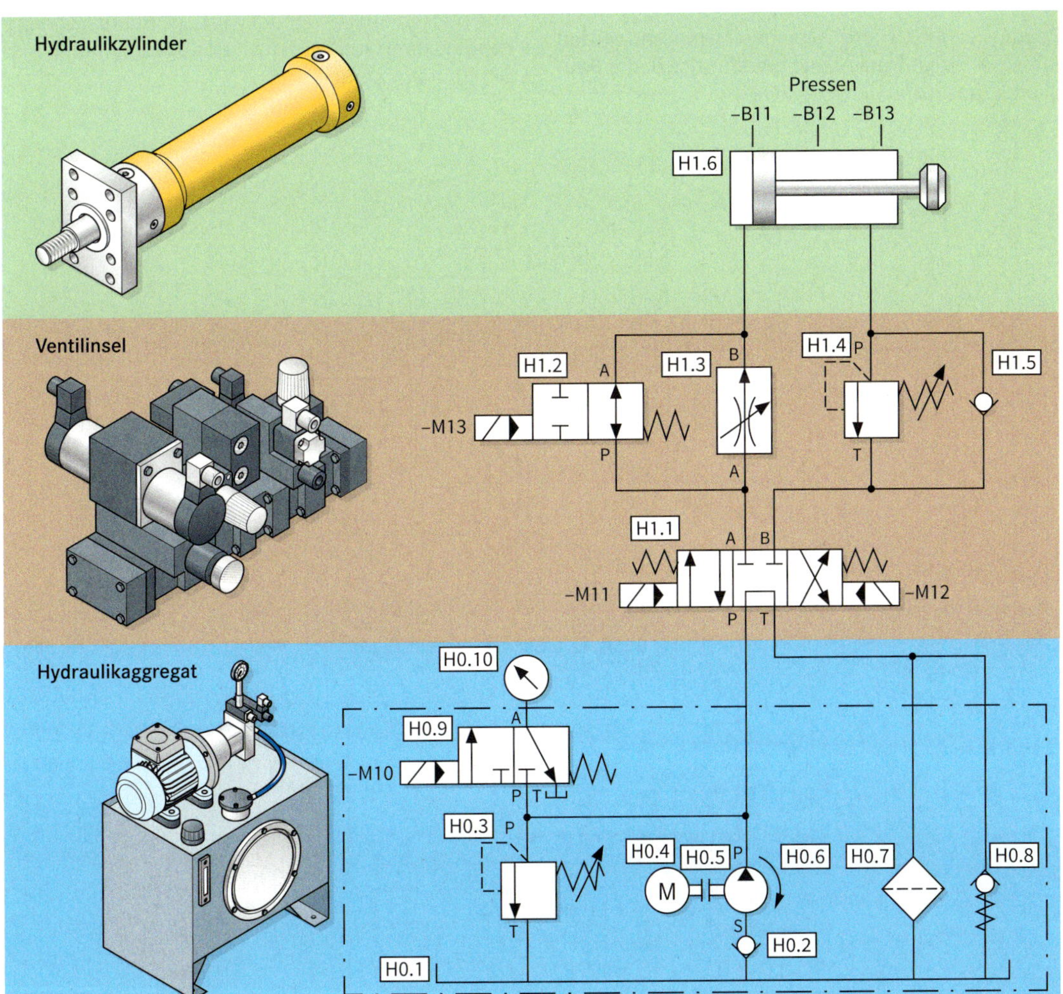

Abb. 1: Hydraulikplan

17.1 Hydraulische Schaltpläne

In der Industrie werden bevorzugt elektrohydraulische Steuerungen eingesetzt. Bei elektrohydraulischen Steuerungen werden die Antriebsglieder hydraulisch angetrieben und die Ventile elektrisch gesteuert.

Es gelten die gleichen Darstellungsregeln wie für elektropneumatische Schaltpläne. Abbildung 1 zeigt den hydraulischen Teil der Pressenschaltung.

Die Darstellung erfolgt nach **ISO 1219-2** (→📖).

Bauglieder und Leitungen

Hydraulische Schaltpläne lassen den Ölkreislauf für alle Steuerungsvorgänge und Bewegungsabläufe erkennen. In den Schaltplänen sind alle hydraulischen Bauglieder und Leitungen enthalten. Sie werden mit genormten Symbolen nach **ISO 1219-1** dargestellt (→📖). Ihre Darstellung erfolgt ohne Berücksichtigung der tatsächlichen räumlichen Lage in der Anlage.

Bauglieder, die zu einer Baueinheit gehören, werden mit einer Strich-Punkt-Linie umrahmt, z. B. die Bauglieder des Hydraulikaggregates.

Die Leitungsanschlüsse an den Bauteilen werden durch Buchstaben gekennzeichnet. Die gleiche Kennzeichnung findet sich auch auf den Bauteilen in der Anlage.

Kennzeichnung der Bauglieder

Jedes Bauglied erhält eine Kennzeichnung nach **ISO 1219-2**, die mit einem Rahmen versehen ist (→📖). Die Kennzeichnung besteht aus der Anlagenbezeichnung, dem Medienschlüssel, der Schaltkreisnummer und der Bauteilnummer.

Die *Anlagenbezeichnung* kann aus Zahlen oder Buchstaben bestehen, gefolgt von einem Bindestrich.

Der *Medienschlüssel* besteht aus Buchstaben. Er muss angegeben werden, wenn in einer Anlage unterschiedliche Medien verwendet werden. Zur Kennzeichnung hydraulischer Anlagen wird der Medienschlüssel **H** verendet.

Anlagenbezeichnung bzw. Medienschlüssel können entfallen, wenn nur eine Anlage vorhanden ist bzw. nur ein Medium verwendet wird. Die Kennzeichnung besteht dann nur aus der Schaltkreisnummer und der Bauteilnummer.

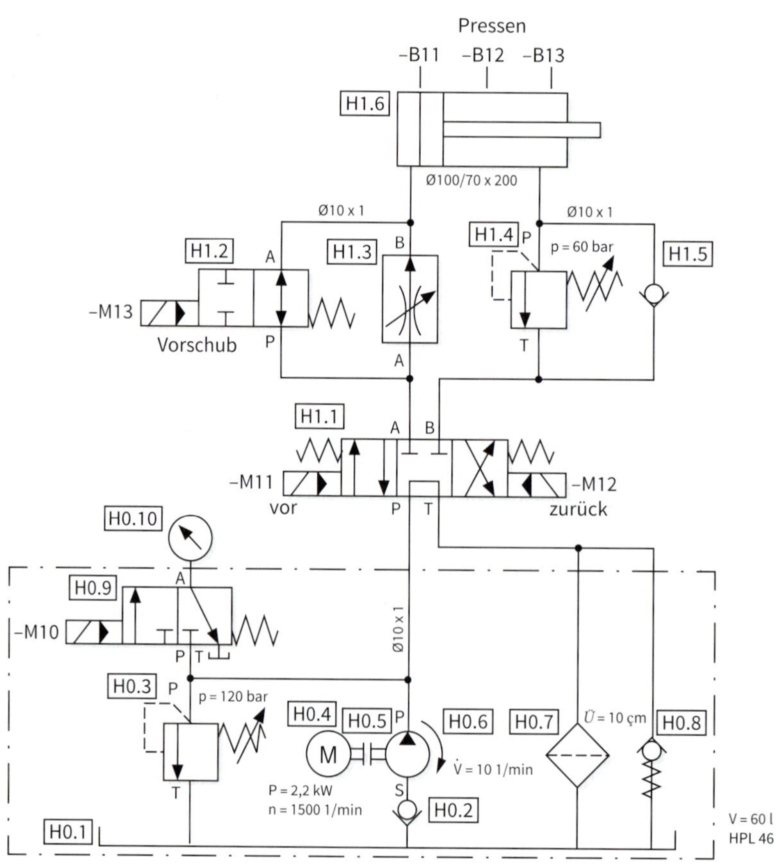

Abb. 1: Hydraulischer Schaltplan

Die Schaltkreise einer Anlage erhalten eine fortlaufende *Schaltkreisnummer*, gefolgt von einem Punkt. Bauglieder der Energieversorgung erhalten die Schaltkreisnummer 0.

Jedes Bauteil eines Schaltkreises erhält zusätzlich eine *Bauteilnummer*. Die Bauteile werden dabei fortlaufend von links nach rechts und von unten nach oben nummeriert, beginnend mit der Zahl 1.

Beispiel **H 1 . 6**

Medienschlüssel — H
Schaltkreisnummer — 1
Bauteilnummer — 6

Kennzeichnung elektrischer Bauteile

Elektrische Bauteile wie Magnetspulen und Endschalter erhalten die gleiche Kennzeichnung wie im elektrischen Schaltplan. Sie erfolgt nach **DIN EN 81346-2** (→).

Diese Norm legt die Kennbuchstaben für *Haupt-* und Unterklassen von Bauteilen fest. *Hauptklassen* gruppieren Bauteile nach deren Zweck und Aufgabe und verwenden einen Kennbuchstaben (Tab. 1).

Tab. 1: Hauptklassen

Kennbuchstabe	Zweck/Aufgabe der Bauteile	Beispiele für Bauteile
B	Umwandeln einer Eingangsgröße in ein Signal	Endschalter, Sensor
C	Speichern von Energie, Information oder Material	Tank, Behälter
G	Erzeugen eines Energie- oder Materialflusses	Batterie, Pumpe
K	Verarbeiten von Signalen oder Informationen	Relais, Steuerventil
M	Bereitstellen von mechanischer Energie	Elektromotor, Hydraulikzylinder
P	Darstellen von Informationen	Signallampe, Manometer
Q	Schalten eines Energie-, Signal- od. Materialflusses	Schütz, Wegeventil
R	Begrenzen eines Energie-, Information- oder Materialflusses	Rückschlagventil
S	Umwandeln einer manuellen Betätigung in ein Signal	handbetätigter Taster
W	Leiten von Energie, Signalen oder Materialien	Kabel, Leiter, Rohr, Schlauch
X	Verbinden von Objekten	Klemmenleiste, Schlauchkupplung

Die *Unterklassen* nehmen eine ausführlichere Einteilung der Bauteile vor und verwenden zwei Kennbuchstaben (Tab. 2). Der erste Buchstabe entspricht dabei der Hauptklasse. Der zweite Buchstabe kennzeichnet Objekte nach ihrer Zugehörigkeit zu einem technischen Gebiet.

Die Kennzeichnung mit Unterklassen ist in Schaltplänen anzuwenden sofern es erforderlich oder hilfreich ist.

Tab. 2: Unterklassen

Kennbuchstabe	Beispiele für Bauteile	Kennbuchstabe	Beispiele für Bauteile
BG	Näherungs-, Endschalter	PG	Manometer, Thermometer
BP	Drucksensor	PF	Meldelampe
CM	Druckspeicher, Tank	QA	Leistungsschutz
GP	Pumpe	QB	Trennschalter, Hauptschalter
HQ	Filter	QM	Wegeventil
KF	Relais	RM	Rückschlagventil
KH	Ventilblock, Vorsteuerventil	SF	elektrischer Taster
MA	Elektromotor	SJ	handbetätigtes Ventil
MB	Ventilspule, Elektromagnet	WF	Schlauchleitung
MM	Hydraulikzylinder, Hydromotor	WP	Rohrleitung
XD	Klemmenleiste	XM	Schlauchkupplung

Dem Kennzeichen für die elektrischen Bauteile wird ein Vorzeichen vorangestellt.

Beispiel **– M 10**

Vorzeichen — –
Bauteilartart — M
Zählnummer — 10

Die **DIN EN 81346-2** kann auch für die Kennzeichnung hydraulischer Bauteile verwendet werden (siehe Beispiele in Tab. 1 und 2).

Technische Angaben

In praxisgerechten Schaltplänen sind die technischen Daten einzutragen:

- oberhalb eines Schaltreises dessen Funktion, z. B. **Pressen**,
- Behältervolumen, z. B. **60 l**,
- Bezeichnung des Hydrauliköls, z. B. **HLP 46**,
- Nennvolumenstrom $\dot{V}$ der Pumpe, z. B. **10 l/min**,
- Nennleistung P und Umdrehungsfrequenz n des Antriebsmotors, z. B. **2,2 kW, 1500 1/min**,
- bei Druckventilen der Einstelldruck p, z. B. **120 bar**,
- bei Ölfiltern die Nennfiltrationsrate β, z. B. **10 μm**,
- bei Überdruckmessgeräten der Druckbereich p in bar, z. B. **150 bar**,
- bei Zylindern der Zylinder-, Kolbenstangendurchmesser und Hub in Millimeter, z. B. **Ø 100/70 x 200**,
- bei Wegeventilen die Funktion der einzelnen Schaltstellungen, z. B. **vor**,
- bei Rohrleitungen der Außendurchmesser und die Wanddicke **Ø 10 x 1**.

17.2 Einheiten zur Energieversorgung

Einheiten zur Energieversorgung werden meist als komplette Baueinheiten geliefert. Solche Baueinheiten werden als Hydraulikaggregat bezeichnet.

17.2.1 Hydraulikaggregat

Das Hydraulikaggregat besteht meistens aus folgenden Einzelgeräten (Abb. 1):

Der Ölbehälter (H0.1) dient zum Aufbewahren und Kühlen der Hydraulikflüssigkeit.

Der Elektromotor (H0.4) treibt über die Kupplung (H0.5) die Pumpe (H0.6) an, mit der die Flüssigkeit aus dem Ölbehälter gesaugt und zum Zylinder gefördert wird.

Das Druckbegrenzungsventil (H0.3) schützt die Anlage vor Überlastung. Es öffnet, wenn der eingestellte Systemdruck einen eingestellten Wert übersteigt, und leitet die Hydraulikflüssigkeit zurück in den Ölbehälter.

Mit dem 3/2-Wegeventil (H0.9) wird das Überdruckmessgerät (H0.10) zur Druckablesung zugeschaltet.

Das Rückschlagventil (H0.2) verhindert ein Leerlaufen der Hydraulikpumpe. Die Pumpe kann somit keine Luft ansaugen.

Der Filter (H0.7) filtert Schmutzteilchen aus dem Hydrauliköl heraus und schützt die Anlage vor Verschmutzung.

Das federbelastete Rückschlagventil (H0.8) öffnet bei einem zu stark verschmutzten und dadurch verstopften Ölfilter. Die Hydraulikflüssigkeit gelangt dann ungefiltert zurück in den Ölbehälter.

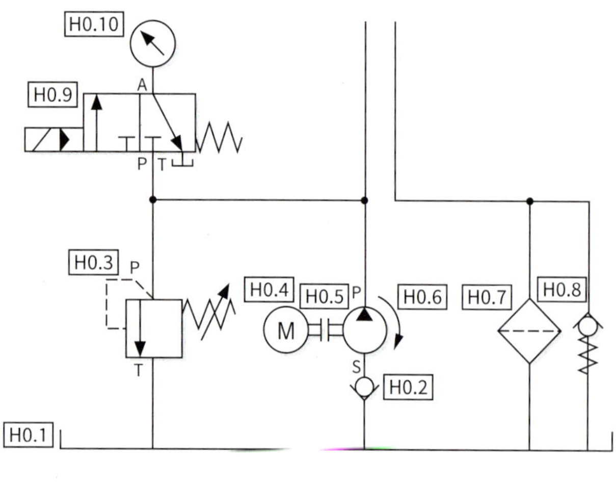

Abb. 1: Bauglieder eines Hydraulikaggregates

17.2.2 Hydraulikpumpen

Hydraulikpumpen wandeln die mechanische Energie des Antriebmotors in hydraulische Energie um. Die Hydraulikflüssigkeit wird von der Pumpe angesaugt und in das Leitungssystem gedrückt, es entsteht ein Volumenstrom.

Hydraulikpumpen funktionieren immer nach dem gleichen Prinzip. Auf der Saugseite wird ein Unterdruck geschaffen. Dadurch füllt sich der Saugraum mit Öl. Dieses Öl wird in den Druckraum der Pumpe gefördert und von dort in die Hydraulikleitungen gedrückt.

Der im Hydrauliksystem entstehende Druck ist abhängig von den Widerständen, die sich der strömenden Hydraulikflüssigkeit entgegenstellen. Diese Widerstände entstehen durch:

- äußere Kräfte, die auf die Antriebsglieder wirken,
- innere Reibung in der Hydraulikflüssigkeit,
- Reibung der Flüssigkeit im Leitungssystem und in den Bauteilen.

Für die Wahl einer geeigneten Pumpe sind der Volumenstrom und der Betriebsdruck entscheidend.

Hydraulikpumpen werden in Konstantpumpen und Verstellpumpen eingeteilt. Konstantpumpen haben einen gleich bleibenden Volumenstrom. Bei Verstellpumpen kann der Volumenstrom verändert werden.

Nach der Bauart unterscheidet man:

- Zahnradpumpen,
- Schraubenpumpen,
- Flügelzellenpumpen und
- Kolbenpumpen.

17.2.2.1 Zahnradpumpen

Zahnradpumpen sind Konstantpumpen. Nach ihrer Bauart werden sie in außenverzahnte und innenverzahnte Zahnradpumpen eingeteilt.

Außenverzahnte Zahnradpumpen

Bei *außenverzahnten Zahnradpumpen* greifen zwei Zahnräder ineinander (Abb. 2). Das Zahnrad z_1 ist mit dem Antrieb verbunden und treibt das Zahnrad z_2 an. Die Zahnradbewegungen sind gegenläufig und das Öl wird außen am Gehäuse entlang in den Druckraum gefördert. Die Saugseite ist mit dem Ölbehälter verbunden. Über die Druckseite gelangt das Hydrauliköl in die Leitungen der Hydraulikanlage.

Außenverzahnte Zahnradpumpen werden vielseitig eingesetzt. Auf Grund ihrer Konstruktion sind sie preiswert in der Herstellung, haben aber bei höheren Drehzahlen eine hohe Geräuschentwicklung.

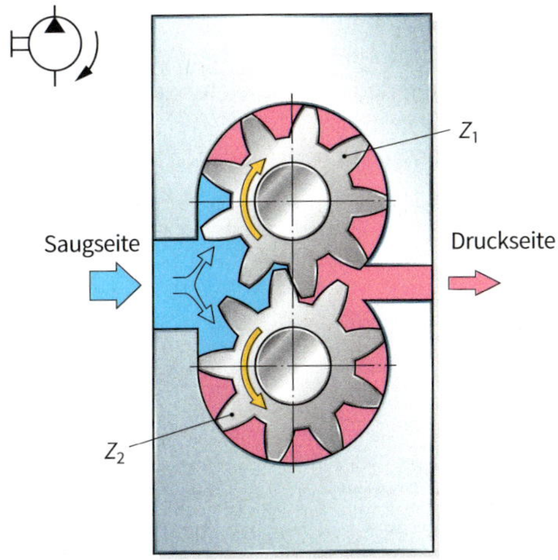

Abb. 2: Zahnradpumpe, außen verzahnt

Außenverzahnte Zahnradpumpen werden bis zu einer Drehzahl von ca. 3500 1/min angetrieben. Sie können bis zu einem Nenndruck von ca. 160 bar eingesetzt werden.

Innenverzahnte Zahnradpumpen

Bei *innenverzahnten Zahnradpumpen* treibt die Ritzelwelle das innenverzahnte Hohlrad an (Abb. 3). Das sichelförmige Segmentfüllstück trennt die Saugseite von der Druckseite. Während der Drehbewegung erfolgt auf der Saugseite die Ölaufnahme in die Zwischenräume der Zähne (Kammern).

Auf der Druckseite greifen die Zähne des Ritzels und des Hohlrades wieder ineinander und leiten die Hydraulikflüssigkeit in die Druckleitung.

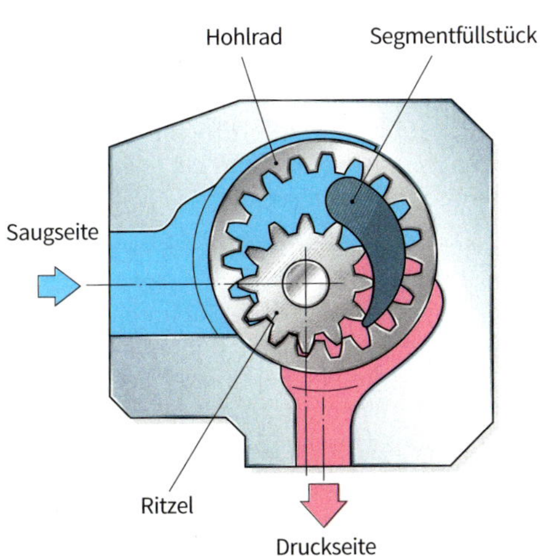

Abb. 3: Zahnradpumpe, innen verzahnt

Innenverzahnte Pumpen werden eingesetzt bis ca. 250 bar. Sie sind geräuscharm und werden mit Drehzahlen bis ca. 3500 1/min angetrieben.

17.2.2.2 Schraubenpumpen

Schraubenpumpen sind Konstantpumpen. Zwei oder mehrere Schraubenspindeln drehen sich in einem Gehäuse. Die ineinander greifenden Spindeln bilden mit dem Gehäuse Hohlräume, in denen das Hydrauliköl von der Saugseite zur Druckseite gefördert wird (Abb. 4).

Schraubenpumpen zeichnen sich durch eine hohe Laufruhe aus, sind aber auf Grund ihrer Bauart teuer.

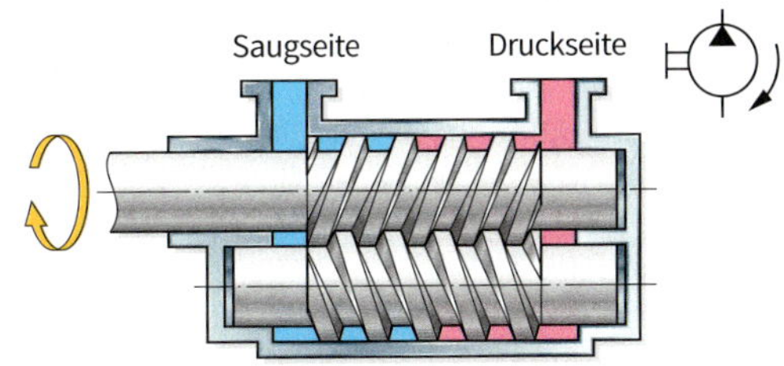

Abb. 4: Schraubenpumpe

Schraubenpumpen werden eingesetzt, wenn ein pulsationsfreier, großer Förderstrom bei einem Druck bis ca. 180 bar gefordert ist, z. B. bei Aufzügen und Werkzeugmaschinen.

17.2.2.3 Flügelzellenpumpen

Flügelzellenpumpen gibt es in der Ausführung als Konstantpumpen und Verstellpumpen.

Konstantflügelzellenpumpe

Flügelzellenpumpen mit konstantem Volumenstrom bestehen im Wesentlichen aus dem Rotor, den Flügeln, dem Statorring und dem Gehäuse (Abb. 5).

Innerhalb des elliptischen Statorrings dreht sich der angetriebene Rotor. Der Umfang des Rotors ist geschlitzt. In diesen Schlitzen werden frei bewegliche Flügel geführt. Diese Flügel werden bei Rotation des Rotors durch die Fliehkraft gegen die Lauffläche des Statorrings gedrückt. Sie dichten die einzelnen Druckräume gegeneinander ab. Die elliptische Form des Statorrings bewirkt, dass sich jeweils zwei Druckräume und zwei Saugräume gegenüberliegen.

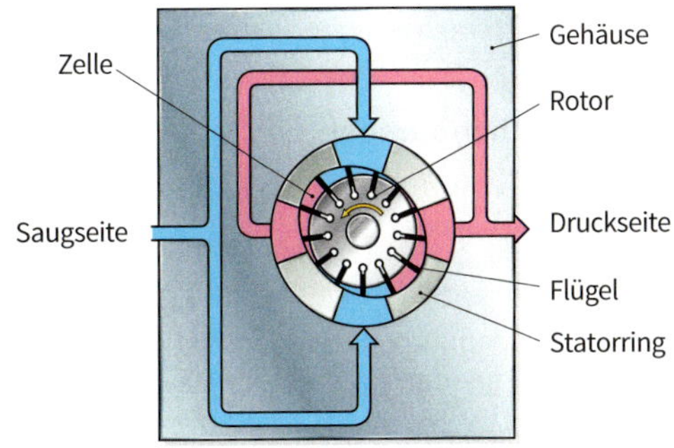

Abb. 5: Flügelzellenpumpe mit konstantem Volumenstrom

Für den Transport der Druckflüssigkeiten entstehen bei der Drehung des Rotors Zellen. Diese werden bei der Drehung zunehmend größer und füllen sich über der Saugseite mit Öl. Bei weiterer Drehung des Rotors werden die Zellen durch die elliptische Form des Statorrings wieder kleiner. Sie pressen das Öl auf der Druckseite in das Hydrauliksystem.

Verstellflügelzellenpumpe

Flügelzellenpumpen mit verstellbarem Volumenstrom besitzen statt des elliptischen Statorrings einen kreisförmigen Hubring (Abb. 1). Die Zellen vergrößern sich mit Erreichen des Sauganschlusses und füllen sich über den Sauganschluss mit Öl. Mit Erreichen des größten Zellvolumens gleiten sie in den Bereich der Druckseite, wo sie sich wieder verengen und das Öl über einen Druckkanal in das Hydrauliksystem pressen.

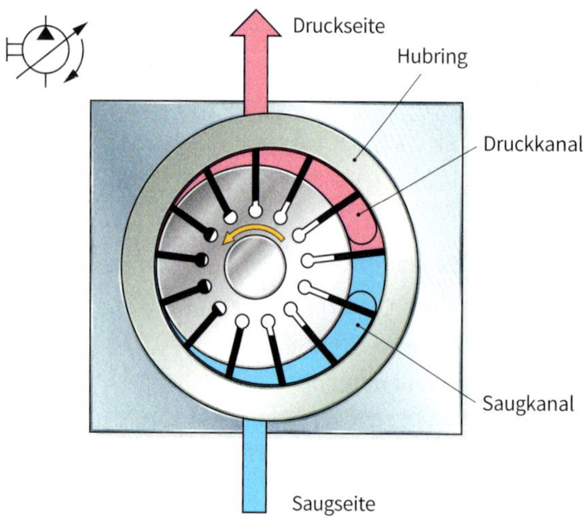

Abb. 1: Flügelzellenpumpe mit veränderlichem Volumenstrom

Mit dem Hubring lassen sich die Exzentrizität und damit der Volumenstrom der Pumpe stufenlos verstellen. Mit Hilfe des verstellbaren Hubringes lässt sich auch die Förderrichtung umkehren.

Flügelzellenpumpen arbeiten mit einer hohen Laufruhe und sind geräuscharm. Sie werden bis zu Drücken von ca. 160 bar und einem Drehzahlbereich von ca. 1800 1/min eingesetzt.

17.2.2.4 Kolbenpumpen

Kolbenpumpen werden als Konstantpumpen und Verstellpumpen eingesetzt.

Nach der Bauart unterscheidet man:

- Radialkolbenpumpen, bei denen die Kolben radial zur Pumpenachse angeordnet sind, und
- Axialkolbenpumpen, bei denen die Kolben axial zur Pumpenachse angeordnet sind.

Radialkolbenpumpen

Radialkolbenpumpen mit konstantem Volumenstrom bestehen im Wesentlichen aus dem Gehäuse, der Exzenterwelle und den Pumpenelementen (Abb. 2).

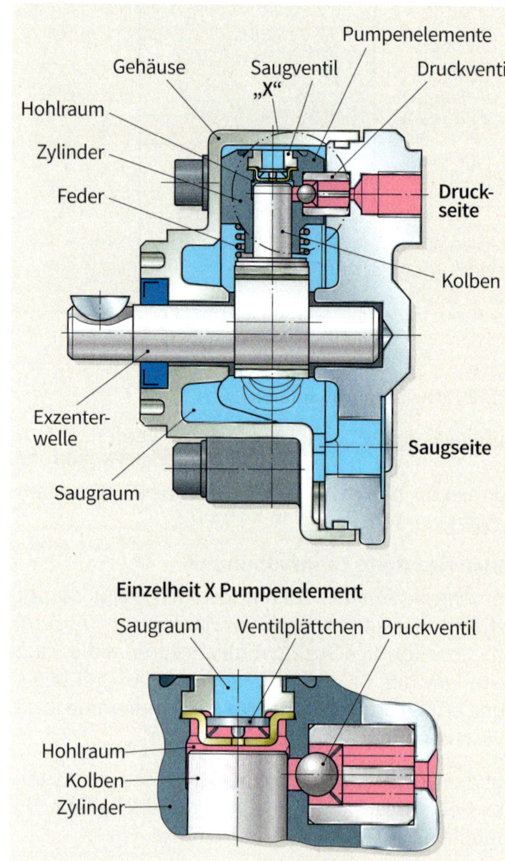

Abb. 2: Radialkolbenpume mit konstantem Volumenstrom

Das Pumpenelement besteht aus dem Saugventil, dem Druckventil und den Kolben. Die Kolben werden durch den Zylinder geführt und mit der Feder auf die Exzenteroberfläche gedruckt.

Bei Drehung der Exzenterwelle bewegen sich die Kolben auf und ab. Bewegt sich der Kolben nach unten, vergrößert sich der Hohlraum über dem Kolben (siehe Einzelheit X). Dadurch entsteht ein Unterdruck in diesem Raum, welcher das Ventilplättchen von seinem Ventilsitz abhebt. Es entsteht eine Verbindung zwischen Saugraum und Hohlraum. Dieser füllt sich nun mit Hydrauliköl.

Bewegt sich der Kolben nach oben, schließt das Saugventil und das Druckventil öffnet. Das Öl fließt nun über den Druckanschluss **P** zum Hydrauliksystem.

Radialkolbenpumpen werden vielseitig eingesetzt bis zu einem Nenndruck von 700 bar.

Axialkolbenpumpen

Bei Axialkolbenpumpen gibt es drei Konstruktionsprinzipien für die Hubbewegung der Kolben:

- Schrägachsenpumpen als Verstell- oder Konstantpumpe,
- Schrägscheibenpumpen als Verstell- oder Konstantpumpe und
- Taumelscheibenpumpen nur als Konstantpumpe.

Schrägachsenpumpen

Bei Schrägachsenpumpen sind die Achsen der Antriebswelle und der Zylindertrommel winklig zueinander angeordnet (Abb. 3).

Ist dieser Einstellwinkel α veränderbar, handelt es sich um eine Verstellpumpe mit veränderlichem Volumenstrom. Konstantpumpen haben einen unveränderbaren Einstellwinkel.

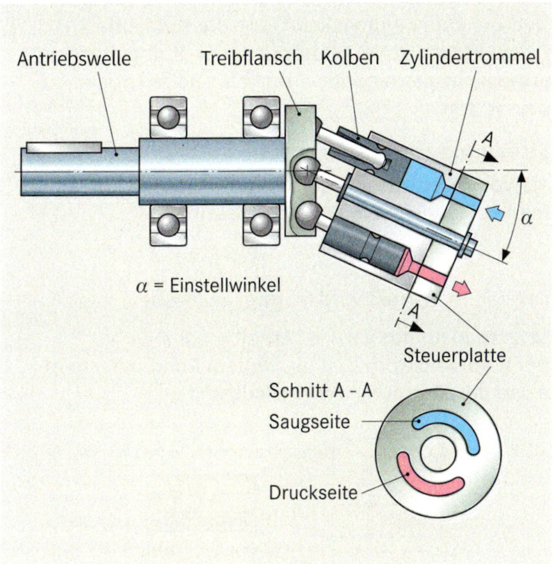

Abb. 3: Schrägachsenpumpe

Der Antrieb der Zylindertrommel erfolgt über den Treibflansch mit der Antriebswelle. Die Antriebskraft wird über die Kolben auf die Zylindertrommel übertragen. Dreht sich die Zylindertrommel, werden die Kolben aus der Trommel herausgezogen und saugen das Öl an. Gleichzeitig werden die Kolben in die Zylindertrommel hineingedruckt und das Öl in die Leitung gepresst.

Die Trennung von Saug- und Druckseite erfolgt über eine Schlitzsteuerung. Die Schlitze sind in die stillstehende Steuerplatte eingelassen.

Schrägscheibenpumpen

Bei der Schrägscheibenpumpe wird die Zylindertrommel mit den Kolben angetrieben (Abb. 4). Über den Einstellwinkel α wird der Volumenstrom bestimmt.

Bei Verstellpumpen ist dieser Winkel und somit der Hub der Kolben verstellbar. Bei Konstantpumpen ist der Einstellwinkel α nicht verstellbar.

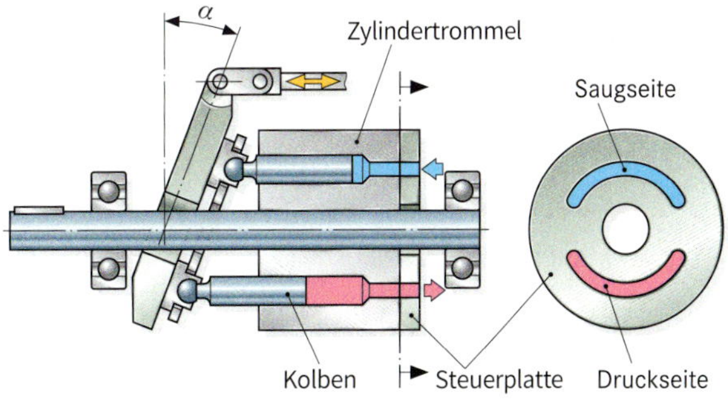

Abb. 4: Schrägscheibenpumpe

Bewegen sich die Kolben aus der Zylindertrommel heraus, saugen sie die Hydraulikflüssigkeit über die Steuerplatte an. Dreht sich die Zylindertrommel weiter, bewegen sich die Kolben wieder in die Zylindertrommel hinein und drücken das Öl über die Steuerplatte in die Hydraulikleitungen.

Taumelscheibenpumpe

Bei der Taumelscheibenpumpe treibt die Antriebswelle die Taumelscheibe an (Abb. 5). Die Kolben sind in einer sich nicht drehenden Zylindertrommel gelagert und werden durch eine Feder gegen die Taumelscheibe gedrückt. Dreht sich die Taumelscheibe, so führen die Kolben abwechselnde Pumpbewegungen aus und drücken die Flüssigkeit über ein Ventilsystem in die Druckleitung.

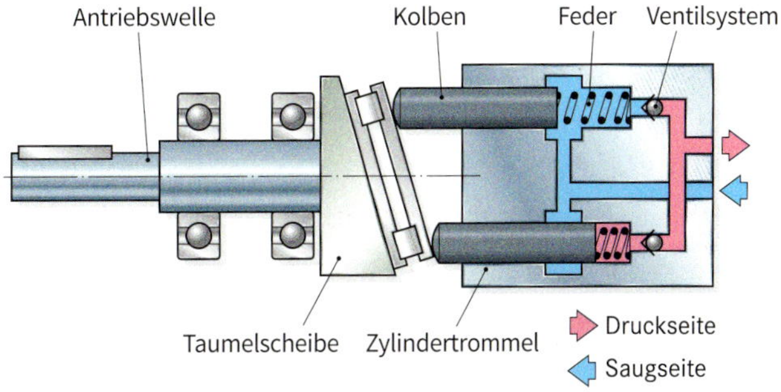

Abb. 5: Taumelscheibenpumpe

Grundlagen

Druck

Wird mit einer Kraft F auf die Kolbenfläche A eines Kolbens gedrückt, entsteht ein Überdruck p_e.

$$p_e = \frac{F}{A}$$

Der Überdruck breitet sich in einem geschlossenen Behälter gleichmäßig aus.

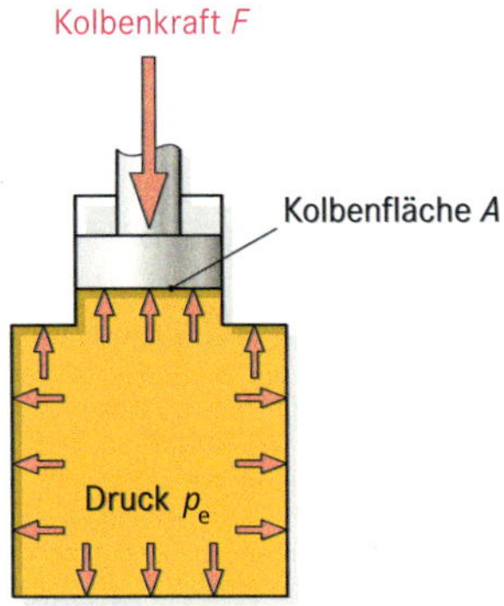

Der Druck wird in bar angegeben.

Umrechnung: $1 \text{ bar} = 0{,}1 \frac{\text{N}}{\text{mm}^2} = 10 \frac{\text{N}}{\text{cm}^2}$

Hydraulische Kraftübersetzung

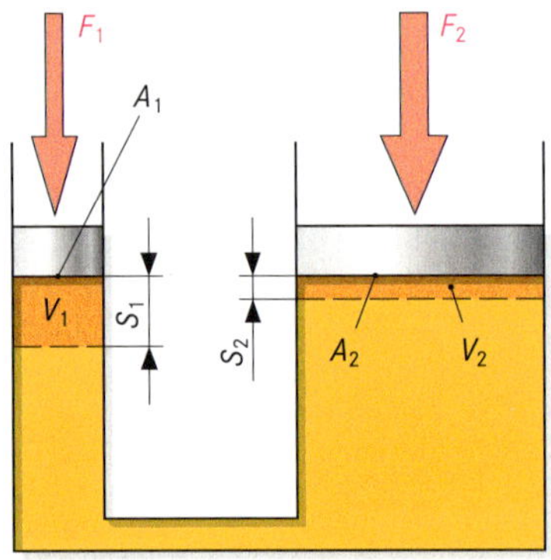

Da in einem geschlossenen System der Druck p_e überall gleich groß ist, gilt:

$$p = \frac{F_1}{A_1} = \frac{F_2}{A_2} \quad \text{Daraus folgt: } \frac{F_1}{F_2} = \frac{A_1}{A_2}$$

Bei konstantem Druck verhalten sich die Kolbenkräfte wie die zugehörigen Kolbenflächen.

Die beim Bewegen verdrängten Volumen V sind gleich groß:

$$V_1 = V_2$$

Mit $V_1 = A_1 \cdot s_1$ und $V_2 = A_2 \cdot s_2$ folgt: $\frac{A_1}{A_2} = \frac{s_2}{s_1}$

Die zurückgelegten Wege verhalten sich umgekehrt wie die zugehörigen Flächen.

Die verrichtete Arbeit W an beiden Kolben ist gleich groß:

$$W_1 = W_2$$

Mit $W_1 = F_1 \cdot s_1$ und $W_2 = F_2 \cdot s_2$ folgt: $\frac{F_1}{F_2} = \frac{s_2}{s_1}$

Die zurückgelegten Wege verhalten sich umgekehrt wie die zugehörigen Kolbenkräfte.

Hydraulische Druckübersetzung

Bei Druckübersetzern sind zwei Kolben mit unterschiedlichen Durchmessern fest mit einer Kolbenstange verbunden.

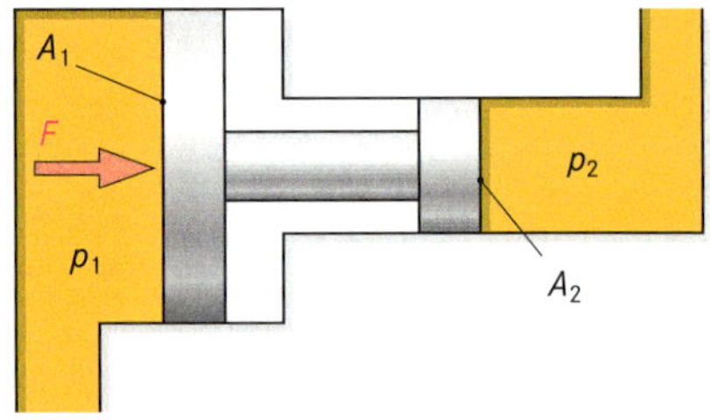

Infolge des Druckes p_{e1} und der Kolbenfläche A_1 entsteht die Kraft F. Diese erzeugt im Zusammenwirken mit der kleineren Kolbenflache A_2 den Druck p_{e2}.

$$F = p_{e1} \cdot A_1 = p_{e2} \cdot A_2 \qquad \text{Daraus folgt: } \frac{p_1}{p_2} = \frac{A_2}{A_1}$$

Bei der hydraulischen Druckübersetzung verhalten sich die Drücke umgekehrt wie die Kolbenflächen. Diese konstruktive Anordnung der Kolbenflächen ermöglicht es, niedrige Drücke in hohe Drücke zu übersetzen.

Strömungsgeschwindigkeiten

Als Volumenstrom $\dot{V}$ wird die pro Zeiteinheit t strömende Flüssigkeitsmenge V bezeichnet.

$$\dot{V} = \frac{V}{t}$$

Der Volumenstrom wird in l/min angegeben.

Setzt man für das $V = A \cdot s$, erhält man: $\dot{V} = A \cdot v$
Der Volumenstrom $\dot{V}$ ist gleich dem Rohrquerschnitt A und der Strömungsgeschwindigkeit v.

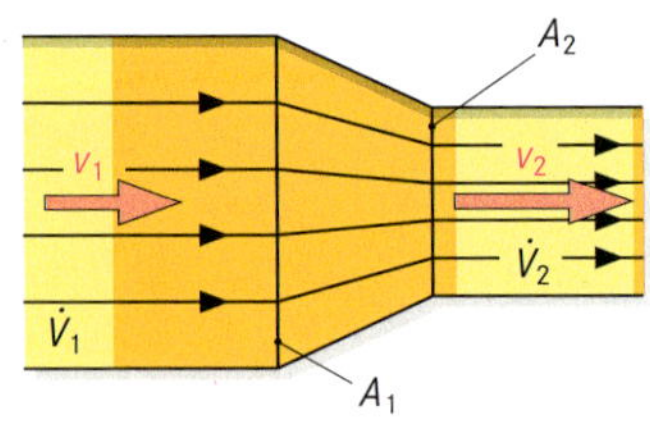

Der Volumenstrom einer Flüssigkeit, die durch ein Rohr mit unterschiedlichen Querschnitten strömt, ist an jeder Stelle gleich groß.

$$\dot{V}_1 = \dot{V}_2$$

Mit $\dot{V}_1 = A_1 \cdot v_1$ und $\dot{V}_2 = A_2 \cdot v_2$ folgt: $\frac{v_1}{v_2} = \frac{A_2}{A_1}$

Die Durchflussgeschwindigkeiten verhalten sich umgekehrt wie die zugehörigen Rohrquerschnitte. Bei einem geringeren Rohrquerschnitt erhöht sich die Durchflussgeschwindigkeit.

Durchflussgeschwindigkeiten werden in m/s angegeben.

Grundlagen

Hydraulische Leistung

Die abgegebene hydraulische Leistung P_{exi} einer Pumpe oder eines Zylinders ist vom Volumenstrom $\dot{V}$ und dem Anlagendruck p_e abhängig.

$$P_{exi} = \dot{V} \cdot p_e$$

In der Praxis wird mit folgender Zahlenwertgleichung gerechnet, um aufwändige Größenumrechnungen zu umgehen.

$$P_{exi} = \frac{\dot{V} \cdot p_e}{600}$$

Man erhält die Leistung P in kW, wenn der Volumenstrom $\dot{V}$ in l/min und der Druck p_e in bar eingesetzt werden.

Die zugeführte Leistung P_{ing} muss entsprechend dem Wirkungsgrad η größer sein:

$$P_{ing} = \frac{P_{exi}}{\eta}$$

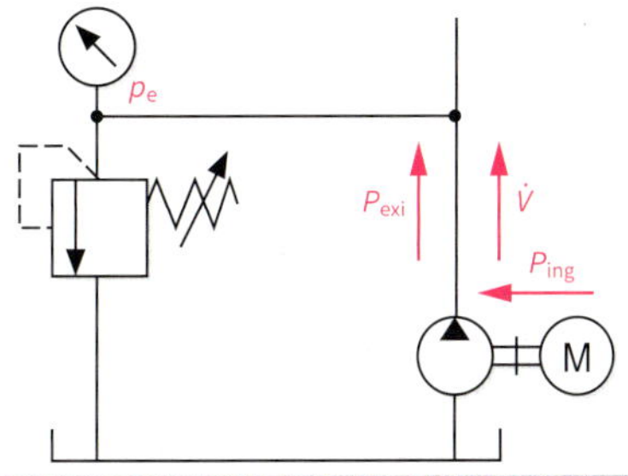

Beispiel:

Die Pumpe einer hydraulischen Anlage fördert einen Volumenstrom von 20 l/min. Die Antriebsleistung des Elektromotors beträgt 3,6 kW. Es ist ein Anlagendruck von 90 bar eingestellt.

a) Welche Leistung gibt die Pumpe ab?

b) Wie groß ist der Wirkungsgrad der Pumpe?

c) Welche Durchflussgeschwindigkeit v_1 herrscht in den Arbeitsleitungen bei einem Innendurchmesser d_1 von 12 mm?

d) Welchen Durchmesser d_2 muss die Tankleitung haben, wenn die Geschwindigkeit v_2 = 2 m/s nicht überschreiten darf?

Geg.: p = 90 bar
$\dot{V}$ = 20 l/min = 20 dm³/min
P_{ing} = 3 kW
d_1 = 12 mm
v_2 = 2 m/s = 120 m/min

Ges.: a) P_{exi} in kW
b) η
c) v_1 in m/s
d) d_2 in mm

Lösung:

a) Pumpenleistung

$$P_{exi} = \frac{\dot{V} \cdot p_e}{600}$$

$$P_{exi} = \frac{20\ \text{l/min} \cdot 90\ \text{bar}}{600}$$

$$P_{exi} = \underline{\underline{3\ \text{kW}}}$$

b) Wirkungsgrad

$$\eta = \frac{P_{exi}}{P_{ing}} = \frac{3\ \text{kW}}{3{,}6\ \text{kW}} = \underline{\underline{0{,}83}}$$

c) Durchflussgeschwindigkeit

$$\dot{V} = A \cdot v$$

$$v_1 = \frac{\dot{V}}{A_1}$$

$$A_1 = \frac{d_1{}^2 \cdot \pi}{4} = \frac{(1{,}2\ \text{cm})^2 \cdot \pi}{4}$$

$$A_1 = \underline{\underline{1{,}13\ \text{cm}^2}}$$

$$v_1 = \frac{20\,000\ \text{cm}^3 \cdot 1\ \text{min}}{\text{min} \quad 1{,}13\ \text{cm}^2 \cdot 60\ \text{s}}$$

$$v_1 = 295\ \text{cm/s} = \underline{\underline{2{,}95\ \text{m/s}}}$$

d) Rohrdurchmesser

$$\frac{v_1}{v_2} = \frac{A_2}{A_1}$$

$$A_2 = \frac{v_1 \cdot A_1}{v_2}$$

$$A_2 = \frac{2{,}95\ \text{m/s} \cdot 1{,}13\ \text{cm}^2}{2\ \text{m/s}}$$

$$A_2 = \underline{\underline{1{,}67\ \text{cm}^2}}$$

$$A_2 = \frac{d_2 \cdot \pi}{4}$$

$$d_2 = \sqrt{\frac{4 \cdot A_2}{\pi}}$$

$$d_2 = \sqrt{\frac{4 \cdot 1{,}67\ \text{cm}^2}{\pi}} = 1{,}45\ \text{cm}$$

$$d_2 = \underline{\underline{14{,}5\ \text{mm}}}$$

Aufbau/ Funktion

17.2.3 Ölfilter

Hydraulikflüssigkeiten können während des Betriebs durch Abrieb oder Eindringen von Schmutzpartikeln durch defekte Dichtungen und über die Tankbelüftung verschmutzt werden.

Ölfilter haben die Aufgabe, die Bauteile der Hydraulikanlage vor Verschmutzungen im Hydrauliköl zu schützen. Dadurch wird die Funktion der Bauteile gewährleistet.

Die Filterauswahl ist abhängig von:

- der Viskosität des Hydrauliköls,
- dem Volumenstrom,
- der Filterfeinheit und
- der Anordnung des Filters im Kreislauf.

Die **Filterfeinheit** (Porenweite) ist eine wichtige Kenngröße für den Filter und wird in µm angegeben. Sie ist ein Maß für die größten noch durchgelassenen Partikel. In der Industriehydraulik werden z. B. Filter mit einer Porenweite von 10 µm bis 60 µm verwendet. In der Servohydraulik beträgt die Porenweite nur etwa 5 µm.

Nach der Anordnung im Hydrauliksystem werden Filter als Rücklauffilter, Saugfilter oder Druckfilter eingesetzt (Abb. 1).

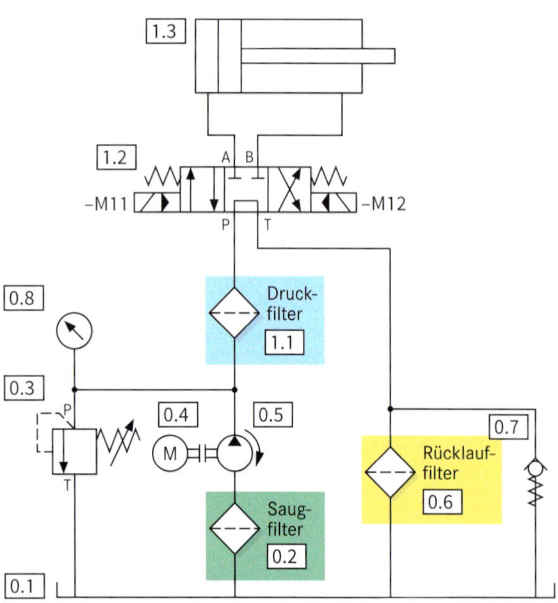

Abb. 1: Anordnungsbeispiele für Ölfilter

Rücklauffilter filtrieren das Öl nach dem Durchlauf durch das Hydrauliksystem. Die Anordnung des Filters im Rücklauf ist einfach, preiswert und erfasst den gesamten Volumenstrom der Anlage. Bei dieser Anordnung werden die Verunreinigungen erst am Ende des Kreislaufes herausgefiltert.

Saugfilter sitzen in der Saugleitung der Pumpe. Dadurch gelangt nur gefiltertes Öl in das Hydrauliksystem. Nachteilig bei dieser Anordnung sind die schlechte Zugänglichkeit und Ansaugprobleme bei feinporigen Filtern.

Druckfilter werden nach der Pumpe vor besonders empfindlichen Ventilen, z. B. Servoventilen, eingebaut. Sie müssen ein druckfestes Gehäuse besitzen und sind teuer.

Durch Filter entsteht in Hydraulikanlagen ein Druckabfall. Der Druckabfall ist vom Grad der Verschmutzung des Filters abhängig. Zur Kontrolle haben viele Filter eine Verschmutzungsanzeige, die den Verschmutzungsgrad des Filters anzeigt (Abb. 2). Dabei wird der Druckabfall messtechnisch zur Filterüberwachung genutzt.

Abb. 2: Verschmutzungsanzeige eines Ölfilters

Eine zusätzliche Umgehungsleitung schützt dabei die Hydraulikanlage vor Überlastung bei zugesetztem Filter. Ein federbelastetes Rückschlagventil (0.7) öffnet die Leitung, wenn der Filter zugesetzt ist.

17.2.4 Hydrospeicher

Die Hauptaufgabe von Hydrospeichern ist es, ein Teilvolumen der Hydraulikflüssigkeit einer Hydraulikanlage aufzunehmen und bei Bedarf wieder an die Anlage zurückzugeben.

Am häufigsten werden Blasenspeicher verwendet. Ein Blasenspeicher besteht aus einem druckfesten Stahlbehälter, in dem eine elastische Gummi- oder Kunststoffblase eingesetzt ist (Abb. 3).

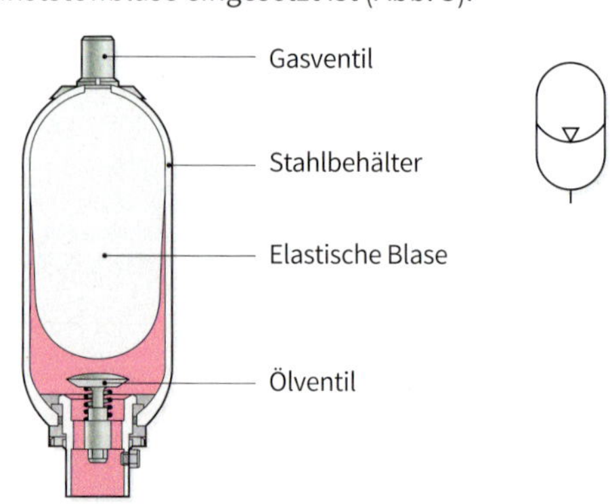

Abb. 3: Hydrospeicher als Blasenspeicher

Der Druckbehälter steht mit dem hydraulischen Kreislauf in Verbindung. Beim Ansteigen des Druckes in der Hydraulikanlage wird das Gas in der Blase zusammengedrückt und Hydrauliköl im Hydrospeicher aufgenommen. Sinkt der Druck expandiert das verdichtet Gas und verdrängt das gespeicherte Hydrauliköl in den Hydraulikkreislauf.

Neben Blasenspeicher werden noch Membranspeicher oder Kolbenspeicher eingesetzt. Als Gas wird in der Regel Stickstoff eingesetzt. Die Druckbehälter unterliegen strengen gesetzlichen Bestimmungen (Druckbehälterverordnung).

Hydrospeicher können folgende Aufgaben haben:

- Energiespeicherung zur Einsparung von Pumpenantriebsleistung bzw. zur Spitzenbedarfsdeckung,
- Energiereserve für Notfälle, z.B. bei Versagen der Hydropumpe oder Spannungsausfall,
- Ausgleich von Leckverlusten und
- Stoß- und Schwingungsdämpfung bei periodischen Schwingungen oder mechanischen Stößen.

Ein Hydrospeicher kann eine Hydraulikanlage lange unter Druck halten. Vor Arbeiten an der Anlage muss sie daher erst druckfrei gemacht werden. Dadurch wird verhindert, dass bei abgeschalteter Pumpe noch Bewegungen von Antriebsgliedern ausgeführt werden.

17.2.5 Hydraulikflüssigkeiten

Die Hydraulikflüssigkeit muss die Antriebsleistung der Pumpe auf die Arbeitsglieder übertragen. Darüber hinaus soll die Flüssigkeit die Bauglieder der Anlage schmieren und vor Korrosion schützen. Außerdem muss die Flüssigkeit die Wärme abführen, die durch Reibung in den Baugliedern entsteht.

Hydraulikflüssigkeiten müssen daher folgende Eigenschaften aufweisen:

- geringe Veränderung der Viskosität bei Temperaturänderungen,
- gute Schmierfähigkeit,
- guten Korrosionsschutz,
- Verträglichkeit gegenüber Dichtungen und anderen Kunststoffteilen,
- Alterungsbeständigkeit, d.h. geringe Neigung zum Verharzen bzw. zur Säurebildung,
- gutes Luftabscheidevermögen und geringe Neigung zum Schäumen.

Als Hydraulikflüssigkeiten werden Mineralöle, schwer entflammbare Flüssigkeiten und biologisch abbaubare Flüssigkeiten eingesetzt (Tab. 1).

Tab. 1: Arten von Hydraulikflüssigkeiten

Art	Einsatz
Mineralöle	
HLP	Industriehydraulik, Druckbereich bis 250 bar
HVLP	Industriehydraulik, Druckbereich über 250 bar
schwer entflammbare Flüssigkeiten	
HFC	hohen Temperaturen ausgesetzte Anlagen, für geringe Drücke, Lösung mit 35–55 % Wasser
HFD	hohen Temperaturen ausgesetzte Anlagen, für hohe Drücke, synthetische wasserfreie Lösung
biologisch abbaubare Flüssigkeiten	
–	Anlagen in Wasserschutzgebieten oder Land- und Forstwirtschaft, Flüssigkeit auf Pflanzenölbasis, z. B. Rapsöl

Mineralöle sind die am häufigsten verwendeten Hydraulikflüssigkeiten. Damit sie die entsprechenden Eigenschaften aufweisen, werden sie mit entsprechenden Wirkstoffen vermischt.

Schwer entflammbare Flüssigkeiten haben eine erheblich höhere Zündtemperatur als Mineralöle. Sie besitzen jedoch im Vergleich zu den Mineralölen eine niedrigere Viskosität, eine geringere Schmierfähigkeit und einen schlechteren Korrosionsschutz.

Biologisch abbaubare Flüssigkeiten werden bei Leckage von der Natur weitgehend abgebaut.

Aufgaben

1. Benennen Sie die Teilsysteme einer hydraulischen Anlage und beschreiben Sie deren Aufgaben.

2. Geben Sie Vorteile der Hydraulik gegenüber der Pneumatik an.

3. Geben Sie die Bauglieder eines Hydraulikaggregates an und beschreiben Sie deren Aufgabe.

4. Beschreiben Sie die Funktion einer:
a) Zahnradpumpe, außen verzahnt.
b) Schrägachsenpumpe mit konstantem Volumenstrom.

5. Worin besteht der Unterschied zwischen Antrieben mit Konstantpumpen und Antrieben mit Verstellpumpen?

6. Beschreiben Sie den Einsatz der verschieden Filter in einer hydraulischen Anlage.

7. Welche Aufgaben haben Hydraulikflüssigkeiten?

8. Eine Zahnradpumpe mit einem Wirkungsgrad von η = 0,75 erzeugt bei einem Volumenstrom von 35 l/min einen Druck von 160 bar. Berechnen Sie
a) die abgegebene Leistung der Pumpe und
b) die erforderliche Leistung des Motors.

17.3 Steuerungseinheiten

Der Energiefluss in hydraulischen Anlagen kann über den Volumenstrom oder über den Druck der Flüssigkeit gesteuert werden.

Als Steuerungseinheiten werden Wegeventile, Sperrventile, Stromventile und Druckventile eingesetzt.

17.3.1 Wegeventile

Bei hydraulischen Wegeventilen wird der Volumenstrom der Hydraulikflüssigkeit durch Verschieben eines Ventilkolbens gesteuert.

! Wegeventile öffnen und sperren den Durchfluss der Hydraulikflüssigkeit und ändern deren Durchflussrichtung.

Hydraulische Ventile haben im Unterschied zu Ventilen für pneumatische Steuerungen zusätzliche Abschlüsse für Rückleitungen zum Behälter. Die Anschlusskennzeichnung erfolgt in der Regel durch Buchstaben (Tab. 1). Auf den Bauteilen findet sich die gleiche Kennzeichnung.

Tab. 1: Kennzeichnung von Anschlüssen

Anschlussarten	Bezeichnung
Arbeitsleitungen zum Antriebsglied	A,B,C
Druckleitungen von der Pumpe	P
Rückleitungen zum Behälter (Tank)	T
Leckölleitungen	L
Steuerleitungen	X, Y Z

Häufig werden Wegeventile mit vier Leitungsanschlüssen verwendet.

auch über Web-Link

4/2-Wegeventile

4/2-Wegeventile haben zwei Schaltstellungen. Das dargestellte Ventil wird durch eine Feder in Ausgangsstellung gehalten (Abb. 1). Über einen Elektromagneten wird es in Arbeitsstellung gebracht.

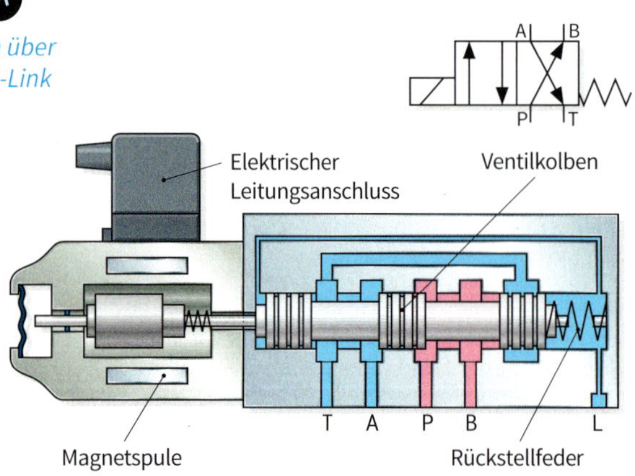

Abb. 1: Elektromagnetisch betätigtes 4/2 – Wegeventil

An den Anschlüssen **A** und **B** werden die Arbeitsleitungen zum Zylinder angeschlossen, am Anschluss **P** die Druckleitung von der Pumpe. Über den Anschluss **T** erfolgt die Rückleitung des Hydrauliköls zum Tank.

In der Ausgangsstellung ist der Weg für das Drucköl vom Druckleitungsanschluss **P** zum Anschluss **B** geöffnet. Der Ölabfluss erfolgt vom Anschluss **A** zum Tankanschluss **T**. In Arbeitsstellung ist der Weg für das Drucköl vom Druckleitungsanschluss **P** zum Anschluss **A** geöffnet. Der Ölabfluss erfolgt vom Anschluss **B** zum Tankanschluss **T**.

4/2-Wegeventile werden z.B. zum Ansteuern von doppelt wirkenden Zylindern und von Hydromotoren mit Rechts- und Linkslauf verwendet.

4/3-Wegeventile

4/3-Wegeventile besitzen drei Schaltstellungen und werden oft in der Hydraulik verwendet.

Das abgebildete 4/3-Wegeventil wird durch elektromagnetisch betätigtes Vorsteuerventil geschaltet (Abb. 2). Das Vorsteuerventil wird über das Hauptventil mit Hydrauliköl versorgt. Leitungen des Vorsteuerventils führen auf die Steuerseiten des Hauptsteuerkolbens. Eingebaute Druckfedern halten beide Kolben in Mittelstellung.

Vorsteuerventile können mit kleinen elektrischen Leistungen große hydraulische Drücke schalten.

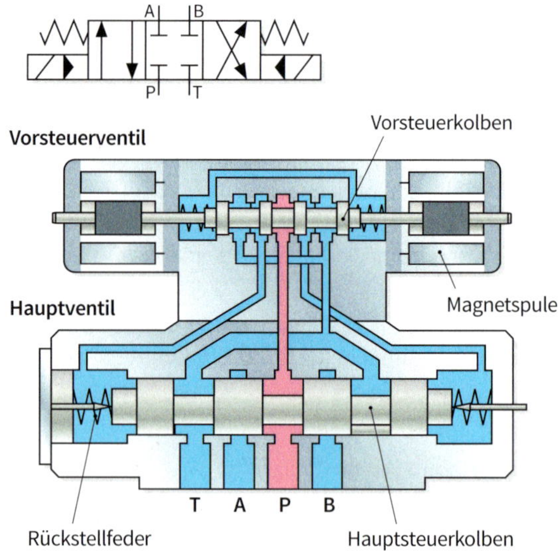

Abb. 2: Vorgesteuertes 4/3-Wegeventil

4/3-Wegeventile gibt es in verschiedenen Ausführungen, die sich in der Mittelstellung (Nullstellung) unterscheiden. Der Vorteil dieser Ventilbaureihe liegt darin, dass unter Verwendung des gleichen Gehäuses durch Veränderung des Steuerkolbens eine Vielzahl unterschiedlicher Durchflussmöglichkeiten in der Mittelstellung realisiert werden können.

- **4/3-Wegeventil mit Sperr-Mittelstellung**

Bei einem 4/3-Wegeventil mit Sperr-Mittelstellung sind die Arbeitsleitungen **A** und **B** sowie Pumpe **P** und Tank **T** voneinander getrennt (Abb. 3). Dadurch kann der Zylinder in jeder Lage gestoppt werden. Das ist wichtig z.B. bei Not-Stop. In beiden Arbeitsleitungen befindet sich Hydrauliköl mit dem Anlagendruck. Die Pumpe muss das Öl allerdings über das Druckbegrenzungsventil mit dem maximalen Anlagendruck zum Tank befördern.

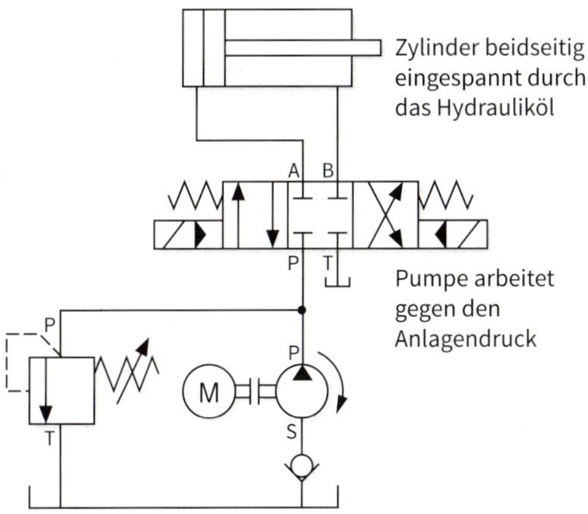

Abb. 3: 4/3-Wegeventils mit Sperr-Mittelstellung

- **4/3-Wegeventil mit Umlauf-Mittelstellung**

Bei einem 4/3-Wegeventil mit Umlauf-Mittelstellung sind die Anschlüsse **A** und **B** ebenfalls gesperrt, so dass der Zylinder stehen bleibt (Abb. 4). Das Ventil besitzt aber einen fast drucklosen Umlauf des Öls von der Pumpe zum Tank. Dies wird durch einen Hohlkolben ermöglicht, der in der Mittelstellung die Anschlüsse **P** und **T** miteinander verbindet. Die Pumpe wird entlastet und Energie eingespart.

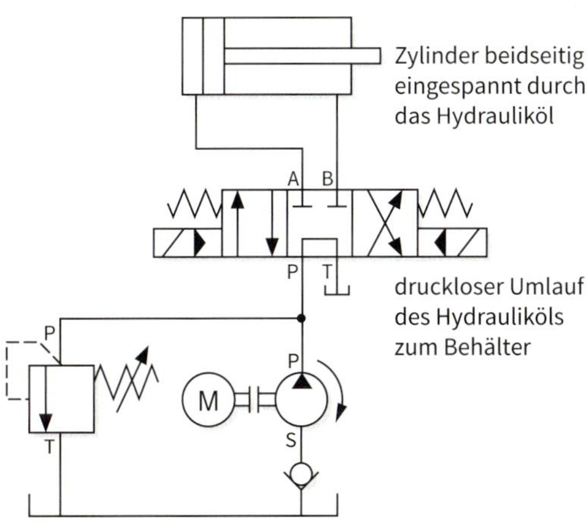

Abb. 4: 4/3-Wegeventil mit Umlauf-Mittelstellung

- **4/3-Wegeventil mit Schwimm-Mittelstellung**

Bei einem 4/3-Wegeventil mit Schwimm-Mittelstellung ist in der Mittelstellung der Zylinder frei beweglich (Abb. 5). In beiden Arbeitsleitungen steht die Hydraulikflüssigkeit nicht unter dem Anlagendruck. Die Pumpe muss aber gegen den am Druckbegrenzungsventil eingestellten Anlagendruck arbeiten.

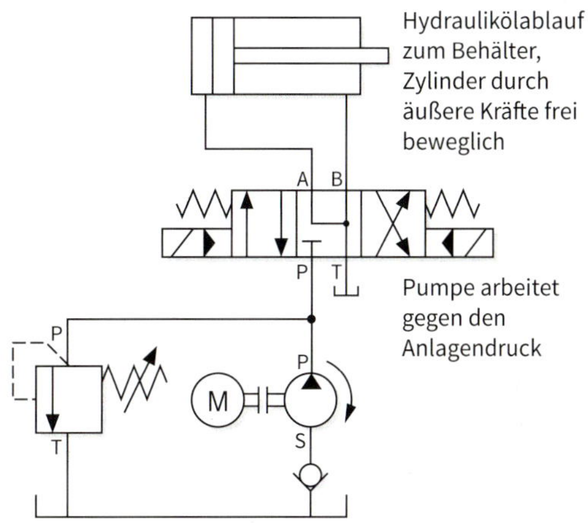

Abb. 5: 4/3-Wegeventil mit Schwimm-Mittelstellung

17.3.2 Sperrventile

Sperrventile lassen den Volumenstrom nur in einer Richtung durch. In entgegengesetzter Richtung sperren sie den Durchfluss.

In der Hydraulik werden Rückschlagventile als Sperrventile verwendet.

Federbelastete Rückschlagventile

Das federbelastete Rückschlagventil besteht im Wesentlichen aus dem Gehäuse, der Feder und der Schließkugel (Abb. 6)

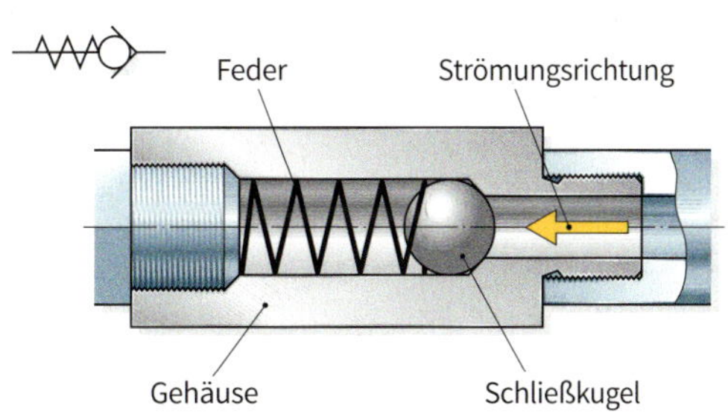

Abb. 6: Rückschlagventil

Im geschlossenen Zustand wird die Kugel von der Feder gegen den Ventilsitz gedrückt. Der Durchfluss erfolgt, wenn die durch den Öldruck erzeugte Kraft in Strömungsrichtung die Federkraft übersteigt. Die Schließkugel wird dann von der Dichtfläche, dem Ventilsitz, weggedrückt.

Entsperrbare Rückschlagventile

Entsperrbare Rückschlagventile können über einen Steueranschluss hydraulisch geöffnet und somit entsperrt werden (Abb. 1). Die Hydraulikflüssigkeit kann dann in beiden Richtungen strömen.

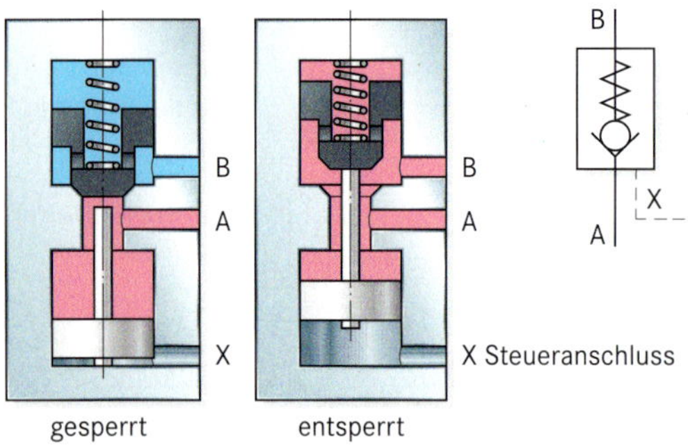

Abb. 1: Entsperrbares Rückschlagventil

Über den Steueranschluss **X** erfolgt eine Druckbeaufschlagung des Kolbens. Dieser drückt mit Hilfe einer Stößelstange den Ventilkegel nach oben. Die Sperrstellung ist aufgehoben und der Durchfluss ist jetzt in entgegengesetzter Richtung möglich.

Mit entsperrbaren Rückschlagventilen können Zylinder, die durch äußere Kräfte belastet sind, in jeder Stellung stillgesetzt werden (Abb. 2).

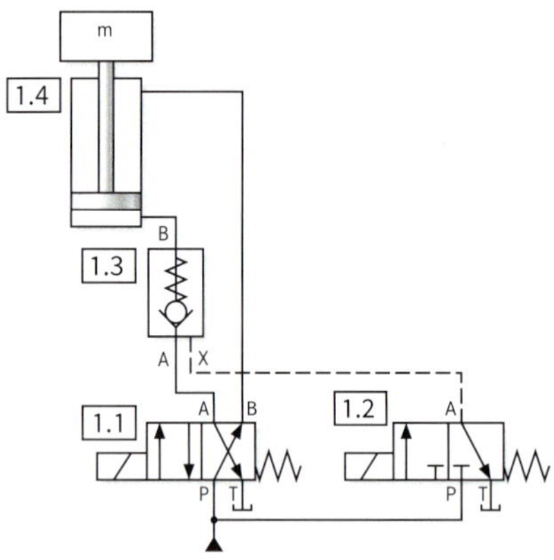

Abb. 2: Anwendung eines entsperrbaren Rückschlagventils

17.3.3 Druckventile

! Druckventile regulieren den Druck in hydraulischen Anlagen. Sie öffnen oder schließen Leitungen je nach dem Druckzustand in der Anlage.

Man unterscheidet Druckbegrenzungsventil, Folgeventil und Druckreduzierventil.

17.3.3.1 Druckbegrenzungsventile

Das Druckbegrenzungsventil ist in Ausgangsstellung geschlossen (Abb. 3). Eine Feder drückt den Schließkegel gegen den Ventilsitz. Der Druck am Anschluss **P** wirkt auf die Stirnflache des Kolbens. Übersteigt der Druck die eingestellte Federkraft, wird der Schließkegel gegen die Feder verschoben. Er öffnet den Weg zum Tankanschluss **T**. Das Hydrauliköl kann drucklos zum Tank abfliesen. Der Druck am Anschluss **P** und damit in der Hydraulikanlage bleibt konstant. Sinkt der Druck am Anschluss **P**. schließ die Federkraft das Ventil wieder.

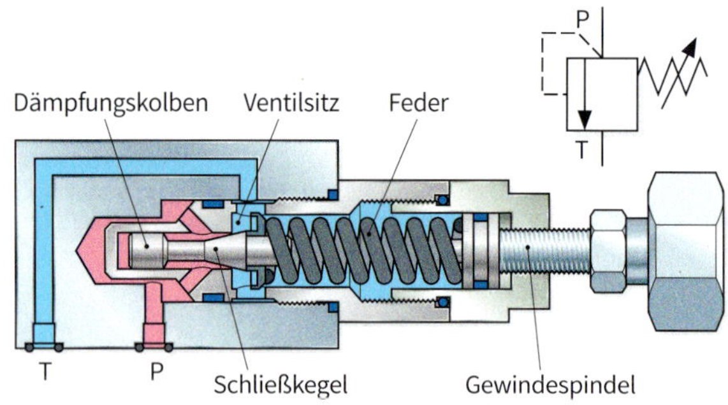

Abb. 3: Aufbau eines Druckbegrenzungsventils

Druckbegrenzungsventile werden meist als Sicherheitsventil eingebaut. Nicht verstellbare Pumpen fördern das Hydrauliköl weiter, auch wenn z. B. das Steuerventil geschlossen ist (Abb. 4). Deshalb muss ein Überlastungsschutz in die Anlage eingebaut werden. Übersteigt der Druck den am Druckbegrenzungsventil eingestellten Druck, öffnet das Ventil und leitet den überschüssigen Volumenstrom in den Tank ab.

Druckbegrenzungsventile sichern hydraulische Steuerungen gegen unzulässig hohe Drücke ab. **!**

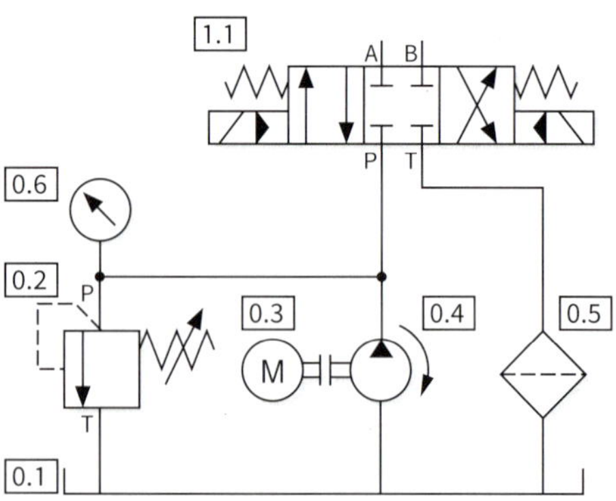

Abb. 4: Druckbegrenzungsventil als Sicherheitsventil

Druckbegrenzungsventile können auch zur Gegenhaltung eingesetzt werden (Abb.5). Dabei werden sie in den Abfluss des Zylinders eingebaut. Beim Ausfahren des Zylinders arbeitet dieser gegen den eingestellten Druck am Druckbegrenzungsventil. Der Druck bewirkt ein sanftes Anfahren des Zylinders und verhindert unkontrollierte Bewegungen bei ziehenden Lasten.

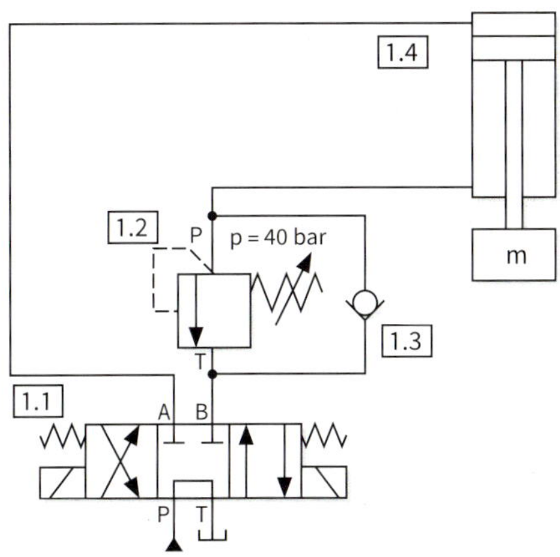

Abb. 5: Druckbegrenzungsventil zur Gegenhaltung

17.3.3.2 Folgeventile

Folgeventile schalten bei einem eingestellten Druck weitere Zylinder in einer Anlage zu. Sie sind in der Ausgangsstellung geschlossen und öffnen sich, wenn der Druck den eingestellten Schaltdruck erreicht hat (Abb. 6).

Hydrauliköl kann in Folgeventilen nur von **P** nach **A** strömen. Ein entgegengesetzter Ölstrom muss über ein parallel geschaltetes Rückschlagventil abgeleitet werden.

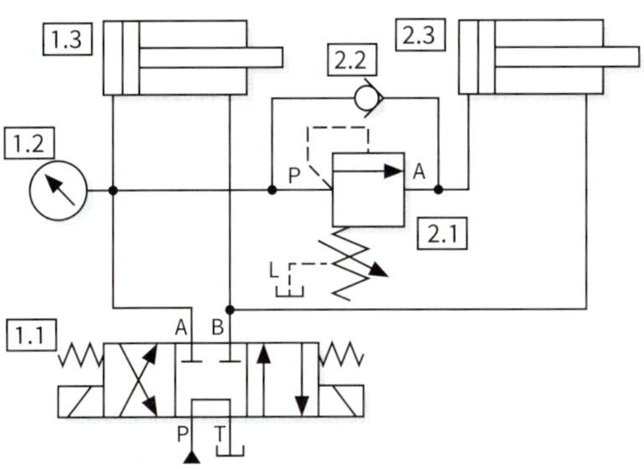

Abb. 6: Zylindersteuerung mit Folgeventil

Nachdem der Kolben des Zylinders (1.3) ausgefahren ist, steigt der Druck in der Zuleitung **P** weiter an. Ist der eingestellte Druck am Zuschaltventil (2.1) erreicht, schaltet es um und lässt den Volumenstrom zum Zylinder (2.3) strömen. Der Kolben des Zylinders (2.3) fährt nun aus.

17.3.3.3 Druckreduzierventile

Die Aufgabe von Druckreduzierventilen besteht darin, einen eingestellten, reduzierten Druck für einen Teil einer Hydraulikanlage konstant zu halten. Während am Anschluss **P** der Anlagendruck wirkt, wird am Anschluss **A** der reduzierte Druck konstant gehalten.

Druckreduzierventile sind in Ausgangsstellung geöffnet (Abb. 7). Die Durchflussrichtung erfolgt von **P** nach **A**. Der Ausgangsdruck am Anschluss **A** wirkt auf die Stirnfläche des Regelkolbens. Übersteigt der Druck die eingestellte Federkraft, bewegt sich der Regelkolben und verengt oder schließt den Strömungsweg zum Anschluss **A**. Der Druck am Ausgang **A** bleibt konstant.

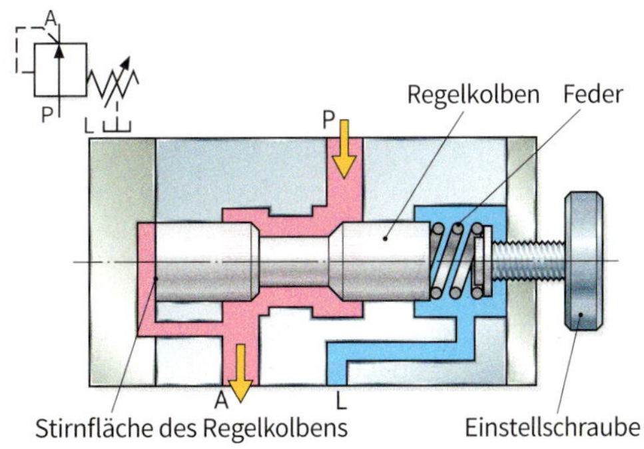

Abb. 7: Zweiwege-Druckreduzierventil

Druckreduzierventile werden als Schieberventile hergestellt. Das dadurch anfallende Lecköl wird über den Anschluss **L** abgeführt.

Die Aufgabe eines Druckreduzierventils besteht darin, einen eingestellten, reduzierten Druck für einen bestimmten Teil einer Anlage konstant zu halten. In der in der Abbildung 8 dargestellten Zylindersteuerung wird der Druck für den Hydraulikzylinder (1.4) gegenüber dem Anlagendruck von 150 bar auf 60 bar begrenzt. Dies kommt zum Einsatz, wenn z. B. die Spannkraft für empfindliche Werkstücke begrenzt werden soll. Das Einfahren des Kolbens von (1.4) erfolgt mit dem Anlagendruck von 150 bar.

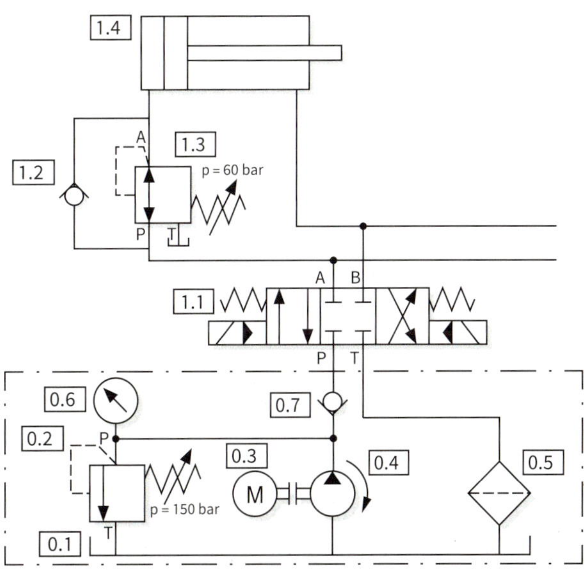

Abb. 8: Zylindersteuerung mit Dreiwege-Druckreduzierventil

17.3.4 Stromventile

Mit Stromventilen kann die Durchflussmenge des Hydrauliköls beeinflusst werden.

Stromventile steuern den Volumenstrom des Hydrauliköls. Sie dienen zur Geschwindigkeitssteuerung von Antriebsgliedern.

Stromventile werden eingeteilt in Drosselventile und Stromregelventile.

17.3.4.1 Drosselventile

Drosselventile gibt es in nicht verstellbarer und verstellbarer Ausführung.

Drosseln und Blenden

Nicht verstellbare Drosselventile sind Drosseln und Blenden. Drosseln haben eine längere, rohrartige Querschnittsverengung. Blenden haben eine kurze Querschnittsverengung.

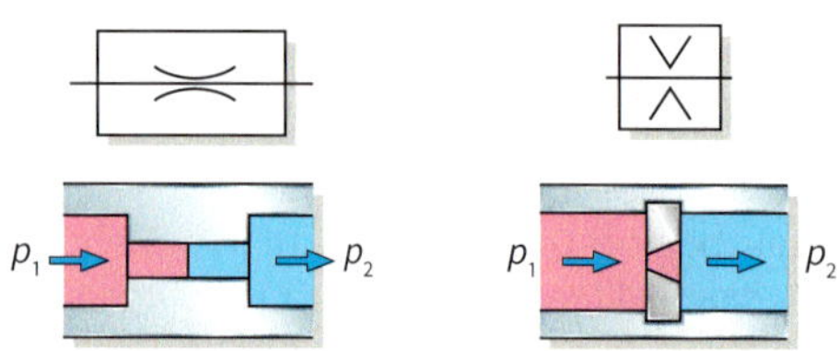

Abb. 1: Drossel und Blende

Drossel oder Blenden werden z. B. oft vor Überdruckmessgeräten eingebaut, um diese vor Drückstößen in der Hydraulikanlage zu schützen.

Verstellbare Drosselventile

Verstellbare Drosselventile bestehen aus dem Ventilgehäuse, der Einstellschraube und der Drosselstelle (Abb. 2). Mit der Einstellschraube kann der Strömungsquerschnitt an der Drosselstelle verändert werden.

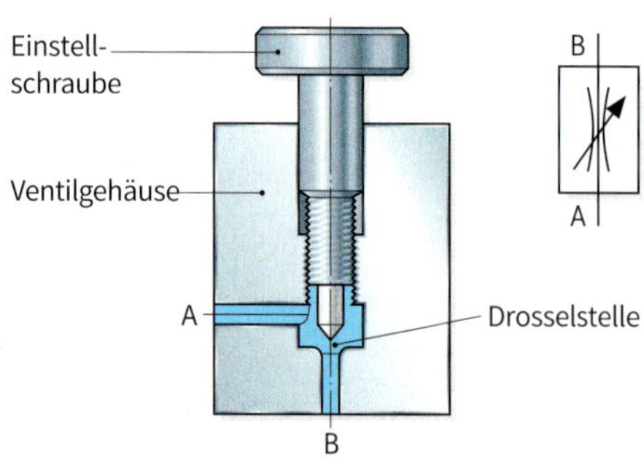

Abb. 2: Verstellbares Drosselventil

Eine Querschnittsvergrößerung hat eine Vergrößerung der Durchflussmenge zur Folge. Dadurch erhöht sich die Ausfahrgeschwindigkeit des Kolbens oder die Umdrehungsfrequenz eines Hydromotors.

Die Durchflussmenge wird auch durch den Druck des Hydrauliköls beeinflusst. Wobei der Druck von der äußeren Belastung der Antriebsglieder abhängt. Die Ausfahrgeschwindigkeit eines Kolbens bleibt so nicht konstant und verändert sich mit der Belastung.

Drosselventile wirken lastabhängig.

17.3.4.2 Stromregelventile

Soll die Ausfahrgeschwindigkeit eines Kolbens oder die Umdrehungsfrequenz eines Hydromotors unabhängig vom Druck sein, werden Stromregelventile verwendet. Stromregelventile sind so aufgebaut, dass sie mithilfe einer mechanischen Regeleinrichtung den Volumenstrom und damit die Verfahrgeschwindigkeit des Kolbens auch bei sich ändernder Belastung konstant halten.

Stromregelventile wirken lastunabhängig.

Stromregelventile in 2-Wege-Ausführung haben zwei Anschlüsse **A** und **B** (Abb. 3). Das Hydrauliköl kann nur in der Richtung von **A** nach **B** strömen. Dies muss beim Einbau des Ventils beachtet werden. Die Wirkrichtung ist im Schaltzeichen mit einem Pfeil gekennzeichnet.

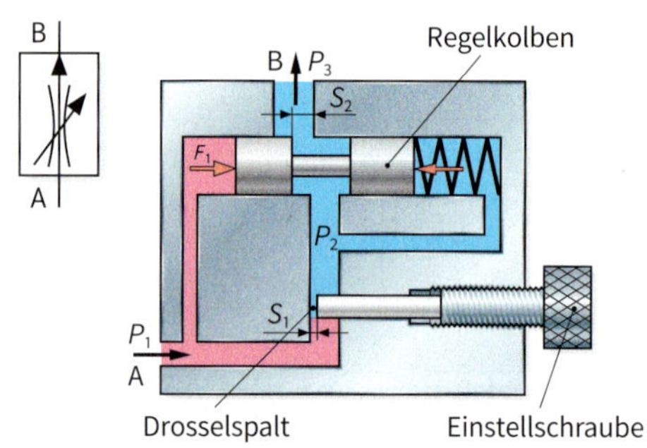

Abb. 3: 2-Wege-Stromregelventil

Das Stromregelventil hat einen einstellbaren Drosselspalt S_1 und einen Regelkolben. Eine Feder hält den Anschluss **B** geöffnet.

Durch den Drosselspalt S_1 strömen in Abhängigkeit vom Druckunterschied $\Delta p = p_1 - p_2$ unterschiedlich große Volumenströme. Ist der Druckunterschied groß, strömt ein großer Volumenstrom und umgekehrt.

Der Druckunterschied Δp wirkt auch auf den Regelkolben. Ist der Druckunterschied groß, wird der Spalt S_2 verkleinert, es kann nur ein kleiner Volumenstrom durchströmen und umgekehrt.

Die Wirkungen von Drossel und Regelkolben wirken entgegengesetzt. Dadurch lässt das Stromregelventil unabhängig von Druckschwankungen in der Anlage immer den gleichen gedrosselten Volumenstrom strömen.

17.3.5 Proportionalventile

Proportionalventile werden eingesetzt, wenn die Geschwindigkeit und die Kraft eines hydraulischen Zylinders, z. B. eines Pressenstempels, über die elektrische Steuerung stufenlos einstellbar sein sollen. Abbildung 4 zeigt eine Pressensteuerung mit einem 4/3-Proportionalwegeventil (1.1) und einem Proportionaldruckbegrenzungsventil (1.2).

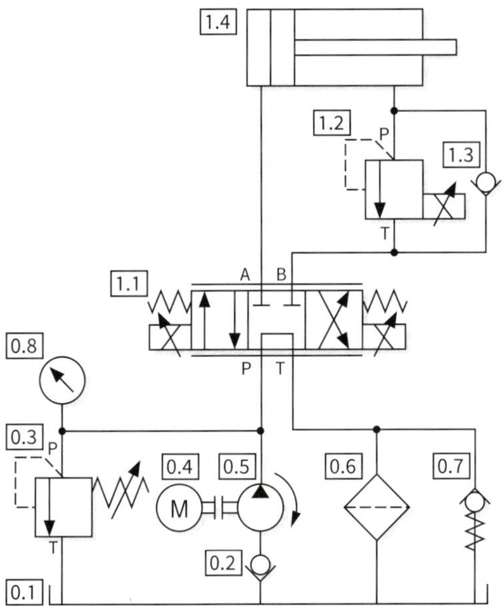

Abb. 4: Pressensteuerung mit Proportionalventilen

Proportionalventile besitzen gegenüber herkömmlichen Hydraulikventilen erhebliche Vorteile.

Mit ihnen kann die Geschwindigkeit sowie die Kraft eines Hydraulikzylinders stufenlos beeinflusst werden. Durch eine kontinuierliche Beeinflussung von Beschleunigung und Verzögerung sind ein ruckfreies Anfahren und ein sanftes Abbremsen möglich. Außerdem können gegenüber der herkömmlichen Ventiltechnik Ventile und Rohrleitungen eingespart werden.

Wird ein Proportionalventil mit integrierter Druckwaage verwendet, übernimmt dieses Ventil auch noch die Aufgabe eines Stromregelventils und ermöglicht somit ein lastunabhängiges Verfahren des Pressenstempels.

Mit Hilfe der Proportionalventiltechnik lassen sich auch größere Massen schnell und sanft bewegen sowie abbremsen. Taktzeiten können so verkürzt und ein höherer wirtschaftlicher Nutzen erzielt werden.

Signalfluss in der Proportionalhydraulik

In einer Steuerkette wird der Signalfluss für die Proportionalhydraulik schematisch dargestellt (Abb. 5). Die elektrische Steuerung gibt ein Ausgangssignal z. B. –10 V bis +10 V aus. Dieses Signal ist das Eingangssignal für einen elektrischen Verstärker. Er wandelt das Eingangssignal in einen entsprechenden Stromwert um. Dieser Strom wirkt auf den Proportionalmagneten des Ventils. Dadurch wird der Volumenstrom oder die Druckbegrenzung beeinflusst (Abb. 6).

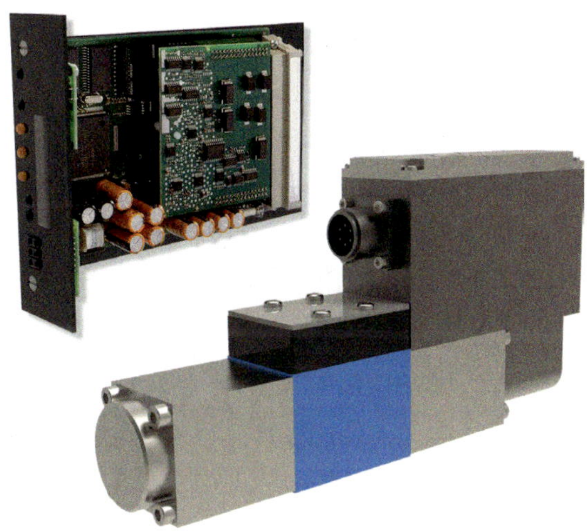

Abb. 6: Proportionalwegeventil mit Verstärker

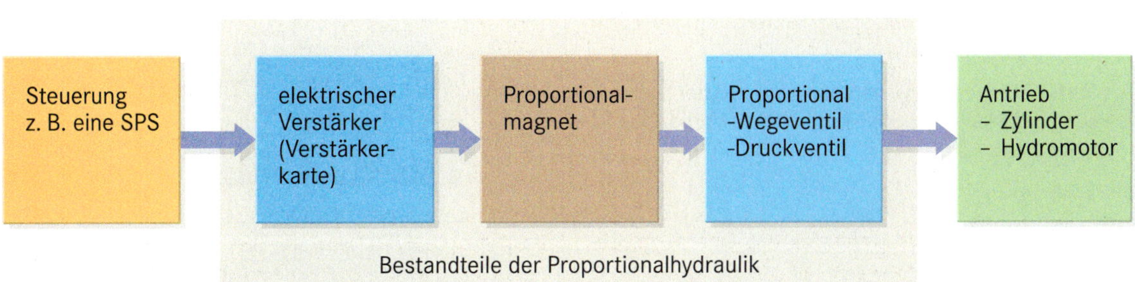

Abb. 5: Signalfluss in der Proportionaltechnik

Aufbau/ Funktion

17.3.5.1 Proportionalwegeventile

Mit dem Proportionalwegeventil wird der Volumenstrom beeinflusst. Dadurch wird die Aus- und Einfahrgeschwindigkeit des Hydraulikzylinders gesteuert.

Das Proportionalventil besteht im Wesentlichen aus:

- dem Ventilgehäuse,
- dem Steuerkolben,
- den Druckfedern,
- den beiden Proportionalmagneten und
- dem Anker.

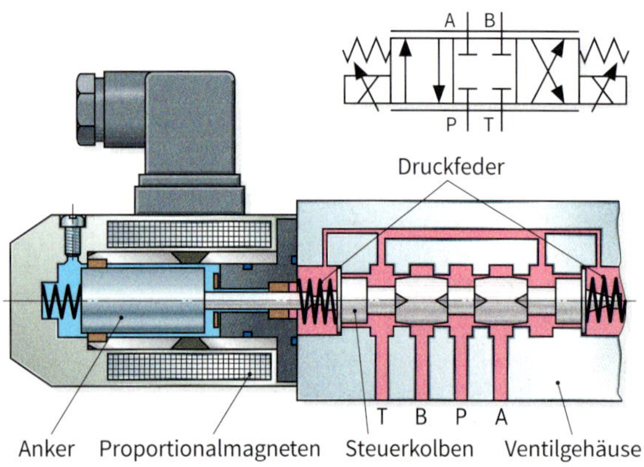

Abb. 1: Proportionalwegeventil

Sind beide Magnete stromlos, wird der Steuerkolben durch die Druckfedern in der Mittelstellung gehalten. Je nach Erregung der Proportionalmagnete bewegt sich der Steuerkolben nach links oder rechts. Steuerkolben und Anker sind miteinander verbunden. Die Verschiebung des Ankers mit dem Steuerkolben ist dabei proportional zum Eingangssignal. Je höher das Eingangssignal ist, umso größer ist die Auslenkung des Steuerkolbens und umso größer ist der Volumenstrom.

Die Ausführung der Steuerkolben beim Proportionalwegeventil unterscheiden sich von Steuerkolben in herkömmlichen Wegeventilen. Dies trifft besonders für die Gestaltung der Steuerkanten des Kolbens zu. Die Steuerbarkeit kleiner Volumenstrome hängt von der Überdeckung der Steuerkanten und der Form der Steuerkanten ab.

Unter Überdeckung versteht man, ob in der Nullstellung des Steuerkolbens ein Durchfluss vorhanden ist oder nicht.

Es gibt folgende Möglichkeiten der Überdeckung:

- Nullüberdeckung,
- negative Schaltüberdeckung und
- positive Schaltüberdeckung.

Die Nullüberdeckung findet Anwendung bei Servoventilen (Abb. 2). Diese Überdeckungsart stellt hohe Anforderungen an die Fertigungsgenauigkeit von Steuerkolben und Ventilgehäuse. Die Nullüberdeckung ermöglicht eine schnelle und exakte Beeinflussung des Volumenstroms.

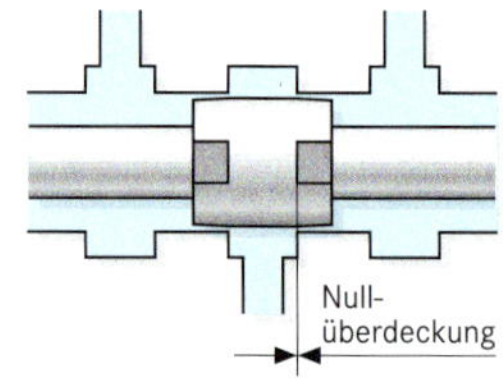

Abb. 2: Nullüberdeckung

Negative Schaltüberdeckung (Abb. 3) führt zum weichen Umschalten. In der Ruhestellung besteht jedoch eine relativ hohe Leckage.

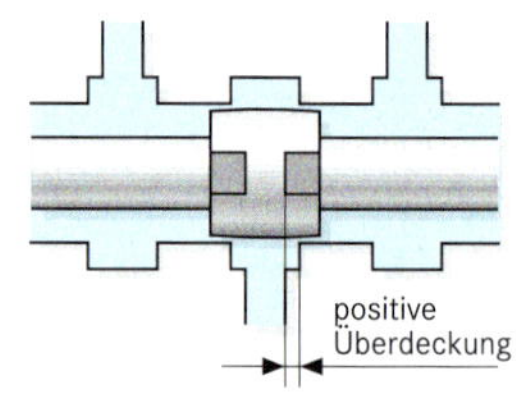

Abb. 3: Negative Überdeckung

Positive Überdeckung (Abb. 4) wird häufig angewendet, da bei Stromausfall der Steuerkolben in die Mittelstellung geschoben wird und so die Verbraucheranschlüsse sicher gesperrt sind. Der Leckölverlust ist dadurch in der Kolbenmittelstellung sehr viel geringer als bei negativer Überdeckung oder Nullüberdeckung. Die Fertigungsgenauigkeit ist nicht so hoch wie bei der Nullüberdeckung.

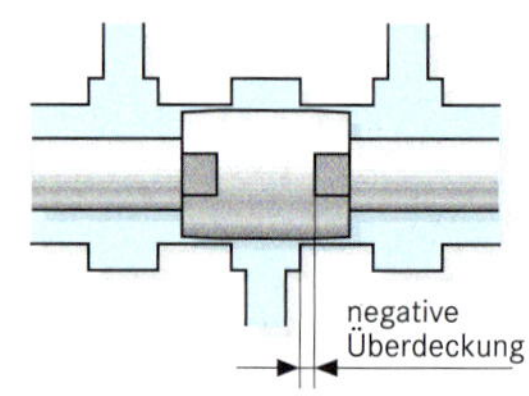

Abb. 4: Positive Überdeckung

Die Steuerkanten des Ventilkolbens sind unterschiedlich gestaltet. Sie unterscheiden sich in der Form der Steuerkante und der Anzahl der Öffnungen am Kolbenumfang (Abb. 5). Häufig wird bei Proportionalventilen die dreieckförmige Steuerkante verwendet. Mit ihr lässt sich im Bereich kleiner Bewegungen des Kolbens der Volumenstrom genau steuern.

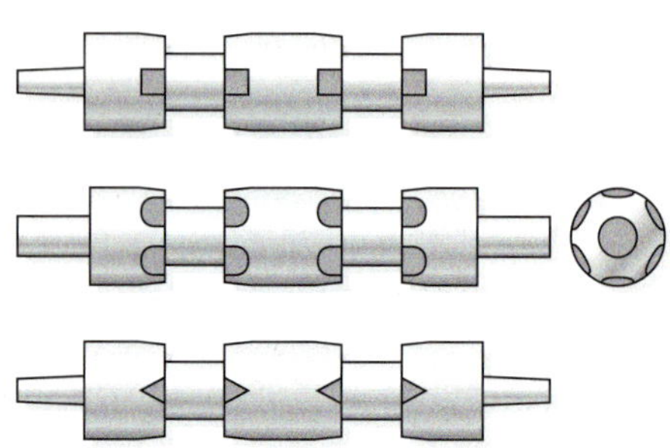

Abb. 5: Steuerkantenformen

Aufbau/ Funktion

17.3.5.2 Proportionaldruckventile

Mit einem Proportionaldruckbegrenzungsventil wird der Druck in einem Hydrauliksystem über ein elektrisches Signal gesteuert. Der zu begrenzende Systemdruck wird mit Hilfe eines elektrischen Sollwertes den jeweiligen Erfordernissen des Prozesses stufenlos angepasst.

Das Ventil besteht im Wesentlichen aus dem Gehäuse, einem Proportionalmagneten, dem Ventilsitz, dem Ventilkegel und dem Ankerstößel (Abb. 6).

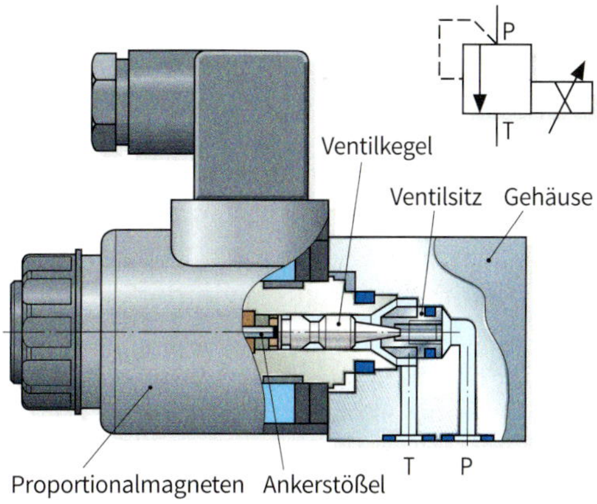

Abb. 6:Proportinaldruckbegrenzungsventil

Der gewünschte Systemdruck wird als Sollwert der Ansteuerungselektronik vorgegeben. In Abhängigkeit vom Sollwert steuert die Elektronik die Proportionalmagnetspule an. Der Strom wird im Proportionalmagnet in eine mechanische Kraft umgewandelt, die über den Ankerstößel auf den Ventilkegel wirkt. Dieser drückt auf den Ventilsitz und sperrt die Verbindung zwischen der Druckleitung **P** und der Rucklaufleitung **T**. Ist die Druckkraft auf den Ventilkegel gleich der Magnetkraft, regelt das Ventil den eingestellten Druck. Dabei wird der Ventilkegel vom Ventilsitz abgehoben, so dass das Hydrauliköl von **P** nach **T** fliesen kann.

Je nach Bauart stellt sich bei Proportionaldruckbegrenzungsventilen beim Sollwert 0 bzw. bei Stromausfall der maximale oder der minimale Druck ein.

Aufbau/ Funktion

17.3.6 Servoventile

Servoventile sind vorgesteuerte Proportionalwegeventile mit integrierter Regelung (Abb. 7). Servoventile arbeiten reaktionsschneller und genauer als Proportionalventile. Gegenüber einem Proportionalventil ist der Aufbau eines Servoventils komplizierter und teurer. Der Systemaufbau der Servotechnik ist aufwändiger. Es werden zusätzlich noch elektronische Komponenten wie Messsystem und Regler benötigt. Servoventile stellen an die Ölfiltration hohe Anforderungen, was sich auf die Wartungsintervalle auswirkt.

Abb. 7: Servoventil mit zugehöriger Ansteuerungselektronik

Das Servoventil wird überwiegend in Regelkreisen eingesetzt (Abb. 8). Hier wird ein vorgegebener Sollwert (Führungsgröße) ständig mit dem augenblicklichen Istwert (Regelgröße) verglichen. Entstehen dabei Abweichungen, wird aus der Differenz von Soll- und Istwert ein Signal gebildet. Dieses Signal bewirkt dann ein Angleichen von Soll- und Istwert. Für ein Servoventil bedeutet dies, dass ein kleines elektrisches Signal analog in ein hydraulisches Ausgangssignal umgewandelt wird, z. B. in Form eines Volumenstroms oder Druckes.

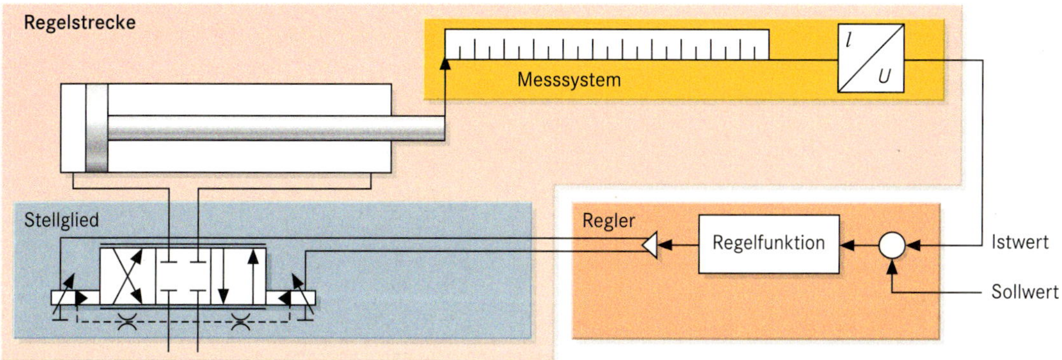

Abb. 3: Regelkreis mit Servoventil

Aufgaben

1. Erklären Sie das abgebildete Wegeventil:

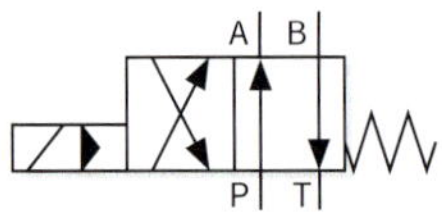

a) Wie heißt das Ventil?
b) Wie wird das Ventil betätigt?
c) Wo führen die Leitungen hin, die an das Ventil angeschlossen werden?

2. a) Geben Sie die vollständige Benennung des unten abgebildeten Ventils an.
b) Wie werden die jeweiligen Schaltstellungen geschaltet?
c) Beschreiben Sie die Funktion der Schaltung bei Mittelstellung des Ventils.
d) Wie ändert sich die Funktion der Schaltung, wenn stattdessen ein Wegeventil mit Schwimm-Mittelstellung eingebaut wird?

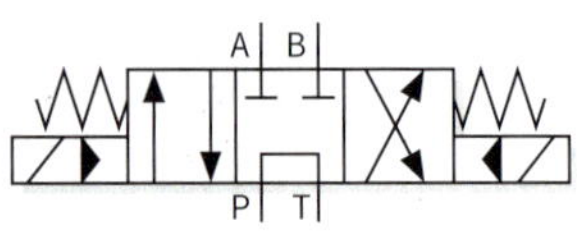

3. Beschreiben Sie die unterschiedliche Wirkung von verstellbaren Drosselventilen und Stromregelventilen.

4. Weshalb werden parallel zu verstellbaren Drosselventilen und Stromregelventilen häufig Rückschlagventile eingebaut?

5. Wofür werden entsperrbare Rückschlagventile eingesetzt?

6. Nennen Sie die verschiedenen hydraulischen Druckventile und beschreiben Sie deren Einsatz in hydraulischen Steuerungen.

7. Beschreiben Sie die Aufgabe von Druckbegrenzungsventilen in hydraulischen Anlagen.

8. Wodurch unterscheiden sich Proportionalwegeventile von herkömmlichen Wegeventilen?

9. Welche Vorteile besitzt die Proportionalventiltechnik?

10. Wann kommt die Servoventiltechnik zum Einsatz?

17.4 Antriebseinheiten

Antriebseinheiten hydraulischer Steuerungen sind Hydraulikzylinder und Hydromotoren. Sie werden auch als Aktoren bezeichnet.

Hydraulikzylinder und Hydromotoren formen die Druckenergie der Hydraulikflüssigkeit in Bewegungsenergie um und verrichten mechanische Arbeit.

17.4.1 Hydraulikzylinder

Hydraulikzylinder führen geradlinige Bewegungen aus. Wegen der hohen Drücke müssen sie geeignete Dichtungselemente besitzen und stabil gebaut sein. Man unterscheidet einfachwirkende und doppeltwirkende Zylinder.

Aufgrund der geradlinigen Bewegungen werden Hydraulikzylinder auch als Linearmotoren bezeichnet.

17.4.1.1 Einfachwirkende Zylinder

Bei einfachwirkenden Zylindern wird nur eine Seite mit Druck beaufschlagt (Abb. 1). Sie werden eingesetzt, wenn die Kraftübertragung nur in einer Richtung erforderlich ist. Dies ist z. B. beim Spannen von Werkstücken oder bei hydraulischen Aufzügen der Fall. Das Einfahren erfolgt durch eine Gewichtskraft oder durch eine Rückstellfeder.

Einfachwirkende Zylinder die durch Gewichtskraft einfahren nennt man auch Plungerzylinder.

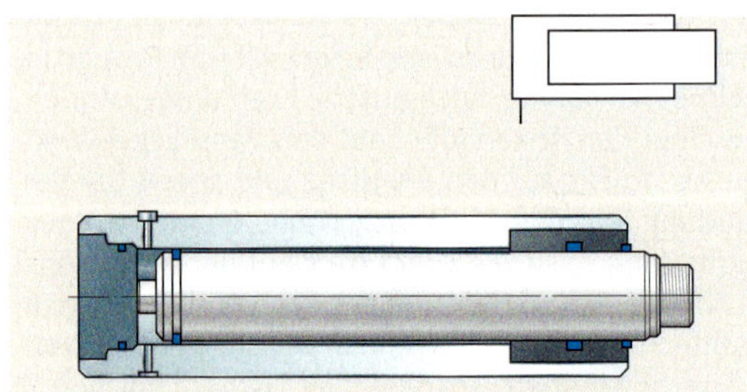

Abb. 1: Einfachwirkender Zylinder (Plungerzylinder)

Eine häufig vorkommende Bauart des einfachwirkenden Zylinders ist der Teleskopzylinder (Abb. 2). Mit ihm können relativ große Hübe bei kleinem Einbauraum realisiert werden.

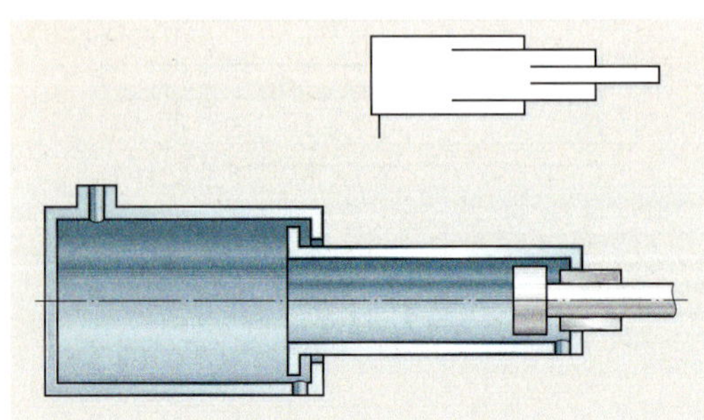

Abb. 2: Teleskopzylinder

17.4.1.2 Doppeltwirkende Zylinder

Doppeltwirkende Zylinder werden auch als Differentialzylinder bezeichnet. Sie können in beide Bewegungsrichtungen eine Kraft übertragen.

Besitzt der Zylinder nur eine Kolbenstange, ergeben sich aufgrund der unterschiedlichen Kolbenflächen unterschiedliche Kräfte und Verfahrgeschwindigkeiten (Abb. 3). Beim Ausfahren sind die Kräfte wegen der größeren Kolbenflache größer als beim Einfahren des Zylinders, bei der die kleinere Kreisringfläche wirkt.

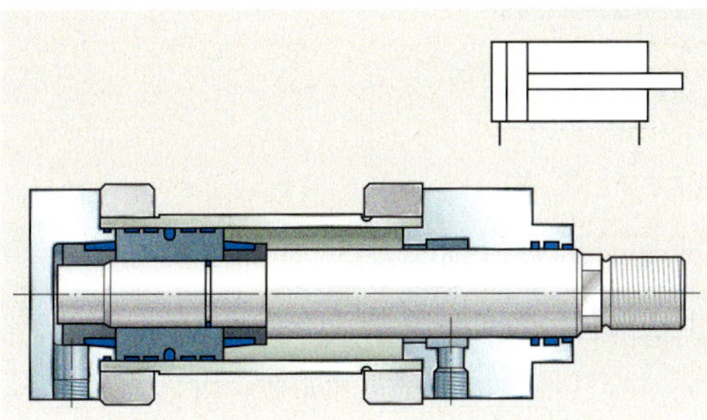

Abb. 3: Doppeltwirkender Zylinder mit einseitiger Kolbenstange

Zylinder mit beidseitiger Kolbenstange werden auch Gleichgangzylinder genannt (Abb. 4). Bei ihnen sind die Kräfte und Geschwindigkeiten beim Ein- und Ausfahren gleich groß.

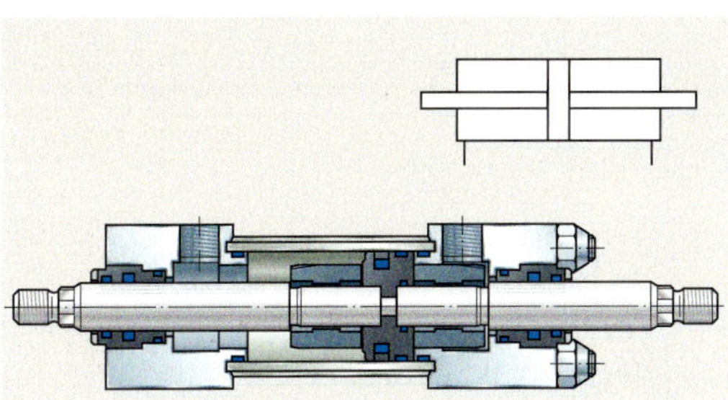

Abb. 4: Gleichgangzylinder

17.4.2 Hydromotoren

Die in der Hydraulikflüssigkeit gespeicherte Druckenergie wird durch Hydromotoren in mechanische Bewegungsenergie umgewandelt. Sie erzeugen dabei eine Drehbewegung. Man nennt sie daher auch Rotationsmotoren.

! Hydromotoren wandeln die hydraulische Energie in mechanische Rotationsenergie um.

Hydromotoren ähneln im Aufbau den Hydraulikpumpen. Nach ihrer Arbeitsweise werden Hydromotoren mit konstanter oder veränderlicher Umdrehungsfrequenz unterschieden und Motoren für eine oder für beidseitige Drehrichtung.

Hydromotoren gibt es in den Bauformen:

- außenverzahnte Zahnradmotoren,
- innenverzahnte Zahnradmotoren (Abb. 5),
- Axialkolbenmotoren und
- Radialkolbenmotoren.

Hydromotoren haben folgende Vorteile:

- ein sehr hohes Startdrehmoment,
- einen großen Drehzahlbereich und einen gleichförmigen Rundlauf auch bei niedrigen Umdrehungsfrequenzen.

Hydromotoren können in explosionsgefährdeten Räumen, wie im Untertagebau, eingesetzt werden.

Das von Hydromotoren erzeugte Drehmoment ist steuerbar und wird vom Druck der Hydraulikflüssigkeit bestimmt. Die Umdrehungsfrequenz ist vom zugeführten Volumenstrom abhängig.

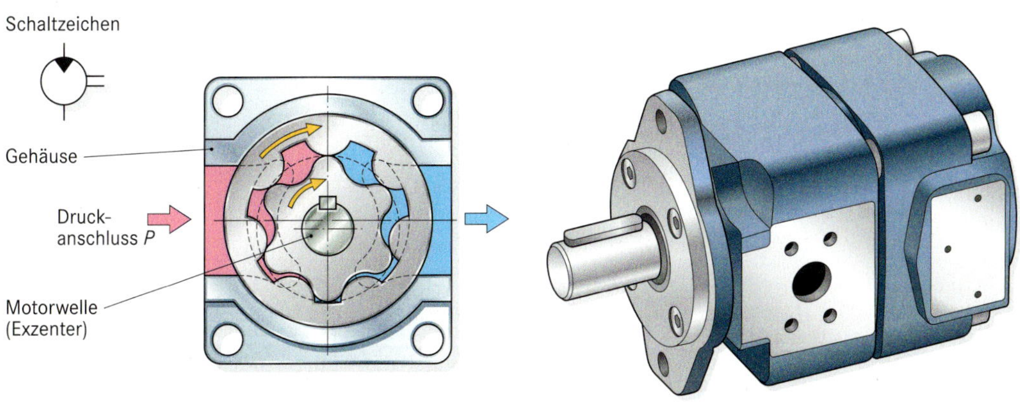

Abb. 5: Innenverzahnter Zahnradmotor

auch über Web-Link

Grundlagen

Kolbenkräfte

Kolbengeschwindigkeiten

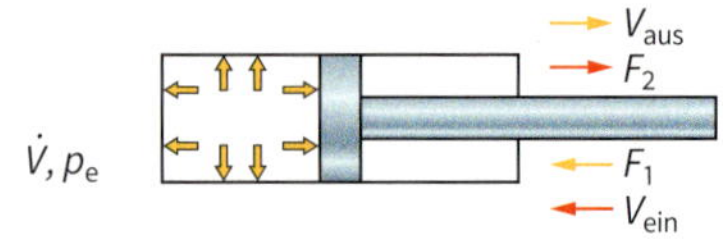

Die Kolbenkraft F ist abhängig vom Druck p_e, der wirksamen Kolbenfläche A und dem Wirkungsgrad η.

$$F = p_e \cdot A \cdot \eta$$

Die Kolbengeschwindigkeit v ist abhängig vom Volumenstrom $\dot{V}$ und der wirksamen Kolbenfläche A.

$$v = \frac{\dot{V}}{A}$$

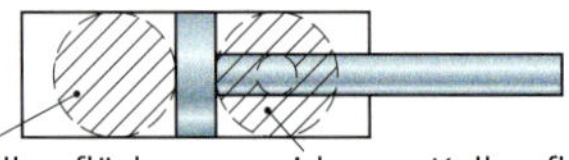

$$A_1 = \frac{\pi}{4} \cdot D^2 \qquad A_2 = \frac{\pi}{4} \cdot (D^2 - d^2)$$

Der Wirkungsgrad η berücksichtigt die Reibung, welche beim Ein- und Ausfahren des Zylinders entsteht.

Der Druck wird in bar angegeben.

Umrechnung: $1 \text{ bar} = 0{,}1 \frac{\text{N}}{\text{mm}^2} = 10 \frac{\text{N}}{\text{cm}^2}$

Die Ausfahrgeschwindigkeit ist aufgrund der größeren wirksamen Kolbenfläche kleiner als die Einfahrgeschwindigkeit.

Die Aus- und Einfahrgeschwindigkeit des Kolbens werden in m/min angegeben.

Beispiel:

Ein doppelt wirkender Hydraulikzylinder wird beim Vor- und Rückhub mit einem Druck von 120 bar beaufschlagt. Die Verluste am Zylinder betragen 9 %. Der Kolben hat einen Durchmesser von $D = 50$ mm und die Kolbenstange von $d = 32$ mm. Der Volumenstrom beträgt 25 l/min.

a) Berechnen Sie die Kolbenkräfte beim Ausfahren und beim Einfahren des Zylinders in kN.

b) Ermitteln Sie die Aus- und Einfahrgeschwindigkeit der Kolbenstange.

Geg.: $p = 120 \text{ bar} = 1200 \text{ N/cm}^2$
$D = 50 \text{ mm}$
$d = 32 \text{ mm}$
$\eta = 0{,}9$
$\dot{V} = 25 \text{ l/min} = 25 \text{ dm}^3\text{/min}$

Ges.: a) F_1 in kN, F_2 in kN
b) v_{aus} in m/min, v_{ein} in m/min

Lösung:

a) $F_1 = p_e \cdot A_1 \cdot \eta$

$$F_1 = p_e \cdot \frac{\pi}{4} \cdot D^2 \cdot \eta$$

$$F_1 = 1200 \frac{\text{N}}{\text{mm}^2} \cdot \frac{\pi}{4} \cdot (5 \text{ cm})^2 \cdot 0{,}9$$

$$F_1 = 21195 \text{ N} = \underline{\underline{21{,}2 \text{ kN}}}$$

$$F_2 = p_e \cdot A_2 \cdot \eta$$

$$F_2 = p_e \cdot \frac{\pi}{4} \cdot (D^2 - d^2) \cdot \eta$$

$$F_2 = 1200 \frac{\text{N}}{\text{cm}^2} \cdot \frac{\pi}{4} \cdot [(5 \text{ cm})^2 - (3{,}2 \text{ cm})^2] \cdot 0{,}9$$

$$F_2 = 12528 \text{ N} = \underline{\underline{12{,}5 \text{ kN}}}$$

b) $v_{aus} = \frac{\dot{V}}{A_1}$

$$v_{aus} = \frac{\dot{V}}{\pi/4 \cdot D^2} = \frac{25 \text{ dm}^3\text{/min}}{\pi/4 \cdot (0{,}5 \text{ dm})^2}$$

$$v_{aus} = 127 \text{ dm/min} = \underline{\underline{12{,}7 \text{ m/min}}}$$

$$v_{ein} = \frac{\dot{V}}{A_2}$$

$$v_{ein} = \frac{\dot{V}}{\pi/4 \cdot (D^2 - d^2)} =$$

$$v_{ein} = \frac{25 \text{ dm}^3\text{/min}}{\pi/4 \cdot [(0{,}5 \text{ dm})^2 - (0{,}32 \text{ dm})^2]}$$

$$v_{ein} = 216 \text{ dm/min} = \underline{\underline{21{,}6 \text{ m/min}}}$$

Zusammenfassung

Hydraulische Steuerungen

Gesamtsystem, bei dem hydraulische Energie zum Steuern und Antreiben von Anlagen eingesetzt wird.

Energieversorgung

Teilsystem, das die Antriebsenergie in hydraulische Energie umwandelt und der Antriebseinheit zuführt

Einheiten zur Energieversorgung

- Hydraulikaggregat
  - Elektromotor mit Hydraulikpumpe
  - Ölfilter
  - Druckbegrenzungsventil
  - Überdruckmessgerät
  - Hydrospeicher

Energiesteuerung

Teilsystem, das den Energiefluss zur Antriebseinheit über den Volumenstrom und den Druck der Hydraulikflüssigkeit steuert

Steuerungseinheiten

- Wegeventile
- Druckventile
  - Druckbegrenzungsventil
  - Folgeventil
  - Druckreduzierventil
- Stromventile
  - Drosselventil
  - Stromregelventil
- Rückschlagventile
  - federbelastet
  - entsperrbar
- Proportionalventile
- Servoventile

Antriebsteil

Teilsystem, das die hydraulische Energie in mechanische Energie umwandelt und mechanische Arbeit verrichtet

Antriebseinheiten – Aktoren

- Hydraulikzylinder
  - einfachwirkender Zylinder
  - doppeltwirkender Zylinder
  - Teleskopzylinder
  - Gleichgangzylinder
- Hydromotoren
  - Konstantmotoren
  - Verstellmotoren

Aufgaben

1. Welches sind die wesentlichen Unterschiede zwischen einem Hydraulikzylinder und einem Pneumatikzylinder?

2. Nennen Sie Einsatzmöglichkeiten für einen Teleskopzylinder.

3. Geben Sie die Vorteile von Hydromotoren gegenüber elektrischen Antrieben an.

4. Beschreiben Sie die Wirkungsweise eines außenverzahnten Hydromotors.

5. a) Erklären Sie das Symbol des abgebildeten Hydromotors.
b) Beschreiben Sie die Funktionsweise des Motors.

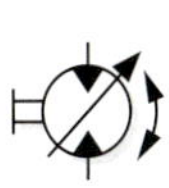

6. Durch welche hydraulischen Größen werden bei einem Hydromotor:
a) das Drehmoment und
b) die Umdrehungsfrequenz beeinflusst.

7. Welcher Druck muss am Hydraulikzylinder anliegen, wenn bei einem Kolbendurchmesser von 40 mm und einem Wirkungsgrad von $\eta = 0{,}85$ eine Kolbenkraft von 12000 N erzeugt werden soll?

8. Der Durchmesser eines Hydraulikzylinders beträgt $d = 100$ mm. Welcher Volumenstrom ist erforderlich, um eine Ausfahrgeschwindigkeit von $v = 12$ m/min zu erreichen?

Informieren

17.5 Hydraulikleitungen

Werkstücke werden ein einer Anlage hydraulisch gespannt. Im Maschinengestell befindet sich das Hydraulikaggregat. Über Rohrleitungen und Schlauchleitungen wird die Hydraulikflüssigkeit zu den Bauteilen der Hydraulikanlage transportiert.

Den Aufbau und die Funktion der Hydraulikanlage zeigt der Hydraulikplan (Abb. 1). Die Hydraulikanlage besteht aus folgenden Bauteilen:

- dem Hydraulikbehälter 0.1,
- der Hydraulikpumpe 0.3 angetrieben durch den Elektromotor 0.4,
- dem Druckbegrenzungsventil 0.5,
- dem Ölfilter 0.2,
- dem Rückschlagventil 0.6,
- dem Überdruckmessgerät 0.7,
- dem 4/2 Wegeventil 1.1,
- den Schlauchleitungen 1.2 und 1.3 sowie
- dem Spannzylinder 1.4

Rohrverschraubungen verbinden die hydraulischen Bauteile mit den Leitungen.

Arbeitssicherheit

Sicherheit in hydraulischen Anlagen

Hydraulikanlagen arbeiten mit hohen Drücken. Verwendete Druckflüssigkeiten können Personen und Umwelt gefährden. Die Anlagen müssen nach **DIN EN 982** besondere Sicherheitsanforderungen hinsichtlich Betriebssicherheit, Personen- und Umweltschutz erfüllen:

- Alle eingesetzten Bauteile müssen so ausgewählt und eingebaut werden, dass sie den Bedingungen der Anlage insbesondere den Betriebsdrücken entsprechen.
- Alle Bauteile der Anlage müssen gegen Drücke, die den maximalen Betriebsdruck überschreiten, geschützt werden. Dies kann durch Druckbegrenzungsventile erfolgen.
- Druckstöße dürfen nicht zu Gefährdungen führen.
- Innere Leckage darf keine Gefährdung verursachen.
- Die Anordnung der Bauteile sowie der Rohr- und Schlauchleitungen muss so vorgenommen werden, dass Einstell- und Wartungsarbeiten nicht behindert werden.
- Angaben der Schlauchhersteller für Lagerdauer und Verwendungsdauer müssen beachtet werden.
- Leitungen sind so zu verlegen, dass sie gegen Beschädigung geschützt sind.
- Beim Umgang mit der Druckflüssigkeit und bei deren Entsorgung sind die Angaben von Betriebsanweisung und Sicherheitsdatenblättern zu befolgen.

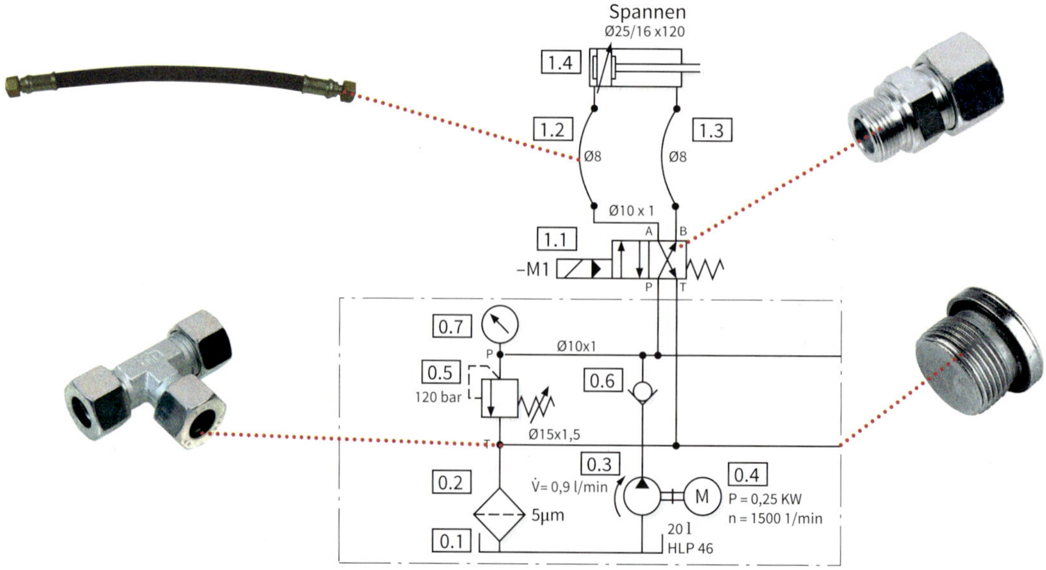

Abb. 1: Hydraulischer Schaltplan

ufbau/
nktion

17.5.1 Rohrleitungen

Für Rohrleitungen werden vorwiegend blankgezogene Präzisionsstahlrohre nach **DIN 2391** verwendet (→📖).
Die Rohre werden durch genormte Rohrverschraubungen verbunden (Abb. 2). Zum Anschließen der Rohre an hydraulische Bauteile dienen Einschraubstutzen.

Deren Gewindezapfen werden in die anzuschließenden Bauteile eingeschraubt. Sie werden als Einschraubverschraubungen bezeichnet. Zum Verbinden von Rohren untereinander werden Verbindungsstutzen eingesetzt. Sie werden als Verbindungsverschraubungen bezeichnet.

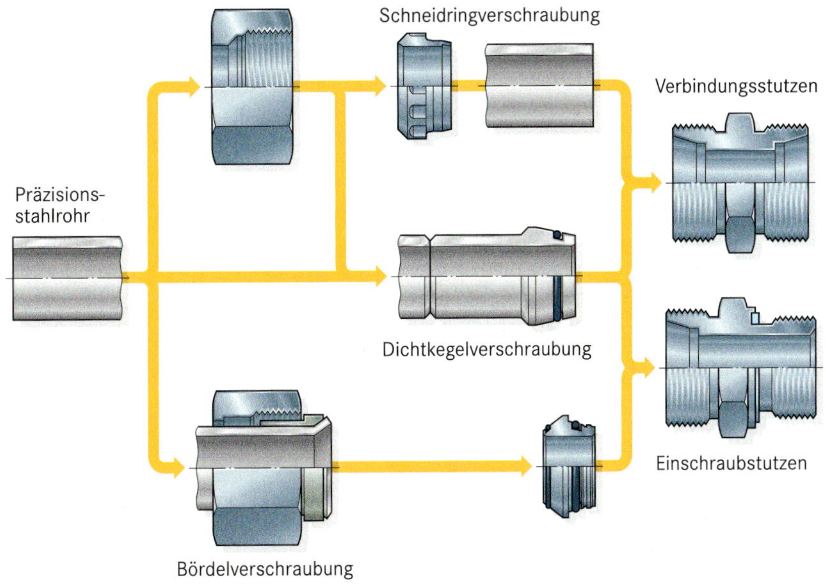

Abb. 2: Rohrverschraubungssysteme

Mon-
tieren

Kontrollieren der Rohre

Präzisionsstahlrohre haben eng tolerierte Außendurchmesser. Die Rohraußenwandung darf weder beschädigt noch korrodiert sein, um eine dichte Rohrverschraubung zu erreichen.

Die jeweiligen Rohrabmessungen sind aus dem hydraulischen Schaltplan zu ermitteln. Außendurchmesser und Wanddicke der Rohre sind dort angegeben z. B. 6 x 1.

Verbinden von Rohren

Rohre werden durch *Verbindungsverschraubungen* miteinander verbunden. Es gibt gerade Verschraubungen sowie Winkel-, Kreuz- und T-Verschraubungen (Abb. 3). Kreuz- und T-Verschraubungen werden verwendet, wenn Leitungsverzweigungen herzustellen sind.

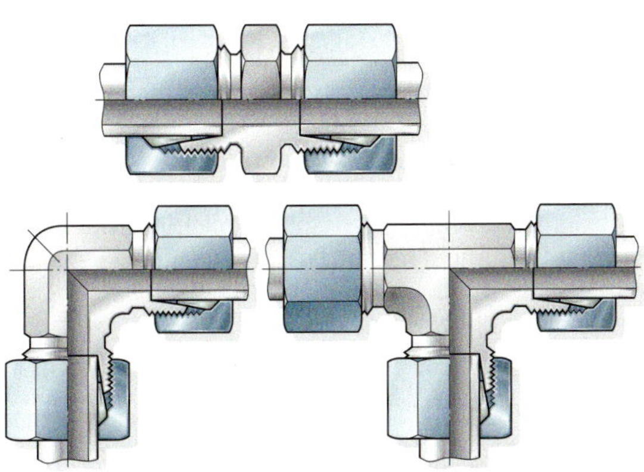

Abb. 3: Verbindungsverschraubungen

Beim Verlegen von Rohrleitungen sollte die Zahl der Verbindungsverschraubungen auf ein Minimum beschränkt werden.

Verbinden von Bauteilen

Rohre werden an Bauteile mit *Einschraubverschraubungen* angeschlossen. Die Anschlussgewinde der Einschraubstutzen haben zylindrisches bzw. kegeliges Whitworth-Rohrgewinde oder metrisches Feingewinde (Abb. 4).

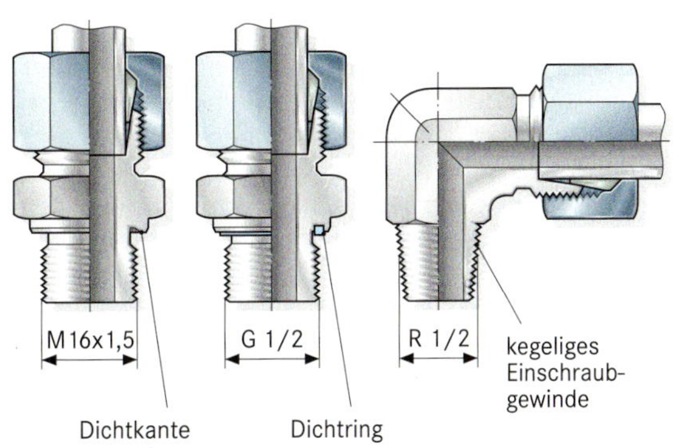

Abb. 4: Einschraubverschraubungen

Zylindrische Einschraubgewinde haben eine besonders ausgeformte Dichtkante oder einen eingelassenen elastischen Dichtring. Die Anlageflächen für Dichtring und Dichtkante müssen sauber und plan sein, um eine dichte Verbindung zu erreichen.

Die Dichtwirkung beruht bei Einschraubverbindungen mit Dichtkante auf der hohen Dichtpressung an der ringförmigen Dichtkante. Die dazu notwendige Kraft muss bei der Montage aufgebracht werden.

Vor dem Einschrauben sind die Gewindezapfen einzuölen. Die Stutzen werden bis zum deutlich spürbaren Kraftanstieg in das Bauteil eingeschraubt. Anschließend werden sie um ca. 30° weiter angezogen.

Damit kegelige Einschraubgewinde sicher abdichten, muss ein zusätzliches Dichtmittel verwendet werden.

Um Rohrleitungen beim Zusammenbau ausrichten zu können, werden *richtungseinstellbare Einschraubverschraubungen* eingesetzt. Dazu werden meist einstellbare Stutzen mit Dichtkegelverbin-dung benutzt (Abb. 1).

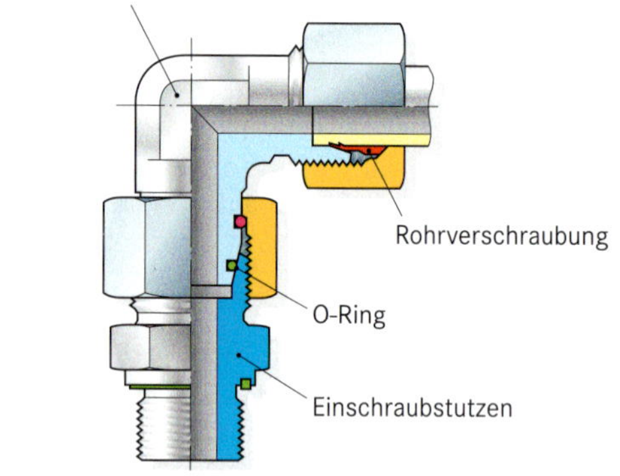

Abb. 1: Einstellbare Verschraubung mit Dichtkegel

Vor der Montage ist der O-Ring im Dichtkegel einzuölen. Der Rohranschluss am einstellbaren Stutzen wird in der gewünschten Richtung ausgerichtet. Anschließend wird die Überwurfmutter von Hand fest auf den Einschraubstutzen geschraubt. Mit einem Schraubenschlüssel wird nun die Überwurfmutter 1/3 Umdrehung über den Punkt des deutlich spürbaren Kraftanstiegs angezogen. Dabei ist der Einschraubstutzen mit einem Schraubenschlüssel gegenzuhalten.

Herstellen von Rohrverschraubungen

Durch Rohrverschraubungen werden die Rohre an die Verbindungs- oder Einschraubverschraubungen angeschlossen. Die am meisten verbreitete Rohrverschraubung ist die *Schneidringverschraubung*. Sie lässt sich mit einfachen Montagewerkzeugen leicht herstellen.

Neben der Dichtfunktion muss die Schneidringverschraubung die hohe mechanische Festigkeit der Verbindung auch bei dynamischen Beanspruchungen gewährleisten.

Bei der *Schneidringverschraubung* wird durch Anziehen der Überwurfmutter der Schneidring mit seinen vorgeformten gehärteten Schneidkanten in den Innenkonus des Verschraubungsstutzens gedrückt (Abb. 2). Der Schneidring schneidet sich dabei mit seinen Schneidkanten in das Rohr ein, wirft einen sichtbaren Bund vor sich auf und drückt das Rohr gegen die Planfläche des Stutzens. Durch Verkeilen des Schneidringes zwischen Rohr und Stutzen wird eine stabile und dichte Verschraubung erzielt. Bei der Montage erfolgt eine geringe elastische Verspannung des Schneidringes. Sie gleicht Setzerscheinungen im Gewinde und Rohreinschnitt aus.

Vor dem Anzug der Überwurfmutter

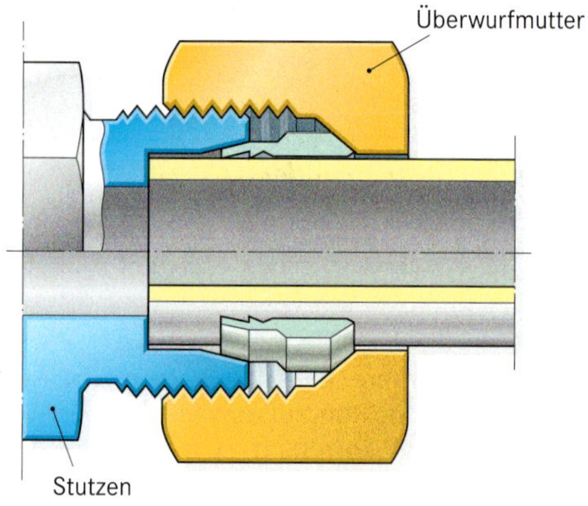

Nach dem Anzug der Überwurfmutter

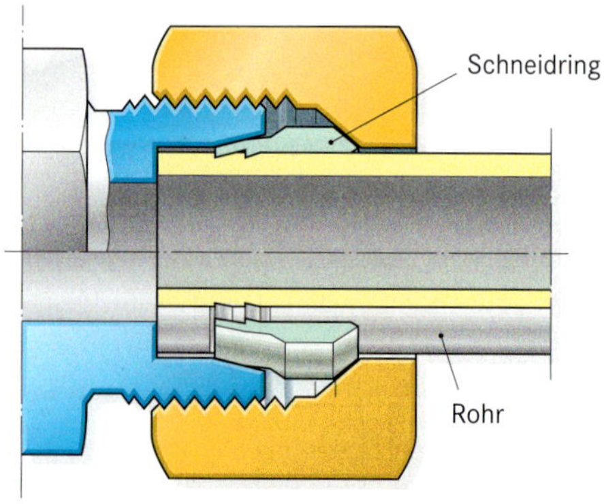

Abb. 2: Aufbau einer Schneidringverschraubung

Schneidringverschraubungen sollten mit Hilfe eines gehärteten Vormontagestutzens vormontiert werden. Sein Einsatz gewährleistet, dass der Schneidring sicher in das Rohr einschneidet, ohne den Konus der Verschraubung zu beschädigen.

Vormontagestutzen sollten nach höchstens 50 Montagen mit einer Konuslehre überprüft werden. Ungenaue, beschädigte oder verschlissene Montagestutzen müssen ausgetauscht werden.

Zum Herstellen einer dichten und haltbaren Schneidringverschraubung sind nach **DIN 3859-2** folgende Montageschritte einzuhalten (Abb. 3):

1. Ablängen

Rohr rechtwinklig absägen. Möglichst Maschinensägen oder Vorrichtungen verwenden. Auf keinen Fall Rohrabschneider benutzen; sie ergeben eine starke Gratbildung und Schrägschnitt. Die Rohrenden sind innen und außen leicht zu entgraten und zu säubern.

2. Vorbereiten

Gewinde, Konus und Schneidring mit Mineralöl schmieren. Überwurfmutter und Schneidring auf das Rohr aufschieben.

3. Voranzug

Rohr gegen Rohranschlag im Vormontagestutzen drücken. Überwurfmutter fest von Hand aufschrauben. Dann mit dem Schraubenschlüssel anziehen, bis die Schneidkanten des Schneidringes das Rohr erfassen. Dies wird durch den zunehmenden Drehmomentanstieg spürbar.

4. Vormontage

Das Rohr fest gegen den Anschlag im Vormontagestutzen drücken und mit dem Schraubenschlüssel $1\,{}^{1}/_{4}$ Umdrehung der Überwurfmutter ausführen. Die Schneidkanten des Schneidringes dringen dabei in die Rohrwandung mit der notwendigen Tiefe ein und erzeugen einen deutlich sichtbaren Materialaufwurf vor der vorderen Schneidkante.

5. Kontrolle

Überwurfmutter lösen und Einschnitt der Schneidkanten prüfen. Der Materialaufwurf soll mindestens 80 % der Schneidringstirnfläche bedecken. Der Schneidring darf sich auf dem Rohr drehen, jedoch nicht axial verschieben lassen.

6. Endmontage

Nach der Kontrolle kann die Endmontage in der Maschine oder Anlage erfolgen. Mit einem Schraubenschlüssel wird die Überwurfmutter bis zu einem fühlbaren Kraftanstieg angezogen. Ab diesem Punkt noch 1/4 Umdrehung weiter anziehen. Verschraubung dabei am Sechskant des Stutzens gegenhalten.

Vor dem Anschluss eines vormontierten Rohres an andere Bauteile der Anlage muss die Fluchtung von Rohr und Verschraubung überprüft werden. Die Verschraubung darf weder zur Korrektur einer falschen Fluchtung noch zum Stützen des Rohres verwendet werden.

! Die vorgeschriebenen Anzugswege sind unbedingt einzuhalten. Abweichungen führen zu Leckagen oder zum Herausrutschen des Rohres.

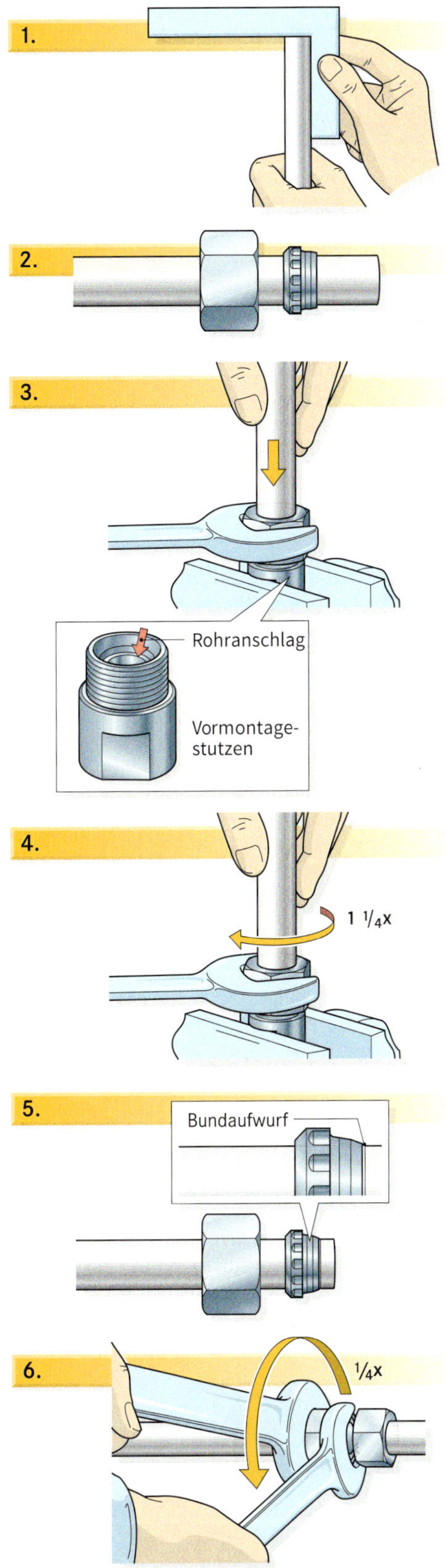

Abb. 3: Herstellen einer Schneidringverschraubung

Verlegen von Rohrleitungen

Es müssen folgende Grundsätze eingehalten werden:

- Rohrlängenunterschiede und Temperaturdehnungen müssen durch entsprechende längenausgleichende Rohrverlegung ausgeglichen werden, z. B. Rohrbögen (Tab. 1).
- Kurze gerade Rohrstücke ohne Längenausgleich zwischen den Einbauenden müssen vor der Montage besonders überprüft und angepasst werden. Werden die Rohrlängenvorgaben über- oder unterschritten, können Undichtigkeiten auftreten.
- Die gerade Verbindung zweier Punkte sollte vermieden werden. Zum Spannungsausgleich müssen Rohrbögen vorgesehen werden.
- Es ist eine übersichtliche Anordnung der Rohrleitungen anzustreben.
- Die Verschraubungsstellen müssen leicht zugänglich sein, damit Wartung und Instandsetzung ungehindert möglich ist.

Tab. 1: Verlegebeispiele

günstig	ungünstig
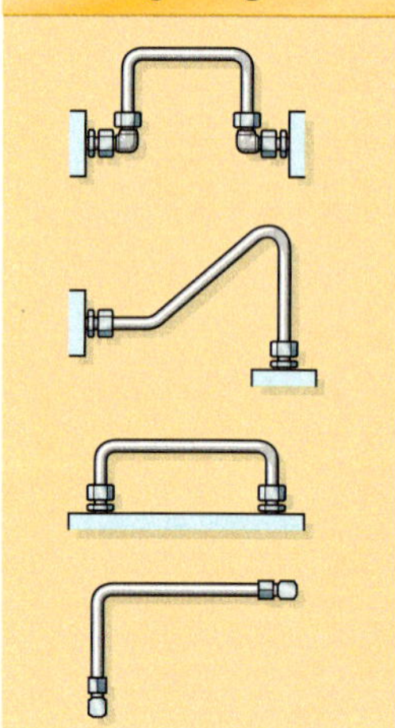	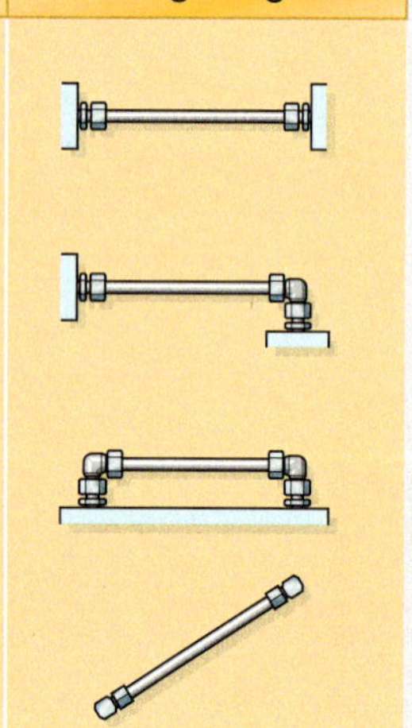

Zum Biegen der Rohre werden Rohrbiegegeräte verwendet. Dabei ist der Mindestbiegeradius einzuhalten, der sich nach dem Rohrdurchmesser richtet.

Das Rohrende bis zum Bogen muss doppelt so lang sein wie die Überwurfmutterhöhe H (Abb. 1).

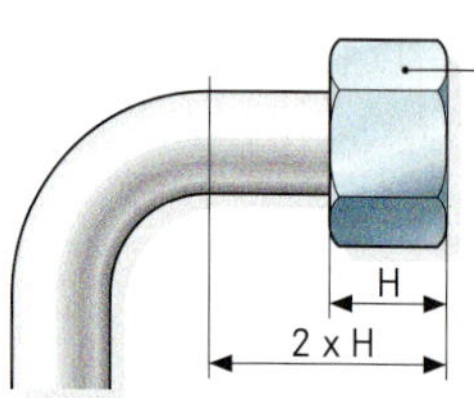

Abb. 1: Mindestabstand eines Rohrbogens

Anbringen von Rohrbefestigungen

Rohrleitungen müssen so befestigt werden, dass Kräfte aus Wärmedehnung, Druckstößen und Gewicht der Leitung sicher aufgenommen werden. Dazu verwendet man Rohrschellen (Abb. 2). Sie werden auf Anschweißplatten oder auf Träger-schienen montiert.

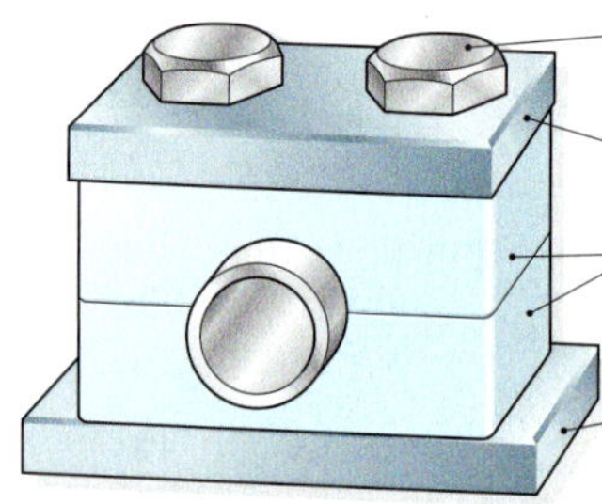

Abb. 2: Rohrbefestigung

Die Befestigungen sind so anzubringen, dass die Rohrleitungen

- nicht unkontrolliert schwingen können,
- spannungsfrei eingebaut werden,
- nicht an Maschinenteilen anliegen und
- sich nicht gegenseitig berühren.

Die erste Rohrbefestigung ist unmittelbar nach der Anschlussverschraubung anzubringen (Abb. 3). Dadurch werden Schwingungen von der Rohrverschraubung abgehalten. Um die Demontage zu ermöglichen, ist ein Mindestabstand zwischen Rohrschelle und Überwurfmutter einzuhalten.

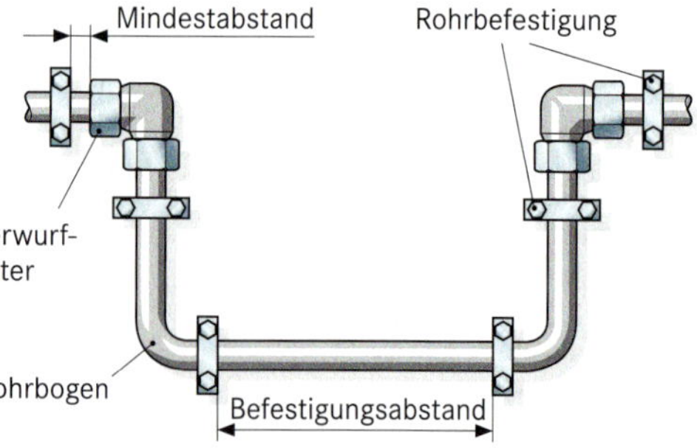

Abb. 3: Befestigungspunkte

Rohrbefestigungen sind nach **DIN 24346** in bestimmten Abständen anzubringen (Tab. 2).

Tab. 2: Richtwerte für Befestigungsabstände

Rohraußendurchmesser	maximaler Abstand
6 - 10 mm	1 m
10 - 25 mm	1,5 m
> 25 mm	2,0 m

Aufbau/ Funktion

17.5.2 Schlauchleitungen

Wo bewegliche Verbindungen erforderlich sind, werden *Schlauchleitungen* eingesetzt. Schlauchleitungen sind Schläuche, an deren Enden Schlaucharmaturen aufgepresst sind (Abb. 4). Schlaucharmaturen dienen zum Anschließen der Schläuche. Schläuche bestehen aus Elastomere bzw. synthetischem Gummi mit einer Verstärkung.

Das Aufpressen der Armaturen auf den Schlauch erfordert besondere Montagewerkzeuge und sollte daher in Fachwerkstätten durchgeführt werden.

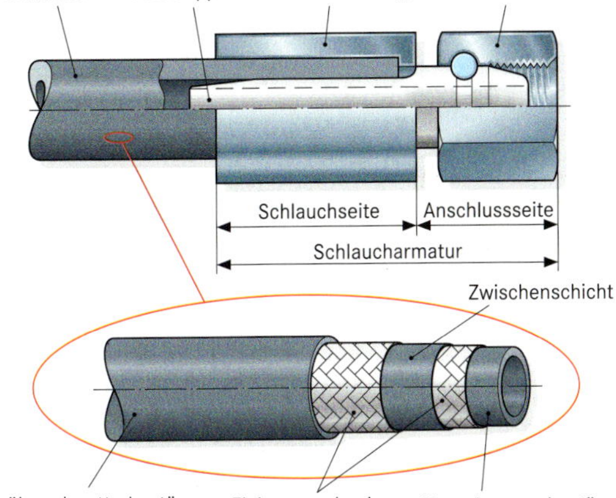

Abb. 4: Aufbau einer Schlauchleitung

Montieren

Kontrollieren von Schlauchleitungen

Vor dem Einbau sind die Schlauchleitungen auf Verwendungsdauer, zulässigen Betriebsdruck und Leitungsabmessungen zu kontrollieren.

Die Länge von Schlauchleitungen wird bei geraden Armaturen zwischen den Dichtkegeln gemessen, bei Bogenarmaturen zwischen den Dichtkegelmittelpunkten (Abb. 5). Sind Bogenarmaturen gegeneinander versetzt, wird der Verdrehwinkel angegeben. Bei der Bezeichnung wird der Verdrehwinkel entgegen dem Uhrzeigersinn ausgehend von der vorderen Armatur gemessen.

Ein vollständige Bezeichnung einer Schlauchleitung enthält folgende Angaben:

Schlauchleitung DIN 20066 - 2 SN 19 P45P90 - 1500 - 210

- Schlauchtyp (2 SN)
- Nenndurchmesser (19)
- Art der Schlaucharmaturen (P45P90)
- Schlauchleitungslänge (1500)
- Verdrehwinkel β (210)

Falls vom Hersteller keine anderen Daten angegeben wurden, sollten nach **DIN 20066** folgende Richtwerte eingehalten werden:

- Bei der Herstellung einer Schlauchleitung darf der Schlauch nicht älter als zwei Jahre sein.
- Die Lagerdauer der Schlauchleitung sollte zwei Jahre nicht überschreiten.
- Die Verwendungsdauer einer Schlauchleitung einschließlich der Lagerdauer sollte sechs Jahre nicht überschreiten.

Um die Lager- und Verwendungsdauer kontrollieren zu können, sind die Schläuche und Schlauchleitungen entsprechend gekennzeichnet.

Schläuche müssen fortlaufend in einem Abstand von höchstens 500 mm deutlich erkennbar und dauerhaft mit folgenden Angaben beschriftet sein:

CONTI / EN 853 / 2ST / 16 / 4Q16

- Herstellerkennzeichen (CONTI)
- Normangabe (EN 853)
- Schlauchtyp (2ST)
- Nenndurchmesser (16)
- Herstelldatum (Quartal und Herstelljahr) (4Q16)

Schlauchleitungen müssen deutlich erkennbar und dauerhaft mit folgenden Angaben gekennzeichnet sein:

INDU / 250 / 17 02

- Herstellerkennzeichen (INDU)
- Betriebsdruck in bar (250)
- Herstelldatum (Herstelljahr und Monat) (17 02)

Diese Angaben werden vom Hersteller meist in die Armaturen eingepresst.

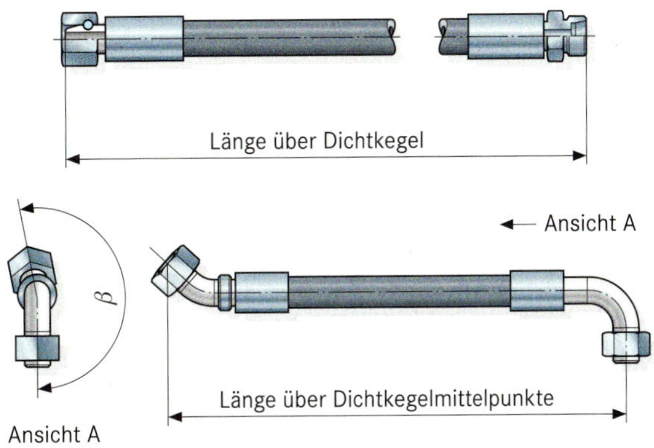

Abb. 5: Messbeispiele für Schlauchleitungen

Einbauen von Schlauchleitungen

Um die Funktionsfähigkeit von Schlauchleitungen sicherzustellen und deren Lebensdauer nicht durch zusätzliche Beanspruchungen zu verkürzen, sind folgende Grundsätze zu beachten (Abb. 1):

- Schlauchleitungen mit Durchhang verlegen, da-mit sie nicht durch Zug oder Stauchung beansprucht werden. Unter Druck ändert sich die Schlauchlänge.
- Das Verdrehen des Schlauches beim Einbau oder Betrieb ist zu vermeiden, damit keine zusätzliche Torsionsbeanspruchung auftritt.
- Der kleinste vom Hersteller angegebene Biegeradius des Schlauches darf nicht unterschritten werden, eventuell sind Bogenarmaturen zu verwenden.
- Schlauchleitungen müssen so angeordnet oder geschützt werden, dass der Abrieb der Außenschicht des Schlauches minimiert wird.
- Schlauchleitungen sind zu befestigen, wenn das Gewicht der Leitung zu unzulässiger Beanspruchung führen kann.

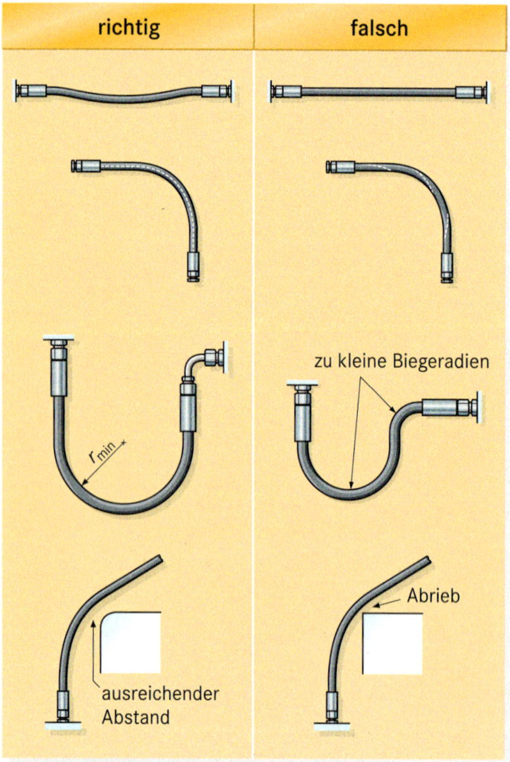

Abb. 1: Verlegungsbeispiele

Schlauchleitungen müssen so verlegt oder gesichert werden, dass die Gefährdung von Personen und Anlage beim Versagen der Leitung möglichst vermieden wird.

Eine Gefährdung kann z. B. auftreten durch

- Herumschlagen der Schlauchleitung nach einem Abreißen oder
- Austreten der Druckflüssigkeit unter Druck.

Die Gefährdung kann durch Schutzüberzüge, z.B. Schutzspiralen, oder durch Abschirmung verhindert werden.

Kuppeln gefüllter Schlauchleitungen

Sind Schlauchleitungen häufiger zu lösen, werden Schnellkupplungen verwendet (Abb. 2). Kupplungsmuffe und Kupplungsstecker sind mit selbstsperrenden Sitzventilen versehen, die sich beim Kupplungsvorgang automatisch öffnen oder schließen. Dadurch bleibt die Hydraulikflüssigkeit in den Leitungen eingeschlossen.

Das Kuppeln und Entkuppeln kann nur im drucklosen Zustand erfolgen. Nach dem Abkuppeln sind Muffe und Stecker mit den angehängten Schutzkappen zu versehen.

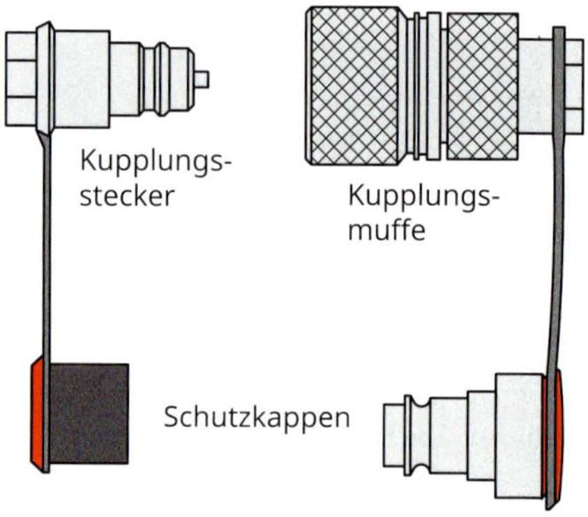

Abb. 2: Schnellkupplung

Aufgabe

1. Beschreiben Sie das Herstellen einer dichten, haltbaren Schneidringverschraubung.

2. Zwischen zwei Einschraubverbindungen wurde ein kurzes gerades Rohrstück montiert. Welche Probleme können sich dadurch ergeben?

3. Auf einer Schlauchleitung sind folgende Angaben aufgedruckt:

Schlauch: **2SN / 16 / 3Q15** Armatur: **250 / 17 02**

Wie lange darf die Schlauchleitung noch verwendet werden?

4. Eine Schlauchleitung wurde nach folgendem Bild verlegt. Skizzieren Sie eine fehlerfreie Verlegungsart.

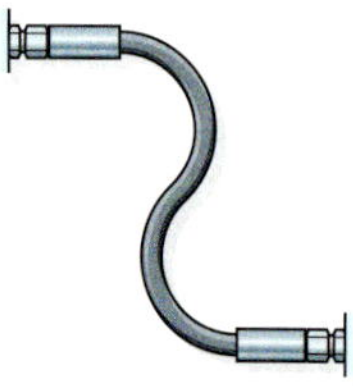

Hydraulikleitungen

- Hydraulikflüssigkeit bis 500 bar

Rohrleitungen

feste, starre Leitungen bestehend aus:

- Präzisionsstahlrohr
- Verbindungs- oder Einschraubverschraubung
  als
  - Schneidringverschraubung
  - Dichtkegelverschraubung
  - Bördelverschraubung

Schlauchleitungen

flexible, bewegliche Leitungen bestehend aus:

- verstärktem Gummi- oder Elastomerschlauch
- Schlaucharmatur
  als
  - Pressarmatur oder
  - Schraubarmatur

Montagetätigkeiten

- Kontrollieren der Rohre auf
  - Beschädigung, Korrosion u. Ä.
  - Abmessungen
- Einbauen der Einschraubverschraubung
  - saubere und plane Anlagefläche bei Einschraubverbindung mit Dichtring
  - hohe Dichtpressung bei Einschraubverbindung mit Dichtkante
  - Dichtmittel bei kegeligem Einschraubgewinde
- Herstellen der Rohrverschraubung als z. B. Schneidringverschraubung
  - Rohr ablängen
  - Schneidring aufschieben
  - Voranzug im Vormontagestutzen
  - Vormontage im Vormontagestutzen
  - Kontrolle der Schneidkanten
  - Endmontage des Rohrs in der Anlage
- Verlegen der Rohrleitungen
  - unter spannungsfreier, längenausgleichender Rohrmontage
  - mit übersichtlicher Rohranordnung
  - mit leicht zugänglichen Verschraubungsstellen
  - bei Rohrbögen unter Beachtung des Mindestbiegeradius
- Anbringen der Rohrbefestigungen
  - ohne Rohrleitungen zu verspannen
  - so dass Rohrleitungen nicht an Maschinenteilen anliegen
  - so dass Rohrleitungen sich nicht gegenseitig berühren

Arbeiten in Fachwerkstätten

- Montage von Schlaucharmaturen und Schläuchen zu Schlauchleitungen

Werkstattarbeiten

- Kontrollieren der Schlauchleitung auf
  - Verwendungsdauer
  - zulässigen Betriebsdruck
  - Leitungsabmessungen
- Einbauen der Schlauchleitung
  - mit geringem Durchhang
  - ohne Verdrehen
  - unter Beachtung des Biegeradius
  - so dass kein übermäßiger Abrieb entsteht
- evtl. Anbringen von Schutzspiralen oder Abschirmungen

Industrieroboter

Infor-
mieren

Nach der Bearbeitung in der Montagestation werden die Getriebewellen mit einem Förderband zur Entnahmestelle transportiert. Dort werden sie von einem Industrieroboter (IR) entnommen und auf Paletten gesetzt. Der Roboter besitzt mehrere Drehgelenke und eine lineare Achse. Da er frei programmierbar ist, kann jede Achse unabhängig von der anderen angesteuert werden. Dies gewährleistet eine hohe Beweglichkeit.

Weiter kann er durch eine Umprogrammierung auf Veränderungen im Fertigungsprozess angepasst werden.

18.1 Teilsysteme

Der Roboter hat folgende Teilsysteme (Abb. 1):

- Basisgerät mit Antrieben und Messsystemen,
- Effektor (Greifer),
- Sensoren,
- Steuerung und
- Programmiergerät.

Das *Basisgerät* besteht aus starren Gliedern, die durch Drehgelenke oder lineare Achsen miteinander verbunden sind. Der Antrieb erfolgt meist durch Elektromotoren, die mit Messsystemen ausgerüstet sind. Die Messsysteme erfassen die Lage, die Geschwindigkeit und die Beschleunigung der Achsbewegungen.

Der *Effektor* ist das Arbeitsglied des Basisgerätes. Die Handhabungsaufgabe kann durch einen Greifer, ein Werkzeug oder eine Vorrichtung ausgeführt werden.

Die *Sensoren* dienen zur Signalerfassung. Sie können direkt an die Robotersteuerung angeschlossen werden. Sie verarbeitet die Signale intern. Sensoren werden z. B. für die Bestimmung der Lage oder für das Erkennen von Werkstücken eingesetzt.

Die *Steuerung* koordiniert den programmierten Bewegungsablauf. Dabei müssen die Achsbewegungen aufeinander abgestimmt werden. Für die Programmierung wird ein PC verwendet.

Mit dem Handbediengerät kann der Roboter von Hand verfahren werden. Es dient der Inbetriebnahme und Feinabstimmung.

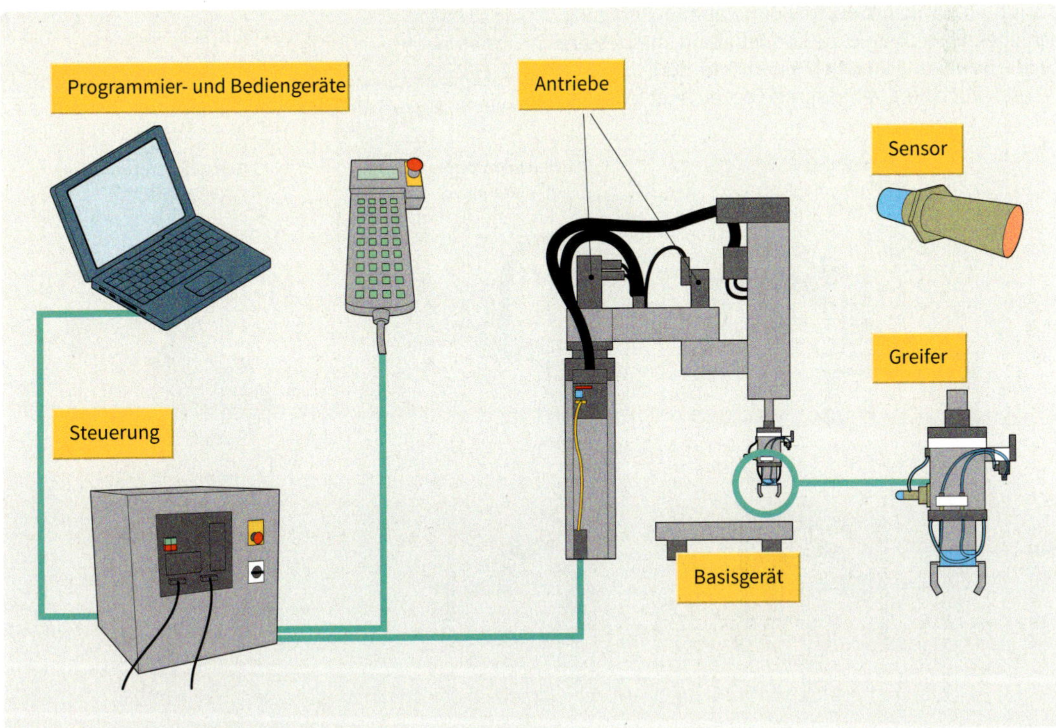

Abb. 1: Teilsysteme eines Industrieroboters

Informieren

Handhabungsgeräte lassen sich wie folgt einteilen: (Abb. 1).

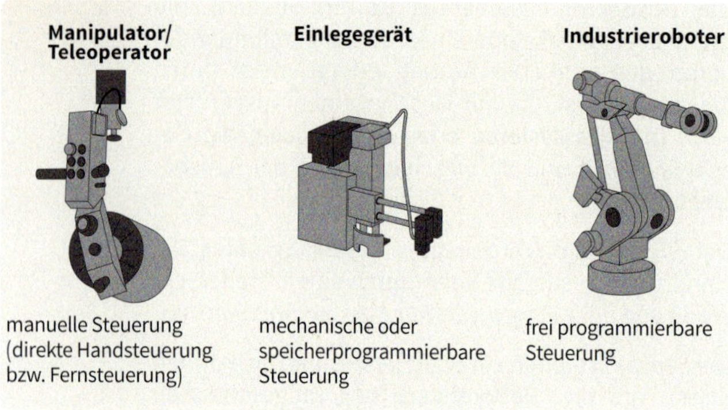

Abb. 1: Einteilung der Handhabungsgeräte

! Handhaben bedeutet, etwas greifen, spannen, ablegen, bewegen, positionieren oder an einen bestimmten Ort bringen.

Roboter sind Handhabungsgeräte. Sie übernehmen im Fertigungsprozess Aufgaben aus den Bereichen Transport, Bearbeitung, Montage und Qualitätssicherung.

18.2 Roboterachsen

Industrieroboter müssen zur Bewältigung von Handhabungsaufgaben unterschiedliche Bewegungen ausführen. Um ein Werkstück im Raum beliebig verschieben und drehen zu können, sind mindestens sechs Bewegungsmöglichkeiten erforderlich. Diese werden auch als Freiheitsgrade bezeichnet (Abb. 2).

Informieren

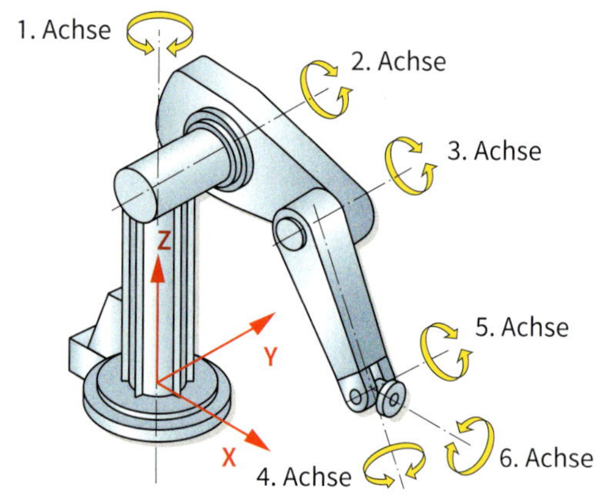

Abb. 2: Freiheitsgrade im Raum

Bei den Industrierobotern unterscheidet man hauptsächlich zwischen drei Roboterbauarten: Portalroboter, Schwenkarmroboter und Gelenkarmroboter (Abb. 3). Die Bauart der Roboter und die Anordnung der drei Hauptachsen bestimmen den möglichen Arbeitsraum und Einsatzbereich (Abb. 4). Nach der Bewegung werden Linearachsen (translatorische oder T-Achsen) und Drehachsen (rotatorische oder R-Achsen) unterschieden.

Bauart	Eigenschaften			
	Beweglichkeit	Flexibilität	Traglast	Reichweite
Portalroboter	↓	↓	↑	↑
Schwenkarmroboter				
Gelenkarmroboter				

Abb. 4: Eigenschaften von Industrierobotern

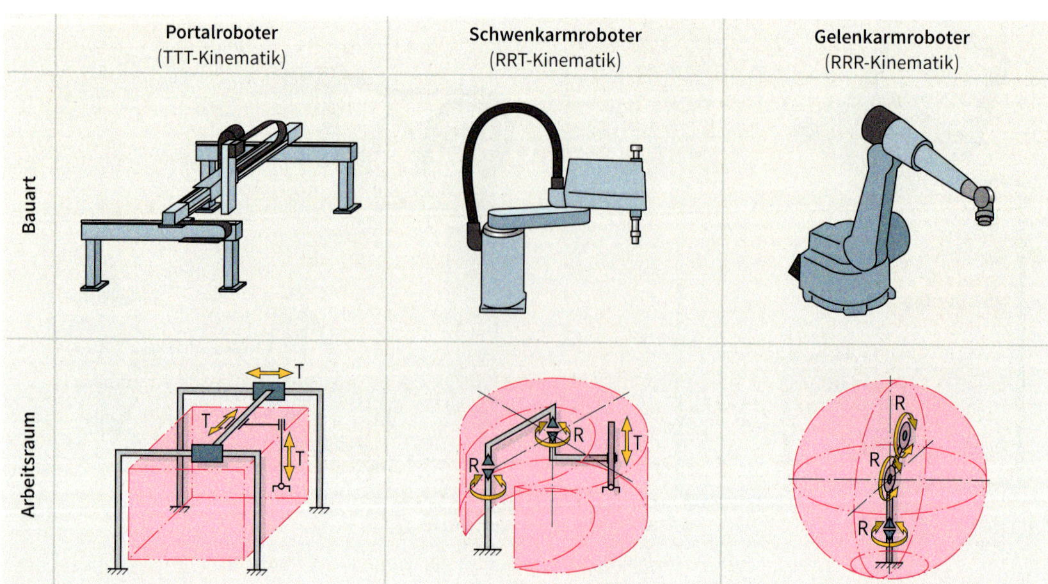

Abb. 3: Roboterbauarten

Informieren

18.3 Programmierverfahren

Bei der Programmierung von Robotern unterscheidet man unterschiedliche Programmierverfahren (Abb. 5).

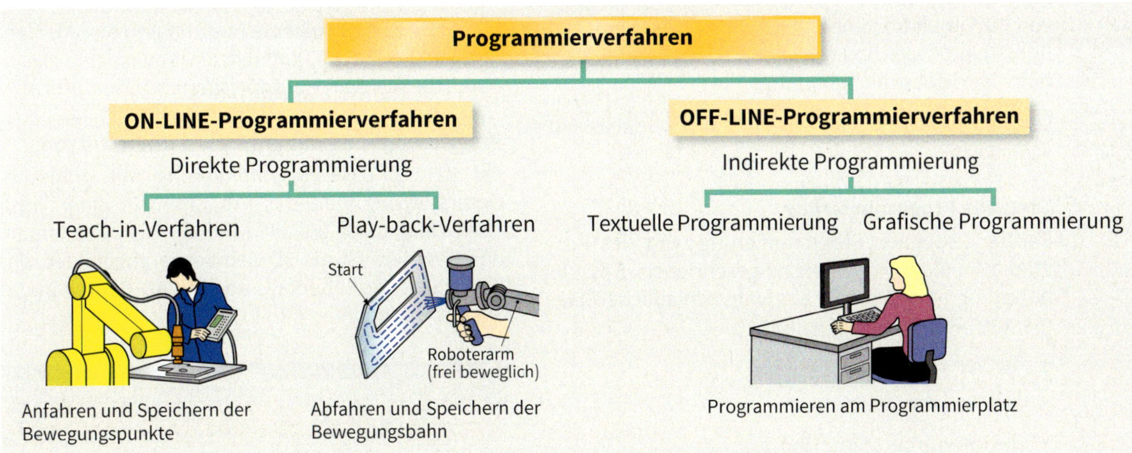

Abb. 5: Übersicht Programmierverfahren

18.3.1 ON-LINE-Programmierverfahren

Bei der ON-LINE-Programmierung ist der Programmierer direkt am Roboter tätig. Dadurch können Umgebungseinflüsse vor Ort erfasst werden. Kollisionen werden somit vermieden. Mit dem Roboter werden die Bahnpunkte für das Roboterprogramm erfasst. Daher kann der Roboter während dieser Zeit nicht arbeiten. Das Programm wird anschließend in der OFF-LINE-Programmierung um weitere Angaben, z. B. Geschwindigkeiten, Bewegungsangaben oder Wartezeiten, ergänzt.

Teach-In-Verfahren

Beim Teach-In-Verfahren (engl.: to teach = einlernen) fährt der Programmierer den Roboter auf eine bestimmte Position und speichert diese in der Steuerung ab (Abb. 6). Hierzu verwendet er das Handprogrammiergerät. Dieser Vorgang wird so lange wiederholt, bis die gewünschte Bahn durch die gespeicherten Punkte beschrieben ist. So entsteht eine Abfolge von Bahnpunkten, die der Roboter nacheinander abfährt.

Play-Back-Verfahren

Beim Play-Back-Verfahren (engl.: to play back = wiederabspielen) wird der Roboterarm kraftlos geschaltet. Ein Facharbeiter führt den Roboterarm von Hand auf der vorgesehenen Bahn. Während der Bewegung werden laufend Punkte erfasst und automatisch (z. B. alle 10 Millisekunden) in der Steuerung abgespeichert. Die Bahn setzt sich somit aus vielen Raumpunkten zusammen. Dieses Verfahren wird bei komplizierten Bewegungsabläufen, z. B. dem Lackieren oder Bahnschweißen, eingesetzt (Abb. 7).

Bei großen Robotern sowie bei schweren Werkzeugen oder Vorrichtungen ist ein exaktes Führen des Roboterarms nicht möglich. Zur leichteren Handhabbarkeit werden für die Erfassung der Bahn Roboter aus Leichtmetall eingesetzt. Werkzeuge und Vorrichtungen werden ebenfalls aus Leichtmetall, Kunststoff oder Holz nachgebildet.

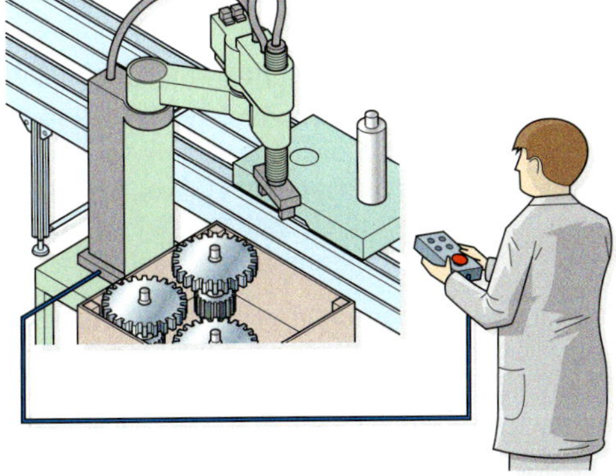

Abb. 6: Teach-In-Verfahren

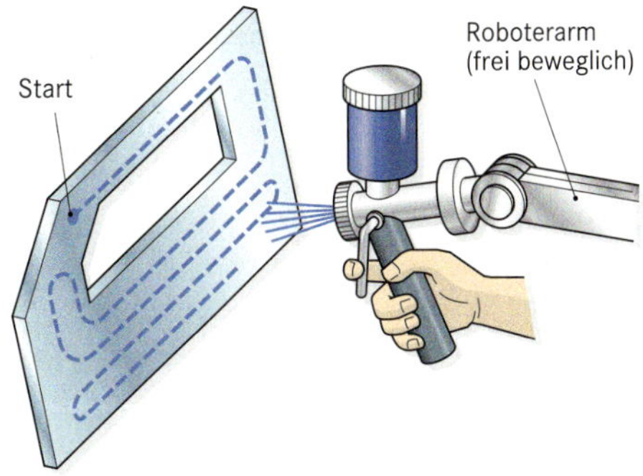

Abb. 7: Play-Back-Verfahren

18.3.2 OFF-LINE-Programmierverfahren

Bei der OFF-LINE-Programmierung wird das Programm an einem PC-Arbeitsplatz auf der Grundlage von 3D-Simulationsmodellen und mit Hilfe von 3D-Konstruktionszeichnungen programmiert. Der Roboter wird dabei nicht benötigt.

Dadurch werden Ausfallzeiten und Produktionsstillstand vermindert.

Textuelle Programmierung

Bei der textuellen Programmierung wird das Programm in einer Hochsprache geschrieben. Das Roboterprogramm besteht aus unterschiedlichen Elementen (Abb. 1). Hierzu gehören:

- der Vereinbarungsteil,
- das Hauptprogramm,
- die Unterprogramme und
- die Punkteliste.

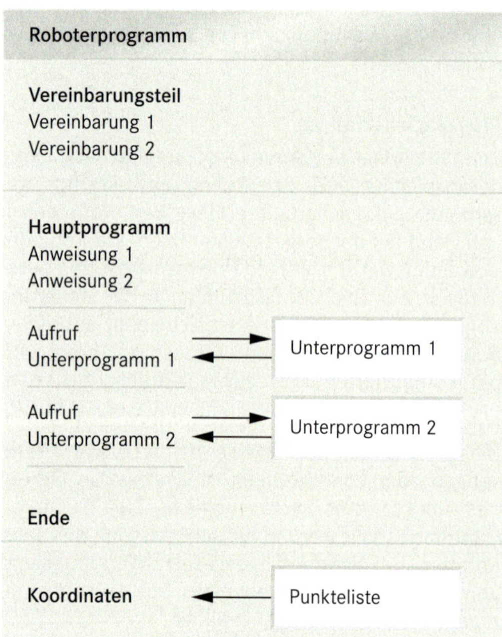

Abb. 1: Aufbau eines Roboterprogramms

Im *Vereinbarungsteil* werden Variablen, Parameter oder Punkte definiert.

Im *Hauptprogramm* stehen die Anweisungen an den Roboter. Hierzu gehören Verfahrbewegungen, Anweisungen an den Greifer, Geschwindigkeitsangaben, Wartezeiten, Bedingungen und Programmwiederholungen. Aus dem Hauptprogramm werden Unterprogramme aufgerufen.

Im *Unterprogramm* stehen häufig vorkommende Anweisungen, z. B. das Ablegen von Werkstücken an einer bestimmten Position.

Die *Punkteliste* enthält die Koordinaten der anzufahrenden Punkte. Die Punkteliste ist meist eine eigene Datei, die mit dem Hauptprogramm verknüpft ist.

Programmierung mit grafischer Unterstützung

Bei der Off-LINE-Programmierung mit grafischer Unterstützung wird das Programm in einer virtuellen Umgebung erstellt (Abb. 2). Der Arbeitsraum des Roboters ist als 3D-Geometrie abgebildet, das Werkstück wird ebenfalls als 3D-CAD-Bauteil in das System integriert.

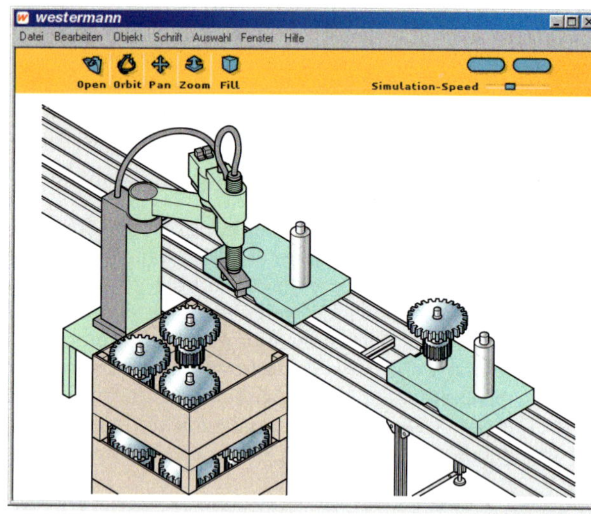

Abb. 2: Programmierung mit grafischer Unterstützung

Anschließend werden die Verfahrbewegungen des Roboters festgelegt. Dabei können spezielle Anforderungen für das Schweißen, Lackieren oder das Verfahren auf einer geraden Bahn berücksichtigt werden. Zusätzliche Angaben über die Bewegungsart, z. B. Punkt-zu-Punkt-Bewegung, Kreisbewegung oder lineare Bewegung, werden hinzugefügt. Dies gilt ebenso für Geschwindigkeits- und Beschleunigungs-angaben.

Nach Fertigstellung des Programms können die Verfahrbewegungen des Roboters simuliert werden. Während der Simulation wird die perspektivische Ansicht so verändert, dass der Ablauf von allen Seiten beobachtet und korrigiert werden kann. Auf diese Weise ist eine erste Kollisionskontrolle möglich.

Da in der Simulation nicht alle Gegebenheiten vor Ort berücksichtigt werden können, ist eine vollständige Kollisionskontrolle nur in der realen Arbeitsumgebung des Roboters möglich.

18.4 Programmieren eines Roboters

Die Programmierung von Raumpunkten (Positionen) für die Bewegung von Robotern erfolgt über Koordinatensysteme.

18.4.1 Koordinatensysteme

Für die Roboterprogrammierung werden verschiedene Koordinatensysteme mit unterschiedlichem Koordinatenursprung verwendet.

Raumkoordinaten oder Weltkoordinaten

Raumkoordinaten sind ein ortsfestes kartesisches Koordinatensystem. Der Koordinatenursprung des Raumkoordinatensystems liegt bei Gelenkarm- und Schwenkarmrobotern in der ersten Achse; bei Linearrobotern im Schnittpunkt der drei Linearachsen. Bei einer Bewegung des Roboters ändert bzw. bewegt sich dieses Koordinatensystem nicht mit (Abb. 3).

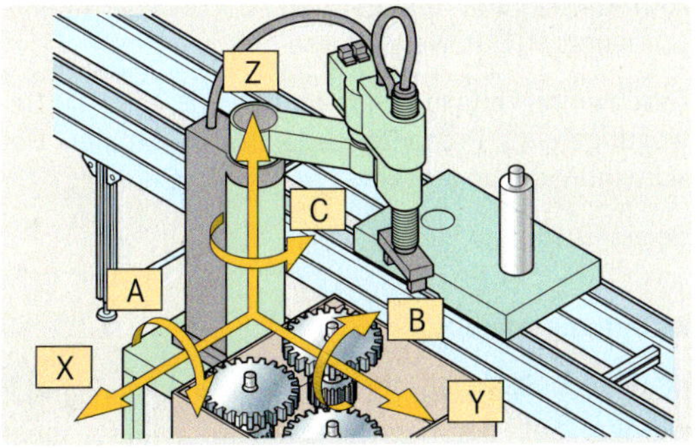

Abb. 3: Raumkoordinaten

Die Angabe von Positionen in Raumkoordinaten ist leicht und überschaubar. Beim Verfahren auf eine Position werden in der Regel mehrer Roboterachsen synchron bewegt.

Gelenkkoordinaten

Die einzelnen Rotations- und Linearachsen eines Roboters bilden die Gelenkkoordinaten. Ein Schwenkarmroboter hat z.B. drei Rotationsachsen A1, A2, A4 und eine Linearachse A3 (Abb. 4).

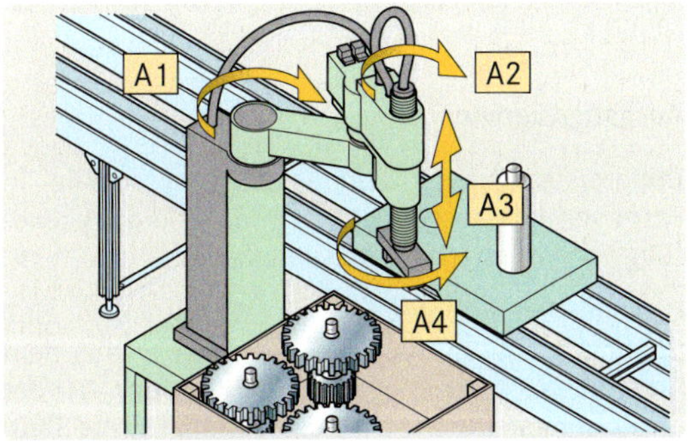

Abb. 4: Gelenkkoordinaten

Die Angabe von Gelenkkoordinaten wird bevorzugt bei der Programmierung von Gelenkarmrobotern benutzt.

Das Programmieren linearer Bewegungen mit Gelenkkoordinaten ist aufwendig, da mehrere Achsen gleichzeitig bewegt werden müssen.

Greiferkoordinaten oder Werkzeugkoordinaten

Mit den Greiferkoordinaten können Lage und Position des Effektors im Raum beschrieben werden. Der Nullpunkt dieses Koordinatensystems befindet sich im Mittelpunkt des Greifers. Diesen Ursprung nennt man auch TCP (Tool Center Point). Meist werden kartesischen Koordinaten angegeben, wobei eine der Achsen in die verlängerte Greiferrichtung zeigt (Abb. 5).

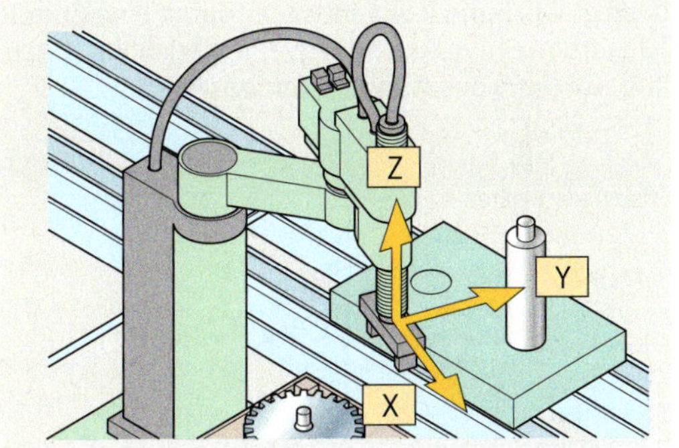

Abb. 5: Greiferkoordinaten

Mit dem Greiferkoordinatensystem können lineare Bewegung des Greifers einfach programmiert werden.

Werkstückkoordinaten

Werkstückkoordinaten sind ein frei definierbares kartesisches Koordinatensystem, das seinen Ursprung am zu bearbeitenden Werkstück hat. Ein solcher Ursprung kann z. B. die Mitte einer Kreisfläche oder die Ecke eines Werkstücks sein (Abb. 6).

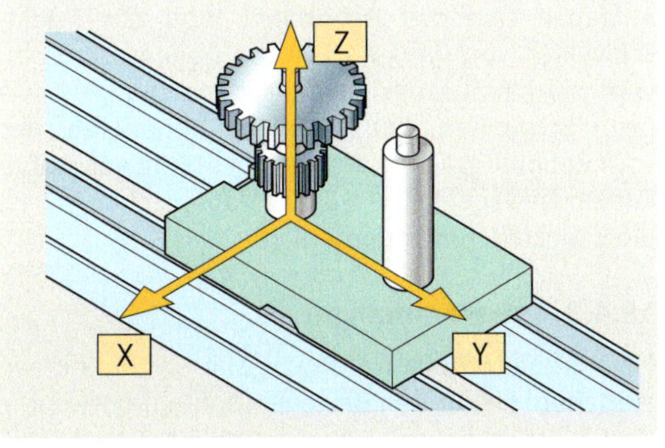

Abb. 6: Werkstückkoordinaten

Mit diesen Werkstückkoordinaten ist es einfach, die verschiedenen Bearbeitungspositionen an einem Werkstück exakt anzufahren und die Bearbeitung zu programmieren.

18.4.2 Bewegungsarten

In Robotersteuerungen werden grundsätzlich zwei verschiedene Bewegungsarten unterschieden.

PTP- Bewegung

Bei Bewegungsart PTP (Point-To-Point) verfährt jede Roboterachse zwischen dem Startpunkt und dem Endpunkt einer Bewegung, ohne dass die Bahn des Greifers hierbei definiert ist. Nur der Anfangs- und der Endpunkt sind exakt festgelegt. Die Bewegungsbahn selbst ist unkontrolliert und nicht vorhersehbar.

Bahnsteuerung

Bei der Bahnsteuerung werden die Achsbewegungen des Roboters so gesteuert, dass der Effektor sich exakt entlang von vorgeschriebenen Bahnen bewegt. Die Bahn kann entweder durch eine Gerade (Linearbewegung) oder durch eine Kreisbahn (Cirkularbewegung) beschrieben werden (Abb.1).

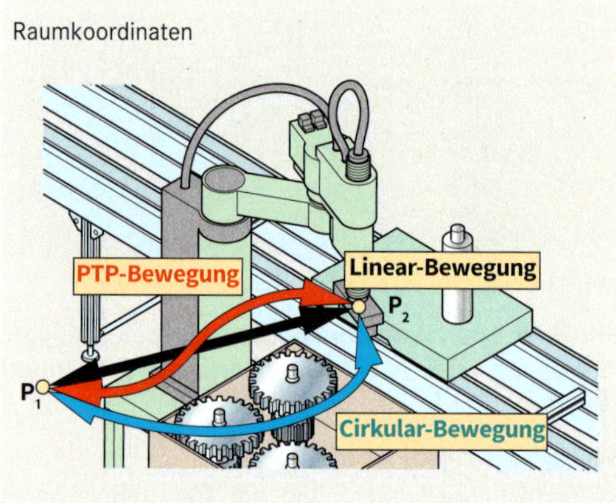

Abb. 1: Bewegungsarten

Für Aufgabenstellungen, bei denen der Roboter nur an bestimmten Positionen Aufgaben ausführen muss, wird die Bewegungsart PTP genutzt. Solche Aufgaben sind das Handhaben und das Punktschweißen von Werkstücken. Im Gegensatz hierzu wird bei bahnbezogenen Aufgabenstellungen, wie beim Schweißen, Entgraten oder Montieren, das vom Roboter geführte Werkzeug entlang von Bahnkurven bewegt. Bei diesen Aufgabenstellungen ist die Bahnsteuerung erforderlich.

18.4.3 Programmangaben

Ein Roboterprogramm muss alle Informationen enthalten, die für den Bewegungsablauf notwendig sind. Hierzu gehören:

- Positionsangaben,
- Geschwindigkeitsangaben,
- Bewegungsangaben,
- Eingangs- und Ausgangssignale.

Positionsangaben

Zur Erstellung eines Roboterprogramms benötigt man Positionsangaben. Sie werden als Koordinaten angegeben.

Zunächst werden die Koordinaten X, Y und Z als Raumkoordinaten angegeben. Um die Ausrichtung (Orientierung) des Greifers zu erfassen, wird z. B. zusätzlich die Drehachse (A4) des Greifers als Gelenkkoordinate angegeben (Abb. 1).

Beispiel: P1 : (X=100, Y=250, Z=300, A4=120°)

Geschwindigkeitsangaben

Man führt den Greifer üblicherweise nicht in einer schnellen Bewegung bis zum Werkstück, sondern zunächst nur bis zu einem Annäherungspunkt. Dieser liegt in geringem Abstand senkrecht über dem Werkstück. Von dort nähert sich der Greifer langsam und kontrolliert dem Werkstück. Nach Beendigung des Greifens entfernt er sich langsam zunächst bis zum Abrückpunkt und geht erst dort wieder in eine schnellere PTP-Bewegung über.

Geschwindigkeitsangaben werden z. B. bei PTP Bewegungen als Prozentangabe der maximalen Geschwindigkeit angegeben.

Beispiel: v_ptp = 60 %.

Bewegungsangaben

In vielen Fällen kann die PTP-Bewegung verwendet werden. Soll der Bewegungsablauf entlang einer vorgeschriebenen Bahn erfolgen, müssen Linearbewegungen oder Circularbewegungen programmiert werden

Eingangssignale

Robotersteuerungen werten Eingangssignale aus.

Beispiel: Ein Roboter wartet an einer Werkzeugmaschine, bis der Bearbeitungsvorgang abgeschlossen ist. Nach der Bearbeitung sendet die Werkzeugmaschine ein Freigabesignal an die Robotersteuerung. Der Roboter entnimmt das Werkstück aus der Werkzeugmaschine.

Ausgangssignale

Robotersteuerungen können Ausgangssignale in Form von Bits ausgeben. Dies wird für die Ansteuerung von Peripheriegeräten verwendet.

Beispiel: Ein Roboter legt ein Werkstück in eine Spannvorrichtung. Anschließend fährt er aus dem Arbeitsbereich. Ist er in seiner Parkposition, sendet die Robotersteuerung ein Freigabesignal an die Steuerung. Die Spannvorrichtung spannt das Werkstück.

18.4.4 Roboterprogramme

Der Roboter der Montagestation setzt die Getriebewellen vom Förderband auf Paletten um.Hierzu werden die beiden Programmierverfahren – das Teach-In-Verfahren und die textuelle Programmierung – miteinander verknüpft.

Mit dem Teach-In-Verfahren werden die Punkte Pos. 1 bis Pos. 5 direkt im Arbeitsraum des Roboters erfasst. Die Punkte werden anschließend in der Punktedatei abgespeichert und stehen für das Programm zur Verfügung (Abb. 1).

Mit der textuellen Programmierung werden die Programmanweisungen für den Bewegungsablauf des Roboters erstellt (Abb. 2).

Vereinbarungsteil

Im Vereinbarungsteil ist der Greifer als binärer Roboterausgang definiert.

Die Punkte Pos. 1 bis Pos. 5 werden mit der Punktedatei verknüpft.

Hauptprogramm

Im Hauptprogramm fährt der Roboter zunächst auf die Startposition (Pos. 1). Anschließend erfolgt der Aufruf eines Unterprogramms. Der Sprung zurück ins Hauptprogramm erfolgt, nach dem ein Unterprogramm abgearbeitet ist. Es wird erneut die Pos. 1 angefahren.

Unterprogramme

Anschließend wird das Unterprogramm *Teil_abholen* aufgerufen. Der Roboter fährt genau über die Getriebewelle (Pos. 2). Der Greifer wird geöffnet. Anschließend fährt der Roboter nach unten (Pos. 3) und greift die Welle. Nach einer kurzen Wartezeit fährt der Roboterarm wieder nach oben (Pos. 2).

Nach dem das Unterprogramm abgearbeitet ist, erfolgt der Rücksprung in das Hauptprogramm. Anschließend wird das Unterprogramm *Teil_ablegen* aufgerufen. Entsprechend den Verfahranweisungen wird jetzt das Unterprogramm abgearbeitet.

Auszug: Programmlisting

```
Programm Montagestation
***Vereinbarungsteil***                ①
Ausgang: H=Greifer
Punkt:   Pos. 1, Pos. 2, Pos. 3,
         Pos. 4, Pos. 5

***Hauptprogramm***                    ②
Fahre Pos. 1
UP Teil_abholen
Fahre Pos. 1  ④
UP Teil_ablegen
Fahre Pos. 1
Ende Hauptprogramm

***UP Teil_abholen***                  ③
Fahre Pos. 2
Greifer = AUF
Fahre Pos. 3
Greifer = ZU
Warte 0.5
Fahre Pos. 2
Ende Unterprogramm

***UP Teil_ablegen***                  ⑤
Fahre Pos. 4
Fahre Pos. 5
Greifer = AUF
Warte 0.5
Fahre Pos. 4
Ende Unterprogramm
```

Aufruf Unterprogramme

Rücksprung ins Hauptprogramm

Auszug: Punktedatei

```
Pos. 1: = (200,-150,300,45)
Pos. 2: = (350,-100,450,40)
Pos. 3: = ...
```

Abb. 2: Programmauszug

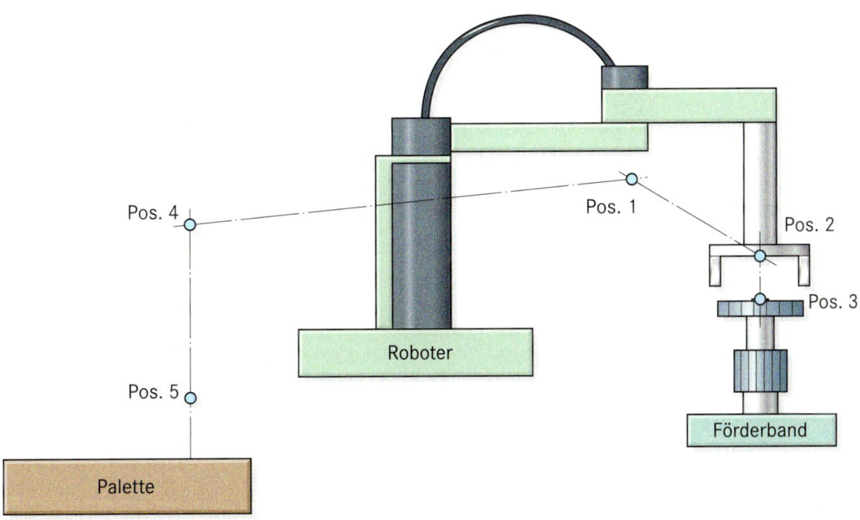

Abb. 1: Bewegungsablauf des Roboters

Infor-
mieren

18.5 Vernetzte Fertigung

Das Vernetzen von Robotern in der Fertigung und Montage mit allen an der Produktionslinie beteiligten Bereiche erfolgt in zunehmendem Maße. Ein permanenter elektronischer Informationsaustausch sowohl zwischen dem Mensch und der Maschine als auch unter den Maschinen selbst ermöglicht die Überwachung der Fertigung und das Reagieren auf Störungen in Echtzeit. Über Kommunikationsgeräte wie Handy oder Tablets werden die erforderlichen Daten einer zentralen Datenbank zur Verfügung gestellt (Abb. 1).

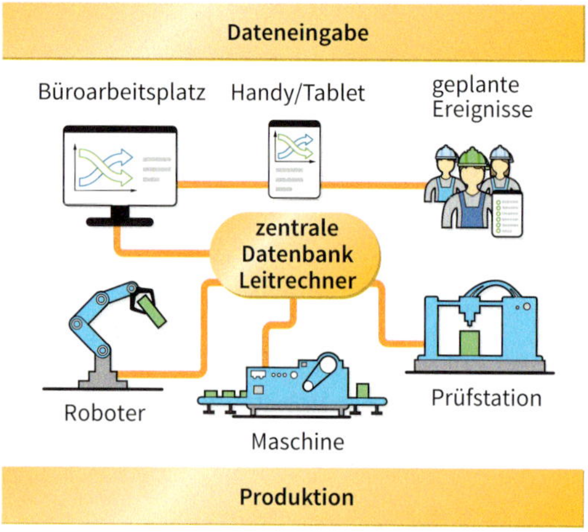

Abb. 1: Vernetzte Fertigung

Ein Leitrechner wertet die Daten aus und steuert die Roboter oder Maschinen entsprechend. Den hohen Anschaffungskosten stehen folgende Vorteile einer Vernetzung der Produktion entgegen:

- Steigerung der Produktivität,
- effektive Nutzung der Ressourcen und somit
- Steigerung der Wettbewerbsfähigkeit.

18.6 Sicherheitseinrichtungen

Die europäische Maschinenrichtlinie fordert, Maschinen so zu bauen, dass von ihnen keine Gefahr für Mensch und Umwelt ausgeht. Die Gefahren, die von Robotern ausgehen, bestehen in oft völlig überraschenden Bewegungsabläufen und schnellen Geschwindigkeitsänderungen. Sich lösende und umherfliegende Teile stellen eine weitere Gefahrenquelle dar. Daher muss der Bewegungsraum des Roboters von den Arbeitsbereichen des Menschen getrennt werden.

Dies kann durch folgende Einrichtungen erfolgen:

- Schutzgitter oder Schutzglas,
- Lichtvorhang oder
- Laserscanner

Eine sichere Trennung wird durch Schutzgitter oder Schutzglas mit gesicherten Schutztüren erreicht. An Stelle der Schutztüren werden häufig Lichtvorhänge eingesetzt (Abb. 2).

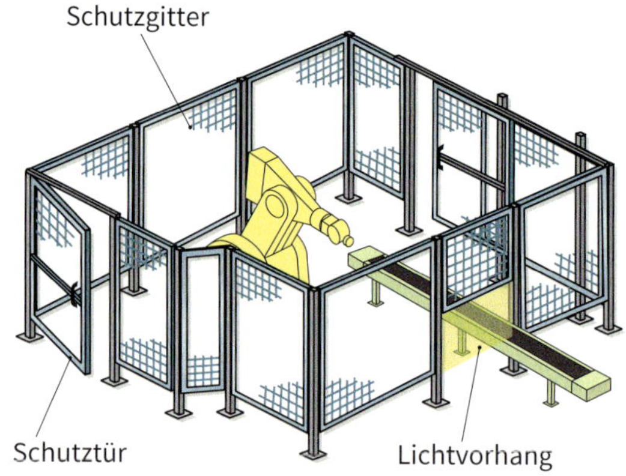

Abb. 2: Lichtvorhang

Ein Lichtvorhang besteht aus einem Sender und einem Empfänger, die einander gegenüber angebracht sind. Infrarotdioden senden Lichtstrahlen aus, die von dem Empfänger aufgefangen werden. Wird ein Lichtstrahl unterbrochen, führt dies zum Stillstand des Roboters.

Eine weitere Möglichkeit, Gefahrenbereiche abzuschirmen, bieten Laserscanner (Abb. 3). Der Laserscanner sendet in regelmäßigen Abständen Lichtstrahlen aus. Treffen diese auf eine Person, wertet der Empfänger das reflektierte Licht aus. Ist der zu schützende Bereich betroffen, führt dies zum Stillstand des Roboters.

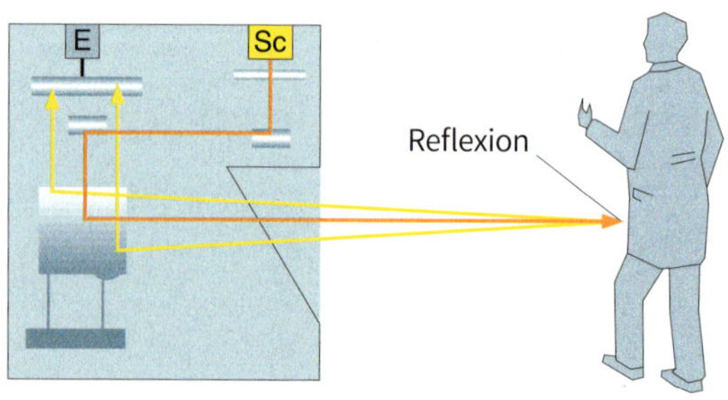

Abb. 3: Funktion eines Laserscanners

Mit Laserscannern können verschiedene Bereiche, z. B. Schutzfelder oder Warnfelder, definiert werden. Je nach Anwendungsfall können einzelne Bereiche aktiviert oder deaktiviert werden (Abb. 4).

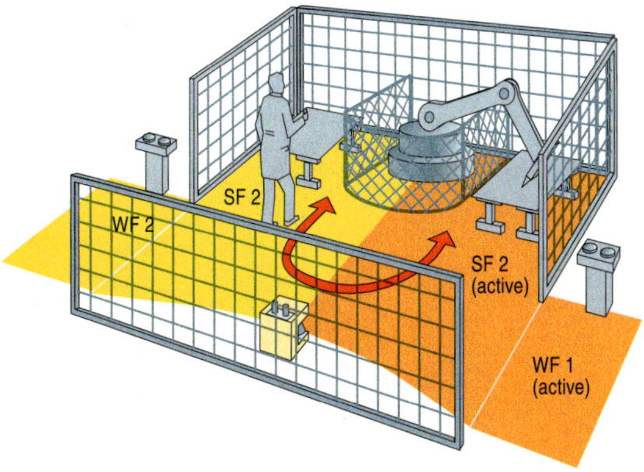

Abb. 4: Schutz- und Warnfelder

Beim Programmieren im Teach-In-Modus muss häufig im Gefahrenbereich des Roboters gearbeitet werden. Schutzeinrichtungen wie Laserscanner sind dabei nicht aktiviert. Um Verfahrbewegungen des Roboters ausdrücklich zu erlauben, muss die Zustimmungstaste am Handprogrammiergerät betätigt sein. Zusätzlich müssen die Geschwindigkeiten auf ein sicheres Maß reduziert werden. Eine weiterer Schutz ist der Not-Aus-Schalter am Handprogrammiergerät.

18.7 Inbetriebnahme

Die Inbetriebnahme des Roboters erfolgt als Gesamtprozess mit der Bandanlage, der Montagestation und der Position der Palette. Die Inbetriebnahme des Roboters geschieht dabei durch geschultes Fachpersonal. Beim Bedienen der Montagestation wird es dabei vom Maschinenbediener unterstützt.

Bei der Inbetriebnahme wird der automatisierte Montageprozess über das Bedienfeld gesteuert. Durch das Bedienfeld können die Betriebsarten Testbetrieb, Einrichtbetrieb oder Automatikbetrieb ausgewählt werden.

Testbetrieb

Für den ersten Ablauf wird die Betriebsart Testbetrieb gewählt. Im Testbetrieb werden Programme oder Programmteile in Einzelschritten abgefahren. Dabei wird der Prozessablauf Schritt für Schritt durchgetaktet. Der erste Durchlauf erfolgt dabei in der Regel ohne Werkstück, um unvorhergesehene Kollisionen zu vermeiden.

Wurde der Prozessablauf im Einzelschritt mit einem Werkstück erfolgreich durchlaufen, erfolgt der Testlauf im Automatikbetrieb.

Einrichten

Die Einricht-Betriebsart dient zum Programmieren und zum Bewegen des Roboters durch manuelle Verfahrbewegungen. Diese Betriebsart wird auch dazu genutzt, nach einer Störung wieder in einen definierten Zustand zu fahren.

Automatikbetrieb

Der Automatikbetrieb ist während der Fertigung eingeschaltet. Die Programme werden in Originalgeschwindigkeit mit allen Funktionen abgearbeitet. Der Automatikbetrieb setzt voraus, dass die Schutzeinrichtungen aktiviert sind.

Aufgaben

1. Nennen Sie Teilsysteme von Robotern und beschreiben Sie deren Aufgaben.
2. Was versteht man unter Handhaben?
3. Für welche Aufgaben werden Roboter eingesetzt?
4. Erläutern Sie den Begriff Freiheitsgrad.
5. Welche Kinematik besitzt ein Portalroboter?
6. Warum ist ein Schwenkarmroboter besonders gut für die Montage geeignet?
7. Skizzieren Sie den Arbeitsraum eines Gelenkarmroboters.
8. Skizzieren Sie einen Gelenkarmroboter und tragen Sie die Koordinatensysteme für Raumkoordinaten und Gelenkkoordinaten ein.
9. Nach welchen Kriterien wird die Bauart eines Roboters ausgewählt?
10. Beschreiben Sie das Teach-In-Verfahren und die Programmierung mit grafischer Unterstützung.
11. Erläutern Sie das Programm der Montagestation (Abb. 2).
12. Welchen Vorteil haben Laserscanner gegenüber dem Lichtvorhang?

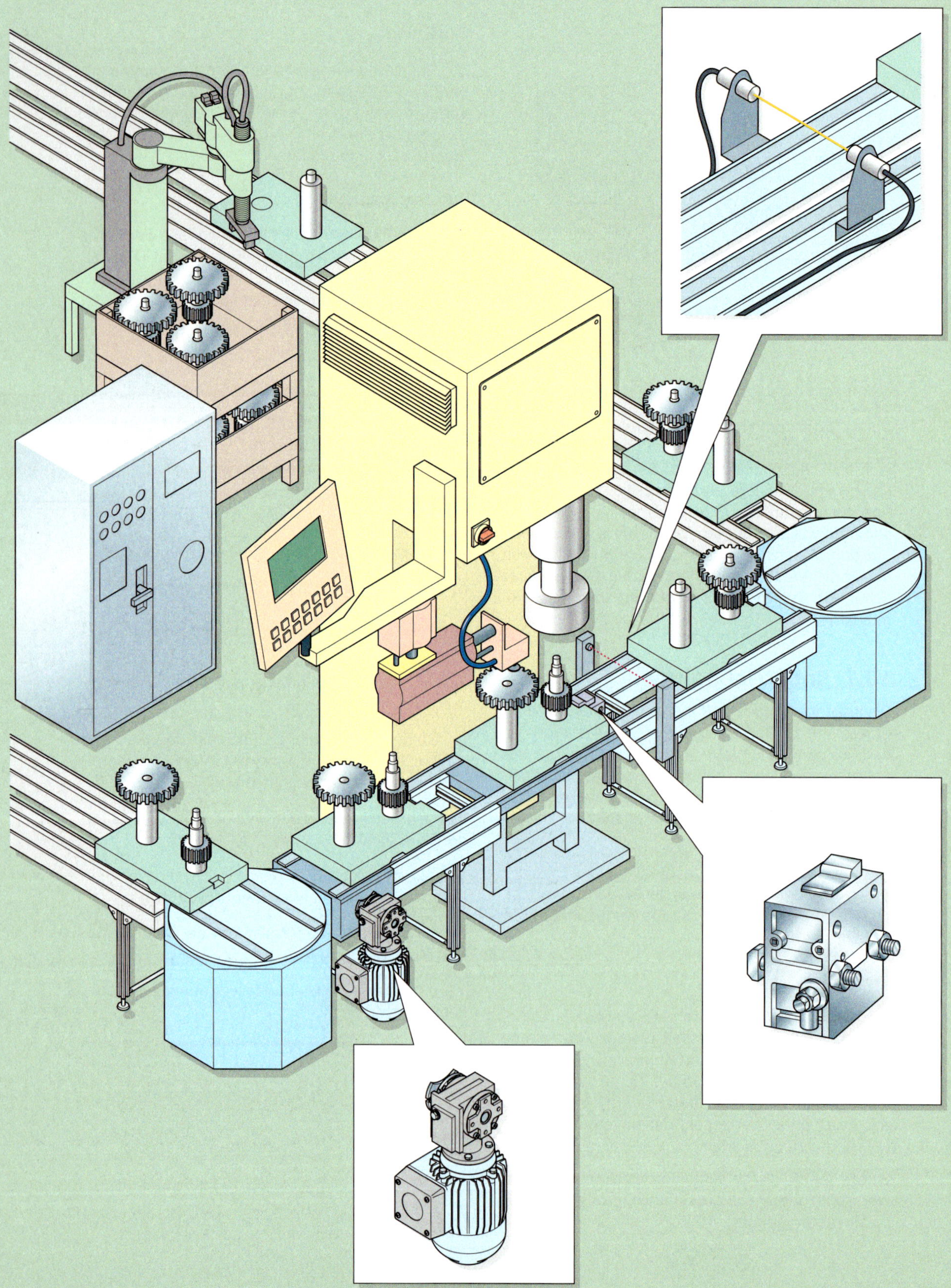

Elektrische Einheiten

19

Das Transportband der Montagestation wird von einem Elektromotor angetrieben. Ein elektromagnetischer Stopper hält die Werkstückträger an der Arbeitsposition an. Elektrische Motoren und elektromagnetische Stopper sind Energiewandler. Mit ihnen wird elektrische Energie in Bewegungsenergie umgewandelt. Man bezeichnet sie als *Aktoren*.

Die Steuerung erhält Eingangssignale von den berührungslosen Endschaltern des Handhabungsgerätes oder von Druckschaltern in der Hydraulikanlage. Sie setzen eine physikalische Größe in ein elektrisches Signal um und werden als *Sensoren* bezeichnet.

Informieren

19.1 Aktoren

Die Elektromagnete von Stopper und von elektromagnetischen Ventilen erzeugen lineare Bewegungen. Sie schalten Ventile oder bewegen Stopper.

Elektromotoren erzeugen Drehbewegungen und treiben zum Beispiel Transportbänder oder Pumpen und Maschinen an.

Bei Elektromotoren unterscheidet man je nach Art des angeschlossenen Stromes Gleichstrommotoren, Drehstrommotoren und Universalmotoren.

19.1.1 Elektromagnetischer Stopper

Der Stopper hat die Funktion, einen ankommenden Werkstückträger vor der Presse anzuhalten, auch wenn das Transportband noch läuft. Hierzu befindet sich ein Bolzen im Transportweg des Bandes. Die Werkstückträger bleiben so an einer festen Position stehen (Abb. 1a).

Nach dem Ende des Bearbeitungsvorgangs muss der Werkstückträger durch den Stopperbolzen freigegeben werden.

Der elektromagnetische Stopper besteht aus

- einem Gehäuse mit Führung für den
- den Stopperbolzen,
- eine Feder und
- eine Magnetspule.

In der Ausgangsstellung wird der Stopperbolzen durch die Feder nach oben gedrückt. Wird die Magnetspule von Strom durchflossen, erzeugt sie ein Magnetfeld. Dieses zieht den Bolzen gegen die Federkraft in die untere (Abb. 1b).

Wird der Stromfluss unterbrochen, baut sich das Magnetfeld ab und der Bolzen wird durch die Federkraft wieder in seine Ausgangslage nach oben gedrückt.

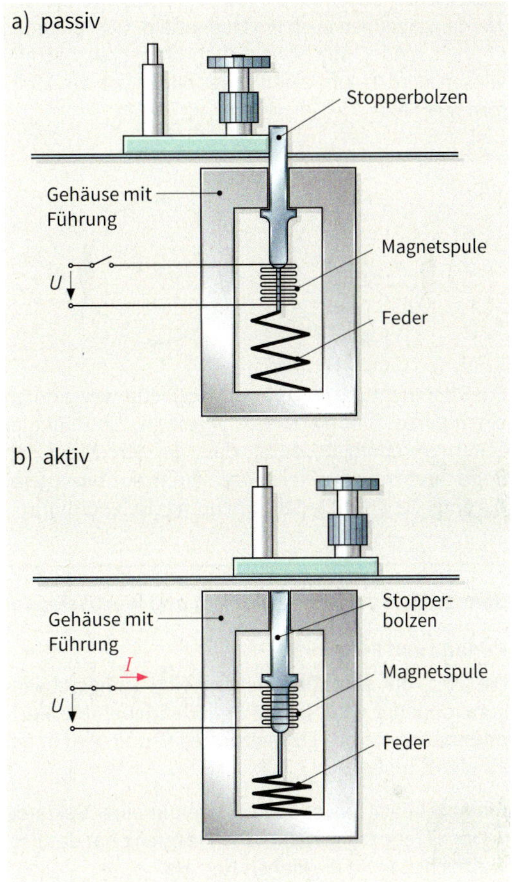

Abb. 1: Funktionsweise von Stoppern

Die wichtigsten Auswahlkriterien für Stopper sind:

- Kraft, Kraftrichtung,
- max. Einschaltdauer,
- Bauform,
- Bemessungsspannung und
- Bemessungsleistung.

Bei der Auswahl einer Magnetspule für den Stopper ist die gewünschte Kraftrichtung entscheidend. Man unterscheidet:

- Schubmagnete und
- Zugmagnete.

Die Einschaltdauer *ED* gibt an, wie lange ein Magnet eingeschaltet bleiben kann und wie lange er anschließend mindestens ausgeschaltet bleiben muss. Sie wird als Verhältnis angegeben.

$$ED = \frac{t_{ein}}{t_{ein} + t_{aus}} \cdot 100\ \%$$

Grundlagen

Elektromagnetismus

Elektrische Leiter, die von Strom durchflossen werden, erzeugen auch ein Magnetfeld. Die Feldlinien können wieder mit beweglichen Magneten nachgewiesen werden. Um einen Leiter bildet sich ein kreisförmiges Feld.

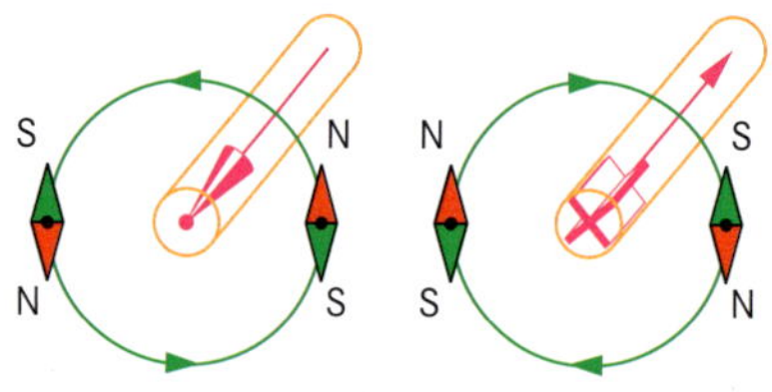

Die Stromrichtung im Leiter wird üblicherweise durch einen Punkt oder ein Kreuz dargestellt. Ein Punkt im Leiterquerschnitt bedeutet, dass der Strom auf den Betrachter zufließt (Pfeilspitze). Ein Kreuz beschreibt die entgegengesetzte Stromrichtung (Befederung).

Wickelt man einen elektrischen Leiter zu einer Spule, bildet sich um jeden Leiter ein kreisförmiges Magnetfeld aus ①. Zwischen benachbarten Leitern verlaufen die Feldlinien entgegengesetzt und heben sich auf ②.

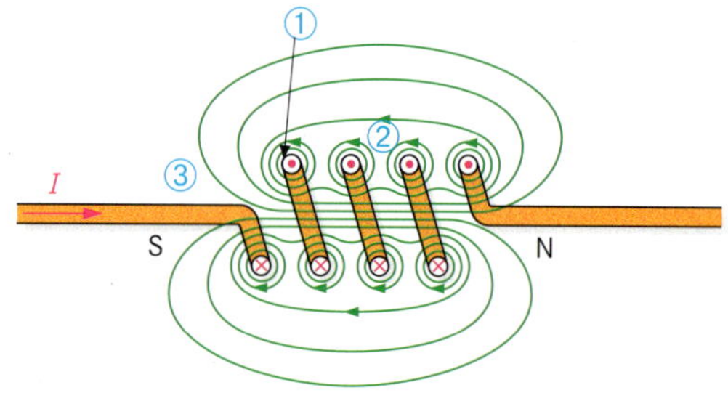

Im Inneren und Äußeren der Spule addieren sich die Feldlinien zu einem Gesamtfeld ③, das am einen Spulenende austritt und am anderen Ende wieder eintritt. Es ist vergleichbar mit dem eines stabförmigen Dauermagneten.

Kenngrößen von Wechselstrom und Wechselspannung

Periode und Frequenz

Die Zeit, die zum Durchlaufen einer Sinusschwingung benötigt wird, ist die Periodendauer. Die **Periodendauer** hat das Formelzeichen T und wird in Sekunden **s** angegeben.

Die Anzahl der Sinusschwingungen in einer Sekunde werden Frequenz genannt. Die **Frequenz** hat das Formelzeichen f und die Einheit Herz **Hz**.

Es ergibt sich folgender Zusammenhang:

$$f = \frac{1}{T} \qquad 1\,\text{Hz} = \frac{1}{\text{s}}$$

Augenblickswert und Scheitelwert

Die Werte von Spannung und Strom ändern sich jeden Augenblick. Man nennt diese Werte **Augenblickswert** oder **Momentanwert**.

Der Maximalwert einer Amplitude wird als **Scheitelwert** bezeichnet und durch ein Dach über dem Formelzeichen gekennzeichnet. Der **Scheitelwert der Spannung** wird mit **û** (sprich: u-Dach) und der **Scheitelwert des Stromes** mit **î** (sprich: i-Dach) bezeichnet.

Effektivwert

Die Werte von Wechselspannung und Wechselstrom werden in der Regel als Effektivwert mit Großbuchstaben angegeben.

Die Effektivwerte betragen:

$$U = \frac{\hat{u}}{\sqrt{2}} \qquad I = \frac{\hat{i}}{\sqrt{2}}$$

Ein Wechselstrom mit einem Effektivwert von 1 A bewirkt dieselbe Leistung in einem Widerstand wie ein Gleichstrom von 1 A.

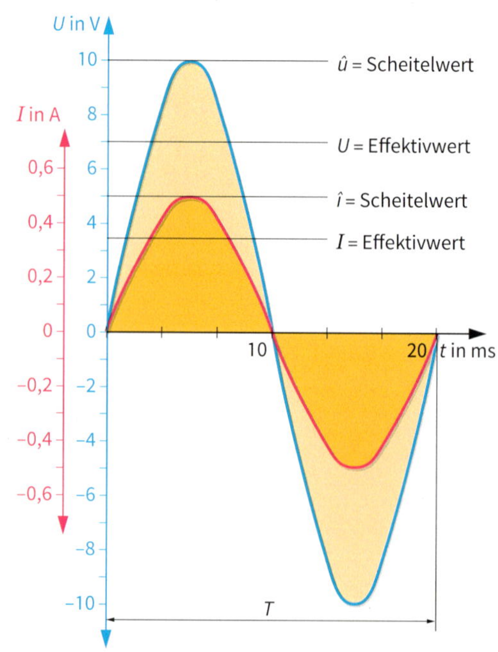

Informieren

19.1.2 Gleichstrommotoren

Gleichstrommotoren werden mit gleichgerichtetem Wechselstrom betrieben. Ein großer Vorteil von Gleichstrommotoren ist die stufenlose Regelbarkeit ihrer Umdrehungsfrequenz.

Aufbau

Der Gleichstrommotor besteht aus einem unbeweglichen Teil, den Ständer, mit den daran befestigten Hauptpolen (Abb. 1). Diese können bei kleineren Motoren aus Permanentmagneten bestehen. Bei Motoren größerer Leistung werden die Pole mit Wicklungen versehen. In dem Ständer dreht sich der drehbar gelagerten Läufer, oft auch als Anker bezeichnet. Der Läufer besteht aus der Welle und dem darauf befestigten Blechpaket. In den Nuten des Blechpaketes ist die Ankerwicklung eingebettet. Die Wicklungen des Ankers werden über einen Stromwender (Kommutator) angeschlossen.

Die Schleifkontakte (Bürsten oder Kohlebürsten) am Stromwender sind so angeordnet, dass sie während der Drehung die Polung der Ankerwicklungen so wechseln, dass immer diejenigen Wicklungen von Strom entsprechender Richtung durchflossen werden, die sich quer zum Erregerfeld bewegen.

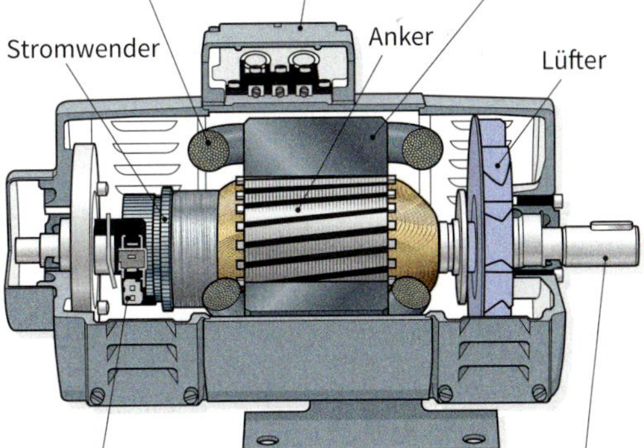

Abb. 1: Aufbau eines Gleichstrommotors

Die Schleifkontakte sind Verschleißteile, die regelmäßig ersetzt werden müssen.

Motorschaltungen

Je nachdem wie Ständerwicklung und Ankerwicklung zueinander geschaltet sind, unterscheidet man:

- Reihenschlussmotoren
- Nebenschlussmotoren und
- fremderregte Gleichstrommotoren.

Die Art der Schaltung bestimmt das Betriebsverhalten der Motoren.

- **Reihenschlussmotoren**

Beim Reihenschlussmotoren sind die Ständerwicklung und die Ankerwicklung in Reihe an eine gemeinsame Spannungsquelle angeschlossen. Beim Anlauf ergibt sich ein hohes Drehmoment. Deshalb werden Reihenschlussmotoren bei elektrischen Fahrzeugen und Hebezeugen eingesetzt.

Wird der Reihenschlussmotor nicht belastet, steigt die Umdrehungsfrequenz auf einen unzulässig hohen Wert an. Der Motor dreht immer schneller (durchgehen) und kann zerstört werden. Reihenschlussmotoren dürfen deshalb nie ohne Last betrieben werden.

Reihenschlussmotoren besitzen eine stark lastabhängige Umdrehungsfrequenz. Sie haben ein großes Anzugsmoment und sind für den Anlauf unter Last geeignet. !

- **Nebenschlussmotoren**

Beim Nebenschlussmotoren sind die Ständerwicklung und die Ankerwicklung parallel an eine gemeinsame Spannungsquelle angeschlossen. Dadurch ist der Strom in der Ständerwicklung und somit auch das Ständermagnetfeld konstant. Das ergibt eine fast gleich bleibende Umdrehungsfrequenz, auch unter Belastung. Der Nebenschlussmotor wird daher häufig als Antrieb für Werkzeugmaschinen und Förderanlagen eingesetzt.

Nebenschlussmotoren haben eine nahezu lastunabhängige Umdrehungsfrequenz. !

- **Fremderregte Gleichstrommotoren**

Bei fremderregten Gleichstrommotoren hat die Ständerwicklung einen eigenen Stromkreis. Dadurch wird das Ständermagnetfeld konstant gehalten. Die Umdrehungsfrequenz ändert sich auch unter Belastung kaum. Durch Verändern der Spannung in der Ständerwicklung oder der Ankerwicklung kann die Umdrehungsfrequenz stufenlos geregelt werden. Fremderregte Gleichstrommotoren werden als Antriebe für Schleif- und Fräsmaschinen eingesetzt.

Bei fremderregten Gleichstrommotoren kann die Umdrehungsfrequenz stufenlos geregelt werden. !

Informieren

19.1.3 Drehstrommotoren

Motoren, die mit dreiphasigem Wechselstrom betrieben werden, nennt man Drehstrommotoren. Drehstrommotoren unterteilt man in Asynchronmotoren und Synchronmotoren.

19.1.3.1 Drehstrom-Asynchronmotoren

Asynchronmotoren laufen mit einer geringeren Umdrehungsfrequenz als das Drehfeld (siehe Betriebsverhalten). Sie sind betriebssicher, einfach aufgebaut und werden deshalb häufig in der Antriebstechnik verwendet.

Aufbau

Nach dem Aufbau des Läufers (Anker) teilt man Asynchronmotoren in Kurzschlussläufer-Motoren und Schleifringläufer-Motoren ein.

- **Kurzschlussläufer-Motoren**

In ein Motorgehäuse sind drei um 120° versetzte Ständerwicklungen eingefügt (Abb. 1). Sie werden an die Drei-Phasen-Wechselspannung gelegt. Die Anschlüsse der Wicklungen sind zum Klemmkasten herausgeführt. Der Läufer besteht aus einer Welle mit einem darauf befestigten Blechpaket. In den Nuten befinden sich statt Wicklungen Kupfer- oder Aluminiumstäbe, die an den Enden durch einen Ring kurzgeschlossen sind.

- **Schleifringläufer-Motoren**

Der Ständer des Schleifringläufer-Motors gleicht dem des Kurzschlussläufer-Motors. Der Läufer besitzt allerdings eine Wicklung (Abb. 2). Deren Anfänge sind zu den auf der Welle sitzenden Schleifringen geführt. Darauf schleifen die Kohlebürsten.

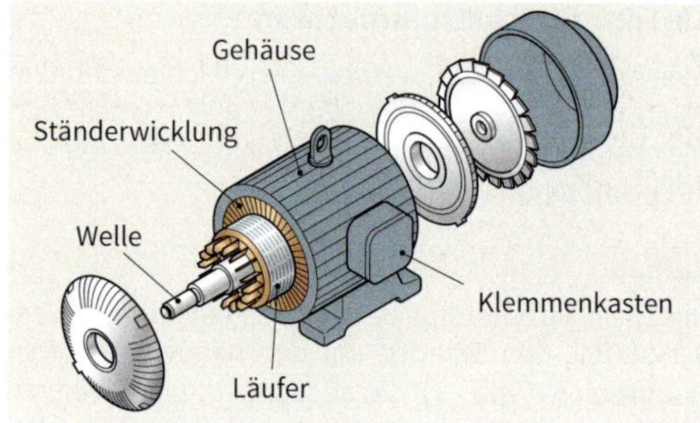

Abb. 1: Kurschlussläufer-Motor

Durch Verändern der Ströme in den Läuferwicklungen kann das Motorverhalten beeinflusst werden.

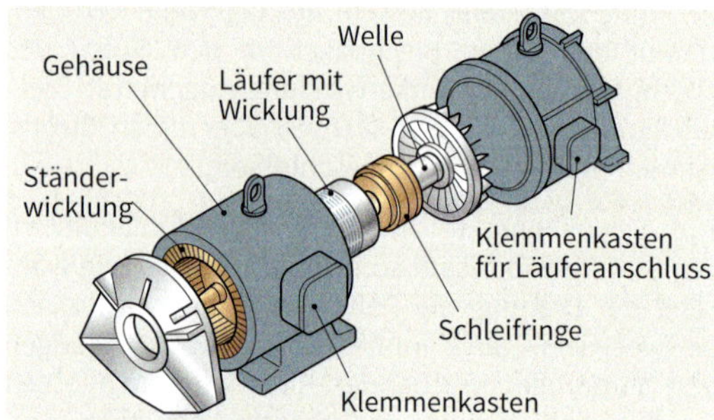

Abb. 2: Schleifringläufer-Motor

Betriebsverhalten

Mit dem Einschalten des Stromes wird in der Ständerwicklung des Motors ein rotierendes Magnetfeld (Drehfeld) aufgebaut. Dieses Magnetfeld erzeugt während der Drehung mittels Induktion im Läufer eine Spannung. Durch Stromfluss im Läufer wird ein weiters Magnetfeld aufgebaut. Beide Magnetfelder zusammen bewirken die Drehung der Motorwelle.

Grundlagen

Grundlagen: Drehstrom

Die Energieversorgungsnetze sind als Drehstromnetze aufgebaut. Die folgende Abbildung zeigt den Aufbau eines Drehstromgenerators.

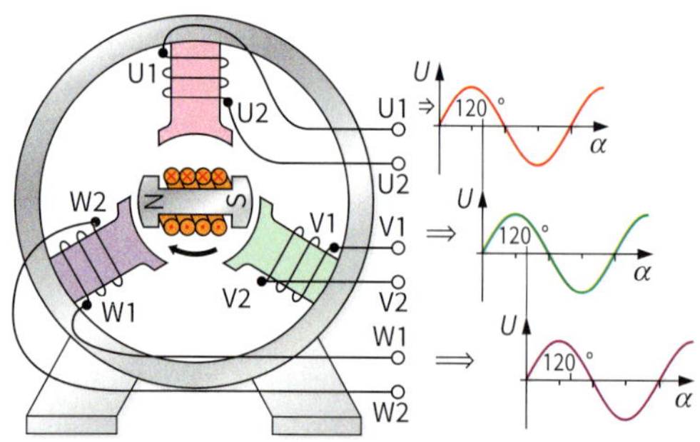

Im Generator sind die drei Wicklungen U, V, W um 120° versetzt angeordnet. Durch Stromfluss wird im Läufer ein Magnetfeld erzeugt. Wird der Läufer gedreht, entstehen drei sinusförmige Spannungen gleicher Größe und Frequenz. Diese Spannungen entstehen nacheinander, sie sind um 120° phasenverschoben.

Die sechs Spulenanschlüsse U1 bis W2 werden miteinander verbunden. Die Abbildung zeigt die Verkettung auf vier Leiter, sie entspricht einer Sternschaltung. Die Spulenenden U2, V2 und W2 sind im Sternpunkt zusammengeschlossenen und bilden den Neutralleiter N.

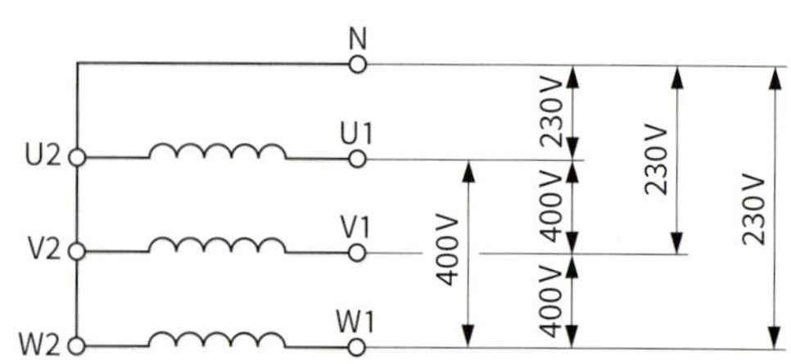

Durch die besondere Verschaltung stehen dem Anwender zwei Spannungen zur Verfügung:

- Die Spannung einer Spule von 230 V und
- Die Spannung zweier Spulen in Reihe von 400 V.

Bedingt durch den zeitverschobenen Aufbau des zweiten Magnetfeldes mittels Induktionsspannung, ist die Umdrehungsfrequenz des Läufers gegenüber der Umdrehungsfrequenz des Ständerdrehfeldes geringer. Diese Ungleichheit nennt man asynchron.

! Beim Asynchronmotor dreht sich der Läufer mit einer Undrehungsfrequenz unterhalb der Umdrehungsfrequenz des Ständerdrehfeldes.

Bei allen Drehstrommotoren können sowohl die Drehrichtung als auch die Umdrehungsfrequenz verändert werden.

- **Drehrichtungsänderung**

Eine Änderung der Drehrichtung wird durch manuelles Vertauschen eines der drei stromführenden Anschlussdrähte im Klemmenkasten bei der Montage erreicht. Während des Betriebes geschieht eine Umsteuerung der Drehrichtung (Rechts-Linkslauf) mittels Tast- oder Drehschalter über eine Schütz- oder Relaissteuerung.

- **Polzahl und Umdrehungsfrequenz**

Die Umdrehungsfrequenz eines Asynchronmotors hängt von der Frequenz des dreiphasigen Wechselstromes und von der Polzahl der Ständerwicklung ab.

Bei einer Frequenz von 50 Hz ergibt sich bei einer zweipoligen Ständerwicklung (ein Polpaar) eine Umdrehungsfrequenz des Drehfeldes von 3000 1/min. Bei einer vierpoligen Ständerwicklung (zwei Polpaare) beträgt die Umdrehungsfrequenz 1500 1/min (Tab. 1).

- **Schlupf**

Die Läuferumdrehungsfrequenz n ist niedriger als die Umdrehungsfrequenz des Drehfeldes n_f. Die Differenz der Umdrehungsfrequenz zwischen Läufer und Drehfeld wird als Schlupfumdrehungsfrequenz bezeichnet.

Der Schlupf ist das Verhältnis der Schlupfumdrehungsfrequenz zur Drehfeldumdrehungsfrequenz n_f und wird meist in Prozent angegeben (Tab. 1).

Tab. 1: Umdrehungsfrequenzen von Asynchronmotoren

Polpaare	1	2	3	4	5	4
n_f in 1/min	3000	1500	1000	750	600	500
n in 1/min	2860	1410	940	710	566	476
Schlupf (%)	4,9	6,0	6,0	5,3	5,7	4,8

- **Drehfrequenzänderung**

Durch Frequenzumrichter lässt sich die Frequenz der Wechselspannung für die Versorgung von Drehstrommotoren ändern und so die Umdrehfrequenz des Motors. Es lassen sich stufenlos Drehzahlen von nahezu Null bis zur Nenndrehzahl einstellen.

- **Hochlaufkennlinie**

Anhand der Hochlaufkennlinie lässt sich das Betriebsverhalten von Asynchronmotoren ablesen (Abb. 3). Beim Einschalten des Motors bildet sich durch den Anlaufstrom I_A ein Anzugsdrehmoment M_A, das mit zunehmender Umdrehungsfrequenz zuerst abnimmt bis zum Sattelmoment M_S. Mit dem weitern Ansteigen der Umdrehungsfrequenz erhöht sich auch das Drehmoment bis auf den Maximalwert M_K und fällt danach wieder ab. Bei der Nenndrehzahl stellt sich das Nenndrehmoment M_N ein.

Bei einer Belastung während des Betriebes dreht der Motor langsamer als seine Nennumdrehungsfrequenz, dadurch steigt das Drehmoment bis zum Kippmoment an. Übersteigt die Belastung des Motors den Maximalwert, bleibt er stehen, d. h. er kippt.

Asynchronmotoren müssen so gewählt werden, dass ihre Umdrehungsfrequenz während des Betriebes zwischen Nennumdrehungsfrequenz und Kippumdrehungsfrequenz bleibt.

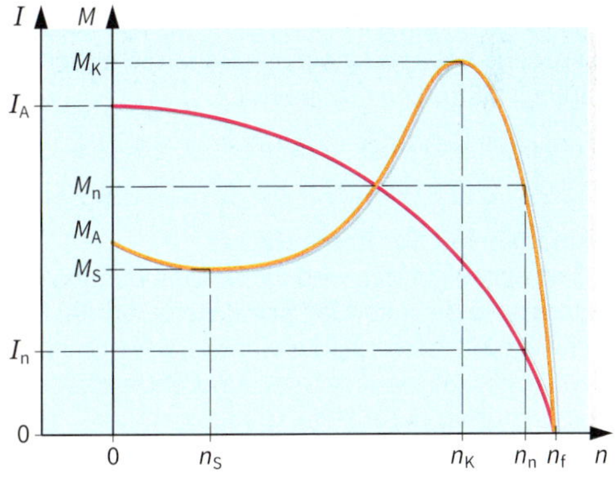

Abb. 3: Hochlaufkennlinie

- **Anlassverfahren**

Motoren mit großen Leistungen verursachen beim Einschalten hohe Stromstärken. Sie können zu Überlastung des öffentlichen Stromnetzes führen. Deshalb dürfen leistungsstarke Motoren nicht direkt eingeschaltet werden. Das sind:

- Wechselstrommotoren > 1,7 kW,
- Drehstrommotoren > 5,2 kW.

Für das Anlassen leistungsstarker Motoren gibt es mehrere Verfahren z. B. Stern-Dreieckschaltung, Vorwiderstände oder Sanftanlaufgeräte.

- **Stern-Dreieckschaltung**

Beim Anlassen mit Stern-Dreieckschaltung wird der Motor in zwei Stufen angefahren. In der ersten Stufe läuft der Motor mit 230 V an und beschleunigt auf eine bestimmte Umdrehungsfrequenz. Nach Erreichen dieser Frequenz wird von Hand oder automatisch auf 400 V umgeschaltet (zweite Stufe) und dadurch der Motor auf seine Nennleistung gebracht. Die Stromaufnahme ist in jeder Stufe geringer als bei der Direkteinschaltung.

Das Anlaufdrehmoment beträgt allerdings in der ersten Stufe nur ein Drittel gegenüber der Direkteinschaltung. Daher darf der Motor in dieser Stufe nicht belastet werden.

- **Anlassen mit Vorwiderstand**

Bei Kurschlussläufer-Motoren werden zum Anlassen Widerstände vor die Wicklungen des Ständers geschaltet. Die Widerstände verringern beim Anlassen den Anlassstrom.

Bei Schleifringläufer-Motoren können die Widerstände auch vor die Läuferwicklungen geschaltet werden. Die Widerstände verringern beim Anlassen den Anlassstrom, erhöhen aber gleichzeitig das Anzugsdrehmoment. Dadurch kann der Motor unter Last z. B. bei einem Kran angefahren werden.

Ein Schleifringläufer, über Anlasswiderstande angelassen, zeigt bessere Anlaufeigenschaften als ein Käfigläufer in Stern-Dreieckschaltung.

Nachteilig bei diesen Verfahren sind die Verluste durch die Wärmeabgabe an den Vorwiderständen.

- **Anlassen mit Sanftanlaufgerät**

Bei Sanftanlaufgeräten wird die Motorspannung über elektronische Schalter langsam stetig erhöht. Dadurch wird die Stromstärke während des gesamten Anlaufvorganges begrenzt. Die Umdrehungsfrequenz steigt proportional zur Motorspannung.

19.1.3.2 Drehstrom-Synchronmotoren

Synchronmotoren laufen mit der gleichen Umdrehungsfrequenz wie das Drehfeld.

Wegen des Synchronlaufes zwischen Läufer und Drehfeld wird der Motor vor allen dort angewendet, wo eine konstante Umdrehungsfrequenz gefordert wird. Er wird eingesetzt bei höheren Antriebsleistungen (10 kW bis 1000 kW) z. B. als Antrieb für Kompressoren und Pumpen.

19.1.4 Universalmotoren

Universalmotoren sind eine Sonderform der Gleichstrommotoren. Sie können sowohl mit Gleichstrom als auch mit Wechselstrom betrieben werden. Bei Anschluss an Wechselstrom ändern sich die Stator- und die Läuferdrehfeld gleichzeitig, dadurch behält der Motor seine Drehrichtung bei.

Universalmotoren sind in vielen Kleinmaschinen wie Handbohr- und Handschleifmaschinen sowie in Küchen- und Haushaltsgeräten eingebaut. Die Leistung ist bezogen auf ihre Größe verhältnismäßig hoch. Und liegt im Allgemeinen zwischen 10 und 1000 Watt. Die Umdrehungsfrequenz ist jedoch stark lastabhängig.

Durch elektronische Zusatzeinrichtungen kann die Drehrichtung und die Umdrehungsfrequenz verändert werden, wobei das Drehmoment fast konstant bleibt. Dies erfolgt z. B. bei Handbohrmaschinen (Abb. 1).

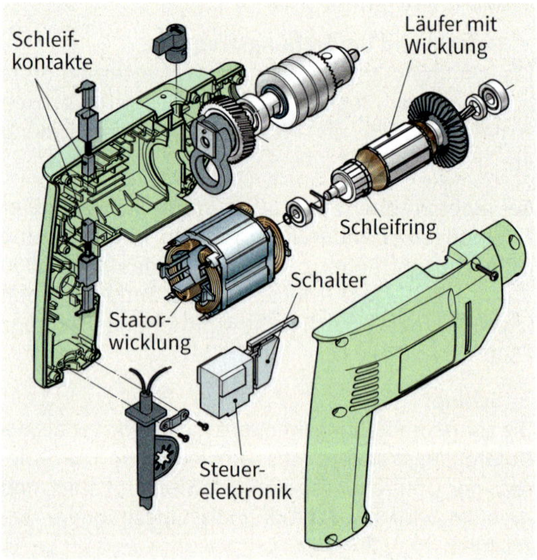

Abb. 1: Handbohrmaschine mit elektronisch gesteuertem Universalmotor.

Aufgabe

1. Erläutern Sie die Kenngrößen Scheitelwert und Effektivwert beim Wechselstrom.
2. Vergleichen Sie das Betriebsverhalten der verschiedenen Gleichstrommotoren.
3. Welche Arten von Drehstrom-Asynchronmaschinen unterscheidet man?
4. Wie lässt sich die Umdrehungsfrequenz eines Drehstrom-Asynchronmotors verändern?
5. Beschreiben Sie die Hochlaufkennlinie eines Asynchronmotors.
6. Was versteht man unter einem Universalmotor?

Infor-
mieren

19.1.5 Sonderbauformen von Motoren

19.1.5.1 Linearmotoren

Linearmotoren werden in Werkzeugmaschinen, Positioniersystemen und Handlingsystemen in Bearbeitungszentren verwendet. Sie können Verfahrbewegungen präzise und schnell ausführen.

Sie erreichen Geschwindigkeiten von mehreren Hundertmetern pro Minute und Beschleunigungen von bis zur sechsfachen Fallbeschleunigung.

In der Praxis werden entweder Asynchronmaschinen oder Synchronmaschinen verwendet.

Man kann sich Linearmotoren als in der Längsachse aufgeschnitten und geradegebogenen Ständer und Läufer vorstellen (Abb. 1). Der bewegliche Primärteil enthält die die dreiphasige Wicklung. Der feststehende Sekundärteil ist unterschiedlich aufgebaut und besteht z. B. aus einem Eisenkern mit eingelegter Wicklung oder aus Permanentmagneten. Wird die Drehstromwicklung mit Drehstrom gespeist entsteht ein elektromagnetisches Wanderfeld mit Kraftwirkung auf das Sekundärteil. Da das Sekundärteil fest montiert ist, bewegt sich das Primärteil in entgegengesetzter Richtung zum Wanderfeld. Die Geschwindigkeit, mit der sich das Wanderfeld bewegt, hängt von der Profilteilung und der Frequenz ab. Durch die Ansteuerung über einen Servo-Regler kann die Verfahrgeschwindigkeit eingestellt werden.

Nachteilig ist die hohe Wärmeentwicklung von Linearmotoren in Maschinen. Linearmotoren werden daher wärmeisoliert und wassergekühlt.

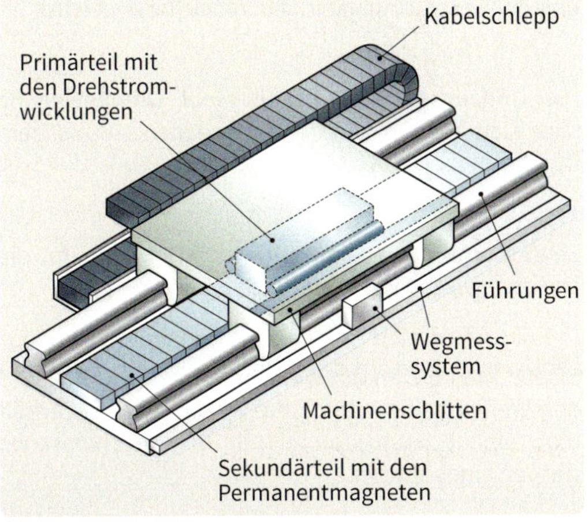

Abb. 2: Aufbau eines Linearmotors

19.1.5.2 Servomotoren

Servomotoren werden eingesetzt als Antriebssysteme mit mehreren zu koordinierenden Bewegungen oder für Positionieraufgaben mit hoher Genauigkeit z. B. bei Roboter, Handhabungsgeräten und Vorschubantrieben von Werkzeugmaschinen.

Die Antriebe müssen dabei folgende Anforderungen erfüllen:

- Großer einstellbarer Drehzahlbereich,
- Hohes Drehmoment und große Dynamik beim Beschleunigen und Bremsen,
- Hohe Genauigkeit beim Positionierung und bei Winkelgleichlauf.

Servomotoren werden meist als Wechselstrommotoren ausgeführt. Sie sind wie bürstenlose Synchronmotoren aufgebaut und werden mit Dreiphasen-Wechselstrom gespeist. Das Drehfeld des Ständers wird durch einen Servo-Umrichter gesteuert. Mit Hilfe des Servo-Umrichters kann die Umdrehungsfrequenz von n = 0 auf beliebige Werte eingestellt werden. Durch Anlegen einer Gleichspannung kann die Motorwelle in einer bestimmten Lage halten.

19.1.5.3 Schrittmotoren

Schrittmotoren werden in der Steuer- und Regelungstechnik als Stellglieder eingesetzt. Sie dienen auch als Antrieb bei Druckern und schreibenden Messgeräten. Ihr Einsatz ist nur bei kleinen Leistungen bis ca. 1 kW wirtschaftlich.

Schrittmotoren bestehen aus dem Ständer mit mehreren Wicklungssträngen und dem Läufer mit vielzahnigen Polrädern in denen Permanentmagnete eingelegt sind. (Abb. 3) Die Polräder sind paarweise als Nord- und Südpolrad angeordnet und um eine halbe Polteilung zueinander verschoben.

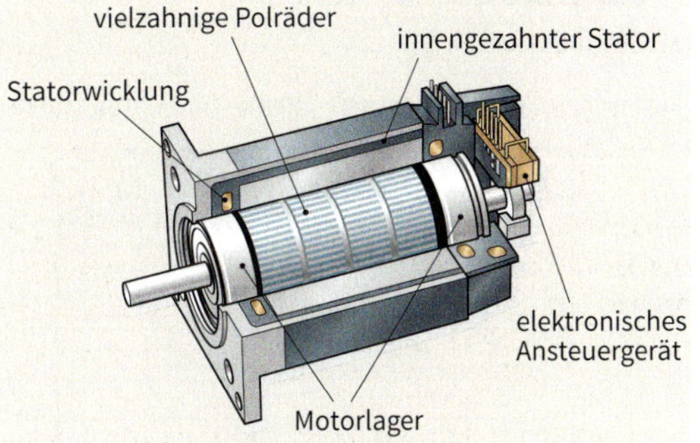

Abb. 3: Funktionsprinzip und Baugruppen eines Schrittmotors

Das Drehfeld entsteht durch gezieltes Ein- und Ausschalten einzelner Wicklungsstränge. Dadurch lassen sich der Drehsinn und die Umdrehungsfrequenz des Motors steuern. Der Motor dreht sich in Einzelschritten entsprechend der Steuerimpulse. Je nach Bauart können für eine Umdrehung bis zu mehreren hundert Einzelschritte nötig sein. Dementsprechend klein ist der einzelne Schrittwinkel. Ein Schrittmotor lässt sich nur über ein elektronisches Ansteuergerät mit Gleichstrom betreiben. Im Stillstand erzeugt der Motor ein Haltemoment und ist dadurch auch ohne Zusatzeinrichtungen genau positionierbar.

Infor-
mieren

19.1.6 Einsatz und Kennzeichnung von elektrischen Motoren

Der Einsatz von Elektromotoren ist abhängig von:

- Stromart, z. B. einphasiger Wechselstrom, Drehstrom oder Gleichstrom
- Leistung und Drehmoment
- Umdrehungsfrequenz, z. B. eine, mehrer oder stufenlos einstellbare Umdrehungsfrequenzen
- Betriebsart, z. B. Dauerbetrieb oder Kurzzeitbetrieb
- Schutzart, z. B. Schutz gegen Sprühwasser
- Isolierstoffklasse und Kühlung z. B. Klasse B mit Isoliermaterialen aus Glasfaser, Asbest oder Glasfasertextilien, z. B. Eigenkühlung durch Lüfter oder Fremdkühlung durch Kühlmittel
- Bauart, z. B. Fußmotor oder Flanschmotor in senkrechter oder waagerechter Einbaulage

Eine wichtige Informationsquelle über einen Motor sind seine Bemessungsdaten. Sie sind auf dem Leistungsschild (früher Typenschild) angegeben (Abb. 1) (→📖):

- Bemessungsspannung in Volt z. B. 400 V AC
- Schaltung der Wicklung z. B. Sternschaltung
- Bemessungsleistung oder Nennleistung z. B. 4 kW
- Bemessungsdrehzahl oder Nenndrehzahl z. B. 1435 1/min
- Bemessungsstromstärke z. B. 8,7 A
- Isolierstoffklasse z. B. B
- Schutzart z. B. IP 54
- Betriebsart z. B. S1

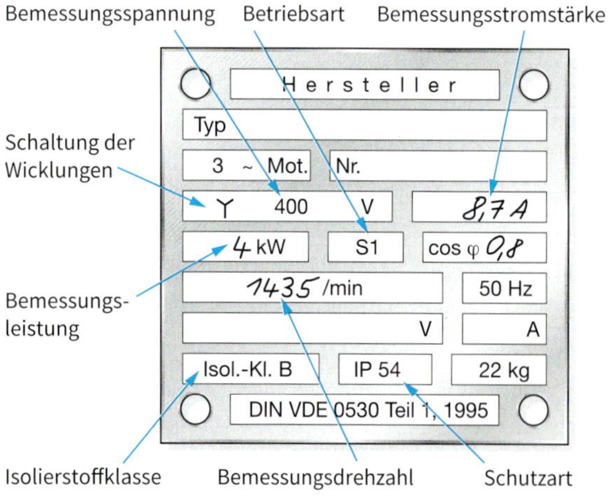

Abb. 1: Leistungsschild eines Motors

Die Leistungsangabe auf dem Leistungsschild gibt die abgegebene mechanische Leistung an der Motorwelle an. Die dem Motor zugeführte elektrische Leistung ist höher. Die Differenz ist die Verlustleistung, die den Motor erwärmt.

Grund

Motorleistung und Drehmoment

Leistung bei Gleichstrommotoren

Die einem Gleichstrommotor zugeführte elektrische Leistung P steigt mit der Spannung U und der Stromstärke I.

$$P = U \cdot I$$

Wirkleistung bei Wechselstrommotoren

Die einem Wechselstrommotor zugeführte elektrische Leistung P wird aus Spannung U, Stromstärke I und Leistungsfaktor $\cos\varphi$ berechnet.

$$P = U \cdot I \cdot \cos\varphi$$

Bei Wechselstrom bewirken die Wicklungen (Spulen) eine zeitliche Verschiebung (Phasenverschiebung) zwischen Strom und Spannung. Diese Verschiebung verringert die im Motor umgesetzte Leistung (Wirkleistung). Dies berücksichtigt der Leistungsfaktor $\cos\varphi$.

Wirkleistung bei Drehstrommotoren

Beim Drehstrom ist der Strom- und Spannungsverlauf in den drei Leitern um 120° zeitlich verschoben. Der Mittelwert wird mit dem Verkettungsfaktor $\sqrt{3}$ berechnet.

$$P = \sqrt{3} \cdot U \cdot I \cdot \cos\varphi$$

Motordrehmoment

Die mechanische Leistung ist abhängig von der Kraft und der Geschwindigkeit, mit der sie bewegt wird.

$$P = F \cdot v$$

Die Umfangsgeschwindigkeit einer Drehbewegung lässt sich aus der Umdrehungsfrequenz n und dem Durchmesser der Welle d errechnen.

$$v \cdot d \cdot \pi \cdot n = 2 \cdot r \cdot \pi \cdot n$$

Setzt man in die Leistungsformel die Formal für die Umfangsgeschwindigkeit ein, ergibt sich:

$$P = F \cdot 2 \cdot r \cdot \pi \cdot n$$

Ersetzt man die an der Welle angreifende Kraft F und den Wellenradius r durch das Drehmoment M erhält man eine Leistungsformel mit den mechanischen Größen eines Motors.

$$P = 2 \cdot M \cdot \pi \cdot n$$

Das abgegebene Drehmoment M der Motorwelle lässt sich aus der Nennleistung P und der Nennumdrehungsfrequenz n berechnen.

$$M = \frac{P}{2 \cdot \pi \cdot n}$$

Beispiel: Motorleistung und Drehmoment

Berechnen Sie die elektische Leistung, den Wirkungsgrad und das Drehmoment für die Motordaten aus Abbildung 1 vorhergehender Seite.

Geg.: $P = 4\ \text{kW} = P_{exi}$
$n = 1435\ 1/\text{min}$
$I = 8{,}7\ \text{A}$
$U = 400\ \text{V}$
$\cos\varphi = 0{,}8$

Ges.: P_{el} in kW
η
M in Nm

Lösung:

$$P_{el} = \sqrt{3} \cdot U \cdot I \cdot \cos\varphi$$

$$P_{el} = \sqrt{3} \cdot 400\ \text{V} \cdot 8{,}7\ \text{A} \cdot 0{,}8$$

$$P_{el} = 4822\ \text{W} = \underline{4{,}82\ \text{kW}} = P_{ing}$$

$$\eta = \frac{P_{exi}}{P_{ing}}$$

$$\eta = \frac{4\ \text{kW}}{4{,}82\ \text{kW}} = \underline{0{,}83 = 83\ \%}$$

$$M = \frac{P}{2 \cdot \pi \cdot n}$$

$$M = \frac{4\ \text{kW}}{2 \cdot \pi \cdot 1435\ 1/\text{min}}$$

$$= \frac{4000\ \text{Nm} \quad \text{min} \quad 60\ \text{s}}{\text{s} \quad 2 \cdot \pi \cdot 1435 \quad 1 \quad 1\ \text{min}}$$

$$= \underline{26{,}6\ \text{Nm}}$$

Aufgaben

1. Auf einem Leistungsschild ist eine Leistung von 5,6 kW angegeben. Erläutern Sie die Angabe.

2. Erklären Sie die Angaben auf dem abgebildeten Leistungsschild:

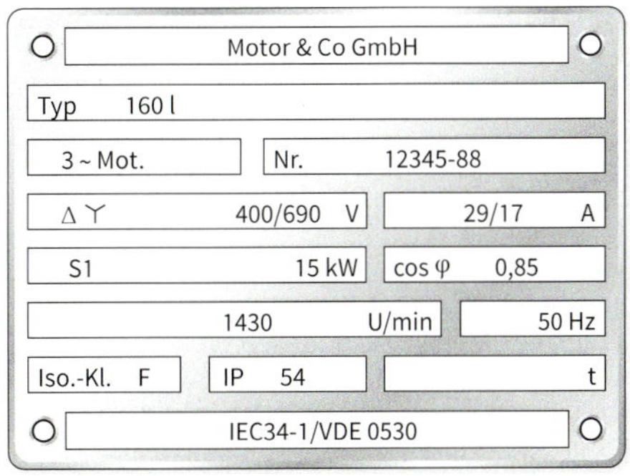

3. Berechnen Sie die elektrische Leistung und den Wirkungsgrad des Motors
a) bei Sternschaltung der Wicklungen und
b) bei Dreiecksschaltung der Wicklungen.

4. Berechnen Sie das an der Motorwelle abgegebene Drehmoment.

5. Berechnen Sie den Schlupf des Motors in %.

Zusammenfassung

Elektromotoren

Gleichstrommotoren

Reihenschlussmotoren
- Stark lastabhängige Umdrehungsfrequenz
- Nie ohne Last betreiben
- Großes Anzugsmoment

Nebenschlussmotoren
- Nahezu lastunabhängige Umdrehungsfrequenz
- Genau positivierbar

Fremderregte Gleichstrommotoren
- Nahezu lastunabhängige Umdrehungsfrequenz
- Stufenlos regelbare Umdrehungsfrequenz

Drehstrommotoren

Asynchronmotoren
- Asynchronlauf zwischen Läufer und Drehfeld
- Lastabhängige Umdrehungsfrequenz
- Einstellbare Drehrichtung
- Polumschaltbare Umdrehungsfrequenz
- Frequenzabhängige Umdrehungsfrequenz

Synchronmotoren
- Synchronlauf zwischen Läufer und Drehfeld
- Konstante Umdrehungsfrequenz
- Einsatz bei höheren Leistungen

Sonderbauformen

Linearmotoren
- Hohe Verfahrgeschwindigkeiten
- Hohe Beschleunigungen
- Steuerbare Geschwindigkeit
- Genau positionierbar

Servomotoren
- Hohes Drehmoment
- Genau positionierbar
- Steuerbare Umdrehungsfrequenz

Schrittmotoren
- Einsatz bei kleinen Leistungen
- Steuerbare Umdrehungsfrequenz
- Kleine Winkelschritte
- Genau positionierbar

Universalmotoren
- Für Gleich- und Wechselstrom 230 V
- Kompakte Bauweise
- Bis ca. 1 kW Leistung
- Stark lastabhängige Umdrehungsfrequenz

Informieren

19.2 Sensoren

Die Bewegungsabläufe in der Montagestation werden durch eine SPS gesteuert. Für den Ablauf müssen die Bewegungen und Positionen der Aktoren, des Werkstückes und des Werkstückträgers erfasst werden. Außerdem müssen die entsprechenden Drücke und Volumenströme der pneumatischen und hydraulischen Aktoren gemessen werden. Dazu werden Sensoren eingesetzt. Sie liefern diese Informationen an die Eingänge der SPS.

Sensoren werden in der Montagestation zum Erfüllen folgender Aufgaben benötigt:

- Erfassen von Positionen,
- Zählen der fertig bearbeiteten Werkstücke,
- Messen von Druck und Volumenstrom in der hydraulischen und pneumatischen Anlage,
- Überwachen des Bewegungsablaufes und
- Positionieren der hydraulischen Presse und des Handhabungsgerätes.

Sensoren sind Signalglieder, die nichtelektrische Größen in elektrische Größen umwandeln (Abb. 1). Zur Umwandlung werden verschiedene physikalische Wirkprinzipien angewandt.

Die von einem Sensor gelieferten Signale können *binär*, *analog* oder *digital* sein.

Binäre Signale

Binäre Signale haben die zwei logischen Zustände 0 oder 1. Diese Zustände können als Spannungs- oder Stromsignal sowie als Schaltsignal Ein/Aus bereitgestellt werden. Binäre Sensoren werden häufig zur Erfassung von Endlagen eingesetzt.

Analoge Signale

Analoge Signale sind zeitkontinuierliche Spannungs- oder Stromsignale. Sie können beliebig viele Werte annehmen. Analoge Sensoren werden benötigt, wenn z. B. ein Weg oder ein Abstand erfasst werden muss.

Digitale Signale

Digitale Sensoren stellen die Information, z. B. eine Wegstrecke, als Datenwort dar. Sie werden eingesetzt, wenn diese Informationen über ein Bussystem verschickt werden. Besitzt der Sensor zusätzlich einen Mikrocontroller, kann er weitere Aufgaben wahrnehmen, z. B. einen Messwert anzeigen. Solche Sensoren werden als intelligente Sensoren oder Smart-Sensoren bezeichnet.

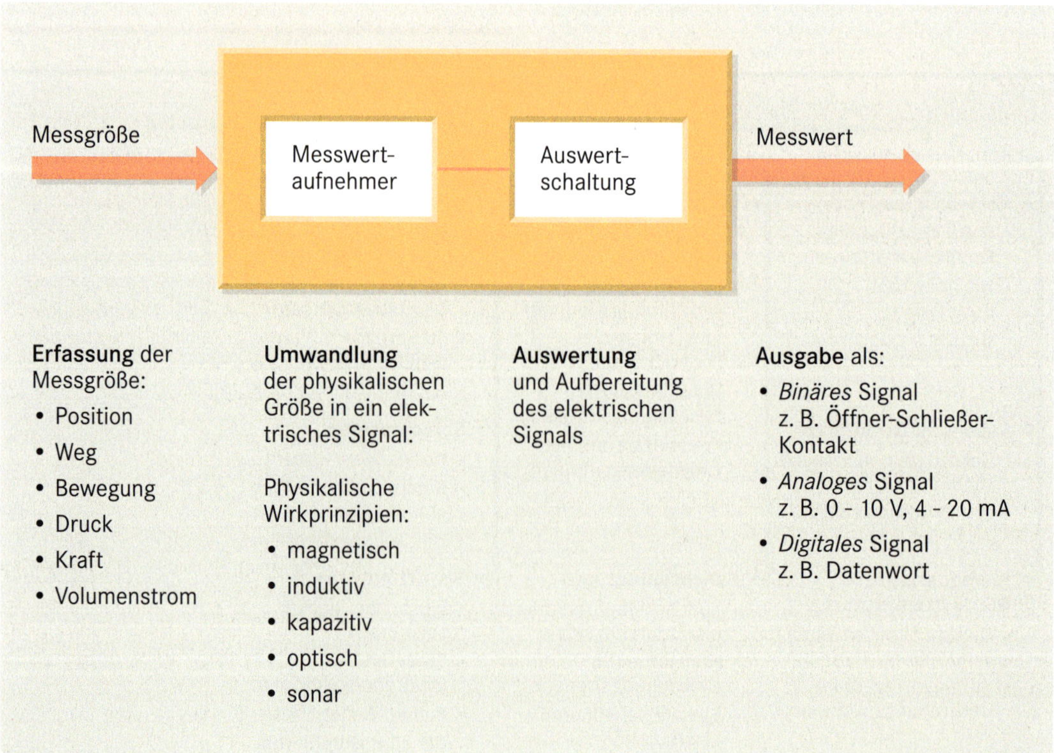

Abb. 1: Sensorprinzip

Aufbau/ unktion

19.2.1 Berührende Sensoren

Berührende Sensoren erfordern bei der Signalerfassung immer einen mechanischen Kontakt zu dem zu erfassenden Objekt. Sie werden mechanisch z. B. von Hand oder durch eine Tastrolle betätigt (Abb. 2).

Bei berührenden Sensoren unterscheidet man

- Tastschalter und
- Rastschalter.

Tastschalter geben nur während der Betätigung ein Signal ab.

Rastschalter rasten nach der Betätigung ein. Das Signal bleibt erhalten, bis der Schalter zurückgestellt wird.

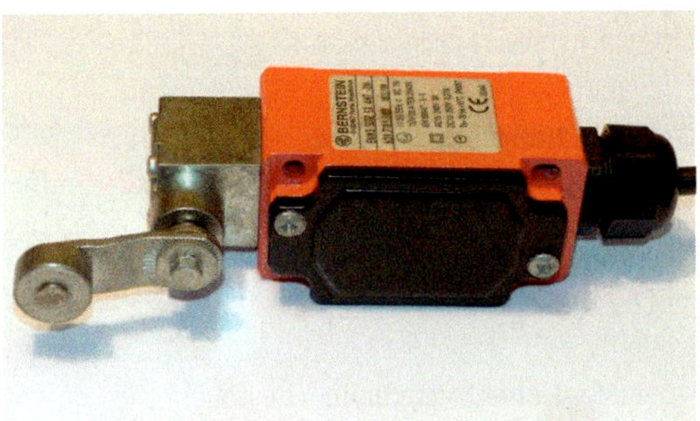

Abb. 2: Tastschalter mit Rollenbetätigung

Bei berührenden Sensoren tritt Verschleiß an den bewegten Teilen auf. Sie können nur bei niedriger Schalthäufigkeit (Schaltfrequenz) eingesetzt werden.

Für den Einbau benötigen sie ausreichend Raum. In komplexen Anlagen sind die Platzverhältnisse oft beengt. Daher werden dort berührungslose Sensoren verwendet, da deren Abmessungen geringer sind.

Aufbau/ Funktion

19.2.2 Berührungslose Sensoren

Bei berührungslosen Sensoren ist kein mechanischer Kontakt zu dem zu erfassenden Objekt notwendig. Die Signalerfassung erfolgt, wenn ein Werkstück oder ein Gegenstand in den Ansprechbereich kommt. Da sie keine mechanischen Schaltelemente besitzen, tritt kein Verschleiß auf. Dadurch haben sie eine hohe Lebensdauer.

Sensorauswahl

Beim Erfassen eines Signals bestimmen die Bedingungen vor Ort das physikalische Wirkprinzip des Sensors.

Zu diesen Bedingungen zählen:

- Material und Form des zu erfassenden Gegenstandes,
- Schmutz,
- Lichtverhältnisse,
- elektromagnetische Felder und
- Geschwindigkeit bei der Erfassung.

Deshalb werden Sensoren häufig nach ihren Wirkprinzipien eingeteilt in

- magnetische,
- induktive,
- kapazitive,
- optische und
- sonare Sensoren.

Die überwiegende Anzahl der in der Automatisierungstechnik eingesetzten Sensoren sind Näherungsschalter. Näherungsschalter liefern ein binäres Ausgangssignal.

Der *Schaltabstand* eines Näherungsschalters gibt an, in welchem Bereich der Sensor noch auf Gegenstände reagiert. Er ist vom Wirkprinzip und dem Aufbau des Sensors abhängig.

Magnetische Näherungsschalter

Sie dienen zum Erkennen von Endlagen. Sie bestehen aus einem Schaltmagneten (Dauermagnet) und aus einem Schalterteil, der die Schaltkontakte beinhaltet. Nähert sich der Schaltmagnet dem Näherungsschalter, so wird der mechanische Schaltkontakt durch die Magnetkraft betätigt.

Bei pneumatischen Zylindern werden häufig Reed-Kontakte als Endschalter verwendet. Der Schaltmagnet befindet sich im Innern des Zylinders. Der Näherungsschalter mit den Schaltkontakten ist außen am Zylinder angebracht (Abb. 3).

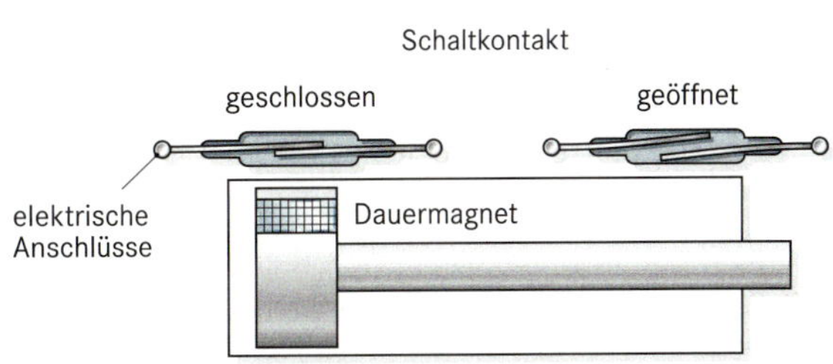

Abb. 3: Pneumatikzylinder mit Reedkontakten

Induktive Näherungsschalter

Sie dienen zum Erkennen von metallischen Gegenständen, z. B. zum Erkennen von abgebrochenen Bohrern oder zum Erkennen von Ventilpositionen (Abb. 1).

In induktiven Sensoren wird ein hochfrequentes magnetisches Wechselfeld erzeugt, das über die aktive Fläche nach außen dringt. Wird in dieses Feld ein metallischer Gegenstand gebracht, so wird dieses Feld verändert. Dadurch wird der Schaltvorgang auslöst. Das Schaltsignal steht am Sensorausgang zur Verfügung.

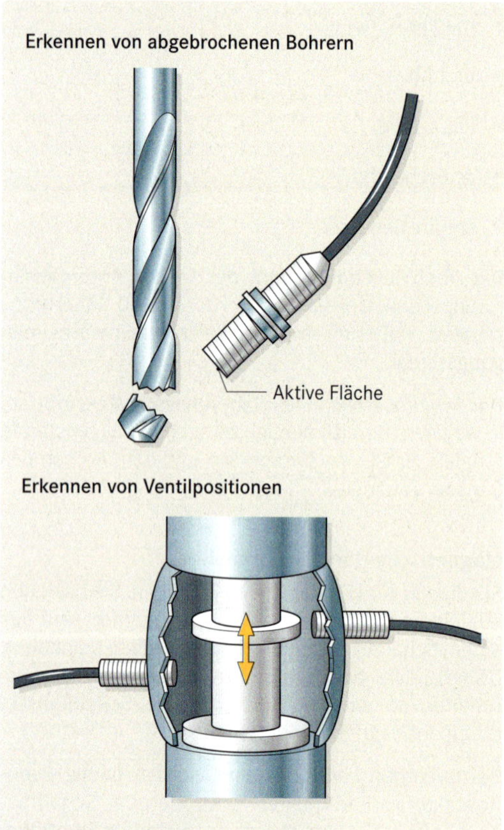

Abb. 1: Induktive Näherungsschalter

Kapazitive Näherungsschalter

Sie dienen zum Erkennen von metallischen und nichtmetallischen Stoffen sowie von flüssigen und pulverisierten Stoffen. Sie können z. B. zur Füllstandskontrolle eingesetzt werden (Abb. 2).

Die aktive Fläche des Näherungsschalters ist als Kondensatorfläche aufgebaut. Taucht ein Gegenstand in das elektrische Feld vor der aktiven Fläche ein, wird die Kapazität des Kondensators verändert. Dadurch wird der Schaltvorgang ausgelöst.

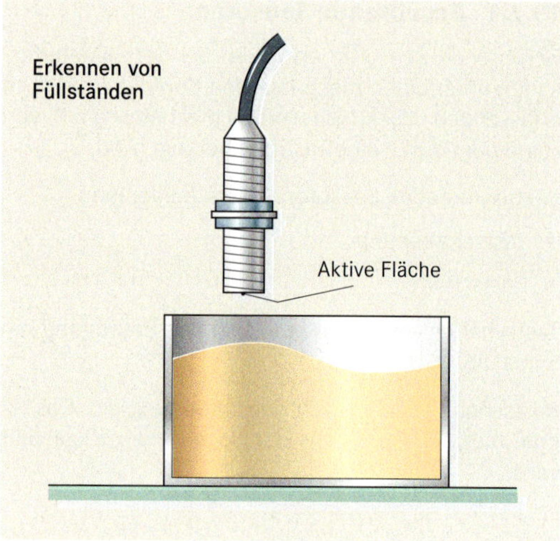

Abb. 2: Kapazitiver Näherungsschalter

Optische Näherungsschalter

Sie erfassen Gegenstände, indem ein ausgesandter Lichtstrahl unterbrochen oder reflektiert wird. Der unterbrochene oder reflektierte Lichtstrahl gelangt in einen Empfänger, wird dort elektrisch verstärkt und schaltet einen Ausgang.

Optische Näherungsschalter bestehen aus einem Lichtsender und einem Lichtempfänger. Sender und Empfänger können in einem Gehäuse oder in getrennten Gehäusen untergebracht sein. Dadurch ergeben sich unterschiedliche Bauformen.

Einweglichtschranken bestehen aus einem Sender und einem gegenüber angeordneten Empfänger. Eine Unterbrechung des Lichtstrahles löst den Schaltvorgang aus (Abb. 3).

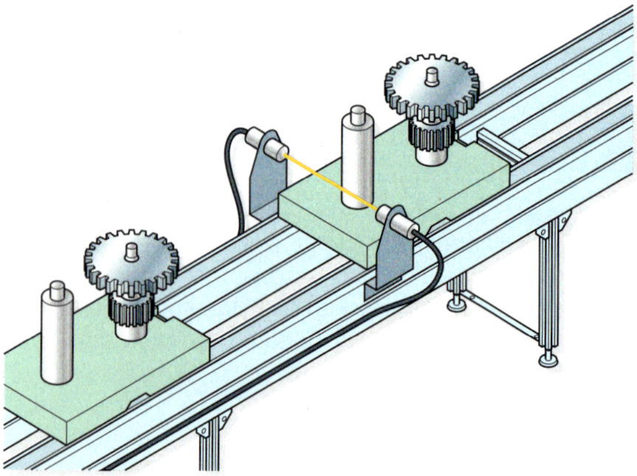

Abb. 3: Einweglichtschranke

Bei *Reflexionslichtschranken* befinden sich Sender und Empfänger im gleichen Gehäuse. Ein Lichtstrahl wird ausgesandt und von einem gegenüber liegenden Reflektor reflektiert. Wird der Lichtstrahl unterbrochen, schaltet der Ausgang des Näherungsschalters (Abb. 4).

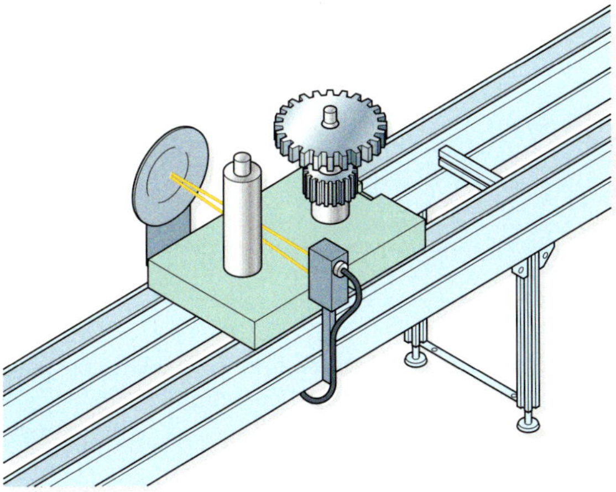

Abb. 4: Reflexionslichtschranke

Bei *Reflexionslichttastern* mit Hintergrundausblendung befinden sich Sender und Empfänger im gleichen Gehäuse. Ein Lichtstrahl wird ausgesandt und vom Werkstück reflektiert. Die Reflexion ist abhängig von der Oberflächenbeschaffenheit und von der Entfernung. Bei ausreichender Reflexion schaltet der Ausgang des Näherungsschalters (Abb. 5). Die Ansprechentfernung ist einstellbar, dadurch werden Gegenstände im Hintergrund ausgeblendet.

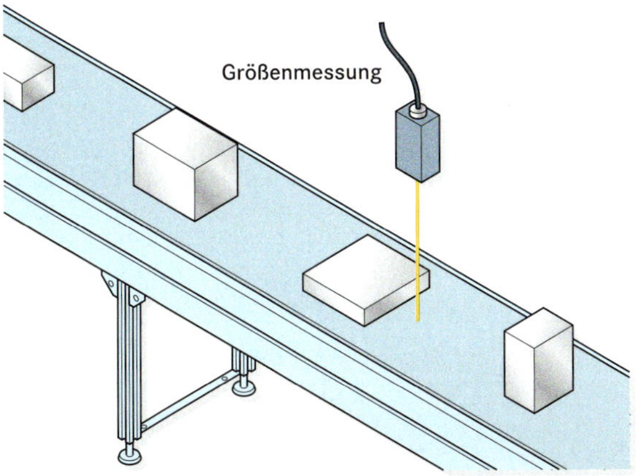

Abb. 5: Reflexionslichttaster mit Hintergrundausblendung

Sonare Sensoren

Sie werden eingesetzt, wenn unabhängig von der Form, von der Farbe und dem Material Werkstücke erfasst werden. Die Oberflächenbeschaffenheit, z.B. raue oder glatte, saubere oder beschmutzte, nasse oder trockene Oberflächen, ist für die Funktion nicht von Bedeutung. Es können auch flüssige, pulverförmige oder körnige Objekte erfasst werden.

Sonare Sensoren senden Ultraschallwellen aus, die von dem zu erfassenden Objekt reflektiert werden. Aus der Laufzeit der Ultraschallwelle kann der Abstand des Objektes bestimmt werden. Sonare Sensoren können daher auch für die Wegmessung eingesetzt werden. Da die Laufzeit der Ultraschallwellen jedoch von den Umgebungsbedingungen, z.B. Luftdruck, Lufttemperatur, abhängig ist, können keine genauen Messungen durchgeführt werden. Zum Einsatz kommen Näherungsschalter mit binärem Ausgang (Abb. 6) und Sensoren mit analogem Ausgang (Abb. 7).

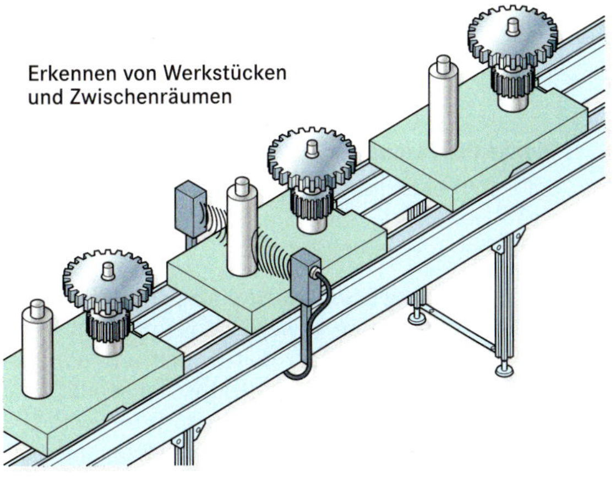

Abb. 6: Sonarer Näherungsschalter mit binärem Ausgang

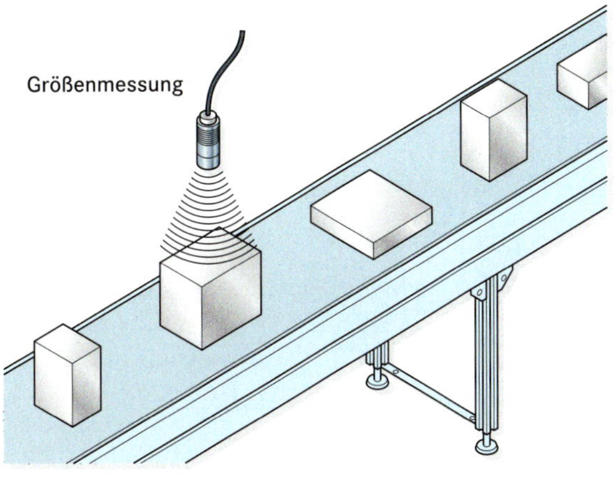

Abb. 7: Sonarer Sensor mit analogem Ausgang

Aufbau/ Funktion

19.2.3 Sensoren zum Erfassen des Druckes

Drucksensoren werden zur Überwachung von Drücken in hydraulischen und pneumatischen Anlagen eingesetzt (Abb. 1). Sie wandeln die physikalische Größe Druck in eine elektrische Größe um.

Bei der Druckerfassung unterscheidet man

- binäre Druckschalter und
- analoge Drucksensoren.

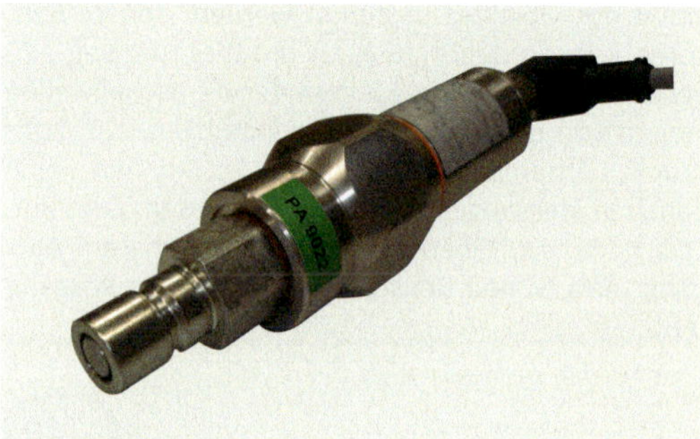

Abb. 1: Drucksensor

Binäre Druckschalter

Sie liefern ein binäres Ausgangssignal und schalten, wenn der Druck einen bestimmten, eingestellten Wert über- bzw. unterschreitet.

Der in Abbildung 2 dargestellte Druckschalter erfasst den Druck über eine bewegliche Membran ①. Von dort wird der Druck über den Kolben und die vorgespannte Feder zu einem elektrischen Kontakt ② weitergeleitet. Bei genügend hohem Druck wird die Federkraft überwunden und der Schaltvorgang ausgelöst. Über die Vorspannung der Feder lässt sich der Druck einstellen. Die elektrischen Kontakte können als Schließer, Öffner oder Wechsler ausgeführt sein.

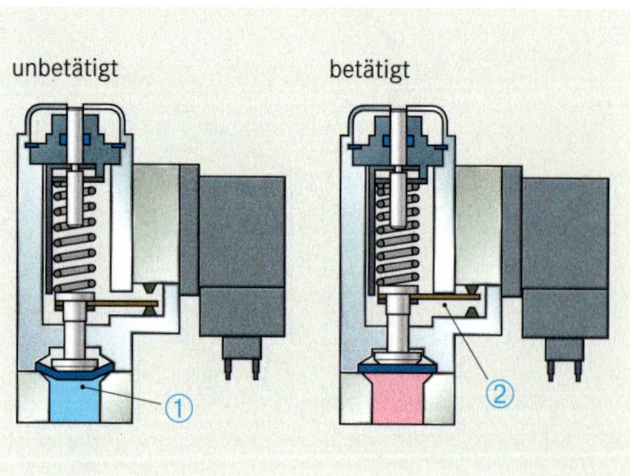

Abb. 2: Aufbau binärer Druckschalter

Analoge Drucksensoren

Sie liefern ein analoges Ausgangssignal. Jedem Druckwert wird dabei eine bestimmte elektrische Spannung oder ein bestimmter elektrischer Stromwert zugewiesen (Abb. 3).

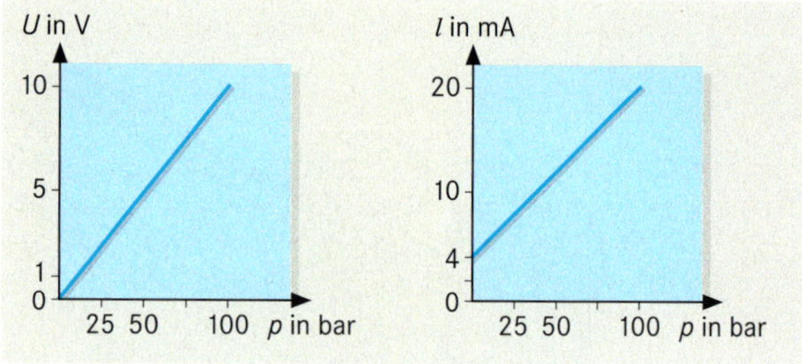

Abb. 3: Kennlinie eines analogen Drucksensors

Die Umwandlung des Druckes in ein elektrisches Signal erfolgt mit Hilfe von Dehnungsmessstreifen (DMS) oder mit einem Piezokristall.

Dehnungsmessstreifen verändern bei Längenänderung ihren elektrischen Widerstand. Diese Widerstandsänderung wird ausgewertet.

Wird ein Piezokristall zusammengedrückt, entsteht eine elektrische Spannung. Diese Spannung wird erfasst und in ein Standardsignal umgewandelt.

Beispiel: Druckmessung

Binärer Druckschalter:

Der Zylinder 1.3 spannt ein Werkstück in einer Bearbeitungsstation. Erst wenn der eingestellte Spanndruck erreicht ist, wird die Bearbeitung freigegeben. Die Druckmessung erfolgt vor dem Zylinder.

Analoger Drucksensor:

Der Druck einer hydraulischen Biegepresse ist von der äußeren Belastung und vom Verfahrweg des Biegezylinders abhängig. Um den Druckverlauf während der Bewegung zu erfassen, wird ein analoger Drucksensor verwendet. Er wird vor dem Zylinder 1.3 eingebaut.

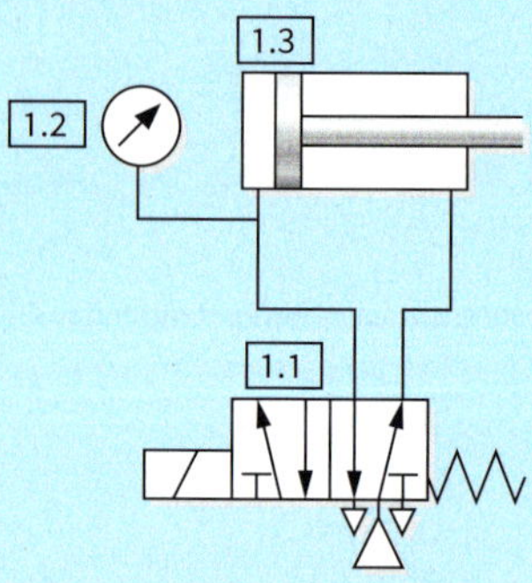

Aufbau/ Funktion

19.2.4 Sensoren zum Erfassen des Volumenstromes

Der Bewegungsablauf und die Geschwindigkeit des hydraulischen Pressenzylinders der Montagestation wird über die Strömungsgeschwindigkeit des Hydrauliköls in den Rohrleitungen bestimmt. Zum Erfassen des Volumenstroms werden Volumenstromsensoren eingesetzt.

Die Strömungsgeschwindigkeit des Hydrauliköls wird z. B. mit Hilfe von Zahnrädern erfasst. Die Zahnräder werden durch das Hydrauliköl angetrieben. Die Drehzahl der Zahnräder ist ein direktes Maß für die Geschwindigkeit des Volumenstroms.

Abb. 4: Durchflussmessung mit Zahnrädern

In Abbildung 5 ist ein Volumenstromsensor mit einem Bedienteil und einer Anzeige dargestellt. Diese Sensoren werden als intelligente Sensoren oder auch als Smart-Sensoren bezeichnet.

Intelligente Sensoren zeichnen sich durch einen eingebauten Mikroprozessor aus. Die erfassten Messgrößen können angezeigt und gespeichert sowie für Steuerungs- und Regelungsaufgaben aufbereitet werden. Mit Hilfe des Bedienteils können z. B. Grenzwerte (Maximal-/Minimalwert) abgerufen werden.

Abb. 5: Intelligenter Volumenstromsensor

Aufgaben

1. Welche Aufgaben haben Sensoren?

2. Erläutern Sie an einem Beispiel das Sensorprinzip.

3. Welche Vorteile haben berührungslose Sensoren gegenüber berührenden Sensoren?

4. Welche Bedingungen müssen bei der Auswahl eines Sensors berücksichtigt werden?

5. Für welche Aufgaben kann

a) ein induktiver,

b) ein kapazitiver Sensor eingesetzt werden?

6. Welcher Unterschied besteht zwischen einem binären und einem analogen Drucksensor?

7. Wodurch zeichnet sich ein intelligenter Sensor aus?

Zusammenfassung

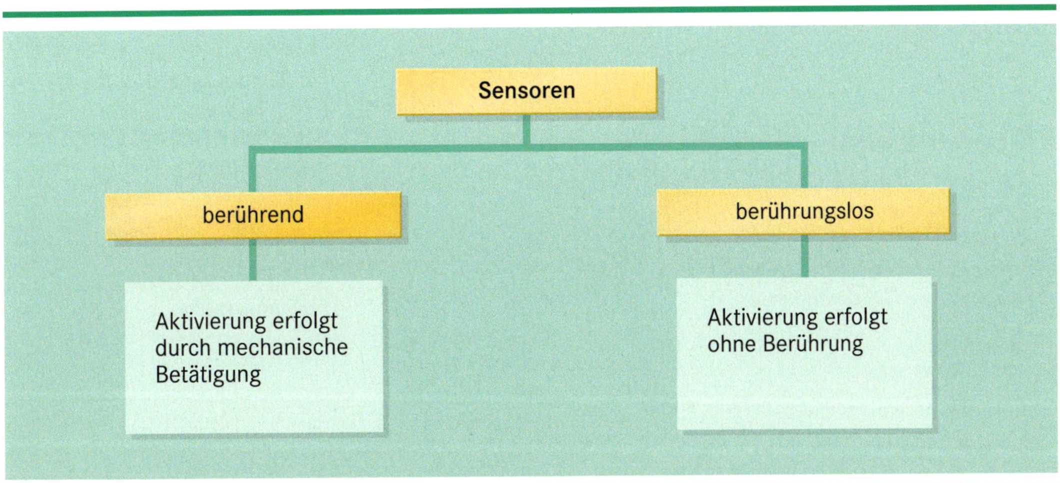

Zusammenfassung

Binärer Sensor

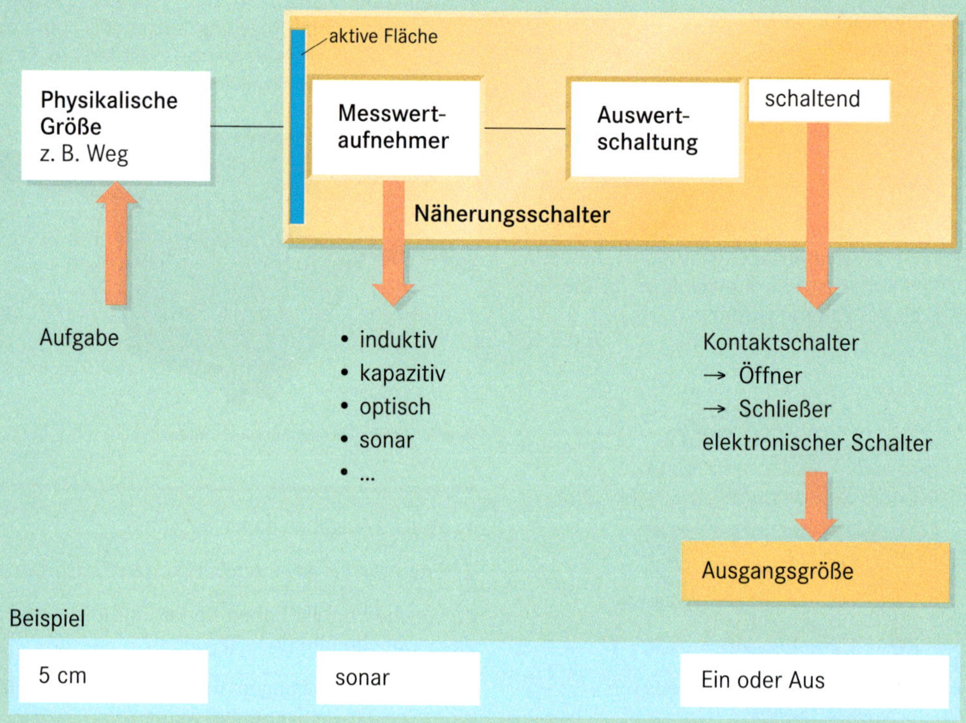

Analoger Sensor

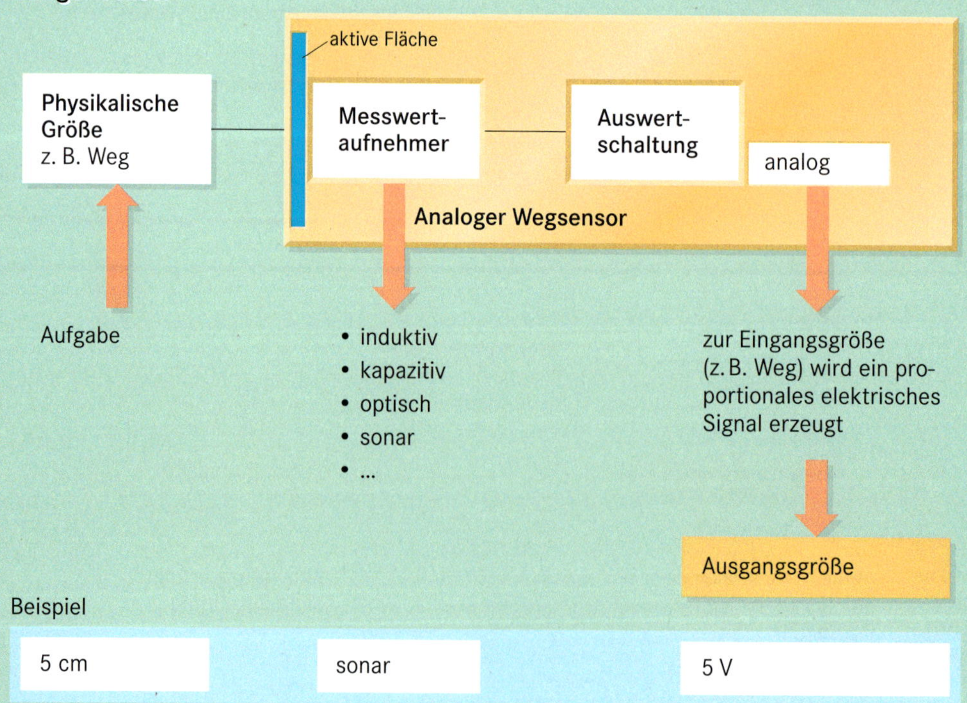

Zusammenfassung

Digitaler Sensor

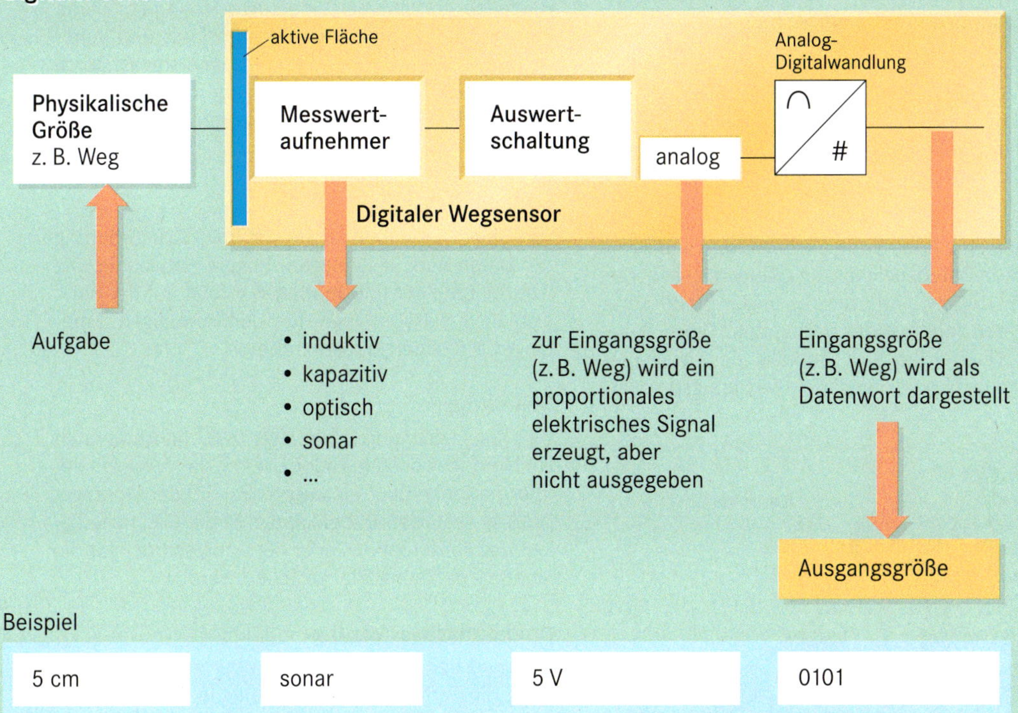

Intelligenter Sensor

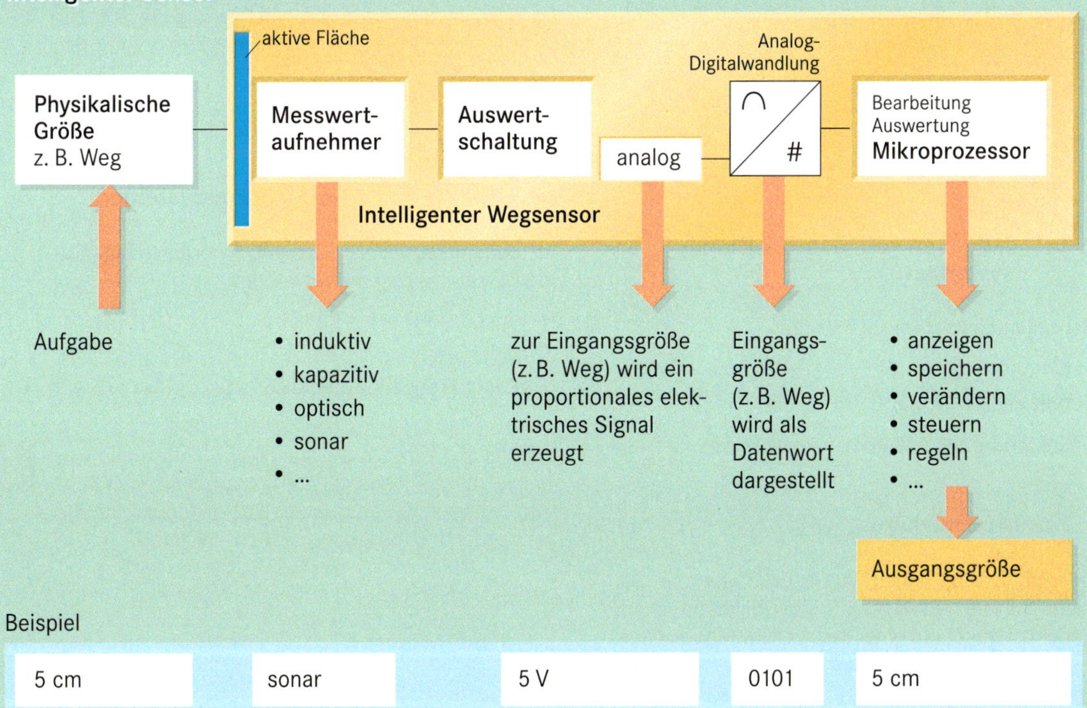

19.3 Identifikationssysteme

Ein Identifikationssystem besteht aus Kennzeichnung, Lesegerät und Software (Abb.1).

Die Kennzeichnung wird am Werkstückträger oder direkt auf dem Werkstück angebracht. Durch das Lesegerät werden die Informationen der Kennzeichnung erfasst. Die Software des Lesegerätes steuert den Leseprozess und sichert das Speichern der ausgelesenen Daten.

Dabei kann eine Anbindung an eine Cloud und somit eine externe Datenspeicherung erfolgen. Lesegeräte und die Fertigung sind über die in der Cloud abgelegten Daten miteinander verbunden. Diese Daten können weitere, auch außerhalb des jeweiligen Fertigungsbereiches liegende Fertigungsprozesse steuern.

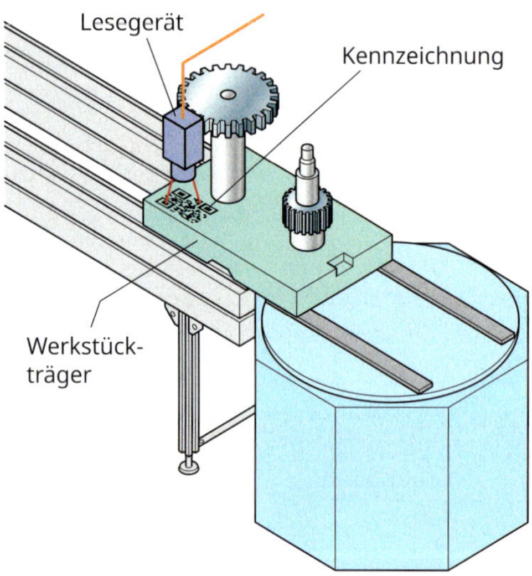

Abb. 1: Identifikation von Werkstückträgern

19.3.1 Aufgaben von Identifikationssystemen

Identifikationssysteme dienen zur

- Identifizierung,
- Datenübertragung,
- Steuerung von Anlagen oder Maschinen, und
- Produktnachverfolgung.

Die Abb. 1 zeigt einen Werkstückträger mit Bauteilen für die Montage. Zur Identifikation ist der Werkstückträger mit einer Kennzeichnung versehen.

Identifizierung

Eine Identifikation von technischen Systemen und Bauteilen erfolgt über eindeutige Merkmale. Damit werden die identifizierten Daten erfasst und verarbeitet, z. B. die Art und Form eines Werkstücks. Durch die Verarbeitung dieser Daten ergeben sich Informationen zur Steuerung und Kontrolle von Fertigungsprozessen.

Datenübertragung

Für eine Datenübertragung ist die Strukturierung der Daten nach festgelegten Regeln notwendig. Die Verarbeitung der Informationen erfolgt auf der Basis festgelegter Datentypen für den jeweiligen Empfänger, z. B. einen Industrieroboter.

Steuerung

Die Kennzeichnung beinhaltet z. B. Informationen zur Montage von Zahnrädern. Durch das Auslesen der Informationen über ein Lesegerät wird der Montageprozess gestartet. Dabei kann z. B. die Geschwindigkeit des Förderbandes oder der Anpressdruck für die Montage der Zahnräder gesteuert werden.

Produktnachverfolgung

Während der Produktion kann über eine Kennzeichnung die Fertigung eines Produkts in Echtzeit nachverfolgt werden.

Dies ermöglicht eine termingetreue Produktionsplanung und Steuerung des Produktionsprozesses.

Darüber hinaus wird die Nachverfolgung bis zur Übergabe an den Kunden und die Entsorgung der Produkte sichergestellt.

Somit ist im Rahmen der Qualitätssicherung z. B. eine Rückrufaktion möglich.

19.3.2 Arten von Identifikationssystemen

In der industriellen Fertigung werden folgende Identifikationssysteme verwendet

- Barcode und
- RFID-Systeme (**R**adio-**F**requency **I**dentification).

! Identifikationssysteme speichern Informationen, welche durch ein Lesegerät erfasst und mit einer Software weiterverarbeitet werden. Zur Kennzeichnung verwendet man Barcodes und RFID-Systeme.

Barcode

Es sind verschiedene Barcodearten nutzbar. Man unterscheidet

- den Strichcode (1D- Barcode)

  und

- den QR-Code (2D- Barcode).

Mit Zunahme der Dimensionen steigt der Umfang an gespeicherten Informationen. Die verschieden Barcodes werden mit unterschiedlichen Verfahren an einem Bauteil angebracht. So können diese z. B.

- aufgeklebt,
- aufgedruckt,
- eingraviert oder
- eingegossen werden.

Ein Barcode kann somit über bedruckte Etiketten aufgeklebt oder direkt auf ein Werkstück gedruckt werden. Mit Hilfe eines Lasers erfolgt das Eingravieren des Barcodes. Beim Gießen kann der Barcode während der Fertigung am Bauteil angebracht werden, z. B. beim Spritzgießen von Kunststoffteilen. Es ist darauf zu achten, dass die Barcodes gut lesbar und vor Verschmutzung geschützt angebracht sind.

Optische Lesegeräte scannen den Code und rufen die dort gespeicherten Informationen z. B. zur Montage ab (Abb.2).

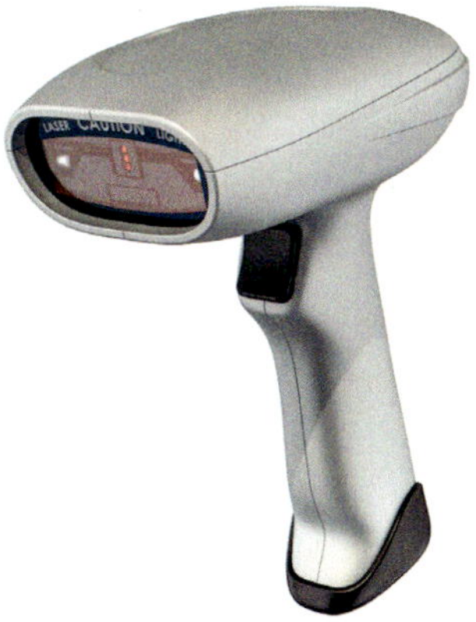

Abb. 2: Scanner zum Lesen eines Barcodes

- **Strichcode**

Ein Strichcode besteht aus einer Abfolge von Strichen und Lücken, welche optisch lesbar sind.

Die gespeicherten Informationen ergeben sich aus den Abständen und der Breite der aufeinanderfolgenden Striche.

Somit setzt sich der Strichcode aus unterschiedlichen Bereichen zusammen. Unter dem Strichcode kann der Inhalt in Klarschrift mit Hilfe von Ziffern angegeben sein (Abb. 3). Diese verschlüsseln die Ländererkennung, die Betriebsnummer, die Artikelnummer und werden durch eine Prüfziffer abgeschlossen. Ein Beispiel hierfür ist der Strichcode EAN 13 (**E**uropean **A**rticle **N**umbering).

Abb. 3: Strichcode EAN 13 mit Klarschrift

- **QR-Code (Quick Response)**

Als QR-Code wird ein zweidimensionaler oder mehrdimesionaler Strichcode bezeichnet. Mit diesem werden im Vergleich zu einem Strichcode mehr Informationen auf einer kleineren Fläche untergebracht. Der 2D-QR-Code ist trotz einer leichten Verschmutzung oder Zerstörung noch lesbar und wird somit bevorzugt in der industriellen Fertigung eingesetzt (Abb. 4).

Abb. 4: Werkstück mit QR-Code

Die Informationen des QR-Codes können über einen Scanner oder eine Kamera gelesen werden.

QR-Codes enthalten entsprechend ihrer Größe unterschiedliche Mengen an Daten. Weiterführende Entwicklungen sind der 3D- und der 4D-QR-Code.

Bei einem 3D-QR-Code wird durch die Farbe eine zusätzliche Dimension erzeugt. 4D-QR-Codes nutzen die Zeit als weitere Dimension. Hierbei handelt es sich um animierte QR-Codes, bei denen eine Abfolge verschiedener QR-Codes abgespielt wird. Somit kann eine zusammengesetzte Information entstehen.

RFID- Systeme (Radio-Frequency Identification)

- **Aufbau und Funktion**

RFID-Systeme dienen zur berührungslosen Identifikation von Bauteilen oder Baugruppen. Gegenüber einem Barcode können RFID-Systeme größere Datenmengen speichern. Ebenso ist das Auslesen der Daten auch ohne einen direkten Sichtkontakt möglich. Dabei kann die gleichzeitige Erfassung mehrerer Bauteile, welche auch ungeordnet in Transportbehältern gelagert sind, erfolgen.

RFID-Systeme bestehen aus einem Transponder, welcher sich z. B. am Werkstück befindet und einem Lesegerät (Abb. 1).

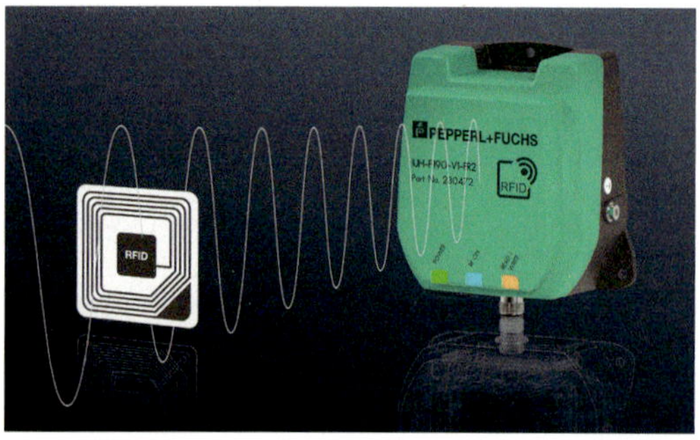

Abb. 1: RFID-System

Die Übertragung der Daten vom Transponder zum Lesegerät erfolgt induktiv über magnetische Wechselfelder. Hierbei ist eine Datenübertragung über eine Entfernung bis 3 m möglich. Radiowellen ermöglichen eine Übertragung der Daten über Entfernungen bis zu 300 m.

Das Lesegerät besitzt eine Software zur Steuerung des Leseprozesses.

RFID-Transponder werden in unterschiedlichen Größen und mit verschiedenen Funktionen verwendet.

So kann ein Transponder die Größe eines Reiskorns haben und somit leicht und dauerhaft in technische Produkte eingebettet oder in einer größeren Ausführung auf das Bauteil gedruckt werden.

Ein Bauteil wird über den Transponder durch das Lesegerät erkannt und anschließend z. B. eine Montage ausgeführt (Abb. 2).

- **Arten von Transpondern**

Man unterscheidet aktive und passive Transponder. Aktive Transponder bestehen aus einer Sendeeinrichtung mit eigener Stromquelle.

Abb. 2: RFID- System bei der Fertigung von Karosserieteilen

Die Batterie beliefert den Transponder mit Strom, um das Signal des Mikrochips über die Antenne an ein RFID-Lesegerät zu übertragen. Dabei werden die Signale nicht permanent gesendet, sondern erst bei Erfassung des Transponders durch das Lesegerät. Dadurch wird die Batterie geschont.

Passive Transponder verfügen über keine eigene Stromquelle. Sie beziehen ihre Energie über die vom RFID-Lesegerät ausgesendeten elektromagnetischen Wellen.

Diese induzieren einen Strom in der Antenne des Transponders.

Nach Art der Datenspeicherung unterscheidet man

- Read-Only-Transponder,
- Read/Write-Transponder und
- Worm-Transponder.

Auf Read-Only-Transpondern können Informationen nicht nachträglich hinzugefügt oder überschrieben werden.

Sie speichern nur Informationen, welche diesen bei der Herstellung übertragen wurden. Read/Write-Transponder ermöglichen das Hinzufügen und Löschen sowie Updates der Daten.

Worm-Transponder sind nur einmal überschreibbar. Anschließend können diese nur gelesen, aber nicht mehr beschrieben werden.

Zusammenfassung

Identifikationssysteme

Barcode

Strichcode

- 1D-Barcode
- geringe Datenmenge
- bei Verschmutzung nicht lesbar
- optische Datenerfassung über Scanner oder Kamera
- Informationen nur lesbar

QR-Code

- 2D-, 3D- oder 4D-Barcode
- große Datenmenge
- bei geringer Verschmutzung oder Zerstörung noch lesbar
- optische Datenerfassung über Scanner oder Kamera
- Informationen nur lesbar

RFID

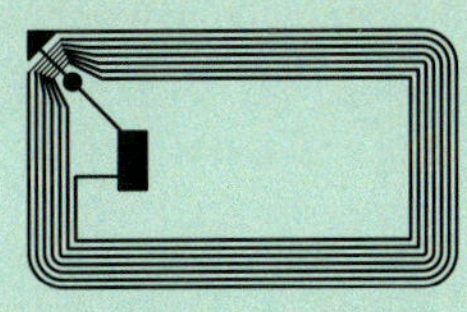

aktive Transponder

- Transponder verfügen über eigene Batterie
- Datenerfassung bei geringem Abstand (bis 3 m)
- Lesen der Daten über magnetische Wechselfelder
- Informationen lesbar und überschreibbar

passive Transponder

- Transponder verfügen über keine eigene Batterie
- Datenerfassung bei großem Abstand (bis 300 m)
- Lesen der Daten über Radiowellen (elektromagnetische Wellen)
- Informationen lesbar und überschreibbar

Aufgaben

1. Welche Identifikationssysteme werden in der Fertigung verwendet?

2. Beschreiben Sie die Vorteile von Identifikationssystemen für die Fertigung.

3. Zur Identifizierung von Bauteilen in der Fertigung soll ein Barcode verwendet werden. Welche Arten des Barcodes können unterschieden werden?

4. Wodurch unterscheiden sich die verschiedenen QR-Codes voneinander?

5. Welche Vorteile bietet die Speicherung von Daten in einer Cloud?

6. Ein RFID-System wird zur industriellen Identifikation in der automatisierten Getriebemontage eingesetzt.

a) Wie ist ein RFID-System aufgebaut?

b) Wählen Sie zwei Arten von Transpondern aus und erklären Sie deren Eigenschaften.

7. Wählen Sie für die nachfolgend genannten Anforderungen ein geeignetes Identifikationssystem aus und begründen Sie ihre Auswahl.

a) Über eine große Entfernung sollen Informationen ausgelesen und anschließend überschrieben werden.

b) In einem durch Verschmutzung bestimmten Fertigungsprozess soll ein Barcode zur Identifikation auf das Bauteil aufgedruckt werden.

19.4 Elektrische Leitungen

Elektrische Leitungen dienen zur Übertragung von Energie oder von Signalen. Zur Signalübertragung werden Signalleitungen aus Kupfer oder Lichtwellenleiter eingesetzt.

19.4.1 Energieleitungen

Energieleitungen unterscheiden sich im Aufbau und der Isolierung. Der Leiterquerschnitt richtet sich dabei nach der Stromstärke. (➜📖)

Als Leitung werden eine oder mehrere Leiter in einer Umhüllung (Leitungsmantel) bezeichnet.
Einzelnen Leiter mit Isolierung werden Adern genannt.

Leiterarten

Man unterscheidet flexible und massive Leiter. Bei flexiblen Leitern bestehen die Adern aus mehreren miteinander verflochtenen Kupferdrähten (Abb. 1a). Sie eignen sich besonders für den Anschluss von beweglichen Objekten z. B. Handbohrmaschinen.

Für die feste Verlegung von Leitungen sind massive Leiter vorgeschrieben. Bis zu einem Querschnitt von 16 mm^2 bestehen die Adern aus einem Draht (Abb. 1b).

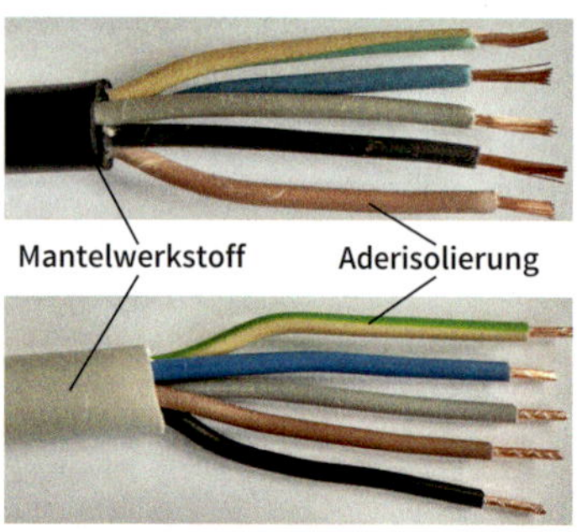

a) Flexible Gummischlauchleitung

b) Massive PVC-Mantelleitung

Abb. 1: Arten von Leitungen

Kennzeichnung von Adern

Die Isolierung einzelner Adern dient auch der Kennzeichnung. Die Farbkennzeichnung grün-gelb darf nur für den Schutzleiter (PE) oder Neutralleiter mit Schutzfunktion (PEN) verwendet werden. Der Neutralleiter (N) ist blau gekennzeichnet. Die Farben der Leiter sind grau (L1), braun (L2) und schwarz (L3). Der grün-gelbe Schutzleiter wird zum Schutz von Personen gegen elektrischen Schlag verlegt. Er verbindet die metallischen Gehäuse von elektrischen Betriebsmitteln mit der Potentialausgleichsschiene.

Die Potentialausgleichsschiene ist mit dem Erder der Anlage verbunden. Da alle Gehäuse geerdet sind, kann keine gefährliche Fehlerspannung auftreten.

Isoliermaterial

Es wird zwischen der Isolierung der Leiter (Aderisolierung) und der Leitung (Mantelwerkstoff) unterschieden. Isoliermaterialien unterliegen vielfältigen äußeren Einflüssen:

- Thermische Belastung durch die Stromstärke im Leiter und durch die Umgebungstemperatur,
- Mechanische Beanspruchung flexibler Leitungen z. B. bei Bewegung. in Schleppketten und
- Chemische Belastung durch Reinigungs- und Schmiermittel sowie durch Witterungseinflüsse.

Diesen Anforderungen müssen sie gewachsen sein.

19.4.2 Signalleitungen

Die Signalübertragung erfordert nur geringe Ströme und Spannungen, wodurch die Querschnitte der Kupferleitungen gegenüber Energieleitungen gering sind.

Signalleitungen unterscheiden sich nach der Art der Zusammenfassung der Adern und der möglichen Abschirmung.

Leitungsarten

Für die *innere Verdrahtung* von Geräten werden *PVC-Einzeladern* verwendet (Abb. 2).

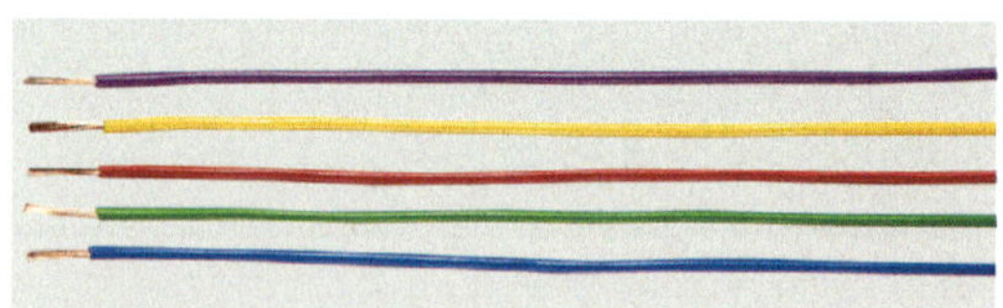

Abb. 2: PVC-Einzeladern

Dabei werden mehrere einzelne Leitungen oft durch Spiralschläuche oder Kabelbinder zu Kabelbäumen zusammengefasst (Abb. 3).

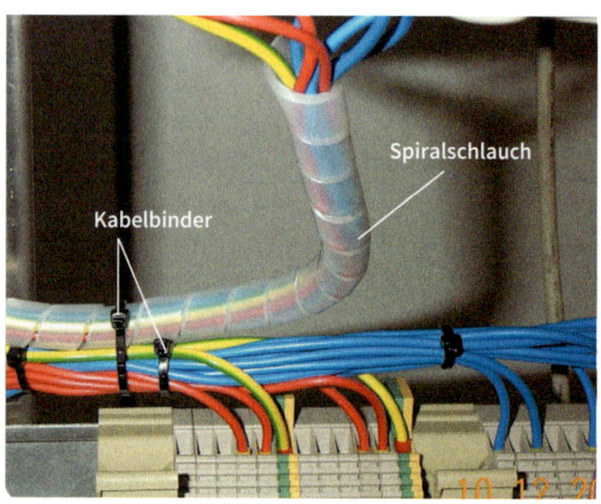

Abb. 3: Einzeladern mit Spiralschlauch und Kabelbinder

Für die Informationsübertragung zwischen Geräten werden die einzelnen Leiter gebündelt und sind zum Schutz von einem Mantel umschlossen. Je nach Anforderung werden dabei unterschiedliche Signalleitungen eingesetzt.

Mehradrige ungeschirmte Steuerleitungen werden zum Übertragen analoger Signale verwendet. Die Isolierung isoliert die einzelnen Adern gegeneinander. Zur Unterscheidung werden die einzelnen Adern durch Farben oder aufgedruckte Zahlen gekennzeichnet (Abb. 4).

Solche Leitungen dienen auch zur Versorgung mit Hilfsenergie z. B. für Steuerungen, Meldeleuchten oder Sensoren.

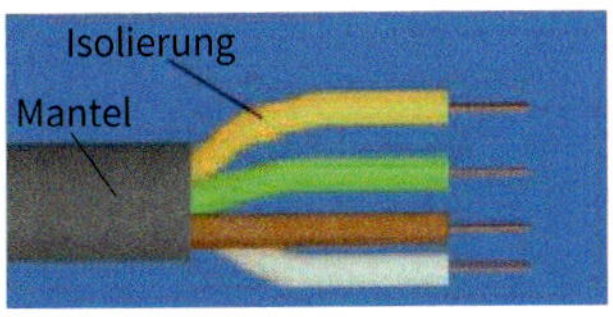

Abb. 4: Mehradrige ungeschirmte Steuerleitung

Geschirmte Leitungen werden eingesetzt, um bei störanfälligen Übertragungsstrecken die Signale vor Einflüssen durch elektrische und magnetische Felder zu schützen (Abb. 5).

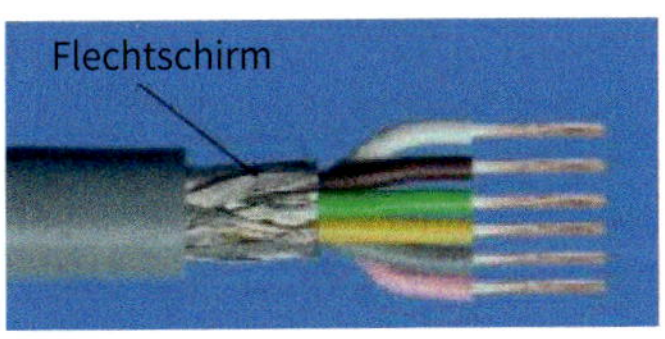

Abb. 5: Geschirmte Leitung

Weiteren Schutz vor äußeren elektromagnetischen Störeinflüssen, z. B. durch Energieleitungen, bieten verdrillte Leitungen. Bei *Twisted-Pair-Leitungen* sind Einzeladern jeweils paarweise miteinander verdrillt und bilden ein Signaladerpaar (Abb. 6). Diese Leitungen werden z. B. bei Computernetzwerken verwendet.

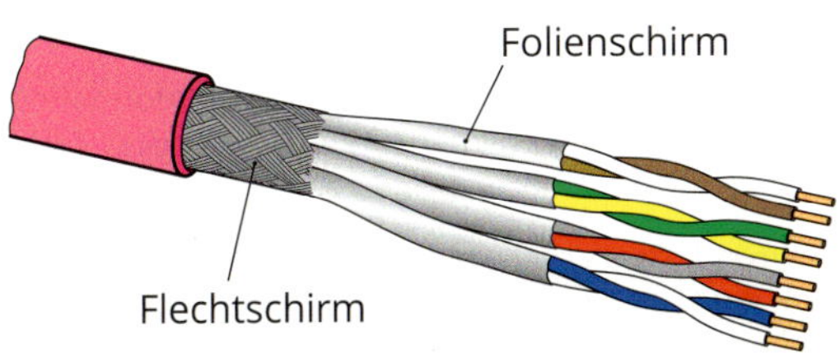

Abb. 6: Geschirmte Twisted Pair Leitung

Busleitungen übertragen digitale Signale. Alle angeschlossenen Geräte kommunizieren über eine Leitung. Für manche Bussysteme gibt es spezielle Leitungstypen, die ein einfaches Montieren ermöglichen. Beim ASI-Bus (Aktuator-Sensor-Interface) können beispielsweise alle Geräte über eine zweiadrige ungeschirmte Flachleitung verbunden werden (Abb. 7).

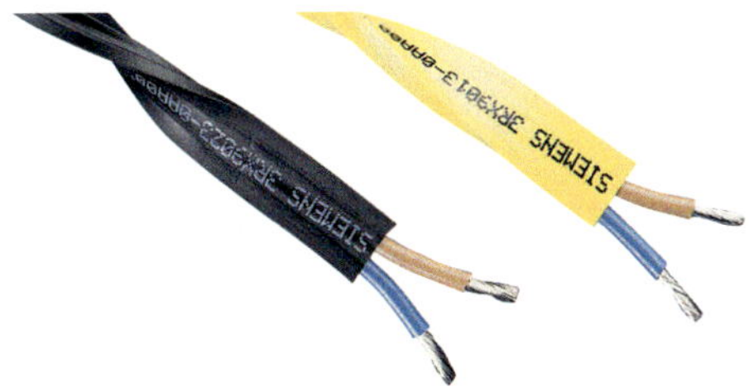

Abb. 7: ASI-Busleitung

Der gleiche Leitungstyp wird auch für die Spannungsversorgung einzelner Aktoren benutzt. Um diese leicht unterscheiden zu können, werden sie unterschiedlich farbig gekennzeichnet (gelb = Bus, schwarz = Hilfsspannung 24 V DC).

Leitungsverlegung

Signalleitungen werden mit Abstand zu Energieleitungen verlegt, um mögliche Beeinflussung durch elektromagnetische Felder zu vermeiden. Zusätzlichen Schutz vor Störeinflüssen bietet das Verlegen in Metallrohren oder Kabelkanälen, da diese die elektrischen und magnetischen Felder abschirmen. Innerhalb eines Kabelkanals können Energieleitungen und Signalleitungen mit Hilfen von Trennstegen getrennt verlegt werden (Abb. 8).

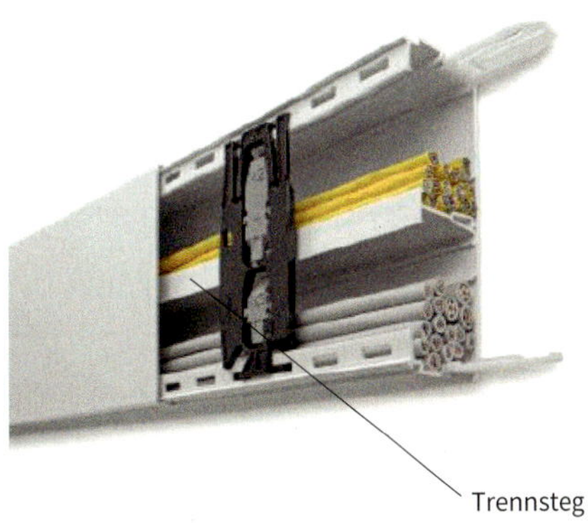

Abb. 8: Kabelkanal mit Trennsteg

Die elektrische Verbindung zwischen Bauteil und Steuerleitung kann durch Klemmverbindungen oder Steckverbindungen hergestellt werden. Damit Leitungen über Klemmverbindungen angeschlossen werden können, müssen sie vorher bearbeitet werden. Das geschieht in folgenden Schritten:

- Ablängen

Um elektrische Signalleitungen anschließen zu können, müssen diese zunächst mit einem Seitenschneider auf die korrekte Länge abgelängt werden.

- Abmanteln

Anschließend muss der Leitungsmantel mit Hilfe von Spezialwerkzeugen entfernt werden. Dabei dürfen vorhandene Abschirmung und Aderisolierung nicht beschädigt werden.

- Abisolieren

Die Isolierung der Adern wird mit einer Abisolierzange entfernt.

- Crimpen

Flexible Leitungen, bei denen die Einzeladern mehr drahtig sind, müssen eine Crimpverbindung erhalten. Beim Crimpen wird die metallene Hülse eines Verbinders mit einer Crimpzange um den Leiter gepresst. Je nach Anschlussart werden verschiedene Verbindungen verwendet (Abb. 1.).

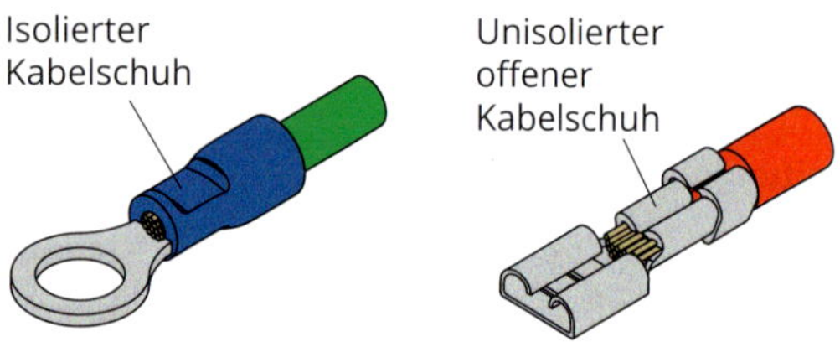

Abb. 1: Crimpverbindungen

Leitungen, die aus einem massiven Leiter bestehen, können direkt an die Anschlussklemmen angeschlossen werden.

- Kennzeichnen

Leitungen sind eindeutig und dauerhaft zu kennzeichnen. Insbesondere bei späteren Instandhaltungsarbeiten ist hierdurch die Zuordnung zwischen den Leitern und ihren Funktionen möglich. Diese Kennzeichnung erfolgt auf beiden Enden der Leitung. Das Kennzeichnen kann durch z. B. Aufkleber, Clips oder Fahnen erfolgen (Abb. 2).

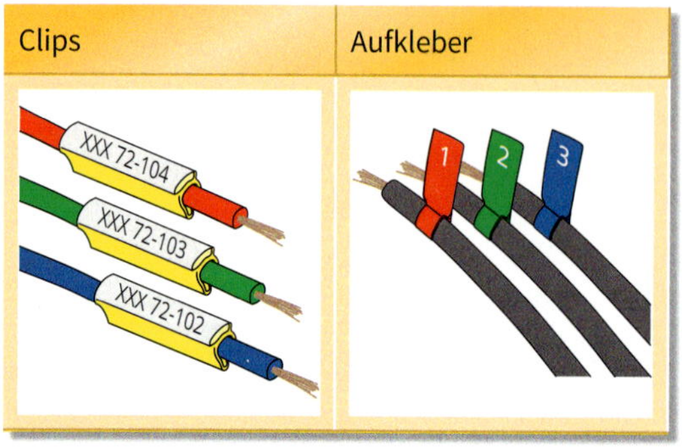

Abb. 2: Kennzeichnung von Leitungen

19.4.3 Lichtwellenleiter

Lichtwellenleiter (LWL) sind Leiter aus Glas- oder Kunststofffasern. Sie übertragen die Signale auf der Basis von Lichtimpulsen.

Aufbau

Den Aufbau eines Lichtwellenleiters zeigt Abb. 3.

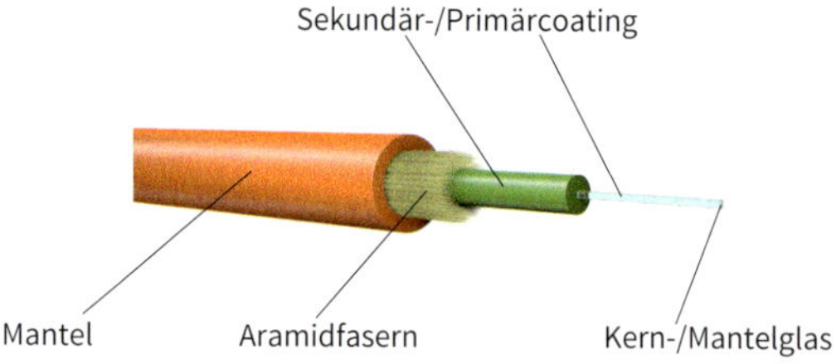

Abb. 3: Aufbau eines Lichtwellenleiters

Das Innere eines Lichtwellenleiters besteht aus einem zylindrischen Kernglas, das von einem Mantelglas umgeben ist. Kernglas und Mantelglas unterscheiden sich im Brechungsindex und sind mechanisch untrennbar miteinander verbunden. Während des Herstellungsprozesses muss die Faser vor Feuchtigkeit geschützt werden. Hierzu wird die Faser mit einer dünnen Lackschicht, dem Primärcoating überzogen. Der Sekundärcoating aus Kunststoff schützt den Lichtwellenleiter vor chemischen und mechanischen Einflüssen. Die Aramidfasern dienen bei montierten LWL-Kabeln als Zugentlastung. Der äußere Kunststoffmantel schützt den Lichtwellenleiter gegen äußere Einflüsse wie Abrieb, Druck und Wasser.

Zum Herstellen der Verbindung zwischen elektrischer Signalquelle und Lichtwellenleiter ist eine Leucht- oder eine Laserdiode notwendig. Sie wandeln die elektrischen Signale in optische Signale um.

Am Ende der Übertragungsstrecke ist ein Photodetektor erforderlich, der aus dem optischen Signal wieder elektrische Spannung und Strom erzeugt.

Bei der Lichtleiter-Übertragung ist die Information durch die beiden Zustände „Licht an" oder „Licht aus" gekennzeichnet.

Aufgrund der unterschiedlichen Brechungsindizes von Kernglas und Glasmantel tritt an der Grenzschicht Totalreflexion des eingespeisten Lichtsignals auf. Das Lichtsignal breitet sich im Kern in Richtung der Leitung nahezu verlustfrei aus. Dadurch kann das Signal über weite Strecken übertragen werden.

Der Einsatz von Lichtwellenleitern hat viele Vorteile, aber auch Nachteile gegenüber den Einsatz von Kupferleitungen (siehe Tab. 1).

Tab. 1: Vor- und Nachteile von Lichtwellenleitern

Vorteile
• Unempfindlich gegenüber elektromagnetischen Feldern, keine elektromagnetische Störstrahlung
• Höhere Übertragungsraten (1000 Gbit/s)
• Geringe Signaldämpfung, dadurch längere Übertragungsstrecken (> 100 km) realisierbar
• Einsatz im Explosionsschutzbereich
• Größere Abhörsicherheit
• Keine Masse- und Erdungsprobleme
Nachteile
• Höhere Kosten
• Größerer Konfektionierungsaufwand
• Enge Biegeradien nicht möglich
• Kraft- und verdrillungsfreie Verlegung zwingend

Leitungsverlegung

Die Lichtwellenleiter können wie elektrische Leitungen in Kabelkanälen, Kabelrinnen, Elektroinstallationsrohren oder mit Kabelbindern verlegt werden. Hierbei sind die vorgeschriebenen Mindestbiegeradien zu beachten. Durch eine geeignete Leitungsführung sind Beschädigungen durch Knicke und Quetschungen zu vermeiden.

Lichtwellenleiter werden über spezielle Steckverbinder angeschlossen. Üblicherweise werden vorkonfektionierte Lichtwellenleiter verwendet. Hier sind die Steckverbinder bereits montiert. Vor dem Verlegen ist die Länge der LWL-Strecke zu bestimmen.

Neben Kabel mit einem Lichtwellenleiter sind sogenannte Mehrfaser-LWL-Kabel erhältlich. Diese Kabeltypen bündeln mehrere einzelne Fasern in einem Gesamtkabel.

Es gibt eine große Anzahl verschiedener Steckverbinder. Die am häufigsten verwendeten Steckerarten sind LC-Stecker (LC steht für engl. lucent connecter) und SC-Stecker (SC steht für engl. subscriber connecter) (Abb. 5).

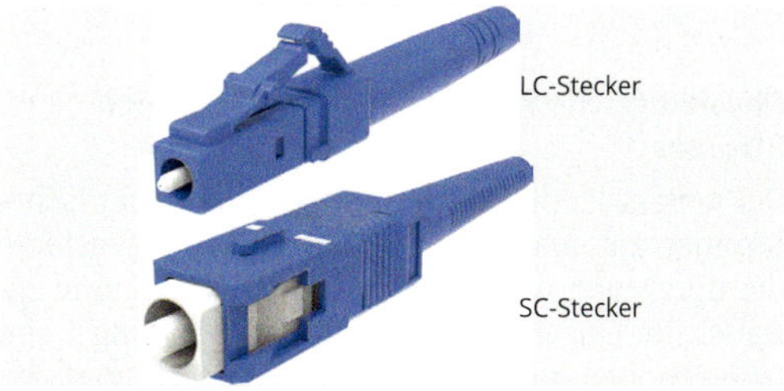

Abb. 5: Gebräuchliche Steckerarten

Aufgaben

1. Beschreiben Sie den Unterschied zwischen flexiblen und massiven Energieleitungen.

2. Erläutern Sie die Funktion von PE-Leitern.

3. Welchen äußeren Einflüssen unterliegen Isoliermaterialen eines elektrischen Leiters?

4. Erläutern Sie Aufbau und Verwendung der verschiedenen Signalleitungen.

5. Beschreiben Sie die Arbeitsschritte für das Herstellen einer Leitung für eine Klemmverbindung.

6. Welche Vorteile besitzt der Einsatz von Lichtwellenleitern gegenüber Kupferleitungen.

7. Was muss beim Verlegen von Lichtwellenleitern beachtet werden, um Beschädigungen zu vermeiden?

Zusammenfassung

Elektrische Leitungen

Energieleitungen

Energieübertragung durch z. B.
- Flexible Leitungen oder
- Massive Leitungen.

Signalleitungen

Kupferleitungen

Kupferleitungen zum Übertragen analoger oder digitaler Signale durch z. B.
- PVC-Einzeladern,
- Ungeschirmte mehradrige Steuerleitungen,
- Geschirmte Twisted Pair Leitungen oder
- ASI-Busleitung.

Lichtwellenleiter

Leiter aus Glas- oder Kunststofffasern zum Übertragen digitaler Signale. Anschluss durch Steckverbinder wie z. B.
- LC-Stecker oder
- SC-Stecker.

19.5 Schutzmaßnahmen

Der elektrische Strom ist für den Menschen gefährlich. Fast alle menschlichen Organe, z. B. das Herz oder das Gehirn, funktionieren aufgrund elektrischer Impulse. Durch die Berührung von spannungsführenden Teilen fließt Strom durch den menschlichen Körper. Ist dieser Strom größer als der körpereigene Strom, beeinträchtigt er die Funktion der Organe. Es kann zu Verletzungen oder tödlichen Unfällen kommen (Abb. 1).

Physiologische Wirkungen des elektrischen Stromes

Die unterschiedlichen Wirkungen des elektrischen Stromes auf eine Person sind von der Stromstärke, die durch den menschlichen Körper fließt, und der Dauer der Einwirkzeit abhängig. In Abbildung 1 sind beide Größen mit den Auswirkungen grafisch dargestellt.

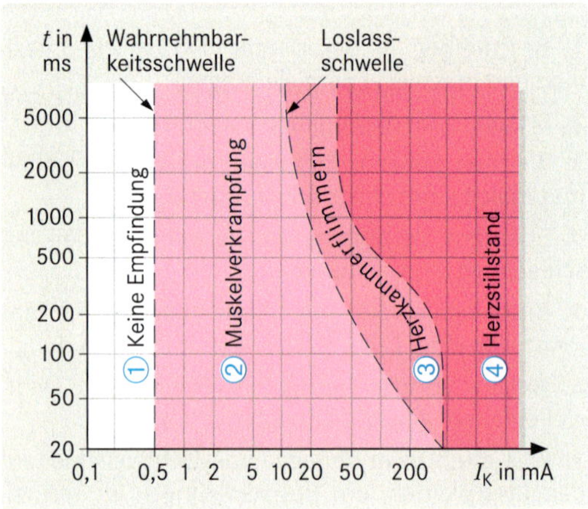

Abb. 1: Auswirkungen des Stromes auf den menschlichen Körper (Wechselstrom von 50 Hz)

Die hier dargestellten Auswirkungen sind Durchschnitttsangaben. Sie hängen außerdem ab

- vom Körperaufbau (Masse),
- der Hautbeschaffenheit (feuchte oder trockene Hände) und
- der körperlichen Verfassung der Person.

Auch kurzzeitige Stromeinwirkungen können negative Folgen haben, z. B. ein Sturz von der Leiter. Auch längere Einwirkzeiten bei geringen Stromstärken sind gefährlich, denn elektrischer Strom zersetzt die Zellflüssigkeit und kann damit nachträglich zu einer Vergiftung führen.

! Ströme über 50 mA und Spannungen über 50 V Wechselspannung sind lebensgefährlich.

19.5.1 Personenschutz

Elektrische Gerate müssen so ausgeführt sein, dass von ihnen keine Gefahren für den Menschen ausgehen.

Schutzzeichen

Elektrogeräte, Steckverbindungen und Leitungen unterliegen den VDE-Bestimmungen (VDE = Verein deutscher Elektrotechniker). Sie werden geprüft und mit einem VDE- und/oder einem GS-Zeichen gekennzeichnet (Abb. 2). Nur solche Geräte sollten verwendet werden.

Abb. 2: Kennzeichnung elektrischer Geräte.

Um gefährliche Körperströme zu vermeiden, muss jede elektrische Anlage so aufgebaut sein, dass auch bei einem auftretenden Fehler der Personenschutz gewährleistet ist. Die eingesetzten Schutzmaßnahmen müssen Menschen vor elektrischen Schlag schützen.

Man unterscheidet folgende Schutzmaßnahmen zum Personenschutz:

- **Basisschutz**
Der Basisschutz verhindert das direkte Berühren von spannungsführenden Teilen eine Anlage von z. B. Leitern oder der Wicklung eines Motors. Dies wird zum Beispiel durch Isolierung oder Abdeckung spannungsführender Teile erreicht.

- **Fehlerschutz**
Der Fehlerschutz verhindert das indirekte Berühren von spannungsführenden Teilen einer Anlage bei auftretenden Isolationsfehlern. Als Schutzmaßnahme wird z. B. die Abschaltung des Fehlerstromkreises eingesetzt oder die Vollisolierung von Gehäusen.

- **Zusatzschutz**
Bei einer erhöhten Gefährdung durch Umgebungsbedingungen der Betriebsstätte kann ein zusätzlicher Schutz vor direkter Berührung durch Fehlerstrom-Schutzschalter (RCD = current protective divice) erreicht werden (Abb. 3). In bestimmten Bereichen ist ein solcher Zusatzschutz vorgeschrieben. Fehlerstrom-Schutzschalter bieten einen Schutz vor direktem Berühren, wenn andere Schutzmaßnahmen wie die automatische Abschaltung des Fehlerstromkreises durch Sicherungen oder Leitungsschutzschalter versagen.

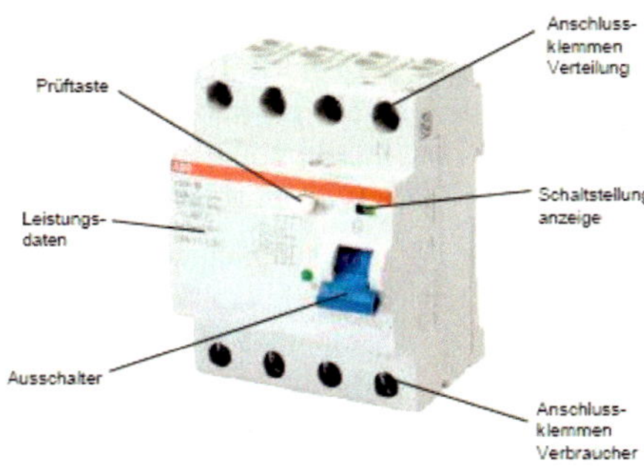

Abb. 3: Fehlerstrom-Schutzschalter

Schutzklassen

Bei elektrischen Geräten wird der Schutz durch die Schutzklassen des jeweiligen Gerätes erreicht. Alle elektrischen Geräte sind in drei Schutzklassen eingeteilt (Tab. 1). Die Schutzklassen sind durch entsprechende Symbole auf dem Gerät gekennzeichnet.

Tab. 2: Schutzklassen elektrischer Betriebsmittel

Schutzklasse I Schutzmaßnahme mit Schutzleiter	Betriebsmittel mit Metallgehäuse, z. B. Gehäuse Fräsmaschine
Schutzklasse II Schutzisolierung	Betriebsmittel mit Kunststoffgehäuse, z. B. elektrische Handbohrmaschinen
Schutzklasse III Schutzkleinspannung	Betriebsmittel mit Bemessungsspannungen • bis AC 50 V und DC 120 V für Menschen, z. B. elektrische Handleuchten • bis AC 25 V und DC 60 V für Tiere

- **Schutzklasse I**

Geräte mit Metallgehäuse sind durch den gelb-grünen Schutzleiter geerdet. Der Strom fliest bei einem Defekt nicht über den Körper, sondern durch den Schutzleiter. Dabei wird die Sicherung ausgelöst und der Stromfluss unterbrochen.

- **Schutzklasse II**

Elektrische Geräte sind mit nicht leitendem Kunststoff überzogen. Elektrische Geräte mit dieser Schutzklasse, z. B. Handbohrmaschinen, sind so aufgebaut, dass sie vollständig elektrisch isoliert sind.

- **Schutzklasse III**

Bei Arbeiten in Metallbehältern, z. B. im Kesselbau, sind niedrige Spannungen vorgeschrieben. Diese Schutzkleinspannung beträgt höchstens 50 V Wechselspannung oder 120 V Gleichspannung. Die Spannung wird durch einen Sicherheitstransformator erzeugt.

Durch die niedrigen Spannungen wird gewährleistet, dass im Fehlerfall, z. B. beim Berühren von zwei Leitern auf der Kleinspannungsseite kein gefährlich hoher Strom fließt.

19.5.2 Schutz von Leitungen und Geräten

In Leitungen und Geräten darf die höchstzulässige Stromstärke nicht überschritten werden. Sicherungen begrenzen die Stromstärke. Dadurch wird eine zu große Erwärmung verhindert, die zur Zerstörung z. B. der Isolierungen der Leitungen führen kann.

Leitungsschutz

Man verwendet Schmelzsicherungen und Leitungsschutzschalter (Abb. 4). Sie schützen Leitungen und Geräte vor Überlastung und Kurzschluss.

a) Schmelzsicherung b) Leitungsschutzschalter

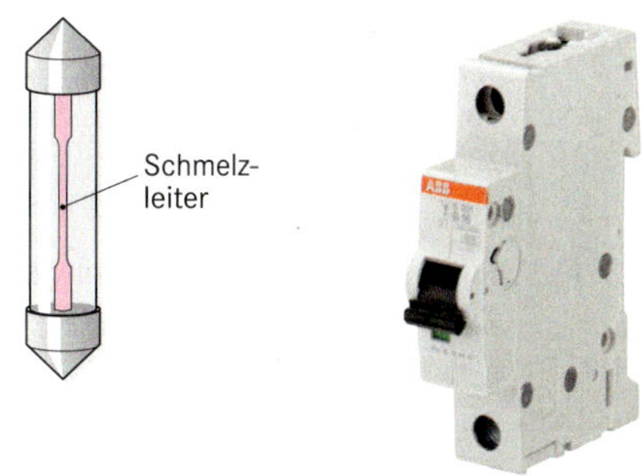

Abb. 4: Sicherungen

Bei einer **Schmelzsicherung** schmilzt bei zu hoher Stromstärke ein Schmelzleiter. Der Stromkreis wird unterbrochen. Die Sicherung muss nach Beseitigung des Fehlers erneuert werden.

Beim Auswechseln von Sicherungen sind unbedingt Sicherungen mit den vom Hersteller vorgeschriebenen Werten zu verwenden. !

Leitungsschutzschalter unterbrechen bei zu hohem Stromfluss den Stromkreis. Sie sind mit einem Bimetallauslöser versehen, der bei Überlastung verzögert abschaltet, und mit einem magnetischen Schalter, der bei Kurzschluss sofort den Stromkreis unterbricht. Sie können nach Beseitigung des Fehlers wieder eingeschaltet werden.

Geräteschutz

Das Gehäuse von elektrischen Betriebsmitteln hat neben dem Berührungsschutz weitere Schutzfunktionen (Abb. 1).

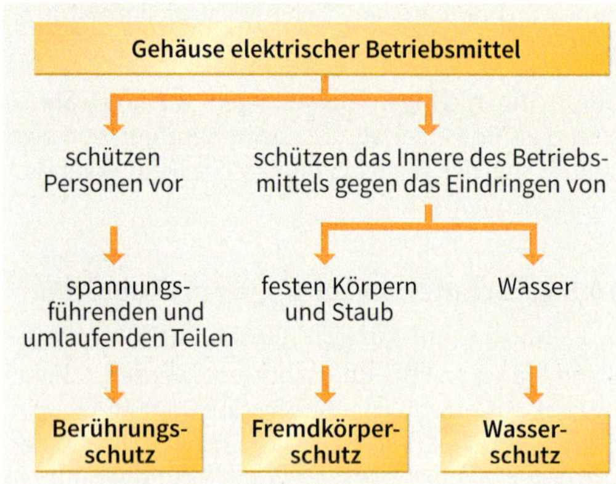

Abb. 1: Schutzfunktion von Gehäusen.

Der Schutzgrad gegen das Eindringen von festen Körpern, Staub, Feuchtigkeit oder Wasser wird durch eine Kennziffer auf dem Leistungsschild des Betriebsmittels als IP-Schutzart angegeben (Tab. 1). Der Kennbuchstabe IP steht für international protection, die erste Kennziffer (0–6) gibt den Grad für den Berührungs- und Fremdkörperschutz an und die zweite Kennziffer (0–9) steht für den Grad des Wasserschutzes. Einigen IP-Codes sind Bildzeichen zugeordnet.

Tab. 1: IP-Schutzarten elektrischer Betriebsmittel

Kennzeichen	1. Ziffer Fremkörperschutz	1. Ziffer Wasserschutz
IP 00	ungeschützt	ungeschützt
IP 11	Körper > 50 mm	Tropfwasser, senkrecht
IP 20	Körper > 12 mm	ungeschützt
IP 22	Körper > 12 mm	Tropfwasser, 15° zur Senkrechten
IP 33	Körper > 2,5 mm	Sprühwasser
IP 40	Körper > 1 mm	ungeschützt
IP 50	staubgeschützt	ungeschützt
IP 54	staubgeschützt	Spritzwasser
IP 55	staubgeschützt	Strahlwasser
IP 65	staubdicht	Strahlwasser
IP X7	–	wasserdicht, eintauchbar
IP X8	–	druckwasserdicht, untertauchbar
IP X9	–	Hochdruckreinigerstrahl geschützt

Motorschutz

Motoren müssen gegen zu hohe Temperaturen geschützt werden. Dieser Schutz kann direkt durch Überwachen der Motortemperatur oder indirekt durch Überwachen der Stromstärke erreicht werden.

Zum Überwachen der Stromstärke werden Motorschutzschalter oder Motorschutzrelais eingesetzt. Motorschutzschalter arbeiten nach dem gleichen Wirkprinzip wie Leitungsschutzschalter. Während Leitungsschutzschalter für die höchstzulässige Stromstärke der betreffenden Leitung ausgelegt sind, können Motorschutzschalter individuell auf die Betriebsstromstärke eingestellt werden (Abb. 2).

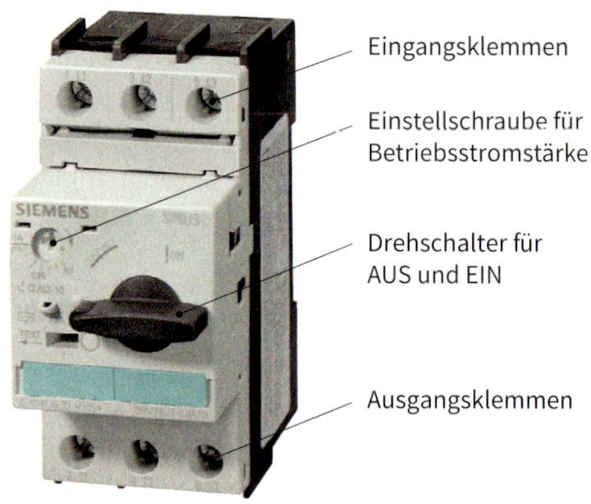

Abb. 2: Motorschutzschalter

Motorschutzschalter haben nicht nur eine Schutzfunktion, sondern werden häufig auch zum Ein und Ausschalten benutzt. Motorschutzschalter haben einen Bimetallauslöser der bei einer bestimmten Stromstärke und damit einer bestimmten Temperatur abschaltet. Außerdem hat der Motorschutzschalter eine magnetische Schnellauslosung, die bei großen Stromstärken (Kurzschluss) auslöst und den Stromkreis unterbricht. Wenn der Schalter ausgelöst hat, kann er nur von Hand wieder eingeschaltet werden.

Motorschutzrelais werden verwendet, wenn die Motoren durch Schütze gesteuert werden. Sie messen den Strom im Hauptstromkreis und unterbrechen bei Überlastung den Steuerstromreis, wodurch das Schütz die Zuleitungen zum Motor unterbricht.

Unfallverhütungsmaßnahmen

- Defekte Elektrogeräte und defekte elektrische Anlagen sofort stilllegen.
- Reparaturen an elektrischen Leitungen und Geräten sind nur von Fachleuten auszuführen.
- Nur Elektrogeräte mit VDE- und/oder GS-Zeichen benutzen.

Erstmaßnahmen bei Stromunfällen

Bei Stromunfällen sind die in Abbildung 5 aufgeführten Maßnahmen zu ergreifen. Dabei ist auf Selbstschutz zu achten. Rettung aus Hochspannungsanlagen nur durch Fachpersonal.

Maßnahme	Hinweise
Spannung abschalten.	• Steckerziehen • Ausschalten • Sicherung betätigen
↓ Verunglückten aus dem Gefahrenbereich bringen.	
↓ Arzt oder Rettungsdienst rufen.	• ärztliche Behandlung grundsätzl. notwendig
↓ Verletzung feststellen	
↓ Bei Atmung Verunglückten in stabile Seitenlage bringen.	• ständige Kontrolle von Bewustsein und Atmung
↓ Bei Atem- oder Kreislaufstillstand Atemspende oder Herzmassage veranlassen.	• sofern verfügbar AED (Defibrillator) einsetzen
↓ Verbrennungen versorgen, Verletzten warmhalten.	

Abb. 3: Erstmaßnahmen bei Stromunfällen

Aufgaben

1. Beschreiben Sie die Wirkungen des Stromes auf den menschlichen Körper anhand des Diagramms in Kapitel 19.6.

2. Von welchen Einflussgrößen ist die Gefährdung für den Menschen durch den elektrischen Strom abhängig?

3. Auf einem Gerät ist folgendes Symbol abgebildet. Erklären Sie den Aufbau und die Funktion der symbolisierten Schutzmaßnahme.

4. Was beinhaltet der Basisschutz einer elektrischen Anlage?

5. Bewerten Sie mit Hilfe des Diagramms aus Kapitel 19.6 die Gefährdung des Menschen, wenn ein Fehlerstrom-Schutzschalter installiert ist und die Abschaltung bei $t \leq 20$ ms liegt.

6. Beschreiben Sie die Schutzwirkung eines Leitungsschutzschalters.

7. Erläutern Sie die Schutzfunktionen von Gehäusen elektrischer Betriebsmittel.

8. Beschreiben Sie den Schutz für Personen bei der Schutzklasse III elektrischer Gerate.

9. Erläutern Sie die Erstmaßnahmen bei Stromunfällen.

Zusammenfassung

Personen- und Anlagenschutz

Anlagenschutz ist immer auch ein Personenschutz.

Anlagenschutz

Leitungsschutz

- Schmelzsicherungen
- Leitungsschutzschalter
  Schutz gegen Erwärmung und gegen Kursschlussströme

Geräteschutz

- IP-Schutzarten
  Schutz gegen Berührung, Fremdkörper und Wasser
- Motorschutzschalter
- Motorschutzrelais
  Schutz gegen Erwärmung und Kursschlussströme

Personenschutz

Basisschutz

Schutz gegen direktes Berühren stromführender Teile durch
- Schutzisolierung von Leitern
- Schutzabdeckung und Umhüllung

Fehlerschutz

Schutz gegen indirektes Berühren bei Isolationsfehlern durch
- Schutzisolierung von Geräten
- Schutztrennung von Netzstrom- und Verbrauchsstromkreis
- Fehlerstrom-Schutzschalter (RCD)

Zusatzschutz

Schutz gegen direktes und indirektes Berühren durch
- Schutzkleinspannung ($\leq$ 50 V AC, $\leq$ 120 V DC)

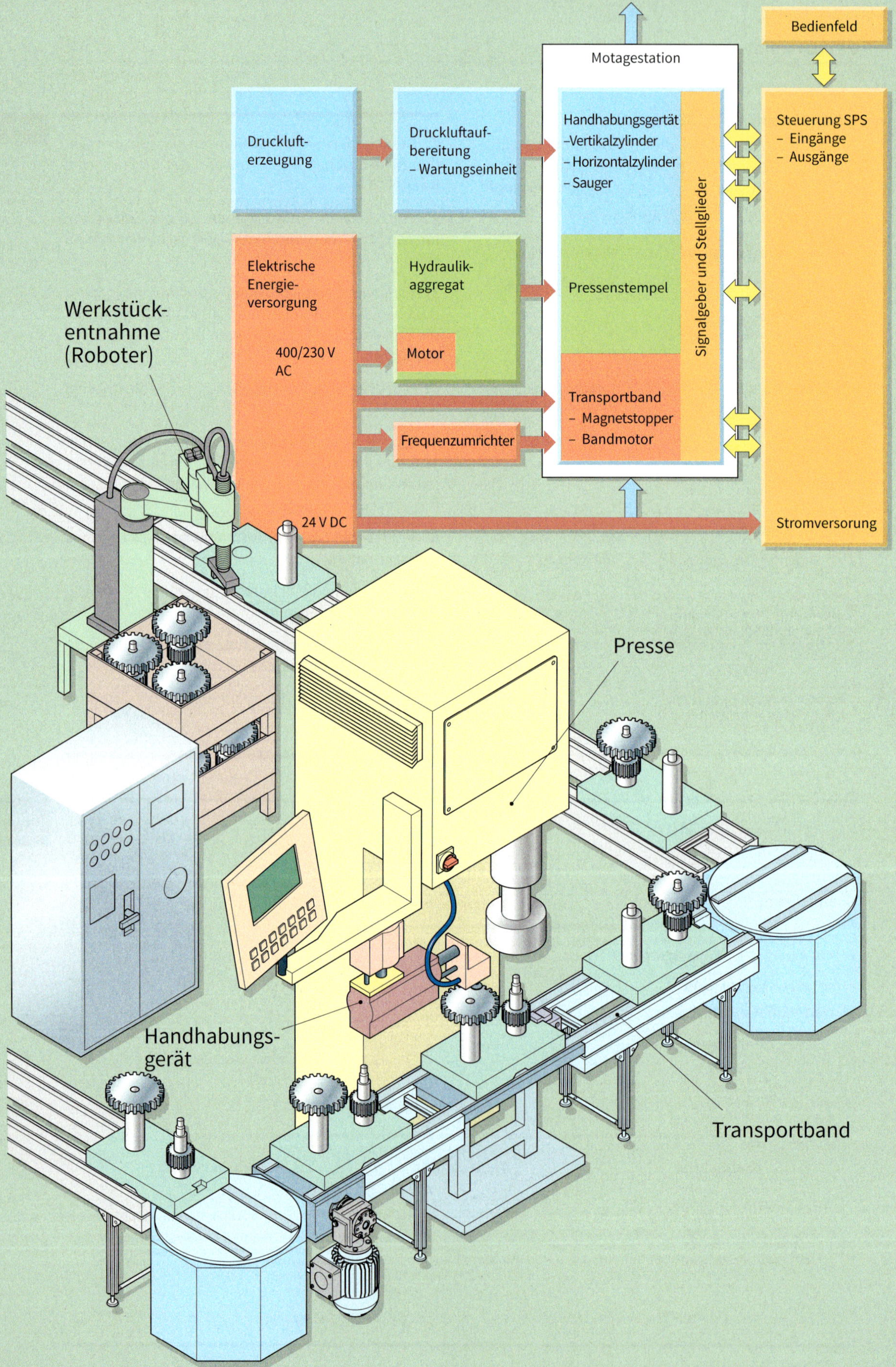

Bedienfeld
Motagestation
Druckluft-
erzeugung
Druckluftauf-
bereitung
– Wartungseinheit
Handhabungsgertät
–Vertikalzylinder
– Horizontalzylinder
– Sauger
Signalgeber und Stellglieder
Steuerung SPS
– Eingänge
– Ausgänge
Elektrische
Energie-
versorgung
Hydraulik-
aggregat
Pressenstempel
Werkstück-
entnahme
(Roboter)
400/230 V
AC
Motor
Transportband
– Magnetstopper
– Bandmotor
Frequenzumrichter
24 V DC
Stromversorung
Presse
Handhabungs-
gerät
Transportband

Inbetriebnahme – Montagestation

20

Nach dem Aufbau der Montagestation und dem Ausführen der notwendigen Installationsarbeiten wird die Station in Betrieb genommen.

Zur Inbetriebnahme zählen alle Tätigkeiten beim Hersteller und Betreiber, die zum Ingangsetzen und zur korrekten Funktion von zuvor montierten und kontrollierten Baugruppen, Maschinen und komplexen Anlagen gehören.

Die Inbetriebnahme hat die Aufgabe, die Montagestation in einen funktionsfähigen Betriebszustand zu versetzen. Aufbau-, Installations- sowie Programmierfehler werden dabei korrigiert.

Bei der Inbetriebnahme muss noch mit Fehlern, die zu Fehlfunktionen (z.B. unvorhergesehenen Bewegungen von Anlagenteilen) führen, gerechnet werden. Durch ein unerwartetes Ausfahren des Pressenzylinders könnte eine Hand oder ein Finger eingequetscht werden. Ein Programmierfehler bei der Koordination der Bewegungen vom Handhabungsgerät und dem Pressenzylinder könnte eine Kollision mit möglichen Zerstörungen zur Folge haben.

! Bei der Inbetriebnahme ist mit äußerster Sorgfalt und Vorsicht vorzugehen, um Schäden an der Anlage und Verletzungen von Personen zu vermeiden.

Planen/ Dokuentieren

20.1 Tätigkeiten bei der Inbetriebnahme

Jede Inbetriebnahme beginnt mit einer Sichtprüfung.

Sichtprüfung

Die verwendeten Komponenten werden geprüft auf

- Vollständigkeit anhand einer Stückliste,
- richtigen Einbau und
- Beschädigung.

Justierung

Der Hydraulikzylinder und die pneumatischen Lineareinheiten des Handhabungsgerätes müssen vor der Inbetriebnahme ausgerichtet werden.

Die Sensoren werden bei der Inbetriebnahme der einzelnen Teilsysteme eingestellt. Dazu muss die Anlage mit Energie versorgt werden.

Prüfung der elektrischen Sicherheit

Bevor die Anlage mit elektrischer Energie versorgt wird, muss sichergestellt sein, dass keine elektrische Gefährdung besteht. Die Prüfung der elektrischen Sicherheit ist deshalb die erste Inbetriebnahmemaßnahme nach der Sichtprüfung.

Testen und Einstellen

Der Arbeitsdruck der pneumatischen und hydraulischen Anlage muss überprüft und eingestellt werden. Anschließend werden die Aus- und Einfahrgeschwindigkeiten der Arbeitsglieder, z.B. des Hydraulikzylinders, eingestellt.

SPS-Programm laden

Das vom Programmierer erstellte und getestete Steuerungsprogramm wird in die SPS übertragen.

Funktionstest der Anlage

Bevor die Gesamtfunktion der Anlage getestet werden kann, muss sichergestellt sein, dass sich alle Aktoren in ihrer Grundstellung befinden. Anschließend erfolgt der erste durch die SPS gesteuerte Ablauf im Einzelschrittbetrieb. Wurde dieser erfolgreich durchlaufen, erfolgt ein abschließender Test im Automatikbetrieb.

Dokumentation

Um die Sicherheit und einwandfreie Funktion der Anlage nachweisen zu können, werden alle wichtigen Prüfergebnisse schriftlich dokumentiert. Checklisten geben den Prüfablauf vor und dienen zur Dokumentation der Prüfergebnisse (Abb. 1).

Sichtprüfung

Prüfanweisung 0: Mechanik, Sichtprüfung

Nr.	Prüfung	i.O.	nicht i.O.	Bemerkungen
0.1	Sichtprüfung			
0.2	Sichtprüfung Werkstückträger/Typ 008			
0.3	Zugänglichkeit Schaltschrank			
0.4	Schaltschrankreserve 20 %			
0.5	Bedienfeldhalter fest montiert			
0.6	Bedienfeld drehbar			
	...			

Abb. 1: Checkliste zur Sichtprüfung

Planen/ Doku-mentieren

20.2 Teilsysteme

Für die Inbetriebnahme werden entsprechend dem funktionalen und technologischen Zusammenhang geeignete Teilsysteme gebildet. Die Montagestation wird in folgende Teilsysteme gegliedert:

- Elektrisches Teilsystem,
- Pneumatisches Teilsystem,
- Hydraulisches Teilsystem und
- Teilsystem Steuerung.

Nach der Inbetriebnahme der Teilsysteme erfolgt die Inbetriebnahme der Gesamtanlage.

20.2.1 Elektrisches Teilsystem

Alle elektrischen Komponenten der Montagestation werden zum elektrischen Teilsystem zusammengefasst (Abb. 1). Die Prüfung des elektrischen Teilsystems erfolgt nach **DIN VDE 0113-1** (*Prüfung der elektrischen Sicherheit der Ausrüstung elektrischer Maschinen*).

Diese Norm schreibt folgende Maßnahmen vor:

- Sichtprüfung,
- Überprüfung, dass die elektrische Ausrüstung mit der technischen Dokumentation übereinstimmt,
- Prüfung einer durchgehenden Verbindung des Schutzleitersystems,
- Isolationswiderstandsprüfungen,
- Spannungsprüfungen,
- Schutz gegen Restspannungen prüfen und
- Funktionsprüfungen.

Eine Funktionsprüfung wird z. B. am Motor des Hydraulikaggregates durchgeführt. Es wird überprüft, ob der Motor läuft und die Drehrichtung stimmt. Außerdem sind die Aufstellung und Ausrichtung sowie die Kupplungen zu überprüfen.

Das Prüfen der elektrischen Anlage geschieht mit speziellen Messgeräten (Abb. 2) und darf nur von Personen durchgeführt werden, die auf Grund ihrer Ausbildung, Erfahrung und Normenkenntnis Gefahren des elektrischen Stromes beurteilen können. Das sind in der Regel Elektrofachkräfte.

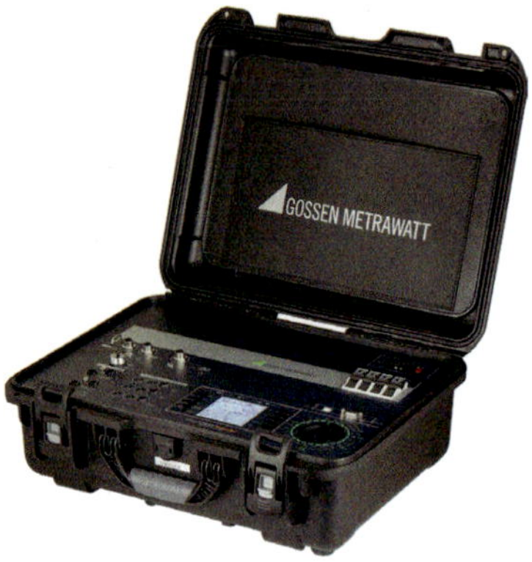

Abb. 2: Prüfgerät

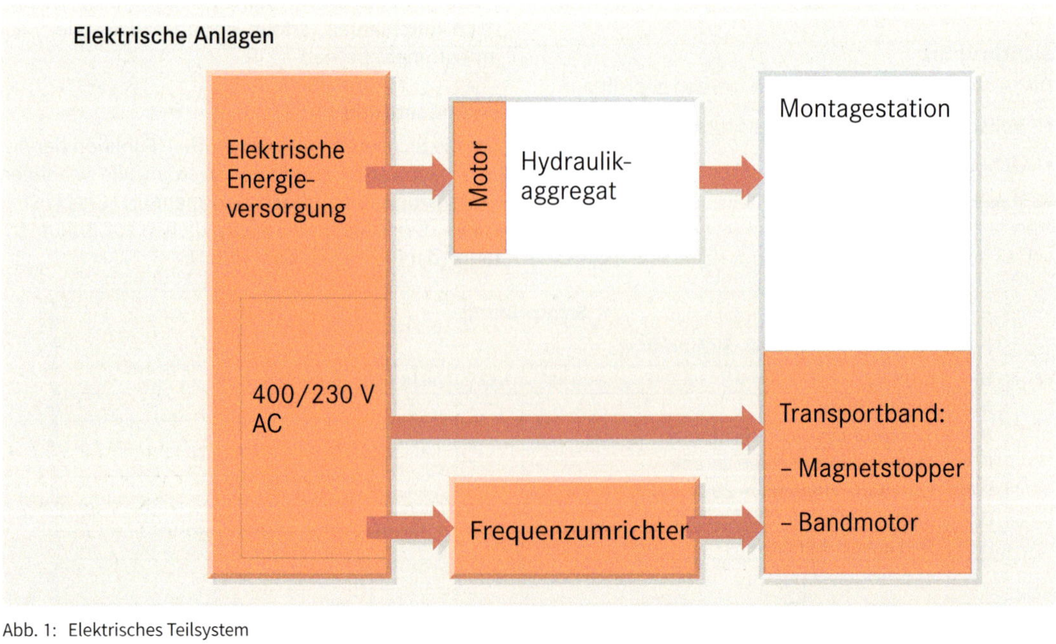

Abb. 1: Elektrisches Teilsystem

20.2.2 Pneumatisches Teilsystem

Das pneumatische Teilsystem der Montagestation besteht aus der Druckluftbereitstellung und dem Handhabungsgerät (Abb. 3).

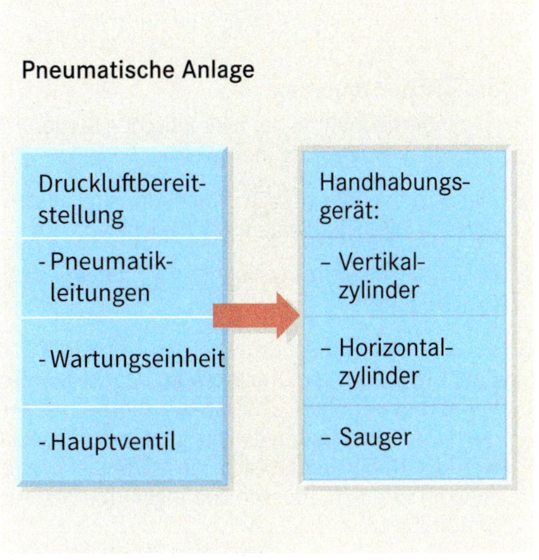

Abb. 3: Pneumatisches Teilsystem

Die Inbetriebnahme beginnt mit einer Sichtprüfung des pneumatischen Teilsystems. Zuerst werden die Verlegung der Pneumatikleitungen und die Wartungseinheit überprüft. Dabei sollte das Hauptventil ausgeschaltet sein, um so unkontrollierte Bewegungen von Aktoren zu verhindern.

Pneumatikleitungen

Kontrolliert werden die Pneumatikleitungen auf richtige Verlegung und ordnungsgemäßen Anschluss. Insbesondere ist darauf zu achten, dass die Pneumatikleitungen bei beweglichen Anlagenteilen nicht eingeklemmt werden können.

Wartungseinheit

Grundsätzlich sollte bei der Inbetriebnahme eventuell vorhandenes Kondensat abgelassen werden.

Es gibt Anlagen, die mit ungeölter Druckluft betrieben werden können, und Anlagen, die mit geölter Druckluft arbeiten. Bei Anlagen, die mit geölter Druckluft arbeiten, ist Folgendes zu beachten:

- Der Öler muss mit dem richtigen Öl und der geforderten Menge befüllt werden.
- Die Ölmenge, die der Luft zugeführt werden muss, ist entsprechend den Herstellerangaben einzustellen.

Pneumatische Steuerung

Für die Inbetriebnahme der pneumatischen Steuerung empfiehlt sich die folgende Vorgehensweise:

1. An der drucklosen Anlage werden die Aktoren und die Stellglieder (Wegeventile) in die Grundstellung gebracht. Ventile mit Federrückstellung haben eine definierte Grundstellung. Kritisch dagegen sind Impulsventile, da sie keine definierte Grundstellung haben. Sie werden mit der Handhilfsbetätigung in die Grundstellung gebracht.

2. Um die Kolbengeschwindigkeiten beim ersten Betrieb gering zu halten, sind alle Drosselventile weitgehend zu schließen.

3. Der Druck an der Wartungseinheit ist mit dem Druckregler auf $p = 0$ zu stellen.

4. Am pneumatischen Hauptschalter ist der Druck einzuschalten.

5. Am Druckregler wird der Druck langsam erhöht, bis der Arbeitsdruck erreicht ist. Hierbei ist darauf zu achten, dass keine unkontrollierten Bewegungen auftreten. Andernfalls ist der Hauptschalter wieder zu schließen und die Ursache zu beheben.

6. Mit der Handhilfsbetätigung können die Stellglieder geschaltet und die Geschwindigkeit der Aktoren an den Drosselventilen eingestellt werden.

7. Beim Bewegen der Aktoren kann auch kontrolliert werden, ob die Sensoren für die Endlagen richtig ansprechen. Gegebenenfalls müssen diese justiert werden.

8. Abschließend sind wieder alle Aktoren und Ventile in Grundstellung zu bringen.

Der vollständige Steuerungsablauf entsprechend dem Funktionsplan oder dem Weg-Schritt-Diagramm wird erst bei Inbetriebnahme der Steuerung getestet.

Beim Einstellen dürfen sich keine Körperteile im Bewegungsbereich des Handhabungsgerätes befinden. **!**

20.2.3 Hydraulisches Teilsystem

Das hydraulische Teilsystem der Montagestation besteht aus dem Hydraulikaggregat und der hydraulischen Steuerung (Abb. 1).

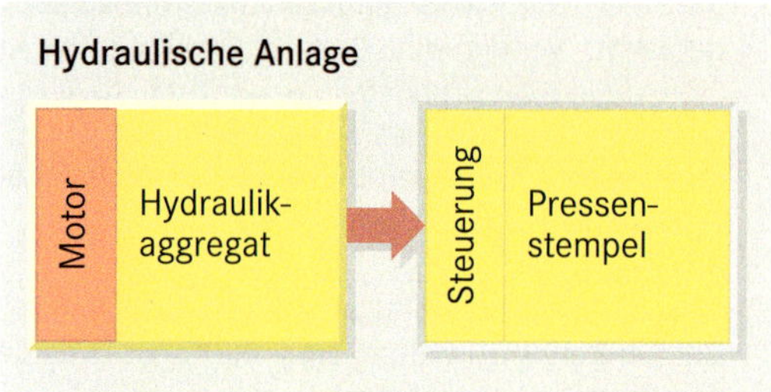

Abb. 1: Hydraulisches Teilsystem

Die Inbetriebnahme beginnt mit einer Sichtprüfung des hydraulischen Teilsystems. Die Hydraulikleitungen werden dabei auf richtige Verlegung und ordnungsgemäßen Anschluss überprüft. Bei Hydraulikschläuchen ist insbesondere auf folgende Punkte zu achten:

- max. Lagerzeit und Verwendungsdauer,
- korrekte Verlegung (kein Verdrehen und Knicken, min. Biegeradius, ...) und
- max. Betriebsdruck.

Hydraulikaggregat

Vor dem Befüllen mit Hydrauliköl muss der Tank gereinigt werden. Auch Filter und Saugleitungen müssen frei von Schmutz und Verunreinigungen sein. Der Hersteller gibt ein zu verwendendes Hydrauliköl vor. Dieses Öl wird über einen Ölfilter eingefüllt. Die Porengröße des Filters sollte gleich oder kleiner als diejenige des eingebauten Ölfilters sein.

Nach dem Befüllen und Entlüften des Hydraulikaggregates wird ein Probelauf im Leerlaufbetrieb durchgeführt.

Dies dient zur Überwachung von

- Leckagen,
- Ölstand und
- Temperatur von Pumpe, Motor und Hydrauliköl

bei unterschiedlichen Betriebstemperaturen.

Hydraulische Steuerung

Für die Inbetriebnahme der hydraulischen Steuerung eignet sich folgende Vorgehensweise:

1. Alle Stromventile sind zu öffnen, um ein vollständiges Befüllen des Systems zu erreichen.
2. Das Druckbegrenzungsventil wird auf geringen Druck eingestellt.
3. Von Leerlauf wird auf Druckbetrieb umgestellt und dabei langsam der Druck erhöht. Dabei können Verfahrbewegungen auftreten. Diese müssen durch Handbetätigungen der Ventile kontrolliert werden. Dabei befüllt sich die Hydraulikanlage. Falls erforderlich, müssen Leitungen und Aktoren entlüftet werden.
4. Nach abgeschlossener Befüllung der Anlage werden über Drosseln und Druckbegrenzungsventile die Verfahrgeschwindigkeiten und Arbeitsdrücke eingestellt.

Beim gesamten Inbetriebnahmevorgang wird die Anlage auf Leckagen, Druckpegel, Geräuschentwicklungen und Temperaturentwicklung überwacht.

Sind Servo- oder Proportionalventile eingesetzt, ist auf größte Sauberkeit in der Anlage zu achten. Sie sind bei der Befüllung zunächst durch Spülplatten ersetzt. Erst nach der Befüllung und ausreichender Spülung werden die Ventile eingesetzt.

Alle Prüfergebnisse werden in der Checkliste dokumentiert (Abb. 2).

Checkliste zur Anlagenendabnahme				
Prüfanweisung 3: Hydraulische Anlage				
Nr.	Prüfung	i. O.	nicht i. O.	Bemerkungen
3.1	Tankreinigung durchgeführt			
3.2	Filter und Saugleitungen sauber			
3.3	Hydrauliköl HLP 100			
	...			
3.8	Alle Stromventile offen			
3.9	Druckbegrenzungsventil auf minimalen Druck			
	...			

Abb. 2: Ausschnitt Hydraulikcheckliste der Montagestation

20.2.4 Steuerung

Die Steuerung der Montagestation besteht aus der SPS und dem Bedienfeld (Abb. 3).

Zuerst wird die elektrische Versorgung der SPS überprüft. Beim Einschalten der SPS muss sichergestellt sein, dass sie sich im STOPP-Modus befindet. Anschließend wird der Programmspeicher der SPS urgelöscht. Dies gewährleistet, dass kein falsches Programm aufgerufen werden kann.

Das SPS-Programm wurde vor der Inbetriebnahme in der Simulation getestet (Abb. 4).

Für die Simulation werden folgende Komponenten benötigt:

- Programmier-Software (z. B. STEP 7)
- virtuelle SPS (z. B. PLCSIM) und
- virtuelle Anlage, auf welcher der Prozess dargestellt wird. Die virtuelle Anlage verhält sich gegenüber der SPS wie die reale Anlage.

Alle drei Anwendungen werden auf einem PC gestartet. Das SPS-Programm wird in die virtuelle SPS übertragen und von hier aus gestartet. Der Prozessablauf kann auf der virtuellen Anlage beobachtet werden.

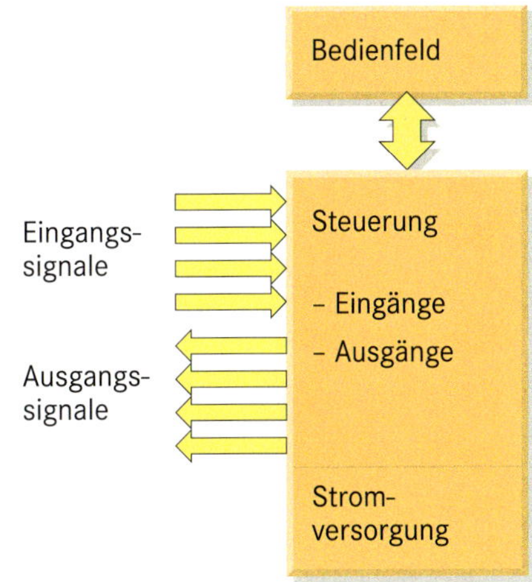

Abb. 3: Steuerung

Auftretende Fehler können so erkannt und beseitigt werden. Dadurch werden Anlagenschäden vermieden.

Nach erfolgreichem Test wird das Steuerungsprogramm in die SPS übertragen.

Das Testergebnis wird im Prüfprotokoll festgehalten.

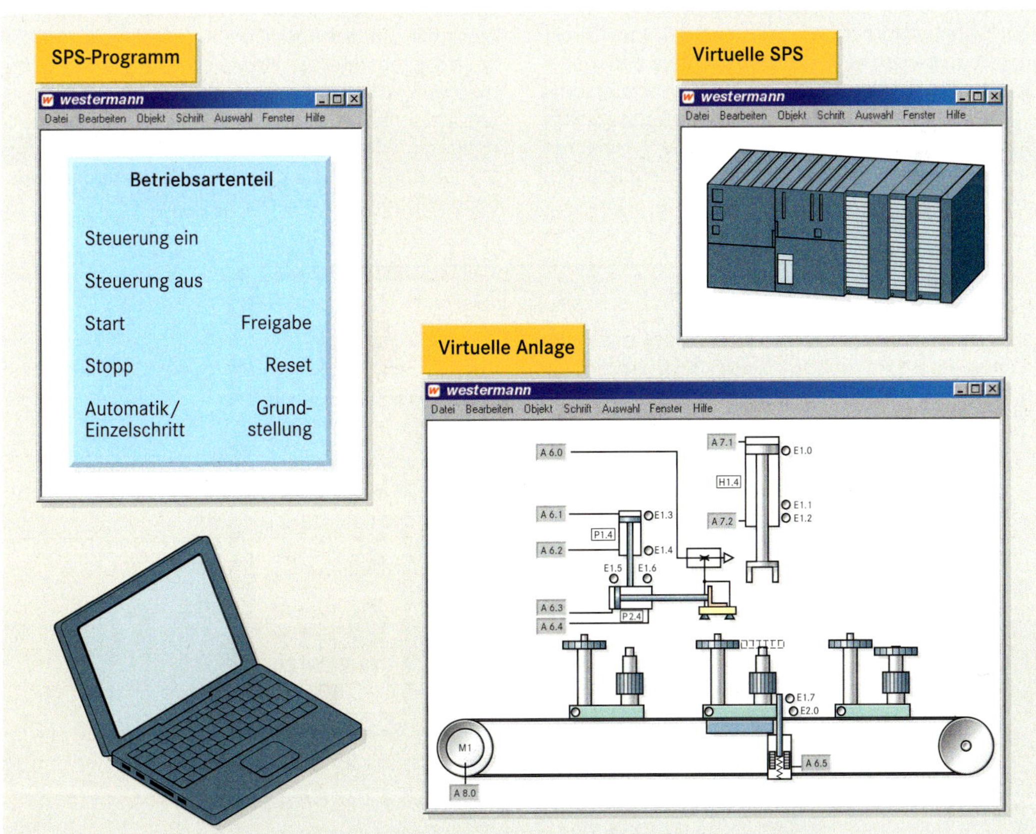

Abb. 4: Simulation des SPS-Programms

20.2.5 Gesamtfunktion

Nach der erfolgreichen Inbetriebnahme der einzelnen Teilsysteme erfolgt die Inbetriebnahme der Gesamtanlage. Dazu wird die Anlage über das Bedienfeld gesteuert (Abb. 1). Über das Bedienfeld können verschiedene Betriebsarten ausgewählt werden:

- Einzelschrittbetrieb,
- Automatikbetrieb und
- Einrichtbetrieb.

Einzelschrittbetrieb

Im Einzelschrittbetrieb wird die Anlage mit dem Starttaster Schritt für Schritt durchgetaktet.

Automatikbetrieb

In dieser Betriebsart läuft nach Betätigen der Starttaste der Prozess auf der Anlage automatisch ab.

Einrichten

In dieser Betriebsart können die Aktoren einzeln angesteuert werden. Über den Wahlschalter *Aktoranwahl* wird der gewünschte Aktor ausgewählt. Mit den Tasten *Aktorbetätigung* kann der Aktor direkt angesteuert werden. Verriegelungen werden dabei nicht berücksichtigt. Deshalb darf nur Fachpersonal in dieser Betriebsart arbeiten. Diese Betriebsart wird dazu benutzt, Aktoren in die Grundstellung zu fahren oder nach einer Störung wieder in eine definierte Position zu bringen.

20.2.5 Overall function

After sucessfully starting up the different sub-systems the total installation is put into operation. For that purpose the installation is operated via the control unit (figure 1). Via this unit different modes of operation can be selected:

- Single Step Mode
- Automatic Mode
- Setup Mode

Single Step Mode

In the single step mode the installation will be operated step by step by pressing the start-key for each next step.

Automatic Mode

When pressing the start-key in automatic mode the installation will automatically run through its process.

Setup Mode

In the setup mode all different actuators can be controlled individually. The respective actuator can be chosen by the selector switch *actuator selection*. Using the *actuator operation* button the actuator can be triggered directly. However, safety interlocking mechanisms will not work. For this reason only qualified personnel is allowed to work in this mode of operation. The setup mode is used to set actuators to their default position or to return them to a predefined position after an error has occurred.

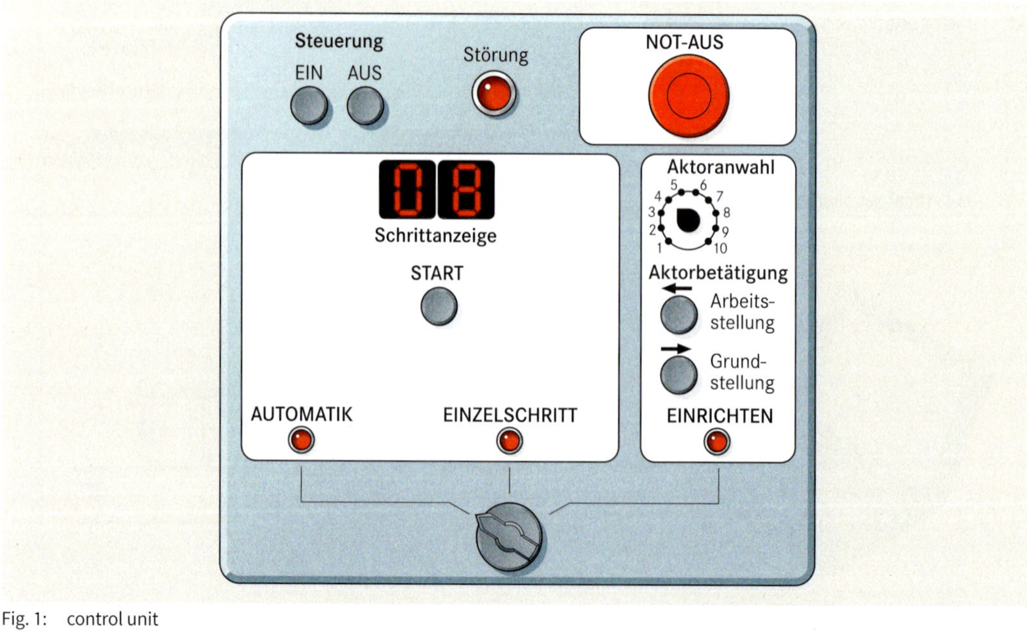

Fig. 1: control unit

Für den ersten Ablauf wird die Betriebsart Einzelschrittbetrieb gewählt. Die Steuerung wird über den Starttaster *Ein* eingeschaltet. Die einzelnen Schritte werden über die Taste *Start* nacheinander aktiviert. Der Ablauf des Prozesses kann nun anhand des Funktionsplanes oder eines Weg-Schritt-Diagramms verfolgt und kontrolliert werden.

Für die Montagestation ergibt sich im Einzelschrittbetrieb folgender Ablauf, der überprüft werden muss:

- Nach Betätigen der Starttaste wird der Bandmotor und die Zykluslampe eingeschaltet sowie der Stopper ausgefahren. Das Band transportiert den Werkstückträger in die Arbeitsposition. Der Motor wird ausgeschaltet.
- Durch erneutes Betätigen der Starttaste wird der nächste Schritt aktiviert und der Vertikalzylinder des Handhabungsgerätes fährt aus. Für das Handhabungsgerät der Montagestation gilt das dargestellte Weg-Schritt-Diagramm (Abb. 2).
- Durch erneutes Betätigen der Starttaste wird der nächste Schritt aktiviert und der Sauger eingeschaltet.
- usw.

Auf diese Weise wird der gesamte Prozessablauf im Einzelschrittbetrieb durchgetaktet. Der erste Durchlauf wird häufig ohne Werkstück durchgeführt, um unvorhergesehene Kollisionen zu vermeiden.

Kann ein Schritt nicht aufgerufen werden, muss nach der Ursache gesucht werden. Dies kann z. B. ein nicht korrekt justierter Sensor sein, der neu eingestellt werden muss. Eventuell müssen auch Programmkorrekturen vorgenommen werden.

For the first run the single step mode is selected. The control device is activated by pushing the *on* button. Subsequently the different steps are activated successively by pressing the *start*-key. The operating sequence of the process can now be observed and controlled by using a flow chart or a displacement-step diagram.

In the single step mode the following operating sequence for the assembly station has to be verified:

- After pressing the start-key the belt motor and the cycle signalling light are activated and the stopper is extended. The belt is moving the workpiece holder in the working position. The motor is switched off.
- By pressing the start-key once more the next step is activated and the vertical cylinder of the handling unit will extend. The displacement-step diagram for the handling unit of the assembly station is shown in figure 2.
- By processing start-key once more the next step is activated and the sucker is switched on.
- etc

This way the total process flow is run through step by step. The first test sequence is often performed without a workpiece to avoid unforeseen collisions.

If one step cannot be activated during the process the reason for this has to be determined. One reason could be an incorrectly adjusted sensor which then has to be readjusted. Adjustments to the program may also be necessary.

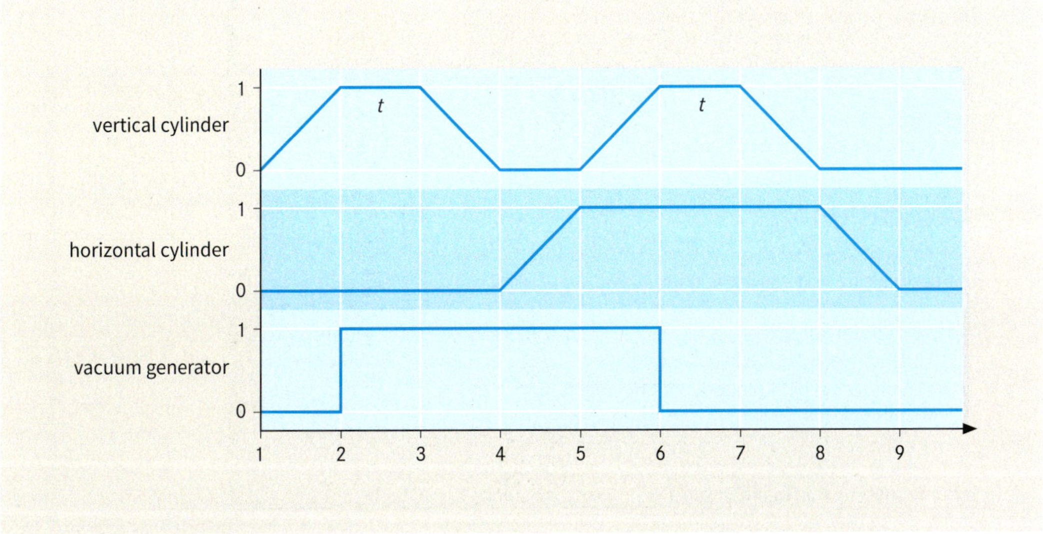

Fig. 2: displacement-step diagram

Wurde der Prozessablauf im Einzelschrittbetrieb mit Werkstück erfolgreich durchlaufen, erfolgt der Testlauf im Automatikbetrieb. Dabei werden die Geschwindigkeiten der Aktoren und die Arbeitsdrücke nochmals überprüft.

Während der gesamten Inbetriebnahme werden alle wesentlichen Ereignisse in der Checkliste festgehalten und dokumentiert.

Dokumentieren

20.3 Prüfprotokoll

Das Prüfprotokoll wird anhand der abgearbeiteten Checklisten erstellt (Abb. 2).

In den Checklisten sind detailliert sämtliche Arbeitsschritte der Inbetriebnahme aufgelistet und entsprechend kommentiert (Abb. 1). Diese ausführlichen Angaben sind jedoch nur für den Errichter/Inbetriebnehmer wichtig. Für den Betreiber/Kunden ist die Funktion der Anlage von Bedeutung. Details spielen für ihn eine untergeordnete Rolle. Deshalb werden im Prüfprotokoll nur die wesentlichen Funktionen aufgeführt. Das Prüfprotokoll enthält immer den Tag der Abnahme und die Unterschrift des Inbetriebnehmers.

After the process has successfully been run through with a working part in the single step mode another test run is performed in the automatic mode. This allows for an additional testing of the velocities of the actuators and the working pressure levels.

While putting the installation into operation all relevant events are documented in a checklist.

20.3 Test protocol

The test protocoll is produced based on the completed checklists (figure 2).

In the checklists every single step of putting the installation into operation is listed and commented accordingly (figure 1). However, this comprehensive information is only important for the manufacturer / tester. The customer / operator is only interested in the function of the installation and for him details are of minor importance. This is why the test protocoll only contains the relevant functions. Furthermore the test protocoll always includes the day of the acceptance test and the signature of the responsible tester.

Checkliste zur Anlagenendabnahme

Prüfanweisung 3: Hydraulische Anlage

Nr.	Prüfung	i. O.	nicht i. O.	Bemerkungen
3.1	Tankreinigung durchgeführt	x		
3.2	Filter und Saugleitungen sauber	x		Filter ersetzt
3.3	Hydrauliköl HLP 100	x		
	...			
3.8	Alle Stromventile offen	x		
3.9	Druckbegrenzungsventil auf minimalen Druck	x		
	...			

Fig. 1: checklist

Prüfprotokoll Inbetriebnahme

1 Elektrische Anlage: — durchgeführt
- Prüfung nach VDE 0113 durchgeführt (Prüfprotokoll liegt bei) ☐
- Elektrischer Funktionstest der Komponenten durchgeführt ☐

2 Pneumatische Anlage:
- Funktionstest der Komponenten durchgeführt ☐
- Verfahrgeschwindigkeiten und Drücke eingestellt ☐

3 Hydraulische Anlage:
- Funktionstest des Hydraulikaggregats ☐
- Funktionstest der Komponenten durchgeführt ☐
- Verfahrgeschwindigkeiten und Drücke eingestellt ☐

...

Inbetriebnahme durchgeführt am ______________ von ______________________________

Fig. 2: test certificate

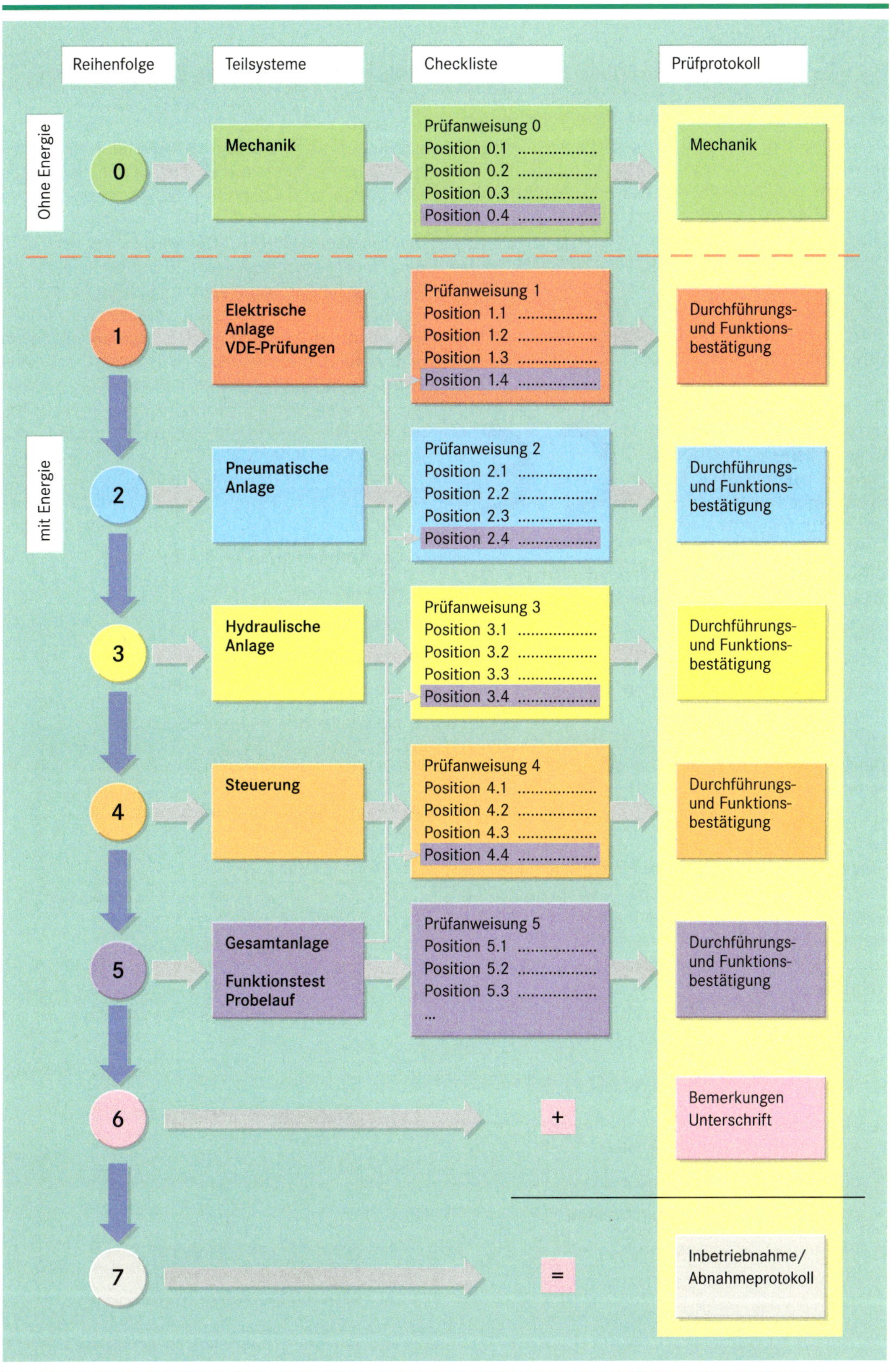
Reihenfolge
Teilsysteme
Checkliste
Prüfprotokoll
Ohne Energie
mit Energie
0
Mechanik
Prüfanweisung 0
Position 0.1 ....
Position 0.2 ....
Position 0.3 ....
Position 0.4 ....
Mechanik
1
Elektrische Anlage VDE-Prüfungen
Prüfanweisung 1
Position 1.1 ....
Position 1.2 ....
Position 1.3 ....
Position 1.4 ....
Durchführungs- und Funktions-bestätigung
2
Pneumatische Anlage
Prüfanweisung 2
Position 2.1 ....
Position 2.2 ....
Position 2.3 ....
Position 2.4 ....
Durchführungs- und Funktions-bestätigung
3
Hydraulische Anlage
Prüfanweisung 3
Position 3.1 ....
Position 3.2 ....
Position 3.3 ....
Position 3.4 ....
Durchführungs- und Funktions-bestätigung
4
Steuerung
Prüfanweisung 4
Position 4.1 ....
Position 4.2 ....
Position 4.3 ....
Position 4.4 ....
Durchführungs- und Funktions-bestätigung
5
Gesamtanlage
Funktionstest Probelauf
Prüfanweisung 5
Position 5.1 ....
Position 5.2 ....
Position 5.3 ....
...
Durchführungs- und Funktions-bestätigung
6
+
Bemerkungen
Unterschrift
7
=
Inbetriebnahme/ Abnahmeprotokoll

Maschinenrichtlinie

Die **Maschinenrichtlinie (Richtlinie 2006/42/EG)** regelt ein einheitliches Schutzniveau zur Unfallverhütung für Maschinen beim Inverkehrbringen innerhalb des europäischen Wirtschaftsraumes (EWR).
Seit dem 29.12.2009 gilt die neue **Maschinenrichtlinie 2006/42/EG** in Deutschland und ersetzt die alte Maschinenrichtlinie 98/37/EG.
Durch die Maschinenrichtlinie sollen Handelshemmnisse in der Europäischen Union abgebaut werden. Das europäisch harmonisierte Recht verdrängt die einzelstaatlichen nationalen Bestimmungen zum Inverkehrbringen von Maschinen.

Ob eine Maschine den Anforderungen der Maschinenrichtlinie entspricht, wird im Rahmen einer Konformitätsbewertung an Baumustern geklärt und bei erfolgreicher Prüfung das CE-Zeichen (Conformité Européenne) an der Maschine bzw. der Anlage angebracht.

Die CE-Kennzeichnung erfordert eine positive Konformitätsbewertung.
Mit der CE-Kennzeichnung bestätigt der Hersteller die vollständige Einhaltung der grundlegenden Anforderungen von EU-Richtlinien.

Für die Konformitätsbewertung müssen für jedes repräsentative Baumuster einer Maschinenreihe die geforderten technischen Unterlagen erstellt und der Herstellungsprozess in Übereinstimmung mit den technischen Unterlagen und der Maschinenrichtlinie gebracht werden.

Zu den technischen Unterlagen zählen unter anderem

- eine allgemeine Maschinenbeschreibung
- eine Übersichtszeichnung zur Maschine sowie Erläuterung zur Funktionsweise
- die Unterlagen zur Risikobeurteilung
- eine Liste der angewandten Normen
- technische Prüfungsergebnisse
- die Betriebsanleitung der Maschine
- eine Kopie der EG-Konformitätserklärung

Risikobeurteilung als Basis der Konstruktion

Nach Maßgabe der neuen Maschinenrichtlinie muss der Hersteller einer Maschine oder sein Bevollmächtigter dafür sorgen, dass eine Risikobeurteilung vorgenommen wird, um die für die Maschine geltenden Sicherheits- und Gesundheitsschutzanforderungen zu ermitteln.
Die Risikobeurteilung ist kein Prozess, der nach dem Bau einer Maschine stattfindet, indem man die Risiken der bereits konstruierten Maschine austestet. Gefahren, die sich erst dann herausstellen, lassen sich kaum oder nur mit großem Aufwand abstellen oder zumindest abmindern.
Vielmehr müssen bei der Risikobeurteilung und damit schon bei der Konstruktionsplanung sämtliche Lebenszyklen der Maschine bedacht werden, also insbesondere

- die Montage,
- der Einrichtbetrieb,
- der Normalbetrieb,
- die Wartung,
- die Instandsetzung,
- die Außerbetriebnahme,
- die Demontage und schließlich
- die Wiederverwertung/Entsorgung

Maßnahmen zur Risikominderung

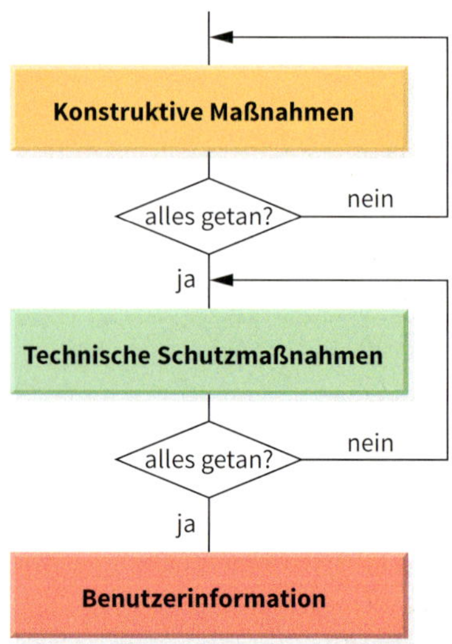

Risikograph nach ISO 13849

Laut Beschluss der Europäischen Union tritt seit dem 29. Dezember 2009 die Neue Maschinenrichtlinie in Kraft. Sowohl Maschinenbauer als auch -betreiber müssen spätestens ab diesem Zeitpunkt die in der Norm **EN ISO 13849** festgelegten Sicherheitsanforderungen einhalten. Sie beurteilt das Risiko nach mehreren Kriterien:

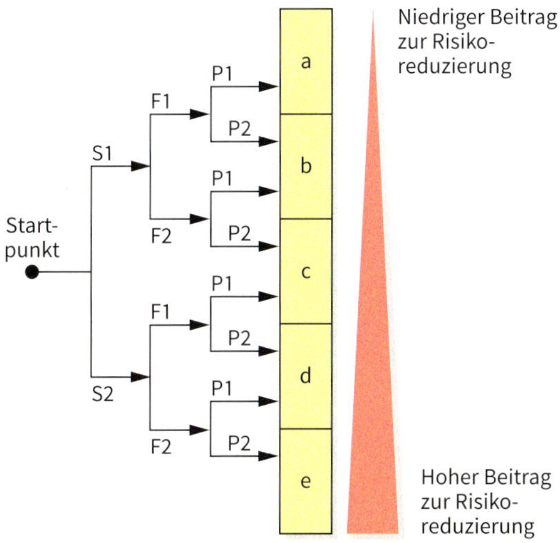

- S = Schwere der Verletzung
  S1 leicht, reversibel
  S2 schwer bis Tod
- F (F: *frequency*) = Häufigkeit und Aufenthaltsdauer
  F1 selten bis öfter mit kurzer Dauer
  F2 häufig oder dauernd
- P (P: *probability*) = Möglichkeit zur Vermeidung von Gefährdung
  P1 möglich unter bestimmten Bedingungen
  P2 kaum möglich

PL-Wert (Performance Level): siehe Tabelle

PL-Wert	Anforderungen	Systemverhalten	Wahrscheinlichkeit gefahrbringender Ausfälle pro Stunde (1/h)
a	Die sicherheitsbezogenen Teile von Steuerungen und/oder ihre Schutzeinrichtungen sowie ihre Bauteile müssen in Übereinstimmung mit den zutreffenden Normen so gestaltet, gebaut, ausgewählt, zusammengestellt und kombiniert werden, dass sie den zu erwartenden Einflüssen standhalten können (Basismaßnahmen).	Das Auftreten eines Fehlers kann zum Verlust der Sicherheitsfunktion führen.	$\geq 10^{-5}$ bis $< 10^{-4}$
b	Die Anforderungen von a müssen erfüllt sein. Bewährte Bauteile und bewährte Sicherheitsprinzipien müssen angewendet werden.	Das Auftreten eines Fehlers kann zum Verlust der Sicherheitsfunktion führen. Die Wahrscheinlichkeit des Auftretens ist geringer als in Kategorie a.	$\geq 3 \cdot 10^{-6}$ bis $< 10^{-5}$
c	Die Anforderungen von a und die Verwendung bewährter Sicherheitsprinzipien müssen erfüllt sein. Die Sicherheitsfunktion muss in geeigneten Zeitabständen durch die Maschinensteuerung geprüft werden.	• Das Auftreten eines Fehlers kann zum Verlust der Sicherheitsfunktion zwischen den Prüfungsabständen führen. • Der Verlust der Sicherheitsfunktion wird durch die Prüfung erkannt.	$\geq 10^{-6}$ bis $< 3 \cdot 10^{-6}$
d	Die Anforderungen von a und die Verwendung bewährter Sicherheitsprinzipien müssen erfüllt sein. Sicherheitsbezogene Teile müssen so gestaltet sein, dass • ein einzelner Fehler in jedem dieser Teile nicht zum Verlust der Sicherheitsfunktion führt und • wann immer in angemessener Weise durchführbar, der einzelne Fehler erkannt wird.	• Wenn der einzelne Fehler auftritt, bleibt die Sicherheitsfunktion immer erhalten. • Einige, aber nicht alle Fehler werden erkannt. • Eine Anhäufung unerkannter Fehler kann zum Verlust der Sicherheitsfunktion führen.	$\geq 10^{-7}$ bis $< 10^{-6}$
e	Die Anforderungen von a und die Verwendung bewährter Sicherheitsprinzipien müssen erfüllt sein. Sicherheitsbezogene Teile müssen so gestaltet sein, dass • ein einzelner Fehler in jedem dieser Teile nicht zum Verlust der Sicherheitsfunktion führt und • der einzelne Fehler bei oder vor der nächsten Anforderung an die Sicherheitsfunktion erkannt wird. Wenn dies nicht möglich ist, darf eine Anhäufung von Fehlern nicht zum Verlust der Sicherheitsfunktion führen.	• Wenn Fehler auftreten, bleibt die Sicherheitsfunktion immer erhalten. • Die Fehler werden rechtzeitig erkannt, um einen Verlust der Sicherheitsfunktion zu verhindern.	$\geq 10^{-8}$ bis $< 10^{-7}$

Sachwortverzeichnis / alphabetical technical term index

B

C

D

E

F

G

H

L

M

N

Q

R

S

T

U

V

W

Z

Bildquellenverzeichnis / picture reference index

|ABB STOTZ-KONTAKT GmbH, Heidelberg: 507.1, 507.4. |AMF – ANDREAS MAIER GmbH & Co. KG, Fellbach: 61.1, 63.5. |BAQ GmbH, Braunschweig: 372.1. |BOEHLERIT GmbH & Co KG, Kapfenberg: 29.5, 29.6, 31.2, 31.3, 31.4. |Bosch Rexroth AG – Unternehmenszentrale, Lohr am Main: 335.2, 335.3, 335.4. |Burgarella, Claudio, Köln: 280.5. |CERATIZIT S.A, Kempten: 32.5, 32.6. |decker-media GbR, Rostock: 3.1, 3.2, 12.2, 12.3, 14.1, 15.1, 16.2, 17.1, 17.3, 17.4, 18.1, 18.2, 18.3, 18.5, 19.3, 19.4, 20.2, 20.3, 20.4, 21.1, 21.2, 21.3, 21.4, 21.5, 22.1, 22.2, 22.3, 22.4, 22.5, 22.6, 24.1, 25.1, 25.4, 26.1, 27.1, 27.2, 27.3, 27.4, 27.5, 28.1, 28.2, 28.3, 29.1, 29.2, 29.3, 29.4, 30.1, 30.3, 30.4, 30.5, 31.1, 33.1, 33.2, 33.3, 33.4, 33.5, 33.6, 33.7, 34.1, 34.2, 34.3, 34.4, 34.5, 35.1, 35.2, 35.3, 35.4, 36.1, 36.2, 36.3, 36.4, 36.5, 37.1, 37.2, 37.3, 37.4, 37.5, 38.1, 38.2, 38.3, 39.1, 39.2, 39.3, 40.4, 40.5, 40.6, 40.8, 40.9, 42.1, 44.2, 44.3, 45.1, 45.3, 46.3, 47.1, 47.4, 47.5, 49.2, 50.1, 50.2, 50.3, 51.2, 51.3, 53.1, 54.3, 55.1, 55.2, 55.3, 55.4, 56.1, 56.2, 56.3, 56.4, 56.5, 56.6, 56.8, 56.9, 57.2, 57.3, 57.4, 57.5, 57.6, 59.1, 59.2, 59.3, 59.5, 59.6, 60.1, 61.3, 61.4, 61.5, 61.6, 62.1, 62.2, 62.3, 63.2, 63.4, 64.1, 64.2, 64.3, 64.4, 64.5, 64.6, 65.3, 65.6, 66.1, 66.4, 66.5, 66.7, 66.9, 67.2, 67.3, 67.6, 67.8, 67.10, 67.12, 67.13, 68.1, 68.6, 69.2, 69.3, 70.2, 70.3, 70.4, 71.1, 71.2, 71.3, 71.4, 72.1, 72.2, 72.3, 72.4, 72.5, 72.6, 72.7, 72.8, 72.9, 73.1, 73.2, 73.3, 73.4, 73.5, 74.1, 74.2, 74.3, 74.4, 74.5, 77.1, 77.2, 77.3, 77.4, 77.5, 78.1, 79.4, 80.1, 80.6, 81.3, 82.1, 82.2, 82.3, 82.4, 82.5, 82.6, 82.7, 82.8, 82.9, 82.10, 82.11, 82.12, 82.13, 83.1, 83.2, 83.3, 83.4, 83.5, 84.1, 84.2, 84.3, 84.4, 84.5, 85.1, 85.2, 86.1, 86.2, 86.3, 87.1, 88.1, 88.2, 88.3, 89.1, 89.2, 90.1, 90.2, 90.3, 90.4, 91.1, 92.1, 92.2, 92.3, 93.1, 93.2, 93.3, 93.4, 94.1, 94.2, 94.4, 95.1, 96.2, 97.1, 97.2, 99.1, 99.2, 100.1, 102.1, 102.2, 102.3, 102.4, 103.1, 104.1, 104.2, 105.2, 105.3, 105.4, 105.5, 105.6, 105.7, 106.1, 106.2, 107.1, 107.3, 108.1, 108.2, 108.3, 108.4, 109.1, 109.2, 111.1, 111.3, 111.4, 112.1, 113.1, 113.2, 113.3, 114.1, 114.2, 115.1, 115.2, 116.1, 116.2, 117.1, 117.2, 118.1, 118.2, 120.1, 120.2, 123.1, 124.1, 124.2, 125.1, 125.2, 126.1, 128.1, 129.1, 129.3, 130.2, 130.3, 131.1, 133.2, 133.3, 133.4, 133.5, 133.6, 133.7, 133.8, 133.9, 134.1, 134.2, 135.3, 135.4, 136.1, 136.3, 137.1, 137.3, 138.1, 138.2, 138.3, 138.4, 138.5, 138.6, 139.1, 139.2, 139.3, 139.4, 140.2, 141.1, 142.1, 143.1, 143.2, 143.4, 144.1, 144.2, 145.2, 145.3, 145.4, 145.5, 145.6, 145.7, 145.8, 145.9, 145.10, 146.1, 146.2, 147.1, 147.2, 147.3, 148.1, 148.2, 148.3, 149.1, 149.2, 149.3, 149.4, 150.1, 150.2, 150.3, 151.1, 151.2, 151.3, 152.1, 152.2, 152.3, 152.4, 152.5, 153.1, 153.2, 153.3, 153.4, 154.1, 155.1, 155.2, 155.3, 161.1, 161.2, 161.3, 166.1, 167.1, 167.2, 168.1, 169.1, 169.2, 169.3, 169.4, 169.5, 169.6, 169.7, 170.1, 170.2, 170.3, 170.4, 170.5, 170.6, 170.7, 171.2, 172.1, 172.2, 172.3, 172.4, 173.1, 174.1, 174.2, 174.3, 175.1, 175.2, 175.3, 175.4, 178.1, 178.2, 178.3, 178.4, 178.5, 179.1, 179.2, 180.1, 180.2, 181.1, 181.2, 181.3, 182.1, 182.2, 184.1, 186.2, 188.1, 189.1, 190.1, 191.1, 192.1, 193.1, 193.2, 194.1, 194.3, 195.2, 195.3, 196.2, 197.1, 197.3, 198.1, 199.2, 200.1, 200.2, 200.3, 201.1, 201.2, 201.3, 201.4, 201.5, 201.6, 202.1, 202.2, 203.1, 203.3, 204.1, 204.4, 205.1, 205.2, 206.1, 206.2, 206.3, 206.5, 206.6, 206.7, 206.9, 206.10, 206.11, 206.12, 206.13, 207.3, 207.4, 207.5, 207.6, 207.7, 207.8, 207.9, 207.10, 207.11, 207.12, 207.14, 207.15, 208.1, 208.3, 208.4, 209.1, 209.2, 209.3, 209.4, 210.1, 210.2, 211.1, 211.2, 211.3, 211.4, 211.5, 211.6, 211.7, 211.8, 211.9, 211.10, 211.11, 212.1, 212.2, 212.3, 213.1, 213.2, 213.4, 214.1, 214.3, 214.4, 214.5, 215.1, 215.2, 216.1, 216.2, 216.5, 216.6, 217.1, 217.2, 217.3, 217.4, 218.2, 218.3, 218.4, 218.5, 219.1, 219.2, 219.4, 219.5, 220.2, 220.4, 220.5, 221.2, 221.3, 221.4, 221.5, 222.1, 222.2, 222.3, 222.4, 223.1, 224.1, 225.1, 226.2, 226.3, 227.2, 227.3, 227.4, 228.1, 228.2, 228.3, 229.2, 229.3, 230.3, 231.1, 231.2, 231.3, 232.1, 232.2, 232.3, 233.1, 234.1, 234.2, 234.3, 235.1, 235.4, 236.2, 236.3, 237.1, 237.2, 237.3, 238.1, 238.2, 239.1, 239.2, 240.1, 240.2, 240.3, 241.3, 241.4, 242.1, 242.2, 242.4, 243.1, 243.2, 244.1, 244.2, 244.3, 244.4, 245.1, 245.2, 245.3, 246.1, 246.3, 247.1, 247.2, 247.3, 248.1, 248.2, 249.1, 250.1, 250.2, 250.3, 251.1, 251.2, 251.3, 252.1, 252.3, 252.4, 253.3, 254.1, 254.2, 254.4, 255.1, 255.3, 256.2, 256.3, 257.1, 257.2, 257.3, 258.3, 258.4, 259.1, 259.4, 260.1, 261.1, 261.3, 262.1, 262.2, 263.2, 263.3, 263.4, 264.1, 264.2, 265.1, 265.2, 265.3, 265.4, 265.5, 265.6, 265.7, 265.8, 265.9, 265.10, 265.11, 265.12, 266.2, 266.3, 267.2, 267.3, 267.4, 268.2, 268.3, 269.1, 269.2, 270.2, 270.3, 270.6, 271.1, 271.2, 271.3, 272.1, 274.1, 274.2, 275.1, 275.2, 278.2, 279.1, 279.2, 279.3, 279.4, 280.1, 280.2, 280.3, 280.4, 280.6, 281.1, 281.2, 281.3, 281.4, 281.5, 282.1, 282.2, 284.1, 285.1, 286.1, 286.2, 287.1, 287.2, 288.1, 288.2, 289.1, 292.1, 293.1, 294.1, 295.1, 296.1, 299.1, 300.1, 301.1, 302.1, 303.1, 304.1, 304.2, 304.3, 304.4, 305.1, 306.2, 306.3, 307.1, 307.2, 307.3, 307.4, 307.5, 308.1, 308.2, 309.1, 310.3, 311.1, 311.2, 312.3, 312.4, 313.1, 313.2, 313.3, 314.1, 314.2, 314.3, 314.4, 314.5, 315.1, 316.1, 316.2, 317.1, 317.2, 318.1, 318.2, 318.3, 319.1, 319.2, 320.1, 320.2, 321.1, 321.3, 322.1, 323.1, 323.2, 323.3, 323.4, 324.1, 324.2, 324.3, 325.1, 325.2, 326.1, 326.3, 326.4, 327.1, 327.2, 328.1, 328.2, 328.3, 329.1, 331.1, 331.2, 333.1, 334.1, 335.1, 336.1, 338.1, 338.2, 339.3, 340.1, 341.1, 341.2, 342.1, 343.1, 344.1, 345.1, 346.1, 346.2, 347.1, 348.1, 348.2, 349.1, 350.1, 350.2, 350.3, 353.1, 353.2, 359.1, 359.2, 360.1, 360.2, 361.1, 362.1, 364.3, 365.1, 365.2, 366.3, 366.4, 367.3, 368.1, 369.1, 369.2, 369.3, 370.1, 370.3, 371.1, 371.4, 374.1, 375.1, 376.1, 376.2, 376.3, 377.1, 377.2, 378.1, 379.1, 380.1, 380.3, 380.4, 381.1, 381.2, 381.3, 381.4, 382.1, 382.2, 382.3, 382.4, 383.1, 383.2, 383.3, 383.4, 384.1, 385.1, 386.1, 387.1, 387.2, 388.1, 389.1, 390.1, 391.1, 391.2, 391.3, 393.1, 395.2, 396.2, 396.3, 397.1, 397.2, 398.1, 398.2, 398.3, 398.4, 398.6, 399.1, 399.2, 400.1, 400.2, 401.1, 401.2, 401.3, 402.1, 402.2, 402.3, 403.1, 403.2, 405.1, 405.2, 407.1, 408.1, 408.2, 408.3, 408.4, 408.5, 409.1, 409.2, 409.3, 410.1, 411.1, 411.2, 412.1, 413.1, 413.2, 414.1, 416.1, 417.4, 419.1, 419.2, 419.3, 420.1, 420.2, 420.3, 421.1, 421.2, 421.3, 421.4, 421.5, 421.6, 422.1, 422.2, 422.3, 422.4, 423.1, 423.2, 423.3, 424.1, 424.2, 424.3, 425.2, 425.3, 426.1, 426.2, 427.1, 427.3, 427.4, 428.1, 428.2, 428.3, 428.4, 429.1, 429.2, 429.3, 429.4, 429.5, 429.6, 429.7, 429.8, 430.1, 430.2, 430.3, 430.4, 431.1, 431.2, 431.3, 432.1, 432.2, 432.3, 432.4, 433.1, 434.1, 434.2, 434.3, 435.1, 435.2, 435.3, 435.4, 436.3, 436.4, 437.1, 437.2, 438.1, 439.1, 440.4, 442.1, 443.1, 443.2, 443.3, 443.4, 444.1, 444.2, 444.3, 445.1, 445.2, 445.3, 446.2, 446.3, 446.4, 447.1, 448.2, 448.3, 450.1, 450.2, 450.3,

451.1, 451.2, 451.3, 451.4, 452.1, 452.2, 452.3, 452.4, 453.1, 453.2, 453.3, 453.4, 454.1, 454.2, 454.3, 455.1, 455.4, 456.1, 456.2, 456.3, 456.4, 456.5, 457.1, 457.4, 458.1, 458.2, 458.3, 458.4, 458.5, 458.6, 459.1, 459.2, 459.3, 459.4, 459.5, 459.6, 459.7, 460.1, 460.2, 461.1, 461.2, 462.1, 463.1, 463.3, 463.4, 464.1, 464.2, 465.1, 466.1, 466.2, 466.3, 466.4, 466.5, 467.1, 467.2, 468.2, 468.3, 469.1, 470.1, 471.1, 472.1, 472.2, 472.3, 472.4, 472.5, 472.6, 472.7, 472.8, 473.1, 473.2, 473.3, 473.4, 473.5, 474.1, 474.2, 475.1, 475.2, 475.3, 475.4, 476.1, 477.1, 477.2, 478.1, 478.2, 478.3, 479.1, 480.1, 481.1, 482.1, 482.2, 482.3, 483.1, 484.1, 484.2, 484.3, 484.4, 485.1, 486.1, 487.1, 487.2, 488.2, 488.3, 488.4, 489.1, 489.2, 489.3, 489.4, 490.1, 491.2, 492.1, 492.2, 492.3, 493.1, 493.2, 493.3, 493.4, 494.1, 494.3, 494.4, 495.2, 495.3, 496.1, 497.1, 506.1, 506.2, 507.2, 507.3, 507.5, 507.6, 508.1, 508.4, 508.5, 508.6, 508.7, 508.8, 508.9, 508.10, 508.11, 508.12, 508.13, 508.14, 508.15, 508.16, 509.1, 509.2, 509.3, 509.4, 510.1, 512.2, 513.1, 514.1, 515.1, 515.2, 516.1, 517.1, 519.1, 520.1, 520.2, 521.1. |Demag Cranes & Components GmbH, Wetter: 278.1, 278.3. |DEMMELER Maschinenbau GmbH & Co. KG, Heimertingen: 132.5. |Di Gaspare, Michele (Bild und Technik Agentur für technische Grafik und Visualisierung), Bergheim: 46.1, 60.2, 132.4, 162.4, 164.3, 213.3, 219.3, 226.1, 229.1, 242.3, 269.3, 270.1, 270.4, 270.5, 270.7, 310.1, 310.2, 312.2, 354.1, 356.1, 425.1, 446.1, 455.2, 455.3, 457.2, 457.3, 468.1, 498.1, 499.1, 501.1, 501.2, 501.3, 503.7, 504.2, 504.3, 504.4, 505.1. |DMG MORI AKTIENGESELLSCHAFT, Bielefeld: 132.1, 162.1, 162.2, 162.3, 162.5. |DRUCK & TEMPERATUR Leitenberger GmbH, Kirchentellinsfurt: 340.2. |Druwe & Polastri, Cremlingen/Weddel: 266.1, 321.4, 436.1. |Dzieia, Michael Dr., Darmstadt-Arheilgen: 491.1, 502.5. |Easy-Laser GmbH, Kempen: 312.1. |EMB - Eifeler Maschinenbau GmbH, Bad Münstereifel: Gates Tube Fittings GmbH, Euskirchen 462.2, 462.4, 462.5. |Evoset AG, Steg: 105.1. |Fanuc GE CNC Europe S.A., Echternach: 101.1. |Fehmer, Sabine, Grafik & Layout, Cremlingen: 3.3, 16.1, 17.2, 18.4, 19.1, 19.2, 20.1, 25.5, 29.7, 30.2, 32.4, 49.4, 51.1, 54.1, 54.2, 56.7, 57.1, 63.3, 63.6, 68.3, 70.1, 87.2, 89.3, 89.4, 94.3, 107.2, 110.1, 111.2, 112.2, 129.2, 130.1, 133.1, 140.1, 143.3, 145.1, 148.4, 171.1, 194.2, 195.1, 196.1, 197.2, 199.1, 200.4, 200.5, 203.2, 204.2, 204.3, 204.6, 206.4, 206.8, 207.1, 207.2, 207.13, 208.2, 209.5, 216.3, 216.4, 218.1, 227.1, 232.4, 235.2, 235.3, 236.1, 240.4, 246.2, 252.2, 254.3, 255.2, 256.1, 258.2, 259.2, 267.1, 268.1, 305.2, 305.3, 306.1, 330.1, 330.2, 368.3, 369.4, 371.2, 371.3, 380.2, 395.1, 396.1, 417.1, 417.2, 417.3, 418.1, 440.1, 440.2, 440.3, 441.1, 463.2, 488.1, 502.1, 508.3. |FORKARDT Deutschland GmbH, Reutlingen-Mittelstadt: 24.2, 24.3, 25.2, 103.4. |Future Mindset 2050 GmbH, Gehrden: 100.2. |Gossen Metrawatt GmbH, Nürnberg: 512.1. |Hager Vertriebsgesellschaft mbH & Co. KG, Blieskastel: 503.6. |Haimer GmbH, Igenhausen: 81.1, 135.2. |Helukabel GmbH, Hemmingen: 502.2. |Herbert Hänchen GmbH & Co. KG, Ostfildern: 339.2. |Hilger u. Kern GmbH – Industrietechnik, Mannheim: 311.3. |Hydac Systems & Services GmbH, Dudweiler: 336.2, 337.1. |Kaese, Jürgen, Dossenheim: 339.1, 339.4, 364.2, 502.3, 502.4. |KARL DEUTSCH Prüf- und Messgerätebau GmbH + Co KG, Wuppertal: 367.1, 367.2; Bäldle, Gunnar 366.1, 366.2. |KELCH GmbH, Weinstadt: 137.4. |KERN & SOHN GmbH, Balingen-Frommern: 372.2. |Kirschberg, Uwe Dr., Ohrdruf: 62.4, 63.1, 67.4, 132.2, 132.3, 136.2, 137.2, 163.1, 163.2, 163.3, 164.1, 164.2, 165.1, 253.1, 253.2, 259.3, 305.5, 364.1. |KUNZMANN Maschinenbau GmbH, Remchingen-Nöttingen: 58.1. |Landefeld Druckluft und Hydraulik GmbH, Kassel, Kassel-Industriepark: 436.2. |Langanke, Lutz, Hannover: 12.1, 126.2, 173.2, 332.1. |LEMO Elektronik GmbH, München: 503.2, 503.3, 503.4, 503.5. |LEONI AG, Nürnberg: LEONI Fiber Optics GmbH 504.1. |Mahr GmbH, Göttingen: 43.1, 43.2, 45.2, 46.2, 48.4, 48.5, 49.1. |Mitutoyo Deutschland GmbH, Neuss: 47.3, 48.1, 49.3. |Optibelt GmbH, Höxter: 230.1, 230.2. |Pepperl+Fuchs SE, Mannheim: 500.2. |PRÜFTECHNIK Condition Monitoring GmbH, Ismaning: 352.1, 352.2. |PRÜFTECHNIK Dieter Busch AG, Ismaning: Fluke Reliability / PRÜFTECHNIK 321.2. |Reitberger, Robert, Schwabach: 96.1. |Renishaw GmbH, Pliezhausen: 48.2, 48.3. |Renk AG, Hannover: 214.2. |RINGSPANN GmbH, Bad Homburg: 261.2, 263.1, 327.3. |Röhm GmbH, Sontheim: 24.4, 24.5, 24.6. |Römheld GmbH Friedrichshütte, Laubach: 59.4. |Sandvik Coromant, Düsseldorf: 40.1, 40.2, 40.3, 40.7, 65.1, 65.2, 65.4, 65.5, 66.2, 68.2, 68.4, 69.4, 79.1, 79.2, 79.3, 80.2, 80.3, 80.4, 81.2. |Sauter Feinmechanik GmbH, Metzingen: 101.2, 103.3. |Schaeffler Technologies AG & Co. KG, Herzogenrath: 220.1, 220.3, 221.1. |Schneeberger AG, Roggwil: 305.4, 305.6. |SCHUNK GmbH & Co KG, Lauffen/Neckar: 103.2. |Seefelder, Walter: 448.1. |Siemens AG, München: 390.2, 390.3, 392.1, 392.2, 392.3, 499.2, 500.1, 503.1, 508.2. |SKF GmbH, Schweinfurt: 326.2. |Sokele, Günter, Esslingen: 494.2, 495.1. |Spieth-Maschinenelemente GmbH & Co KG, Esslingen: 263.5. |stock.adobe.com, Dublin: alexlmx 499.3; chiradech 373.1; industrieblick 187.1; Minerva Studio 260.2; Nestor Titel, 11.1; sorapolujjin 283.1. |Streubel Automation GmbH, Händler AirTac-Germany, Beilngries: 427.2. |Tempel & Wagner GmbH & Co. KG, Babenhausen-Sickenhofen: 258.1. |Tiedt, Günter, Wunstorf: 204.5, 462.3; Günter Tiedt 202.3. |Timmer GmbH, Neuenkirchen: timmer-pneumatik.de 342.2. |TUNGALOY GERMANY GMBH, Monheim, Monheim: 32.1, 32.2, 32.3. |TÜV SÜD Management Service GmbH, München: 186.1. |Valentinelli, Mario, Rostock: 109.3, 109.4, 109.5. |WEILER Werkzeugmaschinen GmbH, Emskirchen: 23.1. |Witte Barskamp KG, Bleckede: 61.2. |ZwickRoell GmbH & Co. KG, Ulm: 368.2, 370.2. |© Hoffmann SE, München: © Hoffmann GmbH Qualitätswerkzeuge, 2019 25.3, 44.1, 47.2, 66.3, 66.6, 66.8, 67.1, 67.5, 67.7, 67.9, 67.11, 68.5, 69.1, 80.5, 131.2, 135.1. |© MÄDLER, Stuttgart: 241.1, 241.2.

Wir arbeiten sehr sorgfältig daran, für alle verwendeten Abbildungen die Rechteinhaberinnen und Rechteinhaber zu ermitteln. Sollte uns dies im Einzelfall nicht vollständig gelungen sein, werden berechtigte Ansprüche selbstverständlich im Rahmen der üblichen Vereinbarungen abgegolten.